Investigación de Operaciones

Investigación de Operaciones

Hamdy A. Taha

Departamento de Ingeniería Industrial
Universidad de Arkansas, Fayetteville

Quinta Edición

Alfaomega

Versión en español:

Ing. José De la Cera Alonso
Dipl. en Ing., Universidad Tecnológica, Munich, Alemania
Prof. de la Universidad Autónoma Metropolitana, México

Revisión y corrección:

Enrique García Carmona
Leticia Castañeda Molinar
Francisco Javier Rodríguez Cruz

Revisión General:

Francisco Paniagua Bocanegra
Ingeniero Mecánico-Electricista, U.N.A.M
Asesor editorial en educación tecnológica

Versión en español de la obra:
Operations Research, an Introduction, 5a. ed.,
por Hamdy A. Taha, publicada originalmente por
Copyright © 1992 Macmillan Publishing Co.,
una división de Macmillan, Inc.

© 1995 ALFAOMEGA GRUPO EDITOR, S.A. de C.V.
Apartado Postal 73-267, 03311 México, D.F.

Miembro de la Cámara Nacional de la Industria Editorial,
Registro No. 2317

Esta obra es propiedad intelectual de su autor y los derechos de publicación en lengua española han sido legalmente transferidos al editor. Prohibida su reproducción parcial o total por cualquier medio, sin permiso por escrito del propietario de los derechos del copyright.

ISBN 970-15-0115-2

ISBN 0-020418975-8, Versión original Macmillan Publishing Co.

© Alfomega S.A.
Calle 23 No. 24-20 Santafé de Bogotá

ISBN 958-682-055-6

NOTA IMPORTANTE
La información contenida en los programas TORA Y SIMNET II tiene un fin exclusivamente didáctico y, por lo tanto, no está previsto su aprovechamiento a nivel profesional o industrial. Las indicaciones técnicas incluidas, han sido elaboradas con gran cuidado por el autor y reproducidas bajo estrictas normas de control. ALFAOMEGA GRUPO EDITOR, S.A. de C.V. no será jurídicamente responsable por: errores u omisiones; daños y perjuicios que se pudieran atribuir al uso de la información comprendida en el disquete adjunto, ni por la utilización indebida que pudiera dársele.

Impreso por Impreandes Presencia
Impreso en Colombia — Printed in Colombia

A Karen

Los ríos no llevan agua,
el sol las fuentes secó . . .

¡Yo sé dónde hay una fuente
que no ha de secar el sol!

La fuente que no se agota
es mi propio corazón . . .

    V. Ruiz Aguilera (1862)

Prefacio

Esta quinta edición es una amplia revisión de la edición anterior de Investigación de operaciones, una introducción. Los temas anteriores se han reorganizado y actualizado totalmente, así como agregado nuevos temas, el nuevo software se hizo de acuerdo a las necesidades de esta obra. El resultado es un libro ponderado entre teoría, aplicaciones y cálculo de investigación de operaciones.

La obra consta de tres partes y dos apéndices. La Primera parte acerca de Programación matemática, capítulos 2 a 10, trata sobre programación lineal, entera y dinámica y redes. En la Segunda parte sobre Modelos probabilísticos, capítulos 11 a 19, se estudia la representación de datos y su análisis, PERT y CPM, inventario, líneas de espera, simulación y decisiones de Markov. La Tercera parte, Programación no lineal, capítulos 19 y 20, abarca modelos de optimización clásica y programación no lineal. El apéndice A es un repaso de álgebra de matrices y en el apéndice B se describen los programas TORA y SIMNET II.

El tema de programación lineal se ha reorganizado y consolidado. Al inicio del primer capítulo se utiliza el método de solución gráfica, en dos dimensiones, para resolver y explicar la importancia de los valores duales y costos reducidos. Estos conceptos, que forman parte del programa TORA, se utilizan para interpretar resultados importantes de programación lineal. Los siguientes capítulos proporcionan las matemáticas necesarias para comprender cómo funciona esta técnica. Los temas tradicionales símplex, primal/dual (regular y revisado) transporte, cota superior y descomposición, están presentes bajo la teoria unificadora de solución de punto extremo. La teoría dual se utiliza para explicar las bases de análisis de sensibilidad y programación paramétrica. La exposición termina con la presentación del algoritmo de punto interior de Karmarkar.

La presentación de las redes se ha revisado y reforzado con nuevos ejemplos. Se hace hincapié en la relación entre redes y programación lineal. Los nuevos temas incluyen el algoritmo símplex para resolver redes, cuyos pasos son exactamente los mismos que en el método símplex para variables con acotamiento superior.

La nueva presentación de programación entera resalta la importancia de ramificar y acotar como el método más efectivo para resolver problemas discretos. La Segunda parte (Modelos probabilísticos) comienza con un nuevo capítulo, en ésta se explican las técnicas matemáticas y estadísticas para convertir datos dispersos en un formato adecuado para formular y resolver modelos probabilísticos. El capítulo incluye técnicas para comprobar la bondad de ajuste de distribuciones y pronóstico de tendencias futuras.

El capítulo sobre inventario integra los sistemas de control de inventario PRM y JAT".

El capítulo sobre Modelos de líneas de espera se ha revisado para utilizar los diagramas de tasas de transición. Con la disponibilidad de TORA ya no es necesario hacer manualmente los cálculos de las líneas de espera (normalmente tediosos). En vez de ello, se puede utilizar el programa para realizar las comparaciones entre líneas de espera.

En las ediciones anteriores, se presentó el tema de la simulación de una manera genérica. Debido al auge del uso de la simulación, sentí la necesidad de aportar una visión concreta de cómo se generan y emplean los modelos de simulación en la práctica. Esto se logra con el programa SIMNET II y el nuevo capítulo 17 de esta edición.

El software que sirve de apoyo al libro incluye los programas TORA y SIMNET II; ambos sistemas fueron desarrollados por el autor. En TORA se incluyen los temas de programación lineal, transporte, redes, PERT-CPM, programación entera, inventario, representación de datos y líneas de espera. El segundo sistema es una versión estudiantil limitada del lenguaje de simulación SIMNET II de propósito general.

TORA se maneja totalmente a través de menús y puede ser usado como tutor o bien como código de resolución. La opción guiada por el usuario le permitirá avanzar paso a paso en los cálculos iterativos de las diferentes técnicas. El desarrollo del programa es de acuerdo con el formato y estilo de presentación usado en el libro, incluyendo la nomenclatura y la notación. Los ejercicios de cálculo basados en TORA son usados para reforzar la comprensión de diversos conceptos teóricos y de cálculo. Al ser liberado de la obligación de hacer los cálculos a mano, estará en condiciones de concentrarse en la comprensión de los conceptos básicos de las diferentes técnicas de la investigación de operaciones.

SIMNET II es un lenguaje de simulación discreto de propósito general totalmente interactivo disponible para macro, mini y microcomputadoras. La versión proporcionada se limita a problemas sencillos del libro, y debido principalmente a cuestiones de espacio no incluye algunas opciones, por ejemplo ambiente interactivo, opciones READ/WRITE de archivo externo y PROCs. Sin embargo, aún con esta versión limitada estará en condiciones de diseñar modelos de simulación significativos y obtener una comprensión fundamental de cómo es usada la simulación en la práctica. SIMNET II es fácil de aprender, y posee excepciones capacidades de modelado que no están disponibles en otros lenguajes. Como me dicen mis estudiantes, SIMNET II hace la simulación "muy divertida".

Para mayor información acerca de este programa puede comunicarse con el Dr. Hamdy Taha al tel. (501) 575-6031, Fax (501) 575-8431, o por correo a SimTec, Inc., P.O. Box 3492, Fayetteville, AR, 72702, EUA.

RECONOCIMIENTO

Agradezco a los cientos de colegas de todo el mundo que durante 20 años me han dado a conocer sus comentarios y críticas. Esto me ha servido para pensar cómo se deben presentar algunos temas de investigación de operaciones y espero en el futuro sus comentarios.

En especial deseo dar las gracias por sus contribuciones a los profesores Gilles Cormier (Universidad de Moncton, Canadá), Guy L. Curry (de la Universidad de Texas A & M), Kiseog Kim (de la Universidad Nacional de Pusan, República de Corea), V. N. Murty (de la Universidad Estatal de Pennsylvania, Harrisburg) y a Chris Palmer (de la Universidad de Reading, Reino Unido). A miles de estudiantes, en Estados Unidos y el extranjero, que han iniciado sus estudios de investigación de operaciones utilizando la edición en idioma inglés y traducciones en otros idiomas, que me han enviado sus comentarios y sugerencias. Me es muy grato el reconocer sus contribuciones; les agradezco su confianza e interés en esta obra.

Agradezco a la Sra. Elaine Wetterau la supervisión extraordinaria de las ediciones, tercera y cuarta, y que en esta esta quinta ha colaborado una vez más. Aprecio verdaderamente la ayuda de la Sra. Wetterau y me siento afortunado de haber tenido la oportunidad de beneficiarme con su experiencia editorial.

La terminación de la quinta edición no hubiera sido posible tenerla a tiempo sin el talento de Nancy Sloan, que se encargó de la edición, mecanografía y comprobación del manuscrito. Agradezco a Nancy su ayuda y apoyo.

H. A. T.

Contenido

Capítulo 1   **Toma de decisiones en la investigación de operaciones (IO)**   **1**

1.1   Arte y ciencia de la investigación de operaciones   1
1.2   Elementos de un modelo de decisión   2
1.3   Arte de la representación por medio de modelos   4
1.4   Tipos de modelos de investigación de operaciones (IO)   6
1.5   Efecto de la disponibilidad de datos en la representación por medio de modelos   7
1.6   Cálculos en investigación de operaciones   8
1.7   Fases de un estudio de investigación de operaciones   10
1.8   Acerca de este libro   12
       Bibliografía   13

PRIMERA PARTE   **PROGRAMACION MATEMATICA**

Capítulo 2   **Programación lineal: formulaciones y solución gráfica**   **17**

2.1   Modelo de dos variables y su solución gráfica   18
       2.1.1   Solución gráfica de modelos de PL   22
       2.1.2   Análisis de sensibilidad: presentación elemental   26

xi

2.2 Formulaciones de PL 33
2.3 Otras formulaciones de PL 42
2.4 Resumen 55
    Bibliografía 55
    Problemas 56

Capítulo 3 Programación lineal: método símplex 69

3.1 Conceptos generales del método símplex 70
3.2 Creación del método símplex 71
    3.2.1 Forma estándar del modelo de PL 71
    3.2.2 Soluciones básicas 74
3.3 Método símplex primal 75
    3.3.1 Solución inicial artificial para el método símplex primal 84
3.4 Método símplex dual 92
3.5 Casos especiales en la aplicación del método símplex 98
    3.5.1 Degeneración 98
    3.5.2 Opciones óptimas 101
    3.5.3 Solución no acotada 103
    3.5.4 Solución infactible 105
3.6 Interpretación de la tabla símplex: análisis de sensibilidad 107
    3.6.1 Solución óptima 108
    3.6.2 Estado de los recursos 108
    3.6.3 Precio dual (valor unitario de un recurso) 109
    3.6.4 Cambio máximo en la disponibilidad de recursos 111
    3.6.5 Cambio máximo en la relación utilidad/costo marginales 113
3.7 Resumen 116
    Bibliografía 116
    Problemas 117

Capítulo 4 Programación lineal: método símplex revisado 133

4.1 Fundamentos matemáticos 133
    4.1.1 Modelo PL estándar en forma matricial 134
    4.1.2 Soluciones básicas y bases 135
    4.1.3 La tabla símplex en forma matricial 139
4.2 Método símplex (primal) revisado 142
    4.2.1 Forma de producto para la matriz inversa 143
    4.2.2 Pasos del método símplex primal revisado 145
4.3 Resumen 151
    Bibliografía 152
    Problemas 152

Contenido **xiii**

Capítulo 5 **Programación lineal: análisis de dualidad, de sensibilidad y paramétrico** **161**

- 5.1 Definición del problema dual 162
- 5.2 Solución del problema dual 169
  - 5.2.1 Relación entre los valores objetivo primal y dual 169
  - 5.2.2 Solución dual óptima 171
- 5.3 Interpretación económica del problema dual 174
  - 5.3.1 Precios duales 175
  - 5.3.2 Costos reducidos 177
- 5.4 Holgura complementaria 181
- 5.5 Análisis de sensibilidad o posóptimo 182
  - 5.5.1 Cambios que afectan la optimidad 185
  - 5.5.2 Cambios que afectan la factibilidad 191
  - 5.5.3 Cambios que afectan la optimidad y la factibilidad 195
- 5.6 Programación lineal paramétrica 196
  - 5.6.1 Cambios en **C** 198
  - 5.6.2 Cambios en **b** 202
  - 5.6.3 Cambios en **P** 205
  - 5.6.4 Cambios en **C** y **b** 206
- 5.7 Resumen 210
  Bibliografía 210
  Problemas 210

Capítulo 6 **Programación lineal: modelo de transporte** **226**

- 6.1 Definición y aplicación del modelo de transporte 227
- 6.2 Solución del problema de transporte 237
  - 6.2.1 Técnica de transporte 237
  - 6.2.2 Solución inicial mejorada 248
- 6.3 Modelo de asignación 252
- 6.4 Modelo de transbordo 257
- 6.5 Resumen 264
  Bibliografía 265
  Problemas 265

Capítulo 7 **Programación lineal: temas adicionales** **280**

- 7.1 Método símplex primal con variables acotadas 280
- 7.2 Algoritmo de descomposición 287

xiv Contenido

    7.3   Algoritmo de punto interior de Karmarkar   299
             7.3.1   Idea básica del algoritmo de punto interior   300
             7.3.2   Algoritmo de punto interior   301
    7.4   Resumen   309
            Bibliografía   309
            Problemas   310

Capítulo 8   Modelos de redes   315

    8.1   Definiciones de redes   316
    8.2   Problema del árbol de extensión mínima   317
    8.3   Problema de la ruta más corta   321
             8.3.1   Ejemplos de las aplicaciones
                        de la ruta más corta   321
             8.3.2   Algoritmos de la ruta más corta   325
             8.3.3   El problema de la ruta más corta visto como
                        modelo de trasbordo   329
    8.4   Problema del flujo máximo   331
    8.5   Problema del flujo capacitado de costo mínimo   337
             8.5.1   Casos especiales del modelo de red capacitada   339
             8.5.2   Formulación de programación lineal   340
             8.5.3   Método símplex de la red capacitada   341
    8.6   Resumen   347
            Bibliografía   348
            Problemas   348

Capítulo 9   Programación lineal entera   355

    9.1   Aplicaciones ilustrativas de la programación entera   356
             9.1.1   Problema del presupuesto de capital   356
             9.1.2   Problema del costo fijo   357
             9.1.3   Problema de programación de trabajo
                        en un taller   359
             9.1.4   Dicotomías   360
    9.2   Métodos de solución de programación entera   361
    9.3   Algoritmo de ramificar y acotar   362
    9.4   Algoritmos de planos de corte   369
             9.4.1   El algoritmo fraccional (entero puro)   370
             9.4.2   El algoritmo mixto   378
    9.5   Problema entero cero-uno   381
             9.5.1   Algoritmo aditivo   382
             9.5.2   Programación polinomial cero-uno   390
    9.6   Resumen   393
            Bibliografía   393
            Problemas   394

Contenido **xv**

Capítulo 10 **Programación dinámica (de etapas múltiples)   404**

10.1 Elementos del modelo de PD, ejemplo del presupuesto de capital   405
  10.1.1 Modelo de PD   406
  10.1.2 Ecuación recursiva de retroceso   413
10.2 Más acerca de la definición del estado   416
10.3 Ejemplos de modelos de PD y cálculos   418
10.4 Problema de dimensionalidad en programación dinámica   433
10.5 Solución de problemas lineales por programación dinámica   435
10.6 Resumen   437
 Bibliografía   438
 Problemas   438

SEGUNDA PARTE   MODELOS PROBABILISTICOS

Capítulo 11 **Representación de datos en la investigación de operaciones   447**

11.1 Naturaleza de los datos en la investigación de operaciones   448
  11.1.1 Media y variancia de un conjunto de datos   448
  11.1.2 Distribuciones de probabilidad empírica   452
  11.1.3 Pruebas de bondad de ajuste   455
  11.1.4 Resumen de distribuciones comunes   458
  11.1.5 Datos no estacionarios   466
11.2 Técnicas de pronóstico   468
  11.2.1 Modelo de regresión   468
  11.2.2 Modelo de promedio móvil   471
  11.2.3 Alisamiento exponencial   472
11.3 Resumen   475
 Bibliografía   475
 Problemas   475

Capítulo 12 **Teoría de decisiones y juegos   480**

12.1 Decisiones con riesgo   482
  12.1.1 Criterio del valor esperado   482
  12.1.2 Criterio del valor esperado-variancia   485
  12.1.3 Criterio del nivel de aceptación   487
  12.1.4 Criterio del futuro más probable   490
  12.1.5 Datos experimentales en decisiones con riesgo   490

xvi Contenido

12.2 Arboles de decisión 494
12.3 Decisiones bajo incertidumbre 497
    12.3.1 Criterio de Laplace 498
    12.3.2 Criterio minimax (maximin) 500
    12.3.3 Criterio de deploración minimax de Savage 500
    12.3.4 Criterio de Hurwicz 502
12.4 Teoría de juegos 503
    12.4.1 Solución óptima de juegos de dos personas y suma cero 503
    12.4.2 Estrategias mixtas 505
    12.4.3 Solución gráfica de juegos de $(2 \times n)$ y $(n \times 2)$ 507
    12.4.4 Solución de juegos $(m \times n)$ por programación lineal 511
12.5 Resumen 515
    Bibliografía 515
    Problemas 516

Capítulo 13 Programación de proyectos con PERT-CPM 525

13.1 Representación con diagrama de flechas (RED) 527
13.2 Cálculos de ruta crítica 530
    13.2.1 Determinación de la ruta crítica 530
    13.2.2 Determinación de las holguras 533
13.3 Construcción del diagrama de tiempo y nivelación de recursos 535
13.4 Consideraciones de probabilidad y costo en la programación de proyectos 540
    13.4.1 Consideraciones de probabilidad en la programación de proyectos 540
    13.4.2 Consideraciones de costo en la programación de proyectos 543
13.5 Control del proyecto 551
13.6 Resumen 552
    Bibliografía 552
    Problemas 552

Capítulo 14 Modelos de inventarios 560

14.1 Sistema de inventario ABC 561
14.2 Modelo de inventario generalizado 562
14.3 Modelos deterministas 566
    14.3.1 Modelo estático de un solo artículo (CPE) 566
    14.3.2 Modelo estático de un solo artículo con diferentes precios 572
    14.3.3 Modelo estático de múltiples artículos con limitaciones en el almacén 575

Contenido **xvii**

14.3.4 Modelo de programación de la producción en N periodos 577
14.3.5 Modelo dinámico CPE de un solo artículo y N periodos 584
14.4 Modelos probabilísticos 601
14.4.1 Modelo de revisión continua 601
14.4.2 Modelos de un solo periodo 606
14.4.3 Modelos de múltiples periodos 615
14.5 Sistema de fabricación justo a tiempo (JAT) 62
14.6 Resumen 624
Bibliografía 624
Problemas 624

Capítulo 15 Modelos de líneas de espera 636

15.1 Elementos básicos del modelo de líneas de espera 637
15.2 Funciones de las distribuciones de Poisson y exponencial 640
15.3 Procesos de nacimiento puro y muerte pura 643
15.3.1 Modelo de nacimiento puro 643
15.3.2 Modelo de muerte pura 645
15.4 Líneas de espera con llegadas y salidas combinadas 647
15.4.1 Modelo generalizado de Poisson 649
15.4.2 Medidas de desempeño de estado estable 652
15.5 Líneas de espera especializadas de Poisson 655
15.5.1 $(M/M/1):(DG/\infty/\infty)$ 655
15.5.2 $(M/M/1):(DG/N/\infty)$ 660
15.5.3 $(M/M/c):(DG/\infty/\infty)$ 663
15.5.4 $(M/M/c):(DG/N/\infty)$, $c \leq N$ 666
15.5.5 $(M/M/\infty):(DG/\infty/\infty)$
—Modelo de autoservicio 669
15.5.6 $(M/M/R):(DG/K/K)$, $R < K$—modelo de servicio de máquinas 670
15.6 Líneas de espera que no obedecen la distribución de Poisson 673
15.7 Líneas de espera con prioridades de servicio 675
15.7.1 $(M_i/G_i/1):(NPRP/\infty/\infty)$ 676
15.7.2 $(M_i/M/c):(NPRP/\infty/\infty)$ 678
15.8 Líneas de espera sucesivas o en serie 679
15.8.1 Modelo en serie de dos estaciones con capacidad de líneas de espera cero 679
15.8.2 Modelo en serie de k estaciones con capacidad de líneas de espera infinita 682
15.9 Resumen 684
Bibliografía 685
Problemas numéricos 685
Problemas teóricos 695

xviii Contenido

Capítulo 16 **Teoría de las líneas de espera en la práctica** **699**

16.1 Selección del modelo apropiado de líneas de espera 699
16.2 Modelos de decisión en líneas de espera 701
    16.2.1 Modelos de costo 703
    16.2.2 Modelo del nivel de aceptación 707
16.3 Resumen 709
    Bibliografía 710
    Problemas 710
    Proyectos 715

Capítulo 17 **Modelos de simulación con SIMNET II** **716**

17.1 Introducción 718
17.2 Marco de referencia de la modelación con SIMNET 719
17.3 Representación de los enunciados de los nodos de SIMNET II 719
    17.3.1 Nodo fuente 720
    17.3.2 Nodo L. de E. 722
    17.3.3 Nodo instalación 725
    17.3.4 Nodo auxiliar 727
    17.3.5 Reglas básicas para la operación de nodos 728
17.4 Expresiones matemáticas de SIMNET II 729
17.5 Estructura del modelo SIMNET II 733
17.6 Depuración del modelo en SIMNET II 738
17.7 Rutas de las transacciones en SIMNET II 739
    17.7.1 Envío al nodo siguiente 739
    17.7.2 Rutas selectas 739
    17.7.3 Rutas de transferencia directa (campo *T o campo GOTO) 742
17.8 Ramas en SIMNET II 745
    17.8.1 Tipos de ramas (SUBF1) 746
    17.8.2 Condiciones de ramas (F2) 749
    17.8.3 Asignaciones de ramas (F3) 750
    17.8.4 Variables estadísticas (F4) 753
17.9 Interruptores lógicos 757
17.10 Recursos en SIMNET II 759
    17.10.1 Prioridad y derecho a los recursos 764
17.11 Ensamble y equiparación de transacciones 766
    17.11.1 Operación de ensamble 767
    17.11.2 Operación de equiparar 770
17.12 Asignaciones especiales 771
    17.12.1 Activación y desactivación del nodo fuente 772
    17.12.2 Control de los parámetros de L. de E. 773

          17.12.3   Asignaciones de manejo de archivos   774
          17.12.4   Localización de entradas en archivos   777
          17.12.5   Control de la duración de corrida   781
          17.12.6   Otras asignaciones especiales   781
17.13   Datos iniciales   781
          17.13.1   Entradas iniciales de archivo   782
          17.13.2   Funciones de densidad continua, discretas y discretizadas   783
          17.13.3   Funciones de dependencia   783
          17.13.4   Inicialización de elementos de un arreglo   784
          17.13.5   Inicialización de variables sin subíndices   785
          17.13.6   Funciones matemáticas   789
17.14   Inicialización de nodos y recursos con datos que dependen de la corrida   787
17.15   Recolección de observaciones estadísticas   788
17.16   Otras capacidades de SIMNET II   790
17.17   Resumen   790
       Bibliografía   791
       Problemas   791

Capítulo 18   Proceso de decisión de Markov   798

18.1   Campo de acción del problema de decisión de Markov: el ejemplo del jardinero   799
18.2   Modelo de programación dinámica de etapa finita   801
18.3   Modelo de etapa infinita   807
          18.3.1   Método de enumeración exhaustiva   808
          18.3.2   Método de iteración de política sin descuento   811
          18.3.3   Método de iteración de política con descuento   815
18.4   Solución con programación lineal del problema de decisión de Markov   818
18.5   Resumen   822
18.6   Apéndice: repaso de las cadenas de Markov   822
          18.6.1   Procesos de Markov   823
          18.6.2   Cadenas de Markov   823
          Bibliografía   830
          Problemas   831

TERCERA PARTE PROGRAMACION NO LINEAL

Capítulo 19 Teoría de optimización clásica 837

- 19.1 Problemas de extremos no restringidos 837
  - 19.1.1 Condiciones necesarias y suficientes para extremos 839
  - 19.1.2 El método de Newton-Raphson 843
- 19.2 Problemas de extremos restringidos 845
  - 19.2.1 Restricciones de igualdad 845
  - 19.2.2 Restricciones de desigualdad 863
- 19.3 Resumen 871
- Bibliografía 871
- Problemas 871

Capítulo 20 Algoritmos de programación no lineal 876

- 20.1 Algoritmos no lineales irrestrictos 876
  - 20.1.1 Método de búsqueda directa 877
  - 20.1.2 Método del gradiente 879
- 20.2 Algoritmos no lineales restringidos 882
  - 20.2.1 Programación separable 883
  - 20.2.2 Programación cuadrática 891
  - 20.2.3 Programación geométrica 895
  - 20.2.4 Programación estocástica 900
  - 20.2.5 Método de combinaciones lineales 905
  - 20.2.6 Algoritmo SUMT 907
- 20.3 Resumen 908
- Bibliografía 909
- Problemas 909

APENDICES

APENDICE A Repaso de vectores y matrices 914

- A.1 Vectores 914
  - A.1.1 Definición de vector 914
  - A.1.2 Adición sustracción de vectores 914
  - A.1.3 Multiplicación de vectores por escalares 915
  - A.1.4 Vectores linealmente independientes 915
- A.2 Matrices 915
  - A.2.1 Definición de matriz 915
  - A.2.2 Tipos de matrices 916

	A.2.3	Operaciones aritméticas matriciales 917
	A.2.4	Determinante de una matriz cuadrada 918
	A.2.5	Matriz no singular 920
	A.2.6	Inversa de una matriz 921
	A.2.7	Métodos para calcular la inversa de una matriz 922
A.3		Formas cuadráticas 925
A.4		Funciones convexas y cóncavas 926
		Bibliografía 927
		Problemas 927

Apéndice B Instalación y ejecución de TORA Y SIMNET II 929

B.1 Programa TORA 929
B.2 Programa SIMNET II 930

Respuestas a problemas seleccionados 931
Indice 949

Capítulo 1

Toma de decisiones en la investigación de operaciones (IO)

1.1 Arte y ciencia de la investigación de operaciones
1.2 Elementos de un modelo de decisión
1.3 Arte de la representación por medio de modelos
1.4 Tipos de modelos de investigación de operaciones (IO)
1.5 Efecto de la disponibilidad de datos en la representación por medio de modelos
1.6 Cálculos en investigación de operaciones
1.7 Fases de un estudio de investigación de operaciones
1.8 Acerca de este libro
Bibliografía

1.1 ARTE Y CIENCIA DE LA INVESTIGACION DE OPERACIONES

La investigación de operaciones (IO) aspira a determinar el mejor curso de acción (óptimo) de un problema de decisión con la restricción de recursos limitados. El término **investigación de operaciones** muy a menudo está asociado casi en exclusiva con la aplicación de **técnicas matemáticas,** para representar por medio de un modelo y analizar problemas de decisión. Aunque las matemáticas y los modelos matemáticos representan una piedra angular de IO, la labor consiste más en resolver un problema

2   Toma de decisiones en la investigación de operaciones (IO)   [C.1

que en construir y resolver modelos matemáticos. Específicamente, los problemas de decisión suelen incluir importantes factores intangibles que no se pueden traducir directamente en términos del modelo matemático. El principal entre estos factores es la presencia del elemento humano en casi todos y cada uno de los entornos de decisiones. En realidad, se han reportado situaciones de decisión donde el efecto de la conducta humana ha ejercido tanta influencia en el problema de decisión, que la solución obtenida a partir del modelo matemático se considera impráctica. Un buen ejemplo ilustrativo de estos casos es una versión del **problema del elevador** ampliamente usado. Utilizando la teoría de las líneas de espera se encontró que las quejas de los inquilinos de un edificio de oficinas grande eran injustas. Al estudiar el sistema más a fondo, se descubrió que las quejas de los inquilinos eran más bien un caso de hastío, ya que en realidad el tiempo de espera efectivo era reducido. Se propuso una solución con la cual se instalaron espejos a todo lo largo de las paredes a las entradas de los elevadores. Las quejas desaparecieron porque se mantenía ocupados a los usuarios, mirándose y viendo a otras personas en los espejos, mientras esperaban el servicio del elevador.

El ejemplo del elevador subraya la importancia de visualizar el aspecto matemático de la investigación de operaciones en el contexto más amplio de un proceso de toma de decisiones, cuyos elementos no se pueden representar en su totalidad a través de un modelo matemático. En realidad, este aspecto fue reconocido por los científicos británicos que fueron precursores de las primeras actividades de IO durante la II Guerra Mundial. Aunque su trabajo tenía que ver principalmente con la asignación óptima de los recursos limitados de material de guerra. En el equipo había científicos de campos como la sociología, psicología y ciencia del comportamiento para evaluar la importancia de su contribución al considerar los factores intangibles del proceso de decisión.

Como técnica para la solución de problemas, la IO debe visualizarse como una ciencia y como un arte. El aspecto de la ciencia radica en ofrecer técnicas y algoritmos matemáticos para resolver problemas de decisión adecuados. La investigación de operaciones es un arte, debido a que el éxito que se alcanza en todas las fases anteriores y posteriores a la solución de un modelo matemático, depende en forma apreciable de la creatividad y la habilidad personal de los analistas encargados de tomar las decisiones. Por lo tanto, la obtención de los datos para la construcción del modelo, la validación de éste y la implantación de la solución obtenida dependerán de la habilidad del equipo de IO, para establecer líneas de comunicación óptimas con las fuentes de información, y también con los individuos responsables de implantar las soluciones recomendadas.

Debe destacarse que se espera que un equipo de IO competente demuestre la habilidad adecuada en los aspectos científico y artístico de IO. Si se destaca un aspecto y no el otro, probablemente se impedirá la utilización efectiva de IO en la práctica.

1.2   ELEMENTOS DE UN MODELO DE DECISION

Un modelo de decisión, es sólo un medio para "resumir" un problema de decisión en una forma que permita la identificación y evaluación sistemática, de todas las

1.2] Elementos de un modelo de decisión

opciones de decisión del problema. Así, se llega a una decisión escogiendo la opción que se considera como la "mejor" entre todas las disponibles.

Los elementos básicos de un modelo de decisión, se ilustran con el siguiente ejemplo. Durante los meses de verano, un profesor que vive en Fayetteville (FYV), Arkansas, trabaja como consultor en Denver (DEN), Colorado. El profesor vuela a DEN los lunes, y retorna los miércoles de la misma semana. Un boleto de viaje redondo, que se compra el lunes para retornar el miércoles de la misma semana, cuesta 20% más que un boleto que cubre un fin de semana. Los boletos sencillos (en cualquier dirección), cuestan 75% del precio de un boleto regular de viaje redondo (sin descuento). El precio de un boleto regular de viaje redondo, es de $900. ¿En qué forma debería comprar el profesor los boletos durante el periodo de cinco semanas de su consultoría?

Tomamos este ejemplo para presentar las tres componentes básicas del proceso de toma de decisiones: **opciones de decisión, restricciones del problema** y **criterio objetivo.**

¿Cuáles son las posibles opciones de compra de los boletos, para el periodo de cinco semanas? La primera y más obvia, es comprar cinco boletos de viaje redondo (FYV-DEN-FYV) cada lunes para retornar el miércoles de la misma semana. Esta opción no tiene descuento. La segunda, es comprar un boleto de ida (FYV-DEN) el lunes de la primera semana, y otro boleto de retorno (DEN-FYV) el miércoles de la quinta semana. Los viajes restantes, quedan cubiertos comprando boletos de viaje redondo (DEN-FYV-DEN) cada miércoles de las primeras cuatro semanas. La tercera opción se ajusta a la idea de la segunda, y consiste en comprar un boleto de viaje redondo (FYV-DEN-FYV) para cubrir el lunes de la primera semana y el miércoles de la quinta. Los restantes cuatro boletos de viaje redondo, son los mismos que en la segunda opción.

Las opciones de decisión del problema, se resumen de la siguiente manera:

1. Comprar cinco boletos (FYV-DEN-FYV) el lunes de cada semana.
2. Comprar un boleto (FYV-DEN) el lunes de la primera semana, cuatro boletos (DEN-FYV-DEN) los miércoles de las primeras cuatro semanas, y un boleto (DEN-FYV) el miércoles de la quinta semana.
3. Comprar un boleto (FYV-DEN) para cubrir el lunes de la primera semana y el miércoles de la quinta, y cuatro boletos (DEN-FYV-DEN) cada miércoles de las primeras cuatro semanas.

Cada una de las tres cumple las restricciones del problema: efectuar cinco viajes redondos que comienzan en FYV los lunes y terminan en FYV los miércoles. Desde este punto de vista decimos que las opciones indicadas son **soluciones factibles,** en oposición a las soluciones infactibles, que no permitirían al profesor hacer los cinco viajes redondos. Obviamente, en lo que se refiere al problema de decisión, sólo nos interesan las soluciones factibles.

Para determinar la mejor solución del problema, es necesario formular un criterio apropiado que se pueda aplicar para comparar las opciones factibles dadas. En el presente ejemplo, el objetivo obvio del problema es la minimización del precio total de los boletos durante el periodo de cinco semanas. Aplicando éste tenemos:

costo de la opción 1 = 5 × 900 = $4500

costo de la opción 2 = 0.75 × 900 + 4 × (0.8 × 900) + 0.75 × 900
$$= \$4230$$

costo de la opción 3 = 5 × (0.8 × 900) = $3600

Con base en esta evaluación, la opción 3 es la menos costosa y, por lo tanto, la **solución óptima**.

De acuerdo con la experiencia del autor en el aula, la mayoría de los estudiantes adoptan sólo las primeras dos opciones. Una decisión que se basa sólo en esas dos opciones daría lo que se conoce como una **solución subóptima**. Esta observación enfatiza la importancia de identificar *todas* las opciones factibles del problema de decisión si se tiene interés en lograr la *mejor* solución. De hecho, la "calidad" de la solución óptima es función del conjunto de opciones factibles que se definen en el problema. En algunos casos, la identificación de todas las soluciones factibles es muy costosa o imposible, y entonces, hay que conformarse con la solución subóptima.

1.3 ARTE DE LA REPRESENTACION POR MEDIO DE MODELOS

En la sección 1-2, se indica que el proceso de toma de decisiones en IO consiste en la construcción de un modelo de decisión y, después, en encontrar su solución con el fin de determinar la decisión óptima. El modelo se define como una función objetivo y restricciones que se expresan en términos de las variables (opciones) de decisión del problema.

Aunque una situación real puede implicar un número sustancial de variables y restricciones, generalmente sólo una pequeña fracción de estas variables y restricciones domina verdaderamente el comportamiento del sistema real. Por lo tanto, la simplificación del sistema con el fin de construir un modelo debe concentrarse, fundamentalmente, en la identificación de las variables y restricciones dominantes y también en otros datos que se juzguen pertinentes para la toma de la decisión.

La figura 1-1 muestra los niveles de abstracción de una situación de la vida real que nos llevan a la construcción de un modelo. El **sistema real supuesto** es una abstracción de la situación real que se obtiene al concentrarnos en la identificación de los factores dominantes (variables, restricciones y parámetros), que controlan el comportamiento del sistema real. El modelo, que es una abstracción del sistema real *supuesto*, identifica las relaciones pertinentes del sistema en la forma de una función objetivo y un conjunto de restricciones.

El ejemplo que sigue se presenta para poder apreciar el significado de los diversos niveles de abstracción.

Ejemplo 1.3-1

Un producto manufacturado, típicamente lleva un número de operaciones desde que se concibe por el diseñador hasta que llega al consumidor. Después que se aprueba el diseño se emite una orden de producción al departamento de producción, el cual

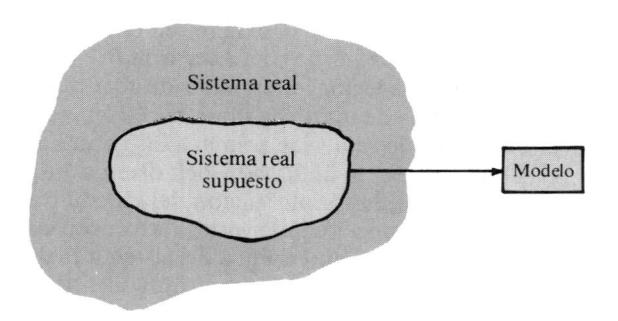

Figura 1-1

a su vez solicita los materiales necesarios del departamento de materiales. Este último departamento satisface el pedido de sus almacenes, o bien, recurre al departamento de compras para iniciar una orden de compra. Después que se termina el producto final, el departamento de ventas junto con el departamento de mercadeo, asume la responsabilidad de distribuirlo al consumidor.

Se supone que el objetivo es determinar el "mejor" nivel de producción en la planta que elabore el producto. Observando el sistema completo, se ve que un gran número de factores puede influir en el nivel de producción. A continuación se dan algunos ejemplos de estos factores:

1. *Departamento de Producción*: Las horas-máquina disponibles, horas-hombre disponibles, sucesión específica de operaciones en las máquinas, inventario en proceso, número de artículos defectuosos producidos, tasa de inspección.

2. *Departamento de Materiales*: Cantidad disponible almacenada de material, rapidez de entrega del material comprado, limitaciones de almacenamiento.

3. *Departamento de Mercadeo*: Pronóstico de ventas, intensidad de campaña publicitaria, capacidad de instalaciones de distribución, detección de productos competitivos.

Si cada uno de estos factores ha de considerarse en forma explícita en un modelo que determina el nivel de producción, nos enfrentaríamos en realidad a una tarea que nos dejaría perplejos. Por ejemplo, podemos considerar explícitamente variables como la asignación de horas de trabajo de la máquina, la asignación de horas de mano de obra y la rapidez de inspección. En cuanto a las restricciones, podemos incluir capacidades de las máquinas, límite sobre las horas de mano de obra, límite sobre el inventario del proceso, límite sobre la demanda y limitación del espacio de almacenamiento. El lector puede apreciar la complejidad de las relaciones, que expresan el nivel de producción en términos de variables detalladas como las que aquí se ejemplifican.

La definición de sistema "real supuesto" en este caso ocasiona que el sistema se visualice como una entidad, en lugar de que nos concentremos en un principio en los detalles más finos del problema. Básicamente, podemos considerar todo el sistema en un sentido general desde el punto de vista del productor y el consumidor. Si reflexionamos un poco podemos apreciar que la parte del productor se puede expresar en términos de la **tasa** o **índice de producción**, en tanto que la parte del consumidor puede representarse por medio de una **tasa** o **índice de consumo**.

Naturalmente, la tasa de producción es función de factores como la disponibilidad de las máquinas y las horas de mano de obra, sucesión o disposición en serie de operaciones y disponibilidad de materias primas. En forma análoga, la tasa o índice de consumo está basado en la limitación del sistema de distribución y el pronóstico de ventas. Básicamente, la simplificación del sistema "real" al "real supuesto" se efectúa mediante la "agrupación" de varios factores en el sistema supuesto.

Ahora resulta más sencillo pensar en términos del sistema real supuesto. El modelo deseado buscaría determinar el nivel de aprovisionamiento en términos de los índices de producción y consumo. Un objetivo adecuado pudiera ser el de seleccionar el nivel de aprovisionamiento que equilibre el costo de transportar un inventario excesivo, contra el costo de que se termine la existencia cuando se necesite el producto.

Sin embargo, debemos tener en mente que el grado de complejidad del modelo es siempre una función inversa, o recíproca, del grado de simplificación del sistema real supuesto extraído del sistema real. Por ejemplo, podemos suponer que las tasas o índices de producción y consumo son constantes o que cambian como funciones del tiempo. El segundo caso debe llevarnos a un modelo más complejo, naturalmente.

En general no existen reglas fijas para efectuar los niveles de abstracción citados en la figura 1-1. La reducción de los factores que controlan al sistema a un número relativamente pequeño de factores dominantes y la abstracción de un modelo del sistema real supuesto, constituyen más un arte que una ciencia. La validez del modelo al representar el sistema real depende principalmente de la creatividad e imaginación del equipo de investigación de operaciones y del equipo que trabaja en el proyecto. Tales cualidades, individuales o personales, no pueden ser reguladas por el establecimiento de reglas fijas para construir un modelo.

Aunque no es posible presentar reglas fijas acerca de la *forma* como se construye un modelo, quizá resulte práctico presentar ideas acerca de posibles tipos de modelos, sus estructuras generales y sus características. Este es el tema de la sección que sigue.

1.4 TIPOS DE MODELOS DE INVESTIGACION DE OPERACIONES (IO)

Lo expuesto en las secciones 1.2 y 1.3 acentúa el hecho de que primero va la fase "construcción del modelo", seguida de la solución de dicho modelo para asegurar la obtención de una solución deseada. Los métodos de solución suelen idearse para aprovechar las estructuras especiales de los modelos resultantes. Como tales, la amplia variedad de modelos asociados con sistemas reales existentes da origen a un número correspondiente de técnicas de solución. De aquí que se utilicen los nombres conocidos de programación lineal, entera, dinámica y no lineal que representan algoritmos para resolver clases especiales de modelos de IO.

En la mayoría de las aplicaciones de investigación de operaciones, se supone que la función objetivo y las restricciones del modelo se pueden expresar en forma cuantitativa o matemática como funciones de las variables de decisión. En este caso, decimos que tratamos con un **modelo matemático**.

Por desgracia, pese a los adelantos impresionantes en la representación por modelos matemáticos, un número apreciable de situaciones reales siguen estando fuera del alcance de las técnicas matemáticas de que se dispone en el presente. Por un motivo, el sistema real puede tener demasiadas relaciones, variables, para hacer posible una representación matemática "adecuada". En otro sentido, aun cuando se pueda formular un modelo matemático, éste puede ser demasiado complejo para resolverse a través de métodos de solución disponibles.

Un enfoque diferente a la representación por medio de modelos de sistemas (complejos) consiste en utilizar la **simulación**. Los modelos de simulación difieren de los matemáticos en que las relaciones entre la entrada y la salida no se indican en forma explícita. En cambio, un modelo de simulación divide el sistema representado en módulos básicos o elementales que después se enlazan entre sí vía relaciones lógicas bien definidas (en la forma de SI/ENTONCES). Por lo tanto, partiendo del módulo de entrada, las operaciones de cálculo pasarán de un módulo a otro hasta que se obtenga un resultado de salida.

Los modelos de simulación, en comparación con los modelos matemáticos, ofrecen una mayor flexibilidad en la representación de sistemas complejos. La razón principal es que la simulación enfoca el sistema desde un nivel básico elemental. Por otra parte, la modelación matemática tiende a considerar el sistema desde un nivel menos detallado.

La flexibilidad de la simulación tiene algunas desventajas. El desarrollo de un modelo de simulación es muy costoso en tiempo y recursos. Además, la ejecución de un modelo de simulación, incluso en la computadora más rápida, tendrá un costo considerable. Por otra parte, un modelo matemático bien diseñado es muy adecuado desde el punto de vista de su implementación computacional.

1.5 EFECTO DE LA DISPONIBILIDAD DE DATOS EN LA REPRESENTACION POR MEDIO DE MODELOS

Los modelos de cualquier clase, sin importar su refinamiento y exactitud, pueden probar ser poco prácticos si no están respaldados por datos confiables. Aunque el modelo esté bien definido, la calidad de la solución depende evidentemente de la eficacia con que podamos estimar los costos de transporte unitarios. Si se distorsionan las estimaciones, la solución que se obtenga, pese a ser óptima en un sentido matemático, realmente será de calidad inferior desde la perspectiva del sistema real.

En algunos casos, quizá no se conozcan con certeza los datos. Más bien, se determinan a través de distribuciones de probabilidad. Lo que es más importante, sería necesario modificar la estructura del modelo para dar cabida a la naturaleza probabilística de la demanda. Esto da origen a los así llamados **modelos probabilísticos** o **estocásticos** en contraste con los **modelos determinísticos**.

Algunas veces se construye un modelo según la hipótesis de que pueden asegurarse ciertos datos, pero la búsqueda posterior puede comprobar que tal información es difícil de obtener. En este caso puede ser necesario reconstruir el modelo para manejar la ausencia de datos. Por consiguiente, la disponibilidad de datos también puede tener un efecto directo sobre la precisión del modelo. Como una ilustración, considere un modelo de inventario donde el nivel de almacenamiento de un cierto artículo se determina de tal manera que se minimice el costo total de mantener el inventario en exceso y no satisfacer toda la demanda. Esto exige estimar un costo por unidad en exceso mantenida en inventario, y un costo de escasez por unidad insatisfecha de demanda. El costo de mantener el artículo depende del costo de almacenamiento y del costo del capital, lo cual puede ser relativamente simple de estimar. Pero si el costo de escasez toma en cuenta la pérdida de buena voluntad en el cliente, puede ser difícil asignar un valor numérico a tal factor intangible. Bajo tales condiciones el modelo tendrá que cambiarse de manera que el costo de escasez no se manifieste explícitamente. Por ejemplo, se tiene que especificar un límite superior aceptable sobre la cantidad de escasez en cualquier momento. En esencia, el límite superior especificado implica una cierta estimación del costo de escasez. Pero parece mucho más sencillo determinar tal límite que estimar un costo de escasez.

La recopilación de datos puede realmente ser la parte más difícil para determinar un modelo. Desafortunadamente no pueden sugerirse reglas para este procedimiento. Mientras acumula experiencia en el modelado de una organización, el analista de investigación de operaciones deberá desarrollar medios para recolectar y documentar datos, en una forma útil, para proyectos tanto actuales como futuros.

1.6 CALCULOS EN INVESTIGACION DE OPERACIONES

En la investigación de operaciones (IO) existen dos tipos de cálculos diferentes: aquellos donde interviene la simulación y los que tienen que ver con modelos matemáticos. En los modelos de simulación, los cálculos son comúnmente voluminosos y, lo que es más importante, consumen mucho tiempo. No obstante, en la simulación uno siempre tiene la seguridad de que los resultados buscados se obtendrán en definitiva. Sólo es cuestión de contar con el tiempo suficiente en la computadora.

Por otra parte, los cálculos en los modelos matemáticos de la investigación de operaciones son por lo común de naturaleza **iterativa**. Con esto nos referimos a que la solución óptima de un modelo matemático no suele estar disponible en forma cerrada. En cambio, se llega a la respuesta final en pasos o **iteraciones**, donde cada nueva iteración acerca la solución al nivel óptimo. A este respecto, decimos que la solución *converge* en forma iterativa al nivel óptimo.

Por desgracia, no todos los modelos matemáticos de IO poseen algoritmos (métodos) de solución que siempre converjan al nivel óptimo. Existen dos razones de ser de esta dificultad:

1. Se puede demostrar que el algoritmo de solución converge al nivel óptimo, pero sólo en un sentido teórico. La convergencia teórica señala que hay un límite superior finito para el número de iteraciones, pero no indica cuán alto puede estar este límite.

Por lo tanto, podemos consumir horas de tiempo de la computadora sin llegar a la iteración final. Lo que es peor aún es que si las iteraciones se detienen en forma prematura antes de llegar al nivel óptimo, generalmente no podremos medir la calidad de la solución obtenida en relación con el nivel óptimo verdadero. (Obsérvese la diferencia entre esta situación y la de la simulación. En la simulación, tenemos el control sobre el tiempo de cálculo de la computadora, simplemente reduciendo el periodo de observación del modelo. En los modelos matemáticos, el número de iteraciones es función de la eficiencia del algoritmo de solución y la estructura específica del modelo, y quizá el usuario no pueda controlar ninguno de estos dos factores.)

2. La complejidad del modelo matemático puede hacer imposible idear un algoritmo de solución. En este caso, el modelo se puede mantener infactible en términos de cálculo.

Las dificultades evidentes en los cálculos de los modelos matemáticos han obligado a los analistas a buscar otros métodos de cálculo. Estos métodos también son de naturaleza iterativa, pero no garantizan la optimidad de la solución final. En cambio, simplemente buscan una *buena* solución al problema. Tales métodos suelen denominarse **heurísticos** porque su lógica está basada en reglas o métodos prácticos que conllevan a obtener una buena solución. La ventaja de los métodos heurísticos es que normalmente implican un menor número de cálculos cuando se comparan con algoritmos exactos. Asimismo, debido a que están basados en reglas prácticas, normalmente son más sencillos de explicar a los usuarios que no tienen experiencia matemática.

En la investigación de operaciones, los métodos heurísticos suelen emplearse para dos fines:

1. Se pueden utilizar dentro del contexto de un algoritmo de optimización exacto, con el fin de aumentar la velocidad del proceso para alcanzar el nivel óptimo. La necesidad de "fortalecer" el algoritmo de optimización se hace más evidente con modelos a gran escala.

2. Se utilizan simplemente para obtener una "buena" solución al problema. La solución resultante no tiene la garantía de ser óptima y, de hecho, su calidad en relación con el nivel óptimo real puede ser difícil de determinar.

Para ilustrar el segundo tipo de un método heurístico, considérese el problema de un agente viajero que debe viajar a cinco ciudades, donde *cada ciudad la visita una sola vez* antes de volver a su ciudad de origen. La figura 1-2 presenta un resumen

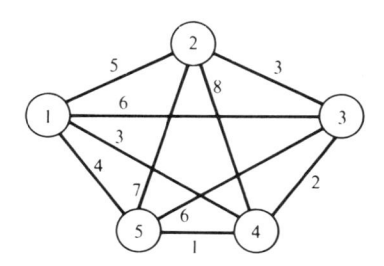

Figura 1-2

de las distancias (en kilómetros) entre todas las cuidades. El objetivo del vendedor es el de minimizar la distancia total de recorrido.

Este problema se puede formular como un modelo matemático exacto. Sin embargo, la obtención de la solución óptima exacta a este problema ha probado ser formidable. No obstante, se puede obtener una "buena" solución mediante el uso de un método heurístico que requiere se viaje de la ciudad presente a la ciudad no visitada más próxima. Por lo tanto, comenzando desde la ciudad 1, el vendedor viajará a 4 (distancia = 3 km), después de 4 a 5, seguido de 5 a 3 y después de 3 a 2, desde donde se completa el recorrido volviendo a 1. La distancia total recorrida en el viaje es de 18 km, que no es óptimo porque la ruta 1-2-3-4-5-1 es más corta en 3 km.

Ejercicio 1.6-1
Idee reglas prácticas que puedan mejorar la solución obtenida por el método heurístico anterior.

1.7 FASES DE UN ESTUDIO DE INVESTIGACION DE OPERACIONES

Un estudio de investigación de operaciones no puede ser realizado y controlado sólo por el analista de IO. Aunque puede ser un experto en modelos y técnicas de solución, quizá no será un perito en todas las áreas donde surgen los problemas de IO. Así, un equipo de IO deberá incluir a los miembros de la organización directamente responsables de las funciones donde existe el problema, así como para la ejecución e implantación de la solución recomendada. En otras palabras, un analista de IO comete un grave error al suponer que puede resolver problemas sin la cooperación de aquellos que implantarán sus recomendaciones.

Las principales fases a través de las cuales pasaría el equipo a fin de efectuar un estudio de IO son:

1. Definición del problema
2. Construcción del modelo
3. Solución del modelo
4. Validación del modelo
5. Implantación de los resultados finales

Aunque la sucesión anterior de ninguna manera es estándar, en general parece aceptable. Excepto para la fase "solución del modelo", la cual está basada por lo común en técnicas bien desarrolladas, las fases restantes no parecen seguir reglas fijas. Esto surge del hecho de que los procedimientos para estas fases dependen del tipo de problema en investigación y el ámbito de operación en el cual existe. En este aspecto, un equipo de investigación de operaciones se guiará en el estudio, principalmente por las diferentes experiencias profesionales de sus miembros, en lugar de reglas fijas.

En vista de las evidentes dificultades para establecer reglas fijas en la ejecución de estas fases, parece conveniente presentar alguna discusión que pueda ser utilizada como guía general en estas áreas. El resto de esta sección, por consiguiente, está dedicada a proporcionar una orientación acerca de los puntos principales comprendidos en un estudio de investigación de operaciones.

La primera fase del estudio necesita de una **definición del problema**. Desde el punto de vista de investigación de operaciones esto indica tres aspectos principales: (a) una descripción de la meta o el objetivo del estudio, (b) una identificación de las alternativas de decisión del sistema y (c) un reconocimiento de las limitaciones, restricciones y requisitos del sistema.

La segunda fase del estudio corresponde a la **construcción del modelo**. Dependiendo de la definición del problema, el equipo de investigación de operaciones deberá decidir sobre el modelo más adecuado para representar el sistema. Tal modelo deberá especificar expresiones cuantitativas para el objetivo y las restricciones del problema en función de sus variables de decisión. Si el modelo resultante se ajusta a uno de los modelos matemáticos comunes (por ejemplo, programación lineal) puede obtenerse una solución conveniente mediante técnicas matemáticas. Si las relaciones matemáticas del modelo son demasiado complejas para permitir soluciones analíticas, puede ser más apropiado un modelo de simulación. Algunos casos pueden exigir el uso de una combinación de modelos matemáticos, heurísticos y de simulación. Esto, por supuesto, depende mucho de la naturaleza y complejidad del sistema que se esté investigando.

La tercera fase del estudio corresponde a la **solución por el modelo**. En modelos matemáticos esto se logra usando técnicas de optimización bien definidas y se dice que el modelo proporciona una solución "óptima". Si se usan los modelos de simulación o heurísticos el concepto de optimidad no está tan bien definido, y la solución en estos casos se emplea para obtener evaluaciones aproximadas de las medidas del sistema.

Además de la solución (óptima) del modelo uno también debe asegurar, siempre que sea posible, información adicional sobre el comportamiento de la solución debida a cambios en los parámetros del sistema. Usualmente esto se conoce como **análisis de sensibilidad**. Tal análisis es muy necesario cuando los parámetros del sistema no pueden estimarse con exactitud. En este caso es importante estudiar el comportamiento de la solución óptima en los entornos de estas estimaciones.

La cuarta fase busca la **validación del modelo**. Un modelo es válido si, independientemente de sus inexactitudes al representar el sistema, puede dar una predicción confiable del funcionamiento del sistema. Un método común para probar la validez de un modelo es comparar su funcionamiento con algunos datos pasados disponibles del sistema actual. El modelo será válido si bajo condiciones similares de entradas puede reproducir el funcionamiento pasado del sistema. El problema es que no existe seguridad de que el funcionamiento futuro del sistema continuará duplicando su historia. También, ya que el modelo está basado en el examen cuidadoso de datos anteriores, esta comparación siempre deberá revelar resultados favorables. En algunos ejemplos este problema debe resolverse utilizando datos de corridas de ensayo del sistema.

Debe notarse que tal método de validación no es apropiado para sistemas que no existen, ya que no habrá datos disponibles para hacer la comparación. En algunos casos, si el sistema original se investiga por un modelo matemático, puede ser factible construir un modelo de simulación del cual se obtienen los datos para llevar a cabo la comparación indicada.

12 Toma de decisiones en la investigación de operaciones (IO) [C.1

La fase final del estudio trata sobre la **implantación** de los resultados probados del modelo. La tarea de aplicar estos resultados recae principalmente en los investigadores de operaciones. Esto básicamente implicaría la traducción de estos resultados en instrucciones de operación detallada, emitidas en una forma comprensible a los individuos que administrarán y operarán el sistema después. La interacción del equipo de investigación de operaciones y el personal de operación llegará a su máximo en esta fase. La comunicación entre los dos grupos puede mejorarse buscando la participación del personal de operación al desarrollar el plan de implantación. En efecto, esta participación deberá hacerse a través de todas las fases del estudio. En esta forma ninguna consideración práctica, que de otra manera puede llevar al fracaso del sistema, se dejará de analizar.

Mientras tanto, pueden verificarse las modificaciones o ajustes posibles en el sistema por el personal de operación para la factibilidad práctica. En otras palabras, es imperativo que la fase de implantación se ejecute mediante la cooperación del equipo de investigación de operaciones y de aquellos que serán responsables de la administración y operación del sistema.

1.8 ACERCA DE ESTE LIBRO

Este capítulo se inició con la declaración acentuada de que la investigación de operaciones es un *arte* y una *ciencia*. Conforme el lector avance en el estudio de los capítulos que restan, tendrá la impresión de que el libro se concentra más en el aspecto científico de la investigación de operaciones. Básicamente, los temas del libro están clasificados de acuerdo con los modelos matemáticos bien conocidos de IO (por ejemplo, la programación lineal, programación entera, inventarios y teoría de colas o líneas de espera). Existen dos razones de ser de esto. Primero, como es de esperarse, no existen reglas definidas que puedan prescribirse para el aspecto artístico de la investigación de operaciones. La diversidad de las situaciones donde se puede aplicar IO hace intentos en esta dirección, casi inútiles. Segundo, pensamos que es fundamental que el analista de IO tenga un entendimiento adecuado de los recursos y limitaciones de las técnicas matemáticas de investigación de operaciones. El punto de vista de que un usuario de IO no necesita aprender las matemáticas que se utilizan en IO debido a que la computadora puede "encargarse" de resolver el problema es peligroso. Debemos tener en mente que la computadora resuelve el modelo según lo presenta el usuario. Si el usuario no tiene conocimiento de las limitaciones del modelo que se utiliza, la calidad de la solución reflejará esta deficiencia.

Debemos señalar que en el libro no se rechaza completamente el aspecto artístico de la investigación de operaciones. Los numerosos ejemplos que se presentan en todo el libro deben ofrecer ideas en el arte de la representación por medio de modelos de IO. También hemos destacado temas que son de utilidad suprema en el análisis de problemas prácticos. Un ejemplo es el tema del análisis de la sensibilidad, que desempeña una parte importante del estudio de problemas de IO.

Creemos que un primer curso de investigación de operaciones debe dar a los estudiantes una base sólida en el área de las matemáticas relacionadas con IO, junto con ejemplos de aplicación significativos. Este plan dará a los usuarios de IO el tipo de *confianza* que normalmente estaría ausente si dirigen su capacitación principal hacia los aspectos filosóficos y artísticos de la toma de decisiones. Una vez que adquieran un conocimiento primordial de los fundamentos matemáticos de la investigación de operaciones, los alumnos pueden aumentar su capacidad como encargados de tomar decisiones, estudiando los casos de estudio reportados y trabajando con problemas reales.

BIBLIOGRAFIA

Ackoff, R. L., *The Art of Problem Solving*, Wiley, Nueva York, 1978.
Osborn, A. F., *Applied Imagination*, 3a. ed. rev., Scribner, Nueva York, 1963.
Sale, K., *Human Scale*, Coward, Nueva York, 1980.

PRIMERA PARTE

PROGRAMACION MATEMATICA

En los capítulos 2 a 7 se estudia la programación lineal. Los algoritmos de redes y sus relaciones con la programación lineal se presentan en el capítulo 8. En el capítulo 9 se estudia la programación lineal entera. El último tema de esta parte es la programación dinámica, capítulo 10.

El material de los capítulos 2 a 7 es suficiente para un buen curso de la teoría con aplicaciones y cálculo de la programación lineal. Existe material adicional relacionado con lo anterior: en el capítulo 8, redes; en el 9, programación lineal entera y en la sección 12.4, teoría de juegos.

El capítulo 2 está ideado para introducir la esencia del análisis de sensitividad de la programación lineal. Se emplean modelos gráficos simples que abarcan conceptos tan importantes como lo son valores duales y costos reducidos, que forman parte del vocabulario de la administración actual. Con el empleo del programa TORA se presentan modelos de gran escala, para estudiar y analizar sus soluciones aplicando los conceptos. Al utilizar estas valiosas herramientas, desde el inicio de esta obra, se puede empezar a estudiar rápidamente los fundamentos de la programación lineal, capítulos 3 a 7, comprendiendo mejor la importancia que éste tiene en la toma de decisiones.

A excepción de la programación dinámica, capítulo 10, la cual se puede estudiar de manera independiente, en este libro los capítulos se presentan de acuerdo a un orden lógico para el estudio de la programación lineal.

Capítulo 2

Programación lineal: formulaciones y solución gráfica

2.1 **Modelo de dos variables y su solución gráfica**
 2.1.1 Solución gráfica de modelos de programación lineal (PL)
 2.1.2 Análisis de sensibilidad: presentación elemental
2.2 **Formulaciones de PL**
2.3 **Otras formulaciones de PL**
2.4 **Resumen**
 Bibliografía
 Problemas

El éxito de una técnica de investigación de operaciones (IO) se mide por la difusión de su uso como una herramienta de la toma de decisiones. Desde su aparición a finales de la década de 1940, la programación lineal (PL) ha demostrado que es una de las herramientas más efectivas de la investigación de operaciones. Su éxito se debe a su flexibilidad para describir un gran número de situaciones reales en las siguientes áreas: militar, industrial, agrícola, de transporte, de la economía, de sistemas de salud, e incluso en las ciencias sociales y de la conducta. Un factor importante en el amplio uso de esta técnica es la disponibilidad de programas de computadora muy eficientes para resolver problemas extensos de PL.

La utilidad de la PL va más allá de sus aplicaciones inmediatas. De hecho, la PL debería considerarse como una base importante del desarrollo de otras técnicas de la IO, incluidas la programación entera, la estocástica, la de flujo de redes y la cuadrática. Desde este punto de vista, el conocimiento de la PL es fundamental para implementar estas técnicas adicionales.

El material de este capítulo contiene lo esencial de la programación lineal, considerada como herramienta de la toma de decisiones, tanto desde el punto de vista de su formulación como de su solución. Además ya que las computadoras son necesarias para resolver los problemas de cualquier tamaño práctico, deben observarse ciertas convenciones al formular los problemas de PL, con el fin de reducir los efectos adversos de los errores de redondeo en la computadora. Estas convenciones se presentan en este capítulo.

La programación lineal es una herramienta determinística, es decir, todos los parámetros del modelo se suponen conocidos con certeza. Sin embargo, en la vida real, es raro encontrar un problema donde prevalezca una verdadera certeza respecto a los datos. La técnica de la PL compensa esta "deficiencia", proporcionando análisis sistemáticos posóptimos y paramétricos, que permiten al tomador de decisiones probar la sensibilidad de la solución óptima "estática", respecto a cambios discretos o continuos de los parámetros del modelo. Básicamente, estas técnicas adicionales agregan una dimensión dinámica a la propiedad de solución óptima de la PL. En este capítulo se presentan los fundamentos del análisis de sensibilidad y se muestra su aplicación por medio de ejemplos prácticos.

2.1 MODELO DE DOS VARIABLES Y SU SOLUCION GRAFICA

En esta sección se presenta un modelo sencillo de PL con dos variables de decisión y se muestra cómo se puede resolver gráficamente. Si bien es cierto que una solución gráfica bidimensional casi no tiene utilidad en situaciones reales (las cuales normalmente comprenden cientos o miles de variables y restricciones), el procedimiento ofrece una excelente oportunidad para entender cómo funciona el proceso de optimización en la PL. También permite presentar el concepto de análisis de sensibilidad de manera lógica y comprensible. De hecho, el siguiente ejemplo se usa en el capítulo 3 para explicar el método algebraico símplex para resolver programas lineales en general.

Ejemplo 2.1-1 (Reddy Mikks Company)

Reddy Mikks Company posee una pequeña fábrica de pinturas para interiores y exteriores de casas para su distribución al mayoreo. Se utilizan dos materiales básicos, A y B, para producir las pinturas. La disponibilidad máxima de A es de 6 toneladas diarias; la de B es de 8 toneladas por día. La necesidad diaria de materia prima *por tonelada* de pintura para interiores y exteriores se resumen en la tabla que sigue.

	Toneladas de materia prima por tonelada de pintura		Disponibilidad máxima (toneladas)
	Exterior	Interior	
Materia prima A	1	2	6
Materia prima B	2	1	8

Un estudio del mercado ha establecido que la demanda diaria de pintura para interiores no puede ser mayor que la de pintura para exteriores en más de una tonelada. Asimismo, el estudio señala que la demanda máxima de pintura para interiores está limitada a dos toneladas diarias.

El precio al mayoreo por tonelada es $3 000 para la pintura de exteriores y $2 000 para la pintura de interiores.

¿Cuánta pintura para exteriores e interiores debe producir la compañía todos los días para maximizar el ingreso bruto?

Construcción del modelo matemático

La construcción de un modelo matemático se puede iniciar respondiendo a las tres preguntas siguientes:

1. ¿Qué busca determinar el modelo? Dicho de otra manera, ¿cuáles son las **variables** (incógnitas) del problema?
2. ¿Qué **restricciones** deben imponerse a las variables a fin de satisfacer las limitaciones del sistema representado por el modelo?
3. ¿Cuál es el **objetivo** (meta) que necesita alcanzarse para determinar la solución óptima (mejor) de entre todos los valores **factibles** de las variables?

Una manera efectiva de responder a estas preguntas consiste en hacer un resumen verbal del problema. En términos del ejemplo de Reddy Mikks, la situación se describe en la forma siguiente.

La compañía busca determinar las *cantidades* (en toneladas) de pintura para exteriores e interiores que se producirán para *maximizar* (incrementar hasta donde sea factible) el ingreso bruto total (en miles de unidades monetarias), a la vez que se satisfacen las *restricciones* de la demanda y el uso de materias primas.

El punto capital del modelo matemático consiste en identificar, en primer término, las variables y después expresar el objetivo y las restricciones como funciones matemáticas de las variables. Por lo tanto, en relación con el problema de Reddy Mikks, tenemos lo siguiente.

Variables. Como deseamos determinar las cantidades de pintura para exteriores e interiores que se producirán, las variables del modelo se pueden definir como

x_E = toneladas de pintura para exteriores producidas diariamente
x_I = toneladas de pintura para interiores producidas diariamente

Función objetivo. Como cada tonelada de pintura para exteriores se vende en $3 000, el ingreso bruto obtenido de la venta de x_E toneladas es $3x_E$ miles de unidades monetarias. En forma análoga, el ingreso bruto que se obtiene de vender x_I toneladas de pintura para interiores es $2x_I$ miles de unidades monetarias. Bajo la suposición de que las ventas de pintura para exteriores e interiores son independientes, el ingreso bruto total se convierte en la suma de los dos ingresos.

20   Programación lineal: formulaciones y solución gráfica   [C.2

Si hacemos que z represente el ingreso bruto total (en miles de unidades monetarias), la función objetivo se puede escribir matemáticamente como $z = 3x_E + 2x_I$. La meta consiste en determinar los valores (factibles) de x_E y x_I que maximizarán este criterio.

Restricciones. El problema de Reddy Mikks impone restricciones sobre el uso de materias primas y sobre la demanda. La restricción del uso de materias primas se puede expresar en forma verbal como

$$\begin{pmatrix} \text{uso de materias primas} \\ \text{en ambas pinturas} \end{pmatrix} \leq \begin{pmatrix} \text{disponibilidad máxima de} \\ \text{materias primas} \end{pmatrix}$$

Esto nos lleva a las restricciones que siguen (véanse los datos del problema):

$$x_E + 2x_I \leq 6 \quad \text{(materia prima A)}$$
$$2x_E + x_I \leq 8 \quad \text{(materia prima B)}$$

Las restricciones sobre la demanda se expresan en forma verbal como

$$\begin{pmatrix} \text{cantidad en exceso de pinturas para} \\ \text{interiores sobre exteriores} \end{pmatrix} \leq 1 \text{ tonelada por día}$$
$$(\text{demanda de pintura para interiores}) \leq 2 \text{ toneladas por día}$$

Matemáticamente, éstos se expresan, respectivamente, como

$$x_I - x_E \leq 1 \quad \text{(exceso de pintura para interiores sobre pintura para exteriores)}$$
$$x_I \leq 2 \quad \text{(demanda máxima de pintura para interiores)}$$

Una restricción implícita (o "sobreentendida") es que la cantidad que se produce de cada pintura no puede ser negativa (menor que cero). Para evitar obtener una solución como ésta, imponemos las **restricciones de no negatividad,** que normalmente se escriben como

$$x_I \geq 0 \quad \text{(pintura para interiores)}$$
$$x_E \geq 0 \quad \text{(pintura para exteriores)}$$

Los valores de las variables x_E y x_I se dice constituyen una **solución factible** si satisfacen *todas* las restricciones del modelo, incluyendo las restricciones de no negatividad.

El modelo matemático completo para el problema de Reddy Mikks se puede resumir ahora de la manera siguiente:

> Determínense las toneladas de pinturas para interiores y exteriores que se producirán para
>
> $$\text{maximizar } z = 3x_E + 2x_I \quad \text{(función objetivo)}$$
>
> sujeto a
>
> $$x_E + 2x_I \leq 6$$
> $$2x_E + x_I \leq 8$$
> $$-x_E + x_I \leq 1 \quad \text{(restricciones)}$$
> $$x_I \leq 2$$
> $$x_E \geq 0, \quad x_I \geq 0$$

¿Qué hace que este modelo sea un programa lineal? Técnicamente, es un programa lineal porque todas sus funciones (restricciones y objetivo) son *lineales*. La linealidad implica que se cumplen las propiedades de **proporcionalidad** y de **aditividad**.

1. La *proporcionalidad* requiere que la contribución de cada variable (por ejemplo, x_E y x_I) en la función objetivo o su uso de los recursos sea *directamente proporcional* al nivel (valor) de la variable. Por ejemplo, si Reddy Mikks Company ofrece vender la tonelada de pintura para exteriores en $2 500 cuando las ventas sean superiores a dos toneladas, no será cierto que cada tonelada de pintura producirá un ingreso de $3 000; puesto que generará $3 000 por tonelada para $x_E \leq 2$ toneladas y $2 500 por tonelada para $x_E > 2$ toneladas. Esta situación no satisface la condición de proporcionalidad *directa* con x_E.

2. La *aditividad* requiere que la función objetivo sea la *suma directa* de las contribuciones individuales de las variables. En forma análoga, el primer miembro o lado izquierdo de cada restricción debe ser la suma de los usos individuales de cada variable del recurso correspondiente. Por ejemplo, en el caso de dos productos *en competencia*, donde un aumento en el nivel de ventas de un producto afecta contrariamente al del otro, los dos productos no satisfacen la propiedad de aditividad.

Ejercicio 2.1-1
Lo siguiente se refiere al modelo que acabamos de describir.
(a) Reescriba cada una de las restricciones que siguen en las condiciones estipuladas.
   (1) La demanda diaria de pintura para interiores es mayor que la de pintura para exteriores *cuando menos* en una tonelada.
      [*Resp.* $x_I - x_E \leq 1$.]
   (2) El uso diario de la materia prima A es *cuando mucho* de 6 toneladas y *cuando menos* de 3 toneladas.
      [*Resp.* $x_E + 2x_I \leq 6$ y $x_E + 2x_I \leq 3$.]
   (3) La demanda de pintura para interiores no puede ser menor que la de pintura para exteriores.
      [*Resp.* $x_I - x_E \geq 0$.]

(b) Verifique si las siguientes soluciones son factibles.
  (1) $x_E = 1$, $x_I = 4$; (2) $x_E = 2$, $x_I = 2$; (3) $x_E = 3\frac{1}{3}$, $x_I = 1\frac{1}{3}$; (4) $x_E = 2$, $x_I = 1$; (5) $x_E = 2$, $x_I = -1$.
  [*Resp.* Todas las soluciones son factibles salvo (1) y (5).]
(c) Considere la solución factible $x_E = 2$, $x_I = 2$. Determine
  (1) La cantidad de holgura (no usada) de la materia prima A.
  [*Resp.* Cero.]
  (2) La cantidad de holgura de la materia prima B.
  [*Resp.* 2 toneladas.]
(d) Determine la mejor solución entre todas las soluciones factibles del inciso (b).
  [*Resp.* (2) $z = 10$; (3) $z = 12\frac{2}{3}$; (4) $z = 8$. La solución (3) es la mejor.]
(e) ¿Puede usted acertar al número de soluciones *factibles* que puede tener el problema de Reddy Mikks?
  [*Resp.* Un número infinito de soluciones, lo que hace inútil el procedimiento de enumeración del inciso (d) y señala la necesidad de una técnica "más selectiva", como se indica en la sección que sigue.]

2.1.1 SOLUCION GRAFICA DE MODELOS DE PL

En esta sección consideramos la solución del modelo de programación lineal (PL) de Reddy Mikks. El modelo se puede resolver en forma gráfica porque sólo tiene dos variables. Para modelos con tres o más variables, el método gráfico es impráctico o imposible. No obstante, podremos deducir conclusiones generales del método gráfico que servirán como la base para el desarrollo del método de solución general en el capítulo 3.

El primer paso del método gráfico consiste en graficar las soluciones factibles, o el **espacio de soluciones** (factible), que satisfaga todas las restricciones *en forma simultánea*. La figura 2-1 representa el espacio de soluciones que se requiere. Las restricciones de no negatividad $x_E \geq 0$ y $x_I \geq 0$ confinan todos los valores factibles al primer cuadrante (que está definido por el espacio arriba de o sobre el eje x_E y a la derecha de o sobre el eje x_I. El espacio encerrado por las restricciones restantes se determina sustituyendo en primer término ($\leq$) por ($=$) para cada restricción, con lo cual se produce la ecuación de una línea recta. Después se traza cada línea recta en el plano (x_E, x_I) y, la región en la cual se encuentra cada restricción cuando se considera la desigualdad, lo indica la dirección de la flecha situada sobre la línea recta asociada. Una manera fácil de determinar la dirección de la flecha es usar el origen (0,0) como punto de referencia. Si (0,0) satisface la desigualdad, la dirección factible debe incluir al origen; si no es así, debe estar en el lado opuesto. Por ejemplo, (0,0) satisface la desigualdad $-x_E + x_I \leq 1$, lo que significa que la desigualdad es factible en el semiespacio que incluye al origen. Aplicando este procedimiento a nuestro ejemplo, especificamos el espacio de soluciones *ABCDEF* mostrado en la figura 2-1.

Para obtener la solución óptima (máxima), desplazamos la recta del ingreso "cuesta arriba" hasta el punto donde cualquier incremento adicional en el ingreso produciría una solución infactible. La figura 2-2 ilustra que la solución óptima ocurre en el punto C. Como C es la intersección de las rectas ① y ② (véase la figura 2-1), los valores de x_E y x_I se determinan al resolver las dos ecuaciones que siguen en forma simultánea:

2.1] Modelo de dos variables y su solución gráfica 23

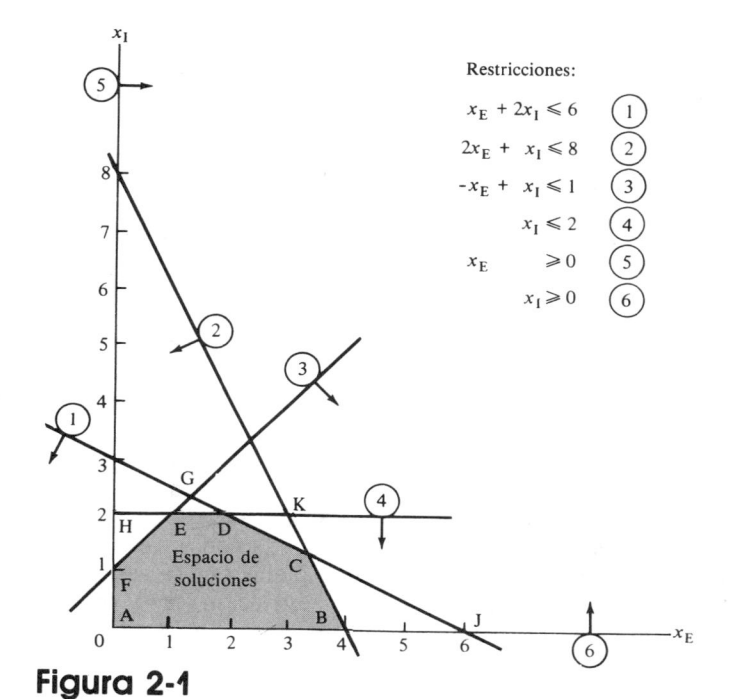

Restricciones:

$x_E + 2x_I \leq 6$ ①
$2x_E + x_I \leq 8$ ②
$-x_E + x_I \leq 1$ ③
$x_I \leq 2$ ④
$x_E \geq 0$ ⑤
$x_I \geq 0$ ⑥

Figura 2-1

$$x_E + 2x_I = 6$$
$$2x_E + x_I = 8$$

Cada punto contenido o situado en la frontera del espacio de soluciones *ABC-DEF* satisface todas las restricciones y por consiguiente, representa un punto *fac-*

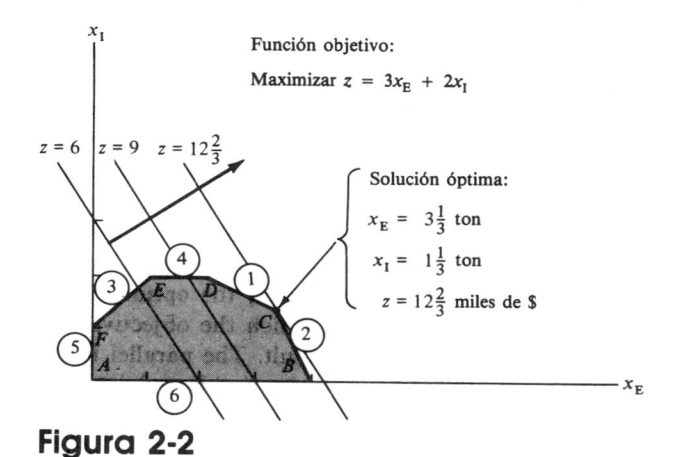

Función objetivo:

Maximizar $z = 3x_E + 2x_I$

Solución óptima:
$x_E = 3\frac{1}{3}$ ton
$x_I = 1\frac{1}{3}$ ton
$z = 12\frac{2}{3}$ miles de $

Figura 2-2

24 Programación lineal: formulaciones y solución gráfica [C.2]

tible. Aunque hay un número *infinito* de puntos factibles en el espacio de soluciones, la **solución óptima** puede determinarse al observar la dirección en la cual aumenta la función objetivo $z = 3x_E + 2x_I$; la figura 2-2 ilustra este resultado.

Las líneas paralelas que representan la función objetivo se trazan mediante la asignación de valores crecientes (arbitrarios) a $z = 3x_E + 2x_I$ a fin de determinar la pendiente y la dirección en la cual crece el ingreso total (función objetivo). En la figura 2-2 se utilizó $z = 6$ y $z = 9$ (verifíquese esto).

Las dos ecuaciones producen $x_E = 3\frac{1}{3}$ y $x_I = 1\frac{1}{3}$. Por lo tanto, la solución indica que la producción diaria debe ser de $3\frac{1}{3}$ toneladas de pintura para exteriores y de $1\frac{1}{3}$ toneladas de pintura para interiores. El ingreso asociado es

$$z = 3(3\tfrac{1}{3}) + 2(1\tfrac{1}{3}) = 12\tfrac{2}{3} \text{ (miles de \$)}$$

En la figura 2-3 se presenta la salida del modelo Reddy Mikks, empleando el programa TORA. La primera parte proporciona un resumen de la solución ($x_E = 3.3333$, $x_I = 1.3333$ y $z = 12.6667$), así como la contribución de cada variable individual a la función objetivo. La segunda parte de la salida en la figura 2-3 enlista las restricciones y su tipo, junto con los valores asociados de sus variables de holgura o de exceso. Una variable de **holgura** está asociada con la restricción ($\leq$) y representa la cantidad en que excede el segundo miembro de la restricción al primero. Una variable de **exceso** se identifica con una restricción ($\geq$) y representa el exceso del primer miembro sobre el segundo. En restricciones del tipo ($\leq$), por lo general el segundo miembro representa el límite de la disponibilidad de un recurso, en tanto que su primer miembro representa el uso de este limitado recurso, por las diferentes

---

*** OPTIMUM SOLUTION SUMMARY ***
*** RESUMEN DE SOLUCION OPTIMA ***

Title: Reddy Mikks model
Final: iteration No: 3
Objective value (max) = 12.6667

Título: modelo Reddy Mikks
Iteración final núm. 3
Valor objetivo (máx) = 12.6667

Variable	Value	Obj Coeff	Obj Val Contrib	Reduced Cost
Variable	Valor	Coeficiente objetivo	Contribución valor objetivo	Costo reducido
x1 xE	3.3333	3.0000	10.000	0.0000
x2 xI	1.3333	2.0000	2.6667	0.0000

Constraint	RHS	Slack(-)/Surplus(+)	Dual Price
Restricción	Segundo miembro	Holgura(−)/Exceso(+)	Precio dual
1 (<)	6.0000	0.0000−	0.3333
2 (<)	8.0000	0.0000−	1.3333
3 (<)	1.0000	3.0000−	0.0000
4 (<)	2.0000	0.6667−	0.0000

Figura 2-3

2.1] Modelo de dos variables y su solución gráfica **25**

actividades (variables) del modelo. Desde este punto de vista, la variable de holgura representa la cantidad no utilizada del recurso. En general, las restricciones del tipo ($\geq$) establecen requisitos mínimos de especificación, en cuyo caso la variable de exceso representa la cantidad de exceso con la que satisface la especificación mínima. En el modelo Reddy Mikks las dos primeras restricciones representan la disponibilidad de las materias primas A y B. Ambas restricciones muestran holguras nulas, es decir, que se han usado completamente. Las restricciones de la demanda 3 y 4 tienen holguras positivas, o sea, sus límites son mayores que los necesarios para la solución óptima.

La figura 2-3 incluye dos columnas adicionales: "costo reducido" y "precio dual". La importancia de esta información se explicará en la próxima sección, después de presentar el tema del análisis de sensibilidad.

Ejercicio 2.1-2

(a) Identifique el espacio de soluciones y la solución óptima (incluyendo las variables holgura/exceso correspondientes a las restricciones 1, 2, 3 y 4) para el problema de Reddy Mikks si cada uno de los cambios que siguen se realizan por separado. Supóngase que cada cambio sustituye, en vez de aumentar, la condición existente en el modelo y que la información restante acerca del modelo se mantiene sin cambio. (Véase la figura 2-1 para identificar y verificar las respuestas.)

(1) La demanda máxima de pintura para interiores es de 3 toneladas por día.
[*Resp.* Espacio de soluciones = *ABCGF*. La solución óptima permanece en *C* con holgura $s_4 = 1.6667$ y todas las demás holguras permanecen invariables.]

(2) La demanda de pintura para interiores es *cuando menos* de 2 toneladas diarias.
[*Resp.* Espacio de soluciones = *EDG*. Solución óptima en *D, z* = 10, $x_E = x_I = 2$, holguras $s_1 = 0$, $s_2 = 2$, $s_3 = 1$, y el exceso $s_4 = 0$.]

(3) La demanda de pintura para interiores es *exactamente* una tonelada mayor que la de pintura para exteriores.
[*Resp.* Espacio de soluciones = *EF*. Solución óptima en *E, z* = 7, $x_E = 1$, $x_I = 2$, holguras $s_1 = 1$, $s_2 = 4$, $s_3 = 0$. La restricción de igualdad 4 no tiene ni holgura ni exceso.]

(4) La disponibilidad diaria de la materia prima *B* es *cuando menos* de 8 toneladas.
[*Resp.* Espacio de soluciones = *BCJ*. Solución óptima en *J, z* = 18, $x_E = 6$, $x_I = 0$, holgura $s_1 = 0$, exceso $s_2 = 4$, holguras $s_3 = 7$, $s_4 = 2$.]

(5) La disponibilidad de la materia prima B es *cuando menos* de 8 toneladas por día y la demanda de pintura para interiores es mayor que la de pintura para exteriores *cuando menos* en una tonelada.
[*Resp.* El problema no tiene espacio de soluciones factible.]

(b) Identifique la solución óptima en la figura 2-2 si la función objetivo se cambia según se muestra:

(1) $z = 3x_E + x_I$
[*Resp.* $x_E = 4$, $x_I = 0$ en *B*.]

(2) $z = 3x_E + 1.5x_I$
[*Resp.* Cualquier punto en el segmento de recta que una los puntos *B* y *C*.]

(3) $z = x_E + 3x_I$
[*Resp.* $x_E = 2$, $x_I = 2$ en *D*.]

(4) En el caso (2) el problema tiene más de una solución óptima. ¿Cuál es el valor de la función objetivo en todos estos niveles óptimos?
[*Resp.* El valor de la función objetivo sigue siendo *el mismo* y es igual a 12. Nos referimos a estas soluciones como **opciones óptimas** porque producen el *mismo* valor objetivo óptimo.]

26 Programación lineal: formulaciones y solución gráfica [C.2]

El ejercicio 2.1-2(b) revela la observación interesante de que la solución óptima puede identificarse siempre con uno de los **puntos de esquina (o extremos)** factibles del espacio de soluciones: *A, B, C, D, E* y *F* de la figura 2-2. La elección del punto de esquina específico depende en primer término de la pendiente (coeficientes) de la función objetivo. Nótese que aun en el caso (2), donde la solución óptima no necesita ocurrir en un punto de esquina, todas las opciones óptimas se conocen una vez que se determinan los puntos de esquina *B* y *C*.

Demostraremos en el capítulo 3 que la observación que acabamos de analizar es la idea principal para resolver programas lineales en general. En realidad, podemos ver que ya no nos tiene que preocupar el hecho de que el espacio de soluciones tenga un número infinito de ellas porque ahora podemos concentrar un número *finito* de puntos *extremos*.

2.1.2 ANALISIS DE SENSIBILIDAD: PRESENTACION ELEMENTAL

El análisis de sensibilidad se ha diseñado para estudiar el efecto de los cambios en los parámetros del modelo de PL en la solución óptima. Tal análisis se considera como parte integral de la solución (extendida) de cualquier problema de PL. Este da al modelo una característica dinámica que permite al analista estudiar el comportamiento de la solución óptima, al efectuar cambios en los parámetros del modelo. El objetivo final del análisis es tener información acerca de posibles soluciones óptimas nuevas (correspondientes a cambios en los parámetros), con un mínimo de cálculos adicionales.

El análisis de sensibilidad es muy adecuado para estudiar el efecto en la solución óptima de cambios en los coeficientes de costo/ganancia y, en las cantidades de recursos disponibles. Aunque los cálculos del análisis de sensibilidad se han automatizado en la mayoría del software de IO (incluido TORA), es importante tener un conocimiento fundamental de cómo trabaja el método, para poder implementar con éxito los resultados. En esta sección utilizamos un procedimiento gráfico para explicar los elementos básicos del análisis. Posteriormente, en los capítulos 3 y 5 presentaremos un tratamiento más riguroso de esta técnica.

Problema de sensibilidad 1. ¿Qué tanta variación se permite en los coeficientes de la función objetivo?

Una variación en los coeficientes de la función objetivo, sólo puede afectar la pendiente de la línea recta que la representa. En la sección 2.1.1 [ejercicio 2.1-2(b)] demostramos que la determinación del punto de esquina, o punto extremo óptimo de un espacio de soluciones, depende totalmente de la pendiente de la función objetivo. Nuestra meta, desde el punto de vista del análisis de sensibilidad, es determinar el intervalo de variación de cada uno de los coeficientes de la función objetivo que mantenga invariante a un punto extremo óptimo. Los detalles del procedimiento se mostrarán por medio del modelo Reddy Mikks.

Sean c_E y c_I las ganancias por tonelada de las pinturas para exterior e interior, respectivamente. La función objetivo puede escribirse entonces

$$z = c_E x_E + c_I x_I$$

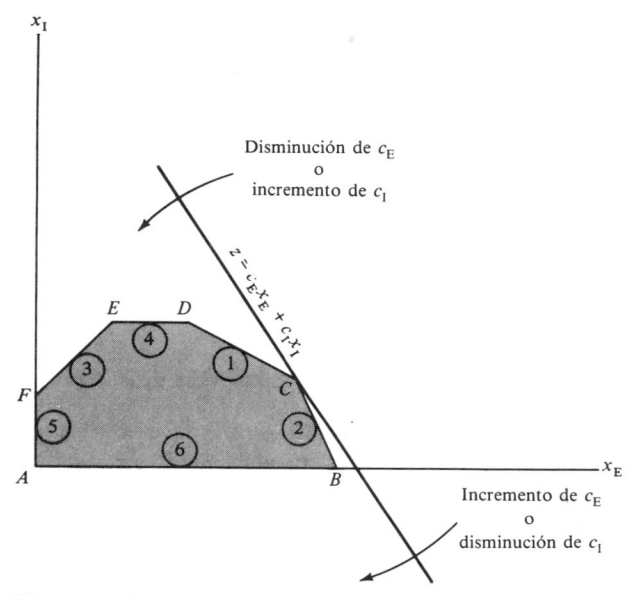

2.1] Modelo de dos variables y su solución gráfica 27

Figura 2-4

La figura 2-4 muestra que el efecto de aumentar c_E o disminuir c_I es una rotación, en el sentido de las manecillas del reloj, de la línea que representa a z alrededor del punto óptimo C. Por otra parte, una disminución de c_E o un aumento de c_I, hará que la recta gire en sentido contrario. Se trata de determinar los intervalos de variación de c_E y c_I tales que C siga siendo un punto óptimo. Si se observa la figura 2-4 es claro que en tanto la pendiente de z permanezca dentro de las pendientes de las líneas CB y CD, el punto C seguirá siendo óptimo. (Cuando la pendiente de z coincida con la CB o la de CD, se tendrá una opción óptima.) Podemos expresar esta condición algebraicamente:

$$\frac{1}{2} \leq \frac{c_E}{c_I} \leq \frac{2}{1}$$

La relación anterior es correcta sólo si $c_I \neq 0$, o sea que el intervalo de pendientes admisibles excluye que la función objetivo se represente con una línea vertical. Si $c_I \neq 0$ es posible, podemos usar la razón c_I/c_E, nuevamente sólo si $c_E \neq 0$. Si tanto $c_I = 0$ como $c_E = 0$ son posibles, el intervalo debe segmentarse en dos partes (traslapadas).

Las fracciones límite son directamente iguales a las razones (algebraicas) respectivas de los coeficientes de x_E y x_I para las líneas CB y CD. La dirección de la desigualdad queda automáticamente determinada por los valores relativos de las fracciones límite 1/2 y 2/1.

28 Programación lineal: formulaciones y solución gráfica [C.2

La desigualdad anterior expresa que cualesquiera cambios en c_E o en c_I que mantengan a c_E/c_I *dentro* del intervalo [1/2, 2], mantendrán siempre a C como punto óptimo. Los cambios fuera de este intervalo moverán el punto óptimo a B o D. Podemos obtener información más específica acerca del coeficiente de la función objetivo, si consideramos la variación de cada coeficiente por separado (cada uno a la vez), en tanto que se mantienen los demás coeficientes constantes en su valor presente. En el modelo Reddy Mikks, si fijamos c_I en su valor presente ($= 2$), la desigualdad anterior conducirá al siguiente intervalo:

$$\frac{1}{2} \leq \frac{c_E}{2} \leq 2$$

o sea

$$1 \leq c_E \leq 4$$

Esto significa que para $c_I = 2$, el punto C seguirá siendo óptimo siempre que c_E se encuentre en el intervalo [1,4]. Puede determinarse un intervalo similar para c_I, dado que c_E está fijo en 3. Obsérvese que en este caso es más fácil reescribir la desigualdad con c_I en el numerador, o sea

$$\frac{1}{2} \leq \frac{c_I}{c_E} \leq \frac{2}{1}$$

Haciendo $c_E = 3$, obtenemos el intervalo $\frac{3}{2} \leq c_I \leq 6$.

En la figura 2-5 se da la salida de TORA para el análisis de sensibilidad del coeficiente de la función objetivo. Los resultados aparecen en dos partes: cambios únicos y cambios simultáneos. Los intervalos asociados con cambios únicos concuerdan con los resultados anteriores. Respecto al caso de cambios simultáneos, debemos

```
                    *** SENSITIVITY ANALYSIS ***
                    *** ANALISIS DE SENSIBILIDAD ***
Objective coefficients ... Single Changes:    Coeficientes objetivo ... únicos cambios:
```

Variable	Current Coeff	Min Coeff	Max Coeff	Reduced Cost
Variable	Coeficiente corriente	Coeficiente mín.	Coeficiente máx.	Costo reducido
x1 xE	3.0000	1.0000	4.0000	0.0000
x2 xI	2.0000	1.5000	6.0000	0.0000

Objective Coeff. ... Simultaneous Changes: d Coeficientes objetivo ... cambios simultáneos d:

Nonbasic Var	Optimality Condition			
Variable no básica	Condición de optimidad			
sx3	0.3333 +	0.6667 d2 +	−0.3333 d1 >= 0	
sx4	1.3333 +	−0.3333 d2 +	0.6667 d1 >= 0	

Figura 2-5

2.1] Modelo de dos variables y su solución gráfica

señalar que d_1 y d_2 se definen como $d_1 = c_E - 3$ y $d_2 = c_I - 2$; o sea, representan la magnitud del cambio respecto al valor corriente del coeficiente. Tomando en cuenta estas sustituciones, la condición de cambios simultáneos

$$\frac{1}{2} \leq \frac{c_E}{c_I} \leq 2$$

da en forma directa las condiciones simultáneas mostradas en la figura 2-5. Específicamente $c_E/c_I \leq 2$ conduce a $-d_1 + 2d_2 + 1 \geq 0$ (verificar), que es igual a la primera condición. De manera similar, $c_E/c_I \geq 1/2$ conducirá a la segunda condición.

Hemos considerado todas las entradas de la figura 2-5, excepto la columna de "costo reducido". Asociada con cada variable de decisión en la solución óptima, existe un parámetro que mide su ganancia potencial. Si la variable de decisión ya es positiva en la solución, su medida de ganancia potencial es siempre igual a cero, porque el proceso de optimización ya ha "explotado" económicamente la actividad asociada. Por otra parte, si la variable de decisión está en el nivel cero en la solución óptima, su medida de ganancia potencial supondrá un valor diferente de cero. Esta medida, que se conoce en la literatura técnica como **costo reducido**, proporciona la magnitud con que debe ajustarse el coeficiente de la función objetivo asociado, para que la variable sea apenas provechosa. En realidad, el costo reducido es una función de la función objetivo y de los coeficientes de restricción de la variable en consideración. Sin embargo, pospondremos el análisis de esta situación hasta el capítulo 3. En la figura 2-5 tanto x_E como x_I son positivas en la solución óptima, dando cero como resultado para el costo reducido de ambas variables.

Ejercicio 2.1-3

(a) Verifique que las condiciones que representan los cambios simultáneos d_1 d_2 en la figura 2-5 son exactamente equivalentes a $1/2 \leq c_E/c_I \leq 2$.

(b) Para los intervalos especificados para cambios únicos en c_E y c_I, muestre en la figura 2-4 la solución óptima en cada uno de los casos siguientes:
   (1) c_E crece justo por arriba de su límite superior (= 4).
   [*Resp.*: Punto *B*.]
   (2) c_I crece justo por arriba de su límite superior (= 6).
   [*Resp.*: Punto *D*.]
   (3) c_I decrece justo por abajo de su límite inferior (= 1.5).
   [*Resp.*: Punto *B*.]

(c) Suponga que la función objetivo está dada originalmente por $z = 3x_E + x_I$ (en vez de $z = 3x_E + 2x_I$). La solución óptima asociada se presentará en *B* ($x_E = 4$, $x_I = 0$). Esto significa que no se producirá pintura interior. ¿En cuánto deberá ajustarse la ganancia por tonelada de pintura para interior con el fin de sólo empezar a producir cantidades positivas de esta pintura?
   [*Resp.*: Increméntese c_I por lo menos en 0.5 (de 1 a por lo menos 1.5)].

(d) Use TORA para resolver la parte (c) y demostrar que el resultado está dado directamente por el costo reducido de x_I.

Problema de sensibilidad 2. ¿Cuánto vale una unidad de recurso?

Este problema tiene que ver con el estudio de la sensibilidad de la solución óptima, frente a cambios en el segmento de las restricciones. Si la restricción representa

30 Programación lineal: formulaciones y solución gráfica [C.2

un recurso limitado, el problema se reduce a estudiar el efecto de cambiar la disponibilidad del recurso. La meta específica de este problema de sensibilidad es determinar el efecto sobre el valor objetivo máximo de los cambios, en el segundo miembro de las restricciones. Básicamente, los resultados se dan como intervalos predeterminados del segundo miembro, dentro de los cuales el valor objetivo óptimo cambiará (creciendo o disminuyendo) a una *tasa constante* dada. Analicemos esta situación en términos del ejemplo Reddy Mikks.

Consideremos la primera restricción que trata con la materia prima A. Cualesquiera cambios en la cantidad de la materia prima A, ocasionará que la línea de restricción asociada se mueva en forma paralela a sí misma, como se muestra en la figura 2-6. Un cambio correspondiente en el valor objetivo óptimo ocurrirá a una tasa constante, siempre que la solución óptima esté determinada por la intersección de las restricciones (1) y (2). Observando la figura 2-6, se verá que tal requisito se satisface, en tanto que los cambios se limiten al intervalo representado por el segmento de recta *KB*. Si la materia prima A se incrementa más allá de la cantidad asociada con el punto *K,* la restricción será redundante y entonces no tendrá efecto en el espacio de soluciones. Si la cantidad de material A se disminuye por abajo del valor asociado con el punto B, la solución óptima ya no quedará determinada por la intersección de las líneas (1) y (2). Esta condición destruirá la relación lineal entre el valor objetivo óptimo y el cambio en la cantidad de materia prima A.

Podemos determinar el intervalo de cambio para el material A de la siguiente manera. El límite inferior corresponde al punto B ($x_E = 4$, $x_I = 0$), y se obtiene por sustitución directa en el primer miembro de la restricción (1), o sea, $1(4) + 2(0) = 4$ toneladas. Igualmente, el límite superior se calcula sustituyendo el punto K (x_E

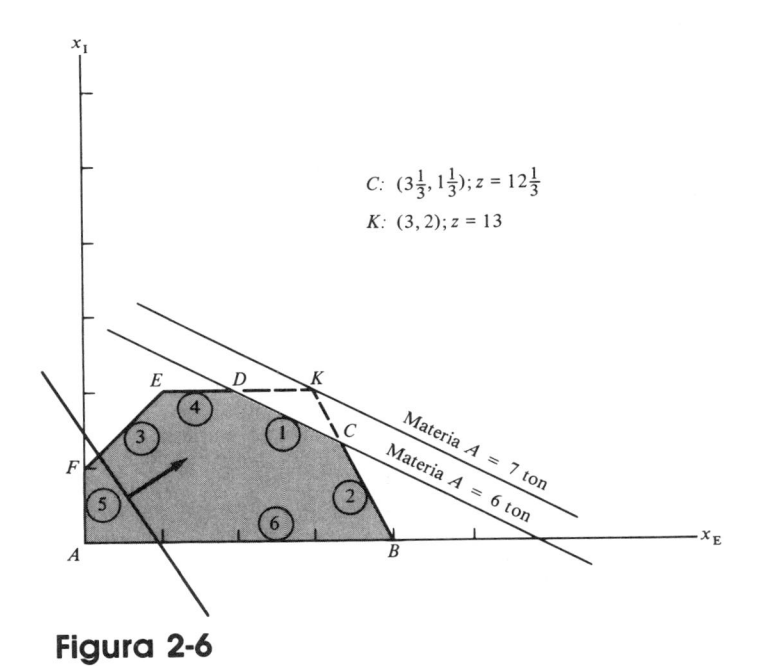

$C: (3\frac{1}{3}, 1\frac{1}{3}); z = 12\frac{1}{3}$

$K: (3, 2); z = 13$

Figura 2-6

= 3, x_1 = 2) en el primer miembro de la restricción (1), o sea, 1(3) + 2(2) = 7 toneladas. De hecho, el intervalo de cambio en la cantidad de material A que conduce a una relación lineal entre el cambio en A y el valor óptimo correspondiente de z, está dado por:

$$4 \leq \text{cantidad de material A} \leq 7$$

La constante de proporcionalidad entre la cantidad de material A y el valor óptimo de z se determina de manera directa. Específicamente, los valores de z que corresponden a los puntos B y K se obtienen por sustitución directa en el valor objetivo para dar:

$$z = 3(4) + 2(0) = 12 \quad \text{en el punto } B$$
$$z = 3(3) + 2(2) = 13 \quad \text{en el punto } K$$

Así, la constante de proporcionalidad entre z y la cantidad de material A se calcula como:

$$y_1 = \frac{13 - 12}{7 - 4} = \frac{1}{3} \text{ miles de unidad monetaria por tonelada de material A}$$

La constante y_1 representa, en realidad, el valor unitario del material A. Así, un aumento (disminución) en la cantidad de A incrementará (reducirá) el valor de z en 1/3. Esta proporcionalidad es válida sólo mientras la cantidad de materia prima A se encuentre dentro del intervalo [4, 7].

Al considerar la materia prima B, la figura 2-7 muestra que los puntos límite que mantendrán la linealidad entre la cantidad de material B y el valor óptimo de z son el D y J. Los intervalos correspondientes del material B y z se determinan de manera similar a la usada para el material A, lo que da el intervalo [6, 12] para el material y el [10, 18] para z (¡verifíquese!). El valor unitario del material B es entonces

$$y_2 = \frac{18 - 10}{12 - 6} = \frac{4}{3} \text{ miles de unidad monetaria por tonelada de materia B}$$

Ahora analizaremos un tipo diferente de restricción. Nótese que las restricciones asociadas con las materias primas A y B tienen holguras nulas, porque sus líneas rectas asociadas pasan por la solución óptima corriente en C. Sin embargo, ¿qué ocurre con aquellas restricciones (con holgura diferente de cero) que no pasan por el punto óptimo C, o sea, las restricciones (3) y (4)? La figura 2-1 muestra que el segundo miembro de la restricción (3) puede incrementarse indefinidamente, sin tener ningún efecto en la solución óptima o en el valor objetivo. De hecho, el segundo miembro puede disminuirse hasta que la restricción pase por C nuevamente, sin afectar el valor óptimo de z. Así, el intervalo correspondiente para el segundo miembro de la restricción (3) es [−2, ∞] (¡verifíquese!). Como el valor de z permanece constante, el valor unitario correspondiente es cero. De manera análoga, la restricción (4) puede cambiar en el intervalo [4/3, ∞] (¡verifíquese!) sin afectar la solución óptima o el valor óptimo de z.

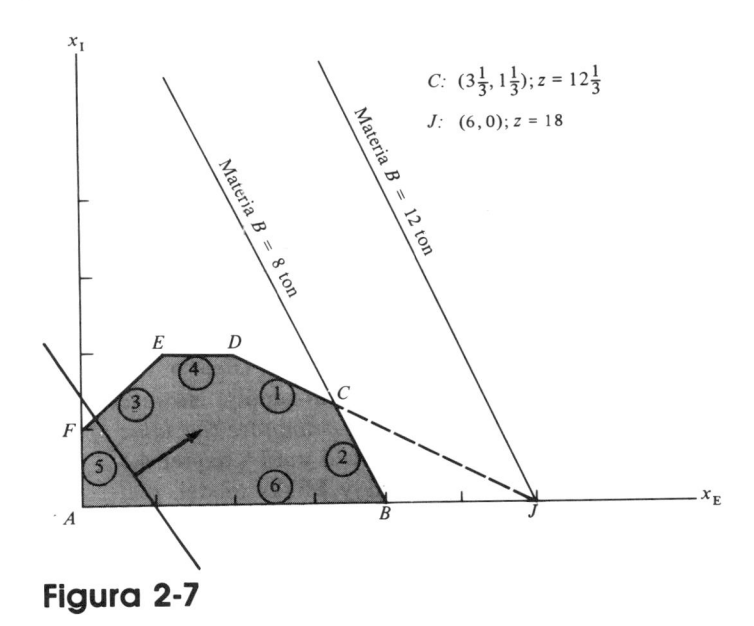

32 Programación lineal: formulaciones y solución gráfica [C.2

Figura 2-7

C: $(3\frac{1}{3}, 1\frac{1}{3}); z = 12\frac{1}{3}$
J: $(6, 0); z = 18$

La figura 2-8 muestra la salida de TORA para los intervalos de los segundos miembros. Los resultados concuerdan con los de los cálculos anteriores. Por razones históricas, el valor de los valores unitarios (por ejemplo, y_1 y y_2) se denominan en

```
              *** SENSITIVITY ANALYSIS ***
              **+ ANALISIS DE SENSIBILIDAD ***
Right-hans Single Changes:    Segundo miembro ... únicos cambios:
```

Constraint	Current RHS	Min RHS	Max RHS	Dual Price
Restricción	Sgdo. miem. cor.	Sgdo. miem. mín.	Sgdo. miem. máx.	Precio dual
1(<)	6.0000	4.0000	7.0000	0.3333
2(<)	8.0000	6.0000	12.0000	1.3333
3(<)	1.0000	−2.0000	infinito	0.0000
4(<)	2.0000	1.3333	infinito	0.0000

Right-hand Side Ranging ... Simultaneous Changes D:
Intervalo del segundo miembro ... cambios simultáneos D:

Basic Var	Value/Feasibilty Condition			
Variable básica	Condición valor/factibilidad			
x2 xI	1.3333 +	0.6667 D1 +	−0.3333 D2 >= 0	
x1 xE	3.3333 +	−0.3333 D1 +	0.6667 D2 >= 0	
sx5	3.0000 +	−1.0000 D1 +	1.0000 D2 +	1.0000 D3 >= 0
sx6	0.6667 +	−0.6667 D1 +	0.3333 D2 +	1.0000 D4 >= 0

Figura 2-8

la literatura técnica con el nombre de **precios duales**. El nombre se obtiene de la definición matemática del problema dual en la programación lineal (véase el capítulo 5). Los precios duales también se denominan a veces como **precios rebajados**. Aunque a lo largo de todo el libro continuaremos usando el nombre ahora estandarizado de *precio dual,* el lector debería asociar estos parámetros con el término más descriptivo *valor por unidad* de recursos.

La segunda parte de la figura 2-8 proporciona las condiciones necesarias para efectuar cambios simultáneos en los segundos miembros de las cuatro restricciones. Estos cambios están representados por D_1, D_2, D_3 y D_4 para las cuatro restricciones, respectivamente. Estas condiciones dan los valores nuevos correspondientes de las variables x_E y x_I, así como las holguras sx_5 sx_6 asociadas con las dos últimas restricciones (las holguras sx_3 y sx_4 asociadas con las restricciones 1 y 2 son nulas). Así, cualquier combinación D_1, D_2, D_3 y D_4 que conduzca a valores no negativos de estas cuatro variables, da automáticamente la nueva solución óptima. Por ejemplo, supóngase que ambas materias primas, A y B, se incrementan desde sus niveles presentes de 6 y 8 a 9 y 13, en tanto que los segundos miembros de las otras dos restricciones permanecen constantes. Esto significa que $D_1 = 9 - 6 = 3$, $D_2 = 13 - 8 = 5$, $D_3 = 0$ y $D_4 = 0$. Sustituyendo estos valores en las expresiones de la figura 2-8, obtenemos la solución $x_E = 17/3$, $x_I = 5/3$, $sx_5 = 5$ y $sx_6 = 1/3$ (¡verifíquese!). Como todos los valores son no negativos, la nueva solución proporciona directamente la nueva solución óptima.

Ejercicio 2.1-4

(a) Supóngase que en el modelo Reddy Mikks la restricción de la materia prima A se cambia de $x_E + 2x_I \le 6$ a $2x_E + 3x_I \le 10$, sin modificarse el resto de la información.
Calcule manualmente los precios duales e intervalos resultantes para todas las restricciones; luego verifique los resultados con el programa TORA.
[*Resp*. Intervalos = (8, 120), (6, 10), (−2.5, ∞), (1, ∞).]
Precios duales: 0.25, 1.25, 0, 0.

(b) Supóngase que en los resultados de la figura 2-8 se cambian las disponibilidades de los materiales A y B a 10 y 11, respectivamente. ¿Puede determinarse directamente la solución óptima?
[*Resp*.: No, porque $D_1 = 4$ y $D_2 = 3$ conducen a un valor negativo de la holgura s_4 ($= -1$).]

2.2 FORMULACIONES DE PL

En esta sección presentamos dos modelos de PL. Se observará que en los dos ejemplos, las variables de decisión se definen con facilidad. En la siguiente sección presentaremos otras formulaciones en las que la identificación y/o el uso de las variables de decisión es más sutil.

El programa TORA, junto con el análisis de sensibilidad que presentamos en la sección 2.1.2, nos permitirá investigar la solución óptima de cada modelo. La investigación revelará interesantes interpretaciones de los resultados de salida y, conducirá a un mejor entendimiento y apreciación de la PL como herramienta de la toma de decisiones.

Ejemplo 2.2-1 (Política de los préstamos bancarios)

Una institución financiera, Thriftem Bank, se encuentra en el proceso de formular su política de préstamos para el próximo trimestre. Para ese fin se asigna un total de $12 millones. Siendo una institución de servicios integrales, está obligado a otorgar préstamos a diversos clientes. La tabla que sigue señala los tipos de préstamos, la tasa de interés que cobra el banco y la posibilidad de que el cliente no cubra sus pagos, irrecuperables o incobrables, según se estima por experiencia:

Tipo de préstamo	Tasa de interés	Probabilidad de incobrables
Personal	0.140	0.10
Automóvil	0.130	0.07
Casa habitación	0.120	0.03
Agrícola	0.125	0.05
Comercial	0.100	0.02

Se supone que los pagos que no se cubren son irrecuperables y, por lo tanto, no producen ingreso por concepto de intereses.

La competencia con otras instituciones financieras del área requiere que el banco asigne cuando menos el 40% de los fondos totales a préstamos agrícolas y comerciales. Para dar asistencia a la industria de la habitación en la región, los préstamos para casa habitación deben ser iguales cuando menos al 50% de los préstamos personales, para automóvil y para casa habitación. El banco tiene asimismo, una política establecida que especifica que la relación global de pagos irrecuperables no puede ser superior a 0.04.

Modelo matemático

Las variables del modelo se pueden definir como sigue:

x_1 = préstamos personales (en millones de unidades monetarias)
x_2 = préstamos para automóvil
x_3 = préstamos para casa habitación
x_4 = préstamos agrícolas
x_5 = préstamos comerciales

El objetivo de Thriftem Bank es el de maximizar su rendimiento neto compuesto de la diferencia entre el ingreso por concepto de intereses y los fondos perdidos por adeudos no cubiertos. Como los adeudos no cubiertos son irrecuperables, tanto el principal como el interés, la función objetivo se puede expresar como

$$\text{maximizar } z = 0.14(0.9x_1) + 0.13(0.93x_2) + 0.12(0.97x_3) + 0.125(0.95x_4) + 0.1(0.98x_5) - 0.1x_1 - 0.07x_2 - 0.03x_3 - 0.05x_4 - 0.02x_5$$

Esta función se simplifica a

$$\text{maximizar } z = 0.026x_1 + 0.0509x_2 + 0.0864x_3 + 0.06875x_4 + 0.078x_5$$

El problema tiene cinco restricciones:

1. *Fondos totales*

$$x_1 + x_2 + x_3 + x_4 + x_5 \leq 12$$

2. *Préstamos agrícolas y comerciales*

$$x_4 + x_5 \geq 0.4 \times 12$$

o bien

$$x_4 + x_5 \geq 4.8$$

3. *Préstamos para casa habitación*

$$x_3 \geq 0.5 (x_1 + x_2 + x_3)$$

4. *Límite sobre adeudos no cubiertos*

$$\frac{0.1x_1 + 0.07x_2 + 0.03x_3 + 0.05x_4 + 0.02x_5}{x_1 + x_2 + x_3 + x_4 + x_5} \leq 0.04$$

o bien

$$0.06x_1 + 0.03x_2 - 0.01x_3 + 0.01x_4 - 0.02x_5 \leq 0$$

5. *No negatividad*

$$x_1 \geq 0, x_2 \geq 0, x_3 \geq 0, x_4 \geq 0, x_5 \geq 0$$

Una hipótesis sutil en la formulación anterior es que todos los préstamos se otorgan más o menos al mismo tiempo. Esta hipótesis nos permite no tomar en cuenta las diferencias en los valores temporales de los fondos asignados a los diferentes préstamos.

En la figura 2-9 se muestra la salida del modelo "Política de los Préstamos Bancarios". Se observa que sólo son recomendables los préstamos para casas habitación y los comerciales. De los restantes, los préstamos personales son los menos atractivos, no sólo porque tienen el menor coeficiente objetivo (= 0.026), sino también porque su costo reducido es el mayor entre todas las variables (= 0.0604). El costo reducido significa que la "utilidad" de la variable de préstamo comercial debe incrementarse en 0.0604, para que ésta resulte apenas provechosa. Observando los precios duales, vemos que la primera restricción muestra que un incremento de 1 (millón de unidad monetaria) en los fondos asignados, incrementará el rendimiento neto de todos los préstamos en 0.0864 (millones de unidad monetaria). Esto equivale a un rendimiento anual de 8.64% sobre la inversión. Como el intervalo asociado es (4.8, ∞), este rendimiento está garantizado para cualquier incremento de los fon-

36 Programación lineal: formulaciones y solución gráfica [C.2]

*** OPTIMUM SOLUTION SUMMARY ***
*** RESUMEN DE SOLUCION OPTIMA ***

Title: Reddy Mikks model	Título: modelo de préstamos bancarios
Final: iteration No: 6	Iteración final núm. 6
Objective value (max) = 0.9965	Valor objetivo (máx) = 0.9965

Variable	Value	Obj Coeff	Obj Val Contrib	Reduced Cost
Variable	Valor	Coef. obj.	Contrib. valor obj.	Costo reducido
x1 personal	0.0000	0.0260	0.0000	0.0604
x2 automóvil	0.0000	0.0509	0.0000	0.0355
x3 casa hab.	7.2000	0.0864	0.6221	0.0000
x4 agrícola	0.0000	0.0688	0.0000	0.0092
x5 comercial	4.8000	0.0780	0.3744	0.0000

Constraint	RHS	Slack(−)/Surplus(+)	Dual Price
Restricción	Segundo miembro	Holgura(−)/Exceso(+)	Precio dual
1(<)	12.0000	0.0000−	0.3333
2(>)	4.8000	0.0000+	−0.0084
3(>)	0.0000	3.6000+	0.0000
4(<)	0.0000	0.1680−	0.0000

*** SENSITIVITY ANALYSIS ***
*** ANALISIS DE SENSIBILIDAD ***

Objective coefficients ...Single Changes: Coeficientes objetivo ... únicos cambios:

Variable	Current Coeff	Min Coeff	Max Coeff	Reduced Cost
Variable	Coeficiente cor.	Coeficiente mín.	Coeficiente máx.	Costo reducido
x1 personal	0.0260	−infinito	0.0864	0.0604
x2 automóvil	0.0509	−infinito	0.0864	0.0355
x3 casa	0.0864	0.0780	infinito	0.0000
x4 agrícola	0.0688	−infinito	0.0780	0.0092
x5 comercial	0.0780	0.0688	0.0864	0.0000

Right-hand Side ... Single Changes: Segundo miembro... únicos cambios:

Constraint	Current RHS	Min RHS	Max RHS	Dual Price
Restricción	Sgdo. miem. cor.	Sgdo. miem. mín.	Sgdo. miem. máx.	Precio dual
1(<)	12.0000	4.8000	infinito	0.0864
2(>)	4.8000	0.0000	12.0000	−0.0084
3(>)	0.0000	−infinito	3.6000	0.0000
4(<)	0.0000	−0.1680	infinito	0.0000

Figura 2-9

dos asignados superior a los 12 millones iniciales. Un rendimiento de 8.64% parece ser bajo, puesto que los intereses más bajos que cobra el banco son del 10%. La diferencia puede atribuirse a los posibles incobrables que no son recuperables, ni en capital ni en intereses. El coeficiente objetivo más alto en el modelo es 0.0864 (préstamo para casas habitación); este coeficiente es igual al precio dual de la restricción 1 (fondos asignados). La conclusión de esta observación es que cualesquiera nuevos fondos adicionales serán asignados, necesariamente, por la solución óptima a los préstamos para casas habitación.

También se observa que el precio dual asociado con la restricción 2 es negativo ($= -0.0084$). La restricción se asocia con el límite mínimo fijado para los préstamos agrícola y comercial. Puesto que su precio dual es negativo, un incremento en ese límite tendrá un efecto adverso en el rendimiento neto. En otras palabras, no existe ninguna ventaja económica al fijar un límite mínimo a la magnitud de los préstamos agrícola y comercial. Esta observación es consistente con la interpretación de la primera restricción, que estipula que cualquier nuevo fondo adicional será asignado a las casas habitación y no a los préstamos agrícola o comercial. De hecho, si elimináramos el requisito de límite mínimo en los préstamos agrícola y comercial, todos los fondos se asignarían a los préstamos para casas habitación (verifíquese esta conclusión "desprendiendo" la restricción 2, usando la opción MODIFY de TORA).

◂

Ejemplo 2.2-2 (Uso y urbanización de la tierra)

Birdeyes Real Estate Co. posee 800 acres de tierra de primera clase, pero no urbanizada, en un lago escénico en la parte central de Ozark Mountains. En el pasado, se aplicaba poca o ninguna regulación a nuevas urbanizaciones en torno al lago. Las orillas del lago ahora están alineadas con residencias vacacionales agrupadas. Debido a la falta de servicio de drenaje, o desagüe por alcantarillado, se utilizan muchos tanques sépticos, la mayoría instalados en forma inadecuada. Con el paso de los años, la infiltración de los tanques sépticos ha provocado un severo problema de contaminación del agua.

Para controlar la degradación más profunda en la calidad del agua, los funcionarios del municipio presentaron y aprobaron algunos reglamentos estrictos aplicables a todas las urbanizaciones a futuro:

1. Sólo se pueden construir casas para una, dos y tres familias, donde las unifamiliares constituyen cuando menos el 50% del total.
2. Para limitar el número de tanques sépticos, se requieren tamaños de lote mínimos de 2, 3 y 4 acres para casas de una, dos y tres familias.
3. Se deben establecer áreas de recreo de 1 acre cada una a razón de un área por cada 200 familias.
4. Para preservar la ecología del lago, no se puede extraer agua del subsuelo para uso en la casa o el jardín.

El presidente de Birdeyes Real Estate estudia la posibilidad de urbanizar los 800 acres de la compañía en el lago. La nueva urbanización incluirá casas para una, dos y tres familias. El estima que el 15% del terreno se utilizará en la apertura de calles y vías de acceso para servicios. También calcula que los siguientes serán sus ingresos derivados de la venta de las diversas unidades habitacionales:

38 Programación lineal: formulaciones y solución gráfica [C.2

Unidades habitacionales	Sencilla	Doble	Triple
Ingreso neto por unidad ($)	10 000	15 000	20 000

El costo de conexión del servicio de agua al área es proporcional al número de unidades que se construyan. Sin embargo, la comunidad estipula que se deberá colectar un mínimo de $100 000 para que el proyecto sea económicamente factible. Además, la expansión del sistema acuífero más allá de su capacidad actual está limitada a 200 000 galones por día durante periodos de consumo máximo, pico. Los datos que siguen resumen el costo de conexión del servicio de agua y también del consumo de agua suponiendo una familia de tamaño medio:

Unidad habitacional	Sencilla	Doble	Triple	Recreo
Costo del servicio de agua por unidad ($)	1 000	1 200	1 400	800
Consumo de agua por unidad (gal/día)	400	600	840	450

Modelo matemático

La compañía debe decidir el número de unidades que se construirán de cada tipo de habitación, junto con el número de áreas de recreo que satisfagan los decretos del municipio. Defínanse

x_1 = número de unidades de casas unifamiliares
x_2 = número de unidades de casas para dos familias
x_3 = número de unidades de casas para tres familias
x_4 = número de áreas de recreo

Un objetivo aparente de la compañía es el de maximizar el ingreso total. La función objetivo está dada como

$$\text{maximizar } z = 10\,000x_1 + 12\,000x_2 + 15\,000x_3$$

Las restricciones del problema son

1. Límite sobre el uso de la tierra.
2. Límite sobre los requisitos de casas unifamiliares en relación con otros estilos.
3. Límite sobre los requisitos de áreas de recreo.
4. Requisito de capital para conectar el servicio de agua.
5. Límite sobre el consumo de agua diario en periodos pico.

Estas restricciones se expresan matemáticamente como sigue:

1. *Uso de la tierra*

$$2x_1 + 3x_2 + 4x_3 + 1x_4 \leq 680$$

2. *Casas unifamiliares*

$$\frac{x_1}{x_1 + x_2 + x_3} \geq 0.5$$

o bien

$$0.5x_1 - 0.5x_2 - 0.5x_3 \geq 0$$

3. *Areas de recreo*

$$x_4 \geq \frac{x_1 + 2x_2 + 3x_3}{200}$$

o bien

$$200x_4 - x_1 - 2x_2 - 3x_3 \geq 0$$

4. *Capital*

$$1\,000x_1 + 1\,200x_2 + 1\,400x_3 + 800x_4 \geq 100\,000$$

5. *Consumo de agua*

$$400x_1 + 600x_2 + 840x_3 + 450x_4 \leq 200\,000$$

6. *No negatividad*

$$x_1 \geq 0,\ x_2 \geq 0,\ x_3 \geq 0,\ x_4 \geq 0$$

En la formulación de un modelo es un buen hábito poner atención al impacto que puede tener el error de redondeo computacional. En el modelo anterior, se nota que los coeficientes en las restricciones 4 y 5 (capital y consumo de agua), son relativamente mayores que la mayoría de los coeficientes en las restricciones restantes. En general, esta inconsistencia podría conducir a errores de redondeo inconvenientes en la computadora, como resultado del manejo combinado de coeficientes relativamente grandes y relativamente pequeños en el mismo problema. En el presente ejemplo, podemos rectificar este problema potencial reduciendo de escala las restricciones, para ello se dividen los coeficientes entre la constante 1 000. Esto reduce las restricciones a

$$x_1 + 1.2x_2 + 1.4x_3 + 0.8x_4 \geq 100$$
$$0.4x_1 + 0.6x_2 + 0.84x_3 + 0.45x_4 \leq 200$$

Resulta igual de inconveniente tratar en la computadora con coeficientes de restricción muy pequeños. En tales situaciones es aconsejable aumentar la escala de todos los coeficientes pequeños para lograr cierta consistencia en la formulación del modelo. La mayor parte de los programas (incluido TORA), tratan de lograr esta consistencia antes de resolver el problema. Sin embargo, es un buen hábito implementar esta etapa de la solución durante la formulación del modelo.

La figura 2-10 da la solución óptima del modelo. Nótese que la programación lineal, en general no proporciona soluciones enteras. La presente solución da los valores SINGLE = 339.152 y RECR'N = 1.696 con DOUBLE = TRIPLE = 0. Por razones prácticas podemos redondear esta solución a SINGLE = 339 y RECR'N = 2 (que, incidentalmente, resulta ser la solución óptima entera).

Es interesante constatar que la solución óptima no recomienda la contrucción de casas dobles y triples, a pesar de que sus rendimientos por unidad ($12 000 y $15 000) son mayores, en sentido absoluto, que los de las casas unifamiliares. Este resultado muestra que los rendimientos marginales, tal como se expresan en la función objetivo, no son suficientes para juzgar la utilidad o provecho de una actividad. Además, se debe considerar el costo de los recursos usados por la actividad. Esto es lo que logra el **costo reducido.** Los costos reducidos presentes de $3 012.45 y $5 024.94 de DOUBLE y TRIPLE proporcionan el exceso del costo por unidad de recursos sobre el rendimiento marginal. Entonces, para que cualesquiera de estas actividades resulte apenas provechosa, debemos reducir el costo por unidad de los recursos, o bien, incrementar el rendimiento marginal en una cantidad igual a su costo reducido.

Las restricciones 2, 4 y 5 tienen valores positivos de holgura/exceso, lo que indica que sus recursos son ''abundantes''. En consecuencia, sus **precios duales** (valor por unidad) son cero. La restricción 1 que representa tierra disponible tiene un valor dual de $4 987.53, indicando que un incremento de 1 acre en tierra disponible vale $4 987.53 de renta neta. Esta información podría ser valiosa al decidir sobre el precio de compra de nueva tierra.

La restricción 4 tiene un precio dual de −$24.937 y, por ser negativo, nos dice inmediatamente que cualquier incremento en su ''recurso'' tendrá un efecto adverso en la renta total. ¿Por qué es esto así? Podemos contestar esta pregunta sólo si sabemos cuáles son las unidades del ''recurso'' de esa restricción. Veamos nuevamente la restricción:

$$200 \text{ RECR'N} - \text{SINGLE} - 2 \text{ DOUBLE} - 3 \text{ TRIPLE} \geq 0$$

La restricción especifica el número mínimo de áreas de recreo (RECR'N) en relación con el número de casas. La restricción así expresada nos muestra claramente las unidades de su primer miembro. Sin embargo, si dividimos la restricción entera entre 200 obtenemos:

$$\text{RECR'N} - (0.005 \text{ SINGLE} + 0.01 \text{ DOUBLE} + 0.015 \text{ TRIPLE}) \geq 0$$

Ahora, la variable RECR'N representa el número de áreas de recreo. Como cada área de recreo ocupa 1 acre, las unidades de RECR'N y las de la expresión entre paréntesis deben ser también acres. Así, un incremento de 1 unidad en el primer miembro (o sea, un incremento de 0 a 1) puede interpretarse como un incremento de 1 acre en RECR'N. Con esta nueva presentación de la restricción, podemos decir que el precio dual representa el valor por incremento de acre en el área de recreo. Sin embargo, con la nueva restricción, el precio dual debe ser 200 × −$24.937 =

2.2] Formulaciones de PL **41**

*** OPTIMUM SOLUTION SUMMARY ***
*** RESUMEN DE SOLUCION OPTIMA ***

Title: Land development
Final: iteration No: 6
Objective value (max) = 3391521.2500

Título: Uso y urbanización de la tierra
Iteración final núm. 6
Valor objetivo (máx) = 3391521.2500

Variable	Value	Obj Coeff	Obj Val Contrib	Reduced Cost
Variable	Valor	Coef. objetivo	Cont. valor objetivo	Costo reducido
x1 Simple	339.1521	10000.0000	3391521.2500	0.0000
x2 Doble	0.0000	12000.0000	0.0000	3012.4688
x3 Triple	0.0000	15000.0000	0.0000	5024.9351
x4 Recreo	1.6958	0.0000	0.0000	0.0000

Constraint	RHS	Slack(-)/Surplus(+)	Dual Price
Restricción	Segundo miembro	Holgura(−)/Exceso(+)	Precio dual
1 (<)	680.0000	0.0000−	4987.5308
2 (>)	0.0000	169.5760+	0.0000
3 (>)	0.0000	0.0864+	−24.9377
4 (>)	100.0000	240.5087+	0.0000
5 (<)	200.0000	63.5761−	0.0000

*** SENSITIVITY ANALYSIS ***
*** ANALISIS DE SENSIBILIDAD ***

Objective coefficients ...Single Changes: Coeficientes objetivo ... únicos cambios:

Variable	Current Coeff	Min Coeff	Max Coeff	Reduced Cost
Variable	Coeficiente cor.	Coeficiente mín.	Coeficiente máx.	Costo reducido
x1 Simple	10000.0000	7993.3557	infinito	16.4f
x2 Doble	12000.0000	−infinito	15012.468	3012.4688
x3 Triple	15000.0000	−infinito	20024.9351	5024.9351
x4 Recrn	0.0000	−2000000.1250	5000.0000	0.0000

Right-hand Side ... Single Changes: Segundo miembro... únicos cambios:

Constraint	Current RHS	Min RHS	Max RHS	Dual Price
Restricción	Sgdo. miem. cor.	Sgdo. miem. mín.	Sgdo. miem. máx.	Precio dual
1 (<)	680.0000	199.7012	996.8926	4987.5308
2 (>)	0.0000	−infinito	169.5760	0.0000
3 (>)	0.0000	−340.0000	50988.0195	−24.9377
4 (>)	100.0000	−infinito	340.5087	0.0000
5 (<)	200.0000	136.4239	infinito	0.0000

Figura 2-10

42 Programación lineal: formulaciones y solución gráfica [C.2

−44 987.53. (En realidad, si modifica la restricción como se muestra y vuelve a correr el modelo, la salida del programa TORA le dará directamente el nuevo valor dual; ¡hágalo así!).

El nuevo precio dual nos dice que un incremento de 1 acre en el área de recreo reducirá la renta en $4 987.53. Es interesante notar que este valor es exctamente igual al precio dual del recurso "uso de la tierra" (restricción 2), pero con signo opuesto. Este resultado tiene sentido desde el punto de vista económico porque un acre destinado al área de recreo es, por definición, un acre menos disponible para la construcción de casas. No es entonces una coincidencia que los precios duales concuerden. ◄

2.3 OTRAS FORMULACIONES DE PL

En la sección 2.2 presentamos dos formulaciones de programación lineal (PL) en las cuales las definiciones de las variables de decisión y también la construcción de las funciones objetivo y de restricciones son casi directas. En esta sección presentamos otras tres formulaciones que se caracterizan por tener cierto grado de sutileza en la forma en que se definen y utilizan las variables en el modelo. El objetivo, desde luego, es el de exponer al lector nuevas ideas concernientes a la elaboración de modelos.

Ejemplo 2.3-1 (Problema de programación de los autobuses)

Progress City estudia la factibilidad de introducir un sistema de autobuses de tránsito masivo que aliviará el problema del esmog, reduciendo el tránsito en la ciudad. El estudio inicial busca determinar el número mínimo de autobuses que pueden manejar las necesidades de transporte. Después de recolectar información necesaria, el ingeniero municipal advierte que el número mínimo de autobuses que se necesita para cubrir la demanda fluctúa con la hora del día. Estudiando los datos más a fondo, descubrió que el número necesario de autobuses se puede suponer constante en intervalos sucesivos de 4 horas cada uno. La figura 2-11 presenta un resumen de los hallazgos del ingeniero. Se decidió que para facilitar la transportación, cada autobús podía operar sólo 8 horas sucesivas al día.

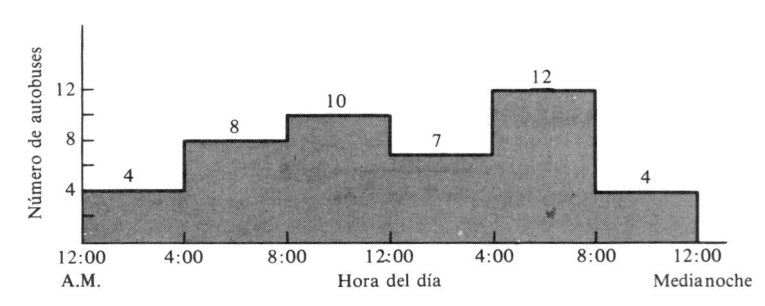

Figura 2-11

Representación matemática

Se debe determinar el *número de autobuses que operarán durante diversos turnos* (variables) que *cubrirán la demanda mínima* (restricciones) al mismo tiempo que se *minimiza el número diario total de autobuses en operación* (objetivo).

Quizá el lector ya haya notado que la definición de las variables es ambigua. Sabemos que cada autobús operará en turnos de 8 horas, pero no sabemos cuándo debe empezar un turno. Si seguimos un programa normal de tres turnos (8:01 A.M.–4:00 P.M., 4:01 P.M.–12:00 de medianoche y 12:01 A.M.–8:00 A.M.) y suponemos que x_1, x_2 y x_3 son el número de autobuses que empiezan a operar en el primero, segundo y tercer turnos, podemos advertir en la figura 2-11 que $x_1 \geq 10$, $x_2 \geq 12$ y $x_3 \geq 8$, donde el número mínimo correspondiente es igual a $x_1 + x_2 + x_3 = 10 + 12 + 8 = 30$ autobuses diarios.

Esta solución es aceptable sólo si los turnos *deben* coincidir con el programa normal de tres turnos. Sin embargo, quizá sea ventajoso permitir al proceso de optimización elegir la mejor hora de inicio de un turno. Una manera razonable de lograr esto es hacer que un turno dé comienzo cada 4 horas. La figura 2-12 ilustra este concepto donde los turnos (superpuestos) pueden dar inicio a las 12:01 A.M., 4:01 A.M., 8:01 A.M., 12:01 P.M., 4:01 P.M. y 8:01 P.M., donde cada turno dura 8 horas consecutivas. Ahora estamos listos para definir las variables:

x_1 = número de autobuses que empiezan a operar a las 12:01 A.M.
x_2 = número de autobuses que empiezan a operar a las 4:01 A.M.
x_3 = número de autobuses que empiezan a operar a las 8:01 A.M.
x_4 = número de autobuses que empiezan a operar a las 12:01 P.M.
x_5 = número de autobuses que empiezan a operar a las 4:01 P.M.
x_6 = número de autobuses que empiezan a operar a las 8:01 P.M.

El modelo matemático (véase la figura 2-12) se escribe como

$$\text{minimizar } z = x_1 + x_2 + x_3 + x_4 + x_5 + x_6$$

sujeto a

$$
\begin{aligned}
x_1 \phantom{{}+x_2} \phantom{{}+x_3} \phantom{{}+x_4} \phantom{{}+x_5} + x_6 &\geq 4 \quad &&\text{(12:01 A.M.–4:00 A.M.)} \\
x_1 + x_2 &\geq 8 \quad &&\text{(4:01 A.M.–8:00 A.M.)} \\
x_2 + x_3 &\geq 10 \quad &&\text{(8:01 A.M.–12:00, mediodía)} \\
x_3 + x_4 &\geq 7 \quad &&\text{(12:01 P.M.–4:00 P.M.)} \\
x_4 + x_5 &\geq 12 \quad &&\text{(4:01 P.M.–8:00 P.M.)} \\
x_5 + x_6 &\geq 4 \quad &&\text{(8:01 P.M.–12:00 A.M.)} \\
x_j \geq 0, \quad j &= 1, 2, \ldots, 6
\end{aligned}
$$

La salida del modelo en la figura 2-13 muestra que se necesita un total de 26 autobuses para satisfacer la demanda. El plan horario óptimo exige que $x_1 = 4$ autobuses empiecen a trabajar a las 12:01 AM, $x_2 = 10$ a las 4:01 AM, $x_4 = 8$ a las 12:01 PM y $x_5 = 4$ a las 4:01 PM. Los costos reducidos son todos igual a 0, lo que indica que el problema tiene soluciones óptimas alternativas. Los precios duales pro-

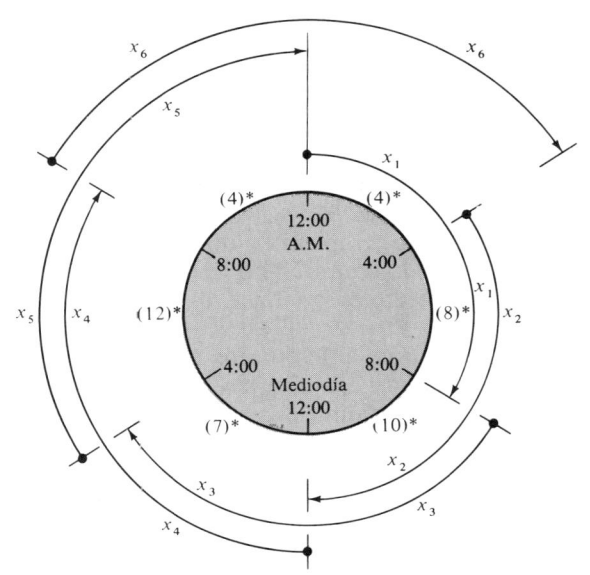

44 Programación lineal: formulaciones y solución gráfica [C.2

*Representa el requisito mínimo en el periodo de 4 horas.

Figura 2-12

*** OPTIMUM SOLUTION SUMMARY ***
*** RESUMEN DE SOLUCION OPTIMA ***

Title: Bus scheduling	Título: Programación de autobuses
Final: iteration No: 5	Iteración final núm. 5
Objective value (min) = 26.0000	Valor objetivo (min) = 26.0000
ALTERNATIVE solution detected at x3	Solución **ALTERNATIVA** detec. en x3

Variable	Value	Obj Coeff	Obj Val Contrib	Reduced Cost
Variable	Valor	Coef. objetivo	Cont. valor objetivo	Costo reducido
x1	4.0000	1.0000	4.0000	0.0000
x2	10.0000	1.0000	10.0000	0.0000
x3	0.0000	1.0000	0.0000	0.0000
x4	8.0000	1.0000	8.0000	0.0000
x5	4.0000	1.0000	4.0000	0.0000
x6	0.0000	1.0000	0.0000	0.0000

Constraint	RHS	Slack(-)/Surplus(+)	Dual Price
Restricción	Segundo miembro	Holgura(−)/Exceso(+)	Precio dual
1(>)	4.0000	0.0000 +	1.0000
2(>)	8.0000	6.0000 +	0.0000
3(>)	10.0000	0.0000 +	1.0000
4(>)	7.0000	1.0000 +	0.0000
5(>)	12.0000	0.0000 +	1.0000
6(<)	4.0000	0.0000 +	0.0000

2.3] Otras formulaciones de PL 45

*** SENSITIVITY ANALYSIS ***
*** ANALISIS DE SENSIBILIDAD ***

Objective coefficients ...Single Changes: Coeficientes objetivo ... únicos cambios:
DEGENERATE or ALTERNATE optimum. Dual prices may not be unique
Optimo DEGENERADO o ALTERNATIVO. Los precios duales pueden no ser únicos

| Variable | Current Coeff | Min Coeff | Max Coeff | Reduced Cost |
Variable	Coeficiente cor.	Coeficiente mín.	Coeficiente máx.	Costo reducido
x1	1.0000	0.0000	1.0000	0.0000
x2	1.0000	0.0000	1.0000	0.0000
x3	1.0000	1.0000	infinito	0.0000
x4	1.0000	1.0000	1.0000	0.0000
x5	1.0000	1.0000	1.0000	0.0000
x6	1.0000	1.0000	infinito	0.0000

Right-hand Side ... Single Changes: Segundo miembro... únicos cambios:
DEGENERATE or ALTERNATE optimum. Dual prices may not be unique
Optimo DEGENERADO o ALTERNATIVO. Los precios duales pueden no ser únicos

| Constraint | Current RHS | Min RHS | Max RHS | Dual Price |
Restricción	Sgdo. miem. cor.	Sgdo. miem. mín.	Sgdo. miem. máx.	Precio dual
1(>)	4.0000	0.0000	infinito	1.0000
2(>)	8.0000	−infinito	14.0000	0.0000
3(>)	10.0000	4.0000	infinito	1.0000
4(>)	7.0000	−infinito	8.0000	0.0000
5(>)	12.0000	11.0000	infinito	1.0000
6(>)	4.0000	0.0000	5.0000	0.0000

Figura 2-13

porcionan información interesante. Un precio dual de 1 indica que un incremento unitario en el número mínimo de autobuses necesarios, para el periodo correspondiente, está acoplado con un incremento igual en el número total de autobuses en operación. Por otra parte, un precio dual de cero indica que un incremento en los requisitos mínimos, no tendrá como consecuencia un incremento en el número total de autobuses en operación. Sin embargo, esos incrementos están limitados por los intervalos especificados en la figura 2-13. Por ejemplo, el requisito mínimo para el turno 2 (restricción 2) puede incrementarse de 8 a 14 sin exigir un incremento neto en el número total de autobuses en operación. Igualmente, cada incremento unitario en el requisito mínimo del turno 3 de más allá de 10, incrementará el número total de operaciones en una cantidad igual. Este tipo de información es importante porque arroja luz sobre el comportamiento de la solución óptima.

Es importante señalar que un análisis de sensibilidad de los coeficientes objetivo puede no tener sentido en el presente ejemplo, porque la naturaleza del modelo necesita que esos coeficientes sean siempre iguales a 1. Sin embargo, si la función objetivo se reestructura para reflejar otras medidas (por ejemplo, minimización del costo de operación de los autobuses), la situación será diferente y un análisis de sensibilidad de esos coeficientes, sí tendrá sentido. ◀

Ejercicio 2.3-1

(a) Estudie la aplicación del modelo a las siguientes situaciones:
   (1) Número de enfermeras que tiene un hospital.
   (2) Número de agentes de policía que hay en una ciudad.
   (3) Número de camareras y camareros que hay en una cafetería con servicio las 24 horas.
   (4) Número de operadores que hay en un centro de conmutación telefónica.

(b) Si el costo de operación de los autobuses que empiezan a operar entre las 8:01 A.M. y las 8:00 P.M. es más o menos el 80% del de los autobuses que empiezan a operar entre las 8:01 P.M. y las 8:00 A.M., ¿cómo se puede incorporar esta información al modelo? [*Resp.* Cambie la función objetivo para minimizar $z = 0.8(x_3 + x_4 + x_5) + (x_1 + x_2 + x_6)$.]

Ejemplo 2.3-2 (Problema de la pérdida de material por recorte de rollos)

Pacific Paper Company produce rollos de papel con un ancho estándar de 20 pies cada uno (unos 6 m). Los pedidos de clientes, de rollos especiales de diversos anchos, se producen recortando los rollos de tamaño estándar. Los pedidos comunes (que pueden variar de un día a otro) se resumen en la tabla que sigue:

Pedido	Ancho deseado (pies)	Número de rollos deseado
1	5	150
2	7	200
3	9	300

En la práctica, un pedido se cubre colocando las cuchillas de corte a los anchos deseados. Por lo general, existen varias formas en las que se puede cortar un rollo de ancho estándar para cubrir un pedido especial. La figura 2-14 presenta tres colocaciones posibles de las cuchillas para cortar el rollo de 20 pie. Aunque hay otras colocaciones factibles, por el momento nos limitamos a considerar las colocaciones *A*, *B* y *C* de la figura 2-14. Podemos combinar las colocaciones dadas en varias formas para cubrir pedidos con anchos de 5, 7 y 9 pies. Los que siguen son dos ejemplos de combinaciones factibles:

1. Recorte de 300 rollos (estándar) mediante el uso de la colocación *A* y 75 rollos con la colocación *B*.
2. Recorte de 200 rollos mediante el uso de la colocación *A* y 100 rollos con la colocación *C*.

¿Qué combinación es mejor? Podemos responder a esta pregunta considerando el "desperdicio" que producirá cada combinación. En la figura 2-14 la parte sombreada representa rollos de papel inútiles que no son lo suficientemente anchos para cubrir los pedidos. Estos rollos se conocen como *pérdida de material*. Por lo tanto, podemos evaluar la "aptitud" de cada combinación calculando su pérdida de material. Sin embargo, como los rollos sobrantes pueden tener diversos anchos, debe-

Otras formulaciones de PL

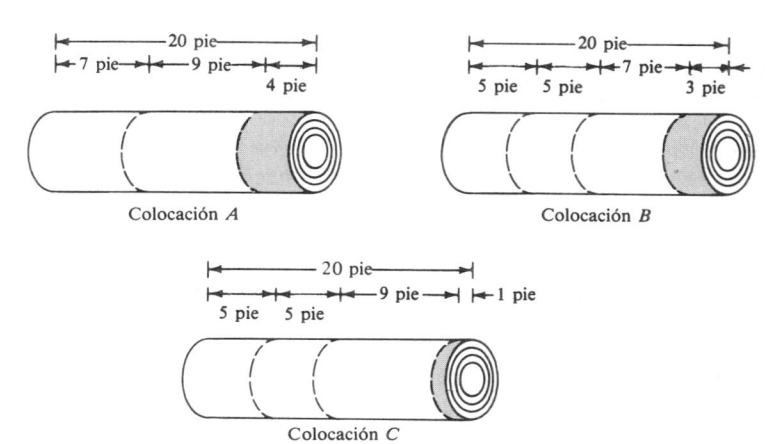

Figura 2-14

mos basar la evaluación en el *área* de la pérdida de material y no en el número de rollos sobrantes. Por lo tanto, suponiendo que el rollo estándar tiene una longitud de L pies, podemos determinar el área de pérdida de material de la manera siguiente (véase la figura 2-14):

$$\text{combinación 1: } 300(4 \times L) + 75(3 \times L) = 1\,425L \text{ pie}^2$$
$$\text{combinación 2: } 200(4 \times L) + 100(1 \times L) = 900L \text{ pie}^2$$

Estas áreas contribuyen exclusivamente a las partes sombreadas de la figura 2-14. Sin embargo, obsérvese que cualquier producción en exceso de los rollos de 5, 7 y 9 pies debe considerarse en el cálculo del área de pérdida de material. Por lo tanto, en la combinación 1, la colocación A producirá 75 rollos extra de 7 pies. Por lo tanto, el área "de desperdicio" adicional es $175 (7 \times L) = 1\,125L$ pie^2. La combinación 2 no produce rollos sobrantes de los rollos de 7 y 9 pies. Sin embargo, la colocación C produce $200 - 150 = 50$ rollos extra de 5 pies, con un área de desperdicio adicional de $50 (5 \times L) = 250L$ pie^2. Como resultado tenemos

$$\begin{pmatrix} \text{área total de pérdida de} \\ \text{material de la combinación 1} \end{pmatrix} = 1\,425L + 1\,225L = 1\,650L \text{ pie}^2$$

$$\begin{pmatrix} \text{área total de pérdida de} \\ \text{material de la combinación 2} \end{pmatrix} = 900L + 250L = 1\,150L \text{ pie}^2$$

Por lo tanto, la combinación 2 es más óptima o mejor porque produce menor pérdida de material.

Para obtener la solución óptima del problema, sería necesario determinar en primer término todas las colocaciones posibles de las cuchillas y después generar *todas* las combinaciones factibles. Aunque la determinación de todas las colocaciones de las cuchillas quizá no sea complicada, la generación de todas las combina-

48 Programación lineal: formulaciones y solución gráfica [C.2

ciones factibles puede ser una tarea formidable. Por lo tanto, se hace evidente la necesidad de un enfoque sistemático del problema. Esto es lo que hará el modelo de PL para dar una solución.

Representación matemática

Buscamos determinar las *combinaciones de colocaciones de las cuchillas de corte* (variables) que *cubrirán los pedidos de papel* (restricciones) con la *menor área de pérdida de material* (objetivo).

La definición de las variables según se presentan debe traducirse a una forma que pueda utilizar el operador de la prensa. Estudiando la forma en que construimos las dos combinaciones, notamos que las variables deben definirse como el *número de rollos estándar que se cortarán de acuerdo con una colocación dada de las cuchillas de corte*. Esta definición claramente exige que se identifiquen todas las posibles colocaciones de las cuchillas de corte como se muestra en la tabla que sigue. Las colocaciones 1, 2 y 3 están dadas en la figura 2-14. El lector debe convencerse de la validez de las colocaciones restantes y que no se hayan olvidado colocaciones "propuestas". Téngase en mente que una colocación propuesta no puede producir un rollo de pérdida de material de 5 pies de ancho o mayor.

Ancho requerido (pies)	\multicolumn{6}{c}{Colocaciones de las cuchillas}	Número mínimo de rollos
	1	2	3	4	5	6	
5	0	2	2	4	1	0	150
7	1	1	0	0	2	0	200
9	1	0	1	0	0	2	300
Pérdida de material por longitud en pies	4	3	1	0	1	2	

Para expresar el modelo matemáticamente, definimos las variables como

x_j = número de rollos estándar que se cortarán según la colocación j
$j = 1, 2, \ldots, 6$

Las restricciones del modelo tienen que ver directamente con la satisfacción del número mínimo de rollos solicitados. Por lo tanto, si se utilizan todas las colocaciones de las cuchillas que se exhiben en la tabla, se obtiene

$$\text{número de rollos de 5 pies producidos} = 2x_2 + 2x_3 + 4x_4 + x_5$$
$$\text{número de rollos de 7 pies producidos} = x_1 + x_2 + 2x_5$$
$$\text{número de rollos de 9 pies producidos} = x_1 + x_3 + 2x_6$$

Estas expresiones representan el número real de rollos de papel producidos con anchos de 5, 7 y 9 pies, y por lo tanto, deben ser iguales cuando menos a 150, 200 y 300 rollos, respectivamente. Estas son todas las restricciones del modelo.

Para construir la función objetivo, observemos lo siguiente: el área total de material perdido es la diferencia entre el área total de los rollos estándar usados y, el área total que representa todos los pedidos. Así,

$$\text{área total de rollos estándar} = 20L(x_1 + x_2 + x_3 + x_4 + x_5 + x_6)$$
$$\text{área total de pedidos} = L(150x_5 + 200x_7 + 300x_9) = 4850L$$

Puesto que la longitud L del rollo estándar es una constante, la función objetivo se reduce a

$$\text{minimizar } z = x_1 + x_2 + x_3 + x_4 + x_5 + x_6$$

Entonces, el modelo general puede escribirse como

$$\text{minimizar } z = x_1 + x_2 + x_3 + x_4 + x_5 + x_6$$

sujeto a

$$2x_2 + 2x_3 + 4x_4 + x_5 \geq 150 \text{ (rollos de 5 pies)}$$
$$x_1 + x_2 + 2x_5 \geq 200 \text{ (rollos de 7 pies)}$$
$$x_1 + x_3 + 2x_6 \geq 300 \text{ (rollos de 9 pies)}$$
$$x_j \geq 0, \quad j = 1, 2, \ldots, 6$$

◀

Ejercicio 2.3-2

(a) Mediante el uso de la tabla de colocaciones de las cuchillas de corte del papel del ejemplo 2.3-2, exprese cada una de las siguientes soluciones factibles en términos de las variables x_j y determine el área de pérdida de material en cada caso.
  (1) 200 rollos utilizando la colocación 1 y 100 rollos con la 3.
    [*Resp.* $x_1 = 200$, $x_3 = 100$, área de pérdida de material = 1 150L pie².]
  (2) 50 rollos mediante el uso de la colocación 2, 75 rollos utilizando la colocación 5 y 150 rollos con la 6.
    [*Resp.* $x_2 = 50$, $x_5 = 75$, $x_6 = 150$, área de pérdida de material = 650L pie².]
(b) Supóngase que el único rollo estándar de que se dispone mide 15 pies de ancho. Genere todas las colocaciones posibles de las cuchillas de corte para producir rollos de 5, 7 y 9 pies de ancho y determine la pérdida de material asociada por longitud en pies.
  [*Resp.* Colocaciones: (3, 0, 0), (0, 2, 0), (1, 1, 0) y (1, 0, 1). Pérdida de material por pie para las cuatro colocaciones: (0, 1, 3, 1).]

La solución óptima del modelo en la figura 2-15 indica que el problema tiene más de una alternativa óptima, lo que significa que para el mismo número de rollos estándar pueden usarse diferentes colocaciones de las cuchillas para satisfacer un pedido específico. Sin embargo, obsérvese que la solución dada exige el corte de 25 rollos estándar con la colocación 3, 100 con la colocación 5 y 137.5 con la colocación 6. La solución no puede implementarse porque x_6 no es entero. Podemos usar un algoritmo de números enteros para resolver el problema (véase el capítulo 9) o redondear la solución de programación lineal de manera que x_6 suponga el valor conservador de 138).

50 Programación lineal: formulaciones y solución gráfica [C.2

*** OPTIMUM SOLUTION SUMMARY ***
*** RESUMEN DE SOLUCION OPTIMA ***

Title: Trrim loss problem
Final: iteration No: 5
Objective value (min) = 262.5000
ALTERNATIVE Sol. detected at x4

Título: problema de pérdida de material
Iteración final núm. 5
Valor objetivo (mín) = 262.5000
Sol. ALTERNATIVA detec. en x4

Variable	Value	Obj Coeff	Obj Val Contrib	Reduced Cost
Variable	Valor	Coef. objetivo	Cont. valor objetivo	Costo reducido
x1 stng 1*	0.0000	1.0000	0.0000	−0.1250
x2 stng 2	0.0000	1.0000	0.0000	−0.1250
x3 stng 3	25.0000	1.0000	25.0000	0.0000
x4 stng 4	0.0000	1.0000	0.0000	0.0000
x5 stng 5	100.0000	1.0000	100.0000	0.0000
x6 stng 6	137.5000	1.0000	137.0000	0.0000

* (Colocación)

Constraint	RHS	Slack(-)/Surplus(+)	Dual Price
Restricción	Segundo miembro	Holgura(−)/Exceso(+)	Precio dual
1(>)	150.0000	0.0000 +	0.2500
2(>)	200.0000	0.0000 +	0.3750
3(>)	300.0000	0.0000 +	0.5000

*** SENSITIVITY ANALYSIS ***
*** ANALISIS DE SENSIBILIDAD ***

Objective coefficients ...Single Changes: Coeficientes objetivo ... únicos cambios:
DEGENERATE or **ALTERNATE** optimum. Dual prices may not be unique
Optimo **DEGENERADO** o **ALTERNATIVO**. Los precios duales pueden no ser únicos

Variable	Current Coeff	Min Coeff	Max Coeff	Reduced Cost
Variable	Coeficiente cor.	Coeficiente mín.	Coeficiente máx.	Costo reducido
x1 stng 1	1.0000	0.8750	infinito	−0.1250
x2 stng 2	1.0000	0.8750	infinito	−0.1250
x3 stng 3	1.0000	0.5000	1.0000	0.0000
x4 stng 4	1.0000	1.0000	infinito	0.0000
x5 stng 5	1.0000	0.2500	1.2500	0.0000
x6 stng 6	1.0000	1.0000	1.2000	0.0000

Right-hand Side ... Single Changes: Segundo miembro... únicos cambios:
DEGENERATE or **ALTERNATE** optimum. Dual prices may not be unique
Optimo **DEGENERADO** o **ALTERNATIVO**. Los precios duales pueden no ser únicos

Constraint	Current RHS	Min RHS	Max RHS	Dual Price
Restricción	Sgdo. miem. cor.	Sgdo. miem. mín.	Sgdo. miem. máx.	Precio dual
1(>)	150.0000	100.0000	700.0000	0.2500
2(>)	200.0000	0.0000	300.0000	0.3750
3(>)	300.0000	25.0000	infinito	0.5000

Figura 2-15

2.3] Otras formulaciones de PL **51**

En vista de la naturaleza del modelo de pérdida de material, sobre todo en lo que respecta al requisito de solución en números enteros, los resultados tienen que interpretarse de manera algo diferente. Por ejemplo, el precio dual de 0.25 correspondiente a la restricción 1, significa que un incremento de 1 rollo en la demanda de rollos de 5 pies, exigirá el corte de un cuarto de rollo adicional, de 1 rollo estándar de 20 pies. Esta recomendación no es práctica. Sin embargo, en vez de esto podemos recomendar que por cada cuatro rollos adicionales de 5 pies se corte un rollo estándar de 20 pies. Esta recomendación es válida en tanto estemos dentro del intervalo [100, 700] especificado por el segundo miembro. Un análisis similar se aplica a los precios duales restantes.

Ejemplo 2.3-3 (Programación de metas)

En los ejemplos anteriores, las restricciones representan relaciones permanentes, es decir, los miembros primero y segundo de cada restricción están relacionados por una de las tres relaciones: $\leq$, $\geq$ o $=$. Sin embargo, existen casos prácticos donde puede ser ventajoso infringir una restricción, posiblemente a expensas de incurrir en una penalización o sanción. Por ejemplo, una compañía que interviene en varios negocios suele operar con restricciones de capital limitado, pero puede optar por exceder ese límite pidiendo prestado más dinero. La sanción en que se incurre en este caso es el costo del dinero que se pide prestado (interés). Naturalmente, un préstamo se puede justificar sobre una base económica sólo si los nuevos negocios son lucrativos. Este tipo de representación por medio de modelos se conoce a veces como **programación de metas**, ya que el modelo ajusta automáticamente el nivel de ciertos recursos para cumplir la meta de la persona encargada de tomar las decisiones.

Ilustraremos el modelo de la programación de metas a través de un ejemplo sencillo. Dos productos se manufacturan pasando en forma sucesiva a través de dos máquinas diferentes. El tiempo disponible para elaborar los dos productos en cada máquina está limitado a 8 horas diarias, pero puede excederse este periodo hasta en 4 horas sobre una base de tiempo extra. Cada hora de tiempo extra costará $5 adicionales. Las tasas de producción de los dos productos en conjunto con sus utilidades o ganancias por unidad se resumen en la tabla que sigue. Se desea determinar el nivel de producción de cada producto que maximizará la ganancia neta.

Máquina	Tasa de producción (unidades/hr) Producto 1	Producto 2
1	5	6
2	4	8
Ganancia por unidad	$6	$4

Representación matemática
Se pide determinar el *número de unidades de cada producto* (variables) que *maximice la ganancia o utilidad neta* (objetivo) siempre que el *número de horas máximo admisible sea excedido sólo sobre una base de tiempo extra* (restricciones).

Programación lineal: formulaciones y solución gráfica

Sea

x_j = número de unidades del producto j, siendo $j = 1, 2$

En ausencia de la opción del tiempo extra, las restricciones del modelo se escriben como

$$x_1/5 + x_2/6 \leq 8 \quad \text{(máquina 1)}$$
$$x_1/4 + x_2/8 \leq 8 \quad \text{(máquina 2)}$$

Para incluir la opción de tiempo extra, podemos reescribir las restricciones como

$$x_1/5 + x_2/6 - y_1 = 8$$
$$x_1/4 + x_2/8 \quad - y_2 = 8$$

donde las variables y_1 y y_2 son irrestrictas en signo por la siguiente razón. Si y_i es *negativa*, no se excede el límite de 8 horas sobre la capacidad de la máquina y no se requiere tiempo extra. Si es *positiva*, las horas de uso de la máquina excederán el límite diario y por consiguiente, y_i representará las horas extra de uso.

Hemos tomado en consideración la opción del tiempo extra haciendo que y_i tome valores irrestrictos o no restringidos. Después, necesitamos limitar el uso diario del tiempo extra a 4 horas y también incluir el costo del tiempo extra en la función objetivo. Como y_i es positiva sólo se utiliza tiempo extra, las restricciones

$$y_i \leq 4, \quad i = 1, 2$$

ofrecerán la restricción deseada sobre el uso del tiempo extra. Nótese que la restricción se vuelve redundante cuando $y_i < 0$ (sin tiempo extra).

Ahora consideramos la función objetivo. Nuestra meta consiste en maximizar la ganancia neta que es igual a la ganancia total obtenida de los dos productos *menos* el costo adicional del tiempo extra. La expresión de la ganancia total está dada directamente por $6x_1 + 4x_2$. Para incluir el costo del tiempo extra, notamos que se incurre en éste, sólo cuando $y_i > 0$. Por lo tanto, una manera adecuada de expresar el costo del tiempo extra es

$$\text{costo del tiempo extra} = \text{costo por hora} \times \text{horas extra}$$
$$= 5 \, (\text{máx} \, \{0, y_i\})$$

Obsérvese que máx $\{0, y_i\} = 0$ cuando $y_i < 0$, que produce un costo de tiempo extra cero, como se desea.

Por lo tanto, el modelo completo se puede escribir como

$$\text{maximizar } z = 6x_1 + 4x_2 - 5(\text{máx}\{0, y_1\} + \text{máx}\{0, y_2\})$$

2.3] Otras formulaciones de PL

sujeto a

$$x_1/5 + x_2/6 - y_1 = 8$$
$$x_1/4 + x_2/8 \quad - y_2 = 8$$
$$y_1 \leq 4$$
$$y_2 \leq 4$$
$$x_1, x_2 \geq 0$$

y_1, y_2 irrestrictas en signo

Para convertir el modelo en un programa lineal, utilizamos la sustitución

$$w_i = \text{máx}\{0, y_i\}$$

que es equivalente a

$$w_i \geq y_i \text{ y } w_i \geq 0$$

puesto que el coeficiente *negativo* de w_i en la función objetivo la obligará a tomar el valor *no negativo* más pequeño posible: cero o y_i. Por lo tanto, el modelo de PL se puede escribir como

$$\text{maximizar } z = 6x_1 + 4x_2 - 5(w_1 + w_2)$$

sujeto a

$$x_1/5 + x_2/6 - y_1 = 8$$
$$x_1/4 + x_2/8 \quad - y_2 = 8$$
$$y_1 \quad - w_1 \leq 0$$
$$y_2 \quad - w_2 \leq 0$$
$$y_1 \leq 4$$
$$y_2 \leq 4$$
$$x_1, x_2, w_1, w_2 \geq 0$$

y_1, y_2 irrestrictas en signo ◀

Ejercicio 2.3-3

(a) Supóngase que una solución factible al modelo del ejemplo 2.3-3 produce $y_1 = 2$ y $y_2 = -1$; ¿qué significa esto en términos del uso de tiempo regular y tiempo extra?
[*Resp.* La máquina 1 utilizará dos horas de tiempo extra y la máquina 2 tendrá 1 hora de tiempo regular sin uso.]

(b) En el inciso (a), calcule el costo adicional debido al tiempo extra mediante el uso de la función objetivo según se define en términos de w_i.
[*Resp.* $y_1 = 2$ hará $w_1 \geq 2$. A través del proceso de optimización $w_1 = 2$ y el término asociado en la función objetivo es $-5 \times 2 = -\$10$. Para $y_2 = -1$, $w_2 \geq -1$, pero como $w_2 \geq 0$ por definición, el proceso de optimización hará que w_2 sea igual a cero. Por lo tanto, este término en la función objetivo será $-5 \times 0 = 0$.]

54 Programación lineal: formulaciones y solución gráfica [C.2

*** OPTIMUM SOLUTION SUMMARY ***
*** RESUMEN DE SOLUCION OPTIMA ***

Title: Goal Programming	Título: Programación de metas
Final: iteration No: 9	Iteración final núm. 9
Objective value (max) = 283.9998	Valor objetivo (max) = 283.9998

Variable	Value	Obj Coeff	Obj Val Contrib	Reduced Cost
Variable	Valor	Coef. objetivo	Cont. valor objetivo	Costo reducido
x1 x1	30.0001	6.0000	180.0005	0.0000
x2 x2	35.9998	4.0000	143.9993	0.0000
x3 y1	4.0000	0.0000	0.0000	0.0000
x4 y2	4.0000	0.0000	0.0000	0.0000
x5 w1	4.0000	−5.0000	−20.0000	0.0000
x6 w2	4.0000	−5.0000	−20.0000	0.0000

Constraint	RHS	Slack(−)/Surplus(+)	Dual Price
Restricción	Segundo miembro	Holgura(−)/Exceso(+)	Precio dual
1(=)	4.0000	0.0000	14.9999
2(=)	8.0000	0.0000	12.0001
3(<)	0.0000	0.0000−	5.0000
4(<)	0.0000	0.0000−	5.0000
5(<)	4.0000	0.0000−	9.9999
6(<)	4.0000	0.0000−	0.0000

*** SENSITIVITY ANALYSIS ***
*** ANALISIS DE SENSIBILIDAD ***

Objective coefficients ...Single Changes: Coeficientes objetivo ... únicos cambios:

Variable	Current Coeff	Min Coeff	Max Coeff	Reduced Cost
Variable	Coeficiente cor.	Coeficiente mín.	Coeficiente máx.	Costo reducido
x1 x1	6.0000	5.3000	7.3333	0.0000
x2 x2	4.0000	3.3333	4.5833	0.0000
x3 y1	0.0000	−9.9999	infinito	0.0000
x4 y2	0.0000	−7.0001	infinito	0.0000
x5 w1	−5.0000	−14.9999	0.0000	0.0000
x6 w2	−5.0000	−12.0001	0.0000	0.0000

Right-hand Side ... Single Changes: Segundo miembro... únicos cambios:

Constraint	Current RHS	Min RHS	Max RHS	Dual Price
Restricción	Sgdo. miem. cor.	Sgdo. miem. mín.	Sgdo. miem. máx.	Precio dual
1(=)	8.0000	5.6000	12.0000	14.9999
2(=)	8.0000	5.0000	11.0000	12.0001
3(<)	0.0000	−infinito	4.0000	5.0000
4(<)	0.0000	−infinito	4.0000	5.0000
5(<)	4.0000	1.6000	8.0000	9.9999
6(<)	4.0000	1.0000	7.0000	7.0001

Figura 2-16

Los precios duales en la figura 2-16 muestran que, dentro de los intervalos [5.6, 12] y [5,11], un incremento de 1 hora de tiempo regular para las máquinas 1 y 2 genera un aumento correspondiente en la ganancia de $14.9999 y de $12.0001, respectivamente. Por otra parte, dentro de los intervalos [1.6, 7] y [1, 7], un incremento de 1 hora extra para las máquinas 1 y 2 generará un aumento en la ganancia de $9.9999 y de $7.0001, respectivamente. La diferencia entre los dos casos es de $5.00, que representa el costo (adicional) por hora extra.

2.4 RESUMEN

En este capítulo se utiliza el método gráfico de programación lineal (PL) para alcanzar conclusiones generales acerca del problema de PL, de sus resultados y de la sensibilidad de la solución óptima frente a cambios en los parámetros del modelo. Desde el punto de vista de un método general de solución para el problema de PL, el método gráfico revela que la solución óptima siempre estará asociada con un punto de esquina (o extremo) del espacio de soluciones. Este resultado es la idea clave en el desarrollo de un procedimiento general, llamado el método símplex, para resolver algebraicamente programas lineales.

El problema de PL, en su conjunto, puede verse como un modelo de asignación de recursos en el que se asignan recursos limitados (representados por las restricciones), a actividades económicas (representadas por las variables). Considerando un problema de maximización de PL, la utilidad o provecho de una actividad económica se mide en términos del uso de los recursos y de su contribución a la función objetivo. El efecto neto de estos dos factores se mide por el costo *reducido* de la actividad económica. Por otra parte, los *precios duales* proporcionan una medida del impacto de los cambios en la disponibilidad de los recursos sobre el valor objetivo óptimo. Esta información, junto con los coeficientes objetivo y los intervalos del segundo miembro, forman una base importante para el análisis del comportamiento de la solución óptima.

BIBLIOGRAFIA

BAZARAA, M., J. JARVIS y H. SHERALI, *Linear Programming and Network Flows*, Wiley, Nueva York, 1990.

BRADLEY, S., A. HAX y T. MAGNANTI, *Applied Mathematical Programming*, Addison-Wesley, Reading, Mass., 1977

SCHRAGE, L., *Linear, Integer, and Quadratic Programming with LINDO*, 3a. ed., Scientific Press, Palo Alto, Calif., 1986.

WILLIAM, H., *Model Building in Mathematical Programming, 2a. ed., Wiley,* Nueva York, 1985.

PROBLEMAS

Seccion	Problemas asignados
2.1.1	2-1 a 2-20
2.1.2	2-21 a 2-27
2.2, 2.3	2-28 a 2-38

☐ **2-1** Usando la regla dada al principio de la sección 2.1.1, identifique el espacio factible para cada una de las siguientes restricciones en forma independiente. Suponga que todas las variables son no negativas.
(a) $-3x_1 + x_2 \leq 7$.   (b) $x_1 - 2x_2 \geq 5$.   (c) $2x_1 - 3x_2 \leq 8$.
(d) $x_1 - x_2 \leq 0$.   (e) $-x_1 + x_2 \geq 0$.

☐ **2-2** Identifique la dirección del crecimiento o decrecimiento de z en cada uno de los siguientes casos:
(a) maximizar $z = x_1 - x_2$.   (b) minimizar $z = -3x_1 + x_2$.
(c) minimizar $z = -x_1 - 2x_2$.   (d) maximizar $z = -5x_1 - 6x_2$.

☐ **2-3** Una pequeña fábrica de muebles produce mesas y sillas. Tarda dos horas en ensamblar una mesa y 30 minutos en armar una silla. El ensamblaje lo realizan cuatro trabajadores sobre la base de un solo turno diario de 8 horas. Los clientes suelen comprar cuando menos cuatro sillas con cada mesa, lo que significa que la fábrica debe producir por lo menos cuatro veces más sillas que mesas. El precio de venta es de $135 por mesa y $50 por silla. Determine la combinación de sillas y mesas en la producción diaria que maximizaría el ingreso total diario de la fábrica y comente el significado de la solución obtenida.

☐ **2-4** Un agricultor posee 200 cerdos que consumen 90 lb de comida especial todos los días. El alimento se prepara como una mezcla de maíz y harina de soya con las siguientes composiciones:

Alimento	Libras por libra de alimento			Costo ($/lb)
	Calcio	Proteína	Fibra	
Maíz	0.001	0.09	0.02	0.20
Harina de soya	0.002	0.60	0.06	0.60

Los requisitos diarios de alimento de los cerdos son

1. Cuando menos 1% de calcio.
2. Por lo menos 30% de proteína.
3. Máximo 5% de fibra.

Determine la mezcla de alimentos con el mínimo costo por día.

□ **2-5** Un pequeño banco asigna un máximo de $20 000 para préstamos personales y para automóvil durante el mes siguiente. El banco cobra una tasa de interés anual del 14% a préstamos personales y del 12% a préstamos para automóvil. Ambos tipos de préstamos se saldan en periodos de tres años. El monto de los préstamos para automóvil debe ser cuando menos dos veces mayor que el de los préstamos personales. La experiencia pasada ha demostrado que los adeudos no cubiertos constituyen el 1% de todos los préstamos personales. ¿Cómo deben asignarse los fondos?

□ **2-6** Popeye Canning Company tiene un contrato para recibir 60 000 libras de tomates maduros a 7¢/lb de las cuales producirá jugo de tomate y puré de tomate enlatados. Los productos enlatados se empacan en cajas de 24 latas cada una. Una lata de jugo requiere 1 lb de tomates frescos en tanto que una de puré requiere sólo 1/3 lb. La participación de la compañía en el mercado está limitada a 2 000 cajas de jugo y 6 000 cajas de puré. Los precios al mayoreo por caja de jugo y de puré son $18 y $9, respectivamente. Genere un programa de producción para esta compañía.

□ **2-7** Una planta armadora de radios produce dos modelos, HiFi-1 y HiFi-2, en la misma línea de ensamble. La línea de ensamble consta de tres estaciones. Los tiempos de ensamble en las estaciones de trabajo son

Estación de trabajo	Minutos por unidad de HiFi-1	HiFi-2
1	6	4
2	5	5
3	4	6

Cada estación de trabajo tiene una disponibilidad máxima de 480 minutos por día. Sin embargo, las estaciones de trabajo requieren mantenimiento diario, que contribuye al 10%, 14% y 12% de los 480 minutos totales de que se dispone diariamente para las estaciones 1, 2 y 3, respectivamente. La compañía desea determinar las unidades diarias que se ensamblarán de HiFi-1 y HiFi-2 a fin de minimizar la suma de tiempos no ocupados (inactivos) en las tres estaciones.

□ **2-8** Una compañía de productos electrónicos produce dos modelos de radio, cada uno en una línea de producción de volumen diferente. La capacidad diaria de la primera línea es de 60 unidades y la de la segunda es de 75 radios. Cada unidad del primer modelo utiliza 10 piezas de cierta componente electrónica, en tanto que cada unidad del segundo modelo requiere ocho piezas de la misma componente. La disponibilidad diaria máxima de la componente especial es de 800 piezas. La ganancia por unidad de los modelos 1 y 2 es $30 y $20, respectivamente. Determine la producción diaria óptima de cada modelo de radio.

□ **2-9** Dos productos se elaboran al pasar en forma sucesiva por tres máquinas. El tiempo por máquina asignado a los dos productos está limitado a 10 horas por día. El tiempo de producción y la ganancia por unidad de cada producto son

Producto	Minutos por unidad			Ganancia
	Máquina 1	Máquina 2	Máquina 3	
1	10	6	8	$2
2	5	20	15	$3

Determine la combinación óptima de los dos productos.

☐ **2-10** Una compañía puede anunciar su producto mediante el uso de estaciones de radio y televisión locales. Su presupuesto limita los gastos en publicidad a $1 000 por mes. Cada minuto de anuncio en la radio cuesta $5 y cada minuto de publicidad en televisión cuesta $100. La compañía desearía utilizar la radio cuando menos dos veces más que la televisión. La experiencia pasada muestra que cada minuto de publicidad por televisión generará en términos generales 25 veces más ventas que cada minuto de publicidad por la radio. Determine la asignación óptima del presupuesto mensual para anuncios por radio y televisión.

☐ **2-11** Una compañía elabora dos productos, A y B. El volumen de ventas del producto A es cuando menos el 60% de las ventas totales de los dos productos. Ambos productos utilizan la misma materia prima, cuya disponibilidad diaria está limitada a 100 lb. Los productos A y B utilizan esta materia prima a los índices o tasas de 2 lb/unidad y 4 lb/unidad, respectivamente. El precio de venta de los dos productos es $20 y $40 por unidad. Determine la asignación óptima de la materia prima a los dos productos.

☐ **2-12** Una compañía elabora dos tipos de sombreros. Cada sombrero del primer tipo requiere dos veces más tiempo de mano de obra que un producto del segundo tipo. Si todos los sombreros son exclusivamente del segundo tipo, la compañía puede producir un total de 500 unidades al día. El mercado limita las ventas diarias del primero y segundo tipos a 150 y 200 unidades. Supóngase que la ganancia que se obtiene por producto es $8 para el tipo 1 y $5 para el tipo 2. Determine el número de sombreros de cada tipo que deben elaborarse para maximizar la ganancia.

☐ **2-13** Determine en forma gráfica el espacio de soluciones para las siguientes desigualdades.

$$x_1 + x_2 \leq 4$$
$$4x_1 + 3x_2 \leq 12$$
$$-x_1 + x_2 \geq 1$$
$$x_1 + x_2 \leq 6$$
$$x_1, x_2 \geq 0$$

¿Qué restricciones son redundantes? Reduzca el sistema al menor número de restricciones que definirán el mismo espacio de soluciones.

☐ **2-14** Escriba las restricciones asociadas con el espacio de soluciones que se presenta en la figura 2-17 e identifique todas las restricciones redundantes.

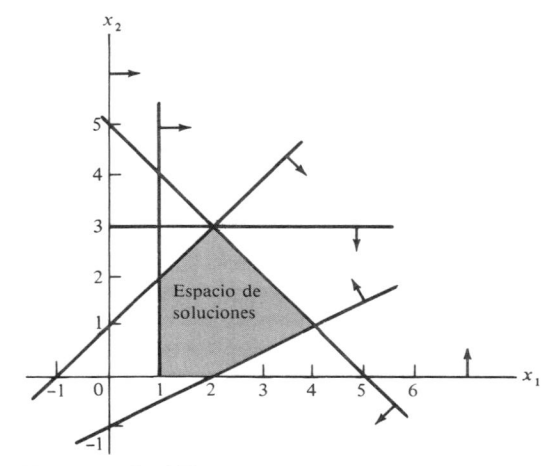

Figura 2-17

☐ **2-15** Considere el siguiente problema:

$$\text{maximizar } z = 6x_1 - 2x_2$$

sujeto a

$$x_1 - x_2 \leq 1$$
$$3x_1 - x_2 \leq 6$$
$$x_1, x_2 \geq 0$$

Demuestre en forma gráfica que en la solución óptima las variables x_1 y x_2 pueden aumentarse en forma indefinida en tanto que el valor de la función objetivo se mantenga constante.

☐ **2-16** Resuelva gráficamente el problema que sigue:

$$\text{maximizar } z = 5x_1 + 6x_2$$

sujeto a

$$x_1 - 2x_2 \geq 2$$
$$-2x_1 + 3x_2 \geq 2$$
$$x_1, x_2 \text{ irrestrictas en signo}$$

☐ **2-17** Considere el problema siguiente:

$$\text{maximizar } z = 3x_1 + 2x_2$$

sujeto a

$$2x_1 + x_2 \leq 2$$
$$3x_1 + 4x_2 \geq 12$$
$$x_1, x_2 \geq 0$$

Demuestre gráficamente que el problema no tiene puntos extremos *factibles*. ¿Qué se puede concluir en relación con la solución al problema?

☐ **2-18** Resuelva en forma gráfica el problema que sigue:

$$\text{maximizar } z = 5x_1 + 2x_2$$

sujeto a

$$x_1 + x_2 \leq 10$$
$$x_1 = 5$$
$$x_1, x_2 \geq 0$$

☐ **2-19** En el problema 2-18, identifique numéricamente los puntos extremos del espacio de soluciones. Si la restricción $x_1 = 5$ se cambia por $x_1 \leq 5$, determine todos los puntos extremos *factibles* y obtenga el óptimo evaluando la función objetivo en forma numérica en cada punto. Demuestre que la respuesta coincide con la solución gráfica. Repita el procedimiento con $x_1 = 5$ sustituida por $x_1 \geq 5$.

☐ **2-20** Considere el espacio de soluciones de la figura 2-17 (problema 2-14). Determine la solución óptima suponiendo que la función objetivo es como se presenta:
   (a) Minimizar $z = 2x_1 + 6x_2$.
   (b) Maximizar $z = -3x_1 + 4x_2$.
   (c) Minimizar $z = 3x_1 + 4x_2$.
   (d) Minimizar $z = x_1 - 2x_2$.
   (e) Minimizar $z = x_1$.
   (f) Maximizar $z = x_1$.

☐ **2-21** En el problema 2-3, determine lo siguiente:
   (a) El precio dual (valor por unidad) de una hora extra de trabajo y el intervalo a que se refiere el precio.
   (b) El precio dual para la restricción que limita el número de sillas respecto al número de mesas. ¿Cuál es el significado económico del precio dual de esta restricción?
   (c) Las condiciones en los precios de venta de sillas y mesas que mantendrán sin cambio la solución óptima.

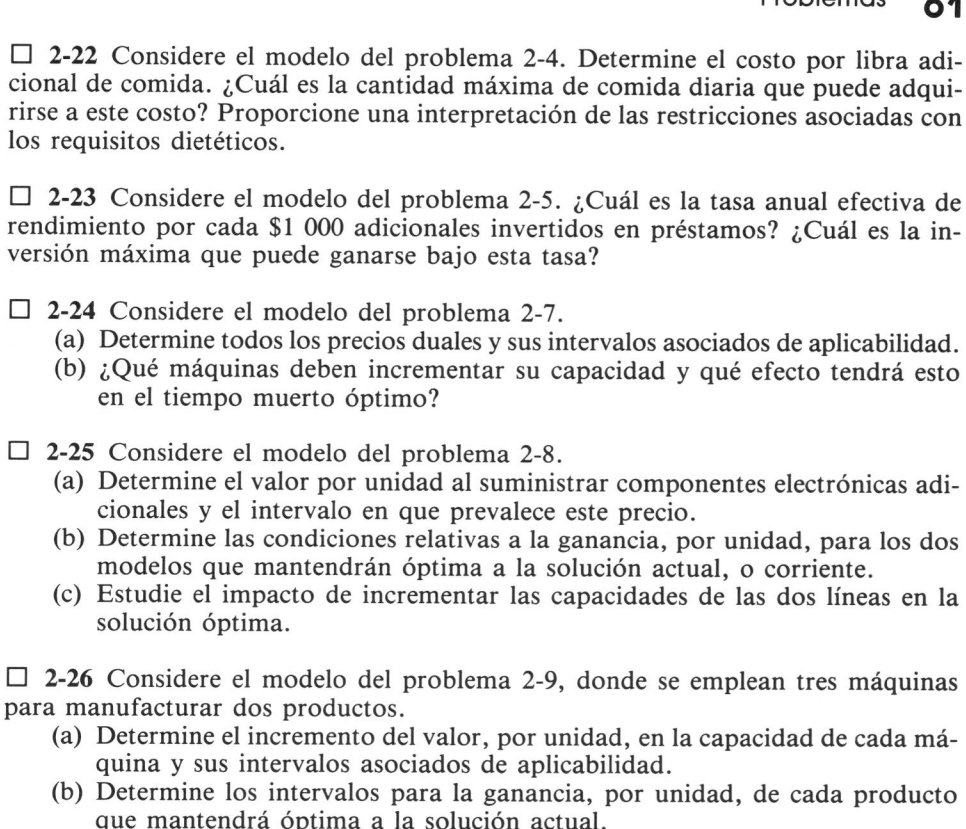

Problemas

☐ **2-22** Considere el modelo del problema 2-4. Determine el costo por libra adicional de comida. ¿Cuál es la cantidad máxima de comida diaria que puede adquirirse a este costo? Proporcione una interpretación de las restricciones asociadas con los requisitos dietéticos.

☐ **2-23** Considere el modelo del problema 2-5. ¿Cuál es la tasa anual efectiva de rendimiento por cada $1 000 adicionales invertidos en préstamos? ¿Cuál es la inversión máxima que puede ganarse bajo esta tasa?

☐ **2-24** Considere el modelo del problema 2-7.
  (a) Determine todos los precios duales y sus intervalos asociados de aplicabilidad.
  (b) ¿Qué máquinas deben incrementar su capacidad y qué efecto tendrá esto en el tiempo muerto óptimo?

☐ **2-25** Considere el modelo del problema 2-8.
  (a) Determine el valor por unidad al suministrar componentes electrónicas adicionales y el intervalo en que prevalece este precio.
  (b) Determine las condiciones relativas a la ganancia, por unidad, para los dos modelos que mantendrán óptima a la solución actual, o corriente.
  (c) Estudie el impacto de incrementar las capacidades de las dos líneas en la solución óptima.

☐ **2-26** Considere el modelo del problema 2-9, donde se emplean tres máquinas para manufacturar dos productos.
  (a) Determine el incremento del valor, por unidad, en la capacidad de cada máquina y sus intervalos asociados de aplicabilidad.
  (b) Determine los intervalos para la ganancia, por unidad, de cada producto que mantendrá óptima a la solución actual.

☐ **2-27** Considere el modelo del problema 2-10.
  (a) Determine los precios duales para el modelo.
  (b) ¿Es económicamente atractivo recomendar un incremento en los anuncios por radio sobre los límites impuestos por el modelo? Explique.
  (c) Determine el incremento en ventas por minuto, de anuncios por radio, que económicamente hará más atractivo asignar el presupuesto entero mensual sólo a los anuncios por radio.

☐ **2-28** Se elaboran cuatro productos en forma sucesiva en dos máquinas. Los tiempos de manufactura en horas por unidad de cada producto se tabulan para las dos máquinas:

Máquina	Producto 1	Producto 2	Producto 3	Producto 4
	\multicolumn{4}{c}{Tiempo por unidad (hr)}
1	2	3	4	2
2	3	2	1	2

El costo total de producción de una unidad de cada producto está basado directamente en el tiempo de la máquina. Supóngase que el costo por horas de las máquinas 1 y 2 es $10 y $5, respectivamente. El total de horas presupuestadas para todos los productos en las máquinas 1 y 2 son 500 y 380. Si el precio de venta unitario de los productos 1, 2, 3 y 4 son $65, $70, $55 y $45, formule el problema como un modelo de programación lineal para maximizar la ganancia neta total. Analice la solución óptima.

☐ 2-29 Un fabricante produce tres modelos (I, II y III) de cierto producto. Utiliza dos tipos de materia prima (A y B), de los cuales se dispone de 4 000 y 6 000 unidades, respectivamente. Los requisitos de materias primas por unidad de los tres modelos son

Materia prima	Requisitos por unidad del modelo dado		
	I	II	III
A	2	3	5
B	4	2	7

El tiempo de mano de obra para cada unidad del modelo I es dos veces mayor que el del modelo II y tres veces mayor que el del modelo III. Toda la fuerza de trabajo de la fábrica puede producir el equivalente de 1 500 unidades del modelo I. Un estudio del mercado indica que la demanda mínima de los tres modelos es 200, 200 y 150 unidades, respectivamente. Sin embargo, las razones del número de unidades producidas deben ser igual a 3:2:5. Supóngase que la ganancia por unidad de los modelos I, II y III es $30, $20 y $50, respectivamente. Formule el problema como un modelo de programación lineal para determinar el número de unidades de cada producto que maximizarán la ganancia. Analice la solución óptima.

☐ 2-30† El año venidero una compañía constructora puede participar en dos futuros proyectos. El flujo de efectivo trimestral para los dos proyectos (las flechas hacia arriba representan gastos) se resume en la figura 2-18. Todos los fondos están

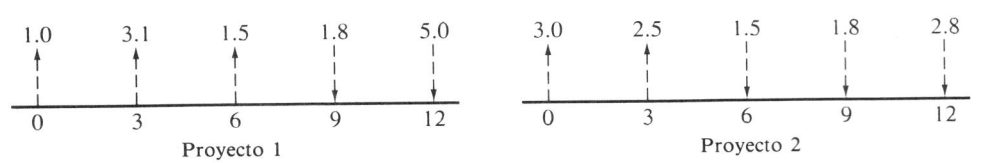

Figura 2-18

---

† Este problema fue sugerido por un modelo similar en el libro de Schrage (1986, págs. 104-105) (véase la bibliografía).

en millones de unidad monetaria. La compañía tiene fondos en efectivo de $1 000 000 por trimestre y puede obtener préstamos por una cantidad igual, al principio de cada trimestre, con un interés nominal de 10% anual. Cualquier préstamo debe pagarse al principio del siguiente trimestre. De esta manera los fondos excedentes pueden invertirse al 8% anual.

La compañía constructora desea determinar el resultado neto (pérdida o ganancia) si se emprenden los proyectos. Supondremos que la compañía puede participar en los proyectos en forma parcial o total. La participación parcial escalará los fondos de flujo de efectivo en forma proporcional.

El flujo de efectivo del modelo se puede representar como se muestra en la figura 2-19. Las restricciones se pueden escribir en forma directa como ecuaciones de equilibrio en cada uno de los cinco nodos. Nótese que el nodo 5 representa el final del cuarto trimestre. El objetivo es maximizar los fondos acumulados al final del año. El modelo se da como:

$$\text{maximizar } z = S_5$$

sujeto a

$$P_1 + 3P_2 + S_1 - B_1 = 1$$
$$3.1P_1 + 2.5P_2 - 1.02S_1 + S_2 + 1.025B_1 - B_2 = 1$$
$$1.5P_1 - 1.5P_2 - 1.02S_2 + S_3 + 1.025B_2 - B_3 = 1$$
$$-1.8P_1 - 1.8P_2 - 1.02S_3 + S_4 + 1.025B_3 - B_4 = 1$$
$$-5P_1 - 2.8P_2 - 1.02S_4 + S_5 + 1.025B_4 = 1$$
$$0 \leq P_i \leq 1, \quad i = 1, 2$$
$$0 \leq B_j \leq 1, \quad j = 1, 2, 3, 4$$

donde

P_i = fracción del proyecto i por emprenderse ($0 \leq P_i \leq 1$), $i = 1, 2$.
B_j = cantidad tomada en préstamo (millones de unidad monetaria) en el trimestre j, $j = 1, 2, 3, 4$.
S_j = cantidad excedente (millones de unidad monetaria) al principio del trimestre j, $j = 1, 2, 3, 4$.

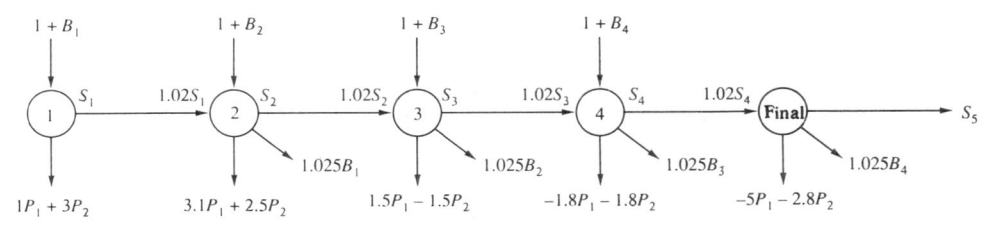

Figura 2-19

64 Programación lineal: formulaciones y solución gráfica [C.2

*** OPTIMUM SOLUTION SUMMARY ***
*** RESUMEN DE SOLUCION OPTIMA ***

Title: investment			Título: inversión	
Final: iteration No: 9			Iteración final núm. 9	
Objective value (max) = 5.8366			Valor objetivo (max) = 5.8366	

Variable	Value	Obj Coeff	Obj Val Contrib	Reduced Cost
Variable	Valor	Coef. objetivo	Cont. valor objetivo	Costo reducido
x1 P1	0.7113	0.0000	0.0000	0.0000
x2 P2	0.0000	0.0000	0.0000	0.3796
x3 S1	0.2887	0.0000	0.0000	0.0000
x4 S2	0.0000	0.0000	0.0000	0.0060
x5 S3	0.0000	0.0000	0.0000	0.1541
x6 S4	1.2553	0.0000	0.0000	0.0000
x7 S5	5.8366	1.0000	5.8366	0.0000
x8 B1	0.0000	0.0000	0.0000	0.0061
x9 B2	0.9104	0.0000	0.0000	0.0000
x10 B3	1.0000	0.0000	0.0000	0.0000
x11 B4	0.0000	0.0000	0.0000	0.0050

Constraint	RHS	Slack(-)/Surplus(+)	Dual Price
Restricción	Segundo miembro	Holgura(−)/Exceso(+)	Precio dual
1(=)	1.0000	0.0000	1.2488
2(=)	1.0000	0.0000	1.2243
3(=)	1.0000	0.0000	1.1945
4(=)	1.0000	0.0000	1.0200
5(=)	1.0000	0.0000	1.0000
UB-x1 P1	1.0000	0.2887−	0.0000
UB-x2 P2	1.0000	1.0000−	0.0000
UB-x8 B1	1.0000	1.0000−	0.0000
UB-x9 B2	1.0000	0.0896−	0.0000
UB-x10 B3	1.0000	0.0000−	0.1490
UB-x11 B4	1.0000	1.0000−	0.0000

Figura 2-20

La solución óptima del modelo se muestra en la figura 2-20.
   (a) ¿Cuál es la solución recomendada para el problema?
   (b) ¿Es posible tomar dinero en préstamo, en cualquier periodo y, simultáneamente terminar con fondos excedentes? Explique.
   (c) Dé una interpretación económica de los precios duales asociados con las primeras cinco restricciones del modelo.
   (d) Muestre cómo se puede calcular directamente el precio dual asociado con el límite superior de B_3 (= 0.149) a partir de los precios duales de las primeras cinco restricciones.

☐ **2-31** Previendo el alto costo de la educación universitaria de su hijo, un matrimonio ha iniciado un programa anual de inversiones que comenzará en el octavo cumpleaños del niño y terminará en el decimoctavo. Con base en su posición financiera esperada durante los próximos diez años, el matrimonio estima que será capaz de invertir las siguientes cantidades al principio de cada año.

Año	1	2	3	4	5	6	7	8	9	10
Cantidad	$2 000	2 000	2 500	2 500	3 000	3 500	3 500	4 000	4 000	5 000

Para evitar sorpresas desagradables, la pareja opta por invertir el dinero en forma muy segura. Se les presentan las siguientes opciones:

1. Ahorros asegurados con réditos de 7.5% anual.
2. Bonos a 6 años del gobierno federal con réditos de 7.9% y valor corriente comercial igual a 0.98 de su valor nominal.
3. Bonos municipales a 9 años con réditos de 8.5% y valor corriente comercial igual a 1.02 de su valor nominal.

¿Cómo debería invertir la pareja su dinero en los próximos 10 años?

☐ 2-32 Un ejecutivo de una empresa tiene la opción alternativa de invertir dinero en dos planes. El plan A garantiza que cada unidad monetaria invertida ganará 70 centavos de aquí a un año, y el plan B garantiza que cada unidad invertida ganará $2.00 de aquí a dos años. En el plan B, sólo se permiten inversiones en periodos que sean múltiplos de 2 años. ¿Cómo debe invertir el ejecutivo $100 000 para maximizar los ingresos al cabo de tres años? Formule el problema como un modelo de programación lineal, y analice la solución óptima.

☐ 2-33 Supóngase que el número *mínimo* de autobuses necesarios en la *i*-ésima hora del día es b_i, $i = 1, 2,..., 24$. Cada autobús opera seis horas consecutivas. Si el número de autobuses en el periodo *i* excede el mínimo necesario b_i, se incurre en un costo adicional de c_i por autobús. Formule el problema como un modelo de programación lineal de manera que se pueda minimizar el costo total adicional en que se incurre.

☐ 2-34 Considere el problema de asignar tres tipos de avión a cuatro rutas. La tabla ofrece los datos pertinentes:

Tipo de avión	Capacidad (pasajeros)	Número de avión	Número de viajes diarios en la ruta			
			1	2	3	4
1	50	5	3	2	2	1
2	30	8	4	3	3	2
3	20	10	5	5	4	2
Número diario de clientes			1 000	2 000	900	1 200

Los costos asociados son

	Costo de operación por viaje en la ruta dada ($)			
Tipo de avión	1	2	3	4
1	1 000	1 100	1 200	1 500
2	800	900	1000	1000
3	600	800	800	900
Costo de penalización por cliente	40	50	45	70

Formule el problema como un modelo de programación lineal, y analice la solución óptima.

☐ 2-35 Dos aleaciones, A y B, están hechas de cuatro metales diferentes, I, II, III y IV, según las especificaciones siguientes.

Aleación	Especificaciones
A	Cuando mucho el 80% de I Cuando mucho el 30% de II Por lo menos el 50% de IV
B	Entre el 40% y el 60% de II Cuando menos el 30% de III A lo más el 70% de IV

Los cuatro metales se extraen de tres minerales metálicos diferentes:

Mineral	Cantidad máxima (ton)	Constituyentes (%)					Precio ($/ton)
		I	II	III	IV	Otros	
1	1 000	20	10	30	30	10	30
2	2 000	10	20	30	30	10	40
3	3 000	5	5	70	20	0	50

Suponiendo que los precios de venta de las aleaciones A y B son $200 y $300 por tonelada, formule el problema como un modelo de programación lineal, y analice los resultados.

[*Sugerencia*: supóngase que X_{ijk} representa el número de toneladas del i-ésimo mineral asignado a la aleación k y w_k el número de toneladas de la aleación k producida.]

□ **2-36** Un jugador participa en un juego que requiere dividir el dinero apostado entre cuatro opciones diferentes. El juego tiene tres resultados. La tabla que sigue indica la ganancia (o pérdida) correspondiente por unidad monetaria depositada en cada una de las cuatro opciones de los tres resultados.

Resultado	Ganancia (o pérdida) por unidad monetaria depositada en la opción dada			
	1	2	3	4
1	−3	4	−7	15
2	5	−3	9	4
3	3	−9	10	−8

Supóngase que el jugador tiene un total de $500, que puede jugar sólo una vez. El resultado exacto del juego no se conoce con anticipación, y afrontando esta incertidumbre el jugador decidió hacer la asignación que maximizaría el ingreso *mínimo*. Formule el problema como un modelo de programación lineal, y analice los resultados. [*Sugerencia*: el ingreso del jugador puede ser negativo, cero o positivo.]

□ **2-37** Una compañía manufacturera produce un producto final que se ensambla con tres partes diferentes. Las partes se manufacturan dentro de la compañía en dos departamentos. En virtud de la instalación específica de las máquinas, cada departamento produce las tres partes a diferentes tasas. La tabla que sigue señala las tasas de producción junto con el número máximo de horas, que los dos departamentos pueden asignar semanalmente a la manufactura de las tres partes.

Departamento	Capacidad semanal máxima (hr)	Tasa de producción (unidades/hr)		
		Parte 1	Parte 2	Parte 3
1	100	8	5	10
2	80	6	12	4

Sería ideal si los dos departamentos pudieran ajustar sus instalaciones de producción para producir iguales cantidades de las tres partes, ya que esto daría origen a ajustes perfectos en términos del montaje final. Este objetivo puede ser difícil de cumplir debido a las variaciones en las tasas de producción. Una meta más realista sería la de maximizar el número de unidades ensambladas finales, que en esencia equivale a minimizar los desajustes resultantes de la escasez de una o más partes.

Formule el problema como un modelo de PL, y analice los resultados.

□ **2-38** En el ejemplo 2.3-3 podemos utilizar la siguiente sustitución para la variable irrestricta y_i.

$$y_i = -(y'_i - y''_i)$$

donde y_i' y y_i'' son variables *no negativas*. Esta sustitución tiene la propiedad de que cuando $y_i' > 0$, $y_i'' = 0$ y cuando $y_i'' > 0$, $y_i' = 0$. Por lo tanto, podemos considerar a y_i' como la cantidad del recurso no utilizado. En este caso, y_i'' representará la cantidad en la cual se excede el recurso disponible. Demuestre cómo se puede implantar esta sustitución en el ejemplo 2.3-3, y analice los resultados.

Capítulo 3

Programación lineal: método símplex

3.1 **Conceptos generales del método símplex**
3.2 **Creación del método símplex**
    3.2.1 Forma estándar del modelo de PL
    3.2.2 Soluciones básicas
3.3 **Método símplex primal**
    3.3.1 Solución inicial artificial para el método símplex primal
3.4 **Método símplex dual**
3.5 **Casos especiales en la aplicación del método símplex**
    3.5.1 Degeneración
    3.5.2 Opciones óptimas
    3.5.3 Solución no acotada
    3.5.4 Solución infactible
3.6 **Interpretación de la tabla símplex: análisis de sensibilidad**
    3.6.1 Solución óptima
    3.6.2 Estado de los recursos
    3.6.3 Precio dual (valor unitario de un recurso)
    3.6.4 Cambio máximo en la disponibilidad de recursos
    3.6.5 Cambio máximo en la utilidad/costo marginales
3.7 **Resumen**
    Bibliografía
    Problemas

En este capítulo se presentan los detalles del algoritmo símplex, que es un método algebraico que puede resolver cualquier problema de programación lineal. La información que puede obtenerse con el método símplex, va más allá de la determinación de los valores óptimos de las variables y de la función objetivo. De hecho, la solución símplex proporciona interpretaciones económicas y resultados del análisis de sensibilidad, similares a los presentados en el capítulo 2.

3.1 CONCEPTOS GENERALES DEL METODO SIMPLEX

El método gráfico presentado en el capítulo 2 demuestra que la PL óptima está siempre asociada con un punto extremo o de esquina, del espacio de soluciones. Esta idea conduce precisamente a la creación del método símplex. Básicamente, lo que hace el método símplex es trasladar la definición geométrica del punto extremo a una definición algebraica. Durante la presentación del método símplex, deberá tenerse en mente este detalle.

¿Cómo identifica el método símplex los puntos extremos en forma algebraica? Como paso inicial, el método símplex necesita que cada una de las restricciones esté en una forma estándar especial (véase la sección 3.2.1), en la que todas las restricciones se expresan como ecuaciones, mediante la adición de variables de holgura o de exceso, según sea necesario. Este tipo de conversión conduce normalmente a un conjunto de ecuaciones simultáneas donde el número de variables excede al número de ecuaciones, lo que generalmente significa que las ecuaciones dan un número infinito de puntos solución (compárese con el espacio de soluciones gráficas). Los puntos extremos de este espacio pueden indentificarse algebraicamente por medio de las **soluciones básicas** del sistema de ecuaciones simultáneas. De acuerdo con la teoría del álgebra lineal, una solución básica se obtiene igualando a cero las variables necesarias con el fin de igualar el número total de variables y el número total de ecuaciones para que la solución sea única, y luego se resuelve el sistema con las variables restantes. Fundamentalmente, la transición del procedimiento gráfico al algebraico se basa en la validez de la siguiente relación importante:

$$\text{puntos extremos} \Leftrightarrow \text{soluciones básicas}$$

Al no tener un espacio de soluciones gráficas que nos guíe hacia el punto óptimo, necesitamos un procedimiento que identifique en forma inteligente las soluciones básicas promisorias. Lo que hace el método símplex, es identificar una solución inicial y luego moverse sistemáticamente a otras soluciones básicas que tengan el potencial de mejorar el valor de la función objetivo. Finalmente, la solución básica correspondiente a la óptima será identificada, con lo que termina el proceso de cálculo. En efecto, el método símplex es un procedimiento de cálculo iterativo donde cada iteración está asociada con una solución básica.

La determinación de una solución básica en el método símplex, implica detalles tediosos de cálculo. Tales detalles no deben distraernos de la idea fundamental del método: generar soluciones básicas sucesivas, de manera que nos conduzcan al punto extremo óptimo. Todos los detalles de cálculo son secundarios a esta idea básica, y así es como debemos tratarlos.

3.2 CREACION DEL METODO SIMPLEX

En esta sección presentamos los detalles del método símplex. Comenzamos con la elaboración de la forma estándar necesaria para representar el espacio de soluciones de la PL, por medio de un sistema de ecuaciones simultáneas. El resto de la exposición muestra cómo se determinan selectivamente las soluciones básicas sucesivas, con el fin de alcanzar el punto de solución óptima en un número finito de iteraciones.

Conforme se estudie el resto de este capítulo, el lector se relacionará con dos variantes del método símplex: los algoritmos del método símplex primal y los del símplex dual. En apariencia los dos métodos parecen ser diferentes. Esto no es el caso y, de hecho, lo fundamental de los dos algoritmos se basa en la idea que los puntos extremos del espacio de soluciones son completamente identificables por las soluciones básicas del modelo de PL. Básicamente, los dos algoritmos parecen ser diferentes porque están diseñados para sacar ventaja de la estructuración inicial especial del modelo de PL. Este punto se enfatizará conforme presentemos los detalles de los dos procedimientos.

3.2.1 FORMA ESTANDAR DEL MODELO DE PL

Hemos visto en el capítulo 2 que un modelo de PL puede incluir restricciones de los tipos $\leq$, $=$ y $\geq$. Además, las variables pueden ser no negativas o irrestrictas (no restringidas) en signo. Para desarrollar un método de solución general, el problema de programación lineal debe ponerse en un formato común, al que llamamos la **forma estándar**. Las propiedades de la forma de PL estándar son

1. Todas las restricciones son ecuaciones [con los segundos miembros no negativos, si el modelo se resuelve por medio del método símplex primal (véase la sección 3.3)].
2. Todas las variables son no negativas.
3. La función objetivo puede ser la maximización o la minimización.

Como se explicará después, la segunda propiedad que exige que todas las variables sean no negativas, es crucial en el desarrollo de los métodos símplex (primal y dual).

Ahora demostremos cómo se puede poner cualquier modelo de PL en el formato estándar.

A. Restricciones

1. Una restricción del tipo $\leq$ ($\geq$) puede convertirse en una ecuación mediante la suma de una variable **de holgura** a (o restando una variable **de exceso** de) el primer miembro de la restricción.

Por ejemplo, en la restricción

$$x_1 + 2x_2 \leq 6$$

sumamos una *holgura* $s_1 \geq 0$ al primer miembro para obtener la ecuación

$$x_1 + 2x_2 + s_1 = 6, \quad s_1 \geq 0$$

Después, considérese la restricción

$$3x_1 + 2x_1 - 3x_3 \geq 5$$

Como el primer miembro no es menor que el segundo, restamos una variable *de exceso* $s_2 \geq 0$ del primer miembro para obtener la ecuación

$$3x_1 + 2x_1 - 3x_3 - s_2 = 5, \quad s_2 \geq 0$$

2. El segundo miembro de una ecuación puede hacerse siempre no negativo multiplicando ambos lados por -1.
Por ejemplo, la ecuación $2x_1 + 3x_2 - 7x_3 = -5$ es matemáticamente equivalente a $-2x_1 - 3x_2 + 7x_3 = +5$.
3. La dirección de una desigualdad se invierte cuando ambos miembros se multiplican por -1.
Por ejemplo, dado que $2 < 4$, $-2 > -4$; entonces se tiene que la desigualdad $2x_1 - x_2 \leq -5$ se puede reemplazar por $-2x_1 + x_2 \geq 5$.

Ejercicio 3.2-1
Convierta las siguientes desigualdades en ecuaciones con segundos miembros no negativos mediante el uso de dos procedimientos: (1) multiplique ambos miembros por -1 y después sume la variable de holgura o de exceso. (2) Convierta las desigualdades en ecuaciones primero y después multiplique ambos miembros por -1. ¿Provoca alguna diferencia el procedimiento que se siga?
(a) $x_1 - 2x_2 \geq -2$.
(b) $-2x_1 + 7x_2 \leq -1$.
[*Resp.* (a) $-x_1 + 2x_2 + s_1 = 2$, ≥ 0. (b) $2x_1 - 7x_2 - s_1 = 1$, $s_1 \geq 0$. Los dos procedimientos son exactamente equivalentes.]

B. Variables

Una variable **irrestricta** (o no restringida) y_i puede expresarse en términos de dos variables *no negativas* mediante el uso de la sustitución

$$y_i = y_i' - y_i'' \quad y_i', y_i'' \geq 0$$

La sustitución debe efectuarse en *todas* las restricciones y en la función objetivo.
El problema de programación lineal normalmente se resuelve en términos de y_i' y y_i'', de los cuales y_i se determina por sustitución inversa. Una propiedad interesante de y_i' y y_i'' es que en la solución óptima (símplex) de PL, sólo *una* de las dos variables puede tomar un valor positivo, pero nunca ambas. Por lo tanto, cuando $y_i' > 0$, $y_i'' = 0$ y viceversa. En el caso donde y_i (irrestricta) representa holgura y exceso, podemos considerar que y_i' es una variable *de holgura* y que y_i'' es una variable *de exceso* porque sólo una de las dos puede tomar un valor positivo a la vez.

Esta observación se utiliza ampliamente en la *programación de metas* (véase el ejemplo 2.3-3) y, en realidad, es la base del concepto de conversión que se presentó en el problema 2-38.

Ejercicio 3.2-2

La sustitución $y = y' - y''$ se utiliza en un modelo de PL para reemplazar y irrestricta por las dos variables no negativas y' y y''. Si y toma los valores respectivos -6, 10 y 0, determine los valores óptimos asociados de y' y y'' en cada caso.
[*Resp.* (1) $y' = 0$, $y'' = 6$; (2) $y' = 10$, $y'' = 0$; (3) $y' = y'' = 0$.]

C. Función objetivo

Aunque el modelo estándar de programación lineal puede ser utilizado para resolver problemas del tipo de maximización o de minimización, algunas veces sirve para convertir una forma a la otra.

La maximización de una función equivale a la minimización del *negativo* de la misma función y viceversa. Por ejemplo,

$$\text{maximizar } z = 5x_1 + 2x_2 + 3x_3$$

es matemáticamente equivalente a

$$\text{minimizar } (-z) = -5x_1 - 2x_2 - 3x_3$$

Equivalencia significa que para el mismo conjunto de restricciones los valores *óptimos* de x_1, x_2 y x_3 son los mismos en ambos casos. La única diferencia es que los valores de las funciones objetivo, pese a ser numéricamente iguales, figurarán con signos opuestos.

Ejemplo 3.2-1

Escriba el siguiente modelo de PL en la forma estándar

$$\text{minimizar } z = 2x_1 + 3x_2$$

sujeto a

$$x_1 + x_2 = 10$$
$$-2x_1 + 3x_2 \leq -5$$
$$7x_1 - 4x_2 \leq 6$$
$$x_1 \text{ irrestricta}$$
$$x_2 \geq 0$$

Se deben efectuar los cambios siguientes.

1. Súmese la holgura $s_2 \geq 0$ al primer miembro de la segunda restricción.
2. Sume una variable de holgura $s_3 \geq 0$ al primer miembro de la tercera restricción.

3. Sustituya $x_1 = x'_1 - x''_1$, donde $x'_1, x''_1 \geq 0$, en la función objetivo y en todas las restricciones.

Por lo tanto, obtenemos la forma estándar como

$$\text{minimizar } z = 2x'_1 - 2x''_1 + 3x_2$$

sujeto a

$$\begin{aligned} x'_1 - x''_1 + x_2 &= 10 \\ -2x'_1 + 2x''_1 + 3x_2 + s_2 &= -5 \\ 7x'_1 - 7x''_1 - 4x_2 \phantom{{}+s_2} + s_3 &= 6 \\ x'_1, x''_1, x_2, s_2, s_3 &\geq 0 \end{aligned}$$

Si se desea que los segundos miembros de las ecuaciones sean positivos, simplemente multiplíquese ambos lados de la segunda ecuación por -1. ◀

3.2.2 SOLUCIONES BASICAS

Consideremos el modelo estándar de PL definido en la sección 3.2.1 con m ecuaciones y n incógnitas. Una solución básica asociada se determina haciendo $n - m$ variables iguales a cero y luego, resolviendo las m ecuaciones con las restantes m variables, siempre que la solución resultante exista y sea única. Para ilustrar esto, consideremos el siguiente sistema de ecuaciones:

$$\begin{aligned} 2x_1 + x_2 + 4x_3 + x_4 &= 2 \\ x_1 + 2x_2 + 2x_3 + x_4 &= 3 \end{aligned}$$

En este ejemplo tenemos $m = 2$ y $n = 4$. Entonces, una solución básica está asociada con $n - m = 4 - 2 = 2$ variables *nulas*. Esto significa que el conjunto de ecuaciones dado tiene $n!/[m!(n - m)!] = 4!/2!2! = 6$ posibles soluciones básicas. Decimos soluciones básicas "posibles" porque algunas combinaciones pueden no conducir en absoluto a soluciones básicas. Por ejemplo, considérese la combinación donde x_2 y x_4 se hacen igual a cero. En este caso el sistema se reduce a

$$\begin{aligned} 2x_1 + 4x_3 &= 2 \\ x_1 + 2x_3 &= 3 \end{aligned}$$

Las dos ecuaciones son inconsistentes y, por consiguiente, no existe una solución. La conclusión es que x_1 y x_3 no pueden constituir una solución básica y por ello, no corresponden a un punto extremo.

En forma alternativa, consideremos el caso donde x_3 y x_4 se hacen igual a cero. Esto da las ecuaciones

$$\begin{aligned} 2x_1 + x_2 &= 2 \\ x_1 + 2x_2 &= 3 \end{aligned}$$

3.3] Método símplex primal

La solución única correspondiente ($x_1 = 1/3$, $x_2 = 4/3$), junto con $x_3 = 0$ y $x_4 = 0$, define una solución básica y, por lo tanto, un punto extremo del espacio de soluciones de la PL.

En la PL, nos referimos a las $n - m$ variables que se hacen iguales a cero como **variables no básicas** y, a las m variables restantes como **variables básicas** (por supuesto, siempre que exista una solución única). Se dice que una solución básica es **factible** si todos los valores de su solución son no negativos. Un ejemplo de este caso es la solución factible básica ($x_1 = 1/3$, $x_2 = 4/3$, $x_3 = 0$, $x_4 = 0$). Para ilustrar el caso de una solución básica **infactible,** consideremos la combinación donde las variables no básicas son $x_1 = 0$ y $x_2 = 0$. Las ecuaciones anteriores dan

$$4x_3 + x_4 = 2$$
$$2x_3 + x_4 = 3$$

La solución básica correspondiente es ($x_3 = -1/2$, $x_4 = 4$), que es infactible porque x_3 es negativa.

En la resolución del problema de PL, nos interesarán las soluciones básicas, tanto factibles como infactibles. Específicamente veremos que todas las iteraciones del método símplex primal siempre están asociadas sólo con soluciones básicas *factibles*. Por otra parte, el método símplex dual trata con soluciones básicas *infactibles* hasta la última iteración, donde la solución básica asociada debe ser factible. En esencia, el método símplex primal sólo trata con puntos extremos, en tanto que en el método símplex dual todas las iteraciones, excepto la última, están asociadas con puntos extremos infactibles. Al final, ambos métodos dan soluciones básicas factibles como lo estipula la condición de no negatividad del modelo de PL.

3.3 MÉTODO SÍMPLEX PRIMAL

El método símplex primal parte de una solución básica factible (punto extremo) y se continúa iterando a través de soluciones básicas factibles sucesivas hasta alcanzar el óptimo. La figura 3-1 ilustra la aplicación de este proceso al modelo Reddy Mikks. El proceso comienza en el origen extremo (punto A) y se mueve a lo largo del **borde** AB del espacio de soluciones hasta el punto extremo **adyacente** B (iteración 1). De B se mueve a lo largo del borde BC hasta el punto extremo adyacente C (iteración 2), que es el óptimo. Obsérvese que el procedimiento no es capaz de cortar a través del espacio de soluciones (por ejemplo, de A a C) sino que siempre debe moverse a lo largo de bordes entre puntos extremos *adyacentes*.

¿Cómo se expresa algebraicamente el procedimiento iterativo indicado antes? Todo lo que tenemos que hacer es mostrar cómo se identifican los puntos extremos, tales como el A, B y C, sin utilizar la gráfica del espacio de soluciones. Consideremos el modelo Reddy Mikks dado enseguida en su forma estándar:

$$\text{maximizar } z = 3x_E + 2x_I + 0s_1 + 0s_2 + 0s_3 + 0s_4$$

sujeto a

Programación lineal: método símplex [C.3]

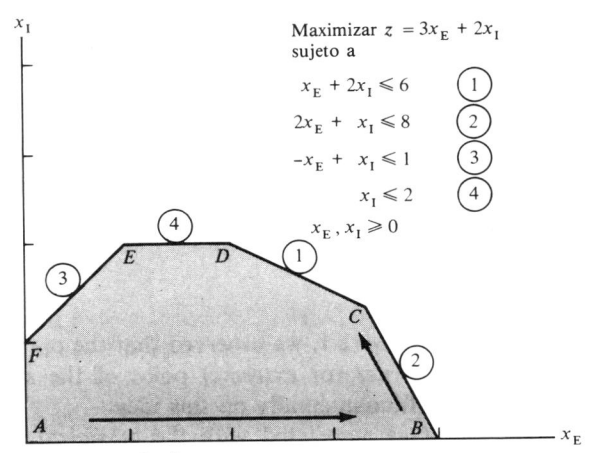

Figura 3-1

Maximizar $z = 3x_E + 2x_I$
sujeto a

$$x_E + 2x_I \leq 6 \quad \text{①}$$
$$2x_E + x_I \leq 8 \quad \text{②}$$
$$-x_E + x_I \leq 1 \quad \text{③}$$
$$x_I \leq 2 \quad \text{④}$$
$$x_E, x_I \geq 0$$

$$\begin{aligned} x_E + 2x_I + s_1 &= 6 \\ 2x_E + x_I \phantom{{}+{}} + s_2 &= 8 \\ -x_E + x_I \phantom{{}+{}} \phantom{{}+s_2{}} + s_3 &= 1 \\ x_I \phantom{{}+{}} \phantom{{}+s_2{}} \phantom{{}+s_3{}} + s_4 &= 2 \end{aligned}$$

$$x_E, x_I, s_1, s_2, s_3, s_4 \geq 0$$

El modelo tiene $m = 4$ ecuaciones y $n = 6$ variables. De esta manera, el número de variables no básicas (nulas) debe ser igual a $6 - 4 = 2$. Si escogemos $x_1 = 0$ y $x_2 = 0$ como las variables no básicas, inmediatamente, y sin ningún cálculo, obtenemos la solución básica factible $s_1 = 6$, $s_2 = 8$, $s_3 = 1$ $s_4 = 2$ (el punto origen A en la figura 3-1). Esta solución básica representa la **solución inicial** (o iteración) del método símplex. El valor objetivo correspondiente se determina expresando la función objetivo en la siguiente forma (a la que nos referiremos como la ecuación z):

$$z - 3x_E - 2x_I = 0$$

Puesto que x_E y x_I en A son cero, el valor asociado de z lo da automáticamente el segundo miembro de la ecuación anterior ($= 0$). La fácil determinación algebraica de la solución básica inicial en el modelo Reddy Mikks se debe a que:

1. Cada ecuación tiene una variable de holgura.
2. Los segundos miembros de las restricciones son no negativos.

La primera propiedad garantiza que el número de holguras es igual al número de ecuaciones. Así, las variables restantes pueden usarse como variables no básicas (cero). Como por la segunda propiedad los segundos miembros de las ecuaciones son no negativos, la solución básica resultante es automáticamente factible, como se necesita en el método símplex primal.

El siguiente paso lógico a la identificación de la solución inicial, es investigar el desplazamiento a una nueva solución básica. Desde el punto de vista de la optimización, nos interesa pasar a otra solución básica, sólo si podemos discernir mejoras en el valor de la función objetivo. Primero, téngase en cuenta que una nueva solución básica se asegura sólo al hacer básica, por lo menos, una de las variables actuales no básicas (cero). En el método símplex se hace el cambio de las variables no básicas, una a la vez. Intuitivamente, tal variable no básica puede llevarse a la solución sólo si mejora el valor de la función objetivo. En términos del modelo Reddy Mikks, x_E y x_I son no básicas ($= 0$) en A. Observando la ecuación z objetivo

$$z - 3x_E - 2x_I = 0$$

constatamos que un incremento unitario de x_E aumentará a z en 3 y, un incremento unitario de x_I, acrecentará a z en 2. Puesto que se trata de una maximización, cualquiera de las dos variables puede mejorar el valor objetivo. Sin embargo, para generar una regla no ambigua de cálculo, el método símplex utiliza un procedimiento heurístico; o sea, en el caso de una maximización, la variable no básica seleccionada es aquella con el coeficiente más negativo en la ecuación z objetivo. Utilizando tal procedimiento heurístico, se espera (pero no se garantiza), que el método símplex produzca los "saltos" máximos en el valor objetivo al pasar de una iteración a otra, alcanzando así el óptimo en el menor número de iteraciones. La aplicación de esta condición al modelo Reddy Mikks da como resultado considerar a x_E como la **variable que entra**, o **variable entrante**.

La nueva solución básica obtenida al admitir a la variable que entra, debe incluir exactamente m variables básicas. Esto significa que una de las variables básicas actuales debe salir de la solución. En el ejemplo Reddy Mikks, la **variable que sale** o **variable saliente** debe ser una de las variables s_1, s_2, s_3 o s_4. Observando la figura 3-2, notamos que el valor de la variable entrante en la *nueva* solución corresponde al punto B. Cualquier incremento más allá de este punto nos situará fuera del espacio factible. De acuerdo con la definición de las restricciones, esto significa que s_2 (asociada con la restricción 2) será igual a cero, lo que indica que s_2 es la variable saliente.

Podemos seleccionar la variable saliente, directamente a partir de las ecuaciones de restricción, calculando las intersecciones *no negativas* de todas las restricciones con el eje x_E. La menor de tales intersecciones identificará la variable saliente. En el modelo Reddy Mikks sólo las restricciones 1 y 2 intersecan al eje x_E en la dirección positiva; estas intersecciones son iguales a $6/1 = 6$ y $8/2 = 4$, respectivamente. Como la menor intersección ($= 4$) está asociada con la segunda restricción, la variable básica s_2 debe salir de la solución.

¿Cómo podemos automatizar el proceso de seleccionar la variable saliente, sin ayuda del espacio de soluciones gráficas? Lo único que se tiene que hacer es calcular las intersecciones de las restricciones con el eje x_E, como la *razón* del segundo miembro al coeficiente de restricción correspondiente de x_E, o sea

intersección de la restricción 1 = 6/1 = 6
intersección de la restricción 2 = 8/2 = 4
intersección de la restricción 3 = 1/−1 = −1
intersección de la restricción 4 = 2/0 = infinito

Programación lineal: método símplex [C.3

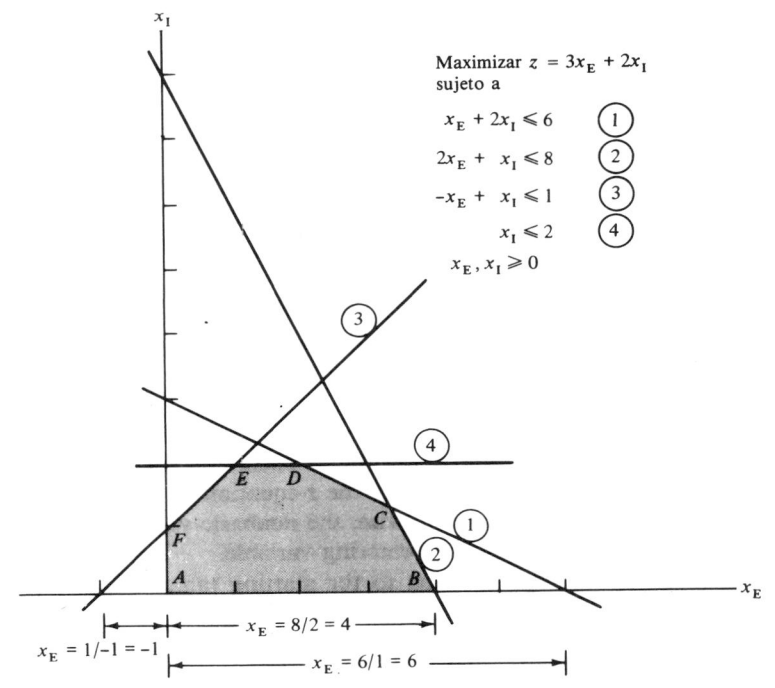

Maximizar $z = 3x_E + 2x_I$
sujeto a

$x_E + 2x_I \leq 6$ ①
$2x_E + x_I \leq 8$ ②
$-x_E + x_I \leq 1$ ③
$x_I \leq 2$ ④
$x_E, x_I \geq 0$

$x_E = 8/2 = 4$
$x_E = 1/-1 = -1$
$x_E = 6/1 = 6$

Figura 3-2

Las primeras tres intersecciones se indican en la figura 3-2. La cuarta intersección no puede mostrarse porque la restricción 4 es paralela al eje x_E. No nos interesa la tercera intersección porque es negativa, lo que significa que la tercera restricción no limita a x_E en la dirección positiva. Tampoco estamos interesados en la restricción 4, ya que ésta no interseca al eje x_E en algún punto. Esto sólo deja las intersecciones 1 y 2, concluyéndose que s_2 debe ser la variable saliente. En un sentido mecánico, podemos automatizar el proceso anterior considerando sólo aquellas restricciones que tienen coeficientes de restricción *estrictamente positivos* para la variable entrante.

Los procedimientos presentados antes para seleccionar las variables entrantes y salientes se denominan **condiciones de optimidad** y **factibilidad.** Nótese que la condición de factibilidad (intersección mínima) es igualmente aplicable tanto a problemas de maximización como de minimización. Por otra parte, la condición de optimidad para el problema de minimización difiere debido a que la variable entrante está asociada con el coeficiente no básico más positivo (en comparación con el más negativo en el caso de la maximización).

A continuación damos un resumen formal de las dos condiciones símplex:

Condición de optimidad: la variable entrante en una maximización (en una minimización) es la variable no básica, con el coeficiente más negativo (más positivo) en la ecuación z objetivo. Un empate puede romperse arbitrariamente. El óptimo se alcanza cuando todos los coeficientes no básicos en la ecuación z son no negativos (no positivos).

Condición de factibilidad: tanto en problemas de maximización como de minimización, la variable saliente es la variable básica actual, con la menor intersección (razón mínima con denominador estrictamente positivo) en la dirección de la variable entrante. Un empate se rompe arbitrariamente.

Estamos listos para enunciar los pasos iterativos formales del método símplex primal:

Paso 0: Usando la forma estándar (con los segundos miembros no negativos), determine una solución inicial básica factible.

Paso 1: Seleccione una *variable entrante* entre las variables actuales *no básicas,* usando la condición de optimidad.

Paso 2: Seleccione la *variable saliente* entre las variables actuales *básicas,* usando la condición de factibilidad.

Paso 3: Determine los valores de las nuevas variables básicas, haciendo a la variable entrante básica y a la variable saliente no básica. Vuelva al paso 1.

No es difícil darse cuenta que el método símplex primal se basa en consideraciones muy plausibles. Específicamente, en una solución básica dada (punto extremo) buscamos una nueva solución básica, sólo si un incremento en los valores de cualquiera de las variables no básicas actuales puede mejorar el valor objetivo (condición de optimidad). Si encontramos esa variable no básica, debe salir de la solución una de las variables básicas actuales para satisfacer el requisito que el número de variables básicas sea exactamente igual a m. La selección de la variable saliente se hace mediante la condición de factibilidad. El proceso de intercambiar una variable básica por una no básica equivale a moverse entre puntos extremos adyacentes a lo largo de los bordes del espacio de soluciones (véase la figura 3-1). Esto es en realidad todo lo que hace el método símplex primal. Sin embargo, el lector deberá poner atención a la siguiente recomendación. Cuando empecemos a explicar cómo se usa el método de Gauss-Jordan para intercambiar las variables salientes y entrantes, encontraremos detalles de cálculo que son a la vez monótonos y tediosos. Nuestra larga experiencia pedagógica nos advierte que a la mayoría de los principiantes los "absorben" esos detalles y por ello dejan de percibir lo fundamental del método símplex. Para evitar esto, recuérdese que el principal objetivo del procedimiento de cálculo de Gauss-Jordan es transformar las ecuaciones, de manera que nos permitan obtener una nueva solución básica mediante la asignación de valores cero a las variables actuales no básicas. Aparte de esto, el procedimiento de Gauss-Jordan no tiene significación especial en lo que se refiere al método símplex. Mejor aún, recuérdese que sólo es necesario efectuar esos cálculos tediosos algunas veces, después de lo cual se puede usar TORA (o cualquier otro programa) para realizar esta tarea. En lo que debe concentrarse el lector en este capítulo, es en la interpretación de las soluciones obtenidas mediante el procedimiento de Gauss-Jordan. Esto será la base de nuestra exposición.

Ejemplo 3.3-1

Usaremos el modelo Reddy Mikks para explicar los detalles de cálculo del método símplex primal. Esto exigirá expresar el problema en la forma estándar. Una manera conveniente de resumir las ecuaciones es por medio de la siguiente tabla:

Básica	z	x_E	x_I	s_1	s_2	s_3	s_4	Solución	
z	1	−3	−2	0	0	0	0	0	ecuación z
s_1	0	1	2	1	0	0	0	6	ecuación s_1
s_2	0	2	1	0	1	0	0	8	ecuación s_2
s_3	0	−1	1	0	0	1	0	1	ecuación s_3
s_4	0	0	1	0	0	0	1	2	ecuación s_4

Esta tabla corresponde a la solución básica inicial del modelo. La información en la tabla se lee de la siguiente manera. La columna "básica" identifica las variables básicas actuales s_1, s_2, s_3 y s_4, cuyos valores se dan en la columna "solución". Esto supone implícitamente que las variables no básicas x_E y x_I (aquellas no presentes en la columna "básica") tienen valor cero. El valor correspondiente de la función objetivo es $z = 3 \times 0 + 2 \times 0 + 0 \times 6 + 0 \times 8 + 0 \times 1 + 0 \times 2 = 0$, como se muestra en la columna solución.

Al aplicar la condición de optimidad, x_E tiene el coeficiente más negativo en la ecuación z y por ello, se escoge como la variable entrante. La condición de factibilidad muestra que s_2 corresponde a la menor intersección, por lo que deberá salir de la solución.

Después de identificar las variables entrantes y salientes, necesitamos determinar la nueva solución básica que debe incluir ahora a s_1, x_E, s_3 y s_4. Esto se logra aplicando el método de **eliminación de Gauss-Jordan**. El método comienza identificando la columna debajo de la variable entrante x_E como la **columna entrante** o **de entrada**. El renglón asociado con la variable saliente se denominará **ecuación pivote**, y el elemento en la intersección de la columna de entrada y la ecuación pivote se denominará **elemento pivote**. La siguiente tabla resume estas definiciones:

	Básica	z	x_E	x_I	s_1	s_2	s_3	s_4	Solución	Intersecciones x_E (razones)
	z	1	−3	−2	0	0	0	0	0	
	s_1	0	1	2	1	0	0	0	6	6/1 = 6
Ecuación pivote ←	s_2	0	2	1	0	1	0	0	8	8/2 = ④
	s_3	0	−1	1	0	0	1	0	1	—
	s_4	0	0	1	0	0	0	1	2	—

Columna de entrada ↓ / Elemento pivote

3.3] Método símplex primal 81

Con el método Gauss-Jordan se efectúa un cambio de base empleando dos operaciones de cálculo:

1. Ecuación pivote:

$$\text{nueva ecuación pivote} = \text{ecuación pivote} \div \text{elemento pivote}$$

2. Las demás ecuaciones, incluyendo z

$$\text{nueva ecuación} = (\text{ecuación anterior}) - \begin{pmatrix} \text{coeficientes} \\ \text{de la \textbf{columna}} \\ \text{\textbf{entrante}} \end{pmatrix} \times \begin{pmatrix} \text{nueva ecuación} \\ \text{pivote} \end{pmatrix}$$

Estos dos tipos de operaciones de cálculo necesariamente generan la nueva solución básica, al sustituir la variable entrante en todos los renglones, excepto en la ecuación pivote.

Al aplicar los cálculos del tipo 1 a la tabla anterior, dividimos la ecuación s_2 entre el elemento pivote 2. Como x_E toma el lugar de s_2 en la columna básica, los cálculos del tipo 1 cambiarán la tabla inicial como se muestra a continuación.

Básica	z	x_E	x_I	s_1	s_2	s_3	s_4	Solución
z								
s_1								
x_E	0	1	1/2	0	1/2	0	0	8/2 = 4
s_3								
s_4								

Nótese que la columna "solución" da el nuevo valor de x_E (= 4), que es igual a la razón mínima de la condición de factibilidad.

Para completar la tabla, realizamos los siguientes cálculos de tipo 2.

1. Ecuación z:

$$\begin{aligned}
\text{ecuación } z \text{ anterior:} \quad & (1 \quad -3 \quad -2 \quad 0 \quad 0 \quad 0 \quad 0 \quad 0) \\
-(-3) \times \text{nueva ecuación pivote:} \quad & (0 \quad 3 \quad 3/2 \quad 0 \quad 3/2 \quad 0 \quad 0 \quad 12) \\
= \text{nueva ecuación } z: \quad & (1 \quad 0 \quad -1/2 \quad 0 \quad 3/2 \quad 0 \quad 0 \quad 12)
\end{aligned}$$

2. Ecuación s_1:

$$\begin{aligned}
\text{ecuación } s_1 \text{ anterior:} \quad & (0 \quad 1 \quad 2 \quad 1 \quad 0 \quad 0 \quad 0 \quad 6) \\
-(1) \times \text{nueva ecuación pivote:} \quad & (0 \quad -1 \quad -1/2 \quad 0 \quad -1/2 \quad 0 \quad 0 \quad -4) \\
= \text{nueva ecuación } s_1: \quad & (0 \quad 0 \quad 3/2 \quad 1 \quad -1/2 \quad 0 \quad 0 \quad 2)
\end{aligned}$$

3. Ecuación s_3:

$$\begin{array}{lrrrrrrrr}
\text{ecuación } s_3 \text{ anterior:} & (0 & -1 & 1 & 0 & 0 & 1 & 0 & 1) \\
-(-1) \times \text{nueva ecuación pivote:} & (0 & 1 & 1/2 & 0 & 1/2 & 0 & 0 & 4) \\
= \text{nueva ecuación } s_3: & (0 & 0 & 3/2 & 0 & 1/2 & 1 & 0 & 5)
\end{array}$$

4. Ecuación s_4. La nueva ecuación s_4 es la misma que la ecuación s_4 anterior porque su coeficiente de la *columna de entrada* es cero.

Por lo tanto, la nueva tabla completa se ve como sigue:

Básica	z	x_E	x_I	s_1	s_2	s_3	s_4	Solución	Intersecciones x_I (razones)
z	1	0	$-1/2$	0	3/2	0	0	12	
s_1	0	0	3/2	1	$-1/2$	0	0	2	$\dfrac{2}{3/2} = \left(\dfrac{4}{3}\right)$
x_E	0	1	1/2	0	1/2	0	0	4	$\dfrac{4}{1/2} = 8$
s_3	0	0	3/2	0	1/2	1	0	5	$\dfrac{5}{3/2} = \dfrac{10}{3}$
s_4	0	0	1	0	0	0	1	2	$2/1 = 2$

La nueva solución resulta ser $x_E = 4$ y $x_I = 0$ (punto B en la figura 3-2). El valor de z ha aumentado de 0 a 12. El incremento se debe a que cada incremento unitario en x_E aumenta 3 al valor de z; por lo tanto, el incremento total en z es $3 \times 4 = 12$.

Nótese que la nueva tabla tiene las mismas propiedades que la anterior; es decir, cuando se igualan a cero las variables no básicas x_I y s_2, los valores de las variables básicas se dan de inmediato en la columna de soluciones. Esto es precisamente lo que hace el método Gauss-Jordan.

Examinando la última tabla, la condición de optimidad selecciona x_I como la variable que entra debido a que su coeficiente en z es $-1/2$. Por lo tanto, la condición de factibilidad demuestra que s_1 es la variable que sale. Las razones que se presentan en la última tabla indican que x_I introduce como solución básica el valor $4/3$ (= razón mínima), con lo que se mejora el valor de la función objetivo en $(4/3) \times (1/2) = 2/3$.

Las siguientes operaciones de Gauss-Jordan producirán la nueva tabla:

(i) Nueva ecuación pivote (s_1) = ecuación s_1 anterior $\div (3/2)$.
(ii) Nueva ecuación z = ecuación z anterior $- (-1/2) \times$ nueva ecuación pivote.
(iii) Nueva ec. x_E = ec. x_E anterior $- (1/2) \times$ nueva ec. pivote.
(iv) Nueva ec. s_3 = ec s_3 anterior $- (3/2) \times$ nueva ec. pivote.
(v) Nueva ec. s_4 = ec. s_4 anterior $- (1) \times$ nueva ec. pivote.

Estos cálculos nos llevan a la tabla siguiente.

Básica	z	x_E	x_I	s_1	s_2	s_3	s_4	Solución
z	1	0	0	1/3	4/3	0	0	$12\frac{2}{3}$
x_I	0	0	1	2/3	−1/3	0	0	4/3
x_E	0	1	0	−1/3	2/3	0	0	10/3
s_3	0	0	0	−1	1	1	0	3
s_4	0	0	0	−2/3	1/3	0	1	2/3

La solución da como resultado $x_E = 3\frac{1}{3}$ y $x_I = 1\frac{1}{3}$ (punto C en la figura 3-2). El valor de z ha aumentado de 12 en la tabla anterior a $12\frac{2}{3}$. El incremento ($12\frac{2}{3}$ − 12) = 2/3 es el resultado de que x_I aumente de 0 a 4/3, donde cada incremento de una unidad contribuye en 1/2 a la función objetivo. Por lo tanto, el incremento total en z es igual a (4/3) × (1/2) = 2/3.

La última tabla es óptima porque *ninguna* de las variables *no* básicas tiene un coeficiente negativo en la función z. Esto completa los cálculos del método símplex.

◀

Ejercicio con la computadora

Use la opción ("user guided", guiada por el usuario) de TORA para eliminar a s_1 (= sx3 en la salida de TORA) de la solución básica, aun cuando no esté asociada con la razón mínima. Ahora observe la tabla resultante y note cómo el valor de s_2 (= sx4) resulta negativo, indicando esto que la solución resultante es infactible. El ejercicio demuestra por qué la variable saliente debe corresponder a la razón mínima. (Para reforzar su comprensión de la infactibilidad, marque la solución de TORA en el espacio de soluciones de la figura 3-2.)

Ejercicio con la computadora

La condición de optimidad estipula que la variable entrante en el problema de maximización, está asociada con el coeficiente objetivo más negativo. En realidad, la condición es sólo una regla *práctica* que *probablemente* conduzca a la solución óptima más rápidamente. De hecho, *cualquier* variable no básica que tenga un coeficiente objetivo negativo puede ser candidato para entrar en la solución. El lector puede experimentar con este punto, aplicando la opción iterativa de TORA al modelo Reddy Mikks, seleccionando siempre la variable entrante como la de *menor* coeficiente objetivo negativo. El número de iteraciones será mayor, pero la solución final óptima será siempre la misma. La experiencia ha demostrado que este resultado es válido en la mayoría de los casos (pero no necesariamente en todos).

Ejercicio 3.3-1

(a) En la aplicación del método símplex a un modelo de *maximización*, supóngase que la variable que entra se selecciona como *cualquiera* de las variables no básicas con un coeficiente negativo en la función z. ¿Se llegará finalmente con el método símplex a obtener la solución óptima?

[*Resp.* Sí, porque un coeficiente z negativo de una variable no básica señala que el valor de z puede crecer cuando esta variable se aumente arriba de cero. La única ventaja de

seleccionar la variable no básica con el coeficiente más negativo es que tiene el potencial de llegar al óptimo en el menor número de iteraciones.]
(b) Considere la solución gráfica del modelo de Reddy Mikks que se da en la figura 3-2. Comenzando en el origen (punto A), supóngase que x_1 se selecciona como la variable que entra. Determine las razones de la condición de factibilidad directamente a partir del espacio gráfico; después compárelas con las obtenidas de la tabla símplex inicial. ¿Qué variable básica actual debe salir de la solución básica?
[*Resp.* Las razones (intersecciones) son 3, 8, 1 y 2. Asimismo, s_3 sale de la solución.]
(c) Determine en el inciso (b) el incremento en el valor de z cuando x_1 entre en la solución sin realizar los cálculos de Gauss-Jordan.
[*Resp.* Incremente en $z = 2 \times 1 = 2$.]
(d) Examine la figura 3-2 y determine cuántas iteraciones se necesitarán para llegar al óptimo en C si x_1 se selecciona como la variable que entra en la tabla inicial.
[*Resp.* Cinco iteraciones, que corresponden a los puntos extremos A, F, E, D y C.]
(e) En la tabla óptima del modelo de Reddy Mikks, determine la variable que sale y el cambio (incremento o disminución) correspondiente en el valor de z si la variable que entra está dada por
(1) s_1. [*Resp.* x_1 sale y z *disminuye* en $2 \times 1/3 = 2/3$.]
(2) s_2. [*Resp.* s_4 sale y z *disminuye* en $2 \times 4/3 = 8/3$.]
(f) ¿Qué conclusión se puede sacar de los cálculos realizados en el inciso (e)?
[*Resp.* Cualquier intento por hacer que una variable básica, con un coeficiente positivo en la ecuación z, entre en la solución básica nunca podrá incrementar el valor de z. Esta es la razón por la que decimos que el valor *máximo* de z ya se ha obtenido cuando todos los coeficientes no básicos de la ecuación z se han vuelto no negativos.]

3.3.1 SOLUCION INICIAL ARTIFICIAL PARA EL METODO SIMPLEX PRIMAL

En el modelo Reddy Mikks todas las restricciones son del tipo ≤. Esta propiedad, junto con el hecho que el segundo miembro de todas las restricciones es no negativo, nos proporciona una solución factible básica inicial que contiene todas las variables de holgura. Tales condiciones no se satisfacen en todos los modelos de PL, lo que hace necesario diseñar un procedimiento de cálculo automático para comenzar las iteraciones símplex. Esta tarea se logra agregando **variables artificiales** donde sea necesario para utilizarlas como variables de holgura. Sin embargo, como tales variables artificiales no tienen significado físico en el modelo original (de ahí el nombre de artificiales), deben tomarse medidas para llevarlas al nivel cero en la iteración óptima. En otras palabras, las utilizamos para comenzar la solución y las eliminamos una vez que hayan cumplido su propósito.

Llevamos a cabo esta tarea utilizando la retroalimentación de información, que hará a esas variables poco atractivas desde el punto de vista de la optimización. Una manera lógica de llevar a cabo este objetivo es el de *penalizar* las variables artificiales en la función objetivo. Para este propósito existen dos métodos (muy relacionados) que se basan en la utilización de las penalizaciones:

(1) la técnica *M* o método de penalización y (2) la técnica de dos fases. A continuación se dan los detalles de estas dos técnicas.

A. La técnica *M* (método de penalización)

Describiremos este método por medio del siguiente ejemplo numérico:

$$\text{minimizar } z = 4x_1 + x_2$$

sujeto a

$$3x_1 + x_2 = 3$$
$$4x_1 + 3x_2 \geq 6$$
$$x_1 + 2x_2 \leq 4$$
$$x_1, x_2 \geq 0$$

La forma estándar de este modelo es entonces:

$$\text{minimizar } z = 4x_1 + x_2$$

sujeto a

$$3x_1 + x_2 = 3$$
$$4x_1 + 3x_2 - x_3 = 6$$
$$x_1 + 2x_2 + x_4 = 4$$
$$x_1, x_2, x_3, x_4 \geq 0$$

La primera y segunda ecuaciones no tienen variables que desempeñen la función de una holgura. Por lo tanto, aumentamos las dos variables artificiales R_1 y R_2 en estas dos ecuaciones de la manera siguiente:

$$3x_1 + x_2 + R_1 = 3$$
$$4x_1 + 3x_2 - x_3 + R_2 = 6$$

Podemos *penalizar* a R_1 y R_2 en la función objetivo asignándoles coeficientes positivos muy grandes en la función objetivo. Sea $M > 0$ una constante muy grande; entonces la programación lineal con su variable artificial se transforma en

$$\text{minimizar } z = 4x_1 + x_2 + MR_1 + MR_2$$

sujeto a

$$3x_1 + x_2 + R_1 = 3$$
$$4x_1 + 3x_2 - x_3 + R_2 = 6$$
$$x_1 + 2x_2 + x_4 = 4$$
$$x_1, x_2, x_3, R_1, R_2, x_4 \geq 0$$

Obsérvese la razón del uso de las variables artificiales. Tenemos tres ecuaciones y seis incógnitas. Por lo tanto, la solución básica inicial debe incluir $6 - 3 = 3$ variables con valor cero. Si colocamos x_1, x_2 y x_3 en el nivel cero, inmediatamente obtenemos la solución $R_1 = 3$, $R_2 = 6$ y $x_4 = 4$, que es la solución *factible* inicial que se necesita.

Ahora, obsérvese la forma como el "nuevo" modelo hace que R_1 y R_2 sean cero. Como realizamos un proceso de minimización, asignando M a R_1 y R_2 en la función objetivo, el proceso de optimización que busca el valor *mínimo* de z asignará, por último, valores de cero a R_1 y R_2 en la solución *óptima*. Nótese que las iteraciones inmediatas anteriores a la iteración óptima no son de importancia para nosotros. En consecuencia, resulta inmaterial si incluyen o no variables artificiales en el nivel positivo.

¿Cómo cambia la técnica M si maximizamos en vez de minimizar? Mediante el uso de la misma lógica de penalizar la variable artificial, debemos asignarles el coeficiente $-M$ de la función objetivo ($M > 0$), con lo cual se vuelve poco atractivo mantener la variable artificial en un nivel positivo en la solución óptima.

Ejercicio 3.3-2

En el ejemplo anterior, supóngase que el problema es del tipo de maximización. Escriba la función objetivo después de aumentar las variables artificiales.

[*Resp*. Maximice $z = 4x_1 + x_2 - MR_1 - MR_2$.]

Habiendo construido una solución factible inicial, debemos "condicionar" el problema de modo que cuando lo pongamos en forma tabular, la columna del lado derecho producirá la solución inicial en forma directa. Esto se hace mediante el uso de las ecuaciones de restricciones para sustituir R_1 y R_2 en la función objetivo. De manera que,

$$R_1 = 3 - 3x_1 - x_2$$
$$R_2 = 6 - 4x_1 - 3x_2 + x_3$$

Por lo tanto, la función objetivo se convierte en

$$z = 4x_1 + x_2 + M(3 - 3x_1 - x_2) + M(6 - 4x_1 - 3x_2 + x_3)$$
$$= (4 - 7M)x_1 + (1 - 4M)x_2 + Mx_3 + 9M$$

y la ecuación z ahora figura en la tabla como

$$z - (4 - 7M)x_1 - (1 - 4M)x_2 - Mx_3 = 9M$$

Se puede advertir que en la solución inicial, dadas $x_1 = x_2 = x_3 = 0$, el valor de z es $9M$, como debe ser cuando $R_1 = 3$ y $R_2 = 6$.

La sucesión de tablas que nos conduce a la solución óptima se presenta en la tabla 3-1. Obsérvese que éste es un problema de *minimización*, de manera que la variable que entra debe tener el coeficiente más *positivo* en la ecuación z. Se llega al óptimo cuando *todas* las variables no básicas tienen coeficientes z *no* positivos. (Recuérdese que M es una constante positiva muy grande.)

Tabla 3-1[a]

Iteración	Básica	x_1	x_2	x_3	R_1	R_2	x_4	Solución
0 (inicial)	z	$-4 + 7M$	$-1 + 4M$	$-M$	0	0	0	$9M$
x_1 entra	R_1	3	1	0	1	0	0	3
R_1 sale	R_2	4	3	-1	0	1	0	6
	x_4	1	2	0	0	0	1	4
1	z	0	$\dfrac{1+5M}{3}$	$-M$	$\dfrac{4-7M}{3}$	0	0	$4 + 2M$
x_2 entra	x_1	1	1/3	0	1/3	0	0	1
R_2 sale	R_2	0	5/3	-1	$-4/3$	1	0	2
	x_4	0	5/3	0	$-1/3$	0	1	3
2	z	0	0	1/5	$8/5 - M$	$-1/5 - M$	0	18/5
x_3 entra	x_1	1	0	1/5	3/5	$-1/5$	0	3/5
x_4 sale	x_2	0	1	$-3/5$	$-4/5$	3/5	0	6/5
	x_4	0	0	1	1	-1	1	1
3 (óptima)	z	0	0	0	$7/5 - M$	$-M$	$-1/5$	17/5
	x_1	1	0	0	2/5	0	$-1/5$	2/5
	x_2	0	1	0	$-1/5$	0	3/5	9/5
	x_3	0	0	1	1	-1	1	1

[a] Hemos eliminado la columna z por comodidad, ya que ésta nunca cambia. Seguiremos este convencionalismo en todo el libro.

La solución óptima es $x_1 = 2/5$, $x_2 = 9/5$ y $z = 17/5$. Como no contiene variables artificiales *en el nivel positivo*, la solución es factible con respecto al problema original antes de que se sumaran las variables artificiales. (Si el problema no tiene solución factible, cuando menos una variable artificial será positiva en la solución óptima. Este caso se analiza en la sección que sigue.)

Ejercicio 3.3-3
(a) Escriba la ecuación z para el ejemplo anterior como aparece en la tabla inicial cuando ocurre cada uno de los cambios siguientes en forma independiente.
   (1) La tercera restricción es originalmente del tipo $\geq$.
      [*Resp.* $z + (-4 + 8M)x_1 + (-1 + 6M)x_2 - Mx_3 - Mx_4 = 13M$. Utilice variables artificiales en las tres ecuaciones.]
   (2) La segunda restricción es originalmente del tipo $\leq$.
      [*Resp.* $z + (-4 + 3M)x_1 + (-1 + M)x_2 = 3M$. Utilice una variable artificial sólo en la primera ecuación.]

(3) La función objetivo consiste en maximizar $z = 4x_1 + x_2$.
[*Resp.* $z + (-4 - 7M)x_1 + (-1 - 4M)x_2 + Mx_3 = -9M$. Emplee variables artificiales en la primera y segunda ecuaciones.]

(b) En cada uno de los casos siguientes, indique si es *absolutamente necesario* utilizar variables artificiales para asegurar una solución inicial. Supóngase que todas las variables son no negativas.

(1) Maximizar $z = x_1 + x_2$
sujeto a

$$2x_1 + 3x_2 = 5$$
$$7x_1 + 2x_2 \leq 6$$

[*Resp.* Sí, utilice R_1 en la primera ecuación y una de holgura en la segunda.]

(2) Minimizar $z = x_1 + x_2 + x_3 + x_4$
sujeto a

$$2x_1 + x_2 + x_3 = 7$$
$$4x_1 + 3x_2 + x_4 = 8$$

[*Resp.* No, utilice x_3 y x_4; primero sustitúyalas en la función z utilizando $x_3 = 7 - 2x_1 - x_2$ y $x_4 = 8 - 4x_1 - 3x_2$.]

Ejercicio con la computadora

El diseño de la técnica M se basa en que el valor de M sea suficientemente grande. En teoría, M debería tender a infinito. Sin embargo, desde el punto de vista del cálculo, la selección específica de M puede tener un efecto muy significativo en los resultados, debido al error de redondeo de la computadora. Para ilustrar este punto consideremos el siguiente problema:

$$\text{maximizar } z = 0.2x_1 + 0.5x_2$$

sujeto a

$$3x_1 + 2x_2 \geq 6$$
$$x_1 + 2x_2 \leq 4$$
$$x_1, x_2 \geq 0$$

Utilizando el procedimiento "guiado por el usuario" de TORA, aplíquese el método símplex primal con $M = 10$ y luego repítase con $M = 999\,999$. La primera M da la solución correcta: $z = 0.95$, $x_1 = 1$, $x_2 = 1.5$, en tanto que la segunda da la solución incorrecta: $z = 1.18$, $x_1 = 4$, $x_2 = 0$ (nótese la inconsistencia en el valor resultante para z). Ahora, multiplíquense los coeficientes de la función objetivo por 1 000 obteniéndose $z = 200x_1 + 500x_2$ y resuélvase el problema con $M = 10$ y $M = 999\,999$; obsérvese que el segundo valor es el que da la solución correcta. Este ejercicio muestra que el valor M debe escogerse tomando en cuenta los valores de los coeficientes objetivo.

B. La técnica de dos fases

Como quedó ilustrado en el ejercicio anterior, una desventaja de la técnica M es el posible error de cálculo que puede resultar al asignarse un valor muy grande a la constante M. El método de dos fases se ha diseñado para aminorar esta dificultad. Aunque las variables artificiales se agregan de la misma manera que en la técnica M, el uso de la constante M se elimina resolviendo el problema en dos etapas (de ahí el nombre método de "dos fases"). A continuación se delinean estas dos fases:

Fase I. Auméntense las variables artificiales según se necesite para asegurar una solución inicial. Fórmese una nueva función objetivo que busque la *minimización* de la *suma* de las variables artificiales sujeta a las restricciones del problema original modificado por las variables artificiales. Si el valor *mínimo* de la nueva función objetivo es cero (lo que significa que todas las artificiales son cero), el problema tiene un espacio de soluciones factible. Diríjase a la fase II. De lo contrario, si el mínimo es positivo, el problema no tiene solución factible. Deténgase.

Fase II. Utilícese la solución básica óptima de la fase I como solución inicial para el problema original.

Ilustraremos el procedimiento mediante el uso del ejemplo de la técnica M de la sección 3.3.1A.

Fase I. Como necesitamos las variables artificiales R_1 y R_2 en la primera y segunda ecuaciones, el problema de la fase I se lee como

$$\text{minimizar } r = R_1 + R_2$$

sujeto a

$$3x_1 + x_2 + R_1 = 3$$
$$4x_1 + 3x_2 - x_3 + R_2 = 6$$
$$x_1 + 2x_2 + x_4 = 4$$
$$x_1, x_2, x_3, R_1, R_2, R_2, x_4 \geq 0$$

Como R_1 y R_2 están en la solución inicial, deben sustituirse en la función objetivo (compárese con la técnica M) en la forma siguiente:

$$\begin{aligned} r &= R_1 + R_2 \\ &= (3 - 3x_1 - x_2) + (6 - 4x_1 - 3x_2 + x_3) \\ &= -7x_1 - 4x_2 + x_3 + 9 \end{aligned}$$

Por consiguiente, la tabla *inicial* se convierte en

Básica	x_1	x_2	x_3	R_1	R_2	x_4	Solución
r	7	4	-1	0	0	0	9
R_1	3	1	0	1	0	0	3
R_2	4	3	-1	0	1	0	6
x_4	1	2	0	0	0	1	4

La tabla *óptima* se obtiene en *dos* iteraciones y está dada por (verifíquese)

Básica	x_1	x_2	x_3	R_1	R_2	x_4	Solución
r	0	0	0	-1	-1	0	0
x_1	1	0	1/5	3/5	$-1/5$	0	3/5
x_2	0	1	$-3/5$	$-4/5$	3/5	0	6/5
x_4	0	0	1	1	-1	1	1

Como el mínimo es $r = 0$, el problema tiene una solución factible y pasamos a la fase II.

Fase II. Las variables artificiales han servido ahora a su propósito y deben eliminarse en todos los cálculos subsiguientes. Esto significa que las ecuaciones de la tabla óptima en la fase I se pueden escribir como

$$x_1 + \frac{1}{5}x_3 = 3/5$$

$$x_2 - \frac{3}{5}x_3 = 6/5$$

$$x_3 + x_4 = 1$$

Estas ecuaciones son *exactamente equivalentes* a las de la forma estándar del problema original (antes de que se sumen las variables artificiales). Por lo tanto, el problema original se puede escribir como

$$\text{minimizar } z = 4x_1 + x_2$$

sujeto a

$$x_1 + \frac{1}{5}x_3 = 3/5$$

$$x_2 - \frac{3}{5}x_3 = 6/5$$

$$x_3 + x_4 = 1$$

$$x_1, x_2, x_3, x_4 \geq 0$$

Como se puede apreciar, la contribución principal de los cálculos de la fase I consiste en proporcionar una solución inicial preparada al problema original. Como el problema tiene tres ecuaciones y cuatro variables, al hacer la variable $4 - 3 = 1$, es decir, x_3, igual a cero, inmediatamente obtenemos la solución factible básica inicial $x_1 = 3/5$, $x_2 = 6/5$ y $x_4 = 1$.

Para resolver el problema, necesitamos sustituir las variables básicas x_1 y x_2 en la función objetivo como se hizo en la técnica M. Esto se logra mediante el uso de las ecuaciones de restricciones de la manera siguiente:

$$z = 4x_1 + x_2$$
$$= 4\left(3/5 - \frac{1}{5}x_3\right) + \left(6/5 + \frac{3}{5}x_3\right)$$
$$= -\frac{1}{5}x_3 + 18/5$$

Por lo tanto, la tabla inicial para la fase II se convierte en

Básica	x_1	x_2	x_3	x_4	Solución
z	0	0	1/5	0	18/5
x_1	1	0	1/5	0	3/5
x_2	0	1	$-3/5$	0	6/5
x_4	0	0	1	1	1

La tabla no es óptima, ya que x_3 debe entrar en la solución. Si realizamos los cálculos símplex, obtendremos la solución óptima en una iteración (verifíquese).

La eliminación de las variables artificiales al final de la fase I se efectúa sólo cuando todas son *no básicas* (como lo ilustra el ejemplo anterior). Sin embargo, es posible que una o más variables artificiales permanezcan *básicas*, pero al nivel *cero* al final de la fase I. En este caso, tal variable necesariamente debe formar parte de la solución inicial de la fase II. En sí, los cálculos en la fase II deben modificarse para prevenir que una variable artificial resulte con un valor positivo durante las iteraciones de esta fase.

La regla para garantizar que una variable artificial *cero* nunca resulte positiva en la fase II, es sencilla. Obsérvese que en la columna de entrada, el coeficiente de restricción asociado con el renglón de la variable artificial puede ser positivo, cero o negativo. Si es positivo, definirá automáticamente al elemento pivote (porque corresponderá a la razón mínima de cero) y la variable artificial saldrá, necesariamente, de la solución básica para convertirse en no básica en la siguiente iteración. Si el coeficiente es cero, entonces, aunque el elemento pivote estará en alguna otra parte de la columna de entrada, la naturaleza de las operaciones en renglones garantiza que el renglón artificial permanezca sin cambio, lo cual deja a la variable artificial básica al nivel cero, tal como se quiere. El único caso restante es aquel del coeficiente negativo. En este caso, el elemento pivote se encontrará necesariamente en alguna otra parte de la columna de entrada y si la razón resultante mínima es positiva, la variable tendrá un valor positivo en la siguiente iteración (¿puede usted ver por qué?). Para impedir esto, todo lo que tenemos que hacer es *obligar* a salir a la variable artificial, seleccionando al coeficiente negativo como el elemento pivote de la iteración. Aunque (no se está respetando) la regla de la razón mínima, no se está haciendo lo mismo con la factibilidad del problema (que es lo fundamental de la regla de la razón mínima, porque la variable artificial tiene valor de cero. De esta manera, cuando se efectúan las operaciones de renglón, el segundo miembro de la tabla permanecerá constante y por ello, factible.

Para resumir, la "nueva" regla para la fase II, estipula que la variable artificial salga de la solución básica en el momento que su coeficiente de restricción en la columna de entrada adopte un valor *diferente de cero* (positivo o negativo). (De hecho, esta regla se puede aplicar a cualquier variable básica *cero* en cualquier tabla símplex sin temor de infringir la condición de factibilidad.) El siguiente ejercicio de computadora ilustra esta regla mediante el modo "guiado por el usuario" de TORA.

Ejercicio con la computadora

Consideremos el problema 3-38. Utilizaremos el procedimiento guiado por el usuario de TORA, para seleccionar el símplex primal con la solución inicial de dos fases. Se notará que la fase II comienza en la iteración II con la variable artificial Rx6 básica a nivel cero. En la iteración 3 se notará que x3 es la variable entrante. Normalmente la relación mínima correspondería a x2, porque tiene el único coeficiente positivo bajo x3. Sin embargo, como el coeficiente de restricción de la variable artificial Rx6 es diferente de cero, el método símplex eliminará a Rx6 del conjunto básico, para impedir que tenga un valor positivo (iteración 4). Si se obliga a x_2 a dejar la solución, se verá que la solución en la iteración 4 resulta infactible.

Ejercicio 3.3-4

(a) En la fase I, ¿qué significado tienen las variables artificiales? Específicamente, ¿por qué se minimiza la suma de las variables artificiales?
[*Resp.* Las variables artificiales pueden considerarse como una "medida de infactibilidad" en las restricciones. Cuando la suma mínima de las variables artificiales (no negativas) es cero, cada una de estas variables debe ser cero. Por lo tanto, la solución básica resultante debe ser factible para el problema original.]

(b) Si el programa lineal original es del tipo de maximización, ¿maximizamos la suma de las variables artificiales de la fase I?
[*Resp.* No, siempre debemos minimizar la fase I, ya que esto equivale a penalizar las variables artificiales.]

3.4 METODO SIMPLEX DUAL

En la sección 3.3.1 utilizamos variables artificiales para resolver problemas de PL que no tienen una solución factible básica inicial con sólo holguras. Existe una clase de problemas de PL que no tienen una solución factible básica inicial con sólo holguras, pero que pueden resolverse sin utilizar variables artificiales. El procedimiento para resolver esta clase de problemas se llama **método símplex dual.** En este método la solución comienza siendo infactible y óptima (en comparación con el símplex primal que comienza siendo factible, pero no óptimo). Mostraremos primero la idea del método símplex dual en forma gráfica y luego en forma algebraica.

Consideremos el siguiente problema de PL:

$$\text{minimizar } z = 3x_1 + 2x_2$$

sujeto a

$$3x_1 + x_2 \geq 3$$
$$4x_1 + 3x_2 \geq 6$$
$$x_1 + x_2 \leq 3$$
$$x_1, x_2 \geq 0$$

Si convertimos las restricciones a ecuaciones, aumentando variables de exceso u holgura, el problema puede expresarse como:

$$\text{minimizar } z = 3x_1 + 2x_2$$

sujeto a

$$-3x_1 - x_2 + x_3 = -3$$
$$-4x_1 - 3x_2 + x_4 = -6$$
$$x_1 + x_2 + x_5 = 3$$
$$x_1, x_2, x_3, x_4, x_5 \geq 0$$

La forma anterior puede considerarse como la *forma estándar* del método símplex dual. La conversión se hace de tal manera que todas las variables de exceso, en las restricciones, tengan un coeficiente de $+1$ multiplicando simplemente sus ecuaciones por -1. En este caso el segundo miembro de la restricción resulta negativo. Podemos ver inmediatamente que la solución básica inicial

$$x_3 = -3, \quad x_4 = -6, \quad x_5 = 3$$

es infactible. También es óptima (de hecho, mejor que óptima) porque el valor asociado de z es cero ($x_1 = x_2 = 0$), la que no puede ser nada menor para $x_1 \geq 0$ y $x_2 \geq 0$, porque todos sus coeficientes son positivos (3 y 2). Estas condiciones iniciales son características de las que se necesitan en la aplicación del método símplex dual.

La idea general del procedimiento símplex dual es que mientras la primera iteración comienza siendo infactible y (mejor que) óptima, las siguientes iteraciones se mueven hacia el espacio factible, sin perder jamás su propiedad de optimidad (recuérdese que el símplex regular mantiene la factibilidad al moverse hacia la optimidad). En la iteración donde la solución resulta factible por primera vez, el proceso termina. La figura 3-3 ilustra esta idea gráficamente. La solución comienza en el punto A ($x_1 = x_2 = 0$ y $x_3 = -3$, $x_4 = -6$, $x_5 = 3$) con $z = 0$, que es infactible con respecto al espacio de soluciones. La siguiente iteración se alcanza movién-

94 Programación lineal: método símplex [C.3

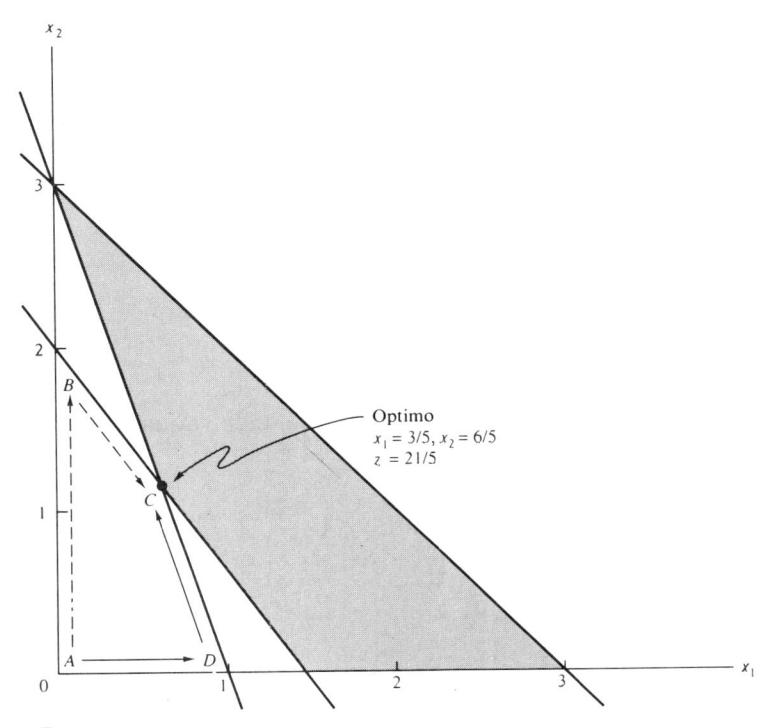

Figura 3-3

dose al punto B ($x_1 = 0$, $x_2 = 2$) con $z = 4$, que es aún infactible. Finalmente alcanzamos el punto C ($x_1 = 3/5$, $x_2 = 6/5$) en donde $z = 21/5$. Esta es la primera vez que encontramos una solución factible, lo que significa que el proceso de iteración ha terminado. Nótese que las iteraciones podrían haber procedido en el orden $A \to D \to C$ en vez de $A \to B \to C$, con la misma conclusión. Veremos más adelante cómo el símplex dual selecciona una trayectoria específica. Nótese también que los valores de z asociados con A, B y C son 0, 4 y 4 1/5, respectivamente, lo que explica por qué la solución comienza en A, siendo mejor que óptima.

El lector notará que las iteraciones símplex dual continúan estando asociadas con puntos extremos, tal como en el método símplex primal. Por consiguiente, las iteraciones sucesivas se obtienen aplicando las operaciones regulares en renglones de Gauss-Jordan. La diferencia principal entre los dos procedimientos se refleja en la manera como se seleccionan las variables de entrada y salida; esto se explicará a continuación.

La tabla inicial para la iteración símplex dual del ejemplo dado es como se muestra en la siguiente página.

3.4] Método símplex dual

Variable entrante
↓

Básica	x_1	x_2	x_3	x_4	x_5	Solución
z	-3	-2	0	0	0	0
x_3	-3	-1	1	0	0	-3
x_4	-4	-3	0	1	0	-6
x_5	1	1	0	0	1	3

Variable saliente → (x_4)

Esta tabla corresponde al punto A en la figura 3-3. Nótese que el renglón objetivo satisface la condición de optimidad (minimización). También es infactible porque x_3 y x_4 resultan con valores negativos. Estas son las condiciones (óptima e infactible) necesarias para la iteración inicial del método símplex dual.

Como nuestro objetivo es eliminar la infactibilidad, haremos esto excluyendo de la solución las variables básicas *negativas*. Aunque x_3 ($= -3$) y x_4 ($= -6$) califican para este propósito, una regla práctica sugiere la eliminación de la variable más infactible (más negativa) de entre todas las posibles, con la esperanza de que conduzca a la solución factible en forma más rápida. Así, en este ejemplo seleccionamos a x_4 como la variable que sale.

Ahora debemos seleccionar la variable que entra del conjunto de las variables actuales no básicas, con tal de que no se pierda la optimidad. Esto se logra tomando las razones entre los coeficientes del primer miembro de la ecuación z, y los coeficientes correspondientes en la ecuación de la variable saliente. Para mantener la optimidad, se descartan las razones con denominadores positivos o cero. La variable entrante es la asociada con la razón que tenga el valor *más pequeño*. En la tabla inicial, las razones se calculan como sigue:

Variable	x_1	x_2	x_3	x_4	x_5
Ecuación z	-3	-2	0	0	0
Ecuación x_4	-4	-3	0	1	0
Razón	3/4	2/3	—	—	—

Las razones muestran que x_2 entrará en la solución. La primer tabla de la siguiente página se obtiene efectuando operaciones regulares en los renglones, lo que conduce a:

Básica	x_1	x_2	x_3	x_4	x_5	Solución
z	$-1/3$	0	0	$-2/3$	0	4
x_3	$-5/3$	0	1	$-1/3$	0	-1
x_2	$4/3$	1	0	$-1/3$	0	2
x_5	$-1/3$	0	0	$1/3$	1	1
Razón	1/5	—	—	2	—	

A continuación x_3 sale de la solución básica y entra x_1, lo que da la siguiente tabla:

Básica	x_1	x_2	x_3	x_4	x_5	Solución
z	0	0	$-1/5$	$-3/5$	0	21/5
x_1	1	0	$-3/5$	$1/5$	0	3/5
x_2	0	1	$4/5$	$-3/5$	0	6/5
x_5	0	0	$-1/5$	$2/5$	1	6/5

Esta tabla es ahora factible y óptima. La solución correspondiente es $x_1 = 3/5$, $x_2 = 6/5$ y $z = 21/5$.

El método símplex dual se aplica igualmente a problemas de maximización, siempre que la solución inicial sea óptima, pero infactible. La única diferencia, como es de esperarse, se presenta en la condición para seleccionar la variable entrante, como se explica a continuación.

Condición de factibilidad: la **variable saliente** es la variable básica con el valor más negativo (rompa los empates arbitrariamente). Si todas las variables básicas son no negativas, el proceso termina.

Condición de optimidad: la **variable entrante** es la variable no básica asociada con la razón más pequeña, si se trata de una minimización, o con el valor *absoluto* más pequeño de las razones, si se trata de una maximización (rompa los empates arbitrariamente). Las razones se determinan dividiendo los coeficientes del primer miembro de la ecuación z entre los correspondientes coeficientes *negativos* en la ecuación, entre los coeficientes *negativos* correspondientes en la ecuación asociada con la variable saliente. Si todos los denominadores son cero o positivos, no existe solución factible.

El método símplex dual, aparte de utilizarse para resolver una clase especial de problemas de PL, es útil para efectuar posoptimizaciones en el análisis de sensibilidad y en la programación paramétrica. Estas técnicas se exponen en el capítulo 5.

Ejercicio con la computadora

Considere el ejemplo al principio de la sección 3.3. Este problema puede ponerse en el formato símplex dual, convirtiendo la ecuación de restricción $3x_1 + x_2 = 3$ en dos desigualdades: $3x_1 + x_2 \geq 3$ y $3x_1 + x_2 \leq 3$. Haga esta conversión y luego resuelva el problema usando TORA (opción guiada por el usuario).

Ejercicio con la computadora
(procedimiento símplex generalizado)

Después de estudiar los métodos símplex primal y dual y sus variantes, podría perderse de vista lo que realmente implica el método símplex. Lo que vamos a demostrar en este ejercicio es que el lector puede "adaptar" su propio procedimiento símplex. De hecho, lo haremos comenzando con una tabla que no es ni óptima ni factible, condiciones que no cumplen las soluciones iniciales de los métodos símplex primal y dual.

Consideremos el siguiente programa lineal:

$$\text{maximizar } z = 3x_1 + 2x_2 + 5x_3$$

sujeto a

$$x_1 + 2x_2 + x_3 \leq 430$$
$$3x_1 + 2x_3 \leq 460$$
$$x_1 + 4x_2 \leq 420$$
$$x_1, x_2, x_3 \geq 0$$

Este modelo es ideal para la aplicación del método símplex primal. Sin embargo, utilizaremos la opción guiada por el usuario de TORA, para obligar a x_1 a entrar en la solución básica como reemplazo de x_4, que es la variable básica inicial en la restricción 1. Ahora obsérvese la tabla resultante y se notará que es, tanto no opcional como infactible. Consideraremos esta tabla como de partida o inicial.

El siguiente paso es tratar que la ecuación z satisfaga la condición de optimidad, sin hacer caso del problema de factibilidad. Así, permitimos que x_3 entre y obligamos a x_6 a salir (aun cuando x_6 no sería la selección por omisión de símplex). Como x_6 muestra no optimidad, la escogemos para entrar y dejamos salir a x_1 de la solución. Veamos ahora la tabla resultante. El renglón z es óptimo, pero la solución es infactible. Aplicamos entonces las condiciones símplex dual, reconociendo que x_2 debe entrar y x_5 salir. Forzando la entrada de x_2 y la salida de x_5, tenemos una tabla que es a la vez óptima y factible.

El procedimiento indicado antes no es fortuito. Se basa en la validez de la teoría que, en tanto estemos tratando con *puntos extremos* del espacio de soluciones (soluciones básicas), estaremos considerando un candidato para la solución óptima. Así, trabajando primero con la condición de optimidad y después con la condición de factibilidad, finalmente alcanzaremos la solución óptima factible (en caso de que exista).

Lo fundamental de este ejercicio es mostrar que el método símplex no es rígido. La literatura técnica abunda en variaciones del método símplex (el método *primal-dual*, el método de *líneas cruzadas*, el método *simétrico* y el método *multiplex*) dando la impresión de que cada procedimiento es totalmente diferente, cuando en realidad todos buscan una solución de punto extremo, tal vez con sesgos hacia una eficiencia de cálculo.

3.5 CASOS ESPECIALES EN LA APLICACION DEL METODO SIMPLEX

En esta sección consideramos casos especiales que pueden presentarse en la aplicación del método símplex, entre los que se cuentan:

1. Degeneración.
2. Opciones óptimas.
3. Soluciones no acotadas.
4. Soluciones inexistentes (o infactibles).

Nuestro interés al estudiar estos casos especiales tiene dos sentidos: (1) presentar una explicación *teórica* de la razón por la que se presentan estas situaciones y (2) ofrecer una interpretación *práctica* del significado que pudieran tener estos resultados especiales en un problema verdadero.

3.5.1 DEGENERACION

En la sección 3.3 indicamos que en la aplicación de la condición de factibilidad, una coincidencia de la razón mínima se debe descomponer en forma arbitraria para los fines de determinar la variable que sale. Sin embargo, cuando suceda esto una o más veces de las variables *básicas*, será necesariamente igual a cero en la siguiente iteración. En este caso, decimos que la nueva solución es **degenerada**. (En todos los ejemplos de programación lineal que hemos resuelto hasta ahora, las variables básicas tomaron siempre valores estrictamente positivos.)

No hay nada alarmante con respecto al manejo de la solución degenerada, con la excepción de una ligera desventaja teórica, que analizaremos brevemente. Desde el punto de vista práctico, la condición revela que el modelo tiene cuando menos una restricción *redundante*. Para poder dar mayor penetración en los impactos prácticos y teóricos de la degeneración, consideramos dos ejemplos numéricos. Los ejemplos ilustrativos prácticos deben aclarar mejor las ideas subyacentes a estas situaciones especiales.

Ejemplo 3.5-1 (Solución óptima degenerada)

$$\text{Maximizar } z = 3x_1 + 9x_2$$

sujeto a

$$x_1 + 4x_2 \leq 8$$
$$x_1 + 2x_2 \leq 4$$
$$x_1, x_2 \geq 0$$

Tabla 3-2

Iteración	Básica	x_1	x_2	x_3	x_4	Solución
0 (inicial)	z	-3	-9	0	0	0
x_2 entra	x_3	1	4	1	0	8
x_3 sale	x_4	1	2	0	1	4
1	z	$-3/4$	0	$9/4$	0	18
x_1 entra	x_2	$1/4$	1	$1/4$	0	2
x_4 sale	x_4	$1/2$	0	$-1/2$	1	0
2 (óptima)	z	0	0	$3/2$	$3/2$	18
	x_2	0	1	$1/2$	$-1/2$	2
	x_1	1	0	-1	2	0

Mediante el uso de x_3 y x_4 como variables de holgura, hacemos una lista de las iteraciones símplex para el ejemplo de la tabla 3-2. En la iteración inicial, existe una coincidencia de la variable que sale entre x_3 y x_4. Esta es la razón por la que la variable básica x_4 tiene un valor cero en la iteración 1, con lo que se produce una solución básica degenerada. Se llega al óptimo después de que se realiza una iteración adicional.

¿Cuál es la implicación práctica de la degeneración? Obsérvese la figura 3-4, que proporciona la solución gráfica al modelo. Tres rectas cruzan el óptimo ($x_1 = 0$, $x_2 = 2$). Como éste es un problema bidimensional, se dice que el punto está *más que determinado* (o *sobredeterminado*), ya que sólo necesitamos dos rectas para identificarlo. Por este motivo, concluimos que una de las restricciones es redundante. En la práctica, el simple conocimiento de que algunos recursos son superfluos puede probarse que es de valor durante la implantación de la solución. Esta información puede conducirnos también a descubrir irregularidades en la construcción del modelo. Desafortunadamente, no existen técnicas confiables para identificar restricciones redundantes directamente a partir de la tabla. Al no haber una representación

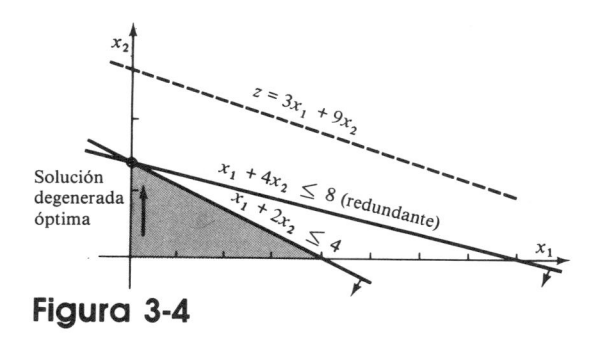

Figura 3-4

gráfica, tenemos que apoyarnos en otros medios para identificar redundancia en el modelo.

Desde el punto de vista teórico, la degeneración tiene dos implicaciones. La primera tiene que ver con el fenómeno del **ciclaje** o **reciclaje**. Si se observan las iteraciones 1 y 2 de la tabla 3-2, se verá que el valor de la función objetivo no ha mejorado ($z = 18$). Por lo tanto, es posible, en términos generales, que el procedimiento símplex repetiría la *misma sucesión* de iteraciones, sin mejorar nunca el valor de la función objetivo ni poner fin a los cálculos. Aunque existen métodos para manejar esta situación de manera que no ocurra el ciclaje, estos métodos podrían conducirnos a una drástica reducción en la rapidez de realización de los cálculos. Por esta razón la mayoría de los códigos de PL no tienen las condiciones para manejar el ciclaje, apoyándose en el hecho de que el porcentaje de problemas de programación lineal que presentan esta complicación suele ser demasiado pequeño para garantizar una implantación de rutina de los procedimientos de ciclaje.

El segundo punto teórico se presenta en el examen de las iteraciones 1 y 2. Ambas iteraciones, pese a diferir en la clasificación de las variables como básicas y no básicas, producen valores idénticos de todas las variables y el valor de la función objetivo, es decir,

$$x_1 = 0, \quad x_2 = 2, \quad x_3 = 0, \quad x_4 = 0, \quad z = 18$$

Por lo tanto, se genera un argumento relacionado con la posibilidad de suspender los cálculos en la iteración 1 (cuando aparece la degeneración), aunque no es óptima. Este argumento no es válido porque, en general, una solución puede ser *temporalmente* degenerada (véase el problema 3-33). ◂

Ejercicio 3.5-1

(a) Si en un problema bidimensional como el ejemplo 3.5-1, tenemos tres variables básicas cero en la iteración símplex, ¿cuántas restricciones redundantes existen en este punto extremo?
[*Resp.* 3.]
(b) En un problema n-dimensional, ¿cuántos planos (restricciones) deben pasar por un punto extremo para producir una situación degenerada?
[*Resp.* Cuando menos $n + 1$ planos.]
(c) A juzgar por lo antes expuesto, ¿el número de soluciones básicas es mayor que el número de puntos extremos en condiciones degeneradas?
[*Resp.* Sí, en definitiva.]
(d) Suponiendo que no habrá ciclaje, ¿cuál es el efecto último de la degeneración en los cálculos en comparación con el caso donde se eliminan restricciones redundantes, es decir, dónde se elimina la degeneración?
[*Resp.* El número de iteraciones hasta que se llega al óptimo puede ser mayor en condiciones de degeneración, ya que un punto extremo puede estar representado por más de una solución básica.]

Ejercicio con la computadora

Use la opción iterativa de TORA para determinar las iteraciones símplex (primal) sucesivas del ejemplo siguiente (debido a E.M. Beale). La tabla inicial con soluciones básicas con sólo holguras (sx_5, sx_6, sx_7) reaparecerá en forma idéntica en la iteración 7. El ejemplo ilustra la aparición de *ciclaje* en las iteraciones símplex y la posibilidad de que el método símplex nunca converja a la solución óptima.

$$\text{maximizar } z = \frac{3}{4} x_1 - 20x_2 + \frac{1}{2} x_3 - 6x_4$$

sujeto a

$$\frac{1}{4} x_1 - 8x_2 - x_3 + 9x_4 \leq 0$$
$$\frac{1}{2} x_1 - 12x_2 - \frac{1}{2} x_3 + 3x_4 \leq 0$$
$$x_3 \leq 1$$
$$x_1, x_2, x_3, x_4 \geq 0$$

Obsérvese que si todos los coeficientes en este problema se convierten a valores enteros, el método símplex alcanzará la solución óptima en un número finito de iteraciones.

(*Advertencia*: no use la opción "automatizada" de TORA; las iteraciones entrarían en un ciclaje infinito.)

3.5.2 OPCIONES OPTIMAS

Cuando la función objetivo es paralela a una restricción *de enlace* (o sea, una restricción que se satisface en el sentido de la igualdad a través de la solución óptima), la función objetivo tomará el *mismo valor óptimo* en más de un punto de solución. Por esta razón reciben el nombre de **opciones óptimas**. El ejemplo que sigue muestra que normalmente existe un número *infinito* de estas soluciones. El ejemplo demuestra asimismo, el significado práctico de encontrar opciones óptimas.

Ejemplo 3.5-2 (Infinidad de soluciones)

$$\text{Maximizar } z = 2x_1 + 4x_2$$

sujeto a

$$x_1 + 2x_2 \leq 5$$
$$x_1 + x_2 \leq 4$$
$$x_1, x_2 \geq 0$$

La figura 3-5 demuestra la forma como se pueden presentar opciones óptimas en un modelo de PL cuando la función objetivo es paralela a una restricción de enlace. Cualquier punto en el *segmento de recta BC* representa una opción óptima con el mismo valor en la función $z = 10$.

En términos algebraicos, sabemos que el método símplex es capaz de encontrar soluciones en puntos extremos exclusivamente. La tabla 3-3 muestra que el óptimo

Figura 3-5

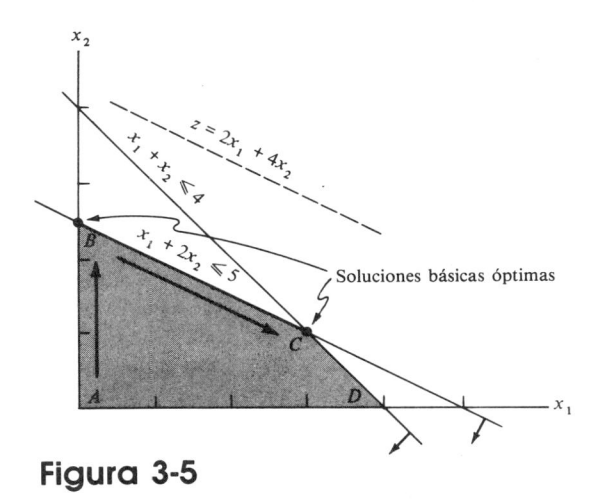

($x_1 = 0$, $x_2 = 5/2$, $z = 10$) se encuentra en la iteración 1 en el punto B. ¿Cómo sabemos por esta tabla que existen opciones óptimas? Obsérvense los coeficientes de las variables *no* básicas en la función z de la iteración 1. El coeficiente de x_1 (no básica) es cero, lo que indica que x_1 puede entrar en la solución básica sin alterar el valor de z, pero provoca un cambio en los valores de las variables. La iteración 2 hace precisamente eso (hace que x_1 entre en la solución básica, lo que obligará a x_4 a salir). Esto da origen al nuevo punto solución en C ($x_1 = 3$, $x_2 = 1$, $z = 10$).

Como es de esperarse, el método símplex sólo determina los puntos extremos B y C. Matemáticamente podemos determinar todos los puntos ($\hat{x}_1, \hat{x}_2$) del segmento

Tabla 3-3

Iteración	Básica	x_1	x_2	x_3	x_4	Solución
0 (inicial)	z	-2	-4	0	0	0
x_2 entra	x_3	1	2	1	0	5
x_3 sale	x_4	1	1	0	1	4
1 (óptima)	z	0	0	2	0	10
x_1 entra	x_2	1/2	1	1/2	0	5/2
x_4 sale	x_4	1/2	0	$-1/2$	1	3/2
2 (alternativa óptima)	z	0	0	2	0	10
	x_2	0	1	1	-1	1
	x_1	1	0	-1	2	3

de recta BC como un promedio ponderado no negativo de los puntos B y C. Esto es, dada la relación $0 \leq \alpha \leq 1$ y

$$B: \quad x_1 = 0, \quad x_2 = 5/2$$
$$C: \quad x_1 = 3, \quad x_2 = 1$$

entonces todos los puntos situados sobre el segmento de recta BC están dados por

$$\hat{x}_1 = \alpha(0) + (1-\alpha)(3) = 3 - 3\alpha$$
$$\hat{x}_2 = \alpha(5/2) + (1-\alpha)(1) = 1 + 3\alpha/2$$

Obsérvese que cuando $\alpha = 0$, $(\hat{x}_1, \hat{x}_2) = (3, 1)$, que es el punto C. Cuando $\alpha = 1$, $(\hat{x}_1, \hat{x}_2) = (0, 5/2)$, que es el punto B. Para valores de α entre 0 y 1, $(\hat{x}_1, \hat{x}_2)$ se encuentra entre B y C. ◀

En la práctica, el conocimiento de las opciones óptimas es de utilidad porque da a la administración la oportunidad de elegir la solución que mejor se ajuste a su situación, sin que se experimente ningún deterioro en el valor de la función. En el ejemplo, la solución en B indica que sólo la actividad 2 está en un nivel positivo, en tanto que en C ambas actividades son positivas. Si el ejemplo representa una situación de combinación de productos, quizá sea ventajoso desde el punto de vista de la competencia en las ventas producir dos productos en vez de uno. En este caso la solución en C sería recomendable.

Ejercicio 3.5-2
(a) ¿Cuál es el valor de α que ubicará a $(\hat{x}_1, \hat{x}_2)$ a la mitad del segmento de recta BC? ¿A una tercera parte de la distancia desde B? Determine $(\hat{x}_1, \hat{x}_2)$ en cada caso.
[*Resp.* $\alpha = 1/2$ produce $(3/2, 7/4)$; $\alpha = 2/3$ da $(1, 2)$.]
(b) Demuestre que para $(\hat{x}_1, \hat{x}_2) = (3 - 3\alpha, 1 + 3\alpha/2)$, el valor de z ($= 2\hat{x}_1 + 4\hat{x}_2$) es igual a 10 para toda α tal que $0 \leq \alpha \leq 1$.

3.5.3 SOLUCION NO ACOTADA

En algunos modelos de programación lineal, los valores de las variables se pueden aumentar en forma indefinida sin violar ninguna de las restricciones, lo que significa que el espacio de soluciones es **no acotado** cuando menos en una dirección. Como resultado, el valor de la función objetivo puede crecer (caso de maximización) o decrecer (caso de minimización) en forma indefinida. En este caso decimos que el espacio de soluciones y el valor "óptimo" de la función objetivo son no acotados.

La falta de explicación en un modelo puede señalar sólo una cosa: el modelo está mal construido. Evidentemente resulta irracional hacer que un modelo produzca una ganancia "infinita". Las irregularidades más probables en estos modelos son: 1) no se toman en cuenta una o más restricciones redundantes, y 2) no se determinan correctamente los parámetros (constantes) de algunas restricciones.

Los ejemplos que siguen muestran cómo se puede reconocer la falta de acotación en la tabla símplex, tanto en el espacio de soluciones como en el valor de la función objetivo.

Ejemplo 3.5-3 (Función objetivo no acotada)

$$\text{Maximizar } z = 2x_1 + x_2$$

sujeto a

$$x_1 - x_2 \leq 10$$
$$2x_1 \leq 40$$
$$x_1, x_2 \geq 0$$

Iteración inicial

Básica	x_1	x_2	x_3	x_4	Solución
z	-2	-1	0	0	0
x_3	1	-1	1	0	10
x_4	2	0	0	1	40

En la tabla inicial, x_1 y x_2 son candidatos para entrar en la solución. Como x_1 tiene el coeficiente más negativo, normalmente se selecciona como la variable que entra. Sin embargo, nótese que *todos* los coeficientes de las *restricciones* por debajo de x_2 son *negativos* o *cero*, esto significa que x_2 se puede hacer crecer en forma indefinida sin que se infrinja ninguna de las restricciones. Como cada incremento de una unidad en x_2 aumentará z en 1, un incremento infinito en x_2 también dará lugar a un crecimiento infinito en z. Por lo tanto, concluimos sin hacer más cálculos que el problema no tiene solución acotada. Este resultado se puede apreciar en la figura 3-6. El espacio de soluciones no está acotado en la dirección de x_2 y el valor de z puede crecer en forma indefinida. ◀

La regla general para reconocer la falta de acotación es la siguiente. Si en cualquier iteración los coeficientes de las restricciones de una variable *no básica* son no positivos, entonces el *espacio de soluciones* no está acotado en esa dirección. Además, si el coeficiente de la función objetivo de esa variable es negativo en el caso de la maximización o positivo en el caso de la minimización, entonces el *valor de la función objetivo* tampoco está acotado.

Ejercicio con la computadora

En el ejemplo 3.5-3 utilice el procedimiento iterativo de TORA para mostrar que si se comienza con x_1 como primera variable entrante, las iteraciones símplex conducirán finalmente a una solución no acotada.

Ejercicio 3.5-3

(a) En el ejemplo 3.5-3, explique por qué los coeficientes de restricción negativos o cero de una variable no básica, indican que la variable se puede incrementar indefinidamente sin que se satisfaga la factibilidad.
[*Resp.* Los coeficientes de restricciones negativos o cero indican que *ninguna* restricción corta la dirección *positiva* del eje que representa la variable que entra; véase la figura 3-2.]

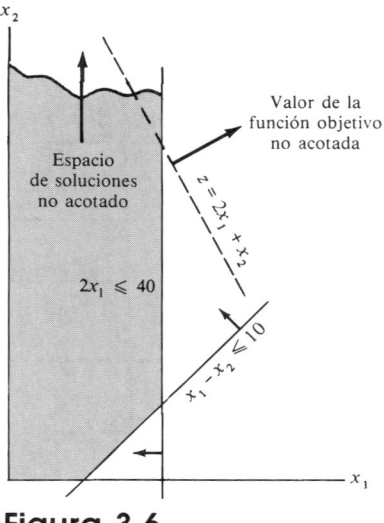

Figura 3-6

(b) ¿Puede detectarse *siempre* la condición de falta de acotación (o no acotación) a partir de la iteración símplex *inicial*?
[*Resp*. No; puede hacerse evidente por primera vez en una iteración posterior.]

3.5.4 SOLUCION INFACTIBLE

Si las restricciones no se pueden satisfacer en forma simultánea, se dice que el modelo no tiene solución factible. Esta situación nunca puede ocurrir si *todas* las restricciones son del tipo ≤ (suponiendo constantes no negativas en el segundo miembro), ya que la variable de holgura produce siempre una solución *factible*. Sin embargo, cuando empleamos los otros tipos de restricciones, recurrimos al uso de variables artificiales que, por su mismo diseño, no ofrecen una solución factible al modelo *original*. Aunque se toman medidas (a través del uso de la penalización) para hacer que las variables artificiales sean cero en el nivel óptimo, esto sólo puede ocurrir si el modelo tiene un espacio factible. Si no lo tiene, cuando menos una variable artificial será *positiva* en la iteración óptima. Esta es nuestra indicación de que el problema no tiene solución factible.

Desde el punto de vista práctico, un espacio infactible apunta a la posibilidad de que el modelo no se haya formulado correctamente, en virtud de que las restricciones estén en conflicto. También es posible que las restricciones no estén destinadas a cumplirse en forma simultánea. En este caso, quizá se necesite una estructura del modelo totalmente diferente que no admita todas las restricciones al mismo tiempo. En el capítulo 9 se presentan ejemplos de estos modelos que utilizan las llamadas **restricciones opcionales** (de **"una u otra"**), como aplicaciones de programación entera.

En el ejemplo que sigue se ilustra el caso del espacio de solución infactible.

Tabla 3-4

Iteración	Básica	x_1	x_2	x_4	x_3	R	Solución
0 (inicial) x_2 entra x_3 sale	z x_3 R	$-3 - 3M$ 2 3	$-2 - 4M$ 1 4	M 0 -1	0 1 0	0 0 1	$-12M$ 2 12
1 (seudo- óptima)	z x_2 R	$1 + 5M$ 2 -5	0 1 0	M 0 -1	$2 + 4M$ 1 -4	0 0 1	$4 - 4M$ 2 4

Ejemplo 3.5-4 (Espacio de solución infactible)

$$\text{Maximizar } z = 3x_1 + 2x_2$$

sujeto a

$$2x_1 + x_2 \leq 2$$
$$3x_1 + 4x_2 \geq 12$$
$$x_1, x_2 \geq 0$$

Las iteraciones símplex de la tabla 3-4 muestran que la variable artificial R es *positiva* ($= 4$) en la solución óptima. Esta es una indicación que el espacio de soluciones es infactible. La figura 3-7 muestra el espacio de soluciones infactible. El método símplex, haciendo posible que la variable artificial sea positiva, ha invertido en esencia la dirección de la desigualdad de $3x_1 + 4x_2 \geq 12$ a $3x_1 + 4x_2 \leq 12$. (¿Puede el lector explicar cómo sucede esto?) El resultado es lo que podemos llamar la **solución pseudoóptima**, como se muestra en la figura 3-7.

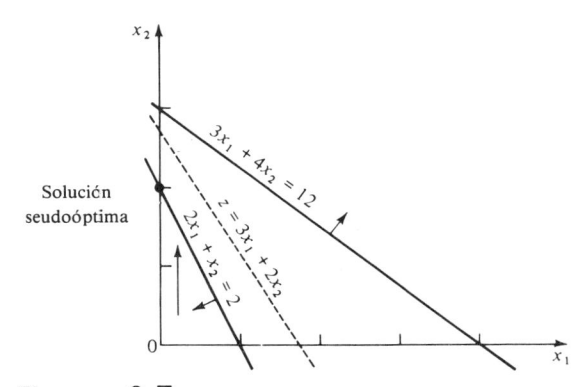

Figura 3-7

Ejercicio con la computadora

Utilice el método de dos fases de TORA para demostrar cómo el procedimiento deberá concluir que el problema del ejemplo 3.5-4 no tiene un espacio de soluciones factible, al mostrar que el valor objetivo óptimo al final de la fase I es positivo (= 4).

3.6 INTERPRETACION DE LA TABLA SIMPLEX: ANALISIS DE SENSIBILIDAD

En las secciones anteriores se presentaron los detalles básicos del método símplex. Ahora pondremos atención a la interpretación de los resultados de los cálculos de este método. La siguiente lista resume la información que se puede obtener de la tabla símplex:

1. La solución óptima.
2. El estado de los recursos.
3. Los precios duales (valor unitario de los recursos) y los costos reducidos.
4. La sensibilidad de la solución óptima a cambios en la disponibilidad de recursos, ganancia/costo marginal (coeficientes de la función objetivo) y el uso de los recursos por las actividades del modelo.

Todos los conceptos de la lista anterior se han explicado y analizado en el capítulo 2, principalmente mediante la utilización de los programas de TORA. Nuestra meta en esta sección es ver cómo se obtienen los resultados dados en el capítulo 2, a partir de los cálculos del método símplex.

Como base de la explicación utilizaremos el modelo Reddy Mikks (ejemplo 2.1-1), que repetimos aquí por comodidad:

$$\text{Maximizar } z = 3x_E + 3x_I \quad \text{(ganancia)}$$

sujeto a

$$x_E + 2x_I + s_1 = 6 \quad \text{(materia prima A)}$$
$$2x_E + x_I + s_2 = 8 \quad \text{(materia prima B)}$$
$$-x_E + x_I + s_3 = 1 \quad \text{(demanda)}$$
$$x_I + s_4 = 2 \quad \text{(demanda)}$$
$$x_E, x_I, s_1, s_2, s_3, s_4 \geq 0$$

La tabla óptima está dada como

Básica	x_E	x_I	s_1	s_2	s_3	s_4	Solución
z	0	0	1/3	4/3	0	0	$12\frac{2}{3}$
x_I	0	1	2/3	$-1/3$	0	0	$1\frac{1}{3}$
x_E	1	0	$-1/3$	2/3	0	0	$3\frac{1}{3}$
s_3	0	0	-1	1	1	0	3
s_4	0	0	$-2/3$	1/3	0	1	2/3

3.6.1 SOLUCION OPTIMA

Desde el punto de vista de la *implantación* de la solución de PL, la clasificación matemática de las variables como básicas y no básicas no es de importancia y debe ignorarse en su totalidad en la lectura de la solución óptima. Las variables *no* enlistadas en la columna "básicas" tienen necesariamente valores de cero. El resto de las variables tienen sus valores en la columna de la solución. En términos de la solución óptima del modelo de Reddy Mikks, nos interesa principalmente la mezcla de productos de la pintura para exteriores e interiores, es decir, las variables de decisión x_E y x_I. En la tabla óptima tenemos el resumen siguiente.

Variable de decisión	Valor óptimo	Decisión
x_E	$3\frac{1}{3}$	Producir $3\frac{1}{3}$ toneladas de pintura para exteriores
x_I	$1\frac{1}{3}$	Producir $1\frac{1}{3}$ toneladas de pintura para interiores todos los días
z	$12\frac{2}{3}$	La ganancia resultante es $12\frac{2}{3}$ miles de unidades monetarias

Nótese que $z = 3x_E + 2x_I = 3(3\frac{1}{3}) + 2(1\frac{1}{3}) = 12\frac{2}{3}$, como se presenta en la tabla óptima.

3.6.2 ESTADO DE LOS RECURSOS

Una restricción se clasifica como *escasa* o *abundante*, respectivamente, ya sea que la solución óptima "consuma" o no la cantidad total disponible del recurso asociado. Nuestro objetivo es deducir esta información de la tabla óptima.

En el modelo de Reddy Mikks tenemos cuatro restricciones del tipo ≤. Las dos primeras (que representan el uso de materias primas) son restricciones de recursos "auténticas". La tercera y cuarta restricciones tienen que ver con limitaciones de demanda impuestas por las condiciones del mercado. Podemos considerar estas restricciones como "recursos" limitados, ya que aumentar los límites de la demanda equivale a ampliar la participación de la compañía en el mercado. En términos monetarios, esto tiene el mismo efecto que incrementar la disponibilidad de recursos físicos (como materias primas) a través de la asignación de fondos adicionales.

El estado de los recursos (abundante o escaso) en cualquier modelo de PL, se puede obtener en forma directa de la tabla óptima, observando los valores de las variables de *holgura*. Una holgura positiva significa que el recurso no se usa totalmente, o sea, que es abundante, en tanto que una holgura cero indica que la cantidad total del recurso se consume por las actividades del modelo. Para el modelo Reddy Mikks se obtiene el siguiente resumen:

3.6] Interpretación de la tabla símplex: análisis de sensibilidad

Recurso	Holgura	Estado del recurso
Materia prima A	$s_1 = 0$	Escaso
Materia prima B	$s_2 = 0$	Escaso
Límite en el exceso de pintura para interiores sobre exteriores	$s_3 = 3$	Abundante
Límite en la demanda de pintura para interiores	$s_4 = 2/3$	Abundante

Los recursos que se pueden incrementar para los fines de mejorar la solución (aumentar la ganancia o utilidad) son las materias primas A y B, ya que la tabla óptima demuestra que son escasos. Naturalmente, surge una pregunta lógica: ¿a cuáles de los recursos escasos se les debe dar prioridad en la asignación de fondos adicionales para mejorar la ganancia de la manera más provechosa? Responderemos a esta pregunta cuando consideremos los precios duales de los recursos.

3.6.3 PRECIO DUAL (VALOR UNITARIO DE UN RECURSO)

En la sección 2.1.2 aplicamos un procedimiento gráfico al ejemplo Reddy Mikks para mostrar cómo se calcula el precio dual (valor unitario de un recurso). Específicamente, dado que y_1, y_2, y_3 y y_4 son los precios duales de los recursos 1, 2, 3 y 4 en el modelo Reddy Mikks, obtenemos los siguientes resultados:

$y_1 = 1/3$ miles de unidades monetarias/tonelada adicional de la materia A
$y_2 = 4/3$ miles de unidades monetarias/tonelada adicional de la materia B
$y_3 = 0$
$y_4 = 0$

Esta información se obtiene fácilmente en la tabla símplex óptima. Obsérvense los coeficientes de la función z debajo de las variables básicas iniciales s_1, s_2, s_3 y s_4, que se reproducen aquí para comodidad del lector.

Básica	x_E	x_I	s_1	s_2	s_3	s_4	Solución
z	0	0	1/3	4/3	0	0	$12\frac{2}{3}$

Estos coeficientes (1/3, 4/3, 0, 0) son exactamente iguales a los precios duales enlistados antes. La teoría de la programación lineal nos dice que siempre es posible asegurar el precio dual de un recurso a partir de coeficientes de las variables básicas iniciales. No debe haber confusión en cuanto a qué coeficiente se aplica a qué recurso, ya que s_i está asociada exclusivamente con el recurso i.

Aunque la sección 2.1.2 ha proporcionado el razonamiento que sustenta la definición de valor unitario de un recurso, podemos obtener el mismo resultado directamente de la ecuación z óptima del modelo de Reddy Mikks, ésta es:

$$z = 12\frac{2}{3} - \left(\frac{1}{3}s_1 + \frac{4}{3}s_2 + 0s_3 + 0s_4\right)$$

Si cambiamos s_1 de su nivel cero actual, el valor de z cambiará a razón de 1/3 de miles de unidad monetaria por tonelada. Pero un cambio en s_1, en realidad equivale a cambiar el recurso 1 (materia prima A) en una cantidad igual, como puede verse en la ecuación de restricción asociada:

$$x_E + 2x_I + s_1 = 6$$

Esto significa que el precio dual de la materia prima A es 1/3. Un argumento similar se aplica al recurso 2.

Volviendo a los recursos 3 y 4, encontramos que sus precios duales son cero ($y_3 = y_4 = 0$). Esto es de esperarse puesto que los dos recursos ya son abundantes, como se demuestra por el hecho que sus valores asociados de holgura son positivos.

Ejercicio 3.6-1

En el modelo de Reddy Mikks, si la función objetivo se cambia de $z = 3x_E + 2x_I$ a $z = 2x_E + 5x_I$ mientras se conservan las mismas restricciones, los cálculos símplex producirán la siguiente función z óptima:

$$z + 2s_1 + s_4 = 14$$

Los valores óptimos asociados de las variables son $x_E = x_I = 2$, $s_2 = 2$, $s_3 = 1$. Todos los otros son cero.
(a) Clasifique el estado de los cuatro recursos del modelo.
   [*Resp.* 1 y 4: escasos; 2 y 3: abundantes.]
(b) Determine los precios duales de los cuatro recursos.
   [*Resp.* $y_1 = 2$, $y_2 = y_3 = 0$, $y_4 = 1$.]
(c) ¿Puede mejorar el valor óptimo de z incrementándose la disponibilidad de la materia prima B?
   [*Resp.* No, porque $y_2 = 0$, lo que implica que el recurso es abundante.]
(d) Como $y_4 = 1$, un incremento en el cuarto recurso mejorará el valor óptimo de z. Dé una interpretación física de lo que significa incrementar el cuarto recurso.
   [*Resp.* La cuarta restricción representa el límite máximo en la demanda. El cuarto recurso se puede aumentar ampliando la participación de la compañía en el mercado.]
(e) ¿A cuál de los recursos se le debe dar prioridad en la asignación de nuevos fondos?
   [*Resp.* A la materia prima A, puesto que tiene el precio dual mayor, $y_1 = 2$.]

Obsérvese que la definición de precios duales (valor unitario de un recurso) nos da la tasa de mejora del valor óptimo z. Esta no especifica la *cantidad* por la que se puede cambiar un recurso, mientras mantiene la misma tasa de mejora. La siguiente presentación se enfoca a determinar el cambio máximo en la disponibilidad de un recurso.

3.6.4 CAMBIO MAXIMO EN LA DISPONIBILIDAD DE RECURSOS

En esta sección queremos determinar el intervalo de cambios en la disponibilidad de un recurso, para el cual los precios duales permanecen aplicables. Para lograr esto necesitamos efectuar cálculos adicionales. Demostraremos primero cómo funciona el procedimiento y luego cómo la misma información puede determinarse de la tabla óptima.

Supóngase que cambiamos el primer recurso en el modelo Reddy Mikks en la cantidad D_1, lo que significa que la materia prima disponible A será ahora de $6 + D_1$ toneladas. Si D_1 es positiva, el recurso crece y si es negativa, decrece.

¿Cómo se modifica la tabla símplex al efectuarse el cambio D_1? La manera más sencilla de responder la pregunta es la de aumentar D_1 al lado derecho de la primera restricción en la tabla inicial y después aplicar las mismas operaciones aritméticas que se utilizaron para desarrollar las iteraciones sucesivas. Si tenemos en mente que las constantes del segundo miembro nunca se utilizan como *elementos pivote*, es evidente que el cambio D_1 afectará sólo al segundo miembro de cada iteración. Se debe verificar que las iteraciones sucesivas del modelo cambien como se indica en la tabla 3-5.

En realidad, los cambios en los segundos miembros que resultan de D_1 se pueden obtener *directamente* de las tablas sucesivas. Primero, obsérvese que en cada iteración los elementos del nuevo segundo miembro lo forman una constante y un término lineal en D_1. Las componentes constantes son exactamente iguales al segundo miembro de la iteración *antes de que* se sume D_1. Los coeficientes del término

Tabla 3-5

Ecuación	0 (inicial)	1	2 (óptima)
z	0	12	$12\frac{2}{3} + \frac{1}{3}D_1$
1	$6 + D_1$	$2 + D_1$	$\frac{4}{3} + \frac{2}{3}D_1$
2	8	4	$\frac{10}{3} - \frac{1}{3}D_1$
3	1	5	$3 - 1\,D_1$
4	2	2	$\frac{2}{3} - \frac{2}{3}D_1$

112 Programación lineal: método símplex [C.3]

lineal en D_1 son esencialmente aquellos que están debajo de s_1 en la misma iteración. Por ejemplo, en la iteración óptima las constantes ($12\frac{2}{3}$, 4/3, 10/3, 3, 2/3) representan el segundo miembro de la tabla óptima antes de que se efectúe D_1 y (1/3, 2/3, −1/3, −1, −2/3) son los coeficientes debajo de s_1 en la misma tabla. ¿Por qué s_1? Porque está asociada exclusivamente con la primera restricción. Dicho de otra manera, para cambios de segundo miembro en la segunda, tercera y cuarta restricciones, debemos utilizar los coeficientes situados debajo de s_2, s_3 y s_4, respectivamente.

¿Qué significado tiene esta información? Como hemos concluido que el cambio D_1 afectará sólo al segundo miembro de la tabla, esto indica que un cambio de este tipo sólo puede afectar la *factibilidad* de la solución. Por lo tanto, D_1 no debe alterarse de manera que se haga que cualquiera de las *variables* (básicas) sea negativa. Esto quiere decir que D_1 debe restringirse al intervalo o rango que mantendrá la *no negatividad* del segundo miembro de las ecuaciones de las restricciones en la tabla óptima. Esto es,

$$x_1 = \frac{4}{3} + \frac{2}{3} D_1 \geq 0 \qquad (1)$$

$$x_E = \frac{10}{3} - \frac{1}{3} D_1 \geq 0 \qquad (2)$$

$$s_3 = 3 - D_1 \geq 0 \qquad (3)$$

$$s_4 = \frac{2}{3} - \frac{2}{3} D_1 \geq 0 \qquad (4)$$

Para determinar el intervalo admisible para D_1, consideramos dos casos.

Caso 1: $D_1 > 0$. La relación (1) se satisface siempre para $D_1 > 0$. Las relaciones (2), (3) y (4), por otra parte, producen los siguientes límites respectivos: $D_1 \leq 10$, $D_1 \leq 3$ y $D_1 \leq 1$. Por lo tanto, las cuatro relaciones se satisfacen para $D_1 \leq 1$.

Caso 2: $D_1 < 0$. Las relaciones (2), (3) y (4) se satisfacen siempre para $D_1 < 0$, en tanto que la relación (1) produce el límite $D_1 \geq -2$.

Al combinar los casos 1 y 2, vemos que

$$-2 \leq D_1 \leq 1$$

producirá siempre una solución factible. Cualquier cambio que se haga fuera de este intervalo (es decir, *disminuir* la materia A en más de 2 toneladas o *incrementarla* en más de una tonelada) nos conducirá a una condición de infactibilidad y a un nuevo conjunto de variables básicas (véase el capítulo 5). Esto significa que las cantidades máxima y mínima de materia prima A, para la que el precio dual $y_1 = 1/3$ permanece aplicable son $6 + 1 = 7$ y $6 - 2 = 4$, respectivamente.

Ejercicio 3.6-2
Considere el modelo de Reddy Mikks.
(a) Dada $D_1 = 1/2$ tonelada, determine la nueva solución óptima.
[*Resp.* $z = 12\frac{5}{6}$, $x_E = 3\frac{1}{6}$, $x_1 = 1\frac{2}{3}$, $s_1 = s_2 = 0$, $s_3 = 2\frac{1}{2}$, $s_4 = 1/3$.]

(b) Determine el segundo miembro óptimo de las ecuaciones de las restricciones que resulte de cambiar *en forma independiente* los recursos 2, 3 y 4 en D_2, D_3 y D_4.
[*Resp.* D_2: $4/3 - D_2/3$, $10/3 + 2D_2/3$, $3 + D_2$, $2/3 + D_2/3$
D_3: $4/3$, $10/3$, $3 + D_3$, $2/3$
D_4: $4/3$, $10/3$, 3, $2/3 + D_4$.]
(c) Determine los intervalos factibles para D_2, D_3 y D_4 en el inciso (b).
[*Resp.* $-2 \le D_2 \le 4$, $-3 \le D_3 < \infty$, $-2/3 \le D_4 < \infty$.]
(d) Determine los intervalos en la función z óptima que resulten de los cambios que se efectúan en el inciso (c).
[*Resp.* D_2: $10 \le z \le 18$. D_3 y D_4: $z = 12\frac{2}{3}$ sin importar los valores de D_3 y D_4. La respuesta coincide con el análisis anterior del valor unitario de los recursos.]
(e) ¿Están correctos los intervalos del inciso (d) si los cambios D_2, D_3 y D_4 se efectúan *simultáneamente*?
[*Resp.* No, porque los cambios *simultáneos* harán que los elementos del segundo miembro sean funciones de D_2, D_3 y D_4. El análisis anterior está correcto sólo cuando se considera un recurso a la vez.]

3.6.5 CAMBIO MAXIMO EN LA RELACION UTILIDAD/COSTO MARGINALES

Al igual que se hizo al estudiar los intervalos permisibles de cambios en los recursos, también nos interesa el estudio de los intervalos permisibles de variaciones en las utilidades (o costos) marginales. Hemos demostrado gráficamente en la sección 2.1.2 (problema de sensibilidad 1) que los coeficientes de la función objetivo pueden cambiar dentro de los límites sin que se afecten los valores óptimos de las variables (no obstante, cambiará el valor óptimo de z). En esta presentación, demostramos la forma en que se puede obtener esta información de la tabla óptima.

En la situación presente, como en el caso de los cambios de recursos, la función objetivo nunca se utiliza como ecuación pivote. Por lo tanto, cualquier cambio en los coeficientes de la función objetivo afectarán solamente a la función objetivo en la tabla óptima. Esto significa que estos cambios pueden tener el efecto de hacer la solución no óptima. Nuestra meta consiste en determinar el intervalo de variación de los coeficientes objeto (uno a la vez) para el cual se mantiene sin variación el óptimo actual.

Surgen dos casos distintos que dependen de que la variable sea o no básica en la tabla óptima.

Caso 1: Variables básicas. El tipo de las operaciones de renglones en la tabla símplex, muestra que cualquier cambio en los coeficientes originales de las variables básicas óptimas, afectará a *todos* los coeficientes *no básicos* en el renglón objetivo de la tabla óptima. Este cambio puede afectar el óptimo actual porque una o más de sus variables no básicas puede llegar a elegirse para entrar en la solución básica. Nuestro interés se encuentra en determinar el intervalo de cambio del coeficiente objetivo original, que mantendrá constante al óptimo actual.

Ilustraremos los cálculos asociados, cambiando la ganancia marginal de x_E en la forma del modelo Reddy Mikks de 3 a $3 + d_1$, donde d_1 puede ser positivo o negativo. La función objetivo tendrá entonces la forma

$$z = (3 + d_1)x_E + 2x_I$$

Si utilizamos esta función en la tabla original, y realizamos la *misma* secuencia de cálculos empleada para producir la tabla óptima marginal, obtendremos la siguiente tabla (verifíquela):

Básica	x_E	x_I	s_1	s_2	s_3	s_4	Solución
z	0	0	$\frac{1}{3} - \frac{1}{3}d_1$	$\frac{4}{3} + \frac{2}{3}d_1$	0	0	$12\frac{2}{3} + \frac{10}{3}d_1$
x_I	0	1	2/3	$-1/3$	0	0	4/3
x_E	1	0	$-1/3$	2/3	0	0	10/3
s_3	0	0	-1	1	1	0	3
s_4	0	0	$-2/3$	$-1/3$	0	1	2/3

Los únicos cambios en la tabla ocurren en los coeficientes no básicos (de s_1 y s_2) en el renglón z. Más aún, los cambios pueden determinarse de la tabla original, multiplicando los coeficientes no básicos y el segundo miembro del renglón x_E por d_1, y luego sumándolo al renglón z óptimo original (véase la tabla anterior.)

Ahora, la solución óptima original permanece constante en tanto que los coeficientes de s_1 y s_2, de la ecuación z, permanezcan no negativos (en el caso de una maximización); o sea:

$$\frac{1}{3} - \frac{d_1}{3} \geq 0 \quad \text{y} \quad \frac{4}{3} + \frac{2d_1}{3} \geq 0$$

La primera desigualdad se satisface para $d_1 \leq 1$ y la segunda para $d_1 \geq -2$; así se alcanzan los límites $-2 \leq d_1 \leq 1$. En términos del coeficiente c_E de x_E, se tendrá: $3-2 \leq c_E \leq 3 + 1$, o $1 \leq c_E \leq 4$, lo que implica que el óptimo corriente permanece constante en el intervalo [1, 4] (compárese con el problema de sensibilidad 1, sección 2.1.2). Sin embargo, el valor de z cambiará de acuerdo con la expresión $12\frac{2}{3} + \frac{10}{3}d_1$, $-2 \leq d_1 \leq 1$.

Ejercicio 3.6-3
Encontrar el intervalo de cambio para el coeficiente objetivo de x_I.
[*Resp.*: $3/2 \leq c_I \leq 6$.]

Caso 2: Variables no básicas. El caso de las variables no básicas es más sencillo, ya que los cambios en sus coeficientes objetivo originales pueden afectar sólo a los coeficientes de la ecuación z. Esto se debe a que la columna correspondiente no se utiliza como pivote, como sucede en una columna básica.

El ejemplo actual del modelo Reddy Mikks no sirve para ilustrar el caso no básico, porque tanto x_E como x_I son básicas en la tabla óptima actual. Por esta razón, consideraremos el mismo ejemplo con la siguiente función objetivo diseñada para que x_I resulte no básica:

$$\text{maximizar } z = 5x_E + 2x_I$$

3.6] Interpretación de la tabla simplex: análisis de sensibilidad

La tabla óptima asociada se muestra abajo.

Básica	x_E	x_I	s_1	s_2	s_3	s_4	Solución
z	0	1/2	0	5/2	0	0	20
s_3	0	3/2	1	−1/2	0	0	2
x_E	1	1/2	0	1/2	0	0	4
s_3	0	3/2	0	1/2	1	0	5
s_4	0	1	0	0	0	1	2

La variable x_I es ahora no básica. Nuestro objetivo es cambiar su coeficiente z original (ganancia por unidad) de $c_I = 2$ a $c_I = 2 + d_2$, y luego encontrar el intervalo de d_2 para el cual permanece constante la solución dada. Mencionamos antes que cualquier cambio en c_I puede afectar sólo su coeficiente en la ecuación z. De hecho, si se reproduce la tabla anterior comenzando con $c_I = 2 + d_2$ en vez de $c_I = 2$, se descubrirá que el coeficiente de la ecuación objetivo cambiará de $\frac{1}{2}$ a $\frac{1}{2} - d_2$. En general, el cambio d del coeficiente objetivo original de una variable *no básica* conduce *siempre* al decremento en la misma cantidad del coeficiente objetivo en la tabla óptima actual.

Podemos ver que la tabla dada permanecerá óptima en tanto que $1/2 - d_2 \geq 0$ se satisfaga. Esto da $d_2 \leq 1/2$, lo que significa que el intervalo de variación de c_I es $c_I \leq 1/2 + 2$ o bien $c_I \leq 5/2$.

Del análisis anterior concluimos que si d_2 se incrementa más allá de 1/2, x_I resultará provechosa, porque su coeficiente objetivo resultará negativo (en el caso de una maximización). Ahora, si intentamos incluir a x_I en la solución básica, sin cambiar su coeficiente objetivo (o sea, $c_I = 2$), el valor de z se deteriorará a razón de 1/2 unidad monetaria por incremento unitario de x_I. Esto se puede ver directamente, porque la ecuación objetivo en tabla óptima es

$$z = 20 - \frac{1}{2} x_I - \frac{5}{2} s_2$$

Por esta razón, los coeficientes objetivo óptimos de las variables no básicas se denominan, en general, **costos reducidos,** ya que representan la *tasa* neta de decremento del valor objetivo óptimo, que se obtiene al incrementar la variable no básica asociada. En realidad, el *costo reducido* representa la diferencia neta entre el costo del recurso usado para producir *una unidad* de x_I (entrada) y su ganancia por unidad (salida). Entonces, si el costo por unidad de los recursos excede al de la ganancia, el *costo reducido* es positivo y no se tendrá una ventaja económica al producir ese elemento. Esta es la razón principal por la que una variable no básica, con un *costo reducido* negativo, siempre es un candidato para volverse positiva en la solución óptima.

El lector podrá ver ahora que una actividad económica no utilizada (o sea, una variable no básica) puede resultar económicamente viable en una de dos formas: disminuyendo su uso por unidad de recursos, o incrementando su ganancia por unidad (mediante un incremento de precio). (Por supuesto, una combinación de ambas también es admisible.) En el sentido económico es lógico pensar que la primera opción es más viable porque significa que cualquier mejora se lleva a cabo a través de un uso más eficiente de los recursos. Por otra parte, aumentar los precios puede no ser tan viable, porque el mercado puede estar controlado por otros factores, incluida la competencia.

Ejercicio 3.6-4
Determine una solución con TORA del modelo Reddy Mikks, utilizando la función objetivo

$$\text{maximizar } z = 4x_1 + 2x_2$$

La tabla óptima indica que x_1 permanece al nivel cero. Sin embargo, su costo reducido es cero. ¿Cuál es la interpretación económica de este resultado?
[*Resp.*: El costo por unidad de recursos para x_1 es igual a su ganancia unitaria, como en cualquier otra actividad positiva (básica). Esto significa que x_1 puede hacerse positiva, sin penalización en términos del valor objetivo (técnicamente decimos que el problema tiene un óptimo *alternativo*).]

3.7 RESUMEN

En este capítulo hemos presentado dos variantes del método símplex: el primal y el dual. Ambas variantes se basan en la teoría fundamental que establece que la solución óptima, está asociada con un punto extremo (o de esquina) del espacio de soluciones, y que los puntos extremos quedan identificados completamente por las soluciones básicas de la forma estándar del programa lineal. El símplex primal comienza factible, pero no óptimo y continúa siendo no óptimo hasta que se alcanza la iteración final, en tanto que el símplex dual comienza (mejor que) óptimo, pero infactible y continúa siendo infactible hasta el final del proceso iterativo. En el capítulo también se demuestra que un procedimiento símplex generalizado, basado en una combinación de las condiciones de optimidad y factibilidad de los métodos primal y dual, también puede elaborarse para resolver problemas que comienzan como no óptimos e infactibles.

Hemos analizado los casos especiales de degeneración, ciclaje, óptimos alternativos, falta de acotamiento e infactibilidad. Se analizaron además, las implicaciones teóricas y prácticas de cada uno de esos casos.

La tabla óptima ofrece más que sólo los valores óptimos de las variables y la función objetivo. Nos da también el valor de los recursos (precios duales), y sirve en el análisis de sensibilidad de la programación lineal.

BIBLIOGRAFIA

BAZARAA, M., J. JARVIS y H. SHERALI *Linear Programming and Network Flows*, Wiley, Nueva York, 1990.

DANTZIG, G., *Linear Programming and Extensions*, Princeton University Press, Princeton, N.J., 1963.

HADLEY, G., *Linear Programming*, Addison-Wesley, Reading, Mass., 1962.

PROBLEMAS

Sección	Problemas asignados
3.1	3-1, 3-2
3.2.1	3-3, 3-4
3.2.2	3-5 a 3-7
3.3	3-8 a 3-20
3.3.1	3-21 a 3-27
3.4	3-28 a 3-31
3.5	3-32 a 3-38
3.6	3-39 a 3-47

☐ **3-1** Considérese el siguiente problema lineal:

$$\text{maximizar } z = 2x_1 + 3x_2$$

sujeto a

$$x_1 + 3x_2 \leq 6$$
$$3x_1 + 2x_2 \leq 6$$
$$x_1, x_2 \geq 0$$

(a) Determine gráficamente el espacio de soluciones.
(b) Identifique todos los puntos extremos factibles e infactibles, del espacio de soluciones.
(c) Determine los puntos de solución óptima, por sustitución directa de los puntos extremos factibles de la parte (b) en la función objetivo.

☐ **3-2** Repita el problema 3-1 para las siguientes funciones objetivo:
(a) Maximizar $z = 6x_1 + x_2$
(b) Minimizar $z = 2x_1 - x_2$

Observe que para el mismo espacio de soluciones, un cambio en la función objetivo conduce a la selección de una solución de punto extremo diferente.

☐ **3-3** Convierta el siguiente PL a la forma estándar con y sin segundo miembro no negativo de las restricciones:

$$\text{maximizar } z = 2x_1 + 3x_2 + 5x_3$$

sujeto a

$$x_1 + x_2 - x_3 \geq -5$$
$$-6x_1 + 7x_2 - 9x_3 \leq 4$$
$$x_1 + x_2 + 4x_3 = 10$$
$$x_1, x_2 \geq 0$$
$$x_3 \text{ irrestricta}$$

☐ **3-4** Repita el problema 3-3 para cada uno de los siguientes cambios independientes.
   (a) La primera restricción es $x_1 + x_2 - x_3 \leq -5$.
   (b) La segunda restricción es $-6x_1 + 7x_2 - 9x_3 \geq 4$.
   (c) La tercera restricción es $x_1 + x_2 + 4x_3 \geq 10$.
   (d) $x_3 \geq 0$.
   (e) x_1 no restringida.
   (f) La función objetivo es minimizar $z = 2x_1 + 3x_2 + 5x_3$.
   (g) Los cambios (a), (b) y (c) se efectúan en forma simultánea.
   (h) Los cambios (c), (d), (e) y (f) se llevan a cabo simultáneamente.

☐ **3-5** Considere el problema que sigue:

$$\text{maximizar } z = 2x_1 - 4x_2 + 5x_3 - 6x_4$$

sujeto a

$$x_1 + 4x_2 - 2x_3 + 8x_4 \leq 2$$
$$-x_1 + 2x_2 + 3x_3 + 4x_4 \leq 1$$
$$x_1, x_2, x_3, x_4 \geq 0$$

Determine:
   (a) El número máximo de soluciones básicas posibles.
   (b) Los puntos extremos factibles.
   (c) La solución factible básica óptima.

☐ **3-6** Repita el problema 3-5 para el siguiente PL:

$$\text{maximizar } z = x_1 + 2x_2 - x_3 + 4x_4$$

sujeto a

$$x_1 + 2x_2 - 3x_3 + x_4 = 4$$
$$x_1 + 2x_2 + x_3 + 2x_4 = 4$$
$$x_1, x_2, x_3, x_4 \geq 0$$

☐ **3-7** Considere el siguiente PL:

$$\text{maximizar } z = x_1 + x_2$$

sujeto a

$$x_1 + 2x_2 \leq 6$$
$$2x_1 + x_2 \geq 9$$
$$x_1, x_2 \geq 0$$

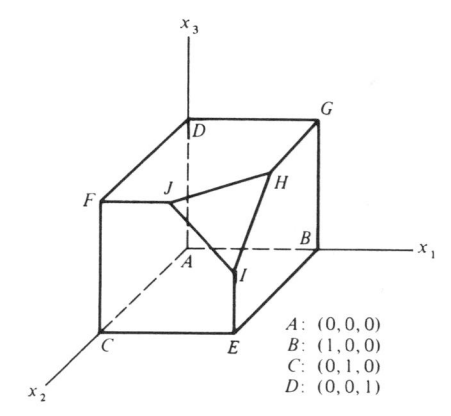

Figura 3-8

A: (0,0,0)
B: (1,0,0)
C: (0,1,0)
D: (0,0,1)

(a) Sin analizar el espacio gráfico de soluciones, determine las soluciones básicas del sistema y sus puntos extremos asociados.
(b) ¿Qué puede concluirse respecto a la solución óptima?

☐ **3-8** Considere el espacio de soluciones de PL tridimensional que se muestra en la figura 3-8 con sus puntos extremos factibles identificados por $A, B, C, \ldots, J$. Las coordenadas de cada punto se muestran en la figura.
(a) Indique si los siguientes pares de puntos extremos son o no adyacentes: (1) A, B; (2) B, D; (3) E, H; (4) A, I.
(b) Desde el punto de vista del método símplex, supóngase que la solución da comienzo en A y que el óptimo ocurre en H. Indique si las iteraciones símplex de A a H pueden identificarse o no por medio de las siguientes sucesiones de puntos extremos y dé la razón.
(1) $A \to B \to G \to H$.
(2) $A \to C \to F \to J \to H$.
(3) $A \to C \to I \to H$.
(4) $A \to I \to H$.
(5) $A \to D \to G \to H$.
(6) $A \to D \to A \to B \to G \to H$.
(7) $A \to C \to F \to D \to A \to B \to G \to H$.

☐ **3-9** En la figura 3-8, todas las restricciones asociadas con el espacio de soluciones son del tipo $\leq$. Sea que s_1, s_2, s_3 y s_4 representen las variables de holgura asociadas con las restricciones que representan los planos *CEIJF, BEIHG, DFJHG* y *HIJ*, respectivamente. Identifique las variables básicas y no básicas asociadas con cada punto extremo factible.
[Nótese que el problema supone en forma implícita que $x_1, x_2, x_3 \geq 0$.]

Figura 3-9

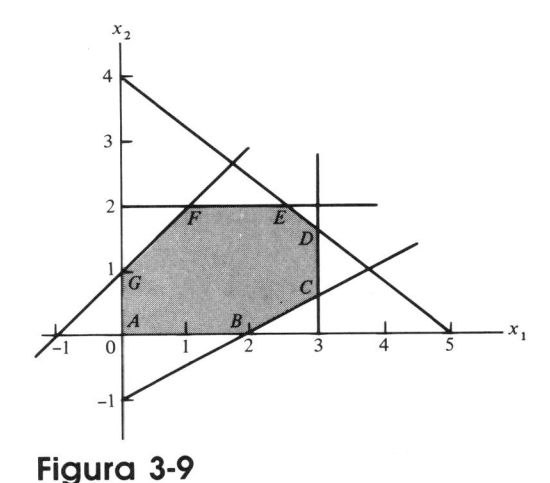

□ **3-10** En el problema 3-9, identifique las variables que entran y que salen cuando la solución cambie entre las siguientes parejas de puntos extremos: (a) $A \to B$, (b) $E \to I$, (c) $F \to J$, (d) $D \to G$.

□ **3-11** En la figura 3-8, supóngase que el método símplex empieza en A. Determine la variable que entra en la *primera* iteración junto con su valor y la mejora en el valor de la función, dado que la función objetivo se define de la manera siguiente.
  (a) Maximizar $z = x_1 - 2x_2 + 3x_3$.
  (b) Maximizar $z = 5x_1 + 2x_2 + 4x_3$.
  (c) Maximizar $z = -2x_1 + 7x_2 + 2x_3$.
  (d) Maximizar $z = x_1 + x_2 + x_3$.

□ **3-12** Considere el espacio de soluciones bidimensional de la figura 3-9. Supóngase que la función objetivo está dada por

$$\text{maximizar } z = 3x_1 + 6x_2$$

(a) Determine el punto extremo óptimo en forma gráfica.
(b) Supóngase que el método símplex empieza en A; identifique los puntos extremos sucesivos que nos conducirán al óptimo que se obtuvo en el inciso (a).
(c) Determine la variable que entra y las razones de la condición de factibilidad, suponiendo que la solución símplex está en A y que la función objetivo está dada por

$$\text{maximizar } z = 4x_1 + x_2$$

(d) Repita el inciso (c) cuando la función objetivo se sustituya por

$$\text{maximizar } z = x_1 + 2x_2$$

(e) En los incisos (c) y (d), determine las mejoras resultantes en el valor de z.

☐ **3-13** Considere el siguiente sistema de ecuaciones:

$$x_1 + 2x_2 - 3x_3 + 5x_4 + x_5 = 4$$
$$5x_1 - 2x_2 + 6x_4 + x_6 = 8$$
$$2x_1 + 3x_2 - 2x_3 + 3x_4 + x_7 = 3$$
$$-x_1 + x_3 + 2x_4 + x_8 = 0$$
$$x_1, x_2, \ldots, x_8 \geq 0$$

Sea $(x_5, \ldots, x_8)$ una solución básica inicial dada. Si x_1 se vuelve básica, ¿cuál de las variables básicas actuales debe volverse no básica en el nivel cero a fin de que todas las variables sigan siendo no negativas y cuál sería el valor de x_1 en la nueva solución básica? Repita este procedimiento para x_2, x_3 y x_4.

☐ **3-14** La tabla que sigue representa una iteración símplex específica.

Básica	x_1	x_2	x_3	x_4	x_5	x_6	x_7	x_8	Solución
z	0	-5	0	4	-1	-10	0	0	620
x_8	0	3	0	-2	-3	-1	5	1	12
x_3	0	2	1	3	1	0	3	0	6
x_1	1	-1	0	0	6	-4	0	0	0

(a) Determine la variable que sale si la variable que entra es (1) x_2, (2) x_4, (3) x_5, (4) x_6, (5) x_7.
(b) En cada uno de los casos del inciso (a), determine el incremento o disminución resultante en z.

☐ **3-15** Resuelva los siguientes conjuntos de ecuaciones lineales simultáneas mediante el uso del método de las operaciones de renglón (Gauss-Jordan) que se presentó con el método símplex (sección 3.2.2).

(a) $\quad -3x_1 + 2x_2 + 5x_3 = 5$
$\quad\quad\, 4x_1 + 3x_2 + 2x_3 = 8$
$\quad\quad\,\, x_1 - x_2 + 3x_3 = 10$

(b) $\quad\quad\quad\, x_2 + x_3 = 5$
$\quad\quad 2x_1 + x_2 - x_3 = 12$
$\quad\quad\, x_1 + 3x_2 + 4x_3 = 10$

☐ **3-16** Considere el siguiente conjunto de restricciones:

$$x_1 + 7x_2 + 3x_3 + 7x_4 \leq 46$$
$$3x_1 - x_2 + x_3 + 2x_4 \leq 8$$
$$2x_1 + 3x_2 - x_3 + x_4 \leq 10$$

Resuelva el problema mediante el método símplex suponiendo que la función objetivo está dada de la manera siguiente:
(a) Maximizar $z = 2x_1 + x_2 - 3x_3 + 5x_4$.
(b) Maximizar $z = -2x_1 + 6x_2 + 3x_3 - 2x_4$.
(c) Maximizar $z = 3x_1 - x_2 + 3x_3 + 4x_4$.
(d) Maximizar $z = 5x_1 - 4x_2 + 6x_3 + 8x_4$.
(e) Maximizar $z = 3x_1 + 6x_2 - 2x_3 + 4x_4$.

☐ **3-17** Resuelva el problema que sigue por inspección y justifique el método de solución en términos del método símplex.

$$\text{maximizar } z = 5x_1 - 6x_2 + 3x_3 - 5x_4 + 12x_5$$

sujeto a

$$x_1 + 3x_2 + 5x_3 + 6x_4 + 3x_5 \leq 90$$
$$x_1, x_2, x_3, x_4, x_5 \geq 0$$

[*Sugerencia:* una solución básica consta sólo de una variable.]

☐ **3-18** Considere el siguiente modelo de PL:

$$\text{maximizar } z = 16x_1 + 15x_2$$

sujeto a

$$40x_1 + 31x_2 \leq 124$$
$$-x_1 + x_2 \leq 1$$
$$x_1 \leq 3$$
$$x_1, x_2 \geq 0$$

Use TORA, donde sea apropiado, para contestar los siguientes puntos:
(a) Resuelva el problema por medio del método símplex, donde la variable entrante es la variable no básica con el coeficiente objetivo *más* negativo.
(b) Resuelva el problema por medio del método símplex, seleccionando siempre la variable entrante como la variable no básica con el coeficiente *menos* negativo.
(c) Compare el número de iteraciones en las partes (a) y (b) y saque conclusiones generales.
(d) Suponga que el sentido de optimización se cambia a minimización, multiplicando la función objetivo de maximización por −1, en cuyo caso se debe utilizar la condición de optimidad de minimización. ¿Cómo afecta este cambio a los cálculos símplex?

☐ **3-19** Resuelva el problema siguiente mediante el uso de x_4, x_5 y x_6 para la solución básica (factible) inicial:

$$\text{maximizar } z = 3x_1 + x_2 + 2x_3$$

sujeto a

$$12x_1 + 3x_2 + 6x_3 + 3x_4 = 9$$
$$8x_1 + x_2 - 4x_3 + 2x_5 = 10$$
$$3x_1 - x_6 = 0$$
$$x_1, x_2, \ldots, x_6 \geq 0$$

☐ **3-20** Considere el programa lineal que sigue:

$$\text{maximizar } z = c_1x_1 + c_2x_2$$

sujeto a

$$a_{11}x_1 + a_{12}x_2 \leq b_1$$
$$a_{21}x_1 + a_{22}x_2 \leq b_2$$
$$x_1, x_2 \geq 0$$

donde $1 \leq c_1 \leq 3$, $4 \leq c_2 \leq 6$, $-1 \leq a_{11} \leq 3$, $2 \leq a_{12} \leq 5$, $8 \leq b_1 \leq 12$, $2 \leq a_{21} \leq 5$, $4 \leq a_{22} \leq 6$ y $10 \leq b_2 \leq 14$. Obtenga las cotas superior e inferior del valor óptimo de z.
[*Sugerencia*: un espacio de soluciones más restrictivo produce un valor de z más chico.]

☐ **3-21** Considere el siguiente conjunto de restricciones:

$$-2x_1 + 3x_2 = 3 \quad (1)$$
$$4x_1 + 5x_2 \geq 10 \quad (2)$$
$$x_1 + 2x_2 \leq 5 \quad (3)$$
$$6x_1 + 7x_2 \leq 3 \quad (4)$$
$$4x_1 + 8x_2 \geq 5 \quad (5)$$

Suponiendo que $x_1, x_2 \geq 0$, determine la función objetivo inicial en cada uno de los casos que siguen después de que se sustituyan las variables artificiales en la técnica *M*.
 (a) Maximizar $z = 5x_1 + 6x_2$ sujeta a las restricciones (1), (3) y (4).
 (b) Maximizar $z = 2x_1 - 7x_2$ sujeta a las restricciones (1), (2), (4) y (5).
 (c) Minimizar $z = 3x_1 + 6x_2$ sujeta a las restricciones (3), (4) y (5).
 (d) Minimizar $z = 4x_1 + 6x_2$ sujeta a las restricciones (1), (2) y (5).
 (e) Minimizar $z = 3x_1 + 2x_2$ sujeta a las restricciones (1) y (5).

☐ **3-22** Considere el conjunto de restricciones que sigue:

$$x_1 + x_2 + x_3 = 7$$
$$2x_1 - 5x_2 + x_3 \geq 10$$
$$x_1, x_2, x_3 \geq 0$$

124 Programación lineal: método símplex [C.3]

Resuelva las ecuaciones mediante la aplicación de la técnica M, suponiendo que la función objetivo está dada como sigue:
(a) Maximizar $z = 2x_1 + 3x_2 - 5x_3$.
(b) Minimizar $z = 2x_1 + 3x_2 - 5x_3$.
(c) Maximizar $z = x_1 + 2x_2 + x_3$.
(d) Minimizar $z = 4x_1 - 8x_2 + 3x_3$.

☐ **3-23** Considere el problema

$$\text{maximizar } z = x_1 + 5x_2 + 3x_3$$

sujeto a

$$x_1 + 2x_2 + x_3 = 3$$
$$2x_1 - x_2 = 4$$
$$x_1, x_2, x_3 \geq 0$$

R puede ser una variable artificial en la segunda ecuación restrictiva. Resuelva el problema usando x_3 y R para una solución básica inicial.

☐ **3-24** Considere el problema

$$\text{maximizar } z = 2x_1 + 4x_2 + 4x_3 - 3x_4$$

sujeto a

$$x_1 + x_2 + x_3 = 4$$
$$x_1 + 4x_2 + x_4 = 8$$
$$x_1, x_2, x_3, x_4 \geq 0$$

Determine la solución óptima mediante el uso de (x_3, x_4) como la solución básica inicial.

☐ **3-25** Resuelva el problema siguiente mediante el uso de x_3 y x_4 como una solución factible básica inicial:

$$\text{minimizar } z = 3x_1 + 2x_2 + 3x_3$$

sujeto a

$$x_1 + 4x_2 + x_3 \geq 7$$
$$2x_1 + x_2 + x_4 \geq 10$$
$$x_1, x_2, x_3, x_4 \geq 0$$

☐ **3-26** En el problema 3-21, escriba la función objetivo para la fase I en cada caso.

☐ **3-27** Resuelva el problema 3-22 a través del método de dos fases y compare el número de iteraciones resultante con las de la técnica M.

☐ **3-28** Resuelva los siguientes problemas por medio del método símplex dual.
(a) Minimizar $z = 2x_1 + 3x_2$

sujeto a

$$2x_1 + 2x_2 \leq 30$$
$$x_1 + 2x_2 \geq 10$$
$$x_1, x_2 \geq 0$$

(b) Minimizar $z = 5x_1 + 6x_2$

sujeto a

$$x_1 + x_2 \geq 2$$
$$4x_1 + x_2 \geq 4$$
$$x_1, x_2 \geq 0$$

(c) El problema de horario de autobuses del ejemplo 2.3-1.

☐ **3-29** Resuelva los siguientes problemas por medio del método símplex dual:
(a) Minimizar $z = 4x_1 + 2x_2$

sujeto a

$$x_1 + x_2 = 1$$
$$3x_1 - x_2 \geq 2$$
$$x_1, x_2 \geq 0$$

(b) Minimizar $z = 2x_1 + 3x_2$

sujeto a

$$2x_1 + 3x_2 \leq 1$$
$$x_1 + x_2 = 2$$
$$x_1, x_2 \geq 0$$

[*Sugerencia:* reemplace la restricción de igualdad por dos desigualdades.]

☐ **3-30 (Método símplex dual con restricción artificial.)** Considérese el siguiente problema:

$$\text{maximizar } z = 2x_1 - x_2 + x_3$$

sujeto a
$$2x_1 + 3x_2 - 5x_3 \geq 4$$
$$-x_1 + 9x_2 - x_3 \geq 3$$
$$4x_1 + 6x_2 + 3x_3 \leq 8$$
$$x_1, x_2, x_3 \geq 0$$

La solución básica inicial, que consta de sólo variables de holgura, en este problema es infactible; esto es, $s_1 = -4$, $s_2 = -3$ y $s_3 = 8$. Sin embargo, el método símplex dual no se puede aplicar directamente, ya que ni x_1 ni x_3 satisfacen la condición de optimidad en un problema de maximización. Demuestre que aumentando las *restricciones artificiales* $x_1 + x_3 \leq M$ (donde $M > 0$ es suficientemente grande, de modo que no es restrictiva con respecto a las restricciones originales) y luego utilizando la restricción aumentada como un renglón pivote, la selección de x_1 como variable entrante, generará un renglón objetivo que es todo óptimo. Por lo tanto, es posible llevar a cabo los cálculos regulares símplex dual. (Nótese que generalmente, en un problema de maximización, la variable entrante es la que tiene el mayor coeficiente objetivo de entre las variables que no satisfacen la condición de optimidad.)

☐ **3-31** Utilizando el procedimiento de la restricción artificial del problema 3-30, resuélvanse los siguientes problemas por medio del método símplex dual. En cada caso, indique si la solución es factible, infactible y/o no acotada.

(a) Minimizar $z = -x_1 + x_2$
 sujeto a
$$x_1 - 4x_2 \geq 5$$
$$x_1 - 3x_2 \leq 1$$
$$2x_1 - 5x_2 \geq 1$$
$$x_1, x_2 \geq 0$$

(b) Maximizar $z = x_1 - 3x_2$
 sujeto a
$$x_1 - x_2 \leq 2$$
$$x_1 + x_2 \geq 4$$
$$2x_1 - 2x_2 \geq 3$$
$$x_1, x_2 \geq 0$$

(c) Maximizar $z = 2x_3$
 sujeto a
$$-x_1 + 3x_2 - 7x_3 \geq 5$$
$$-x_1 + x_2 - x_3 \leq 1$$
$$3x_1 + x_2 - 10x_3 \leq 8$$
$$x_1, x_2, x_3 \geq 0$$

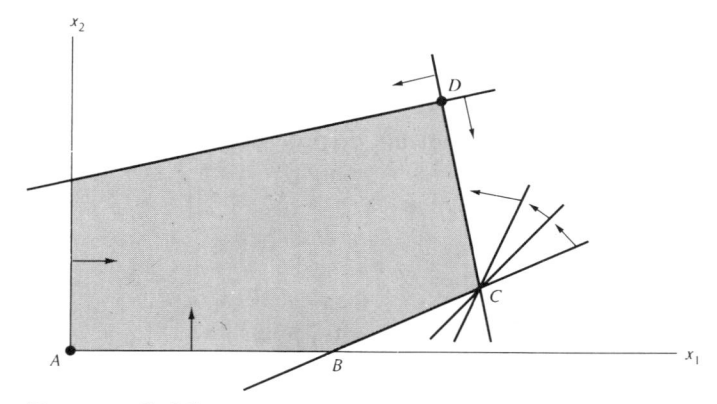

Figura 3-10

☐ **3-32** Considere el espacio de soluciones gráficas mostrado en la figura 3-10. Suponga que las iteraciones símplex comienzan en A y que la solución óptima se presenta en D. Además, suponga que la función objetivo se define en forma tal que x_1 entra primero en la solución.
  (a) Identifique (sobre la gráfica) los puntos extremos que definen la trayectoria del método símplex hasta el punto óptimo.

  (b) Determine el número máximo posible de iteraciones símplex, necesarias para alcanzar la solución óptima. Explique.

☐ **3-33** Demuestre que el siguiente problema de PL es *temporalmente* degenerado:

$$\text{maximizar } z = 3x_1 + 2x_2$$

sujeto a

$$4x_1 + 3x_2 \leq 12$$
$$4x_1 + x_2 \leq 8$$
$$4x_1 - x_2 \leq 8$$
$$x_1, x_2 \geq 0$$

☐ **3-34** Considere el problema

$$\text{maximizar } z = x_1 + 2x_2 + 3x_3$$

sujeto a

$$x_1 + 2x_2 + 3x_3 \leq 10$$
$$x_1 + x_2 \leq 5$$
$$x_1 \leq 1$$
$$x_1, x_2, x_3 \geq 0$$

128 Programación lineal: método símplex [C.3

Obtenga cuando menos tres soluciones básicas óptimas alternativas y después escriba una expresión general para todas las soluciones óptimas *no* básicas comprendidas por los valores óptimos básicos obtenidos.

☐ **3-35** Considere el siguiente problema de programación lineal:

$$\text{maximizar } z = 2x_1 - x_2 + 3x_3$$

sujeto a

$$x_1 - x_2 + 5x_3 \leq 10$$
$$2x_1 - x_2 + 3x_3 \leq 40$$
$$x_1, x_2, x_3 \geq 0$$

Demuestre que el problema tiene soluciones alternativas que son *no* básicas. ¿Qué se podría concluir en relación con el espacio de soluciones y la función objetivo? Pruebe que los valores de las variables básicas óptimas se pueden incrementar indefinidamente mientras el valor de z se mantiene constante.

☐ **3-36** Considere el problema

$$\text{maximizar } z = 3x_1 + x_2$$

sujeto a

$$x_1 + 2x_2 \leq 5$$
$$x_1 + x_2 - x_3 \leq 2$$
$$7x_1 + 3x_2 - 5x_3 \leq 20$$
$$x_1, x_2, x_3 \geq 0$$

Demuestre que la solución óptima es degenerada y que existen otras soluciones que son no básicas.

☐ **3-37** En el problema

$$\text{maximizar } z = 20x_1 + 10x_2 + x_3$$

sujeto a

$$3x_1 - 3x_2 + 5x_3 \leq 50$$
$$x_1 \quad\quad + x_3 \leq 10$$
$$x_1 - x_2 + 4x_3 \leq 20$$
$$x_1, x_2, x_3 \geq 0$$

¿en qué dirección está no acotado el espacio de soluciones? Sin realizar más cálculos, ¿qué se podría concluir acerca de la solución óptima al problema?

☐ **3-38** Considere el problema

$$\text{maximizar } z = 3x_1 + 2x_2 + 3x_3$$

sujeto a

$$2x_1 + x_2 + x_3 \leq 2$$
$$3x_1 + 4x_2 + 2x_3 \geq 8$$
$$x_1, x_2, x_3 \geq 0$$

Mediante la aplicación de la técnica *M*, demuestre que la solución óptima puede incluir una variable básica artificial en el nivel *cero*. Por lo tanto, concluya que existe una solución óptima factible.

☐ **3-39** Considere el siguiente modelo de asignación de programación lineal:

$$\text{maximizar } z = 3x_1 + 2x_2 \text{ (ganancia)}$$

sujeto a

$$4x_1 + 3x_2 \leq 12 \quad \text{(recurso 1)}$$
$$4x_1 + x_2 \leq 8 \quad \text{(recurso 2)}$$
$$4x_1 - x_2 \leq 8 \quad \text{(recurso 3)}$$
$$x_1, x_2 \geq 0$$

La tabla óptima del modelo está dada por

Básica	x_1	x_2	x_3	x_4	x_5	Solución
z	0	0	5/8	1/8	0	17/2
x_2	0	1	1/2	−1/2	0	2
x_1	1	0	−1/8	3/8	0	3/2
x_5	0	0	1	−2	1	4

(a) Determine el estado de cada recurso.
(b) Determine el valor unitario de cada recurso.
(c) Con base en el valor unitario de cada recurso, ¿qué recurso debe recibir prioridad para un incremento de nivel?
(d) Determine el intervalo máximo de cambio en la disponibilidad del primer recurso que mantendrá factible la solución actual.
(e) Repita el inciso (d) para el recurso 2.
(f) Determine en los incisos (d) y (e) el cambio asociado en el valor óptimo de *z*.
(g) Determine el cambio máximo en el coeficiente de ganancia de x_1 que mantendrá óptima la solución.
(h) Repita el inciso (g) para x_2.

3-40 Considere el siguiente modelo de asignación de PL:

$$\text{maximizar } z = 2x_1 + 4x_2 \text{ (ganancia)}$$

sujeto a

$$x_1 + 2x_2 \leq 5 \quad \text{(recurso 1)}$$
$$x_1 + x_2 \leq 4 \quad \text{(recurso 2)}$$
$$x_1, x_2 \geq 0$$

La tabla óptima está dada por:

Básica	x_1	x_2	x_3	x_4	Solución
z	0	0	2	0	10
x_2	1/2	1	1/2	0	5/2
x_4	1/2	0	$-1/2$	1	3/2

(a) Clasifique los dos recursos como escasos o abundantes.
(b) Determine el intervalo máximo de cambio en la disponibilidad de cada recurso que mantendrá óptima la solución.
(c) Calcule el intervalo de z óptimo asociado con los resultados del inciso (b).
(d) Determine el cambio máximo en la ganancia unitaria de x_1 que mantendrá óptima la solución.
(e) Repita el inciso (d) para x_2.

3-41 Considere el siguiente modelo de asignación de programación lineal:

$$\text{maximizar } z = 3x_1 + 2x_2 + 5x_3 \text{ (ganancia)}$$

sujeto a

$$x_1 + 2x_2 + x_3 \leq 430 \quad \text{(recurso 1)}$$
$$3x_1 + + 2x_3 \leq 460 \quad \text{(recurso 2)}$$
$$x_1 + 4x_2 \leq 420 \quad \text{(recurso 3)}$$
$$x_1, x_2, x_3 \geq 0$$

La tabla óptima del modelo está dada por

Básica	x_1	x_2	x_3	x_4	x_5	x_6	Solución
z	4	0	0	1	2	0	1350
x_2	$-1/4$	1	0	1/2	$-1/4$	0	100
x_3	3/2	0	1	0	1/2	0	230
x_6	2	0	0	-2	1	1	20

(a) En cada uno de los casos que siguen, indique si la solución dada se mantiene factible. Si es factible, calcule los valores asociados de x_1, x_2, x_3 y z.
   (1) La disponibilidad del recurso 1 se aumenta a 500 unidades.
   (2) La disponibilidad del recurso 1 se disminuye a 400 unidades.
   (3) La disponibilidad del recurso 2 se disminuye a 450 unidades.
   (4) La disponibilidad del recurso 3 se aumenta a 440 unidades.
   (5) La disponibilidad del recurso 3 se disminuye a 380 unidades.
(b) En cada uno de los casos que siguen, indique si la solución dada sigue siendo óptima.
   (1) El coeficiente de ganancia de x_1 se disminuye a 2.
   (2) El coeficiente de ganancia de x_1 se aumenta a 9.
   (3) El coeficiente de ganancia de x_2 se aumenta a 5.
   (4) El coeficiente de ganancia de x_3 se reduce a 1.

☐ **3-42** En el problema 3-39, determine los valores óptimos de x_1 y x_2 cuando el recurso 1 se aumenta en dos unidades y, al mismo tiempo, el recurso 2 se disminuye a una unidad.

☐ **3-43** Supóngase que en el problema 3-40 los recursos 1 y 2 se cambian en forma simultánea en las cantidades D_1 y D_2. Determine la relación existente entre D_1 y D_2 que mantendrá la solución siempre óptima.

☐ **3-44** Demuestre que las m *igualdades*

$$\sum_{j=1}^{n} a_{ij} x_j = b_i, \qquad i = 1, 2, \ldots, m$$

son equivalentes a las $m + 1$ *desigualdades*

$$\sum_{j=1}^{n} a_{ij} x_j \leq b_i, \qquad i = 1, 2, \ldots, m$$

$$\sum_{j=1}^{n} \left(\sum_{i=1}^{m} a_{ij} \right) x_j \geq \sum_{i=1}^{m} b_i$$

☐ **3-45** En problemas de programación lineal en los cuales hay varias variables no restringidas, una transformación del tipo $x_j = x'_j - x''_j$ duplicará el número correspondiente de variables no negativas. Demuestre que es posible, en general, reemplazar k variables no restringidas por exactamente $k + 1$ variables no negativas y elabore los detalles del método de sustitución.
[*Sugerencia*: sea $x_j = x'_j - w$, donde $x'_j, w \geq 0$.]

☐ **3-46** Demuestre cómo se puede reemplazar la siguiente desigualdad en forma absoluta por dos desigualdades regulares.

$$\left| \sum_{j=1}^{n} a_{ij} x_j \right| \leq b_i, \qquad b_i > 0$$

☐ **3-47** Demuestre cómo se puede linealizar la siguiente función objetivo:

$$\text{minimizar } z = \max\left\{\left|\sum_{j=1}^{n} c_{1j} x_j\right|, \ldots, \left|\sum_{j=1}^{n} c_{mj} x_j\right|\right\}$$

Capítulo 4

Programación lineal: método símplex revisado

4.1 Fundamentos matemáticos
  4.1.1 Modelo PL estándar en forma matricial
  4.1.2 Soluciones básicas y bases
  4.1.3 La tabla símplex en forma matricial
4.2 Método símplex (primal) revisado
  4.2.1 Forma de producto para la matriz inversa
  4.2.2 Pasos del método símplex primal revisado
4.3 Resumen
  Bibliografía
  Problemas

En el capítulo 3 se expusieron los métodos símplex primal y dual para resolver programas lineales. En este capítulo presentamos el método **símplex revisado,** que es un algoritmo que permite mejorar la eficiencia y la precisión en el cálculo. Sin embargo, queremos enfatizar que el algoritmo revisado utiliza *exactamente los mismos* pasos que los presentados en el capítulo 3. La única diferencia son los detalles del cálculo de las variables entrante y saliente. La presentación exige conocimientos de álgebra lineal. El material del apéndice A debe bastar para este propósito.

4.1 FUNDAMENTOS MATEMATICOS

En esta sección definimos el problema de PL en forma matricial. Con base en esta definición, mostramos cómo se determinan las soluciones básicas. Luego, esta información la utilizamos para elaborar la tabla símplex general en forma matricial. Este hecho es la base de la presentación de los detalles del método símplex revisado.

4.1.1 MODELO PL ESTANDAR EN FORMA MATRICIAL

El problema de programación lineal en forma estándar (todas las restricciones de igualdad con todas las variables no negativas; véase la sección 3.2.1) se puede expresar en forma matricial como sigue:

$$\text{maximizar o minimizar } z = \mathbf{CX}$$

sujeto a

$$(\mathbf{A}, \mathbf{I})\mathbf{X} = \mathbf{b}$$
$$\mathbf{X} \geq \mathbf{0}$$

donde $\mathbf{I}$ es la matriz identidad de dimensión m y

$$\mathbf{X} = (x_1, x_2, \ldots, x_n)^T, \quad \mathbf{C} = (c_1, c_2, \ldots, c_n)$$

$$\mathbf{A} = \begin{bmatrix} a_{11} & a_{12} & \cdots & a_{1,n-m} \\ a_{21} & a_{22} & \cdots & a_{2,n-m} \\ \vdots & \vdots & & \vdots \\ a_{m1} & a_{m2} & \cdots & a_{m,n-m} \end{bmatrix}, \quad \mathbf{b} = \begin{bmatrix} b_1 \\ b_2 \\ \vdots \\ b_m \end{bmatrix}$$

Se espera que el segundo miembro sea no negativo en el caso del método símplex primal.

A la matriz identidad $\mathbf{I}$ siempre puede dársele la forma con que aparece en las ecuaciones de restricción, aumentando y arreglando las variables de holgura, de exceso y/o artificiales, según sea necesario (véase el capítulo 3). Esto significa que los n elementos del vector $\mathbf{X}$ incluyen cualesquiera variables aumentadas de holgura, exceso y artificiales, con los m elementos más a la derecha representando las variables de la solución inicial.

Para aclarar la definición anterior, presentaremos un ejemplo numérico.

Ejemplo 4.1-1
En el programa lineal

$$\text{maximizar } z = 2x_1 + 3x_2 + 4x_3$$

sujeto a

$$\begin{aligned} x_1 + x_2 + x_3 &\geq 5 \\ x_1 + 2x_2 &= 7 \\ 5x_1 - 2x_2 + 3x_3 &\leq 9 \\ x_1, x_2, x_3 &\geq 0 \end{aligned}$$

se expresa en forma estándar matricial como

$$\text{maximizar } z = (2, 3, 4, 0, -M, -M, 0)\begin{bmatrix} x_1 \\ x_2 \\ x_3 \\ x_4 \\ x_5 \\ x_6 \\ x_7 \end{bmatrix}$$

sujeto a

$$\begin{bmatrix} 1 & 1 & 1 & -1 & 1 & 0 & 0 \\ 1 & 2 & 0 & 0 & 0 & 1 & 0 \\ 5 & -2 & 3 & 0 & 0 & 0 & 1 \end{bmatrix}\begin{bmatrix} x_1 \\ x_2 \\ x_3 \\ x_4 \\ x_5 \\ x_6 \\ x_7 \end{bmatrix} = \begin{bmatrix} 5 \\ 7 \\ 9 \end{bmatrix}$$

$$x_j \geq 0, \quad j = 1, 2, \ldots, 7$$

Obsérvese que x_4 es una variable de exceso y x_7 una de holgura. Las variables x_5 y x_6 son artificiales.

En términos de la definición matricial, tenemos

$$\mathbf{X} = (x_1, x_2, \ldots, x_7)^T$$

$$\mathbf{C} = (2, 3, 4, 0, -M, -M, 0)$$

$$\mathbf{b} = (5, 7, 9)^T$$

$$\mathbf{A} = \begin{bmatrix} 1 & 1 & 1 & -1 \\ 1 & 2 & 0 & 0 \\ 5 & -2 & 3 & 0 \end{bmatrix}, \quad \mathbf{I} = \begin{bmatrix} 1 & 0 & 0 \\ 0 & 1 & 0 \\ 0 & 0 & 1 \end{bmatrix}$$

◀

4.1.2 SOLUCIONES BASICAS Y BASES

En el capítulo 3 vimos que la idea fundamental de los métodos símplex primal y dual es que la solución óptima, cuando es finita, debe asociarse con un **punto extremo** o **punto de esquina** del espacio de soluciones. Algebraicamente, un punto extremo está asociado con una **solución básica** de las ecuaciones de restricción $(\mathbf{A}, \mathbf{I})\mathbf{X} = \mathbf{b}$.

Como $(\mathbf{A}, \mathbf{I})\mathbf{X} = \mathbf{b}$ tiene m ecuaciones y n incógnitas [$\mathbf{X} = (x_1, x_2, \ldots, x_n)^T$], se obtiene una solución básica haciendo $n - m$ variables iguales a cero, y luego resolviendo las *m* ecuaciones restantes con *m* incógnitas, *siempre que exista una solución única*. A continuación, sea

$$(\mathbf{A}, \mathbf{I})\mathbf{X} = \sum_{j=1}^{n} \mathbf{P}_j x_j$$

donde $\mathbf{P}_j$ es el *j*-ésimo vector columna de $(\mathbf{A}, \mathbf{I})$. Cualesquiera *m* vectores **linealmente independientes** de entre $\mathbf{P}_1, \mathbf{P}_2, \ldots, \mathbf{P}_n$ corresponderán a una solución básica de $(\mathbf{A}, \mathbf{I})\mathbf{X} = \mathbf{b}$ y por ello, a un punto extremo del espacio de soluciones. En este caso, los *m* vectores escogidos forman una **base**, cuya matriz cuadrada asociada debe ser **no singular**.

Para ilustrar la definición de una base consideremos el ejemplo 4.1-1 en el que $m = 3$ y $n = 7$. Esto significa que una base debe contener m ($= 3$) vectores con las $n - m$ ($= 7 - 3 = 4$) variables asociadas a los vectores restantes, igualadas necesariamente a cero. Haciendo $x_4 = x_5 = x_6 = x_7 = 0$, encontramos que los vectores

$$\mathbf{P}_1 = \begin{pmatrix} 1 \\ 1 \\ 5 \end{pmatrix}, \quad \mathbf{P}_2 = \begin{pmatrix} 1 \\ 2 \\ -2 \end{pmatrix}, \quad \mathbf{P}_3 = \begin{pmatrix} 1 \\ 0 \\ 3 \end{pmatrix}$$

asociados con x_1, x_2 y x_3 formarán una base, si y sólo si, la matriz cuadrada

$$\mathbf{B} = (\mathbf{P}_1, \mathbf{P}_2, \mathbf{P}_3) = \begin{pmatrix} 1 & 1 & 1 \\ 1 & 2 & 0 \\ 5 & -2 & 3 \end{pmatrix}$$

es no singular. Como el determinante de $\mathbf{B}$ no es cero ($= -9$), la condición se satisface y la solución de las ecuaciones

$$\begin{pmatrix} 1 & 1 & 1 \\ 1 & 2 & 0 \\ 5 & -2 & 3 \end{pmatrix} \begin{pmatrix} x_1 \\ x_2 \\ x_3 \end{pmatrix} = \begin{pmatrix} 5 \\ 7 \\ 9 \end{pmatrix}$$

debe ser única ($x_1 = 23/9$, $x_2 = 20/9$, $x_3 = 2/9$). En consecuencia, el punto (23/9, 20/9, 2/9, 0, 0, 0, 0) es un punto extremo del espacio de soluciones $(\mathbf{A}, \mathbf{I})\mathbf{X} = \mathbf{b}$. Por otra parte, los dos vectores

$$\mathbf{P}_4 = \begin{pmatrix} -1 \\ 0 \\ 0 \end{pmatrix}, \quad \mathbf{P}_5 = \begin{pmatrix} 1 \\ 0 \\ 0 \end{pmatrix}$$

no se pueden incluir *simultáneamente* en *ninguna* base por ser linealmente dependientes ($\mathbf{P}_4 = -\mathbf{P}_5$).

4.1] Fundamentos matemáticos **137**

Podemos demostrar gráficamente la relación entre vectores y bases, considerando el siguiente conjunto de ecuaciones en forma vectorial:

$$\begin{bmatrix} 2 \\ 1 \end{bmatrix} x_1 + \begin{bmatrix} 1 \\ 2 \end{bmatrix} x_2 + \begin{bmatrix} 1 \\ 1 \end{bmatrix} x_3 + \begin{bmatrix} 2 \\ -1 \end{bmatrix} x_4 + \begin{bmatrix} 4 \\ 2 \end{bmatrix} x_5 = \begin{bmatrix} 2 \\ 2 \end{bmatrix}$$

o bien,

$$\mathbf{P}_1 x_1 + \mathbf{P}_2 x_2 + \mathbf{P}_3 x_3 + \mathbf{P}_4 x_4 + \mathbf{P}_5 x_5 = \mathbf{b}$$

En la figura 4-1 se muestran los vectores bidimensionales $\mathbf{P}_1$, $\mathbf{P}_2$, $\mathbf{P}_3$, $\mathbf{P}_4$ y $\mathbf{P}_5$. Como tenemos dos ecuaciones y cinco variables, una base debe incluir exactamente $5 - 3 = 2$ vectores independientes. Podemos ver en la figura 4-1 que todas las combinaciones de dos vectores formarán una base, excepto la combinación $(\mathbf{P}_1, \mathbf{P}_5)$ porque $\mathbf{P}_1$ y $\mathbf{P}_5$ son *dependientes*. En el método símplex primal sólo tratamos con soluciones básicas *factibles*. Una solución básica del sistema $(\mathbf{A}, \mathbf{I})\mathbf{X} = \mathbf{b}$ es factible para el programa lineal si también satisface la restricción de no negatividad $\mathbf{X} \geq \mathbf{0}$.

Ejercicio 4.1-1

(a) En la figura 4-1, ¿la combinación $(\mathbf{P}_1, \mathbf{P}_4)$ puede utilizarse como base en cualquiera de las iteraciones símplex primal?
[*Resp.*: No, porque esta base dará un valor *negativo* para x_4, lo que no es aceptable, ya que el método símplex primal sólo trata con soluciones básicas *factibles*.]
(b) En los siguientes conjuntos de ecuaciones los dos primeros tienen soluciones únicas, el tercer conjunto tiene un número infinito de soluciones y el cuarto conjunto no tiene solución. Utilice la representación gráfica vectorial para demostrar que en cada uno de los dos primeros casos (soluciones únicas), los vectores del primer miembro son independientes por lo que forman una base, en tanto que en los dos últimos casos, los vectores del primer miembro son necesariamente dependientes. En particular, el lector debe obtener una comprensión clara del significado de "dependencia" e "independencia" entre vectores.

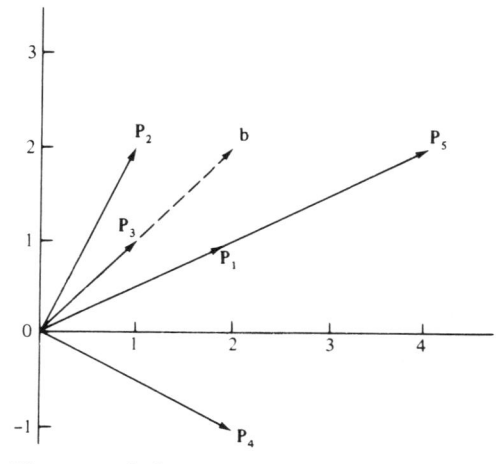

Figura 4-1

138 Programación lineal: método símplex revisado [C.4

$$\begin{align}(1)\quad & x_1 + 3x_2 = 2 & (2)\quad & 2x_1 + 3x_2 = 1 \\ & 3x_1 + x_2 = 3 & & 2x_1 - x_2 = 2 \\ (3)\quad & 2x_1 + 6x_2 = 4 & (4)\quad & 2x_1 - 4x_2 = 2 \\ & x_1 + 3x_2 = 2 & & -x_1 + 2x_2 = 1\end{align}$$

[*Resp*.: Véase la figura 4-2.]

(c) En la figura 4-1, ¿cuántos puntos extremos distintos están asociados con las bases (P_1, P_3), (P_2, P_3), (P_3, P_4) y (P_3, P_5)?
[*Resp*.: Exactamente uno, porque P_3 y **b** son dependientes. Entonces, cualquiera de esas bases dará $x_3 = 2$ y cero para *todas* las variables restantes. Así, las soluciones básicas son *degeneradas*. La respuesta demuestra que en el caso de degeneración, un punto extremo puede representarlo más de una solución básica. Sin embargo, un punto extremo *no degenerado* tiene exactamente una solución básica asociada con él.]

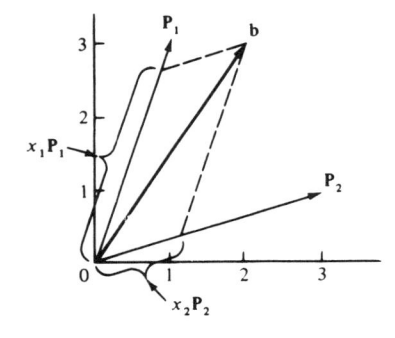

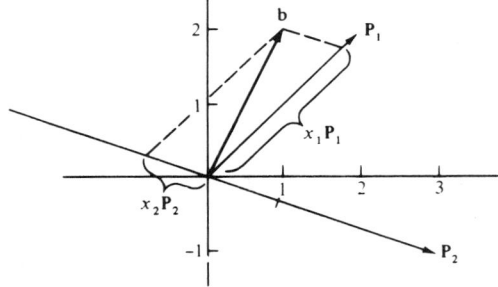

(i) Solución única:
$(x_1, x_2) = (7/8, 3/8)$;
los vectores P_1 y P_2 del primer miembro son independientes (base)

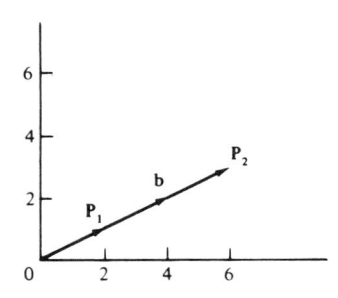

(ii) Solución única: $(x_1, x_2) = (7/8, -1/4)$,
P_1 y P_2 forman una base

(iii) Número infinito de soluciones:
P_1 y P_2 son dependientes
(no forman base); **b** es también dependiente.

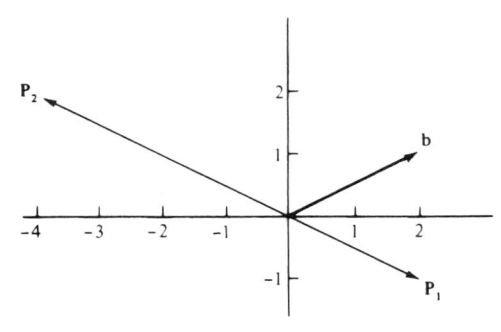

(iv) Ninguna solución: P_1 y P_2 son dependientes (no forman base), pero **b** es independiente

Figura 4-2

4.1.3 LA TABLA SIMPLEX EN FORMA MATRICIAL

La idea general del método símplex (primal o dual) es comenzar en un punto extremo y proceder hacia un punto extremo *adyacente,* con el objetivo de mejorar la optimidad mientras se mantiene la factibilidad (método primal), o bien, moverse hacia la factibilidad sin anular la optimidad (método dual). La manera más sencilla de seleccionar un punto extremo inicial es usar la base **B**, constituida por variables de holgura y/o artificiales, como lo hicimos en el capítulo 3. De esta manera, la **B** inicial es una matriz identidad **I** que obviamente es una base. Los puntos extremos adyacentes se determinan intercambiando un vector de **B** con un vector no básico corriente que moverá la solución hacia la optimidad (método primal) o hacia la factibilidad (método dual).

Mostraremos ahora cómo se representa la tabla símplex general por medio del siguiente problema:

$$\text{maximizar } z = \mathbf{CX} \quad \text{sujeta a} \quad (\mathbf{A}, \mathbf{I})\mathbf{X} = \mathbf{b}, \mathbf{X} \geq \mathbf{0}$$

Subdividimos el vector $\mathbf{X}$ en $\mathbf{X}_I$ y $\mathbf{X}_{II}$, donde $\mathbf{X}_{II}$ corresponde a los elementos de $\mathbf{X}$ asociados con la base inicial $\mathbf{B} = \mathbf{I}$. Subdividimos también $\mathbf{C}$ en $\mathbf{C}_I$ y $\mathbf{C}_{II}$ para que correspondan a $\mathbf{X}_I$ y $\mathbf{X}_{II}$. El problema estándar de PL dado puede escribirse de la siguiente manera:

$$\begin{pmatrix} 1 & -\mathbf{C}_I & -\mathbf{C}_{II} \\ 0 & \mathbf{A} & \mathbf{I} \end{pmatrix} \begin{pmatrix} z \\ \mathbf{X}_I \\ \mathbf{X}_{II} \end{pmatrix} = \begin{pmatrix} 0 \\ \mathbf{b} \end{pmatrix}$$

Ahora, en toda iteración, sea $\mathbf{X}_B$ la representación de las variables básicas corrientes y **B** su base asociada. Esto significa que $\mathbf{X}_B$ representa m elementos de $\mathbf{X}$, y **B** representa los vectores de $(\mathbf{A}, \mathbf{I})$ asociados con $\mathbf{X}_B$. En forma correspondiente, sea $\mathbf{C}_B$ la representación de los elementos de $\mathbf{C}$ asociados con $\mathbf{X}_B$. Obtenemos así:

$$\mathbf{BX}_B = \mathbf{b} \quad y \quad z = \mathbf{C}_B \mathbf{X}_B$$

En forma equivalente tenemos:

$$\begin{pmatrix} 1 & -\mathbf{C}_B \\ 0 & \mathbf{B} \end{pmatrix} \begin{pmatrix} z \\ \mathbf{X}_B \end{pmatrix} = \begin{pmatrix} 0 \\ \mathbf{b} \end{pmatrix}$$

Ahora podemos resolver los valores corrientes de z y $\mathbf{X}_B$ invirtiendo la matriz subdividida (véase la sección A.2.7), lo que da:

$$\begin{pmatrix} z \\ \mathbf{X}_B \end{pmatrix} = \begin{pmatrix} 1 & \mathbf{C}_B \mathbf{B}^{-1} \\ 0 & \mathbf{B}^{-1} \end{pmatrix} \begin{pmatrix} 0 \\ \mathbf{b} \end{pmatrix} = \begin{pmatrix} \mathbf{C}_B \mathbf{B}^{-1} \mathbf{b} \\ \mathbf{B}^{-1} \mathbf{b} \end{pmatrix}$$

La tabla símplex general correspondiente a $\mathbf{X}_B$ se determina considerando que

$$\begin{pmatrix} 1 & \mathbf{C}_B \mathbf{B}^{-1} \\ 0 & \mathbf{B}^{-1} \end{pmatrix} \begin{pmatrix} 1 & -\mathbf{C}_I & -\mathbf{C}_{II} \\ 0 & \mathbf{A} & \mathbf{I} \end{pmatrix} \begin{pmatrix} z \\ \mathbf{X}_I \\ \mathbf{X}_{II} \end{pmatrix} = \begin{pmatrix} 1 & \mathbf{C}_B \mathbf{B}^{-1} \\ 0 & \mathbf{B}^{-1} \end{pmatrix} \begin{pmatrix} 0 \\ \mathbf{b} \end{pmatrix}$$

Efectuando las operaciones indicadas entre las matrices, logramos la siguiente iteración símplex general, expresada en forma matricial:

Básica	$\mathbf{X}_I$	$\mathbf{X}_{II}$	
z	$\mathbf{C}_B \mathbf{B}^{-1} \mathbf{A} - \mathbf{C}_I$	$\mathbf{C}_B \mathbf{B}^{-1} - \mathbf{C}_{II}$	$\mathbf{C}_B \mathbf{B}^{-1} \mathbf{b}$
$\mathbf{X}_B$	$\mathbf{B}^{-1} \mathbf{A}$	$\mathbf{B}^{-1}$	$\mathbf{B}^{-1} \mathbf{b}$

El lector debería estudiar cuidadosamente la tabla; ésta incluye literalmente todos los detalles de cálculo de cualquiera de las variantes del método símplex. Nótese que la tabla entera en cualquier iteración puede calcularse una vez que se conoce la base $\mathbf{B}$ asociada con $\mathbf{X}_B$ (y, por consiguiente, su inversa $\mathbf{B}^{-1}$). Cada dos elementos de la tabla es función de $\mathbf{B}^{-1}$ y de *los datos originales del problema.*

Como ilustración, consideremos la tabla inicial del método símplex primal con sólo variables de holgura. En este caso, $\mathbf{C}_{II} = 0$. La solución básica inicial se identifica como

$$\mathbf{X}_B = \mathbf{X}_{II}, \quad \mathbf{C}_B = \mathbf{C}_{II} = 0, \quad \mathbf{B} = \mathbf{I}$$

Como $\mathbf{B} = \mathbf{I}$, $\mathbf{B}^{-1} = \mathbf{I}$ y la tabla inicial con sólo variables de holgura se obtiene de la tabla general por sustitución directa:

Básica	$\mathbf{X}_I$	$\mathbf{X}_{II}$	Solución
z	$-\mathbf{C}_I$	0	0
$\mathbf{X}_{II}$	$\mathbf{A}$	$\mathbf{I}$	$\mathbf{b}$

Compare esta tabla con la empleada en el capítulo 3 y observe cuidadosamente el significado de la notación. Se verá entonces que el procedimiento "mecánico" seguido en el capítulo 3 para elaborar la tabla inicial, da exactamente la tabla anterior.

Otro punto por aclarar tiene que ver con el uso de variables artificiales en la sección 3.3.1. Para el método M, $\mathbf{C}_{II} = (-M, -M, \ldots, -M)$ (maximización) y para el método de las dos fases $\mathbf{C}_{II} = (1, 1, \ldots, 1)$. La solución básica inicial se identifica entonces con

$$\mathbf{X}_B = \mathbf{X}_{II}, \quad \mathbf{C}_B = \mathbf{C}_{II}, \quad \mathbf{B} = \mathbf{I}, \quad \mathbf{B}^{-1} = \mathbf{I}$$

4.1] Fundamentos matemáticos 141

La tabla inicial correspondiente se reduce a

Básica	X_I	X_{II}	Solución
z	$C_{II}A - C_I$	0	$C_{II}b$
X_{II}	A	I	b

Esta tabla muestra por qué es necesario, tanto en el método M como en el de las dos fases (sección 3.3.1), llevar a cabo el paso inicial de sustituir los coeficientes objetivo de las variables artificiales bajo X_{II}. Convénzase que lo que hicimos en la sección 3.3.1 es precisamente lo que indica la tabla anterior. Sería ilustrativo para el lector reconstruir los ejercicios numéricos de la sección 3.3.1, utilizando la notación matricial.

Ejercicio 4.1-2

Considere el siguiente programa lineal:

$$\text{maximizar } z = 2x_1 + 3x_2 + 7x_3$$

sujeto a

$$2x_1 + x_2 + 2x_3 = 4$$
$$3x_1 - x_2 - 2x_3 = 1$$
$$x_1, x_2, x_3 \geq 0$$

Sean P_1, P_2, P_3 los vectores de restricción asociados con x_1, x_2, y x_3 y obsérvese que todas las restricciones son ecuaciones, de manera que el problema no tiene una solución inicial con sólo variables de holgura.

(a) ¿Cuántos vectores son necesarios para formar una base?
   [*Resp.*: Dos.]
(b) ¿Pueden P_2 y P_3 formar una base?
   [*Resp.*: No, porque son linealmente dependientes.]
(c) Verificar que P_1 y P_2 formen una base y encuentre su inversa.

$$\left[Resp.: \mathbf{B} = \begin{pmatrix} 2 & 1 \\ 3 & -1 \end{pmatrix}, \mathbf{B}^{-1} = \begin{pmatrix} \frac{1}{5} & \frac{1}{5} \\ \frac{3}{5} & -\frac{2}{5} \end{pmatrix} \right]$$

(d) Identificar X_B, C_B asociados con la base $\mathbf{B}$. También identificar $\mathbf{b}$.
   [*Resp.*: $X_B = (x_1, x_2)^T$, $C_B = (2, 3)$, $\mathbf{b} = (4, 1)^T$.]
(e) ¿Es factible X_B?
   [*Resp.*: Sí, $(x_1, x_2)^T = \mathbf{B}^{-1}\mathbf{b} = (1, 2)$ y $x_3 = 0$ satisfacen todas las restricciones, incluida la no negatividad.]
(f) ¿X_B es óptima?
   [*Resp.*: No, $(C_B\mathbf{B}^{-1}\mathbf{A} - C_I, C_B\mathbf{B}^{-1} - C_{II}) = (0, 0, -1)$ muestra que P_3 debe estar contenido en la base.]
(g) Si P_3 entra en la base, ¿cuál de los dos vectores, P_1 y P_2, debe salir?
   [*Resp.*: $\mathbf{B}^{-1}P_3 = (0, 2)^T$ y $\mathbf{B}^{-1}\mathbf{b} = (1, 2)^T$, por lo que P_2 debe salir, por la condición de factibilidad.]

(h) Identificar la nueva base.

$$\left[Resp.: \mathbf{X}_B = (x_1, x_3)^T, \mathbf{C}_B = (2, 7), \mathbf{B} = \begin{pmatrix} 2 & 2 \\ 3 & -2 \end{pmatrix} \right]$$

En el ejercicio 4.1-2 hemos efectuado una iteración completa del método símplex primal, mediante operaciones con matrices (en vez de las operaciones en renglones de Gauss-Jordan). Observe nuevamente con cuidado, que una vez identificada $\mathbf{B}$ y $\mathbf{B}^{-1}$, cada elemento de la tabla símplex se puede calcular inmediatamente, lo que nos permite comprobar la optimidad y factibilidad de la iteración. En esencia, las iteraciones símplex sucesivas difieren sólo en la base $\mathbf{B}$. Esta observación es la idea principal que fundamenta la creación del **método símplex revisado** como se presenta en la siguiente sección.

4.2 METODO SIMPLEX (PRIMAL) REVISADO

La tabla en la sección 4.1-3 se aplica tanto al método símplex primal como al dual; una vez definidas las variables básicas, se conoce en forma automática la base $\mathbf{B}$, y la tabla entera puede generarse a partir de los datos originales, en la forma estándar y de la matriz inversa $\mathbf{B}^{-1}$. Las reglas específicas del método símplex primal o dual pueden implementarse usando la información contenida en la tabla. Esto significa fundamentalmente que los métodos símplex primal y dual, en forma matricial, difieren sólo en la selección de los vectores entrante y saliente. Aparte de esto, todos los demás cálculos son iguales. Por brevedad, trataremos sólo con el método símplex primal revisado.

En el método símplex revisado (primal o dual), el hecho que las iteraciones símplex difieran sólo en la definición de la base $\mathbf{B}$, sugiere ventajas potenciales de cálculo:

1. En problemas grandes de PL, el utilizar operaciones en renglones de Gauss-Jordan conduce normalmente a errores de redondeo acumulativos, incontrolables, con efectos adversos en los resultados finales. En el método revisado usamos $\mathbf{B}^{-1}$ y los datos *originales* del problema. Así, podemos controlar la precisión de los cálculos controlando sólo el error de redondeo en el cálculo de $\mathbf{B}^{-1}$.

2. La naturaleza de las operaciones con matrices indica que no es necesario calcular todos los elementos de la tabla símplex, lo cual para ciertos tamaños del problema de PL pueden necesitarse menos cálculos.

El método símplex revisado ofrece un procedimiento que es ventajoso desde el punto de vista de la precisión del cálculo (y posiblemente de la cantidad de cálculos) gracias a la manera como calcula la matriz inversa $\mathbf{B}^{-1}$. Sin embargo, queremos enfatizar que el método revisado utiliza los *mismos* pasos que se utilizaron en el capítulo 3.

En esta sección mostramos primero cómo se calculan las matrices sucesivas $\mathbf{B}^{-1}$, en una forma conveniente para controlar el error de redondeo en la computadora. Concluimos la sección con los detalles de cálculo del método símplex revisado.

4.2.1 FORMA DE PRODUCTO PARA LA MATRIZ INVERSA

El método de forma de producto es un procedimiento del álgebra matricial que calcula la inversa de una nueva base, a partir de la inversa de otra base, siempre que las dos bases difieran sólo en un vector columna. El procedimiento se ajusta muy bien para los cálculos del método símplex, ya que las bases sucesivas difieren exactamente en una columna (vector), como resultado del intercambio de los vectores entrante y saliente. En otras palabras, dada la base corriente $\mathbf{B}$, la siguiente base $\mathbf{B}_{sig}$ de la iteración próxima diferirá de $\mathbf{B}$ sólo en una columna. El procedimiento de forma de producto calcula entonces la siguiente inversa, $\mathbf{B}_{sig}^{-1}$ premultiplicando la inversa corriente $\mathbf{B}^{-1}$ por una matriz $\mathbf{E}$ especialmente construida.

Definimos la matriz identidad $\mathbf{I}_m$ como

$$\mathbf{I}_m = (\mathbf{e}_1, \mathbf{e}_2, \ldots, \mathbf{e}_m)$$

donde $\mathbf{e}_i$ es un vector columna unitario con un elemento 1 en el i-ésimo lugar y cero en los demás. Supongamos que están dados $\mathbf{B}$ y $\mathbf{B}^{-1}$, y que el vector $\mathbf{P}_r$ en $\mathbf{B}$ se reemplaza por un nuevo vector $\mathbf{P}_j$ (en términos del método símplex, $\mathbf{P}_j$ y $\mathbf{P}_r$ son los vectores entrante y saliente). Por sencillez, definimos

$$\boldsymbol{\alpha}^j = \mathbf{B}^{-1}\mathbf{P}_j$$

de manera que α_k^j es el k-ésimo elemento de $\boldsymbol{\alpha}^j$. Entonces, la nueva inversa, $\mathbf{B}_{sig}^{-1}$ puede calcularse como sigue:

$$\mathbf{B}_{sig}^{-1} = \mathbf{E}\mathbf{B}^{-1}$$

donde

$$\mathbf{E} = (\mathbf{e}_1, \ldots, \mathbf{e}_{r-1}, \boldsymbol{\xi}, \mathbf{e}_{r+1}, \ldots, \mathbf{e}_m)$$

y

$$\boldsymbol{\xi} = \begin{pmatrix} -\alpha_1^j/\alpha_r^j \\ -\alpha_2^j/\alpha_r^j \\ \vdots \\ +1/\alpha_r^j \\ \vdots \\ -\alpha_m^j/\alpha_r^j \end{pmatrix} \leftarrow \text{lugar } r\text{-ésimo}$$

siempre que $\alpha_r^j \neq 0$. Si $\alpha_r^j = 0$, $\mathbf{B}_{\text{sig}}^{-1}$ no existe.† Nótese que $\mathbf{E}$ se obtiene de $\mathbf{I}_m$ reemplazando su r-ésima columna $\mathbf{e}_r$ por $\boldsymbol{\xi}$.

Para ilustrar el procedimiento consideremos la siguiente información:

$$\mathbf{B} = \begin{pmatrix} 2 & 1 & 0 \\ 0 & 2 & 0 \\ 4 & 0 & 1 \end{pmatrix}, \quad \mathbf{B}^{-1} = \begin{pmatrix} 1/2 & -1/4 & 0 \\ 0 & 1/2 & 0 \\ -2 & 1 & 1 \end{pmatrix}$$

Si por ejemplo, el vector de la tercera columna $\mathbf{P}_3 = (0, 0, 1)^T$ de $\mathbf{B}$ se cambia a $\mathbf{P}_3^* = (2, 1, 5)^T$, podemos encontrar la inversa como sigue:

$$\boldsymbol{\alpha}^3 = \mathbf{B}^{-1}\mathbf{P}_3^* = \begin{pmatrix} 1/2 & -1/4 & 0 \\ 0 & 1/2 & 0 \\ -2 & 1 & 1 \end{pmatrix} \begin{pmatrix} 2 \\ 1 \\ 5 \end{pmatrix} = \begin{pmatrix} 3/4 \\ 1/2 \\ 2 \end{pmatrix} = \begin{pmatrix} \alpha_1^3 \\ \alpha_2^3 \\ \alpha_3^3 \end{pmatrix}$$

$$\boldsymbol{\xi} = \begin{pmatrix} -(3/4)/2 \\ -(1/2)/2 \\ +1/2 \end{pmatrix} = \begin{pmatrix} -3/8 \\ -1/4 \\ 1/2 \end{pmatrix} \leftarrow r = 3$$

$$\mathbf{B}_{\text{sig}}^{-1} = \begin{pmatrix} 1 & 0 & -3/8 \\ 0 & 1 & -1/4 \\ 0 & 0 & 1/2 \end{pmatrix} \begin{pmatrix} 1/2 & -1/4 & 0 \\ 0 & 1/2 & 0 \\ -2 & 1 & 1 \end{pmatrix}$$

$$= \begin{pmatrix} 5/4 & -5/8 & -3/8 \\ 1/2 & 1/4 & -1/4 \\ -1 & 1/2 & 1/2 \end{pmatrix}$$

Ejercicio 4.2-1

(a) Encontrar $\mathbf{B}^{-1}$ para cada una de las siguientes matrices usando el procedimiento de la forma de producto.

$$\mathbf{B}_1 = \begin{pmatrix} 1 & 2 \\ 0 & 4 \end{pmatrix}, \quad \mathbf{B}_2 = \begin{pmatrix} 1 & 2 \\ 1 & 4 \end{pmatrix}$$

Nótese que $\mathbf{B}_1$ y $\mathbf{B}_2$ sólo difieren en una columna de $\mathbf{I}$ y $\mathbf{B}_1$, respectivamente.

$$\left[Resp.: \mathbf{B}_1^{-1} = \mathbf{E}_1 \mathbf{I} = \begin{pmatrix} 1 & -1/2 \\ 0 & 1/4 \end{pmatrix}, \mathbf{B}_2^{-1} = \mathbf{E}_2 \mathbf{B}_1^{-1} = \begin{pmatrix} 2 & -1 \\ -1/2 & 1/2 \end{pmatrix} \right]$$

---

† La fórmula $\mathbf{B}_{\text{sig}}^{-1} = \mathbf{E}\mathbf{B}^{-1}$ se puede justificar como sigue. Defina $\mathbf{F} = (\mathbf{e}_1, \ldots, \mathbf{e}_{r-1}, \boldsymbol{\alpha}^j, \mathbf{e}_{r+1}, \ldots, \mathbf{e}_m)$, donde $\boldsymbol{\alpha}^j = \mathbf{B}^{-1}\mathbf{P}_j$. Donde la base corriente $\mathbf{B}$ se multiplica posteriormente por $\mathbf{F}$, cuyo resultado será la siguiente base $\mathbf{B}_{\text{sig}}$; o sea, $\mathbf{B}_{\text{sig}} = \mathbf{B}\mathbf{F}$. $\mathbf{B}_{\text{sig}}$ es idéntica a $\mathbf{B}$, excepto que la columna r-ésima de $\mathbf{B}$ la reemplaza $\mathbf{P}_j$. Así

$$\mathbf{B}_{\text{sig}}^{-1} = (\mathbf{B}\mathbf{F})^{-1} = \mathbf{F}^{-1}\mathbf{B}^{-1}$$

Sin embargo, tal como se define $\mathbf{E}$ no es sino la inversa de $\mathbf{F}$ ($\mathbf{E}\mathbf{F} = \mathbf{I}$). La fórmula se infiere directamente.

(b) Si la primera columna de $\mathbf{B}_2$ es $(-1/2, -1)^T$, encuentre $\mathbf{B}_2^{-1}$!
[*Resp.*: $\mathbf{B}_2^{-1}$ no existe porque $\alpha_1^1 = 0$. Observe la dependencia entre los vectores en la nueva $\mathbf{B}_2$.]

4.2.2 PASOS DEL METODO SIMPLEX PRIMAL REVISADO

La principal idea del método revisado es utilizar la inversa con la base corriente, $\mathbf{B}^{-1}$, (y los datos originales del problema) para llevar a cabo los cálculos necesarios para determinar las variables entrante y saliente. Utilizar la *forma de producto* es muy conveniente, ya que permite calcular las inversas sucesivas sin tener que invertir las bases a partir de los datos en forma directa. Específicamente, tal como en el método símplex, la base inicial en el método revisado es siempre una matriz identidad $\mathbf{I}$ cuya inversa es ella misma. Así, si $\mathbf{B}_1^{-1}$, $\mathbf{B}_2^{-1}$, ..., y $\mathbf{B}_i^{-1}$, representan las inversas sucesivas hasta la iteración i, y si $\mathbf{E}_1$, $\mathbf{E}_2$, ..., $\mathbf{E}_i$ son sus matrices asociadas, como se definieron en la sección 4.2.1, entonces

$$\mathbf{B}_1^{-1} = \mathbf{E}_1 \mathbf{I}, \quad \mathbf{B}_2^{-1} = \mathbf{E}_2 \mathbf{B}_1^{-1}, \ldots, \quad \mathbf{B}_i^{-1} = \mathbf{E}_i \mathbf{B}_{i-1}^{-1}$$

La sustitución sucesiva da:

$$\mathbf{B}_i^{-1} = \mathbf{E}_i \mathbf{E}_{i-1} \cdots \mathbf{E}_1$$

Queremos enfatizar que el uso de la *forma de producto* no es una parte fundamental del método revisado y que cualquier proceso de inversión se puede emplear en cada iteración. Lo que es importante, desde el punto de vista del método revisado, es que la inversa se calcule en forma tal que se reduzca el efecto adverso del error de redondeo en la computadora.

Los pasos del método primal revisado son, principalmente, los del método símplex primal del capítulo 3. Dada la base inicial $\mathbf{I}$, determinamos su vector $\mathbf{C}_B$ de coeficientes objetivo asociados, dependiendo de si las variables básicas iniciales son de holgura (o de exceso) y/o artificiales.

Paso 1: Determinación del vector entrante $\mathbf{P}_j$. Calcular $\mathbf{Y} = \mathbf{C}_B \mathbf{B}^{-1}$. Para cada vector no básico $\mathbf{P}_j$, calcular

$$z_j - c_j = \mathbf{Y}\mathbf{P}_j - c_j$$

En programas de maximización (minimización), se selecciona el vector entrante $\mathbf{P}_j$ con el $z_j - c_j$ más negativo (positivo) (rómpase el empate en forma arbitraria). Entonces, si *todos* los $z_j - c_j \geq 0$ (≤ 0), se tendrá la solución óptima que está dada por

$$\mathbf{X}_B = \mathbf{B}^{-1}\mathbf{b} \quad \text{y} \quad z = \mathbf{C}_B \mathbf{X}_B$$

De otra manera,

Paso 2: Determinación del vector saliente $\mathbf{P}_r$. Dado el vector entrante $\mathbf{P}_j$, calcular:

1. Los valores de las variables básicas actuales, esto es

$$\mathbf{X}_B = \mathbf{B}^{-1}\mathbf{b}$$

2. Los coeficientes de restricción de las variables entrantes, esto es

$$\boldsymbol{\alpha}^j = \mathbf{B}^{-1}\mathbf{P}_j$$

El vector saliente $\mathbf{P}_r$ (para maximización y minimización) debe estar asociado con

$$\theta = \min_k \left\{ \frac{(\mathbf{B}^{-1}\mathbf{b})_k}{\alpha_k^j},\ \alpha_k^j > 0 \right\}$$

donde $(\mathbf{B}^{-1}\mathbf{b})_k$ y α_k^j son los elementos k-ésimos de $\mathbf{B}^{-1}\mathbf{b}$ y $\boldsymbol{\alpha}^j$. Si todos los $\alpha_k^j \leq 0$, el problema no tiene solución acotada.

Paso 3: Determinación de la base siguiente. Dada la base inversa corriente $\mathbf{B}^{-1}$, encontramos que la base inversa siguiente $\mathbf{B}_{\text{sig}}^{-1}$ está dada por

$$\mathbf{B}_{\text{sig}}^{-1} = \mathbf{E}\mathbf{B}^-$$

Hágase ahora $\mathbf{B}^{-1} = \mathbf{B}_{\text{sig}}^{-1}$ y regrese al paso 1.

Los pasos 1 y 2 son exactamente equivalentes a los de la tabla símplex en el capítulo 3, como se muestra en la tabla siguiente:

Básica	x_1	x_2	...	x_j	...	x_n	Solución
z	$z_1 - c_1$	$z_2 - c_2$	...	$z_j - c_j$	...	$z_n - c_n$	
$\mathbf{X}_B$				$\mathbf{B}^{-1}\mathbf{P}_j$			$\mathbf{B}^{-1}\mathbf{b}$

El paso 1 calcula los coeficientes del renglón z y determina la variable entrante x_j. El paso 2 determina la variable saliente, calculando los elementos del segundo miembro ($=\mathbf{B}^{-1}\mathbf{b}$) y los coeficientes de restricción bajo la variable entrante ($=\boldsymbol{\alpha}^j = \mathbf{B}^{-1}\mathbf{P}_j$).

Observe que para efectuar los cálculos del método símplex revisado, ayudará inicialmente el resumir los cálculos de los pasos 1 y 2 en la forma tabular mostrada.

Ejemplo 4.2-1

Resolveremos el modelo Reddy Mikks empleando el método revisado. El mismo ejemplo se resolvió con el método regular (primal) en la sección 3.2. Se aconseja al lector comparar los cálculos de ambos métodos para que se convenza que son básicamente equivalentes.

4.2] Método símplex primal

El modelo Reddy Mikks (en forma estándar) se resume aquí. Por conveniencia, utilizamos x_1 y x_2 en vez de x_E y x_I. Las holguras se representan con x_3, x_4, x_5 y x_6.

$$\text{maximizar } z = 3x_1 + 2x_2$$

sujeto a

$$\begin{aligned}
x_1 + 2x_2 + x_3 &= 6 \\
2x_1 + x_2 + x_4 &= 8 \\
-x_1 + x_2 + x_5 &= 1 \\
x_2 + x_6 &= 2 \\
x_1, x_2, \ldots, x_6 &\geq 0
\end{aligned}$$

Solución inicial

$$\begin{aligned}
\mathbf{X}_B &= (x_3, x_4, x_5, x_6)^T \\
\mathbf{C}_B &= (0, 0, 0, 0) \\
\mathbf{B} &= (\mathbf{P}_3, \mathbf{P}_4, \mathbf{P}_5, \mathbf{P}_6) = \mathbf{I} \\
\mathbf{B}^{-1} &= \mathbf{I}
\end{aligned}$$

Primera iteración

Paso 1: Cálculo de $z_j - c_j$ para los vectores no básicos $\mathbf{P}_1$ y $\mathbf{P}_2$.

$$\mathbf{Y} = \mathbf{C}_B \mathbf{B}^{-1} = (0, 0, 0, 0)\mathbf{I} = (0, 0, 0, 0)$$

$$(z_1 - c_1, z_2 - c_2) = \mathbf{Y}(\mathbf{P}_1, \mathbf{P}_2) - (c_1, c_2)$$

$$= (0, 0, 0, 0)\begin{pmatrix} 1 & 2 \\ 2 & 1 \\ -1 & 1 \\ 0 & 1 \end{pmatrix} - (3, 2)$$

$$= (-3, -2)$$

En términos de la tabla símplex del capítulo 3, los cálculos se representan como

Básica	x_1	x_2	x_3	x_4	x_5	x_6	Solución
z	-3	-2	0	0	0	0	0

(Obsérvese que $z_j - c_j$ automáticamente son igual a cero para todas las variables básicas.) Así, $\mathbf{P}_1$ es el vector entrante.

Paso 2: Determinación del vector saliente considerando que $\mathbf{P}_1$ entra en la base.

$$\mathbf{X}_B = \mathbf{B}^{-1}\mathbf{b} = \mathbf{Ib} = \mathbf{b} = \begin{pmatrix} 6 \\ 8 \\ 1 \\ 2 \end{pmatrix}$$

$$\boldsymbol{\alpha}^1 = \mathbf{B}^{-1}\mathbf{P}_1 = \mathbf{IP}_1 = \mathbf{P}_1 = \begin{pmatrix} 1 \\ 2 \\ -1 \\ 0 \end{pmatrix}$$

En términos de la tabla del capítulo 3, los cálculos para los pasos 1 y 2 se pueden resumir de la siguiente manera:

Básica	x_1	x_2	x_3	x_4	x_5	x_6	Solución
z	-3	-2	0	0	0	0	0
x_3	1						6
x_4	2						8
x_5	-1						1
x_6	0						2

Así,

$$\theta = \text{mín}\{6/1, 8/2, -, -,\} = 4, \text{ correspondiente a } x_4$$

En consecuencia, $\mathbf{P}_4$ es el vector saliente.

Paso 3: Determinación de la base inversa siguiente. Como $\mathbf{P}_1$ reemplaza a $\mathbf{P}_4$ y $\boldsymbol{\alpha}^1 = (1, 2, -1, 0)^T$, tenemos

$$\boldsymbol{\xi} = \begin{pmatrix} -1/2 \\ +1/2 \\ -(-1/2) \\ 0/2 \end{pmatrix} = \begin{pmatrix} -1/2 \\ 1/2 \\ 1/2 \\ 0 \end{pmatrix}$$

y

$$\mathbf{B}_{\text{sig}}^{-1} = \mathbf{EB}^{-1} = \mathbf{EI} = \mathbf{E} = \begin{pmatrix} 1 & -1/2 & 0 & 0 \\ 0 & 1/2 & 0 & 0 \\ 0 & 1/2 & 1 & 0 \\ 0 & 0 & 0 & 1 \end{pmatrix}$$

La nueva base está asociada con el vector básico

$$\mathbf{X}_B = (x_3, x_1, x_5, x_6)$$
$$\mathbf{C}_B = (0, 3, 0, 0)$$

Segunda iteración

Paso 1: Cálculo de $z_j - c_j$ para los vectores no básicos $\mathbf{P}_2$ y $\mathbf{P}_4$.

$$\mathbf{C}_B \mathbf{B}^{-1} = (0, 3, 0, 0) \begin{pmatrix} 1 & -1/2 & 0 & 0 \\ 0 & 1/2 & 0 & 0 \\ 0 & 1/2 & 1 & 0 \\ 0 & 0 & 0 & 1 \end{pmatrix} = (0, 3/2, 0, 0)$$

$$(z_2 - c_2, z_4 - c_4) = (0, 3/2, 0, 0) \begin{pmatrix} 2 & 0 \\ 1 & 1 \\ 1 & 0 \\ 1 & 0 \end{pmatrix} - (2, 0) = (-1/2, 3/2)$$

Así, $\mathbf{P}_2$ es el vector entrante.

Paso 2: Determinación del vector saliente, considerando que $\mathbf{P}_2$ entra en la base.

$$\mathbf{X}_B = \mathbf{B}^{-1} \mathbf{b} = \begin{pmatrix} 1 & -1/2 & 0 & 0 \\ 0 & 1/2 & 0 & 0 \\ 0 & 1/2 & 1 & 0 \\ 0 & 0 & 0 & 1 \end{pmatrix} \begin{pmatrix} 6 \\ 8 \\ 1 \\ 2 \end{pmatrix} = \begin{pmatrix} 2 \\ 4 \\ 5 \\ 2 \end{pmatrix}$$

$$\boldsymbol{\alpha}^2 = \mathbf{B}^{-1} \mathbf{P}_2 = \begin{pmatrix} 1 & -1/2 & 0 & 0 \\ 0 & 1/2 & 0 & 0 \\ 0 & 1/2 & 1 & 0 \\ 0 & 0 & 0 & 1 \end{pmatrix} \begin{pmatrix} 2 \\ 1 \\ 1 \\ 1 \end{pmatrix} = \begin{pmatrix} 3/2 \\ 1/2 \\ 3/2 \\ 1 \end{pmatrix}$$

Los cálculos de los pasos 1 y 2 se pueden resumir en forma tabular como sigue:

Básica	x_1	x_2	x_3	x_4	x_5	x_6	Solución
z	0	$-1/2$	0	$3/2$	0	0	
x_3		$3/2$					2
x_1		$1/2$					4
x_5		$3/2$					5
x_6		1					2

Así,

$$\theta = \min \left\{ \frac{2}{3/2}, \frac{4}{1/2}, \frac{5}{3/2}, \frac{2}{1} \right\} = 4/3$$

correspondiente a x_3. En consecuencia, $\mathbf{P}_3$ es el vector saliente.

Paso 3: Determinación de la base inversa siguiente. Como $\mathbf{P}_2$ reemplaza a $\mathbf{P}_3$ y $\alpha^2 = (3/2, 1/2, 3/2, 1)^T$, tenemos

$$\xi = \begin{pmatrix} +1/(3/2) \\ -(1/2)/(3/2) \\ -(3/2)/(3/2) \\ -1/(3/2) \end{pmatrix} = \begin{pmatrix} 2/3 \\ -1/3 \\ -1 \\ -2/3 \end{pmatrix}$$

$$\mathbf{B}_{\text{sig}}^{-1} = \begin{pmatrix} 2/3 & 0 & 0 & 0 \\ -1/3 & 1 & 0 & 0 \\ -1 & 0 & 1 & 0 \\ -2/3 & 0 & 0 & 1 \end{pmatrix} \begin{pmatrix} 1 & -1/2 & 0 & 0 \\ 0 & 1/2 & 0 & 0 \\ 0 & 1/2 & 1 & 0 \\ 0 & 0 & 0 & 1 \end{pmatrix}$$

$$= \begin{pmatrix} 2/3 & -1/3 & 0 & 0 \\ -1/3 & 2/3 & 0 & 0 \\ -1 & 1 & 1 & 0 \\ -2/3 & 1/3 & 0 & 1 \end{pmatrix}$$

La nueva base está asociada con el vector básico

$$\mathbf{X}_B = (x_2, x_1, x_5, x_6)$$
$$\mathbf{C}_B = (2, 3, 0, 0)$$

Tercera iteración

Paso 1: Cálculo de $z_j - c_j$ para $\mathbf{P}_3$ y $\mathbf{P}_4$.

$$\mathbf{C}_B \mathbf{B}^{-1} = (2, 3, 0, 0) \begin{pmatrix} 2/3 & -1/3 & 0 & 0 \\ -1/3 & 2/3 & 0 & 0 \\ -1 & 1 & 1 & 0 \\ -2/3 & 1/3 & 0 & 1 \end{pmatrix} = (1/3, 4/3, 0, 0)$$

$$(z_3 - c_3, z_4 - c_4) = (1/3, 4/3, 0, 0) \begin{pmatrix} 1 & 0 \\ 0 & 1 \\ 0 & 0 \\ 0 & 0 \end{pmatrix} - (0, 0) = (1/3, 4/3)$$

Como todas las $z_j - c_j \geq 0$, la última base es óptima.

Solución óptima

$$\begin{pmatrix} x_2 \\ x_1 \\ x_5 \\ x_6 \end{pmatrix} = \mathbf{B}^{-1}\mathbf{b} = \begin{pmatrix} 2/3 & -1/3 & 0 & 0 \\ -1/3 & 2/3 & 0 & 0 \\ -1 & 1 & 1 & 0 \\ -2/3 & 1/3 & 0 & 1 \end{pmatrix} \begin{pmatrix} 6 \\ 8 \\ 1 \\ 2 \end{pmatrix} = \begin{pmatrix} 4/3 \\ 10/3 \\ 3 \\ 2/3 \end{pmatrix}$$

$$z = \mathbf{C}_B \mathbf{X}_B = (2, 3, 0, 0) \begin{pmatrix} 4/3 \\ 10/3 \\ 3 \\ 2/3 \end{pmatrix} = 38/3$$

Ejercicio 4.2-2

(a) En el ejemplo 4.2-1 considere la base $\mathbf{B}_* = (\mathbf{P}_2, \mathbf{P}_1, \mathbf{P}_5, \mathbf{P}_4)$. Generar $\mathbf{B}_*^{-1}$ de la base óptima $(\mathbf{P}_2, \mathbf{P}_1, \mathbf{P}_5, \mathbf{P}_6)$ y comprobar si es factible y/u óptima.
[*Resp.*: $\mathbf{B}_*$ es factible y no óptima. $(x_2, x_1, x_5, x_4) = (2, 2, 1, 2)$, $z_3 - c_3 = 3$, y $z_6 - c_6 = -4$.]

(b) Muestre cómo pueden efectuarse los cálculos símplex *dual* por medio de operaciones matriciales (en vez de las operaciones de renglones de Gauss-Jordan, tal como se indicaron en la sección 3.4).
[*Resp.*: La base inicial es igual a **I**. Los pasos en cada iteración son como sigue:

Paso 1: Calcular $\mathbf{X}_B = \mathbf{B}^{-1}\mathbf{b}$, que son los valores corrientes de las variables básicas. Si $\mathbf{X}_B \geq 0$, la solución es factible; deténgase. De otra manera, seleccione la variable saliente x_r como la que tiene el valor más negativo de entre todos los elementos de $\mathbf{X}_B$.

Paso 2:
(a) Calcule $z_j - c_j = \mathbf{C}_B \mathbf{B}^{-1} \mathbf{P}_j - c_j$ para todas las variables no básicas x_j.
(b) Para todas las variables no básicas x_j, calcule los coeficientes de restricción α_r^j asociados con el renglón de la variable saliente x_r por medio de la fórmula

$$\alpha_r^j = (\text{renglón de } \mathbf{B}^{-1} \text{ asociado con } x_r) \times \mathbf{P}_j$$

(c) La variable entrante está asociada con

$$\theta = \min_j \left\{ \left| \frac{z_j - c_j}{\alpha_r^j} \right|, \alpha_r^j < 0 \right\}$$

(Si todas las $\alpha_r^j \geq 0$, no existe una solución factible.)

Paso 3: Determine la nueva base por intercambio de los vectores entrante y saliente $\mathbf{P}_j$ y $\mathbf{P}_r$, usando la fórmula

$$\mathbf{B}_{\text{sig}}^{-1} = \mathbf{E}\mathbf{B}^{-1}$$

Hágase $\mathbf{B}^{-1} = \mathbf{B}_{\text{sig}}^{-1}$ y vuelva al paso 1.
(Véase una aplicación de este procedimiento en el ejemplo 5.6-2.)

4.3 RESUMEN

En el método símplex revisado, los cálculos en cada iteración se determinan a partir de la inversa corriente $\mathbf{B}^{-1}$ y de los datos originales del problema. Así, el efecto adverso del error de redondeo en la computadora, puede minimizarse controlando el error de redondeo al calcular $\mathbf{B}^{-1}$. Además, el algoritmo revisado puede necesitar de menos cálculos que en el algoritmo de la tabla regular, dependiendo de la relación entre el número de restricciones y de variables. Aparte de esto, debemos recordar que el método revisado utiliza los mismos pasos exactos que los usados en el algoritmo de la tabla regular.

BIBLIOGRAFIA

BAZARAA, M., J. JARVIS y H. SHERALI, *Linear Programming and Network Flows,* Wiley, Nueva York, 1990.

DANTZIG, G., *Linear Programming and Extensions,* Princeton University Press, Princeton, N.J., 1963.

MURTY, K., *Linear Programming,* Wiley, Nueva York, 1983.

PROBLEMAS

Sección	Problemas asignados
4.1.1	4-1, 4-2
4.1.2	4-3 a 4-10
4.1.3	4-11 a 4-16
4.2.1	4-17 a 4-19
4.2.2	4-20 a 4-33

☐ **4-1** Exprese el siguiente programa en la forma estándar, que sea conveniente para aplicar la versión matricial del método símplex primal. Identifique **A**, **C**, **b** y **X** en cada problema.

(a) Minimizar $z = 2x_1 + 5x_2$
sujeto a
$$3x_1 + 2x_2 \leq 5$$
$$4x_1 - x_2 \geq 2$$
$$x_1, x_2 \geq 0$$

(b) Maximizar $z = 6x_1 + 2x_2 + 3x_3$
sujeto a
$$5x_1 + 2x_2 + 4x_3 = 20$$
$$3x_1 - x_2 + 2x_3 \leq 15$$
$$x_1, x_2, x_3 \geq 0$$

(c) Maximizar $z = 3x_1 + 2x_2 + 5x_3$
sujeto a
$$7x_1 + 3x_2 - x_3 \leq 15$$
$$2x_1 - 2x_2 + 3x_3 \leq 20$$
$$x_1 + x_2 + x_3 \leq 5$$
$$x_1, x_2, x_3 \geq 0$$

Problemas

☐ **4-2** Convierta a la forma estándar, para aplicar el método símplex dual revisado a la parte (a) del problema 4-1.

☐ **4-3** Muestre gráficamente si cada una de las siguientes matrices forma una base.

$$B_1 = \begin{pmatrix} 1 & 2 \\ 2 & 3 \end{pmatrix}, \quad B_2 = \begin{pmatrix} 1 & 2 \\ 2 & 1 \end{pmatrix}$$

$$B_3 = \begin{pmatrix} 2 & -4 \\ -1 & 2 \end{pmatrix}, \quad B_4 = \begin{pmatrix} 1 & 5 \\ 2 & 10 \end{pmatrix}$$

☐ **4-4** Resuelva el problema 4-3 en forma algebraica.

☐ **4-5** Explique gráficamente si los siguientes sistemas de ecuaciones tienen una solución única, ninguna solución o un número infinito de soluciones. Para las soluciones únicas, indique si los valores x_1 y x_2 son positivos, cero o negativos.

(a) $\begin{pmatrix} 5 & 4 \\ 1 & -3 \end{pmatrix}\begin{pmatrix} x_1 \\ x_2 \end{pmatrix} = \begin{pmatrix} 1 \\ 1 \end{pmatrix}$
(b) $\begin{pmatrix} 2 & -2 \\ 1 & 3 \end{pmatrix}\begin{pmatrix} x_1 \\ x_2 \end{pmatrix} = \begin{pmatrix} 1 \\ 3 \end{pmatrix}$

(c) $\begin{pmatrix} 2 & 4 \\ 1 & 3 \end{pmatrix}\begin{pmatrix} x_1 \\ x_2 \end{pmatrix} = \begin{pmatrix} -2 \\ -1 \end{pmatrix}$
(d) $\begin{pmatrix} 2 & 4 \\ 1 & 2 \end{pmatrix}\begin{pmatrix} x_1 \\ x_2 \end{pmatrix} = \begin{pmatrix} 6 \\ 3 \end{pmatrix}$

(e) $\begin{pmatrix} -2 & 4 \\ 1 & -2 \end{pmatrix}\begin{pmatrix} x_1 \\ x_2 \end{pmatrix} = \begin{pmatrix} 2 \\ 1 \end{pmatrix}$
(f) $\begin{pmatrix} 1 & -2 \\ 0 & 0 \end{pmatrix}\begin{pmatrix} x_1 \\ x_2 \end{pmatrix} = \begin{pmatrix} 1 \\ 1 \end{pmatrix}$

☐ **4-6** Considere el sistema de ecuaciones

$$\mathbf{P}_1 x_1 + \mathbf{P}_2 x_2 + \mathbf{P}_3 x_3 + \mathbf{P}_4 x_4 = \mathbf{b}$$

donde

$$\mathbf{P}_1 = \begin{pmatrix} 1 \\ 2 \\ 3 \end{pmatrix}, \quad \mathbf{P}_2 = \begin{pmatrix} 0 \\ 2 \\ 1 \end{pmatrix}, \quad \mathbf{P}_3 = \begin{pmatrix} 1 \\ 4 \\ 2 \end{pmatrix}, \quad \mathbf{P}_4 = \begin{pmatrix} 2 \\ 0 \\ 0 \end{pmatrix}, \quad \mathbf{b} = \begin{pmatrix} 3 \\ 4 \\ 2 \end{pmatrix}$$

Indique si las siguientes combinaciones de vectores forman una base.
  (a) $(\mathbf{P}_1, \mathbf{P}_2, \mathbf{P}_3)$
  (b) $(\mathbf{P}_1, \mathbf{P}_2, \mathbf{P}_4)$
  (c) $(\mathbf{P}_2, \mathbf{P}_3, \mathbf{P}_4)$

☐ **4-7** Considere el siguiente programa lineal:

$$\text{maximizar } c_1 x_1 + c_2 x_2 + c_3 x_3 + c_4 x_4$$

sujeto a

$$\mathbf{P}_1 x_1 + \mathbf{P}_2 x_2 + \mathbf{P}_3 x_3 + \mathbf{P}_4 x_4 = \mathbf{b}$$

todas las $x \geq 0$

Los vectores $\mathbf{P}_1$, $\mathbf{P}_2$, $\mathbf{P}_3$ y $\mathbf{P}_4$ se muestran en la figura 4-3. Suponga que la base asociada con la iteración corriente está dada por

$$\mathbf{B} = (\mathbf{P}_1, \mathbf{P}_2)$$

(a) Si el vector $\mathbf{P}_3$ entra en la base, ¿cuál de los dos vectores básicos corrientes debe salir para que la solución básica resultante sea factible?
(b) ¿El vector $\mathbf{P}_4$ puede ser parte de una base factible?

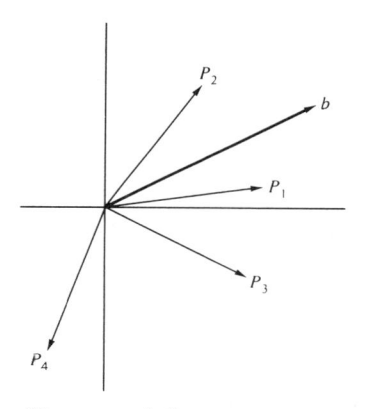

Figura 4-3

□ **4-8** Considere el siguiente sistema de ecuaciones lineales donde todas las $x_j \geq 0$.

$$\begin{pmatrix} 2 & 3 & 1 & 0 \\ 1 & 2 & 0 & 1 \end{pmatrix} \begin{pmatrix} x_1 \\ x_2 \\ x_3 \\ x_4 \end{pmatrix} = \begin{pmatrix} 6 \\ 4 \end{pmatrix}$$

Determine todos sus puntos extremos *factibles* evaluando todas sus soluciones básicas factibles. ¿Cuál es la relación entre los números de soluciones básicas y puntos extremos?

□ **4-9** En el siguiente sistema de ecuaciones lineales, determine todos los puntos extremos factibles y sus soluciones básicas correspondientes.

$$\begin{aligned} 3x_1 + 6x_2 + 5x_3 + x_4 &= 12 \\ 2x_1 + 4x_2 + x_3 + 2x_5 &= 8 \\ x_1, x_2, x_3, x_4, x_5 &\geq 0 \end{aligned}$$

☐ **4-10** Considere un problema de programación lineal donde la variable x_k es irrestricta en signo. Demuestre que reemplazando x_k por $x'_k - x''_k$, donde x'_k y x''_k son variables no negativas, nunca es posible, en cualquiera de las iteraciones símplex (incluyendo la óptima), tener a x'_k junto con x''_k como variables *básicas,* ni es posible que esas dos variables se reemplacen entre sí en una solución óptima *alternativa.*

☐ **4-11** Considere el siguiente problema lineal expresado en forma estándar:

$$\text{maximizar } z = 3x_1 + 2x_2 + 5x_3$$

sujeto a

$$\begin{aligned} x_1 + 2x_2 + x_3 + x_4 &= 30 \\ 3x_1 \quad\quad + 2x_3 \quad\quad + x_5 &= 60 \\ x_1 + 4x_2 \quad\quad\quad\quad\quad\quad + x_6 &= 20 \end{aligned}$$

$$x_1, x_2, \ldots, x_6 \geq 0$$

Las matrices que siguen representan las inversas y sus variables básicas correspondientes asociadas con diferentes iteraciones símplex del problema. Determine las *restricciones* asociadas de cada iteración y determine las variables básicas correspondientes y sus valores.

(a) (x_4, x_3, x_6); $\begin{pmatrix} 1 & -1/2 & 0 \\ 0 & 1/2 & 0 \\ 0 & 0 & 1 \end{pmatrix}$

(b) (x_2, x_3, x_1); $\begin{pmatrix} 1/4 & -1/8 & 1/8 \\ 3/2 & -1/4 & -3/4 \\ -1 & 1/2 & 1/2 \end{pmatrix}$

(c) (x_2, x_3, x_6); $\begin{pmatrix} 1/2 & -1/4 & 0 \\ 0 & 1/2 & 0 \\ -2 & 1 & 1 \end{pmatrix}$

☐ **4-12** En el problema 4-11, suponga que la función objetivo es

$$\text{maximizar } z = 3x_1 + 2x_2 + 5x_3 - x_4 + 4x_5$$

Determine si las bases en las partes (a), (b) y (c) son óptimas o no.

☐ **4-13** Considere el siguiente programa lineal expresado en la forma estándar:

$$\text{maximizar } z = 4x_1 + 14x_2 - 2x_3$$

sujeto a

$$2x_1 + 7x_2 + x_3 = 21$$
$$7x_1 + 2x_2 + x_4 = 21$$
$$x_1, x_2, x_3, x_4 \geq 0$$

Cada uno de los casos que siguen, ofrece una matriz inversa y sus variables básicas correspondientes para el modelo de PL dado. Determine si cada solución básica es o no factible (y/o óptima).

(a) $(x_2, x_4); \begin{pmatrix} 1/7 & 0 \\ -2/7 & 1 \end{pmatrix}$

(b) $(x_2, x_3); \begin{pmatrix} 0 & 1/2 \\ 1 & -7/2 \end{pmatrix}$

(c) $(x_2, x_1); \begin{pmatrix} 7/45 & -2/45 \\ -2/45 & 7/45 \end{pmatrix}$

(d) $(x_1, x_4); \begin{pmatrix} 1/2 & 0 \\ -7/2 & 1 \end{pmatrix}$

☐ 4-14 Considere el programa lineal que sigue, expresado en la forma estándar:

$$\text{minimizar } z = 2x_1 + x_2$$

sujeto a

$$3x_1 + x_2 - x_3 = 3$$
$$4x_1 + 3x_2 - x_4 = 6$$
$$x_1 + 2x_2 + x_5 = 3$$
$$x_1, x_2, x_3, x_4, x_5 \geq 0$$

(a) Obtenga toda la tabla símplex asociada con la siguiente matriz inversa.

$$\text{variables básicas} = (x_1, x_2, x_5); \quad \text{inversa} = \begin{pmatrix} 3/5 & -1/5 & 0 \\ -4/5 & 3/5 & 0 \\ 1 & -1 & 1 \end{pmatrix}$$

(b) Determine si la iteración del inciso (a) es óptima y factible.

☐ 4-15 Considere el programa lineal siguiente expresado en la forma estándar:

$$\text{maximizar } z = 5x_1 + 12x_2 + 4x_3$$

sujeto a

$$x_1 + 2x_2 + x_3 + x_4 = 10$$
$$2x_1 - x_2 + 3x_3 = 2$$
$$x_1, x_2, x_3, x_4 \geq 0$$

Cada una de las inversas siguientes está asociada con una solución *básica factible* y sólo una de ellas representa la solución óptima. Demuestre cómo se puede identificar la solución óptima.

(a) (x_4, x_3); $\begin{pmatrix} 1 & -1/3 \\ 0 & 1/3 \end{pmatrix}$

(b) (x_2, x_1); $\begin{pmatrix} 2/5 & -1/5 \\ 1/5 & 2/5 \end{pmatrix}$

(c) (x_2, x_3); $\begin{pmatrix} 3/7 & -1/7 \\ 1/7 & 2/7 \end{pmatrix}$

☐ 4-16 La tabla óptima final de un problema de programación lineal en maximización con tres restricciones del tipo ($\leq$) y dos incógnitas (x_1, x_2) es

Básica	x_1	x_2	s_1	s_2	s_3	Solución
z	0	0	0	3	2	?
s_1	0	0	1	1	-1	2
x_2	0	1	0	1	0	6
x_1	1	0	0	-1	1	2

Las variables s_1, s_2 y s_3 son todas variables de holgura. Encuentre el valor asociado de la función objetivo z.

☐ 4-17 La matriz **A** y su inversa $\mathbf{A}^{-1}$ están dadas por:

$$\mathbf{A} = \begin{pmatrix} 2 & 1 & 0 \\ 0 & 2 & 0 \\ 4 & 0 & 1 \end{pmatrix}, \quad \mathbf{A}^{-1} = \begin{pmatrix} 1/2 & -1/4 & 0 \\ 0 & 1/2 & 0 \\ -2 & 1 & 1 \end{pmatrix}$$

Si la segunda y tercera columna de **A** se reemplazan por $(5, -1, 4)^T$ y $(1, 2, 1)^T$, encuentre la nueva inversa usando la forma de producto presentada en la sección 4.2.1.

☐ 4-18 En el problema 4-17, suponga que la tercera columna de **A** se reemplaza por la suma de las dos primeras columnas. Este cambio hará a **A** singular. Demuestre cómo el método de la forma de producto revela que la nueva matriz es singular.

158 Programación lineal: método símplex revisado [C.4]

☐ **4-19** Invierta cada una de las siguientes matrices usando la forma de producto:

(a) $\begin{pmatrix} 1 & 0 & 1 \\ 0 & 2 & 0 \\ 1 & 2 & 3 \end{pmatrix}$ (b) $\begin{pmatrix} 1 & 0 & 3 \\ 4 & 1 & 2 \\ 1 & 3 & 0 \end{pmatrix}$

☐ **4-20** Dado el problema general de programación lineal con m ecuaciones y $(m + n)$ incógnitas, ¿cuál es el número máximo de puntos extremos *adyacentes* que pueden alcanzarse desde un punto extremo no degenerado del conjunto convexo correspondiente?

☐ **4-21** Aplicando la condición de factibilidad del método símplex, suponga que $x_r = 0$ es una variable básica y x_j es la variable entrante. ¿Por qué es necesario tener $(\mathbf{B}^{-1}\mathbf{P}_j)_r > 0$ para que x_r sea la variable saliente? ¿Cuál es el error que resulta si $(\mathbf{B}^{-1}\mathbf{P}_j)_r \leq 0$?

☐ **4-22** Al aplicar la condición de factibilidad del método símplex, ¿cuáles son las condiciones para que una solución degenerada aparezca por primera vez en la siguiente iteración? ¿Para continuar alcanzando una solución degenerada en la siguiente iteración? ¿Para eliminar la degeneración en la siguiente iteración? Exprese la respuesta en forma matemática.

☐ **4-23** ¿Cuáles son las relaciones entre puntos extremos y soluciones básicas bajo cada una de las siguientes condiciones: (a) sin degeneración; (b) con degeneración? ¿Cuál es el número máximo posible de iteraciones símplex que pueden ejecutarse en el mismo punto extremo?

☐ **4-24** Considere el problema, máx $z = \mathbf{CX}$ sujeto a $\mathbf{AX} \leq \mathbf{b}$, donde $\mathbf{b} \geq \mathbf{0}$ y $\mathbf{X} \geq \mathbf{0}$. Suponga que el vector entrante $\mathbf{P}_j$ es tal, que por lo menos un elemento de $\mathbf{B}^{-1}\mathbf{P}_j$ es mayor que cero. Si $\mathbf{P}_j$ se reemplaza por $\beta \mathbf{P}_j$, donde β es un escalar positivo y si x_j sigue siendo la variable entrante, encuentre las relaciones entre los valores de x_j correspondientes a $\mathbf{P}_j$ y $\beta \mathbf{P}_j$.

☐ **4-25** Resuelva el problema 4-24 si, además, $\mathbf{b}$ se reemplaza por $\gamma \mathbf{b}$, donde γ es un escalar positivo.

☐ **4-26** Demuestre que para el caso de minimización, un vector no básico $\mathbf{P}_j$ puede mejorar la solución corriente sólo si $z_j - c_j$ es mayor que cero.

☐ **4-27** Considere el problema de programación lineal definido en el problema 4-24. Después de determinar la solución óptima se sugiere que una variable no básica x_j se haga básica (provechosa), reduciendo los requisitos por unidad de x_j para los diferentes recursos a $1/\beta$ de sus valores originales, donde β es un escalar mayor que 1. Puesto que los requisitos por unidad son reducidos, se espera que la ganancia por unidad x_j se reduzca a $1/\beta$ de su valor original. ¿Estos cambios harán a x_j una variable provechosa? ¿Qué debería recomendarse para que x_j fuese una variable atractiva?

☐ **4-28** Dado el problema de programación lineal,

$$\text{maximizar } z = \mathbf{CX}$$

sujeto a

$$(\mathbf{A}, \mathbf{I})\mathbf{X} = \mathbf{b}, \quad \mathbf{X} \geq \mathbf{0}$$

donde $\mathbf{X}$ es un vector columna de dimensión $(m + n)$. Sean $\{\mathbf{P}_1, \mathbf{P}_2, \ldots, \mathbf{P}_m\}$ los vectores correspondientes a una solución *básica* y sean $\{c_1, c_2, \ldots, c_m\}$ los coeficientes en la función objetivo asociados con esos vectores. Si $\{c_1, \ldots, c_m\}$ se cambian a $\{d_1, \ldots, d_m\}$, demuestre que $z_j - c_j$ para las variables *básicas* permanecerá igual a cero e interprete el resultado.

☐ **4-29** Resuelva el siguiente problema por medio del método símplex revisado:

$$\text{maximizar } z = 6x_1 - 2x_2 + 3x_3$$

sujeto a

$$2x_1 - x_2 + 2x_3 \leq 2$$
$$x_1 + 4x_3 \leq 4$$
$$x_1, x_2, x_3 \geq 0$$

☐ **4-30** Resuelva el siguiente problema por medio del método símplex revisado:

$$\text{maximizar } z = 2x_1 + x_2 + 2x_3$$

sujeto a

$$4x_1 + 3x_2 + 8x_3 \leq 12$$
$$4x_1 + x_2 + 12x_3 \leq 8$$
$$4x_1 - x_2 + 3x_3 \leq 8$$
$$x_1, x_2, x_3 \geq 0$$

☐ **4-31** Resuelva el siguiente problema por medio del método símplex revisado:

$$\text{minimizar } z = 2x_1 + x_2$$

sujeto a

$$3x_1 + x_2 = 3$$
$$4x_1 + 3x_2 \geq 6$$
$$x_1 + 2x_2 \leq 3$$
$$x_1, x_2 \geq 0$$

☐ **4-32** Resuelva los siguientes problemas por medio del método símplex *dual revisado* descrito en el ejercicio 4.2-2(b).

(a) Minimizar $z = 2x_1 + 3x_2$
sujeto a

$$2x_1 + 3x_2 \leq 30$$
$$x_1 + 2x_2 \geq 10$$
$$x_1, x_2 \geq 0$$

(b) Minimizar $z = 5x_1 + 6x_2$
sujeto a

$$x_1 + x_2 \geq 2$$
$$4x_1 + x_2 \geq 4$$
$$x_1, x_2 \geq 0$$

☐ **4-33** Resuelva los siguientes problemas aplicando el método símplex revisado al procedimiento de "dos fases".
(a) El ejemplo en la sección 3.3.1
(b) El problema 3-27.

Capítulo 5

Programación lineal: análisis de dualidad, de sensibilidad y paramétrico

5.1 Definición del problema dual
5.2 Solución del problema dual
    5.2.1 Relación entre los valores objetivo primal y dual
    5.2.2 Solución dual óptima
5.3 Interpretación económica del problema dual
    5.3.1 Precios duales
    5.3.2 Costos reducidos
5.4 Holgura complementaria
5.5 Análisis de sensibilidad o posóptimo
    5.5.1 Cambios que afectan la optimidad
    5.5.2 Cambios que afectan la factibilidad
    5.5.3 Cambios que afectan la optimidad y la factibilidad
5.6 Programación lineal paramétrica
    5.6.1 Cambios en **C**
    5.6.2 Cambios en **b**
    5.6.3 Cambios en P_j
    5.6.4 Cambios simultáneos en **C** y **b**
5.7 Resumen
    Bibliografía
    Problemas

162 Programación lineal: análisis de dualidad... [C.5]

Este capítulo presenta el nuevo tema de la dualidad en la programación lineal. Además del gran interés teórico, la dualidad es un concepto clave en el desarrollo del importante tema práctico del análisis de sensibilidad y paramétrico. En los capítulos 2 y 3 tratamos con el análisis de sensibilidad a un nivel elemental. Utilizaremos el concepto de dualidad para tratar el tema con mayor profundidad. Además, la teoría de la dualidad constituye la base para la creación de nuevas y eficientes técnicas computacionales que se presentarán en el capítulo 7.

5.1 DEFINICION DEL PROBLEMA DUAL

El **dual** es un problema de PL que se obtiene matemáticamente de un modelo primal de PL dado. Los problemas dual y primal están relacionados a tal grado, que la solución símplex óptima de cualquiera de los dos problemas conduce en forma *automática* a la solución óptima del otro.

En la mayoría de los procedimientos de PL, el dual se define para varias formas del primal, dependiendo de los tipos de restricciones, de los signos de las variables y del sentido de la optimización. La experiencia nos indica que en ocasiones, los principiantes se confunden con los detalles de esas definiciones. Más importante aún es que el uso de esas definiciones múltiples puede conducir a interpretaciones inconsistentes de los datos en la tabla símplex, sobre todo en lo que respecta a los signos de las variables duales.

En este libro presentamos una definición *única* del problema dual que incluye, automáticamente, a todas las formas del primal. Se basa en el hecho que el problema de PL debe calcularse en la forma estándar (véase la sección 4.1.1) antes de resolverlo mediante el método símplex primal o símplex dual. De esta manera, al definir el problema dual mediante la forma estándar, los resultados serán consistentes con la información contenida en la tabla símplex. Sin embargo, téngase en mente que la definición dada aquí es *general,* en el sentido que considera automáticamente *todas* las formas dadas en los otros procedimientos de PL.

La forma *estándar* general del primal se define como

$$\text{maximizar o minimizar } z = \sum_{j=1}^{n} c_j x_j$$

sujeto a

$$\sum_{j=1}^{n} a_{ij} x_j = b_i, \quad i = 1, 2, \ldots, m$$

$$x_j \geq 0, \quad j = 1, 2, \ldots, n$$

Nótese que las n variables, x_j, incluyen los excesos y las holguras. Para los fines de construir el dual, acomodamos los coeficientes del primal en forma esquemática como se muestra en la tabla 5-1.

El diagrama muestra que el dual se obtiene simétricamente del primal de acuerdo con las reglas siguientes:

1. Para toda restricción primal hay una variable dual.

Tabla 5-1

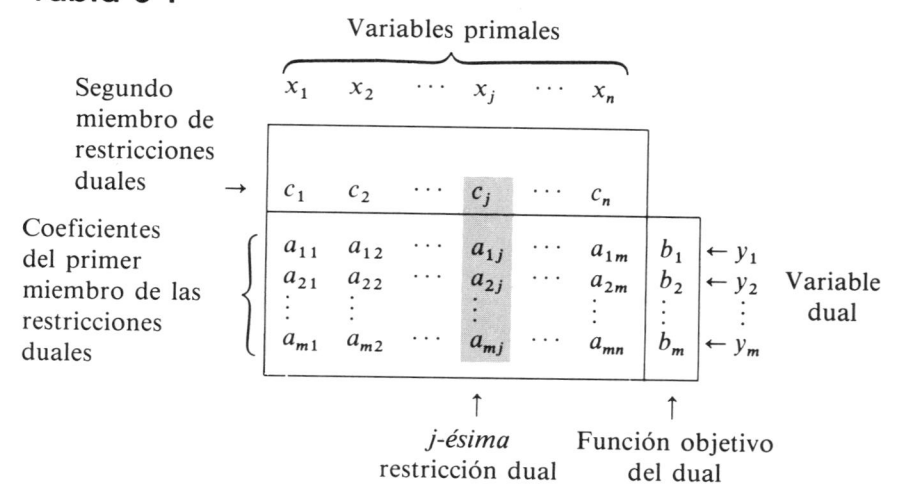

Variables primales: $x_1, x_2, \ldots, x_j, \ldots, x_n$

Segundo miembro de restricciones duales → $c_1, c_2, \ldots, c_j, \ldots, c_n$

Coeficientes del primer miembro de las restricciones duales:

$$\begin{array}{ccccc} a_{11} & a_{12} & \cdots & a_{1j} & \cdots & a_{1m} \\ a_{21} & a_{22} & \cdots & a_{2j} & \cdots & a_{2m} \\ \vdots & \vdots & & \vdots & & \vdots \\ a_{m1} & a_{m2} & \cdots & a_{mj} & \cdots & a_{mn} \end{array}$$

$b_1 \leftarrow y_1$, $b_2 \leftarrow y_2$, ..., $b_m \leftarrow y_m$ — Variable dual

↑ j-ésima restricción dual   ↑ Función objetivo del dual

2. Para toda variable primal hay una restricción dual.
3. Los coeficientes de las restricciones de una variable primal forman los coeficientes del primer miembro de la restricción dual correspondiente; y el coeficiente objetivo de la misma variable se convierte en el segundo miembro de la restricción dual. (Por ejemplo, véase la columna sombreada debajo de x_j). Estas reglas indican que el problema dual tendrá m variables ($y_1, y_2, \ldots, y_m$) y n restricciones, (correspondientes a $x_1, x_2, \ldots, x_n$).

Ahora cambiaremos nuestra atención a la determinación de los elementos restantes del problema dual: el sentido de la optimización, el tipo de restricciones y el signo de las variables duales. Esta información se presenta en forma de resumen en la tabla 5-2 para los tipos de maximización y minimización de la forma estándar. Recuérdese una vez más que la forma primal estándar exige que todas las restricciones sean ecuaciones (con segundo miembro no negativo si se usa el método símplex primal para resolver el problema primal) y que todas las variables sean no negativas.

Tabla 5-2

Función objetivo estándar del primal[a]	Dual Función objetivo	Restricciones	Variables
Maximización	Minimización	≥	Irrestrictas
Minimización	Maximización	≤	Irrestrictas

[a] Todas las restricciones primales son ecuaciones y todas las variables son no negativas.

Los ejemplos que siguen están diseñados para ilustrar el uso de estas reglas y, lo que es más importante, para demostrar que nuestra definición incorpora todas las formas del primal.

Ejemplo 5.1-1

Primal

$$\text{Maximizar } z = 5x_1 + 12x_2 + 4x_3$$

sujeto a

$$x_1 + 2x_2 + x_3 \leq 10$$
$$2x_1 - x_2 + 3x_3 = 8$$
$$x_1, x_2, x_3 \geq 0$$

Primal estándar

$$\text{Maximizar } z = 5x_1 + 12x_2 + 4x_3 + 0x_4$$

sujeto a

$$x_1 + 2x_2 + x_3 + x_4 = 10$$
$$2x_1 - x_2 + 3x_3 + 0x_4 = 8$$
$$x_1, x_2, x_3, x_4 \geq 0$$

Nótese que x_4 es una holgura en la primera restricción; en consecuencia, tiene coeficientes cero en la función objetivo y la segunda restricción.

Dual

$$\text{Minimizar } w = 10y_1 + 8y_2$$

sujeto a

$$x_1: \quad y_1 + 2y_2 \geq 5$$
$$x_2: \quad 2y_1 - y_2 \geq 12$$
$$x_3: \quad y_1 + 3y_2 \geq 4$$
$$x_4: \quad y_1 + 0y_2 \geq 0 \quad \text{(implica que } y_1 \geq 0\text{)}$$
$$y_1, y_2 \text{ irrestrictas}$$

Obsérvese que "y_1 irrestricta" es dominada por $y_1 \geq 0$, la restricción dual asociada con x_4. Por lo tanto, al eliminar la redundancia, el problema dual debe leerse como

$$\text{minimizar } w = 10y_1 + 8y_2$$

5.1]   Definición del problema dual

sujeto a

$$y_1 + 2y_2 \geq 5$$
$$2y_1 - y_2 \geq 12$$
$$y_1 + 3y_2 \geq 4$$
$$y_1 \geq 0$$
$$y_2 \text{ irrestricta}$$

◀

Ejercicio 5.1-1

Indique los *cambios* en el dual que se muestra si su primal es la minimización en vez de maximización.

[*Resp.* Los cambios son: Maximizar w, las tres primeras restricciones son del tipo $\leq$ y $y_1 \leq 0$.]

Ejemplo 5.1-2

Primal

$$\text{Minimizar } z = 15x_1 + 12x_2$$

sujeto a

$$x_1 + x_2 \geq 1.5$$
$$2x_1 + 3x_2 \leq 5$$
$$x_1, x_2 \geq 0$$

El problema primal anterior se puede resolver con el método símplex primal, (utilizando una variable artificial y una variable de holgura inicial) o, directamente con el método símplex dual. La selección del método específico de solución tendrá efecto en la forma como se logra la solución dual óptima, a partir de la solución óptima del primal. Consideraremos ambos casos.

Modelo estándar cuando se utiliza el símplex primal para resolver el primal:

$$\text{Minimizar } z = 15x_1 + 12x_2$$

sujeto a

$$x_1 + x_2 - x_3 = 1.5$$
$$2x_1 + 4x_2 + x_4 = 5$$
$$x_1, x_2, x_3, x_4 \geq 0$$

Dual

$$\text{Maximizar } z = 1.5y_1 + 5y_2$$

sujeto a

$$y_1 + 2y_2 \leq 15$$
$$y_1 + 4y_2 \leq 12$$
$$-y_1 \leq 0 \quad \text{(o bien } y_1 \geq 0)$$
$$y_2 \leq 0$$

y_1, y_2 irrestrictas (redundantes)

Modelo estándar cuando se utiliza el símplex dual para resolver el primal:

$$\text{Minimizar } z = 15x_1 + 12x_2$$

sujeto a

$$-x_1 - x_2 + x_3 = -1.5$$
$$2x_1 + 4x_2 + x_4 = 5$$
$$x_1, x_2, x_3, x_4 \geq 0$$

Dual

$$\text{Maximizar } z = -1.5y_1 + 5y_2$$

sujeto a

$$-y_1 + 2y_2 \leq 15$$
$$-y_1 + 4y_2 \leq 12$$
$$y_1 \leq 0$$
$$y_2 \leq 0$$

y_1, y_2 irrestrictas (redundantes)

Se observará que los dos duales son consistentes, ya que los coeficientes de y_1 en un dual, tienen el signo opuesto en los mismos coeficientes en el otro dual. Sin embargo, la distinción es necesaria porque los resultados de la tabla símplex (que se utilizan para interpretar la solución del problema dual) son directamente dependientes de la manera como se define la forma estándar antes de que se aplique el método símplex primal o dual. Este detalle, puede pasarse por alto cuando tratamos de utilizar las definiciones generales dadas en otros procedimientos de PL. ◀

Ejemplo 5.1-3

Primal

$$\text{Maximizar } z = 5x_1 + 6x_2$$

sujeto a
$$x_1 + 2x_2 = 5$$
$$-x_1 + 5x_2 \geq 3$$
$$4x_1 + 7x_2 \leq 8$$
$$x_1 \text{ irrestricta}$$
$$x_2 \geq 0$$

Primal Estándar
Sea $x_1 = x_1' - x_1''$, donde $x_1', x_1'' \geq 0$. Después el primal estándar se transforma en

$$\text{maximizar } z = 5x_1' - 5x_1'' + 6x_2$$

sujeto a
$$x_1' - x_1'' + 2x_2 \qquad\qquad = 5$$
$$-x_1' + x_1'' + 5x_2 - x_3 \qquad = 3$$
$$4x_1' - 4x_1'' + 7x_2 \qquad + x_4 = 8$$
$$x_1', x_1'', x_2, x_3, x_4 \geq 0$$

Dual

$$\text{Minimizar } w = 5y_1 + 3y_2 + 8y_3$$

sujeto a
$$\left.\begin{array}{r} y_1 - y_2 + 4y_3 \geq 5 \\ -y_1 + y_2 - 4y_3 \geq -5 \end{array}\right\} \quad \text{(implica que } y_1 - y_2 + 4y_3 = 5\text{)}$$
$$2y_1 + 5y_2 + 7y_3 \geq 6$$
$$-y_2 \geq 0 \qquad \text{(implica que } y_2 \leq 0\text{)}$$
$$y_3 \geq 0$$
$$y_1 \text{ irrestricta}$$
$$y_2, y_3 \text{ irrestrictas} \quad \text{(redundantes)}$$

Obsérvese que la primera y segunda restricciones duales pueden (*pero no necesitan*) reemplazarse por la ecuación $y_1 - y_2 + 4y_3 = 5$. Este siempre será el caso cuando la variable óptima sea irrestricta, lo que significa que una variable primal irrestricta siempre nos conducirá a una *ecuación* dual (en vez de a una desigualdad). El resultado es cierto, ya sea que la primal represente maximización o minimización.

◀

Ejercicio 5.1-2

Indique los cambios en el dual que acabamos de presentar si la función objetivo es minimización y la primera restricción es del tipo "$\geq$".

[*Resp.* Maximizar w, las tres primeras restricciones son del tipo "$\leq$" y $y_1 \geq 0$, $y_2 \geq 0$, $y_3 \leq 0$.]

Si se investigan detenidamente los ejemplos anteriores, se podrán deducir todas las reglas generales que se presentan tradicionalmente junto con la definición del dual. Sin embargo, esto nos llevará a diversas condiciones, en particular relacionadas con los signos de las variables duales (como ya se vio en los ejemplos). No obstante, si se siguen las dos reglas simples que se darán en la tabla 5-2, el lector nunca tendrá que preocuparse de estos problemas. Asimismo, recuérdese que la elaboración de la forma estándar no representa en realidad trabajo extra, ya que siempre se utiliza en la iteración símplex inicial.

Ejercicio 5.1-3

Demuestre que la restricción dual asociada con una variable *artificial* (R_i) en la forma estándar del primal es siempre redundante. Por lo tanto, nunca necesita considerarse la restricción dual asociada con una variable artificial.

[*Resp.* La restricción dual de la variable artificial R_i es $y_i \geq -M$ en caso de *maximización* del primal y $y_i \leq M$ en caso de *minimización* del primal. Ambas son redundantes, ya que M puede tomar un valor tan grande como se desee.]

Ahora daremos una definición matricial general del problema dual con base en el siguiente modelo estándar primal de PL:

$$\text{maximizar } z = \mathbf{C}_\text{I} \mathbf{X}_\text{I} + \mathbf{C}_\text{II} \mathbf{X}_\text{II}$$

sujeto a

$$\mathbf{A}\mathbf{X}_\text{I} + \mathbf{I}\mathbf{X}_\text{II} = \mathbf{b}$$
$$\mathbf{X}_\text{I} \geq \mathbf{0}, \mathbf{X}_\text{II} \geq \mathbf{0}$$

Sea $\mathbf{Y} = (y_1, y_2, \ldots, y_m)$ el vector dual. Las reglas de la tabla 5-2 dan el siguiente dual:

$$\text{minimizar } w = \mathbf{Yb}$$

sujeto a

$$\mathbf{YA} \geq \mathbf{C}_\text{I}$$
$$\mathbf{Y} \geq \mathbf{C}_\text{II}$$

$\mathbf{Y}$ vector irrestricto

Obsérvese que $\mathbf{Y} \geq \mathbf{C}_\text{II}$ puede anular el estado irrestricto de $\mathbf{Y}$.

Si el problema primal se cambia a minimización, el sentido de optimización del problema dual se cambia a maximización y, los dos primeros conjuntos de restricciones se cambian a $\leq$, permaneciendo $\mathbf{Y}$ irrestricta.

5.2 SOLUCION DEL PROBLEMA DUAL

En esta sección mostramos la relación entre las soluciones de los problemas primal y dual. Como se ilustra a continuación, la tabla símplex óptima asociada con un problema (primal o dual) proporciona directamente información completa sobre la solución óptima del otro problema.

5.2.1 RELACION ENTRE LOS VALORES OBJETIVO PRIMAL Y DUAL

Los valores objetivo en un par de problemas primal-dual deben satisfacer las siguientes relaciones:

1. En cualquier par de soluciones primal y dual *factibles*

$$\begin{pmatrix} \text{valor objetivo en el problema} \\ \text{de } \textit{maximización} \end{pmatrix} \leq \begin{pmatrix} \text{valor objetivo en el problema} \\ \text{de } \textit{minimización} \end{pmatrix}$$

2. En la solución *óptima* de ambos problemas:

$$\begin{pmatrix} \text{valor objetivo en el problema} \\ \text{de } \textit{maximización} \end{pmatrix} = \begin{pmatrix} \text{valor objetivo en el problema} \\ \text{de } \textit{minimización} \end{pmatrix}$$

Observe con cuidado que estos dos resultados, no dicen nada respecto a cuál problema es primal y cuál dual. Lo que importa es el sentido de optimización (maximización o minimización).

Para demostrar la validez de estos resultados, sean $(\mathbf{X}_I, \mathbf{X}_{II})$ y $\mathbf{Y}$ las soluciones primal y dual *factibles* correspondientes a las definiciones primal-dual dadas en forma matricial al final de la sección 5.1. Entonces, multiplicando antes las restricciones primales por $\mathbf{Y}$, obtenemos

$$\mathbf{YAX}_I + \mathbf{YX}_{II} = \mathbf{Yb} \equiv w$$

Ahora, multiplicando posteriormente las restricciones duales por $\mathbf{X}_I$ y $\mathbf{X}_{II}$, obtenemos

$$\mathbf{YAX}_I \geq \mathbf{C}_I \mathbf{X}_I$$

$$\mathbf{YX}_{II} \geq \mathbf{C}_{II} \mathbf{X}_{II}$$

(Observe que $\mathbf{X}_I \geq 0$ y $\mathbf{X}_{II} \geq 0$; por tanto, el sentido de la desigualdad permanece sin cambio.) Luego, sumando las dos restricciones se obtiene

$$\mathbf{YAX}_I + \mathbf{YX}_{II} \geq \mathbf{C}_I \mathbf{X}_I + \mathbf{C}_{II} \mathbf{X}_{II} \equiv z$$

Como los primeros miembros de las identidades w y z son iguales, concluimos que

$$z \leq w$$

lo que demuestra el primer resultado dado antes.

Ahora, para demostrar que $z = w$ en las soluciones óptimas, observe que z está asociada con maximización, en tanto que w está asociada con minimización. Esto significa que z busca el valor más alto entre todas las $(\mathbf{X}_1, \mathbf{X}_{II})$ *factibles* y que w busca el valor más bajo entre todas las $\mathbf{Y}$ *factibles*. Como $z \leq w$ para *todas* las soluciones factibles (incluida la óptima), los dos problemas alcanzarán la optimidad sólo cuando máx z = mín w.

Ejemplo 5.2-1

Considere el siguiente par de problemas primal y dual:

Primal	Dual
Minimizar $z = 5x_1 + 2x_2$ sujeto a	Maximizar $w = 3y_1 + 5y_2$ sujeto a
$x_1 - x_2 \geq 3$	$y_1 + 2y_2 \leq 5$
$2x_1 + 3x_2 \geq 5$	$-y_1 + 3y_2 \leq 2$
$x_1, x_2 \geq 0$	$y_1, y_2 \geq 0$
Solución factible:	*Solución factible:*
$x_1 = 3, x_2 = 0$	$y_1 = 3, y_2 = 1$
Valor de la función objetivo:	*Valor de la función objetivo:*
$z = 5 \times (3) + 2 \times (0) = 15$	$w = 3 \times (3) + 5 \times (1) = 14$

Las soluciones factibles dadas antes se determinan por inspección (tanteos) de las restricciones de ambos problemas. El valor objetivo en el problema de maximización (dual) es menor que el valor objetivo en el problema de minimización (primal). Este resultado significa que

$$14 \leq (\text{mín } z = \text{máx } w) \leq 15$$

Como el intervalo (14 a 15) es relativamente estrecho, podemos considerar las dos soluciones factibles anteriores como *casi óptimas*. Primordialmente, la desigualdad dada se puede usar para comprobar la "bondad" de las soluciones factibles. Si sucede que los dos límites son iguales, las soluciones correspondientes son óptimas. ◂

Ejercicio 5.2-1

En el ejemplo 5.2-1, determine si las soluciones que siguen son óptimas o no.

(a) ($x_1 = 3$, $x_2 = 1$; $y_1 = 4$, $y_2 = 1$)
 [*Resp.* Aunque $z = w = 17$, las soluciones no son óptimas porque no son factibles.]

(b) ($x_1 = 4$, $x_2 = 1$; $y_1 = 1$, $y_2 = 0$)
 [*Resp.* No, debido a que $z = 22 \neq w = 3$, aunque las soluciones son factibles.]

(c) ($x_1 = 3$, $x_2 = 0$; $y_1 = 5$, $y_2 = 0$)
 [*Resp.* Sí, porque las soluciones son factibles y $z = w = 15$.]

5.2.2 SOLUCION DUAL OPTIMA

La solución dual óptima se puede determinar en forma directa a partir de la tabla primal óptima. Verificaremos este resultado mediante los problemas primal y dual dados en forma matricial al final de la sección 5.1:

Primal estándar

$$\text{Maximizar } z = \mathbf{C}_I \mathbf{X}_I + \mathbf{C}_{II} \mathbf{X}_{II}$$

sujeto a

$$\mathbf{A}\mathbf{X}_I + \mathbf{I}\mathbf{X}_{II} = \mathbf{b}$$
$$\mathbf{X}_I, \mathbf{X}_{II} \geq \mathbf{0}$$

Dual

$$\text{Minimizar } w = \mathbf{Yb}$$

sujeto a

$$\mathbf{YA} \geq \mathbf{C}_I$$
$$\mathbf{Y} \geq \mathbf{C}_{II}$$

Y vector irrestricto

Supongamos que **B** es la base *primal* óptima y $\mathbf{C}_B$ los coeficientes de la función objetivo asociada; entonces

$$\mathbf{Y} = \mathbf{C}_B \mathbf{B}^{-1}$$

es la solución *dual* óptima. Para demostrar que este resultado es verdadero, debemos verificar los dos requisitos siguientes:

1. $\mathbf{Y} = \mathbf{C}_B \mathbf{B}^{-1}$ es una solución dual factible.
2. máx z en el primal es igual a mín w en el dual.

La solución dual $\mathbf{Y} = \mathbf{C}_B \mathbf{B}^{-1}$ es factible si satisface las restricciones duales **YA**

$\geq \mathbf{C}_I$ y $\mathbf{Y} \geq \mathbf{C}_{II}$. Con la optimidad del primal, tenemos que $z_j - c_j \geq 0$ para toda j (véase el símplex revisado en la sección 4.3); esto es,

$$\mathbf{C}_B \mathbf{B}^{-1} \mathbf{A} - \mathbf{C}_I \geq 0 \quad \text{y} \quad \mathbf{C}_B \mathbf{B}^{-1} - \mathbf{C}_{II} \geq 0$$

Haciendo $\mathbf{Y} = \mathbf{C}_B \mathbf{B}^{-1}$, vemos inmediatamente que se satisfacen las restricciones duales.

El segundo requisito se verifica mostrando que $z = w$ para $\mathbf{Y} = \mathbf{C}_B \mathbf{B}^{-1}$. Esto se infiere directamente porque

$$w = \mathbf{Y}\mathbf{b} = \mathbf{C}_B \mathbf{B}^{-1}\mathbf{b}$$
$$z = \mathbf{C}_B \mathbf{X}_B = \mathbf{C}_B \mathbf{B}^{-1}\mathbf{b}$$

El análisis anterior, relativo a la optimidad primal y a la factibilidad de las restricciones duales, conduce a una observación interesante. En tanto que el problema primal busca optimidad, el problema dual busca automáticamente factibilidad. Esta observación es la base para la creación del método símplex dual (sección 3.3), que comienza mejor que óptimo y continúa manteniendo optimidad en todas las iteraciones, mientras busca factibilidad. El proceso termina en la iteración donde se alcanza la factibilidad.

Ejercicio 5.2-2
Considere el siguiente problema lineal:

$$\text{maximizar } z = 5x_1 + 12x_2 + 4x_3$$

sujeto a

$$x_1 + 2x_2 + x_3 \leq 5$$
$$2x_1 - x_2 + 3x_3 = 2$$
$$x_1, x_2, x_3 \geq 0$$

En cada uno de los siguientes casos verifique primero que la base $\mathbf{B}$ es factible para el primal. Luego, utilizando $\mathbf{Y} = \mathbf{C}_B \mathbf{B}^{-1}$, calcule los valores duales asociados y verifique si la solución dual es óptima.

(a) $\mathbf{B} = (\mathbf{P}_{s_1}, \mathbf{P}_3)$, donde s_1 es la holgura en la primera restricción.
[*Resp.*: $\mathbf{B}$ es factible. $\mathbf{Y} = (0, 4/3)$ no es óptima porque la primera y segunda restricciones *duales* no se satisfacen.]

(b) $\mathbf{B} = (\mathbf{P}_2, \mathbf{P}_3)$
[*Resp.*: $\mathbf{B}$ es factible. $\mathbf{Y} = (40/7, -4/7)$ no es óptima porque cuando menos la primera condición dual no se satisface.]

(c) $\mathbf{B} = (\mathbf{P}_1, \mathbf{P}_2)$
[*Resp.*: $\mathbf{B}$ es factible. $\mathbf{Y} = (29/5, -2/5)$ es óptima porque todas las restricciones duales se satisfacen y $w = z = 141/5$.]

(d) $\mathbf{B} = (\mathbf{P}_1, \mathbf{P}_3)$
[*Resp.*: $\mathbf{B}$ *no* es factible. Obsérvese, sin embargo, que la asociada $\mathbf{Y} = (7, -1)$ satisface todas las restricciones duales y también la condición $z = w = 31$; aun así, no es óptima porque $\mathbf{B}$ es infactible.]

5.2] Solución del problema dual **173**

La solución dual óptima puede determinarse directamente del renglón objetivo de la tabla primal óptima, que se presenta más adelante. (Véase la sección 4.2.2 para los detalles de cómo se obtiene esta tabla.)

Básica	X_I	X_{II}	Solución
z	$C_B B^{-1} A - C_I$	$C_B B^{-1} - C_{II}$	$C_B B^{-1} b$
X_B	$B^{-1} A$	B^{-1}	$B^{-1} b$

Los coeficientes bajo X_{II} en el renglón z están dados por $C_B B^{-1} - C_{II}$. Así, si el vector básico inicial X_{II} consta sólo de holguras, $C_{II} = 0$ y los coeficientes en el renglón z de X_{II} darán los valores duales en forma directa. De otra manera, sería necesario sumar C_{II} a $C_B B^{-1} - C_{II}$ para obtener la solución dual.

La observación anterior es útil sólo si utilizamos la tabla símplex regular. En el caso del símplex revisado, los valores duales se establecen en forma directa a partir de la fórmula $Y = C_B B^{-1}$.

Ejemplo 5.2-2
Los problemas primal y dual del ejemplo 5.1-1 se indican a continuación.

Primal

Minimizar $z = 5x_1 + 12x_2 + 4x_3$

sujeto a

$$x_1 + 2x_2 + x_3 \leq 10$$
$$2x_1 - x_2 + 3x_3 = 8$$
$$x_1, x_2, x_3 \geq 0$$

Dual

Maximizar $w = 10y_1 + 8y_2$

sujeto a

$$y_1 + 2y_2 \geq 5$$
$$2y_1 - y_2 \geq 12$$
$$y_1 + 3y_2 \geq 4$$
$$y_1 \geq 0, y_2 \text{ irrestricta}$$

A continuación se da la tabla primal óptima.

Básica	x_1	x_2	x_3	x_4	R	Solución
z	0	0	3/5	29/5	$-2/5 + M$	274/5
x_2	0	1	$-1/5$	2/5	$-1/5$	12/5
x_1	1	0	7/5	1/5	2/5	26/5

(columnas agrupadas: x_1, x_2, x_3 bajo X_I; x_4, R bajo X_{II})

Puesto que $\mathbf{X}_{II} = (x_4, R)^T$ y $\mathbf{C}_{II} = (0, -M)$, tenemos de la tabla anterior que

$$\mathbf{C}_B \mathbf{B}^{-1} - \mathbf{C}_{II} = (29/5, -2/5 + M)$$

Obtenemos entonces

$$\mathbf{Y} = (y_1, y_2) = \mathbf{C}_B \mathbf{B}^{-1} = (29/5, -2/5 + M) + (0, -M)$$
$$= (29/5, -2/5)$$

Se observará que se logra el mismo resultado utilizando los cálculos símplex revisados como sigue:

$$\mathbf{Y} = \mathbf{C}_B \mathbf{B}^{-1} = (12, 5) \begin{pmatrix} \frac{2}{5} & -\frac{1}{5} \\ \frac{1}{5} & \frac{2}{5} \end{pmatrix} = \left(\frac{29}{5}, -\frac{2}{5} \right)$$

Note que $\mathbf{C}_B$ consta del coeficiente objetivo de x_2 (= 12) seguido por el de x_1 (= 5) porque $\mathbf{X}_B = (x_2, x_1)^T$, por su orden en la columna básica.

Asimismo podemos determinar la solución *primal* óptima en forma directa mediante la *tabla dual óptima*. Todo lo que tenemos que hacer es resolver primero el problema dual, y luego seguir un procedimiento similar al dado antes para establecer la solución primal óptima. La razón para hacerlo así es que puede ser ventajoso, desde el punto de vista del cálculo, resolver el problema dual en vez del primal. Como la cantidad de operaciones de cálculo en el símplex es principalmente una función del número de restricciones, puede ser más eficiente resolver el dual, a partir del cual se obtiene la solución primal. Este estudio señala una posible ventaja del problema dual. ◀

Ejercicio con la computadora
Utilice TORA para resolver el problema dual del ejemplo 5.2-2 y verifique que la tabla dual óptima da la solución óptima primal ($x_1 = 26/5$, $x_2 = 12/5$).

5.3 INTERPRETACION ECONOMICA DEL PROBLEMA DUAL

En las secciones 2.1.2 y 3.6.3 utilizamos argumentos intuitivos para definir dos indicadores económicos de la PL: **los precios duales** y **los costos reducidos.** Específicamente, establecimos que los *precios duales* representan el valor por unidad de los recursos de PL. Por otra parte, los *costos reducidos* representan el incremento en la ganancia marginal o el decremento en el costo por unidad de recursos, necesario para hacer una actividad (variable) de PL apenas provechosa.

Esta sección utiliza los problemas primal-dual para ilustrar el significado económico exacto de los *precios duales* y de los *costos reducidos*. Esta interpretación resultará útil en dos aspectos:

1. Proporcionar un entendimiento fundamental del modelo de PL como un sistema económico de entrada–salida.
2. Permitir una implementación eficiente del análisis de sensibilidad o posóptimo.

El primer aspecto se trata en esta sección. El análisis de sensibilidad se tratará en la próxima sección.

Con el fin de proporcionar una interpretación económica del problema dual, utilizaremos las siguientes definiciones (no matriciales) de los problemas primal y dual.

Primal

Maximizar $z = \sum_{j=1}^{n} c_j x_j$

sujeto a

$\sum_{j=1}^{n} a_{ij} x_j = b_i, \quad i = 1, 2, \ldots, m$

$x_j \geq 0, \quad j = 1, 2, \ldots, n$

Dual

Minimizar $w = \sum_{i=1}^{m} b_i y_i$

sujeto a

$\sum_{i=1}^{m} a_{ij} y_i \geq c_j, \quad j = 1, 2, \ldots, n$

y_i sin restricción $i = 1, 2, \ldots, m$

Desde el punto de vista económico podemos interpretar el modelo primal de la siguiente manera: el coeficiente c_j representa la ganancia *marginal* de la actividad j, cuyo nivel es igual a x_j unidades. La función objetivo $z = \sum_{j=1}^{m} c_j x_j$ representa así, la ganancia de todas las actividades. El modelo tiene m recursos. El recurso i tiene un nivel b_i que se asigna a una tasa de a_{ij} unidades por unidad de actividad j. El primer miembro $\sum_{j=1}^{n} a_{ij} x_j$ representa el uso del recurso i por todas las actividades. Ahora utilizaremos la definición dada antes para explicar el significado de los indicadores económicos, *precios duales* y *costos reducidos*.

5.3.1 PRECIOS DUALES

En la sección 5.2.1 mostramos que en la solución óptima del primal y del dual se tiene

$$z = w$$

o bien

$$\sum_{j=1}^{n} c_j x_j = \sum_{i=1}^{m} b_i y_i$$

Podemos establecer una interpretación económica de las variables duales y_i por medio del siguiente análisis dimensional. Como el primer miembro de la ecuación representa una unidad monetaria (rendimiento) y b_i representa unidades (cantidad) de recurso i, entonces y_i, de acuerdo con la ecuación anterior, debe representar unidad monetaria por unidad de recurso i, como lo demuestra el siguiente análisis dimensional:

$$\$(\text{rendimiento}) = \sum_{i=1}^{m} (\text{unidades de recurso } i)(\$/\text{unidad de recurso } i)$$

Las variables duales y_i representan el *valor por unidad* de recurso i. En la literatura técnica a y_i se le llama generalmente **precios duales** (o bien **precios reducidos**).

El análisis dimensional anterior conduce a una interesante observación. Hemos explicado en la sección 5.2.1 que para las soluciones primal y dual *factibles* no óptimas, se tiene:

$$z < w$$

En virtud de la interpretación económica dada a los valores duales, esta desigualdad indica que

$$\sum_{j=1}^{n} c_j x_j < \sum_{i=1}^{m} b_i y_i$$

o bien

$$(\text{ganancia}) < (\text{valor de los recursos})$$

La desigualdad dice que en tanto el rendimiento total de todas las actividades sea menor que el valor de los recursos del modelo, las soluciones correspondientes (primal y dual) factibles no pueden ser óptimas. La optimidad (rendimiento máximo) se alcanza sólo cuando los recursos se han explotado completamente; o sea, cuando el rendimiento total iguala al valor total de los recursos ($z = w$). Alternativamente, podemos pensar en el modelo de PL como un sistema de entrada–salida donde los recursos y el rendimiento representan, respectivamente, los elementos de entrada y de salida. El sistema permanece *inestable* (no óptimo) en tanto que la entrada (valor de los recursos) exceda a la salida (rendimiento), alcanzándose la estabilidad cuando se igualan las dos cantidades.

Ejemplo 5.3-1

En el ejemplo 5.2-2, los precios duales $y_1 = 29/5$ y $y_2 = -2/5$ dan los valores por unidad de los recursos 1 y 2, asociados con las restricciones 1 y 2, respectivamente. Los precios duales dados indican que por cada incremento unitario del recurso 1, el valor de la ganancia z se incrementará en 29/5. Por otra parte, no conviene incrementar el recurso 2 porque su valor por unidad es negativo ($= -2/5$). De hecho, en este caso sería ventajoso disminuir el recurso 2. Esto puede parecer ilógico por la tendencia a incrementar, y no de reducir, un recurso. Sin embargo, la restricción 2, ($2x_1 - x_2 + 3x_3 = 8$), no es una restricción convencional tipo recurso, lo que explica su comportamiento no convencional. ◄

Lo dicho con anterioridad respecto al uso de los precios duales como valor por unidad de recursos, debe aclararse. Específicamente, existe un límite en relación con lo que puede aumentarse o disminuirse un recurso si se mantiene su valor dado por unidad. En la sección 3.6.4 hemos visto que hay un intervalo permisible de variación en las cantidades de los recursos, más allá de las cuales los precios duales dados dejan de ser aplicables. En la sección 5.5 mostraremos cómo se usa el análisis de sensibilidad, o posóptimo, para tratar con los cambios en los recursos fuera de los intervalos admisibles.

Ejercicio con la computadora

Utilice TORA para determinar los precios duales óptimos del primal en el ejemplo 5.1-2 examinando la tabla primal óptima. En particular, se observará que si el problema se resuelve por medio del método símplex primal, se obtendrá la solución dual $y_1 = 12$, $y_2 = 0$, en tanto que la solución con el método símplex dual dará $y_1 = -12$, $y_2 = 0$. A pesar de la diferencia en signo en los valores de y_1, el precio dual para la restricción 1 es igual a 12 en ambos casos. La razón para esto es que en la tabla inicial del método símplex dual la primera ecuación de restricción se multiplica por -1, lo que significa que el segundo miembro de la restricción 1 es -1.5 (en comparación con 1.5 de la solución inicial símplex primal). Por consiguiente, incrementar el valor del segundo miembro por arriba de 1.5 en el caso símplex primal equivale exactamente a disminuirlo por abajo de -1.5 en el caso del símplex dual.

Ejercicio 5.3-1

Use el óptimo $\mathbf{B}^{-1}$, que se obtuvo del ejercicio anterior con la computadora, y su $\mathbf{C}_B$ asociada, para verificar que las respuestas se pueden determinar a partir del vector $\mathbf{C}_B \mathbf{B}^{-1}$.

5.3.2 COSTOS REDUCIDOS

Hemos visto en los detalles del método símplex revisado, en la sección 4.5, que el coeficiente en la ecuación objetivo de la variable x_j en cualquier iteración está dado por

$$z_j - c_j = \mathbf{C}_B \mathbf{B}^{-1} \mathbf{P}_j - c_j$$

Alternativamente, teniendo $\mathbf{Y} = \mathbf{C}_B \mathbf{B}^{-1}$ como los valores duales asociados, obtenemos

$$z_j - c_j = \mathbf{Y}\mathbf{P}_j - c_j$$
$$= \sum_{i=1}^{m} a_{ij} y_i - c_j$$

Esta relación establece que el coeficiente en la ecuación objetivo $z_j - c_j$ de la variable x_j en la tabla primal, es igual a la diferencia entre el primer y segundo miembro de la j-ésima restricción dual. La ecuación conduce a interesantes interpretaciones económicas del modelo PL, que demostraremos mediante el análisis dimensional.

Como c_j del primal representa el rendimiento por unidad de la actividad j, sus unidades se pueden representar como unidades monetarias por unidad de actividad j. Por consistencia, la cantidad $\sum_{i=1}^{m} a_{ij} y_i$ también debe tener la dimensión de unidades monetarias por unidad de actividad j. Sin embargo, como c_j y $\sum_{i=1}^{m} a_{ij} y_i$ aparecen con signos opuestos, la cantidad $\sum_{i=1}^{m} a_{ij} y_i$ debe significar "costo". Ahora, por definición, a_{ij} es la cantidad de recurso i consumido por 1 unidad de actividad j. En consecuencia, y_i debe representar el **costo aplicable** por unidad de recurso i y podemos considerar a $\sum_{i=1}^{m} a_{ij} y_i$ como el costo total aplicable de todos los recursos usados para producir 1 unidad de actividad j. Ahora, dependiendo de si el costo $z_j = \sum_{i=1}^{m} a_{ij} y_i$ excede al rendimiento c_j, la explicación anterior conduce al siguiente análisis dimensional de la ecuación para $z_j - c_j$:

$$\$(\text{ganancia o pérdida})/\text{unidad} = \$(\text{costo})/\text{unidad} - \$(\text{rendimiento})/\text{unidad}$$

La condición de optimidad por maximización del método símplex (revisado) (secciones 3.2.2 y 4.3) establece que el nivel de una actividad no usada generalmente (o sea, x_j no básica $= 0$) debe incrementarse por arriba del nivel cero sólo si su coeficiente $z_j - c_j$ es negativo. Esta condición se justifica económicamente como sigue: de la interpretación de $z_j - c_j$, la condición de optimidad estipula que

$$\begin{pmatrix} \text{costo aplicable de recursos utilizados} \\ \text{por unidad de } j \end{pmatrix} - \begin{pmatrix} \text{rendimiento por} \\ \text{unidad de } j \end{pmatrix} < 0$$

o bien

$$\begin{pmatrix} \text{costo aplicable de recursos utilizados} \\ \text{por unidad de } j \end{pmatrix} < \begin{pmatrix} \text{rendimiento por} \\ \text{unidad de } j \end{pmatrix}$$

Entonces, siempre y cuando el rendimiento por unidad exceda al costo aplicable de recursos utilizados, deben asignarse más recursos a la actividad para aprovechar el potencial de ganancia. Esto significa que el nivel de actividad j, x_j, debe incrementarse por arriba del nivel cero.

Se observará que cuando admitimos una actividad j en la solución (hacemos a su variable básica), incrementamos su nivel hasta el punto donde su $z_j - c_j$ se reduce a cero. Esto equivale a utilizar ganancia de la actividad al máximo, ya que cualquier incremento adicional tendrá como efecto incrementar el costo aplicable más allá del rendimiento potencial de la actividad.

Ahora se ve por qué en modelos de maximización una actividad con $z_j - c_j > 0$ debe permanecer a nivel cero. El hecho que su costo aplicable de recursos utilizados sea mayor que su rendimiento, no la hace atractiva desde el punto de vista económico.

Para aquellas actividades que están a nivel cero en la solución óptima (variables no básicas), la cantidad $z_j - c_j$ se denomina **costo reducido** por unidad de actividad j. De acuerdo con la explicación dada antes (y en las secciones 2.1.2 y 3.6.5), esta

5.3] Interpretación económica del problema dual

cantidad representa la magnitud en que debe mejorarse la situación económica de la actividad, para hacerla más atractiva desde el punto de vista económico (o sea, incrementar su nivel de cero a un valor positivo). Tal resultado se puede lograr de dos maneras:

1. Incrementando el rendimiento marginal de la actividad, c_j.
2. Disminuyendo el consumo por la actividad de los recursos limitados, $\sum_{i=1}^{m} a_{ij} y_i$.

La primera opción no siempre es factible, ya que los márgenes de ganancia los fijan normalmente las condiciones del mercado y de la competencia. La segunda opción refleja, de hecho, el compromiso de la entidad económica para *mejorar* su operación, principalmente mediante una reducción del uso de los recursos limitados. La segunda opción trata la eliminación de posibles ineficiencias en la operación del sistema bajo consideración.

Los valores duales y_i se pueden usar como indicadores respecto a dónde debe implementarse la segunda opción. En efecto, como y_i representa el costo aplicable de usar 1 unidad de recurso i por unidad de actividad j, los recursos con valores relativamente altos de y_i deben tener prioridad en cualquier estudio de mejoramiento.

Ejemplo 5.3-2

Considere el problema de la mezcla de productos en el cual cada uno de tres productos se procesa en tres operaciones distintas. Los límites impuestos sobre el tiempo disponible para realizar las tres operaciones son 430, 460 y 420 minutos diarios y las ganancias por unidad de los tres productos son $3, $2 y $5. Los tiempos en minutos por unidad en las tres operaciones están dados como sigue:

	Producto 1	Producto 2	Producto 3
Operación 1	1	2	1
Operación 2	3	0	2
Operación 3	1	4	0

El modelo de programación lineal se escribe como

$$\text{maximizar } z = 3x_1 + 2x_2 + 5x_3 \quad \text{(ganancia diaria)}$$

sujeto a

$$\begin{aligned}
\text{operación 1:} & \quad 1x_1 + 2x_2 + 1x_3 \leq 430 \\
\text{operación 2:} & \quad 3x_1 + 0x_2 + 2x_3 \leq 460 \\
\text{operación 3:} & \quad 1x_1 + 4x_2 + 0x_3 \leq 420
\end{aligned}
\quad \begin{pmatrix} \text{límites sobre} \\ \text{los usos diarios de} \\ \text{las operaciones} \end{pmatrix}$$

$$x_j \geq 0, j = 1, 2, 3$$

Dado que x_4, x_5 y x_6 son las holguras de las tres restricciones, el vector básico óptimo $\mathbf{X}_B$ y la base asociada $\mathbf{B}$, se determinan con el método símplex primal revisado como (verifíquelo):

$$\mathbf{X}_B = (x_2, x_3, x_6)^T$$

$$\mathbf{B}^{-1} = \begin{pmatrix} 1/2 & -1/4 & 0 \\ 0 & 1/2 & 0 \\ -2 & 1 & 1 \end{pmatrix}$$

Así

$$\mathbf{C}_B = (2, 5, 0)$$

y los precios duales se calculan como

$$\mathbf{Y} = (y_1, y_2, y_3) = \mathbf{C}_B \mathbf{B}^{-1} = (1, 2, 0)$$

Notamos que la combinación óptima no incluye el producto 1 ($x_1 = 0$). Esto significa que el producto 1 no es provechoso, lo que ocurre porque el costo aplicable del producto 1 es mayor que su ganancia unitaria; esto es, $z_1 > c_1$. Como $z_1 = 1y_1 + 3y_2 + 1y_3$ y $c_1 = \$3$, podemos hacer que x_1 sea provechoso disminuyendo el valor de z_1. Este resultado se puede obtener reduciendo los usos del producto 1 de los tres tiempos de operación. Estos usos están dados por los coeficientes de y_1, y_2 y y_3 en la expresión de z_1.

La tabla óptima da $y_1 = 1$, $y_2 = 2$ y $y_3 = 0$. Esto indica que una reducción en el uso de la operación 3 no será efectiva, ya que su costo asignado por unidad, y_3 es cero. Por lo tanto, considerando las operaciones 1 y 2, notamos que y_2 ($= 2$) es mayor que y_1 ($= 1$). Como resultado, es más atractivo dar mayor prioridad a la reducción del uso de la operación 2.

Supóngase que nos interesa determinar la cantidad de reducción en el uso de la operación 2 que hará que el producto 1 sea lucrativo o provechoso. Para lograrlo, si r_2 representa la reducción en minutos por unidad del producto 1 en la operación 2. En este caso, se tiene

$$z_1 = y_1 + (3 - r_2)y_2 + y_3 = 1(1) + (3 - r_2)(2) + 1(0)$$
$$= 7 - 2r_2$$

El producto 1 se vuelve provechoso cuando c_1 excede a z_1; es decir, $c_1 > z_1$ o $7 - 2r_2 < 3$, que produce $r_2 > 2$. Esto significa que el uso de la operación 2 debe reducirse en más de 2 minutos para hacer que el producto 1 sea provechoso. ◀

Ejercicio 5.3-2

En el ejemplo 5.3-2, supóngase que el uso por unidad de la operación 2 no se puede reducir en más de 1.75 minutos. Determine la reducción adicional en el uso de la operación 1 que hará x_1 provechoso.

[*Resp.* 0.5 minuto.]

5.4 HOLGURA COMPLEMENTARIA

Si se investiga la versión matricial de la tabla símplex, se descubrirán los siguientes resultados relativos a las soluciones *óptimas* primal y dual.

1. Si en el óptimo, una variable primal x_j tiene $z_j - c_j > 0$, entonces x_j debe ser no básica y a nivel cero.

2. Si en el óptimo, una variable dual y_i tiene un valor positivo, la restricción primal i-ésima, $\sum_{j=1}^{n} a_{ij} x_j \leq b_i$, se debe satisfacer en forma de ecuación porque su holgura asociada debe ser cero.

Expresemos esta información en forma matemática. Se observa que $z_j - c_j$ representa la diferencia entre el primero y segundo miembros de la restricción dual y, por lo tanto, debe representar la variable dual de exceso. Si suponemos que v_j y s_i son las variables de exceso y holgura para las restricciones j-ésima dual así como i-ésima primal, entonces

$$v_j = z_j - c_j = \sum_{i=1}^{m} a_{ij} y_i - c_j$$

$$s_i = b_i - \sum_{j=1}^{n} a_{ij} x_j$$

Los resultados pueden resumirse de la manera siguiente:

1. Cuando $v_j > 0$, $x_j = 0$.
2. Cuando $y_i > 0$, $s_i = 0$.

Podemos expresar ambas condiciones en una forma sucinta de la manera siguiente. Para las soluciones óptimas primal y dual,

$$v_j x_j = y_i s_i = 0 \quad \text{para toda } i \text{ y toda } j$$

En forma equivalente se tiene

$$x_j \left(\sum_{i=1}^{m} a_{ij} y_i - c_j \right) = 0, \quad j = 1, 2, \ldots, n$$

$$y_i \left(b_i - \sum_{j=1}^{n} a_{ij} x_j \right) = 0, \quad i = 1, 2, \ldots, m$$

Aprovechamos las observaciones anteriores para enunciar el siguiente teorema:

Teorema de la holgura complementaria: *Un par de soluciones* **factibles** *primal y dual x_j ($j = 1, 2, \ldots, n$) y y_i ($i = 1, 2, \ldots, m$) son óptimas*

182 Programación lineal: análisis de dualidad... [C.5]

para sus respectivos problemas, si y sólo si las siguientes condiciones se satisfacen:

$$y_i\left(b_i - \sum_{j=1}^{n} a_{ij} x_j\right) = y_i s_i = 0, \quad i = 1, 2, \ldots, m$$

$$x_j\left(\sum_{i=1}^{m} a_{ij} y_i - c_j\right) = x_j v_j = 0, \quad j = 1, 2, \ldots, n$$

donde s_i y v_j son las variables de holgura y de exceso, asociadas con las restricciones primal y dual.

La aplicación del teorema de holgura complementaria surge, sobre todo, en el desarrollo del **algoritmo primal-dual** para la solución de problemas de programación lineal que comienzan siendo no óptimos e infactibles. También se utiliza para el desarrollo del **algoritmo desarreglado** en modelos de redes de flujo.

Ejemplo 5.4-1

Considere el modelo del ejemplo 5.3-2. Podemos utilizar el teorema de holgura complementaria para verificar que el vector básico $\mathbf{X}_B = (x_2, x_3, x_6)^T$ es óptimo, como sigue: las soluciones primal y dual correspondientes son:

$$(x_1, x_2, x_3) = (0, 100, 230)$$
$$(y_1, y_2, y_3) = (1, 2, 0)$$

Estas soluciones son *factibles* porque dan:

$$(s_1, s_2, s_3) = (0, 0, 20)$$
$$(v_1, v_2, v_3) = (4, 0, 0)$$

que son todas no negativas (verifíquese por sustitución directa en las restricciones primal y dual). Las soluciones $(x_1, x_2, x_3) = (0, 100, 230)$ y $(y_1, y_2, y_3) = (1, 2, 0)$ también son óptimas porque satisfacen las condiciones de holgura complementaria $y_i s_i = 0$ ($i = 1, 2, 3$) y $v_j x_j = 0$ ($j = 1, 2, 3$). ◀

5.5 ANALISIS DE SENSIBILIDAD O POSOPTIMO

En la sección 3.6 estudiamos la determinación de los intervalos de cambio que mantienen a una solución corriente, óptima e infactible. Esta sección va un poco más allá. Si tienen lugar ciertos cambios en los parámetros del modelo original, ¿cambiará la solución óptima? Y si sucede, ¿podemos calcular la nueva solución óptima sin tener que resolver el problema otra vez? Esto es lo que trata de lograr el análisis posóptimo. El lector encontrará que en muchos casos se puede determinar la nueva solución óptima, sin hacer demasiados cálculos.

El aspecto crucial del análisis posóptimo es la investigación de la tabla símplex general presentada en forma matricial. Consideremos el siguiente problema en forma estándar:

$$\text{maximizar } z = \mathbf{C}_I \mathbf{X}_I + \mathbf{C}_{II} \mathbf{X}_{II}$$

sujeto a

$$\mathbf{AX}_I + \mathbf{IX}_{II} = \mathbf{b}$$
$$\mathbf{X}_I, \mathbf{X}_{II} \geq \mathbf{0}$$

Supongamos que $\mathbf{B}$ es la base corriente, y $\mathbf{C}_B$ y $\mathbf{X}_B$ sus elementos asociados. Dados los valores duales $\mathbf{Y} = \mathbf{C}_B \mathbf{B}^{-1}$, la iteración símplex general correspondiente es

Básica	$\mathbf{X}_I$	$\mathbf{X}_{II}$	Solución
z	$\mathbf{YA} - \mathbf{C}_I$	$\mathbf{Y} - \mathbf{C}_{II}$	$\mathbf{C}_B \mathbf{B}^{-1} \mathbf{b}$
$\mathbf{X}_B$	$\mathbf{B}^{-1}\mathbf{A}$	$\mathbf{B}^{-1}$	$\mathbf{B}^{-1}\mathbf{b}$

Observe que una vez conocidas $\mathbf{B}$, $\mathbf{C}_B$ y $\mathbf{X}_B$, la *tabla entera* se puede calcular utilizando $\mathbf{B}^{-1}$ *y los datos originales del problema*. El análisis posóptimo se basa precisamente en esta observación.

Normalmente, en el análisis posóptimo nos interesa estudiar el efecto de cambiar los coeficientes $\mathbf{C}_I$ y $\mathbf{C}_{II}$ de la función objetivo y/o, las cantidades disponibles de los recursos $\mathbf{b}$. Observe la tabla anterior y note que los cambios en $\mathbf{C}_I$, $\mathbf{C}_{II}$ y $\mathbf{b}$ no tienen ningún efecto en $\mathbf{B}$ o en $\mathbf{B}^{-1}$. La razón es que $\mathbf{B}$ está constituida por columnas de $(\mathbf{A}, \mathbf{I})$ y en tanto que $(\mathbf{A}, \mathbf{I})$ permanezca constante, $\mathbf{B}$ no resultará afectada. Lo primero que queremos hacer en el análisis posóptimo es dilucidar si un cambio de $(\mathbf{C}_I, \mathbf{C}_{II})$ a $(\mathbf{D}_I, \mathbf{D}_{II})$ y/o un cambio de $\mathbf{b}$ a $\mathbf{d}$, mantendrá la base corriente $\mathbf{B}$ óptima y factible. Entonces, bajo el supuesto de que no habrá cambios en $\mathbf{B}$, todo lo que tenemos que hacer es reemplazar $\mathbf{C}_B$ por la nueva $\mathbf{D}_B$ y $\mathbf{b}$ por $\mathbf{d}$ y, luego, volver a calcular el renglón objetivo (usando $\mathbf{Y} = \mathbf{D}_B \mathbf{B}^{-1}$) y el segundo miembro ($= \mathbf{B}^{-1}\mathbf{d}$). Si ninguno de los nuevos coeficientes del renglón objetivo afecta la optimidad y ninguno de los nuevos coeficientes del segundo miembro resulta negativo, entonces $\mathbf{B}$ permanecerá óptima y factible bajo los nuevos valores $\mathbf{B}^{-1}\mathbf{d}$. De otra manera, si se ha afectado la optimidad o la factibilidad (o ambas), se necesitarán cálculos adicionales para determinar la nueva solución.

Como resumen de la explicación anterior podemos decir que el análisis posóptimo queda dentro de alguna de las tres categorías siguientes:

1. Cambios en los coeficientes objetivo ($\mathbf{C}_I$, $\mathbf{C}_{II}$) sólo pueden afectar la optimidad.
2. Cambios en el segundo miembro $\mathbf{b}$ sólo pueden afectar la factibilidad.
3. Cambios simultáneos en ($\mathbf{C}_I$, $\mathbf{C}_{II}$) y $\mathbf{b}$ pueden afectar la optimidad y la factibilidad.

Los cálculos adicionales necesarios para determinar una nueva solución, corresponden a alguno de los tres procedimientos siguientes:

1. Si la tabla resulta *no óptima,* aplíquese el método símplex *primal* a la *nueva* tabla hasta alcanzar la optimidad (o cuando haya evidencia de que la nueva solución no es acotada).

2. Si la tabla resulta *infactible,* apliquese el método símplex *dual* a la *nueva* tabla hasta que se restaure la factibilidad (o cuando haya evidencia de que la nueva solución permanece infactible).

3. Si la tabla resulta *no óptima* e *infactible,* apliquese primero el símplex primal a la nueva tabla sin considerar la infactibilidad. Una vez alcanzada la optimidad, apliquese el método símplex dual para recuperar la factibilidad. Este procedimiento combina necesariamente los procedimientos 1 y 2 en forma secuencial.

Es probable que el lector se pregunte si el análisis posóptimo se extenderá para considerar cambios en los coeficientes **A** de restricción (tecnológica) del modelo de PL. Téngase en mente que **B** está compuesta de vectores columna en (**A**, **I**). Si los cambios en **A** no afectan a **B**, o sea, que los cambios ocurren sólo en vectores columna no básicos, **B** no resulta afectada y, como se puede ver en la tabla símplex general dada antes, los cambios en **A**, en este caso afectarán sólo al renglón objetivo y, por lo tanto, a la optimidad. Por otra parte, ponga atención si los cambios en **A** afectan a los vectores columna de **B**. La inversa corriente $\mathbf{B}^{-1}$ ya no será válida y lo fundamental de la tabla símplex estará "literalmente destruido". Por supuesto, podemos seguir adelante e intentar volver a calcular una nueva $\mathbf{B}^{-1}$ a partir de la nueva **B**. Sin embargo, no se tendrá ninguna garantía de que la nueva **B** sea una base. Pero aun si lo es, volver a calcular $\mathbf{B}^{-1}$ puede ser muy tedioso, anulando así el propósito de llevar a cabo un análisis posóptimo. En resumen, los cambios en la matriz tecnológica **A** no se prestan fácilmente a un análisis posóptimo. Entonces, excepto en el caso de que el cambio se haga en un vector columna *no* básico de **A**, es aconsejable resolver el problema nuevamente.

Proporcionamos los detalles de los tres procedimientos. El problema Reddy Mikks, que resumimos a continuación por conveniencia, se utilizará para ilustrar los tres procedimientos. Para lograr una presentación más exacta, es más conveniente resumir los cálculos con el formato de la tabla símplex. La matriz sombreada en la tabla óptima primal indicada más adelante define a la inversa $\mathbf{B}^{-1}$. El vector básico óptimo $\mathbf{X}_B$ es $(x_2, x_1, x_5, x_6)^T$.

Primal de Reddy Mikks

Maximizar $z = 3x_1 + 2x_2$

sujeto a

$$x_1 + 2x_2 \leq 6$$
$$2x_1 + x_2 \leq 8$$
$$-x_1 + x_2 \leq 1$$
$$x_2 \leq 2$$
$$x_1, x_2 \geq 0$$

Dual de Reddy Mikks

Minimizar $w = 6y_1 + 8y_2 + y_3 + 2y_4$

sujeto a

$$y_1 + 2y_2 - y_3 \geq 3$$
$$2y_1 + y_2 + y_3 + y_4 \geq 2$$
$$y_1, y_2, y_3, y_4 \geq 0$$

Tabla primal óptima

Básica	x_1	x_2	x_3	x_4	x_5	x_6	Solución
z	0	0	1/3	4/3	0	0	38/3
x_2	0	1	2/3	−1/3	0	0	4/3
x_1	1	0	−1/3	2/3	0	0	10/3
x_5	0	0	−1	1	1	0	3
x_6	0	0	−2/3	1/3	0	1	2/3

(Conforme el lector avance en el estudio de lo que resta de esta sección, conviene que conserve cerca una copia de la información que se ha dado. De aquí en adelante, nos referimos a la solución primal óptima como la solución *actual*.)

Ejercicio 5.5-1
Identificar la base **B** asociada con la tabla óptima anterior empleando los datos del problema primal original de Reddy Mikks. Verificar que $\mathbf{BB}^{-1} = \mathbf{I}$.

$$Resp.: \mathbf{B} = \begin{pmatrix} 2 & 1 & 0 & 0 \\ 1 & 2 & 0 & 0 \\ 1 & -1 & 1 & 0 \\ 1 & 0 & 0 & 1 \end{pmatrix}$$

5.5.1 CAMBIOS QUE AFECTAN LA OPTIMIDAD

La optimidad de la solución símplex se afecta sólo en una de tres maneras.

1. Se cambian los coeficientes objetivo ($\mathbf{C}_I$, $\mathbf{C}_{II}$).
2. Se cambia el uso de un recurso de una actividad no básica (o sea, un vector columna no básico en **A**).
3. Se agrega una nueva actividad al modelo.

A continuación se explican los tres casos.

A. Cambios en los coeficientes objetivo

De acuerdo con la definición de la tabla símplex general, los cambios en ($\mathbf{C}_I$, $\mathbf{C}_{II}$) sólo necesitan volver a calcular el renglón objetivo de la tabla óptima. Como ilustración, supongamos que en el modelo Reddy Mikks la función objetivo se cambia de $z = 3x_1 + 2x_2$ a $z = 5x_1 + 4x_2$. Dado el óptimo corriente $\mathbf{X}_B = (x_2, x_1, x_5, x_6)$, se tendrá:

$$\mathbf{C}_B = (4, 5, 0, 0)$$

$$\mathbf{Y} = (y_1, y_2, y_3, y_4)$$

$$= \mathbf{C}_B \mathbf{B}^{-1} = (4, 5, 0, 0) \begin{pmatrix} 2/3 & -1/3 & 0 & 0 \\ -1/3 & 2/3 & 0 & 0 \\ -1 & 1 & 1 & 0 \\ -2/3 & 1/3 & 0 & 1 \end{pmatrix}$$

$$= (1, 2, 0, 0)$$

Calculamos ahora los nuevos coeficientes del renglón z por medio de

$$\{z_j - c_j\} = (\mathbf{YA} - \mathbf{C}_I, \mathbf{Y} - \mathbf{C}_{II})$$

donde $\mathbf{C}_I = (5, 4)$ y $\mathbf{C}_{II} = (0, 0, 0, 0)$. Obsérvese que $\mathbf{C}_I$ y $\mathbf{C}_{II}$ se determinan a partir de la nueva función objetivo.

En realidad, $\mathbf{YA} - \mathbf{C}_I$ y $\mathbf{Y} - \mathbf{C}_{II}$ no son otra cosa que la diferencia entre el primer y segundo miembros de las restricciones duales correspondientes y de esta manera, podemos proceder a calcular los $(z_j - c_j)$ individuales para toda j. [Note que no es necesario volver a calcular $(z_j - c_j)$ para los vectores básicos corrientes, ya que son siempre igual a cero. ¿Por qué? Explíquelo en forma matemática.] Sin embargo, utilizaremos aquí la notación matricial.

$$(z_3 - c_3, z_4 - c_4) = (1, 2, 0, 0) \begin{pmatrix} 1 & 0 \\ 0 & 1 \\ 0 & 0 \\ 0 & 0 \end{pmatrix} - (0, 0) = (1, 2)$$

El nuevo renglón objetivo será

Básica	x_1	x_2	x_3	x_4	x_5	x_6	Solución
z	0	0	1	2	0	0	22

Todos los coeficientes de la ecuación z son no negativos, por lo que la solución corriente permanece sin cambio; esto es, $x_1 = 10/3$, $x_2 = 4/3$. El único cambio ocurre en el valor de z que debe ser ahora: $5 \times (10/3) + 4 \times (4/3) = 22$.

Ejercicio 5.5-2

Vuelva a determinar los coeficientes de la función z en cada uno de los casos que siguen. ¿Qué observación general hace usted en relación con los coeficientes de la función objetivo de las variables básicas? Específicamente, ¿pudieran llegar a diferir de cero?

(a) $z = 6x_1 + 4x_2$
[*Resp.* Coeficientes de la función $z = (0, 0, 2/3, 8/3, 0, 0)$.]
(b) $z = 5x_1 + 5x_2$
[*Resp.* Coeficientes de la ecuación $z = (0, 0, 5/3, 5/3, 0, 0,)$. La observación general es que los coeficientes de las variables básicas *siempre* se mantienen en cero, lo que indica que la restricción *dual* correspondiente debe cumplirse en forma de ecuación. Esta observación significa que únicamente es necesario volver a calcular los coeficientes de las variables no básicas.]

Consideraremos otro ejemplo en el cual los cambios en la función objetivo darán origen a una condición de no optimidad. Supóngase que

$$z = 4x_1 + x_2$$

entonces

$$(y_1, y_2, y_3, y_4) = \mathbf{C}_B \mathbf{B}^{-1} = (1, 4, 0, 0) \begin{pmatrix} 2/3 & -1/3 & 0 & 0 \\ -1/3 & 2/3 & 0 & 0 \\ -1 & 1 & 1 & 0 \\ -2/3 & 1/3 & 0 & 1 \end{pmatrix}$$

$$= (-2/3, 7/3, 0, 0)$$

Se puede verificar que la nueva función z se transforma en

Básica	x_1	x_2	x_3	x_4	x_5	x_6	Solución
z	0	0	−2/3	7/3	0	0	44/3

Como x_3 tiene un coeficiente negativo, x_3 debe entrar en la solución y se recupera la optimidad aplicando el método símplex primal. La tabla 5-3 muestra que se llega al nuevo óptimo en una iteración. La primera iteración es la misma que la iteración óptima actual, con la excepción de la función z.

Se podría usar el método símplex revisado para obtener el óptimo anterior. Utilizamos la forma de tabla regular sólo para presentar resultados en forma resumida.

Ejercicio 5.5-3

Considere el óptimo de la tabla 5-3, que da como resultado la solución $z = 4x_1 + x_2$ sujeta a las restricciones originales del modelo de Reddy Mikks.
(a) Vuelva a calcular la función z dada $z = 4x_1 + (3/2)x_2$.
[*Resp.* Como el cambio sólo ocurre en x_2, que es no básica, los valores duales se mantienen $(0, 2, 0, 0)$ y sólo cambiará el coeficiente de x_2 en la función z. Su valor es 1/2, lo que significa que x_2 se mantendrá en cero y la solución no sufrirá ningún cambio.]
(b) ¿Se mantendrá óptima la solución dada cuando $z = 3x_1 + 2x_2$?
[*Resp.* Vuelva a determinar los valores duales, ya que el coeficiente de x_1 básica sufre cambios. Esto da como resultado $(y_1, y_2, y_3, y_4) = (0, 3/2, 0, 0)$. Los coeficientes de la

188 Programación lineal: análisis de dualidad... [C.5

Tabla 5-3

Iteración	Básica	x_1	x_2	x_3	x_4	x_5	x_6	Solución
1 (inicial)	z	0	0	$-2/3$	$7/3$	0	0	$44/3$
x_3 entra	x_2	0	1	$2/3$	$-1/3$	0	0	$4/3$
x_2 sale	x_1	1	0	$-1/3$	$2/3$	0	0	$10/3$
	x_5	0	0	-1	1	1	0	3
	x_6	0	0	$-2/3$	$1/3$	0	1	$2/3$
2 (óptimo)	z	0	1	0	2	0	0	16
	x_3	0	$3/2$	1	$-1/2$	0	0	2
	x_1	1	$1/2$	0	$1/2$	0	0	4
	x_5	0	$3/2$	0	$1/2$	1	0	5
	x_6	0	1	0	0	0	1	2

función z de x_2 y x_4 no básicas son $-1/2$ y $3/2$. Todos los otros son igual a cero. Por lo tanto, x_2 entra y x_3 sale.]

B. Cambios en el uso de recursos de parte de la actividad

Un cambio en el uso de recursos de parte de la actividad sólo puede afectar la optimidad de la solución, ya que afecta el primer miembro de su restricción dual. Sin embargo, debemos restringir este planteamiento a actividades que actualmente sean *no básicas*. Un cambio en los coeficientes de restricciones de actividades básicas afectará la inversa y pudiera conducirnos a complicaciones en los cálculos. Por lo tanto, limitaremos nuestra presentación a cambios en actividades no básicas. La manera más sencilla de manejar los cambios en actividades básicas consiste en resolver el problema *de manera diferente*. Aunque existen métodos para manejar cambios en un coeficiente *único* de restricción de una actividad básica, la "calidad" de la información que éstos producen no coincide con la que se obtiene de otros procedimientos del análisis de sensibilidad.

Consideraremos el modelo de Reddy Mikks con $z = 4x_1 + x_2$. Su solución óptima se presenta en la tabla 5-3. La actividad x_2 es no básica y podemos considerar la modificación de sus coeficientes de restricciones. Supóngase que los usos de las materias primas A y B de parte de la actividad 2 son 4 y 3 toneladas en vez de 2 y 1. La restricción dual asociada es

$$4y_1 + 3y_2 + y_3 + y_4 \geq 1$$

(Nótese que el segundo miembro es igual al coeficiente de x_2 en $z = 4x_1 + x_2$). Como la función objetivo se mantiene sin cambio, los valores duales también se mantienen iguales; éstos se muestran en la tabla 5-3. Por lo tanto, tenemos en la función z

$$z_2 - c_2 = 4(0) + 3(2) + 1(0) + 1(0) - 1 = 5$$

Como es ≥ 0, el cambio propuesto no afecta la solución óptima de la tabla 5-3.

Ejercicio 5.5-4
Indique si los cambios siguientes en los coeficientes de las restricciones de x_2 afectarán la solución óptima de la tabla 5.3.
(a) El uso de las materias primas A y B es de 4 y 2 toneladas.
   [*Resp.*: No, porque la nueva $z_2 - c_2$ es 3.]
(b) El uso de las materias primas A y B es de 2 y 1/4 toneladas.
   [*Resp.* Sí, ya que el nuevo coeficiente x_2 es $-1/2$.]

En vez de considerar por separado la forma como se obtiene la solución óptima cuando el cambio da lugar a la condición de no optimidad (como en el caso b), presentamos a continuación el caso de agregar una actividad completamente nueva. Su tratamiento incluirá esta situación en forma automática.

C. Adición de una nueva actividad

En el modelo original de Reddy Mikks (con $z = 3x_1 + 2x_2$), supóngase que nos interesa producir una marca de pintura para exteriores más económica, la cual utiliza 3/4 de tonelada de cada una de las materias primas A y B por tonelada de la nueva pintura. La relación entre las pinturas para interiores y exteriores según se expresa en la tercera restricción se mantendrá de enlace, excepto que ahora *ambos* tipos de pintura para exteriores deben considerarse en la nueva restricción. La ganancia por tonelada de la nueva pintura es de $1\frac{1}{2}$ (miles de unidades monetarias).

Sea x_7 igual al número de toneladas producidas de la nueva pintura. El modelo original se modifica como sigue:

$$\text{maximizar } z = 3x_1 + 2x_2 + (3/2)x_7$$

sujeto a

$$x_1 + 2x_2 + (3/4)x_7 \leq 6$$
$$2x_1 + x_2 + (3/4)x_7 \leq 8$$
$$-x_1 + x_2 - 1x_7 \leq 1$$
$$x_2 \leq 2$$
$$x_1, x_2, x_7 \geq 0$$

La adición de una nueva actividad equivale a combinar el análisis de hacer cambios en la función objetivo y en el uso de los recursos. Podemos considerar a x_7 como si fuese parte del modelo original con *todos* los coeficientes *cero*, que ahora se cambian como se muestra en el modelo anterior. Este caso equivale a decir que x_7 es no básica.

Lo primero que debemos hacer es verificar la restricción dual correspondiente:

$$(3/4)y_1 + (3/4)y_2 - y_3 \geq 3/2$$

Como x_7 se considera como una variable no básica en la tabla original, los valores duales se mantienen sin cambio. Por lo tanto, el coeficiente de x_7 en la tabla óptima actual es

$$(3/4)(1/3) + (3/4)(4/3) - (1)(0) - 3/2 = -1/4$$

Esto indica que la solución actual mejorará si x_7 se vuelve positiva.

La *tabla óptima actual* se modifica mediante la creación de la columna x_7 en el primer miembro con su coeficiente de la función z igual a $-1/4$. Los coeficientes de las restricciones asociados se determinan en la forma siguiente

$$\mathbf{B}^{-1}\mathbf{P}_7 = \begin{pmatrix} 2/3 & -1/3 & 0 & 0 \\ -1/3 & 2/3 & 0 & 0 \\ -1 & 1 & 1 & 0 \\ -2/3 & 1/3 & 0 & 1 \end{pmatrix} \begin{pmatrix} 3/4 \\ 3/4 \\ -1 \\ 0 \end{pmatrix} = \begin{pmatrix} 1/4 \\ 1/4 \\ -1 \\ -1/4 \end{pmatrix}$$

La tabla 5-4 ilustra las iteraciones de la nueva solución.

Tabla 5-4

Iteración	Básica	x_1	x_2	x_7	x_3	x_4	x_5	x_6	Solución
1 (inicial)	z	0	0	$-1/4$	1/3	4/3	0	0	38/3
x_7 entra	x_2	0	1	1/4	2/3	$-1/3$	0	0	4/3
x_2 sale	x_1	1	0	1/4	$-1/3$	2/3	0	0	10/3
	x_5	0	0	-1	-1	1	1	0	3
	x_6	0	0	$-1/4$	$-2/3$	1/3	0	1	2/3
2 (óptimo)	z	0	1	0	1	1	0	0	14
	x_7	0	4	1	8/3	$-4/3$	0	0	16/3
	x_1	1	-1	0	-1	1	0	0	2
	x_5	0	4	0	5/3	$-1/3$	1	0	25/3
	x_6	0	1	0	0	0	0	1	2

Ejercicio 5.5-5

Supóngase que los coeficientes de la función objetivo y de las restricciones de x_7 estuvieran dados, respectivamente, como 1, 1/2, 1, −1 y 0. ¿Será provechoso manufacturar el nuevo producto?

[*Resp.*: No, porque el coeficiente de la función z de x_7 es 1/2.]

Quizá el lector ya haya observado que no se puede admitir una nueva actividad en la solución a menos que ésta mejore el valor de la función objetivo (por ejemplo, en la tabla 5-4 el valor de z ha aumentado de $12\frac{2}{3}$ a 14 como resultado de incorporar x_7 en la solución óptima). Este resultado está en contraste con la adición de una nueva restricción (sección 5.5.2B), donde una nueva restricción nunca podrá mejorar el valor óptimo de la función objetivo. En realidad, si la restricción adicional no cumple con el óptimo corriente, puede empeorar el valor óptimo de la función z.

5.5.2 CAMBIOS QUE AFECTAN LA FACTIBILIDAD

La factibilidad de la solución símplex se afecta en una de dos maneras:

1. Se cambia el vector **b** del segundo miembro.
2. Se agrega una nueva restricción al modelo.

A. Cambios en el segundo miembro

Suponga que en el modelo Reddy Mikks, la disponibilidad diaria de la materia prima A se cambia de 6 a 7 toneladas. ¿Cómo se afecta la solución corriente?

Sabemos, por los cálculos símplex, que los cambios en el vector **b** del segundo miembro pueden afectar sólo este miembro de la tabla. En otras palabras,

$$\mathbf{X}_B = \mathbf{B}^{-1}\mathbf{b}$$

Así, en nuestro ejemplo, la nueva $\mathbf{b} = (7, 8, 1, 2)^T$ y

$$\mathbf{X}_B = \begin{pmatrix} x_2 \\ x_1 \\ x_5 \\ x_6 \end{pmatrix} = \begin{pmatrix} 2/3 & -1/3 & 0 & 0 \\ -1/3 & 2/3 & 0 & 0 \\ -1 & 1 & 1 & 0 \\ -2/3 & 1/3 & 0 & 1 \end{pmatrix} \begin{pmatrix} 7 \\ 8 \\ 1 \\ 2 \end{pmatrix} = \begin{pmatrix} 2 \\ 3 \\ 2 \\ 0 \end{pmatrix}$$

Como $\mathbf{X}_B$ permanece no negativa, la base **B** permanece constante. Sin embargo, los valores de las variables cambian a $x_1 = 3$, $x_2 = 2$, $x_5 = 2$, $x_3 = x_4 = x_5 = 0$. El nuevo valor de z es $3(3) + 2(2) = 13$.

Ejercicio 5.5-6

Supóngase que, además del cambio en la disponibilidad de la materia prima A, el límite máximo en la demanda diaria de pintura para interiores (x_2) se incrementa de 2 a 3 toneladas. Verifique si las variables actuales (básicas) siguen siendo factibles y determine los nuevos valores de las variables.

[*Resp.* Las variables básicas se mantienen sin cambios. $x_1 = 3$, $x_2 = 2$, $x_5 = 2$, $x_6 = 1$, $x_3 = x_4 = 0$.]

Ahora consideraremos un ejemplo de lo que sucede cuando la variable básica actual se vuelve infactible. Supóngase que las disponibilidades diarias de las materias A y B son 7 y 4 toneladas en vez de 6 y 8 toneladas. El segundo miembro de la tabla se determina de la manera siguiente:

$$\mathbf{X}_B = \begin{pmatrix} x_2 \\ x_1 \\ x_5 \\ x_6 \end{pmatrix} = \begin{pmatrix} 2/3 & -1/3 & 0 & 0 \\ -1/3 & 2/3 & 0 & 0 \\ -1 & 1 & 1 & 0 \\ -2/3 & 1/3 & 0 & 1 \end{pmatrix} \begin{pmatrix} 7 \\ 4 \\ 1 \\ 2 \end{pmatrix} = \begin{pmatrix} 10/3 \\ 1/3 \\ -2 \\ -4/3 \end{pmatrix} = \begin{pmatrix} \text{nuevo segundo} \\ \text{miembro} \\ \text{de la tabla} \end{pmatrix}$$

Los cambios harán que x_5 y x_6 se vuelvan negativas, lo que significa que la solución actual es infactible. Por lo tanto, debemos utilizar el método símplex dual para recuperar la factibilidad.

La siguiente tabla primal óptima muestra el *nuevo* segundo miembro en una región sombreada. Todos los elementos restantes se mantienen sin cambios.

Básica	x_1	x_2	x_3	x_4	x_5	x_6	Solución
z	0	0	1/3	4/3	0	0	23/3
x_2	0	1	2/3	-1/3	0	0	10/3
x_1	1	0	-1/3	2/3	0	0	1/3
x_5	0	0	-1	1	1	0	-2
x_6	0	0	-2/3	1/3	0	1	-4/3

Nótese que el nuevo valor de z es $3(1/3) + 2(10/3) = 23/3$.

La tabla es óptima (todos los coeficientes de la ecuación z son ≥ 0) pero infactible (cuando menos una variable básica es negativa). La aplicación del método símplex *dual* muestra que la variable que entra y la que sale son x_5 y x_3. Esto nos lleva a la tabla que sigue:

Básica	x_1	x_2	x_3	x_4	x_5	x_6	Solución
z	0	0	0	5/3	1/3	0	7
x_2	0	1	0	1/3	2/3	0	2
x_1	1	0	0	1/3	-1/3	0	1
x_3	0	0	1	-1	-1	0	2
x_6	0	0	0	-1/3	-2/3	1	0

Esta tabla es óptima y factible. La nueva solución es $x_1 = 1$, $x_2 = 2$ y $z = 7$. Aunque la solución factible se recuperó en una iteración, en términos generales el método símplex dual requiere más de una iteración para alcanzar la factibilidad.

Ejercicio 5.5-7

Considere el modelo de Reddy Mikks como se dio *originalmente*. Supóngase que la disponibilidad diaria de la materia prima A es de 3 toneladas (en vez de 6). Demuestre que la solución actual se vuelve infactible y determine la variable que entra y la que sale en la primera iteración símplex dual.

[*Resp.* Elementos del nuevo segundo miembro = $(-2/3, 13/3, 6, 8/3) = (x_2, x_1, x_5, x_6)$. Símplex dual: x_2 sale y x_4 entra.]

B. Adición de una nueva restricción

La adición de una nueva restricción puede dar origen a una de dos condiciones:

1. La restricción la satisface la solución actual y en este caso la restricción es *de no enlace* o *redundante* y, por lo tanto, su adición no alterará la solución.
2. La solución actual no satisface la restricción. En este caso, la nueva solución se obtiene utilizando el método símplex dual.

Para ejemplificar estos casos, supóngase que la demanda diaria de pintura para exteriores no excede de 4 toneladas. Una nueva restricción de la forma

$$x_1 \leq 4$$

debe sumarse al modelo. Como la solución actual ($x_1 = 10/3$, $x_2 = 4/3$) claramente satisface la nueva restricción, ésta ostenta el rótulo de no enlace, y la solución actual se mantiene sin cambio.

Ahora supóngase que la demanda máxima de pintura para exteriores es de 3 toneladas y no 4. Por lo tanto, la nueva restricción se vuelve $x_1 \leq 3$, que no se satisface por la solución actual $x_1 = 10/3$ y $x_2 = 4/3$.

Esto es lo que hacemos para recobrar la factibilidad. Primero, colóquese la nueva restricción en la forma estándar aumentando una variable de holgura o de exceso, de ser necesario. Después sustitúyase cualquiera de las variables básicas actuales en la restricción en términos de las variables no básicas (actuales). El paso final consiste en aumentar la restricción "modificada" a la tabla óptima actual y aplicar el símplex dual para recuperar la factibilidad.

Mediante el uso de x_7 como holgura, se tiene que la forma estándar de $x_1 \leq 3$ es

$$x_1 + x_7 = 3, \quad x_7 \geq 0$$

Ahora bien, en la solución actual x_1 es una variable básica y debemos sustituirla en términos de las variables no básicas. En la ecuación x_1 de la tabla óptima actual, se tiene

$$x_1 - (1/3)x_3 + (2/3)x_4 = 10/3$$

Por lo tanto, la nueva restricción expresada en términos de las variables no básicas actuales se convierte en

$$(10/3) + (1/3)x_3 - (2/3)x_4 + x_7 = 3$$

o bien

$$(1/3)x_3 - (2/3)x_4 + x_7 = -1/3$$

(El segundo miembro negativo indica infactibilidad ya que, dadas $x_3 = x_4 = 0$, $x_7 = -1/3$, violan el requisito $x_7 \geq 0$.)

La restricción modificada se aumenta ahora a la tabla óptima actual como se indica a continuación. La adición a la tabla se muestra en una región sombreada. Los elementos restantes se toman directamente de la tabla óptima actual:

Básica	x_1	x_2	x_3	x_4	x_5	x_6	x_7	Solución
z	0	0	1/3	4/3	0	0	0	38/3
x_2	0	1	2/3	−1/3	0	0	0	4/3
x_1	1	0	−1/3	2/3	0	0	0	10/3
x_5	0	0	−1	1	1	0	0	3
x_6	0	0	−2/3	1/3	0	1	0	2/3
x_7	0	0	1/3	−2/3	0	0	1	−1/3

Mediante el método símplex dual, sale x_7 de la solución y entra $\bar{x}_4$ en ella. Esto produce la siguiente tabla factible óptima:

Básica	x_1	x_2	x_3	x_4	x_5	x_6	x_7	Solución
z	0	0	1	0	0	0	2	12
x_2	0	1	1/2	0	0	0	−1/2	3/2
x_1	1	0	0	0	0	0	1	3
x_5	0	0	−1/2	0	1	0	3/2	5/2
x_6	0	0	−1/2	0	0	1	1/2	1/2
x_4	0	0	−1/2	1	0	0	−3/2	1/2

La nueva solución tiene un valor menos óptimo de z que antes de la adición de la restricción. Se espera que siempre suceda esto ya que la adición de una nueva restricción no redundante nunca podrá mejorar el valor de z.

Ejercicio 5.5-8

Supóngase que se suma cada una de las siguientes restricciones al modelo de Reddy Mikks. Determine si la restricción que se agrega es no redundante. Si lo es, exprese la restricción de enlace en términos de las variables no básicas de la solución actual e identifique la variable que entra y la que sale del método símplex dual.

(a) $x_2 \leq 2$
[*Resp.* La restricción es redundante.]
(b) $x_1 + x_2 \leq 4$
[*Resp.* $-(1/3)x_3 - (1/3)x_4 + x_7 = -2/3$. Sale x_7 y entra x_3.]
(c) $2x_1 + 3x_2 \geq 11$
[*Resp.* $(4/3)x_3 + (1/3)x_4 + x_7 = -1/3$. No existe solución factible.]

La idea de agregar restricciones, una a la vez, a la tabla óptima actual se utiliza algunas veces para reducir la tarea de cálculo en el proceso de solución de problemas lineales. Como se observó en el capítulo 3, el número de operaciones de cálculo que se efectúan en el método símplex depende principalmente del número de restricciones. Podemos reducir efectivamente el número de restricciones en un modelo de la manera siguiente. Primero, identificamos las **restricciones secundarias**, que son las restricciones que "sentimos" son las menos restrictivas en la solución óptima. Después se resuelve el modelo sujeto a las restricciones restantes (primarias). Después se aumentan las restricciones secundarias a la tabla óptima resultante, una a la vez, hasta que se encuentre una solución que cumpla todas las restricciones secundarias no aumentadas en la tabla. Se obtiene una ventaja de cálculo cuando no se utiliza un número considerable de restricciones secundarias en los cálculos.

5.5.3 Cambios que afectan la optimidad y la factibilidad

Consideremos los siguientes cambios *simultáneos* en el modelo Reddy Mikks:

1. La función objetivo se cambia a $z = x_1 + 4x_2$.
2. El segundo miembro se cambia a $(7, 4, 1, 2)^T$.

Los dos tipos de cambios conducen a la siguiente tabla (verifíquelo):

Básica	x_1	x_2	x_3	x_4	x_5	x_6	Solución
z	0	0	7/3	$-2/3$	0	0	41/3
x_2	0	1	2/3	$-1/3$	0	0	10/3
x_1	1	0	$-1/3$	2/3	0	0	1/3
x_5	0	0	-1	1	1	0	-2
x_6	0	0	$-2/3$	1/3	0	1	$-4/3$

La tabla es no óptima e infactible.

Primero, restauramos la optimidad sin atender la factibilidad. Así, x_4 entra en la solución y cualquiera de las variables x_2, x_1, x_5 o x_6, puede salir. La única estipulación en el caso general es que el elemento pivote sea diferente de cero. Con x_1 como variable saliente se tiene la siguiente tabla:

Básica	x_1	x_2	x_3	x_4	x_5	x_6	Solución
z	1	0	2	0	0	0	14
x_2	1/2	1	1/2	0	0	0	7/2
x_4	3/2	0	$-1/2$	1	0	0	1/2
x_5	$-3/2$	0	$-1/2$	0	1	0	$-5/2$
x_6	$-1/2$	0	$-1/2$	0	0	1	$-3/2$

Ahora la tabla es óptima, pero infactible. La aplicación del método símplex dual exige que x_5 salga y que entre x_1, como se muestra en la siguiente tabla:

Básica	x_1	x_2	x_3	x_4	x_5	x_6	Solución
z	0	0	5/3	0	2/3	0	37/3
x_2	0	1	1/3	0	1/3	0	8/3
x_4	0	0	-1	1	1	0	-2
x_1	1	0	1/3	0	$-2/3$	0	5/3
x_6	0	0	$-1/3$	0	$-1/3$	1	$-2/3$

Ahora dejamos salir a x_4 y entrar a x_3, lo que da:

Básica	x_1	x_2	x_3	x_4	x_5	x_6	Solución
z	0	0	0	5/3	7/3	0	9
x_2	0	1	0	1/3	2/3	0	2
x_3	0	0	1	-1	-1	0	2
x_1	1	0	0	1/3	$-1/3$	0	1
x_6	0	0	0	$-1/3$	$-2/3$	1	0

Ahora esta tabla es óptima y factible.

5.6 PROGRAMACION LINEAL PARAMETRICA

La programación lineal paramétrica es una extensión natural del procedimiento de análisis posóptimo. Investiga los cambios en la solución de PL óptima, debido a cambios *continuos predeterminados* en los parámetros del modelo, tales como la disponibilidad de recursos o los cambios en los costos o ganancias marginales. Por ejemplo, en la industria petrolera, donde la PL tiene gran número de aplicaciones, es común investigar cambios en la solución de PL óptima que resultan de cambios en la disponibilidad y calidad de los petróleos crudos.

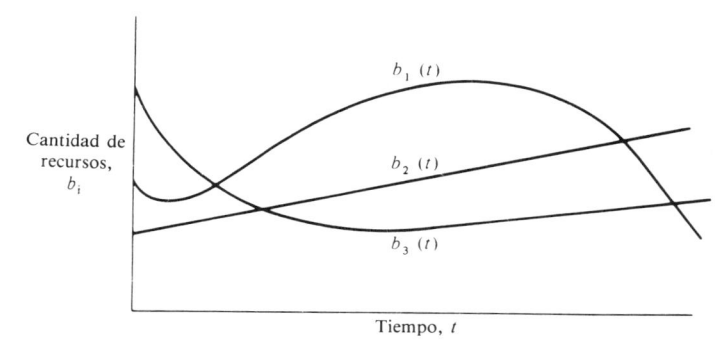

Figura 5-1

Las funciones predeterminadas que representan cambios en los coeficientes del modelo, *no* tienen que ser lineales, pues esto no tiene nada que ver con la programación *lineal*. La figura 5-1 ilustra funciones que pueden representar cambios en la disponibilidad de recursos. Tal vez la única ventaja de emplear funciones lineales es que los cálculos resultan menos laboriosos. Por esta razón, y para no perdernos en los detalles de los cálculos, el resto de esta sección se concentra en el uso de funciones lineales únicamente. Sin embargo, téngase en cuenta que cualquier función no lineal (de una sola variable) se puede aproximar a su valor por medio de funciones segmentalmente lineales (véase la sección 20.2.1). No obstante, en esta sección mostramos cómo puede utilizarse en forma directa la no linealidad y señalaremos las posibles dificultades de cálculo.

De la misma manera que en el análisis de sensibilidad, consideraremos los siguientes tipos de cambios:

1. Cambio en los coeficientes objetivo **C**.
2. Cambio en la disponibilidad de recursos **b**.
3. Cambio en los coeficientes de restricción $\mathbf{P}_j$.
4. Cambios simultáneos en **C**, **b** y $\mathbf{P}_j$.

Supongamos que t es el parámetro con el que cambian los diferentes coeficientes. La idea general de la programación paramétrica es calcular la solución óptima en $t = 0$. Luego, adoptando las condiciones de optimalidad y factibilidad de los métodos símplex primal y dual, encontrar el intervalo de t para el cual la solución en $t = 0$ permanece óptima y factible. Supongamos que este intervalo está dado por $(0, t_1)$. Esto significa que cualquier incremento en t más allá de t_1 conducirá a una solución infactible y/o no óptima. Así, en $t = t_1$ determinamos una nueva solución que permanecerá óptima y factible entre $t = t_1$ y $t = t_2$, donde $t_2 > t_1$. El proceso se repite entonces en $t = t_2$ y se obtiene una nueva solución. Finalmente, se alcanza un punto en la escala de t más allá del cual la solución o bien no cambia o no existe. Aquí es donde termina el análisis paramétrico.

Mostraremos ahora cómo se determinan los valores críticos $t_1, t_2, \ldots$ y sus soluciones asociadas. Se considerarán por separado los diferentes cambios.

5.6.1 CAMBIOS EN C

Sea $C(t)$ el vector objetivo parametrizado en función de t. Por simplicidad consideremos que $t \geq 0$. Supongamos que B_i representa la base óptima en el valor crítico t_i. Mostraremos ahora cómo se determinan el siguiente valor crítico t_{i+1} y su base óptima. Inicialmente comenzamos en $t = t_0 = 0$ con B_0 como la base óptima asociada.

Sea ^iX_B el vector básico óptimo en t_i y definimos $C_B(t)$ como los coeficientes asociados de $C(t)$. Como vimos en la sección 5.5.1, los cambios en C afectan sólo la optimalidad de la solución corriente. Así, la solución

$$^iX_B = B_i^{-1}b$$

permanece óptima para toda $t \geq t_i$ para la que toda $z_j(t) - c_j(t)$ permanece no negativa (maximización).

En forma matemática esto se expresa como:

$$C_B(t)B_i^{-1}P_j - c_j(t) \geq 0 \quad \text{para toda } j$$

Estas desigualdades se satisfacen para el intervalo de t entre t_i y t_{i+1} donde t_{i+1} se determina como la t mayor, más allá de la cual se viola por lo menos una de las desigualdades. Obsérvese que en las desigualdades *nada* obliga a que $C(t)$ varíe linealmente con t. Cualquier función es aceptable. La principal dificultad al utilizar funciones no lineales es que la evaluación numérica de las desigualdades puede ser muy trabajosa. Puede necesitarse incluso usar algún tipo de método numérico para determinar los resultados.

Ejemplo 5.6-1

$$\text{Maximizar } z = (3 - 6t)x_1 + (2 - 2t)x_2 + (5 + 5t)x_3$$

sujeto a

$$x_1 + 2x_2 + x_3 \leq 40$$
$$3x_1 \qquad + 2x_3 \leq 60$$
$$x_1 + 4x_2 \qquad \leq 30$$
$$x_1, x_2, x_3 \geq 0$$

El parámetro t se supone no negativo.

De acuerdo con el problema,

$$C(t) = (3 - 6t, 2 - 2t, 5 + 5t)$$

Comenzamos en $t = t_0 = 0$. Se da a continuación la tabla óptima asociada donde las holguras están representadas por x_4, x_5 y x_6.

Solución óptima en $t = t_0 = 0$

Básica	x_1	x_2	x_3	x_4	x_5	x_6	Solución
z	4	0	0	1	2	0	160
x_2	$-1/4$	1	0	1/2	$-1/4$	0	5
x_3	3/2	0	1	0	1/2	0	30
x_6	2	0	0	-2	1	1	10

Entonces

$$^0\mathbf{X}_B = \begin{pmatrix} x_2 \\ x_3 \\ x_6 \end{pmatrix} = \begin{pmatrix} 5 \\ 30 \\ 10 \end{pmatrix} \quad y \quad \mathbf{B}_0^{-1} = \begin{pmatrix} 1/2 & -1/4 & 0 \\ 0 & 1/2 & 0 \\ -2 & 1 & 1 \end{pmatrix}$$

Ahora determinamos el primer valor crítico $t = t_1$. Los coeficientes objetivo parametrizados de $^0\mathbf{X}_B$ son

$$\mathbf{C}_B(t) = (2 - 2t,\ 5 + 5t,\ 0)$$

En consecuencia,

$$\mathbf{C}_B(t)\mathbf{B}_0^{-1} = (1 - t,\ 2 + 3t,\ 0)$$

Los valores de $z_j(t) - c_j(t)$ para $j = 1, 4$ y 5 (x_j no básica) están dados por

$$\{\mathbf{C}_B(t)\mathbf{B}_0^{-1}\mathbf{P}_j - c_j(t)\}_{j=1,4,5} = (1 - t,\ 2 + 3t,\ 0)\begin{pmatrix} 1 & 1 & 0 \\ 3 & 0 & 1 \\ 1 & 0 & 0 \end{pmatrix} - (3 - 6t,\ 0,\ 0)$$

$$= (4 + 14t,\ 1 - t,\ 2 + 3t)$$

Dado $t \geq 0$, la solución $^0\mathbf{X}_B$ (o base $\mathbf{B}_0^{-1}$) permanece óptima, en tanto las condiciones $4 + 14t \geq 0$, $1 - t \geq 0$ y $2 + 3t \geq 0$ se satisfagan. La segunda desigualdad muestra que t no debe exceder de 1. (Todas las otras se satisfacen para toda $t \geq 0$.) Esto significa que $t_1 = 1$ es el valor crítico siguiente y que $^0\mathbf{X}_B$ permanece óptimo en el intervalo $(t_0, t_1) = (0, 1)$.

Ejercicio 5.6-1

Suponga que se permite adoptar a t valores positivos, cero o negativos (en vez de sólo $t \geq 0$); ¿cuál es el intervalo de t para el cual $^0\mathbf{X}_B$ permanece óptima?
[*Resp.*: $^0\mathbf{X}_B$ permanece óptima para $-2/7 \leq t \leq 1$.]

En $t = 1$ observamos que $z_4(t) - c_4(t) = 0$. Para $t > 1$, $z_4(t) - c_4(t) < 0$. Esto significa que para $t > 1$, x_4 debe entrar en la solución básica, en cuyo caso x_2 debe salir (véase la tabla óptima en $t = t_0 = 0$). En $t = 1$, al entrar x_4 en la solución básica resultará una solución alternativa. (¿Por qué?) Esta nueva solución permanecerá óptima para el siguiente intervalo (t_1, t_2), donde t_2 es el próximo valor crítico por evaluarse. Determinamos primero la base alternativa $\mathbf{B}^{-1}$ y luego el valor crítico siguiente t_2.

Base óptima alternativa en $t = t_1 = 1$

Como $\mathbf{P}_4$ y $\mathbf{P}_2$ son los vectores entrante y saliente, tenemos (véase sección 4.3):

$$\boldsymbol{\alpha}^4 = \mathbf{B}_0^{-1}\mathbf{P}_4 = \begin{pmatrix} 1/2 & -1/4 & 0 \\ 0 & 1/2 & 0 \\ -2 & 1 & 1 \end{pmatrix}\begin{pmatrix} 1 \\ 0 \\ 0 \end{pmatrix} = \begin{pmatrix} 1/2 \\ 0 \\ -2 \end{pmatrix}$$

$$\boldsymbol{\xi} = \begin{pmatrix} +1/(1/2) \\ 0/(1/2) \\ -(-2)/(1/2) \end{pmatrix} = \begin{pmatrix} 2 \\ 0 \\ 4 \end{pmatrix}$$

La nueva base inversa está dada por

$$\mathbf{B}_1^{-1} = \begin{pmatrix} 2 & 0 & 0 \\ 0 & 1 & 0 \\ 4 & 0 & 1 \end{pmatrix}\begin{pmatrix} 1/2 & -1/4 & 0 \\ 0 & 1/2 & 0 \\ -2 & 1 & 1 \end{pmatrix} = \begin{pmatrix} 1 & -1/2 & 0 \\ 0 & 1/2 & 0 \\ 0 & 0 & 1 \end{pmatrix}$$

y

$$^1\mathbf{X}_B = \begin{pmatrix} x_4 \\ x_3 \\ x_6 \end{pmatrix} = \begin{pmatrix} 1 & -1/2 & 0 \\ 0 & 1/2 & 0 \\ 0 & 0 & 1 \end{pmatrix}\begin{pmatrix} 40 \\ 60 \\ 30 \end{pmatrix} = \begin{pmatrix} 10 \\ 30 \\ 30 \end{pmatrix}$$

Procedemos ahora a calcular el siguiente valor crítico t_2. Para $\mathbf{X}_B^1$, tenemos

$$\mathbf{C}_B(t)\mathbf{B}_1^{-1} = (0, 5 + 5t, 0)\mathbf{B}_1^{-1} = \left(0, \frac{5 + 5t}{2}, 0\right)$$

Los valores de $z_j(t) - c_j(t)$ para $j = 1, 2$ y 5 están dados por

$$\left(0, \frac{5 + 5t}{2}, 0\right)\begin{pmatrix} 1 & 2 & 0 \\ 3 & 0 & 1 \\ 1 & 4 & 0 \end{pmatrix} - (3 - 6t, 2 - 2t, 0) = \left(\frac{9 + 27t}{2}, -2 + 2t, \frac{5 + 5t}{2}\right)$$

La base $\mathbf{B}_1$ permanece óptima siempre que todas las $z_j(t) - c_j(t) \geq 0$. Esta condición se satisface para toda $t \geq 1$. Entonces $t_2 = \infty$. (Observe que las condiciones de optimidad "recuerdan" automáticamente que $^1\mathbf{X}_B$ es óptima para un intervalo de t que comienza en el último valor crítico $t_1 = 1$. Esto será siempre el caso de los cálculos paramétricos.)

Las soluciones óptimas para el intervalo entero de t se pueden resumir como se muestra en la siguiente tabla. Observe que el valor de z se determina por sustitución directa en la función objetivo.

t	x_1	x_2	x_3	z
$0 \leq t \leq 1$	0	5	30	$160 + 140t$
$t \geq 1$	0	0	30	$150 + 150t$

◀

Ejercicio 5.6-2
Considere el ejemplo 5.6-1.
(a) Suponga que la función objetivo se cambia a

$$\text{maximizar } z = (3 + 18t)x_1 + (2 - 4t)x_2 + (5 + 3t)x_3$$

Encontrar t_1 e indicar qué variable básica en $^0\mathbf{X}_B$ sale y cuál entra en la solución para lograr la solución básica alternativa $^1\mathbf{X}_B$. (Observe que en $t = 0$, la tabla óptima es como se da para $t = t_0 = 0$.)
[*Resp.*: $t_1 = 8/25$; x_1 entra y x_6 sale.]

(b) Repita la parte (a) si la función objetivo se expresa en términos de la siguiente parametrización *no lineal*:

$$\text{maximizar } z = (3 + 2t^2)x_1 + (2 - 2t^2)x_2 + (5 - t)x_3$$

[*Resp.*: $t_1 = 1$. x_4 entra y x_2 sale. Véase la figura 5-2 para una representación gráfica de $z_j(t) - c_j(t)$. Este ejemplo está diseñado para ilustrar lo inconveniente del cálculo asociado a una parametrización no lineal.]

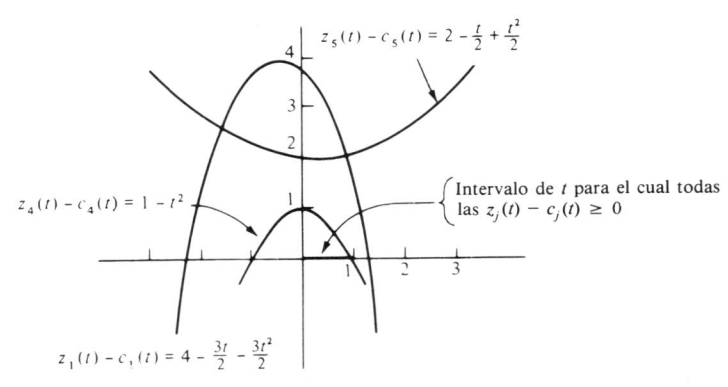

Figura 5-2

5.6.2 CAMBIOS EN b

Sea **b** (*t*) el vector parametrizado del segundo miembro dado en función de *t*. Igual que en la sección 5.6.1, definimos $\mathbf{B}_i$ y $^i\mathbf{X}_B$ como la base y el vector básico en el valor crítico t_i.

La sección 5.5.2 muestra que los cambios en el vector **b**, sólo afectan la factibilidad de la solución. Así, la solución $^i\mathbf{X}_B$ permanece factible siempre que se satisfaga la condición

$$\mathbf{B}_i^{-1}\mathbf{b}(t) \geq \mathbf{0}$$

El siguiente ejemplo muestra cómo se determinan los valores críticos sucesivos.

Ejemplo 5.6-2

$$\text{Maximizar } z = 3x_1 + 2x_2 + 5x_3$$

sujeto a

$$x_1 + 2x_2 + x_3 \leq 40 - t$$
$$3x_1 + 2x_3 \leq 60 + 2t$$
$$x_1 + 4x_2 \leq 30 - 7t$$
$$x_1, x_2, x_3 \geq 0$$

Supongamos que $t \geq 0$.

En $t = t_0 = 0$, el problema es idéntico al del ejemplo 5.6-1 en $t = 0$. Así

$$^0\mathbf{X}_B = \begin{pmatrix} x_2 \\ x_3 \\ x_6 \end{pmatrix} = \begin{pmatrix} 5 \\ 30 \\ 10 \end{pmatrix} \quad \text{y} \quad \mathbf{B}_0^{-1} = \begin{pmatrix} 1/2 & -1/4 & 0 \\ 0 & 1/2 & 0 \\ -2 & 1 & 1 \end{pmatrix}$$

El primer valor crítico t_1 se determina considerando que

$$\mathbf{B}_0^{-1}\mathbf{b}(t) \geq \mathbf{0}$$

Esto da

$$\begin{pmatrix} x_2 \\ x_3 \\ x_6 \end{pmatrix} = \begin{pmatrix} 1/2 & -1/4 & 0 \\ 0 & 1/2 & 0 \\ -2 & 1 & 1 \end{pmatrix} \begin{pmatrix} 40 - t \\ 60 + 2t \\ 30 - 7t \end{pmatrix} = \begin{pmatrix} 5 - t \\ 30 + t \\ 10 - 3t \end{pmatrix} \geq \begin{pmatrix} 0 \\ 0 \\ 0 \end{pmatrix}$$

Estas desigualdades se satisfacen para $t \leq 10/3$. Así, $t_1 = 10/3$ y la base $\mathbf{B}_0$ permanece factible en el intervalo $(t_0, t_1) = (0, 10/3)$.

Aunque la base $\mathbf{B}_0$ permanece constante en $0 \leq t \leq 10/3$, los valores de las

5.6] **Programación lineal paramétrica** 203

variables básicas asociadas x_2, x_3 y x_6 estarán dados por $x_2 = 5 - t$, $x_3 = 30 + t$, y $x_6 = 10 - 3t$. El valor de z es $2(5 - t) + 5(30 + t) = 160 + 3t$, $0 \leq t \leq 10/3$.

En $t = t_1 = 10/3$, x_6 es igual a cero. Cualquier incremento en t más allá de 10/3 hará a x_6 negativa. Así, en el valor crítico $t_1 = 10/3$, una base alternativa $\mathbf{B}_1$ se puede obtener aplicando el *método símplex dual* con x_6 como la variable saliente. Utilizaremos el procedimiento matricial descrito en el ejercicio 4.2-2(b) para determinar la nueva base.

Base alternativa en $t = t_1 = 10/3$

Como ya se conoce la variable saliente ($= x_6$), necesitamos determinar la variable entrante sólo para calcular $\mathbf{B}^{-1}$. Dado ${}^0\mathbf{X}_B = (x_2, x_3, x_6)^T$, $\mathbf{C}_B = (2, 5, 0)$, y $\mathbf{C}_B \mathbf{B}_0^{-1} = (1, 2, 0)$, entonces $(z_j - c_j)$ para $j = 1, 4$ y 5 están dadas por

$$\{\mathbf{C}_B \mathbf{B}_0^{-1} \mathbf{P}_j - c_j\} = (1, 2, 0) \begin{pmatrix} 1 & 1 & 0 \\ 3 & 0 & 1 \\ 1 & 0 & 0 \end{pmatrix} - (3, 0, 0) = (4, 1, 2)$$

A continuación calculamos α_r^j para $j = 1, 4$ y 5, y $x_r = x_6$ como

$(\alpha_6^1, \alpha_6^4, \alpha_6^5) = $ (renglón de $\mathbf{B}_0^{-1}$ asociado con x_6) $(\mathbf{P}_1, \mathbf{P}_4, \mathbf{P}_5)$
$\quad\quad\quad\quad\quad = $ (tercer renglón de $\mathbf{B}_0^{-1}$) $(\mathbf{P}_1, \mathbf{P}_4, \mathbf{P}_5)$

$$= (-2, 1, 1) \begin{pmatrix} 1 & 1 & 0 \\ 3 & 0 & 1 \\ 1 & 0 & 0 \end{pmatrix} = (2, -2, 1)$$

Así, para $j = 1, 4$ y 5

$$\theta = \min \{-, |1/-2|, -\} = 1/2, \quad \text{correspondiente a } x_4$$

En consecuencia, $\mathbf{P}_4$ es el vector entrante.

Determinamos ahora $\mathbf{B}_1^{-1}$ intercambiando los vectores entrante y saliente $\mathbf{P}_4$ y $\mathbf{P}_6$. Así,

$$\boldsymbol{\alpha}^4 = \mathbf{B}_0^{-1} \mathbf{P}_4 = \begin{pmatrix} 1/2 \\ 0 \\ -2 \end{pmatrix}$$

$$\boldsymbol{\xi} = \begin{pmatrix} -(1/2)/(-2) \\ -0/(-2) \\ +1/(-2) \end{pmatrix} = \begin{pmatrix} 1/4 \\ 0 \\ -1/2 \end{pmatrix}$$

$$\mathbf{B}_1^{-1} = \mathbf{E}\mathbf{B}_0^{-1} = \begin{pmatrix} 1 & 0 & 1/4 \\ 0 & 1 & 0 \\ 0 & 0 & -1/2 \end{pmatrix} \begin{pmatrix} 1/2 & -1/4 & 0 \\ 0 & 1/2 & 0 \\ -2 & 1 & 1 \end{pmatrix} = \begin{pmatrix} 0 & 0 & 1/4 \\ 0 & 1/2 & 0 \\ 1 & -1/2 & -1/2 \end{pmatrix}$$

con $^1\mathbf{X}_B = (x_2, x_3, x_4)^T$.

El siguiente valor crítico t_2 se determina considerando que

$$\mathbf{B}_1^{-1}\mathbf{b}(t) \geq 0$$

lo que da:

$$\begin{pmatrix} x_2 \\ x_3 \\ x_4 \end{pmatrix} = \begin{pmatrix} 0 & 0 & 1/4 \\ 0 & 1/2 & 0 \\ 1 & -1/2 & -1/2 \end{pmatrix} \begin{pmatrix} 40 - t \\ 60 + 2t \\ 30 - 7t \end{pmatrix} = \begin{pmatrix} \dfrac{30 - 7t}{4} \\ 30 + t \\ \dfrac{-10 + 3t}{2} \end{pmatrix} \geq \begin{pmatrix} 0 \\ 0 \\ 0 \end{pmatrix}$$

Así, $\mathbf{B}_1$ permanece factible para $10/3 \leq t \leq 30/7$.

En $t = t_2 = 30/7$, una base alternativa, donde x_2 es la variable saliente, se puede determinar aplicando el método símplex dual.

Base alternativa en $t = t_2 = 30/7$

Para determinar la variable entrante (si x_2 es la variable saliente), calculamos las relaciones (cocientes) del símplex dual.

Dado $^1\mathbf{X}_B = (x_2, x_3, x_4)^T$, $\mathbf{C}_B = (2, 5, 0)$ y $\mathbf{C}_B\mathbf{B}^{-1} = (0, 5/2, 1/2)$, entonces $(z_j - c_j)$ para $j = 1, 5$ y 6 están dados por

$$\{\mathbf{C}_B\mathbf{B}_1^{-1}\mathbf{P}_j - c_j\} = (0, 5/2, 1/2)\begin{pmatrix} 1 & 0 & 0 \\ 3 & 1 & 0 \\ 1 & 0 & 1 \end{pmatrix} - (3, 0, 0)$$

$$= (5, 5/2, 1/2)$$

Calculamos ahora α_r^j para $j = 1, 5$ y 6 y $x_r = x_2$ como

$$(\alpha_2^1, \alpha_2^5, \alpha_2^6) = (\text{primer renglón de } \mathbf{B}_1^{-1})\,(\mathbf{P}_1, \mathbf{P}_5, \mathbf{P}_6)$$

$$= (0, 0, 1/4)\begin{pmatrix} 1 & 0 & 0 \\ 3 & 1 & 0 \\ 1 & 0 & 1 \end{pmatrix}$$

$$= (1/4, 0, 1/4)$$

Como todas las $\alpha_j^r \geq 0$, el problema no tiene solución factible para $t > 30/7$ y el análisis paramétrico termina en $t = t_2 = 30/7$.

La solución factible óptima para el intervalo entero de t se puede resumir como sigue:

t	x_1	x_2	x_3	z
$0 \leq t \leq 10/3$	0	$5 - t$	$30 + t$	$160 + 3t$
$10/3 \leq t \leq 30/7$	0	$\dfrac{30 - 7t}{4}$	$30 + t$	$165 + \dfrac{3}{2} t$
$t > 30/7$	(ninguna solución factible)			

◀

Ejercicio 5.6-3

En el ejemplo 5.6-2, encontrar el primer valor crítico t_1 y los vectores de $\mathbf{B}_1$ en cada uno de los siguientes casos:
(a) $\mathbf{b}(t) = (40 + 2t,\ 60 - 3t,\ 30 + 6t)^T$
[Resp.: $t_1 = 10$, $\mathbf{B}_1 = (\mathbf{P}_2, \mathbf{P}_3, \mathbf{P}_4)$.]
(b) $\mathbf{b}(t) = (40 - t,\ 60 + 2t,\ 30 - 5t)^T$
[Resp.: $t_1 = 5$, $\mathbf{B}_1 = (\mathbf{P}_5, \mathbf{P}_3, \mathbf{P}_6)$.]

5.6.3 CAMBIOS EN $\mathbf{P}_j$

Supondremos que $\mathbf{P}_j$ es un vector no básico en la solución óptima en $t = 0$. Si fuera básico, la situación no se prestaría fácilmente a un análisis paramétrico porque la base $\mathbf{B}_0$ se afectaría en forma directa. Sea $\mathbf{P}_j(t)$ el vector parametrizado. En la sección 5.5.1 vimos que los cambios en un vector no básico sólo pueden afectar la optimidad de ese vector. El vector $\mathbf{P}_j$ entrará en la solución sólo cuando su $z_j - c_j$ resulte negativo (maximización). Así, una base corriente $\mathbf{B}_i$ permanece óptima en tanto que se satisfaga la condición

$$z_j(t) - c_j = \mathbf{C}_B \mathbf{B}_i^{-1} \mathbf{P}_j(t) - c_j \geq 0$$

Esta desigualdad se puede usar para determinar el siguiente valor crítico t_{i+1}.

Observe que en $t = t_{i+1}$ se puede obtener una base óptima alternativa $\mathbf{B}_{i+1}$ mediante la incorporación de $\mathbf{P}_j$ en la base. Para $t \geq t_{i+1}$, $\mathbf{P}_j$ debe ser el vector entrante. En este punto no será posible seguir adelante con el análisis paramétrico, ya que $\mathbf{P}_j$ estará en la base y volverá sumamente compleja la situación resultante. Por esta razón limitamos nuestra atención a determinar un valor crítico t_{i+1} dada la base $\mathbf{B}_i$ en $t = t_i$.

Ejemplo 5.6-3

En el ejemplo 5.6-1, x_1 es no básica en $t = 0$. Suponga que

$$\mathbf{P}_1(t) = \begin{pmatrix} 1 + t \\ 3 - 2t \\ 1 + 3t \end{pmatrix}$$

es el único vector parametrizado en el problema. La solución en el ejemplo 5.6-1 muestra que

$$\mathbf{B}_0^{-1} = \begin{pmatrix} 1/2 & -1/4 & 0 \\ 0 & 1/2 & 0 \\ -2 & 1 & 1 \end{pmatrix}, \quad {}^0\mathbf{X}_B = \begin{pmatrix} x_2 \\ x_3 \\ x_6 \end{pmatrix}$$

Así que,

$$z_1(t) - c_1 = \mathbf{C}_B \mathbf{B}_0^{-1} \mathbf{P}_1(t) - c_1$$

$$= (2, 5, 0) \begin{pmatrix} 1/2 & -1/4 & 0 \\ 0 & 1/2 & 0 \\ -2 & 1 & 1 \end{pmatrix} \begin{pmatrix} 1 + t \\ 3 - 2t \\ 1 + 3t \end{pmatrix} - 3$$

$$= 4 - 3t$$

En consecuencia, $\mathbf{B}_0$ será óptima en tanto que $\mathbf{P}_1$ permanezca no básico. Este será el caso cuando se satisfaga la condición $4 - 3t \geq 0$. El valor crítico t_1 es entonces igual a 4/3.

Se puede tener una solución alternativa en $t = t_1$, incorporando $\mathbf{P}_1$ en la base y se omite $\mathbf{P}_6$. Sin embargo, no será posible llevar a cabo el análisis paramétrico para $\mathbf{P}_1$ tan pronto como entre en la base. ◄

Desde el punto de vista práctico, el análisis paramétrico de sólo vectores no básicos, en general no proporciona información útil. Normalmente, la parametrización de los diferentes vectores se especifica antes de resolver el problema para cualquier valor de t. Es claro que será imposible efectuar un análisis paramétrico si alguno de los vectores en la base corriente está parametrizado. Aquí enfatizamos específicamente este punto, ya que en la práctica, a los empresarios o encargados de tomar decisiones no les importa en realidad si una actividad del modelo es "básica" o "no básica". Esto sólo es lenguaje técnico. Todo lo que se quiere saber es si el análisis paramétrico puede efectuarse en tales situaciones y la respuesta es generalmente "no". Esta presentación está diseñada para mostrar al lector por qué se justifica esta respuesta.

Ejercicio 5.6-4

Encontrar t_1 en el ejemplo 5.6-3 suponiendo que $\mathbf{P}_1(t)$ está dado por

$$(1 - 2t, 3 + 3t, 1 - 4t)^T$$

[*Resp.*: $\mathbf{B}_0$ permanece óptima para toda $t \geq 0$. Esto significa que la solución permanece sin que la afecte la parametrización de $\mathbf{P}_1$.]

5.6.4 CAMBIOS SIMULTANEOS EN C y b

En esta sección combinamos las parametrizaciones de **C** y **b** de manera que se permita que ocurran en forma simultánea. La idea es muy sencilla. Para una base óptima dada $\mathbf{B}_i$, revisamos por separado la optimidad y la factibilidad, aplicando los procedimientos indicados en las secciones 5.6.1 y 5.6.2. Sean t' y t'' los valores críticos próximos por optimidad y factibilidad, respectivamente. Se tienen tres casos:

1. Si $t' < t''$, $\mathbf{B}_i$ resultará primero no óptima y la siguiente base $\mathbf{B}_{i+1}$ se obtiene en $t_{i+1} = t'$, utilizando el método símplex regular (véase la sección 5.6.1).
2. Si $t'' < t'$, $\mathbf{B}_i$ resultará primero infactible y la siguiente base $\mathbf{B}_{i+1}$ se obtiene en $t_{i+1} = t''$, usando el método símplex dual (véase la sección 5.6.2).
3. Si $t' = t''$, $\mathbf{B}_i$ resultará no óptima e infactible en $t_{i+1} = t' = t''$. En esta situación es necesario alternar el uso de los métodos símplex *primal* y *dual*. (En la sección 5.5.3 se ilustra la determinación de la base siguiente $\mathbf{B}_{i+1}$.)

Ejemplo 5.6-4

En este ejemplo se combinan la parametrización de $\mathbf{C}$ y $\mathbf{b}$ como se especificó en los ejemplos 5.6-1 y 5.6-2. Debe observarse cuidadosamente que la combinación de la parametrización de $\mathbf{C}(t)$ y $\mathbf{b}(t)$ no conduce en general a la superposición de los valores críticos obtenidos, considerando cada parametrización por separado.

$$\text{Maximizar } z = (3 - 6t)x_1 + (2 - 2t)x_2 + (5 + 5t)x_3$$

sujeto a

$$\begin{aligned} x_1 + 2x_2 + x_3 &\leq 40 - t \\ 3x_1 + 2x_3 &\leq 60 + 2t \\ x_1 + 4x_2 &\leq 30 - 7t \\ x_1, x_2, x_3 &\geq 0 \end{aligned}$$

Base Óptima en $t = t_0 = 0$

Del ejemplo 5.6-1, tenemos

$$^0\mathbf{X}_B = \begin{pmatrix} x_2 \\ x_3 \\ x_6 \end{pmatrix}, \quad \mathbf{B}^{-1} = \begin{pmatrix} 1/2 & -1/4 & 0 \\ 0 & 1/2 & 0 \\ -2 & 1 & 1 \end{pmatrix}$$

Optimidad: $\mathbf{B}_0$ permanece óptima en tanto que $z_j(t) - c_j(t)$, $j = 1, 4, 5$, permanezca no negativa. Esto es

$$\{z_j(t) - c_j(t)\}_{j=1, 4, 5} = (4 + 14t, 1 - t, 2 + 3t)$$
$$\geq (0, 0, 0)$$

(Verifique estas expresiones. Son las mismas que en el ejemplo 5.6-1.) Estas condiciones dan $t' = 1$.

Factibilidad: $\mathbf{B}_0$ permanece factible en tanto que

$$\begin{pmatrix} x_2 \\ x_3 \\ x_6 \end{pmatrix} = \mathbf{B}_0^{-1}\mathbf{b}(t) = \begin{pmatrix} 5 - t \\ 30 + t \\ 10 - 3t \end{pmatrix} \geq \begin{pmatrix} 0 \\ 0 \\ 0 \end{pmatrix}$$

(Verifique los cálculos.) La factibilidad se satisface para $t \leq 10/3$ y $t'' = 10/3$.

Optimidad y factibilidad: $t_1 = \min\{t', t''\} = t' = 1$, lo que indica que $\mathbf{B}_0$ primero resultará no óptima. Calculamos entonces la óptima alternativa en $t_1 = 1$ utilizando el método símplex regular.

Base alternativa en $t = t_1 = 1$

Como se ve en las condiciones de optimidad, x_4 es la variable entrante en la solución alternativa. Para determinar la variable saliente, llevamos a cabo los siguientes cálculos.

$$\boldsymbol{\alpha}^4 = \mathbf{B}_0^{-1}\mathbf{P}_4 = \begin{pmatrix} 1/2 & -1/4 & 0 \\ 0 & 1/2 & 0 \\ -2 & 1 & 1 \end{pmatrix}\begin{pmatrix} 1 \\ 0 \\ 0 \end{pmatrix} = \begin{pmatrix} 1/2 \\ 0 \\ -2 \end{pmatrix}$$

$$\begin{pmatrix} x_2 \\ x_3 \\ x_6 \end{pmatrix}_{t=1} = \mathbf{B}_0^{-1}\mathbf{b}(1) = \begin{pmatrix} 5 - 1 \\ 30 + 1 \\ 10 - 3 \times 1 \end{pmatrix} = \begin{pmatrix} 4 \\ 31 \\ 7 \end{pmatrix}$$

Así, para x_2, x_3 y x_6,

$$\theta = \min\left(\frac{4}{1/2}, -, -\right) = 8$$

lo que significa que x_2 es la variable saliente.

La nueva base $\mathbf{B}_1$ se obtiene a partir de $\mathbf{B}_0$, intercambiando $\mathbf{P}_2$ y $\mathbf{P}_4$. Así,

$$\mathbf{X}_B = (x_4, x_3, x_6)^T$$

$$\mathbf{B}_1^{-1} = \begin{pmatrix} 2 & 0 & 0 \\ 0 & 1 & 0 \\ 4 & 0 & 1 \end{pmatrix}\begin{pmatrix} 1/2 & -1/4 & 0 \\ 0 & 1/2 & 0 \\ -2 & 1 & 1 \end{pmatrix}$$

$$= \begin{pmatrix} 1 & -1/2 & 0 \\ 0 & 1/2 & 0 \\ 0 & 0 & 1 \end{pmatrix}$$

A continuación calculamos el nuevo valor crítico de t ($= t_2$).

Optimidad:

$$\{z_j(t) - c_j(t)\}_{j=1,2,5} = \left(\frac{9+27t}{2}, -2+2t, \frac{5+5t}{2}\right)$$
$$\geq (0, 0, 0)$$

(Verifique los cálculos.) Así $\mathbf{B}_1$ permanece óptima para toda $t \geq 1$, lo que significa que $t' = \infty$.

Factibilidad:

$$\begin{pmatrix} x_4 \\ x_3 \\ x_6 \end{pmatrix} = \mathbf{B}_1^{-1}\mathbf{b}(t) = \begin{pmatrix} 10 - 2t \\ 30 + t \\ 30 - 7t \end{pmatrix} \geq \begin{pmatrix} 0 \\ 0 \\ 0 \end{pmatrix}$$

(Verifique los cálculos). Así $\mathbf{B}_1$ permanece factible para $t \leq 30/7$ y $t'' = 30/7$.

Optimidad y *factibilidad*: $t_2 = \min\{t', t''\} = 30/7$. Entonces $\mathbf{B}_1$ resulta infactible primero.

Base alternativa en $t = t_2 = 30/7$

La base alternativa se determina por medio del método símplex dual con x_6 como la variable saliente. Para determinar la variable entrante, efectuamos los siguientes cálculos. Para $j = 1, 2, 5$, tenemos

$$\{z_j(t) - c_j(t)\}_{t=30/7} = [9/2 + (27/2)(30/7), -2 + 2(30/7), 5/2 + (5/2)(30/7)]$$
$$= (62.36, 6.57, 13.21)$$

$$(\alpha_6^1, \alpha_6^2, \alpha_6^5) = (0, 0, 1)\begin{pmatrix} 1 & 2 & 0 \\ 3 & 0 & 1 \\ 1 & 4 & 0 \end{pmatrix} = (1, 4, 0)$$

Como todas las $\alpha_r^j \geq 0$, no existen soluciones factibles para $t > 30/7$ y el análisis paramétrico está completo.

La solución óptima para el intervalo entero de t se resume como sigue:

t	x_1	x_2	x_3	z
$0 \leq t \leq 1$	0	$5 - t$	$30 + t$	$7t^2 + 143t + 160$
$1 \leq t \leq 30/7$	0	0	$30 + t$	$5t^2 + 155t + 150$
$t > 30/7$	(ninguna solución factible)			

Obsérvese que el valor crítico $t = 10/3$, que se determinó cuando $b(t)$ se consideró por separado (ejemplo 5.6-2), no se logra cuando $\mathbf{b}(t)$ y $\mathbf{C}(t)$ se consideran en forma simultánea. Como se mencionó antes, esta es la razón por la que el problema no se puede analizar superponiendo los valores críticos que se obtienen cuando $\mathbf{b}(t)$ y $\mathbf{C}(t)$ se consideran por separado. ◀

5.7 RESUMEN

En este capítulo se define el problema dual, y se analiza su función de proporcionar una interpretación económica y precisa del problema de PL como un modelo de asignación de recursos. El análisis de sensibilidad o posóptimo se explica plenamente desde el punto de vista de la dualidad. El análisis paramétrico, que es una extensión natural del problema de sensibilidad, se examina más a fondo. Tanto el análisis de sensibilidad como el paramétrico, dan a la solución de la programación lineal una dimensión dinámica que, en la práctica, incrementa su uso.

BIBLIOGRAFIA

Bradley, S., A. Hax y T. Magnantic, *Applied Mathematical Programming,* Addison-Wesley, Reading, Mass., 1977.
Hadley, G., *Linear Programming,* Addison-Wesley, Reading, Mass., 1962.
Luenberger, D. G., *Introduction to Linear and Nonlinear Programming,* Addison-Wesley, Reading, Mass., 1973.
Murty, K., *Linear Programming,* Wiley, Nueva York, 1983.

PROBLEMAS

Sección	Problemas asignados
5.1	5-1 a 5-4
5.2.1	5-5 a 5-10
5.2.2	5-11 a 5-23
5.3	5-24 a 5-27
5.4	5-28 a 5-30
5.5.1	5-31 a 5-39
5.5.2	5-40 a 5-46
5.5.3	5-47, 5-48
5.6.1	5-49 a 5-53
5.6.2	5-54 a 5-56
5.6.3	5-57, 5-58
5.6.4	5-59 a 5-64

☐ **5-1** Escriba los duales utilizando la forma estándar del método símplex primal:
(a) Maximizar $z = -5x_1 + 2x_2$
sujeto a
$$-x_1 + x_2 \leq -2$$
$$2x_1 + 3x_2 \leq 5$$
$$x_1, x_2 \geq 0$$

(b) Minimizar $z = 6x_1 + 3x_2$
sujeto a
$$6x_1 - 3x_2 + x_3 \geq 2$$
$$3x_1 + 4x_2 + x_3 \geq 5$$
$$x_1, x_2, x_3 \geq 0$$

(c) Maximizar $z = 5x_1 + 6x_2$
sujeto a
$$x_1 + 2x_2 = 5$$
$$-x_1 + 5x_2 \geq 3$$
$$x_1 \text{ irrestricta}$$
$$x_2 \geq 0$$

(d) Minimizar $z = 3x_1 + 4x_2 + 6x_3$
sujeto a
$$x_1 + x_2 \geq 10$$
$$x_1, x_3 \geq 0$$
$$x_2 \leq 0$$

(e) Maximizar $z = x_1 + x_2$
sujeto a
$$2x_1 + x_2 = 5$$
$$3x_1 - x_2 = 6$$
$$x_1, x_2 \text{ irrestrictas}$$

☐ **5-2** Escriba los duales usando la forma estándar del método símplex dual:
(a) Minimizar $z = 2x_1 + 3x_2$
sujeto a
$$5x_1 - 2x_2 \leq 3$$
$$7x_1 + 3x_2 \geq 2$$
$$x_1, x_2 \geq 0$$

(b) Minimizar $z = 5x_1 + 6x_2 + x_3$
sujeto a
$$2x_1 + 3x_2 + 2x_3 \geq 5$$
$$5x_1 - x_2 + 6x_3 \geq 4$$
$$x_1 \geq 0, x_2 \geq 0, x_3 \geq 0$$

☐ **5-3** Considere el siguiente problema:

$$\text{minimizar } z = x_1 + 2x_2 - 3x_3$$

sujeto a

$$-x_1 + x_2 + x_3 = 5$$
$$12x_1 - 9x_2 + 9x_3 \geq 8$$
$$x_1, x_2, x_3 \geq 0$$

La solución símplex de este problema requiere el uso de variables artificiales en ambas restricciones. Demuestre que los problemas duales obtenidos de la primal estándar antes y después de sumarse las variables artificiales son exactamente los mismos. Como resultado, las variables artificiales sólo nos pueden conducir a restricciones redundantes.

☐ **5-4** Repita el problema 5-3 si la función objetivo se sustituye por

$$\text{maximizar } z = 5x_1 - 6x_2 + 7x_3$$

☐ **5-5** En la sección 5.2.1 se demuestra que $z \leq w$ para cualquier par de soluciones *factibles* primal y dual. ¿En dónde se demuestra que ambas soluciones, primal y dual, deben ser factibles?

☐ **5-6** En cada uno de los problemas de PL del problema 5-1, encuentre (por inspección) un par de soluciones factibles primal y dual. Utilice la información para estimar un intervalo para el valor objetivo óptimo de los problemas primal y dual.

☐ **5-7** Repita el problema 5-6 para los PL del problema 5-2.

☐ **5-8** Considere el problema primal

$$\text{maximizar } z = 3x_1 + 2x_2 + 5x_3$$

sujeto a

$$x_1 + 2x_2 + x_3 \leq 500$$
$$3x_1 + 2x_3 \leq 460$$
$$x_1 + 4x_2 \leq 420$$
$$x_1, x_2, x_3 \geq 0$$

Escriba el método dual para el primal anterior. Sin efectuar los cálculos del método símplex en el primal o en el dual, estime un rango o intervalo de variación para el valor óptimo de la función objetivo.

☐ **5-9** Para los siguientes pares de problemas primales y duales, determine si las soluciones que se citan son óptimas:

Primal

Minimizar $z = 2x_1 + 3x_2$

sujeto a

$$2x_1 + 3x_2 \leq 30$$
$$x_1 + 2x_2 \geq 10$$
$$x_1 - x_2 \geq 0$$
$$x_1, x_2 \geq 0$$

Dual

Maximizar $w = 30y_1 + 10y_2$

sujeto a

$$2y_1 + y_2 + y_3 \leq 2$$
$$3y_1 + 2y_2 - y_3 \leq 3$$
$$y_1 \leq 0, y_2 \geq 0, y_3 \geq 0$$

(a) $(x_1 = 10, x_2 = 10/3; y_1 = 0, y_2 = 1, y_3 = 1)$.
(b) $(x_1 = 20, x_2 = 10; y_1 = 1; y_2 = 4, y_3 = 0)$.
(c) $(x_1 = 10/3, x_2 = 10/3; y_1 = 0, y_2 = 5/3, y_3 = 1/3)$.

☐ **5-10** Considere el siguiente problema:

$$\text{minimizar } z = 3x_1 + 4x_2 - 5x_3$$

sujeto a

$$2x_1 + 3x_2 - 5x_3 \geq 10$$
$$x_1 - 2x_2 - 3x_3 \leq 8$$
$$x_1, x_2, x_3 \geq 0$$

El problema dual se define como

$$\text{maximizar } w = 10y_1 + 8y_2$$

sujeto a

$$2y_1 + y_2 \leq 3$$
$$3y_1 - 2y_2 \leq 4$$
$$-5y_1 + 3y_2 \leq -5$$
$$y_1, y_2 \geq 0$$

(a) Considere los siguientes pares de soluciones (factibles o infactibles):

x_1	x_2	x_3	y_1	y_2
5	0	0	1	0
6	1	0	3	1
8	2	1	2	2
2	1	3	7/6	2/3

Estime un intervalo para el valor óptimo de z.

(b) Verifique que las dos siguientes soluciones son óptimas para los problemas primal y dual:

$$(x_1, x_2, x_3) = (0, 10/3, 0), \quad (y_1, y_2) = (4/3, 0)$$

☐ **5-11** Considere el siguiente problema lineal:

$$\text{maximizar } z = 5x_1 + 2x_2 + 3x_3$$

sujeto a

$$x_1 + 5x_2 + 2x_3 = 30$$
$$x_1 - 5x_2 - 6x_3 \leq 40$$
$$x_1, x_2, x_3 \geq 0$$

La solución óptima está dada por:

Básica	x_1	x_2	x_3	R	x_4	Solución
z	0	23	7	$5 + M$	0	150
x_1	1	5	2	1	0	30
x_4	0	-10	-8	-1	1	10

(a) Escriba el problema dual asociado.
(b) Con la información de la tabla óptima anterior, encuentre la solución dual óptima.
(c) Defina $\mathbf{X}_B$, $\mathbf{C}_B$ y $\mathbf{B}$ asociados con la solución óptima primal, y luego determine en forma directa $\mathbf{B}^{-1}$ a partir de $\mathbf{B}$. Utilice esta información para determinar la solución dual óptima.

☐ **5-12** Considere el problema lineal que sigue:

$$\text{maximizar } z = x_1 + 5x_2 + 3x_3$$

sujeto a

$$x_1 + 2x_2 + x_3 = 3$$
$$2x_1 - x_2 = 4$$
$$x_1, x_2, x_3 \geq 0$$

(a) Escriba el problema dual asociado.
(b) Suponga que la solución básica primal óptima es $\mathbf{X}_B = (x_1, x_3)^T$. Determine la solución dual óptima, incluyendo el valor óptimo de la función objetivo.

☐ 5-13 Considere el siguiente problema lineal:

$$\text{maximizar } z = 2x_1 + 4x_2 + 4x_3 - 3x_4$$

sujeto a

$$x_1 + x_2 + x_3 = 4$$
$$x_1 + 4x_2 + x_4 = 8$$
$$x_1, x_2, x_3, x_4 \geq 0$$

(a) Escriba el problema dual asociado.
(b) Verifique que $\mathbf{X}_B = (x_2, x_3)^T$ es óptima calculando $(z_j - c_j)$ para todas las x_j no básicas.
(c) Encuentre la solución dual óptima asociada a partir del apropiado $z_j - c_j$, calculada en la parte (b).

☐ 5-14 Un modelo de PL consta de dos variables x_1 y x_2 y de tres restricciones del tipo $\leq$. El método símplex primal se utiliza para resolver el problema. Sean s_1, s_2 y s_3 las variables de holgura de la solución básica inicial; el vector básico óptimo está dado entonces como

$$\mathbf{X}_B = (s_1, x_2, x_1)^T$$

cuya inversa asociada está dada por

$$\mathbf{B}^{-1} = \begin{pmatrix} 1 & 1 & -1 \\ 0 & 0 & 0 \\ 0 & -1 & 1 \end{pmatrix}$$

Las soluciones primal y dual óptimas están dadas por

$$\mathbf{X}_B = (s_1, x_2, x_1)^T = (2, 6, 2)^T$$
$$\mathbf{Y} = (y_1, y_2, y_3) = (0, 3, 2)$$

Determine el valor óptimo asociado de la función objetivo.

☐ **5-15** Obtenga el *valor de la función objetivo óptima* del problema que sigue inspeccionando sólo su dual. (No resuelva el dual a través del método símplex).

$$\text{minimizar } z = 10x_1 + 4x_2 + 5x_3$$

sujeto a

$$5x_1 - 7x_2 + 3x_3 \geq 50$$
$$x_1, x_2, x_3 \geq 0$$

☐ **5-16** Encuentre una solución al siguiente conjunto de desigualdades mediante el uso del problema dual.

$$2x_1 + 3x_2 \leq 12$$
$$-3x_1 + 2x_2 \leq -4$$
$$3x_1 - 5x_2 \leq 2$$
$$x_1 \text{ irrestrictas}$$
$$x_2 \geq 0$$

[*Sugerencia:* aumente la función objetivo trivial maximizar $z = 0x_1 + 0x_2$ a las desigualdades y después resuelva el dual.]

☐ **5-17** Resuelva el problema siguiente considerando su dual.

$$\text{minimizar } z = 5x_1 + 6x_2 + 3x_3$$

sujeto a

$$5x_1 + 5x_2 + 3x_3 \geq 50$$
$$x_1 + x_2 - x_3 \geq 20$$
$$7x_1 + 6x_2 - 9x_3 \geq 30$$
$$5x_1 + 5x_2 + 5x_3 \geq 35$$
$$2x_1 + 4x_2 - 15x_3 \geq 10$$
$$12x_1 + 10x_2 \geq 90$$
$$x_2 - 10x_3 \geq 20$$
$$x_1, x_2, x_3 \geq 0$$

Compare el número de restricciones en los dos problemas.

☐ **5-18** Considere el problema siguiente:

$$\text{minimizar } w = 6y_1 + 7y_2 + 3y_3 + 5y_4$$

sujeto a

$$5y_1 + 6y_2 - 3y_3 + 4y_4 \geq 12$$
$$y_2 - 5y_3 - 6y_4 \geq 10$$
$$2y_1 + 5y_2 + y_3 + y_4 \geq 8$$
$$y_1, y_2, y_3, y_4 \geq 0$$

(a) Indique *tres* métodos diferentes para resolver este problema y dé la tabla inicial completa en cada caso.
(b) Determine el número máximo de iteraciones posibles en cada uno de los tres casos.
(c) ¿Cuál de los métodos anteriores utilizaría usted y por qué?

☐ **5-19** En un problema de programación lineal que tiene una solución no acotada, ¿por qué su dual debe ser necesariamente infactible?

☐ **5-20** Considere el problema:

$$\text{maximizar } z = 8x_1 + 6x_2$$

sujeto a

$$x_1 - x_2 \leq 3/5$$
$$x_1 - x_2 \geq 2$$
$$x_1, x_2 \geq 0$$

Demuestre que los problemas primal y dual no tienen espacio factible. Por lo tanto, no siempre es cierto que cuando un problema es infactible, su dual es no acotado. (Obsérvese la diferencia importante entre el argumento de este problema y el del problema 5-19.)

☐ **5-21** Considere el problema siguiente.

$$\text{minimizar } w = y_1 - 5y_2 + 6y_3$$

sujeto a

$$2y_1 \qquad + 4y_3 \geq 50$$
$$y_1 + 2y_2 \qquad \geq 30$$
$$y_3 \geq 10$$
$$y_1, y_2, y_3 \text{ irrestrictas}$$

Muestre que la solución a este problema es no acotada mostrando que el dual es infactible y el primal es factible. Suponga que el problema primal no se verifica en cuanto a factibilidad, ¿sería posible llegar a esta conclusión? ¿Por qué?

□ **5-22** Considere el problema primal siguiente:

$$\text{maximizar } z = -2x_1 + 3x_2 + 5x_3$$

sujeto a

$$x_1 - x_2 + x_3 \leq 15$$
$$x_1, x_2, x_3 \geq 0$$

Demuestre por inspección que el dual es infactible. ¿Qué se puede decir acerca de la solución del primal?

□ **5-23** Para el problema de programación lineal definido en la sección 5.2.2, permita que sea óptima la base dada. Demuestre que para cualquier vector

$$\mathbf{P}_k = \begin{pmatrix} a_{1k} \\ a_{2k} \\ \vdots \\ a_{mk} \end{pmatrix}, \qquad k = 1, 2, \ldots, m + n$$

se cumple la siguiente relación:

$$\sum_{j=1}^{m} c_j \alpha_j^k = \sum_{i=1}^{m} y_i^* a_{ik}$$

donde $\alpha_j^k = (\mathbf{B}^{-1}\mathbf{P}_k)_j$ y y_i^* es el valor dual óptimo correspondiente.

□ **5-24** Una compañía produce chamarras y bolsas de cuero. Una chamarra necesita 8 metros cuadrados de cuero y una bolsa sólo tres; el tiempo de trabajo invertido es de 12 y 4, horas, respectivamente. El precio de compra del cuero es de $8 por metro cuadrado y el costo por hora del trabajo se estima en $15. La disponibilidad semanal de cuero y trabajo está limitada a 1 200 m² y 1 800 horas. La compañía vende las chamarras y las bolsas a $350 y a $120, respectivamente. El objetivo es determinar el plan horario que maximice la ganancia neta. La compañía está considerando aumentar su producción. ¿Cuál es el precio de compra máximo que la compañía debería pagar por el cuero? ¿Y por la hora de trabajo?

□ **5-25** Considere el problema 2-29 (capítulo 2). Interprete los precios duales del problema.

□ **5-26** Considere el problema 3-34 (capítulo 3). El problema tiene por lo menos una solución alternativa. Interprete los precios duales y los costos reducidos para las dos alternativas óptimas.

□ **5-27** Considere el problema 2-28 (capítulo 2). Los productos 3 y 4 no están en la solución óptima. Dé sugerencias que hagan posible que esas variables sean positivas en la solución óptima. Puesto que el modelo PL sólo tiene dos restricciones, ¿habrá algunas condiciones bajo las cuales el modelo producirá más de dos productos?

☐ **5-28** Considere el programa lineal

$$\text{maximizar } z = 5x_1 + 12x_2 + 4x_3$$

sujeto a

$$x_1 + 2x_2 + x_3 \leq 10$$
$$2x_1 - x_2 + 3x_3 = 8$$
$$x_1, x_2, x_3 \geq 0$$

Se da la información que x_1 y x_2 son positivas en la solución óptima. Utilice el teorema de la holgura complementaria para encontrar la solución dual óptima.

☐ **5-29** Considere el programa lineal del problema 5-28.
(a) Escriba el problema dual y luego resuélvalo en forma gráfica.
(b) Use la información en la parte (a) y el teorema de holgura complementaria para determinar la solución óptima del problema primal.

☐ **5-30** Demuestre cómo se pueden obtener los valores óptimos de las variables de holgura del problema dual *directamente* de la tabla primal óptima. Aplique el procedimiento al ejemplo 5.2-1 y verifique el resultado sustituyendo las variables duales óptimas en las restricciones duales.

☐ **5-31** Considere el modelo de la mezcla de productos del ejemplo 5.3-2. Determine la solución óptima cuando la función de ganancia se modifique como sigue:
(a) $z = 4x_1 + 2x_2 + x_3$.
(b) $z = 3x_1 + 4x_2 + 2x_3$.
(c) $z = 3x_2 + x_3$.
(d) $z = 2x_1 + 2x_2 + 8x_3$.
(e) $z = 5x_1 + 2x_2 + 5x_3$.

☐ **5-32** Considere el problema 5-11. Para cada una de las siguientes funciones objetivo, encuentre la nueva solución óptima por medio del procedimiento de análisis de sensibilidad:
(a) Maximizar $z = 12x_1 + 5x_2 + 2x_3$
(b) Minimizar $z = 2x_2 - 5x_3$

☐ **5-33** Considere el problema 5-12. Para cada una de las siguientes funciones objetivo, encuentre la solución óptima utilizando el procedimiento de análisis de sensibilidad:
(a) Maximizar $z = 2x_1 + x_2 + 4x_3$
(b) Minimizar $z = x_1 - 2x_2 + x_3$

☐ **5-34** Considere el problema 5-13. Para cada una de las siguientes funciones objetivo, encuentre la nueva solución óptima utilizando el procedimiento del análisis de sensibilidad:
  (a) Minimizar $z = 4x_1 - 3x_2 - 4x_3 + x_4$
  (b) Maximizar $z = 2x_1 - 5x_2 + 2x_3 + 4x_4$

☐ **5-35** En el modelo de la mezcla de productos del ejemplo 5.3-2, supóngase que se programa un cuarto producto en las tres operaciones originales. El nuevo producto tiene los datos siguientes:

Operación	1	2	3
Minutos por unidad	3	2	4

Determine la solución óptima cuando la ganancia por unidad del nuevo producto está dada por (a) $5, (b) $10.

☐ **5-36** En el modelo de la mezcla de productos del ejemplo 5.3-2, determine el incremento necesario en el coeficiente de ganancia del producto 1 que lo hará lucrativo.

☐ **5-37** En el modelo de la mezcla de productos del problema 5.3-2, el primer producto no está en la combinación óptima aunque x_1 tiene una ganancia marginal mayor que x_2. Las condiciones del mercado no permiten se incremente la ganancia marginal de x_1. Por lo tanto, se decide que sea más redituable el producto 1, reduciendo sus usos de los tiempos de las tres operaciones. Indique si los siguientes cambios mejorarán la ganancia marginal de x_1.
  (a) Cambie los usos por unidad del producto 1 de (1, 3, 1) a (1, 2, 3).
  (b) Cambie los usos a (1/2, 7/2, 2).
  (c) Cambie los usos a (1, 1, 5).

☐ **5-38** Considere el problema 5-12. Verifique si una nueva variable x_4 mejorará el valor óptimo de z suponiendo que los coeficientes de la función objetivo y de las restricciones son como se ilustran. Si resulta afirmativo, determine la nueva solución óptima:
  (a) (5; 2, 2).
  (b) (4; 1, 1).
  (c) (3; 4, 6).
  (d) (5; 3, 3).

☐ **5-39** Considere el problema 5-13. Verifique si una nueva variable x_5 mejorará el valor óptimo de z suponiendo que los coeficientes de la función objetivo y de las restricciones son como se indica abajo. Si es así, obtenga la nueva solución óptima:
  (a) (5; 1, 2).
  (b) (6; 2, 3).
  (c) (10; 2, 5).
  (d) (15; 3, 3).

Problemas **221**

☐ **5-40** Considere el problema 5-11. Supóngase que los coeficientes tecnológicos de x_2 son $(5 - \theta, -5 + \theta)$ en vez de $(5, -5)$, donde θ es un parámetro no negativo. Determine los valores de θ para los cuales se mantiene óptima la solución al problema 5-11.

☐ **5-41** En el modelo de la mezcla de productos del ejemplo 5.3-2, determine la solución óptima cuando los límites de tiempo (en minutos), de los usos diarios de las operaciones, se cambian como lo demuestran los vectores que siguen.

$$\text{(a)} \begin{pmatrix} 420 \\ 460 \\ 440 \end{pmatrix} \quad \text{(b)} \begin{pmatrix} 500 \\ 400 \\ 600 \end{pmatrix} \quad \text{(c)} \begin{pmatrix} 300 \\ 800 \\ 200 \end{pmatrix} \quad \text{(d)} \begin{pmatrix} 300 \\ 400 \\ 150 \end{pmatrix}$$

☐ **5-42** Considere el problema 5-11. Supóngase que el segundo miembro de las restricciones se transforma en $(30 + \theta, 40 - \theta)$, donde θ es un parámetro no negativo. Determine los valores de θ para los cuales la solución básica del problema 5-11 se mantiene factible.

☐ **5-43** En el problema 5-42, obtenga la nueva solución óptima cuando $\theta = 10$.

☐ **5-44** En el problema 5-41, supóngase que es necesario agregar una cuarta operación a todos los productos del problema de la combinación de productos. La tasa de producción máxima basada en 480 minutos al día puede ser *una* de las 3 siguientes: 120 unidades del producto 1, 480 unidades del producto 2 *o bien* 240 unidades del producto 3. Determine la solución óptima suponiendo que la capacidad diaria de la cuarta operación está limitada por (a) 570 minutos, (b) 548 minutos.

☐ **5-45** Considere el problema 5-12. Verifique si cada una de las restricciones que siguen afectará la solución óptima actual. Si es así, obtenga la nueva solución:
   (a) $x_1 + x_2 \leq 2$.
   (b) $2x_1 + 4x_2 \geq 10$.
   (c) $2x_1 + x_2 = 6$.
   (d) $x_1 + x_2 + x_3 \leq 2$.

☐ **5-46** Considere el problema 5-13. Revise si cada una de las restricciones que siguen afectará la solución actual. Si lo hacen, obtenga la nueva solución:
   (a) $x_1 + x_2 + x_3 \leq 5$.
   (b) $2x_1 + x_2 - x_4 \geq 4$.
   (c) $x_1 + 2x_2 + x_3 + x_4 \leq 4$.
   (d) $x_1 + x_4 = 1$.

☐ **5-47** Considere el problema:

$$\text{maximizar } z = 2x_2 - 5x_3$$

sujeto a
$$x_1 + x_3 \geq 2$$
$$2x_1 + x_2 + 6x_3 \leq 6$$
$$x_1 - x_2 + 3x_3 = 0$$
$$x_1, x_2, x_3 \geq 0$$

(a) Si la solución básica óptima es (x_2, x_4, x_1), donde x_4 es el exceso de la primera restricción, resuelva el problema.
(b) Suponga que el segundo miembro del primal se cambia de (2, 6, 0) a (2, 10, 5). Encuentre la nueva solución óptima.
(c) Suponga que los coeficientes de x_2 y x_3 en la función objetivo se cambian de (2, −5) a (1, 1). Encuentre la nueva solución.
(d) Encuentre la nueva solución si las partes (b) y (c) se consideran en forma simultánea.

☐ **5-48** Considere el ejemplo 5.3-2. Encuentre la nueva solución óptima para cada uno de los siguientes cambios simultáneos:
(a) Función objetivo: maximizar $z = 5x_1 + 3x_2 + 4x_3$
Segundo miembro: $(420, 460, 440)^T$
(b) Función objetivo: maximizar $z = 4x_1 + 3x_2 + 2x_3$
Segundo miembro: $(300, 800, 600)^T$
(c) Función objetivo: maximizar $z = 2x_1 + x_2 + 3x_3$
Segundo miembro: $(300, 400, 150)^T$

☐ **5-49** Resuelva el ejemplo 5.6-1 suponiendo que la función objetivo está dada por
(a) $z = (3 + 3t)x_1 + 2x_2 + (5 - 6t)x_3$.
(b) $z = (3 - 2t)x_1 + (2 + t)x_2 + (5 + 2t)x_3$.
(c) $z = (3 + t)x_1 + (2 + 2t)x_2 + (5 - t)x_3$.

☐ **5-50** Considere el ejemplo en la sección 3.3.1A. Suponga que la función objetivo es

$$\text{minimizar } z = (4 - t)x_1 + (1 - 3t)x_2 + (2 - 2t)x_5$$

donde x_5 es una variable adicional, cuyos coeficientes de restricción en el problema original son 2, 2 y 5, respectivamente. Estudie las variaciones en la solución óptima en función de t. Suponga que $t \geq 0$.

☐ **5-51** El análisis en este capítulo siempre ha supuesto que la solución óptima del problema en $t = 0$ se determina con el método símplex regular. Sin embargo, en algunos problemas puede ser más conveniente determinar la solución óptima por medio del método símplex dual de la sección 3.4. Indique cómo puede llevarse a cabo el análisis paramétrico en este caso.

☐ **5-52** En el problema presentado en la sección 3.4 (método símplex dual), suponga que la función objetivo está dada por

$$z = (3 + t)x_1 + (2 + 4t)x_2$$

Estudie la variación en la solución óptima con $t \geq 0$.

☐ **5-53** Resuelva el ejemplo 5.6-1 suponiendo que la función objetivo está dada por

$$z = (3 + 3t)x_1 + 2x_2 + (5 - 6t)x_3$$

donde t es un parámetro no negativo.

☐ **5-54** Resuelva el ejemplo 5.6-2 suponiendo que el segundo miembro de las restricciones está dada por

$$\mathbf{b}(t) = \begin{pmatrix} 430 \\ 460 \\ 420 \end{pmatrix} + t \begin{pmatrix} 500 \\ 100 \\ -200 \end{pmatrix}$$

donde t es un parámetro no negativo.

[*Sugerencia*: $\mathbf{B}_0^{-1}$, como se da en el ejemplo 5.6-2, permanece factible para la nueva $\mathbf{b}(0) = (430, 460, 420)^T$.]

☐ **5-55** En el problema 5-50 suponga que el segundo miembro de las restricciones está dado por

$$\mathbf{b}(t) = \begin{pmatrix} 3 \\ 6 \\ 4 \end{pmatrix} + t \begin{pmatrix} 3 \\ 2 \\ -1 \end{pmatrix}$$

Estudie la variación de la solución óptima en función de t. Suponga que $t \geq 0$.

☐ **5-56** En el problema 5-52, suponga que el segundo miembro de las restricciones está dado por

$$\mathbf{b}(t) = \begin{pmatrix} 3 + 2t \\ 6 - t \\ 3 - 4t \end{pmatrix}$$

Estudie la variación en la solución óptima en función de t, con $t \geq 0$.

☐ **5-57** El problema de programación lineal

$$\text{maximizar } z = 3x_1 + 6x_2$$

sujeto a

$$x_1 \leq 4$$
$$3x_1 + 2x_2 \leq 18$$
$$x_1, x_2 \geq 0$$

tiene la solución

Básica	x_1	x_2	x_3	x_4	Solución
z	6	0	0	3	54
x_3	1	0	1	0	4
x_2	3/2	1	0	1/2	9

donde x_3 y x_4 son variables de holgura. Sean

$$c_2(t) = 6 - 4t$$
$$\mathbf{b}(t) = \binom{4}{18} + t\binom{8}{-24}$$
$$\mathbf{P}_1(t) = \binom{1}{3} + t\binom{2}{-3}$$

mientras que c_1 y $\mathbf{P}_2$ permanecen tal como se dieron en el problema original.

Si las funciones paramétricas anteriores se incorporan *simultáneamente*, encuentre el intervalo de t para el cual la solución permanece básica, factible y óptima. Suponga que $t \geq 0$.

☐ **5-58** En el problema 5-57, suponga que

$$z = (3 + \alpha)x_1 + (6 - \alpha)x_2$$
$$\mathbf{P}_1(\beta) = \binom{1 + \beta}{3 - \beta}$$

en tanto que $\mathbf{b}$ permanece no parametrizada, donde α y β son parámetros reales. Encuentre la relación entre α y β que siempre mantendrá óptima la solución en el problema 5-57

☐ **5-59** Suponga que la parametrización de z y $\mathbf{b}$ dada en los problemas 5-53 y 5-54 se consideran en forma simultánea. Estudie las variaciones en la solución óptima en función de t.

☐ **5-60** Suponga que la parametrización de z y $\mathbf{b}$, como se presentó en los problemas 5-50 y 5-55, se considera en forma simultánea. Estudie la variación en la solución óptima en función de t.

☐ **5-61** Considere el siguiente problema:

$$\text{maximizar } z = (2 + t)x_1 + (4 - t)x_2 + (4 - 2t)x_3 + (-3 + 3t)x_4$$

sujeto a

$$\begin{aligned} x_1 + x_2 + x_3 &= 4 - t \\ 2x_1 + 4x_2 \phantom{{}+x_3} + x_4 &= 8 - t \\ x_1, x_2, x_3, x_4 &\geq 0 \end{aligned}$$

donde t es un parámetro no negativo. Determine la solución óptima para $t = 0$ utilizando x_3 y x_4 en la solución básica inicial. Estudie luego la variación de la solución óptima en función de t.

☐ **5-62** Considere el problema

$$\text{maximizar } z = (4 - 10t)x_1 + (8 - 4t)x_2$$

sujeto a

$$\begin{aligned} x_1 + x_2 &\leq 4 \\ 2x_1 + x_2 &\leq 3 - t \\ x_1, x_2 &\geq 0 \end{aligned}$$

Estudie las variaciones en la solución óptima en función de t, donde $-\infty < t < \infty$. Note que t puede admitir valores negativos en este caso.

☐ **5-63** Considere la versión no parametrizada del problema 5-57. Suponga que la función objetivo y el segundo miembro varían con el parámetro t de acuerdo con

$$z = (3 + t - t^2)x_1 + (6 - 2t - t^2)x_2$$

$$\mathbf{b}(t) = \begin{pmatrix} 4 + t^2 \\ 18 - 2t^2 \end{pmatrix}$$

Estudie la variación en la solución óptima en función del parámetro t ($t \geq 0$). ¿Cuáles son las dificultades implícitas al tratar con funciones no lineales?

Capítulo 6

Programación lineal: modelo de transporte

6.1 **Definición y aplicación del modelo de transporte**
6.2 **Solución del problema de transporte**
   6.2.1 Técnica de transporte
   6.2.2 Solución inicial mejorada
6.3 **Modelo de asignación**
6.4 **Modelo de transbordo**
6.5 **Resumen**
   Bibliografía
   Problemas

En este capítulo se presentan el modelo de transporte y sus variantes. En el sentido obvio, el modelo tiene que ver con la determinación de un plan de costo mínimo para transportar una mercancía desde varias fuentes (por ejemplo, fábricas) a varios destinos (por ejemplo, almacenes o bodegas). El modelo se puede extender de manera directa para abarcar situaciones prácticas de las áreas de control del inventario, programación del empleo y asignación de personal, entre otros.

El modelo de transporte es básicamente un programa lineal que se puede resolver a través del método símplex regular. Sin embargo, su estructura especial hace posible el desarrollo de un procedimiento de solución, conocido como técnica de transporte, que es más eficiente en términos de cálculo.

La técnica de transporte puede presentarse, y a menudo se hace, en forma elemental que parezca completamente separada del método símplex. No obstante, debemos destacar que la "nueva" técnica sigue esencialmente los pasos *exactos* del método símplex.

6.1 DEFINICION Y APLICACION DEL MODELO DE TRANSPORTE

En esta sección presentamos la definición estándar del modelo de transporte. Después describimos variantes del modelo que extienden su campo de aplicación a una clase más vasta de problemas reales.

En sentido estricto, el modelo de transporte busca determinar un plan de transporte de una mercancía de varias fuentes a varios destinos. Entre los datos del modelo se cuentan

1. Nivel de oferta en cada fuente y la cantidad de la demanda en cada destino.
2. El costo de transporte *unitario* de la mercancía de cada fuente a cada destino.

Como sólo hay una mercancía, un destino puede recibir su demanda de una o más fuentes. El objetivo del modelo es el de determinar la cantidad que se enviará de cada fuente a cada destino, tal que se minimice el costo de transporte total.

La suposición básica del modelo es que el costo de transporte en una ruta es directamente proporcional al número de unidades transportadas. La definición de "unidad de transporte" variará dependiendo de la "mercancía" que se transporte. Por ejemplo, podemos hablar de una unidad de transporte como cada una de las vigas de acero que se necesitan para construir un puente. O bien, podemos utilizar el equivalente a la carga de un camión de la mercancía como unidad de transporte. En cualquier caso, las unidades de oferta y demanda deben ser consistentes con nuestra definición de "unidad de transporte".

La figura 6-1 representa el modelo de transporte como una red con m fuentes y n destinos. Una *fuente* o un *destino* está representado por un **nodo**. El **arco** que une una fuente y un destino representa la ruta por la cual se transporta la mercancía. La cantidad de la oferta en la fuente i es a_i y la demanda en el destino j es b_j. El costo de transporte *unitario* entre la fuente i y el destino j es c_{ij}.

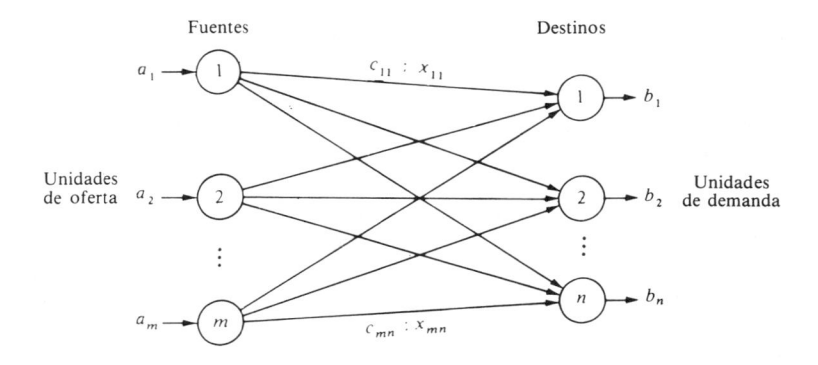

Figura 6-1

Si x_{ij} representa la cantidad transportada desde la fuente i al destino j, entonces, el modelo general de PL que representa el modelo de transporte es

$$\text{minimizar } z = \sum_{i=1}^{m} \sum_{j=1}^{n} c_{ij} x_{ij}$$

sujeto a

$$\sum_{j=1}^{n} x_{ij} \leq a_i, \quad i = 1, 2, \ldots, m$$

$$\sum_{i=1}^{m} x_{ij} \geq b_j, \quad j = 1, 2, \ldots, n$$

$$x_{ij} \geq 0, \quad \text{para todas las } i \text{ y } j$$

El primer conjunto de restricciones estipula que la suma de los envíos *desde* una fuente no puede ser mayor que su oferta; en forma análoga, el segundo conjunto requiere que la suma de los envíos *a* un destino satisfaga su demanda.

El modelo que acabamos de describir implica que la oferta total $\sum_{i=1}^{m} a_i$ debe ser cuando menos igual a la demanda total $\sum_{j=1}^{n} b_j$. Cuando la oferta total *es igual* a la demanda total ($\sum_{i=1}^{m} a_i = \sum_{j=1}^{n} b_j$), la formulación resultante recibe el nombre de **modelo de transporte equilibrado**. Este difiere del modelo sólo en el hecho de que todas las restricciones son ecuaciones, es decir

$$\sum_{j=1}^{n} x_{ij} = a_i, \quad i = 1, 2, \ldots, m$$

$$\sum_{i=1}^{m} x_{ij} = b_j, \quad j = 1, 2, \ldots, n$$

En el mundo real, no es necesariamente cierto que la oferta sea igual a la demanda o, a ese respecto, mayor que ella. Sin embargo, un modelo de transporte siempre puede equilibrarse. El equilibrio, además de su utilidad en la representación a través de modelos de ciertas situaciones prácticas, es importante para el desarrollo de un método de solución que explote completamente la estructura especial del modelo de transporte. Los dos ejemplos que siguen presentan la idea del equilibrio y también sus implicaciones prácticas.

Ejemplo 6.1-1 (Modelo de transporte estándar)

MG Auto Company tiene plantas en Los Angeles, Detroit y Nueva Orleans. Sus centros de distribución principales están ubicados en Denver y Miami. Las capacidades de las tres plantas durante el trimestre próximo son de 1 000, 1 500 y 1 200 automóviles. Las demandas trimestrales en los dos centros de distribución son de 2 300 y 1 400 vehículos. El costo del transporte de un automóvil por tren es aproximadamente de 8 centavos por milla. El diagrama de la distancia recorrida entre las plantas y los centros de distribución es el siguiente:

6.1] Definición y aplicación del modelo de transporte

	Denver	Miami
Los Angeles	1 000	2 690
Detroit	1 250	1 350
Nueva Orleans	1 275	850

El diagrama de la distancia de recorrido puede traducirse en costo por automóvil a razón de 8 centavos por milla recorrida. Esto produce los costos siguientes (redondeados a números enteros), que representan a c_{ij} del modelo original:

		Denver (1)	Miami (2)
Los Angeles	(1)	80	215
Detroit	(2)	100	108
Nueva Orleans	(3)	102	68

Mediante el uso de códigos numéricos para representar las plantas y centros de distribución, hacemos que x_{ij} represente el número de automóviles transportados de la fuente i al destino j. Como la oferta total ($= 1\,000 + 1\,500 + 1\,200 = 3\,700$) es igual a la demanda total ($= 2\,300 + 1\,400 = 3\,700$), el modelo de transporte resultante está *equilibrado*. Por lo tanto, el siguiente modelo de PL que representa el problema tiene todas las restricciones de *igualdad*:

$$\text{minimizar } z = 80x_{11} + 215x_{12} + 100x_{21} + 108x_{22} + 102x_{31} + 68x_{32}$$

sujeto a

$$
\begin{aligned}
x_{11} + x_{12} &= 1\,000 \\
x_{21} + x_{22} &= 1\,500 \\
x_{31} + x_{32} &= 1\,200 \\
x_{11} + x_{21} + x_{31} &= 2\,300 \\
x_{12} + x_{22} + x_{32} &= 1\,400 \\
x_{ij} \geq 0, \quad \text{para todas las } i \text{ y } j
\end{aligned}
$$

Un método más resumido para representar el modelo de transporte consiste en utilizar lo que se llama **tabla de transporte**. Esta es una forma de matriz donde sus renglones representan las fuentes y sus columnas el destino. Los elementos de costo c_{ij} se resumen en la esquina noreste de la celda de la matriz (i, j). Por lo tanto, el modelo de MG se puede resumir como se ilustra en la tabla 6-1.

Veremos en la sección que sigue que la tabla de transporte es la base para estudiar el método especial basado en el modelo símplex para resolver el problema de transporte. ◀

Tabla 6-1

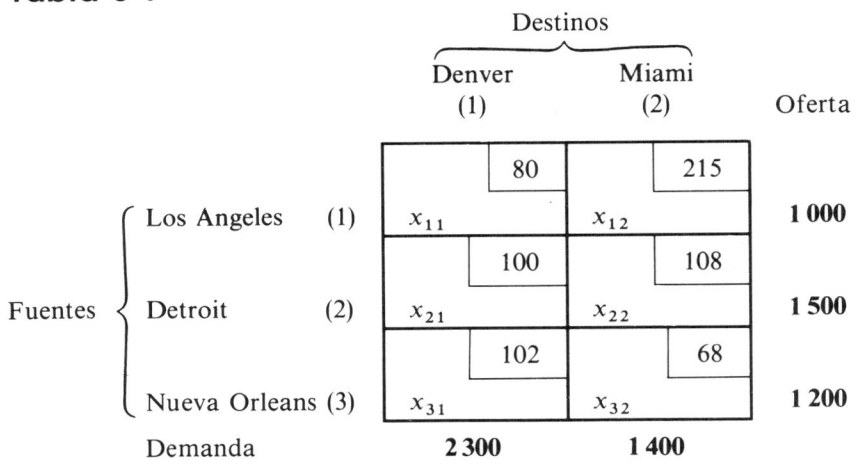

	Denver (1)	Miami (2)	Oferta
Los Angeles (1)	80 / x_{11}	215 / x_{12}	1 000
Detroit (2)	100 / x_{21}	108 / x_{22}	1 500
Nueva Orleans (3)	102 / x_{31}	68 / x_{32}	1 200
Demanda	2 300	1 400	

Fuentes: Los Angeles, Detroit, Nueva Orleans. Destinos: Denver, Miami.

Ejercicio 6.1-1

Supóngase que se desea no enviar ningún automóvil de la planta de Detroit al centro de distribución de Denver. ¿Cómo se puede incorporar esta condición en el modelo de MG?

[*Resp.* Asigne un costo de transporte unitario muy elevado, M, a la ruta de Detroit a Denver; compare el método de penalización de la sección 3.3.1.]

Sucede que el modelo de MG tuvo la misma oferta y demanda. El ejemplo 6.1-2 demuestra cómo se puede balancear siempre un modelo de transporte. Téngase en mente que la razón principal para desear equilibrar el problema de transporte (es decir, convertir todas las restricciones a ecuaciones) es que permite el desarrollo de un procedimiento de cálculo eficiente basado en la representación que se ilustra en la tabla 6-1.

Ejemplo 6.1-2 (Modelo de transporte con equilibrio)

En el ejemplo 6.1-1, supóngase que la capacidad de la planta de Detroit es de 1 300 automóviles (en vez de 1 500). Se dice que la situación está **desequilibrada** (o sin equilibrio) debido a que la oferta total (= 3 500) no es igual a la demanda total (= 3 700). Dicho de otra manera, esta situación desequilibrada significa que no será posible cubrir *toda* la demanda en los centros de distribución. Nuestro objetivo consiste en volver a formular el modelo de transporte de manera que distribuya la cantidad faltante (= 3 700 − 3 500 = 200 vehículos) en forma óptima entre los centros de distribución.

Como la demanda es mayor que la oferta, se puede agregar una **fuente** (planta) **ficticia** con una capacidad de 200 automóviles. Se permite que la planta ficticia, en condiciones normales, envíe su "producción" a todos los centros de distribución. Físicamente, la cantidad de unidades enviadas a un destino desde una planta ficticia representará la cantidad faltante en ese destino.

La única información que falta para completar el modelo son los costos de "transporte" unitarios de la planta ficticia a los destinos. Como la planta no existe, no

Tabla 6-2

	Denver	Miami	
Los Angeles	80	215	1 000
Detroit	100	108	1 300
Nueva Orleans	102	68	1 200
Planta ficticia	0	0	200
	2 300	1 400	

habrá ningún envío físico y el costo de transporte unitario correspondiente es cero. Sin embargo, podemos enfocar la situación desde otro ángulo diciendo que se incurre en un costo de penalización por cada unidad de demanda insatisfecha en los centros de distribución. En este caso los costos de transporte unitarios serán iguales a los costos de penalización unitarios en los diversos destinos.

En la tabla 6-2 se presenta un resumen del modelo equilibrado con la nueva restricción de capacidad de la planta de Detroit. La planta ficticia (que se muestra en una región sombreada) tiene una capacidad de 200 automóviles.

De manera análoga, si la oferta es mayor que la demanda, podemos agregar un **destino ficticio** que absorberá la diferencia. Por ejemplo, supóngase en el ejemplo 6.1-1 que la demanda en Denver disminuye a 1 900 vehículos. La tabla 6-3 resume el modelo con el centro de distribución ficticio. Cualquier automóvil enviado de una planta a un centro de distribución ficticio representa una cantidad *excedente* en la planta.

Tabla 6-3

	Denver	Miami	Centro de distribución ficticio	
Los Angeles	80	215	0	1 000
Detroit	100	108	0	1 500
Nueva Orleans	102	68	0	1 200
	1 900	1 400	400	

El costo de transporte unitario asociado es cero. Sin embargo, podemos cobrar un costo de *almacenamiento* por guardar el automóvil en la planta, y en este caso el costo de transporte unitario será igual al costo de almacenamiento unitario.

Ejercicio 6.1-2
(a) ¿Será necesario agregar una fuente ficticia y un destino ficticio para producir un modelo de transporte equilibrado?
[*Resp.* No.]
(b) Supóngase en la tabla 6-2 que los costos de penalización por cada automóvil no recibido en Denver y Miami son $200 y $260. Cambie el modelo de modo que incluya esta información.
[*Resp.* El costo de transporte unitario del renglón ficticio debe ser 200 y 260 en vez de 0.]
(c) Interprete la solución de la tabla 6-2 si el número de automóviles "enviados" de la planta ficticia a Denver y Miami son 150 y 50, respectivamente.
[*Resp.* Ordenes faltantes a Denver y Miami de 150 y 50 automóviles.]
(d) Supóngase en la tabla 6-3 que la planta de Detroit debe enviar *toda* su producción de 1 500 vehículos. ¿Cómo podemos implantar esta restricción?
[*Resp.* Asigne un costo muy elevado M a la ruta del centro de distribución ficticio de Detroit.]
(e) En cada uno de los casos siguientes, indique si se debe agregar una fuente o destino ficticios para equilibrar el modelo.
(1) $a_1 = 10$, $a_2 = 5$, $a_3 = 4$, $a_4 = 6$
$b_1 = 10$, $b_2 = 5$, $b_3 = 7$, $b_4 = 9$
[*Resp.* Agregue una fuente ficticia con una capacidad de 6 unidades.]
(2) $a_1 = 30$, $a_2 = 44$
$b_1 = 25$, $b_2 = 30$, $b_3 = 10$
[*Resp.* Sume un destino ficticio con demanda de 9 unidades.]

La aplicación del modelo de transporte no se limita al problema del "transporte" de mercancías entre la procedencia geográfica y destinos. Los siguientes dos ejemplos ilustran el uso del modelo de transporte en otros campos no relacionados. La siguiente sección presenta el modelo de asignación que trata sobre la asignación de trabajo a máquinas o personal.

Ejemplo 6.1-3 (Modelo de inventario de producción)
Una compañía construye una planta maestra para la producción de un artículo en un periodo de cuatro meses. Las demandas en los cuatro meses son 100, 200, 180 y 300 unidades, respectivamente. Una demanda para el mes en curso puede satisfacerse a través de:

1. Producción excesiva en un mes anterior almacenada para su consumo posterior.
2. Producción en el mes actual.
3. Producción excesiva en un mes posterior para cubrir pedidos de meses anteriores.

El costo de producción variable por unidad en un mes cualquiera es de $4.00. Una unidad producida para consumo posterior incurrirá en un costo de almacenamiento a razón de $0.50 por unidad por mes. Por otra parte, los artículos ordenados en meses anteriores incurren en un costo de penalización de $2.00 por unidad por mes.

La capacidad de producción para elaborar el producto varía cada mes. Los cálculos de los cuatro meses siguientes son 50, 180, 280 y 270 unidades, respectivamente.

Definición y aplicación del modelo de transporte

El objetivo es el de formular el plan de inventario de producción a costo mínimo.

Este problema se puede formular como un modelo de "transporte". La equivalencia entre los elementos de los sistemas de producción y transporte se establece de la manera siguiente:

Sistema de transporte	Sistema de producción
1. Fuente i	1. Periodo de producción i
2. Destino j	2. Periodo de demanda j
3. Oferta en la fuente i	3. Capacidad de producción del periodo i
4. Demanda en el destino j	4. Demanda del periodo j
5. Costo de transporte de la fuente i al destino j	5. Costo de producción e inventario del periodo i al j

En la tabla 6-4 se presenta un resumen del problema como un modelo de transporte. El costo de "transporte" unitario del periodo i al j es

$$c_{ij} = \begin{cases} \text{costo de producción en } i, & i = j \\ \text{costo de producción en } i + \text{costo de almacenamiento de } i \text{ a } j, & i < j \\ \text{costo de producción en } i + \text{costo de penalización de } i \text{ a } j, & i > j \end{cases}$$

La definición de c_{ij} indica que la producción en el periodo i para el mismo periodo ($i = j$) sólo iguala el costo unitario de producción. Si el periodo i se produce para periodos futuros j ($i < j$), se incurre en un costo de almacenamiento adicional. De la misma manera, la producción en i para cubrir j pedidos hechos con anterioridad ($i > j$) incurre en un costo de penalización adicional. Por ejemplo,

Tabla 6-4

	Periodo 1	Periodo 2	Periodo 3	Periodo 4	Capacidad
Periodo 1	4.	4.5	5.	5.5	50
Periodo 2	6.	4.	4.5	5.	180
Periodo 3	8.	6.	4.	4.5	280
Periodo 4	10	8.	6.	4.	270
Demanda	100	200	180	300	

234 Programación lineal: modelo de transporte [C.6

$$c_{11} = \$4$$
$$c_{24} = 4 + (.5 + .5) = \$5$$
$$c_{41} = 4 + (2 + 2 + 2) = \$10$$ ◀

Ejercicio 6.1-3
En la tabla 6-4, supóngase que los costos de almacenamiento por unidad cambian con los periodos y están dados por $0.4, $0.3 y $0.7 para los periodos 1, 2 y 3. Los costos de penalización se mantienen sin variación. Vuelva a calcular c_{ij} de la tabla 6-4.
[*Resp.* c_{ij} por renglón son (4, 4.4, 4.7, 5.4), (6, 4, 4.3, 5.0), (8, 6, 4, 4.7) y (10, 8, 6, 4).]

La solución óptima del modelo (lograda con TORA) se muestra en la figura 6-2. Se ve que se deben satisfacer 50 unidades de la demanda para el periodo 1, con una producción de pedidos pendientes en el periodo 2. Mientras tanto, 70 unidades de la demanda para el periodo 2 se satisfacen con una producción de un pedido por surtir en el periodo 3. Esta solución puede parecer económicamente inaceptable, ya que el periodo 2 proporciona una producción de un pedido pendiente para el periodo 1 y recibe, simultáneamente, una producción de un pedido por surtir del periodo 3. El argumento se puede refutar si se observa que en el periodo 2 no tenemos más que la opción de proporcionar al periodo 1 con 50 unidades del pedido pendiente porque la capacidad de producción del periodo 1 (= 50 unidades) no es suficiente para cubrir su propia demanda (= 100 unidades).

Ejemplo 6.1-4 (Problema del proveedor de banquetes)
Se contrata a un proveedor para suministrar servilletas limpias durante N días sucesivos. La demanda para el día i es de d_i servilletas. Existen tres fuentes a partir de las cuales se puede satisfacer la demanda diaria:

1. Comprar servilletas nuevas al precio de a unidades monetarias (u.m.) cada una.
2. Enviar las servilletas sucias a un servicio de lavado rápido (las servilletas enviadas al final del día i se recuperan al principio del día $i + 1$) a un costo de b u.m. cada una.

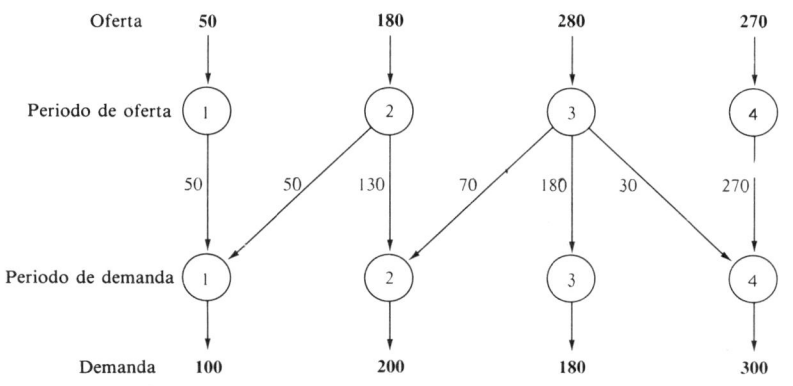

Figura 6-2

3. Enviar las servilletas sucias a un servicio de lavado lento (las servilletas enviadas al final del día i se recuperan al principio del día $i + 3$) a un costo de c u.m. cada una.

El problema clásico del proveedor recuerda el problema del mantenimiento de un motor de aeroplano, donde se tienen las opciones de comprar motores nuevos o reparar los usados (véase el problema 6-11). En un sentido directo, la situación no parece seguir el formato del problema clásico de transporte. Sin embargo, demostraremos que el problema se puede formular usando dicho modelo. Se utilizarán los siguientes datos para 7 días, que ilustran el procedimiento:

Día, i	1	2	3	4	5	6	7
Demanda, d_i	240	120	140	200	180	140	200

Los parámetros de costo a, b y c son $1.20, $0.60 y $0.30, respectivamente.

La idea es considerar 7 nodos de destino, cada uno representando un día en el periodo de planeación. En el cuadro anterior se da la demanda en cada uno de esos destinos. En lo que respecta a las fuentes, observamos que al final de cada día tendremos un número de servilletas sucias igual al número de servilletas limpias necesarias para ese día. Tenemos entonces, siete fuentes con las cantidades respectivas de suministro, de nuevo iguales a las cantidades enlistadas antes. Se necesita una fuente adicional para tomar en cuenta el suministro de servilletas nuevas. Es plausible que todas las demandas para el periodo de 7 días se satisfagan con la fuente de servilletas nuevas. En consecuencia, el suministro en la fuente de servilletas nuevas se puede fijar igual a la suma de las demandas para todos los destinos (= 1 240 servilletas). Para tener la opción de no usar todas las servilletas nuevas, se añade al modelo un nodo destino de disposición con una demanda de 1 240 servilletas. En realidad, como es más barato reciclar las servilletas sucias, nunca será necesario usar servilletas nuevas para cubrir las demandas de los 7 días. Sin embargo, desde el punto de vista de la optimización, este detalle no tiene importancia porque el excedente de todas las servilletas nuevas, estará disponible para su uso.

La tabla 6-5 resume el modelo de transporte que consta de 8 fuentes y 8 destinos. Es claro que todas las rutas del periodo corriente a cualesquiera periodos anteriores son no factibles y por ello, deben bloquearse, asignando a cada una de ellas un costo M muy alto. La unidad "costo de transporte" desde las 8 fuentes al punto de disponibilidad es 0. Los costos unitarios restantes se establecen como sigue. Costará $1.20 entre la fuente 1 (servilletas nuevas) y cada uno de los 7 destinos del modelo. Para las fuentes de la 2 a la 8 (días 1 al 7), el costo unitario desde el nodo i a cada uno de los nodos $i + 1$ e $i + 2$ es de $0.60 y desde el nodo i a cada uno de los nodos $i + 3$, $i + 4$, ..., $i + 7$, es de $0.30 (servicio rápido y lento de lavado, respectivamente.) Observe cuidadosamente el significado de la ruta i a la $i + 2$. Representa enviar servilletas sucias al final del día i, recuperarlas al principio del día $i + 1$ (servicio rápido) y "almacenarlas" para usarlas el día $i + 2$. Una interpretación similar se puede dar a las rutas de servicio lento.

Tabla 6-5

	1	2	3	4	5	6	7	Disponibilidad	
Nuevas	1.20	1.20	1.20	1.20	1.20	1.20	1.20	0	1240
1	M	.60	.60	.30	.30	.30	.30	0	240
2	M	M	.60	.60	.30	.30	.30	0	120
3	M	M	M	.60	.60	.30	.30	0	140
4	M	M	M	M	.60	.60	.30	0	200
5	M	M	M	M	M	.60	.60	0	180
6	M	M	M	M	M	M	.60	0	140
7	M	M	M	M	M	M	M	0	220
	240	120	140	200	180	140	220	1240	

Ejercicio 6.1-4

Suponga que una servilleta limpia cuesta 2/100 de u.m. adicionales por almacenamiento por día, si no se usa el mismo día que se recibe de la lavandería. Revise los elementos de costo en la tabla 6-5.

[*Res.*: En cada renglón reemplace el segundo $0.60 por $0.62 y el segundo $0.30 superior por $0.32.]

La solución óptima del problema (lograda con TORA) se resume en la figura 6-3. Estos datos se pueden abreviar en un formato "listo para usarse" como se muestra en la tabla 6-6. Observe la interpretación de la solución respecto al servicio de lavandería. Por ejemplo, al final del día 1, se envían 180 servilletas sucias a servicio rápido, 100 de las cuales se usan el día 2 y las 80 restantes se almacenan para usarse el día 3. Esta información se muestra en la figura 6-3 con un arco de 100 servilletas que va del nodo 1 al 2 y con un arco de 80 servilletas del nodo 1 al 3.

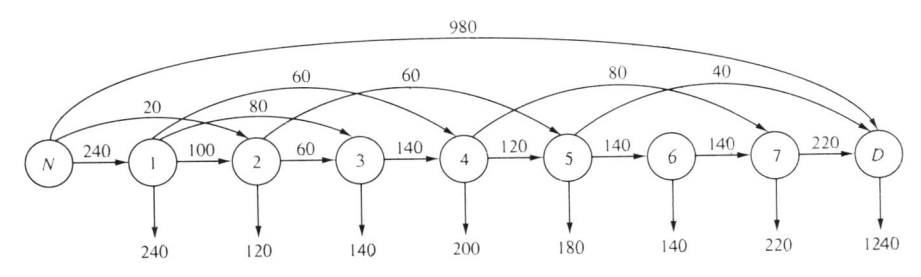

Figura 6-3

Tabla 6-6

Periodo	Servilletas nuevas	Servicio de lavandería rápido	lento	disponibilidad
1	240	180	60	0
2	20	60	60	0
3	0	140	0	0
4	0	120	80	0
5	0	140	0	40
6	0	140	0	0
7	0	0	0	220

6.2 SOLUCION DEL PROBLEMA DE TRANSPORTE

En esta sección presentamos los detalles para resolver el modelo de transporte. El método aplica los pasos del método símplex en forma directa, y difiere sólo en los detalles de la implantación de las condiciones de optimidad y factibilidad.

6.2.1 TECNICA DE TRANSPORTE

Los pasos básicos de la técnica de transporte son

Paso 1: determínese una solución factible inicial.

Paso 2: determínese la variable que entra, que se elige entre las variables no básicas. Si todas estas variables satisfacen la condición de optimidad (del método símplex), deténgase; de lo contrario, diríjase al paso 3.

Paso 3: determínese la variable que sale (mediante el uso de la condición de factibilidad) de entre las variables de la solución básica actual; después obténgase la nueva solución básica. Regrese al paso 2.

Estos pasos se considerarán a fondo. La explicación es el problema de la tabla 6-7. El costo de transporte unitario c_{ij} se expresa en unidades monetarias. La oferta y la demanda están dadas en número de unidades.

A. Determinación de la solución inicial

La definición general del modelo de transporte de la sección 6.1 requiere que $\sum_{i=1}^{m} a_i = \sum_{j=1}^{n} b_j$. Este requisito da origen a una ecuación dependiente, lo que significa que el modelo de transporte tiene sólo $m + n - 1$ ecuaciones independientes. Por

Tabla 6-7

	Destino 1	2	3	4	Oferta
Fuente 1	10 x_{11}	0 x_{12}	20 x_{13}	11 x_{14}	15
Fuente 2	12 x_{21}	7 x_{22}	9 x_{23}	20 x_{24}	25
Fuente 3	0 x_{31}	14 x_{32}	16 x_{33}	18 x_{34}	5
Demanda	5	15	15	10	

lo tanto, como en el método símplex, una solución factible básica inicial debe incluir $m + n - 1$ variables básicas.

Normalmente, si el modelo de transporte se formula como una tabla símplex, sería necesario utilizar variables artificiales para asegurar una solución básica inicial. Sin embargo, cuando se utiliza la tabla de transporte, una solución factible básica inicial se puede obtener fácil y directamente. Presentamos un procedimiento llamado **regla de la esquina noroeste** para este fin. En la sección 6.2.2 se presentan otros dos procedimientos, llamados métodos del **costo mínimo** y **aproximación de Vogel**. Estos procedimientos suelen producir soluciones iniciales óptimas en el sentido de que los valores asociados de la función objetivo son más chicos.

El método de la *esquina noroeste* comienza asignando la máxima cantidad posible a la variable x_{11}, de manera que se satisfaga totalmente la demanda (columna), o bien, se agote la oferta (renglón). Como en el primer caso se satisface la demanda, se tacha la columna y, en el segundo caso, como lo que se agota es la oferta, se tacha el renglón, indicando que las variables son iguales a cero. Cuando se satisfacen simultáneamente un renglón y una columna, sólo se tacha uno de ellos, el renglón o la columna. Esta condición garantiza la ubicación automática de variables básicas cero, si las hay. (Véase la tabla 6.9, donde se da un ejemplo ilustrativo.) Después de ajustar las cantidades de oferta y demanda de todos los renglones y columnas no tachados, la cantidad factible máxima se asigna al primer elemento de la nueva columna (renglón). El proceso se termina cuando se deja de tachar *exactamente* un renglón *o* una columna.

El procedimiento descrito se aplica ahora a la tabla 6-7.

1. $x_{11} = 5$, como se satisface la demanda se tacha la columna 1. La oferta excedente es de 10 unidades en el renglón 1.
2. $x_{12} = 10$, como se agota la oferta se tacha el renglón 1. Falta satisfacer una demanda de 5 unidades de la columna 2.
3. $x_{22} = 5$, como se satisface la demanda se tacha la columna 2. La oferta excedente es de 20 unidades en el renglón 2.

Tabla 6-8

	1	2	3	4	
1	5	10			15
2		5	15	5	25
3				5	5
	5	15	15	10	

4. $x_{23} = 15$, como se satisface la demanda se tacha la columna 3. La oferta excedente es de 5 unidades en el renglón 2.

5. $x_{24} = 5$, como se agota la oferta se tacha el renglón 2. Falta satisfacer una demanda de 5 unidades en la columna 4.

6. $x_{34} = 5$, como se satisface simultáneamente la demanda y se agota la oferta, sólo se tacha el renglón 3 o la columna 5. Así, sólo uno de los dos queda sin tachar y el proceso llega a su fin.

La solución básica inicial resultante se presenta en la tabla 6-8. Las variables *básicas* son $x_{11} = 5$, $x_{12} = 10$, $x_{22} = 5$, $x_{23} = 15$, $x_{24} = 5$ y $x_{34} = 5$. Las variables restantes son *no básicas* en el nivel cero. El costo de transporte asociado es

$$5 \times 10 + 10 \times 0 + 5 \times 7 + 15 \times 9 + 5 \times 20 + 5 \times 18 = \$410.$$

Cuando se satisfacen al mismo tiempo una columna y un renglón, la siguiente variable que se agregará a la solución básica estará necesariamente en el nivel cero. La tabla 6-9 ilustra este aspecto, donde la columna 2 y el renglón 2 se satisfacen simultáneamente. Si se tacha la columna 2, x_{23} se vuelve básica en el nivel cero en el paso siguiente, ya que la demanda restante del renglón 2 vale ahora cero. (Este caso se presenta en la tabla 6-9). Si en cambio se cruza el renglón 2, x_{32} sería la variable básica cero.

Las soluciones iniciales de las tablas 6-8 y 6-9 incluyen el número adecuado de variables básicas, o sea, $m + n - 1 = 6$. La regla de la esquina noroeste produce siempre el número adecuado de variables básicas.

Tabla 6-9

	1	2	3	4		
1	5	5			~~10~~	~~5~~
2		5	0		~~5~~	0
3			8	7	15	
	~~5~~	~~10~~ ~~5~~	8	7		

B. Determinación de la variable de entrada (método de multiplicadores)

La variable que entra se determina mediante el uso de la condición de optimidad del método símplex. Los cálculos de los coeficientes de la función objetivo están basados en las relaciones primales-duales que se presentaron en la sección 5.2. Primero presentamos la mecánica del método y después damos una explicación rigurosa del procedimiento con base en la teoría de la dualidad. Otro método, llamado procedimiento **saltando piedras**, también sirve para determinar la variable que entra. Aunque los cálculos de los dos métodos son exactamente equivalentes, el procedimiento del método saltando piedras da la impresión que es completamente independiente del método símplex.

En el método de multiplicadores asociamos los multiplicadores u_i y v_j con el renglón i y la columna j de la tabla de transporte. Para cada variable *básica* x_{ij} de la solución actual, los multiplicadores u_i y v_j deben satisfacer la ecuación que sigue:

$$u_i + v_j = c_{ij}, \text{ para cada variable } básica\ x_{ij}$$

Estas ecuaciones producen $m + n - 1$ ecuaciones (porque sólo hay $m + n - 1$ variables básicas) con $m + n$ incógnitas. Los valores de los multiplicadores se pueden determinar a partir de estas ecuaciones suponiendo un valor *arbitrario* para *cualquiera* de los multiplicadores (por lo general u_1 se hace igual a cero) y resolviendo las $m + n - 1$ ecuaciones de los $m + n - 1$ multiplicadores desconocidos restantes. Al hacer esto, la evaluación de cada variable no básica x_{pq} está dada por

$$\bar{c}_{pq} = u_p + v_q - c_{pq}, \text{ para cada variable } no\ básica\ x_{pq}$$

(Estos valores serán los mismos sin importar la elección arbitraria del valor de u_1. Véase el siguiente ejercicio con la computadora.) Después se selecciona la variable que entra como la variable no básica con la variable $\bar{c}_{pq}$ *más positiva* (compárese con la condición de optimidad de minimización del método símplex).

Si aplicamos este procedimiento a las variables no básicas de la tabla 6-8 (solución actual), las ecuaciones asociadas con las variables básicas están dadas como

$$
\begin{aligned}
x_{11}: &\quad u_1 + v_1 = c_{11} = 10 \\
x_{12}: &\quad u_1 + v_2 = c_{12} = 0 \\
x_{22}: &\quad u_2 + v_2 = c_{22} = 7 \\
x_{23}: &\quad u_2 + v_3 = c_{23} = 9 \\
x_{24}: &\quad u_2 + v_4 = c_{24} = 20 \\
x_{34}: &\quad u_3 + v_4 = c_{34} = 18
\end{aligned}
$$

Haciendo $u_1 = 0$, los valores de los multiplicadores se determinan sucesivamente como $v_1 = 10$, $v_2 = 0$, $u_2 = 7$, $v_3 = 2$, $v_4 = 13$ y $u_3 = 5$. Las evaluaciones de las variables no básicas están dadas de la manera siguiente:

$$x_{13}: \bar{c}_{13} = u_1 + v_3 - c_{13} = 0 + 2 - 20 = -18$$
$$x_{14}: \bar{c}_{14} = u_1 + v_4 - c_{14} = 0 + 13 - 11 = 2$$
$$x_{21}: \bar{c}_{21} = u_2 + v_1 - c_{21} = 7 + 10 - 12 = 5$$
$$x_{31}: \bar{c}_{31} = u_3 + v_1 - c_{31} = 5 + 10 - 0 = \boxed{15}$$
$$x_{32}: \bar{c}_{32} = u_3 + v_2 - c_{32} = 5 + 0 - 14 = -9$$
$$x_{33}: \bar{c}_{33} = u_3 + v_3 - c_{33} = 5 + 2 - 16 = -9$$

Como x_{31} tiene la variable $\bar{c}_{pq}$ más positiva, ésta se selecciona como la variable que entra.

Las ecuaciones $u_i + v_j = c_{ij}$, que utilizamos para determinar los multiplicadores, tienen una estructura tan sencilla que en realidad es innecesario escribirlos en forma explícita. Por lo general resulta mucho más sencillo determinar los multiplicadores directamente a partir de la tabla de transporte, observando que u_i del renglón i y v_j de la columna j se suman a c_{ij} cuando el renglón i y la columna j se intersecan en una celda que contiene una variable *básica* x_{ij}. Cuando se determinan u_i y v_j, podemos calcular $\bar{c}_{pq}$ para toda x_{pq} no básica, sumando u_p del renglón p y v_q de la columna q y después restando c_{pq} de la celda en la intersección del renglón p y la columna q.

Ejercicio con la computadora

Use la opción "guía para el usuario" de TORA para observar la iteración que corresponde al cálculo anterior. El lector verá que TORA calcula u_i y v_j, comenzando con $v_4 \equiv 0$ (en vez de $u_1 \equiv 0$). Aunque los valores de u_i y v_j son diferentes, la c_{ij} resultante y, por consiguiente, la variable entrante ($= x_{31}$), permanecen iguales. El ejercicio demuestra que a cualquiera u_i y v_j se les puede asignar un valor arbitrario. (Véase el problema 6-41.)

Ejercicio con la computadora

Introdúzcase al modelo de transporte en la tabla 6-7 como a un modelo regular de PL con 12 variables y 7 restricciones (de igualdad) (en realidad sólo 6, ya que una restricción es redundante). (Será de utilidad usar los nombres de las variables definidas por el usuario x_{11}, x_{12}, ...). Escoja el símplex primal con la solución inicial M. Ahora utilice la opción "próxima iteración (guía para el usuario)" y seleccione sucesivamente las variables entrantes 1, 2, 6, 7, 8 y 12, correspondientes a x_{11}, x_{12}, x_{22}, x_{23}, x_{24} y x_{34}, respectivamente. En cada caso la variable saliente se selecciona aceptando la opción que presenta el programa. Se descubrirá al final que el renglón objetivo proporciona los mismos valores de $\bar{c}_{pq}$ dados antes. El ejercicio demuestra que los cálculos, usando los multiplicadores u_i y v_j, conducen a los mismos resultados que el método símplex.

C. Determinación de la variable que sale (construcción de un ciclo)

Este paso es equivalente a aplicar la condición de factibilidad del método símplex. Sin embargo, como todos los coeficientes de restricciones del modelo de transporte original son cero o uno, las razones de la condición de factibilidad tendrán siempre su denominador igual a uno. Por lo tanto, los valores de las variables básicas producirán directamente las razones asociadas.

242 Programación lineal: modelo de transporte [C.6]

Para el fin de determinar la razón mínima, construimos un *ciclo cerrado* para la variable actual que entra (x_{31} en la iteración actual). El ciclo empieza y termina en la variable no básica designada. Este consta de los segmentos *sucesivos* horizontales y verticales (conectados) cuyos puntos extremos deben ser variables básicas, salvo para los puntos extremos que están asociados con la variable que entra. Esto significa que todo elemento de esquina del ciclo debe ser una celda que contenga una variable básica. La tabla 6-10 ilustra un ciclo para la variable que entra x_{31} dada en la solución básica de la tabla 6-8. Este ciclo se puede definir en términos de las variables básicas como $x_{31} \to x_{11} \to x_{12} \to x_{22} \to x_{24} \to x_{34} \to x_{31}$. *Es irrelevante si el ciclo es en el sentido de las manecillas del reloj o en sentido contrario.* Obsérvese que para una solución básica dada sólo se puede construir un ciclo *único* para cada variable no básica.

Podemos apreciar en la tabla 6-10 que si x_{31} (la variable que entra) se incrementa en una unidad entonces, para mantener la factibilidad de la solución, las variables básicas *de esquina* del ciclo x_{31} deben ajustarse como sigue. Disminúyase x_{11} en una unidad, increméntese x_{12} en una unidad, disminúyase x_{22} en una unidad, increméntese x_{24} en una unidad y por último disminúyase x_{34} en una unidad. Este proceso se resume a través de los signos de más ⊕ y de menos ⊖ de las esquinas adecuadas de la tabla 6-10. El cambio mantendrá satisfechas las restricciones de oferta y demanda.

La variable que sale se selecciona de entre las variables de esquina del ciclo que disminuirán cuando la variable que entra x_{31} aumente arriba del nivel cero. Estas situaciones se indican en la tabla 6-10 a través de las variables contenidas en el cuadro etiquetado con los signos menos ⊖. De la tabla 6-10, x_{11}, x_{22} y x_{34} son las variables básicas que disminuirán cuando aumente x_{31}. Después se selecciona la variable que sale como la que tiene el valor *más pequeño*, ya que será la primera

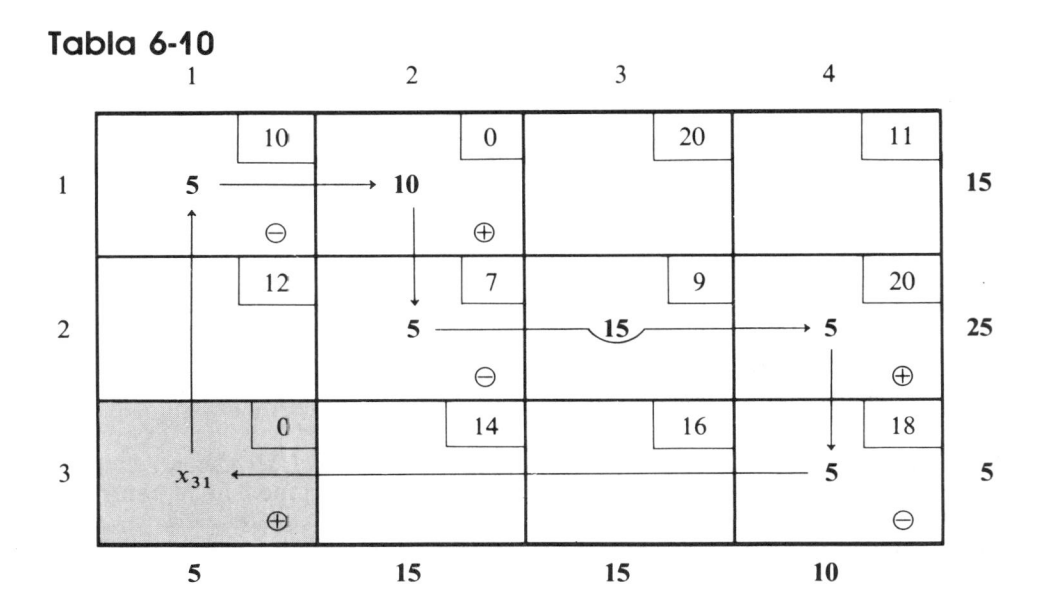

Tabla 6-10

	1	2	3	4	
1	10 5 ⊖ →	0 10 ⊕ ↓	20	11	15
2	12 ↓	7 5 ⊖ →	9 15 →	20 5 ⊕	25
3	0 x_{31} ← ⊕	14	16	18 ↓ 5 ⊖	5
	5	15	15	10	

en llegar al valor cero y cualquier disminución adicional la volverá negativa (compárese la condición de factibilidad del método símplex, donde la variable que sale está asociada con la razón mínima). En este ejemplo las tres variables $\ominus$-x_{11}, x_{22} y x_{34} tienen el mismo valor (= 5) y en este caso se puede seleccionar *cualquiera* de ellas como la variable que sale. Supóngase que x_{34} se toma como la variable que sale; después se incrementa a 5 el valor de x_{31} y los valores de las variables *de esquina* (básicas) se ajustan según este incremento (es decir, cada una se incrementa o disminuye en 5, dependiendo de si tiene el signo $\oplus$ o $\ominus$ asociado con ella). La nueva solución se presenta en la tabla 6-11. Su nuevo costo es $0 \times 10 + 15 \times 0 + 0 \times 7 + 15 \times 9 + 10 \times 20 + 5 \times 0 = \$335$. Este costo difiere del asociado con la solución inicial de la tabla 6-8 en $410 - 335 = \$75$, que es igual al número de unidades asignadas a x_{31} (= 5) multiplicado por $\bar{c}_{31}$ (= \$15).

La solución básica de la tabla 6-11 es degenerada, ya que las variables básicas x_{11} y x_{22} son cero. Sin embargo, la degeneración no requiere precauciones especiales y las variables básicas cero se consideran como cualquier otra variable básica positiva.

Ahora se revisa la optimidad de la nueva solución básica de la tabla 6-11 calculando los *nuevos* multiplicadores como se indica en la tabla 6-12. Los valores de $\bar{c}_{pq}$ están dados por los números de la esquina *suroeste* de cada celda no básica. La variable no básica x_{21} con la variable $\bar{c}_{pq}$ positiva mayor entra en la solución. El ciclo cerrado asociado con x_{21} muestra que x_{11} o x_{22} pueden ser la variable que sale. Seleccionamos arbitrariamente x_{11} como la que sale de la solución.

Ejercicio 6.2-1
Verifique los valores de u_i, v_j y $\bar{c}_{pq}$ de la tabla 6-12.

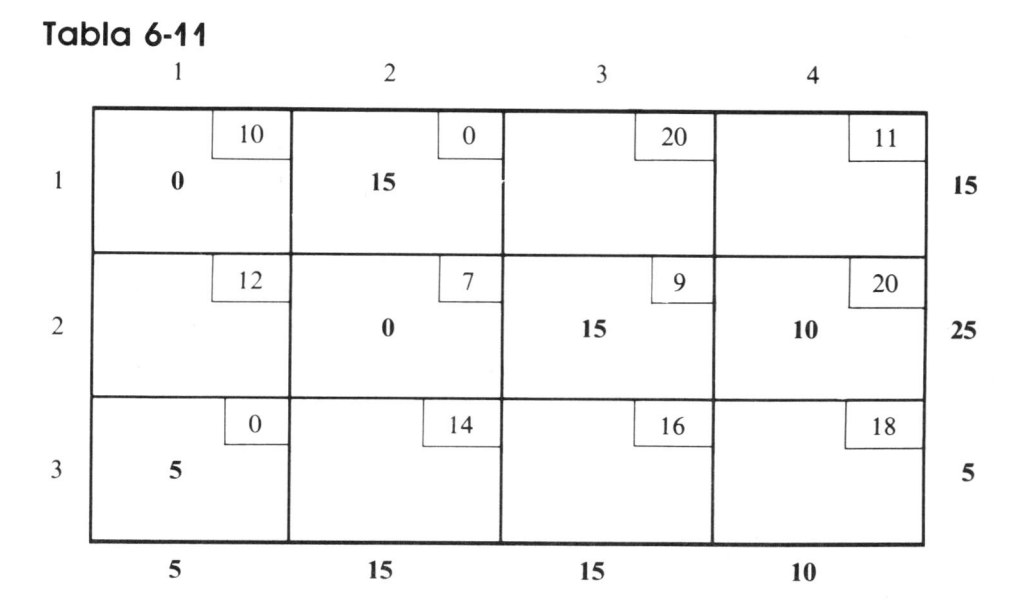

Tabla 6-11

	1	2	3	4	
1	10 / 0	0 / 15	20 /	11 /	15
2	12 /	7 / 0	9 / 15	20 / 10	25
3	0 / 5	14 /	16 /	18 /	5
	5	15	15	10	

244 Programación lineal: modelo de transporte [C.6

Tabla 6-12

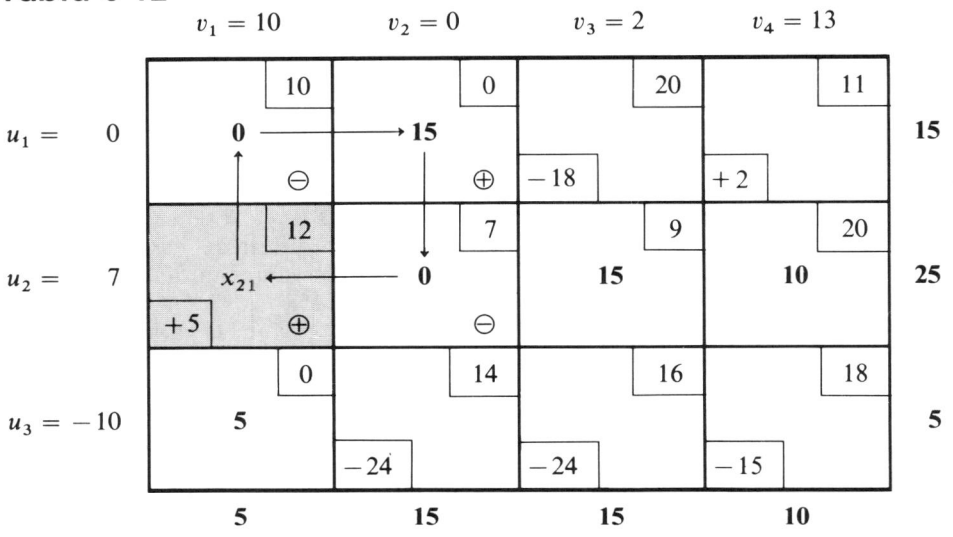

	$v_1 = 10$	$v_2 = 0$	$v_3 = 2$	$v_4 = 13$	
$u_1 = 0$	10 0 ⊖	0 →15 ⊕ −18	20 +2	11	15
$u_2 = 7$	12 x_{21} ← +5 ⊕	7 0 ⊖	9 15	20 10	25
$u_3 = -10$	0 5	14 −24	16 −24	18 −15	5
	5	15	15	10	

La tabla 6-13 muestra la nueva solución básica que sigue de la tabla 6-12 (x_{21} entra y x_{11} sale). Los nuevos valores de u_i, v_j y $\bar{c}_{pq}$ se vuelven a calcular. La tabla 6-13 muestra la variable que entra y la que sale como x_{14} y x_{24}, respectivamente. Al efectuar este cambio en la tabla 6-13, obtenemos la nueva solución de la tabla 6-14. Como todas las variables $\bar{c}_{pq}$ de la tabla 6-14 son *no positivas*, se ha llegado a la

Tabla 6-13

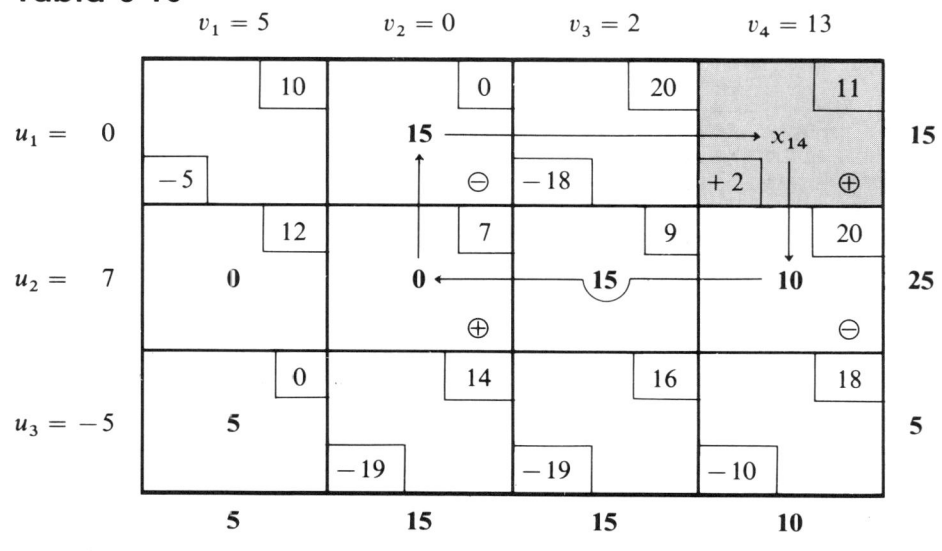

	$v_1 = 5$	$v_2 = 0$	$v_3 = 2$	$v_4 = 13$	
$u_1 = 0$	10 −5	0 15 ⊖ −18	20 +2	11 x_{14} ⊕	15
$u_2 = 7$	12 0	7 0 ← ⊕	9 15	20 10 ⊖	25
$u_3 = -5$	0 5	14 −19	16 −19	18 −10	5
	5	15	15	10	

Tabla 6-14

	$v_1 = 5$	$v_2 = 0$	$v_3 = 2$	$v_4 = 11$	
$u_1 = 0$	10 −5	0 5	20 −18	11 10	15
$u_2 = 7$	12 0	7 10	9 15	20 −2	25
$u_3 = -5$	0 5	14 −19	16 −19	18 −12	5
	5	15	15	10	

solución óptima (compárese con la condición de optimidad de minimización del método símplex).

La solución óptima se resume como sigue. Envíense cinco unidades de (la fuente) 1 a (el destino) 2 a 5 × 0 = $0, 10 unidades de 1 a 4 a 10 × 11 = $110, 10 unidades de 2 a 2 a 10 × 7 = $70, 15 unidades de 2 a 3 a 15 × 9 = $135 y 5 unidades de 3 a 1 a 5 × 0 = $0. El costo de transporte total del programa es $315.

Ejercicio 6.2-2

Considere el problema de transporte que se analizó antes.
(a) Calcule las mejoras (reducciones) en el valor de la función objetivo en cada uno de los casos siguientes mediante el uso de los valores de $\bar{c}_{pq}$ directamente.
  (1) La solución pasa de la tabla 6-10 a la tabla 6-11.
      [*Resp.* 5 × 15 = $75.]
  (2) La solución pasa de la tabla 6-12 a la tabla 6-13.
      [*Resp.* 0 × 5 = $0.]
  (3) La solución cambia de la tabla 6-13 a la tabla 6-14.
      [*Resp.* 10 × 2 = $20.]
(b) Determine en la tabla 6-12 el cambio (aumento o disminución) en el valor de la función objetivo cuando se obligue a cada una de las variables no básicas siguientes a entrar en la solución básica.

  (1) x_{13}. [*Resp.* +$270.]
  (2) x_{14}. [*Resp.* −$20.]
  (3) x_{32}. [*Resp.* +$120.]
  (4) x_{33}. [*Resp.* +$120.]
  (5) x_{34}. [*Resp.* $75.]

Ejercicio con la computadora

(a) Modifique el costo de la unidad de transporte en la columna 1 (destino D1) de la tabla 6-7, sumando 10 a cada costo unitario en esa columna. Resuelva el problema con TORA y observe que el plan horario óptimo de transporte permanece sin cambio, excepto en el valor de z que se incrementa en $5 \times 10 = 50$.

(b) Repita la parte (a), sumando esta vez 10 a los costos unitarios de *todas* las rutas. El plan horario óptimo de transporte también permanecerá sin cambio, pero el valor de z se incrementará en $45 \times 10 = 450$.

D. Explicación del método de multiplicadores como un método símplex†

La relación que existe entre el método de multiplicadores y el método símplex se puede establecer demostrando que $\bar{c}_{pq}$, según se define, es igual directamente a los coeficientes de la función objetivo de la tabla símplex asociada con la iteración actual. Hemos visto en los cálculos primales-duales de la sección 5.2 que, dados los multiplicadores símplex de la iteración actual, los coeficientes de la función objetivo se obtienen tomando la diferencia entre los miembros primero y segundo de las restricciones duales. Esta relación se utilizará para mostrar que el método de multiplicadores es esencialmente equivalente al método símplex. En realidad, los multiplicadores u_i y v_j no son más que las variables duales (o los multiplicadores símplex).

Para demostrar cómo se obtiene el problema dual general para el modelo de transporte, considérese primero el caso especial de $m = 2$ y $n = 3$ que se indica en la tabla 6-15. Sean las variables duales u_1 y u_2 para las restricciones de las fuentes y v_1, v_2 y v_3 para las restricciones de los destinos. El problema dual se convierte en (véase la sección 5.1)

$$\text{maximizar } w = (a_1 u_1 + a_2 u_2) + (b_1 v_1 + b_2 v_2 + b_3 v_3)$$

sujeto a

$$\begin{aligned}
u_1 + v_1 &\leq c_{11} \\
u_1 + v_2 &\leq c_{12} \\
u_1 + v_3 &\leq c_{13} \\
u_2 + v_1 &\leq c_{21} \\
u_2 + v_2 &\leq c_{22} \\
u_2 + v_3 &\leq c_{23}
\end{aligned}$$

u_1, u_2, v_1, v_2, v_3 irrestrictas

La estructura especial de las restricciones duales resulta del arreglo especial de los elementos "1" y "0" del problema primal. Cada restricción incluye una variable

---

† En lo que resta de esta sección se supone que el lector tiene conocimiento de la teoría de la dualidad (capítulo 5). Esta se puede omitir sin que se pierda la continuidad del estudio.

Tabla 6-15

	z	x_{11}	x_{12}	x_{13}	x_{21}	x_{22}	x_{13}	R.H.S.
		\multicolumn{3}{c}{Variables de la fuente 1}	\multicolumn{3}{c}{Variables de la fuente 2}		
Función objetivo	1	$-c_{11}$	$-c_{12}$	$-c_{13}$	$-c_{21}$	$-c_{22}$	$-c_{23}$	0
Restricciones de las fuentes	0 0	1	1	1	1	1	1	a_1 a_2
Restricciones de los destinos	0 0 0	1	1	1	1	1	1	b_1 b_2 b_3

u y una variable v exclusivamente. Asimismo, para cada restricción dual, los subíndices de u y v coinciden con los subíndices dobles del elemento c. Por lo tanto, en términos generales, si u_i y v_j son las variables duales que corresponden a las restricciones de la i-ésima fuente y el j-ésimo destino ($i = 1, 2,..., m$; $j = 1, 2,..., n$) el problema dual correspondiente está dado por

$$\text{maximizar } w = \sum_{i=1}^{m} a_i u_i + \sum_{j=1}^{n} b_j v_j$$

sujeto a

$$u_i + v_j \leq c_{ij}, \quad \text{para todas las } i \text{ y } j$$
$$u_i \text{ y } v_j \text{ irrestrictas}$$

Según la sección 5.2, los coeficientes de la función objetivo (y por lo tanto, la evaluación de las variables no básicas) se determinan mediante la sustitución de los valores actuales de las variables duales (multiplicadores símplex) en las restricciones duales y después tomando la diferencia entre sus miembros primero y segundo. Los valores de las variables duales se pueden determinar, observando que las restricciones duales correspondientes a una variable básica se deben satisfacer como ecuaciones estrictas; o sea,

$$u_i + v_j = c_{ij}, \text{ para toda variable } \textit{básica } x_{ij}$$

que produce $m + n - 1$ ecuaciones. Por lo tanto, suponiendo un valor arbitrario para u_1 ($= 0$), se pueden determinar los multiplicadores que faltan.

El coeficiente de la variable no básica x_{pq} de la función objetivo está dado ahora por la diferencia entre los miembros primero y segundo de la restricción dual correspondiente, es decir, $u_p + v_q - c_{pq}$. Como el problema de transporte es un problema de *minimización*, la variable que entra es aquella que tiene la mayor expresión $u_p + v_q - c_{pq}$ *positiva*.

La relación entre el método de multiplicadores y los métodos símplex debe estar clara ahora. En realidad, en la iteración óptima los multiplicadores producen los valores duales *óptimos* directamente. De la sección 5.2, estos valores deben producir el mismo valor objetivo óptimo en el primal y el dual. Los multiplicadores símplex asociados con la solución *óptima* de la tabla 6-14 son $u_1 = 0$, $u_2 = 7$, $u_3 = -5$, $v_1 = 5$, $v_2 = 0$, $v_3 = 2$ y $v_4 = 11$. El valor correspondiente de la función objetivo dual es

$$\sum_{i=1}^{3} a_i u_i + \sum_{j=1}^{4} b_j v_j = (15 \times 0 + 25 \times 7 + 5 \times -5)$$
$$+ (5 \times 5 + 15 \times 0 + 15 \times 2 + 10 \times 11)$$
$$= 315$$

que es el mismo que el del primal.

En lo antes expuesto, se asigna un valor arbitrario a una de las variables duales (por ejemplo, $u_1 = 0$), que indica que los multiplicadores símplex asociados con una solución básica dada no son únicos. Esto puede parecer inconsistente con los resultados del capítulo 5, donde los multiplicadores símplex deben ser únicos. El problema 6-41 resuelve esta paradoja aparente y muestra que en realidad no hay inconsistencia.

6.2.2 SOLUCION INICIAL MEJORADA

El método de la esquina noroeste que se presentó en la sección 6.2.1 no produce necesariamente una "buena" solución inicial para el modelo de transporte. En esta sección presentamos dos procedimientos que determinan la solución inicial a través de la selección de las rutas "económicas" del modelo.

A. Método del costo mínimo

El procedimiento es como sigue. Asígnese el valor más grande posible a la variable con el menor costo *unitario* de toda la tabla. (Los empates se rompen en forma arbitraria). Táchese el renglón o columna satisfecho. (Como en el método de la *esquina noroeste*, si una columna y un renglón se satisfacen de manera simultánea, sólo uno puede tacharse). Después de ajustar la oferta y la demanda de todos los renglones y columnas *no* tachados, repítase el proceso asignando el valor más grande posible a la variable con el costo unitario no tachado más pequeño. El procedimiento está completo cuando queda exactamente un renglón *o* bien una columna sin tachar.

El problema de transporte de la tabla 6-7 se utiliza una vez más para ilustrar la aplicación del método del costo mínimo. La tabla 6-16 presenta la solución inicial resultante. Los pasos de la solución son los siguientes: x_{12} y x_{31} son las variables asociadas con los menores costos unitarios ($c_{12} = c_{31} = 0$). Rompiendo el empate o coincidencia en forma arbitraria, selecciónese x_{12}. Las unidades de oferta y demanda asociadas producen $x_{12} = 15$, lo que satisface el renglón 1 y la columna 2. Tachando la columna 2, la oferta que queda en el renglón 1 es cero. Después, x_{31} tiene el me-

Tabla 6-16

	1	2	3	4	
1	10 0	0 15	20	11 0	15
2	12	7	9 15	20 10	25
3	0 5	14	16	18	5
	5	15	15	10	

nor costo unitario no tachado. Por lo tanto $x_{31} = 5$ satisface el renglón 3 y la columna 1. Tachando el renglón 3, la demanda en la columna 1 es cero. El menor elemento no tachado es $c_{23} = 9$. Las unidades de oferta y demanda producen $x_{23} = 15$, que elimina la columna 3 y deja 10 unidades de oferta en el renglón 2. El menor elemento no tachado es $c_{11} = 10$. Como la oferta restante en el renglón 1 y la demanda restante en la columna 1 son cero, $x_{11} = 0$. Al tachar la columna 1, la oferta "que queda" en el renglón 1 es cero. Las variables básicas remanentes se obtienen, respectivamente, como $x_{14} = 0$ y $x_{24} = 10$. El costo total asociado con esta solución es $0 \times 10 + 15 \times 0 + 0 \times 11 + 15 \times 9 + 10 \times 20 + 5 \times 0 =$ $335, que es mejor (menor) que el que produce el método de la esquina noroeste.

Ejercicio 6.2-3

Vuelva a resolver este problema suponiendo que el método del costo mínimo comienza con una asignación a x_{31} en vez de a x_{12} (c_{31} y c_{12} son igual a cero) y compare la solución inicial resultante con la que se da.

[*Resp.* Las variables positivas son las mismas. La única diferencia se presenta en la asignación de las variables cero. Sin embargo, éste no es un resultado general.]

B. Método de aproximación de Vogel (VAM)

Este método es heurístico y suele producir una mejor solución inicial que los dos métodos antes descritos. De hecho, VAM suele producir una solución inicial óptima, o próxima al nivel óptimo.

Los pasos del procedimiento son los siguientes.

Paso 1: evalúese una penalización para cada renglón (columna) restando el *menor* elemento de costo del renglón (columna) del elemento de costo *menor siguiente* en el mismo renglón (columna).

Paso 2: identifíquese el renglón o columna con la mayor penalización, rompiendo empates en forma arbitraria. Asígnese el mayor valor posible a la variable con el costo más bajo del renglón o columna seleccionado. Ajústense la oferta y la demanda y táchese el renglón o columna satisfecho. Si un renglón y una columna se satisfacen al mismo tiempo, sólo uno de ellos se tacha y al renglón (columna) restante se le asigna una oferta (demanda) cero. *Cualquier renglón o columna con oferta o demanda cero no debe utilizarse para calcular penalizaciones futuras* (en el paso 3).

Paso 3: (a) si sólo hay un renglón o columna sin tachar, deténgase.
        (b) si sólo hay un renglón (columna) con oferta (demanda) *positiva* sin tachar, determínense las variables básicas del renglón (columna) a través del método del costo mínimo.
        (c) si todos los renglones y columnas sin tachar tienen oferta y demanda cero (asignadas), determínense las variables básicas *cero* a través del método del costo mínimo. Deténgase.
        (d) de lo contrario, calcúlense las penalizaciones de los renglones y columnas no tachados y después diríjase al paso 2. (Obsérvese que los renglones y columnas con oferta y demanda cero asignadas no deben utilizarse para determinar estas penalizaciones.)

Aplicamos VAM al problema de la tabla 6-7. La tabla 6-17 muestra el primer conjunto de penalizaciones de renglones y columnas. Como el renglón 3 tiene la mayor penalización (= 14) y como $c_{31} = 0$ es el menor costo unitario del mismo renglón, se asigna la cantidad 5 a x_{31}. El renglón 3 y la columna 1 se satisfacen simultáneamente. Supóngase que se tacha la columna 1. La oferta restante para el renglón 3 es cero.

La tabla 6-18 muestra el nuevo conjunto de penalizaciones después de tachar la columna 1 en la tabla 6-17. (Nótese que el renglón 3 con oferta cero no se utiliza al determinar penalizaciones.) El renglón 1 y la columna 3 tienen las mismas penalizaciones. Al seleccionar la columna 3 en forma arbitraria, la cantidad 15 se asigna a x_{23}, que elimina la columna 3 y ajusta la oferta del renglón 2 a 10.

Las aplicaciones sucesivas de VAM producen $x_{22} = 10$ (se tacha el renglón 2), $x_{12} = 5$ (se tacha la columna 2), $x_{14} = 10$ (se tacha el renglón 1) y $x_{34} = 0$. (Verifíquese esto.) El costo del programa es $315, que es óptimo.

La versión dada de VAM rompe empates entre penalizaciones de manera arbitraria. No obstante, el rompimiento de empates puede ser decisivo para producir una buena solución inicial. Por ejemplo, en la tabla 6-18, si se selecciona el renglón 1 en lugar de la columna 3, se produce una solución inicial menos óptima. (Verifíquese que esta solución sea $x_{12} = 15$, $x_{23} = 15$, $x_{24} = 10$, $x_{31} = 5$, que producirá un costo total de $335.) El procedimiento VAM completo ofrece detalles para romper algunos de los empates en forma ventajosa. (Véase la obra de N. Reinfeld y W. Vogel, *Mathematical Programming*, Prentice-Hall, Englewood Cliffs, N.J., 1958.)

Solución del problema de transporte

Tabla 6-17

	1	2	3	4		Penalización de renglón
1	10	0	20	11	**15**	10
2	12	7	9	20	**25**	2
3	0 **5**	14	16	18	**5**	14
	5	**15**	**15**	**10**		

Penalización de columna: 10, 7, 7, 7

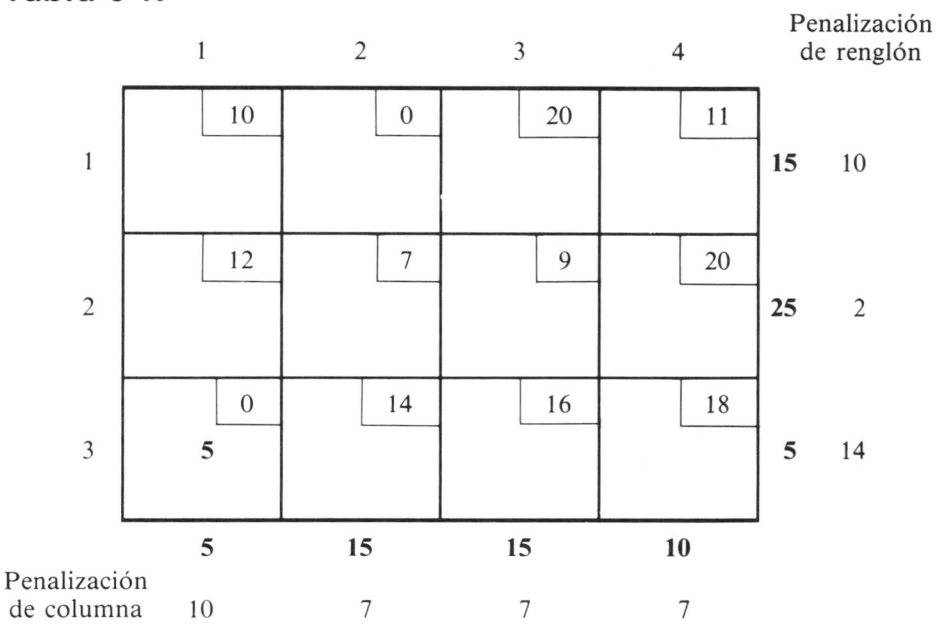

Tabla 6-18

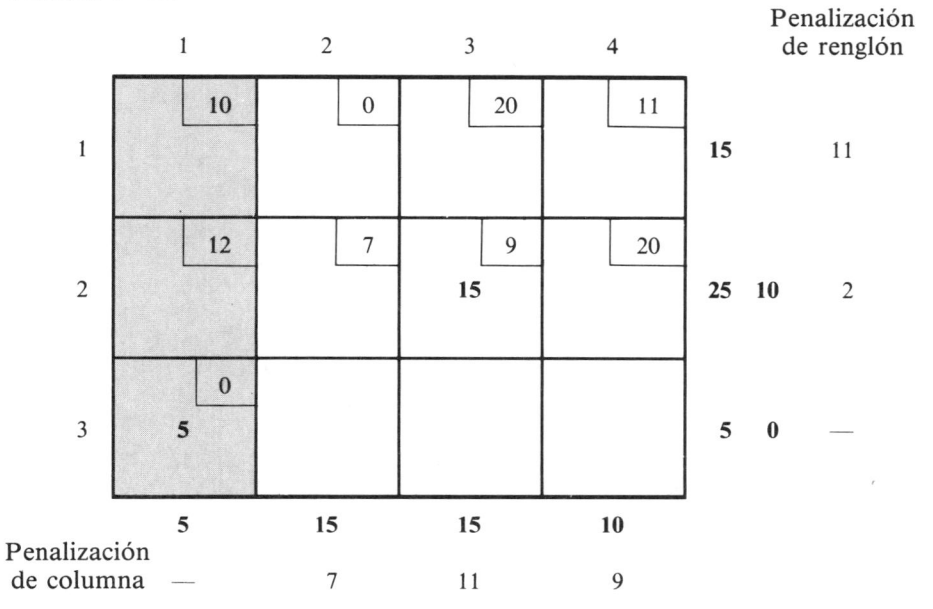

	1	2	3	4		Penalización de renglón
1	10	0	20	11	**15**	11
2	12	7	9 **15**	20	**25** 10	2
3	0 **5**				**5** 0	—
	5	**15**	**15**	**10**		

Penalización de columna: —, 7, 11, 9

Ejercicio 6.2-4

Vuelva a resolver el problema a través del método VAM después de sustituir el valor de c_{12} por 2 (en vez de cero). Para los fines de este problema, cuando un renglón y una columna se satisfagan simultáneamente, táchese siempre el renglón.

[*Resp.* Las asignaciones sucesivas son $x_{31} = 5$, $x_{23} = 15$, $x_{22} = 10$, $x_{14} = 10$, $x_{12} = 5$ y $x_{11} = 0$.]

6.3 MODELO DE ASIGNACION

Considérese la situación de asignar m trabajos (o trabajadores) a n máquinas. Un trabajo i ($= 1, 2,..., m$) cuando se asigna a la máquina j ($= 1, 2,..., n$) incurre en un costo c_{ij}. El objetivo es el de asignar los trabajos a las máquinas (un trabajo por máquina) al menor costo total. La situación se conoce como **problema de asignación**.

La formulación de este problema puede considerarse como un caso especial del modelo de transporte. Aquí los trabajos representan "fuentes" y las máquinas representan "destinos". La oferta disponible en cada fuente es 1; es decir, $a_i = 1$ para toda i. De manera análoga, la demanda requerida en cada destino es 1; esto es, $b_j = 1$ para toda j. El costo de "transportar" (asignar) el trabajo i a la máquina j es c_{ij}. Si un trabajo no puede asignarse a cierta máquina, el elemento c_{ij} correspondiente se toma igual a M, que es un costo muy elevado. La tabla 6-19 muestra una representación general del modelo de asignación.

Antes de que el modelo se pueda resolver a través de la técnica de transporte, es necesario equilibrar el problema sumando trabajos o máquinas ficticios, dependiendo de si $m < n$ o $m > n$. Por lo tanto, se supondrá que $m = n$ sin que se pierda la generalidad.

El modelo de asignación se puede expresar matemáticamente de la manera siguiente:

$$x_{ij} = \begin{cases} 0, & \text{si el } i\text{-ésimo trabajo } no \text{ se asigna a la } j\text{-ésima máquina} \\ 1, & \text{si el } i\text{-ésimo trabajo se asigna a la } j\text{-ésima máquina} \end{cases}$$

Por lo tanto, el modelo está dado por

$$\text{minimizar } z = \sum_{i=1}^{n} \sum_{j=1}^{n} c_{ij} x_{ij}$$

Tabla 6-19

		Máquina			
		1	2	$\cdots$	n	
	1	c_{11}	c_{12}	$\cdots$	c_{1n}	1
	2	c_{21}	c_{22}	$\cdots$	c_{2n}	1
Trabajo	$\vdots$	$\vdots$	$\vdots$		$\vdots$	$\vdots$
	m	c_{m1}	c_{m2}	$\cdots$	c_{mn}	1
		1	1	$\cdots$	1	

sujeto a

$$\sum_{j=1}^{n} x_{ij} = 1, \quad i = 1, 2, \ldots, n$$

$$\sum_{i=1}^{n} x_{ij} = 1, \quad j = 1, 2, \ldots, n$$

$$x_{ij} = 0 \text{ o bien } 1$$

Para ilustrar el modelo de asignación, considérese el problema de la tabla 6-20 con tres trabajos y tres máquinas. La solución inicial (mediante el uso de la regla de la esquina noroeste) es claramente degenerada. Este será siempre el caso en el modelo de asignación, sin importar el método que se aplique para obtener la base inicial. De hecho, la solución seguirá siendo degenerada en todas y cada una de las iteraciones.

La estructura especial del modelo de asignación hace posible crear un método de solución eficiente llamado, **método húngaro.** Este método lo ilustrará el ejemplo que acabamos de presentar.

La solución óptima del modelo de asignación sigue siendo la misma si se suma o resta una constante a cualquier renglón o columna de la matriz de costo. Esto se demuestra como sigue. Si p_i y q_j se restan del i-ésimo renglón y la j-ésima columna, los nuevos elementos se convierten en $c'_{ij} = c_{ij} - p_i - q_j$. Esto produce la nueva función objetivo

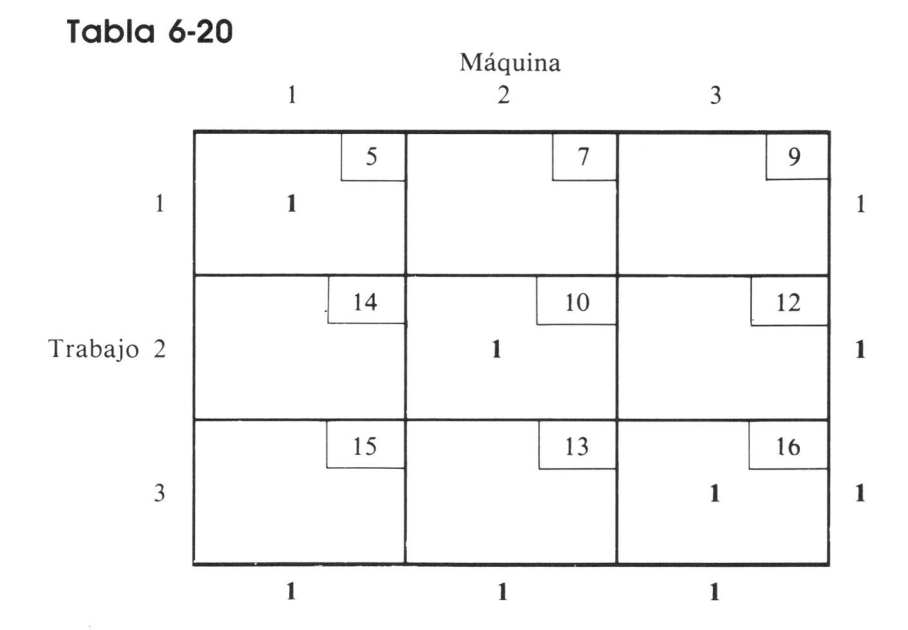

Tabla 6-20

	Máquina 1	Máquina 2	Máquina 3	
Trabajo 1	5 / 1	7	9	1
Trabajo 2	14	10 / 1	12	1
Trabajo 3	15	13	16 / 1	1
	1	1	1	

Tabla 6-21

$$\|c'_{ij}\| = \begin{array}{c} \\ 1 \\ 2 \\ 3 \end{array} \begin{array}{ccc} 1 & 2 & 3 \\ \hline 0 & 2 & 4 \\ 4 & 0 & 2 \\ 2 & 0 & 3 \end{array} \begin{array}{l} p_1 = 5 \\ p_2 = 10 \\ p_3 = 13 \end{array}$$

$$z' = \sum_i \sum_j c'_{ij} x_{ij} = \sum_i \sum_j (c_{ij} - p_i - q_j) x_{ij}$$
$$= \sum_i \sum_j c_{ij} x_{ij} - \sum_i p_i \sum_j x_{ij} - \sum_j q_j \sum_i x_{ij}$$

Como $\sum_j x_{ij} = \sum_j x_{ij} = 1$, se obtiene $z' = z -$ constante. Esto demuestra que la minimización de la función objetivo original z produce la misma solución que la minimización de z'.

Esta idea indica que si se puede generar una nueva matriz c'_{ij} con cero registros, y si estos elementos cero o un subconjunto de éstos constituyen una solución factible, esta solución es óptima, puesto que el costo no puede ser negativo.

En la tabla 6-20 los elementos cero se generan restando el menor elemento de cada renglón (columna) del renglón (columna) correspondiente. Si se considera el renglón en primer término, la nueva matriz c'_{ij} se muestra en la tabla 6-21.

Se puede hacer que la última matriz incluya más ceros restando $q_3 = 2$ de la tercera columna. Esto produce la tabla 6-22.

Los cuadros de la tabla 6-22 dan la asignación factible (y por lo tanto, óptima) (1, 1) (2, 3) y (3, 2), que cuesta $5 + 12 + 13 = \$30$. Nótese que este costo es igual a $p_1 + p_2 + p_3 + q_3$.

Lamentablemente, no siempre es posible obtener una asignación factible como en el ejemplo. Por lo tanto, se requieren otras reglas para obtener la solución óptima. Estas reglas las ilustra el ejemplo de la tabla 6-23.

Tabla 6-22

$$\|c'_{ij}\| = \begin{array}{c} \\ 1 \\ 2 \\ 3 \end{array} \begin{array}{ccc} 1 & 2 & 3 \\ \hline \boxed{0} & 2 & 2 \\ 4 & 0 & \boxed{0} \\ 2 & \boxed{0} & 1 \end{array}$$

Tabla 6-23

	1	2	3	4
1	1	4	6	3
2	9	7	10	9
3	4	5	11	7
4	8	7	8	5

Tabla 6-24

	1	2	3	4
1	0	3	2	2
2	2	0	0	2
3	0	1	4	3
4	3	2	0	0

Tabla 6-25

	1	2	3	4
1	0̸	3	2	2
2	~~2~~	~~0~~	~~0~~	~~2~~
3	0̸	1	4	3
4	~~3~~	~~2~~	~~0~~	~~0~~

Ahora, ejecutando los mismos pasos iniciales del ejemplo anterior, se obtiene la tabla 6-24.

En este caso no es posible una asignación factible a los elementos cero. Por lo tanto, el procedimiento consiste en trazar un número *mínimo* de líneas a través de algunos de los renglones y columnas tal que se tachen todos los ceros. La tabla 6-25 muestra la aplicación de esta regla.

El paso siguiente consiste en seleccionar el *menor* elemento no tachado (= 1 en la tabla 6-25). Este elemento se sustrae de todos y cada uno de los elementos *no* tachados y se suma a todo elemento situado en la intersección de dos líneas. Esto produce la tabla 6-26, que da la asignación óptima (1, 1), (2, 3), (3, 2) y (4, 4). El costo total correspondiente es $1 + 10 + 5 + 5 = 21$.

Debe advertirse que si la solución óptima no se obtuvo en el paso anterior, el procedimiento dado de trazo de líneas debe repetirse hasta que se logre una asignación factible.

Ejercicio con la computadora

Aplique el método del transporte al problema de la tabla 6-23 y demuestre que se logra la misma solución. Por consiguiente, concluya que el modelo de asignación se puede resolver en forma directa con el método del transporte.

Tabla 6-26

	1	2	3	4
1	[0]	2	1	1
2	3	0	[0]	2
3	0	[0]	3	2
4	4	2	0	[0]

Explicación del algoritmo húngaro como un método símplex†

La motivación del método húngaro se puede explicar en términos del método símplex. Como sucede en el método del transporte, el dual del modelo de asignación está dado por

$$\text{maximizar } w = \sum_{i=1}^{n} u_i + \sum_{i=1}^{n} v_j$$

sujeto a

$$u_i + v_j \leq c_{ij}, \qquad i, j = 1, 2, \ldots, n$$
$$u_i, v_j \text{ irrestrictos}, \qquad i, j = 1, 2, \ldots, n$$

Una solución obvia dual factible esta dada por

$$p_i = \min_{j=1,2,\ldots,n} \{c_{ij}\}, \qquad i = 1, 2, \ldots, n$$

$$q_j = \min_{i=1,2,\ldots,n} \{c_{ij} - p_i\}, \qquad j = 1, 2, \ldots, n$$

Lo que esta solución indica es que p_i es el valor más pequeño en el renglón i y q_j el valor más pequeño en la columna j, después que p_i se ha restado del renglón sucesivo. Los valores duales p_i y q_j se calculan como se ilustra en las tablas 6-21 y 6-22.

Si $p_i + q_j = c_{ij}$ (o en forma equivalente, $p_i + q_j - c_{ij} = 0$), entonces, de acuerdo con la teoría del método símplex (sección 5.2), el coeficiente objetivo de x_{ij} en la tabla símplex correspondiente es factible de ser una variable básica óptima. En realidad, el resultado también es evidente mediante el teorema de la holgura complementaria (sección 5.4), que establece que las u_i, v_j y x_{ij} óptimas deben satisfacer

$$(u_i + v_j - c_{ij})x_{ij} = 0, \qquad i, j = 1, 2, \ldots, n$$

Se concluye entonces que si después de restar p_i y q_j (como lo hicimos en las tablas 6-21 y 6-22), los elementos resultantes con $p_i + q_j - c_{ij} = 0$ dan una asignación factible, tendremos la solución óptima.

Si el proceso para determinar p_i y q_j no conduce a una asignación factible, será necesario buscar un conjunto diferente de valores duales que continúen satisfaciendo el teorema de la holgura complementaria y proporcionen una asignación factible. Esto se logra utilizando el procedimiento propuesto de abarcar todos los elementos cero con un número mínimo de líneas. No proporcionaremos los detalles de esta prueba (algo complicada) que, en general, es una variante de la aplicación del teorema de la holgura complementaria.

---

† Este material se puede pasar por alto sin perder continuidad.

6.4 MODELO DE TRANSBORDO

El modelo de transporte estándar supone que la ruta *directa* entre una fuente y un destino es una ruta de *costo mínimo*. Por lo tanto, en el ejemplo 6.1-1 la tabla de distancias recorridas desde las tres plantas de producción de automóviles a los dos centros de distribución da las *rutas más cortas* entre las fuentes y destinos. Esto quiere decir que debe realizarse algún trabajo preparatorio donde intervenga la determinación de las rutas más cortas antes de que se puedan obtener los costos unitarios del modelo de transporte. Estos cálculos se pueden efectuar aplicando el *algoritmo de la ruta más corta* (véase la sección 7.2) a cualquier par de nodos deseados.

Un método alternativo para obtener el costo de envío directo mínimo consiste en formular el problema como un **modelo de transbordo**. La nueva formulación tiene la característica adicional de permitir que las unidades transportadas desde *todas* las fuentes pasen a través de nodos intermedios o *transitorios,* antes de que llegue por último a su destino designado. En efecto, el nuevo algoritmo combina tanto el de transporte regular como el de la ruta más corta en un solo procedimiento. Ilustraremos el nuevo método por medio de un ejemplo.

La figura 6-4 representa dos plantas de automóviles, dos centros de distribución y tres agentes vendedores. La oferta en las dos plantas, nodos 1 y 2, es de 1 000 y 1 200, respectivamente. Los autos se envían a los agentes 5, 6 y 7 a través de los centros de distribución 3 y 4. La demanda en las agencias es de 800, 900 y 300, respectivamente. En términos de las conexiones por arco de la figura 6-4, los nodos 1 y 2 están caracterizados sólo por arcos salientes, en tanto que el nodo 7 está caracterizado sólo por arcos entrantes. Todos los demás nodos poseen arcos entrantes y salientes. A este respecto, los nodos 1 y 2 son puntos de *oferta pura* y el nodo 7 es un punto de *demanda pura*. Los demás nodos son nodos de *transbordo* porque finalmente la oferta entera (= 1 000 + 1 200 = 2 200) podría pasar a través de ellos antes de llegar a sus destinos asignados.

Una vez definido lo que entendemos por transbordo, mostraremos cómo se construye el modelo. Primero, expresamos el modelo como un programa lineal regular y luego, mostramos cómo la formulación se convierte en forma equivalente en un modelo de transporte. Sea x_{ij} la cantidad enviada del nodo i al nodo j; el modelo PL se representa como se muestra en la tabla 6-27.

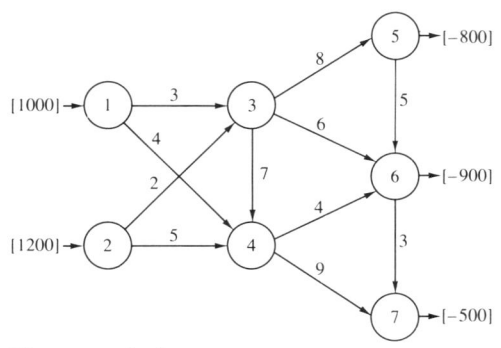

Figura 6-4

Tabla 6-27

	x_{13}	x_{14}	x_{23}	x_{24}	x_{34}	x_{35}	x_{36}	x_{46}	x_{47}	x_{56}	x_{67}		
	3	4	2	5	7	8	6	4	9	5	3	mín	
nodo 1	1	1										=	1000
nodo 2			1	1								=	1200
nodo 3	−1		−1		1	1	1					=	0
nodo 4		−1		−1	−1			1	1			=	0
nodo 5						−1				1		=	−800
nodo 6							−1	−1		−1	1	=	−900
nodo 7									−1		−1	=	−500

En la formulación anterior cada restricción se asocia con un nodo. La ecuación de restricción representa simplemente la conservación del flujo entrante y saliente del nodo; esto es,

suma total de flujo entrante = suma total de flujo saliente

En realidad, las ecuaciones en la tabla 6-27 corresponden directamente a

suma total de flujo saliente — suma total de flujo entrante = 0

De esta manera, los segundos miembros de cada ecuación resultan positivos para la oferta en los nodos 1 y 2, y negativos para la demanda en los nodos 5, 6 y 7. Las demás ecuaciones tendrán un segundo miembro nulo, como se aprecia en la tabla anterior.

Observe el arreglo especial de los coeficientes 1 y −1 en la tabla 6-27. Cada variable x_{ij} tiene un +1 en el renglón i y un −1 en el renglón j. Esta estructura especial es característica de los problemas que se pueden representar con el modelo de transbordo, como se verá después.

En la tabla 6-27 el modelo de PL de transbordo se puede convertir al formato del modelo de transporte como sigue. Las ecuaciones asociadas con los nodos 1, 2 y 7 se pueden escribir de la manera siguiente:

nodo 1: $x_{13} + x_{14} = 1\,000$
nodo 2: $x_{23} + x_{24} = 1\,200$
nodo 7: $x_{47} + x_{67} = 500$

Para los nodos restantes (3, 4, 5 y 6) reescribimos cada ecuación de la manera siguiente:

nodo 3: $x_{34} + x_{35} + x_{36} = x_{13} + x_{23}$
nodo 4: $x_{46} + x_{47} = x_{14} + x_{24} + x_{34}$
nodo 5: $x_{56} = x_{35} - 800$
nodo 6: $x_{67} = x_{36} + x_{46} + x_{56} - 900$

Ahora sumamos finalmente una variable no negativa x_{ii} a cada miembro de la ecuación i, $i = 3, 4, 5$ y 6. Obtenemos así

nodo 3: $\mathbf{x_{33}} + x_{34} + x_{35} + x_{36} = \mathbf{x_{33}} + x_{13} + x_{23}$
nodo 4: $\mathbf{x_{44}} + \phantom{x_{34}+} x_{46} + x_{47} = \mathbf{x_{44}} + x_{14} + x_{24} + x_{34}$
nodo 5: $\mathbf{x_{55}} + \phantom{x_{34}+x_{46}+} x_{56} = \mathbf{x_{55}} + x_{35} - 800$
nodo 6: $\mathbf{x_{66}} + \phantom{x_{34}+x_{46}+} x_{67} = \mathbf{x_{66}} + x_{36} + x_{46} + x_{56} - 900$

Si B es un valor suficientemente grande, las ecuaciones anteriores se pueden reemplazar por las siguientes:

$$x_{33} + x_{34} + x_{35} + x_{36} = B$$
$$x_{13} + x_{23} + x_{33} = B$$
$$x_{44} + x_{46} + x_{47} = B$$
$$x_{14} + x_{24} + x_{34} + x_{44} = B$$
$$x_{55} + x_{56} = B$$
$$x_{35} + x_{55} = 800 + B$$
$$x_{66} + x_{67} = B$$
$$x_{36} + x_{46} + x_{56} + x_{66} = 900 + B$$

Podemos utilizar el mismo valor B en todas las ecuaciones porque las variables x_{ii}, $i = 3, 4, 5$ y 6, son arbitrarias. En realidad, si se considera x_{ii} como una variable de holgura y se escoge B lo suficientemente grande, de manera que represente un límite superior irrestricto en cada una de las sumas de los primeros miembros, las ecuaciones anteriores serán válidas. En efecto, podemos estimar con seguridad que B por lo menos sea igual a la suma de todos los envíos que puedan pasar a través de cualesquiera de los nodos de la red; o sea,

$$B \geq 1\,000 + 1\,200 = 2\,200$$

La cantidad B generalmente se denomina de amortiguamiento (**buffer**).

El último conjunto de ecuaciones, junto con la de los nodos 1, 2 y 7 definen directamente el modelo de transporte en la tabla 6-28 (verifíquelo). El modelo resultante tiene las siguientes propiedades:

1. Los nodos 1 y 2 son puntos "puros" de oferta y por ello sólo aparecen como renglones fuente.
2. El nodo 7 es un punto "puro" de demanda y por ello sólo aparece como columna destino.
3. Todos los nodos de transbordo (3, 4, 5 y 6) aparecen como puntos fuente y puntos demanda.
4. La oferta y la demanda para todos los nodos de transbordo están aumentados cada uno por la cantidad de amortiguamiento B ($\geq 2\,200$).

Las propiedades anteriores representan las reglas para elaborar la tabla de transbordo, directamente a partir de una red similar a la dada en la figura 6-4.

260 Programación lineal: modelo de transporte [C.6

Tabla 6-28

	3	4	5	6	7	
1	3 x_{13}	4 x_{14}	M	M	M	1 000
2	2 x_{23}	5 x_{24}	M	M	M	1 200
3	0 x_{33}	7 x_{34}	8 x_{35}	6 x_{36}	M	B
4	M	0 x_{44}	M	4 x_{46}	9 x_{47}	B
5	M	M	0 x_{55}	5 x_{56}	M	B
6	M	M	M	0 x_{66}	3 x_{67}	B
	B	B	800 + B	900 + B	500	

Haciendo $B = 2\,200$ y usando los valores de costo mostrados en la tabla 6-28, empleando TORA obtenemos la solución óptima mostrada en la figura 6-5. El nodo 3 de distribución recibe 1 200 autos del nodo planta 2 y el nodo 4 de distribución recibe 1 000 autos del nodo planta 1. De los 1 200 autos recibidos en el nodo 3, 800 se envían para cubrir la demanda del nodo agente 5 y 400 al nodo agente 6. El nodo agente 6 también recibe 1 000 autos del nodo de distribución 4, guarda 900 autos para la demanda local y envía el excedente de 500 autos al nodo agente 7. Los nodos 3, 4 y 6 muestran el concepto de transbordo en la red.

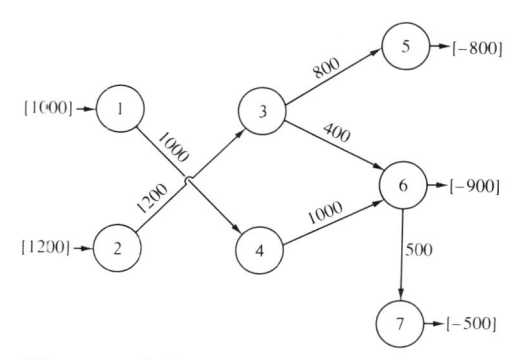

Figura 6-5

Ejercicio 6.4-1

Modifique el modelo de transbordo en la figura 6-4 para tomar en cuenta el siguiente cambio: el centro de distribución 3 tiene un suministro extra de 20 autos y los agentes 6 y 7 necesitan 10 autos adicionales cada uno.

[*Resp.*: $B = 2\,220$, el suministro del renglón 3 en la tabla de transbordo es $20 + B$ y las demandas en las columnas de los nodos 6 y 7 son $910 + B$ y 510, respectivamente.]

Ejercicio 6.4-2

Verifique algebraicamente que con base en el modelo PL de la tabla 6-27, las cantidades de oferta y demanda en la tabla 6-28, se pueden cambiar en forma equivalente como sigue:

Nodo	1	2	3	4	5	6	7
Unidades de oferta	1000	1200	B	B	$-800 + B$	$-900 + B$	—
Unidades de demanda	—	—	B	B	B	B	500

Ahora mostraremos cómo un problema que en principio parece no tener relación con el modelo de transbordo, puede convertirse a ese formato por medio de un planteo adecuado.

Ejemplo 6.4-1 (Programación de empleo)

Una agencia de empleos debe proporcionar los siguientes trabajadores semiespecializados en los próximos 5 meses:

Mes	1	2	3	4	5
Número de trabajadores	100	120	80	170	50

Debido a la fluctuación en la demanda, sería más económico mantener más trabajadores de los necesarios durante algunos meses del periodo de planeación. La compañía estima que el costo de reclutamiento y mantenimiento de los trabajadores, es una función del tiempo de permanencia con la agencia. La siguiente tabla resume esta estimación:

Duración del periodo de empleo (meses)	1	2	3	4	5
Costo por trabajador (unidad monetaria)	100	130	180	220	250

Primero formulamos el problema como un programa lineal; luego, empleando el álgebra demostramos que el modelo resultante equivale a un problema de transbordo. Sea x_{ij} el número de trabajadores contratados al *principio* del periodo i y liquidados al *principio* del periodo j. Por ejemplo, x_{12} es el número de trabajadores contratados por un periodo al principio del mes 1, y x_{36} es el número de trabaja-

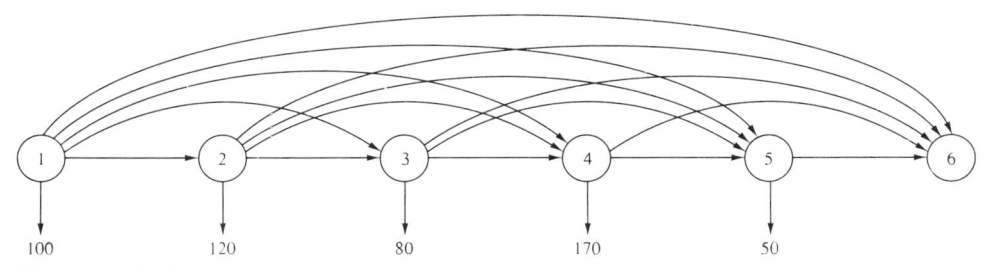

Figura 6-6

dores contratados al principio del mes 3 y liquidados al principio del mes 6 (en forma equivalente, al final del mes 5). La figura 6-6 define los arcos factibles del problema. Observe que se agrega el nodo 6 para permitirnos definir las variables que terminan al final del periodo de planeación (final del mes 5 o en forma equivalente, el principio del mes ficticio 6). El modelo de PL asociado se resume en la tabla 6-29.

Sean S_1, S_2, S_3, S_4 y S_5 las variables de exceso asociadas con las restricciones 1, 2, 3, 4 y 5 en la tabla 6-29. El problema aparece esquematizado en la tabla 6-30.

El último PL no tiene el formato de un modelo de transbordo. Sin embargo, las ecuaciones se pueden transformar fácilmente a este formato, llevando a cabo las siguientes operaciones algebraicas:

Deje la ecuación (1) sin cambio.
Reemplace (2) por (2) − (1).
Reemplace (3) por (3) − (2).
Reemplace (4) por (4) − (3).
Reemplace (5) por (5) − (4).
Agregue una nueva ecuación que corresponda a − (5).

Tabla 6-29

	x_{12}	x_{13}	x_{14}	x_{15}	x_{16}	x_{23}	x_{24}	x_{25}	x_{26}	x_{34}	x_{35}	x_{36}	x_{45}	x_{46}	x_{56}	
	100	130	180	220	250	100	130	180	220	100	130	180	100	130	100	mín
(1)	1	1	1	1	1											≥ 100
(2)		1	1	1	1	1	1	1	1							≥ 120
(3)			1	1	1		1	1	1	1	1	1				≥ 80
(4)				1	1			1	1		1	1	1	1		≥ 170
(5)					1				1			1		1	1	≥ 50

Tabla 6-30

x_{12}	x_{13}	x_{14}	x_{15}	x_{16}	x_{23}	x_{24}	x_{25}	x_{26}	x_{34}	x_{35}	x_{36}	x_{45}	x_{46}	x_{56}	S_1	S_2	S_3	S_4	S_5	
100	130	180	220	250	100	120	180	220	100	130	180	100	130	100						mín
1	1	1	1	1											−1					100
	1	1	1	1	1	1	1	1								−1				120
		1	1	1		1	1	1	1	1	1						−1			80
			1	1			1	1		1	1	1	1					−1		170
				1				1			1		1	1					−1	50

Tabla 6-31

x_{12}	x_{13}	x_{14}	x_{15}	x_{16}	x_{23}	x_{24}	x_{25}	x_{26}	x_{34}	x_{35}	x_{36}	x_{45}	x_{46}	x_{56}	S_1	S_2	S_3	S_4	S_5	
100	130	180	220	250	100	130	180	220	100	130	180	100	130	100						min
1	1	1	1	1											-1					100
-1					1	1	1	1							1	-1				20
	-1				-1				1	1	1					1	-1			-40
		-1				-1			-1			1	1				1	-1		90
			-1				-1			-1		-1		1				1	-1	-120
				-1				-1			-1		-1	-1					1	-50

En la tabla 6-31 se muestra el PL resultante (equivalente). Note que la nueva formulación tiene la estructura de un modelo de transbordo (cada columna tiene exactamente un "+1" y un "−1"; compárelo con el PL de la tabla 6-27).

Si reemplazamos S_1 por x_{21}, S_2 por x_{32}, S_3 por x_{43}, S_4 por x_{54} y S_5 por x_{65}, el PL de la tabla 6-31 se transformará directamente en el modelo de transbordo, como se muestra en la tabla 6-32. La magnitud del amortiguamiento B se puede tomar igual a la suma de todas las demandas durante el periodo total de planeación, esto es, $B = 520$. Utilizando el procedimiento dado al principio de esta sección, para definir el amortiguamiento B, las cantidades de oferta y demanda del modelo en la tabla 6-32 son como sigue (verifíquelo):

Nodo	1	2	3	4	5	6
Unidades de oferta	$100 + B$	$20 + B$	B	$90 + B$	B	B
Unidades de demanda	B	B	$40 + B$	B	$120 + B$	$50 + B$

Estos valores se obtienen directamente del modo como se definen las ecuaciones de PL. Entonces, el PL y las formulaciones de transbordo deben dar resultados idénticos (verifíquelo usando TORA). ◀

Tabla 6-32

	1	2	3	4	5	6	
1	0	100	130	180	220	250	$100 + B$
2	0	0	100	130	180	220	$20 + B$
3	M	0	0	100	130	180	B
4	M	M	0	0	100	130	$90 + B$
5	M	M	M	0	0	100	B
6	M	M	M	M	0	0	B
	B	B	$40 + B$	B	$120 + B$	$50 + B$	

Ejercicio 6.4-3

Verifique algebraicamente que, con base en el modelo PL de la tabla 6-30, las cantidades de oferta y demanda en la tabla 6-32 pueden cambiarse en forma equivalente como sigue:

Nodo	1	2	3	4	5	6
Unidades de oferta	$100 + B$	$20 + B$	$-40 + B$	$90 + B$	$-120 + B$	$-50 + B$
Unidades de demanda	B	B	B	B	B	B

La solución óptima del problema se resume gráficamente en la figura 6-7. Se necesita el siguiente criterio de contrataciones y despidos:

Contrataciones al inicio del periodo	Despidos al inicio del periodo	Número de trabajadores
1	5	100
2	5	20
4	6	50

Observe que la solución da $x_{43} = 40$. Por definición, x_{43} es realmente la variable de exceso S_3, y su valor positivo indica que para los costos dados es más económico retener 40 trabajadores adicionales, a los 80 necesarios durante el periodo 3.

Ejercicio 6.4-4

Demuestre cómo la solución en la figura 6-7 satisface los requisitos de demanda para el periodo de planeación de 5 meses.

6.5 RESUMEN

En un sentido obvio, el modelo de transporte tiene que ver con el acarreo de bienes entre localidades geográficas. Sin embargo, este capítulo presenta aplicaciones que amplían la utilidad del modelo a otras áreas no convencionales, incluido el modelo

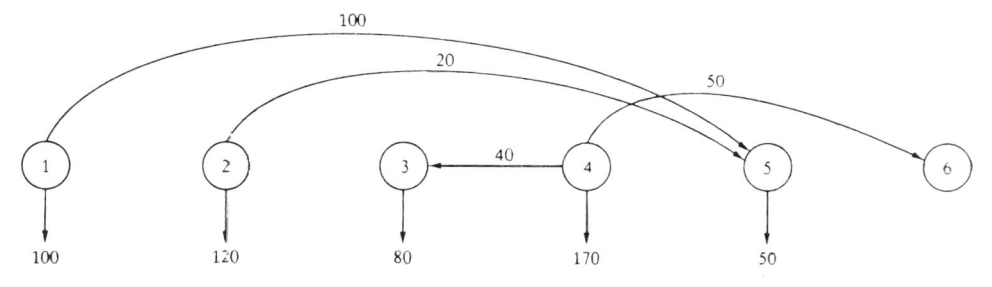

Figura 6-7

de inventario de producción del proveedor, de asignación y de la programación de empleos.

El modelo de transporte es un PL especial cuya estructura característica permite la creación de una técnica computacional eficiente para resolver el problema. La técnica se basa directamente en la teoría de la dualidad de la programación lineal. Los modelos afines también incluyen los problemas de asignación y de transbordo.

El modelo de transporte y sus variantes sólo son una clase de los modelos de redes generalizados (véase el capítulo 8). En la práctica, los modelos de redes parecen tener un éxito rotundo en la solución de problemas del mundo real. Algunos estudios recientes reportan que quizá el 70% de los problemas de programación matemática reales pueden tratarse como si fueran redes o como problemas relacionados con redes.

BIBLIOGRAFIA

Bazaraa, M., J. Jarvis, y H. Sherali, *Linear Programming and Network Flows,* 2da. ed., Wiley, Nueva York, 1990.

Dantzig, G., *Linear Programming and Extensions,* Princeton University Press, Princeton, N.J., 1963.

Elmaghraby, S. E., *The Design of Production Systems,* Reinhold, Nueva York, 1966. cap. 4.

Phillips, D., y A. Garcia-Diaz, *Fundamentals of Network Analysis,* Prentice Hall, Englewood Cliffs, N.J., 1981.

PROBLEMAS

Sección	Problemas asignados
6.1	6-1 a 6-11
6.2.1	6-12 a 6-22, 6-41, 6-42
6.2.2	6-23 a 6-25
6.3	6-26 a 6-32
6.4	6-33 a 6-40

☐ **6-1** Tres plantas generadoras de energía eléctrica, con capacidades de 25, 40 y 30 millones de kilowatts-hora (kWh), suministran electricidad a tres ciudades cuyas demandas máximas son de 30, 35 y 25 millones de kWh. El costo en unidades monetarias (u.m.) de la venta de corriente eléctrica a las diferentes ciudades, por millón de kWh, es como sigue:

		Ciudad 1	2	3
Planta	1	600	700	400
	2	320	300	350
	3	500	480	450

Durante el mes de agosto se incrementa un 20% la demanda en cada una de las tres ciudades. Para satisfacer el exceso de demanda, la compañía eléctrica debe comprar electricidad adicional de otra red, a un precio de 1 000 u.m. por millón de kWh. Sin embargo, esta red no está conectada a la ciudad 3. Formule el problema como uno de transporte, con el fin de establecer el plan de distribución más económico, desde el punto de vista de la compañía eléctrica. Resuelva el problema con TORA e interprete la solución.

☐ **6-2** El Servicio de Parques Nacionales está recibiendo cotizaciones para talar árboles en tres localidades de un bosque. Las localidades tienen áreas de 10 000, 20 000 y 30 000 hectáreas. Una sola empresa taladora puede cotizar para no más del 50% de la superficie en todas las localidades. Cuatro empresas han presentado sus cotizaciones por hectárea, en unidades monetarias para las tres localidades, de acuerdo con la siguiente tabla

		Localidad 1	2	3
Cotizador	1	520	430	570
	2	—	510	495
	3	650	—	710
	4	180	210	240

¿Cuántas hectáreas deben asignarse a cada empresa para maximizar la suma total de ingresos? Resuelva el problema con TORA e interprete la solución.

☐ **6-3** Tres refinerías con capacidades diarias máximas de 6, 5 y 8 millones de galones de gasolina reparten a tres áreas de distribución con demandas diarias de 4, 8 y 7 millones de galones del combustible. La gasolina se transporta a las tres áreas de distribución a través de una red de tubería. El costo de transporte se calcula con base en la longitud de la tubería aproximadamente a 1 centavo por 100 galones por milla recorrida. La tabla de distancia que aquí se resume muestra que la refinería 1 no está conectada al área de distribución 3. Formule el problema como un modelo de transporte. Resuelva el problema con TORA e interprete la solución.

Problemas **267**

	Area de distribución		
	1	2	3
Refinería 1	120	180	—
Refinería 2	300	100	80
Refinería 3	200	250	120

☐ **6-4** Supóngase en el problema 6-3 que la capacidad de la refinería 3 se reduce a 6 millones de galones de gasolina. Asimismo, el área de distribución 1 debe recibir toda su demanda y cualquier escasez en las áreas 2 y 3 dará lugar a una penalización de 5 centavos por galón. Formule el problema como un modelo de transporte. Resuelva el problema con TORA e interprete la solución.

☐ **6-5** En el problema 6-3, supóngase que la demanda diaria en el área 3 disminuye a 4 millones de galones. Cualquier producción excedente en las refinerías 1 y 2 deberá desviarse a otras áreas de distribución por medio de camiones tanque. Los costos de transporte promedio resultantes por 100 galones son $1.50 desde la refinería 1 y $2.20 desde la refinería 2. La refinería 3 puede desviar su gasolina excedente a otros procesos químicos dentro de la planta. Formule el problema como un modelo de transporte. Resuelva el problema con TORA e interprete la solución.

☐ **6-6** Se envían automóviles en camión de tres centros de distribución a cinco distribuidores. El costo de envío está basado en la distancia recorrida entre las fuentes y destinos. El costo es independiente de si el camión hace el recorrido con una carga parcial o completa. La tabla que sigue hace un resumen de las distancias de recorrido entre los centros de distribución y los distribuidores y también las cifras mensuales de oferta y demanda calculadas en *números* de automóviles. Cada camión puede transportar un máximo de 18 vehículos. Dado que el costo de transporte por milla recorrida por el camión es $10, formule el problema como un modelo de transporte. Resuelva el problema con TORA e interprete la solución.

		Distribuidores					Oferta
		1	2	3	4	5	
Centros de distribución	1	100	150	200	140	35	**400**
	2	50	70	60	65	80	**200**
	3	40	90	100	150	130	**150**
Demanda		**100**	**200**	**150**	**160**	**140**	

☐ **6-7** La compañía MG produce cuatro modelos de automóviles diferentes que por simplicidad llamaremos M1, M2, M3 y M4. La planta en Detroit produce los modelos M1, M2 y M4. Los modelos M1 y M2 sólo se producen en Nueva Orleans. La planta de Los Angeles produce los modelos M3 y M4. Las capacidades de las diversas plantas y las demandas de los centros de distribución, se indican a continuación, según el tipo de modelo.

	Modelo				Totales
	M1	M2	M3	M4	
Planta					
Los Angeles	—	—	700	300	1000
Detroit	500	600	—	400	1500
Nueva Orleans	800	400	—	—	1200
Centro de distribución					
Denver	700	500	500	600	2300
Miami	600	500	200	100	1400

El cuadro de kilometrajes es igual al del ejemplo 6.1-1. Por simplicidad, suponemos que el costo de transporte es de 8/100 de unidad monetaria por auto y por kilómetro, para todos los modelos. Suponga que es posible sustituir un porcentaje de la demanda de un modelo, con la oferta de otro, de acuerdo con la siguiente tabla:

Centro de distribución	Porcentaje de demanda	Modelos intercambiables
Denver	10	M1, M2
	20	M3, M4
Miami	10	M1, M3
	5	M2, M4

Formule el problema como un modelo de transporte. Utilice TORA e interprete la solución.

[*Sugerencia*: agregue cuatro nuevos destinos correspondientes a las nuevas combinaciones (M1, M2), (M3, M4), (M1, M3) y (M2, M4). Las demandas en los nuevos destinos se determinan a partir de los porcentajes dados.]

□ **6-8** Considere el problema de asignar cuatro categorías diferentes de máquinas y cinco tipos de tareas. El número de máquinas disponible en las cuatro categorías son 25, 30, 20 y 30. El número de trabajos en las cinco tareas son 20, 20, 30, 10 y 25. La categoría de máquina 4 no se puede asignar al tipo de tarea 4. Para los costos unitarios dados, formule un modelo matemático para determinar la asignación óptima de máquinas a tareas. Resuelva el problema con TORA e interprete la solución.

		Tipo de tarea				
		1	2	3	4	5
	1	10	2	3	15	9
Categoría	2	5	10	15	2	4
de máquina	3	15	5	14	7	15
	4	20	15	13	—	8

Problemas **269**

☐ **6-9** La demanda de un artículo perecedero en los próximos cuatro meses es de 500, 630, 200 y 230 toneladas, respectivamente. La capacidad de abastecimiento para los meses sucesivos del periodo de planeación es de 400, 300, 420 y 380 toneladas y los precios correspondientes por tonelada son 100, 140, 120 y 150 u.m., respectivamente. Como el artículo es perecedero, la compra corriente de un mes se debe consumir totalmente dentro de los tres meses siguientes a la compra (incluido el mes corriente). Se estima que el costo de almacenamiento por tonelada y mes es de 3 u.m. De nuevo, la naturaleza del artículo no permite tener pedidos pendientes de surtir. Formule el problema como un modelo de transporte. Utilice TORA e interprete la solución.

☐ **6-10** La demanda de un motor especial, pequeño, en los próximos 5 periodos es de 200, 150, 300, 250 y 400 unidades. El fabricante que surte los motores tiene capacidades diferentes de producción que se estiman en 180, 230, 430, 300 y 300 unidades para los cinco periodos. No se pueden surtir los pedidos con retraso, en caso necesario, el fabricante puede ocupar tiempo extra para cubrir la demanda. La capacidad por tiempo extra, en cada periodo, se estima igual a la mitad de la capacidad de la producción regular. Los costos de producción por unidad en los cinco periodos son 100, 96, 115, 102 y 105 u.m., respectivamente. El costo del tiempo extra por motor es 50% mayor que el costo de producción regular. Si se produce un motor ahora, para usarse en periodos posteriores, se tendrá un costo adicional de almacenamiento de 4 u.m. por motor y periodo. Formule el problema como un modelo de transporte. Utilice TORA para resolver el problema e interprete la solución.

☐ **6-11** En forma periódica se lleva a cabo un mantenimiento preventivo en motores de avión en los que se debe reemplazar una pieza importante. El número de aviones programados para mantenimiento en los próximos 6 meses es de 200, 180, 300, 198, 230 y 290, respectivamente. Todo el trabajo de mantenimiento se hace durante los primeros dos días del mes. Una componente usada se puede reemplazar por otra nueva o repararla. La reparación de las piezas usadas se puede hacer en talleres locales, donde quedarán listas para usarse al principio del siguiente mes, o pueden enviarse a un taller de reparación central, donde se tendrá una demora de 4 meses (incluido el mes cuando tiene lugar el mantenimiento). El costo de reparación en el taller local es de $120 por componente. En el taller central, el costo es de sólo $35. Una pieza reparada que no se use en el mismo mes en que se recibe, originará un costo adicional de almacenamiento de $1.50 mensual. Las componentes nuevas se pueden comprar durante el primer mes del periodo de planeación a $200 cada una, con un incremento en el precio del 5% cada 2 meses. Formule el problema como un modelo de transporte. Resuelva el problema con TORA e interprete los resultados.

☐ **6-12** Aplique la regla de la esquina noroeste para encontrar la solución inicial de cada uno de los siguientes modelos de transporte. Equilibre el modelo donde sea necesario.
    (a) $a_1 = 20, a_2 = 30, a_3 = 40$
        $b_1 = 25, b_2 = 40, b_3 = 28.$
    (b) $a_1 = 30, a_2 = 35, a_3 = 45$
        $b_1 = 15, b_2 = 17, b_3 = 40, b_4 = 15.$

☐ 6-13 Aplique la regla de la esquina noroeste para obtener una solución inicial para cada uno de los siguientes modelos de transporte. Indique si la solución es degenerada o no. Equilibre el modelo donde sea necesario.

(a) $a_1 = 10, a_2 = 5, a_3 = 4, a_4 = 6$
$b_1 = 10, b_2 = 5, b_3 = 7, b_4 = 3.$

(b) $a_1 = 1, a_2 = 16, a_3 = 7, a_4 = 8$
$b_1 = 3, b_2 = 4, b_3 = 5, b_4 = 2, b_5 = 8.$

(c) $a_1 = 10, a_2 = 3, a_3 = 7$
$b_1 = 14, b_2 = 3, b_3 = 4, b_4 = 9.$

☐ 6-14 Considere la solución básica de la tabla 6-11.
(a) Determine el ciclo asociado con cada variable no básica.
(b) Si cada variable no básica se utiliza como variable que entra, determine la variable asociada que sale. ¿En qué nivel entra en la solución cada variable no básica?
(c) En cada caso del inciso (b), determine el incremento o disminución *total* en el valor de la función objetivo.

☐ 6-15 Resuelva los modelos de transporte que siguen y cuyas soluciones iniciales son degeneradas. Aplique el método de la esquina noroeste para obtener la solución inicial. (Los números contenidos en la tabla producen c_{ij}.)

(a)

0	2	1	5
2	1	5	10
2	4	3	5
5	5	10	

(b)

0	4	2	8
2	3	4	5
1	2	0	6
7	6	6	

(c)

—	3	5	4
7	4	9	7
1	8	6	19
5	6	19	

☐ 6-16 En el problema de transporte que sigue, la demanda total excede la oferta total. Supóngase que los costos de penalización por unidad de demanda insatisfecha son 5, 3 y 2 para los destinos 1, 2 y 3. Determine la solución óptima.

5	1	7	10
6	4	6	80
3	2	5	15
75	20	50	

☐ 6-17 En el problema 6-16, supóngase que no hay costos de penalización y la demanda en el destino 3 debe satisfacerse en forma exacta. Vuelva a formular el problema y obtenga la solución óptima.

☐ 6-18 En el problema de transporte desequilibrado dado, si una unidad de la fuente *i* no es enviada (a uno de los destinos), se debe incurrir en un costo de almacenamiento. Sean los costos de almacenamiento por unidad en las fuentes 1, 2 y 3: 5, 4 y 3. Si, además, toda la oferta en la fuente 2 debe enviarse para dejar espacio para un nuevo producto, determine la solución óptima.

1	2	1	20
0	4	5	40
2	3	3	30
30	20	20	

☐ **6-19** En un problema de transporte (3 × 3) sea x_{ij} la cantidad enviada de la fuente i al destino j y c_{ij} el costo de transporte por unidad correspondiente. Las ofertas en las fuentes 1, 2 y 3 son 15, 30 y 85 unidades, y las demandas en los destinos 1, 2 y 3 son 20, 30 y 80 unidades. Supóngase que la solución inicial obtenida a través del método de la esquina noroeste da la solución básica *óptima* al problema. Sean los valores asociados de los multiplicadores de las fuentes 1, 2 y 3: −2, 3 y 5; y los de los destinos 1, 2 y 3: 2, 5 y 10.
(a) Obtenga el costo de transporte óptimo total.
(b) ¿Cuáles son los valores más pequeños de c_{ij} para las variables no básicas que mantendrán la solución óptima?

☐ **6-20** El problema de transporte que se da aquí tiene la solución básica *degenerada* que se indica. Se requiere minimizar los costos de transporte. Sean los multiplicadores correspondientes a esta solución básica 1, −1 para las fuentes 1 y 2 y −1, 2, −5 para los destinos 1, 2 y 3. Sea

$$c_{ij} = i + j\theta, \quad -\infty < \theta < \infty$$

para *todas* las variables *cero* (básicas y no básicas), donde c_{ij} es el costo *por unidad* enviada de la fuente i al destino j.
(a) Si la solución es la óptima, ¿cuál es el valor correspondiente de la función objetivo? (Responda a este inciso en dos formas diferentes.)
(b) En las condiciones del inciso (a), obtenga el valor de θ para el cual la solución es básica y óptima.

10			10
	20	20	40
10	20	20	

☐ **6-21** Resuelva este problema a través de la técnica de transporte y el método símplex, y demuestre que hay una correspondencia uno a uno (o biunívoca) entre las iteraciones de los dos métodos. Obtenga la solución inicial a través del método de la esquina noroeste.

1	0	2	**4**
3	5	4	**6**
1	2	3	**10**
3	**5**	**12**	

☐ **6-22 (Análisis de sensibilidad.)** Considere la tabla de transporte óptima de la tabla 6-14. En cada uno de los casos siguientes, determine el cambio en las cantidades de la oferta y la demanda que mantendrán la solución actual factible.
   (a) Fuente 1 y destino 1.
   (b) Fuente 2 y destino 1.
   (c) Fuente 2 y destino 4.
   (d) Fuente 3 y destino 4.

[*Sugerencia*: supóngase que se cambian la oferta y la demanda en la fuente i y el destino j de a_i y b_j a $a_i + \Delta$ y $b_j + \Delta$, donde Δ es irrestricto. Si x_{ij} es actualmente básica, Δ se suma directamente al valor actual de x_{ij} y la solución se mantiene factible en tanto que el nuevo valor de x_{ij} se mantenga no negativo. Si x_{ij} es no básica, construya su ciclo y, a partir de éste, determine el ajuste en los valores de variables básicas en las esquinas del ciclo que mantendrán la solución factible, mientras se ajusta el valor de x_{ij} no básica de Δ a cero.]

☐ **6-23** Resuelva cada uno de los siguientes modelos de transporte mediante el uso del método de la esquina noroeste, el método del costo mínimo y el método de aproximación de Vogel para obtener la solución inicial. Compare los cálculos.

(a)

1	2	6	**7**
0	4	2	**12**
3	1	5	**11**
10	**10**	**10**	

(b)

5	1	8	**12**
2	4	0	**14**
3	6	7	**4**
9	**10**	**11**	

☐ **6-24** Obtenga la solución inicial del siguiente modelo de transporte a través de (a) el método de la esquina noroeste, (b) el método del costo mínimo, (c) el método de aproximación de Vogel. Obtenga la solución óptima mediante el uso de la mejor solución inicial.

10	20	5	7	**10**
13	9	12	8	**20**
4	15	7	9	**30**
14	7	1	0	**40**
3	12	5	19	**50**
60	**60**	**20**	**10**	

☐ **6-25** Resuelva el siguiente problema de transporte desequilibrado mediante el uso de VAM para obtener la solución inicial. La demanda en el destino 1 debe enviarse desde la fuente 4.

5	1	0	**20**
3	2	4	**10**
7	5	2	**15**
9	6	0	**15**
5	**10**	**15**	

☐ **6-26** Demuestre por el método de multiplicadores (sección 6.2.1) que la solución de la tabla 6-26 es óptima.

☐ **6-27** Resuelva los modelos de asignación que siguen.

(a)

3	8	2	10	3
8	7	2	9	7
6	4	2	7	5
8	4	2	3	5
9	10	6	9	10

(b)

3	9	2	3	7
6	1	5	6	6
9	4	7	10	3
2	5	4	2	1
9	6	2	4	6

☐ **6-28** Considere el problema de asignar cuatro operadores a cuatro máquinas. Se dan los costos de asignación en unidades monetarias. El operador 1 no puede ser asignado a la máquina 3. Asimismo, el operador 3 no se puede asignar a la máquina 4. Obtenga la asignación óptima.

	Máquina 1	2	3	4
Operador 1	5	5	—	2
2	7	4	2	3
3	9	3	5	—
4	7	2	6	7

☐ **6-29** Supóngase que en el problema 6-28 se pone a disposición una quinta máquina. Sus costos de asignación respectivos (en unidades monetarias) para los cuatro operadores son 2, 1, 2 y 8. La nueva máquina reemplaza a una existente si el reemplazo se puede justificar en el sentido económico. Vuelva a formular el problema como un modelo de asignación y obtenga la solución óptima. En particular, ¿resulta económico reemplazar una de las máquinas existentes? Si es así, ¿cuál de ellas?

□ **6-30** Una línea aérea tiene vuelos redondos entre las ciudades A y B. La tripulación con base en la ciudad A (B) y que vuela a la ciudad B (A) debe regresar a la ciudad A (B) en un vuelo posterior el mismo día o al siguiente. Una tripulación con base en la ciudad A puede regresar en un vuelo con destino a A sólo si hay cuando menos 90 minutos entre el tiempo de llegada en B y el tiempo de salida del vuelo con destino a A. El objetivo consiste en emparejar los vuelos de manera que se minimice el tiempo de escala total de todas las tripulaciones. Resuelva el problema como un modelo de asignación mediante el uso de itinerario dado.

[*Nota*: la formulación completa de un problema similar figura en la obra de R. Ackoff y M. Sasieni, *Fundamentals of Operations Research*, John Wiley, Nueva York, 1968, págs. 143–145.]

Vuelo	Desde A	A B	Vuelo	Desde B	A A
1	6:00	8:30	10	7:30	9:30
2	8:15	10:45	20	9:15	11:15
3	13:30	16:00	30	16:30	18:30
4	15:00	17:30	40	20:00	22:00

□ **6-31** En la figura 6-8 se muestra la planta esquemática de un taller con sus zonas de trabajo, representadas por los cuadrados 1, 2, 3 y 4. Se van a agregar 4 nuevas zonas al taller en los lugares designados por los círculos a, b, c y d. El objetivo es asignar las nuevas zonas a los lugares propuestos en forma tal, que se minimice el tráfico asociado al manejo de los materiales entre las zonas actuales y las que se agregarán. La tabla presentada más adelante, resume la frecuencia de los viajes entre las zonas nuevas y las actuales. El equipo para el manejo de los materiales recorre a lo largo los corredores rectangulares que pasan por los centros de las zonas. Por ejemplo, la longitud del recorrido entre la zona 1 y b es de 30 + 20 = 50 metros. Formule el problema como un modelo de asignación. Use TORA e interprete la solución.

		Zonas nuevas			
		1	2	3	4
Zonas actuales	1	10	2	4	3
	2	7	1	6	5
	3	0	8	9	2
	4	11	4	0	7

□ **6-32** Un empresario radicado en la ciudad A debe efectuar seis viajes redondos entre las ciudades A y B, de acuerdo con el siguiente calendario:

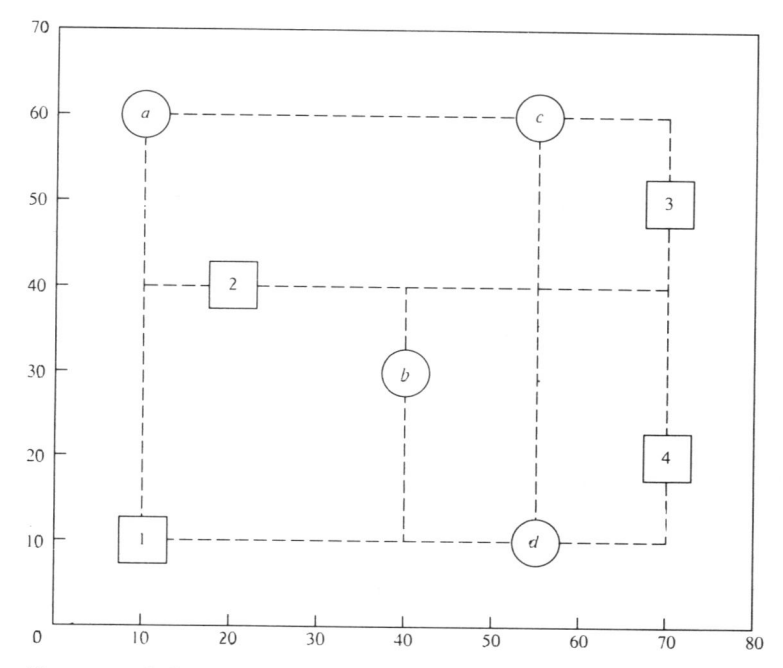

Figura 6-8

Fecha de partida de la ciudad A	Fecha de regreso de la ciudad A
lunes, junio 3	viernes, junio 7
lunes, junio 10	miércoles, junio 12
lunes, junio 17	viernes, junio 21
martes, junio 25	viernes, junio 28

El precio básico de un boleto de viaje redondo en avión entre A y B es de $400. Se otorga un descuento del 25% si las fechas de llegada y partida incluyen un fin de semana (sábado y domingo). Si la estancia en B dura más de 21 días, se tiene un descuento del 30%. Un boleto sencillo de A a B (o de B a A) cuesta $250. ¿Cómo debería comprar los boletos el empresario? Resuelva el problema con TORA.

☐ **6-33** La red de la figura 6-9 representa las rutas de transporte de los nodos 1 y 2 a los nodos 5 y 6, pasando por los nodos 3 y 4. Los costos unitarios de transporte se muestran sobre los arcos respectivos.
(a) Escriba el modelo PL asociado.
(b) Escriba el modelo de transbordo asociado, especificando el tamaño del amortiguamiento y las cantidades de oferta y demanda.

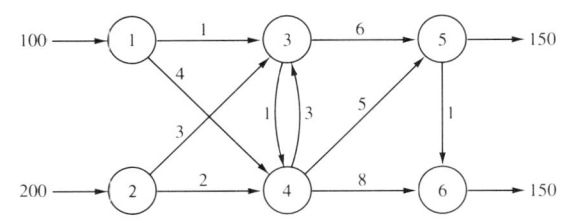

276 Programación lineal: modelo de transporte [C.6]

```
100 ──→ ①  ──1──→ ③  ──6──→ ⑤ ──→ 150
         \  4    ↑↓ \  5    ↓1
          \    1  3  \      
           \  3       \     
            \          \    
200 ──→ ②  ──2──→ ④  ──8──→ ⑥ ──→ 150
```

Figura 6-9

(c) Convierta el modelo de transbordo de la parte (b) en un modelo regular de transporte, exactamente con dos fuentes y dos destinos.
(d) Demuestre cómo la solución de la parte (c) proporciona una solución factible para la red original.

☐ **6-34** Considere el modelo de programación de empleos del ejemplo 6.4-1. Reformule el modelo y proporcione la solución óptima para cada uno de los siguientes casos (utilice TORA):

(a)

Mes	1	2	3	4	5
Número de trabajadores	300	180	90	170	200

(b)

Mes	1	2	3	4	5
Número de trabajadores	200	220	300	50	240

☐ **6-35** Reformule el modelo de programación de empleos del ejemplo 6.4-1, suponiendo que el empleo de los trabajadores debe durar por lo menos dos meses. Alcance la solución óptima.

☐ **6-36** Reformule el modelo de programación de empleos, suponiendo que el empleo de los trabajadores debe durar entre uno y tres meses solamente. Alcance la solución óptima.

☐ **6-37** La red de la figura 6-10 muestra las rutas para el traslado de automóviles desde tres plantas (nodos 1, 2 y 3) hasta cinco agentes vendedores (nodos del 6 al 10) a través de dos centros de distribución (nodos 4 y 5). Suponga que el costo unitario de traslado del nodo i al nodo j es c_{ij}. Haga lo siguiente:
(a) Elabore el modelo de transbordo asociado para el problema de la figura 6-10.
(b) Reformule el modelo suponiendo que se permite el transbordo entre los agentes vendedores.

Problemas **277**

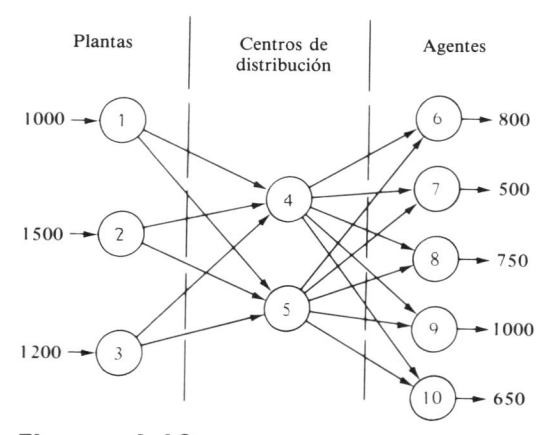

Figura 6-10

(c) Reformule el modelo suponiendo que el centro de distribución 4 venderá 240 automóviles directamente a los clientes.

☐ **6-38 (Problema de la ruta más corta).** Determine la ruta más corta entre los nodos 1 y 7 de la red de la figura 6-11, formulando el problema como un modelo de transbordo. Las distancias entre los diferentes nodos se indican en la red.
[*Sugerencia*: el nodo 1 tiene una oferta neta de 1 unidad y el nodo 7 tiene una demanda neta de 1 unidad.]

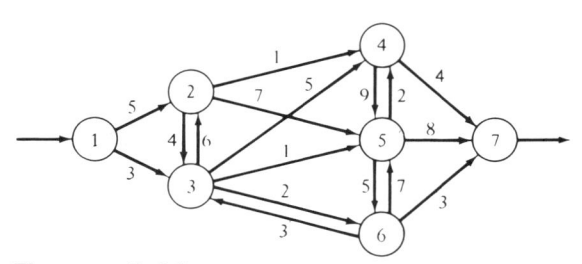

Figura 6-11

☐ **6-39** Considere el problema de transporte donde dos fábricas venden a tres almacenes cierta mercancía. El número de unidades disponibles en las fábricas 1 y 2 son 200 y 300; los números de unidades que demandan los almacenes 1, 2 y 3 son 100, 200 y 50. En vez de enviar la mercancía directamente de las fuentes a los destinos, se decide investigar la posibilidad del transbordo. Determine el programa de envío óptimo. Los costos de transporte por unidad se muestran en la tabla.

278 Programación lineal: modelo de transporte [C.6]

		Fábrica		Almacén		
		1	2	1	2	3
Fábrica	1	0	6	7	8	9
	2	6	0	5	4	3
Almacén	1	7	2	0	5	1
	2	1	5	1	0	4
	3	8	9	7	6	0

☐ **6-40** Considere la figura 6-12, que representa la red del oleoducto. Los diferentes nodos representan estaciones de bombeo y/o de recepción. Las longitudes en millas de los diversos segmentos de la red se muestran en los arcos respectivos. Construya el modelo de transbordo para determinar el programa de transporte a costo mínimo entre las estaciones de bombeo 1 y 3 y las estaciones receptoras 2 y 4. Las cantidades de oferta y demanda se muestran directamente en la red. Supóngase que el costo de transporte por galón bombeado por la tubería será directamente proporcional a la longitud de la tubería entre la fuente y el destino.

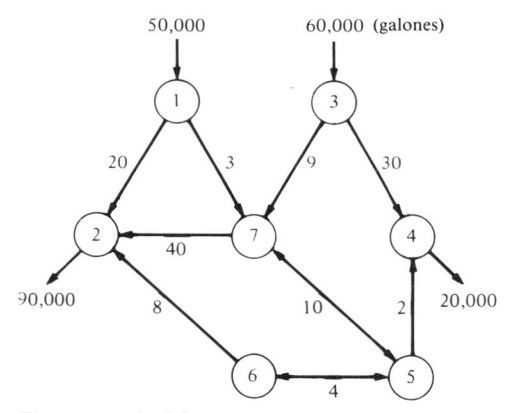

Figura 6-12

☐ **6-41** En el modelo de transporte, una de las variables duales toma un valor arbitrario. Por lo tanto, para la misma solución básica los valores de las variables duales asociadas no son únicos. Esto parece contradecir la teoría de la programación lineal donde los multiplicadores símplex se determinan a través del producto del vector de los coeficientes objetivo de las variables básicas y la matriz básica inversa asociada (véase la sección 5.2.2).

Demuestre que para el modelo de transporte aunque se define exclusivamente una matriz inversa dada, el vector de coeficientes objetivo *básicos* puede no ser único para el mismo problema. Específicamente, demuestre que si c_{ij} se cambia a $c_{ij} + k$ para todas las i y j, donde k es una constante, los valores óptimos de x_{ij} se mantienen sin variación. Por lo tanto, una asignación arbitraria de un valor a una variable dual es implícitamente equivalente a suponer que se suma cierta constante k a todas las c_{ij}.

☐ **6-42 (Problema de transporte desequilibrado.)** Considere el problema

$$\text{minimizar } z = \sum_{i=1}^{m} \sum_{j=1}^{n} c_{ij} x_{ij}$$

sujeto a

$$\sum_{j=1}^{n} x_{ij} \geq a_i, \quad i = 1, 2, \ldots, m \tag{1}$$

$$\sum_{i=1}^{m} x_{ij} \geq b_j, \quad j = 1, 2, \ldots, n \tag{2}$$

$$x_{ij} \geq 0 \quad \text{para todas las } i \text{ y } j$$

Quizá sea lógico suponer que, en el nivel óptimo, la desigualdad (1) o la (2) ciertamente quedará satisfecha en forma de ecuación, dependiendo de si $\Sigma\, a_i \geq \Sigma\, b_j$ o $\Sigma\, a_i \leq \Sigma\, b_j$, respectivamente. Un contraejemplo a esta hipótesis es

1	1	2	5
6	5	1	6
2	7	1	

Demuestre que la aplicación del procedimiento sugerido produce la solución "óptima" $x_{11} = 2$, $x_{12} = 3$, $x_{22} = 4$ y $x_{23} = 2$ con $z = 27$, que es peor que la solución factible $x_{11} = 2$, $x_{12} = 7$ y $x_{23} = 6$ con $z = 15$. [Este contraejemplo se debe a A. Charnes, F. Glover y D. Klingman, "A Note on a Distribution Problem", *Operations Research*, Vol. 18, 1970, págs. 1213-1216.]

Capítulo 7

Programación lineal: temas adicionales

7.1 **Método símplex primal con variables acotadas**
7.2 **Algoritmo de descomposición**
7.3 **Algoritmo de punto interior de Karmarkar**
    7.3.1 Idea básica del algoritmo de punto interior
    7.3.2 Algoritmo de punto interior
7.4 **Resumen**
    Bibliografía
    Problemas

En los capítulos 3 y 4 presentamos las técnicas de cálculo de la programación lineal, incluidos los métodos símplex primal y dual, tanto en forma tabular como matricial. En el capítulo 5 se presentaron la teoría de la dualidad, el análisis de sensibilidad y la programación paramétrica. En este capítulo presentamos temas adicionales de la programación lineal que incluyen la técnica de las **variables acotadas,** el **principio de descomposición** y el **algoritmo de punto interior de Karmarkar** que es el más reciente dentro de la programación lineal.

7.1 METODO SIMPLEX PRIMAL CON VARIABLES ACOTADAS

Existen aplicaciones de programación lineal donde además de las restricciones regulares, algunas o todas las variables son acotadas desde arriba y desde abajo. En este caso, el problema se presenta como

$$\text{maximizar } z = \mathbf{CX}$$

sujeto a

$$(\mathbf{A}, \mathbf{I})X = \mathbf{b}$$
$$\mathbf{L} \leq \mathbf{X} \leq \mathbf{U}$$

donde

$$U = \begin{pmatrix} u_1 \\ u_2 \\ \vdots \\ u_{n+m} \end{pmatrix} \quad y \quad L = \begin{pmatrix} l_1 \\ l_2 \\ \vdots \\ l_{n+m} \end{pmatrix}, \quad U \geq L \geq 0$$

Los elementos de **L** y **U** para una variable no acotada son 0 e ∞.

El problema dado puede resolverse con el método símplex regular, en cuyo caso las restricciones se ponen en la forma

$$(A, I)X = b$$
$$X + X' = U$$
$$X - X'' = L$$
$$X, X', X'' \geq 0$$

donde **X'** y **X''** son las variables de holgura y de exceso. Este problema incluye $3(m + n)$ variables y $3m + 2n$ ecuaciones de restricción. Sin embargo, el tamaño de este problema puede reducirse considerablemente mediante el uso de técnicas especiales, las cuales reducirán finalmente las restricciones al conjunto

$$(A, I)X = b$$

Considere primero las restricciones de cota inferior. El efecto de estas restricciones puede tomarse en cuenta utilizando la sustitución

$$X = L + X''$$

para eliminar **X** de todas las restricciones restantes. Las nuevas variables del problema, por consiguiente, son **X'** y **X''**. No hay temor en este caso de que **X** pueda no satisfacer la restricción de no negatividad, ya que ambas **L** y **X''** son no negativas.

El verdadero problema ocurre con las variables de cota superior. Una sustitución similar al caso de cota inferior es ilegítima, ya que no existe garantía de que $X = U - X'$ permanezca no negativa. Esta dificultad se supera utilizando una variante del método símplex que toma en cuenta las cotas superiores, en forma implícita.

El problema de cota superior puede escribirse como

$$\text{maximizar } z = CX$$

sujeto a

$$(A, I)X = b$$
$$X + X' = U$$
$$X, X' \geq 0$$

282 Programación lineal: temas adicionales [C.7]

Se supone que **b** es un vector no negativo de manera que el problema es inicialmente primal factible, por lo que presentaremos el **método símplex primal para variables acotadas**.

En lugar de incluir las restricciones

$$\mathbf{X} + \mathbf{X}' = \mathbf{U}$$

en la tabla símplex, se puede tomar en cuenta su efecto modificando la condición de factibilidad del método símplex. La condición de optimidad permanece igual que en el método símplex regular.

La idea básica para modificar la condición de factibilidad del método símplex primal es que una variable se vuelve infactible, si llega a ser negativa o excede su cota superior. La condición de no negatividad se trata exactamente igual que en el método símplex primal. La condición de cota superior requiere provisiones especiales que permitirán que una variable básica llegue a ser *no básica en su cota superior*. (Compare con el método símplex primal donde todas las variables no básicas están al nivel cero.) También, cuando una variable no básica se elige para que entre a la solución, su valor de entrada no deberá exceder su cota superior. Por consiguiente, al desarrollar la nueva condición de factibilidad, deben considerarse dos puntos principales:

1. Las restricciones de no negatividad y cota superior para la variable que entra.
2. Las restricciones de no negatividad y cota superior para estas variables básicas que pueden afectarse al introducir la variable que entra.

Para desarrollar matemáticamente las ideas anteriores, considere el problema de programación lineal sin las cotas superiores. En toda iteración, se garantiza que la solución es factible como sigue. Sea x_j una variable no básica a nivel *cero* que se elige para entrar a la solución. (Posteriormente se mostrará que toda variable no básica siempre puede ponerse a nivel cero.) Sea $(\mathbf{X}_B)_i = (\mathbf{X}_B^*)_i$ la *i*-ésima variable de la solución básica actual $\mathbf{X}_B$. Por consiguiente, introduciendo x_j en la solución da

$$(\mathbf{X}_B)_i = (\mathbf{X}_B^*)_i - \alpha_i^j x_j$$

donde α_i^j es el *i*-ésimo elemento de $\boldsymbol{\alpha}^j = \mathbf{B}^{-1}\mathbf{P}_j$, y $\mathbf{P}_j$ es el vector de $(\mathbf{A}, \mathbf{I})$ correspondiente a x_j.

Ahora, de acuerdo con las guías anteriores, x_j permanece factible si

$$0 \leq x_j \leq u_j \qquad \text{(i)}$$

mientras que $(\mathbf{X}_B)_i$ permanece factible si

$$0 \leq (\mathbf{X}_B^*)_i - \alpha_i^j x_j \leq (\mathbf{U}_B)_i, \qquad i = 1, 2, \ldots, m \qquad \text{(ii)}$$

Ya que la introducción de x_j a la solución implica que debe ser no negativa, la condición (i) se toma en consideración observando la cota superior sobre x_j. Luego se considerará la condición (ii). A partir de la condición de no negatividad

$$(\mathbf{X}_B)_i = (\mathbf{X}_B^*)_i - \alpha_i^j x_j \geq 0$$

se deduce que solamente $\alpha_i^j > 0$ puede causar que $(\mathbf{X}_B)_i$ sea negativa. Sea θ_1 el valor máximo de x_j que resulta de esta condición. Por consiguiente,

$$\theta_1 = \min_i \left\{ \frac{(\mathbf{X}_B^*)_i}{\alpha_i^j}, \alpha_i^j > 0 \right\}$$

Esto realmente es lo mismo que la condición de factibilidad del método símplex regular.

Si $\mathbf{U}_B$ es el vector de acotamiento superior para las variables básicas actual $\mathbf{X}_B$, entonces, para garantizar que $(\mathbf{X}_B)_i$ no excederá su cota superior, es necesario que se satisfaga la siguiente condición:

$$(\mathbf{X}_B)_i = (\mathbf{X}_B^*)_i + (-\alpha_i^j)x_j \leq (\mathbf{U}_B)_i$$

Esta condición puede infringirse si α_i^j es negativa. Por lo tanto, haciendo que θ_2 represente el valor máximo de x_j que resulta de esta condición:

$$\theta_2 = \min_i \left\{ \frac{(\mathbf{U}_B)_i - (\mathbf{X}_B^*)_i}{-\alpha_i^j}, \alpha_i^j < 0 \right\}$$

Sea θ el valor máximo de x_j que no infringe ninguna de las condiciones anteriores. Entonces

$$\theta = \min \{\theta_1, \theta_2, u_j\}$$

Se observa que una variable básica anterior $(\mathbf{X}_B)_i$ puede llegar a ser no básica únicamente si la introducción de la variable de entrada x_j al nivel θ causa que $(\mathbf{X}_B)_i$, esté al nivel cero o a su cota superior. Esto significa que si $\theta = u_j$, x_j no puede hacerse básica ya que ninguna $(\mathbf{X}_B)_i$ puede sacarse de la solución y, por consiguiente, x_j deberá permanecer como no básica pero *en su cota superior*. (Si $\theta = u_j = \theta_1 = \theta_2$, el empate puede romperse arbitrariamente.)

En la deducción anterior, la variable de entrada x_j se supone que está a nivel cero antes de introducirse en la solución. Para mantener la validez de los resultados anteriores, toda variable no básica x_k en la cota superior puede llevarse a nivel cero por la sustitución

$$x_k = u_k - x_k'$$

donde $0 \leq x_k' \leq u_k$.

Utilizando las ideas anteriores, se pueden efectuar los cambios en la solución básica actual como sigue. Sea $(\mathbf{X}_B)_r$ la variable correspondiente a $\theta = \min\{\theta_1, \theta_2, u_j\}$, entonces

1. Si $\theta = \theta_1$, $(X_B)_r$ sale de la solución y x_j entra, utilizando el procedimiento de Gauss-Jordan del método símplex.
2. Si $\theta = \theta_2$, $(X_B)_r$ sale y entra x_j utilizando el procedimiento de Gauss-Jordan; entonces $(X_B)_r$ que es no básica en su cota superior debe ser sustituida utilizando $(X_B)_r = u_r - (X_B)'_r$.
3. Si $\theta = u_j$, x_j se sustituye en su cota superior $u_j - x'_j$, pero permanece no básica.

Ejemplo 7.1-1
Considere el problema siguiente:

$$\text{maximizar } z = 3x_1 + 5y + 2x_3$$

sujeto a

$$x_1 + y + 2x_3 \leq 14$$
$$2x_1 + 4y + 3x_3 \leq 43$$
$$0 \leq x_1 \leq 4, \quad 7 \leq y \leq 10, \quad 0 \leq x_3 \leq 3$$

Ya que y tiene una cota inferior positiva, debe sustituirse en su cota inferior. Sea $y = x_2 + 7$; luego entonces $0 \leq x_2 \leq 10 - 7 = 3$ y la tabla inicial se convierte en:

Básica	x_1	x_2	x_3	x_4	x_5	Solución
z	-3	-5	-2	0	0	35
x_4	1	1	2	1	0	7
x_5	2	4	3	0	1	15

Primera iteración
Elija x_2 como la variable de entrada ($z_2 - c_2 = -5$). Por consiguiente:

$$\alpha^2 = \begin{pmatrix} 1 \\ 4 \end{pmatrix} > 0$$

y

$$\theta_1 = \min\{7/1,\ 15/4\} = 3.75$$

Puesto que todas las $\alpha_i^2 > 0$, se deduce que $\theta_2 = \infty$. Consecuentemente, $\theta = \min\{3.75, \infty, 3\} = 3$.

· Debido a que $\theta = u_2$, x_2 se sustituye en su límite superior, pero permanece no básica. Por lo tanto, haciendo $x_2 = u_2 - x'_2 = 3 - x'_2$, la nueva tabla es

Básica	x_1	x'_2	x_3	x_4	x_5	Solución
z	-3	5	-2	0	0	50
x_4	1	-1	2	1	0	4
x_5	2	-4	3	0	1	3

Segunda iteración

Elija x_1 como la variable de entrada ($z_1 - c_1 = -3$). Por consiguiente,

$$\alpha^1 = \begin{pmatrix} 1 \\ 2 \end{pmatrix}$$

$\theta_1 = \text{mín}\{4/1, 3/2\} = 3/2$, correspondiente a x_5
$\theta_2 = \infty$

Entonces, $\theta = \text{mín}\{3/2, \infty, 4\} = 3/2$. Ya que $\theta = \theta_1$, introduzca x_1 y saque a x_5. Esto proporciona

Básica	x_1	x_2'	x_3	x_4	x_5	Solución
z	0	−1	5/2	0	3/2	109/2
x_4	0	1	1/2	1	−1/2	5/2
x_1	1	−2	3/2	0	1/2	3/2

Tercera iteración

Elija x_2' como la variable de entrada. Puesto que

$$\alpha^2 = \begin{pmatrix} 1 \\ -2 \end{pmatrix}$$

$\theta_1 = 5/2$

$\theta_2 = \dfrac{4 - 3/2}{-(-2)} = 5/4$, correspondiente a x_1

En consecuencia, $\theta = \text{mín}\{5/2, 5/4, 3\} = 5/4$. Ya que $\theta = \theta_2$, introduzca x_2' en la base y saque a x_1, después sustitúyala en su cota superior $(4 - x_1')$. Por consiguiente, sacando a x_1 e introduciendo x_2', la tabla llega a ser

Básica	x_1	x_2'	x_3	x_4	x_5	Solución
z	−1/2	0	7/4	0	5/4	215/4
x_4	1/2	0	5/4	1	−1/4	13/4
x_2'	−1/2	1	−3/4	0	−1/4	−3/4

Ahora, sustituyendo $x_1 = 4 - x_1'$, la tabla final llega a ser

Básica	x_1'	x_2'	x_3	x_4	x_5	Solución
z	1/2	0	7/4	0	5/4	223/4
x_4	−1/2	0	5/4	1	−1/4	5/4
x_2'	1/2	1	−3/4	0	−1/4	5/4

la cual ahora es óptima y factible.

286 Programación lineal: temas adicionales   [C.7

La solución óptima en términos de las variables originales x_1, x_2 y x_3 se encuentra de la manera siguiente. Ya que $x'_1 = 0$, se deduce que $x_1 = 4$. También ya que $x'_2 = 5/4$, $x_2 = 3 - 5/4 = 7/4$ y $y = 7 + 7/4 = 35/4$. Finalmente, $x_3 = 0$. Estos valores proporcionan $z = 223/4$, como se muestra en la tabla óptima. ◀

Podría ser benéfico en este punto estudiar el efecto de la técnica de cotas superiores para el desarrollo de la tabla símplex. Específicamente, se requiere definir $\{z_j - c_j\}$ y la solución básica en cada iteración. Esto se representará aquí en notación matricial.

Sea $\mathbf{X}_u$ la representación de las variables básicas y no básicas en $\mathbf{X}$, que han sido sustituidas en su cota superior. También, sea $\mathbf{X}_z$ la de las variables básicas y no básicas restantes. Suponga que los vectores de órdenes $(\mathbf{A}, \mathbf{I})$ correspondientes a $\mathbf{X}_z$ y $\mathbf{X}_u$ están dados por las matrices $\mathbf{D}_z$ y $\mathbf{D}_u$, descompóngase el vector $\mathbf{C}$ de la función objetivo correspondiente para dar $(\mathbf{C}_z, \mathbf{C}_u)$. Las ecuaciones del problema de programación lineal en cualquier iteración son

$$\begin{pmatrix} 1 & -\mathbf{C}_z & -\mathbf{C}_u \\ 0 & \mathbf{D}_z & \mathbf{D}_u \end{pmatrix} \begin{pmatrix} z \\ \mathbf{X}_z \\ \mathbf{X}_u \end{pmatrix} = \begin{pmatrix} 0 \\ \mathbf{b} \end{pmatrix}$$

En lugar de tratar con dos tipos de variables, a saber $\mathbf{X}_z$ y $\mathbf{X}_u$, se pone $\mathbf{X}_u$ en el nivel cero utilizando la sustitución

$$\mathbf{X}_u = \mathbf{U}_u - \mathbf{X}'_u$$

donde $\mathbf{U}_u$ es un subconjunto de $\mathbf{U}$ que representa las cotas superiores para las variables en $\mathbf{X}_u$. Esto da

$$\begin{pmatrix} 1 & -\mathbf{C}_z & \mathbf{C}_u \\ 0 & \mathbf{D}_z & -\mathbf{D}_u \end{pmatrix} \begin{pmatrix} z \\ \mathbf{X}_z \\ \mathbf{X}'_u \end{pmatrix} = \begin{pmatrix} \mathbf{C}_u \mathbf{U}_u \\ \mathbf{b} - \mathbf{D}_u \mathbf{U}_u \end{pmatrix}$$

Las condiciones de optimidad y factibilidad pueden obtenerse más fácilmente ahora, ya que todas las variables no básicas están en nivel cero. Sin embargo, todavía es necesario verificar que ninguna variable básica o no básica excederá su cota superior.

Defina $\mathbf{X}_B$ como las variables básicas de la iteración actual, y sea $\mathbf{C}_B$ la representación de los elementos correspondientes a $\mathbf{X}_B$ en $\mathbf{C}$. También, sea $\mathbf{B}$ la matriz básica correspondiente a $\mathbf{X}_B$. La solución actual se determina de

$$\begin{pmatrix} 1 & -\mathbf{C}_B \\ 0 & \mathbf{B} \end{pmatrix} \begin{pmatrix} z \\ \mathbf{X}_B \end{pmatrix} = \begin{pmatrix} \mathbf{C}_u \mathbf{U}_u \\ \mathbf{b} - \mathbf{D}_u \mathbf{U}_u \end{pmatrix}$$

Invirtiendo la matriz particionada como en la sección 4.1.3, la solución básica actual está dada por

$$\begin{pmatrix} z \\ \mathbf{X}_B \end{pmatrix} = \begin{pmatrix} 1 & \mathbf{C}_B\mathbf{B}^{-1} \\ 0 & \mathbf{B}^{-1} \end{pmatrix} \begin{pmatrix} \mathbf{C}_u\mathbf{U}_u \\ \mathbf{b} - \mathbf{D}_u\mathbf{U}_u \end{pmatrix} = \begin{pmatrix} \mathbf{C}_u\mathbf{U}_u + \mathbf{C}_B\mathbf{B}^{-1}(\mathbf{b} - \mathbf{D}_u\mathbf{U}_u) \\ \mathbf{B}^{-1}(\mathbf{b} - \mathbf{D}_u\mathbf{U}_u) \end{pmatrix}$$

Utilizando

$$\mathbf{b}' = \mathbf{b} - \mathbf{D}_u\mathbf{U}_u$$

la tabla símplex completa correspondiente a cualquier iteración es (compárese con la sección 4.1.3).

Básica	$\mathbf{X}_z^T$	$\mathbf{X}_u'^T$	Solución
z	$\mathbf{C}_B\mathbf{B}^{-1}\mathbf{D}_z - \mathbf{C}_z$	$-\mathbf{C}_B\mathbf{B}^{-1}\mathbf{D}_u + \mathbf{C}_u$	$\mathbf{C}_B\mathbf{B}^{-1}\mathbf{b}' + \mathbf{C}_u\mathbf{U}_u$
$\mathbf{X}_B$	$\mathbf{B}^{-1}\mathbf{D}_z$	$-\mathbf{B}^{-1}\mathbf{D}_u$	$\mathbf{B}^{-1}\mathbf{b}'$

La disposición de esta tabla es la misma que la representada en la sección 4.1.3. Para la ecuación z, los coeficientes de la izquierda proporcionan $z_j - c_j$, el indicador de optimidad para las variables no básicas en $\mathbf{X}_z$ y $\mathbf{X}_u'$ mientras su lado derecho proporciona el valor correspondiente de z. Los coeficientes de las restricciones $\mathbf{B}^{-1}(\mathbf{D}_z, -\mathbf{D}_u)$ dan el correspondiente $\{\boldsymbol{\alpha}\}$ para las variables no básicas. Finalmente, el lado derecho de las restricciones $\mathbf{B}^{-1}\mathbf{b}'$ dan directamente los valores de $\mathbf{X}_B$.

Ejercicio 7.1-1
Considere la tabla óptima del ejemplo 7.1-1. Calcule la inversa óptima $\mathbf{B}^{-1}$; luego demuestre cómo se puede generar toda la tabla a partir de $\mathbf{B}^{-1}$ y los datos originales del problema mediante el uso de la representación matricial que se presenta. ¿Puede identificarse $\mathbf{B}^{-1}$ directamente de la tabla óptima del ejemplo 7.1-1?

[*Resp.* $\mathbf{B} = (\mathbf{P}_4, \mathbf{P}_2')$, $\mathbf{B}^{-1} = \begin{pmatrix} 1 & -1/4 \\ 0 & -1/4 \end{pmatrix}$. Sí, $\mathbf{B}^{-1}$ está ubicada debajo de las variables de la solución inicial.]

7.2 ALGORITMO DE DESCOMPOSICION

La estructura especial de ciertos problemas grandes de programación lineal, puede permitir la determinación de la solución óptima, descomponiendo primero el problema en subproblemas pequeños, y resolviendo luego los subproblemas casi independientemente. El procedimiento, cuando es aplicable, tiene la ventaja de permitir manejar problemas a gran escala, que de otra manera podrían ser infactibles de calcular.

En la planeación de instalaciones de producción a nivel corporativo pueden presentarse situaciones comunes. Aunque cada instalación puede tener sus propias restricciones independientes, por lo general las diferentes actividades están unidas, a nivel corporativo, mediante restricciones presupuestales. Los dos tipos de restricciones se conocen como restricciones *comunes* e *independientes*.

288 Programación lineal: temas adicionales [C.7

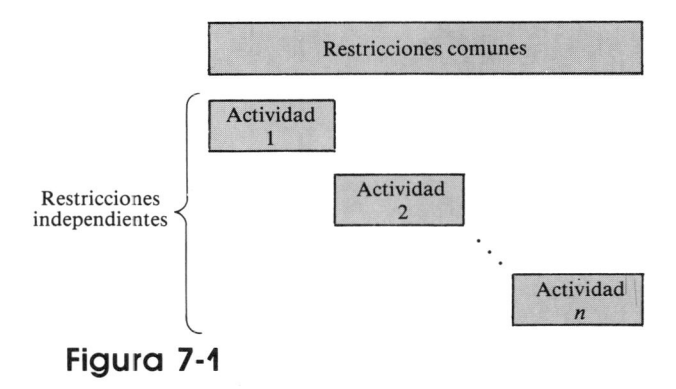

Figura 7-1

La figura 7-1 demuestra una estructura común de un modelo de PL que se puede resolver descomponiendo el problema en subproblemas menores. Nótese que las restricciones independientes de las n actividades no se superponen. En ausencia de las restricciones comunes, las diversas actividades serán completamente independientes entre sí.

Sea $\mathbf{D}_j$ ($j = 1, 2, \ldots, n$) la matriz tecnológica de la j-ésima actividad (por ejemplo, las instalaciones de producción) y sea $\mathbf{X}_j$ el vector de las variables correspondientes. Sea $\mathbf{b}_j$ el vector que da los recursos de la j-ésima actividad. Se deduce que cada conjunto de restricciones independientes puede escribirse como[†]

$$\mathbf{D}_j \mathbf{X}_j = \mathbf{b}_j, \qquad j = 1, 2, \ldots, n$$

Para las restricciones comunes, sea $\mathbf{A}_j$ la matriz tecnológica de la j-ésima actividad y $\mathbf{b}_0$ el correspondiente vector de recursos. Esto da

$$\mathbf{A}_1 \mathbf{X}_1 + \mathbf{A}_2 \mathbf{X}_2 + \cdots + \mathbf{A}_n \mathbf{X}_n = \mathbf{b}_0$$

Además, sea $\mathbf{C}_j$ el vector de los coeficientes en la función objetivo para la j-ésima actividad. Por consiguiente, el problema completo será

$$\text{maximizar } z = \mathbf{C}_1 \mathbf{X}_1 + \mathbf{C}_2 \mathbf{X}_2 + \cdots + \mathbf{C}_n \mathbf{X}_n$$

sujeto a

$$\mathbf{A}_1 \mathbf{X}_1 + \mathbf{A}_2 \mathbf{X}_2 + \cdots + \mathbf{A}_n \mathbf{X}_n = \mathbf{b}_0$$
$$\mathbf{D}_1 \mathbf{X}_1 \hspace{3.5cm} = \mathbf{b}_1$$

[†] Las variables de holgura se agregan según sea necesario para cambiar las restricciones de desigualdad en igualdades. En este caso se supone que las holguras y los coeficientes resultantes son parte de $\mathbf{X}_j$ y $\mathbf{D}_j$.

$$\mathbf{D}_2\mathbf{X}_2 = \mathbf{b}_2$$
$$\ddots \quad \vdots$$
$$\mathbf{D}_n\mathbf{X}_n = \mathbf{b}_n$$
$$\mathbf{X}_j \geq \mathbf{0}, \quad \text{para toda } j$$

Si el tamaño de $\mathbf{A}_j$ es $(r_0 \times m_j)$ y el de $\mathbf{D}_j$ es $(r_j \times m_j)$, el problema tiene $\Sigma_{j=0}^{n} r_j$ restricciones y $\Sigma_{j=0}^{n} m_j$ variables.

El **principio de descomposición** aplicado al problema anterior se discutirá ahora. Se supone que cada uno de los conjuntos convexos

$$\mathbf{D}_j\mathbf{X}_j = \mathbf{b}_j, \quad \mathbf{X}_j \geq \mathbf{0}, \quad j = 1, 2, \ldots, n$$

está acotado. Por consiguiente, si $\hat{\mathbf{X}}_j^k$, $k = 1, 2, \ldots, K_j$ son los puntos extremos del j-ésimo conjunto, todo punto $\mathbf{X}_j$ en este conjunto puede expresarse como una combinación convexa de estos puntos extremos. Esto significa que para $\beta_j^k \geq 0$ y $\Sigma_{k=1}^{K_j} \beta_j^k = 1$,

$$\mathbf{X}_j = \sum_{k=1}^{K_j} \beta_j^k \hat{\mathbf{X}}_j^k, \quad j = 1, 2, \ldots, n$$

Estas nuevas ecuaciones implican el espacio de soluciones completo contenido por los conjuntos $\mathbf{D}_j\mathbf{X}_j = \mathbf{b}_j$ y $\mathbf{X}_j \geq \mathbf{0}$, $j = 1, 2, \ldots, n$. Por lo tanto, es posible eliminar las restricciones de los subproblemas y reformular el problema original en la forma equivalente siguiente, el cual se llama **problema maestro:**

$$\text{maximizar } z = \sum_{k=1}^{K_1} \mathbf{C}_1\hat{\mathbf{X}}_1^k \beta_1^k + \sum_{k=1}^{K_2} \mathbf{C}_2\hat{\mathbf{X}}_2^k \beta_2^k + \cdots + \sum_{k=1}^{K_n} \mathbf{C}_n\hat{\mathbf{X}}_n^k \beta_n^k$$

sujeto a

$$\sum_{k=1}^{K_1} \mathbf{A}_1\hat{\mathbf{X}}_1^k \beta_1^k + \sum_{k=1}^{K_2} \mathbf{A}_2\hat{\mathbf{X}}_2^k \beta_2^k + \cdots + \sum_{k=1}^{K_n} \mathbf{A}_n\hat{\mathbf{X}}_n^k \beta_n^k = \mathbf{b}_0$$

$$\sum_{k=1}^{K_1} \beta_1^k = 1$$

$$\sum_{k=1}^{K_2} \beta_2^k = 1$$

$$\ddots \quad \vdots$$

$$\sum_{k=1}^{K_n} \beta_n^k = 1$$

$$\beta_j^k \geq 0, \quad \text{para toda } j \text{ y toda } k$$

Ya que $\hat{\mathbf{X}}_j^k$ son los puntos extremos "conocidos" del conjunto $\mathbf{D}_j \mathbf{X}_j = \mathbf{b}_j$, $\mathbf{X}_j \geq \mathbf{0}$, las nuevas variables de decisión del problema modificado serán β_j^k. Una vez que se determinan los valores óptimos de β_j^k para toda j y toda k se obtiene la solución óptima al problema original reconociendo que

$$\mathbf{X}_j = \sum_{k=1}^{K_j} \beta_j^k \hat{\mathbf{X}}_j^k$$

Ejercicio 7.2-1

En cada uno de los casos siguientes, exprese el espacio de soluciones como una combinación convexa de sus puntos extremos.
(a) Espacio de soluciones de la figura 3-4.
  [*Resp.* $(\bar{x}_1, \bar{x}_2) = \beta_1(0, 0) + \beta_2(0, 2) + \beta_3(4, 0)$, donde $\beta_1, \beta_2, \beta_3, \geq 0$ y $\beta_1 + \beta_2 + \beta_3 = 1$.]
(b) Espacio de soluciones de la figura 3-5.
  [*Resp.* $(\bar{x}_1, \bar{x}_2) = \beta_1(0, 0) + \beta_2(2, 0) + \beta_3(3/2, 2) + \beta_4(0, 4)$, donde $\beta_1, \beta_2, \beta_3, \beta_4 \geq 0$ y $\beta_1 + \beta_2 + \beta_3 + \beta_4 = 1$.]
(c) Espacio de soluciones de la figura 3-6.
  [*Resp.* El espacio de soluciones es no acotado. Por tanto, no es posible determinar $(\bar{x}_1, \bar{x}_2)$ en términos de los puntos extremos. Sin embargo, si aumentamos la restricción artificial $x_2 \geq M$, donde M es muy grande, entonces podemos representar el espacio de soluciones como

$$(\bar{x}_1, \bar{x}_2) = \beta_1(0, 0) + \beta_2(10, 0) + \beta_3(20, 10) + \beta_4(20, M) + \beta_5(0, M)$$

donde $\beta_1 + \beta_2 + \beta_3 + \beta_4 + \beta_5 = 1$ y $\beta_1, \beta_2, \beta_3, \beta_4, \beta_5 \geq 0$.]

Para resolver el problema *maestro* a través del método símplex (revisado), necesitamos determinar el vector que entra y el que sale. Pero para lograrlo, parece, a primera vista, que todos los puntos extremos $\hat{\mathbf{X}}_j^k$ deben conocerse con anticipación. Por fortuna, este no es el caso. Lo que hace el algoritmo de descomposición es reconocer que sólo necesitamos identificar el único punto extremo (de entre todos los puntos $\hat{\mathbf{X}}_j^k$) que está asociado con la variable que entra. Una vez hecho, podemos determinar *numéricamente* todos los elementos del vector que entra y también el coeficiente de su ecuación objetivo. Por lo tanto, el vector que sale se puede determinar mediante el uso de la condición de factibilidad del método símplex.

La idea general del algoritmo de descomposición implica dos fases principales:

1. Convertir el problema original en un problema maestro, expresando implícitamente el espacio de soluciones de cada subproblema como una combinación convexa de sus puntos extremos.

2. Generar el vector columna asociado con el vector que entra, y utilizar esta información para obtener el vector que sale.

La operación de la segunda fase se denomina comúnmente **generación de columnas** porque genera los elementos del vector que entra.

Ahora mostraremos cómo se pueden expresar estas ideas en términos matemáticos. Sea $\mathbf{B}$ la base actual del problema *maestro* y $\mathbf{C}_B$ el vector de los coeficientes correspondientes en la función objetivo. Por consiguiente, de acuerdo con el método símplex revisado, la solución actual es óptima si para todas las $\mathbf{P}_j^k$ no básicas

7.2] Algoritmo de descomposición

$$z_j^k - c_j^k = \mathbf{C}_B \mathbf{B}^{-1} \mathbf{P}_j^k - c_j^k \geq 0$$

donde, de la definición del problema maestro

$$c_j^k = \mathbf{C}_j \hat{\mathbf{X}}_j^k \quad \text{y} \quad \mathbf{P}_j^k = n \left\{ \begin{pmatrix} r_0 \{ \begin{pmatrix} \mathbf{A}_j \hat{\mathbf{X}}_j^k \\ 0 \\ \vdots \\ 1 \\ \vdots \\ 0 \end{pmatrix} \end{pmatrix} \leftarrow (r_0 + j)\text{-ésimo lugar} \right.$$

La expresión para $z_j^k - c_j^k$ puede simplificarse como sigue. Sea

$$\mathbf{B}^{-1} = (\overbrace{\mathbf{R}_0}^{r_0} | \overbrace{\mathbf{V}_1, \mathbf{V}_2, \ldots, \mathbf{V}_j, \ldots, \mathbf{V}_n}^{n})$$

donde $\mathbf{R}_0$ es la matriz de tamaño $(r_0 + n) \times r_0$ que consiste en las primeras r_0 columnas de $\mathbf{B}^{-1}$, y $\mathbf{V}_j$ es la $(r_0 + j)$-ésima columna de la misma matriz $\mathbf{B}^{-1}$. Por consiguiente

$$\begin{aligned} z_j^k - c_j^k &= (\mathbf{C}_B \mathbf{R}_0 \mathbf{A}_j \hat{\mathbf{X}}_j^k + \mathbf{C}_B \mathbf{V}_j) - \mathbf{C}_j \hat{\mathbf{X}}_j^k \\ &= (\mathbf{C}_B \mathbf{R}_0 \mathbf{A}_j - \mathbf{C}_j) \hat{\mathbf{X}}_j^k + \mathbf{C}_B \mathbf{V}_j \end{aligned}$$

Si la solución actual no es óptima, se elige el vector $\mathbf{P}_j^k$ que tiene la más pequeña $z_j^k - c_j^k < 0$ (más negativa) para que entre a la solución. El punto importante es que $z_j^k - c_j^k$ no puede evaluarse numéricamente hasta que se conocen todos los elementos de $\mathbf{P}_j^k$. Por otra parte $\mathbf{P}_j^k$ no puede evaluarse numéricamente hasta que se conoce el punto extremo correspondiente $\hat{\mathbf{X}}_j^k$. Esto conduce al punto clave de que la evaluación de $z_j^k - c_j^k$ (y por lo tanto, la selección de la variable que entra) depende de la determinación de $\hat{\mathbf{X}}_j^k$.

En lugar de determinar todos los puntos extremos para todos los n conjuntos, el problema puede reducirse a determinar el punto extremo $\hat{\mathbf{X}}_j^{k*}$ en todo conjunto j el cual dará la $z_j^k - c_j^k$ más pequeña. Sea

$$\rho_j = \min_k \{z_j^k - c_j^k\} = z_j^{k*} - c_j^{k*}$$

y sea $\rho = \min_j \{\rho_j\}$. En consecuencia, si $\rho < 0$, la variable β_j^{k*} correspondiente a ρ se elige como la variable que entra. De otra manera, si $\rho \geq 0$, se obtiene la solución óptima.

El punto extremo $\hat{\mathbf{X}}_j^{k*}$ se determina resolviendo el problema de programación lineal

$$\text{minimizar } z_j - c_j$$

sujeto a
$$D_j X_j = b_j$$
$$X_j \geq 0$$

El superíndice k se suprime por la siguiente razón. Ya que por hipótesis el conjunto $D_j X_j = b_j$, $X_j \geq 0$, es acotado, el valor mínimo de $z_j - c_j$ también está acotado y debe ocurrir en un punto extremo del conjunto. Esto automáticamente da el punto extremo requerido $\hat{X}_j^{k*}$.

Ahora, como se mostró anteriormente,

$$z_j^k - c_j^k = (C_B R_0 A_j - C_j)\hat{X}_j^k + C_B V_j$$

Ya que $C_L V_j$ es una constante independiente de k, el problema de programación lineal será

$$\text{minimizar } w_j = (C_B R_0 A_j - C_j)X_j$$

sujeto a
$$D_j X_j = b_j$$
$$X_j \geq 0$$

Por tanto, se deduce que

$$\rho_j = w_j^* + C_B V_j$$

donde w_j^* es el valor óptimo de w_j. Como se estableció anteriormente, la variable β_j^k correspondiente a $\rho = \min_j \{\rho_j\}$ se selecciona entonces para entrar a la solución. (Observe que el punto extremo correspondiente a β_j^k se conoce automáticamente en este punto.)

La variable que sale se determina en la forma usual utilizando la condición de factibilidad del método símplex revisado. En la iteración cuando ρ se hace no negativa, la solución óptima al problema original está dada como

$$X_j^* = \sum_{k=1}^{K_j} \beta_j^{k*} \hat{X}_j^k, \qquad j = 1, 2, \ldots, n$$

donde β_j^{k*} es la solución óptima al problema modificado y $\hat{X}_j^{k*}$ es el punto extremo correspondiente.

El algoritmo de descomposición se resume por los pasos siguientes:

Paso 1: Reduzca el problema original a la forma modificada en términos de las nuevas variables β_j^k.

Algoritmo de descomposición

Paso 2: Encuentre una solución factible básica inicial al problema modificado. Si tal solución no es inmediatamente obvia, utilice la técnica de las variables artificiales (véase la sección 3.2.3) para asegurar una base inicial.

Paso 3: Para la iteración actual, encuentre $\rho_j = w_j^* + C_B V_j$ para cada subproblema j y luego determine $\rho = \min_j\{\rho_j\}$. Si $\rho \geq 0$, la solución actual es óptima y el proceso ha terminado; de otra manera,

Paso 4: Introduzca la variable β_j^k correspondiente a ρ en la solución básica. Determine la variable que sale y luego calcule la siguiente B^{-1}. Siga al paso 3.

Ejemplo 7.2-1

$$\text{Maximizar } z = 3x_1 + 5x_2 + x_3 + x_4$$

sujeto a

$$x_1 + x_2 + x_3 + x_4 \leq 40$$
$$5x_1 + x_2 \leq 12$$
$$x_3 + x_4 \geq 5$$
$$x_3 + 5x_4 \leq 50$$
$$x_1, x_2, x_3, x_4 \geq 0$$

Aumentando las variables de holgura S_1, S_2, S_3 y S_4 a las restricciones, la información del problema puede resumirse de la manera siguiente:

x_1	x_2	S_2	x_3	x_4	S_3	S_4	S_1	
3	5	0	1	1	0	0		
1	1	0	1	1	0	0	1	40
5	1	1						12
			1	1	−1	0		5
			1	5	0	1		50

El problema puede descomponerse en dos subproblemas, $j = 1, 2$. Para $j = 1$,

$$X_1 = (x_1, x_2, S_2)^T, \quad C_1 = (3, 5, 0)$$
$$A_1 = (1, 1, 0), \quad D_1 = (5, 1, 1)$$
$$b_1 = 12$$

Para $j = 2$,

294 Programación lineal: temas adicionales [C.7]

$$\mathbf{X}_2 = (x_3, x_4, S_3, S_4)^T, \quad \mathbf{C}_2 = (1, 1, 0, 0)$$

$$\mathbf{A}_2 = (1, 1, 0, 0), \quad \mathbf{D}_2 = \begin{pmatrix} 1 & 1 & -1 & 0 \\ 1 & 5 & 0 & 1 \end{pmatrix}$$

$$\mathbf{b}_2 = (5, 50)^T$$

La variable de holgura S_1 no constituye un subproblema en el sentido dado anteriormente. Por lo tanto, se trata separadamente, como se mostrará enseguida.

Sean R_1 y R_2 variables artificiales. La solución inicial para el problema modificado, por consiguiente, está dada como sigue:

β_1^1	β_1^2	...	$\beta_1^{K_1}$	β_2^1	β_2^2	...	$\beta_2^{K_2}$	S_1	R_1	R_2	
$\mathbf{C}_1\hat{\mathbf{X}}_1^1$	$\mathbf{C}_1\hat{\mathbf{X}}_1^2$	...	$\mathbf{C}_1\hat{\mathbf{X}}_1^{K_1}$	$\mathbf{C}_2\hat{\mathbf{X}}_2^1$	$\mathbf{C}_2\hat{\mathbf{X}}_2^2$	...	$\mathbf{C}_2\hat{\mathbf{X}}_2^{K_2}$	0	$-M$	$-M$	
$\mathbf{A}_1\hat{\mathbf{X}}_1^1$	$\mathbf{A}_1\hat{\mathbf{X}}_1^2$	...	$\mathbf{A}_1\hat{\mathbf{X}}_1^{K_1}$	$\mathbf{A}_2\hat{\mathbf{X}}_2^1$	$\mathbf{A}_2\hat{\mathbf{X}}_2^2$	...	$\mathbf{A}_2\hat{\mathbf{X}}_2^{K_2}$	1	0	0	40
1	1	...	1	0	0	...	0	0	1	0	1
0	0	...	0	1	1	...	1	0	0	1	1

$\underbrace{\qquad\qquad\qquad}_{\text{Subproblema 1}} \quad \underbrace{\qquad\qquad\qquad}_{\text{Subproblema 2}} \quad \underbrace{\qquad}_{\text{Solución básica inicial}}$

Ejercicio 7.2-2
Si la primera restricción (común) del problema original es $\geq$ en lugar de $\leq$, indique cómo afectará esto a la tabla.

[*Resp.* Aumente una variable artificial a la primera ecuación y cambie el coeficiente de S_1 a -1.]

La información de la solución básica inicial es como sigue.

$$\mathbf{X}_B = (S_1, R_1, R_2)^T = (40, 1, 1)^T$$

$$\mathbf{B} = \mathbf{B}^{-1} = \begin{pmatrix} 1 & 0 & 0 \\ 0 & 1 & 0 \\ 0 & 0 & 1 \end{pmatrix}, \quad \mathbf{C}_B = (0, -M, -M)$$

$$\mathbf{R}_0 = \begin{pmatrix} 1 \\ 0 \\ 0 \end{pmatrix}, \quad \mathbf{V}_1 = \begin{pmatrix} 0 \\ 1 \\ 0 \end{pmatrix}, \quad \mathbf{V}_2 = \begin{pmatrix} 0 \\ 0 \\ 1 \end{pmatrix}$$

En consecuencia, $\mathbf{C}_B \mathbf{R}_0 = 0$.

Primera iteración
El programa lineal correspondiente al subproblema $j = 1$ es

$$\text{minimizar } w_1 = (\mathbf{C}_B \mathbf{R}_0 \mathbf{A}_1 - \mathbf{C}_1)\mathbf{X}_1$$

7.2] Algoritmo de descomposición

sujeto a
$$D_1 X_1 = b_1, \; X_1 \geq 0$$

Puesto que
$$w_1 = [(0)(1, 1, 0) - (3, 5, 0)] \begin{pmatrix} x_1 \\ x_2 \\ S_2 \end{pmatrix} = -3x_1 - 5x_2$$

el problema será
$$\text{minimizar } w_1 = -3x_1 - 5x_2$$

sujeto a
$$(5, 1, 1) \begin{pmatrix} x_1 \\ x_2 \\ S_2 \end{pmatrix} = 12$$

$$x_1, x_2, S_2 \geq 0$$

La solución óptima (obtenida con el método símplex) es
$$\hat{X}_1^1 = (0, 12, 0)^T, \quad w_1^* = -60$$

Por consiguiente, $\rho_1 = w_1^* + C_B V_1 = -60 - M$.

El programa lineal para $j = 2$ se da como

$$\text{minimizar } w_2 = [(0)(1, 1, 0, 0) - (1, 1, 0, 0)] \begin{pmatrix} x_3 \\ x_4 \\ S_3 \\ S_4 \end{pmatrix} = -x_3 - x_4$$

sujeto a

$$\begin{pmatrix} 1 & 1 & -1 & 0 \\ 1 & 5 & 0 & 1 \end{pmatrix} \begin{pmatrix} x_3 \\ x_4 \\ S_3 \\ S_4 \end{pmatrix} = \begin{pmatrix} 5 \\ 50 \end{pmatrix}$$

$$x_3, x_4, S_3, S_4 \geq 0$$

Este tiene la solución óptima
$$\hat{X}_2^1 = (50, 0, 45, 0)^T, \quad w_2^* = -50$$

Por consiguiente, $p_2 = w_2^* + C_B V_2 = -50 - M$.

La solución de los dos subproblemas, por lo tanto, da $\rho = \min\{\rho_1, \rho_2\} = \rho_1$. Ya que $\rho = -60 - M < 0$, la variable β_1^1 correspondiente a $\hat{X}_1^1$ entra a la solución.

La variable que sale se determina aplicando la condición de factibilidad del método símplex revisado. Se observa que

$$\mathbf{P}_1^1 = \begin{pmatrix} \mathbf{A}_1\hat{\mathbf{X}}_1^1 \\ 1 \\ 0 \end{pmatrix} = \begin{bmatrix} (1, 1, 0)\begin{pmatrix} 0 \\ 12 \\ 0 \end{pmatrix} \\ 1 \\ 0 \end{bmatrix} = \begin{pmatrix} 12 \\ 1 \\ 0 \end{pmatrix}$$

Por consiguiente, $\boldsymbol{\alpha}$ para $\mathbf{P}_1^1$ es

$$\boldsymbol{\alpha} = (\alpha_{S_1}, \alpha_{R_1}, \alpha_{R_2})^T = \mathbf{B}^{-1}\mathbf{P}_1^1 = (12, 1, 0)^T$$

Subsecuentemente, $\theta = \min\{40/12, 1/1, -\} = 1$, que corresponde a R_1. En consecuencia, R_1 es la variable que sale.

Se utiliza la fórmula de la sección 4.2.1 para determinar $\mathbf{B}_{\text{sig.}}^{-1}$; esto es

$$\mathbf{B}_{\text{sig.}}^{-1} = \mathbf{E}\mathbf{B}^{-1} = \begin{pmatrix} 1 & -12 & 0 \\ 0 & 1 & 0 \\ 0 & 0 & 1 \end{pmatrix} \begin{pmatrix} 1 & 0 & 0 \\ 0 & 1 & 0 \\ 0 & 0 & 1 \end{pmatrix} = \begin{pmatrix} 1 & -12 & 0 \\ 0 & 1 & 0 \\ 0 & 0 & 1 \end{pmatrix}$$

Considerando $\mathbf{B}^{-1} = \mathbf{B}_{\text{sig.}}^{-1}$, la nueva solución básica, por consiguiente, está dada como

$$\mathbf{X}_B = (S_1, \beta_1^1, R_2)^T = \mathbf{B}^{-1}(40, 1, 1)^T = (28, 1, 1)^T$$

El coeficiente de β_1^1 en la función objetivo modificada es $c_1^1 = \mathbf{C}_1\hat{\mathbf{X}}_1^1 = 60$. Esto da $\mathbf{C}_B = (0, 60, -M)$. Puesto que

$$\mathbf{R}_0 = \begin{pmatrix} 1 \\ 0 \\ 0 \end{pmatrix}, \quad \mathbf{V}_1 = \begin{pmatrix} -12 \\ 1 \\ 0 \end{pmatrix}, \quad \mathbf{V}_2 = \begin{pmatrix} 0 \\ 0 \\ 1 \end{pmatrix}$$

se deduce que $\mathbf{C}_B \mathbf{R}_0 = 0$.

Segunda iteración

$j = 1$: La función objetivo es $w_1 = -3x_1 - 5x_2$. El espacio de soluciones $\mathbf{D}_1\mathbf{X}_1 = b_1$, $\mathbf{X}_1 \geq 0$ da exactamente el mismo vector de solución óptima $\mathbf{X}_1^1$ como en la primera iteración. Ya que los puntos extremos correspondientes han sido considerados anteriormente, el primer subproblema no aporta nueva información en este punto. [Realmente, $\rho_1 = 0$ (¡compruébelo!) porque β_1^1 es una variable básica.]

$j = 2$: La función objetivo es $w_2 = -x_3 - x_4$. El espacio de soluciones $\mathbf{D}_2\mathbf{X}_2 = \mathbf{b}_2$, $\mathbf{X}_2 \geq 0$, genera la solución óptima

$$\hat{\mathbf{X}}_2^2 = (50, 0, 45, 0)^T, \quad w_2^* = -50$$
$$\rho_2 = w_2^* + \mathbf{C}_B\mathbf{V}_2 = -50 - M$$

(Observe que $\hat{\mathbf{X}}_2^2$ es la misma que $\hat{\mathbf{X}}_2^1$. Sin embargo, a diferencia de $\hat{\mathbf{X}}_1^1$, β_2^1 no es una variable básica. El superíndice 2 se utiliza en $\hat{\mathbf{X}}_2^2$ por conveniencia en la notación, esto es, para representar la segunda iteración.) Dado que $\rho = \rho_2 < 0$, β_2^2 entra a la solución.

La variable que sale se determina ahora. Considere

$$\mathbf{P}_2^2 = \begin{pmatrix} \mathbf{A}_2\hat{\mathbf{X}}_2^2 \\ 0 \\ 1 \end{pmatrix} = \begin{bmatrix} (1, 1, 0, 0)\begin{pmatrix}50\\0\\45\\0\end{pmatrix} \\ 0 \\ 1 \end{bmatrix} = \begin{pmatrix}50\\0\\1\end{pmatrix}$$

$$\boldsymbol{\alpha} = (\alpha_{S_1}, \alpha_{\beta_1^1}, \alpha_{R_2})^T = \mathbf{B}^{-1}\mathbf{P}_2^2 = (50, 0, 1)^T$$

Subsecuentemente $\theta = \min\{28/50, -, 1/1\} = 14/25$. Por consiguiente, S_1 es la variable que sale.

Después, calcule $\mathbf{B}_{\text{sig.}}^{-1}$ y la nueva solución básica. Por lo tanto,

$$\mathbf{B}^{-1} = \begin{pmatrix} 1/50 & 0 & 0 \\ 0 & 1 & 0 \\ -1/50 & 0 & 1 \end{pmatrix}\begin{pmatrix} 1 & -12 & 0 \\ 0 & 1 & 0 \\ 0 & 0 & 1 \end{pmatrix} = \begin{pmatrix} 1/50 & -12/50 & 0 \\ 0 & 1 & 0 \\ -1/50 & 12/50 & 1 \end{pmatrix}$$
$$\mathbf{X}_B = (\beta_2^2, \beta_1^1, R_2)^T = (14/25, 1, 11/25)^T$$

Ya que $c_2^2 = \mathbf{C}_2\hat{\mathbf{X}}_2^2 = 50$, se deduce que $\mathbf{C}_B = (50, 60, -M)$. También,

$$\mathbf{R}_0 = \begin{pmatrix}1/50\\0\\-1/50\end{pmatrix}, \quad \mathbf{V}_1 = \begin{pmatrix}-12/50\\1\\12/50\end{pmatrix}, \quad \mathbf{V}_2 = \begin{pmatrix}0\\0\\1\end{pmatrix}$$

En consecuencia $\mathbf{C}_B\mathbf{R}_0 = 1 + M/50$.

Tercera iteración

$j = 1$: $w_1 = (M/50 - 2)x_1 + (M/50 - 4)x_2$. La solución óptima asociada es $\hat{\mathbf{X}}_1^3 = (0, 0, 12)^T$, la cual es la misma que $\hat{\mathbf{X}}_1^1$.

$j = 2$: $w_2 = (M/50)(x_3 + x_4)$. La solución óptima asociada es $\hat{\mathbf{X}}_2^3 = (5, 0, 0, 45)^T$ y $w_2^* = M/10$ con $\rho_2 = w_2^* + \mathbf{C}_B\mathbf{V}_2 = -9M/10$.

Esta iteración difiere de las dos anteriores en que S_1 ahora es no básica, y por lo tanto, debe comprobarse por la posibilidad de ser un candidato para la variable que entra. Considere

$$z_{S_1} - c_{S_1} = \mathbf{C}_B \mathbf{B}^{-1}\mathbf{P}_{S_1} - c_{S_1}$$
$$= \left(1 + \frac{M}{50},\ 48 - \frac{12M}{50},\ -M\right)(1, 0, 0)^T - 0 = 1 + \frac{M}{50}$$

Esto muestra que S_1 no puede mejorar la solución. Por consiguiente, $\rho = \rho_2 = -9M/10$ y β_2^3 asociado a $\hat{\mathbf{X}}_2^3$ entra la solución.

A fin de determinar la variable que sale, considere

$$\mathbf{P}_2^3 = \begin{bmatrix} (1,1,0,0)\begin{pmatrix} 5 \\ 0 \\ 0 \\ 45 \end{pmatrix} \\ 0 \\ 1 \end{bmatrix} = \begin{pmatrix} 5 \\ 0 \\ 1 \end{pmatrix}$$

$$\boldsymbol{\alpha} = (\alpha_{\beta_2}^2, \alpha_{\beta_1}^1, \alpha_{R_2})^T = \mathbf{B}^{-1}\mathbf{P}_2^3 = (1/10, 0, 9/10)^T$$

Esto da

$$\theta = \min\left\{\frac{14/25}{1/10},\ -,\ \frac{11/25}{9/10}\right\} = 22/45$$

lo cual muestra que R_2 es la variable que sale. La nueva solución, por lo tanto, está dada como

$$\mathbf{B}^{-1} = \begin{pmatrix} 1 & 0 & -1/9 \\ 0 & 1 & 0 \\ 0 & 0 & 10/9 \end{pmatrix} \begin{pmatrix} 1/50 & -12/50 & 0 \\ 0 & 1 & 0 \\ -1/50 & 12/50 & 0 \end{pmatrix}$$
$$= \begin{pmatrix} 1/45 & -12/45 & -5/45 \\ 0 & 1 & 0 \\ -1/45 & 12/45 & 50/45 \end{pmatrix}$$

$$\mathbf{X}_B = (\beta_2^2, \beta_1^1, \beta_2^3)^T = (23/45, 1, 22/45)^T$$

Ya que $\mathbf{C}_2^3 = \mathbf{C}_2\hat{\mathbf{X}}_2^3 = 5$, se deduce que $\mathbf{C}_B = (50, 60, 5)$. En consecuencia $\mathbf{C}_B \mathbf{R}_0 = 1$ (¡compruébelo!).

Cuarta iteración

$j = 1$: $w_1 = -2x_1 - 4x_2$. Esto da la misma solución que la primera iteración.

$j = 2$: $w_2 = 0x_3 + 0x_4$. Por consiguiente, $w_2^* = 0$ y $\rho_2 = 48$.

La variable de *holgura* S_1: $z_{s_1} - c_{s_1} = 1 - 0 = 1$.

Esta información muestra que la última variable básica es óptima.

La solución óptima al problema original es

$$\mathbf{X}_1^* = (x_1, x_2, S_2)^T = \beta_1^1 \hat{\mathbf{X}}_1^1 = (1)(0, 12, 0)^T = (0, 12, 0)^T$$
$$\mathbf{X}_2^* = (x_3, x_4, S_3, S_4)^T = \beta_2^2 \hat{\mathbf{X}}_2^2 + \beta_2^3 \hat{\mathbf{X}}_2^3$$
$$= (23/45)(50, 0, 45, 0)^T + (22/45)(5, 0, 0, 45)^T$$
$$= (28, 0, 23, 22)^T$$

Todas las variables restantes son iguales a cero. ◀

7.3 ALGORITMO DE PUNTO INTERIOR DE KARMARKAR

Como vimos en los capítulos precedentes, con el método símplex se logra la solución óptima moviéndose "cuidadosamente" a lo largo de los bordes del espacio de soluciones que conectan esquinas adyacentes o puntos extremos. Aunque en la práctica el método símplex ha funcionado bien en la solución de problemas muy extensos, teóricamente la base de cálculo de esta técnica puede conducir al crecimiento exponencial del número de iteraciones necesarias para alcanzar la solución óptima. De hecho, algunos investigadores han formulado problemas de PL con *n* variables, en los que se presentan 2^n puntos extremos antes de alcanzarse la solución óptima.†

Algunos intentos para generar un procedimiento de cálculo eficiente que "cruce" el interior del espacio de soluciones, en vez de moverse a lo largo de los bordes, resultaron infructuosos hasta 1984, año en que N. Karmarkar ideó un algoritmo polinomial-tiempo. La eficiencia del algoritmo se evidencia en la solución de problemas de PL sumamente extensos. (Como se verá después, los cálculos asociados, incluso con problemas poco extensos, pueden ser muy voluminosos y tediosos.)

Primero presentaremos la idea central del método de Karmarkar y luego proporcionaremos los detalles de cálculo del algoritmo.

---

† Trate de resolver el siguiente problema con la ayuda de TORA: maximizar $z = x_1 + x_2$ sujeto a $x_1 \leq 1$, $2x_1 + x_2 \leq 3$, $x_1, x_2 \geq 0$. La solución se alcanza después que todos los $2^2 = 4$ puntos extremos factibles se han examinado.

7.3.1 IDEA BASICA DEL ALGORITMO DE PUNTO INTERIOR

Consideremos el siguiente ejemplo (muy trivial):

$$\text{maximizar } z = x_1$$

sujeto a

$$0 \leq x_1 \leq 2$$

Si x_2 representa una variable de holgura, el problema puede reescribirse de la siguiente manera:

$$\text{maximizar } z = x_1$$

sujeto a

$$x_1 + x_2 = 2$$
$$x_1, x_2 \geq 0$$

La figura 7-2 ilustra el problema. El espacio de soluciones lo da el segmento de recta AB. La dirección de z creciente es en la dirección positiva de x_1.

Comencemos con cualquier punto C *interior* (no extremo) en el espacio factible (segmento AB). Observamos que el **gradiente** de la función objetivo (maximizar $z = x_1$) en C es la dirección del incremento más rápido de z. Si localizamos un punto

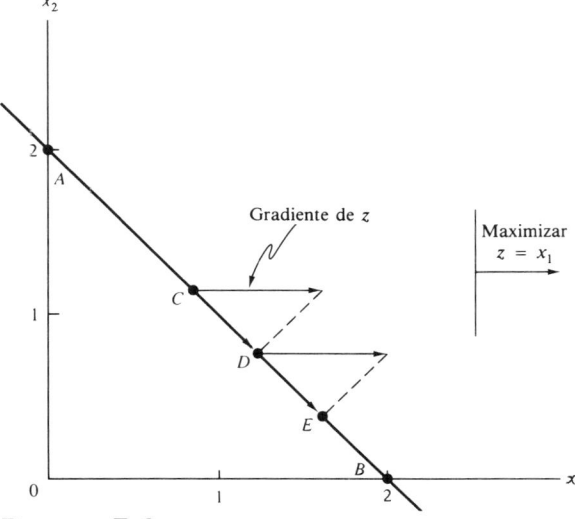

Figura 7-2

arbitrario a lo largo del gradiente y luego lo proyectamos perpendicularmente sobre el espacio factible (segmento *AB*), obtenemos el nuevo punto *D*. Desde el punto de vista del valor de *z*, el nuevo punto *D* es mejor que el punto inicial *C*. Logramos esta mejoría moviéndonos en la dirección del **gradiente proyectado** *CD*. Si repetimos el mismo procedimiento en *D*, determinaremos un nuevo punto *E* que está más cercano al óptimo en *B*. Si nos moviéramos (muy cuidadosamente) en la dirección del gradiente proyectado, "tropezaríamos" con el punto óptimo *B*. Nótese que si estamos minimizando *z* (en vez de maximizándola), el procedimiento del gradiente proyectado nos *alejará* justo del punto *B*, moviéndonos hacia el punto óptimo *A* ($x_1 = 0$).

Los pasos anteriores difícilmente pueden definir un algoritmo en sentido normal, pero la idea es interesante. Lo que necesitamos son algunas modificaciones que garanticen (1) que los pasos generados a lo largo del gradiente proyectado no nos lleven más allá del punto óptimo *B* y (2) que en el caso general de *n* dimensiones, la dirección creada por el gradiente proyectado no ocasione un "entrampamiento" del algoritmo en un punto no óptimo. Básicamente esto es lo que logra el algoritmo de punto interior de Karmarkar.

7.3.2 ALGORITMO DE PUNTO INTERIOR

En la actualidad se tienen diversas variantes del algoritmo de Karmarkar. Nuestra exposición se basará en el algoritmo original propuesto por el inventor de esta técnica.

Karmarkar supone que el problema de programación lineal está dado en la forma especial siguiente:

$$\text{minimizar } z = \mathbf{CX}$$

sujeto a

$$\mathbf{AX} = \mathbf{0}$$
$$\mathbf{1X} = 1$$
$$\mathbf{X} \geq \mathbf{0}$$

Fundamentalmente, todas las restricciones son ecuaciones homogéneas, excepto la restricción $\mathbf{1X} = \Sigma_{j=1}^{n} x_j = 1$, que define un método símplex de *n* dimensiones. La validez del algoritmo de Karmarkar se apoya en que satisface dos condiciones:

1. $\mathbf{X} = \left(\dfrac{1}{n}, \dfrac{1}{n}, \ldots, \dfrac{1}{n}\right)$ que satisface a $\mathbf{AX} = \mathbf{0}$
2. mín $z = 0$

Karmarkar proporciona transformaciones algebraicas para convertir el problema general de PL a la forma dada antes. El siguiente ejemplo ilustra cómo un problema general de PL puede ponerse en la forma homogénea $\mathbf{AX} = \mathbf{0}$ con $\mathbf{1X} = 1$. Muestra también cómo la transformación resulta en $\mathbf{X} = (1/n, 1/n, \ldots, 1/n)$ que es una solución factible de $\mathbf{AX} = \mathbf{0}$ (condición 1 anterior). La transformación necesaria para mín $z = 0$ (condición 2 anterior) no se presentará aquí porque implica muchos detalles tediosos.

Ejemplo 7.3-1
Consideremos el problema

$$\text{maximizar } z = y_1 + y_2$$

sujeto a

$$y_1 + 2y_2 \leq 2$$
$$y_1, y_2 \geq 0$$

La restricción $y_1 + 2y_2 \leq 2$ se convierte en una ecuación, sumando una variable de holgura $y_3 \geq 0$ para que dé

$$y_1 + 2y_2 + y_3 = 2$$

Definimos ahora

$$y_1 + y_2 + y_3 \leq U$$

donde U se escoge suficientemente grande, de manera que no elimine ningún punto factible del espacio de soluciones original. En este ejemplo, como se puede determinar de la restricción $y_1 + 2y_2 + y_3 = 2$, $U = 5$ será adecuada. Agregando una variable de holgura $y_4 \geq 0$, obtenemos

$$y_1 + y_2 + y_3 + y_4 = 5$$

Podemos homogeneizar la restricción $y_1 + 2y_2 + y_3 = 2$ multiplicando el segundo miembro por $(y_1 + y_2 + y_3 + y_4)/5$ ya que esta fracción es igual a 1. Después de simplificar se obtiene

$$3y_1 + 8y_2 + 3y_3 - y_4 = 0$$

Para convertir $y_1 + y_2 + y_3 + y_4 = 5$ a la forma símplex, definimos la nueva variable $x_i = y_i/5$, $i = 1, 2, 3, 4$. Obtenemos así el siguiente modelo de PL:

$$\text{maximizar } z = 5x_1 + 5x_2$$

sujeto a

$$3x_1 + 8x_2 + 3x_3 - x_4 = 0$$
$$x_1 + x_2 + x_3 + x_4 = 1$$
$$x_j \geq 0, \quad j = 1, 2, 3, 4$$

7.3] Algoritmo de punto interior de Karmarkar 303

Finalmente, podemos asegurar que el centro $\mathbf{X} = (1/n, 1/n, \ldots, 1/n)$ del símplex es un punto factible para las ecuaciones homogéneas, restando del primer miembro de cada ecuación una variable artificial cuyo coeficiente sea igual a la suma algebraica de todos los coeficientes de restricción del primer miembro. Las variables artificiales se suman a la ecuación símplex y se penalizan apropiadamente en la función objetivo. En este ejemplo, la variable artificial x_5 se aumenta como sigue:

$$\text{maximizar } z = 5x_1 + 5x_2 - Mx_5$$

sujeto a

$$3x_1 + 8x_2 + 3x_3 - x_4 - 13x_5 = 0$$
$$x_1 + x_2 + x_3 + x_4 + x_5 = 1$$
$$x_j \geq 0, \quad j = 1, 2, \ldots, 5$$

Para este sistema de ecuaciones el nuevo centro símplex $(1/5, 1/5, \ldots, 1/5)$ es factible para la ecuación homogénea. El valor de M en la función objetivo se escoge suficientemente grande para hacer $x_5 = 0$ (compárese con el método M de la sección 3.3.1). ◂

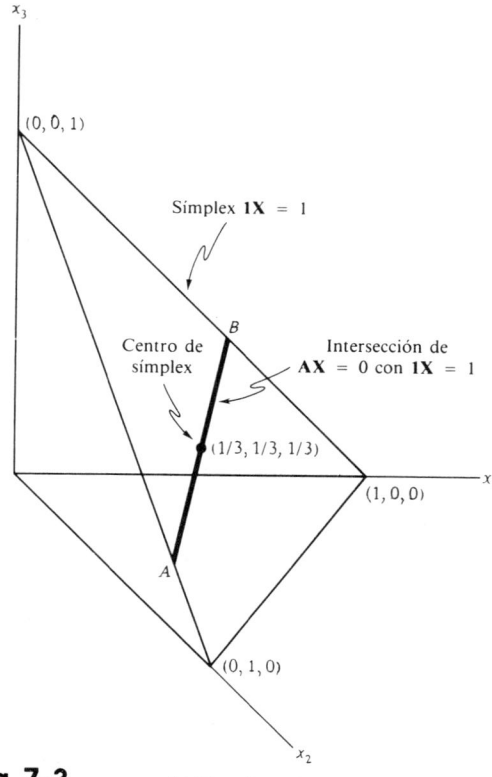

Figura 7-3   (a) Tres dimensiones

304 Programación lineal: temas adicionales [C.7

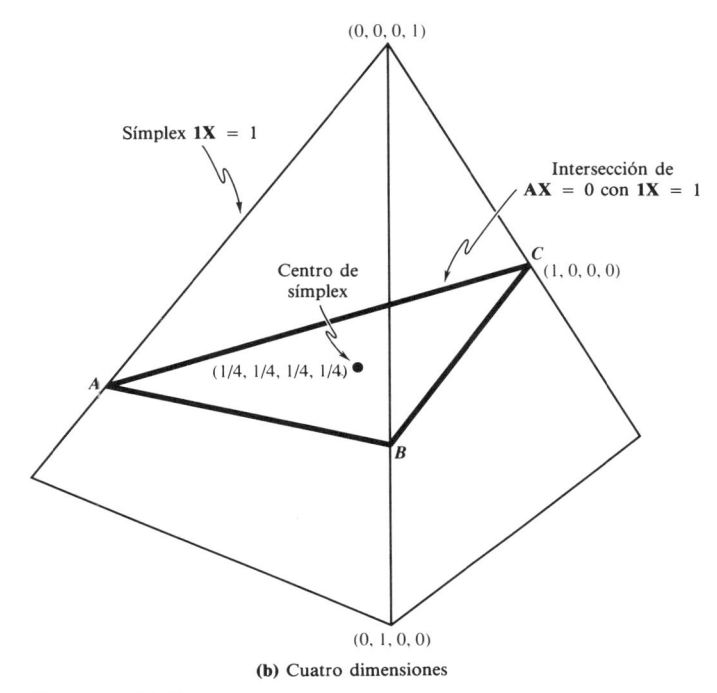

Figura 7-3

(b) Cuatro dimensiones

Ahora, ya estamos listos para presentar los pasos principales del algoritmo. La figura 7-3(a) proporciona una imagen común del espacio de soluciones en tres dimensiones donde el conjunto homogéneo **AX** = **0** consta de sólo una ecuación. Por definición, el espacio de soluciones, que consta del segmento de recta AB, se encuentra completamente en el símplex **1X** = 1 y pasa a través del punto interior factible (1/3, 1/3, 1/3). De manera similar, la figura 7-3(b) proporciona una imagen del espacio de soluciones ABC, en cuatro dimensiones, cuyo conjunto homogéneo consta nuevamente sólo de una restricción. En este caso, el centro del símplex está dado por (1/4, 1/4, 1/4, 1/4).

La idea central de Karmarkar, como se ilustra en la sección 7.3.1, es comenzar en un punto interior representado por el centro del símplex, y luego avanzar en la dirección del *gradiente proyectado* para determinar un nuevo punto solución. El nuevo punto debe satisfacer una condición importante: debe ser estrictamente un punto interior, lo que implica que todas sus coordenadas deben ser positivas. Esta condición, como veremos a continuación, es fundamental para que el algoritmo sea válido.

Para que el nuevo punto solución sea estrictamente positivo, no debe encontrarse en los límites del símplex. (En términos de la figura 7-3, los puntos A y B en tres dimensiones y las líneas AB, BC y AC en cuatro dimensiones, deben excluirse.) Para lograr esto, se inscribe "ajustadamente" dentro del símplex una esfera con centro coincidente con el del símplex. En el caso de n dimensiones, el radio r de esta esfera es igual a $1/\sqrt{n(n-1)}$. Ahora, una esfera menor con radio αr ($0 < \alpha < 1$) formará un subconjunto de la esfera "ajustada" y cualquier punto en la intersección de la esfera menor, con el sistema homogéneo $\mathbf{AX} = \mathbf{0}$, será un punto interior con todas sus coordenadas estrictamente positivas. Así, podemos movernos "tan lejos como sea posible" en este espacio restringido (intersección de $\mathbf{AX} = \mathbf{0}$ con la esfera de radio αr) a lo largo del gradiente proyectado, para determinar el nuevo punto solución (necesariamente mejorado).

El nuevo punto solución determinado con el procedimiento anterior no estará ya en el centro del símplex. Para que el procedimiento sea iterativo, necesitamos encontrar una manera de traer el *nuevo* punto solución al centro de un símplex. Karmarkar satisface este requisito proponiendo la siguiente idea, llamada **transformación proyectiva**. Sea

$$y_i = \frac{x_i/x_{ki}}{\sum_{j=1}^{n} x_i/x_{kj}}, \qquad i = 1, 2, \ldots, n$$

donde x_{ki} es el elemento i-ésimo del punto solución actual $\mathbf{X}_k$. La transformación es válida, ya que por construcción todas las x_{ki} son mayores que cero. Se notará también que por definición, $\sum_{i=1}^{n} y_i = 1$, o bien $\mathbf{1Y} = 1$. Esta transformación es equivalente a

$$\mathbf{Y} = \frac{\mathbf{D}_k^{-1}\mathbf{X}}{\mathbf{1D}_k^{-1}\mathbf{X}}$$

donde $\mathbf{D}_k$ es una matriz *diagonal* cuyos elementos diagonales i-ésimos son iguales a x_{ki}. La transformación aplica el espacio X en el espacio Y unívocamente, ya que podemos mostrar en forma directa que la ecuación anterior da

$$\mathbf{X} = \frac{\mathbf{D}_k\mathbf{Y}}{\mathbf{1D}_k\mathbf{Y}}$$

Por definición, mín $\mathbf{CX} = 0$. Se infiere que $\mathbf{1D}_k\mathbf{Y}$ debe ser positivo, en cuyo caso el programa lineal original se puede expresar como

$$\text{minimizar } z = \mathbf{CD}_k\mathbf{Y}$$

sujeto a

$$\mathbf{AD}_k\mathbf{Y} = \mathbf{0}$$
$$\mathbf{1Y} = 1$$
$$\mathbf{Y} \geq \mathbf{0}$$

Este problema transformado tiene el mismo formato que el problema original. Entonces podemos comenzar con el centro símplex $\mathbf{Y} = (1/n, 1/n, \ldots, 1/n)$ y repetir el paso iterativo explicado antes. Después de cada iteración, podemos calcular los valores de las variables originales $\mathbf{X}$ a partir de la solución $\mathbf{Y}$.

Estamos ahora en posición de mostrar cómo el nuevo punto solución se puede determinar para el problema transformado. El problema en cualquier iteración k está dado fundamentalmente por

$$\text{maximizar } z = \mathbf{CD}_k \mathbf{Y}$$

sujeto a

$$\mathbf{AD}_k \mathbf{Y} = \mathbf{0}$$

$\mathbf{Y}$ se encuentra en la esfera αr

Como la esfera αr es un subconjunto del espacio de las restricciones $\mathbf{1X} = 1$ y $\mathbf{X} \geq \mathbf{0}$, estas dos restricciones se pueden pasar por alto. Se puede demostrar que la solución óptima del problema anterior está dada por

$$\mathbf{Y}_{\text{nueva}} = \mathbf{Y}_{\text{actual}} + \alpha r \frac{\mathbf{c}_p}{\|\mathbf{c}_p\|}$$

donde $\mathbf{Y}_{\text{actual}} = (1/n, 1/n, \ldots, 1/n)^t$ y $\mathbf{c}_p$ es el gradiente proyectado que se puede calcular como sigue:

$$\mathbf{c}_p = [\mathbf{I} - \mathbf{P}^t(\mathbf{PP}^t)^{-1}\mathbf{P}](\mathbf{CD}_k)^t$$

con $\mathbf{P} = \begin{pmatrix} \mathbf{AD}_k \\ \mathbf{1} \end{pmatrix}$.

Queremos enfatizar que la selección específica de α es crucial para presentar un algoritmo "poderoso". Normalmente nos gustaría seleccionar α tan grande como fuese posible para lograr grandes avances en la solución. Sin embargo, si seleccionamos α demasiado grande, podríamos acercarnos "peligrosamente" a los límites prohibidos del símplex. No se conoce una solución general para este problema. Karmarkar sugiere usar $\alpha = (n-1)/3n$.

Resumen del algoritmo

Los pasos del algoritmo de Karmarkar se pueden resumir ahora como sigue:

Paso 0: comenzar con el punto solución $\mathbf{X}_0 = (1/n, 1/n, \ldots, 1/n)$ y calcular $r = \sqrt{1/n(n-1)}$ y $\alpha = (n-1)/3n$.

Paso general k: definir

$$\mathbf{D}_k = \text{diag}\{x_{k1}, \ldots, x_{kn}\}$$
$$\mathbf{P} = \begin{pmatrix} \mathbf{AD}_k \\ \mathbf{1} \end{pmatrix}$$

y calcular

$$Y_{\text{nueva}} = \left(\frac{1}{n}, \ldots, \frac{1}{n}\right)^t + \alpha r \frac{c_p}{\|c_p\|}$$

$$X_{k+1} = \frac{D_k Y_{\text{nueva}}}{1 D_k Y_{\text{nueva}}}$$

donde $c_p = [I - P^t(PP^t)^{-1}P](cD_k)^t$.

Ejemplo 7.3-2

Considere el siguiente programa lineal que ya está dado en el formato especificado por el algoritmo de Karmarkar.

Minimizar $z = x_1 - 2x_2$

sujeto a

$$x_1 - 2x_2 + x_3 = 0$$
$$x_1 + x_2 + x_3 = 1$$
$$x_1, x_2, x_3 \geq 0$$

Este ejemplo satisface todas las condiciones del algoritmo de Karmarkar; esto es, $X = (1/3, 1/3, 1/3)$ satisface a $x_1 - 2x_2 + x_3 = 0$ y el valor óptimo de z [correspondiente a la solución óptima (2/3, 1/3, 0)] es cero.

Iteración 0

$$X_0 = \left(\frac{1}{3}, \frac{1}{3}, \frac{1}{3}\right), \quad r = \frac{1}{\sqrt{6}}, \quad \alpha = \frac{2}{9}, \quad z = \frac{-1}{3} = -0.33333$$

Iteración 1

$$D_0 = \begin{pmatrix} 1/3 & 0 & 0 \\ 0 & 1/3 & 0 \\ 0 & 0 & 1/3 \end{pmatrix}$$

$$cD_0 = (1/3 \quad -2/3 \quad 0)$$

$$AD_0 = (1 \quad -2 \quad 1)\begin{pmatrix} 1/3 & 0 & 0 \\ 0 & 1/3 & 0 \\ 0 & 0 & 1/3 \end{pmatrix} = (1/3 \quad -2/3 \quad 1/3)$$

$$P = \begin{pmatrix} 1/3 & -2/3 & 1/3 \\ 1 & 1 & 1 \end{pmatrix}$$

$$(\mathbf{PP}^t)^{-1} = \begin{pmatrix} 2/3 & 0 \\ 0 & 3 \end{pmatrix}^{-1} = \begin{pmatrix} 3/2 & 0 \\ 0 & 1/3 \end{pmatrix}$$

$$\mathbf{c}_p = \left[\begin{pmatrix} 1 & 0 & 0 \\ 0 & 1 & 0 \\ 0 & 0 & 1 \end{pmatrix} - \begin{pmatrix} 1/3 & 1 \\ -2/3 & 1 \\ 1/3 & 1 \end{pmatrix} \begin{pmatrix} 3/2 & 0 \\ 0 & 1/3 \end{pmatrix} \begin{pmatrix} 1/3 & -2/3 & 1/3 \\ 1 & 1 & 1 \end{pmatrix} \right] \begin{pmatrix} 1/3 \\ -2/3 \\ 0 \end{pmatrix}$$

$$= (1/6, 0, -1/6)^t$$

$$\|\mathbf{c}_p\| = \sqrt{(1/6)^2 + 0 + (1/6)^2} = 0.2357$$

$$\frac{\alpha r}{\|\mathbf{c}_p\|} = \frac{(2/9)(1/\sqrt{6})}{0.2357} = 0.384901$$

$$\mathbf{Y}_{\text{nueva}} = \left(\frac{1}{3}, \frac{1}{3}, \frac{1}{3}\right)^t + 0.384901 \left(\frac{1}{6}, 0, \frac{-1}{6}\right)^t$$

$$= (0.397483, 0.333333, 0.269183)^t$$

Ahora calculamos $\mathbf{X}_1$, la solución asociada con $\mathbf{Y}_{\text{nueva}}$. Puesto que $\mathbf{D}_0$ tiene elementos diagonales iguales ($= 1/3$) y que $\mathbf{1Y} = 1$, la fórmula $\mathbf{X}_1 = \mathbf{D}_0 \mathbf{Y}_{\text{nueva}}/\mathbf{1D}_0 \mathbf{Y}_{\text{nueva}}$ da $\mathbf{X}_1 = \mathbf{Y}_{\text{nueva}} = (0.397483, 0.333333, 0.269183)^t$. El valor correspondiente de $z = -0.269183$, que es mejor que la solución $\mathbf{X}_0$ precedente, para la cual $z = -0.33333$.

Observe que si α se toma mayor que el valor actual de $2/9$, la solución se moverá más rápidamente hacia el punto óptimo $(2/3, 1/3, 0)$. De hecho, si tomamos $\alpha = 1$, la resultante $\mathbf{Y}_{\text{nueva}}$ proporcionará el valor óptimo en forma directa. Sin embargo, *no podemos* hacer esto porque $x_3 = 0$ nulificará la hipótesis en que se basa la transformación proyectiva $\mathbf{Y}$. Esta observación da una visión de las incertidumbres inherentes al algoritmo de punto interior.

Iteración 2

$$\mathbf{D}_1 = \text{diag}\{0.397485, 0.333333, 0.269182\}$$

$$\mathbf{cD}_1 = (0.397485, -0.666666, 0)$$

$$\mathbf{AD}_1 = (1, -2, 1) \begin{pmatrix} 0.397485 & 0 & 0 \\ 0 & 0.333333 & 0 \\ 0 & 0 & 0.269282 \end{pmatrix}$$

$$= (0.397485, -0.666666, 0.269182)$$

$$\mathbf{P} = \begin{pmatrix} 0.397845 & -0.666666 & 0.269182 \\ 1 & 1 & 1 \end{pmatrix}$$

$$\mathbf{c}_p = (0.132402, 0.018152, -0.150555)^t$$

$$\|\mathbf{c}_p\| = 0.201312$$

$$\frac{\alpha r}{\|c_p\|} = \frac{(2/9)(1/\sqrt{6})}{0.201312} = 0.450653$$

$$Y_{\text{nueva}} = \left(\frac{1}{3}, \frac{1}{3}, \frac{1}{3}\right)^t + 0.450653(0.132402, 0.018152, -0.150555)^t$$

$$= (0.393001, 0.341514, 0.265486)^t$$

Ahora, para calcular X_2, tenemos

$$D_1 Y_{\text{nueva}} = \begin{pmatrix} 0.156212 \\ 0.113838 \\ 0.071464 \end{pmatrix}, \quad 1D_1 Y_{\text{nueva}} = 0.341514$$

$$X_2 = \frac{D_1 Y_{\text{nueva}}}{1D_1 Y_{\text{nueva}}} = \begin{pmatrix} 0.457411 \\ 0.333333 \\ 0.209256 \end{pmatrix}$$

$$z = 0.20934$$

La aplicación repetida de los pasos del algoritmo moverá a la solución más cerca del punto óptimo (2/3, 1/3, 0). Karmarkar proporciona un paso adicional para redondear la solución óptima al punto extremo óptimo. Sin embargo, los detalles de este paso no se presentarán aquí. ◀

7.4 RESUMEN

Tanto el algoritmo de cota superior como el de descomposición se crearon principalmente para mejorar la eficiencia de cálculo. El algoritmo de cota superior es muy importante porque nos permite considerar las restricciones asociadas en forma implícita, lo que incrementa la eficiencia del cálculo. El algoritmo de cota superior también será de gran importancia cuando resolvamos el problema de la programación entera mediante el procedimiento de ramificar y acotar.

El algoritmo de punto interior de Karmarkar ofrece una visión nueva en la solución de programas lineales, donde las iteraciones se construyen para "penetrar" en el interior del espacio de soluciones. El sencillo ejemplo que resolvimos en este capítulo, implica una gran cantidad de cálculos. Sin embargo, Karmarkar ha tenido mucho éxito en la solución de problemas muy extensos utilizando su algoritmo. A pesar de la precisión del algoritmo de punto interior, las ventajas de cálculo del método seguirán en duda hasta que exista un código comercial factible.

BIBLIOGRAFIA

Bazaraa, M., J. Jarvis y H. Sherali, *Linear Programming and Network Flows*, 2a. ed., Wiley, Nueva York, 1990.

LASDON, L., *Optimization Theory for Large Systems,* Macmillan, Nueva York, 1970.
KARMARKAR, N., "A New Polynomial Algorithm for Linear Programming," *Combinatorica,* Vol. 4, págs. 373-395, 1984.
KARMARKAR, N., "Methods and Applications for Efficient Resource Allocation," *United States Patent 4,744,028,* mayo 10, 1988.
NICKELS, W., W. RODDER, L. XU y H. J. ZIMMERMANN, "Intelligent Gradient Search in Linear Programming," *European Journal of Operational Research,* Vol. 22, págs. 293-303, 1985.

PROBLEMAS

Sección	Problemas asignados
7.1	7-1 a 7-6
7.2	7-7 a 7-10
7.3	7-11 a 7-12

☐ **7-1** Considere el siguiente programa lineal:

$$\text{maximizar } z = 2x_1 + x_2$$

sujeto a

$$x_1 + x_2 \leq 3$$
$$0 \leq x_1 \leq 2, \; 0 \leq x_2 \leq 2$$

(a) Resuelva el problema en forma gráfica y trace la secuencia de puntos extremos que conducen a la solución óptima.
(b) Resuelva el problema por medio del símplex primal de cota superior y demuestre que el método produce la misma secuencia de puntos extremos antes de alcanzar el óptimo (utilice TORA para generar las iteraciones).
(c) ¿Cómo reconoce los puntos extremos el método símplex de cota superior?

☐ **7-2** Resuelva el siguiente problema mediante el método símplex primal acotado:

$$\text{maximizar } z = 6x_1 + 2x_2 + 8x_3 + 4x_4 + 2x_5 + 10x_6$$

sujeto a

$$8x_1 + x_2 + 8x_3 + 2x_4 + 2x_5 + 4x_6 \leq 13$$
$$0 \leq x_j \leq 1, \quad j = 1, 2, \ldots, 6$$

☐ **7-3** Aplique el método símplex primal acotado en los problemas siguientes.
(a) Minimizar $z = 6x_1 - 2x_2 - 3x_3$

sujeto a

$$2x_1 + 4x_2 + 2x_3 \leq 8$$
$$x_1 - 2x_2 + 3x_3 \leq 7$$
$$0 \leq x_1 \leq 2, 0 \leq x_2 \leq 2, 0 \leq x_3 \leq 1$$

(b) Maximizar $z = 3x_1 + 5x_2 + 2x_3$
sujeto a

$$x_1 + 2x_2 + 2x_3 \leq 10$$
$$2x_1 + 4x_2 + 3x_3 \leq 15$$
$$0 \leq x_1 \leq 4, 0 \leq x_2 \leq 3, 0 \leq x_3 \leq 3$$

☐ **7-4** Resuelva los problemas siguientes por medio del método símplex primal acotado.
(a) Maximizar $z = 3x_1 + 2x_2 - 2x_3$
sujeto a

$$2x_1 + x_2 + x_3 \leq 8$$
$$x_1 + 2x_2 - x_3 \geq 3$$
$$1 \leq x_1 \leq 3, 0 \leq x_2 \leq 3, 2 \leq x_3$$

(b) Maximizar $z = x_1 + 2x_2$
sujeto a

$$-x_1 + 2x_2 \geq 0$$
$$3x_1 + 2x_2 \leq 10$$
$$-x_1 + x_2 \leq 1$$
$$1 \leq x_1 \leq 3, 0 \leq x_2 \leq 1$$

(c) Maximizar $z = 4x_1 + 2x_2 + 6x_3$
sujeto a

$$4x_1 - x_2 \leq 9$$
$$-x_1 + x_2 + 2x_3 \leq 8$$
$$-3x_1 + x_2 + 4x_3 \leq 12$$
$$1 \leq x_1 \leq 3, 0 \leq x_2 \leq 5, 0 \leq x_3 \leq 2$$

☐ **7-5** En la sección 7.1 las cotas inferiores se toman en cuenta por medio de la sustitución $\mathbf{X} - \mathbf{X}'' = \mathbf{L}$. Demuestre matemáticamente cómo el efecto de las cotas inferiores se puede considerar en forma directa, modificando la condición de factibilidad del método símplex primal. Aplicar la nueva condición al problema 7-4.

☐ **7-6 (Método símplex dual acotado).** El método símplex dual se puede modificar para aplicarlo al problema de PL de variables acotadas, como sigue. Dada la restricción de cota superior $x_j \leq u_j$, para toda j (si u_j no es finita, reemplácela por una cota superior M suficientemente grande), en caso necesario, el problema de PL se convierte a una forma dual factible mediante la sustitución $x_j = u_j - x'_j$.

Paso 1: Si cualquier variable básica actual $(\mathbf{X}_B)_i$ excede su cota superior, utilice la sustitución $(\mathbf{X}_B)_i = (\mathbf{U}_B)_i - (\mathbf{X}_B)'_i$. Siga con el paso 2.

Paso 2: Si todas las variables básicas son factibles, deténgase. Si no es así, seleccione la variable saliente x_r como la variable básica con el valor más negativo. Siga con el paso 3.

Paso 3: Seleccione la variable entrante utilizando la condición de optimidad del método símplex dual regular. Siga con el paso 4.

Paso 4: Efectúe un cambio de base, luego siga con el paso 1.

Aplique el procedimiento al siguiente problema:

$$\text{minimizar } z = -3x_1 - 2x_2 + 2x_3$$

sujeto a

$$2x_1 + x_2 + x_3 \leq 8$$
$$-x_1 + 2x_2 + x_3 \geq 13$$
$$0 \leq x_1 \leq 2, \ 0 \leq x_2 \leq 3, \ 0 \leq x_3 \leq 1$$

☐ **7-7** Aplique el principio de descomposición al problema siguiente:

$$\text{maximizar } z = 6x_1 + 7x_2 + 3x_3 + 5x_4 + x_5 + x_6$$

sujeto a

$$x_1 + x_2 + x_3 + x_4 + x_5 + x_6 \leq 50$$
$$x_1 + x_2 \leq 10$$
$$x_2 \leq 8$$
$$5x_3 + x_4 \leq 12$$
$$x_5 + x_6 \geq 5$$
$$x_5 + 5x_6 \leq 50$$
$$x_1, x_2, \ldots, x_6 \geq 0$$

☐ **7-8** Resuelva el siguiente problema con el algoritmo de descomposición:

$$\text{maximizar } z = x_1 + 3x_2 + 5x_3 + 2x_4$$

sujeto a

$$2x_1 + x_2 \leq 9$$
$$5x_1 + 3x_2 + 4x_3 \geq 10$$
$$x_1 + 4x_2 \leq 8$$
$$x_3 - 5x_4 \leq 4$$
$$x_3 + x_4 \leq 10$$
$$x_1, x_2, x_3, x_4 \geq 0$$

☐ **7-9** Indique los cambios necesarios en el algoritmo de descomposición a fin de aplicarlos a problemas de minimización. Después resuelva el problema siguiente:

$$\text{minimizar } z = 5x_1 + 3x_2 + 8x_3 - 5x_4$$

sujeto a

$$x_1 + x_2 + x_3 + x_4 \geq 25$$
$$5x_1 + x_2 \leq 20$$
$$5x_1 - x_2 \geq 5$$
$$x_3 + x_4 = 20$$
$$x_1, x_2, x_3, x_4 \geq 0$$

☐ **7-10** Resuelva el siguiente problema usando el algoritmo de descomposición:

$$\text{minimizar } z = 10y_1 + 2y_2 + 4y_3 + 8y_4 + y_5$$

sujeto a

$$y_1 + 4y_2 - y_3 \geq 8$$
$$2y_1 + y_2 + y_3 \geq 2$$
$$3y_1 + y_4 + y_5 \geq 4$$
$$y_1 + 2y_4 - y_5 \geq 10$$
$$y_1, y_2, \ldots, y_5 \geq 0$$

[*Sugerencia:* Considere el dual del problema.]

☐ **7-11** Lleve a cabo una iteración adicional en el ejemplo 7.3-2 y demuestre que la solución se está moviendo hacia el óptimo $z = 0$.

☐ **7-12** Efectúe tres iteraciones del algoritmo de Karmarkar.

$$\text{Maximizar } z = -4x_1 + x_3 - x_4$$

sujeto a

$$-2x_1 + 2x_2 + x_3 - x_4 = 0$$
$$x_1 + x_2 + x_3 + x_4 = 1$$
$$x_1, x_2, x_3, x_4 \geq 0$$

Capítulo 8

Modelos de redes

8.1 Definiciones de redes
8.2 Problema del árbol de extensión mínima
8.3 Problema de la ruta más corta
    8.3.1 Ejemplos de las aplicaciones de la ruta más corta
    8.3.2 Algoritmos de la ruta más corta
    8.3.3 El problema de la ruta más corta visto como un modelo de transbordo
8.4 Problema del flujo máximo
8.5 Problema del flujo capacitado de costo mínimo
    8.5.1 Casos especiales del modelo de red capacitada
    8.5.2 Formulación de programación lineal
    8.5.3 Método símplex de la red capacitada
8.6 Resumen
    Bibliografía
    Problemas

En el capítulo 6 limitamos nuestra atención a problemas de transporte (o de distribución) que tienen que ver con el envío de mercancías entre fuentes y destinos a costos de transporte mínimos. El modelo de transporte (y sus variantes) es sin duda uno de los muchos problemas que se pueden representar y resolver como una red. Para ser específicos, considérense los casos siguientes:

    a. Diseño de una red de tubería de gas natural mar adentro, que conecta fuentes del Golfo de México con un punto de entrega en tierra, con el objetivo de minimizar el costo de construcción del conducto.

    b. Determinación de la ruta más corta que une dos ciudades en una red de caminos existente.

    c. Determinación de la capacidad anual máxima en toneladas de una red de conductos de pasta aguada de carbón, que enlaza las minas carboneras de Wyoming con las plantas generadoras de electricidad de Houston. (Los conductos de pasta aguada de carbón transportan éste bombeando agua a través de tubos adecuadamente diseñados, que operan entre las minas de carbón y el destino deseado.)

316 Modelos de redes [C.8

d. Determinación del programa de flujo de *costo mínimo* de los campos petrolíferos a refinerías, y finalmente a centros de distribución. Se pueden enviar petróleo crudo y productos derivados de la gasolina en buques tanque, oleoductos y/o camiones. Además de la disponibilidad de la oferta máxima en los campos petrolíferos y los requisitos de demanda mínima en los centros de distribución, deben tomarse en cuenta restricciones sobre la capacidad de las refinerías y los modos de transporte.

Un estudio de esta lista representativa revela que los problemas de optimización de redes se pueden representar en términos generales a través de uno de cuatro modelos:

1. Modelo del árbol de extensión mínima (situación a).
2. Modelo de la ruta más corta (situación b).
3. Modelo del flujo máximo (situación c).
4. Modelo de red capacitada de costo mínimo (situación d).

Los casos citados antes tienen que ver con la determinación de distancias y flujo de material en un sentido literal. Existen muchas aplicaciones donde las variables del problema pueden representar otras propiedades como flujo de inventario o de dinero. En este capítulo se darán ejemplos que ilustran estas situaciones.

Los modelos de redes citados pueden representarse y, en principio, resolverse como programas lineales (véase la sección 8.5.2). Sin embargo, el gran número de variables y restricciones que normalmente acompaña a un modelo de redes común hace poco aconsejable resolver problemas de redes directamente a través del método símplex. La estructura especial de estos problemas permite el desarrollo de algoritmos altamente eficientes, que en muchos casos están basados en la teoría de la programación lineal.

Desde el punto de vista práctico, el modelo de la red capacitada de costo mínimo es útil para diversas aplicaciones. En realidad, los problemas de la ruta más corta y del flujo máximo se pueden formular como casos especiales del modelo de transporte capacitado. Nos referimos a estos puntos en todo el capítulo.

8.1 DEFINICIONES DE REDES

Una red consta de un conjunto de **nodos** conectados por **arcos** o **ramas**. Asociada a cada rama se tiene un flujo de algún tipo. Por ejemplo, en una red de transporte, las ciudades representan nodos y los caminos representan ramas, mientras que el tráfico representa el flujo en las ramas. La notación estándar para describir una red G es $G = (\mathbf{N}, \mathbf{A})$, donde $\mathbf{N}$ es el conjunto de nodos y $\mathbf{A}$ es el conjunto de ramas. La red en la figura 8-1, compuesta de 5 nodos y 8 ramas se describe como

$$\mathbf{N} = \{1, 2, 3, 4, 5\}$$
$$\mathbf{A} = \{(1, 3), (1, 2), (2, 3), (2, 4), (2, 5), (3, 4), (3, 5), (4, 5)\}$$

Asociada con cada red se tiene un flujo de algún tipo (por ejemplo, el flujo de petróleo en una red de oleoductos y el de tráfico en una red de transporte). En ge-

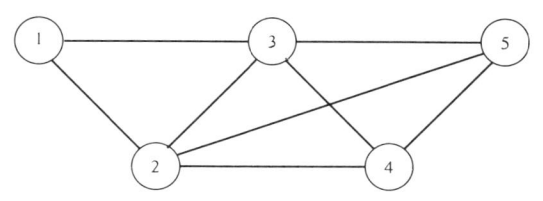

Figura 8-1

neral, el flujo en una rama está limitado por su **capacidad** que puede ser finita o infinita. Se dice que una rama está **dirigida** u **orientada** si permite un flujo positivo en una dirección, y cero flujo en la dirección opuesta. Una **red dirigida** es una red con todas sus ramas dirigidas.

Una **trayectoria** es una secuencia de ramas distintas que conectan dos nodos sin considerar la orientación de las ramas individuales. Por ejemplo, en la figura 8-1, las ramas (1, 3), (3, 2) y (2, 4) constituyen una trayectoria del nodo 1 al nodo 4. Una trayectoria forma un **lazo** o **ciclo** si conecta un nodo consigo mismo. Por ejemplo, en la figura 8-1, las ramas (2, 3), (3, 4) y (4, 2) forman un lazo. Un **lazo dirigido** (o **circuito**) es un lazo donde todas las ramas tienen la misma dirección u orientación.

Una **red conectada** es una red donde cada dos nodos distintos están conectados por una trayectoria como en la red de la figura 8-1. Un **árbol** es una red conectada que puede constar sólo de un subconjunto de los nodos y, un **árbol extenso**, es una red conectada que incluye todos los nodos de la red sin lazos. La figura 8-2 define un árbol y uno extenso para la red de la figura 8-1.

8.2 PROBLEMA DEL ARBOL DE EXTENSION MINIMA

Considere la situación donde se desea crear una red de caminos pavimentados para conectar un cierto número de poblaciones rurales. Debido a limitaciones presupuestales, el número de kilómetros de caminos por construirse debe ser el mínimo absoluto que permita la conexión directa o indirecta del tráfico entre las diferentes poblaciones.

La situación anterior se puede representar por una red donde las poblaciones representan nodos y los caminos propuestos representan ramas. El modelo resultante

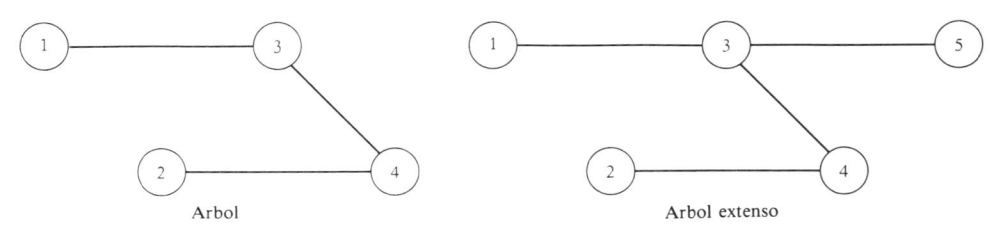

Arbol   Arbol extenso

Figura 8-2

318 Modelos de redes [C.8

es característico del problema del *árbol de extensión mínima,* donde se desea determinar el árbol extenso que proporciona la suma mínima de ramas conectoras. De hecho, el problema del árbol extenso mínimo consiste en encontrar las conexiones más "eficientes" entre todos los nodos de la red, las que, por definición, no deben incluir ningún lazo.

El algoritmo del árbol de extensión mínima necesita comenzar con *cualquier* nodo y conectar a éste con el *más cercano* de la red. Los dos nodos resultantes forman un *conjunto conectado C* y los nodos restantes constituyen el *conjunto no conectado* $\bar{C}$. A continuación, se escoge un nodo del conjunto no conectado que sea el *más cercano* (que tenga la rama de longitud más corta) a *cualquier* nodo del conjunto conectado. El nodo escogido se elimina del conjunto no conectado y se une al conjunto conectado. El proceso se repite hasta que el conjunto no conectado queda vacío (o equivalentemente, hasta que todos los nodos pasen del conjunto $\bar{C}$ al conjunto *C*). Un empate puede romperse arbitrariamente. Sin embargo, los empates evidencian que existen soluciones alternativas.

Ejemplo 8.2-1

La Midwest TV Cable Company, está planeando una red para dar servicio de TV por cable a cinco nuevas áreas de desarrollo habitacional. La red del sistema de cable se resume en la figura 8-3. Los números asociados con cada rama representan la longitud de cable (en millas) que se necesita para conectar dos sitios cualesquiera. El nodo 1 representa la estación de TV por cable y los nodos restantes (2 a 6) representan las cinco áreas de desarrollo. Una rama faltante entre dos nodos implica que es prohibitivamente costoso o físicamente imposible conectar las áreas de desarrollo asociadas. Se necesita determinar los enlaces que originarán el uso mínimo de cable a la vez que se garantiza que todas las áreas se conecten (directa o indirectamente) a la estación de TV por cable.

La solución gráfica se resume en la figura 8.4 mediante iteraciones. El procedimiento puede iniciarse desde cualquier nodo, terminando siempre con la misma solución óptima. En el ejemplo de la TV por cable, es lógico empezar a realizar los cálculos con el nodo 1.

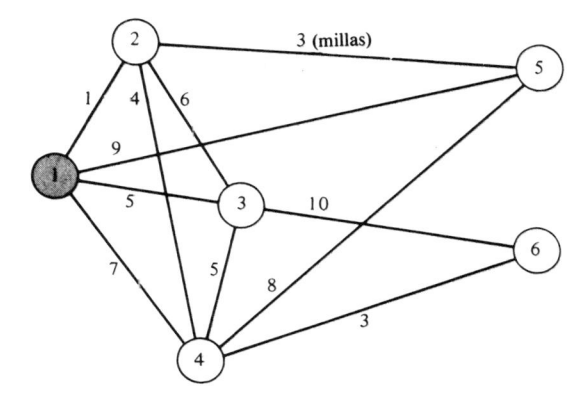

Figura 8-3

Por lo tanto, el nodo 1 representa el conjunto de "nodos conectados". El conjunto de "nodos no conectados" lo representan los nodos 2, 3, 4, 5 y 6. En forma simbólica, escribimos esto como

$$C = \{1\}, \quad \bar{C} = \{2, 3, 4, 5, 6\}$$

Iteración 1

El nodo 1 debe conectarse al nodo 2, que es el nodo más próximo en $\bar{C} = \{2, 3, 4, 5, 6\}$. Por lo tanto, la iteración 1 de la figura 8-4 muestra que

$$C = \{1, 2\}, \quad \bar{C} = \{3, 4, 5, 6\}$$

Iteración 2

Los nodos 1 y 2 (del conjunto C) ahora están unidos permanentemente. En la iteración 2 seleccionamos un nodo en $\bar{C} = \{3, 4, 5, 6\}$ que esté más próximo a un nodo en $C = \{1, 2\}$. Como la distancia más corta ocurre entre 2 y 5 (véase la iteración 2 de la figura 8-4), tenemos

$$C = \{1, 2, 5\}, \quad \bar{C} = \{3, 4, 6\}$$

Iteración 3

La iteración 3 de la figura 8-4 da las distancias de los nodos de $C = \{1, 2, 5\}$ a todos los nodos en $C = \{3, 4, 6\}$. Por lo tanto, los nodos 2 y 4 están conectados, lo que produce

$$C = \{1, 2, 4, 5\}, \quad \bar{C} = \{3, 6\}$$

Iteración 4

La iteración 4 de la figura 8-4 muestra que los nodos 4 y 6 deben estar conectados. Por lo tanto, obtenemos

$$C = \{1, 2, 4, 5, 6\}, \quad \bar{C} = \{3\}$$

Iteración 5

En la iteración 5 tenemos un empate que podemos romper arbitrariamente. Esto quiere decir que podemos conectar 1 y 3 *o* 4 y 3. Ambas soluciones (alternativas) nos conducen a

$$C = \{1, 2, 3, 4, 5, 6\}, \quad \bar{C} = \emptyset$$

Como todos los nodos están conectados, el procedimiento está completo. La longitud mínima (en millas) de cable que se utiliza para conectar las áreas de desarrollo habitacional a la estación de TV es igual a $1 + 3 + 4 + 3 + 5 = 16$ millas. ◀

320 Modelos de redes [C.8

Conjunto conectado C

Conjunto no conectado $\overline{C}$

Iteración 2

Iteración 3

Iteración 4

Iteración 5

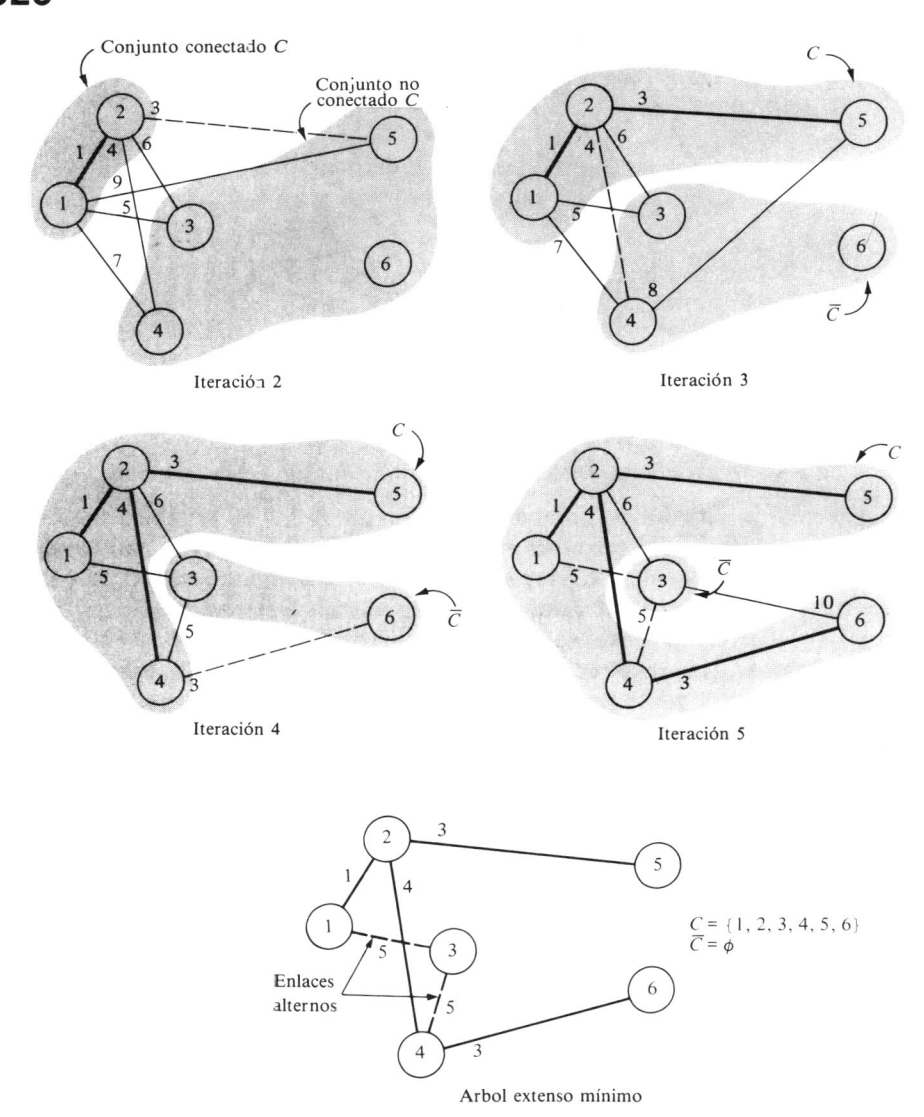

$C = \{1, 2, 3, 4, 5, 6\}$
$\overline{C} = \phi$

Enlaces alternos

Arbol extenso mínimo

Figura 8-4

Ejercicio 8.2-1

Resuelva el ejemplo 8.2-1 mediante el uso del nodo 4 como el conjunto conectado inicial; es decir, C inicial = {4}. Siga el procedimiento gráfico de la figura 8-4.

[*Resp*. Las iteraciones sucesivas nos llevarán a conectar 4 a 6, 4 a 2, 2 a 1, 2 a 5 y, por último, 1 a 3 o 4 a 3. Esta es la misma solución que se obtuvo antes, con lo cual se demuestra que la elección específica del conjunto C inicial es arbitraria.]

8.3 PROBLEMA DE LA RUTA MAS CORTA

En el sentido evidente, el problema de la ruta más corta tiene que ver con la determinación de las ramas *conectadas* en una red de transporte que constituyen, en conjunto, la distancia más corta entre una fuente y un destino. En esta sección presentamos otros tipos de aplicaciones que se pueden representar por medio de modelos y resolver como un problema de la ruta más corta. Las aplicaciones van seguidas de una presentación de los algoritmos de solución.

8.3.1 EJEMPLOS DE LAS APLICACIONES DE LA RUTA MAS CORTA

Ejemplo 8.3-1 (Acertijo de los 3 recipientes)†

Se tiene un recipiente de 8 litros lleno de agua, así como dos recipientes vacíos de 5 y 3 litros. Se quiere dividir el agua en dos partes iguales de 4 litros por medio de intercambios sucesivos del líquido en los recipientes. No se permite el uso de ningún otro dispositivo de medida.

Utilizamos la representación de redes para modelar esta situación. Se define un nodo como la representación de las cantidades de agua en los recipientes de 8, 5 y 3 litros, respectivamente. Se emplea la notación (*a, b, c*) para resumir la definición del nodo. Por ejemplo, el nodo (8, 0, 0) significa que el recipiente de 8 litros está lleno y que los recipientes de 5 y 3 litros están vacíos. Si vertimos agua del recipiente de 8 litros para llenar el de 5 litros, tendremos el nodo (3, 5, 0). El nodo (8, 0, 0) representa, en realidad, el estado inicial del sistema, antes de que haya tenido lugar cualquier división, en tanto que el nodo (3, 5, 0) representa un nodo posible a lo largo de la trayectoria que finalmente nos conducirá a la solución deseada (4, 4, 0). Nuestro objetivo es encontrar la trayectoria (secuencia de nodos) que nos lleve del estado inicial (8, 0, 0) a la solución final (4, 4, 0). Observe que ninguna otra combinación aparte de (4, 4, 0) nos dará la solución final deseada, porque el tercer recipiente tiene una capacidad de sólo 3 litros.

La "longitud" de la rama que conecta varios nodos se usa para representar el número de operaciones de vertido necesario para alcanzar un nodo desde otro. Por ejemplo, la longitud de la rama que va del nodo (8, 0, 0) al nodo (3, 5, 0) es 1 porque sólo se necesita efectuar una operación para cambiar el estado del nodo. El objetivo es, por supuesto, encontrar la trayectoria más corta entre el nodo (8, 0, 0) y el nodo final (4, 4, 0). El modelo queda así en la categoría del algoritmo de la ruta más corta.

La figura 8-5 presenta todos los nodos *promisorios* que pueden conducir del nodo (8, 0, 0) al nodo final (4, 4, 0). Cada rama en la red corresponde exactamente a una operación de vertido; por consiguiente, cada una tiene una longitud nominal

---

† El lector probablemente conoce ya este acertijo. Nuestro objetivo es demostrar cómo se puede utilizar una representación a base de redes, para sistematizar el procedimiento para encontrar la solución. Uno de mis alumnos, después de exponer la solución de este problema en mi clase de redes, fue capaz de usar el mismo proceso lógico para resolver un problema en su clase de métodos y estándares (véase el problema 8-6).

322 Modelos de redes [C.8]

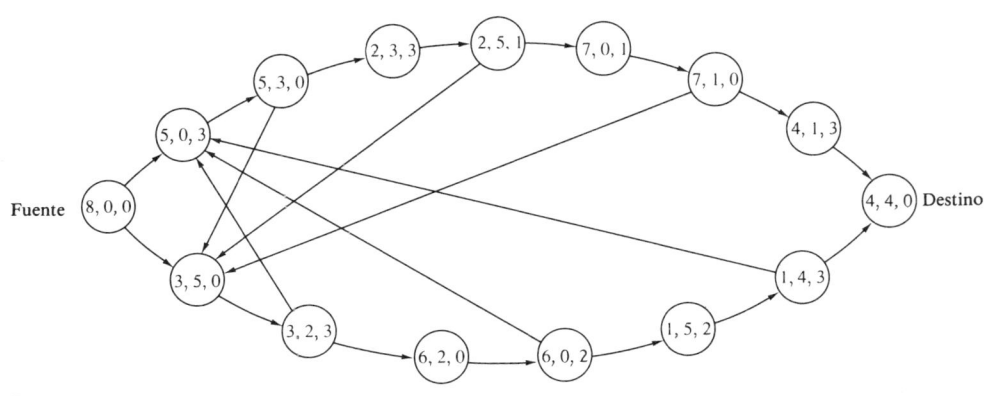

Figura 8-5

de 1 unidad. La solución óptima necesita 7 operaciones de vertido y la da (obviamente) la siguiente secuencia:

$(8, 0, 0) \rightarrow (3, 5, 0) \rightarrow (3, 2, 3) \rightarrow (6, 2, 0)$
$\rightarrow (6, 0, 2) \rightarrow (1, 5, 2) \rightarrow (1, 4, 3) \rightarrow (4, 4, 0)$ ◀

Ejemplo 8.3-2 (Reemplazo de equipo)

Una compañía arrendadora de automóviles está desarrollando un plan de reemplazo de su flotilla para los próximos cinco años. Un automóvil debe estar en servicio cuando menos un año antes de que se considere ser reemplazado. La tabla 8-1 resume el costo de reemplazo por unidad (en miles de unidades monetarias) como función del tiempo y el número de años en operación. El costo incluye la compra, prima de seguro, operación y mantenimiento.

Este problema se puede representar mediante una red como sigue. Cada año está representado por un nodo. La "longitud" de una rama que une dos nodos es igual al costo de reemplazo asociado que se da en la tabla 8-1. La figura 8-6 representa la red. El problema se reduce a determinar la "ruta" más corta del nodo 1 al 5.

La "ruta" más corta se puede determinar mediante el uso del algoritmo que presentaremos en la sección 8.3.2. La solución óptima producirá la ruta $1 \rightarrow 2 \rightarrow 5$

Tabla 8-1

		1	2	3	4	5
	1		4.0	5.4	9.8	13.7
Año	2			4.3	6.2	8.1
	3				4.8	7.1
	4					4.9

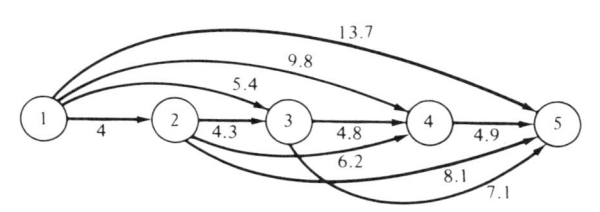

Figura 8-6

con un costo total de 4 + 8.1 = 12.1 (miles de unidades monetarias). Esto quiere decir que cada automóvil debe reemplazarse al segundo año de uso y desecharse al quinto año. ◂

Ejemplo 8.3-3 (La ruta más confiable)

La Srita. I. Q. Smart tiene que conducir todos los días, de su residencia a su lugar de trabajo. Habiendo tomado sólo una clase de análisis de redes, ella pudo determinar la ruta más corta para llegar a su trabajo. Desafortunadamente, la ruta más corta estaba vigilada intensamente por la policía.

Habiendo pagado todas las multas por exceso de velocidad, es claro que la ruta más corta no es una buena opción. La señorita Smart decide escoger una ruta que maximice la probabilidad de *no* ser detenida por la policía. Observando todos los tramos factibles de camino, se calcularon las probabilidades asociadas de las diferentes ramas (tramos de camino), como se indica en la figura 8-7.

Investigando la información de las probabilidades, ella comprendió que la probabilidad total de *no* ser detenida por la policía en una ruta dada es igual al producto de las probabilidades asociadas con los segmentos de camino que constituyen la ruta dada. Por ejemplo, la probabilidad asociada con la ruta 1 → 2 → 3 → 5 → 7 es 0.2 × 0.6 × 0.3 × 0.25 = 0.009. Aunque es posible calcular todas estas probabilidades (ocho rutas diferentes en este caso), la Srita. Smart decidió convertir el problema en un modelo de la ruta más corta mediante el uso de la siguiente conversión. Haciendo que $P_{1k} = P_1 \times P_2 \times ... \times P_k$ sea la probabilidad de no ser detenida en la ruta específica (1, k), entonces

$$\log P_{1k} = \log P_1 + \log P_2 + ... + \log P_k$$

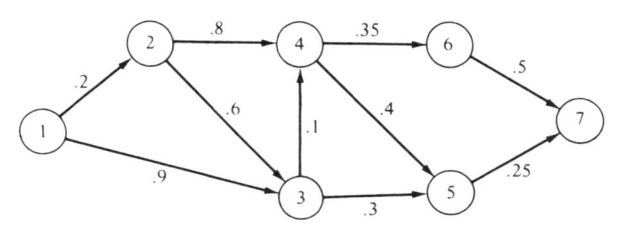

Figura 8-7

Tabla 8-2

Segmento de camino (i, j)	P_{ij}	$\log P_{ij}$	$-\log P_{ij}$
(1, 2)	0.2	−0.69897	0.69897
(1, 3)	0.9	−0.04576	0.04576
(2, 3)	0.6	−0.22185	0.22185
(2, 4)	0.8	−0.09691	0.09691
(3, 4)	0.1	−1.0	1.0
(3, 5)	0.3	−0.52288	0.52288
(4, 5)	0.4	−0.39794	0.39794
(4, 6)	0.35	−0.45593	0.45593
(5, 7)	0.25	−0.60206	0.60206
(6, 7)	0.5	−0.30103	0.30103

Una maximización de P_{1k} es algebraicamente equivalente a maximizar $\log P_{1k}$ y, en consecuencia, a maximizar la *suma* de los logaritmos de las probabilidades individuales a lo largo de la ruta elegida. Como $\log P_j \le 0$, $j = 1, 2, \ldots, k$, *maximizar* la suma de $\log P_j$ equivale a *minimizar* la suma de $(-\log P_j)$. En la tabla 8-2 se presenta un resumen de las probabilidades de la figura 8-7 y sus logaritmos. La figura 8-8 expresa ahora el problema de la Srita. Smart como un modelo de la ruta más corta.

La "ruta más corta" en la figura 8-8 está definida por los nodos 1 → 3 → 5 → 7 con una distancia asociada de 1.1707. Así, $\log P_7 = -1.1707$ o bien $P_7 = 0.0675$. Esto significa que la probabilidad máxima de no ser detenida por la policía es de sólo 0.0675. ◄

Ejercicio 8.3-1

Supóngase que la información de la figura 8-7 representa las probabilidades que tiene de ser detenida por la policía. ¿Puede emplearse el mismo tipo de análisis para elegir la ruta con la *menor* probabilidad de que ella sea detenida?

[*Resp.* No, porque la probabilidad de que sea detenida en una ruta ya no es igual al producto de las probabilidades de los segmentos de camino individuales. Específicamente, será igual al complemento de la probabilidad que tiene de *no* ser detenida.]

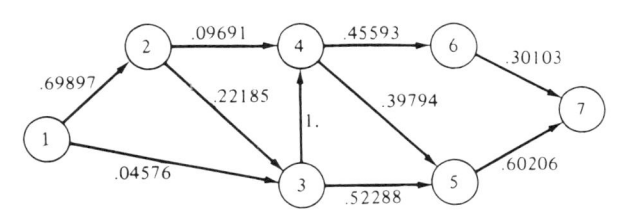

Figura 8-8

8.3.2 ALGORITMOS DE LA RUTA MAS CORTA

Esta sección presenta dos algoritmos para encontrar la ruta más corta en redes **acíclicas** y **cíclicas**. Se dice que una red es acíclica si no contiene lazos; de otra manera, es cíclica. De los dos algoritmos presentados más adelante, el algoritmo cíclico es más general, ya que incluye el caso acíclico. El algoritmo acíclico es, sin embargo, más eficiente porque se necesitan hacer menos cálculos.

A. Algoritmo acíclico

El algoritmo acíclico se basa en el uso de **cálculos recursivos,** que son la base para los cálculos de la programación dinámica que se estudiará en el capítulo 10. Los pasos del algoritmo se explicarán por medio de un ejemplo numérico.

Ejemplo 8.3-4

Considere la red de la figura 8-9. El nodo 1 es el nodo inicial (fuente u origen) y el nodo 7 es el punto terminal (sumidero o destino). Las distancias d_{ij} entre los nodos i y j se indican directamente sobre cada rama. Por ejemplo, $d_{12} = 2$. La red es acíclica porque no contiene lazos.

Sea

$$u_j = \text{distancia } \textit{más corta} \text{ entre el nodo 1 y el nodo } j$$

donde $u_1 = 0$, por definición. Los valores de u_j, $j = 1, 2, ..., n$, se calculan en forma recursiva por medio de la fórmula siguiente:

$$u_j = \min_i \left\{ \begin{array}{c} \text{la distancia } u_i \text{ más corta a un nodo } i \textit{ inmediatamente anterior} \\ \text{más} \\ \text{la distancia } d_{ij} \text{ entre el nodo actual } j \text{ y su predecesor } i \end{array} \right\}$$

$$= \min_i \{u_i + d_{ij}\}$$

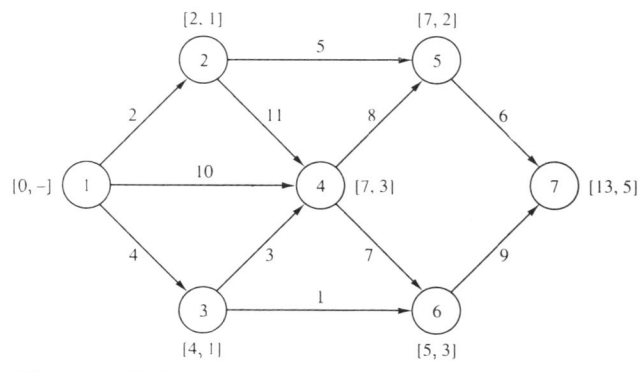

Figura 8-9

La fórmula recursiva implica que la distancia más corta u_j al nodo j se puede determinar sólo después de que se calcula la distancia más corta a cada nodo predecesor i enlazado a j por un arco.

En la solución final del modelo de la ruta más corta no es suficiente determinar sólo la u_j del nodo j. En forma concurrente, debemos identificar también los nodos encontrados a lo largo de la ruta. Para lograr esto usamos un **procedimiento de rotulación** o bien **etiquetado**, que asocia el siguiente rótulo o etiqueta al nodo j:

$$\text{etiqueta del nodo } j = [u_j, n]$$

donde n es el nodo que *precede inmediatamente* a j y que da la distancia más corta u_j; o sea,

$$u_j = \min_i \{u_i + d_{ij}\}$$
$$= u_n + d_{nj}$$

Por definición, la etiqueta en el nodo 1 es $[0, -]$, lo que indica que el nodo 1 es la fuente.

Los cálculos proceden en etapas; cada etapa se identifica con un nodo distinto. La tabla 8-3 proporciona la secuencia de cálculos que conducen a la solución final. Los cálculos también se pueden resumir directamente en la red, como se muestra en la figura 8-9.

La ruta óptima se obtiene comenzando en el nodo 7 y procediendo hacia atrás, a través de los nodos, utilizando la información de los rótulos. La siguiente secuencia demuestra el procedimiento:

$$(7) \to [13, 5] \to (5) \to [7, 2] \to (2) \to [2, 1] \to (1)$$

Tabla 8-3

Nodo j	Cálculo de u_j	Etiqueta
1	$u_1 \equiv 0$	$[0, -]$
2	$u_2 = u_1 + d_{12} = 0 + 2 = 2$, desde 1	$[2, 1]$
3	$u_3 = u_1 + d_{13} = 0 + 4 = 4$, desde 1	$[4, 1]$
4	$u_4 = \min\{u_1 + d_{14}, u_2 + d_{24}, u_3 + d_{34}\}$ $= \min\{0 + 10, 2 + 11, \mathbf{4 + 3}\} = 7$, desde 3	$[7, 3]$
5	$u_5 = \min\{u_2 + d_{25}, u_4 + d_{45}\}$ $= \min\{\mathbf{2 + 5}, 7 + 8\} = 7$, desde 2	$[7, 2]$
6	$u_6 = \min\{u_3 + d_{36}, u_4 + d_{46}\}$ $= \min\{\mathbf{4 + 1}, 7 + 7\} = 5$, desde 3	$[5, 3]$
7	$u_7 = \min\{u_5 + u_{57}, u_6 + d_{67}\}$ $= \min\{\mathbf{7 + 6}, 5 + 9\} = 13$, desde 5	$[13, 5]$

Ejercicio 8.3-2

(a) En la figura 8-9, calcule la distancia más corta y su ruta designada a cada uno de los nodos siguientes.
   (1) Nodo 4
   [Resp. $u_4 = 7$, $1 \to 3 \to 4$.]
   (2) Nodo 6
   [Resp. $u_6 = 5$, $1 \to 3 \to 6$.]
(b) Vuelva a calcular la ruta más corta de la figura 8-9 cuando cada uno de los cambios siguientes se efectúe en forma independiente.
   (1) El nodo 4 está conectado a 7 por un arco de longitud 5.
   [Resp. $u_7 = 12$, $1 \to 3 \to 4 \to 7$.]
   (2) Se llega al nodo 5 desde 6 a través de un arco de longitud 2.
   [Resp. $u_7 = 13$, $1 \to 2 \to 5 \to 7$ o $1 \to 3 \to 6 \to 5 \to 7$.]

B. Algoritmo cíclico (de Dijkstra)

El algoritmo acíclico no funcionará en forma correcta si la red contiene lazos dirigidos (circuitos). Para demostrar esto, consideremos la red en la figura 8-10, donde se forma un circuito con los nodos 2, 3 y 4. De acuerdo con las reglas del algoritmo acíclico es imposible evaluar cualesquiera de los nodos 2, 3 y 4 del lazo, porque el algoritmo necesita que se calcule la u_i de todos los nodos que llegan al nodo j antes de que se pueda evaluar u_j.

El algoritmo cíclico difiere del algoritmo acíclico en el sentido que permite tantas oportunidades como sean necesarias para reevaluar un nodo. Cuando resulta evidente que se ha alcanzado la distancia más corta a un nodo, éste se excluye de cualquier consideración posterior. El proceso termina cuando se ha evaluado el nodo destino.

El algoritmo cíclico (también conocido como **algoritmo de Dijkstra**) usa dos tipos de etiquetas: temporal y permanente. Ambas etiquetas utilizan el mismo formato que en el algoritmo acíclico, esto es, [d, n], donde d es la distancia más corta, *disponible hasta el momento,* para un nodo corriente y n es el nodo inmediato pre-

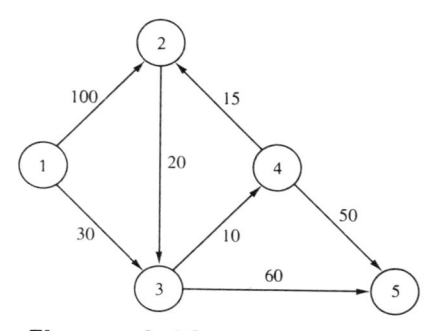

Figura 8-10

cedente al cual la distancia es igual a d. El algoritmo comienza con el nodo fuente que lleva la etiqueta *permanente* [0, −]. Luego, consideramos *todos* los nodos que se pueden alcanzar directamente desde el nodo fuente y determinamos sus etiquetas asociadas. Las etiquetas recién creadas se designan como *temporales*. La siguiente etiqueta permanente se selecciona como aquella, de entre todas las etiquetas temporales corrientes, que tenga la menor d en la etiqueta [d, n] (los empates se rompen arbitrariamente). El proceso se repite para el último nodo que se ha designado permanente. En tal caso, una etiqueta temporal de un nodo se puede cambiar sólo si la nueva etiqueta da una distancia d menor.

Apliquemos el procedimiento a la red en la figura 8-10. Una hipótesis básica del algoritmo es que todas las distancias en la red son no negativas.

Iteración 0: el nodo 1 lleva la etiqueta *permanente* [0, −].

Iteración 1: los nodos 2 y 3, que se pueden alcanzar directamente desde el nodo 1 (el último nodo rotulado permanentemente), llevan ahora las etiquetas *temporales* [0 + 100, 1] y [0 + 30, 1] o bien [100, 1] y [30, 1], respectivamente.

Entre las etiquetas temporales corrientes, el nodo 3 tiene la menor distancia d = 30 (= mín {100, 30}). Así el nodo 3 está etiquetado permanentemente.

Iteración 2: los nodos 4 y 5 se pueden alcanzar desde el último nodo rotulado permanentemente (nodo 3) y sus etiquetas temporales son [30 + 10, 3] y [30 + 60, 3] (o bien [40, 3] y [90, 3]), respectivamente. En este punto tenemos las 3 etiquetas temporales [100, 1], [40, 3] y [90, 3] asociadas con los nodos 2, 4 y 5, respectivamente. El nodo 4 etiquetado temporalmente tiene la menor d = 40 (= mín {100, 40, 90}) y, por consiguiente, su etiqueta [40, 3] se convierte a un estado permanente.

Iteración 3: Del nodo cuatro rotulamos ahora el nodo 2 con la etiqueta temporal [40 + 15, 4] = [55, 4], que reemplaza a la etiqueta temporal anterior [100, 1]. A continuación el nodo 5 se etiqueta temporalmente con [40 + 50, 4] = [90, 4]. Las etiquetas temporales incluyen ahora a [55, 4] y [90, 4] asociadas con los nodos 2 y 5, respectivamente. Rotulamos entonces al nodo 2 en forma permanente con la etiqueta [55, 4].

El único nodo restante es el nodo destino 5, que convierte su etiqueta [90, 4] a una etiqueta permanente, con lo que se termina el procedimiento.

Los pasos de cálculo anteriores se resumen gráficamente en la figura 8-11. Observe que los cálculos se basan en el concepto de recursión empleado en el algoritmo acíclico. La diferencia principal entre los dos algoritmos estriba en que un nodo en el algoritmo cíclico puede rotularse (temporalmente) sin tener en cuenta que todos los nodos que llegan directamente a él se hayan o no rotulado.

La solución en la figura 8-11 proporciona la distancia más corta a cada nodo en la red, junto con su ruta.

Ejercicio 8.3-3

En la figura 8-11, determine la distancia más corta y ruta designada para cada uno de los siguientes nodos:
(1) Nodo 2
   [*Resp.*: D_2 = 55, 1 → 3 → 4 → 2.]

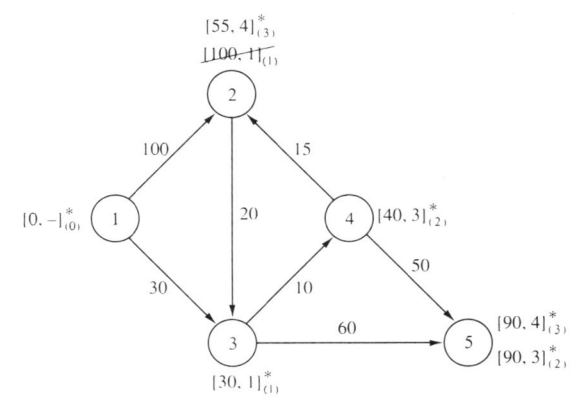

[Figura 8-11: red con nodos 1, 2, 3, 4, 5 y etiquetas de iteración]

Leyenda:

[ ] = etiqueta
( ) = iteración

Figura 8-11

(2) Nodo 5
   [*Resp.*: $D_5 = 90$, $1 \rightarrow 3 \rightarrow 4 \rightarrow 5$.]

Ejercicio con la computadora

Aplique el algoritmo de la ruta más corta de TORA para resolver el modelo acíclico del ejemplo 8.3-4. Compare las iteraciones de TORA (que se basan en el algoritmo cíclico) con las iteraciones acíclicas del ejemplo 8.3-4.

8.3.3 EL PROBLEMA DE LA RUTA MAS CORTA VISTO COMO UN MODELO DE TRANSBORDO

Podemos formular el problema de la ruta más corta como un modelo de transbordo (véase la sección 6.4). Puede considerarse la red de la ruta más corta como un modelo de transporte con una fuente y un destino. La oferta en la fuente es una unidad y la demanda en el destino es también de una unidad. La unidad fluirá de la fuente al destino pasando por las rutas admisibles de la red. El objetivo es el de minimizar la distancia recorrida por el flujo de la unidad de la fuente al destino.

Para ejemplificar la construcción del modelo, consideramos la red de la figura 8-12. A diferencia de los algoritmos de la sección 8.3.2, que calculan automáticamente las distancias más cortas entre el nodo 1 y los demás nodos, el modelo de transbordo determina sólo la distancia más corta entre dos nodos. Por lo tanto, suponiendo que nos interesa determinar la distancia más corta entre los nodos 1 y 7, la tabla 8-4 da el modelo de transbordo asociado del problema. Nótese que el almacenamiento de reserva B (véase la sección 6.4) es igual a 1, ya que en cualquier instante durante el transbordo no más de una unidad puede atravesar cualquiera de los nodos de la red. Obsérvese también que el nodo 1 no aparece como destino, ya que es la fuente (principal) de la red. En forma análoga, el nodo 7 no puede actuar como

330 Modelos de redes [C.8

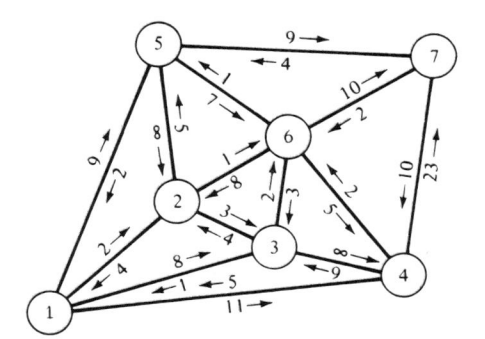

Figura 8-12

una fuente transitoria, ya que representa el destino final del flujo de la unidad. Los "costos de transporte" son iguales a las distancias asociadas. Las celdas agrupadas en bloques implican que la ruta correspondiente no existe y se le debe asignar un costo muy alto M cuando se resuelva el modelo. Por último, la distancia de un nodo a este mismo es cero.

Tabla 8-4

	2	3	4	5	6	7	
1	2 / **1**	8	11	9			**1**
2		0	3		5	1 / **1**		**0 + B**
3		4 / **1**	0			2		**0 + B**
4			9	0 / **1**		2	23	**0 + B**
5					0	7 / **1**	9	**0 + B**
6		8	3	5	1 / **1**	0	10	**0 + B**
	0 + B	**0 + B**	**0 + B**	**0 + B**	**0 + B**	**1**	

(B = 1)

La tabla 8-4 muestra también la solución óptima, que se obtiene mediante el uso de la técnica de transporte (sección 6.2.1). La tabla indica que

$$x_{12} = 1, \quad x_{26} = 1, \quad x_{33} = 1, \quad x_{44} = 1, \quad x_{57} = 1, \quad x_{65} = 1$$

Los valores de $x_{33} = x_{44} = 1$ no contribuyen a la solución porque conectan los nodos 3 y 4 a ellos mismos. Los valores restantes se pueden disponer en el orden

$$x_{12} = 1, \quad x_{26} = 1, \quad x_{65} = 1, \quad x_{57} = 1$$

que indica que la ruta óptima es 1 → 2 → 6 → 5 → 7, como se obtuvo antes. (La condición de optimidad del transporte demostrará que existe una solución óptima alternativa entre los nodos 1 y 7. Verifíquese esto.)

Ejercicio 8.3-4

Demuestre cómo puede construir el modelo de transbordo asociado con la obtención de la ruta más corta entre los nodos 6 y 4.

[*Resp*. El modelo de transbordo tendrá seis fuentes y seis destinos, sin renglón asociado con el nodo 4 (nodo destino) y sin columna con el nodo 6 (nodo fuente). Todos los nodos tendrán cada uno una unidad de oferta o demanda.]

Si se investiga la tabla 8-4 detenidamente, se descubrirá que tiene la estructura de un modelo de asignación (sección 6.3). Esto sugiere que quizá sea posible formular el problema de asignación como un problema de la ruta más corta. Aunque esto es cierto, los cálculos implicados suelen ser más tediosos que la solución del modelo de asignación en forma directa. Sin embargo, la relación es interesante en el aspecto teórico.

8.4 PROBLEMA DEL FLUJO MAXIMO

En esta sección se considera la situación cuando se enlazan un nodo fuente y un nodo destino, a través de una red de ramas o arcos de capacidad finita. La red es unidireccional, en el sentido que el flujo comienza en el nodo fuente y sale en el nodo destino. Sin embargo, una rama (i, j) puede tener dos capacidades distintas, dependiendo de si el flujo es de i a j o bien de j a i. Por ejemplo, si la red trata con el flujo de tránsito en las calles de una ciudad, una calle de un solo sentido tendrá una capacidad positiva en una dirección y una capacidad cero en la otra. Por otra parte, una calle de dos sentidos puede tener capacidades diferentes en las direcciones opuestas, si ambas direcciones no incluyen el mismo número de carriles de circulación.

Un ejemplo de flujo máximo es la situación donde un número de refinerías se conectan a terminales de distribución a través de una red de oleoductos. En los oleoductos están montadas unidades de bombeo que impulsan los productos derivados del petróleo hasta las terminales de distribución. El objetivo consiste en maximizar el flujo entre las refinerías y las terminales de distribución dentro de los límites de capacidad de las refinerías y los oleoductos.

332 Modelos de redes [C.8

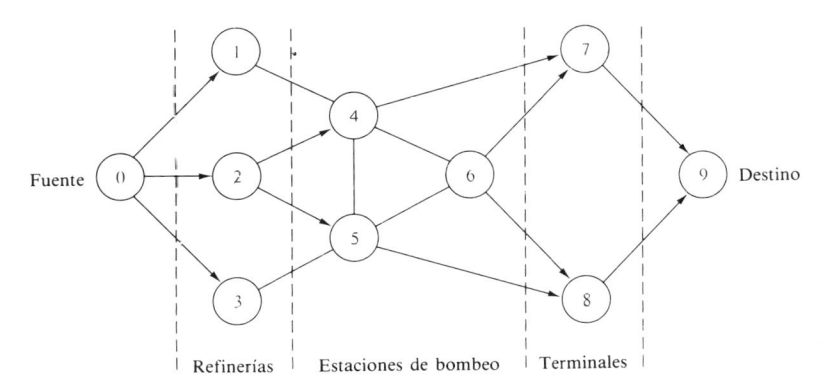

Figura 8-13

La figura 8-13 ilustra el problema del flujo máximo de las refinerías. Los nodos 1, 2 y 3 representan las refinerías y los nodos 7 y 8, las terminales. Los nodos restantes representan las estaciones de bombeo. Como el modelo de flujo máximo necesita sólo un nodo fuente y uno destino, los nodos 0 y 9 se agregan para representar tales puntos extremos. Las capacidades de las ramas que parten del nodo fuente 0, se pueden considerar iguales a la producción de las distintas refinerías. Por otra parte, las capacidades de las ramas que van de las terminales de distribución al nodo destino 9, se pueden considerar iguales a las demandas de petróleo. Se supone, en este caso, que las tuberías transportan sólo un tipo de petróleo a la vez.

La red de la figura 8-13 tiene algunas ramas con capacidades positivas sólo en una dirección. En la figura estas ramas se muestran con flechas. En las estaciones de bombeo 4, 5 y 6 el flujo puede ocurrir en cualquier dirección, posiblemente con capacidades diferentes, dependiendo del diseño de la red de tuberías.

Utilizamos una notación especial para representar el flujo bidireccional de una rama. En una con nodos extremos i y j, la notación (a, b) significa que la capacidad de flujo de i a j es a y que la de j a i es b. Por ejemplo en la figura 8-13, las capacidades entre el nodo 0 (fuente) y las refinerías se representan con $(c_1, 0)$, $(c_2, 0)$ y $(c_3, 0)$, donde c_1, c_2 y c_3 son las capacidades (por unidad de tiempo) de las refinerías 1, 2 y 3. En el caso de las ramas que conectan las estaciones de bombeo, tanto a como b pueden ser positivas.

La idea básica del algoritmo de flujo máximo es encontrar una **trayectoria de penetración** que conecte el nodo fuente con el nodo destino en forma tal, que la capacidad de cada rama en esta trayectoria sea positiva. El flujo máximo a lo largo de esta trayectoria debe ser igual a la capacidad *mínima*, c^*, de todas las ramas que constituyen la trayectoria. Luego, modificamos las capacidades (a, b) de las ramas a lo largo de la trayectoria a $(a - c^*, b + c^*)$ o bien a $(a + c^*, b - c^*)$, dependiendo de si el flujo en la rama (i, j) es de i a j o de j a i, respectivamente. La modificación pretende indicar que el flujo c^* se ha "comprometido". El proceso de buscar trayectorias de penetración entre la fuente y el destino, se repite hasta que resulta evidente que no son posibles más trayectorias de este tipo. El flujo máximo es entonces igual a la suma de los valores c^* determinados en las iteraciones sucesivas.

Problema del flujo máximo

(a) Trayectoria $1 \to 2 \to 3 \to 4$, $c^* = 5$
Capacidades: (1,2)=(5,0), (2,3)=(5,0), (3,4)=(5,0), (1,3)=(5,0), (2,4)=(5,0)

(b) Trayectoria $1 \to 3 \to 2 \to 4$, $c^* = 5$
Capacidades: (1,2)=(0,5), (2,3)=(5,0), (3,4)=(0,5), (1,3)=(5,0), (2,4)=(0,5)

(c) Ninguna trayectoria de penetración; flujo óptimo
Capacidades: (1,2)=(0,5), (2,3)=(0,5), (3,4)=(5,0), (1,3)=(0,5), (2,4)=(0,5)

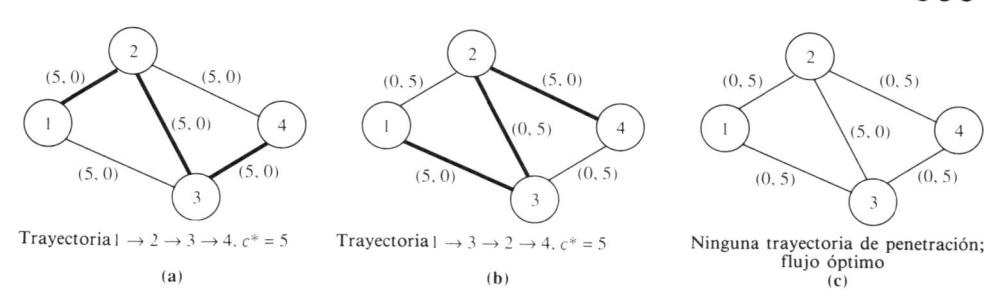

Figura 8-14

El requisito de que (a, b) se modifique a $(a - c^*, b + c^*)$ o a $(a + c^*, b - c^*)$ es crucial porque permite la cancelación futura de un flujo c^* *previamente comprometido*, en caso de ser necesario. *Sumando c^* a la dirección opuesta de un flujo comprometido, tenemos un instrumento para "recordar" qué tanto flujo se puede cancelar en una iteración posterior.* Las redes en la figura 8-14(a) ilustran este punto. Todas las ramas tienen la capacidad (5, 0), lo que significa un flujo unidireccional en la dirección $i \to j$ con una capacidad máxima de 5. La primera iteración identifica arbitrariamente la penetración $1 \to 2 \to 3 \to 4$, que conduce a la modificación de las capacidades de las ramas (1, 2), (2, 3) y (3, 4) de (5, 0) a (0, 5), porque $c^* = 5$, como se muestra en la figura 8-14(b). Luego, en la figura 8-14(b) identificamos la trayectoria de penetración $1 \to 3 \to 2 \to 4$. Observe que las ramas (1, 3) y (2, 4) tienen la capacidad (5, 0) y la rama (3, 2) tiene la capacidad (0, 5), lo que indica un flujo positivo en la dirección $3 \to 2$. Esta trayectoria da $c^* = 5$ y resulta la red de la figura 8-14(c). Observe cuidadosamente que lo ocurrido en la trayectoria de (b) a (c) no es otra cosa que una cancelación de un flujo en la dirección $2 \to 3$, previamente comprometido. Básicamente, el algoritmo reconoce que la rama (2, 3) no debe usarse y que el flujo máximo se alcanza empleando las dos trayectorias $1 \to 2 \to 4$ y $1 \to 3 \to 4$. El algoritmo es capaz de "recordar" que un flujo se ha comprometido previamente sólo mediante el uso de las modificaciones $(a - c^*, b + c^*)$ y $(a + c^*, b - c^*)$, como se explicó antes.

Ejemplo 8.4-1

Consideremos la red de la figura 8-15. Sólo la rama (3, 4) tiene capacidad en ambas direcciones. Sistematizaremos el procedimiento para determinar una trayectoria de penetración de la manera siguiente. Comenzando en el nodo 1, podemos seleccionar a los nodos 2, 3 o 4 como el siguiente nodo por conectarse al nodo corriente 1. La selección se basa en el principio heurístico de conectar aquel nodo que tenga la rama de capacidad máxima de flujo hacia el nodo 1. (En caso de empate seleccionamos el nodo *ordenado* primero en el conjunto empatado.) Así, desde el nodo 1, conectamos al nodo 3 por tener éste la máxima capacidad de rama (= máx {20, 30, 10}). Indicamos la selección etiquetando el nodo 3 con [30, 1] que representa la capacidad de flujo (= 30) de la rama *recién conectada* y que se origina en el nodo 1. (En el nodo fuente 1, la etiqueta [∞, −] indica una capacidad inicial infinita sin ningún nodo precedente.)

334 Modelos de redes [C.8

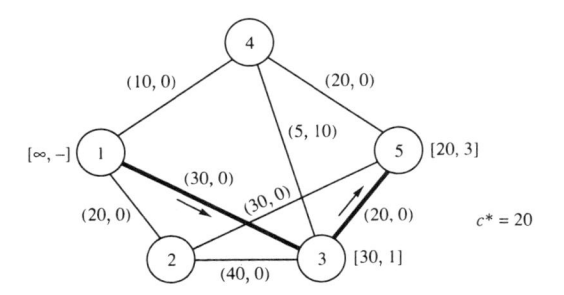

Figura 8-15

A continuación, en el nodo 3 podemos conectar el nodo 4 (capacidad de flujo = 10) o el nodo 5 (capacidad de flujo = 20). El nodo 2 queda excluido porque su capacidad en la dirección 3 → 2 es cero. Entonces, de acuerdo con el principio heurístico, conectamos 3 a 5 y etiquetamos a 5 con [20, 3]. Se tiene ahora la trayectoria de penetración 1 → 3 → 5, ya que 5 es un nodo destino. El flujo máximo a lo largo de esta trayectoria se determina directamente a partir de las etiquetas: $c^* = $ mín $\{\infty, 30, 20\} = 20$.† La figura 8-16 ajusta el flujo (a, b) a lo largo de la trayectoria 1 → 3 → 5, que refleja un flujo comprometido $c^* = 20$; esto es, cambiamos (30, 0) de la rama (1, 3) a (10, 20) y (20, 0) de la rama (3, 5) a (0, 20).

El procedimiento se repite para los flujos modificados de la figura 8-16. Téngase en cuenta que una vez que se etiqueta un nodo, no puede reetiquetarse durante la misma iteración. Así, como se muestra en la figura 8-16, los nodos 1, 2, 3, 4 y 5 están etiquetados con [∞, −], [20, 1], [40, 2], [10, 3] y [20, 4], respectivamente. El flujo máximo a lo largo de la trayectoria 1 → 2 → 3 → 4 → 5 es $c^* = $ mín $\{20, 40, 10, 20\} = 10$, que da las capacidades de flujo modificadas de la figura 8-17.

En la figura 8-17, la trayectoria de penetración es la 1 → 2 → 5 con $c^* = 10$. Observe que en el nodo 1 existe un empate entre los nodos 2, 3 y 4, porque los tres nodos tienen la misma capacidad de flujo (= 10). De acuerdo con el principio heurístico seleccionamos el nodo *ordenado* primero en el conjunto empatado, o sea, el nodo 2. En el nodo 2, la misma regla conduce al nodo 3. Sin embargo, desde

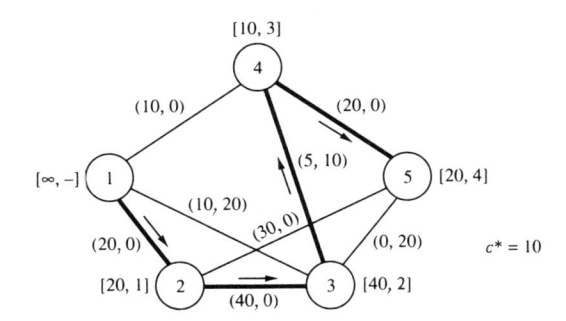

Figura 8-16

---

† Si así se desea, es posible cambiar el procedimiento de etiquetado, de manera que el flujo a través del último nodo añadido sea igual a la mínima capacidad de la rama entrante y al flujo a través de su predecesor inmediato (como lo registra su etiqueta). De este modo, c^* estará disponible cuando se alcance el nodo destino.

8.4] Problema del flujo máximo 335

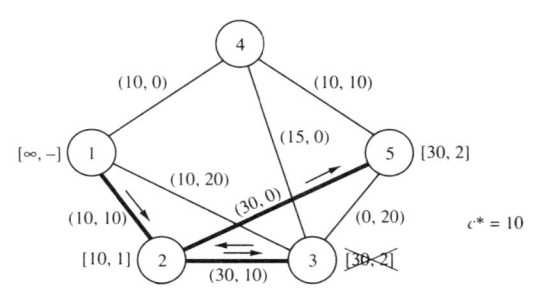

Figura 8-17

el nodo 3 no podemos etiquetar los nodos 4 o 5, debido a la capacidad nula de 3 a 4 y de 3 a 5 (el nodo 1 ya está etiquetado y no puede reetiquetarse). **Retrocedemos** entonces de 3 a 2 y cancelamos 3, de manera que no se etiquete nuevamente durante la iteración corriente. En el nodo 2, etiquetamos el nodo 5 con [30, 2], lo que nos da la trayectoria de penetración 1 → 2 → 5 con $c^* = 10$. El flujo modificado se da en la figura 8-18. Es importante notar que, en general, el proceso de *retroceder* debe aplicarse repetidamente hasta que tengamos una trayectoria de penetración o, hasta que el paso de retroceso nos conduzca al nodo fuente. En este último caso, no son posibles más trayectorias de penetración, lo que significa que el procedimiento ha terminado.

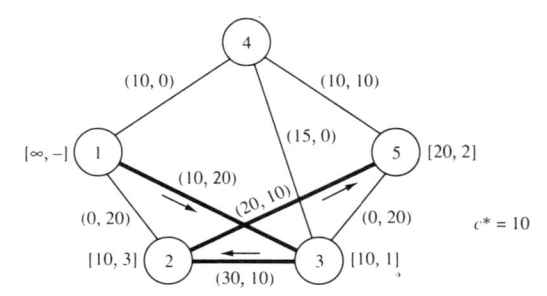

Figura 8-18

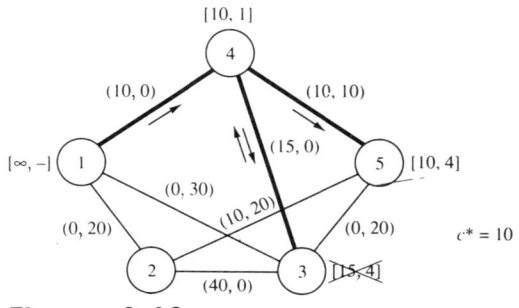

Figura 8-19

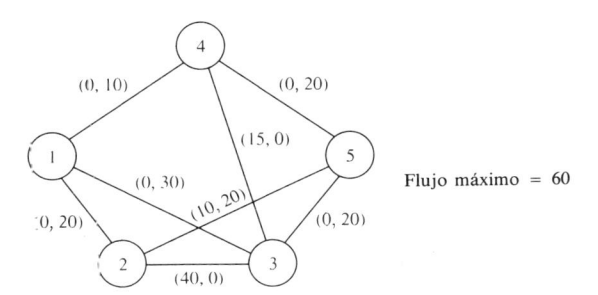

Figura 8-20

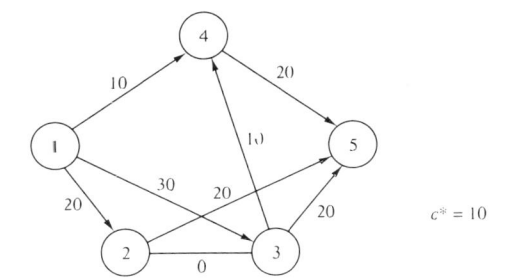

Figura 8-21

Las figuras 8-18 a la 8-20 completan el procedimiento porque el flujo modificado en la figura 8-20 muestra que no existen trayectorias de penetración (todas las capacidades de flujo modificado que parten de 1 son cero). Podemos así obtener el flujo óptimo en la red, restando los flujos modificados (a^*, b^*) en la figura 8-20 del flujo original (a, b) en la figura 8-15.

Si ($a - a^*$) > 0, se tendrá un flujo ($a - a^*$) en la dirección $i \to j$; de otra manera, si $b - b^* > 0$, se tendrá un flujo ($b - b^*$) en la dirección $j \to i$. Es imposible que ($a - a^*$) y ($b - b^*$) sean mayores que cero simultáneamente. Al utilizar esta regla da el flujo indicado en la figura 8-21. El flujo máximo en la red es la suma de los flujos que salen de la fuente o que llegan al destino (= 60). ◄

Ejercicio 8.4-1
(a) Determine la capacidad en exceso para todas las ramas en la figura 8-21.
  [*Resp.*: Rama (2, 3) = 40, rama (4, 3) = 5.]
(b) Determine la magnitud de los flujos a través de los nodos 2, 3 y 4 en la figura 8-21.
  [*Resp.*: Nodo 2 = 20, nodo 3 = 30, nodo 4 = 20.]
(c) En la red de la figura 8-15, ¿sería ventajoso (desde el punto de vista de incrementar el flujo máximo) aumentar las capacidades de flujo en las direcciones 3 → 5 y 4 → 5?
  [*Resp.*: No, el nodo 1 aún representa un cuello de botella.]

Ejercicio con la computadora
Utilice TORA para verificar el procedimiento de etiquetado que se dio en el ejemplo 8.4-1.

En este momento es apropiado analizar el uso de **cortes** en la solución del problema de flujo máximo. Un *corte* en una red conectada define un conjunto de ramas que, al hacer sus capacidades iguales a cero, alterarán el flujo entre la fuente y el destino. En este caso se dice que la **capacidad del corte** es igual a la suma de las capacidades de sus ramas asociadas. Se indican a continuación, como ilustración de esto, un conjunto de cortes para la red en la figura 8-15.

Ramas de conjuntos de cortes	Capacidad
(1, 2), (1, 3), (1, 4)	10 + 30 + 20 = 60
(2, 5), (3, 5), (4, 5)	30 + 20 + 20 = 70
(2, 3), (2, 5), (1, 3), (1, 4)	30 + 30 + 30 + 10 = 100

Intuitivamente, podemos determinar el flujo máximo por enumeración de *todos* los cortes en la red. El corte con la capacidad mínima proporciona el flujo máximo buscado. Este resultado intuitivo se ha demostrado usando el llamado **teorema de flujo máximo y corte mínimo,** que establece que el flujo máximo en la red es igual a la capacidad de su corte mínimo. [Véase Ford y Fulkerson (1962) para más detalles.]

8.5 PROBLEMA DEL FLUJO CAPACITADO DE COSTO MINIMO

El problema del flujo con capacidad modificada, o flujo capacitado, de costo mínimo, representa una clase general de modelo de redes que comprende a los problemas de transporte, transbordo, asignación y máximo flujo, como casos especiales. Ilustraremos primero este tipo de problema y luego analizaremos su especialización aplicada a los casos específicos mencionados antes.

Ejemplo 8.5-1

Una empresa fabrica un compuesto químico básico que utilizan otros fabricantes para producir una variedad de productos para pinturas. La empresa tiene dos plantas y ha firmado contratos con dos proveedores de materia prima. Los contratos estipulan una entrega mínima de 500 y 750 toneladas de materia prima por mes, por parte de los proveedores 1 y 2, a los precios de $200 y $210 por tonelada, respectivamente. Se necesitan 1.2 toneladas de materia prima para fabricar una tonelada del compuesto químico básico. Los costos del transporte por tonelada desde la fábrica de los proveedores a las dos plantas se resume en la siguiente tabla:

Proveedor	Planta 1	Planta 2
1	$10	$12
2	9	13

338 Modelos de redes [C.8]

Las capacidades de producción y el costo por tonelada en las dos plantas se dan a continuación:

Planta	Costo de producción/ton	Capacidad mínima (ton)	Capacidad máxima (ton)
1	$25	400	800
2	28	450	900

Las demandas mensuales en las dos plantas son de 660 y 800 toneladas. Los costos de transporte por tonelada entre las plantas y los centros de distribución, se dan a continuación.

	Costo de transporte/ton	
Planta	D1	D2
1	3	4
2	5	2

La figura 8-22 muestra la red que representa al problema. El nodo fuente está dado por el nodo 1. Las ramas (1, 2) y (1, 3) representan los dos proveedores. Las capacidades mínimas de las ramas reflejan el envío mínimo garantizado para cada proveedor. Como estas ramas no tienen cotas superiores, sus capacidades se resumen como (500, ∞) y (750, ∞). Los precios de compra por tonelada para los dos proveedores son $200 y $210, respectivamente.

Para determinar la capacidad de las plantas en el modelo, cada planta se representa con dos nodos, que pueden verse como los puntos de entrada y salida de la planta. Las ramas que conectan los nodos de entrada y salida tienen las siguientes capacidades (400, 800) y (450, 900). Los nodos de salida de las plantas (nodos 6 y 7) se conectan a los de distribución (nodos 8 y 9) a través de las ramas de transporte (6, 8), (6, 9), (7, 8) y (7, 9). Estas ramas son similares a las de transporte que llegan a las plantas en los nodos 4 y 5.

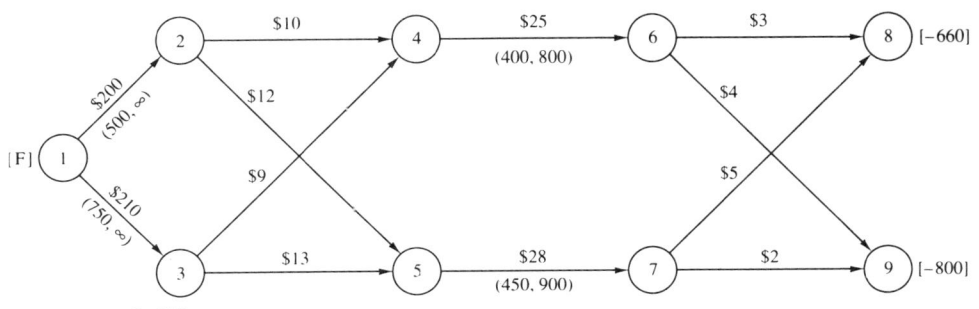

Figura 8-22

Las demandas en los nodos de distribución 8 y 9 están representadas por [−660] y [−800], respectivamente. En forma correspondiente, la oferta en el nodo fuente 1 se especifica como [F]. Para que el problema dé una solución factible, la oferta debe ser igual a la demanda total. Sin embargo, debemos tomar en consideración el hecho que los proveedores están tratando con toneladas de materia prima, en tanto que los centros de distribución están tratando con toneladas del compuesto químico. Esta discrepancia se puede arreglar usando un factor de 1.2 para convertir la materia prima en compuesto químico equivalente. Por ejemplo, las capacidades de las ramas (1, 2) y (1, 3) deben reemplazarse por (500/1.2, ∞) y (750/1.2, ∞). En este caso los costos unitarios de compra de los dos proveedores deben ponerse a una escala de \$200 × 1.2 y a \$210 × 1.2. Una escala similar se aplica a los costos de transporte de los nodos 2 y 3 hacia los nodos 4 y 5. Con esta conversión podemos especificar la cantidad de oferta en el nodo fuente 1 como 660 + 800 = 1 460 toneladas (de compuesto químico).

La solución de la red en la figura 8-22 debería dar la asignación óptima de oferta a las dos plantas, así como la asignación de la producción de cada planta a los dos centros de distribución. El objetivo es minimizar el costo neto de la operación total.

◄

En realidad, el ejemplo en la figura 8-22 es una generalización del problema de transbordo estudiado en el capítulo 6. La diferencia principal es que puede modificarse la capacidad de las ramas. Además, los nodos de transbordo (o sea, los nodos 2, 3, 4, 5, 6 y 7 en la figura 8-22) también pueden tener flujos externos. Por ejemplo, en la figura 8-22, los flujos externos en los nodos 6 y 7 se pueden utilizar para representar ventas locales del compuesto químico.

8.5.1 CASOS ESPECIALES DEL MODELO DE RED CAPACITADA

Se puede demostrar que el modelo de red con capacidad modificada, o red capacitada, que se analizó antes comprende los siguientes modelos como casos especiales:

1. El modelo de transporte, el de asignación y el de transbordo.
2. El modelo de la ruta más corta.
3. El modelo del flujo máximo.

El modelo con capacidad modificada se puede especializar para describir el modelo de transporte (o el de asignación) efectuando los cambios siguientes:

1. Los nodos fuente se conectan directamente a los nodos destino.
2. La capacidad de todas las ramas de cota inferior se hacen igual a cero.
3. La capacidad de todas las ramas de cota superior se hacen igual a infinito.

El modelo de transbordo exige los mismos cambios que el modelo de transporte, excepto que las unidades transportadas pueden enviarse desde una fuente a un destino, a través de uno o más nodos de transbordo, como se demostró en la sección 6.4.

340 Modelos de redes [C.8

El modelo de la ruta más corta, analizado en la sección 8.3, es un caso especial del modelo de red con capacidad modificada en la forma siguiente:

1. El nodo fuente envía [+ 1] unidad y el nodo destino recibe [− 1] unidad.
2. Todas las ramas tienen capacidades de cota inferior cero y de cota superior infinita.
3. El costo por unidad de flujo en cada rama debe representar ahora la distancia entre nodos.

El objetivo del modelo de la ruta más corta es enviar 1 unidad de flujo desde la fuente al destino, a un costo (distancia) mínima.

Finalmente, el modelo de flujo máximo (sección 8.4) se puede expresar como una red capacitada, de la manera siguiente:

1. La capacidad de cota superior de una rama se utiliza para representar el flujo máximo en la rama (la cota inferior se hace igual a cero).
2. Se supone que todas las ramas tienen costo cero por unidad de flujo.
3. La cantidad enviada desde el nodo fuente y la cantidad recibida en el nodo destino se hacen igual a [+ F] y [− F] unidades, respectivamente. El valor de F se debe escoger suficientemente grande para permitir que se establezca el flujo máximo en la red.
4. Se usa una rama directa para conectar el nodo fuente con el nodo destino. El propósito de esta rama es llevar la cantidad de exceso de F, que no fluye a través de la red. La capacidad de esta rama no se debe modificar. Además, se le debe asignar un costo de flujo unitario suficientemente alto, forzando así a que el proceso de optimización envíe todo el flujo posible a través de las ramas de la red original. Tal procedimiento logrará que se establezca el flujo máximo en la red capacitada, modificada.

8.5.2 FORMULACION DE PROGRAMACION LINEAL

El modelo con capacidad modificada se puede expresar como un programa lineal. Sea x_{ij} la cantidad de flujo en la rama (i, j) y suponga que c_{ij} es su costo unitario asociado. Cada nodo corresponde a una restricción que conserva el equilibrio del flujo en el nodo. Si suponemos que $[b_j]$ $(-[b_j])$ representa la cantidad de suministro (demanda) en el nodo j, y que (l_{ij}, u_{ij}) son las capacidades de la rama (i, j), el programa lineal está dado por:

$$\text{minimizar } z = \sum_{i=1}^{n} \sum_{j=1}^{n} c_{ij} x_{ij}$$

sujeto a

$$\sum_{k=1}^{n} x_{ik} - \sum_{k=1}^{n} x_{ki} = b_i \quad \text{para toda } i$$

$$l_{ij} \leq x_{ij} \leq u_{ij} \quad \text{para toda } i \text{ y } j$$

Como explicamos en la sección 7.1, la cota inferior l_{ij} en la rama (i, j) siempre puede tomarse en cuenta por medio de la sustitución $x_{ij} = l_{ij} + y_{ij}$. En este caso, las nuevas variables del problema serán las y_{ij} cuyas cotas superiores están dadas por $u_{ij} - l_{ij}$. No hay pérdida de generalidad cuando suponemos que las variables de la red capacitada están acotadas sólo por arriba (con cota inferior cero).

Por supuesto, podemos resolver el problema lineal directamente usando el algoritmo símplex presentado en el capítulo 3. Sin embargo, como en el modelo de transporte del capítulo 6, la estructura especial de la red capacitada nos permite usar una variante del método símplex regular que es más eficiente desde el punto de vista del cálculo. La nueva técnica de cálculo se basa en la teoría de la dualidad. Sin embargo, como en el algoritmo de transporte, el nuevo algoritmo emplea exactamente los mismos pasos del método símplex, dando lugar al sugestivo nombre de *método símplex para redes*.

8.5.3 METODO SIMPLEX DE LA RED CAPACITADA

Los pasos del método símplex para redes, son exactamente los mismos que en el método símplex para variables con acotamiento superior (sección 7.1). Ocurren diferencias sólo en los detalles de cálculo, los que están diseñados para aprovechar la estructura especial del problema de redes.

Antes de proporcionar los detalles del algoritmo observe que para que la red con capacidad modificada tenga una solución factible, es necesario que la suma neta de todas las unidades de oferta y demanda sea cero; o sea,

$$\sum_{j=1}^{n} b_j = 0$$

Esta condición siempre se puede satisfacer sumando una fuente ficticia o un destino ficticio como lo hacemos en el modelo de transporte. El nodo de la fuente ficticia (o el de destino) debe conectarse a cada nodo destino (o fuente) de la red, con costo nulo de flujo unitario y capacidad infinita de cota superior. Téngase en cuenta que la condición anterior no garantiza una solución factible porque las capacidades de las ramas pueden impedir la existencia de una solución factible.

Las iteraciones del método símplex para redes están asociadas sólo con soluciones básicas factibles, igual que en el método símplex primal regular. Una solución básica de la red capacitada se caracteriza por el hecho de que una red de n nodos corresponde a un conjunto de n restricciones. Sin embargo, como la suma neta de la oferta y la demanda debe ser cero, una de esas restricciones debe ser redundante. Esto significa que una solución básica para el problema de redes debe incluir $n - 1$ variables básicas. Si el lector estudia la definición de árbol extenso (sección 8.1), descubrirá que éste siempre incluye $n - 1$ ramas de conexión, sin que ningún subconjunto de esas ramas forme un lazo. De hecho, se puede probar que una solución de árbol extenso corresponde a una solución básica del modelo de PL capacitado y viceversa. Este resultado es la idea clave para la creación del método símplex para redes.

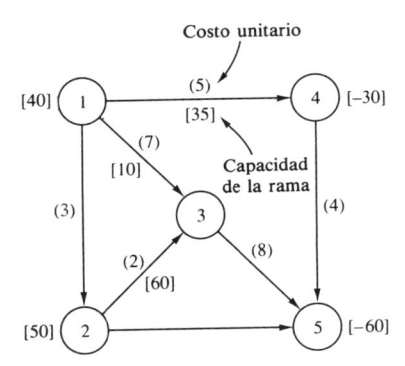

Figura 8-23

Los pasos del método símplex para redes se resumen de la manera siguiente:

Paso 0: Encontrar una solución (básica) inicial factible de árbol extenso. Si no existe una solución factible, deténgase.

Paso 1: Determine una rama entrante (variable) usando la condición de optimidad del método símplex. Si no existe ninguna, deténgase; en caso contrario, siga con el paso 2.

Paso 2: Determine la rama saliente (variable) usando la condición de factibilidad del método símplex de acotamiento superior. Cambie el árbol extenso (base); luego siga con el paso 1.

Los detalles de los pasos anteriores se ilustran mejor por medio de un ejemplo numérico. En este momento es aconsejable repasar el método símplex de acotamiento superior (sección 7.1).

Ejemplo 8.5-2

Considere la red capacitada de la figura 8-23. El modelo ya está equilibrado porque la suma de todas las unidades de oferta y demanda es cero. Comenzamos presentando el PL asociado con el problema. Esta formulación será necesaria para explicar la condición de optimidad del algoritmo de redes.

	x_{12}	x_{13}	x_{14}	x_{23}	x_{25}	x_{35}	x_{45}		Variables duales
Mín	3	7	5	2	1	8	4		
Nodo 1	1	1	1					40	w_1
Nodo 2	−1			1	1			50	w_2
Nodo 3		−1		−1		1		0	w_3
Nodo 4			−1				1	−30	w_4
Nodo 5					−1	−1	−1	−60	w_5
Cotas superiores	∞	10	35	60	30	∞	∞		

8.5] Problema del flujo capacitado de costo mínimo 343

Observe que con excepción de las cotas superiores, las principales restricciones del modelo de PL tienen la estructura básica de un problema de transbordo (véase la sección 6.4). Esta estructura especial nos permitirá desarrollar la condición de optimidad con base en el problema dual, tal como lo hicimos en el algoritmo de transporte (sección 6.2).

Nuestra primera tarea es encontrar un árbol extenso *factible* inicial. En este ejemplo, la solución inicial en la figura 8-24 se obtiene por inspección. Normalmente implementaríamos una técnica de variable artificial para encontrar tal solución. Sin embargo, como esta técnica contiene muchos de los detalles del método M y del método de las dos fases presentados en la sección 3.3.1, no daremos aquí estos detalles [véase Bazaraa y otros (1990, págs. 440-446)].

El árbol extenso en la figura 8-24 muestra que las ramas (1, 3), (1, 4), (2, 3) y (3, 5) (con flujos factibles de 30, 10, 50 y 60 unidades, respectivamente) definen las variables básicas. En forma correspondiente, las ramas (1, 2), (2, 5) y (4, 5) definen las variables no básicas. Nuestro objetivo, ahora, es decidir si la presente solución puede mejorarse, incrementando el flujo por arriba de cero en una de las ramas no básicas. Efectuamos esta tarea calculando el coeficiente objetivo $z_{ij} - c_{ij}$ en cada rama no básica (i, j). Los cálculos asociados se basan en el uso del problema dual, tal como lo hicimos en el modelo de transporte (véase el final de la sección 6.2.1). Específicamente, las variables duales asociadas con las restricciones principales (excluyendo las cotas superiores) del problema PL de redes, proporciona el siguiente problema dual general:

$$\text{maximizar } w = \sum_{i=1}^{n} b_i w_i$$

sujeto a

$$w_i - w_j \leq c_{ij} \quad \text{para todas las } i \text{ y } j \text{ definidas}$$
$$w_i \text{ irrestricta en signo} \quad \text{para toda } i = 1, 2, \ldots, n,$$

donde w_i y b_i son la variable dual y las unidades de demanda asociadas con el nodo

$z_{12} - c_{12} = 0 - (-5) - 3 = 2$
$z_{25} - c_{25} = -5 - (-15) - 1 = \boxed{9}$
$z_{45} - c_{45} = -5 - (-15) - 4 = 6$

La rama (2, 5) alcanza su cota superior en 30

Sustituya $x_{25} = 30 - x'_{25}$

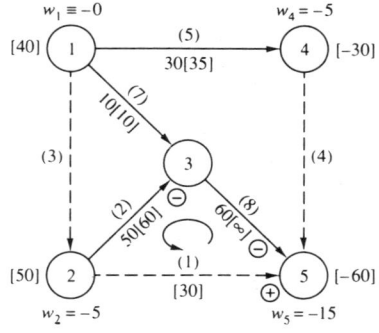

Figura 8-24

i (restricción) y c_{ij} es el coeficiente de costo unitario asociado con la rama (i, j). Según la teoría de la PL (holgura complementaria), tenemos

$$w_i - w_j = c_{ij} \quad \text{para todas las ramas básicas } (i, j)$$

Como una de las restricciones originales de la PL es redundante, se infiere que podemos asignar un valor arbitrario a una de las variables duales w_i asociada con el nodo i. (Compare esto con el algoritmo de transporte, sección 6.2.1.) En este ejemplo haremos $w_1 = 0$. Implementando la ecuación anterior al árbol extenso en la figura 8-24, se forman las siguientes ecuaciones:

$w_1 = 0$, por definición
rama $(1, 3)$: $w_1 - w_3 = 7$, por lo que $w_3 = -7$
rama $(1, 4)$: $w_1 - w_4 = 5$, por lo que $w_4 = -5$
rama $(2, 3)$: $w_2 - w_3 = 2$, por lo que $w_2 = -5$
rama $(3, 5)$: $w_3 - w_5 = 8$, por lo que $w_5 = -15$

Evaluamos ahora $z_{ij} - c_{ij}$ en todas las ramas no básicas (i, j) por medio de la siguiente ecuación (compare con el algoritmo de transporte, sección 6.2.1):

$$z_{ij} - c_{ij} = w_i - w_j - c_{ij}$$

Esto da

rama $(1, 2)$: $z_{12} - c_{12} = w_1 - w_2 - c_{12} = 0 - (-5) - 3 = 2$
rama $(2, 5)$: $z_{25} - c_{25} = w_2 - w_5 - c_{25} = (-5) - (-15) - 1 = 9 \leftarrow$
rama $(4, 5)$: $z_{45} - c_{45} = w_4 - w_5 - c_{45} = (-5) - (-15) - 4 = 6$

De acuerdo con la condición de optimalidad del método símplex, $(2, 5)$ debe ser la rama entrante.

En la figura 8-24 observamos que la rama no básica $(2, 5)$ forma un lazo con las ramas básicas $(2, 3)$ y $(3, 5)$ (por definición de árbol extenso, no puede formarse ningún otro lazo). Como queremos incrementar el flujo en la rama $(2, 5)$, debemos ajustar las ramas del lazo en una cantidad igual para mantener la factibilidad de la solución. La manera de ajustar el flujo alrededor del lazo es directa. La orientación positiva $(+)$ del lazo debe ser en la dirección del flujo de la rama entrante no básica, o sea, del nodo 2 al nodo 5 porque estamos incrementando el flujo en esa rama. Luego asignamos $(+)$ o $(-)$ a las ramas restantes del lazo, dependiendo de si el flujo en cada rama concuerda con o se opone a la orientación positiva del lazo. La aplicación de este procedimiento resulta en la convención de signos mostrada en la figura 8-24.

Nuestra próxima tarea es determinar el nivel máximo de flujo en la rama entrante $(2, 5)$. Este nivel debe escogerse de tal modo que:

1. Ninguna de las ramas básicas corrientes que formen el lazo tenga una flujo negativo o un flujo que exceda su capacidad.
2. El flujo en la rama entrante no exceda su capacidad.

8.5] Problema del flujo capacitado de costo mínimo

Aplicando estas condiciones al lazo [(2, 5), (2, 3), (3, 5)], notamos lo siguiente:

1. Como la rama (2, 3) tiene orientación (−), su flujo no puede disminuirse en más de 50 unidades. Por la misma razón, el flujo en la rama (3, 5) no puede disminuirse en más de 60 unidades.

2. Como la capacidad de la rama (2, 5) es 30, el flujo máximo en esta rama es de 30 unidades.

Según las condiciones anteriores, el flujo máximo en la rama (2, 5) es mín {50, 60, 30} = 30, que corresponde a su cota superior. Utilizando las mismas reglas que en la sección 7.1, la rama (2, 5) debe permanecer no básica en su cota superior. En este caso usamos la sustitución

$$x_{25} = 30 - x'_{25}$$

donde $0 \le x'_{25} \le 30$. Si se examina la formulación anterior de PL, se notará que dicha sustitución afecta sólo a las restricciones de los nodos 2 y 5, junto con el coeficiente de x_{25} en la función objetivo. Específicamente, consideremos las siguientes restricciones:

restricción del nodo 2: $x_{23} + x_{25} = 50$
restricción del nodo 5: $-x_{35} - x_{25} = -60$

La sustitución $x_{25} = 30 - x'_{25}$ da entonces:

restricción del nodo 2: $x_{23} - x'_{25} = 20$
restricción del nodo 5: $-x_{35} + x'_{25} = -30$

Simultáneamente, el coeficiente de x'_{25} en la función objetivo será −1 en vez de 1. Esta información se muestra en la figura 8-25 cambiando las unidades de oferta y demanda en los nodos 2 y 5 a [20] y [−30], cambiando la orientación de la rama (2, 5) a (5, 2) y cambiando el costo unitario de (5, 2) a −1. Se marca un asterisco (*) en la rama (5, 2) para indicar la sustitución de la cota superior.

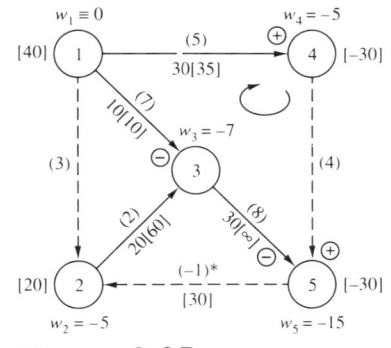

$z_{12} - c_{12} = 0 - (-5) - 3 = 2$
$z_{52} - c_{52} = -15 - (-5) - (-1) = -9$
$z_{45} - c_{45} = -5 - (-15) - 4 = \boxed{6}$

La rama (4, 5) se convierte en básica al nivel 5

La rama (1, 4) se convierte en no básica en la cota superior

Sustituya $x_{14} = 35 - x'_{14}$
Reduzca x_{13} y x_{35} en 5

Figura 8-25

346 Modelos de redes [C.8]

El resultado de estos cambios en la red es que todas las ramas no básicas están nuevamente a nivel cero y, podemos comenzar los cálculos de una nueva iteración de la misma manera dada antes. En la figura 8-25 volvemos a calcular los valores duales w_i, comenzando con $w_1 = 0$. Luego calculamos $z_{ij} - c_{ij}$ en las ramas no básicas (1, 2), (4, 5) y (5, 2) [note la orientación de la rama (5, 2)]. Los cálculos muestran que (4, 5) es la rama entrante (verifíquelo). Esta rama forma el lazo [(4, 5), (1, 3), (1, 4), (4, 5)]. La orientación del lazo proporciona la convención de signos mostrada en la figura 8-25, que muestra que un incremento en el flujo de la rama no básica (4, 5) debe acoplarse simultáneamente con decrementos en las ramas básicas (1, 3) y (3, 5) y un aumento en la rama básica (1, 4). En términos de los límites de capacidad y no negatividad podemos ver que:

1. No hay cota superior para la capacidad de la rama no básica (4, 5).
2. El flujo en la rama básica (1, 4) puede incrementarse cuando mucho en 35 - 30 = 5 unidades.
3. El flujo en la rama básica (1, 3) puede disminuirse cuando mucho en 10 unidades.
4. El flujo en la rama básica (3, 5) puede disminuirse cuando mucho en 30 unidades.

Combinando todas estas restricciones, concluimos que el flujo en la rama no básica (4, 5) puede incrementarse en 5 unidades, en cuyo caso la rama básica (1, 4) debe dejar la base (árbol extenso) y volverse no básica en su cota superior de 35. En este caso utilizamos la sustitución $x_{14} = 35 - x'_{14}$. Esta sustitución conducirá a la red mostrada en la figura 8-26 (verifique los valores de oferta y demanda, [35] y [−25], en los nodos 1 y 4). El árbol extenso (básico) consta ahora de las ramas (1, 3), (2, 3), (3, 5) y (4, 5) con las ramas (1, 2), (4, 1) y (5, 2) con carácter de no básicas.

Los cálculos de w_i y $z_{ij} - c_{ij}$ en la figura 8-26 muestran que la rama no básica (1, 2) debe entrar en la solución básica al nivel 5, forzando simultáneamente a que la rama básica (1, 3) resulte no básica a su cota inferior (cero) (verifíquelo). Esto resulta en el nuevo árbol extenso mostrado en la figura 8-27. Repitiendo el mismo tipo de cálculos en la figura 8-27, se ve que todas las $z_{ij} - c_{ij}$ para las variables no

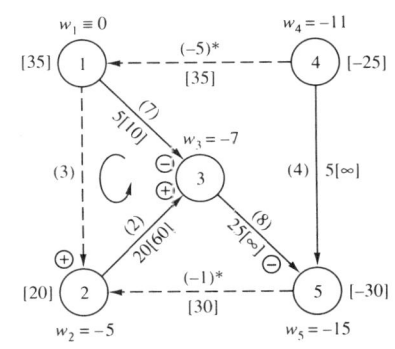

$z_{12} - c_{12} = 0 - (-5) - 3 = \boxed{2}$
$z_{41} - c_{41} = -11 - 0 - (-5) = -6$
$z_{52} - c_{52} = -15 - (-5) - (-1) = -9$

La rama (1, 2) entra en el nivel 5
La rama (1, 3) sale en el nivel 0

Incremente x_{23} en 5

Figura 8-26

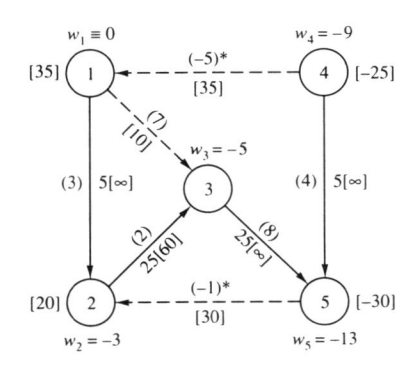

$z_{13} - c_{13} = 0 - (-5) - 7 = -2$
$z_{41} - c_{41} = -9 - 0 - (-5) = -4$
$z_{52} - c_{52} = -13 - (-3) - (-1) = -9$

Solución óptima:

$x_{12} = 5, \ x_{13} = 0$
$x_{14} = 35 - 0 = 35$
$x_{23} = 25$
$x_{25} = 30 - 0 = 30$
$x_{35} = 25, \ x_{45} = 5$

Figura 8-27

básicas son negativas, lo que indica que la iteración corriente es óptima. Los flujos en las ramas (1, 4) y (2, 5) están determinados por sustitución regresiva:

$$x_{14} = 35 - x_{41} = 35 - 0 = 35$$
$$x_{25} = 30 - x_{52} = 30 - 0 = 35$$

donde x_{41} y x_{52} son en realidad iguales a x'_{14} y x'_{25}, obtenidos de las sustituciones de cota superior. ◄

8.6 RESUMEN

En este capítulo presentamos aplicaciones de la modelación por medio de redes, incluido el árbol de extensión mínima, el algoritmo de la ruta más corta, el modelo del flujo máximo y la red capacitada general. Aunque se presentaron algoritmos especiales para cada modelo de red, la exposición muestra que el método símplex de la red con capacidad modificada incluye a la mayoría de esos algoritmos especiales. Sin embargo, los algoritmos especializados ofrecen ventajas de cálculo con respecto al método símplex de redes.

Otro algoritmo para resolver el modelo capacitado de redes es el método **desarreglado o descompuesto**. Este algoritmo es un método combinado primal-dual diseñado para aprovechar la estructura especial del modelo.

Otro tipo de análisis mediante redes es la técnica PERT-CPM. Esta técnica tiene como objetivo la determinación de un programa factible de actividades individuales en proyectos complejos. En el siguiente capítulo presentamos los detalles de este importante tipo de análisis.

BIBLIOGRAFIA

Bazaraa, M., J. Jarvis y H. Sherali, *Linear Programming and Network Flow,* 2a. ed., Wiley, Nueva York, 1990

Ford, L. y D. Fulkerson, *Flows in Networks,* Princeton University Press, Princeton, N.J., 1962.

Kennington, J. y R. Helgason, *Algorithms for Network Programming,* Wiley-Interscience, Nueva York, 1980.

Mandl, C., *Applied Network Optimization,* Academic Press, Orlando, Fla., 1979.

Phillips, D. y A. Garcia-Diaz, *Fundamentals of Network Analysis,* Prentice Hall, Englewood Cliffs, N.J., 1981.

PROBLEMAS

Sección	Problemas asignados
8.1	8-1
8.2	8-2 a 8-5
8.3	8-6 a 8-12
8.4	8-13 a 8-17
8.5	8-18 a 8-25

☐ **8-1** Para cada red de la figura 8-28 determine lo siguiente: (a) una trayectoria, (b) un lazo, (c) un lazo dirigido o circuito, (d) un árbol y (e) un árbol extenso.

☐ **8-2** Obtenga el árbol de extensión mínima de la red de la figura 8-3 en cada una de las siguientes condiciones *independientes*:
   (a) Los nodos 5 y 6 están enlazados por un cable de 2 millas.
   (b) Los nodos 2 y 5 no se pueden enlazar.

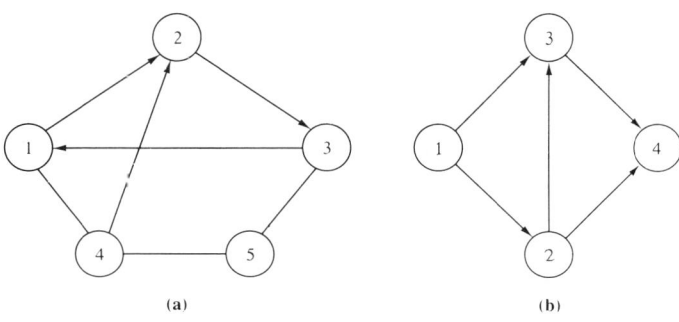

Figura 8-28

Problemas **349**

Figura 8-29

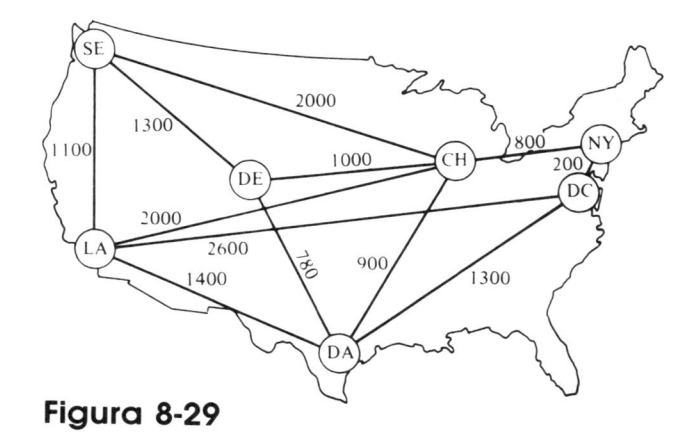

(c) Los nodos 2 y 6 están enlazados por un cable de 4 millas.
(d) El cable entre los nodos 1 y 2 tiene 8 millas de largo.
(e) Los nodos 3 y 5 están unidos por un cable de 2 millas.
(f) El nodo 2 no se puede conectar directamente a los nodos 3 y 5.

☐ **8-3** Supóngase que se desea establecer una red de comunicación por cable que enlace las ciudades importantes que se indican en la figura 8-29. Determine cómo se conectan las ciudades de modo que se minimice la longitud total de cable que se utilice.

☐ **8-4** La figura 8-30 muestra la longitud de los enlaces factibles que conectan nueve fuentes de gas natural mar adentro con un punto de reparto en tierra. Como la

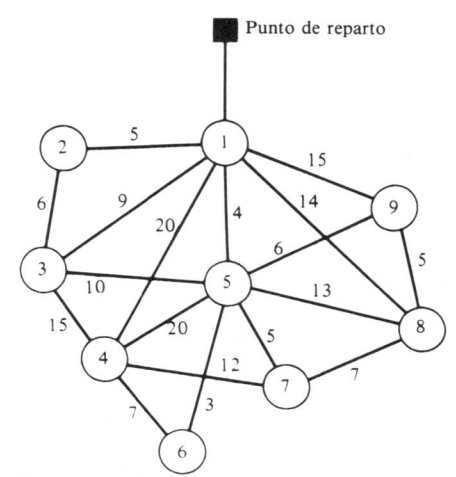

Figura 8-30

350 Modelos de redes [C.8

ubicación de la fuente 1 es la más próxima a la costa, está equipada con la capacidad de bombeo y almacenaje suficiente para bombear la producción de las ocho fuentes o pozos restantes al punto de reparto. Determine la red de tubería que enlaza todas las fuentes al punto de reparto que minimizará la longitud total de los gaseoductos.

☐ **8-5** Supóngase en la figura 8-30 que los pozos o fuentes se pueden subdividir en dos grupos, dependiendo de la presión del gas: un grupo de alta presión, que incluye a los pozos 2, 3, 4 y 6, y un grupo de baja presión, que incluye a los pozos 5, 7, 8 y 9. Debido a la diferencia de presión no es posible enlazar pozos de los dos grupos. Sin embargo, ambos grupos están conectados al punto de reparto a través del pozo o fuente 1. Determine la red de tubería óptima que conectará todos los pozos con el punto de reparto.

☐ **8-6** Un tostador eléctrico "pasado de moda" tiene dos puertas abisagradas, accionadas a mano, que se abren hacia abajo. Una rebanada de pan se tuesta por un lado a la vez, abriendo una de las puertas con una mano y colocando la rebanada con la otra mano. Cada puerta se mantiene cerrada con un resorte. Después que se ha tostado un lado, la rebanada se voltea. Se desea determinar la secuencia de operaciones (colocar, tostar, voltear y retirar las rebanadas de pan) necesarias para tostar tres rebanadas en el menor tiempo posible. Suponga los siguientes tiempos individuales:

Operación	Tiempo (s)
Colocar una rebanada de cualquier lado	3
Tostar un lado	30
Voltear una rebanada ya colocada en el tostador	1
Retirar una rebanada de cualquier lado	3

☐ **8-7** Reconstruya el modelo de reemplazo de equipo suponiendo que un auto debe mantenerse en servicio por lo menos 2 años, antes de considerar su reemplazo.

☐ **8-8** La red de la figura 8-31 representa las distancias en millas entre diversas ciudades i, $i = 1, 2, \ldots, 8$. Determine las rutas más cortas entre las siguientes parejas de ciudades:
   (a) Ciudad 1 y 8.
   (b) Ciudad 1 y 6.
   (c) Ciudad 4 y 8.
   (d) Ciudad 2 y 6.

☐ **8-9** Un camión debe repartir concreto de una planta de mezcla preparada a un sitio de construcción. La red de la figura 8-32 representa las rutas disponibles entre la planta y el sitio de construcción. Cada ruta está designada con dos piezas de información (d, t), donde d es la longitud de la ruta y t es el tiempo que tarda el camión en atravesar el segmento de camino. La velocidad del camión en cada seg-

Problemas 351

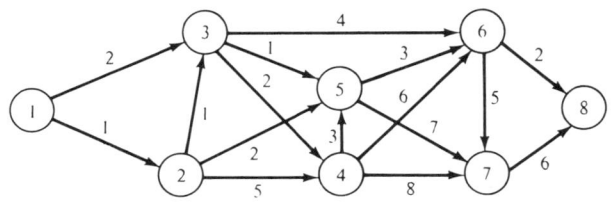

Figura 8-31

mento está decidida por la condición del camino y también por el número y duración de las paradas del camión. ¿Cuál es la mejor ruta de la planta de la construcción?

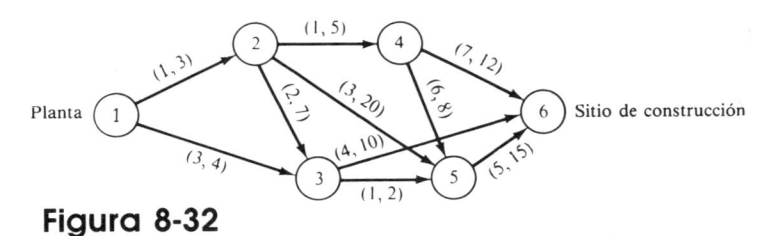

Figura 8-32

☐ **8-10** Determine la ruta más corta entre el nodo 1 y cualquier otro nodo de la red en la figura 8-33.

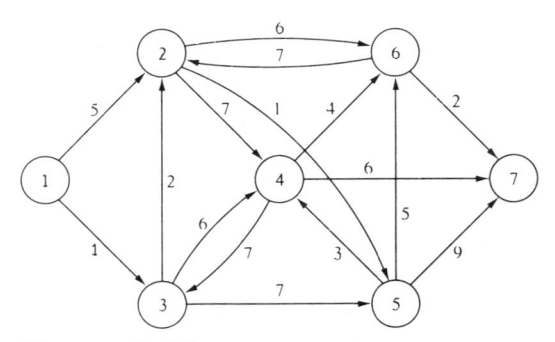

Figura 8-33

☐ **8-11** Determine la ruta más corta entre el nodo 1 y cualquier otro nodo de la red en la figura 8-34.

☐ **8-12** Exprese el problema de la ruta más corta de la red de la figura 8-34 como un modelo de transbordo, suponiendo que la ruta más corta se encontrará entre las siguientes parejas de nodos.
   (a) Nodos 1 y 5.
   (b) Nodos 6 y 3.
   (c) Nodos 2 y 6.

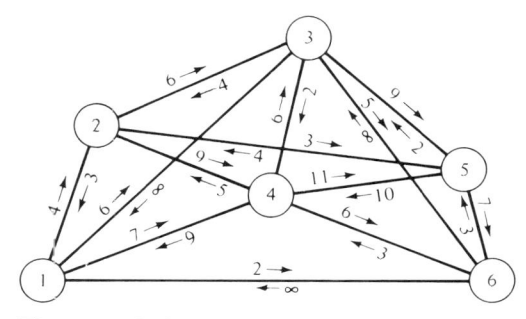

Figura 8-34

☐ **8-13** Tres refinerías envían su producto de gasolina a dos terminales. Las capacidades de aquéllas se estiman en 200 000, 250 000 y 300 000 barriles por día. Se sabe que las demandas en las terminales son de 400 000 y 450 000 barriles por día. La demanda que no se pueda satisfacer de las refinerías se adquiere de otras fuentes. El producto de gasolina se transporta a las terminales vía una red de conductos que son impulsados por tres estaciones de bombeo. La figura 8-35 resume los enlaces de la red junto con la capacidad de cada conducto. ¿Cuánto flujo debe pasar por cada estación de bombeo?

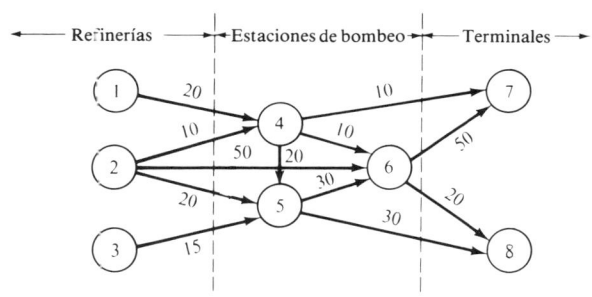

Figura 8-35

☐ **8-14** Considere una versión del problema de transporte en el cual el objetivo es el de maximizar las *cantidades* transportadas entre m fuentes y n destinos. Aunque las fuentes pueden tener una amplia oferta para satisfacer la demanda, la capacidad limitada de las rutas que conectan las fuentes y destinos puede impedir que se cubra la demanda en su totalidad. Nuestro objetivo es el de determinar el programa de envío que maximizará la *cantidad* transportada (en lugar de minimizar el costo de transporte) expresando el problema como una red de flujo.

La tabla que sigue indica las cantidades de oferta a_i y de demanda b_j en las fuentes i y destinos j. La capacidad máxima c_{ij} de la ruta (i, j) está dada por el (i, j)-ésimo elemento de la tabla. Los cuadros vacíos indican que no existe la ruta correspondiente. Determine el programa que envíe las cantidades más grandes entre las fuentes y los destinos.

Problemas **353**

		Destino j			
	1	2	3	4	a_i
1	30	5		40	**20**
Fuente 2			5	90	**20**
i 3	20	40	10	10	**200**
b_j	**200**	**10**	**60**	**20**	

☐ **8-15** Resuelva el problema 8-14 suponiendo que se permite el transbordo entre las fuentes 1, 2 y 3 con una capacidad máxima en dos sentidos de 50 unidades cada una. Asimismo, se permite el transbordo entre los destinos 1, 2, 3 y 4 con una capacidad máxima en dos sentidos de 50 unidades. ¿Cuál es el efecto del transbordo en las demandas insatisfechas en los diversos destinos?

☐ **8-16** Determine el flujo máximo entre los nodos 1 y 5 para la red en la figura 8-36.

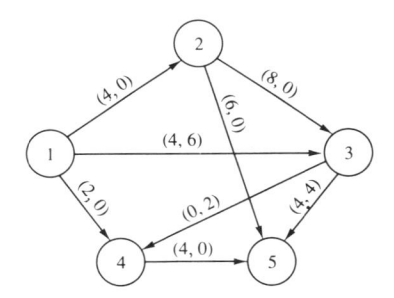

Figura 8-36

☐ **8-17** En el problema 8-13 identifique cuatro cortes diferentes. Demuestre que la capacidad de esos cortes por lo menos es igual al flujo máximo en el problema 8-13.

☐ **8-18** Se manufactura un producto en cualesquiera de cuatro periodos, de acuerdo con los siguientes datos:

Periodo	Demanda (unidades)	Costo unitario de producción	Costo unitario de almacenamiento
1	100	$24	1
2	110	26	2
3	95	21	1
4	125	24	2

Suponga que no se permiten pedidos pendientes de surtir (backordering). Se desea minimizar los costos de producción e inventario para los cuatro periodos.
(a) Formule el problema como un modelo de PL y utilice TORA para lograr la solución óptima.
(b) Formule el problema como un modelo de transporte regular y resuélvalo con TORA.
(c) Formule el problema como un modelo de red y resuélvalo usando el método símplex para redes.

☐ **8-19** Repita el problema 8-18 suponiendo que se permite enviar pedidos pendientes de surtir. El costo de penalización por pedidos pendientes es de $1.5 por unidad y por periodo.

☐ **8-20** Repita el problema 8-18 suponiendo que los artículos pueden mantenerse en inventario por no más de un periodo.

☐ **8-21** Repita el problema 8-18 suponiendo que ni el inventario ni los pedidos pendientes pueden exceder de un periodo.

☐ **8-22** Considere el siguiente modelo de transporte sin acotamientos:

1	0	5	**10**
2	3	2	**20**	Demanda
4	2	4	**30**

15	**20**	**25**

Oferta

Formule el problema como un modelo de red y luego demuestre que el método símplex para redes proporciona exactamente los mismos cálculos que en el capítulo 6.

☐ **8-23** Resuelva el ejemplo 8.5-1 (figura 8-22) usando el método símplex para redes.

☐ **8-24** Considere el siguiente modelo de transporte:

5	8	4	9	3	**8**
6	9	12	8	13	**14**
3	−2	0	3	3	**18**
10	14	8	10	13	**4**

16	**6**	**14**	**4**	**4**

Suponga que no se pueden transportar más de 10 unidades en cualquiera de las rutas. Exprese el problema como una red y resuélvalo por medio del método símplex para redes.

Capítulo 9

Programación lineal entera

9.1 Aplicaciones ilustrativas de la programación entera
  9.1.1 Problema del presupuesto de capital
  9.1.2 Problema del costo fijo
  9.1.3 Problema de programación del trabajo en un taller
  9.1.4 Dicotomías
9.2 Métodos de solución de programación entera
9.3 Algoritmo de ramificar y acotar
9.4 Algoritmos de planos de corte
  9.4.1 El algoritmo fraccional (entero puro)
  9.4.2 El algoritmo mixto
9.5 Problema entero cero-uno
  9.5.1 Algoritmo aditivo
  9.5.2 Programación polinomial cero-uno
9.6 Resumen
Bibliografía
Problemas

La programación lineal entera (PLE) se ocupa básicamente de programas lineales en los que algunas o todas las variables suponen valores enteros o discretos. Se dice que la PLE es **mixta** o **pura** si alguna o todas las variables están restringidas a tomar sólo valores enteros.

Aunque se han creado varios algoritmos para la PLE, ninguno de ellos es totalmente confiable desde el punto de vista del cálculo, sobre todo, cuando el número de variables enteras se incrementa. A diferencia de la PL, donde problemas con miles de variables y miles de restricciones se pueden resolver en un tiempo razonable, la experiencia de cálculo con la PLE, después de más de 30 años de haberse creado, permanece imprecisa.

La dificultad de cálculo con los algoritmos disponibles para la PLE ha conducido a los usuarios a buscar otros medios para "resolver" el problema. Uno de tales medios es resolver el modelo como un PL continuo y luego, **redondear** la solución óptima a los valores enteros factibles más cercanos. Sin embargo, en este caso no hay garantía de que la solución *redondeada* resultante satisfaga las restricciones. Esto es *siempre cierto* si la PLE original tiene una o más restricciones de *igualdad*. Según la teoría de la programación lineal, una solución redondeada en este caso no puede ser factible, ya que significa que la misma base (con todas las variables no básicas a nivel cero) puede generar dos soluciones distintas.

La infactibilidad creada por redondeo puede tolerarse ya que, en general, los parámetros (estimados) de los problemas no son exactos. Pero existen restricciones de *igualdad* características en problemas enteros donde los parámetros son exactos. La restricción de elección múltiple $x_1 + x_2 + \cdots + x_n = 1$, donde $x_j = (0, 1)$ para toda j, no es sino un ejemplo. En tales condiciones, el redondeo no puede utilizarse y será esencial contar con un algoritmo exacto.

Para destacar además lo inadecuado del redondeo en general, observe que aunque las variables enteras comúnmente se piensa que representan un número discreto de objetos (por ejemplo, máquinas, hombres, barcos), otros tipos representan cuantificaciones de algunos códigos. Por consiguiente, una decisión para financiar o no un proyecto puede representarse por la variable binaria $x = 0$ si el proyecto se rechaza, o $x = 1$ si se acepta. En este caso, no tiene sentido tratar con valores fraccionarios de x, y el uso del redondeo como una aproximación lógicamente es inaceptable.

A fin de acentuar la importancia de los problemas en los cuales se utilizan las variables "codificadas", la sección siguiente presenta aplicaciones comunes en esta área. Esto servirá también para ilustrar la importancia de la programación entera en general.

9.1 APLICACIONES ILUSTRATIVAS DE LA PROGRAMACION ENTERA

En esta sección se presentan aplicaciones de programación entera. Algunas de estas aplicaciones se refieren a la formulación directa del problema. Una contribución más importante será el uso de esta programación para reformular modelos "mal construidos", dentro del formato aceptable de modelos de programación matemática. En este caso, las técnicas disponibles pueden utilizarse para resolver problemas que, de otra manera, pueden ser difíciles de abordar.

9.1.1 PROBLEMA DEL PRESUPUESTO DE CAPITAL

Se ha considerado la ejecución de cinco proyectos en los próximos 3 años. Las entradas esperadas de cada proyecto y los gastos anuales (en miles de unidad monetaria) se encuentran tabulados más adelante.

Proyecto	Gastos del: Año 1	Año 2	Año 3	Rendimiento
1	5	1	8	20
2	4	7	10	40
3	3	9	2	20
4	7	4	1	15
5	8	6	10	30
Fondos disponibles	25	25	25	

Se trata de decidir cuál de los cinco proyectos debe ejecutarse en el periodo de planeación de 3 años. En este sentido, el problema se reduce a una decisión del tipo "sí-no" en cada proyecto. Esta decisión está codificada en forma numérica con una variable binaria, donde el valor 1 representa "sí" y el valor 0 representa "no". El problema de decisión lo formalizamos definiendo la variable x_j para que represente al proyecto j. El modelo asociado resulta entonces:

$$\text{maximizar } z = 20x_1 + 40x_2 + 20x_3 + 15x_4 + 30x_5$$

sujeto a

$$5x_1 + 4x_2 + 3x_3 + 7x_4 + 8x_5 \leq 25$$
$$1x_1 + 7x_2 + 9x_3 + 4x_4 + 6x_5 \leq 25$$
$$8x_1 + 10x_2 + 2x_3 + x_4 + 10x_5 \leq 25$$
$$x_j = 0, 1, \quad j = 1, 2, \ldots, 5$$

La solución continua óptima de PL, obtenida al imponer las cotas superiores $x_j \leq 1$, a todas las j, da $x_1 = 0.5789$, $x_2 = x_3 = x_4 = 1$ y $x_5 = 0.7368$. Esta solución, obviamente no tiene sentido porque x_1 y x_5 tienen valores fraccionarios. Tratar de redondear para obtener una solución tampoco tiene sentido, porque x_j está definida originalmente como un código numérico para la decisión "sí-no". Como tal, los valores fraccionarios no tienen aplicabilidad física con respecto al modelo original. De hecho, la solución entera óptima para el modelo es $x_1 = x_2 = x_3 = x_4 = 1$, con $x_5 = 0$ y $z = 105$.

9.1.2 PROBLEMA DEL COSTO FIJO

En un problema característico de planeación de producción que comprende N productos, el costo de la producción para el producto j puede consistir en un costo fijo K_j independiente de la cantidad producida y un costo variable c_j por unidad. Por consiguiente, si x_j es el nivel de producción del producto j, su función de costo de producción puede escribirse como

$$C_j(x_j) = \begin{cases} K_j + c_j x_j, & x_j > 0 \\ 0, & x_j = 0 \end{cases}$$

El criterio objetivo será entonces

$$\text{minimizar } z = \sum_{j=1}^{N} C_j(x_j)$$

El criterio anterior es no lineal en x_j debido a la discontinuidad en el origen. Esto hace a z intratable desde el punto de vista analítico.

El problema puede hacerse "más" manejable analíticamente introduciendo variables binarias auxiliares. Sea

$$y_j = \begin{cases} 0, & x_j = 0 \\ 1, & x_j > 0 \end{cases}$$

Estas condiciones pueden expresarse en la forma de una sola restricción lineal como

$$x_j \leq M y_j$$

donde $M > 0$ es suficientemente grande, de tal manera que $x_j \leq M$ es redundante con respecto a cualquier restricción activa del problema. Por consiguiente, el criterio objetivo puede escribirse como

$$\text{minimizar } z = \sum_{j=1}^{N} (c_j x_j + K_j y_j)$$

sujeto a

$$0 \leq x_j \leq M y_j, \quad \text{para toda } j$$
$$y_j = 0 \text{ o bien } 1, \quad \text{para toda } j$$

Para demostrar que $x_j \leq M y_j$ es una restricción adecuada, note que si $x_j > 0$, $y_j = 1$ y el costo fijo K_j se agrega en la función objetivo. Si $x_j = 0$, y_j es cero o uno; pero ya que $K_j > 0$ y z se está minimizando, y_j debe estar en el nivel cero.

Es interesante que el problema de costo fijo original no tenga nada que ver con programación entera. No obstante el problema "transformado" será un problema entero mixto cero-uno. La transformación se incorpora únicamente por conveniencia analítica. Realmente, las variables binarias agregadas son "extrañas" en el sentido que no revelan ninguna información nueva respecto de la solución. Por ejemplo, $y_j = 1$ en la solución óptima ya está implícito por $x_j > 0$.

9.1.3 PROBLEMA DE PROGRAMACION DEL TRABAJO EN UN TALLER

Considere el problema de secuencias que interviene en la terminación de n operaciones diferentes en una *sola* máquina en el menor tiempo posible. Cada producto final pasa a través de una sucesión de operaciones diferentes cuyo orden debe mantenerse. También cada uno de estos productos finales tiene que satisfacer una fecha de entrega.

El problema, por consiguiente, tiene tres tipos de restricciones: (1) de secuencia, (2) de no interferencia, (3) de fecha de entrega. El segundo tipo garantiza que dos operaciones no se procesarán simultáneamente en una máquina.

Considere el primer tipo. Sea x_j el tiempo (que comienza desde el valor cero) para la operación de inicio j. Sea a_j el tiempo de procesamiento necesario para terminar la operación j. Si la operación i precede a la operación j, la restricción de secuencia resultante es

$$x_i + a_i \leq x_j$$

Considere después las restricciones de no interferencia. A fin de que las operaciones i y j no ocupen simultáneamente la máquina, se debe cumplir

$$que \quad x_i - x_j \geq a_j \quad o\ bien \quad x_j - x_i \geq a_i$$

dependiendo, respectivamente, de si j precede a i o bien i precede a j, en la solución óptima.

La presencia de las **restricciones del tipo "o bien"** crea un problema debido a que el modelo no está ya en el formato de programación lineal (la restricción "o bien" produce un espacio de soluciones no convexo). Esta dificultad se logra evitar incorporando la variable binaria y_{ij} definida como

$$y_{ij} = \begin{cases} 0, & \text{si la operación } j \text{ precede la operación } i \\ 1, & \text{si la operación } i \text{ precede la operación } j \end{cases}$$

Para M suficientemente grande, las restricciones "o bien" serán equivalentes a las dos restricciones *simultáneas*

$$My_{ij} + (x_i - x_j) \geq a_j \quad y \quad M(1 - y_{ij}) + (x_j - x_i) \geq a_i$$

La importancia de la nueva transformación consiste en que si en la solución óptima $y_{ij} = 0$, la segunda restricción se hace redundante. Mientras tanto, la primera restricción permanece activa. De igual manera, si $y_{ij} = 1$, la segunda, pero no la primera, restricción se hace activa. La incorporación de la variable binaria y_{ij} por consiguiente, ha reducido estas restricciones a una forma donde puede ser aplicada la programación lineal entera mixta.

Las fechas de entrega pueden satisfacerse agregando las restricciones siguientes. Suponga que la operación j debe terminarse en el tiempo d_j, entonces

$$x_j + a_j \leq d_j$$

Ahora, si t es el tiempo total necesario para terminar las n operaciones, el problema será

$$\text{minimizar } z = t$$

sujeto a

$$x_j + a_j \leq t, \quad j = 1, 2, \ldots, n$$

junto con las restricciones de secuencia, de no interferencia y de fecha de entrega anteriores.

9.1.4 DICOTOMIAS

Suponga que en cierta situación se necesita que *cualesquiera k* de *m* restricciones pudiera ser activa. Sin embargo, las restricciones específicas que deben ser impuestas, no se conocen de antemano. Esta situación puede considerarse como sigue. Sean las *m* restricciones de la forma

$$g_i(x_1, x_2, \ldots, x_n) \leq b_i, \quad i = 1, 2, \ldots, m$$

Por definición

$$y_i = \begin{cases} 0, & \text{si la } i\text{-ésima restricción es activa} \\ 1, & \text{si la } i\text{-ésima restricción es inactiva} \end{cases}$$

Por consiguiente, cualesquiera k de las m restricciones se garantiza que son activas si, para una M suficientemente grande

$$g_i(x_1, x_2, \ldots, x_n) \leq b_i + My_i, \quad i = 1, 2, \ldots, m$$

y

$$y_1 + y_2 + \cdots + y_m = m - k$$

donde $y_i = 0$ o 1 para toda i. Esto demuestra que para $m - k$ restricciones, su segundo miembro asociado será de la forma $b_i + M$, lo cual hace la restricción redundante. Es importante notar que la formulación anterior elegirá el conjunto de restricciones *activas* que proporcionen el mejor valor de la función objetivo.

Una situación relacionada ocurre cuando en el segundo miembro de una sola restricción es indispensable que tenga *uno* de varios valores; o sea,

$$g(x_1, x_2, \ldots, x_n) \leq b_1, b_2, \ldots, \text{o bien } b_r$$

Esto puede lograrse transformando la restricción a

$$g(x_1, x_2, \ldots, x_n) \leq \sum_{k=1}^{r} b_k y_k$$

y

$$y_1 + y_2 + \cdots + y_r = 1$$

donde

$$y_k = \begin{cases} 1, & \text{si } b_k \text{ es el segundo miembro de la desigualdad} \\ 0, & \text{en cualquier otro caso} \end{cases}$$

Otra aplicación de programación entera para la aproximación de una función no lineal de una sola variable se da en la sección 20.2.1

9.2 METODOS DE SOLUCION DE PROGRAMACION ENTERA

En la PL, el método símplex se basa en aceptar que la solución óptima ocurre en un punto extremo del espacio de soluciones. Este poderoso resultado reduce la búsqueda de la solución óptima de un número infinito a un número finito de soluciones posibles. Por otra parte, la PLE comienza con un número finito de puntos solución (suponga un PLE puro acotado). Sin embargo, la naturaleza entera de las variables hace difícil diseñar un algoritmo eficaz que localice los puntos enteros factibles del espacio de soluciones. En vista de esta dificultad, los investigadores han creado un procedimiento de solución que se basa en el gran éxito obtenido al resolver problemas de PL. La estrategia de este procedimiento se puede resumir en tres pasos:

1. Relajar el espacio de soluciones del problema entero, ignorando las restricciones enteras por completo. Este paso convierte el PLE en un PL regular.
2. Resolver el modelo PL "relajado" e identificar su punto óptimo (continuo).
3. Comenzando con el punto óptimo continuo, agregar restricciones especiales que fuercen iterativamente el punto extremo óptimo del modelo PL resultante, hacia las restricciones enteras deseadas.

La razón para comenzar la búsqueda del PLE óptimo en el PL óptimo continuo es que existe la posibilidad de que ambas soluciones resulten cercanas entre sí, y que de esta manera aumente la posibilidad de localizar rápidamente la solución entera. La característica principal del procedimiento propuesto es que resuelve problemas sucesivos de PL, que son más accesibles desde el punto de vista del cálculo que los problemas de PLE.

Existen dos métodos para generar las restricciones especiales que fuercen la solución óptima del problema PL relajado, hacia la solución entera deseada:

1. Método de ramificar y acotar.
2. Método del plano de corte.

En ambos métodos las restricciones agregadas eliminan partes del espacio de soluciones relajado, *pero nunca alguno de los puntos enteros factibles*. Desafortunadamente, ninguno de los dos métodos es efectivo en la solución de problemas de PLE. No obstante, los métodos de ramificar y acotar son mucho mejores en cuanto al cálculo se refiere que los métodos del plano de corte. Por esta razón, la mayoría de los códigos comerciales se basan en el procedimiento de ramificar y acotar.

Otra técnica para resolver programas enteros binarios (cero-uno) es el método llamado de **enumeración implícita.** Este método se incorporó en 1965, después de que los dos métodos anteriores se habían utilizado por lo menos durante 5 años, y se presentó como una "nueva dirección" para la solución del problema general de PLE, por medio de una conversión a una PLE binaria. Sin embargo, veremos más adelante que la enumeración implícita es, en realidad, un caso especial del método más general de ramificar y acotar.

Históricamente, los métodos del plano de corte fueron los primeros en aparecer en tratados de Investigación de Operaciones (IO). Sin embargo, comenzaremos nuestra exposición con el procedimiento de ramificar y acotar, debido a su importancia práctica.

9.3 ALGORITMO DE RAMIFICAR Y ACOTAR

En este momento será más conveniente explicar los fundamentos del algoritmo de ramificar y acotar (R y A), por medio de un ejemplo numérico. Al ejemplo le seguirá un resumen de los pasos del algoritmo.

Ejemplo 9.3-1 (Fundamentos de R y A)

Considere el siguiente problema de PLE:

$$\text{maximizar } z = 5x_1 + 4x_2$$

sujeto a

$$\begin{aligned} x_1 + x_2 &\leq 5 \\ 10x_1 + 6x_2 &\leq 45 \\ x_1, x_2 &\geq 0 \text{ y entero} \end{aligned}$$

En la figura 9-1 se muestra el espacio de soluciones de la PLE representado por puntos. El espacio de soluciones de PL asociado, PL0, se define por cancelación

Algoritmo de ramificar y acotar

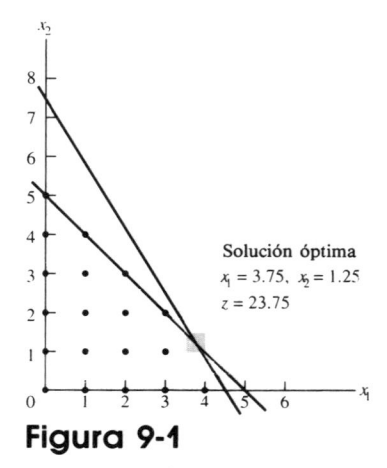

Figura 9-1

de las restricciones enteras. La solución óptima PL0 se da en la figura 9-1 como $x_1 = 3.75$, $x_2 = 1.25$ y $z = 23.75$.

El procedimiento R y A se basa en tratar sólo con el problema PL. Como la solución óptima PL ($x_1 = 3.75$, $x_2 = 1.25$, $z = 23.75$) no satisface la necesidad de valores enteros, el algoritmo de R y A exige "modificar" el espacio de soluciones PL en forma tal, que nos permita identificar, finalmente, la solución óptima de la PLE. Primero seleccionamos una de las variables cuyo valor corriente en la solución óptima PL0 infringe el requisito de valor entero. Seleccionando x_1 ($= 3.75$) arbitrariamente, observamos que la región ($3 < x_1 < 4$) del espacio de soluciones PL0 no puede, por definición, incluir ninguna solución factible PLE. Entonces podemos modificar el espacio de soluciones PL eliminando esta región no prometedora, lo que, en realidad, es equivalente a reemplazar el espacio original PL0 por dos espacios PL, los PL1 y PL2, definidos de la manera siguiente:

1. Espacio PL1 = espacio PL0 + ($x_1 \leq 3$)
2. Espacio PL2 = espacio PL0 + ($x_1 \geq 4$)

La figura 9-2 muestra los espacios PL1 y PL2 en forma gráfica. Se ve que los dos espacios contienen los mismos puntos enteros factibles del modelo PLE. Esto significa que, desde el punto de vista del problema original de PLE, tratar con PL1 y PL2 es igual que tratar con el original PL0. La diferencia principal es que la selección de las nuevas restricciones de acotamiento ($x_1 \leq 3$ y $x_1 \geq 4$) mejorarán la oportunidad de forzar a los puntos extremos óptimos de PL1 y PL2 hacia la satisfacción del requisito de valor entero. Además, el hecho que las restricciones de acotamiento están en la "vecindad inmediata" del óptimo continuo del PL0, incrementará las posibilidades de producir "buenas" soluciones enteras.

Como se puede ver en la figura 9-2, que las nuevas restricciones $x_1 \leq 3$ y $x_1 \geq 4$ son mutuamente excluyentes, PL1 y PL2 deben tratarse como dos programas lineales separados. Esta dicotomización da lugar al concepto de **ramificación** en el algoritmo de R y A. En efecto, ramificar significa subdividir un espacio de solu-

364 Programación lineal entera [C.9

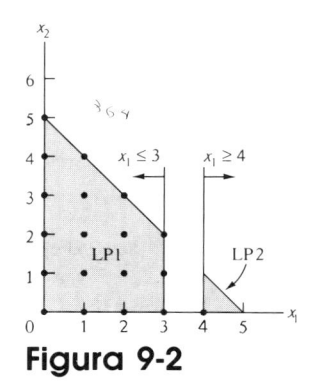

Figura 9-2

ciones corriente en subespacios mutuamente excluyentes. La figura 9-3 demuestra la creación de PL1 y PL2 a partir del PL. Las ramas asociadas se definen por las restricciones $x_1 \leq 3$ y $x_1 \geq 4$, donde x_1 se denomina **variable de ramificación.**

Sabemos que la solución óptima del PLE debe encontrarse en el PL1 o en el PL2. Sin embargo, en ausencia del espacio gráfico de soluciones, no tenemos manera de determinar dónde puede encontrarse la solución óptima, por lo que nuestra única opción es investigar *ambos* problemas. Hacemos esto trabajando con un problema a la vez (PL1 o PL2). Supongamos que escogemos arbitrariamente al PL1, asociado con $x_1 \leq 3$. En efecto, debemos resolver el siguiente problema:

$$\text{maximizar } z = 5x_1 + 4x_2$$

sujeto a

$$x_1 + x_2 \leq 5$$
$$10x_1 + 6x_2 \leq 45$$
$$x_1 \leq 3$$
$$x_1, x_2 \geq 0$$

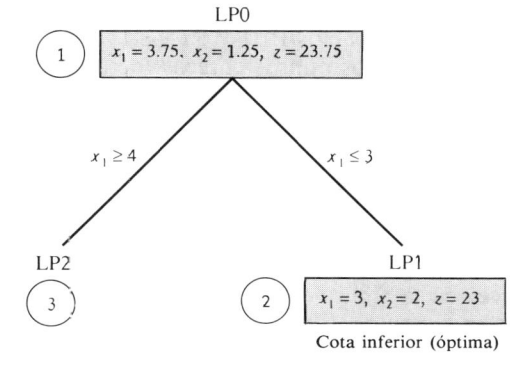

Figura 9-3

9.3] Algoritmo de ramificar y acotar

Como se indicó antes, el PL1 es el mismo que el PL0 con la restricción adicional de *acotamiento superior*, $x_1 \leq 3$. Así, podemos aplicar el algoritmo primal de acotamiento superior (sección 7.1) para resolver el problema. Esto da la nueva solución óptima

$$x_1 = 3, \quad x_2 = 2 \quad y \quad z = 23$$

Como esta solución satisface el requisito de valor entero, se dice que el PL1 está **agotado, vacío,** lo que significa que el PL1 no puede producir ninguna solución *mejor* del PLE y no necesita investigarse más a fondo.

Determinar una solución factible entera en una etapa temprana de los cálculos es crucial para incrementar la eficiencia del algoritmo R y A. Tal solución fija una **cota inferior** al valor objetivo óptimo del problema PLE, que a su vez, se puede usar para descartar automáticamente cualesquiera subproblemas no explorados (como el PL2) que no dan una *mejor* solución entera. En términos de nuestro ejemplo, el PL1 produce la cota inferior $z = 23$. Esto significa que cualquier solución entera *mejorada* debe tener un valor de z mayor que 23. Sin embargo, como la solución óptima del problema PL0 (original) tiene $z = 23.75$ y *como todos los coeficientes de la función objetivo son enteros,* se infiere que ningún subproblema que proceda del PL0 puede producir un valor de z mejor que 23. En consecuencia, sin ulterior investigación, podemos descartar al PL2. En este caso se dice que el PL2 *está agotado* porque no puede dar una mejor solución entera.

Del análisis anterior vemos que un subproblema está *agotado* si se satisface una de las siguientes condiciones:

1. El subproblema da una solución factible entera del problema PLE.
2. El subproblema no puede dar una mejor solución que la mejor cota inferior disponible (valor z) del problema PLE. (Un caso especial de esta condición es que el subproblema no tendrá ninguna solución factible en absoluto.)

En nuestro ejemplo, PL1 y PL2 están agotados por las condiciones 1 y 2, respectivamente. Como no hay más subproblemas por investigar, el procedimiento termina y la solución entera óptima del problema PLE es la asociada con la cota inferior corriente, esto es, $x_1 = 3$, $x_2 = 2$ y $z = 23$.

Si el lector analiza cuidadosamente el procedimiento señalado antes, descubrirá que un cierto número de preguntas ha quedado sin respuesta:

1. En el PL0, ¿podríamos haber seleccionado x_2 como la variable de ramificación, en vez de x_1?
2. Al seleccionar el siguiente subproblema por investigar, ¿podríamos haber resuelto primero el PL2 en vez del PL1?

La respuesta para ambas preguntas es "sí", pero los detalles de cálculo resultantes diferirían considerablemente. Ilustraremos este punto haciendo referencia a la figura 9-3. Suponga que decidimos investigar primero el PL2. La figura 9-4 da la solución resultante: $x_1 = 4$, $x_2 = 0.8333$, $z = 23.3333$ (verifíquelo con TORA). Como $x_2 = 0.83333$ no es entero, el PL2 debe investigarse más a fondo creándose el PL3 y el PL4, y usando las ramas respectivas $x_2 \geq 0$ y $x_2 \geq 1$. Esto significa que

$$\text{espacio PL3} = \text{espacio PL0} + (x_1 \geq 4) + (x_2 \leq 0)$$
$$\text{espacio PL4} = \text{espacio PL0} + (x_1 \geq 4) + (x_2 \geq 1)$$

En este momento tenemos para escoger tres subproblemas, el PL1, PL3 y PL4. (Observe nuevamente que estos tres subproblemas incluyen todas las soluciones enteras factibles del problema original PLE.) Si seleccionamos arbitrariamente el PL4, descubrimos que no tiene solución factible y por ello está agotado. A continuación seleccionamos (arbitrariamente) el PL3 para investigarlo. Su solución la da $x_1 = 4.5$, $x_2 = 0$ y $z = 22.5$. Como $x_1 = 4.5$ no es entero, creamos dos subproblemas, el PL5 y PL6 del PL4, usando las restricciones $x_1 \leq 4$ y $x_1 \geq 5$, respectivamente. Obtenemos entonces

$$\text{espacio PL5} = \text{espacio PL0} + (x_1 \geq 4) + (x_2 \leq 0) + (x_1 \leq 4)$$
$$\text{espacio PL6} = \text{espacio PL0} + (x_1 \geq 4) + (x_2 \leq 0) + (x_1 \geq 5)$$

Tenemos ahora el PL1, PL5 y PL6, y escogemos arbitrariamente el PL6 para investigarlo. Como el PL6 no tiene solución factible, está agotado. A continuación escogemos el PL5 cuya solución óptima ($x_1 = 4$, $x_2 = 0$, $z = 20$) satisface el requisito de valor entero. Finalmente, hemos encontrado una solución entera que fija una cota inferior ($z = 20$) a la solución entera óptima. Desafortunadamente, esta cota inferior es "muy débil" y "muy tardía" para ser útil. El único nodo restante, el PL1, queda agotado a continuación con $z = 23$, lo que fija una nueva cota inferior. Como no quedan ya subproblemas por investigar, la última cota inferior asocia la solución óptima del PLE con el PL1.

La peor secuencia posible de solución, mostrada en la figura 9-4, se ha escogido intencionalmente para evidenciar una de las principales debilidades del algoritmo R y A. Esto es, en un subproblema específico, ¿cómo seleccionamos a la variable de ramificación? y, de entre todos los subproblemas no explorados, ¿cuál debe investigarse a continuación? Observe que en la figura 9-3, encontramos una buena cota inferior en el primer subproblema PL1, lo que nos permitió declarar agotado al PL2 sin ninguna investigación ulterior. Básicamente, el problema PLE se resolvió investigando sólo un subproblema. En el caso de la figura 9-4 tuvimos que resolver seis subproblemas antes de alcanzar la optimidad. El caso extremo de la figura 9-4 no es raro y puede encontrarse en situaciones reales. Aunque existen muchos métodos heurísticos para aumentar la habilidad del algoritmo R y A de "ver adelante" y hacer una buena "conjetura", respecto a si una rama dada conducirá a una solución mejorada del PLE, no existe una teoría consistente que produzca resultados concretos uniformes para la solución del problema general de PLE. ◄

Resumiremos ahora los pasos del algoritmo R y A. Suponiendo un problema de maximización, definimos z como la cota inferior de la solución entera óptima del problema de PLE. Hacemos inicialmente $z = -\infty$ e $i = 0$.

Paso 1: Agotamiento y ramificación. Seleccione PLi como el próximo subproblema por investigarse. Resuelva el PLi y trate de agotarlo usando las condiciones apropiadas.

Algoritmo de ramificar y acotar

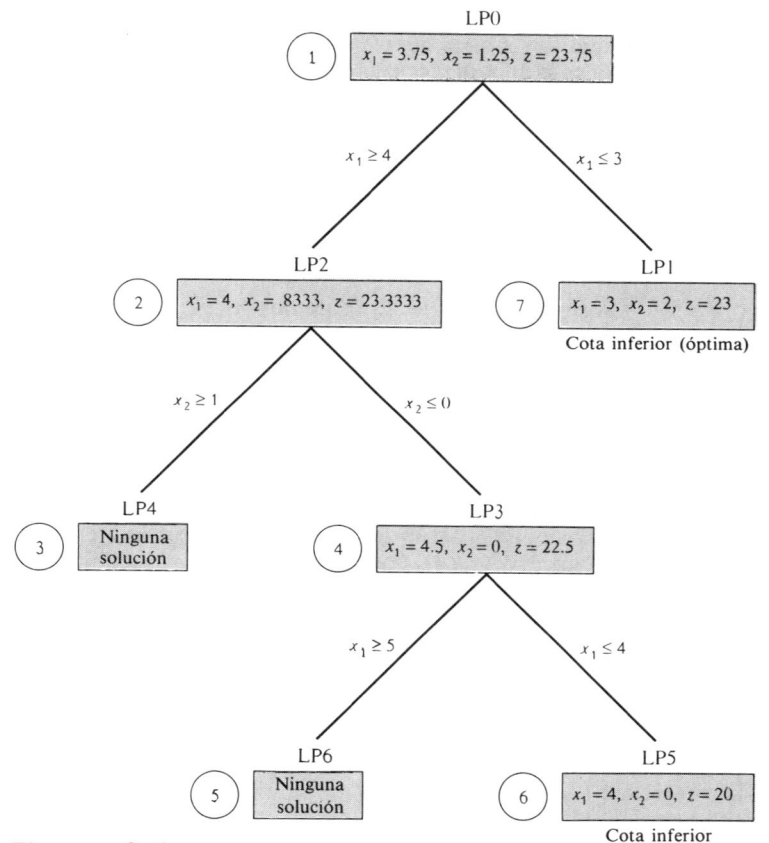

```
                          LP0
                    ┌──────────────────────┐
              (1)   │ x₁ = 3.75, x₂ = 1.25, z = 23.75 │
                    └──────────────────────┘
                       /              \
                   x₁ ≥ 4            x₁ ≤ 3
                     /                  \
                  LP2                   LP1
        ┌──────────────────────┐    ┌──────────────────┐
  (2)   │ x₁ = 4, x₂ = .8333,  │ (7)│ x₁ = 3, x₂ = 2,  │
        │ z = 23.3333          │    │ z = 23           │
        └──────────────────────┘    └──────────────────┘
           /        \                Cota inferior (óptima)
        x₂ ≥ 1     x₂ ≤ 0
         /           \
       LP4           LP3
    ┌────────┐   ┌──────────────────┐
(3) │Ninguna │(4)│ x₁ = 4.5, x₂ = 0,│
    │solución│   │ z = 22.5         │
    └────────┘   └──────────────────┘
                    /         \
                 x₁ ≥ 5       x₁ ≤ 4
                  /             \
                LP6             LP5
            ┌────────┐      ┌──────────────────┐
        (5) │Ninguna │  (6) │ x₁ = 4, x₂ = 0,  │
            │solución│      │ z = 20           │
            └────────┘      └──────────────────┘
                               Cota inferior
```

Figura 9-4

(a) Si el PL*i* se declara agotado (solución inferior, infactible o entera), ponga al día la cota inferior z si se encuentra una mejor solución del PLE; si no es así, seleccione un nuevo subproblema *i* y repita el paso 1. Si todos los subproblemas se han investigado, deténgase; la solución óptima del PLE está asociada con la última cota inferior z, en caso de que ésta exista. Si no es así,

(b) si el PL*i* no está agotado, siga con el paso 2 para efectuar la ramificación del PL*i*.

Paso 2: Ramificación. Seleccione una de las variables x_j cuyo valor óptimo x_j^* en la solución del PL*i* no satisfaga la restricción de valor entero. Elimine la región $[x_j^*] < x_j < [x_j^*] + 1$ (donde [A] define al mayor entero ≤ A), creando dos subproblemas PL que correspondan a las dos siguientes restricciones mutuamente excluyentes:

$$x_j \leq [x_j^*] \quad \text{y} \quad x_j \geq [x_j^*] + 1$$

Vuelva al paso 1.

Ejercicio 9.3-1
Modifique el algoritmo R y A para adaptarlo a problemas de minimización.
[*Resp.*: Reemplace la cota inferior z por una cota superior $\bar{z}$. Inicialmente, $\bar{z} = +\infty$. Todos los demás detalles permanecen sin cambio.]

Ejercicio con la computadora
Resuelva el problema del ejemplo 9.3-1 comenzando con x_2 como la variable de ramificación. Utilice TORA con la opción MODIFY en las cotas superior e inferior para resolver los subproblemas resultantes. Comience el procedimiento resolviendo el subproblema asociado con la cota superior $x_2 \leq [x_2^*]$.

El algoritmo R y A se puede aplicar a problemas enteros puros y mixtos. Si una variable no está restringida a valores enteros, simplemente nunca la seleccionamos como variable de ramificación. Por ejemplo, suponga que en el ejemplo 9.3-1 sólo la variable x_1 está restringida a valores enteros, lo que significa que x_2 es continua. En este caso, como el PL1 en la figura 9-3 da un valor entero para x_1 ($= 3$), los valores z asociados proporcionan una cota inferior legítima $z = 23$. Sin embargo, no es posible declarar agotado a PL2 con base en esta información solamente, ya que el valor óptimo de z para el PLE original puede ahora suponer un valor fraccionario. Debemos entonces resolver el PL2. Como puede verse en la figura 9-4, PL2 da un valor entero para x_1 ($= 4$), como se deseaba. Esto significa que el PL2 está agotado. Sin embargo, como $z = 23.3333$ en el PL2, la nueva cota inferior es $z = 23.3333$. El proceso termina en este momento y el PL2 da la solución óptima deseada.

Ejercicio 9.3-2
Suponga que comenzamos en la figura 9-3 resolviendo el PL2. ¿Es suficiente la información obtenida del PL2 para declarar agotado al PL1, sin tener que resolver realmente su programa lineal asociado?

[*Resp.*: No, porque el PL1 está agotado con base en su valor objetivo óptimo ($z = 23$) relativo a la cota inferior corriente $z = 23.3333$.]

Cálculos en métodos de ramificar y acotar

Los paquetes prácticos de computadora basados en la técnica de ramificar y acotar difieren de la parte anterior, principalmente en los detalles al seleccionar las variables ramificadoras en un nodo y la secuencia con que se generan los subproblemas. Estas reglas están basadas en métodos heurísticos desarrollados por medio de la experimentación.

Una desventaja básica del algoritmo R y A dada antes es que es necesario resolver un programa lineal completo en cada nodo. En problemas grandes, esto podría consumir mucho tiempo, sobre todo cuando la única información necesaria en el nodo puede ser su valor óptimo de la función objetivo. Este punto se aclara notando que una vez que se obtiene una "buena" cota, "muchos" nodos podrían descartarse del conocimiento de sus valores objetivos óptimos.

El punto anterior llevó a la creación de un procedimiento donde llega a ser innecesario resolver todos los subproblemas del árbol de ramificar y acotar. La idea es "estimar" una cota *superior* (suponga un problema de maximización) sobre el valor óptimo de la función objetivo en cada nodo. Si esta cota superior es más pequeña que el valor de la función objetivo asociado con la mejor solución entera disponible, entonces se descarta el nodo. La principal ventaja es la estimación rápida de estas cotas superiores con cálculos mínimos. La idea general es estimar las **penalizaciones** (esto es, el deterioro en el valor de la función objetivo) que resultan al introducir las condiciones $x_k \leq [\beta_k]$ y $x_k \geq [\beta_k] + 1$. Esto puede lograrse aumentando cada una de estas restricciones a la tabla óptima en el nodo (con el cual está asociada x_k). Entonces, *bajo la hipótesis de ningún cambio en la base,* la penalización requerida puede estimarse directamente a partir de los coeficientes de la función objetivo (véase el problema 9-32).

Aunque las penalizaciones son fáciles de calcular, tienen la desventaja de que no necesariamente son proporcionales al deterioro *real* del valor objetivo. En otras palabras, no proveen una cota exacta y entonces pueden no ser efectivas. Se han hecho varios intentos para "reforzar" estas penalizaciones. El más interesante de éstos es el que utiliza información de los métodos de corte (véase la sección 9.4). Sin embargo, aun estas penalizaciones "reforzadas" parecen ser inefectivas en cuanto al cálculo, en particular cuando el tamaño del problema aumenta. Parece que los paquetes comerciales han abandonado el uso de penalizaciones simples en favor de métodos heurísticos que han probado, a través de la experimentación con problemas grandes y complejos, ser muy efectivos [véase Taha (1975), págs. 165-171].

Independientemente de las desventajas del método de ramificar y acotar, puede establecerse que, a la fecha, estos métodos son los más efectivos para resolver problemas enteros de gran tamaño que se presentan en la práctica. Decididamente, todos los paquetes comerciales disponibles están basados en el método de ramificar y acotar. Esto *no* significa, sin embargo, que *cada* problema entero pueda resolverse con un método de ramificar y acotar. Unicamente quiere decir que cuando la elección está entre un método de corte y uno de ramificar y acotar, generalmente se ha comprobado que el último es superior.

9.4 ALGORITMOS DE PLANOS DE CORTE

El concepto de plano de corte se ilustrará primero con un ejemplo. Considere el problema de programación lineal entera

$$\text{maximizar } z = 7x_1 + 9x_2$$

sujeto a

$$-x_1 + 3x_2 \leq 6$$
$$7x_1 + x_2 \leq 35$$

x_1, x_2 enteros no negativos

La solución continua óptima (ignorando la condición discreta) se muestra gráficamente en la figura 9-5. Está dada por $z = 63$, $x_1 = 9/2$, y $x_2 = 7/2$, la cual no es entera.

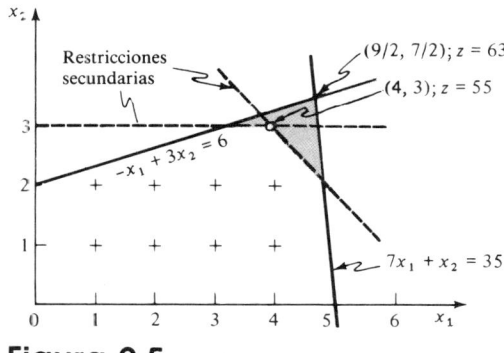

Figura 9-5

La idea del algoritmo de planos de corte es cambiar el conjunto convexo del espacio de soluciones, de tal manera que los puntos extremos apropiados lleguen a ser todos enteros. Tales cambios en las fronteras del espacio de soluciones, deben proporcionar todavía conjuntos convexos. También este cambio deberá hacerse sin "partir" *ninguna* de las soluciones *enteras* factibles del problema original. La figura 9-5 muestra cómo dos restricciones secundarias (arbitrariamente elegidas) se agregan al problema proporcionando la solución óptima entera en el punto extremo nuevo (4, 3). Note que el área cortada del espacio de soluciones original (área sombreada) no incluye ningún valor entero.

El análisis siguiente muestra cómo se desarrollan sistemáticamente las restricciones secundarias para los problemas de enteros mixtos y puros.

9.4.1 EL ALGORITMO FRACCIONAL (ENTERO PURO)

Un requisito básico para la aplicación de este algoritmo es que todos los coeficientes y la constante del segundo miembro de cada restricción deben ser enteros. Por ejemplo, la restricción

$$x_1 + \frac{1}{3} x_2 \leq \frac{13}{2}$$

debe transformarse a

$$6x_1 + 2x_2 \leq 39$$

donde no aparecen fracciones. Lo último se logra multiplicando ambos lados de la restricción original por el mínimo común múltiplo de los denominadores.

El requisito anterior se impone ya que, como se mostrará posteriormente, el algoritmo entero puro no diferencia entre las variables de holgura y las regulares del problema en el sentido de que todas las variables deben ser enteras. La presencia de coeficientes fraccionarios en las restricciones, por consiguiente, puede no permitir que las variables de holgura tengan valores enteros. En este caso, el algoritmo

Algoritmos de planos de corte

fraccional puede indicar que no existe solución factible, aunque el problema pueda tener una solución entera factible en función de las variables que *no* son de holgura. (Véase el problema 9-20 para una ilustración de este caso.)

Los detalles del algoritmo se discutirán ahora. Primero, el problema PL relajado queda resuelto, esto es, sin tomar en cuenta la condición de entero. Si ocurre que la solución óptima es entera, no hay nada más que hacer. En cualquier otro caso, se desarrollarán de la manera siguiente las restricciones secundarias que forzarán la solución hacia la solución entera. Sea la tabla óptima final para el problema lineal la siguiente

Básica	x_1	...	x_i	...	x_m	w_1	...	w_j	...	w_n	Solución
z	0	...	0	...	0	$\bar{c}_1$	...	$\bar{c}_j$	...	$\bar{c}_n$	β_0
x_1	1	...	0	...	0	α_1^1	...	α_1^j	...	α_1^n	β_1
x_i	0	...	1	...	0	α_i^1	...	α_i^j	...	α_i^n	β_i
x_m	0	...	0	...	1	α_m^1	...	α_m^j	...	α_m^n	β_m

Las variables x_i ($i = 1, 2, \ldots, m$) representan las variables básicas mientras que las variables w_j ($j = 1, 2, \ldots, n$) son las variables no básicas. Estas variables han sido arregladas como tales por conveniencia.

Considere la i-ésima ecuación donde la variable básica x_i tiene un valor que no es entero.

$$x_i = \beta_i - \sum_{j=1}^{n} \alpha_i^j w_j, \quad \text{no es entero} \quad \textit{(renglón fuente)}$$

Cualquiera de tales ecuaciones se denominará como un **renglón fuente**. Ya que en general los coeficientes de la función objetivo pueden hacerse enteros, la variable z también es entera y la ecuación z puede elegirse como un renglón fuente. Realmente, la prueba del algoritmo de convergencia exige que z sea entera.

Sea

$$\beta_i = [\beta_i] + f_i$$
$$\alpha_i^j = [\alpha_i^j] + f_{ij}$$

donde $N = [a]$ es el mayor entero tal que $N \leq a$. Se deduce que $0 < f_i < 1$ y $0 \leq f_{ij} < 1$; o sea, f_i es una fracción estrictamente positiva y f_{ij} es una fracción no negativa. Por ejemplo,

a	$[a]$	$f = a - [a]$
$1\frac{1}{2}$	1	1/2
$-2\frac{1}{3}$	-3	2/3
-1	-1	0
$-2/5$	-1	3/5

El renglón fuente, por consiguiente, proporciona

$$f_i - \sum_{j=1}^{n} f_{ij} w_j = x_i - [\beta_i] + \sum_{j=1}^{n} [\alpha_i^j] w_j$$

A fin de que *todas* las variables, x_i y w_j sean enteras, el segundo miembro de la ecuación anterior debe ser entero. Esto implica que el primer miembro debe también ser entero. Dado que $f_{ij} \geq 0$ y $w_j \geq 0$ para toda i y j, se deduce que $\sum_{j=1}^{n} f_{ij} w_j \geq 0$. En consecuencia,

$$f_i - \sum_{j=1}^{n} f_{ij} w_j \leq f_i < 1$$

Como $f_i - \sum_{j=1}^{n} f_{ij} w_j$ debe ser entero por construcción, una condición *necesaria* para satisfacer la integridad será

$$f_i - \sum_{j=1}^{n} f_{ij} w_j \leq 0$$

La última restricción puede ponerse en la forma

$$S_i = \sum_{j=1}^{n} f_{ij} w_j - f_i \qquad (\textit{corte fraccional})$$

donde S_i es una variable de holgura no negativa que por definición debe ser entera. Esta ecuación de restricción define el llamado **corte fraccional**. De la última tabla, $w_j = 0$ y, por consiguiente, $S_i = -f_i$, lo cual es infactible. Esto significa que la nueva restricción no está satisfecha por la solución dada. El método dual símplex (sección 3.4) puede ser utilizado entonces para aclarar esta infactibilidad, lo cual es equivalente a cortar el espacio de soluciones hacia la solución óptima entera.

La nueva tabla después de agregar el corte fraccional, por consiguiente, será

Básica	x_1	$\cdots$	x_i	$\cdots$	x_m	w_i	$\cdots$	w_j	$\cdots$	w_n	S_i	Solución
z	0	$\cdots$	0	$\cdots$	0	$\bar{c}_1$	$\cdots$	$\bar{c}_j$	$\cdots$	$\bar{c}_n$	0	β_0
x_1	1	$\cdots$	0	$\cdots$	0	α_1^1	$\cdots$	α_1^j	$\cdots$	α_1^n	0	β_1
x_i	0	$\cdots$	1	$\cdots$	0	α_i^1	$\cdots$	α_i^j	$\cdots$	α_i^n	0	β_i
x_m	0	$\cdots$	0	$\cdots$	1	α_m^1	$\cdots$	α_m^j	$\cdots$	α_m^n	0	β_m
S_i	0	$\cdots$	0	$\cdots$	0	$-f_{i1}$	$\cdots$	$-f_{ij}$	$\cdots$	$-f_{in}$	1	$-f_i$

Si la nueva solución (después de aplicar el método dual símplex) es entera, termina el procedimiento. En cualquier otro caso se construye un nuevo corte fraccional de la tabla *resultante* y se utiliza de nuevo el método dual símplex para quitar la infactibilidad. Este procedimiento se repite hasta que se logra una solución entera. Sin embargo, si en cualquier iteración el algoritmo dual símplex indica que no existe solución factible, el problema no tiene solución factible *entera*.

El algoritmo se conoce como el **método fraccional** porque todos los coeficientes diferentes de cero del corte generado, son menores que uno.

El algoritmo fraccional puede indicar, a primera vista, que el tamaño de la tabla símplex puede llegar a ser muy grande en cuanto nuevos cortes se agregan al problema. Esto no es cierto. En efecto, el número total de restricciones en el problema *aumentado* no puede exceder el número de variables en el problema original; o sea, $(m + n)$. Esto se deduce puesto que si el problema aumentado incluye más de $(m + n)$ restricciones, una o más de las variables de holgura S_i asociadas a los cortes fraccionales debe ser básica. En este caso, las ecuaciones asociadas llegan a ser redundantes y pueden quitarse completamente de la tabla.

El algoritmo fraccional tiene dos desventajas:

1. Los errores de redondeo que resultan en cálculos automáticos pueden proporcionar la solución entera óptima equivocada, en especial al aumentar el tamaño del problema.

2. La solución del problema permanece infactible en el sentido de que ninguna solución *entera* puede obtenerse hasta que se alcanza la solución entera óptima. Esto significa que no habrá "buenas" soluciones enteras almacenadas si los cálculos se paran prematuramente antes de obtener la solución óptima (entera).

La primera dificultad se evita con el desarrollo de un **algoritmo entero todos enteros**. El algoritmo comienza con una tabla totalmente entera (esto es, todos los coeficientes son enteros) adecuada para la aplicación del algoritmo dual símplex. Se elaboran entonces cortes especiales, de modo que su adición a la tabla preserve que sean enteros todos los coeficientes. Sin embargo, el hecho de que la solución permanezca infactible hasta que se logra la solución óptima entera, todavía presenta una desventaja.

La segunda dificultad que se consideró al desarrollar algoritmos de planos de corte, es que comienzan como enteros factibles pero no óptimos. Las iteraciones continúan siendo factibles y enteras hasta que se alcanza a la solución óptima. En este aspecto, este algoritmo es **primal factible** al compararse con los algoritmos fraccionales que son **duales factibles**. Sin embargo, los algoritmos primales no parecen ser promisorios en cuanto al cálculo.

Ejemplo 9.4-1

Considere el problema que fue resuelto gráficamente al iniciar la sección. La solución continua óptima está dada por

Básica	x_1	x_2	x_3	x_4	Solución
z	0	0	28/11	15/11	63
x_2	0	1	7/22	1/22	7/2
x_1	1	0	−1/22	3/22	9/2

374 Programación lineal entera [C.9

Ya que esta solución no es entera, debe agregarse un corte fraccional a la tabla. Generalmente puede elegirse cualquiera de las ecuaciones de restricción correspondientes a una solución no entera para generar el corte. Sin embargo, como una regla práctica usualmente se elige la ecuación correspondiente a máx$_i \{f_i\}$. Ya que ambas ecuaciones en este problema tienen el mismo valor de f_i, esto es, $f_1 = f_2 = 1/2$, una u otra puede ser utilizada. Considere la ecuación x_2. Esta da

$$x_2 + \frac{7}{22} x_3 + \frac{1}{22} x_4 = 3\tfrac{1}{2}$$

o bien,

$$x_2 + \left(0 + \frac{7}{22}\right)x_3 + \left(0 + \frac{1}{22}\right)x_4 = \left(3 + \frac{1}{2}\right)$$

Por consiguiente, el corte fraccional correspondiente está dado por

$$S_1 - \frac{7}{22} x_3 - \frac{1}{22} x_4 = -\frac{1}{2}$$

Esto da la nueva tabla

Básica	x_1	x_2	x_3	x_4	S_1	L.D.
z	0	0	28/11	15/11	0	63
x_2	0	1	7/22	1/22	0	$3\tfrac{1}{2}$
x_1	1	0	$-1/22$	3/22	0	$4\tfrac{1}{2}$
S_1	0	0	$-7/22$	$-1/22$	1	$-1/2$

El método dual símplex proporciona

Básica	x_1	x_2	x_3	x_4	S_1	Solución
z	0	0	0	1	8	59
x_2	0	1	0	0	1	3
x_1	1	0	0	1/7	$-1/7$	$4\tfrac{4}{7}$
x_3	0	0	1	1/7	$-22/7$	$1\tfrac{4}{7}$

Ya que la solución todavía no es entera, se elabora un nuevo corte. La ecuación x_1 se escribe como

$$x_1 + \left(0 + \frac{1}{7}\right)x_4 + \left(-1 + \frac{6}{7}\right)S_1 = \left(4 + \frac{4}{7}\right)$$

9.4] Algoritmos de planos de corte

la cual proporciona el corte

$$S_2 - \frac{1}{7}x_4 - \frac{6}{7}S_1 = -\frac{4}{7}$$

Agregando esta restricción a la última tabla, se obtiene

Básica	x_1	x_2	x_3	x_4	S_1	S_2	L.D.
z	0	0	0	1	8	0	59
x_2	0	1	0	0	1	0	3
x_1	1	0	0	1/7	−1/7	0	$4\frac{4}{7}$
x_3	0	0	1	1/7	−22/7	0	$1\frac{4}{7}$
S_2	0	0	0	−1/7	−6/7	1	−4/7

El método dual símplex proporciona ahora

Básica	x_1	x_2	x_3	x_4	S_1	S_2	Solución
z	0	0	0	0	2	7	55
x_2	0	1	0	0	1	0	3
x_1	1	0	0	0	−1	1	4
x_3	0	0	1	0	−4	1	1
x_4	0	0	0	1	6	−7	4

la cual da la solución óptima entera $z = 55$, $x_1 = 4$, $x_2 = 3$.

El lector puede verificar gráficamente que la adición de los "cortes" anteriores divide el espacio de soluciones como se desea (véase la figura 9-5). El primer corte

$$S_1 - \frac{7}{22}x_3 - \frac{1}{22}x_4 = -\frac{1}{2}$$

puede expresarse en términos de x_1 y x_2 utilizando sólo la sustitución apropiada como sigue:

$$S_1 - \frac{7}{22}(6 + x_1 - 3x_2) - \frac{1}{22}(35 - 7x_1 - x_2) = -\frac{1}{2}$$

o bien,

$$S_1 + x_2 = 3$$

la cual es equivalente a

$$x_2 \leq 3$$

Similarmente, para el segundo corte

$$S_2 - \frac{1}{7} x_4 - \frac{6}{7} S_1 = -\frac{4}{7}$$

la restricción equivalente en términos de x_1 y x_2 es

$$x_1 + x_2 \leq 7$$

La figura 9-5 muestra que la adición de estas dos restricciones proporcionará el nuevo punto extremo (óptimo) (4, 3).

Ejercicio 9.4-1

Considere el modelo de Reddy Mikks, cuya solución se da en el ejemplo 3.2-1. Supóngase que todas las variables son enteras. Determine los cortes asociados con las variables básicas x_E, x_I, s_3 y s_4 y expréselos en términos de x_E y x_I exclusivamente.

[*Resp.* x_1: $2/3s_1 + 2/3s_2 \geq 1/3$, o bien $2x_E + 2x_I \leq 9$.
x_E: El mismo corte que x_1.
s_3: No es posible ningún corte, ya que s_3 ya es entera.
s_4: $1/3s_1 + 1/3s_2 \geq 2/3$ o bien $x_E + x_I \leq 4$.]

Fuerza (o vigor) del corte fraccional

El desarrollo anterior indica que la desigualdad específica que define un corte depende directamente del "renglón fuente" del cual se generó. Por consiguiente, los cortes de desigualdades diferentes pueden generarse de la misma tabla simplex. La pregunta que surge naturalmente es: ¿cuál corte es el "más fuerte"? La fuerza podría medirse en términos de qué tan profundamente corta la desigualdad dentro del espacio de soluciones. Este resultado puede expresarse matemáticamente como sigue. Considere las dos desigualdades

$$\sum_{j=1}^{n} f_{ij} w_j \geq f_i \tag{1}$$

y

$$\sum_{j=1}^{n} f_{kj} w_j \geq f_k \tag{2}$$

El corte (1) se dice que es más fuerte que el (2) si $f_i \geq f_k$ y $f_{ij} \leq f_{kj}$, para toda j, manteniendo la desigualdad estricta al menos una vez.

La definición anterior de fuerza es difícil de implantar en cuanto al cálculo. Por consiguiente, se desarrollan las reglas empíricas que reflejan esta definición. Dos de tales reglas generan el corte del renglón fuente que tiene (1) máx$_i$ {f_i} o bien tiene (2) máx$_i$ {$f_i/\Sigma_{j=1}^{n} f_{ij}$}. La segunda regla es más efectiva ya que representa en forma más aproximada la definición anterior de fuerza.†

Ejemplo 9.4-2

En el ejemplo 9.4-1, la solución continua óptima es $z = 63$, $x_1 = 9/2$ y $x_2 = 7/2$. Puesto que z ya es entero, su ecuación no puede tomarse como un renglón fuente. De acuerdo con las reglas empíricas dadas anteriormente, ya que $f_1 = f_2 = 1/2$, la regla no es concluyente sobre cuál renglón fuente puede ser mejor. Pero a fin de aplicar la segunda regla, es necesario desarrollar todos los coeficientes de los cortes fraccionales respectivos de cada renglón fuente. Los cortes del renglón x_1 y del renglón x_2 son

$$\text{renglón } x_1: \quad \frac{21}{22} x_3 + \frac{3}{22} x_4 \geq \frac{1}{2}$$

$$\text{renglón } x_2: \quad \frac{7}{22} x_3 + \frac{1}{22} x_4 \geq \frac{1}{2}$$

puesto que

$$\frac{1/2}{7/22 + 1/22} > \frac{1/2}{21/22 + 3/22}$$

la ecuación x_2 se elige como un renglón fuente.

La selección de la ecuación x_2 como un renglón fuente en el ejemplo 9.4-1 fue únicamente accidental. Para demostrar que ésta fue una selección apropiada se compararán los dos cortes (de los renglones x_1 y x_2). En el ejemplo 9.4-1, el corte del renglón x_2 expresado en términos de x_1 y x_2 está dado como

$$x_2 \leq 3$$

Siguiendo una sustitución similar, el corte del renglón x_1 se expresa como

$$x_2 \leq 10/3$$

El primer corte es más *restrictivo* y por tanto, más fuerte que el segundo corte. Se debe tener precaución, sin embargo, ya que las reglas dadas, siendo empíricas, pueden no proporcionar generalmente el corte más fuerte. ◀

Ejercicio 9.4-2

En el ejercicio 9.4-1, determine el más fuerte de los cortes resultantes utilizando el criterio anterior; después grafique o trace los cortes en el espacio (x_E, x_I) para ilustrar el concepto de la fuerza del corte de manera gráfica.

---

† Otras reglas que están basadas en la información contenida en el renglón de la función objetivo se pueden encontrar también en Taha (edición en inglés, 1975), págs. 184-185.

[*Resp.* El corte s_4 es el más fuerte. En el espacio gráfico, hace el corte más profundo en el espacio de soluciones.]

9.4.2 EL ALGORITMO MIXTO

Sea x_k una variable entera del problema mixto. De nuevo, como en el caso entero puro, considere la ecuación x_k en la solución continua óptima. Esta se da como

$$x_k = \beta_k - \sum_{j=1}^{n} \alpha_k^j w_j = [\beta_k] + f_k - \sum_{j=1}^{n} \alpha_k^j w_j \qquad \text{(renglón fuente)}$$

o bien,

$$x_k - [\beta_k] = f_k - \sum_{j=1}^{n} \alpha_k^j w_j$$

Debido a que en este caso algunas de las variables w_j pueden no estar restringidas a valores enteros, es incorrecto usar el corte fraccional de la sección anterior. Pero puede emplearse un nuevo corte basado en la misma idea general.

Para que x_k sea entera, debe satisfacerse $x_k \leq [\beta_k]$ o bien $x_k \geq [\beta_k] + 1$. Del renglón fuente, estas condiciones son equivalentes a

$$\sum_{j=1}^{n} \alpha_k^j w_j \geq f_k \tag{1}$$

$$\sum_{j=1}^{n} \alpha_k^j w_j \leq f_k - 1 \tag{2}$$

Sea

J^+ = conjunto de subíndices j para los cuales $\alpha_k^j \geq 0$
J^- = conjunto de subíndices j para los cuales $\alpha_k^j < 0$

Luego entonces, de (1) y (2), se obtiene

$$\sum_{j \in J^+} \alpha_k^j w_j \geq f_k \tag{3}$$

$$\frac{f_k}{f_k - 1} \sum_{j \in J^-} \alpha_k^j w_j \geq f_k \tag{4}$$

Ya que (1) y (2), y por tanto, (3) y (4) no pueden ocurrir simultáneamente, se deduce que (3) y (4) pueden combinarse en una restricción de la forma

$$S_k - \left\{ \sum_{j \in J^+} \alpha_k^j w_j + \frac{f_k}{f_k - 1} \sum_{j \in J^-} \alpha_k^j w_j \right\} = -f_k \qquad \text{(corte mixto)}$$

9.4] Algoritmos de planos de corte 379

donde $S_k \geq 0$ es una variable de holgura no negativa. La última ecuación es el **corte mixto** requerido y representa una condición necesaria para que x_k sea entera. Ya que todas las w_j son 0 en la tabla óptima actual, se deduce que el corte anterior es infactible. Por consiguiente, se usa el método dual símplex para eliminar la infactibilidad.

El corte mixto se desarrolla sin tomar ventaja del hecho que algunas de las variables w_j pueden ser enteras. Si esto se toma en cuenta resultará el siguiente corte más fuerte:

$$S_k = -f_k + \sum_{j=1}^{n} \lambda_j w_j$$

donde

$$\lambda_j = \begin{cases} \alpha_k^j & \text{si } \alpha_k^j \geq 0 \text{ y } w_j \text{ no es entera} \\ \dfrac{f_k}{f_k - 1} \alpha_k^j & \text{si } \alpha_k^j < 0 \text{ y } w_j \text{ no es entera} \\ f_{kj} & \text{si } f_{kj} \leq f_k \text{ y } w_j \text{ es entera} \\ \dfrac{f_k}{1 - f_k}(1 - f_{kj}) & \text{si } f_{kj} > f_k \text{ y } w_j \text{ es entera} \end{cases}$$

La deducción de esta fórmula se encuentra en Taha [edición en inglés, 1975, pág 200].

Ejemplo 9.4-3

Considere el ejemplo 9.4-1. Suponga que x_1 está únicamente restringida a valores enteros. De la ecuación x_1

$$x_1 - \frac{1}{22} x_3 + \frac{3}{22} x_4 = \left(4 + \frac{1}{2}\right)$$

$$J^- = \{3\}, \quad J^+ = \{4\}, \quad f_1 = 1/2$$

Entonces, el corte mixto está dado como

$$S_1 - \left\{\frac{3}{22} x_4 + \left(\frac{\frac{1}{2}}{\frac{1}{2} - 1}\right)\left(-\frac{1}{22}\right)x_3\right\} = -\frac{1}{2}$$

o

$$S_1 - \frac{1}{22} x_3 - \frac{3}{22} x_4 = -\frac{1}{2}$$

Agregando esto a la última tabla proporciona

Básica	x_1	x_2	x_3	x_4	S_1	L.D.
z	0	0	28/11	15/11	0	63
x_2	0	1	7/22	1/22	0	7/2
x_1	1	0	−1/22	3/22	0	9/2
S_1	0	0	−1/22	−3/22	1	−1/2

Ahora, aplicando el método dual símplex proporciona

Básica	x_1	x_2	x_3	x_4	S_1	Solución
z	0	0	23/11	0	10	58
x_2	0	1	10/33	0	−1/3	10/3
x_1	1	0	−1/11	0	1	4
x_4	0	0	1/3	1	−22/3	11/3

el cual proporciona la solución óptima $z = 58$, $x_1 = 4$ y $x_2 = 10/3$; x_1 es un entero como se requiere. ◀

Ejercicio 9.4-3

Considere el ejemplo 9.4-3.
(a) Supóngase que x_2 también es entera. Elabore su corte mixto a partir de la última tabla del ejemplo.
 [*Resp.* $S_2 - 10/33x_3 - 1/6S_1 = -1/3$.]
(b) En el problema original antes de que se agregue el corte x_1, si x_1 y x_2 son enteros, entonces x_3 y x_4 también deben ser enteros. Emplee un corte mixto a partir del renglón x_1 mediante el uso de la definición de λ_j dada y compárelo con el corte fraccional de x_1. (Nótese que en ambos casos las variables x_1, x_2, x_3 y x_4 son enteras.)
 [*Resp.* Corte mixto: $-1/2 + 1/22x_3 + 3/22x_4 \geq 0$
 Corte fraccional: $-1/2 + 21/22x_3 + 3/22x_4 \geq 0$
 El corte mixto es más fuerte.]

Cálculos en métodos de corte

Aunque se presentaron únicamente dos tipos de corte en este libro, se han utilizado otros cortes diferentes, donde cada nuevo corte disminuye algunas de las dificultades de cálculo asociadas a los otros. Sin embargo, ningún corte solo puede considerarse uniformemente superior desde el punto de vista del cálculo.

Aunque en algunos casos aislados de problemas especialmente estructurados se ha comprobado que los cortes son efectivos, el consenso general entre las personas que practican esto, es que en los métodos de corte no se puede confiar que sirvan para resolver los problemas enteros independientemente del tamaño. La experiencia ha demostrado que algunos problemas pequeños no podrían ser resueltos con los métodos de corte. En efecto, se han reportado casos donde un cambio aleatorio en el orden de las restricciones ha convertido un problema de cálculo fácil en uno de gran tamaño.

Quizá la conclusión general referente a los métodos de corte, es que ellos solos no pueden utilizarse efectivamente para resolver el problema entero general. Sin embargo, las ideas pueden ser, y decididamente han sido tomadas de estos métodos para aumentar la efectividad de los otros tipos de técnicas de solución, [véase Taha (1975, págs. 160-161)]. También se han usado los planos de corte dentro del contexto del algoritmo de R y A para facilitar el movimiento de la solución de cada subproblema hacia la solución entera deseada.

9.5 PROBLEMA ENTERO CERO-UNO

Cualquier variable entera puede expresarse equivalentemente en términos de un cierto número de variables puras **cero-uno (binarias)**. La forma más simple de lograr esto es como sigue. Sea $0 \leq x \leq n$ una variable entera donde n es una cota superior entera. Entonces, dadas $y_1, y_2, \ldots, y_n$ como variables cero-uno,

$$x = y_1 + y_2 + \cdots + y_n$$

es una representación binaria exacta de todos los valores factibles de x. Otra representación (más económica) donde el número de variables binarias es usualmente menor que n es

$$x = y_0 + 2y_1 + 2^2 y_2 + \cdots + 2^k y_k$$

donde k es el entero más pequeño que satisface $2^{k+1} - 1 \geq n$.

El hecho de que cada problema entero pueda hacerse binario junto con la simplicidad de cálculo al tratar con variables cero-uno (cada variable tiene dos valores solamente) ha dirigido la atención para explotar estas propiedades a fin de desarrollar un algoritmo eficiente.

En esta sección presentamos un nuevo algoritmo que se ha diseñado específicamente para resolver el problema binario. El nuevo método, llamado el **algoritmo aditivo** es, en realidad, una variante del método más general de R y A presentado en la sección 9.3. Es interesante el hecho que la versión original del algoritmo aditivo no se presentó en este contexto. Una razón para esta "confusión" es que el algoritmo original no abarca la solución de ningún problema lineal, tal como lo hace el R y A. De hecho, las únicas operaciones aritméticas necesarias en el algoritmo son sumas y restas, que es por lo que se le nombra *algoritmo aditivo*.

Nuestra presentación del algoritmo aditivo será en el contexto del algoritmo R y A, con el objeto de demostrar que el algoritmo aditivo es, en realidad, un caso especial de la técnica R y A.

9.5.1 ALGORITMO ADITIVO

Para el propósito de este algoritmo, la versión continua del problema cero-uno debe comenzar como dual factible; esto es, óptima pero no factible. Además, todas las restricciones deben ser del tipo ($\leq$), excluyendo, por tanto, ecuaciones explícitas. Este formato siempre puede lograrse de la manera siguiente. Sea el problema del tipo de minimización (no existe pérdida en la generalidad aquí) y defínase como

$$\text{minimizar } z = \sum_{j=1}^{n} c_j x_j$$

sujeto a

$$\sum_{j=1}^{n} a_{ij} x_j + S_i = b_i, \quad i = 1, 2, \ldots, m$$
$$x_j = 0 \text{ o bien } 1, \quad j = 1, 2, \ldots, n$$
$$S_i \geq 0, \quad i = 1, 2, \ldots, m$$

donde S_i es la variable de holgura asociada a la restricción i. La versión continua del problema anterior es dual factible si toda $c_j \geq 0$. Cualquier $c_j < 0$ puede convertirse al formato deseado complementando la variable x_j, esto es, sustituyendo $x_j = 1 - x'_j$, donde x'_j es una variable binaria, en la función objetivo y en las restricciones. Si además de la factibilidad dual, el problema es primal factible, no necesita hacerse nada más, ya que el mínimo, en términos de las nuevas variables, se logra asignando valores cero a todas las variables. Sin embargo, si es primal infactible, el algoritmo aditivo se utiliza para encontrar el óptimo.

La idea general del algoritmo aditivo es enumerar todas las 2^n soluciones posibles del problema. Sin embargo, en forma implícita reconoce que algunas soluciones pueden descartarse automáticamente sin ser investigadas. Entonces, en el análisis final, únicamente una parte de las 2^n soluciones necesita investigarse explícitamente.

En términos del problema cero-uno anterior, la idea antes mencionada se implanta como sigue. Inicialmente, suponga que todas las variables están en el nivel cero. Esto es lógico ya que todas las $c_j \geq 0$. Como la solución correspondiente no es factible (esto es, algunas variables de holgura S_i pueden ser negativas), será necesario elevar algunas variables al nivel uno. El procedimiento pide elevar una (o quizá más) variables a la vez, siempre que exista la evidencia de que este paso estará moviendo las soluciones hacia la factibilidad, o sea, haciendo $S_i \geq 0$ para toda i. Se ha desarrollado un número de pruebas para asegurar la selección adecuada de las variables que se van a elevar al nivel uno. Estas se presentan primero por medio de un ejemplo numérico y luego se formalizan matemáticamente.

Ejemplo 9.5-1

$$\text{Maximizar } x_0 = 3x'_1 + 2x'_2 - 5x'_3 - 2x'_4 + 3x'_5$$

sujeto a

$$x_1' + x_2' + x_3' + 2x_4' + x_5' \le 4$$
$$7x_1' + 3x_3' - 4x_4' + 3x_5' \le 8$$
$$11x_1' - 6x_2' + 3x_4' - 3x_5' \ge 3$$
$$x_j' = 0 \text{ o bien, } 1 \text{ para toda } j$$

Este problema se convertirá a la forma de *minimización* en donde todas las variables tengan coeficientes no negativos en la función objetivo. Primero, convierta la función objetivo a la forma de minimización, multiplicando x_0 por -1. Esto deja x_1', x_2' y x_5' con coeficientes negativos y x_3' y x_4' con coeficientes positivos. Por consiguiente, la sustitución

$$x_j' = \begin{cases} 1 - x_j, & j = 1, 2, 5 \\ x_j, & j = 3, 4 \end{cases}$$

convierte todos los coeficientes de la función objetivo a valores no negativos, como se desea. Después que la tercera restricción se cambia a ($\le$), el problema queda convenientemente en la forma siguiente (z es el valor objetivo del problema *convertido*).

x_1	x_2	x_3	x_4	x_5	S_1	S_2	S_3	L.D.
3	2	5	2	3	0	0	0	z
-1	-1	1	2	-1	1	0	0	1
-7	0	3	-4	-3	0	1	0	-2
11	-6	0	-3	-3	0	0	1	-1

Ya que inicialmente todas las $x_j = 0$, los valores de las holguras son

$$(S_1^0, S_2^0, S_3^0) = (1, -2, -1)$$

[El índice (0) representa la iteración inicial.] El valor objetivo asociado es $z^0 = 0$.

Es evidente ahora que la solución inicial no es factible ya que S_2^0 y S_3^0 son negativas. Por consiguiente, al menos una variable x_j debe elevarse al nivel uno. Tal variable debe mover la solución más cerca de la factibilidad, y esto puede ser indicado por los valores de las holguras. Investigando las variables en el nivel cero, uno ve que todos los coeficientes de x_3 en las *restricciones* correspondientes a las holguras negativas, son *no negativos*. Por consiguiente, si se eleva x_3 al nivel uno, únicamente puede empeorar la infactibilidad. Esto significa que x_3 debe permanecer en el nivel cero. Aunque cada una de x_1, x_2 y x_4 no pueden *individualmente* traer la factibilidad, una combinación de ellas en el nivel uno puede llevar a los valores factibles de las holguras. Por consiguiente, estas variables no pueden excluirse (como en el caso de x_3) en este punto. Por otra parte, si x_5 se establece igual a uno, se logra una solución factible. En consecuencia, el procedimiento pide que se eleve x_5 al nivel uno. Esto proporciona

$$(S_1^1, S_2^1, S_3^1) = [S_1^0 - (-1), S_2^0 - (-3), S_3^0 - (-3)] = (2, 1, 2)$$

con $x_5 = 1$ y $z^1 = 3$. Puesto que ésta es una solución factible, se almacena como la mejor disponible a la fecha. Por consiguiente, $\bar{z} = z^1 = 3$ es una cota superior para cualquier solución factible futura. En otras palabras, de aquí en adelante se estará técnicamente interesado en soluciones factibles con valores objetivos *mejores* (más pequeños) que $\bar{z}$ (compare con el algoritmo R y A).

En este punto es ilustrativo introducir el procedimiento anterior como un método de ramificar y acotar. La figura 9-6 muestra el nodo inicial (0) que representa el problema donde todas las x_j son 0. Dos ramas emanan de este nodo, las cuales están asociadas a $x_5 = 0$ y $x_5 = 1$. Eligiendo la rama $x_5 = 1$, se obtiene la solución factible en el nodo (1) con $\bar{z} = 3$.

Debido a que todos los coeficientes de la función objetivo son positivos y como el objetivo es minimizar z, cualquier rama que salga del nodo (1) no puede proporcionar un mejor valor de la función objetivo. En este caso la rama $x_5 = 1$ está **agotada**. Ya que $x_5 = 0$ es la única rama que resta en el árbol, debe considerarse su solución asociada (compare con el algoritmo de ramificar y acotar). Esto lleva al nodo (2), figura 9-6, con su solución dada por

$$(S_1^2, S_2^2, S_3^2) = (1, -2, -1)$$

con $z^2 = 0$ y todas las variables binarias iguales a cero.

El lector puede preguntarse sobre las diferencias entre las soluciones en los nodos (0) y (2). No existe diferencia en los *valores* de las variables y de la función objetivo. Pero sí existe la diferencia importante que en el nodo (0) cualquiera de las variables x_1, x_2, x_3, x_4 y x_5 están **libres** para tener el valor cero o uno; mientras que en el nodo (2) x_5 está fija en el nivel cero. Por consiguiente, al elegir la variable de ramificación en (2) únicamente pueden considerarse x_1, x_2, x_3 o x_4.

La selección de una variable para elevarla a 1 en el nodo (2), sigue la misma lógica que se usó en el nodo (0). Sin embargo, ahora se tiene la información adicional de que ninguna variable *libre* debe suponer un valor de 1, si ello conduce a un valor objetivo mayor que o igual a $\bar{z}$. Así, elevando x_3 al nivel uno no es promisorio porque esto empeora tanto la optimidad (da $z = 5 > \bar{z}$) como la factibilidad

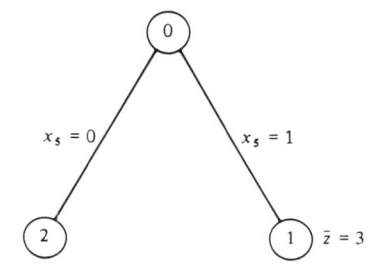

Figura 9-6

9.5] Problema entero cero-uno

(hace a las holguras más negativas). También se puede descartar x_1 porque $c_1 = 3$ no puede conducir a un *mejor* valor objetivo que $\bar{z}$. Debe entonces escogerse entre x_2 y x_4. Ninguna de las variables puede por sí sola lograr la factibilidad. En este caso, se hace una selección con base en una medida empírica. Defina para cada variable *libre* x_j

$$v_j = \sum_{\text{toda } i} \min\{0, S_i - a_{ij}\}$$

Esto realmente puede considerarse como una "medida" de infactibilidad total resultante de elevar la variable libre x_j al nivel uno. La variable de ramificación elegida es aquella con la v más pequeña. Ahora, para x_2 y x_4,

$$v_2 = 0 + (-2 - 0) + 0 = -2$$
$$v_4 = (1 - 2) + 0 + 0 = \boxed{-1}$$

Entonces, x_4 se elige como la variable de ramificación, y $x_4 = 1$ lleva al nodo (3), figura 9-7, donde

$$(S_1^3, S_2^3, S_3^3) = (1 - 2, -2 + 4, -1 + 3) = (-1, 2, 2)$$

con $z^3 = 2$.

El nodo (3) está definido ahora por $x_5 = 0$ y $x_4 = 1$ de tal manera que x_1, x_2 y x_3 son las únicas variables libres en (3). Ya que $c_1 = 3$, $c_2 = 2$ y $c_3 = 5$, elevando x_1, x_2 o x_3 al nivel uno no se puede proporcionar un valor de la función objetivo mejor que $\bar{z}$ ya que proporcionan $z = 2 + 3, 2 + 2,$ y $2 + 5$. Por tanto, se excluyen x_1, x_2 y x_3. Ya que *todas* las variables libres son no promisorias, ninguna ramificación adicional puede efectuarse desde el nodo (3), y en consecuencia, éste se halla agotado.

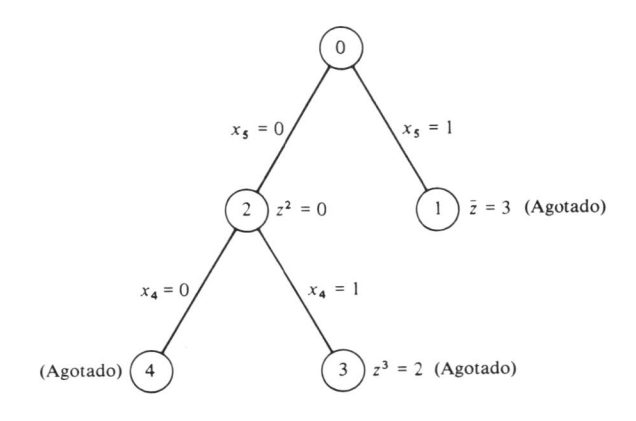

Figura 9-7

El único nodo restante es el (4). Ya que está definido por $x_5 = 0$ y $x_4 = 0$,

$$(S_1^4, S_2^4, S_3^4) = (1, -2, -1)$$

con $z^4 = 0$. De nuevo, x_1, x_2 y x_3 son las variables libres. La variable x_3 es no promisoria desde los puntos de vista tanto de optimidad como de factibilidad. Las variables restantes x_1 y x_2 no pueden hacer factible la solución en (4). Por consiguiente, ninguna variable de ramificación existe en (4) y (4) está agotado. Ya que no existe ningún nodo sin agotar en la figura 9-6, la solución está dada por el nodo (1) con $z = 3$ y $x_5 = 1$ y todas las variables restantes iguales a cero. Esta solución puede ser trasladada en términos de las variables originales para proporcionar $x_1' = x_2' = 1$, $x_3' = x_4' = x_5' = 0$, con $x_0 = 5$. ◀

Se estableció anteriormente que el procedimiento anterior enumera (implícita o explícitamente) las 2^n soluciones del problema. Este resultado está ilustrado en los ejemplos anteriores como sigue. El examen del nodo (1) significa que se han tomado en cuenta todas las soluciones binarias en las cuales $x_5 = 1$. Estas son $2^{5-1} = 16$ soluciones. También, el nodo (3) está exhausto. Ya que está definido por $x_5 = 0$, y $x_4 = 1$, el número de soluciones tomadas en cuenta en el nodo (3) es $2^{5-2} = 8$. Similarmente, el nodo (4) está agotado y toma en cuenta $2^{5-2} = 8$ soluciones. Por consiguiente, considerando todos los nodos agotados juntos, se han considerado un total de $16 + 8 + 8 = 2^5$ soluciones, que es el número total de soluciones binarias posibles. Se observa que las soluciones tomadas en cuenta en los nodos diferentes *agotados* no son redundantes ya que la ruta (ramas) que lleva a cada uno de estos nodos es única.

Es interesante que únicamente 5 (de 32) soluciones se hayan investigado explícitamente en el ejemplo anterior. Esta es la razón por la que el procedimiento se llama de **enumeración implícita**.

El árbol de ramificar y acotar cero-uno (por ejemplo la figura 9-7) puede representarse para manejar datos en una forma muy simple. Para lograr esto, son necesarias las siguientes definiciones.

1. *Variable libre*. En cualquier nodo del árbol, una variable binaria es llamada libre si no se ha fijado en cualquiera de las ramas que llevan a este nodo. En la figura 9-7 el nodo (3) tiene a x_1, x_2 y x_3 como variables libres. Una variable libre está tentativamente en el nivel cero, pero puede elevarse al nivel uno si esto puede mejorar la infactibilidad del problema.

2. *Solución parcial*. Esta proporciona una asignación binaria específica para algunas de las variables en el sentido que fija los valores de una o más variables en cero o uno. Una forma conveniente de resumir esta información para el propósito del algoritmo (de ramificar y acotar) es expresar la solución parcial como un conjunto *ordenado*. Sea J_t la solución parcial en el nodo t-ésimo (o iteración), y considérese que la notación $+j$ $(-j)$ representa $x_j = 1$ $(x_j = 0)$. Por consiguiente, los elementos de J_t constan de los subíndices de las variables fijas con el signo más (menos) significando que la variable es uno (cero). El conjunto J_t puede ser *ordenable* en el sentido que cada nuevo elemento siempre se aumenta *a la derecha* de la solución parcial.

Las soluciones parciales pueden utilizarse para definir los nodos en el árbol de ramificar y acotar, ya que las ramas que llevan a un nodo realmente representan una asignación binaria parcial para algunas variables. En la figura 9-7, los nodos están representados como sigue:

Nodo (0): $J_0 = \emptyset$
Nodo (1): $J_1 = \{5\}$
Nodo (2): $J_2 = \{-5\}$
Nodo (3): $J_3 = \{-5, 4\}$
Nodo (4): $J_4 = \{-5, -4\}$

En realidad el uso de las soluciones parciales elimina la necesidad de registrar nodos generados por medio del árbol de ramificar y acotar. Esto significa que las soluciones parciales pueden generarse sucesivamente de una a otra. El procedimiento para generar soluciones parciales sucesivas (nodos) se ilustrará con el ejemplo en la figura 9-7. Primero se resumirán las reglas para declarar agotada a una solución. Se dice que una solución está agotada si:

1. No puede llevar a un mejor valor de la función objetivo.
2. No puede llevar a una solución factible.

Una solución parcial agotada significa que no es promisorio ramificar adicionalmente su nodo asociado, ya que todas las soluciones que podrían ser generadas del nodo son inferiores o infactibles.

La solución del ejemplo 9.5-1, comienza con $J_0 = \emptyset$, lo que significa que todas las variables binarias son libres. Como $x_5 = 1$ lleva a una solución factible, $J_1 = \{5\}$. Por la estructura especial del problema J_1 está agotada. En este punto, la solución parcial siguiente se genera complementando el elemento *positivo más a la derecha* de J_1. Esto da $J_2 = \{-5\}$.† Esencialmente, J_2 significa que la rama $x_5 = 1$ ha sido considerada (agotada) y entonces su rama complemento $x_5 = 0$ debe considerarse ahora. Acorde a las pruebas dadas en el ejemplo 9.5-1, J_2 no está agotada ya que $x_4 = 1$ puede aumentarse. Esto proporciona $J_3 = \{-5, 4\}$. Ahora J_3 está agotada y J_4 se obtiene complementando el elemento más a la derecha de J_3. Esto proporciona $J_4 = \{-5, -4\}$. De nuevo J_4 está agotada; pero ya que todos sus elementos son negativos, la enumeración está completa.

En realidad, la regla general para generar la solución parcial siguiente de una *agotada* es como sigue. Si *todos* los elementos de una solución parcial *agotada* son negativos, la enumeración está completa. De otra manera, seleccione el elemento *positivo* que esté más a la derecha, complemente éste, y *luego deseche todos los elementos (negativos) a su derecha*. Por ejemplo, si $J_t = \{1, 5, 4, -3, 2, 6, -7, -8\}$ está agotada, $J_{t+1} = \{1, 5, 4, -3, 2, -6\}$. El lector puede ver el significado de los elementos negativos ya que el algoritmo aditivo siempre suma variables en el nivel

---

† El proceso de complementar el elemento *positivo más a la derecha*, se llama algunas veces **retroceso**. En el caso de J_1 la solución "retrocede" a lo largo de la rama $x_5 = 1$, y luego "desciende" a lo largo de la rama $x_5 = 0$ para llegar a J_2 (véase la figura 9-7).

uno. Un elemento negativo significa que estuvo agotada, una solución parcial *precedente* (en la cual este elemento fue positivo). Por consiguiente, cuando todos los elementos de una solución parcial *agotada* son negativos, las variables asociadas han sido consideradas en los niveles cero y uno. Como resultado, no existen más ramas a considerar y la enumeración está completa.

Es importante notar que el *orden* de los elementos en una solución parcial es crucial al enumerar todas las soluciones adecuadamente. Por consiguiente, $\{1, -3\}$ no es la misma que $\{-3, 1\}$ ya que la primera implica que el nodo alcanzado por $x_1 = 1$ y $x_3 = 1$ está agotado, mientras que en la segunda únicamente el nodo alcanzado por $x_3 = 1$ está agotado.

La versión general del algoritmo aditivo se presenta ahora utilizando el concepto de soluciones parciales. También se generalizan las pruebas de exclusión usadas para examinar soluciones parciales y aumentar nuevas variables al nivel uno en el problema cero-uno.

Considere el problema binario general siguiente:

$$\text{minimizar } z = \sum_{j=1}^{n} c_j x_j, \quad \text{todo } c_j \geq 0$$

sujeto a

$$\sum_{j=1}^{n} a_{ij} x_j + S_i = b_i, \quad i = 1, 2, \ldots, m$$

$$x_j = 0 \text{ o bien, } 1, \quad \text{para toda } j$$

$$S_i \geq 0, \quad \text{para toda } i$$

Sea J_t la solución parcial en el nodo t (inicialmente, $J_0 \equiv \emptyset$, lo cual significa que todas las variables son libres) y suponga que z^t es el valor asociado de z mientras que $\bar{z}$ es la mejor cota superior actual (inicialmente $\bar{z} = \infty$).

Prueba 1: Para cualquier variable libre x_r, si $a_{ir} \geq 0$ para *toda* i correspondiendo a $S_i^t < 0$, entonces, x_r no puede mejorar la infactibilidad del problema y debe descartarse como no promisoria.

Prueba 2: Para cualquier variable libre x_r, si

$$c_r + z^t \geq \bar{z}$$

entonces x_r no puede llevar a una solución mejorada y, por tanto, debe descartarse.

Prueba 3: Considere la i-ésima restricción

$$a_{i1} x_1 + a_{i2} x_2 + \cdots + a_{in} x_n + S_i = b_i$$

para la cual $S_i^t < 0$. Sea N_t el conjunto de variables *libres* no descartadas por las pruebas 1 y 2. Ninguna de las variables libres en N_t es promisoria si para al menos una $S_i^t < 0$, la condición siguiente está satisfecha:

$$\sum_{j \in N_t} \min\{0, a_{ij}\} > S_i^t$$

Esto realmente establece que el conjunto de N_t no puede llevar a una solución factible y, por tanto, debe descartarse. En este caso, se dice que J_t está agota.

Prueba 4: Si $N_t \neq \emptyset$, la variable de ramificación x_k se elige como aquélla correspondiente a

$$v_k^t = \max_{j \in N_t} \{v_j^t\}$$

donde

$$v_j^t = \sum_{i=1}^m \min\{0, S_i^t - a_{ij}\}$$

Si $v_k^t = 0$, $x_k = 1$ junto con J_t proporciona una solución factible *mejorada*. En este caso, J_{t+1} la cual está definida como J_t aumentada con $\{k\}$ a la derecha, está agotada. De otra manera, las pruebas anteriores se aplican de nuevo a J_{t+1} hasta que la enumeración se completa, esto es, hasta que *todos* los elementos de la solución parcial *agotada* sean negativos.

Ejemplo 9.5-2

Como una forma de resumir el procedimiento generalizado anterior, se presenta el ejemplo 9.5-1 utilizando el nuevo método de "registro".

Iteración 0:
Para $J_0 = \emptyset$, $\bar{z} = \infty$,

$$(S_1^0, S_2^0, S_3^0) = (1, -2, -1), \quad z^0 = 0$$

x_3 se excluye por la prueba 1. Por la prueba 3, $N_0 = \{1, 2, 4, 5\}$ no puede abandonarse porque

$$S_2: \quad -7 - 4 - 3 = -14 < -2$$
$$S_3: \quad -6 - 3 - 3 = -12 < -1$$

Por la prueba 4,

$$v_1^0 = 0 + 0 + (-1 - 11) = -12$$
$$v_2^0 = 0 + (-2 - 0) + 0 = -2$$
$$v_4^0 = (1 - 2) + 0 + 0 = -1$$
$$v_5^0 = 0 + 0 + 0 + 0 = \boxed{0}$$

Por tanto, $k = 5$.

Iteración 1:
Para $J_1 = \{5\}$, $\bar{z} = 3$,
$$(S_1^1, S_2^1, S_3^1) = (1 + 1, -2 + 3, -1 + 3) = (2, 1, 2), z^1 = 3$$

Ya que es factible, $\bar{z} = z^1 = 3$. Por consiguiente, J_1 está agotada.

Iteración 2:
Para $J_2 = \{-5\}$, $\bar{z} = 3$.
$$(S_1^2, S_2^2, S_3^2) = (1, -2, -1), z^2 = 0$$

La prueba 1 excluye x_3, la prueba 2 excluye x_1 y x_3. Por la prueba 3, $N_2 = \{2, 4\}$ no puede abandonarse. Por la prueba 4, $v_2^2 = -2$ y $v_4^2 = \boxed{-1}$. En consecuencia $k = 4$.

Iteración 3:
Para $J_3 = \{-5, 4\}$, $\bar{z} = 3$,
$$(S_1^3, S_2^3, S_3^3) = (-1, 2, 2), z^3 = 2$$

La prueba 1 excluye x_3. La prueba 2 excluye x_1, x_2 y x_3. Ya que $N_3 = \emptyset$, J_3 está agotada.

Iteración 4:
Para $J_4 = \{-5, -4\}$, $\bar{z} = 3$.
$$(S_1^4, S_2^4, S_3^4) = (1, -2, -1), z^4 = 0$$

La prueba 1 excluye x_3. La prueba 2 excluye x_1 y x_3. La prueba 3 indica que $N_4 = \{2\}$ debe abandonarse. Por consiguiente, J_4 está agotada. Como todos los elementos de J_4 son negativos, la enumeración está completa y J_1 es óptima. ◄

9.5.2 PROGRAMACION POLINOMIAL CERO-UNO

Considere el problema

$$\text{maximizar } z = f(x_1, \ldots, x_n)$$

sujeto a

$$g_i(x_1, \ldots, x_n) \leq b_i, \quad i = 1, 2, \ldots, m$$
$$x_j = 0 \text{ o bien } 1, \quad j = 1, 2, \ldots, n$$

Suponga que f y g_i son polinomios, estando el k-ésimo término representado generalmente por $d_k \Pi_{j=1}^{nk} x_j^{a_{kj}}$ donde a_{kj} es un exponente constante positivo y d_k es una constante.

Problema entero cero-uno

El problema anterior, aparentemente con una no linealidad alta, puede convertirse a una forma lineal, la cual puede luego resolverse como un programa lineal cero-uno. Ya que x_j es una variable binaria $x_j^{a_{kj}} = x_j$ para cualquier exponente positivo a_{kj}. (Si $a_{kj} = 0$, obviamente la variable x_j no estará presente en el término k-ésimo.) Esto significa que el k-ésimo puede escribirse como $d_k \prod_{j=1}^{n_k} x_j$.

Sea $y_k = \prod_{j=1}^{n_k} x_j$, entonces y_k es también una variable binaria y el término k del polinomio se reduce al término lineal $d_k y_k$. Sin embargo, a fin de asegurar que $y_k = 1$ cuando todas las $x_j = 1$ y cero en cualquier otro caso, las restricciones siguientes deben agregarse† para cada y_k.

$$\sum_{j=1}^{n_k} x_j - (n_k - 1) \le y_k \quad (1)$$

$$\frac{1}{n_k} \sum_{j=1}^{n_k} x_j \ge y_k \quad (2)$$

Si todas las $x_j = 1$, $\sum_{j=1}^{n_k} x_j = n_k$ y la restricción (1) proporciona $y_k \ge 1$, mientras que la restricción (2) da $y_k \le 1$; esto es, $y_k = 1$. Por otra parte, si al menos una $x_j = 0$, entonces $\sum_{j=1}^{n_k} x_j < n_k$ y las restricciones (1) y (2), respectivamente, proporcionan $y_k \ge -(n_k - 1)$ y $y_k < 1$ con el único valor factible dado por $y_k = 0$.

Ejemplo 9.5-3

La transformación lineal anterior está ilustrada con el problema siguiente:

$$\text{maximizar } z = 2x_1 x_2 x_3^3 + x_1^2 x_2$$

sujeto a

$$5x_1 + 9x_2^2 x_3 \le 15$$
$$x_1, x_2, \text{ y } x_3 \text{ binarias}$$

Sea $y_1 = x_1 x_2 x_3$, $y_2 = x_1 x_2$ y $y_3 = x_2 x_3$. El problema será:

$$\text{maximizar } z = 2y_1 + y_2$$

sujeto a

$$5x_1 + 9y_3 \le 15$$
$$x_1 + x_2 + x_3 - 2 \le y_1$$

---

† Un procedimiento más eficiente que no requiera la adición de estas restricciones, y que trata directamente con el sistema lineal convertido del problema polinomial, ha sido desarrollado por H. Taha, "A Balasian-Based Algorithm for Zero-One Polynomial Programming", *Management Science*, Vol. 18, 1972, págs. B328—B343. Este procedimiento extiende el algoritmo de Balas al problema polinomial en forma directa.

$$\tfrac{1}{3}(x_1 + x_2 + x_3) \geq y_1$$
$$x_1 + x_2 - 1 \leq y_2$$
$$\tfrac{1}{2}(x_1 + x_2) \geq y_2$$
$$x_2 + x_3 - 1 \leq y_3$$
$$\tfrac{1}{2}(x_2 + x_3) \geq y_3$$

donde y_1, y_2, y_3, x_1, x_2 y x_3 son variables binarias. ◀

Cálculos en la enumeración implícita

La principal diferencia entre el algoritmo R y A de la sección 9.3 y el algoritmo aditivo, presentado aquí, es la forma como se agota la solución parcial en el nodo. En el algoritmo R y A resolvemos un problema PL (parcial o completamente). En el algoritmo aditivo, nos apoyamos en algunos métodos heurísticos que aprovechan la naturaleza binaria de las variables enteras. A este respecto, el algoritmo aditivo es básicamente un algoritmo R y A.

La efectividad del algoritmo aditivo es altamente dependiente de las fuerzas de las pruebas (de exclusión). Desafortunadamente, estas pruebas no son suficientes para producir un algoritmo eficiente en cuanto al cálculo. Los paquetes de computadora que tienen éxito se basan en pruebas mucho más fuertes. Quizá la más efectiva de ellas es la llamada **restricción delegada** (o sustituta). En vez de examinar las restricciones una a la vez, la restricción delegada busca "combinar" todas las restricciones originales del problema en una sola restricción, y no elimina ninguno de los puntos (enteros) factibles, originales del problema. Se desarrolla la nueva restricción, de manera que tenga el potencial de revelar información que no puede transmitirse por ninguna de las restricciones originales consideradas separadamente (véase el problema 9-33).

Las experiencias de cálculo reportadas, indican que el uso de la restricción delegada mejora efectivamente el tiempo de cálculo. Sin embargo, debido a que la enumeración implícita investiga (implícita a explícitamente) todos los 2^n puntos binarios, el tiempo de solución varía casi exponencialmente con el número de variables n. Esto limita el número de variables que puede ser manejado por este método. Aunque se han reportado casos para problemas grandes (teniendo estructuras especiales), es seguro concluir que, en general, únicamente pueden resolverse problemas hasta con 100 variables en una cantidad razonable de tiempo de cálculo.

Una observación particular acerca de la enumeración implícita es que el tiempo de cálculo depende de los datos. El ordenamiento específico de las variables y restricciones puede tener un efecto directo sobre la eficiencia del algoritmo. Por ejemplo, las restricciones deberán estar ordenadas con la más restrictiva en la parte superior, mientras que las variables podrían ordenarse según el orden ascendente de sus coeficientes en la función objetivo (coeficientes no negativos). Ambas condiciones son favorables para producir el examen más rápido de las soluciones parciales.

La conclusión general es que el método de enumeración implícita todavía no proporciona la solución perfecta al problema de cálculo. Parece que los métodos de ramificar y acotar (sección 9.3) continuarán dominando, sobre todo cuando se intenta la resolución de problemas prácticos de gran tamaño.

9.6 RESUMEN

Como puede inferirse de la discusión en este capítulo, el factor más importante que afecta los cálculos en programación entera es el número de variables. Esta situación se acentúa más en los métodos de ramificar y acotar. Consecuentemente, al formular un modelo entero es ventajoso reducir el número de variables enteras tanto como sea posible. Esto puede efectuarse en general:

1. Aproximando variables enteras con continuas.
2. Restringiendo los intervalos (o "rangos") factibles de las variables enteras.
3. Eliminando el uso de variables binarias auxiliares (como, en el problema de costo fijo) ideando métodos de solución más directos.
4. Evitando la no linealidad en el modelo.

Estas ideas deberán ayudar a mejorar el problema de cálculo.

La experiencia con paquetes enteros muestra que un usuario se desanimará si espera alimentar solamente los datos de entrada a la computadora y luego espera la respuesta de la máquina. En un paquete entero común, la intervención manual durante los cálculos casi es obligatoria. Los paquetes están usualmente equipados con un cierto número de opciones, cada una con una ventaja específica al manejar el problema entero. El usuario planea luego una estrategia para atacar el problema. Monitoreando la información intermedia extraída de la máquina decide si continuar o no el mismo curso de acción o seleccionar otra opción. En otras palabras, el criterio personal durante los cálculos es necesario para asegurar que el programa esté progresando satisfactoriamente.

La importancia del problema entero en la práctica todavía no se alcanza con el desarrollo de métodos de solución eficientes. Esto se refleja principalmente en la dificultad inherente al tratar con cálculos enteros en general. La investigación intensiva actual puede finalmente llevar a un adelanto significativo. Es más probable, sin embargo, que lo anterior se logre con la invención de computadoras digitales extremadamente poderosas y altamente exactas en lugar de crear más métodos teóricos.

BIBLIOGRAFIA

GARFINKEL, R. y G. NEMHAUSER, *Integer Programming*, Wiley, Nueva York, 1972.
SALKIN, H., *Integer Programming*, Addison-Wesley, Reading, Mass., 1975.
PARKER, R. y R. RARDIN, *Discrete Optimization,* Academic Press, Orlando, Fla., 1988.
TAHA, H., *Integer Programming: Theory, Applications and Computations*, Academic Press, Nueva York, 1975.

PROBLEMAS

Sección	Problemas asignados
9.1	9-1 a 9-12
9.2	ninguno
9.3	9-13 a 9-18, 9-31
9.4.1	9-19 a 9-22
9.4.2	9-23 a 9-26
9.5	9-27 a 9-30, 9-32

☐ **9-1** Considere el problema

$$\text{maximizar } z = 20x_1 + 10x_2 + 10x_3$$

sujeto a

$$2x_1 + 20x_2 + 4x_3 \leq 15$$
$$6x_1 + 20x_2 + 4x_3 = 20$$
$$x_1, x_2, x_3 \text{ enteros no negativos}$$

Resuelva el problema como un programa lineal (continuo), después muestre que es imposible obtener una solución entera factible utilizando simple redondeo.

☐ **9-2** A una compañía de inversiones se le presentan cinco posibles inversiones, cuyos gastos y rendimientos son (miles de unidades monetarias):

Inversión	1	2	3	4	5
Gastos	8	4	6	3	9
Rendimientos	32	21	24	15	16

El capital total disponible para invertir es de $25 000. Si la cartera de inversiones de la compañía incluye la inversión 2, deberá seleccionar también la inversión 4. Por otra parte, las inversiones 2 y 3 son mutuamente excluyentes. Formule el problema como un PLE cero-uno.

☐ **9-3** Se efectúan entregas por camión a cinco localidades. Se dispone de seis rutas en total. La siguiente información resume las localidades a las que se puede llegar por cada ruta:

Ruta 1: 1, 2, 3, 4
Ruta 2: 1, 3, 4, 5

Ruta 3: 1, 2, 5
Ruta 4: 2, 3, 5
Ruta 5: 1, 2, 3
Ruta 6: 1, 3, 5

Las diferencias de entrega a las cinco localidades son de 10, 5, 9, 13 y 6 km, respectivamente. Se desea efectuar exactamente una entrega a cada localidad.

Formule un modelo PLE que dé como resultado la distancia total más corta de entregas.

☐ **9-4** Considere el problema de planear la producción de 2 000 unidades de un cierto producto que se fabrica en tres máquinas. Los costos de preparación, los costos de producción por unidad, y la capacidad de producción máxima para cada máquina están tabulados a continuación. El objetivo es minimizar el costo total de producción del lote requerido.

Máquina	Costo prep.	Costo de producción/unidad	Capacidad (número de unidades)
1	100	10	600
2	300	2	800
3	200	5	1200

Formule el problema como uno de programación entera.

☐ **9-5** En un problema de perforación de pozos petroleros existen dos sitios de perforación atractivos para alcanzar cuatro posibles pozos de petróleo. Los costos de preparación en cada sitio y el costo de perforar en el sitio i al posible j ($i = 1, 2$; $j = 1, 2, 3, 4$) se dan enseguida. El objetivo es determinar el mejor sitio para cada pozo de tal manera que el costo total se minimice.

Sitio	Costo de perforación para llegar a la meta				Costo de preparación
	1	2	3	4	
1	2	1	8	5	5
2	4	6	3	1	6

Formule el problema como uno de programación entera.

☐ **9-6** Una compañía urbanizadora posee 90 acres de tierra en un área metropolitana en crecimiento donde pretende construir edificios de oficinas y un centro comercial. La propiedad urbanizada se renta durante 7 años y después de este tiempo se vende. El precio de venta de cada edificio se calcula en 10 veces su ingreso neto operativo del último año de renta. La compañía calcula que el proyecto incluirá un centro comercial de 4.5 millones de pies cuadrados. El plan maestro indica la construcción de tres edificios de muchos pisos y cuatro con jardines.

La compañía se enfrenta a un problema de programación o planeación. Si la construcción de un edificio se termina muy pronto, quizá se mantenga desocupado; si se termina mucho después del tiempo estimado, pueden perderse propietarios potenciales para otros proyectos. La demanda de espacio de oficinas estimada para los siete años siguientes está basada en estudios del mercado adecuados y es

	Demanda (en miles de pies cuadrados)	
Año	Espacio para edificios altos	Espacio para jardines
1	200	100
2	220	110
3	242	121
4	266	133
5	293	146
6	322	161
7	354	177

En la tabla que sigue se presenta una lista de las capacidades propuestas de los siete edificios:

Jardín	Capacidad (pies cuadrados)	Edificios de muchos pisos	Capacidad (pies cuadrados)
1	60 000	1	350 000
2	60 000	2	450 000
3	75 000	3	350 000
4	75 000		

El ingreso bruto de rentas se calcula en $18 por pie cuadrado. Los gastos de operación son de $3.75 y $4.75 por pie cuadrado para edificios de jardines y de muchos pisos, respectivamente. Los costos de construcción asociados son $70 y $105 por pie cuadrado, respectivamente. El costo de construcción y el ingreso generado de las rentas se calcula que aumentarán a una tasa más o menos igual a la tasa o índice de la inflación.

¿Cómo debe programar o planear la compañía la construcción de los siete edificios?

☐ **9-7** En una competencia de gimnasia femenil de la National Collegiate Athletic Association (NCAA) que consta de cuatro eventos (caballo, barras asimétricas, viga de equilibrio y ejercicios de piso), cada equipo puede participar en la competencia con seis gimnastas por evento. Se evalúa a una gimnasta en una escala de 1 a 10.

La calificación o puntuación total para un equipo se determina resumiendo las cinco calificaciones individuales más altas de cada evento. Una gimnasta puede participar como especialista en un evento, o bien, como una atleta versátil en los cuatro eventos, pero nunca en ambas categorías. A una especialista se le permite competir cuando mucho en tres eventos. De las seis participantes que pueden competir en cada evento, cuando menos cuatro deben ser versátiles en tres de las disciplinas.

¿Cómo debe seleccionar una entrenadora a su equipo de gimnasia?

☐ **9-8 (Problema de entrega).** Considere el caso donde surten de un almacén central pedidos a m diferentes destinos. Cada destino recibe su pedido en una entrega. Las rutas factibles son asignadas a diferentes transportadores y cada transportador puede combinar a lo más r órdenes. Suponga que existen n rutas factibles y cada ruta especifica los destinos de los pedidos. Suponga adicionalmente que el costo de la j-ésima ruta es c_j. Se espera un traslape, de manera que el mismo destino puede alcanzarse por más de un transportista. Formule el problema como un modelo entero.

☐ **9-9 (Asignación cuadrática).** Considere la asignación de n plantas a n lugares diferentes. El volumen de mercancías transportado entre las plantas i y j es d_{ij}, y el costo de transportar una unidad de la localización p al sitio q es c_{pq}. Formule el problema como un modelo entero de manera que se minimicen los costos totales de transporte.

☐ **9-10** Considere el problema de programación de trabajos en fábrica, que comprende ocho operaciones en una sola máquina con un total de dos productos finales. La secuencia de operaciones se muestra en la figura 9-8. Sea b_j el tiempo de procesamiento para la j-ésima operación ($j = 1, 2, \ldots, 8$). Las fechas de entrega para los productos 1 y 2 están restringidas por d_1 y d_2 unidades de tiempo medidas a partir de la fecha cero. Como cada operación necesita un ajuste especial de la máquina, se supone que cualquier operación una vez que comienza debe terminarse antes de que pueda llevarse a cabo una nueva operación.

Formule el problema como un modelo de programación entera mixta, a fin de minimizar el tiempo total de procesamiento en la máquina, y satisfaciendo todas las restricciones pertinentes.

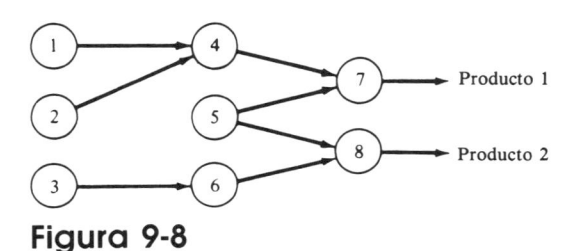

Figura 9-8

☐ **9-11** Muestre cómo los espacios de solución no convexos (áreas sombreadas en la figura 9-9) pueden representarse por restricciones simultáneas.

Encuentre la solución óptima que maximiza $z = 2x_1 + 3x_2$ sujeto al espacio de solución dado en la figura 9-9(a).
[*Sugerencia:* utilice restricciones "o bien".]

398 Programación lineal entera [C.9]

(a) (b) (c)

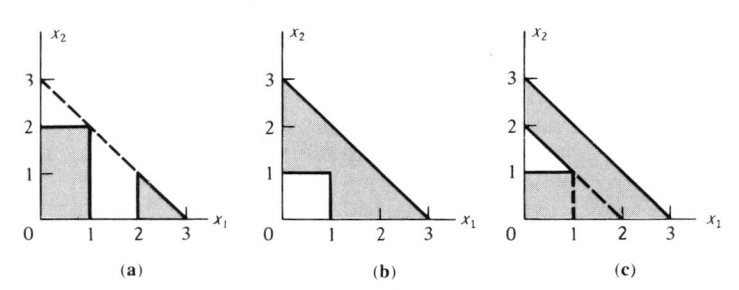

Figura 9-9

☐ **9-12** Muestre cómo el espacio de soluciones indicado por el área sombreada de la figura 9-10 puede expresarse como restricciones simultáneas enteras mixtas.

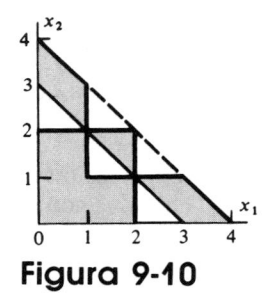

Figura 9-10

☐ **9-13** Resuelva el ejemplo 9.3-1. Comience con x_2 como la variable de ramificación en vez de x_1.

☐ **9-14** Resuelva los siguientes problemas con el algoritmo R y A. (Por conveniencia, seleccione siempre a x_1 como la variable de ramificación en el nodo 0.)

(a) Maximizar $z = 3x_1 + 2x_2$
sujeto a

$$2x_1 + 2x_2 \leq 9$$
$$3x_1 + 3x_2 \leq 18$$
$$x_1, x_2 \geq 0 \text{ y entero}$$

(b) Maximizar $z = 2x_1 + 3x_2$
sujeto a

$$5x_1 + 7x_2 \leq 35$$
$$4x_1 + 9x_2 \leq 36$$
$$x_1, x_2 \geq 0 \text{ y entero}$$

(c) Maximizar $z = x_1 + x_2$
sujeto a
$$2x_1 + 5x_2 \leq 16$$
$$6x_1 + 5x_2 \leq 30$$
$$x_1, x_2 \geq 0 \text{ y entero}$$

(d) Minimizar $z = 5x_1 + 4x_2$
sujeto a
$$4x_1 + 2x_2 \geq 6$$
$$2x_1 + 3x_2 \geq 8$$
$$x_1, x_2 \geq 0 \text{ y entero}$$

(e) Maximizar $z = 5x_1 + 7x_2$
sujeto a
$$2x_1 + x_2 \leq 13$$
$$5x_1 + 9x_2 \leq 41$$
$$x_1, x_2 \geq 0 \text{ y entero}$$

☐ **9-15** Repita el problema 9-14 suponiendo que sólo x_2 está restringida a valores enteros.

☐ **9-16** Muestre gráficamente que el siguiente problema no tiene solución factible:

$$\text{maximizar } z = 2x_1 + x_2$$

sujeto a
$$10x_1 + 10x_2 \leq 9$$
$$10x_1 + 5x_2 \geq 1$$
$$x_1, x_2 \geq 0 \text{ y entero}$$

Verifique el resultado por medio del algoritmo R y A.

☐ **9-17** Considere el problema de carga o *problema de la mochila*. Suponga que se van a cargar cinco artículos en el barco. El peso w_i y el volumen v_i por unidad de los diferentes artículos, así como sus valores correspondientes r_i, están tabulados enseguida:

Artículo i	w_i	v_i	r_i
1	5	1	4
2	8	8	7
3	3	6	6
4	2	5	5
5	7	4	4

El peso y volumen máximos de la carga están dados por $W = 112$ y $V = 109$, respectivamente. Se requiere determinar la carga más valiosa en unidades discretas de cada artículo.

Formule el problema como un modelo de programación entera y luego resuélvalo con el método de ramificar y acotar.

☐ **9-18** Resuelva los siguientes problemas por medio del algoritmo R y A.

(a) Maximizar $z = 18x_1 + 14x_2 + 8x_3 + 4x_4$
sujeto a

$$15x_1 + 12x_2 + 7x_3 + 4x_4 + x_5 \leq 37$$
$$-x_j = (0, 1), \quad j = 1, 2, \ldots, 5$$

(b) Maximizar $z = x_1 + 2x_2 + 5x_3$
sujeto a

$$|-x_1 + 10x_2 - 3x_3| \geq 15$$
$$2x_1 + x_2 + x_3 \leq 10$$
$$x_1, x_2, x_3 \geq 0$$

☐ **9-19** Resuelva el problema 9-16 por medio del algoritmo fraccional.

☐ **9-20** Considere el problema

$$\text{maximizar } z = x_1 + 2x_2$$

sujeto a

$$x_1 + x_2/2 \leq 13/4$$
$$x_1, x_2 \text{ enteros no negativos}$$

Demuestre que el algoritmo fraccional no proporciona una solución factible a menos que los coeficientes y los segundos miembros de las restricciones sean enteros. Después encuentre la solución óptima.

☐ **9-21** Resuelva con el algoritmo fraccional:

$$\text{maximizar } z = 4x_1 + 6x_2 + 2x_3$$

sujeto a

$$4x_1 - 4x_2 \leq 5$$
$$-x_1 + 6x_2 \leq 5$$
$$-x_1 + x_2 + x_3 \leq 5$$
$$x_1, x_2, x_3 \text{ enteros no negativos}$$

Compare la solución óptima redondeada y la solución óptima entera.

☐ **9-22** Resuelva con el algoritmo fraccional:

$$\text{maximizar } z = 3x_1 + x_2 + 3x_3$$

sujeto a

$$-x_1 + 2x_2 + x_3 \leq 4$$
$$4x_2 - 3x_3 \leq 2$$
$$x_1 - 3x_2 + 2x_3 \leq 3$$

x_1, x_2, x_3 enteros no negativos

Compare la solución óptima redondeada y la solución óptima entera.

☐ **9-23** Construya el *primer* corte mixto y su versión más fuerte para el problema siguiente y compare los dos cortes. Examinando los coeficientes de los cortes, ¿cuál es el efecto del error de redondeo en la máquina si el problema se resuelve con la computadora?

$$\text{maximizar } z = 5x_1 + 8x_2 + 6x_3$$

sujeto a

$$2x_1 + 6.3x_2 + x_3 \leq 11$$
$$9x_1 + 6x_2 + 10x_3 \leq 28$$
$$x_2 \geq 0$$

x_1 y x_3 enteros no negativos

☐ **9-24** Resuelva el problema 9-21 con el algoritmo mixto suponiendo que x_1 y x_3 son las únicas variables enteras.

☐ **9-25** Resuelva el problema 9-22 con el algoritmo mixto suponiendo que x_1 y x_3 son las únicas variables enteras.

☐ **9-26** Muestre que el corte mixto más fuerte (dado al final de la sección 9.4-2) cuando se aplica al problema entero *puro* es más fuerte que el corte fraccional (sección 9.4.1) desarrollado a partir del mismo renglón fuente. Discuta el uso de este corte al resolver el problema entero puro. En particular, ¿el problema puro permanece entero puro después de que se le ha aplicado al primer corte?

☐ **9-27** En el problema 9-22 suponga que todas las variables son binarias. Encuentre la solución óptima con el algoritmo aditivo.

☐ **9-28** En el problema 9-16 suponga que x_1 y x_2 son variables binarias. Demuestre cómo se puede utilizar el algoritmo aditivo para descubrir que el problema no tiene solución (entera) factible.

☐ **9-29** Resuelva el modelo de presupuesto de capital de la sección 9.1.1 por medio del algoritmo aditivo.

☐ **9-30** Sugiera algunas modificaciones que darán pruebas de exclusión más fuertes para el algoritmo aditivo.

☐ **9-31** Resuelva el problema siguiente suponiendo que únicamente una de las restricciones dadas es la que ocurre.

$$\text{Maximizar } z = x_1 + 2x_2 - 3x_3$$

sujeto a

$$20x_1 + 15x_2 - x_3 \leq 10$$
$$12x_1 - 3x_2 + 4x_3 \leq 20$$
$$x_1, x_2, x_3 \text{ son binarios}$$

☐ **9-32 (Penalizaciones).** Suponga que la variable básica asociada con el nodo actual de un algoritmo de maximización de ramificar y acotar está definido como

$$x_k = \beta_k - \sum_{j=1}^{n} \alpha_k^j w_j$$

La ramificación se efectúa por las dos restricciones $x_k - [\beta_k] \leq 0$ y $x_k - [\beta_k] - 1 \geq 0$. Sean P_d y P_u las cotas inferiores sobre la degradación real en el valor óptimo de la función objetivo como un resultado de activar la primera y segunda restricciones. Muestre (simplificando el algoritmo dual símplex) que, bajo la hipótesis de *ningún cambio en la base*,

$$P_d = \min_{j \in J^+} \left\{ \frac{(z_j - c_j)f_k}{\alpha_k^j} \right\}$$

$$P_u = \min_{j \in J^-} \left\{ \frac{(z_j - c_j)(f_k - 1)}{\alpha_k^j} \right\}$$

donde $(z_j - c_j)$ es el coeficiente objetivo de la j-ésima variable no básica en el nodo actual, $f_k = \beta_k - [\beta_k]$, y J^+ (J^-) es el conjunto de subíndices no básicos para los cuales $\alpha_k^j > 0$ ($\alpha_k^j < 0$). En consecuencia, la degradación real en el valor objetivo es *al menos* igual a $\bar{P} = \min \{P_d, P_u\}$. Esto significa que dado que z es el valor objetivo óptimo en el nodo actual, $z - \bar{P}$ da una cota superior (suponga un problema de maximización) para los valores objetivos óptimos en los dos nodos que surgen del nodo actual. Por consiguiente, si $z - \bar{P}$ es menor que la mejor cota inferior, disponible, el nodo actual está agotado.

☐ **9-33 (Restricción delegada).** Suponga que el conjunto de restricciones para el problema uno-cero está dado en forma matricial como $\mathbf{AX} \leq \mathbf{b}$. Sea $\mu \geq 0$ un vector renglón de multiplicadores no negativos. Defina la restricción delegada como

$$\mu(\mathbf{AX} - \mathbf{b}) \leq 0$$

Demuestre que
  (a) Todas las soluciones binarias factibles de $\mathbf{AX} \leq \mathbf{b}$ son asimismo factibles con respecto a la restricción delegada.
  (b) Si la restricción delegada es infactible, entonces las restricciones originales $\mathbf{AX} \leq \mathbf{b}$ también son infactibles.

Capítulo 10

Programación dinámica (de etapas múltiples)

10.1 Elementos del modelo de PD, ejemplo del presupuesto de capital
    10.1.1 Modelo de PD
    10.1.2 Ecuación recursiva de retroceso
10.2 Más acerca de la definición del estado
10.3 Ejemplos de modelos de PD y cálculos
10.4 Problema de dimensionalidad en programación dinámica
10.5 Solución de problemas lineales por programación dinámica
10.6 Resumen
    Bibliografía
    Problemas

La programación dinámica (PD) es un procedimiento matemático diseñado principalmente para mejorar la eficiencia de cálculo de problemas de programación matemática seleccionados, descomponiéndolos en subproblemas de menor tamaño y, por consiguiente, más fáciles de calcular. La programación dinámica comúnmente resuelve el problema en **etapas**, donde en cada etapa interviene exactamente una variable de optimización (u optimizadora). Los cálculos en las diferentes etapas se enlazan a través de **cálculos recursivos** de manera que se genere una solución óptima factible a *todo* el problema.

El nombre *programación dinámica* probablemente evolucionó debido a su uso con aplicaciones donde intervenía la toma de decisiones relacionadas con el tiempo (como los problemas de inventarios). Sin embargo, con la PD también se resuelven adecuadamente otras situaciones donde el tiempo no es un factor importante. Por este motivo, un nombre más adecuado puede ser **programación de etapas múltiples**, ya que el procedimiento determina comúnmente la solución en etapas.

La teoría unificadora fundamental de la programación dinámica es el **principio de optimidad**. Este nos dice básicamente cómo se puede resolver un problema adecuadamente descompuesto en etapas (en vez de una sola etapa) utilizando cálculos recursivos.

Los sutiles conceptos que se utilizan en PD junto con las notaciones matemáticas poco conocidas son una fuente de confusión, en especial para un principiante. No obstante, nuestra experiencia demuestra que la resolución frecuente de formulaciones y soluciones de PD permitirá a un principiante, con algo de esfuerzo, entender estos conceptos avanzados. Cuando sucede esto, la programación dinámica se vuelve sorprendentemente sencilla y clara.

10.1 ELEMENTOS DEL MODELO DE PD, EJEMPLO DEL PRESUPUESTO DE CAPITAL

Una corporación recibe propuestas de sus tres plantas respecto a la posible expansión de las instalaciones. La corporación tiene un presupuesto de $5 millones para asignarlo a las tres plantas. A cada planta se le solicita someta sus propuestas, indicando el costo total (c) y el ingreso total (R) para cada propuesta. En la tabla 10-1 se resumen los costos e ingresos (en millones de unidades monetarias). Las propuestas de costo cero se presentan para dar cabida a la posibilidad de no asignar fondos a plantas individuales. La meta de la corporación es la de maximizar el ingreso total resultante de la asignación de los $5 millones a las tres plantas.

Una manera directa, y quizá ingenua, de resolver el problema es a través de una enumeración exhaustiva. El problema tiene $3 \times 4 \times 2 = 24$ posibles soluciones y algunas de ellas son infactibles porque requieren más capital que el disponible ($5 millones). La idea de la enumeración exhaustiva es la de calcular el costo total de cada una de las 24 combinaciones. Si éste no excede el capital disponible, se obtiene su ingreso total. La solución óptima es la combinación factible que produce el más alto ingreso total. Por ejemplo, las propuestas 2, 3 y 1 de las plantas 1, 2 y 3 cuestan $4 millones (<5) y producen un ingreso total de $14 millones. Por otra parte, la combinación que comprende las propuestas 3, 4 y 2 es infactible porque cuesta $7 millones.

Examinaremos las desventajas de la enumeración exhaustiva.

Tabla 10-1

| | Planta 1 || Planta 2 || Planta 3 ||
Propuesta	c_1	R_1	c_2	R_2	c_3	R_3
1	0	0	0	0	0	0
2	1	5	2	8	1	3
3	2	6	3	9	—	—
4	—	—	4	12	—	—

1. Cada combinación define una política de decisión para *todo* el problema y por lo tanto, quizá no sea factible en términos de cálculo la enumeración de todas las combinaciones posibles para problemas de tamaños mediano y grande.
2. Las combinaciones infactibles no se pueden detectar con anticipación, lo cual nos conduce a que haya ineficiencia en términos de cálculo.
3. La información disponible referente a combinaciones investigadas con anterioridad no se utiliza para eliminar combinaciones inferiores futuras.

El algoritmo de PD que presentamos aquí está diseñado para facilitar las dificultades que hemos notado.

10.1.1 MODELO DE PD

En la programación dinámica, los cálculos se realizan en etapas dividiendo el problema en subproblemas. Después se considera por separado cada subproblema con el fin de reducir el número de operaciones de cálculo. Sin embargo, como los subproblemas son independientes, debe idearse un procedimiento para enlazar los cálculos de manera que garantice que una solución factible para cada etapa sea asimismo factible para todo el problema.

Una **etapa** en PD se define como la parte del problema que posee un conjunto de alternativas mutuamente excluyentes, de las cuales se seleccionará la mejor alternativa. En términos del ejemplo del presupuesto de capital, cada planta define una etapa donde la primera, segunda y tercera etapas tienen tres, cuatro y dos alternativas, respectivamente. Estas etapas son *interdependientes* porque las tres plantas deben competir por un presupuesto *limitado*. Por ejemplo, elegir la propuesta 1 de la planta 1 dejará $5 millones para las plantas 2 y 3, en tanto que la elección de la propuesta 2 de la planta 1 sólo dejará $4 millones para las plantas 2 y 3.

La idea básica de PD consiste prácticamente en eliminar el efecto de la interdependencia entre etapas, asociando una definición de *estado* con cada etapa. Un **estado** se define normalmente como aquel que refleja la condición (o estado, valga la redundancia) de las restricciones que enlazan las etapas. En el ejemplo del presupuesto de capital, definimos los estados para las etapas 1, 2 y 3 como sigue:

x_1 = monto de capital asignado a la etapa 1
x_2 = monto de capital asignado a las etapas 1 y 2
x_3 = monto de capital asignado a las etapas 1, 2 y 3

Ahora demostraremos cómo se utilizan las definiciones de *etapas* y *estados* dadas, para descomponer el problema del presupuesto del capital en tres subproblemas independientes, desde el punto de vista del cálculo.

Obsérvese primero que los valores de x_1 y x_2 no se conocen con exactitud, pero deben estar en alguna parte entre 0 y 5. De hecho, como los costos de las diferentes propuestas son discretos, x_1 y x_2 sólo pueden tomar los valores 0, 1, 2, 3, 4 o 5. Por otra parte, x_3, que es el capital total asignado a *todas* las etapas, las tres, es igual a 5.

La forma como resolvemos este problema consiste en comenzar con la etapa 1 (planta). Obtenemos decisiones *condicionales* para esa etapa que responden la pregunta siguiente: dado un valor específico de x_1 (= 0, 1, 2, 3, 4 o 5), ¿cuál sería la mejor alternativa (propuesta) para la etapa 1? Los cálculos para la etapa 1 son directos. Dado el valor de x_1, elegimos la mejor propuesta cuyo costo no exceda x_1. En la tabla que sigue se resumen las decisiones *condicionales* de la etapa 1.

Si el capital disponible x_1 es igual a	Entonces, la propuesta óptima resultante es	Y el ingreso total de la etapa 1 es
0	1	0
1	2	5
2	3	6
3	3	6
4	3	6
5	3	6

Hasta ahora, no conocemos el valor exacto de x_1. No obstante, para cuando lleguemos a la etapa 3, se tendrá esta información y, por lo tanto, el problema se reducirá a la lectura de los registros indicados en la tabla.

Ejercicio 10.1-1
En la tabla anterior, ¿es posible que $x_1 > 2$ pueda ser óptimo en la solución final? [*Resp.* No, porque $x_1 > 2$ representa un gasto excesivo para la etapa 1.]

Ahora consideraremos los cálculos de la etapa 2. Estos cálculos buscan también una solución óptima *condicional* para la etapa 2 como función del estado x_2. Pese a ello, difieren de los cálculos de la etapa donde el estado x_2 define ahora el capital que se asignará a la etapa 1 *y* a la etapa 2. Esta definición garantizará que una decisión tomada para la etapa 2 será automáticamente factible para la etapa 1. La idea consiste ahora en escoger la alternativa en la etapa 2 dado x_2 que genere el mayor ingreso para las etapas 1 y 2. La fórmula que sigue resume la naturaleza de los cálculos de la etapa 2:

$$\begin{pmatrix} \text{mayor ingreso} \\ \text{para las etapas} \\ \text{1 y 2 dado el} \\ \text{estado } x_2 \end{pmatrix} = \max_{\substack{\text{todas las} \\ \text{alternativas} \\ \text{factibles de} \\ \text{la etapa 2} \\ \text{dado } x_2}} \left\{ \begin{pmatrix} \text{ingreso de la} \\ \text{alternativa} \\ \text{factible para} \\ \text{la etapa 2} \end{pmatrix} + \begin{pmatrix} \text{mayor ingreso} \\ \text{para la etapa} \\ \text{1 dado su} \\ \text{estado } x_1 \end{pmatrix} \right\}$$

donde $x_1 = x_2$ − capital asignado a la alternativa dada de la etapa 2.

La idea básica de la fórmula es que una elección específica de una alternativa para la etapa 2 afectará el capital restante para la etapa 1, es decir, x_1. Por lo tanto, al considerar *todas* las alternativas factibles de la etapa 2 consideramos automáticamente todas las combinaciones que son posibles para las etapas 1 y 2. Nótese que el segundo término del segundo miembro de la ecuación se obtiene directamente de la tabla resumen de la etapa 1.

Ahora señalaremos los detalles de los cálculos de la etapa 2.

$x_2 = 0$

La única alternativa factible para la etapa 2 dado $x_2 = 0$ es la propuesta 1 cuyo costo e ingreso son iguales a cero. Por lo tanto, la aplicación de la fórmula produce

$$\begin{pmatrix} \text{mayor ingreso} \\ \text{dado } x_2 = 0 \end{pmatrix} = 0 + 0 = 0$$

que corresponde a la propuesta 1.

$x_2 = 1$

Para $x_2 = 1$, sólo tenemos una alternativa factible para la etapa 2; esto es, la propuesta 1, que cuesta (o tiene un costo de) cero y produce un ingreso de cero. Las propuestas restantes son infactibles porque tienen un costo por lo menos de 2. Por lo tanto, tenemos

$$\begin{pmatrix} \text{mayor ingreso} \\ \text{dado } x_2 = 1 \end{pmatrix} = 0 + 5 = 5$$

que corresponde a la propuesta 1.

Nótese que $x_1 = x_2 -$ costo de la propuesta $1 = 1 - 0 = 1$. En la tabla resumen de la etapa 1, encontramos que el mayor ingreso dado $x_1 = 1$ es 5. Obsérvese asimismo, que todo lo que necesitamos de los cálculos de la etapa 1 es el mayor ingreso asociado con x_1 dado. Dicho de otra manera, en realidad no nos interesa la *propuesta específica* seleccionada en la etapa 1.

$x_2 = 2$

Aquí tenemos dos alternativas factibles: las propuestas 1 y 2 que cuestan 0 y 2 y producen ingresos de 0 y 8, respectivamente. Por consiguiente, los valores de x_1 que corresponden a las propuestas 1 y 2 son $2 - 0 = 2$ y $2 - 2 = 0$. Los mayores ingresos correspondientes de la etapa 1 dados $x_1 = 2$ y $x_1 = 0$ son 6 y 0, respectivamente. Por lo tanto, obtenemos

$$\begin{pmatrix} \text{mayor ingreso} \\ \text{dado } x_2 = 2 \end{pmatrix} = \text{máx } \{0 + 6, \ 8 + \ 0\} = 8$$

que corresponde a la propuesta 2.

$x_2 = 3$

Las alternativas factibles son las propuestas 1, 2 y 3. Los valores correspondientes de x_1 son $3 - 0 = 3$, $3 - 2 = 1$ y $3 - 3 = 0$, respectivamente. Por lo tanto, se tiene

$$\begin{pmatrix} \text{mayor ingreso} \\ \text{dado } x_2 = 3 \end{pmatrix} = \text{máx } \{0 + 6,\ 8 + 5,\ 9 + 0\} = 13$$

que corresponde a la propuesta 2.

$x_2 = 4$

Las alternativas factibles son las propuestas 1, 2, 3 y 4. Los valores correspondientes de x_1 son $4 - 0 = 4$, $4 - 2 = 2$, $4 - 3 = 1$, y $4 - 4 = 0$, respectivamente, lo que nos lleva a obtener

$$\begin{pmatrix} \text{mayor ingreso} \\ \text{dado } x_2 = 4 \end{pmatrix} = \text{máx } \{0 + 6,\ 8 + 6,\ 9 + 5,\ 12 + 0\} = 14$$

que corresponde a las propuestas 2 o 3.

$x_2 = 5$

Tenemos las mismas alternativas factibles que en $x_2 = 4$. Los valores correspondientes de x_1 son 5, 3, 2 y 1, respectivamente. En consecuencia,

$$\begin{pmatrix} \text{mayor ingreso} \\ \text{dado } x_2 = 5 \end{pmatrix} = \text{máx } \{0 + 6,\ 8 + 6,\ 9 + 6,\ 12 + 5\} = 17$$

que corresponde a la propuesta 4.

Podemos resumir el cálculo de la etapa 2 de la manera siguiente:

Si el capital disponible x_2 es	Entonces, la propuesta óptima resultante es	Y el ingreso total de las etapas 1 y 2 es
0	1	0
1	1	5
2	2	8
3	2	13
4	2 o bien 3	14
5	4	17

Ahora consideramos la etapa 3. La fórmula para determinar el mayor ingreso es similar a la de la etapa 2, salvo que x_2 y x_1 se sustituyen por x_3 y x_2. En forma análoga, las etapas 2 y 1 se reemplazan por las etapas 3 y 2. Sin embargo, obsérvese que a diferencia de x_1 o x_2, x_3 tiene ahora un solo valor específico; es decir, $x_3 = 5$. Como la etapa 3 tiene dos propuestas cuyo costo no excede el límite de 5, ambas propuestas son factibles. Los valores de x_2 que corresponden a las propuestas 1 y 2 son $5 - 0 = 5$ y $5 - 1 = 4$, respectivamente. Mediante el uso de la tabla resumen para la etapa 2 junto con x_2, obtenemos entonces

$$\begin{pmatrix} \text{mayor ingreso} \\ \text{dado } x_3 = 5 \end{pmatrix} = \max \{0 + 17,\ 3 + 14\} = 17$$

que corresponde a 1 o 2.

Ahora que hemos terminado de efectuar todas las operaciones podemos *leer* la solución óptima en forma directa. Comenzando desde la etapa 3, podemos elegir la propuesta 1 o 2. Si elegimos la propuesta 1, que tiene un costo de 0, entonces x_2 de la etapa 2 será $5 - 0 = 5$. De la tabla resumen de la etapa 2, vemos que la alternativa óptima dado $x_2 = 5$ es la propuesta 4. Como la propuesta 4 de la etapa 2 cuesta 4, tenemos $x_1 = x_2 - 4 = 5 - 4 = 1$. Una vez más, de la tabla resumen de la etapa 1, obtenemos la propuesta 2 como la alternativa óptima para la etapa 1.

Al combinar todas las respuestas de las tres etapas, una solución óptima requiere la selección de la propuesta 2 para la planta 1, la propuesta 4 para la planta 2 y la propuesta 1 para la planta 3. El costo total es 5 y el ingreso óptimo es 17. Se pueden obtener otras dos soluciones considerando la propuesta óptima alternativa de la etapa 3.

Ejercicio 10.1-2
Identifique los dos óptimos alternativos restantes del ejemplo anterior.
[*Resp.* (3, 2, 2) y (2, 3, 2).]

Si el lector estudia detenidamente el procedimiento dado, advertirá que los cálculos son en realidad *recursivos*. Por lo tanto, los cálculos de la etapa 2 están basados en los de la etapa 1. En forma semejante, los cálculos de la etapa 3 utilizan sólo los cálculos de la etapa 2. Dicho de otra manera, los cálculos de una etapa actual utilizan información de resumen de la etapa inmediata anterior. Este resumen proporciona los ingresos óptimos de *todas* las etapas consideradas antes. Al utilizar este resumen nunca nos interesan las decisiones específicas tomadas en *todas* las etapas anteriores. En realidad, las decisiones *futuras* se seleccionan en forma óptima sin recurrir a decisiones tomadas antes. Esta propiedad especial constituye el **principio de optimidad**, que es la base de la validez de los cálculos de PD.

Para expresar matemáticamente la ecuación recursiva, presentamos la notación siguiente. Sean

$R_j(k_j)$ = ingreso de la alternativa k_j en la etapa j
$f_j(x_j)$ = rendimiento óptimo de las etapas 1, 2, ... y j dado el estado x_j

Por lo tanto, escribimos las ecuaciones recursivas del ejemplo del presupuesto de capital como

$$f_1(x_1) = \max_{\substack{\text{propuestas} \\ \text{factibles } k_1}} \{R_1(k_1)\}$$

$$f_j(x_j) = \max_{\substack{\text{propuestas} \\ \text{factibles } k_j}} \{R_j(k_j) + f_{j-1}(x_{j-1})\}, \quad j = 2, 3$$

Existe un aspecto importante que necesitamos aclarar en relación con la exactitud matemática de esta ecuación recursiva. Primero, nótese que $f_j(x_j)$ es función del argumento x_j exclusivamente. Es necesario que el segundo miembro de la ecuación recursiva se exprese en términos de x_j y no en términos de x_{j-1}. Esto se logra recordando que

$$x_{j-1} = x_j - c_j(k_j)$$

donde $c_j(k_j)$ es el costo de la alternativa k_j en la etapa j.

Otro aspecto tiene que ver con la expresión de la factibilidad de las propuestas en forma matemática. Específicamente, una propuesta k_j es factible si su costo $c_j(k_j)$ no excede el estado del sistema x_j en la etapa j.

Tomando en cuenta estos dos aspectos, podemos escribir la ecuación recursiva de PD como

$$f_1(x_1) = \max_{c_1(k_1) \leq x_1} \{R_1(k_1)\}$$

$$f_j(x_j) = \max_{c_j(k_j) \leq x_j} \{R_j(k_j) + f_{j-1}[x_j - c_j(k_j)]\}, \quad j = 2, 3$$

La implantación de las ecuaciones recursivas suele efectuarse en forma tabular estándar como lo indican los cálculos que siguen. Sin embargo, debemos señalar que siempre resulta tentador realizar los cálculos tabulares en forma mecánica sin entender en realidad *por qué* se efectúan. Para evitar caer en esta trampa, sugerimos al lector que siempre intente relacionar los registros de los cálculos tabulares con los símbolos matemáticos correspondientes de la ecuación recursiva.

Etapa 1

$$f_1(x_1) = \max_{\substack{c_1(k_1) \leq x_1 \\ k_1 = 1, 2, 3}} \{R_1(k_1)\}$$

	$R_1(k_1)$			Solución óptima	
x_1	$k_1 = 1$	$k_1 = 2$	$k_1 = 3$	$f_1(x_1)$	k_1^*
0	**0**	—	—	0	1
1	0	**5**	—	5	2
2	0	5	**6**	6	3
3	0	5	**6**	6	3
4	0	5	**6**	6	3
5	0	5	**6**	6	3

Etapa 2

$$f_2(x_2) = \max_{\substack{c_2(k_2) \leq x_2 \\ k_2 = 1, 2, 3, 4}} \{R_2(k_2) + f_1[x_2 - c_2(k_2)]\}$$

	$R_2(k_2) + f_1[x_2 - c_2(k_2)]$				Solución óptima	
x_2	$k_2 = 1$	$k_2 = 2$	$k_2 = 3$	$k_2 = 4$	$f_2(x_2)$	k_2^*
0	$0 + 0 = \mathbf{0}$	—	—	—	0	1
1	$0 + 5 = \mathbf{5}$	—	—	—	5	1
2	$0 + 6 = 6$	$8 + 0 = \mathbf{8}$	—	—	8	2
3	$0 + 6 = 6$	$8 + 5 = \mathbf{13}$	$9 + 0 = 9$	—	13	2
4	$0 + 6 = 6$	$8 + 6 = \mathbf{14}$	$9 + 5 = \mathbf{14}$	$12 + 0 = 12$	14	2 o 3
5	$0 + 6 = 6$	$8 + 6 = 14$	$9 + 6 = 15$	$12 + 5 = \mathbf{17}$	17	4

Etapa 3

$$f_3(x_3) = \max_{\substack{c_3(k_3) \leq x_3 \\ k_3 = 1, 2}} \{R_3(k_3) + f_2[x_3 - c_3(k_3)]\}$$

	$R_3(k_3) + f_2[x_3 - c_3(k_3)]$		Solución óptima	
x_3	$k_3 = 1$	$k_3 = 2$	$f_3(x_3)$	k_3^*
5	$0 + 17 = \mathbf{17}$	$3 + 14 = \mathbf{17}$	17	1 o 2

La solución óptima puede leerse ahora directamente de las tablas anteriores comenzando con la etapa 3. Para $x_3 = 5$, la propuesta óptima es $k_3^* = 1$ o bien $k_3^* = 2$. Considérese $k_3^* = 1$ en primer término. Como $c_3(1) = 0$, esto deja $x_2 = x_3$

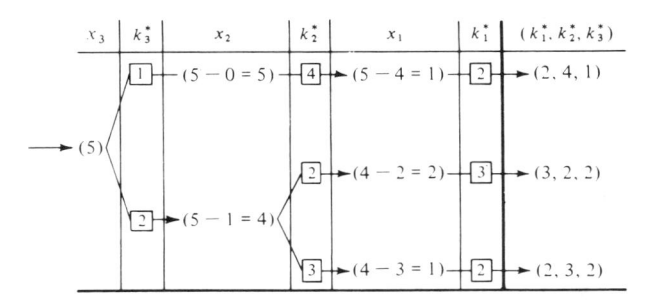

Figura 10-1

$-c_3(1) = 5$ para las etapas 2 y 1. Ahora bien, la etapa 2 muestra que $x_2 = 5$ produce $k_2^* = 4$. Como $c_2(4) = 4$, esto deja $x_1 = 5 - 4 = 1$. De la etapa 1, $x_1 = 1$ da $k_1^* = 2$. Por lo tanto, una combinación óptima de propuestas para las etapas 1, 2 y 3 es (2, 4, 1). La figura 10-i ilustra cómo se determinan los óptimos alternativos en forma sistemática.

Ejercicio 10.1-3
(a) En cada uno de los casos siguientes, que se relacionan con el ejemplo del presupuesto de capital, determine la solución óptima del problema.
   (1) $x_3 = 2$.
      [*Resp.* $f_3(2) = 8$ y las propuestas óptimas son (1, 2, 1) o (2, 1, 2).]
   (2) $x_3 = 3$.
      [*Resp.* $f_3(3) = 13$ y las propuestas óptimas son (2, 2, 1).]
(b) Supóngase que los costos de las propuestas incluyen fracciones de $0.1 millón en vez de redondearse a millones de unidades monetarias como en el ejemplo anterior. ¿Cómo afectaría este cambio en los datos los cálculos tabulares?
   [*Resp.* x_1 y x_2 deben tomar valores discretos en incrementos de 0.1, es decir, 0, 0.1, 0.2, ... , 4.9, 5, con lo cual aumenta el número de registros de la tabla en las etapas 1 y 2 aproximadamente 10 veces.]

10.1.2 ECUACION RECURSIVA DE RETROCESO

En la sección 10.1.1 los cálculos se efectúan en el orden

$$f_1 \to f_2 \to f_3$$

Este método de cálculo se conoce como **procedimiento de avance** porque los cálculos avanzan de la primera a la última etapa. Sin embargo, cuando el lector estudie la mayoría de las obras dedicadas a la programación dinámica, advertirá que la ecuación recursiva se construye de manera que los cálculos comienzan en la última etapa y después "regresan" hacia la etapa 1. Este método recibe el nombre de **procedimiento de retroceso**.

414 Programación dinámica [C.10]

La diferencia principal entre los métodos de avance y de retroceso ocurre en la forma como definimos el *estado* del sistema. Para ser específicos, volveremos a considerar el ejemplo del presupuesto de capital. Para el procedimiento de retroceso, definimos los estados y_j como

y_1 = monto de capital asignado a las etapas 1, 2 y 3
y_2 = monto de capital asignado a las etapas 2 y 3
y_3 = monto de capital asignado a la etapa 3

Para apreciar la diferencia entre la definición de los estados x_j y y_j en los métodos de avance y de retroceso, las dos definiciones se resumen en forma gráfica en la figura 10.2.

Ahora defínanse

$f_3(y_3)$ = ingreso óptimo para la etapa 3 dado y_3
$f_2(y_2)$ = ingreso óptimo para las etapas 2 y 3 dado y_2
$f_1(y_1)$ = ingreso óptimo para las etapas 1, 2 y 3 dado y_1

La ecuación recursiva de retroceso se escribe por tanto, como

$$f_3(y_3) = \max_{\substack{k_3 \\ c_3(k_3) \le y_3}} \{R_3(k_3)\}$$

$$f_j(y_j) = \max_{\substack{k_j \\ c_j(k_j) \le y_j}} \{R_j(k_j) + f_{j+1}[y_j - c_j(k_j)]\}, \quad j = 1, 2$$

El orden de los cálculos de las etapas es $f_3 \to f_2 \to f_1$. Ahora los cálculos se realizan de la manera siguiente

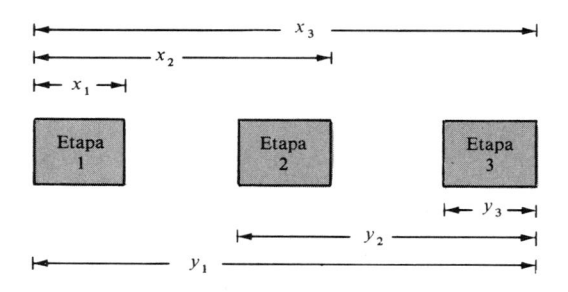

Figura 10-2

Etapa 3

$$f_3(y_3) = \max_{\substack{c_3(k_3) \leq y_3 \\ k_3 = 1, 2}} \{R_3(k_3)\}$$

	$R_3(k_3)$		Solución óptima	
y_3	$k_3 = 1$	$k_3 = 2$	$f_3(y_3)$	k_3^*
0	**0**	—	0	1
1	0	3	3	2
2	0	3	3	2
3	0	3	3	2
4	0	3	3	2
5	0	3	3	2

Etapa 2

$$f_2(y_2) = \max_{\substack{c_2(k_2) \leq y_2 \\ k_2 = 1, 2, 3, 4}} \{R_2(k_2) + f_3[y_2 - c_2(k_2)]\}$$

	$R_2(k_2) + f_3[y_2 - c_2(k_2)]$				Solución óptima	
y_2	$k_2 = 1$	$k_2 = 2$	$k_2 = 3$	$k_2 = 4$	$f_2(y_2)$	k_2^*
0	0 + 0 = **0**	—	—	—	0	1
1	0 + 3 = **3**	—	—	—	3	1
2	0 + 3 = 3	8 + 0 = **8**	—	—	8	2
3	0 + 3 = 3	8 + 3 = **11**	9 + 0 = 9	—	11	2
4	0 + 3 = 3	8 + 3 = 11	9 + 3 = **12**	12 + 0 = **12**	12	3 o 4
5	0 + 3 = 3	8 + 3 = 11	9 + 3 = 12	12 + 3 = **15**	15	4

Etapa 1

$$f_1(y_1) = \max_{\substack{c_1(k_1) \leq y_1 \\ k_1 = 1, 2, 3}} \{R_1(k_1) + f_2[y_1 - c_1(k_1)]\}$$

	$R_1(k_1) + f_2[y_1 - c_1(k_1)]$			Solución óptima	
y_1	$k_1 = 1$	$k_1 = 2$	$k_1 = 3$	$f_1(y_1)$	k_1^*
5	0 + 15 = 15	5 + 12 = **17**	6 + 11 = **17**	17	2 o 3

La solución óptima se determina comenzando con y_1 en la etapa 1 y continuando a y_3 en la etapa 3. Naturalmente, las soluciones son idénticas a las del método anterior (verifíquese esto).

Ejercicio 10.1-4

Calcule $f_1(y_1)$ para $y_1 = 3$ y $y_1 = 4$ y obtenga las propuestas óptimas correspondientes. [*Resp.* $f_1(3) = 13$, las propuestas óptimas para las etapas 1, 2 y 3 son 2, 2 y 1. $f_1(4) = 16$ y las propuestas óptimas son 2, 2 y 2.]

Quizá el lector se pregunte por qué no se necesita en absoluto, la formulación recursiva, en particular cuando la formulación de avance parece ser más lógica y ciertamente más directa. Esta conclusión es verdadera para el ejemplo anterior, ya que la asignación específica de etapas a las plantas no es importante. A este respecto, las formulaciones de avance y retroceso son en realidad equivalentes en términos de cálculo. Sin embargo, hay situaciones donde habría alguna diferencia, en la eficiencia de cálculo, según la formulación que se utilice. Esto sucede en particular en problemas donde interviene la toma de decisiones conforme transcurre el tiempo, como la planeación del inventario y de la producción. En este caso las etapas se designan con base en el estricto orden cronológico de los periodos que ellas representan y la eficiencia de los cálculos dependerá de si se utiliza la formulación de avance o la de retroceso (véase el ejemplo 10.3-5).

Aparentemente, la experiencia con los cálculos de PD ha demostrado que las formulaciones de retroceso suelen ser más eficientes. De hecho, la mayoría de las obras sobre programación dinámica se presentan en términos de la formulación de retroceso, sin importar si contribuye o no a la eficiencia de los cálculos. Siguiendo esta tradición, todo el material que se presente en las secciones restantes de este capítulo estará basado en la formulación de retroceso. La formulación de avance se empleará únicamente cuando se garantice una comparación o cuando la formulación antes mencionada ofrezca ventajas especiales (véase la sección 14.3.5 para tener una aplicación en el área de los inventarios).

10.2 MAS ACERCA DE LA DEFINICION DEL ESTADO

El *estado* del sistema es quizá el concepto más importante en un modelo de programación dinámica. Representa la "liga" entre etapas (subsecuentes) de tal manera que cuando cada etapa se optimiza por *separado,* la decisión resultante es automáticamente factible para el problema *completo*. Además, permite que se hagan decisiones óptimas para las etapas restantes sin tener que comprobar el efecto de decisiones futuras sobre decisiones que se han tomado anteriormente.

La definición del estado es usualmente el concepto más sutil en formulaciones de programación dinámica. No existe una forma fácil de definir el estado, pero pueden encontrarse pistas haciendo las dos preguntas siguientes:

1. ¿Qué relaciones enlazan las etapas?
2. ¿Qué información es necesaria para tomar decisiones factibles en la etapa actual sin verificar la factibilidad de decisiones hechas en etapas anteriores?

Ejemplo 10.2-1

Considere el problema de presupuesto de capital. Como se indicó en la sección 10.1, cada fábrica representa una etapa para la cual debe tomarse una decisión. Las alternativas están dadas por la variable de decisión k_j en la etapa j que designa un plan específico de expansión. En este caso la función de rendimiento es $R_j(k_j)$.

¿Qué define el estado en la etapa j? Observe que las etapas están "ligadas" por el hecho de que todas las fábricas (etapas) están compitiendo por una participación de capital limitado C. Esto sugiere que el estado deberá estar definido en términos de la asignación de capital.

La experiencia ha demostrado que un principiante en programación dinámica usualmente definirá el estado en la etapa j como "la cantidad de capital asignada a la etapa j". Para ver por qué esta definición *no* es correcta, considere la forma en la cual se resolverá el problema. La definición del estado deberá permitir que se tome una decisión factible para la etapa actual sin comprobar las decisiones hechas para etapas anteriores. La definición anterior de estado implica que la cantidad asignada a la etapa j puede ser cero o tan alta como el capital total disponible C. Esta no es información suficiente para garantizar una decisión factible para la etapa actual. Por ejemplo, suponga que se ha decidido asignar $0.4C$ unidades monetarias a la etapa actual. La factibilidad de esta decisión no está garantizada sin verificar las etapas anteriores para asegurar que su asignación total de capital no excede a $C - 0.4C = 0.6C$ unidades monetarias. Esto muestra que la etapa actual no es optimizada de manera independiente, contrario a la idea básica de programación dinámica.

Supóngase la formulación de retroceso y considérese la definición del estado en la etapa j como "el monto de capital asignado a las etapas $j, j+1, \ldots$ y N", donde N es el número total de plantas. Esta definición es correcta, ya que la diferencia entre el capital asignado a las etapas $j, j+1, \ldots N$ (es decir, el estado del sistema en la etapa j) y el capital asignado a las etapas $j+1, j+2, \ldots, N$ (es decir, el estado del sistema en la etapa $(j+1)$) da el monto de capital que se asignará a la etapa j exclusivamente. Esto, como se vio en la sección 10.1.3, nos permite tomar una decisión factible para la etapa j sin verificar las etapas anteriores. ◂

El problema de presupuesto de capital representa un problema de *asignación* común en el cual un recurso (o, generalmente, recursos) se distribuye (óptimamente) entre un número de actividades (etapas). La definición del estado del sistema para todos los problemas de asignación generalmente es el mismo, a saber, la cantidad de recurso asignado a un número sucesivo de etapas comenzando desde la última. Otros tipos de problemas no entran en esta categoría, sin embargo, requieren una definición diferente del estado del sistema. A continuación se presentan dos ejemplos.

Ejemplo 10.2-2

Un contratista desea determinar el tamaño de una fuerza de trabajo durante cada una de las 5 semanas siguientes. Conoce el número mínimo de trabajadores necesarios para cada semana. Se incurre en costo adicional cuando contrata o despide trabajadores y cuando los trabajadores están ociosos. Se conocen los costos unitarios de contratar, despedir y tener ociosos a los trabajadores. El objetivo es decidir cuántos de ellos deberán contratarse o despedirse cada semana a fin de minimizar el costo total.

Al ver esta situación desde el punto de vista de programación dinámica, el primer elemento a identificar es la etapa. Puesto que ha de tomarse una decisión para cada semana, cada periodo (semana) representa una etapa.

El segundo elemento que debe definirse es la determinación de las alternativas asociadas a cada etapa (variables de decisión). En este ejemplo, la variable de decisión es el número de trabajadores contratados o despedidos en el periodo. La función de rendimiento está representada por el costo de contratar, despedir o mantener ocioso al personal.

El tercero y más importante elemento es el estado del sistema en una etapa dada. A diferencia de los problemas de asignación, ninguna restricción explícita une las etapas. Sin embargo, se puede encontrar una clave para definir el estado, haciéndose la siguiente pregunta, ¿qué información es necesaria de todos los periodos anteriores (etapas) a fin de tomar una decisión para la etapa actual sin tener que examinar ninguna de las decisiones hechas antes? Con alguna reflexión, se observa que el número de trabajadores disponibles al final de la etapa (periodo) anterior proporciona información suficiente para decidir cuántos contratar o despedir en el periodo actual. Consecuentemente, el número de trabajadores al final del periodo anterior define el estado del sistema en la etapa actual. En otras palabras, el saber cuántos fueron contratados o despedidos en cada uno de los periodos anteriores (esto es, decisiones anteriores) no importa al tomar la decisión para el periodo actual. La única información importante es cuántos trabajadores se tienen actualmente antes de tomar una decisión. Esta información se obtiene por la definición del estado del sistema. Dicho de manera diferente, el estado del sistema resume toda la información necesaria para hacer una decisión factible para la etapa actual. ◄

Ejemplo 10.2.3

Considere una situación de reemplazo de equipo donde al final de cada año se toma la decisión de conservar una máquina otro año o reemplazarla inmediatamente. Si una máquina se retiene, su beneficio declina. Por otra parte, al reemplazar una máquina se incurre en el costo de reemplazo. El problema es decidir cuándo deberá reemplazarse una máquina a fin de maximizar el beneficio neto total.

En este problema, la etapa j representa el año j. Las alternativas en cada etapa son mantener la máquina o reemplazarla. Ahora el lector se deberá preguntar: ¿cuál es la relación entre dos etapas sucesivas?, ¿qué información es necesaria de las etapas anteriores para tomar una decisión (mantener o reemplazar) en la etapa actual? La respuesta es: la edad de la máquina. Por consiguiente, el estado del sistema en una etapa se define como la edad de la máquina al inicio del periodo asociado.

10.3 EJEMPLOS DE MODELOS DE PD Y CALCULOS

En esta sección se presentan otros ejemplos de modelos de programación dinámica. Los primeros cuatro ejemplos comprenden formulaciones y cálculos de modelos. El último ejemplo presenta una comparación entre las ecuaciones recursivas de avance y de retroceso. (En los capítulos 14 y 18 se presentan otros ejemplos que pertenecen a aplicaciones de PD en procesos markovianos e inventarios.)

Conforme el lector estudie esta sección, cerciórese de que se tenga un entendimiento claro de los elementos básicos del modelo: (1) etapas, (2) estados en cada etapa y (3) alternativas de decisión (propuestas) en cada etapa. Como se indicó antes, el concepto de *estado* suele ser el más importante o sutil. Nuestra experiencia indica que un entendimiento del concepto de estado se ve acrecentado al intentar "cuestionar la validez" de la forma como éste se define en el libro. Pruébese una definición diferente que pueda parecer "más lógica" y utilícese en los cálculos recursivos. El lector descubrirá por último, que la definición que se da aquí no es incorrecta y, en la mayoría de los casos, puede ser la única definición correcta. En el proceso el lector podrá comprender el significado absoluto del concepto de estado.

Ejemplo 10.3-1 (Problema del cargamento)†

Considere que se carga un barco con N artículos. Cada unidad del artículo i tiene un peso w_i y un valor de $v_i (i = 1, 2, \ldots, N)$. El peso de carga máximo es W. Se requiere determinar la cantidad de carga más valiosa sin que se exceda el peso máximo que puede cargar el barco. Específicamente, considere el caso siguiente de tres artículos y suponga que $W = 5$.

i	w_i	v_i
1	2	65
2	3	80
3	1	30

Observe que la solución óptima de este ejemplo puede obtenerse por inspección. Un problema común comprende, generalmente, un número más grande de artículos y, por tanto, la solución no sería tan obvia. Véase la descripción al final de este ejemplo.

Considere primero el problema general de N artículos. Si k_i es el número de unidades del artículo i, el problema será:

$$\text{maximizar } v_1 k_1 + v_2 k_2 + \cdots + v_N k_N$$

sujeto a

$$w_1 k_1 + w_2 k_2 + \cdots + w_N k_N \leq W$$
$$k_i \text{ entero no negativo}$$

Si k_i no está restringido a valores enteros, la solución se determina fácilmente por el método símplex. En efecto, ya que existe solamente una restricción, será básica únicamente una variable y el problema se reduce a seleccionar el artículo i para el

---

† Este problema se conoce también a veces como problema **del morral** o **de la mochila**.

cual v_iW/w_i es máximo. Ya que la programación lineal no es aplicable aquí, se intentará resolver el problema por programación dinámica. Debe notarse que este problema también es característico de los que pueden resolverse con técnicas de programación entera (véase el capítulo 9).

El modelo de PD se construye considerando en primer término sus tres elementos básicos:

1. La *etapa j* está representada por el artículo j, $j = 1, 2, \ldots, N$.
2. El *estado* y_j en la etapa j es el peso total asignado a las etapas $j, j+1, \ldots, N$; $y_1 = W$ y $y_j = 0, 1, \ldots, W$ para $j = 2, 3, \ldots, N$.
3. La *alternativa* k_j en la etapa j es el *número* de unidades del artículo j. El valor de k_j puede ser tan chico como cero o tan grande como $[W/w_j]$, donde $[W/w_j]$ es el mayor entero incluido en (W/w_j).

Existe una similitud sorprendente entre este problema y el ejemplo del presupuesto de capital de la sección 10.1, ya que ambos son del tipo de asignación de recursos. Tal vez la única diferencia sea que las alternativas del modelo de cargamento no están dadas directamente como en el modelo del presupuesto de capital.

Sea

$$f_j(y_j) = \text{valor óptimo de las etapas } j, j+1, \ldots, N \text{ dado el estado } y_j$$

La ecuación recursiva (de retroceso) está dada como

$$f_N(y_N) = \max_{\substack{k_N = 0, 1, \ldots, [y_N/w_N] \\ y_N = 0, 1, \ldots, W}} \{v_N k_N\}$$

$$f_j(y_j) = \max_{\substack{k_j = 0, 1, \ldots, [y_j/w_j] \\ y_j = 0, 1, \ldots, W}} \{v_j k_j + f_{j+1}(y_j - w_j k_j)\}, \qquad j = 1, 2, \ldots, N-1$$

Nótese que el valor *factible* máximo de k_j está dado por $[y_j/w_j]$. Este límite suprimirá automáticamente todas las alternativas infactibles para un valor dado del estado y_j.

Ejercicio 10.3-1

Establezca la relación existente entre $R_j(k_j)$ y $c_j(k_j)$ en el modelo del presupuesto de capital de la sección 10.1 y los elementos correspondientes del modelo del cargamento.

[Resp. $R_j(k_j)$ corresponde a $v_j k_j$ y $c_j(k_j)$ es equivalente a $w_j k_j$.]

Para el ejemplo especial dado, los cálculos de las etapas se efectúan como sigue.

Etapa 3

$$f_3(y_3) = \max_{k_3}\{30 k_3\}, \qquad \max k_3 = [5/1] = 5$$

10.3]   Ejemplos de modelos de PD y cálculos   **421**

		$30k_3$					Solución óptima	
	$k_3 = 0$	1	2	3	4	5		
y_3	$v_3 k_3 = 0$	30	60	90	120	150	$f_3(y_3)$	k_3^*
0	0	—	—	—	—	—	0	0
1	0	30	—	—	—	—	30	1
2	0	30	60	—	—	—	60	2
3	0	30	60	90	—	—	90	3
4	0	30	60	90	120	—	120	4
5	0	30	60	90	120	150	150	5

Etapa 2

$$f_2(y_2) = \max_{k_2}\{80k_2 + f_3(y_2 - 3k_2)\}, \qquad \max k_2 = [5/3] = 1$$

	$80k_2 + f_3(y_2 - 3k_2)$		Solución óptima	
	$k_2 = 0$	1		
y_2	$v_2 k_2 = 0$	80	$f_2(y_2)$	k_2^*
0	0 + 0 = 0	—	0	0
1	0 + 30 = 30	—	30	0
2	0 + 60 = 60	—	60	0
3	0 + 90 = 90	80 + 0 = 80	90	0
4	0 + 120 = 120	80 + 30 = 110	120	0
5	0 + 150 = 150	80 + 60 = 140	150	0

Etapa 1

$$f_1(y_1) = \max_{k_1}\{65k_1 + f_2(y_1 - 2k_1)\}, \qquad \max k_1 = [5/2] = 2$$

	$65k_1 + f_2(y_1 - 2k_1)$			Solución óptima	
	$k_1 = 0$	1	2		
y_1	$v_1 k_1 = 0$	65	130	$f_1(y_1)$	k_1^*
0	0 + 0 = 0	—	—	0	0
1	0 + 30 = 30	—	—	30	0
2	0 + 60 = 60	65 + 0 = 65	—	65	1
3	0 + 90 = 90	65 + 30 = 95	—	95	1
4	0 + 120 = 120	65 + 60 = 125	130 + 0 = 130	130	2
5	0 + 150 = 150	65 + 90 = 155	130 + 30 = 160	160	2

Dada $y_1 = W = 5$, la solución óptima asociada es $(k_1^*, k_2^*, k_3^*) = (2, 0, 1)$, con un valor total de 160.

Obsérvese que en la etapa 1, basta con construir la tabla para $y_1 = 5$ únicamente. Sin embargo, al determinar toda la tabla para $y_1 = 0, 1, 2, 3, 4$ y 5, es posible estudiar cambios en la solución óptima cuando la asignación del peso máximo se reduzca por debajo de $W = 5$. Esta es una forma de análisis de sensibilidad que ofrecen automáticamente los cálculos de programación dinámica. ◀

Ejercicio 10.3-2

Obtenga la solución óptima en el problema del cargamento en cada uno de los casos siguientes.
(1) $W = 3$.
   [*Resp.* $(k_1^*, k_2^*, k_3^*) = (1, 0, 1)$; valor total = 95.]
(2) $W = 4$.
   [*Resp.* $(k_1^*, k_2^*, k_3^*) = (2, 0, 0)$; valor total = 130.]

Aparentemente el problema del cargamento puede resolverse en general, calculando las relaciones v_j/w_j para todas las variables k_j asignando luego, sucesivamente, las cantidades enteras más grandes a las variables en el orden de sus relaciones hasta que se termine el recurso. (Este procedimiento realmente produce la solución óptima en el ejemplo 10.3-1.) Desafortunadamente, esto no es cierto siempre, como lo muestra el siguiente contraejemplo:

$$\text{maximizar } 17k_1 + 72k_2 + 35k_3$$

sujeto a

$$10k_1 + 41k_2 + 20k_3 \leq 50$$
$$k_1, k_2, k_3 \text{ enteros no negativos}$$

Las relaciones para k_1, k_2 y k_3 son 1.7, 1.756, y 1.75. Ya que k_2 tiene la relación más grande, se le asigna el valor más grande permisible por la restricción, o sea, $k_2 = [50/41] = 1$. La cantidad restante del recurso es ahora $50 - 41 = 9$, cantidad que no es suficiente para asignar ningún valor entero positivo a k_1 o k_3. Por consiguiente, la solución de ensayo es $k_1 = k_3 = 0$, y $k_2 = 1$ con el valor de la función objetivo igual a 72. Este no es el óptimo ya que la solución factible ($k_1 = 1$, $k_2 = 0$, $k_3 = 2$) proporciona un mejor valor de la función objetivo igual a 87.

Ejemplo 10.3-2 (Problema de confiabilidad)

Considere el diseño de un dispositivo electrónico que consta de tres componentes principales. Los tres componentes están dispuestos en serie, de manera que la falla de uno de ellos hará que falle todo el dispositivo. La confiabilidad (la probabilidad de que no haya ninguna falla) del dispositivo se puede mejorar a través de la instalación de unidades de reserva en cada componente. El diseño requiere el uso de una o dos unidades de reserva, lo que significa que cada componente principal puede incluir hasta tres unidades en paralelo. El capital total disponible para el diseño del dispositivo es $10 000. Los datos de la confiabilidad $R_j(k_j)$ y el costo

$c_j(k_j)$ de la j-ésima componente ($j = 1, 2, 3$) dadas k_j unidades en paralelo se resumen a continuación. El objetivo consiste en determinar el número de unidades paralelas, k_j, en el componente j que maximizarán la confiabilidad del dispositivo sin exceder el capital asignado.

	$j = 1$		$j = 2$		$j = 3$	
k_j	R_1	c_1	R_2	c_2	R_3	c_3
1	0.6	1	0.7	3	0.5	2
2	0.8	2	0.8	5	0.7	4
3	0.9	3	0.9	6	0.9	5

Por definición la confiabilidad total R de un dispositivo de N componentes en serie y k_j unidades en paralelo en el componente j ($j = 1, 2, \ldots, N$) es el *producto* de las confiabilidades individuales. Por lo tanto, el problema se transforma en

$$\text{maximizar } R = \prod_{j=1}^{N} R_j(k_j)$$

sujeto a

$$\sum_{j=1}^{N} c_j(k_j) \leq C$$

donde C es el capital total disponible. (Nótese que la alternativa $k_j = 0$ no tiene ningún significado en este problema.)

El problema de confiabilidad es análogo al problema del presupuesto de capital de la sección 10.1 con la excepción de que la función de rendimiento R es el *producto*, y no la suma, de los rendimientos de los componentes individuales. Por lo tanto, la ecuación recursiva está basada en la **descomposición multiplicativa** y no en la **aditiva**.

Los elementos del modelo de PD se definen de la manera siguiente.

1. La *etapa j* representa el componente principal j.
2. El *estado* y_j es el capital total asignado a los componentes $j, j + 1, \ldots, N$.
3. La *alternativa* k_j es el número de unidades paralelas asignadas a el componente principal j.

Sea $f_j(y_j)$ la confiabilidad óptima total de los componentes $j, j + 1, \ldots, N$, dado el capital y_j. Las ecuaciones recursivas se escriben como

424 Programación dinámica [C.10

$$f_N(y_N) = \max_{\substack{k_N \\ c_N(k_N) \leq y}} \{R_N(k_N)\}$$

$$f_j(y_j) = \max_{\substack{k_j \\ c_j(k_j) \leq y_j}} \{R_j(k_j) \cdot f_{j+1}(y_j - c_j(k_j))\}, \qquad j = 1, 2, \ldots, N-1$$

Como se vio antes, el número de operaciones de cálculo en la etapa j depende directamente del número de valores tomados para el estado y_j. Aquí mostramos cómo podemos calcular límites más estrechos sobre los valores de y_j.

Comenzando con la etapa 3, ya que el componente principal 3 debe incluir cuando menos una unidad (en paralelo), vemos que y_3 debe ser igual cuando menos a $c_3(1) = 2$. Por el mismo razonamiento y_3 no puede exceder $10 - (3 + 1) = 6$; de lo contrario, el capital restante no será suficiente para proporcionar a los componentes principales 1 y 2 cuando menos una unidad (en paralelo) a cada una. Siguiendo el mismo razonamiento vemos que $y_2 = 5, 6, \ldots,$ o 9 y $y_1 = 6, 7, \ldots,$ o 10. (Verifíquese esto.)

Etapa 3

$$f_3(y_3) = \max_{k_3 = 1, 2, 3} \{R_3(k_3)\}$$

	$R_3(k_3)$			Solución óptima	
	$k_3 = 1$	$k_3 = 2$	$k_3 = 3$		
y_3	$R = 0.5, c = 2$	$R = 0.7, c = 4$	$R = 0.9, c = 5$	$f_3(y_3)$	k_3^*
2	0.5	—	—	0.5	1
3	0.5	—	—	0.5	1
4	0.5	0.7	—	0.7	2
5	0.5	0.7	0.9	0.9	3
6	0.5	0.7	0.9	0.9	3

Etapa 2

$$f_2(y_2) = \max_{k_3 = 1, 2, 3} \{R_2(k_2) \cdot f_3[y_2 - c_2(k_2)]\}$$

	$R_2(k_2) \cdot f_3[y_2 - c_2(k_2)]$			Solución óptima	
	$k_2 = 1$	$k_2 = 2$	$k_2 = 3$		
y_2	$R = 0.7, c = 3$	$R = 0.8, c = 5$	$R = 0.9, c = 6$	$f_2(y_2)$	k_2^*
5	$0.7 \times 0.5 = 0.35$	—	—	0.35	1
6	$0.7 \times 0.5 = 0.35$	—	—	0.35	1
7	$0.7 \times 0.7 = 0.49$	$0.8 \times 0.5 = 0.40$	—	0.49	1
8	$0.7 \times 0.9 = 0.63$	$0.8 \times 0.5 = 0.40$	$0.9 \times 0.5 = 0.45$	0.63	1
9	$0.7 \times 0.9 = 0.63$	$0.8 \times 0.7 = 0.56$	$0.9 \times 0.5 = 0.45$	0.63	1

Etapa 1

$$f_1(y_1) = \max_{k_1 = 1, 2, 3} \{R_1(k_1) \cdot f_2[y_1 - c_1(k_1)]\}$$

	$R_1(k_1) \cdot f_2[y_1 - c_1(k_1)]$			Solución óptima	
y_1	$R = 0.6, c = 1$	$R = 0.8, c = 2$	$R = 0.9, c = 3$	$f_2(y_2)$	k_2^*
6	$0.6 \times 0.35 = 0.210$	—	—	0.210	1
7	$0.6 \times 0.35 = 0.210$	$0.8 \times 0.35 = 0.280$	—	0.280	2
8	$0.6 \times 0.49 = 0.294$	$0.8 \times 0.35 = 0.280$	$0.9 \times 0.35 = 0.315$	0.315	3
9	$0.6 \times 0.63 = 0.378$	$0.8 \times 0.49 = 0.392$	$0.9 \times 0.35 = 0.315$	0.392	2
10	$0.6 \times 0.63 = 0.378$	$0.8 \times 0.63 = 0.504$	$0.9 \times 0.49 = 0.441$	0.504	2

La solución óptima dado $C = 10$ es $(k_1^*, k_2^*, k_3^*) = (2, 1, 3)$ con $R = 0.504$. ◄

Ejercicio 10.3-3

Supóngase que se agrega (en serie) un *cuarto* componente principal al dispositivo electrónico. Los costos y confiabilidades de utilizar una, dos o tres unidades en paralelo en el nuevo componente son $R_4(1) = 0.4$, $c_4(1) = 1$; $R_4(2) = 0.8$, $c_4(2) = 3$; y $R_4(3) = 0.95$, $c_4(3) = 7$.

(a) Determine los límites sobre los valores de y_4, y_3, y_2, y y_1.
  [*Resp*. $1 \leq y_4 \leq 4$, $3 \leq y_3 \leq 6$, $6 \leq y_2 \leq 9$, $7 \leq y_1 \leq 10$.]
(b) ¿La definición de estados del inciso necesita (a) que se vuelvan a calcular las soluciones óptimas en todas las etapas?
  [*Resp*. Sí, porque la etapa 4 se debe determinar primero, con lo cual se afectan los cálculos de las etapas 3, 2 y 1.]
(c) ¿Puede usted obtener la solución óptima a todo el problema utilizando directamente las operaciones de cálculo dadas para las tres etapas?
  [*Resp*. Sí, pero esto requerirá que se vuelva a definir la etapa 4 como la etapa 0. Como es irrelevante el orden de los componentes en el dispositivo, podemos imaginarnos que el nuevo componente precede al componente 1, numerándola como la etapa 0. En esta condición, los valores de los estados están limitados por $2 \leq y_3 \leq 5$, $5 \leq y_2 \leq 8$, $6 \leq y_1 \leq 9$ y $7 \leq y_0 \leq 10$.]
(d) Calcule $f_0(y_0)$ y k_0^* como se definió en el inciso (c) y obtenga la solución óptima al problema de las cuatro componentes dado $C = 10$.
  [*Resp*. $f_0(7) = 0.084$, $k_0^* = 1$; $f_0(8) = 0.112$, $k_0^* = 1$; $f_0(9) = 0.168$, $k_0^* = 2$; $f_0(10) = 0.224$, $k_0^* = 2$. La solución óptima dado $C = 10$ es $(k_0^*, k_1^*, k_2^*, k_3^*) = (2, 2, 1, 1)$ con $R = 0.224$.]

Ejemplo 10.3-3 (Problema de la subdivisión óptima)

Considere el problema matemático de dividir una cantidad q (> 0) en N partes. El objetivo es determinar la subdivisión óptima de q que maximizará el producto de las N partes.

Sea z_j la j-ésima parte de q ($j = 1, 2, \ldots, N$). Por lo tanto, el problema se expresa como

$$\text{maximizar } p = \prod_{j=1}^{N} z_j$$

sujeto a

$$\sum_{j=1}^{N} z_j = q, \quad z_j \geq 0 \quad \text{para toda } j$$

La formulación de PD de este problema es muy similar al modelo de confiabilidad del ejemplo 10.3-2. La diferencia principal es que las variables z_j son continuas, condición que requiere el uso del cálculo para optimizar el problema de cada etapa.

Los elementos del modelo de PD se definen como

1. La *etapa j* representa la j-ésima parte de q.
2. El *estado* y_j es la parte de q que se asigna a las etapas $j, j + 1, \ldots, N$.
3. La *alternativa* z_j es la parte de q asignada a la etapa j.

Sea $f_j(y_j)$ el valor óptimo de la función objetivo para las etapas $j, j + 1, \ldots, N$ dado el estado y_j. Por lo tanto, las ecuaciones recursivas están dadas como

$$f_N(y_N) = \max_{z_N \leq y_N} \{z_N\}$$
$$f_j(y_j) = \max_{z_j \leq y_j} \{z_j \cdot f_{j+1}(y_j - z_j)\}, \quad j = 1, 2, \ldots, N - 1$$

Etapa N

$$f_N(y_N) = \max_{z_N \leq y_N} \{z_N\}$$

Como z_N es una función lineal, $\max_{z_N \leq y_N}\{z_N\} = y_N$, que ocurre en $z_N^* = y_N$. Podemos resumir la solución óptima de esta etapa mediante el uso de la forma que empleamos en los ejemplos anteriores:

Estado	Solución óptima	
	$f_N(y_N)$	z_N^*
y_N	y_N	y_N

Etapa $N-1$

$$f_{N-1}(y_{N-1}) = \max_{z_{N-1} \leq y_{N-1}} \{z_{N-1} \cdot f_N(y_{N-1} - z_{N-1})\}$$

Ya que $f_N(y_N) = y_N$, tenemos

$$f_N(y_{N-1} - z_{N-1}) = y_{N-1} - z_{N-1}$$

Por lo tanto, al sustituir por f_N, el problema para la etapa $N-1$ se reduce a maximizar $h_{N-1} = z_{N-1} f_N(y_{N-1} - z_{N-1}) = z_{N-1}(y_{N-1} - z_{N-1})$ dada $z_{N-1} \leq y_{N-1}$. (Este es precisamente el mismo procedimiento que seguimos en el caso de los cálculos tabulares.) La figura 10-3 ilustra lo que acarrea el problema de optimización trazando la función h_{N-1} en términos de z_{N-1} junto con la región factible $z_{N-1} \leq y_{N-1}$. La solución óptima factible ocurre en $z_{N-1}^* = y_{N-1}/2$. El punto $z_{N-1}^* = y_{N-1}/2$ se obtiene al diferenciar h_{N-1} con respecto a z_{N-1}. Ya que $z_{N-1}^* = y_{N-1}/2$ es factible, es decir, satisface la condición $z_{N-1} \leq y_{N-1}$, es la solución óptima.†

El valor de $f_{N-1}(y_{N-1})$ se obtiene al sustituir $z_{N-1} = y_{N-1}/2$ en h_{N-1}. La solución óptima resultante está dada por

| | Solución óptima ||
Estado	$f_{N-1}(y_{N-1})$	z_{N-1}^*
y_{N-1}	$(y_{N-1}/2)^2$	$(y_{N-1}/2)$

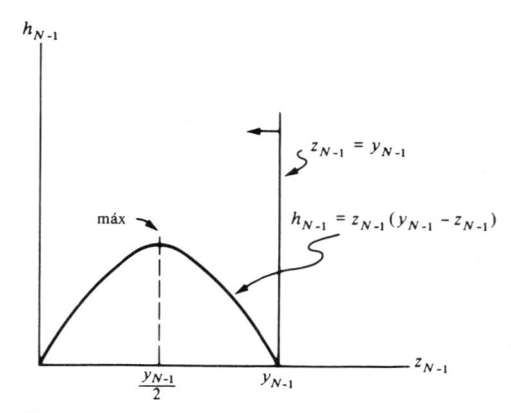

Figura 10-3

---

† Este procedimiento simple es aplicable aquí porque, entre otras condiciones, h_{N-1} es una función cóncava. El procedimiento queda más afectado cuando no se cumplen estas condiciones. Véase el capítulo 19 sobre la teoría de optimización clásica para que se aclare esta afirmación.

Etapa j

$$f_j(y_j) = \max_{z_j \le y_j} \{z_j \cdot f_{j+1}(y_j - z_j)\}$$

Ahora podemos utilizar la *inducción* para demostrar que la solución óptima en la etapa j ($j = 1, 2, \ldots, N$) se resume como

Estado	Solución óptima	
	$f_j(y_j)$	z_j^*
y_j	$\left(\dfrac{y_j}{N-j+1}\right)^{N-j+1}$	$\left(\dfrac{y_j}{N-j+1}\right)$

Por inspección de la solución general en la etapa j, podemos obtener los valores óptimos de z_j dado $y_1 = q$ de la manera siguiente.

$$y_1 = q \to z_1 = \frac{q}{N} \to y_2 = \frac{N-1}{N}q \to \cdots \to y_j = \frac{N-j+1}{N}q \to z_j = \frac{q}{N}$$

Por lo tanto, la solución general es

$$z_1^* = z_2^* = \cdots = z_j^* = \cdots = z_N^* = \frac{q}{N}$$

y el valor óptimo de la función objetivo

$$p = f_1(q) = (q/N)^N$$

Este ejemplo demuestra que la programación dinámica no indica aspectos específicos acerca de la forma *como* se optimiza el problema de cada etapa. El uso del cálculo para resolver estos subproblemas no tiene nada que ver con la programación dinámica. Sin embargo, obsérvese que la descomposición del problema "maestro" en subproblemas de menor magnitud normalmente simplifica los cálculos asociados con el proceso de optimización. Este es el objetivo principal de la PD. ◀

Ejercicio 10.3-4

En el ejemplo 10.3-3, supóngase que la función objetivo es $p = \Pi_{j=1}^{N} a_j z_j$ y la restricción es $\Sigma_{j=1}^{N} b_j z_j = q$. Escriba la ecuación recursiva.
[*Resp.* $f_j(y_j) = \max\limits_{z_j \le y_j/b_j} \{a_j z_j \cdot f_{j+1}(y_j - b_j z_j)\}$ para $j = 1, 2, \ldots, N$, donde $f_{N+1} \equiv 1$. El estado y_j se define como la parte de q asignada a las etapas $j, j+1, \ldots,$ y N.]

Ejemplo 10.3-4 (Tamaño de la fuerza de trabajo)

Un contratista necesita decidir el tamaño de su fuerza de trabajo en las 5 semanas siguientes. El calcula que el tamaño *mínimo* de la fuerza de trabajo, b_i para las 5 semanas será 5, 7, 8, 4 y 6 trabajadores para $i = 1, 2, 3, 4$ y 5, respectivamente.

10.3]   Ejemplos de modelos de PD y cálculos   **429**

El contratista puede mantener el número mínimo de trabajadores requerido ejerciendo las opciones de contratación y despido de trabajadores. Sin embargo, se incurre en costo de contratación adicional toda vez que el tamaño de la fuerza de trabajo de la semana en curso excede el de la última semana. Por otra parte, si él mantiene una fuerza de trabajo para cualquier semana que exceda el requisito mínimo, se incurre en un costo excesivo en esa semana.

Sea que y_j represente el número de trabajadores para la j-ésima semana. Defina $C_1(y_j - b_j)$ como el costo excesivo cuando y_j sea mayor que b_j y $C_2(y_j - y_{j-1})$ como el costo de contratación de nuevos trabajadores ($y_j > y_{j-1}$). Los datos del contratista muestran que

$$C_1(y_j - b_j) = 3(y_j - b_j), \qquad j = 1, 2, \ldots, 5$$

$$C_2(y_j - y_{j-1}) = \begin{cases} 4 + 2(y_j - y_{j-1}), & y_j > y_{j-1} \\ 0, & y_j \leq y_{j-1} \end{cases}$$

Nótese que la definición de C_2 implica que el despido ($y_j \leq y_{j-1}$) no incurre en costo adicional.

Si la fuerza de trabajo inicial y_0 al inicio de la primera semana es de 5 trabajadores, se requiere determinar los tamaños óptimos de la fuerza de trabajo para el horizonte de planeación de 5 semanas.

La definición de *etapas* en este ejemplo es evidente: cada semana representa una etapa. No obstante, la definición del *estado* no es tan evidente. En todos los ejemplos anteriores, las definiciones de los estados son similares porque todos estos ejemplos son del tipo de asignación de recursos en los que un solo recurso se distribuye de manera óptima entre las etapas. Nuestro ejemplo presente es diferente y, por lo tanto, debemos encontrar una definición adecuada del estado.

Recuérdese que el objetivo primordial del estado es el de proporcionar información suficiente acerca de todas las etapas consideradas con anterioridad, de manera que se puedan tomar decisiones *factibles óptimas* futuras sin tener que hacer ninguna consideración de la forma como se tomaron decisiones anteriores. En el problema del contratista, el tamaño de la fuerza de trabajo al final de la semana en curso ofrece información suficiente para tomar decisiones factibles apropiadas para todas las semanas restantes. En consecuencia, el estado en la etapa j está definido por y_{j-1}.

El único elemento restante del modelo de PD es la definición de alternativas en la etapa j. Esto evidentemente está dado por y_j, el tamaño de la fuerza de trabajo en la etapa j.

Para resumir, los elementos del modelo de PD están dados como

1. La *etapa j* representa la j-ésima semana.
2. El *estado* y_{j-1} en la etapa j es el número de trabajadores al final de la etapa $j - 1$.
3. La *alternativa* y_j es el número de trabajadores en la semana j.

Sea $f_j(y_{j-1})$ el costo óptimo para los periodos (semanas) $j, j + 1, \ldots, 5$, dado y_{j-1}. Por lo tanto, las ecuaciones recursivas se escriben como

$$f_5(y_4) = \min_{y_5 = b_5} \{C_1(y_5 - b_5) + C_2(y_5 - y_4)\}$$

$$f_j(y_{j-1}) = \min_{y_j \geq b_j} \{C_1(y_j - b_j) + C_2(y_j - y_{j-1}) + f_{j+1}(y_j)\}, \quad j = 1, 2, 3, 4$$

Antes de que efectuemos los cálculos tabulares, necesitamos definir los valores posibles de y_1, y_2, y_3, y_4 y y_5. Como $j = 5$ es el último periodo y como el despido no incurre en ningún costo, y_5 debe ser igual al número mínimo de trabajadores requerido, b_5; es decir, $y_5 = b_5 = 6$. Por otra parte, como $b_4 (= 4) < b_5 (= 6)$, el contratista puede mantener $y_4 = 4$, 5 o 6, dependiendo de qué nivel genere el costo más bajo. Siguiendo un razonamiento similar, podemos concluir que $y_3 = 8$, $y_2 = 7$ u 8, y $y_1 = 5$, 6, 7 u 8. El tamaño inicial de la fuerza de trabajo y_0 es 5, como lo indica el problema.

Etapa 5

$b_5 = 6$

y_4	$C_1(y_5 - 6) + C_2(y_5 - y_4)$ $y_5 = 6$	Solución óptima $f_5(y_4)$	y_5^*
4	3(0) + 4 + 2(2) = 8	8	6
5	3(0) + 4 + 2(1) = 6	6	6
6	3(0) + 0 = 0	0	6

Etapa 4

$b_4 = 4$

y_3	$y_4 = 4$	$C_1(y_4 - 4) + C_2(y_4 - y_3) + f_5(y_4)$ 5	6	Solución óptima $f_4(y_3)$	y_4^*
8	0 + 0 + 8 = 8	3(1) + 0 + 6 = 9	3(2) + 0 + 0 = 6	6	6

Etapa 3

$b_3 = 8$

y_2	$C_1(y_3 - 8) + C_2(y_3 - y_2) + f_4(y_3)$ $y_3 = 8$	Solución óptima $f_3(y_2)$	y_3^*
7	0 + 4 + 2(1) + 6 = 12	12	8
8	0 + 0 + 6 = 6	6	8

10.3] Ejemplos de modelos de PD y cálculos **431**

Etapa 2

$$b_2 = 7$$

y_1	\multicolumn{2}{c}{$C_1(y_2 - 7) + C_2(y_2 - y_1) + f_3(y_2)$}		Solución óptima	
	$y_2 = 7$	$y_2 = 8$	$f_2(y_1)$	y_2^*
5	0 + 4 + 2(2) + 12 = 20	3(1) + 4 + 2(3) + 6 = 19	19	8
6	0 + 4 + 2(1) + 12 = 18	3(1) + 4 + 2(2) + 6 = 17	17	8
7	0 + 0 + 12 = 12	3(1) + 4 + 2(1) + 6 = 15	12	7
8	0 + 0 + 12 = 12	3(1) + 0 + 6 = 9	9	8

Etapa 1

$$b_1 = 5$$

y_0	\multicolumn{4}{c}{$C_1(y_1 - 5) + C_2(y_1 - y_0) + f_2(y_1)$}				Solución óptima	
	$y_1 = 5$	6	7	8	$f_1(y_0)$	y_1^*
5	0 + 0 + 19 = 19	3(1) + 4 + 2(1) + 17 = 26	3(2) + 4 + 2(2) + 12 = 26	3(3) + 4 + 2(3) + 9 = 28	19	5

La solución óptima se obtiene de la manera siguiente:

$$y_0 = 5 \to y_1^* = 5 \to y_2^* = 8 \to y_3^* = 8 \to y_4^* = 6 \to y_5^* = 6$$

Esta solución se puede traducir en el plan siguiente.

Semana j	Requisito mínimo b_j	y_j	Decisión
1	5	5	No hay contratación ni despido
2	7	8	Se contratan tres trabajadores
3	8	8	No hay contratación ni despido
4	4	6	Se despide a dos trabajadores
5	6	6	No hay contratación ni despido

◄

Ejercicio 10.3-5

Considere el ejemplo anterior del tamaño de la fuerza de trabajo.
(a) Supóngase que los requisitos mínimos b_j son 6, 5, 3, 6 y 8 para $j = 1, 2, 3, 4$ y 5. Determine todos los posibles valores de y_j.
[Resp. $y_5 = 8$, $y_4 = 6$, 7 u 8, $y_3 = 3, 4, 5, 6, 7$ u 8, $y_2 = 5, 6, 7$ u 8, y $y_1 = 6, 7$ u 8.]

(b) Si $y_0 = 3$ en vez de 5, obtenga la nueva solución óptima.
[*Resp*. Los mismos valores óptimos de y_i excepto $f_1(y_0) = 27$.]

Ejemplo 10.3-5 (Ecuaciones recursivas de avance y retroceso)

Un campesino posee k ovejas. Una vez por año decide cuántas debe vender y cuántas conservar. Si vende ovejas, su ganancia por oveja es p_i en el año i. Si decide conservarlas, el número de ovejas conservadas en el año i se duplicará en el año $(i + 1)$. El campesino venderá todas sus ovejas al cabo de n años.

Este ejemplo sumamente simplificado está diseñado para ilustrar las ventajas potenciales de emplear ecuaciones recursivas de retroceso en comparación con el método de avance. En general, los métodos de avance y de retroceso tendrán ventajas de cálculo distintas cuando las etapas del modelo deban ordenarse en un sentido u orden secuencial. Este es el caso en este ejemplo (también del ejemplo 10.3-4), donde la etapa j representa el año j. Por lo tanto, las etapas deben considerarse en el orden cronológico de los años que representan (compárese esto con los ejemplos del 10.3-1 al 10.3-3, donde la asignación de etapas puede ser arbitraria).

Primero desarrollamos las ecuaciones recursivas de avance y de retroceso y después hacemos una comparación en términos de cálculo entre los dos métodos. La diferencia principal entre las dos formulaciones proviene de la definición de estado. Para facilitar el entendimiento de este punto, el problema se resume en forma gráfica en la figura 10-4. Para el año j, supóngase que x_j y y_j representan el número de ovejas conservadas y el número de animales vendidos, respectivamente. Defina $z_j = x_j + y_j$. Después, a partir de las condiciones del problema,

$$z_1 = 2x_0 = 2k$$
$$z_j = 2x_{j-1}, \quad j = 1, 2, \ldots, n$$

El estado del modelo en la etapa j puede describirse a través de z_j, el número de ovejas de que dispone el campesino al cabo de la etapa j para su asignación a las etapas $j + 1, j + 2, \ldots, n$; o bien a través de x_j, el número de ovejas que están disponibles al inicio de la etapa $j + 1$ después de que se hayan tomado las decisiones en las etapas $1, 2, \ldots, j$. La primera definición dará origen al uso de las ecuaciones recursivas de retroceso y la segunda nos conducirá a utilizar la formulación de avance.

Formulación de retroceso

Sea $f_j(z_j)$ la ganancia óptima en las etapas $j, j + 1, \ldots$ y z_j dado. Por lo tanto, las ecuaciones recursivas están dadas como

$$f_n(z_n) = \max_{y_n = z_n \leq 2^n k} \{p_n y_n\}$$
$$f_j(z_j) = \max_{y_j \leq z_j \leq 2^j k} \{p_j y_j + f_{j+1}(2[z_j - y_j])\}, \quad j = 1, 2, \ldots, n-1$$

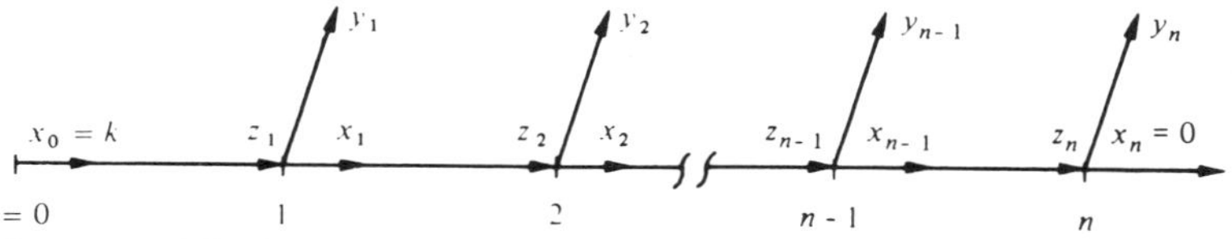

Problema de dimensionalidad en programación dinámica

Figura 10-4

Obsérvese que y_j y z_j son enteros no negativos. Asimismo, y_j la cantidad de ovejas vendida al término del periodo j, debe ser menor que o igual a z_j. El límite superior de z_j es $2^j k$ (donde k es el tamaño inicial del rebaño), que existirá si no se realiza la venta.

Formulación de avance

Sea $g_j(x_j)$ la ganancia óptima acumulada de las etapas $1, 2, \ldots, j$ dado x_j (donde x_j es el tamaño del rebaño al inicio de la etapa $j + 1$). Por lo tanto, la ecuación recursiva está dada como

$$g_1(x_1) = \max_{y_1 = 2k - x_1} \{p_1 y_1\}$$

$$g_j(x_j) = \max_{\substack{y_j \leq 2^j k - x_j \\ (x_j + y_j)/2 \text{ entero}}} \left\{ p_j y_j + g_{j-1}\left(\frac{y_j + x_j}{2}\right) \right\}, \quad j = 2, 3, \ldots, n$$

Una comparación de las dos formulaciones muestra que durante el curso de los cálculos, la expresión de x_{j-1} en términos de x_j es más difícil que la expresión de z_{j+1} en términos de z_j. Es decir, $x_{j-1} = (x_j + y_j)/2$ requiere que el segundo miembro sea entero mientras que $z_{j+1} = 2(z_j - y_j)$ no tiene esta restricción. Por lo tanto, en el caso de la formulación de avance, los valores de y_j y x_j que satisfacen a

$$y_j \leq 2^j k - x_j$$

deben satisfacer además una condición de integridad que resulta de la transformación de x_{j-1} en x_j. El ejemplo ilustra las dificultades de cálculo que normalmente están asociadas con la formulación de avance. ◀

10.4 PROBLEMA DE DIMENSIONALIDAD EN PROGRAMACION DINAMICA

En todos los problemas de programación dinámica que se han presentado, los estados del sistema se han descrito solamente con una variable. En general, estos estados pueden constar de n variables (≥ 1) en cuyo caso se dice que el modelo de programación dinámica tiene un vector de estados multidimensional.

Un aumento en las variables de estado significa un aumento en el número de evaluaciones para las diferentes alternativas en cada etapa. Esto es especialmente cierto en el caso de cálculos tabulares. Ya que la mayoría de los cálculos de programación dinámica se hacen en la computadora digital, tal aumento en las variables de estado puede poner a prueba la memoria de la computadora y aumentar el tiempo de cálculo. Este problema se conoce como el **problema de la dimensionalidad** (o la **plaga de la dimensionalidad**, como fue llamado por R. Bellman), y presenta un obstáculo serio al resolver problemas de programación dinámica de tamaño mediano y grande.

Para ilustrar el concepto de estados multidimensionales, considere el ejemplo siguiente:

Ejemplo 10.4-1

En una campaña publicitaria de casa en casa, se dispone de D unidades monetarias y M horas-hombre para realizar la encuesta en N distritos. El rendimiento neto del j-ésimo distrito se calcula a través de $R_j(d_j, m_j)$, donde d_j es la cantidad de dinero que se gasta y m_j es el número de horas-hombre dedicadas al distrito. El objetivo es el de determinar d_j y m_j para cada distrito j a fin de maximizar los rendimientos totales sin exceder el dinero y las horas-hombre disponibles.

En la ecuación recursiva de retroceso, los estados del sistema en cualquier etapa j deben describir la cantidad de capital y el número de horas-hombre que se asignen a las etapas $j, j + 1, \ldots, N$. Esto quiere decir que los estados deben estar representados por un vector bidimensional (D_j, M_j), donde D_j y M_j representan el capital y el número de horas-hombre disponibles en la etapa j para las etapas $j, j + 1, \ldots, N$. Sea $f_j(D_j, M_j)$ el rendimiento óptimo para las etapas de la j a la N inclusive dados D_j y M_j. Por lo tanto, la ecuación recursiva está dada por

$$f_N(D_N, M_N) = \max_{\substack{0 \leq d_N \leq D_N \\ 0 \leq m_N \leq M_N}} \{R_N(d_N, m_N)\}$$

$$f_j(D_j, M_j) = \max_{\substack{0 \leq d_j \leq D_j \\ 0 \leq m_j \leq M_j}} \{R_j(d_j, m_j) + f_{j+1}(D_j - d_j, M_j - m_j)\}, \qquad j = 1, 2, \ldots, N - 1$$

Los cálculos de $f_j(D_j, M_j)$ y (d_j^*, m_j^*) se vuelven más difíciles en este caso, ya que tenemos que tomar en cuenta todas las combinaciones factibles de d_j y m_j. Los requisitos de almacenamiento y tiempo de cálculo en las computadoras se incrementan rápidamente con el número de variables de estado en cada etapa. Sin embargo, se han ensayado algunas ramificaciones y métodos aproximados que pueden compensar parcialmente el efecto de incrementar el número de variables de estado [véase White (1969)]. Sin embargo, la mayoría de las dificultades de cálculo aún persisten y probablemente seguirá siendo así, a pesar del enorme avance en las capacidades de las modernas computadoras digitales. ◀

10.5 SOLUCION DE PROBLEMAS LINEALES POR PROGRAMACION DINAMICA

El problema de programación lineal general

$$\text{maximizar } z = c_1 x_1 + c_2 x_2 + \cdots + c_n x_n$$

sujeto a

$$\begin{aligned} a_{11}x_1 + a_{12}x_2 + \cdots + a_{1n}x_n &\leq b_1 \\ a_{21}x_1 + a_{22}x_2 + \cdots + a_{2n}x_n &\leq b_2 \\ &\vdots \\ a_{m1}x_1 + a_{m2}x_2 + \cdots + a_{mn}x_n &\leq b_m \\ x_1, x_2, \ldots, x_n &\geq 0 \end{aligned}$$

puede formularse como un modelo de programación dinámica. Cada actividad j ($j = 1, 2, \ldots, n$) puede considerarse como una etapa. El nivel de actividad x_j (≥ 0) representa las alternativas en la etapa j. Ya que x_j es continua, cada etapa posee un número infinito de alternativas dentro del espacio factible. Por razones que se van a establecer en seguida, se supone que todas las $a_{ij} \geq 0$.

El problema de programación lineal es un problema de asignación. Por consiguiente, similar a los ejemplos de la sección 10.3, los estados pueden definirse como las cantidades de recursos que se van a asignar a la etapa actual y a las etapas subsecuentes. (Esto dará lugar a una ecuación recursiva de retroceso.) Ya que existen m recursos, los estados deben representarse con un vector de m dimensiones. (En los ejemplos de la sección 10.3, cada problema tiene una restricción y, por lo tanto, una variable de estado.)

Sean $(B_{1j}, B_{2j}, \ldots, B_{mj})$ los estados del sistema en la etapa j, esto es, las cantidades de recursos $1, 2, \ldots, m$, asignadas a la etapa $j, j+1, \ldots, n$. Usando la ecuación recursiva, sea $f_j(B_{1j}, B_{2j}, \ldots, B_{mj})$ el valor óptimo de la función objetivo para las etapas (actividades) $j, j+1, \ldots, n$ dados los estados $B_{1j}, \ldots, B_{mj}$. Por consiguiente,

$$f_n(B_{1n}, B_{2n}, \ldots, B_{mn}) = \max_{\substack{0 \leq a_{in}x_n \leq B_{in} \\ i=1, 2, \ldots, m}} \{c_n x_n\}$$

$$f_j(B_{1j}, B_{2j}, \ldots, B_{mj}) = \max_{\substack{0 \leq a_{ij}x_j \leq B_{ij} \\ i=1, \ldots, m}} \{c_j x_j + f_{j+1}(B_{1j} - a_{1j}x_j, \ldots, B_{mj} - a_{mj}x_j)\},$$
$$j = 1, 2, \ldots, n-1$$

donde $0 \leq B_{ij} \leq b_i$ para todas i y j.

Ejemplo 10.5-1
Considere el problema de programación lineal siguiente

$$\text{maximizar } z = 2x_1 + 5x_2$$

sujeto a

$$2x_1 + x_2 \leq 430$$
$$2x_2 \leq 460$$
$$x_1, x_2 \geq 0$$

Debido a que existen dos recursos, los estados del modelo de programación dinámica equivalente, se describen sólo con dos variables. Sean (v_j, w_j) los estados en la etapa j ($j = 1, 2$). Por lo tanto,

$$f_2(v_2, w_2) = \max_{\substack{0 \leq x_2 \leq v_2 \\ 0 \leq 2x_2 \leq w_2}} \{5x_2\}$$

Ya que $x_2 \leq$ mín $\{v_2, w_2/2\}$ y $f_2(x_2|v_2, w_2) = 5x_2$, entonces

$$f_2(v_2, w_2) = \max_{x_2} f_2(x_2 | v_2, w_2) = 5 \text{ mín}\left(v_2, \frac{w_2}{2}\right)$$

y $x_2^* = $ mín $(v_2, w_2/2)$.

Ahora

$$f_1(v_1, w_1) = \max_{0 \leq 2x_1 \leq v_1} \{2x_1 + f_2(v_1 - 2x_1, w_1)\}$$

$$= \max_{0 \leq 2x_1 \leq v_1} \left\{2x_1 + 5 \text{ mín}\left(v_1 - 2x_1, \frac{w_1}{2}\right)\right\}$$

Ya que ésta es la última etapa, $v_1 = 430$, $w_1 = 460$. Por consiguiente, $x_1 \leq v_1/2 = 215$, y

$$f_1(x_1 | v_1, w_1) = f_1(x_1 | 430, 460)$$

$$= 2x_1 + 5 \text{ mín}\left(430 - 2x_1, \frac{460}{2}\right)$$

$$= 2x_1 + \begin{cases} 5(230), & 0 \leq x_1 \leq 100 \\ 5(430 - 2x_1), & 100 \leq x_1 \leq 215 \end{cases}$$

$$= \begin{cases} 2x_1 + 1150, & 0 \leq x_1 \leq 100 \\ -8x_1 + 2150, & 100 \leq x_1 \leq 215 \end{cases}$$

Por tanto, para los intervalos (o "rangos") dados de x_1,

$$f_1(v_1, w_1) = f_1(430, 460) = \max_{x_1}(2x_1 + 1150, -8x_1 + 2150)$$

$$= 2(100) + 1150 = -8(100) + 2150 = 1350$$

lo cual se logra en $x_1^* = 100$.

Para obtener x_2^*, observe que

$$v_2 = v_1 - 2x_1 = 430 - 200 = 230$$
$$w_2 = w_1 - 0 = 460$$

En consecuencia

$$x_2^* = \min\left(v_2, \frac{w_2}{2}\right) = \min(230, 460/2) = 230$$

Por consiguiente, la solución óptima es $z = 1\,350$, $x_1 = 100$, $x_2 = 230$. ◄

En el ejemplo 10.5-1 todos los coeficientes de restricción son no negativos. Si algunos de los coeficientes son negativos, entonces para una restricción del tipo ($\leq$) ya no es cierto que el segundo miembro dará el valor máximo de la variable de estado. Este problema se agudizará más si sucede que la solución es no acotada. Entonces, la conclusión general es que la programación dinámica no es adecuada para resolver el problema de programación lineal general. Quizá esto destacó el punto que la programación dinámica se basa en tan poderoso principio de optimización, que es infactible en cuanto al cálculo se refiere para algunos problemas. Un caso a propósito es la ausencia de un código general de computadora para (aun una subclase de) problemas de programación dinámica.

10.6 RESUMEN

En el capítulo se demuestra que la programación dinámica (PD) es un procedimiento diseñado básicamente, para mejorar la eficiencia de cálculo de la solución de ciertos problemas matemáticos, a través de su segundo miembro en problemas de menor tamaño y, por consiguiente, más manejables. Sin embargo, debemos destacar que el principio de optimidad ofrece una *estructura* bien definida para resolver el problema en etapas; pero es "vago" en cuanto a la forma como se debe optimizar cada etapa. En este respecto, el principio de optimidad se considera algunas veces demasiado poderoso para ser de utilidad en la práctica; pero aunque un problema se pueda dividir adecuadamente en partes menores, quizá aún no se pueda obtener una respuesta numérica, debido a la complejidad del proceso de optimización en cada etapa. No obstante, debemos señalar que a pesar de esta desventaja, la solución de muchos problemas se ha facilitado apreciablemente a través del uso de la PD.

Existen varios temas importantes que no se cubren en este capítulo. Destacan entre ellos los métodos de reducción de la dimensionalidad (o número de variables de estado), sistemas de etapas infinitas y programación dinámica probabilística. El último tema se cubre en los capítulos 14 y 18 como aplicaciones de modelos de inventarios y de decisión markovianos. Los temas restantes se pueden encontrar en libros especializados.

BIBLIOGRAFIA

Beightler, C., D. Phillips y D. Wilde, *Foundations of Optimization*, 2a. ed., Prentice-Hall, Englewood Cliffs, N.J., 1979.
Bellman, R., y S. Dreyfus, *Applied Dynamic Programming*, Princeton University Press, Princeton, N.J., 1962.
Denardo, E., *Dynamic Programming Theory and Applications,* Prentice Hall, Englewood Cliffs, N.J., 1962.
Dreyfus, S., y A. Law, *The Art and Theory of Dynamic Programming*, Academic Press, Nueva York, 1977.
Hadley, G., *Nonlinear and Dynamic Programming*, Addison-Wesley, Reading, Mass., 1964.
White, D. J., *Dynamic Programming*, Holden-Day, San Francisco, 1969.

PROBLEMAS

Sección	Problemas asignados
10.1 y 10.2	10-1 a 10-5
10.3	10-6 a 10-22
10.4	10-23 a 10-25
10.5	10-26, 10-28

☐ **10-1** Considere el problema del presupuesto de capital de la sección 10.1. Supóngase que las plantas 3 y 1 cambian sus designaciones por 1 y 3, respectivamente, de modo que la nueva planta 1 tiene ahora los datos de la planta 3 anterior y viceversa. Resuelva el problema y demuestre que los nuevos diseños no tienen efecto en la solución óptima.

☐ **10-2** Considere el ejemplo del presupuesto de capital de la sección 10.1. Elabore el modelo de PD de avance con los casos (a) y (b) y obtenga la solución óptima. Supóngase que el capital total disponible es $8 millones.

(a)

Propuesta	Planta 1 c_1	R_1	Planta 2 c_2	R_2	Planta 3 c_3	R_3
1	3	5	3	4	0	0
2	4	6	4	5	2	3
3	—	—	5	8	3	5
4	—	—	—	—	6	9

(b)

Propuesta	Planta 1 c_1	R_1	Planta 2 c_2	R_2	Planta 3 c_3	R_3	Planta 4 c_4	R_4
1	0	0	1	1.5	0	0	0	0
2	3	5	3	5	1	2.1	2	2.8
3	4	7	4	6	—	—	3	3.6

☐ **10-3** Formule el problema 10-2 como un modelo de PD mediante el uso de la ecuación recursiva de retroceso y obtenga la solución. Compare los cálculos con los del problema 10-2.

☐ **10-4** Un estudiante debe elegir diez cursos optativos de cuatro departamentos diferentes. Debe seleccionar al menos un curso de cada departamento. Su objetivo es "repartir" sus diez cursos en los cuatro departamentos, de tal manera que maximice sus "conocimientos" en los cuatro campos. Comprende que si toma un cierto número de cursos en un departamento, su experiencia sobre la materia no aumentará apreciablemente porque el material será demasiado complicado para que lo comprenda o porque los cursos se repiten. Por consiguiente, mide su capacidad de aprendizaje como una función del número de cursos que toma en cada departamento en una escala de 100 puntos y produce el diagrama siguiente. (Se supone que los agrupamientos de cursos satisfacen los prerrequisitos para cada departamento.) Formule el problema como un modelo de programación dinámica utilizando las ecuaciones recursivas de avance y de retroceso.

Departamento	\multicolumn{10}{c}{Número de cursos}

Departamento	1	2	3	4	5	6	7	8	9	10
I	25	50	60	80	100	100	100	100	100	100
II	20	70	90	100	100	100	100	100	100	100
III	40	60	80	100	100	100	100	100	100	100
IV	10	20	30	40	50	60	70	80	90	100

☐ **10-5** Resuelva el problema 10-4 utilizando las ecuaciones recursivas de avance y de retroceso de la programación dinámica. Defina los estados y su intervalo factible de valores para cada etapa.

☐ **10-6** Resuelva el ejemplo 10.3-1 utilizando los datos que siguen.
(a) $w_1 = 4$, $v_1 = 70$; $w_2 = 1$, $v_2 = 20$; $w_3 = 2$, $v_3 = 40$; $W = 6$.
(b) $w_1 = 1$, $v_1 = 30$; $w_2 = 2$, $v_2 = 60$; $w_3 = 3$, $v_3 = 80$; $W = 4$.

☐ **10-7** En el ejemplo 10.3-2, suponga que existen cuatro componentes principales con los datos siguientes.

440 Programación dinámica [C.10]

	$i=1$		$i=2$		$i=3$		$i=4$	
m_i	R	c	R	c	R	c	R	c
1	0.8	3	0.9	3	0.6	2	0.7	4
2	0.82	5	—	—	0.8	4	0.75	5
3	—	—	—	—	—	—	0.85	7

Sea $C = 15$. Defina el intervalo factible para los valores de las variables de estado en cada una de las cuatro etapas. Luego halle la solución óptima.

☐ **10-8** Formule y resuelva el modelo de PD de avance del siguiente problema de asignación de recursos:

$$\text{maximizar } z = 2x_1 + 3x_2 + 4x_3$$

sujeto a

$$2x_1 + 2x_2 + 3x_3 \leq 4$$
$$x_1, x_2, x_3 \geq 0 \text{ y enteros}$$

☐ **10-9** Resuelva el problema 10-8 mediante la ecuación recursiva de retroceso de PD.

☐ **10-10** Resuelva el problema del tamaño de la fuerza de trabajo del ejemplo 10.3-4 suponiendo que los requisitos mínimos b_j y el tamaño inicial de la fuerza de trabajo y_0 están dados como sigue:
  (a) $b_1 = 6$, $b_2 = 5$, $b_3 = 3$, $b_4 = 6$, $b_5 = 8$, y $y_0 = 5$.
  (b) $b_1 = 8$, $b_2 = 4$, $b_3 = 7$, $b_4 = 8$, $b_5 = 2$, y $y_0 = 6$.

☐ **10-11 (Problema de la ruta más corta.)** La red de la figura 10-5 da rutas diferentes para llegar a la ciudad B a partir de la ciudad A, pasando por un cierto número de ciudades intermedias. Las longitudes de las rutas individuales se indican sobre las flechas. Se requiere determinar la ruta más corta de A a B. Formule el problema como un modelo de programación dinámica. Explícitamente defina las etapas, los estados y la función de rendimientos; luego halle la solución óptima.

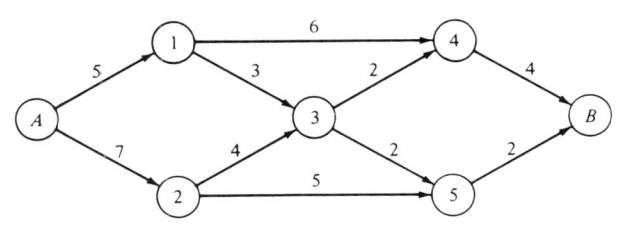

Figura 10-5

□ **10-12** Formule el problema siguiente como un modelo de programación dinámica.

$$\text{maximizar } z = (x_1 + 2)^2 + x_2 x_3 + (x_4 - 5)^2$$

sujeto a

$$x_1 + x_2 + x_3 + x_4 \leq 5$$
$$x_i \text{ entero no negativo}$$

Encuentre la solución óptima. ¿Cuál es la solución óptima si el segundo miembro en la restricción es 3 en lugar de 5?

□ **10-13** Resuelva el problema siguiente con programación dinámica.

$$\text{minimizar } \sum_{i=1}^{10} y_i^2$$

sujeto a

$$\prod_{i=1}^{10} y_i = 8, \quad y_i > 0$$

□ **10-14** Una empresa que alquila o renta equipo, está considerando una inversión de un capital inicial C para comprar dos tipos de equipo. Si x es la cantidad de dinero invertido en el tipo I, el beneficio correspondiente al final del primer año es $g_1(x)$ mientras que el beneficio del tipo II es $g_2(C - x)$. La política de la compañía es vender el equipo transcurrido un año. Los valores de rescate para los tipos I y II en el periodo t son $p_t x$ y $q_t(C - x)$, donde $0 < p_t < 1$ y $0 < q_t < 1$. Al final de cada año, la compañía reinvierte los productos de la venta del equipo. Esto se repite en los siguientes N años con las mismas funciones de rendimiento g_1 y g_2 que se aplican cada año.

Formule el problema como un modelo de programación dinámica por el método de retroceso, y después resuelva utilizando los datos siguientes para $N = 5$.

t	1	2	3	4	5
p_t	0.5	0.9	0.4	0.5	0.9
q_t	0.6	0.1	0.5	0.7	0.5

Suponga que $C = \$10\,000$, $g_1(z) = 0.5z$ y $g_2(z) = 0.7z$.

□ **10-15** Resuelva el problema 10-14 si además del producto de la venta o rescate del equipo, 80% del beneficio del periodo t se reinvierte en el periodo $t + 1$.

442 Programación dinámica [C.10

☐ **10-16** Resuelva el problema 10-14 para $N = 3$, $g_1(z) = 0.6(z - 1)^2$, $g_2(z) = 0.5z^2$ y $C = \$10\,000$. Utilice los valores de p_t y q_t para los primeros tres periodos en el problema 10-14.

☐ **10-17** Formule la ecuación recursiva de la programación dinámica para el problema

$$\min_{\substack{y_i \\ i=1,2,\ldots,n}} \{\max[f(y_1), f(y_2), \ldots, f(y_n)]\}$$

sujeto a

$$\sum_{i=1}^{n} y_i = C, \qquad y_i \geq 0$$

Luego resuelva la ecuación suponiendo $n = 3$, $C = 10$,

$$f(y_1) = y_1 + 5$$
$$f(y_2) = 5y_2 + 3$$
$$f(y_3) = y_3 - 2$$

☐ **10-18** Resuelva el ejemplo 10.3-5 con las formulaciones de avance y retroceso. Suponga que $x_0 = 2$, $N = 3$, y $p_1 = 16$, $p_2 = 4$, $p_3 = 4$.

☐ **10-19** Un hombre invierte su dinero en una cuenta de ahorros. Al final de cada año decide cuánto gastar y cuánto reinvertir. La tasa de interés es α ($\alpha > 1$) y el beneficio que se obtiene al gastar una cantidad y_i en el periodo i se mide por $g(y_i)$. Formule el problema como un modelo de programación dinámica con las formulaciones de avance y de retroceso. Suponiendo que el capital inicial disponible es C y $g(y_i) = by_i$ donde b es una constante, halle la solución óptima al problema.

☐ **10-20** Resuelva el problema 10-19 suponiendo $g(y_i) = b\sqrt{y_i}$.

☐ **10-21** Considere el siguiente problema de reemplazo de equipo sobre N años. El equipo nuevo cuesta C y su valor de rescate después de T años es $S(T) = N - T$ para $N \geq T$ y cero para $N < T$. El beneficio anual para el año T del equipo antiguo es $P(T) = N^2 - T^2$, para $N \geq T$, y cero en cualquier otro caso. Formule el problema como un modelo de programación dinámica, y luego resuélvalo suponiendo que $N = 3$, $C = 10$ y que el equipo presente tiene dos años de antigüedad.

☐ **10-22** Resuelva el problema 10-21 suponiendo que $P(T) = N/(1 + T)$, $C = 6$, $N = 4$ y que el equipo tiene un año de antigüedad.

☐ **10-23** Considere el problema de carga presentado en el ejemplo 10.3-1. Suponga que además de la limitación en peso W, existe también la limitación de volumen V. Formule el problema como un modelo de programación dinámica dado que v_i es el volumen por unidad del artículo *i*. La información restante es la misma que en el ejemplo 10.3-1.

☐ **10-24** Considere el problema de transporte (capítulo 6) con *m* orígenes y *n* destinos. Sea a_i la cantidad disponible en el origen *i*, $i = 1, 2, \ldots, m$ y sea b_j la cantidad demandada en los destinos $j(j = 1, 2, \ldots, n)$. Si el costo de transporte de x_{ij} unidades desde el origen *i* hasta el destino *j* es $h_{ij}(x_{ij})$, formule el problema como un modelo de programación dinámica.

☐ **10-25** Resuelva el siguiente problema de programación lineal mediante programación dinámica. Suponga que todas las variables son enteras no negativas.

$$\text{maximizar } z = 8x_1 + 7x_2$$

sujeto a

$$2x_2 + x_2 \leq 8$$
$$5x_1 + 2x_2 \leq 15$$
$$x_1 \text{ y } x_2 \text{ son enteros no negativos}$$

☐ **10-26** Resuelva el problema de programación lineal siguiente, utilizando programación dinámica:

$$\text{maximizar } z = 4x_1 + 14x_2$$

sujeto a

$$2x_1 + 7x_2 \leq 21$$
$$7x_1 + 2x_2 \leq 21$$
$$x_1, x_2 \geq 0$$

☐ **10-27** Resuelva el siguiente problema no lineal mediante programación dinámica.

$$\text{maximizar } z = 7x_1^2 + 6x_1 + 5x_2^2$$

sujeto a

$$x_1 + 2x_2 \leq 10$$
$$x_1 - 3x_2 \leq 9$$
$$x_1, x_2 \geq 0$$

Debido a que la segunda restricción comprende un coeficiente negativo, se espera cierta dificultad en el cálculo si se utiliza la programación dinámica de retroceso. Demuestre que en este ejemplo tal dificultad puede eliminarse utilizando la formulación de avance (comenzando con x_1 cuyos coeficientes en las restricciones son positivos).

☐ **10-28** Un almacén comercial vende un artículo que ha tenido fluctuaciones en los precios de compra y venta. El 1 de diciembre de cada año, el gerente del almacén elabora un plan para el año venidero referente a la adquisición y venta de ese artículo. El artículo se puede solicitar en el curso del mes para ser empleado al inicio del mes siguiente. Aunque no hay límite específico sobre el tamaño del pedido que se puede hacer cada mes, la política del almacén estipula que el capital máximo asignado al inventario del artículo en cualquier momento no puede exceder de $15 000. El gerente de ventas ha recopilado la siguiente lista de los precios de compra y venta del producto en los 12 meses siguientes:

Mes	Precio de compra unitario	Precio de venta unitario
1	$30	$33
2	31	33
3	33	37
4	32	35
5	32	34
6	32	31
7	31	31
8	30	31
9	31	32
10	31	34
11	30	35
12	30	34

El nivel de existencia hasta el 31 de diciembre asciende a 200 unidades.

¿Cómo debe manejarse el artículo para el año venidero?

SEGUNDA PARTE

MODELOS PROBABILISTICOS

Esta parte comprende los capítulos 11 al 18. El capítulo 11 trata de la representación de datos en la IO, incluyendo histogramas, el ajuste de datos primarios a distribuciones teóricas y el pronóstico de tendencias futuras. El capítulo 12 presenta la teoría de decisiones y la teoría de juegos. Las técnicas PERT-CPM se han detallado en el capítulo 13. El capítulo 14 abarca los temas de los modelos tradicionales de inventarios, así como los sistemas PRM y JAT. Los modelos básicos de líneas de espera y su uso en el contexto de los modelos de decisión se presentan en los capítulos 15 y 16. El capítulo 17 trata de la simulación, la cual está orientada hacia el desarrollo real de modelos de simulación usando el lenguaje SIMNET II. En el capítulo 18 presentamos el proceso de decisión de Markov.

El material en esta parte necesita únicamente de un primer curso de estadística matemática y uno de cálculo elemental. En el apéndice del capítulo se presentan prerrequisitos adicionales para el proceso de decisión de Markov. La programación dinámica (capítulo 10) es un prerrequisito importante para algunos modelos de inventarios en el capítulo 14 y para el proceso de decisión de Markov en el capítulo 18. La programación lineal se utilizará en el capítulo 12 (Teoría de juegos), en el capítulo 14 (Control de producción e inventario) y en el capítulo 18. Sin embargo, las secciones asociadas podrán omitirse sin que se pierda la continuidad.

Capítulo 11

Representación de datos en la investigación de operaciones

11.1 Naturaleza de los datos en la investigación de operaciones
    11.1.1 Media y variancia de un conjunto de datos
    11.1.2 Distribuciones de probabilidad empírica
    11.1.3 Pruebas de bondad del ajuste
    11.1.4 Resumen de distribuciones comunes
    11.1.5 Datos no estacionarios
11.2 Técnicas de pronóstico
    11.2.1 Modelo de regresión
    11.2.2 Modelo de promedio móvil
    11.2.3 Alisamiento exponencial
11.3 Resumen
    Bibliografía
    Problemas

Cuando estudiemos inventarios en el capítulo 14, trataremos con demandas determinísticas contra probabilísticas y estacionarias contra no estacionarias. En el desarrollo de los modelos de líneas de espera en el capítulo 15, utilizaremos algunas distribuciones de probabilidad como las llegadas de Poisson y los tiempos exponenciales de servicio. ¿Cómo deciden los analistas de la investigación de operaciones sobre la naturaleza de tales datos de entrada en situaciones reales? La respuesta es: por medio del análisis de los datos primarios del sistema en estudio.

En este capítulo presentamos técnicas estadísticas diseñadas para transformar datos primarios en formas adecuadas para su estudio analítico en los modelos de la IO. Estas técnicas tratan con estimaciones de distribuciones de probabilidad y con métodos de pronósticos. Si bien los detalles de estas técnicas se tratan genéricamente en la mayoría de los libros de estadística, nuestra presentación es diferente, ya que explica los procedimientos desde el punto de vista de sus usos en los modelos de investigación de operaciones, dándonos así una idea de cómo se implementan estos modelos en la práctica.

11.1 NATURALEZA DE LOS DATOS EN LA INVESTIGACION DE OPERACIONES

Desde el punto de vista del desarrollo de modelos de IO, los datos de entrada pueden quedar dentro de una de dos amplias categorías:

1. **Determinística,** en la que se supone que los datos se conocen con certeza.
2. **Probabilística,** en la cual los datos presentan variaciones *aleatorias.*

Los modelos de la IO que tratan con datos determinísticos generalmente son mucho más simples que aquellos que contienen datos probabilísticos. Desafortunadamente, en la realidad, la mayoría de las situaciones presentan variaciones aleatorias. Sin embargo, si el "grado" de aleatoriedad no es "severo", será posible usar aproximaciones determinísticas de una manera adecuada. En esta sección, mostramos cómo puede valorarse la naturaleza probabilística de los datos, usando estadísticas apropiadas. Estas estadísticas pueden ser la base para justificar el uso de aproximaciones determinísticas.

11.1.1 MEDIA Y VARIANCIA DE UN CONJUNTO DE DATOS

El primer paso para representar la naturaleza de un conjunto de datos primarios es calcular su media y su variancia. La **media** o el valor **promedio** es una representación de la *tendencia central* de los datos, en tanto que la **variancia** es una medida de *dispersión* o de *variación aleatoria* alrededor del valor de la media. Básicamente, el valor de la media es lo que utilizamos como representación de los datos si decidimos aproximarlo por medio de un valor constante (determinístico). Por otro lado, la variancia es una medida del *grado de incertidumbre,* en el sentido que entre mayor sea el valor de la variancia, más inclinados estaremos a pensar que la variable es de carácter probabilístico en vez de determinístico.

11.1] Naturaleza de los datos en la investigación de operaciones 449

Las fórmulas para calcular la media y la variancia difieren, dependiendo del tipo de variable con la que se esté tratando. En la investigación de operaciones, tratamos fundamentalmente con dos tipos de variables estadísticas:

1. Basadas en la observación
2. Basadas en el tiempo

Ejemplos de variables **basadas en la observación** son el tiempo en una línea de espera, el tamaño de una orden de inventario y el tiempo entre las llegadas a una instalación de servicio. Las variables **basadas en el tiempo** se caracterizan por el hecho que cada valor está en función del tiempo. Por ejemplo, cuando se habla del tamaño de una línea de espera, debemos asociar con éste el lapso de tiempo dentro del cual se conserva el tamaño dado de la línea.

Sea $x_1, x_2, \ldots, x_n$ un conjunto de n datos de una variable basada en la observación; entonces la media $\bar{x}$ y la variancia S^2 se calculan como sigue:

$$\bar{x} = \frac{\sum_{i=1}^{n} x_i}{n}$$

$$S^2 = \frac{\sum_{i=1}^{n}(x_i - \bar{x})^2}{n-1} = \frac{\sum_{i=1}^{n} x_i^2 - n\bar{x}^2}{n-1}$$

(variable basada en observación)

Igual que para la variable basada en el tiempo, el cálculo de la media y la variancia, en este caso necesita que la variación en la variable se exprese como una función del tiempo. La figura 11-1 da un ejemplo de la variación de una variable basada en el tiempo, en un periodo de T unidades de tiempo. En general, sea x_i el

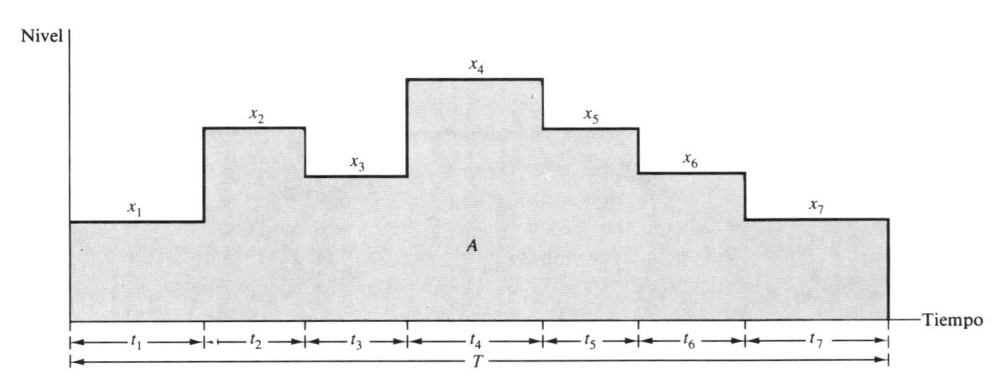

Figura 11-1

valor de la variable basada en el tiempo en un periodo $t_i (i = 1, 2,..., n)$ y supongamos que $T = \sum_{i=1}^{n} t_i$. Entonces, la media y la varianza se calculan como sigue:

$$\bar{x} = \frac{\sum_{i=1}^{n} x_i t_i}{T} = \frac{A}{T}$$

$$S^2 = \frac{\sum_{i=1}^{n} (x_i - \bar{x})^2 t_i}{T} = \frac{\sum_{i=1}^{n} x_i^2 t_i}{T} - \bar{x}^2$$

(variable basada en el tiempo)

Informalmente hablando, decimos que una variable puede considerarse como (aproximadamente) determinística si su desviación estándar S (la raíz cuadrada de la varianza) es "razonablemente" pequeña en comparación con su media $\bar{x}$. En tal caso la variable supondrá el valor "determinístico" $\bar{x}$. Por otro lado, si la desviación estándar es demasiado grande como para ignorarse, debemos concluir que la variable x_i se ha tomado de una población aleatoria. Estrictamente hablando, deberíamos utilizar un procedimiento estadístico adecuado que pruebe la hipótesis que la desviación estándar de la población de la cual se tomó la muestra, tiene el valor 0. Sin embargo, en un sentido práctico el analista puede ser capaz de juzgar la naturaleza de los datos, examinando la media y la varianza. Este punto de vista es plausible cuando el tamaño n de la muestra es suficientemente grande.

Ejemplo 11.1-1
Considere el conjunto de datos en la tabla 11-1, que representan los tiempos de servicio (en minutos) para una muestra de 60 clientes. La naturaleza de la variable indica que se basa en la observación.

Tabla 11-1

0.7	0.4	3.4	4.8	2.0	1.0	5.5	6.2	1.2	4.4
1.5	2.4	3.4	6.4	3.7	4.8	2.5	5.5	0.3	8.7
2.7	0.4	2.2	2.4	0.5	1.7	9.3	8.0	4.7	5.9
0.7	1.6	5.2	0.6	0.9	3.9	3.3	0.2	0.2	4.9
9.6	1.9	9.1	1.3	10.6	3.0	0.3	2.9	2.9	4.8
8.7	2.4	7.2	1.5	7.9	11.7	6.3	3.8	6.9	5.3

De estos datos tenemos

$$\sum_{j=1}^{60} x_j = 236.2 \quad \sum_{j=1}^{60} x_j^2 = 1455.56$$

Por consiguiente, obtenemos

$$\bar{x} = \frac{236.2}{60} = 3.937$$

11.1] Naturaleza de los datos en la investigación de operaciones

$$S^2 = \frac{1455.56 - 60 \times 3.937^2}{60 - 1} = 8.91 \quad \blacktriangleleft$$

Ejemplo 11.1-2
Considere los datos en la tabla 11-2 que representan el cambio en la longitud de una línea, q, con el tiempo, t, en minutos. L_q es una variable basada en el tiempo.

Tabla 11-2

Tiempo, t	Longitud de la línea de espera, L_q
0	0
5.5	1
12	2
13	1
16	0
24	2
25	0

Con el fin de calcular la media y la varianza, los datos en la tabla 11-2 se pueden resumir como

i	Intervalo de tiempo, t_i	L_{qi}
1	5.5	0
2	6.5	1
3	1.0	2
4	3.0	1
5	8.0	0
6	1.0	2

Obtenemos así

$$T = 25 \text{ minutos}$$

$$A = \sum_{i=1}^{6} t_i L_{qi} = 13.5$$

$$\sum_{i=1}^{6} t_i L_{qi}^2 = 17.5$$

La media y la varianza se calculan entonces como

$$\bar{L}_q = \frac{13.5}{25} = 0.54 \text{ clientes}$$

$$S = \sqrt{\frac{17.5}{25} - 0.54^2} = 0.639 \text{ clientes}$$

El valor de la desviación estándar S es mayor que la media $\bar{L}_q$. Por esto, no es aconsejable, en este caso, suponer que L_q es (aproximadamente) determinística.

◀

En algunos modelos, un conocimiento de $\bar{x}$ y S^2 podría ser suficiente para completar el análisis del modelo (véase por ejemplo, el modelo P-K de líneas de espera en la sección 15.6). En otras situaciones podría ser necesario estimar la distribución de probabilidad asociada con x_i antes de que pueda analizarse el modelo. La mayoría de los modelos de inventarios probabilísticos (capítulo 14) y muchos modelos de líneas de espera (capítulo 15) quedan dentro de esta categoría. En la siguiente sección daremos los procedimientos para estimar distribuciones de probabilidad basadas en datos primarios.

11.1.2 DISTRIBUCIONES DE PROBABILIDAD EMPIRICA

Aunque los datos primarios nos pueden dar información acerca de cada observación individual, no nos dan una interpretación descriptiva de la naturaleza de los datos. La media y la variancia calculadas en la sección 11.1.1 proporcionan las formas más simples de una representación descriptiva de los datos primarios. Una manera más apta de resumir los datos primarios es usar los histogramas de frecuencia. Un **histograma de frecuencia** se elabora dividiendo el intervalo de los valores de los datos primarios en intervalos que no se traslapen. Dadas las fronteras del intervalo i (I_{i-1}, I_i), la frecuencia en el intervalo i-ésimo, se determina contando todos los valores de los datos primarios, x, que quedan dentro del intervalo $I_{i-1} \leq x \leq I_i$. Los siguientes dos ejemplos ilustran el procedimiento para las variables basadas en el tiempo y en la observación.

Ejemplo 11.1-3 (Histograma basado en la observación)

Considere los datos en la tabla 11-1. La tabla 11-3 nos da el conteo de frecuencias para los datos dados, empleando intervalos de 1 minuto cada uno. Es importante notar que la selección del ancho del intervalo es un factor crucial para captar la forma de la distribución empírica. Aunque no hay reglas estrictas para determinar el ancho de los intervalos, una regla práctica general es usar entre 10 y 20 intervalos para abarcar los datos primarios. En la práctica tal vez sea necesario probar diferentes tamaños de intervalos antes de hacer una selección apropiada. (La capacidad interactiva de TORA podrá ser útil en este aspecto).

La frecuencia relativa, f_i, en la tabla 11-3 está resumida gráficamente en la figura 11-2. La frecuencia relativa *acumulada*, F_i, para los mismos datos se muestra en la figura 11-3.

Nótese que con variables continuas, cada intervalo se reemplaza por su punto medio. Para aproximar valores intermedios podemos usar interpolación lineal.

Los histogramas de frecuencia relativa resultantes nos dan lo que llamamos **distribuciones empíricas**. Estas distribuciones proporcionan más información descrip-

Tabla 11-3

Intervalo	Conteo de las observaciones	Frecuencia observada n_i	Frecuencia relativa f_i	Frecuencia relativa acumulada, F_i
[0, 1)	|||| ||||		11	0.1833	0.1833
[1, 2)	|||| |||	8	0.1333	0.3166
[2, 3)	|||| ||||	9	0.1500	0.4666
[3, 4)	|||| ||	7	0.1167	0.5833
[4, 5)	||||		6	0.1000	0.6833
[5, 6)	||||	5	0.0833	0.7666
[6, 7)	||||	4	0.0667	0.8333
[7, 8)	||	2	0.0333	0.8666
[8, 9)	|||	3	0.0500	0.9166
[9, 10)	|||	3	0.0500	0.9666
[10, 11)			1	0.0167	0.9833
[11, 12)			1	0.0167	1.0000
	Totales	60	1.0000	

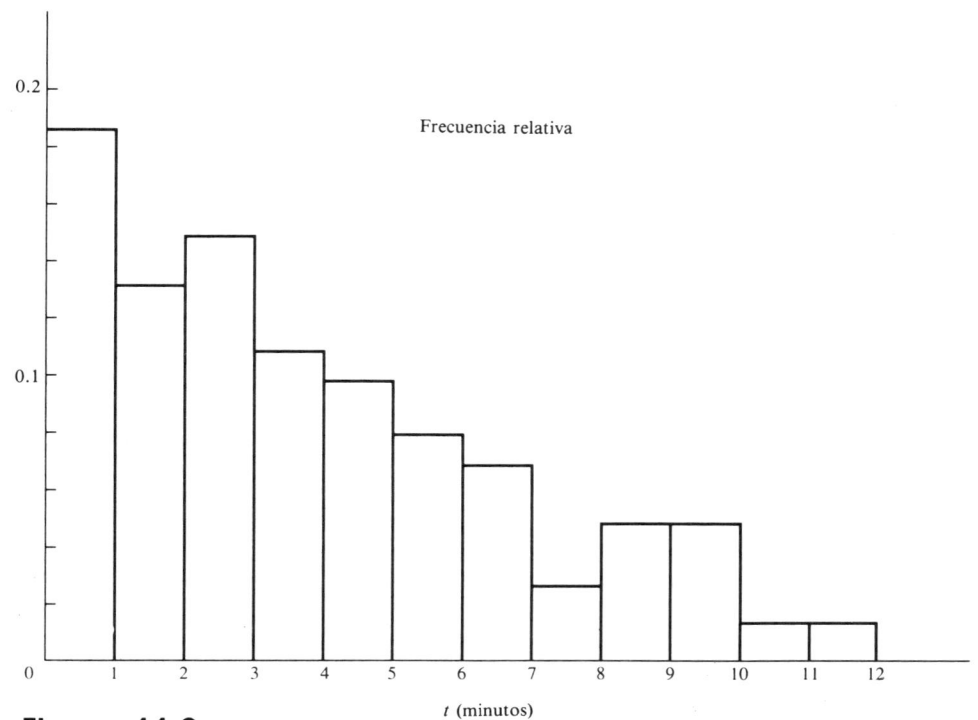

Figura 11-2

Frecuencia relativa

t (minutos)

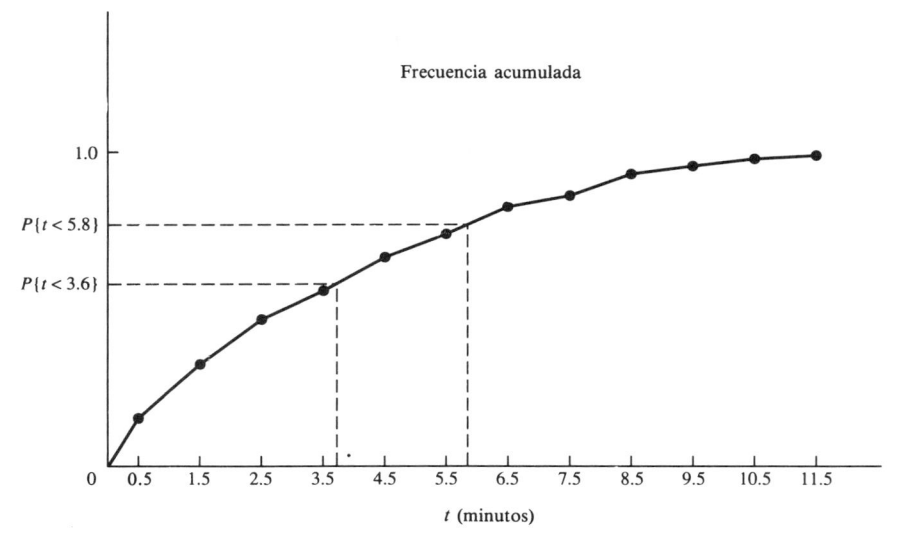

Figura 11-3

tiva acerca de la población de la cual fue tomada la muestra de datos primarios. En particular, ahora podemos sacar conclusiones probabilísticas acerca de la población. Como una ilustración, la probabilidad que el tiempo de servicio quede entre 3.6 y 5.8 minutos, se define como

$$P\{3.6 < t < 5.8\} = P\{t < 5.8\} - P\{t < 3.6\}$$

Ambas probabilidades, $P\{t < 5.8\}$ y $P\{t < 3.6\}$ pueden estimarse por interpolación lineal como se muestra en la figura 11-3. ◄

Aunque de las distribuciones empíricas se puede tener información descriptiva útil, los formatos de tales distribuciones pueden no ser los adecuados para usarlos en forma directa en los modelos de la investigación de operaciones. Por ejemplo, algunos modelos de líneas de espera (capítulo 16) se crean con base en el supuesto que los tiempos de entrearribos y de servicio son exponenciales. Esto quiere decir que tales modelos no pueden implementarse, a menos que verifiquemos que las distribuciones empíricas satisfacen los supuestos de la distribución exponencial. En la siguiente sección proporcionamos los detalles del procedimiento estadístico llamado **bondad del ajuste,** el cual se diseña para probar la hipótesis que las distribuciones empíricas se obtienen de distribuciones teóricas dadas.

Ejemplo 11.1-4 (Histograma basado en el tiempo)

Considere los datos de la tabla 11-2, que representan la variable basada en el tiempo L_q. En este caso la frecuencia observada se obtiene ponderando cada dato L_q, con el tiempo que se mantiene el valor asociado. Por ejemplo, $L_q = 0$ se mantiene durante 5.5 + 8 = 13.5 minutos. La siguiente tabla resume el histograma resultante basado en el tiempo.

L_q	Frecuencia ponderada n_i	Frecuencia relativa F_i
0	5.5 + 8 = 13.5	0.54
1	6.5 + 3 = 9.5	0.38
2	1.0 + 1.0 = 2.0	0.08
Totales	25.0	1.00

11.1.3 PRUEBAS DE BONDAD DEL AJUSTE

Una manera rápida de verificar si un conjunto de datos primarios se ajusta a una distribución teórica dada, es comparar, gráficamente, la distribución empírica acumulada con la correspondiente función de densidad acumulada de la distribución teórica propuesta. Si las dos funciones no muestran una desviación excesiva, existe una probabilidad de que la distribución teórica se ajuste a los datos.

Para ilustrar este procedimiento, consideremos la distribución empírica en la figura 11-3. Suponga que queremos probar que los datos se han sacado de una distribución exponencial. La primera tarea es especificar la distribución teórica supuesta. Puesto que $\bar{x} = 3.937$ minutos, la distribución exponencial propuesta está dada por

$$f(t) = \frac{1}{3.937} e^{-t/3.937} = 0.254 e^{-0.254 t}, \quad t > 0$$

y la función de densidad acumulada asociada se calcula como sigue:

$$F(T) = \int_0^T f(t)\, dt = 1 - e^{-0.254 T}, \quad T > 0$$

La figura 11-4 compara $F(T)$ y la distribución empírica acumulada de la figura 11-3. Una revisión rápida de la gráfica sugiere que la distribución exponencial podría dar un ajuste razonable. De hecho, la idea de comparar las distribuciones teóricas y las empíricas es la base de la **prueba de Kolmogrov-Smirnov (K-S)**. Esta prueba, que se aplica únicamente a variables aleatorias continuas, utiliza una estadística para aceptar o rechazar la distribución hipotética en un nivel específico de significación.

Otra prueba estadística, que se aplica a variables aleatorias, tanto discretas como continuas es la **prueba ji-cuadrada**. La prueba se basa en comparar las funciones de densidad de probabilidad, en vez de las funciones de densidad acumulada, como en la prueba K-S. El primer paso en el procedimiento ji-cuadrada es elaborar un histograma de frecuencia como se mostró en la sección 11.1.2. Al representar gráficamente el histograma de frecuencia relativa, podemos decidir visualmente cuál de las funciones teóricas de densidad se ajusta mejor a los datos del histograma.

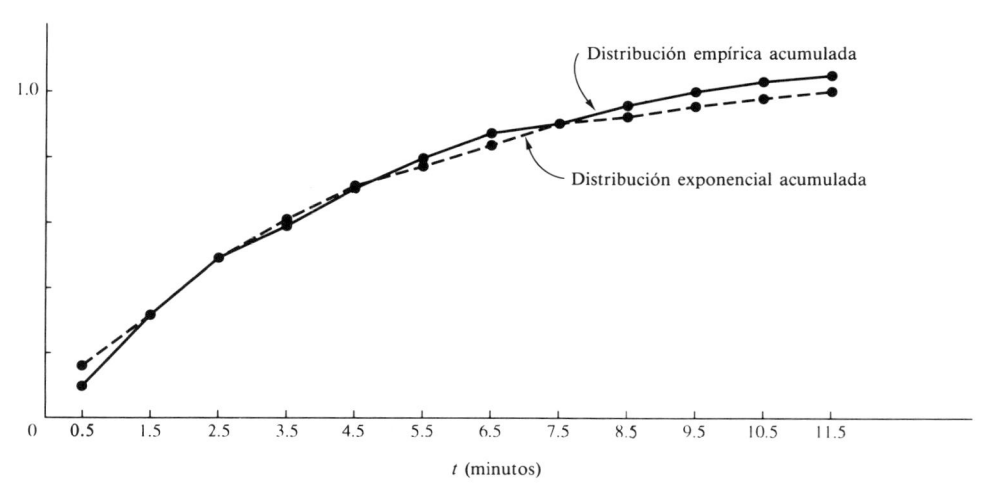

Figura 11-4

Por ejemplo, el histograma en la figura 11-2 parece corresponder a una función de densidad exponencial.

La prueba ji cuadrada se basa en la medición de la "cantidad" de desviación entre las funciones de densidad empírica y teórica. Para lograr esto, supongamos que $[I_{i-1}, I_i]$ representa las fronteras del intervalo i como se definió en la distribución empírica, y supongamos que $f(t)$ es la función de densidad teórica hipotética. Dada una muestra de datos primarios de tamaño n, la frecuencia teórica asociada con el intervalo i se calcula como

$$n_i = n \int_{I_{i-1}}^{I_i} f(t)\, dt, \qquad i = 1, 2, \ldots, m$$

donde m es el número de celdas usadas en la elaboración de la función empírica de densidad.

Dada n_i, calculada anteriormente, y suponiendo que O_i es la frecuencia empírica observada en la celda i, una medida de la desviación entre las frecuencias empírica y observada se calcula de la siguiente manera:

$$\chi^2 = \sum_{i=1}^{m} \frac{(O_i - n_i)^2}{n_i}$$

donde χ^2 tiende a ser asintóticamente ji cuadrada conforme el número de intervalos $m \to \infty$. El número de grados de libertad de ji cuadrada es $m - k - 1$, donde k es el número de parámetros que se estiman de los datos primarios para utilizarse en la definición de la distribución teórica. Por ejemplo, para usar la distribución exponencial como distribución teórica hipotética correspondiente al histograma em-

11.1] Naturaleza de los datos en la investigación de operaciones

pírico de la figura 11-2, es necesario estimar la media de la variable aleatoria exponencial a partir de los datos primarios. Esto significa que $k = 1$ en el caso de la distribución exponencial.

Considerando $\chi^2_{m-k-1, 1-\alpha}$ como el valor ji cuadrada para $m - k - 1$ grados de libertad y un nivel α de significación, la hipótesis nula, que establece que los datos primarios observados se toman de la distribución teórica $f(t)$, es aceptada si $\chi^2 < \chi^2_{m-k-1, 1-\alpha}$; de otra manera, se rechaza la hipótesis.

Ejemplo 11.1-5

Aplicamos la prueba ji cuadrada a la función de densidad empírica en la figura 11-2. La hipótesis nula es una distribución exponencial. La media de la distribución exponencial se ha estimado de los datos de la tabla 11-3 como

$$\bar{t} = \sum_{i=1}^{12} \bar{t}_i f_i$$
$$= 0.5 \times 0.1833 + 1.5 \times 0.1333 + 2.5 \times 0.15 + \cdots + 11.5 \times 0.0167$$
$$= 3.934 \text{ minutos}$$

Observe que $\bar{t}_i$ es el punto medio del intervalo i.

Dado $\bar{t} = 3.934$, la función exponencial de densidad hipotética está dada por

$$f(t) = \frac{1}{3.934} e^{-t/3.934}$$
$$= 0.254 e^{-0.254 t}, \quad t > 0$$

Para la celda i obtenemos la frecuencia teórica como

$$n_i = n \int_{I_{i-1}}^{I_i} f(t)\, dt$$

Dado $n = 60$ se infiere que

$$n_i = 60(e^{-0.254 I_{i-1}} - e^{-0.254 I_i})$$

La tabla 11-4 resume las operaciones necesarias para calcular el valor χ^2. Como regla práctica se recomienda que la frecuencia teórica esperada en cualquier intervalo no sea menor que 5. Esto se logra generalmente combinando intervalos sucesivos hasta que la regla se satisfaga. En la tabla 11-4 la regla necesita formar un solo intervalo con los límites $[4, \infty)$.

El número efectivo de celdas en la tabla 11-4 es $m = 5$. Como nosotros estimamos un parámetro de los datos observados, los grados de libertad de ji cuadrada

Tabla 11-4

Intervalo	Frecuencia observada, O_i	Frecuencia teórica, n_i	$\dfrac{(O_i - n_i)^2}{n_i}$
[0, 1)	11	13.47	0.453
[1, 2)	8	10.44	0.570
[2, 3)	9	8.10	0.100
[3, 4)	7	6.28	0.083
[4, 5)	6 ⎫	4.87 ⎫	
[5, 6)	5 ⎪	3.88 ⎪	
[6, 7)	4 ⎪	2.93 ⎪	
[7, 8)	2 ⎪	2.27 ⎪	
[8, 9)	3 ⎬ 25	1.76 ⎬ 21.71	0.499
[9, 10)	3 ⎪	1.37 ⎪	
[10, 11)	1 ⎪	1.06 ⎪	
[11, 12)	1 ⎪	0.82 ⎪	
[12, ∞)	0 ⎭	2.75 ⎭	
Totales	$n = 60$	$n = 60$	Valor de $\chi^2 = 1.705$

son $5 - 1 - 1 = 3$. Si suponemos un nivel de significación de $\alpha = 0.05$, el valor crítico se obtiene de las tablas de ji cuadrada como $\chi^2_{3,\,0.95} = 7.81$. Puesto que el valor de prueba ($= 1.705$) es menor que $\chi^2_{3,\,0.95}$, aceptamos la hipótesis que la muestra se obtuvo de la distribución exponencial hipotética. Esto quiere decir que ahora podemos usar la distribución teórica

$$f(t) = 0.254e^{-0.254t}, \quad t > 0$$

en lugar de la distribución empírica de la figura 11-4. ◀

11.1.4 RESUMEN DE DISTRIBUCIONES COMUNES

En la sección 11.1.3 explicamos cómo se utiliza la prueba ji cuadrada para ajustar los datos empíricos a distribuciones teóricas. En esta sección proporcionamos un resumen de distribuciones teóricas comunes. El objetivo es familiarizar al lector con las formas y propiedades de esas distribuciones con el fin de poder implementarlas en la práctica.

Sean $f(x)$ y $F_x(X)$ la *función de densidad de probabilidad* (fdp) y la *función de densidad acumulada* (FDA) de la variable aleatoria x, donde se supone que x

11.1] Naturaleza de los datos en la investigación de operaciones

está definida en el dominio $[a,b]$. Las dos funciones poseen las siguientes propiedades:

$$\int_a^b f(x)\,dx = 1$$

$$F_x(X) = \int_a^X f(x)\,dx, \qquad a < X < b$$

$$\text{media} = \int_a^b x f(x)\,dx$$

$$\text{variancia} = \int_a^b (x - \text{media})^2 f(x)\,dx$$

Damos ahora una breve descripción de algunas distribuciones comunes de probabilidad.

A. Distribución uniforme

$$f(x) = \frac{1}{b-a}, \qquad a \le x \le b$$

$$F_x(X) = \frac{X-a}{b-a}, \qquad 0 \le X \le b$$

$$\text{media} = \frac{b+a}{2}$$

$$\text{variancia} = \frac{(b-a)^2}{12}$$

[uniforme, UN(a,b)]

La fdp uniforme se muestra en la figura 11-5.

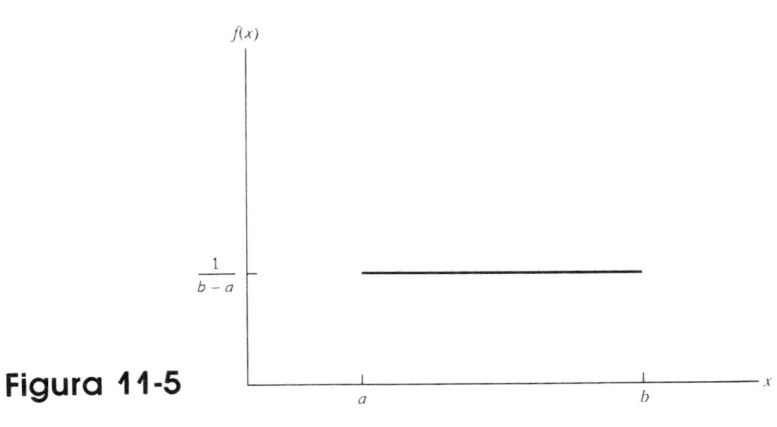

Figura 11-5

B. Distribución exponencial negativa

$$f(x) = \mu e^{-\mu x}, \quad x > 0, \mu > 0$$
$$F_x(X) = 1 - e^{-\mu X}, \quad X > 0$$
$$\text{media} = \frac{1}{\mu}$$
$$\text{variancia} = \frac{1}{\mu^2}$$

[exponencial, $EX(1/\mu)$]

La fdp exponencial se muestra en la figura 11-6. Esta distribución tiene importantes aplicaciones en la teoría de las líneas de espera (capítulo 15). Está relacionada íntimamente con las distribuciones Erlang y Poisson.

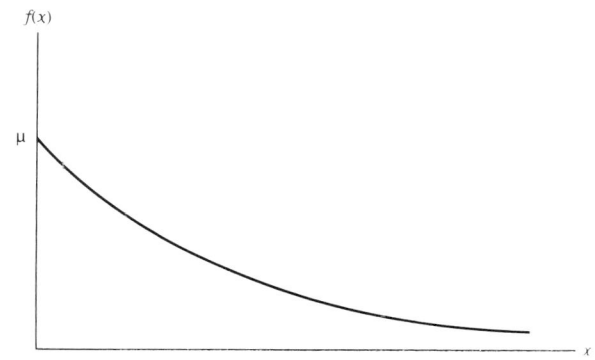

Figura 11-6

C. Distribuciones Erlang y gamma

$$f(x) = \frac{\mu}{\Gamma(\alpha)} (\mu x)^{\alpha-1} e^{-\mu x}, \quad x > 0, \mu > 0, \alpha > 0$$

$$F_x(X) = \begin{cases} 1 - e^{-\mu X} \sum_{i=0}^{\alpha-1} \frac{(\mu X)^i}{i!}, & X > 0, \alpha \text{ entero} \\ \text{no existe forma cerrada si } \alpha \text{ no es entero} \end{cases}$$

[Erlang y gamma, $GA(\alpha, 1/\mu)$]

$$\text{media} = \frac{\alpha}{\mu}$$
$$\text{variancia} = \frac{\alpha}{\mu^2}$$

11.1]   Naturaleza de los datos en la investigación de operaciones   **461**

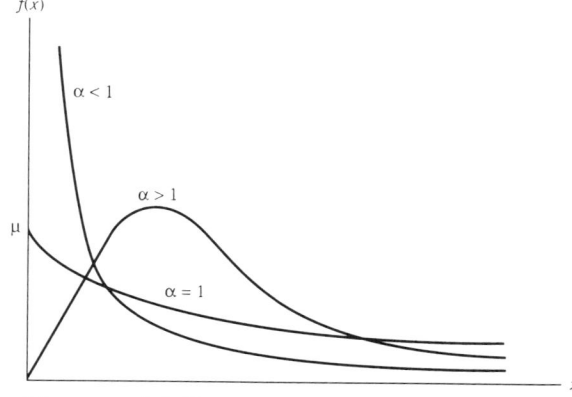

Figura 11-7

Si el parámetro de forma α es un entero positivo, la distribución se conoce como distribución de **Erlang**. Por otra parte, los valores no enteros de α definen la distribución general **gamma**. La distribución de Erlang es la convolución (suma) de α independientes e idénticamente distribuidos exponenciales con media $1/\mu$. En la figura 11-7 se ilustran distribuciones características gamma y de Erlang.

D. Distribución normal

$$f(x) = \frac{1}{\sqrt{2\pi\sigma^2}} e^{-(x-\mu)^2/2\sigma^2}, \quad -\infty < x < \infty$$

$F_x(X)$ no tiene forma cerrada [normal, NO(μ, σ)]

media = μ

variancia = σ^2

La figura 11-8 ilustra la fdp normal. Como $F_x(X)$ no tiene forma cerrada, las tablas de distribución normal generalmente se dan para el caso estándar de media = 0 y desviación estándar = 1. La conversión de cualquier variable normal aleatoria x a la forma normal estándar se efectúa por medio de la fórmula

$$z = \frac{x - \mu}{\sigma}$$

Esta conversión permite utilizar tablas normales estándar con cualquier variable normal aleatoria.

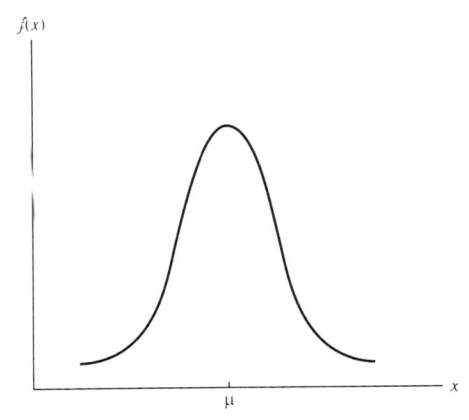

Figura 11-8

E. Distribución lognormal

$$f(x) = \frac{1}{x\sqrt{2\pi\sigma^2}} e^{-(\ln x - \mu)^2/2\sigma^2}, \quad x > 0$$

$F_x(X)$ no tiene forma cerrada [lognormal, LN(μ, σ)]
media $= e^{\mu + \sigma^2/2}$
variancia $= e^{2\mu + \sigma^2}(e^{\sigma^2} - 1)$

La figura 11-9 muestra una función de densidad lognormal común. Se dice que una variable aleatoria x sigue una función de densidad lognormal si, y sólo si, $\ln x$ sigue una distribución normal con media μ y variancia σ^2.

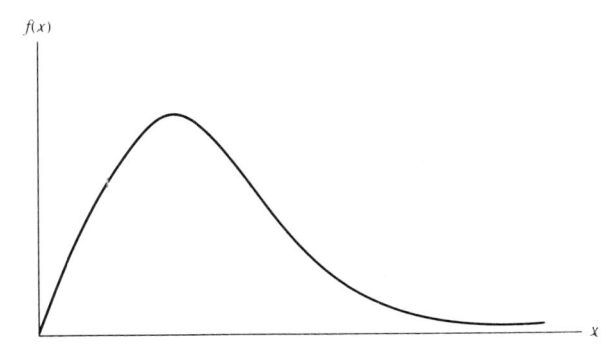

Figura 11-9

F. Distribución de Weibull

$$f(x) = \alpha\mu(\mu x)^{\alpha-1} e^{-(\mu x)^\alpha}, \quad x > 0, \alpha > 0, \mu > 0$$
$$F_x(X) = 1 - e^{-(\mu X)^\alpha}, \quad X > 0$$
$$\text{media} = \frac{1}{\alpha\mu} \Gamma(1/\alpha)$$
$$\text{variancia} = \frac{1}{\alpha\mu^2}\left[2\Gamma(2/\alpha) - \frac{1}{\alpha}\Gamma^2(1/\alpha)\right]$$

[Weibull, WE(α, $1/\mu$)]

Para $\alpha = 1$, la función de densidad de Weibull se reduce a la exponencial negativa. La función de densidad de Weibull mostrada en la figura 11-10 se parece a la gamma para los diversos parámetros α.

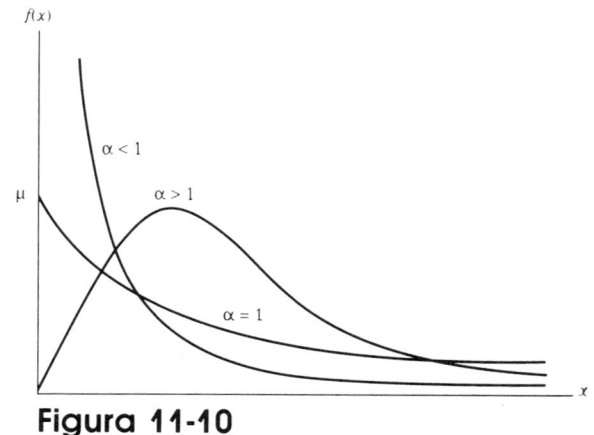

Figura 11-10

G. Distribución beta

$$f(x) = \frac{\Gamma(\alpha+\beta)}{\Gamma(\alpha)\Gamma(\beta)} x^{\alpha-1}(1-x)^{\beta-1}, \quad 0 < x < 1$$

$F_x(X)$ no tiene forma cerrada

$$\text{media} = \frac{\alpha}{\alpha+\beta}$$

$$\text{variancia} = \frac{\alpha\beta}{(\alpha+\beta)^2(\alpha+\beta+1)}$$

[beta, BE(α, β)]

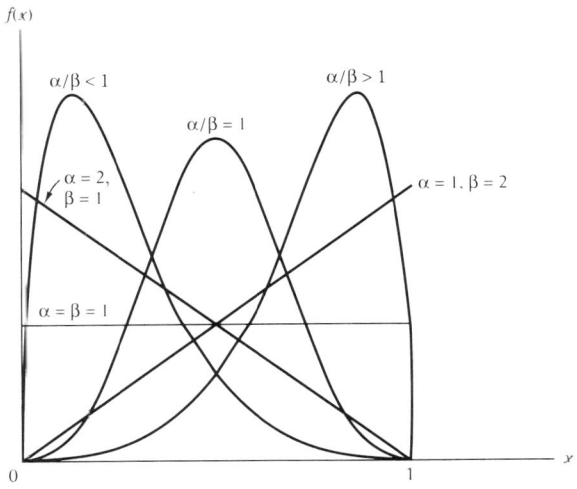

Figura 11-11

La variable aleatoria beta dada se define solamente en el intervalo (0, 1). Se puede efectuar una transformación en cualquier intervalo (a, b) utilizando la relación $y = a + (b - a)x$. La figura 11-11 proporciona ejemplos de la función de densidad beta para valores diferentes de α/β con $\alpha \geq 1$ y $\beta \geq 1$. Se pueden lograr una diversidad de formas para otros valores de α y β.

H. Distribución triangular

$$f(x) = \begin{cases} \dfrac{2(x - a)}{(b - a)(c - a)}, & a \leq x \leq b \\ \dfrac{2(c - x)}{(c - b)(c - a)}, & b \leq x \leq c \end{cases}$$

$$F_x(X) = \begin{cases} \dfrac{(X - a)^2}{(b - a)(c - a)}, & a \leq X \leq b \\ 1 - \dfrac{(c - X)^2}{(c - b)(c - a)}, & b \leq X \leq c \end{cases} \quad \text{[triangular, TR(a, b, c)]}$$

$$\text{media} = \frac{a + b + c}{3}$$

$$\text{variancia} = \frac{a^2 + b^2 + c^2 - ab - ac - bc}{18}$$

Figura 11-12

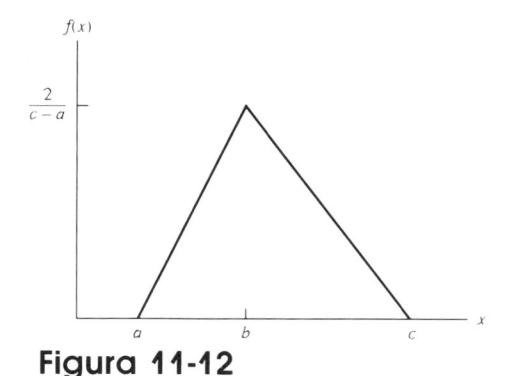

La distribución triangular ilustrada en la figura 11-12 se define una vez que se conocen los tres parámetros a, b, c ($a \leq b \leq c$). Esto hace a la distribución muy útil como una aproximación inicial en situaciones para las que no se dispone de datos confiables. Como ilustración, es relativamente fácil estimar las duraciones de las actividades en un proyecto, usando las tres estimaciones: (a) optimista; (b) muy probable y (c) pesimista.

I. Distribución de Poisson

La distribución de Poisson describe una variable aleatoria discreta. Por esta razón usamos $p(x)$ y $P_x(X)$ en vez de $f(x)$ y $F_x(X)$ usadas en una distribución continua.

$$p(x) = \frac{\lambda^x e^{-\lambda}}{x!}, \quad x = 0, 1, 2, \ldots$$

$P_x(X)$ no tiene forma cerrada   [Poisson, PO(λ)]

media $= \lambda$

variancia $= \lambda$

La figura 11-13 muestra una distribución característica de Poisson. Nótese que el intervalo de valores se extiende hasta el infinito. La distribución de Poisson se utiliza en los modelos de líneas de espera (capítulo 15) para describir el *número* de eventos (llegadas o salidas) en un periodo dado, en cuyo caso λ representa el número de eventos por unidad de tiempo. La distribución de Poisson está relacionada con la exponencial en el sentido que si x representa el *número* de eventos de Poisson en un periodo dado, entonces el intervalo de tiempo entre eventos *sucesivos* es exponencial. En este caso, la media de la distribución de Poisson es λ por unidad de tiempo, en tanto que la de la exponencial es $1/\lambda$ unidades de tiempo.

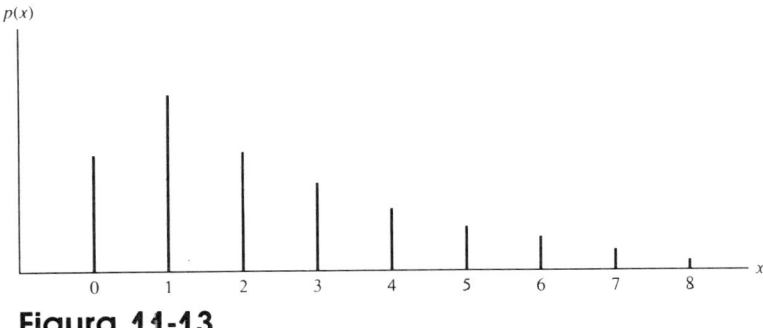

Figura 11-13

J. Otras distribuciones

Las distribuciones resumidas antes serán a las que se hará referencia en los siguientes capítulos. Existen otras distribuciones que también surgen en la práctica. Estas distribuciones adicionales están resumidas en la figura 11-14 en la forma de un diagrama que se explica por sí mismo, y que muestra las relaciones entre las diferentes funciones de densidad. Otros detalles relacionados con cada distribución pueden encontrarse en libros especializados en el área de probabilidad y estadística.

11.1.5 DATOS NO ESTACIONARIOS

El análisis anterior muestra cómo se usan las distribuciones empíricas para describir la variabilidad de los datos. En situaciones reales, estas distribuciones pueden cambiar con el tiempo. Por ejemplo, en la teoría de inventarios (capítulo 14), la demanda para un artículo puede experimentar variaciones estacionales; y en la teoría de líneas de espera (capítulo 15), la tasa de llegadas de autos a un crucero muy transitado puede variar según la hora del día. Estas variaciones conducen a las llamadas distribuciones *no estacionarias,* esto es, a distribuciones probabilísticas que varían con el tiempo.

Idealmente, desde el punto de vista de la aplicación de la IO, nos interesaría determinar cómo cambia con el tiempo, la distribución de probabilidad, en un horizonte de planeación específico. Sin embargo, esta meta no es práctica. Pues aun si estas distribuciones se pueden determinar adecuadamente, su implementación en modelos disponibles de IO (con excepción de la simulación) es casi imposible, principalmente porque la mayoría de los modelos probabilísticos de IO que pueden implementarse, suponen que los datos son estacionarios.

En vista de la complejidad de los modelos no estacionarios, la única alternativa es usar aproximaciones. A este respecto, existen dos tipos de aproximaciones: (1) el uso de una sola distribución como una representación conservadora del comportamiento del sistema, en todo un horizonte de planeación y (2) el tratamiento de los datos en condición de *certeza supuesta,* ignorando variaciones aleatorias. Un ejemplo de la primera aproximación es el uso del tráfico en las horas pico, en un

11.1] Naturaleza de los datos en la investigación de operaciones

Figura 11-14

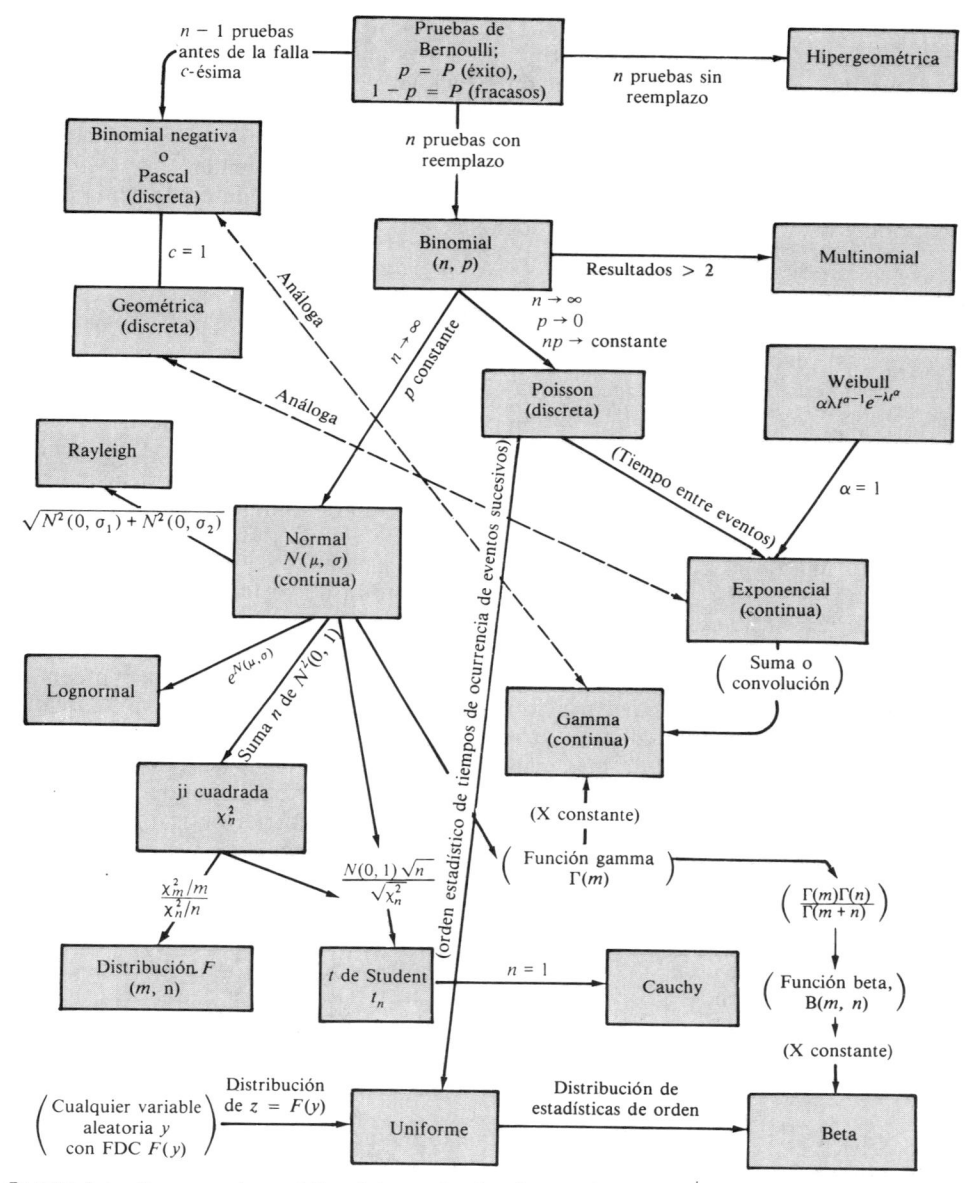

Fuente: Este diagrama lo creó Roy E. Lave, Jr., siendo estudiante de la Universidad de Stanford.

crucero, como una representación conservadora del flujo del tráfico. El segundo tipo de aproximación se demuestra reemplazando la distribución probabilística de la demanda en un punto dado en el tiempo por su valor *medio,* ignorando así la incertidumbre en los datos. Este tipo de aproximación es útil cuando los datos exhiben una tendencia o una variación estacional.

De los dos tipos de aproximaciones indicadas, el primer tipo es directo y por tanto, no necesita más elaboración. Para el segundo tipo, existen varios **métodos de pronóstico** que están diseñados para detectar la existencia de tendencias o variaciones estacionales en los datos, y son apropiados para analizar datos de demanda en los modelos de inventario. Estos modelos se estudiarán en la siguiente sección.

11.2 TECNICAS DE PRONOSTICO

Los pronósticos se basan en el uso de datos anteriores de una variable para predecir su desempeño futuro. A este respecto, los datos anteriores se dan generalmente en la forma de **series de tiempo,** que resumen los cambios en los valores de las variables como una función del tiempo. Una hipótesis básica en la aplicación de las técnicas de pronóstico es que el desempeño de los datos anteriores continuará ocurriendo en (por lo menos) el futuro inmediato. Evidencias empíricas indican que este supuesto es válido en muchas situaciones reales, sobre todo cuando las series de tiempo representan una larga historia de las variables analizadas.

La figura 11-15 representa el patrón más común de variaciones exhibidas por las series de tiempo ocasionadas por: fluctuaciones aleatorias (a) sin tendencia, (b) con tendencia, (c) con patrón estacional y (d) con tendencia y patrón estacional. Al pronosticar, nos interesan menos las fluctuaciones aleatorias que las tendencias y los patrones estacionales de variaciones. Desafortunadamente, no es una tarea fácil diferenciar entre variaciones aleatorias y de otro tipo (tendencias y patrones estacionales). El procedimiento más común para revisar la naturaleza de las series de tiempo es graficar los datos históricos contra el tiempo. Examinando visualmente la gráfica resultante, podemos obtener una evaluación inicial de la naturaleza de los datos con respecto a fluctuaciones aleatorias, estacionales y de tendencia.

En esta sección presentamos tres modelos de pronóstico: (1) análisis de regresión, (2) promedio móvil y (3) alisamiento exponencial. El primer modelo sirve para detectar tendencias en los datos. En los modelos de promedio móvil y alisamiento exponencial, el efecto de las fluctuaciones aleatorias está encubierto, por lo que revela mejor la tendencia y/o las variaciones estacionales en los datos históricos.

11.2.1 MODELO DE REGRESION

La forma más simple del modelo de regresión supone una tendencia lineal con el tiempo. Si $\hat{y}$ representa el valor estimado de la variable en el tiempo $t,$ el modelo de regresión lineal está dado por

$$\hat{y} = a + bt$$

Las constantes a y b se determinan a partir de los datos primarios con base en el **criterio de los mínimos cuadrados,** como sigue. Sean (y_i, t_i) los datos primarios donde y_i es la demanda real en el tiempo t_i, $i = 1, 2, \ldots, n$. Definimos

Tiempo
(a)

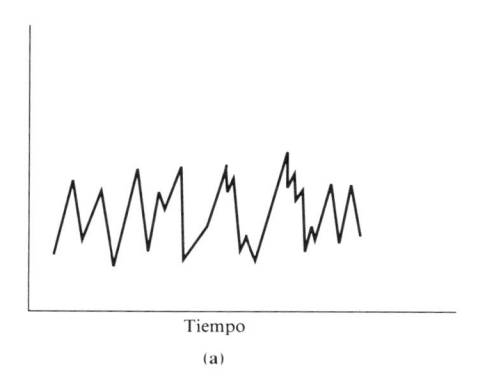

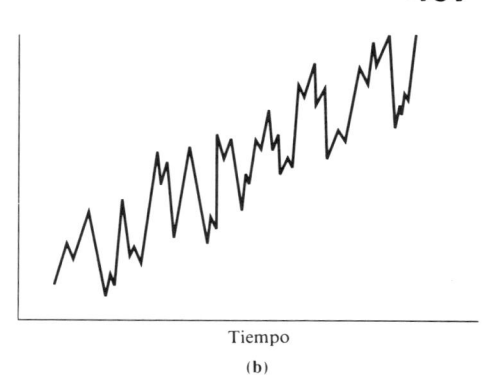

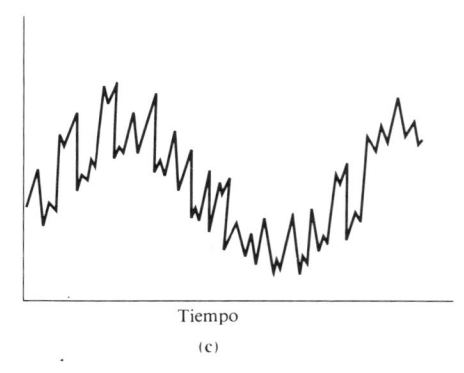

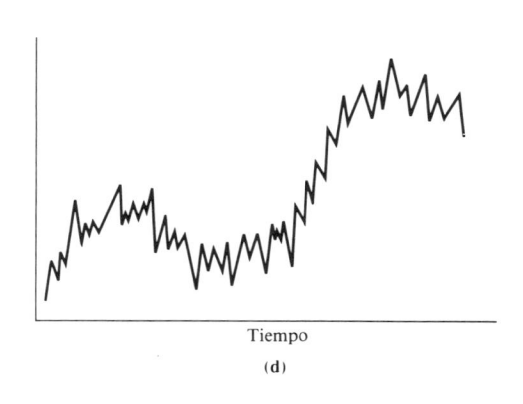

Tiempo
(b)

Tiempo
(c)

Tiempo
(d)

Figura 11-15

$$S = \sum_{i=1}^{n}(y_i - a - bt_i)^2$$

como la suma de los cuadrados de las desviaciones entre los valores de la demanda observada y la estimada. Los valores a y b se determinan al resolver las condiciones necesarias para la minimización de S; esto es

$$\frac{\partial S}{\partial a} = -2\sum_{i=1}^{n}(y_i - a - bt_i) = 0.$$

$$\frac{\partial S}{\partial b} = -2\sum_{i=1}^{n}(y_i - a - bt_i)t_i = 0$$

Después de algunas operaciones algebraicas, las dos ecuaciones anteriores dan

$$b = \frac{\sum_{i=1}^{n} y_i t_i - n\bar{y}\bar{t}}{\sum_{i=1}^{n} t_i^2 - n\bar{t}^2}$$

$$a = \bar{y} - b\bar{t}$$

donde

$$\bar{t} = \frac{\sum_{i=1}^{n} t_i}{n},$$

$$\bar{y} = \frac{\sum_{i=1}^{n} y_i}{n}$$

El procedimiento estipula calcular primero *b,* con la cual se determina *a.*

Las fórmulas para *a* y *b* dadas antes son válidas para cualquier distribución probabilística de *y*. Sin embargo, bajo ciertas suposiciones (la más importante de las cuales es que y_i es normal con una desviación estándar constante) se puede determinar un intervalo de confianza para *a* y *b*, y, en consecuencia, para *y*.

Podemos probar cuán bien se ajusta $\hat{y}$ a los datos primarios calculando el **coeficiente de correlación** *r* usando la fórmula

$$r = \frac{\sum_{i=1}^{n} y_i t_i - n\bar{y}\bar{t}}{\sqrt{(\sum_{i=1}^{n} t_i^2 - n\bar{t}^2)(\sum_{i=1}^{n} y_i^2 - n\bar{y}^2)}}$$

donde $-1 \le r \le 1$. Un ajuste lineal perfecto ocurre cuando $r = \pm 1$. En general, entre más cerca está el valor de $|r|$ a 1, mejor es el ajuste lineal. Por otra parte, $r = 0$ significa que es probable que *y* y *t* sean independientes. Sin embargo, es importante resaltar que $r = 0$ es una condición necesaria, pero no suficiente para la independencia, en el sentido de que dos variables *dependientes* pueden tener $r = 0$.

Ejemplo 11.2-1

La siguiente tabla resume la demanda para un artículo de inventario (en número de unidades) en un periodo de 24 meses.

Mes, *t*	Demanda, *y*	Mes, *t*	Demanda, *y*
1	46	13	54
2	56	14	42
3	54	15	64
4	43	16	60
5	57	17	70
6	56	18	66
7	67	19	57
8	62	20	55
9	50	21	52
10	56	22	62
11	47	23	70
12	56	24	72

Obtenemos entonces

$$\sum_{i=1}^{24} y_i t_i = 17\,842, \quad \sum_{i=1}^{24} t_i = 300, \quad \sum_{i=1}^{24} t_i^2 = 4900.$$

$$\sum_{i=1}^{24} y_i = 1374, \quad \sum_{i=1}^{24} y_i^2 = 80\,254$$

de modo que

$$\bar{t} = 12.5,$$
$$\bar{y} = 57.25$$

y

$$b = \frac{17\,842 - 24 \times 57.25 \times 12.5}{4900 - 24 \times (12.5)^2} = 0.58$$
$$a = 57.25 - 0.58 \times 12.5 = 50$$

El pronóstico (valor estimado) de la demanda futura se puede determinar de la ecuación

$$\hat{y} = 50 + 0.58t$$

Por ejemplo, en $t = 25$, $\hat{y} = 50 + 0.58\,(25) = 64.5$ unidades.
El coeficiente de correlación se calcula como

$$r = \frac{17\,842 - 24 \times 57.25 \times 12.5}{\sqrt{(4900 - 24 \times 12.5^2)(80\,254 - 24 \times 57.25^2)}} = 0.493$$

El valor de $r = 0.493$ indica que la línea de regresión $\hat{y} = 50 + 0.58t$ no proporciona un buen ajuste para los datos observados. Un ajuste razonable ocurre en el intervalo $0.75 \leq |r| \leq 1$. ◄

11.2.2 MODELO DE PROMEDIO MOVIL

El modelo de promedio móvil estima la demanda del siguiente periodo como el promedio de la demanda real de los últimos m periodos; esto es,

$$\hat{y}_{t+1} = \frac{y_t + y_{t-1} + \cdots + y_{t-m+1}}{m}$$

No existen reglas definitivas para escoger el valor exacto de *m*. En la práctica, un valor entre 2 y 10 es aceptable. Si *m* es demasiado chico, podrían no detectarse variaciones cíclicas. Por otro lado, si *m* es demasiado grande, podrían cancelarse las variaciones cíclicas. La naturaleza de los cálculos en el modelo de promedio móvil indica que el procedimiento no puede iniciarse hasta que esté disponible una acumulación de por lo menos *m* datos históricos.

El pronóstico para cualquier periodo futuro t, $t + 1$, $t + 2, \ldots$, se toma igual a $\hat{y}_t$. Este resultado se infiere de la naturaleza del modelo, el cual basa sus estimaciones futuras en datos reales de la demanda. Entonces, podemos ver que el modelo es apropiado únicamente para pronósticos a corto plazo.

Ejemplo 11.2-2

El procedimiento de promedio móvil se aplica a los datos del ejemplo 11.2-1. La siguiente tabla resume la aplicación del procedimiento usando $m = 3$.

Mes	Demanda	Promedio móvil	Mes	Demanda	Promedio móvil
1	46	—	13	54	52.33
2	56	—	14	42	50.67
3	54	52	15	64	53.33
4	43	51	16	60	55.33
5	57	51.33	17	70	64.67
6	56	52	18	66	65.33
7	67	60	19	57	64.33
8	62	61.17	20	55	59.33
9	50	59.17	21	52	54.67
10	56	56	22	62	56.33
11	47	51	23	70	61.33
12	56	53	24	72	68

Con base en los datos anteriores, el pronóstico para los meses futuros (25, 26, ...) se calcula como sigue:

$$\hat{Y}_{24+t} = \frac{62 + 70 + 72}{3} = 68 \text{ unidades}, \quad t = 1, 2, 3, \ldots$$

11.2.3 ALISAMIENTO EXPONENCIAL

La desventaja del modelo de promedio móvil es que pondera igual todas las observaciones que conforman el promedio. Normalmente, las observaciones más recientes deberían tener mayor ponderación que las observaciones más lejanas. El alisamiento exponencial está diseñado para aminorar este problema. Específicamente, dados los datos previos $y_1, y_2, \ldots$ y y_t, se calcula un valor $\hat{y}_{t+1}$, para el periodo $t+1$ como

$$\hat{y}_{t+1} = \alpha y_t + \alpha(1-\alpha)y_{t-1} + \alpha(1-\alpha)^2 y_{t-2} + \cdots$$

donde α ($0 < \alpha < 1$) se llama constante de alisamiento. La fórmula muestra que datos distantes conllevan un peso cada vez menor respecto a los más recientes. La fórmula para calcular $\hat{y}_{t+1}$ puede expresarse en la siguiente forma recursiva

$$\hat{y}_{t+1} = \alpha y_t + (1-\alpha)\hat{y}_t$$

Es más fácil trabajar con esta fórmula que con la original.

La selección del valor para la constante de alisamiento es crucial para producir pronósticos "confiables". En la práctica, el valor de α se escoge entre 0.1 y 0.3.

Como en el caso del modelo de promedio móvil, los pronósticos para demandas futuras $\hat{y}_{t+i}$, $i = 1, 2, \ldots$ son todos iguales a $\hat{y}_{t+1}$. Este resultado nuevamente indica que el modelo es adecuado para pronósticos a corto plazo.

Ejemplo 11.2-3

En este ejemplo aplicamos el alisamiento exponencial a los datos del ejemplo 11.2-1 usando $\alpha = 0.1$. Nótese que los valores sucesivos se calculan recursivamente para que $\hat{y}_{t+1}$ se calculen a partir de $\hat{y}_t$ y y_t, lo que da

$$\hat{y}_{t+1} = \alpha y_t + (1-\alpha)\hat{y}_t$$

El procedimiento empieza con $\hat{y}_1 = y_1$.

De los cálculos en la tabla 11-5, podemos estimar $\hat{y}_{25}$ como

$$\hat{y}_{25} = \alpha y_{24} + (1-\alpha)\hat{y}_{24}$$
$$= 0.1(72) + 0.9(57.63) = 59.07 \text{ unidades}$$

Tabla 11-5

Mes, i	Demanda, y_i	$\hat{y}_i$ estimada	Mes, i	Demanda, y_i	$\hat{y}_i$ estimada
1	46	—	13	54	.1(56) + .9(51.63) = 52.07
2	56	46	14	42	.1(54) + .9(52.07) = 52.26
3	54	.1(56) + .9(46) = 47	15	64	.1(42) + .9(52.26) = 51.23
4	43	.1(54) + .9(47) = 47.7	16	60	.1(64) + .9(51.23) = 52.5
5	57	.1(43) + .9(47.7) = 47.23	17	70	.1(60) + .9(525) = 53.26
6	56	.1(57) + .9(47.23) = 48.21	18	66	.1(70) + .9(53.26) = 54.93
7	67	.1(56) + .9(48.21) = 48.98	19	57	.1(66) + .9(54.93) = 56.04
8	62	.1(67) + .9(48.98) = 50.79	20	55	.1(57) + .9(56.04) = 56.14
9	50	.1(62) + .9(50.79) = 51.91	21	52	.1(55) + .9(56.14) = 56.02
10	56	.1(50) + .9(51.91) = 51.72	22	62	.1(52) + .9(56.02) = 55.62
11	47	.1(56) + .9(51.72) = 52.15	23	70	.1(62) + .9(55.62) = 56.26
12	56	.1(47) + .9(52.15) = 51.63	24	72	.1(70) + .9(56.26) = 57.63

474 Representación de datos en la investigación... [C.11]

Este pronóstico es muy diferente al del modelo de promedio móvil (= 68 unidades) y al del modelo de regresión (= 64.5 unidades).

La figura 11-16 combina gráficas de datos primarios, la línea de regresión del ejemplo 11.2-1, el modelo de promedio móvil (ejemplo 11.2-2), y el modelo de alisamiento exponencial (ejemplo 11.2-3), todos como funciones del tiempo. La línea de regresión suprime todas las fluctuaciones en la demanda y simplemente muestra la tendencia de ésta a largo plazo. Por otro lado, los modelos de promedio móvil y el de alisamiento exponencial suprime las fluctuaciones extremas aleatorias en los datos, aunque mantiene las variaciones a corto plazo.

Sin embargo, nótese que el alisamiento exponencial se retrasa respecto a los modelos de regresión y de promedio móvil. La razón de esto es que nuestro modelo exponencial no permite tendencias explícitamente en este caso. Existen otros modelos que toman en cuenta esta característica, llevándonos así a mejores pronósticos. [Véase Silver y Peterson (1985), págs. 97-126, para más detalles.]

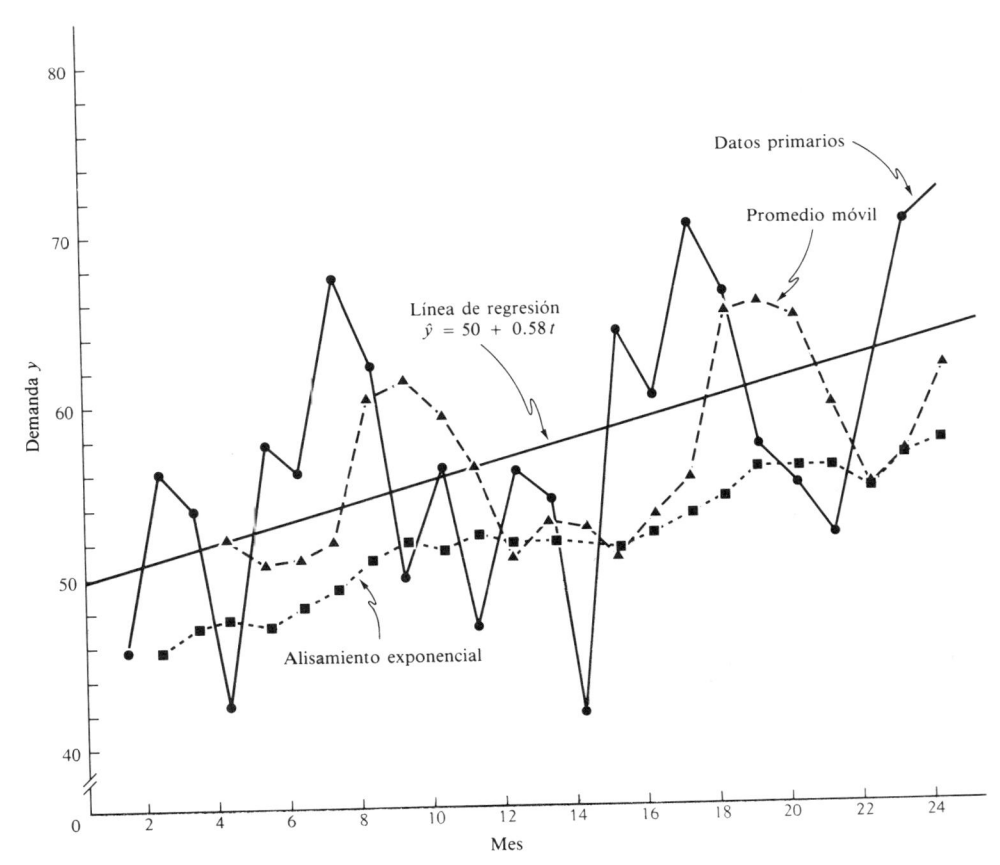

Figura 11-16

11.3 RESUMEN

En este capítulo explicamos cómo pueden resumirse los datos primarios, en formas adecuadas para utilizarlos en los modelos de IO. La exposición muestra que ciertas aproximaciones pueden ser necesarias antes, de que los datos se empleen con modelos de IO. En particular, se indica que los datos probabilísticos no estacionarios pueden ser los de más difícil representación. En tales casos se recomienda que se les dé carácter de estacionarios o que se supriman las variaciones aleatorias. La conclusión de este capítulo es que el análisis y resumen de datos es una fase crucial en el desarrollo, solución e implementación de los modelos de IO.

BIBLIOGRAFIA

Brown, R. G., *Smoothing, Forecasting, and Prediction of Discrete Time Series,* Prentice Hall, Englewood Cliffs, N.J., 1972.
Kachigan, S., *Statistical Analysis,* Radius Press, Nueva York, 1986.
Lindgren, B., *Statistical Theory,* 2a. ed., Macmillan, Nueva York, 1968.
Parzen, E., *Modern Probability Theory and Its Applications,* 2a. ed., Wiley Nueva York, 1960.

PROBLEMAS

Sección	Problemas asignados
11.1	11-1 a 11-5
11.2	11-6 a 11-11

☐ **11-1** Identifique las siguientes variables, ya sea como basadas en el tiempo o en la observación:
  (a) Nivel de inventario de un artículo.
  (b) Número de paletas transportadas en una banda sin fin.
  (c) Número de artículos defectuosos en un lote inspeccionado.
  (d) Cantidad de pedido de un artículo de inventario.
  (e) Número de autos en un estacionamiento.
  (f) Tiempo entre llegadas en una instalación de servicio.

☐ **11-2** Los siguientes datos representan los tiempos entre llegadas (en minutos) en una instalación de servicio:

4.3	3.4	0.9	0.7	5.8	3.4	2.7	7.8
4.4	0.8	4.4	1.9	3.4	3.1	5.1	1.4
0.1	4.1	4.9	4.8	15.9	6.7	2.1	2.3
2.5	3.3	3.8	6.1	2.8	5.9	2.1	2.8
3.4	3.1	0.4	2.7	0.9	2.9	4.5	3.8
6.1	3.4	1.1	4.2	2.9	4.6	7.2	5.1
2.6	0.9	4.9	2.4	4.1	5.1	11.5	2.6
2.1	10.3	4.3	5.1	4.3	1.1	4.1	6.7
2.2	2.9	5.2	8.2	1.1	3.3	2.1	7.3
3.5	3.1	7.9	0.9	5.1	6.2	5.8	1.4
0.5	4.5	6.4	1.2	2.1	10.7	3.2	2.3
3.3	3.3	7.1	6.9	3.1	1.6	2.1	1.9

(a) Estime la media y la variancia.
(b) Elabore histogramas usando anchos de celdas de 0.5, 1.0 y 1.5 minutos.
(c) Compare gráficamente las distribuciones acumuladas de los datos empíricos y los correspondientes a una distribución exponencial.
(d) Pruebe la hipótesis que el histograma resultante representa una distribución exponencial. Use un nivel de confianza de 95%.

☐ **11-3** Considere la siguiente muestra, que representa el periodo (en segundos) que se necesita para transmitir mensajes.

25.8	67.3	35.2	36.4	58.7
47.9	94.8	61.3	59.3	93.4
17.8	34.7	56.4	22.1	48.1
48.2	35.8	65.3	30.1	72.5
5.8	70.9	88.9	76.4	17.3
77.4	66.1	23.9	23.8	36.8
5.6	36.4	93.5	36.4	76.7
89.3	39.2	78.7	51.9	63.6
89.5	58.6	12.8	28.6	82.7
38.7	71.3	21.1	35.9	29.2

Pruebe la hipótesis que estos datos se han extraído de una distribución uniforme con un 95% de nivel de confianza, dada la siguiente información:
(a) El intervalo de distribución está entre 0 y 100.
(b) El intervalo de la distribución está entre a y b, donde a y b son parámetros desconocidos.
(c) El intervalo de distribución está entre a y 100, donde a es un parámetro desconocido.

Problemas **477**

☐ **11-4** Para registrar el volumen del tráfico en un crucero muy transitado, se usa un aparato automático. El aparato registra la hora en que llega un auto al crucero en una escala continua, empezando desde 0. La siguiente tabla nos da los tiempos de llegada (en minutos) de los primeros 60 autos. (Normalmente, los datos necesarios para determinar la distribución de las llegadas pueden recolectarse en un periodo de días o semanas. Sin embargo, no podemos reproducir aquí un conjunto completo de tales datos por las limitaciones de espacio.)

Llegada	Tiempo de llegada (minutos)	Llegada	Tiempo de llegada (minutos)	Llegada	Tiempo de llegada (minutos)	Llegada	Tiempo de llegada (minutos)
1	5.2	16	67.6	31	132.7	46	227.8
2	6.7	17	69.3	32	142.3	47	233.5
3	9.1	18	78.6	33	145.2	48	239.8
4	12.5	19	86.6	34	154.3	49	243.6
5	18.9	20	91.3	35	155.6	50	250.5
6	22.6	21	97.2	36	166.2	51	255.8
7	27.4	22	97.9	37	169.2	52	256.5
8	29.9	23	111.5	38	169.5	53	256.9
9	35.4	24	116.7	39	172.4	54	270.3
10	35.7	25	117.3	40	175.3	55	275.1
11	44.4	26	118.2	41	180.1	56	277.1
12	47.1	27	124.1	42	188.8	57	278.1
13	47.5	28	127.4	43	201.2	58	283.6
14	49.7	29	127.6	44	218.4	59	299.8
15	67.1	30	127.8	45	219.9	60	300.0

Elabore un histograma apropiado para probar la hipótesis de que el intervalo de tiempo fue extraído de una distribución exponencial. Utilice un nivel de confianza de 95%.

□ **11-5** Los siguientes datos representan los cambios en la longitud de una línea de espera como una función del tiempo en minutos (empezando desde 0).

Tiempo	Longitud de la línea de espera	Tiempo	Longitud de la línea de espera
0	0	20.8	1
1.5	1	22.3	0
2.5	2	24.5	1
3.7	3	26.8	2
4.1	2	27.5	1
4.8	3	29.9	2
5.9	4	32.5	3
7.2	3	35.1	2
8.9	4	40.6	3
9.3	3	42.7	4
10.8	2	50.3	3
11.9	1	52.1	2
14.1	2	55.7	3
15.7	3	58.9	2
18.9	2	59.3	1

(a) Estime la longitud promedio y la variancia de la longitud de la línea de espera.
(b) Elabore un histograma de la longitud de la línea de espera.

□ **11-6** Considere los datos de los ejemplos 11.2-1, 11.2-2 y 11.2-3. Pronostique la demanda para el artículo en el periodo 30 usando:
    (a) Regresión.   (b) Promedios móviles.   (c) Alisamiento exponencial.

□ **11-7** En el ejemplo 11.2-2 vuelva a calcular el promedio móvil basado en $m = 6$ (en comparación con $m = 3$ en el ejemplo). ¿Qué efecto tiene la m mayor con respecto a la supresión de las fluctuaciones en la demanda?

□ **11-8** En el ejemplo 11.2-3, use $\alpha = 0.3$ para volver a aplicar el alisamiento exponencial. ¿Qué efecto tiene el mayor valor de α en la demanda alisada?

□ **11-9** El siguiente conjunto de datos representa los cambios trimestrales en la demanda para un artículo en los siguientes tres meses.

Trimestre	Demanda	Trimestre	Demanda	Trimestre	Demanda
1	100	5	124	9	140
2	128	6	115	10	129
3	114	7	118	11	132
4	120	8	123	12	130

(a) Aplique las siguientes técnicas de pronósticos a los datos:
 (i) Regresión
 (ii) Promedio móvil con base $m = 3$
 (iii) Alisamiento exponencial con $\alpha = 0.1$
(b) Proporcione pronósticos para la demanda en los trimestres 13, 14 y 15 con base en los tres métodos.

☐ **11-10** A continuación se da el número de visitantes durante los pasados 10 años a un área turística. En la tabla se indica el año y vehículo empleado.

Año	1980	1981	1982	1983	1984	1985	1986	1987	1988	1989
Auto	1042	1182	1224	1338	1455	1613	1644	1699	1790	1885
Avión	500	522	540	612	715	790	840	900	935	980

Analice los datos con el propósito de pronosticar el número de visitantes futuros.

☐ **11-11** La siguiente serie de tiempo representa las ventas (en millones de dólares) de una tienda.

Año	1981	1982	1983	1984	1985	1986	1987	1988	1989	1990
Ventas	21	22.3	23.2	24	24.9	25.6	26.6	27.4	28.5	29.6

(a) Estime la línea de regresión para los datos.
(b) Utilice regresión y promedio móvil para estimar las ventas en 1991.
(c) Use alisamiento exponencial con $\alpha = 0.2$ para pronosticar las ventas en 1991.

Capítulo 12

Teoría de decisiones y juegos

12.1 Decisiones con riesgo
  12.1.1 Criterio del valor esperado
  12.1.2 Criterio del valor esperado-variancia
  12.1.3 Criterio del nivel de aceptación
  12.1.4 Criterio del futuro más probable
  12.1.5 Datos experimentales en decisiones con riesgo

12.2 Arboles de decisión

12.3 Decisiones bajo incertidumbre
  12.3.1 Criterio de Laplace
  12.3.2 Criterio minimax (maximin)
  12.3.3 Criterio de deploración minimax de Savage
  12.3.4 Criterio de Hurwicz

12.4 Teoría de juegos
  12.4.1 Solución óptima de juegos de dos personas y suma cero
  12.4.2 Estrategias mixtas
  12.4.3 Solución gráfica de juegos de (2 × n) y (m × 2)
  12.4.4 Solución de juegos (m × n) por programación lineal

12.5 Resumen
  Bibliografía
  Problemas

En los capítulos del 2 al 10, todos los modelos de decisión se formularon y resolvieron suponiendo la disponibilidad de información *perfecta*. En general, esto se denomina toma de decisiones en condiciones de **certeza**. Por ejemplo, en un problema de mezcla de productos, puede suponerse que el beneficio por unidad de un

j-ésimo producto es c_j el cual es un valor real fijo. Si x_j es la variable de decisión que representa las unidades fabricadas del producto j, la contribución al beneficio total del producto j-ésimo es $c_j x_j$, el cual de nuevo es un valor fijo para un valor dado de x_j.

La disponibilidad de información *imperfecta* o *parcial* de un problema lleva a dos nuevas categorías de casos en toma de decisiones:

1. Decisiones con **riesgo**.
2. Decisiones con **incertidumbre**.

En la primera categoría el grado de ignorancia se expresa como una función densidad de probabilidad que representa los datos, mientras que en la segunda categoría no puede disponerse de ninguna función densidad de probabilidad. En otras palabras, desde el punto de vista de disponibilidad de datos, la *certeza* o la *incertidumbre* representan los dos casos extremos, mientras que el *riesgo* es la situación "intermedia".

Para ilustrar situaciones de riesgo e incertidumbre, considere el ejemplo de mezcla de productos citado anteriormente. En condiciones de *riesgo*, el beneficio c_j ya no será un valor fijo; en lugar de esto, es una variable aleatoria cuyo valor numérico exacto es desconocido, pero puede ser representado en términos de una función densidad de probabilidad asociada. En este caso, c_j es una variable aleatoria cuya función densidad puede estar dada como $f(c_j)$. Por consiguiente, no tiene sentido hablar acerca de c_j sin asociarle algún enunciado de probabilidad. Esto a su vez significa que la contribución de beneficio de la j-ésima variable $c_j x_j$ es también una variable aleatoria cuyo valor exacto, para un valor dado de x_j se desconoce.

En condiciones de *incertidumbre*, la función densidad de probabilidad $f(c_j)$ no se conoce o no puede determinarse. Realmente, la incertidumbre *no* implica ignorancia *completa* sobre el problema. Por ejemplo, el decisor puede tener la información parcial de que c_j sea igual a uno de tres valores c_j', c_j'' y c_j'''. Pero si uno no puede asociar probabilidades a estos tres valores, entonces la situación se considera como una decisión con incertidumbre.

El grado de ignorancia con respecto a los datos influye directamente en cómo se modela y se resuelve un problema. Por ejemplo, suponga el problema de la mezcla de productos citado anteriormente que tiene un total de n productos. Según la hipótesis de certeza, tiene sentido usar $z = c_1 x_1 + c_2 x_2 + \cdots + c_n x_n$ como un criterio objetivo que se maximizará sujeto a restricciones adecuadas. Sin embargo, con la hipótesis de riesgo, el mismo criterio sería de poco valor sin algún tipo de enunciado probabilístico ya que z realmente es una variable aleatoria. El criterio dado será completamente inadecuado según la hipótesis de incertidumbre, ya que los valores *específicos* de c_j no se conocen. Este ejemplo simple indica que los datos insuficientes llevan a un modelo de decisión más complicado e, inevitablemente, a una solución menos satisfactoria.

Desafortunadamente, los datos insuficientes han originado diferentes enfoques, a menudo inconsistentes, para cuantificar un modelo de decisión. Existe casi aceptación universal en el criterio de maximizar el beneficio (o minimizar su antítesis, el costo) bajo condiciones de certeza. Sin embargo, existen varios criterios en situaciones de riesgo e incertidumbre. Por ejemplo, en condiciones de riesgo algunas veces es aceptable la maximización del beneficio *esperado*, pero no puede aplicarse a todas las situaciones. Otro criterio varía desde lo completamente conservador hasta lo completamente permisivo. La situación será peor cuando hay incertidumbre.

En la mayoría de los modelos de decisión, el problema se resuelve seleccionando el mejor curso de acción de una cantidad (posiblemente infinita) de opciones disponibles. Esto se mostró en los modelos de los capítulos 2 a 10. Pero ninguno de estos modelos supone que las decisiones se hallan en un medio ambiente donde el sistema en sí mismo esté tratando de "derrotar" al decisor. Para ser específicos, suponga que se está tomando una decisión que depende de si llueve o no llueve. En este caso, el decisor no espera que la naturaleza sea un oponente malévolo.

En decisiones con incertidumbre, existen situaciones competitivas en las cuales dos (o más) oponentes están trabajando en conflicto, y cada oponente trata de ganar a expensas del otro. Estas situaciones se distinguen de la toma común de decisiones bajo incertidumbre por el hecho de que el decisor está trabajando en contra de un oponente *inteligente*. La teoría que gobierna estos tipos de problemas de decisión se conoce como **teoría de juegos.**

12.1 DECISIONES CON RIESGO

Las decisiones con riesgo generalmente se basan en uno de los siguientes criterios:

1. Valor esperado (de beneficio o pérdida).
2. Valor esperado y variancia combinados.
3. Nivel de aceptación conocido.
4. Ocurrencia más probable de un estado futuro.

Cada uno de estos principios se explicará en detalle.

12.1.1 CRITERIO DEL VALOR ESPERADO

Una extensión natural de decisiones con certeza es el uso del criterio del valor esperado, donde se desea maximizar el beneficio esperado (o minimizar el costo esperado). Este criterio se puede expresar en términos de dinero *real* o su **utilidad**. Para ilustrar la diferencia entre el dinero real y su utilidad, suponga que una inversión de $20 000, tendrá igual probabilidad de un beneficio *bruto* de 0 o de $100 000. Con base en el valor esperado del *dinero*, la ganancia neta esperada del individuo es 100 000 × 0.5 + 0 × 0.5 − 20 000 = $30 000. Usando este resultado solamente, uno encontraría que la decisión "óptima" es invertir los $20 000. Sin embargo, esta decisión puede no ser aceptable a todos los inversionistas potenciales. Por ejemplo, el inversionista A puede argüir que debido a la escasez de efectivo líquido disponible la pérdida de $20 000 podría llevarlo a la bancarrota. Consecuentemente, el inversionista A puede elegir no participar en este arreglo. Por otra parte, el inversionista B tiene un exceso de capital ocioso que excede cualquier necesidad de efectivo líquido y, consecuentemente, está dispuesto a llevar a cabo la operación. Lo que se está ilustrando aquí es la importancia de la *actitud* hacia el valor o utilidad del dinero. Este punto puede destacarse considerando la situación del inversionista A de nuevo. Considere que este inversionista en ningún caso estaría dispuesto a arriesgar más de $5 000 como pérdida. Suponga que tiene dos opciones: invertir $20 000 y obtener un beneficio bruto de $100 000 con probabilidad 0.5 y de $0 con probabilidad 0.5, o bien, invertir $5 000 y obtener un beneficio bruto de $23 000 con probabilidad 0.5 y $0 con probabilidad de 0.5. Esta información muestra ahora que el inversionista A no tiene más que elegir la segunda alternativa, aun cuando su beneficio neto *esperado* de $6 500 es mucho menor que los $30 000 esperados de la primera alternativa.

El principal resultado del ejemplo anterior es que la utilidad no necesita ser directamente proporcional a los valores monetarios reales. Desafortunadamente, aunque se han desarrollado guías para establecer **curvas de utilidad** (esto es, dinero real *versus* su utilidad), dicho concepto tan sutil no puede cuantificarse con facilidad. En la práctica real, el efecto de la utilidad puede expresarse en términos de restricciones adicionales que representan el comportamiento del decisor. Esto se ilustró anteriormente cuando el inversionista A estipula un límite máximo sobre el riesgo de pérdida monetaria. En otras palabras, nunca es aconsejable utilizar el valor monetario esperado como el único criterio para llegar a una decisión. En lugar de esto, sólo debe de servir como una guía, y la decisión final se toma considerando todos los factores pertinentes que afectan la actitud del decisor hacia la utilidad del dinero.

Si se emplea la utilidad o el dinero real al calcular valores esperados, generalmente se cita la desventaja siguiente en contra del uso del valor esperado. La esperanza implica que la misma decisión debería repetirse un número suficientemente grande de veces antes de obtener el valor neto calculado por la fórmula de esperanza. Matemáticamente, este resultado se expresa como sigue. Sea z una variable aleatoria con valor esperado $E\{z\}$ y varianza σ^2. Si $(z_1, z_2, \ldots, z_n)$ es una muestra aleatoria de n valores observados de z, el promedio de la muestra $\bar{z} = (z_1 + z_2 + \cdots + z_n)/n$ tiene una varianza σ^2/n. Esto significa que, cuando $n \to \infty$ (esto es, n llega a ser muy grande), $\sigma^2/n \to 0$ y, por tanto, $\bar{z}$ se tiende a $E\{z\}$. En otras palabras, cuando el tamaño de la muestra es suficientemente grande, la diferencia entre el promedio de la muestra y el valor esperado tiende a cero. Por consiguiente, a fin de utilizar el valor esperado adecuadamente al comparar alternativas, se debe esperar que el mismo procedimiento de decisión se repita un número suficientemente grande de veces. De otra manera, si el proceso se repite unas pocas veces, el promedio de la muestra $\bar{z}$ puede ser muy diferente de $E\{z\}$. La conclusión principal es que el uso de la esperanza puede ser erróneo para decisiones aplicadas solamente un número pequeño de veces.

Ejemplo 12.1-1

Una política de mantenimiento preventivo requiere tomar decisiones acerca de cuándo a una máquina (o a una pieza de equipo) deberá dársele servicio en forma regular, a fin de minimizar el costo de una descompostura repentina. Si el horizonte de tiempo se especifica en términos de periodos iguales, la decisión causa entonces determinar el número óptimo de periodos entre dos mantenimientos sucesivos. Si el mantenimiento preventivo se aplica con demasiada frecuencia, el costo del mantenimiento aumentará aunque disminuirá el costo de descompostura repentina. Un arreglo entre los dos casos extremos es el de equilibrar el costo de mantenimiento preventivo y de descompostura repentina.

Como no podemos predecir con anticipación cuándo se descompondrá una máquina, es necesario calcular la probabilidad de que una máquina se descomponga en un periodo t. Aquí es donde el elemento "riesgo" entraría en un proceso de decisión.

La situación de decisión puede resumirse de la manera siguiente. A una máquina en un grupo de n de ellas se le da servicio tan pronto como se descompone. Al final de T periodos el mantenimiento preventivo se ejecuta dando servicio a todas las n máquinas. El problema de decisión es determinar la T óptima que minimice el costo total por periodo de dar servicio a las máquinas descompuestas y aplicar el mantenimiento preventivo.

Sea p_t la probabilidad de que una máquina se descomponga en el periodo t, y sea n_t la variable aleatoria que representa el número de máquinas descompuestas en el mismo periodo. Además, suponga que c_1 es el costo de reparar una máquina descompuesta y c_2 el costo de mantenimiento preventivo por máquina.

La aplicación del criterio de valor esperado en este ejemplo es razonable si se puede esperar que las máquinas permanezcan en operación durante un gran número de periodos. El costo esperado por periodo puede escribirse como

$$EC(T) = \frac{c_1 \sum_{t=1}^{T-1} E\{n_t\} + c_2 n}{T}$$

donde $E\{n_t\}$ es el número esperado de máquinas descompuestas en el periodo t. Ya que n_t es una variable aleatoria binomial con parámetros (n, p_t), $E\{n_t\} = np_t$. Por consiguiente,

$$EC(T) = \frac{n(c_1 \sum_{t=1}^{T-1} p_t + c_2)}{T}$$

Las condiciones necesarias para que T^* minimice $EC(T)$ son:

$$EC(T^* - 1) \geq EC(T^*) \quad \text{y} \quad EC(T^* + 1) \geq EC(T^*)$$

Por consiguiente, comenzando con un valor pequeño de T, el cálculo de $EC(T)$ se continúa hasta que las condiciones anteriores se satisfagan.

Para ilustrar este punto, suponga que $c_1 = \$100$, $c_2 = \$10$ y $n = 50$. Los valores de p_t se calculan enseguida. La tabla muestra también que el mantenimiento preventivo se aplica a todas las máquinas cada tres periodos ($= T^*$).

	T	p_T	$\sum_{t=1}^{T-1} p_t$	$EC(T)$	
	1	0.05	0	$500	
	2	0.07	0.05	375	
$T^* \rightarrow$	3	0.10	0.12	**366.7**	$\leftarrow EC(T^*)$
	4	0.13	0.22	400	
	5	0.18	0.35	450	

Ejercicio 12.1-1

Supóngase en el ejemplo 12.1-1 que el valor neto de producción por máquina por periodo es $a y que se desea maximizar la ganancia o utilidad esperada por periodo, $EP(T)$. Supóngase que la ganancia se determina como la diferencia entre el valor neto de la producción y el costo de la descompostura y mantenimiento de las máquinas.
(a) Escriba la expresión general para $EP(T)$.
   [Resp. $EP(T) = n(a - c_2 - c_1 \sum_{i=1}^{T-1} P_i)/T$.]
(b) Escriba la condición necesaria para determinar T^* con base en la maximización de $EP(T)$.
   [Resp. $EP(T^*) \geq EP(T^* - 1)$ y $EP(T^*) \geq EP(T^* + 1)$.]

12.1.2 CRITERIO DEL VALOR ESPERADO-VARIANCIA

En la sección 12.1.1 indicamos que el criterio del valor esperado es adecuado principalmente para tomar decisiones a "largo plazo". El mismo criterio se puede modificar para mejorar su posibilidad de aplicación a problemas de decisión de "corto plazo" considerando la observación siguiente. Si z es una variable aleatoria con variancia σ^2, el promedio de la muestra $\bar{z}$ tiene una variancia σ^2/n, donde n es el tamaño de la muestra. Por consiguiente, cuando σ^2 se hace más pequeña, $\bar{z}$ tiene una variancia (o dispersión) más pequeña y la probabilidad de que $\bar{z}$ se acerque a $E\{z\}$ será más grande. Esto significa que es ventajoso desarrollar un criterio que maximice el beneficio esperado y simultáneamente minimice la variancia del beneficio. Esto en realidad equivale a considerar metas múltiples en el mismo criterio. Un criterio posible que refleja este objetivo es

$$\text{maximizar } E\{z\} - K \text{ var}\{z\}$$

donde z es una variable aleatoria que representa el beneficio y K es una constante preespecificada.†

La constante K algunas veces se llama **factor de aversión al riesgo**. Realmente, es un factor de ponderación que indica el "grado de importancia" de var$\{z\}$ relativo a $E\{z\}$. Por ejemplo, un decisor muy sensible a grandes reducciones en beneficio abajo de $E\{z\}$ puede elegir K mucho más grande que uno. Esto asignará un gran peso a la variancia y, por tanto, se obtendrá en una decisión que reduzca las posibilidades de tener beneficio bajo.

Es interesante que el nuevo criterio sea compatible con el uso de la utilidad en la toma de decisiones, ya que el factor de aversión al riesgo K es un indicador de la actitud del decisor hacia la desviación excesiva de los valores esperados. Este argumento intuitivo tiene una base matemática, y usando el desarrollo en serie de Taylor, se puede demostrar que los primeros tres términos en la función de utilidad esperada producen un criterio similar al dado anteriormente (véase el problema 12-7).

---

† Puede argumentarse que el criterio debería reemplazarse por máx $E\{z\} - K\sqrt{\text{var}\{z\}}$. De esta manera, las unidades de $E\{z\}$ y $\sqrt{\text{var}\{z\}}$ serán consistentes.

Ejemplo 12.1-2

El criterio del valor esperado-variancia se aplica al ejemplo 12.1-1. Para hacer esto se necesita calcular la variancia del costo por periodo dado como

$$C_T = \frac{c_1 \sum_{t=1}^{T-1} n_t + nc_2}{T}$$

donde C_T es una variable aleatoria ya que n_t ($t = 1, \ldots, T-1$) es una variable aleatoria también. Puesto que n_t es binomial con media np_t y variancia $np_t(1 - p_t)$ se deduce que

$$\text{var}\{C_T\} = \left(\frac{c_1}{T}\right)^2 \sum_{t=1}^{T-1} \text{var}\{n_t\}$$

$$= \left(\frac{c_1}{T}\right)^2 \sum_{t=1}^{T-1} np_t(1 - p_t) = n\left(\frac{c_1}{T}\right)^2 \left\{\sum_{t=1}^{T-1} p_t - \sum_{t=1}^{T-1} p_t^2\right\}$$

Ya que $E\{C_T\} = EC(T)$, como se ve en el ejemplo 12.1-1, el criterio será

$$\text{minimizar } EC(T) + K \text{ var}\{C_T\}$$

La función $EC(T)$ se *suma* a $K \text{ var}\{C_T\}$, ya que $EC(T)$ es una función de costo. Con $K = 1$, el criterio queda

$$\text{minimizar } EC(T) + \text{var}\{C_T\} = n\left\{\left(\frac{c_1}{T} + \frac{c_1^2}{T^2}\right) \sum_{t=1}^{T-1} p_t - \left(\frac{c_1}{T}\right)^2 \sum_{t=1}^{T-1} p_t^2 + \frac{c_2}{T}\right\}$$

Utilizando la misma información que en el ejemplo 12.1-1, se puede establecer la tabla siguiente para proporcionar $T^* = 1$, lo cual indica que el mantenimiento preventivo debe aplicarse en cada periodo.

Es interesante que, para los mismos datos, el criterio de variancia-valor esperado haya resultado en una decisión más conservadora que aplique el mantenimiento preventivo cada periodo en comparación con cada tercer periodo en el ejemplo 12.1-1.

T	p_T	p_T^2	$\sum_{t=1}^{T-1} p_t$	$\sum_{t=1}^{T-1} p_t^2$	$EC(T) + \text{var}\{C_T\}$
1	0.05	0.0025	0	0	**500.00**
2	0.07	0.0049	0.05	0.0025	6312.50
3	0.10	0.0100	0.12	0.0074	6622.22
4	0.13	0.0169	0.22	0.0174	6731.25
5	0.18	0.0324	0.35	0.0343	6764.00

Ejercicio 12.1-2

Escriba el criterio del valor esperado-variancia asociado con el ejercicio 12.1-1.
[*Resp.* Maximizar $EP(T) - nK(c_1/T)^2 \{\sum_{t+1}^{T-1} P_t - \sum_{t=1}^{T-1} P_t^2\}$.]

12.1.3 CRITERIO DEL NIVEL DE ACEPTACION

El criterio del nivel de aceptación no proporciona una decisión óptima en el sentido de maximizar beneficio o minimizar costo. Más bien es un medio de determinar cursos de acción *aceptables*. Considere por ejemplo, la situación que ocurre cuando una persona anuncia la venta de un auto usado. Al recibir una oferta, el vendedor debe decidir dentro de un tiempo razonable, si ésta es aceptable o no. En este aspecto, el vendedor establece un precio límite abajo del cual el auto no será vendido. Este es el **nivel de aceptación** que permitirá al vendedor aceptar la primera oferta que lo satisfaga. Tal criterio no puede proporcionar el óptimo; una oferta posterior puede ser más alta que la aceptada.

Al tomar una decisión en el ejemplo de los autos usados, no se mencionó una distribución de probabilidad. ¿Entonces por qué el criterio del nivel de aceptación se clasifica como una técnica de toma de decisiones con riesgo? Se puede argumentar que al seleccionar el nivel de aceptación, el propietario del automóvil tiene conocimiento del valor en el mercado de unidades similares. Esto equivale a decir que él tiene una "noción" de la distribución de los precios de los automóviles usados. Decididamente, esto no da una definición formal de una función densidad de probabilidad, pero se tiene una base aquí para conjuntar datos que se puedan emplear a fin de desarrollar dicha función. En realidad, se debe suponer que éste es el caso, ya que la ignorancia completa acerca de la distribución puede hacer que el propietario fije el nivel de aceptación demasiado alto y en este caso ninguna oferta sería aceptable; o bien que lo fije demasiado bajo y en este caso quizá el propietario no llegue a tener una noción adecuada del valor del automóvil. En cualquier caso, una de las ventajas de utilizar el método del nivel de aceptación es que quizá no sea necesario definir con exactitud la función densidad de probabilidad.

La ilustración anterior destaca la utilidad del criterio del nivel de aceptación cuando *todos* los cursos de acción alternativos *no* están disponibles en el momento en que se toma la decisión. Esta no necesita ser la única situación donde se utiliza este criterio. Considere, por ejemplo, el caso donde una instalación de servicio (por ejemplo, una lavandería, un restaurante o una barbería) puede atender con diferentes tasas de servicio. Una tasa alta de servicio, aunque proporcionará un servicio más rápido y, por tanto, más conveniente, puede ser demasiado costosa para el dueño. Recíprocamente un servicio lento puede no ser tan costoso, pero ocasionará perder clientes y entonces se reduciría el beneficio. El objetivo es determinar el nivel "óptimo" al cual puede ser realizado el servicio.

En situaciones como la anterior, en general, es posible determinar las distribuciones de probabilidad para las llegadas de los clientes y sus tiempos de servicio. Debido a que tales instalaciones operan supuestamente durante un largo periodo, parece ideal determinar el nivel de servicio óptimo basado en minimizar el costo total *esperado* de la instalación por unidad de tiempo (sección 12.1.1). Esto incluye el costo esperado de operar la instalación más el costo esperado de la inconveniencia para el cliente, siendo ambos una función del nivel de servicio, de manera que el más alto es el primero, el más bajo será el segundo y viceversa. Sin embargo, este criterio será impráctico debido a la dificultad de estimar un costo para la "inconveniencia" para el cliente. Muchos factores intangibles no pueden expresarse fácilmente en términos de costo ya que dependen del comportamiento y la actitud del cliente.

488 Teoría de decisiones y juegos [C.12]

El criterio de nivel de aceptación puede aplicarse aquí. Por ejemplo, se puede decidir elegir el nivel de servicio tal que la instalación esté ociosa únicamente $\alpha\%$ del tiempo, mientras que simultáneamente se requiera que el tiempo promedio de espera por cliente no exceda de β unidades de tiempo. Los parámetros α y β son niveles de aceptación que el decisor puede determinar, con base en un concepto de operar una instalación "eficiente" y su conocimiento de la conducta de los clientes. Note que α y β tienen valores implícitos de costo para operar la instalación de servicio y para el tiempo de espera de los clientes, los cuales, si se conocieran, podrían utilizarse en el modelo de costo esperado. Sin embargo, se puede ver que la determinación de α y β no es tan crítica como la evaluación de los parámetros de costo.

Ejemplo 12.1-3

Suponga que la demanda x por periodo de una cierta mercancía está dada por la función densidad de probabilidad continua $f(x)$. Si la cantidad almacenada al comienzo del periodo no es suficiente, puede ocurrir cierta escasez. Si se almacena demasiado, se tendrá inventario extra al final del periodo. Ambas situaciones son costosas. La primera refleja pérdida de beneficio potencial y pérdida de buena voluntad de los clientes; la segunda refleja un aumento en el costo de almacenamiento y mantenimiento del inventario.

Supuestamente, a uno le gustaría equilibrar estos dos costos en conflicto. Ya que generalmente es difícil estimar el costo de la escasez, puede ser conveniente determinar el nivel de inventario tal que la escasez *esperada* no exceda de A_1 y el exceso *esperado* no rebase a A_2. Matemáticamente, esto se expresa de la manera siguiente. Sea I el nivel de inventario que se va a determinar. Por tanto,

$$\text{magnitud esperada de escasez} = \int_I^\infty (x - I) f(x)\, dx \leq A_1$$

$$\text{magnitud esperada de exceso} = \int_0^I (I - x) f(x)\, dx \leq A_2$$

En general, la selección de los niveles de aceptación A_1 y A_2 puede no proporcionar valores factibles para I. En este caso, sería necesario variar una de las dos restricciones a fin de lograr la factibilidad.

Ahora se da un ejemplo numérico como ilustración. Suponga que $f(x)$ es la distribución

$$f(x) = \begin{cases} \dfrac{20}{x^2}, & 10 \leq x \leq 20 \\ 0, & \text{en cualquier otro caso} \end{cases}$$

Se deduce que

$$\int_I^{20} (x - I) f(x)\, dx = \int_I^{20} (x - I) \frac{20}{x^2}\, dx = 20 \left\{ \ln \frac{20}{I} + \frac{I}{20} - 1 \right\}$$

12.1] Decisiones con riesgo

$$\int_{10}^{I} (I-x)f(x)\,dx = \int_{10}^{I} (I-x)\frac{20}{x^2}\,dx = 20\left\{\ln\frac{10}{I} + \frac{I}{10} - 1\right\}$$

Por consiguiente, el criterio de nivel de aceptación se simplifica y se tiene

$$\ln I - \frac{I}{20} \geq \ln 20 - \frac{A_1}{20} - 1 = 1.996 - \frac{A_1}{20}$$

$$\ln I - \frac{I}{10} \geq \ln 10 - \frac{A_2}{20} - 1 = 1.302 - \frac{A_2}{20}$$

Esto significa que los niveles de aceptación A_1 y A_2 deben ser tales que las dos desigualdades se satisfagan simultáneamente para al menos un valor de I.

Por ejemplo, si $A_1 = 2$ y $A_2 = 4$, las desigualdades anteriores serán

$$\ln I - \frac{I}{20} \geq 1.896$$

$$\ln I - \frac{I}{10} \geq 1.102$$

El valor de I debe estar entre 10 y 20 ya que éstos son los límites de la demanda. La tabla siguiente muestra que las dos condiciones se satisfacen simultáneamente para $13 \leq I \leq 17$. Por consiguiente, cualquiera de estos valores proporciona una respuesta al problema.

I	10	11	12	**13**	**14**	**15**	**16**	**17**	18	19	20
$\ln I - I/20$	1.8	1.84	1.88	**1.91**	1.94	1.96	1.97	1.98	1.99	1.99	1.99
$\ln I - I/10$	1.3	1.29	1.28	1.26	1.24	1.21	1.17	**1.13**	1.09	1.04	0.99

◄

Ejercicio 12.1-3

Considere el ejemplo 12.1-3.
(a) Indique si las siguientes combinaciones de A_1 y A_2 producirán una solución factible. Si es así, obtenga la respuesta.
  (1) $A_1 = A_2 = 3$ [*Resp.* $12 \leq I \leq 16$.]
  (2) $A_1 = A_2 = 1$ [*Resp.* No hay solución factible.]
(b) Supóngase que $f(x) = 1/10$, $0 \leq x \leq 10$. Determine una expresión general para obtener un intervalo factible para I dados los niveles de aceptación de A_1 y A_2.
  [*Resp.* Máx $\{0, 10 - \sqrt{20A_1}\} \leq I \leq$ mín $\{10, \sqrt{20A_2}\}$, siempre que el límite inferior no exceda el superior. Si lo hace, no existe solución factible.]

12.1.4 CRITERIO DEL FUTURO MAS PROBABLE

Este criterio está basado en convertir la situación probabilística en una situación determinística, reemplazando la variable aleatoria con el valor que tenga la mayor probabilidad de que ocurra. Por ejemplo, suponga que el beneficio por unidad de un j-ésimo producto es c_j cuya función densidad de probabilidad (discreta) es $p_j(c_j)$. Sea c_j^* definida tal que $p_j(c_j^*) = $ máx $p_j(c_j)$ para toda c_j. Entonces, c_j^* se trata como el valor "determinístico" que representa el beneficio por unidad del producto j-ésimo.

Este criterio puede pensarse como una simplificación de la decisión con riesgo más complicada. Tal simplificación se hace no por conveniencia analítica, sino principalmente reconociendo que desde el punto de vista práctico, el futuro más probable proporciona información adecuada para tomar la decisión. Por ejemplo, siempre existe una probabilidad positiva (muy pequeña) de que un aeroplano pueda estrellarse; sin embargo, la mayoría de los pasajeros vuelan bajo el supuesto de que el viaje aéreo siempre es seguro.

Se debe estar advertido de las fallas de usar el criterio del futuro más probable. Suponga que la variable aleatoria en consideración tiene un gran número de valores, cada uno de los cuales tiene una pequeña probabilidad que ocurra, por ejemplo, 0.05, o menor. O considere el caso donde diversos valores de la variable aleatoria ocurren con la misma probabilidad. En ambos casos, el criterio del futuro más probable será inadecuado para tomar una "buena" decisión.

12.1.5 DATOS EXPERIMENTALES EN DECISIONES CON RIESGO

Al considerar el criterio de decisiones con riesgo, se supone que las distribuciones de probabilidad se conocen o pueden asegurarse. En este aspecto, estas probabilidades se denominan **probabilidades a priori**.

Algunas veces es posible realizar un experimento acerca del sistema en estudio y, dependiendo de los resultados de dicho experimento, modificar las probabilidades *a priori* en el sentido de que se puede incluir información importante con respecto al sistema. Estas probabilidades se conocen como **probabilidades a posteriori**.

Ejemplo 12.1-4

Una situación común en la cual tal experimentación se utiliza ocurre en los procedimientos de inspección. Suponga que un fabricante elabora un producto en lotes de tamaños fijos. Debido a descomposturas ocasionales en el procedimiento de producción, pueden producirse lotes con un número inaceptable de artículos defectuosos. La experiencia indica que la probabilidad de producir lotes malos es de 0.05 en cuyo caso la probabilidad de producir un lote bueno es de 0.95. Estas son las probabilidades *a priori*. Por conveniencia, sea $\theta = \theta_1$ ($= \theta_2$) la indicación de que el lote es bueno (o malo) de tal manera que

$$P\{\theta = \theta_1\} = 0.95 \text{ y } P\{\theta = \theta_2\} = 0.05$$

12.1] Decisiones con riesgo 491

El fabricante sabe que al enviar un lote malo puede ser penalizado. Sin embargo, con base en las probabilidades *a priori*, puede decidir que la probabilidad de elaborar un lote malo es "demasiado" pequeña y, en consecuencia, puede elegir enviar aleatoriamente cualquiera de los lotes disponibles (criterio del futuro más probable, sección 12.1.4).

La decisión anterior se hace sin sacar muestras del lote a transportar. Por ejemplo, si el fabricante toma su decisión *después* de probar una muestra del lote, la información adicional podría afectar la decisión final. Suponga que prueba una muestra de dos artículos del lote. Los resultados de la prueba pueden demostrar que

z_1: Ambos artículos son buenos.
z_2: Un artículo es bueno.
z_3: Ambos artículos son defectuosos.

Debido a que la muestra se saca de un lote bueno o malo, las probabilidades condicionales $P\{z_j|\theta_i\}$ se suponen disponibles. El último objetivo es utilizar estas probabilidades junto con las probabilidades *a priori* para calcular las probabilidades *a posteriori* requeridas, las cuales están definidas por $P\{\theta_i|z_j\}$ esto es, la probabilidad de seleccionar un lote bueno o malo ($\theta = \theta_1$ o θ_2) dado el resultado z_j del experimento. Estas probabilidades serán la base para tomar una decisión que dependa del resultado de la muestra.

Para mostrar cómo las probabilidades *a posteriori* $P\{\theta_i|z_j\}$ se calculan de las probabilidades *a priori* $P\{\theta_i\}$ y las probabilidades condicionales $P\{z_j|\theta_i\}$ suponga un caso general donde $\theta = \theta_1, \theta_2, \ldots,$ o bien θ_m y $z = z_1, z_2, \ldots,$ o z_n. Ya que

$$P\{z_j\} = \sum_{i=1}^{m} P\{\theta_i, z_j\} = \sum_{i=1}^{m} P\{z_j|\theta_i\}P\{\theta_i\}$$

las probabilidades *a posteriori* están dadas como

$$P\{\theta_i|z_j\} = \frac{P\{\theta_i, z_j\}}{P\{z_j\}} = \frac{P\{z_j|\theta_i\}P\{\theta_i\}}{\sum_{i=1}^{m} P\{z_j|\theta_i\}P\{\theta_i\}}$$

Estas probabilidades se conocen también como **probabilidades de Bayes**.

Regresando ahora al ejemplo numérico, suponga que el porcentaje de artículos defectuosos en un lote bueno es 4%, mientras que un lote malo tiene 15% de artículos defectuosos. Entonces, con base en una distribución binomial de una muestra de tamaño dos, las probabilidades z_j condicionales de un resultado dado en las que un lote es bueno o malo son las siguientes:

$$P\{z_1|\theta_1\} = C_2^2(0.96)^2(0.04)^0 = 0.922$$
$$P\{z_2|\theta_1\} = C_1^2(0.96)^1(0.04)^1 = 0.0768$$
$$P\{z_3|\theta_1\} = C_0^2(0.96)^0(0.04)^2 = 0.0016$$
$$P\{z_1|\theta_2\} = C_2^2(0.85)^2(0.15)^0 = 0.7225$$
$$P\{z_2|\theta_2\} = C_1^2(0.85)^1(0.15)^1 = 0.255$$
$$P\{z_3|\theta_2\} = C_0^2(0.85)^0(0.15)^2 = 0.0225$$

Estas probabilidades se pueden resumir en forma adecuada como se ilustra en la tabla que sigue:

$$P\{z_j \mid \theta_i\} = \begin{array}{c|c|c|c} & z_1 & z_2 & z_3 \\ \hline \theta_1 & 0.922 & 0.0768 & 0.0016 \\ \hline \theta_2 & 0.7225 & 0.255 & 0.0225 \end{array}$$

Dadas $P\{\theta = \theta_1\} = 0.95$ y $P\{\theta = \theta_2\} = 0.05$, las probabilidades conjuntas

$$P\{\theta_i, z_j\} = P\{z_j \mid \theta_i\} P\{\theta_i\}$$

pueden obtenerse a partir de la tabla anterior multiplicando su primer renglón por 0.95 y su segundo renglón por 0.05. Por lo tanto, se obtiene

$$P\{\theta_i, z_j\} = \begin{array}{c|c|c|c} & z_1 & z_2 & z_3 \\ \hline \theta_1 & 0.8759 & 0.07296 & 0.00152 \\ \hline \theta_2 & 0.036125 & 0.01275 & 0.001125 \end{array}$$

Después determinamos $P\{z_j\}$ mediante el uso de la fórmula

$$P\{z_j\} = \sum_{i=1}^{2} P\{\theta_i, z_j\}$$

Esto es equivalente a sumar las columnas de la última tabla. Por lo tanto, se obtiene

$$P\{z_1\} = 0.912025, \quad P\{z_2\} = 0.08571, \quad P\{z_3\} = 0.002645$$

Por último, obtenemos las probabilidades posteriores utilizando la fórmula

$$P\{\theta_i \mid z_j\} = \frac{P\{\theta_i, z_j\}}{P\{z_j\}}$$

Estas probabilidades se determinan al dividir las columnas de la última tabla entre la expresión $P\{z_j\}$ asociada. Por lo tanto, obtenemos la tabla que sigue:

$$P\{\theta_i \mid z_j\} = \begin{array}{c|c|c|c} & z_1 & z_2 & z_3 \\ \hline \theta_1 & 0.96039 & 0.85124 & 0.57467 \\ \hline \theta_2 & 0.03961 & 0.14876 & 0.42533 \end{array}$$

Es interesante ver cómo las probabilidades *a posteriori* pueden afectar la decisión final dependiendo del resultado z_j de la prueba. Si ambos artículos probados son buenos ($z = z_1$), la probabilidad de que el lote sea bueno es 0.96039. Si ambos artículos son malos ($z = z_3$) es casi igualmente probable que el lote sea bueno o malo. Esto demuestra que la decisión final puede estar afectada por el resultado z_j. ◀

Ejercicio 12.1-4
En el ejemplo 12.1-4, supóngase que la prueba se aplica a una muestra de tamaño 1. Especifique los resultados de la prueba y compare las probabilidades posteriores mediante el uso de los datos del ejemplo.

[*Resp.* Existen z_1 y z_2 que representan dos resultados si el elemento probado es de buena o mala calidad. $P\{\theta_1|z_1\} = 0.955474$, $P\{\theta_1|z_2\} = 0.835165$, $P\{\theta_2|z_1\} = 0.044526$, y $P\{\theta_2|z_2\} = 0.164835$.]

Ahora ilustraremos la forma como se utilizan las probabilidades posteriores en la toma de decisiones.

Ejemplo 12.1-5
En el ejemplo 12.1-4, supóngase que el fabricante envía lotes a dos clientes, A y B. Los contratos especifican que el porcentaje de unidades defectuosas de A y B no debe exceder de 5 y 8, respectivamente. Se incurre en una penalización de $100 por punto porcentual superior al límite máximo. Por otra parte, el suministro de lotes de mejor calidad costará al fabricante $80 por punto porcentual. Suponiendo que se inspecciona una muestra de tamaño 2 antes del envío, ¿cómo debe decidir el fabricante a dónde enviar un lote inspeccionado?

Existen dos acciones posibles para este problema, es decir,

a_1: enviar el lote al cliente A
a_2: enviar el lote al cliente B

Haciendo que θ_1 y θ_2 representen los dos tipos de lotes con el 4% y el 15% de unidades defectuosas, podemos elaborar una matriz de costo de la manera siguiente:

$$C(a, \theta) = \begin{array}{c|c|c|} & \theta_1 & \theta_2 \\ \hline a_1 & \$80 & \$1000 \\ \hline a_2 & \$320 & \$700 \\ \hline \end{array}$$

La acción a_1 especifica que el cliente A aceptará lotes con el 5% de unidades defectuosas sin incurrir en penalización. Si el lote tiene el 4% de unidades defectuosas ($= \theta_1$) al fabricante le costará $(5 - 4) \times \$80 = \$80$ el suministro de un lote de mayor calidad que la que se necesita; pero si el lote tiene el 15% de unidades defectuosas ($= \theta_2$), se incurrirá en una penalización de $(15 - 5) \times \$100 = \$1\,000$. Se utiliza un razonamiento similar para obtener los elementos de costo de la acción a_2 (verifíquese esto).

Observaremos ahora que el proceso de toma de decisiones debe ser función de los resultados z_1, z_2 y z_3 de la prueba del ejemplo. Dicho de otra manera, debemos decidir qué acción es preferible (menos costosa) dado que el resultado de la prueba arroja dos artículos de buena calidad, uno de buena calidad o dos de mala calidad.

Basaremos nuestra decisión en la minimización de los costos esperados. Una fórmula general para calcular costos esperados es

$$E\{a_k|z_j\} = \sum_{\theta_i} C(a_k, \theta_i) P\{\theta_i|z_j\}$$

Caso 1: El resultado es z_1 (dos artículos de buena calidad):

$$E\{a_1|z_1\} = 80 \times 0.96039 + 1000 \times 0.03961 = \$116.44$$
$$E\{a_2|z_1\} = 320 \times 0.96039 + 700 \times 0.03961 = \$335.05$$

Por lo tanto, si el resultado es z_1, la decisión es la de enviar el lote al cliente A, ya que a_1 produce el costo esperado más bajo.

Caso 2: El resultado es z_2 (un artículo de buena calidad):

$$E\{a_1|z_2\} = 80 \times 0.85124 + 1000 \times 0.14876 = \$216.86$$
$$E\{a_2|z_2\} = 320 \times 0.85124 + 700 \times 0.14876 = \$376.53$$

Una vez más, como en el caso 1, el lote debe enviarse al cliente A si el resultado de la prueba indica un artículo de buena calidad.

Caso 3: El resultado es z_3 (dos artículos defectuosos):

$$E\{a_1|z_3\} = 80 \times 0.57467 + 1000 \times 0.42533 = \$471.30$$
$$E\{a_2|z_3\} = 320 \times 0.57467 + 700 \times 0.42533 = \$481.63$$

Por lo tanto, también en este caso, el lote debe enviarse al cliente A.

La decisión general del problema es que todos los lotes deben enviarse al cliente A, independientemente del resultado de la prueba. ◀

Ejercicio 12.1-5
Utilice los datos del ejemplo 12.1-5 para determinar la decisión óptima en el ejercicio 12.1-4. [*Resp.* Enviar los lotes a A sin importar el resultado de la prueba.]

12.2 ARBOLES DE DECISION

En la sección 12.1 presentamos criterios de decisión para evaluar lo que se pueden denominar alternativas "de un sola etapa", en el sentido de que ninguna decisión a futuro dependerá de la que se tome ahora. En esta sección consideramos un proceso de decisión "de múltiples etapas" en el cual se toman decisiones dependientes una tras otra. Se puede hacer una representación gráfica del problema de decisión mediante el uso de un **árbol de decisión**. Esta representación facilita el proceso de toma de decisiones. El ejemplo que sigue ilustra los fundamentos del procedimiento del árbol de decisión.

Ejemplo 12.2-1 [†]

Una compañía tiene ahora las opciones de construir una planta de tamaño completo o una pequeña que se pueda ampliar después. La decisión depende principalmente de las demandas futuras del producto que producirá la planta. La construcción de una planta de tamaño completo puede justificarse en términos económicos si el nivel de demanda es alto. En caso contrario, quizá sea recomendable construir una planta pequeña ahora y después decidir en dos años si ésta se debe ampliar.

El problema de decisión de múltiples etapas se presenta aquí porque si la compañía decide construir ahora una planta pequeña, en dos años deberá tomarse una decisión a futuro relativa a la expansión de dicha planta. Dicho de otra manera, el proceso de decisión implica dos etapas: una decisión ahora relativa a la dimensión o tamaño de la planta y una decisión de aquí a dos años referente a la expansión de la planta (suponiendo que se decide construir una planta pequeña ahora).

En la figura 12-1 se presenta un resumen del problema como un *árbol de decisión*. Se supone que la demanda puede ser alta o baja. El árbol de decisión tiene dos tipos de nodos: un cuadro (□) representa un *punto de decisión* y un círculo (○) denota un *evento probabilístico*. Por lo tanto, comenzando con el nodo 1 (un punto de decisión), debemos tomar una decisión referente al tamaño de la planta. El nodo 2

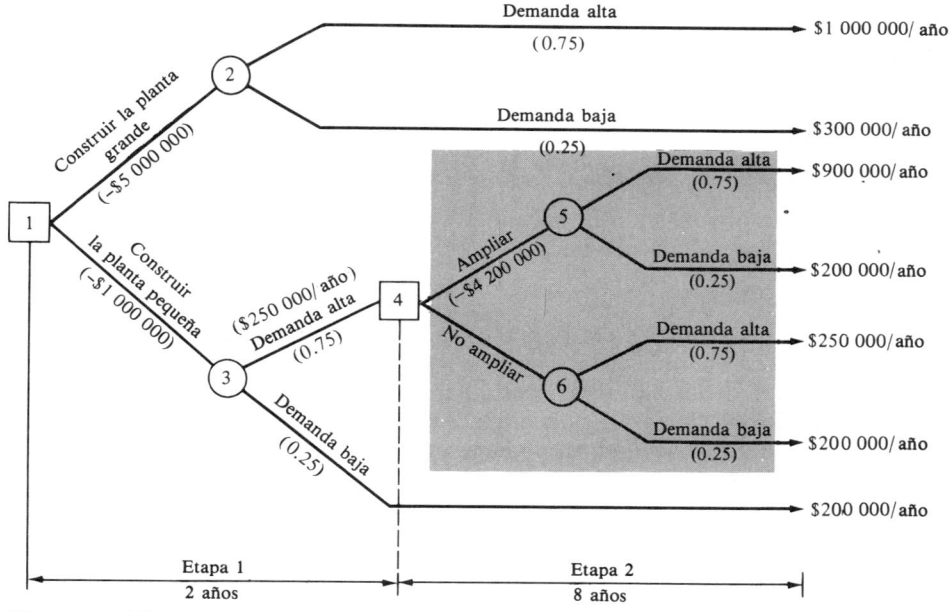

Figura 12-1

[†] Este ejemplo fue adaptado de la obra de J. F. Magee, "Decision Trees for Decision Making", *Harvard Business Review*, julio-agosto de 1964, págs. 126-138.

es un evento probabilístico del cual emanan dos ramas que representan demanda baja y alta, dependiendo de las condiciones del mercado. Estas condiciones se representarán al asociar probabilidades con cada rama. El nodo 3 es también un evento probabilístico del cual emanan dos ramas que representan demandas alta y baja.

Lógicamente, la compañía considerará la posible expansión a futuro de la planta pequeña sólo si la demanda en los dos primeros años resulta ser elevada. Esta es la razón por la que el nodo 4 representa un punto de decisión, donde las dos ramas que de él emanan representan las decisiones de "expansión" y de "no expansión". Una vez más, los nodos 5 y 6 son eventos probabilísticos y las ramas que emanan de cada uno representan demandas alta y baja.

Los datos del árbol de decisión deben incluir (1) las probabilidades asociadas con las ramas que emanan de los eventos de oportunidad y (2) los ingresos asociados con diversas alternativas del problema. Supóngase que la compañía está interesada en estudiar el problema en un periodo de 10 años. Un estudio del mercado señala que las probabilidades de tener demandas altas y bajas en los 10 años siguientes son 0.75 y 0.25, respectivamente. La construcción inmediata de una planta grande costará $5 millones y una planta pequeña costará sólo $1 millón. La expansión de la planta pequeña de aquí a dos años se calcula costará $4.2 millones. Los cálculos o estimaciones del ingreso anual de cada una de las alternativas están dados de la manera siguiente.

1. La planta completa y la demanda alta (baja) producirán $1 000 000 ($300 000 anualmente).
2. La planta pequeña y una baja demanda generarán $200 000 anuales.
3. La planta pequeña y una demanda alta producirán $250 000 para cada uno de los 10 años.
4. La planta pequeña ampliada con demanda alta (baja) generará $900 000 ($200 000 anualmente).
5. La planta pequeña sin expansión y con alta demanda en los dos primeros años, seguida de una baja demanda producirá $200 000 en cada uno de los ocho años restantes.

Estos datos se resumen en la figura 12-1. Ahora estamos listos para evaluar las alternativas. La decisión final debe señalarnos qué hacer en los nodos de decisión 1 y 4.

La evaluación de las alternativas está basada en el uso del criterio del valor esperado. Los cálculos empiezan en la etapa 2 y después retroceden a la etapa 1. Por lo tanto, en los últimos ocho años, podemos evaluar las dos alternativas en el nodo 4 de la manera siguiente:

$E\{$ganancia neta $\mid$ expansión$\}$
$$= (900\,000 \times 0.75 + 200\,000 \times 0.25) \times 8 - 4\,200\,000 = \$1\,600\,000$$

$E\{$ganancia neta $\mid$ no expansión$\}$
$$= (250\,000 \times 0.75 + 200\,000 \times 0.25) \times 8 = \mathbf{\$1\,900\,000}$$

Por lo tanto, en el nodo 4, la decisión indica que no habrá expansión y la ganancia neta esperada es $1 900 000.

Ahora podemos reemplazar todas las ramas que emanan del nodo 4 por una sola rama con una ganancia neta esperada de $1 900 000, que representa la ganancia neta para los *últimos ocho años*. Ahora efectuamos los cálculos de la etapa 1 que corresponden al nodo 1 como sigue:

E {ganancia neta | planta grande}
$$= (1\,000\,000 \times 0.75 + 300\,000 \times 0.25) \times 10 - 5\,000\,000 = \$3\,250\,000$$

E {ganancia neta | planta pequeña}
$$= (1\,900\,000 + 500\,000 \times 0.75 + 2\,000\,000 \times 0.25 - 1\,000\,000 = \$1\,300\,000$$

Por lo tanto, la decisión óptima en el nodo 1 consiste en construir ahora una planta grande. Tomar esta decisión ahora elimina evidentemente la consideración de las alternativas en el nodo 4. ◄

Ejercicio 12.2-1

En el ejemplo 12.2-1, supóngase que la demanda durante los últimos ocho años puede ser alta, mediana o baja, con las probabilidades 0.7, 0.2 y 0.1, respectivamente. Los ingresos anuales se resumen de la manera siguiente:

1. La planta pequeña ampliada con demandas alta, mediana y baja producirá un ingreso anual de $900 000, $600 000 y $200 000.
2. La planta pequeña no ampliada con demanda alta, mediana y baja rendirá un ingreso anual de $400 000, $280 000 y $150 000.

Determine la decisión óptima en el nodo 4.
[*Resp.* E {ganancia neta | expansión} = $1 960 000 y E {ganancia neta | no expansión} = $2 808 000. Por lo tanto, se decide no hacer la ampliación en el nodo 4.]

12.3 DECISIONES BAJO INCERTIDUMBRE

Esta sección aporta un número de criterios para tomar decisiones con incertidumbre según la hipótesis de que no se tiene disponible ninguna distribución de probabilidad. Los métodos que van a presentarse aquí son

1. Criterio de Laplace.
2. Criterio minimax.
3. Criterio de Savage.
4. Criterio de Hurwicz.

La diferencia principal entre estos criterios la refleja cuán conservador es el decisor al tratar con las condiciones de incertidumbre prevalecientes. Por ejemplo, se mostrará que el criterio de Laplace está basado en condiciones más optimistas que el criterio minimax. También se mostrará que el criterio de Hurwicz puede ajustarse para reflejar actitudes que varían desde la más optimista hasta la más pesimista.

En este aspecto, los criterios, aun cuando son cuantitativos en naturaleza, reflejan una evaluación subjetiva del medio ambiente en el que se toma la decisión. Desafortunadamente no existen guías generales acerca de cuál criterio deberá implantarse, ya que el modo (cambiante) del decisor, dictado por la incertidumbre de la situación, puede ser un factor importante al decidir sobre la elección del criterio más adecuado.

En los criterios anteriores se supone que el decisor no tiene un oponente *inteligente*. En este caso se dice que la "naturaleza" es el oponente y que no existe razón para creer que la "naturaleza" *se proponga* infligir pérdidas al decisor.

Sin embargo, existen situaciones donde la naturaleza es reemplazada por un oponente inteligente cuyos intereses están en conflicto con los del decisor. Dos ejércitos en contienda proporcionan una situación común donde cada ejército representa un oponente inteligente. La existencia de este nuevo elemento requiere provisiones especiales al diseñar un criterio adecuado. La **teoría de los juegos** que se presentará en la sección 12.4 maneja este caso.

La información utilizada al tomar decisiones con incertidumbre, generalmente se resume en la forma de una matriz en la que sus renglones representan **acciones** posibles, y sus columnas **estados** futuros posibles del sistema. Considere por ejemplo, la situación donde una compañía afronta un estado de huelga. Dependiendo de la duración de la huelga debe mantenerse un nivel de inventario para un cierto artículo. Los estados futuros del sistema (columnas) están representados por la duración posible de la huelga, mientras que las acciones (renglones) están representadas por el nivel de inventario que deberá mantenerse. Esto significa que una acción representa una decisión posible.

Asociado a cada acción y cada estado futuro está un resultado que evalúa la ganancia (o pérdida) resultante de tomar tal acción cuando ocurre un estado futuro dado. Por consiguiente, si a_i representa la *i*-ésima acción ($i = 1, 2, \ldots, m$) y θ_j representa el *j*-ésimo estado futuro ($j = 1, 2, \ldots, n$), entonces $v(a_i, \theta_j)$ representará el resultado respectivo. En general $v(a_i, \theta_j)$ puede ser una función continua de a_i y θ_j. En condiciones discretas, esta información se dispone como se muestra en la matriz siguiente. Esta representación será la base para desarrollar el criterio para decisiones con incertidumbre.

	θ_1	θ_2	$\ldots$	θ_n
a_1	$v(a_1, \theta_1)$	$v(a_1, \theta_2)$	$\ldots$	$v(a_1, \theta_n)$
a_2	$v(a_2, \theta_1)$	$v(a_2, \theta_2)$	$\ldots$	$v(a_2, \theta_n)$
$\vdots$	$\vdots$	$\vdots$		$\vdots$
a_m	$v(a_m, \theta_1)$	$v(a_m, \theta_2)$	$\ldots$	$v(a_m, \theta_n)$

12.3.1 CRITERIO DE LAPLACE

Este criterio está basado en lo que se conoce como **principio de razón insuficiente**. Ya que las probabilidades asociadas a la ocurrencia de $\theta_1, \theta_2, \ldots,$ y θ_n se desconocen, no existe información suficiente para concluir que estas probabilidades serán diferentes. Pero si este no es el caso, uno debe ser capaz de asignar tales probabilidades y entonces, ya no es una decisión con incertidumbre. Por consiguiente, debido a una razón insuficiente para creer otra cosa los estados $\theta_1, \theta_2, \ldots,$ y θ_n tienen la misma posibilidad de ocurrir. Cuando se establece esta conclusión, el problema se convierte en una decisión con riesgo, donde se elige la acción a_i que proporciona la ganancia mayor *esperada*. Esto es, seleccionar la acción a_i^* correspondiente a

$$\max_{a_i}\left\{\frac{1}{n}\sum_{j=1}^{n} v(a_i, \theta_j)\right\}$$

donde $1/n$ es la probabilidad de que ocurra θ_j $(j = 1, 2, \ldots, n)$.

Ejemplo 12.3-1

Una instalación recreativa debe decidir acerca del nivel de abastecimientos que debe almacenar para satisfacer las necesidades de sus clientes durante uno de los días de fiesta. El número exacto de clientes no se conoce, pero se espera que esté en una de cuatro categorías: 200, 250, 300 o 350 clientes. Se sugieren, por consiguiente, cuatro niveles de abastecimiento, siendo el nivel i el ideal (desde el punto de vista de costos) si el número de clientes queda en la categoría i. La desviación respecto de niveles ideales resulta en costos adicionales, ya sea porque se tenga un abastecimiento extra sin necesidad o porque la demanda no pueda satisfacerse. La tabla que sigue proporciona estos costos en miles de unidades monetarias.

		Categoría de clientes			
		θ_1	θ_2	θ_3	θ_4
Nivel de abastecimiento	a_1	5	10	18	25
	a_2	8	7	8	23
	a_3	21	18	12	21
	a_4	30	22	19	15

El principio de Laplace supone que $\theta_1, \theta_2, \theta_3$ y θ_4 tienen la misma posibilidad de suceder. Por consiguiente, las probabilidades asociadas son $P\{\theta = \theta_j\} = 1/4$, $j = 1, 2, 3, 4$ y los costos esperados para las acciones diferentes a_1, a_2, a_3 y a_4 son

$$E\{a_1\} = (1/4)(5 + 10 + 18 + 25) = 14.5$$
$$E\{a_2\} = (1/4)(8 + 7 + 8 + 23) = \mathbf{11.5}$$
$$E\{a_3\} = (1/4)(21 + 18 + 12 + 21) = 18.0$$
$$E\{a_4\} = (1/4)(30 + 22 + 19 + 15) = 21.5$$

Por lo tanto, el mejor nivel de inventario de acuerdo con el criterio de Laplace está especificado por a_2. ◂

Ejercicio 12.3-1

Supóngase que se decide que la categoría de cliente 4 no es una posibilidad factible y determine el abastecimiento óptimo del ejemplo 12.3-1. [Resp. a_2.]

12.3.2 CRITERIO MINIMAX (MAXIMIN)

Este es el criterio más conservador ya que está basado en lograr lo mejor de las peores condiciones posibles. Esto es, si el resultado $v(a_i, \theta_j)$ representa pérdida para el decisor, entonces, para a_i la peor pérdida independientemente de lo que θ_j pueda ser, es $\max_{\theta_j} \{v(a_i, \theta_j)\}$. El **criterio minimax** elige entonces la acción a_i asociada a $\min_{a_i} \max_{\theta_j} \{v(a_i, \theta_j)\}$. En una forma similar, si $v(a_i, \theta_j)$ representa la ganancia, el criterio elige la acción a_i asociada a $\max_{a_i} \min_{\theta_j} \{v(a_i, \theta_j)\}$. Esta se llama **criterio maximin**.

Ejemplo 12.3-2
Considere el ejemplo 12.3-1. Ya que $v(a_i, \theta_j)$ representa costo, el criterio minimax es aplicable. Los cálculos se resumen en la matriz que sigue. La estrategia minimax es a_3.

	θ_1	θ_2	θ_3	θ_4	$\max_{\theta_j}\{v(a_i, \theta_j)\}$
a_1	5	10	18	25	25
a_2	8	7	8	23	23
a_3	21	18	12	21	**21** ← valor minimax
a_4	30	22	19	15	30

$v(a_j, \theta_j) = $

Ejercicio 12.3-2
Aplique el criterio minimax al ejercicio 12.3-1.
[*Resp*. El valor minimax = 8, que corresponde a a_2.]

12.3.3 CRITERIO DE DEPLORACION MINIMAX DE SAVAGE

El criterio minimax de la sección 12.3.2 es extremadamente conservador, a un grado de tensión que puede algunas veces llevar a conclusiones ilógicas. Considere la matriz de *pérdidas* siguiente, la cual generalmente se cita como un ejemplo clásico para justificar la necesidad del criterio "menos conservador" de Savage.

	θ_1	θ_2
a_1	$11 000	$90
a_2	$10 000	$10 000

$v(a_i, \theta_j) = $

Un criterio minimax aplicado a esta matriz proporciona a_2. Pero intuitivamente uno se inclina a elegir a_1, ya que existe una oportunidad de que si $\theta = \theta_2$ únicamente se perderán $90, mientras que es cierto que a_2 proporcionará una pérdida de $10 000 independientemente de que $\theta = \theta_1$ o θ_2.

12.3]   Decisiones bajo incertidumbre   **501**

El criterio de Savage "rectifica" este punto construyendo una nueva matriz de pérdidas en la cual $v(a_i, \theta_j)$ se reemplaza por $r(a_i, \theta_j)$ la cual se define como

$$r(a_i, \theta_j) = \begin{cases} \max_{a_k}\{v(a_k, \theta_j)\} - v(a_i, \theta_j), & \text{si } v \text{ es beneficio} \\ v(a_i, \theta_j) - \min_{a_k}\{v(a_k, \theta_j)\}, & \text{si } v \text{ es pérdida} \end{cases}$$

Esto significa que $r(a_i, \theta_j)$ es la diferencia entre la mejor selección en la columna θ_j y los valores de $v(a_i, \theta_j)$ en la misma columna. En esencia, $r(a_i, \theta_j)$ es una representación de "arrepentimiento" del decisor como resultado de perder la mejor selección correspondiente a un estado futuro dado θ_j. La función $r(a_i, \theta_j)$ se conoce como la **matriz de deploración**.

Para mostrar cómo los nuevos elementos $r(a_i, \theta_j)$ producen una conclusión lógica para el ejemplo anterior, considere

$$r(a_i, \theta_j) = \begin{array}{c|cc} & \theta_1 & \theta_2 \\ \hline a_1 & \$1000 & \$0 \\ a_2 & \$0 & \$9\,910 \end{array}$$

El criterio minimax proporciona a_1 como se esperaba.

Observe que si $v(a_i, \theta_j)$ es una función de beneficio o de pérdida, $r(a_i, \theta_j)$ es una función de deploración, la cual en ambos casos representa pérdidas. Por consiguiente, únicamente el criterio minimax (y no el maximin) puede ser aplicado a $r(a_i, \theta_j)$.

Ejemplo 12.3-3

Considere el ejemplo 12.3-1. La matriz dada representa costos. La correspondiente matriz de deploración se determina restando 5, 7, 8 y 15 de las columnas 1, 2, 3 y 4, respectivamente.

$$r(a_i, \theta_j) = \begin{array}{c|cccc|c} & \theta_1 & \theta_2 & \theta_3 & \theta_4 & \max_{\theta_j}\{r(a_i, \theta_j)\} \\ \hline a_1 & 0 & 3 & 10 & 10 & 10 \\ a_2 & 3 & 0 & 0 & 8 & 8 \leftarrow \text{valor minimax} \\ a_3 & 16 & 11 & 4 & 6 & 16 \\ a_4 & 25 & 15 & 11 & 0 & 25 \end{array}$$

Aunque el mismo criterio minimax se utiliza para determinar la mejor acción (a_2 en este caso), el uso de $r(a_i, \theta_j)$ ha resultado en una solución diferente de la del ejemplo 12.3-2   ◀

Ejercicio 12.3-3

Resuelva el ejemplo 12.3-3 suponiendo que a_2 no es una posibilidad.
[*Resp*. El minimax de $r(a_i, \theta_j) = 10$, que corresponde a a_1.]

12.3.4 CRITERIO DE HURWICZ

Este criterio representa un intervalo de actitudes desde la más optimista hasta la más pesimista. En las condiciones más optimistas se elegiría la acción que proporcione el máx$_{a_i}$ máx$_{\theta_j}$ {$v(a_i, \theta_j)$}. [Se supone que $v(a_i, \theta_j)$ representa ganancia o beneficio.] De igual manera, en las condiciones más pesimistas, la acción elegida corresponde a máx$_{a_i}$ mín$_{\theta_j}$ {$v(a_i, \theta_j)$}. El criterio de Hurwicz da un equilibrio entre el optimismo extremo y el pesimismo extremo ponderando las dos condiciones anteriores por los pesos respectivos α y $(1 - \alpha)$, donde $0 \leq \alpha \leq 1$. Esto es, si $v(a_i, \theta_j)$ representa beneficio, seleccione la acción que proporcione

$$\max_{a_i} \{\alpha \max_{\theta_j} v(a_i, \theta_j) + (1 - \alpha) \min_{\theta_j} v(a_i, \theta_j)\}$$

Para el caso donde $v(a_i, \theta_j)$ representa un costo, el criterio selecciona la acción que proporciona

$$\min_{a_i} \{\alpha \min_{\theta_j} v(a_i, \theta_j) + (1 - \alpha) \max_{\theta_j} v(a_i, \theta_j)\}$$

El parámetro α se conoce como índice de optimismo: cuando $\alpha = 1$, el criterio es demasiado optimista; cuando $\alpha = 0$, es demasiado pesimista. Un valor de α entre cero y uno puede seleccionarse, dependiendo de si el decisor tiende hacia el pesimismo o al optimismo. En ausencia de una sensación fuerte de una circunstancia u otra, un valor de $\alpha = 1/2$ parece ser una selección razonable.

Ejemplo 12.3-4
El principio de Hurwicz se aplica al ejemplo 12.3-1. Se supone que $\alpha = 1/2$. Los cálculos necesarios se muestran enseguida. La solución óptima está dada por a_1 o a_2.

	mín$_{\theta_j}$ $v(a_i, \theta_j)$	máx$_{\theta_j}$ $v(a_i, \theta_j)$	α mín$_{\theta_j}$ $v(a_i, \theta_j) + (1 - \alpha)$máx$_{\theta_j}$ $v(a_i, \theta_j)$
a_1	5	25	**15** ← mín$_{a_i}$
a_2	7	23	**15**
a_3	12	21	16.5
a_4	15	30	22.5

Ejercicio 12.3-4
Resuelva el ejemplo 12.3-4 suponiendo que $\alpha = 0.75$.
[*Resp*. Elija a_1 con un valor de 10.]

12.4 TEORIA DE JUEGOS

En la sección 12.3 los criterios para decisiones bajo incertidumbre se han desarrollado bajo la hipótesis de que la "naturaleza" es el oponente. En este aspecto la naturaleza no es malévola. Esta sección trata de las decisiones con incertidumbre comprendiendo dos o más oponentes *inteligentes* donde cada oponente aspira a optimizar su propia decisión, pero a costa de los otros. Ejemplos típicos incluyen desarrollar campañas publicitarias para productos competitivos y planear tácticas destinadas a los bandos contendientes.

En la teoría de juegos, un oponente se designa como **jugador**. Cada jugador tiene un número de elecciones finito o infinito, llamadas **estrategias**. Los **resultados** o **pagos** de un juego se resumen como funciones de las diferentes estrategias para cada jugador. Un juego con dos jugadores, donde la ganancia de un jugador es *igual* a la pérdida del otro, se conoce como un **juego de dos personas y suma cero**. En tal juego es suficiente expresar los resultados en términos del pago a un jugador. En general se emplea una matriz similar a la utilizada en la sección 12.3 para resumir los pagos al jugador cuyas estrategias están dadas por los renglones de la matriz. Esta sección trata principalmente con juegos de dos personas y suma cero.

Ejemplo 12.4-1

Para ilustrar las definiciones de un juego de *dos personas* y *suma cero* considere un juego de "igualar" monedas, en el cual cada uno de 2 jugadores A y B elige sol (S) o águila (A). Si son iguales los dos resultados (esto es, S y S o A y A), el jugador A gana \$1.00 al jugador B. De otra manera, A pierde \$1.00 que paga a B.

En este juego cada jugador tiene dos estrategias S o A. Esto proporciona la siguiente matriz de juegos 2×2 expresada en términos del pago al jugador A.

$$\text{Jugador } A \begin{array}{c} \\ A \\ S \end{array} \begin{array}{c} \text{Jugador } B \\ \begin{array}{cc} A & S \end{array} \\ \left| \begin{array}{cc} 1 & -1 \\ -1 & 1 \end{array} \right. \end{array}$$

La solución "óptima" a tal juego puede necesitar que cada jugador emplee una **estrategia pura** (por ejemplo, S o A) o una mezcla de estrategias puras. El último caso se conoce como la selección de **estrategia mixta**. ◀

12.4.1 SOLUCION OPTIMA DE JUEGOS DE DOS PERSONAS Y SUMA CERO

La selección de un criterio para resolver un problema de decisión depende mucho de la información disponible. Los juegos representan el último caso de falta de información donde los oponentes inteligentes están trabajando en un medio circundante conflictivo. El resultado es que un criterio muy conservador generalmente está propuesto para resolver juegos de dos personas y suma cero, llamado el criterio **minimax-maximin**. El lector ya ha visto este criterio en la sección 12.3.2. La prin-

504 Teoría de decisiones y juegos [C.12]

cipal diferencia es que la "naturaleza" no está considerada como un oponente activo, o (malévolo) en tanto que en la teoría de los juegos cada jugador es inteligente y por tanto, activamente trata de derrotar a su oponente.

Para adaptarse al hecho de que cada oponente está trabajando en contra de los intereses del otro, el criterio minimax elige la estrategia (mixta o pura) de cada jugador que proporciona el *mejor* de los *peores* resultados posibles. Se dice que se alcanza una solución óptima si ningún jugador encuentra beneficioso alterar su estrategia. En este caso se dice que el juego es **estable** o se encuentra en estado de equilibrio.

Ya que la matriz del juego generalmente se expresa en términos del pago al jugador A (cuyas estrategias están representadas por los renglones), el criterio (conservador) requiere que A seleccione la estrategia (mixta o pura) que maximice su ganancia mínima; el mínimo se toma sobre todas las estrategias del jugador B. Por el mismo razonamiento, el jugador B elige su estrategia que minimice sus máximas pérdidas. De nuevo, el máximo se toma sobre todas las estrategias de A.

El siguiente ejemplo ilustra los cálculos de los valores minimax y maximin de un juego.

Ejemplo 12.4-2

Considere la matriz de pagos siguiente que representa la ganancia del jugador A. Los cálculos de los valores minimax y maximin se muestran en la matriz.

		Jugador B			
	1	2	3	4	Mínimo de renglón
Jugador A 1	8	2	9	5	2
2	6	5	7	18	**5 maximin**
3	7	3	-4	10	-4
Máximo de columna	8	**5** minimax	9	18	

Cuando el jugador A juega su primera estrategia, puede ganar 8, 2, 9 o 5, dependiendo de la estrategia elegida por el jugador B. Puede garantizar, sin embargo, una ganancia de por lo menos mín $\{8, 2, 9, 5\} = 2$, independientemente de la estrategia elegida por B, de igual manera, si A juega su segunda estrategia, garantiza un ingreso de al menos mín $\{6, 5, 7, 18\} = 5$; si juega su tercera estrategia, garantiza un ingreso de por lo menos mín $\{7, 3, -4, 10\} = -4$. Por consiguiente, el valor mínimo en cada renglón representa la ganancia mínima garantizada a A si éste juega sus estrategias puras. Estas se indican en la matriz anterior como "mínimo de renglón". Ahora, el jugador A, eligiendo su segunda estrategia, está maximizando su ganancia mínima. Esta ganancia está dada por máx $\{2, 5, -4\} = 5$. La selección del jugador A se llama **estrategia maximin**, y su ganancia correspondiente se conoce como **valor maximin** (o **inferior**) del juego.

El jugador B, por otra parte, quiere minimizar sus pérdidas. Observa que, si juega su primera estrategia pura, puede perder no más que máx $\{8, 6, 7\} = 8$, independientemente de las selecciones de A. Un argumento similar puede también ser aplicado a las tres estrategias restantes. Los resultados correspondientes, por lo tanto, se indicaron en la matriz anterior como "máximo de columna". El jugador B seleccionará entonces la estrategia que minimice sus pérdidas máximas. Esto lo toma en cuenta la segunda estrategia y su pérdida correspondiente está dada por mín {8, 5, 9, 18} = 5. La selección del jugador B se conoce como la **estrategia minimax** y su pérdida correspondiente se llama **valor minimax** (o **superior**) del juego. ◄

De las condiciones que gobiernan el criterio minimax, el valor minimax (superior) es *mayor que* o *igual al* valor máximo (inferior) (véase el problema 12-24). En el caso donde ocurre la igualdad, esto es, valor minimax = valor maximin, las estrategias puras correspondientes se conocen como estrategias "óptimas" y se dice que el juego tiene un **punto de silla**. El valor del juego, dado por la cantidad común de las estrategias puras óptimas, es igual a los valores maximin y minimax. La "Optimidad" significa aquí que ningún jugador está tentado a cambiar su estrategia, ya que su oponente puede contraatacar eligiendo otra estrategia que proporcione pagos menos atractivos. En general, el valor del juego debe satisfacer la desigualdad

valor maximin (inferior) ≤ valor del juego ≤ valor minimax (superior)

En el ejemplo anterior, el valor maximin = valor minimax = 5. Esto implica que el juego tiene un punto de silla en (2, 2) en la matriz. El valor del juego, por consiguiente, es igual a 5. Observe que ningún jugador puede mejorar su posición seleccionando alguna otra estrategia.

12.4.2 ESTRATEGIAS MIXTAS

La sección anterior muestra que la existencia de un punto de silla proporciona inmediatamente las estrategias puras óptimas para el juego. Sin embargo, algunos juegos no tienen punto de silla. Por ejemplo, considere el siguiente juego de suma cero.

	B 1	2	3	4	Mínimo de renglón
A 1	5	−10	9	0	−10
2	6	7	8	1	1
3	8	7	15	2	**2 Maximin**
4	3	4	−1	4	−1
Máximo de columna	8	7	15	**4** Minimax	

El valor minimax (= 4) es mayor que el valor maximin (= 2). Por consiguiente, el juego no tiene un punto de silla y las estrategias puras maximin-minimax no son óptimas. Esto es cierto ya que cada jugador puede mejorar su pago eligiendo una estrategia diferente. En este caso, se dice que el juego es **inestable**.

El fracaso de las estrategias minimax-maximin (puras), en general, para dar una solución óptima al juego ha llevado a la idea de usar estrategias mixtas. Cada jugador, en lugar de seleccionar una estrategia pura solamente, puede jugar todas sus estrategias de acuerdo con un conjunto predeterminado de probabilidades. Sean x_1, $x_2, \ldots, x_m$ y $y_1, y_2, \ldots, y_n$ las probabilidades del renglón y de columna por las cuales A y B, respectivamente, seleccionarán sus estrategias puras. Entonces

$$\sum_{i=1}^{m} x_i = \sum_{j=1}^{n} y_j = 1$$

$$x_i, y_j \geq 0, \quad \text{para toda } i \text{ y } j$$

Por consiguiente, si a_{ij} representa el (i,j)-ésimo elemento de la matriz del juego, x_i y y_j aparecerán como en la matriz siguiente:

$$A \begin{array}{c} \\ x_1 \\ x_2 \\ \vdots \\ x_m \end{array} \begin{array}{|cccc} \multicolumn{4}{c}{B} \\ y_1 & y_2 & \cdots & y_n \\ \hline a_{11} & a_{12} & \cdots & a_{1n} \\ a_{21} & a_{22} & \cdots & a_{2n} \\ \vdots & \vdots & & \vdots \\ a_{m1} & a_{m2} & \cdots & a_{mn} \end{array}$$

La solución del problema de estrategias mixtas está basada también en el criterio minimax dado en la sección 12.4.1. La única diferencia es que A elige x_i la cual maximiza el pago *esperado* más pequeño en una columna, en tanto que B selecciona y_j la cual minimiza el mayor pago *esperado* en un renglón. Matemáticamente el criterio minimax para una estrategia mixta está dado como sigue. El jugador A elige x_i ($x_i \geq 0$, $\sum_{i=1}^{m} x_i = 1$) lo cual proporcionará

$$\max_{x_i} \left\{ \min \left(\sum_{i=1}^{m} a_{i1} x_i, \sum_{i=1}^{m} a_{i2} x_i, \ldots, \sum_{i=1}^{m} a_{in} x_i \right) \right\}$$

y el jugador B selecciona y_j ($y_j \geq 0$, $\sum_{j=1}^{n} y_j = 1$) lo cual proporcionará

$$\min_{y_j} \left\{ \max \left(\sum_{j=1}^{n} a_{1j} y_j, \sum_{j=1}^{n} a_{2j} y_j, \ldots, \sum_{j=1}^{n} a_{mj} y_j \right) \right\}$$

Estos valores se denominan pagos maximin y minimax esperados, respectivamente. Como en el caso de estrategias puras, se verifica la relación

pago esperado minimax $\geq$ pago esperado maximin

Cuando x_i y y_j corresponden a la solución óptima, se cumple la igualdad y los valores resultantes llegan a ser iguales al valor esperado (óptimo) del juego. Este resultado se deduce del **teorema minimax** y se establece aquí sin pruebas (véase el problema 12.31). Si x_i^* y y_j^* son las soluciones óptimas para ambos jugadores cada elemento de pago a_{ij} estará asociado a la probabilidad $(x_i^* y_j^*)$. Por consiguiente, el valor esperado óptimo del juego es

$$v^* = \sum_{i=1}^{m} \sum_{j=1}^{n} a_{ij} x_i^* y_j^*$$

Existen varios métodos para resolver juegos de dos personas y suma cero para los valores de x_i y y_j. Esta sección presenta solamente dos métodos. El método gráfico para resolver juegos $(2 \times n)$ o $(m \times 2)$ se presenta en la sección 12.4.3, y el método de programación lineal general para resolver cualquier juego $(m \times n)$ se expone en la sección 12.4.4.

12.4.3 SOLUCION GRAFICA DE JUEGOS DE (2 × N) Y (M × 2)

Las soluciones gráficas son únicamente aplicables a juegos en los cuales, por lo menos uno de los jugadores, tiene solamente dos estrategias. Considere el siguiente juego $(2 \times n)$.

		y_1	y_2	$\cdots$	y_n
A	x_1	a_{11}	a_{12}	$\cdots$	a_{1n}
	$x_2 = 1 - x_1$	a_{21}	a_{22}	$\cdots$	a_{2n}

con B arriba.

Se supone que este juego no tiene un punto de silla.

Puesto que A tiene dos estrategias, se deduce que $x_2 = 1 - x_1$; $x_1 \geq 0$, $x_2 \geq 0$. Los pagos esperados correspondientes a las estrategias *puras* de B se muestran en la siguiente tabla

Estrategia pura de B	Pago esperado de A
1	$(a_{11} - a_{21})x_1 + a_{21}$
2	$(a_{12} - a_{22})x_1 + a_{22}$
$\vdots$	
n	$(a_{1n} - a_{2n})x_1 + a_{2n}$

Esto muestra que el pago promedio de A varía linealmente con x_1.

Según el criterio minimax de juegos de estrategias mixtas, el jugador A debe seleccionar el valor de x_1 que maximice sus pagos mínimos esperados. Esto se puede lograr trazando las líneas rectas como funciones de x_1. El ejemplo que sigue ilustra el procedimiento.

Ejemplo 12.4-3
Considere el siguiente juego (2 × 4).

$$
A \begin{array}{c} \\ 1 \\ 2 \end{array} \begin{array}{|cccc} & & B & \\ 1 & 2 & 3 & 4 \\ \hline 2 & 2 & 3 & -1 \\ 4 & 3 & 2 & 6 \end{array}
$$

Este juego no tiene un punto de silla. Por consiguiente, los pagos esperados de A correspondientes a las estrategias puras de B están dados como sigue.

Estrategias puras de B	Pago esperado de A
1	$-2x_1 + 4$
2	$-x_1 + 3$
3	$x_1 + 2$
4	$-7x_1 + 6$

Estas cuatro rectas se trazan entonces como funciones de x_1 como se muestra en la figura 12-2. El maximin ocurre en $x_1^* = 1/2$. Este es el punto de intersección de dos de las rectas 2, 3 y 4 *cualesquiera*. Consecuentemente, la estrategia óptima de A es $(x_1^* = 1/2, x_2^* = 1/2)$, y el valor del juego se obtiene sustituyendo x_1 en la ecuación de cualesquiera de las líneas que pasan por el punto maximin. Esto da

$$v^* = \begin{cases} -1/2 + 3 = 5/2 \\ 1/2 + 2 = 5/2 \\ -7(1/2) + 6 = 5/2 \end{cases}$$

A fin de determinar las estrategias óptimas de B deberá observarse que 3 rectas pasan por el punto maximin. Esto es una indicación de que B puede mezclar las

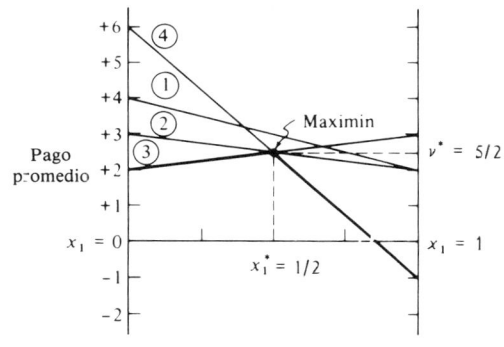

Figura 12-2

tres estrategias. Dos rectas cualesquiera que tengan signos *opuestos* en sus pendientes definen una solución óptima alternativa. Por consiguiente, de las tres combinaciones (2,3), (2,4) y (3,4), la combinación (2,4) debe excluirse como no óptima.

La primera combinación (2,3) implica que $y_1^* = y_4^* = 0$. Consecuentemente, $y_3 = 1 - y_2$ y los pagos promedios de B correspondientes a las estrategias puras de A están dados como sigue:

Estrategia pura de A	Pago esperado de B
1	$-y_2 + 3$
2	$y_2 + 2$

Por consiguiente, y_2^* (correspondiente al punto minimax) puede determinarse de

$$-y_2^* + 3 = y_2^* + 2$$

Esto da $y_2^* = 1/2$. Observe que sustituyendo $y_2^* = 1/2$ en los pagos esperados de B dados anteriormente, el valor minimax es 5/2, el que es igual al valor del juego v^* como debería esperarse.

La combinación restante (3,4) puede tratarse similarmente para obtener una solución óptima alternativa. Cualquier promedio ponderado de las combinaciones (2,3) y (3,4) proporcionará también una nueva solución óptima que mezcle las tres estrategias 2, 3 y 4. El tratamiento de este caso se deja como ejercicio para el lector. (Véase el problema 12-27.) ◀

Ejercicio 12.4-1

Considere el ejemplo 12.4-3.
(a) Determine estrategias puras de B que puedan suprimirse sin afectar la solución óptima.
   [*Resp.* Suprima las estrategias de B, 1 y 2.]
(b) Si se elimina la tercera estrategia pura de B, determine la solución óptima.
   [*Resp.* Ocurre una solución óptima de punto de silla cuando cada jugador selecciona su segunda estrategia pura.]

Ejemplo 12.4-4

Considere el siguiente juego (4 × 2):

$$A\begin{array}{c|cc} & \multicolumn{2}{c}{B} \\ & 1 & 2 \\ \hline 1 & 2 & 4 \\ 2 & 2 & 3 \\ 3 & 3 & 2 \\ 4 & -2 & 6 \end{array}$$

El juego no tiene un punto de silla. Sean y_1 y y_2 ($= 1 - y_1$) dos estrategias mixtas de B. Por consiguiente,

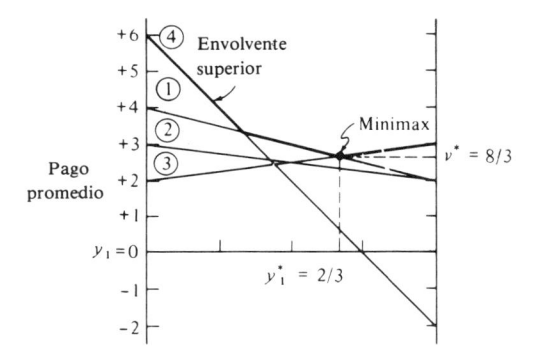

Figura 12-3

Estrategia pura de A	Pagos esperados para B
1	$-2y_1 + 4$
2	$-y_1 + 3$
3	$y_1 + 2$
4	$-8y_1 + 6$

Estas cuatro rectas se trazan en la figura 12-3. En este caso, el punto minimax se determina como el punto más bajo de la envolvente superior. El valor de y_1^* se obtiene como el punto de intersección de las líneas 1 y 3. Esto proporciona $y_1^* = 2/3$ y $v^* = 8/3$.

Las rectas que se cortan en el punto minimax corresponden a las estrategias puras 1 y 3 de A. Esto indica que $x_2^* = x_4^* = 0$. Consecuentemente, $x_1 = 1 - x_3$ y los pagos promedio de A correspondientes a las estrategias puras de B son

Estrategia pura de B	Pago esperado de A
1	$-x_1 + 3$
2	$2x_1 + 2$

El punto x_1^* se determina resolviendo

$$-x_1^* + 3 = 2x_1^* + 2$$

Lo anterior da $x_1^* = 1/3$. Por consiguiente, las estrategias óptimas de A son $x_1^* = 1/3$, $x_2^* = 0$, $x_3^* = 2/3$, $x_4^* = 0$. Esto proporciona $v^* = 8/3$ como antes. ◀

Ejercicio 12.4-2
(a) En el ejemplo 12.4-4, determine estrategias puras de A que sean estrictamente dominadas por otras.
[*Resp*. La estrategia 2 está estrictamente dominada por la estrategia 1.]

(b) Si se suprime la estrategia pura 1 de A del ejemplo 12.4-4, determine la nueva solución óptima para A y B.
[*Resp.* El jugador A juega al 2 y 3 con iguales probabilidades y el jugador B juega sus dos estrategias también con iguales probabilidades.]

12.4.4 SOLUCION DE JUEGOS (M × N) POR PROGRAMACION LINEAL

La teoría de juegos tiene una relación estrecha con la programación lineal, ya que todo juego finito de dos personas y suma cero puede expresarse como un problema lineal y, recíprocamente, todo problema lineal puede representarse como un juego. En efecto, G. Dantzig establece [(1963), pág. 24] que J. von Neumann, padre de la teoría de juegos, cuando introdujo primero el método símplex de programación lineal (1947), reconoció inmediatamente esta relación y adicionalmente señaló y destacó el concepto de *dualidad* en la programación lineal. Esta sección ilustra la solución de problemas de juegos por medio de programación lineal. Especialmente útil para juegos con matrices grandes.

La sección 12.4.2 muestra que las estrategias mixtas óptimas de A satisfacen

$$\max_{x_i} \left\{ \min\left(\sum_{i=1}^{m} a_{i1}x_i, \sum_{i=1}^{m} a_{i2}x_i, \ldots, \sum_{i=1}^{m} a_{in}x_i \right) \right\}$$

sujetas a las restricciones

$$x_1 + x_2 + \cdots + x_m = 1$$
$$x_i \geq 0, \quad i = 1, 2, \ldots, m$$

Este problema puede ponerse en la forma de programación lineal como sigue. Sea

$$v = \min\left(\sum_{i=1}^{m} a_{i1}x_i, \sum_{i=1}^{m} a_{i2}x_i, \ldots, \sum_{i=1}^{m} a_{in}x_i \right)$$

entonces el problema será (ejemplo 2.3-3)

$$\text{maximizar } z = v$$

sujeto a

$$\sum_{i=1}^{m} a_{ij} x_i \geq v, \quad j = 1, 2, \ldots, n$$

$$\sum_{i=1}^{m} x_i = 1$$

$$x_i \geq 0, \quad \text{para toda } i$$

En este caso v representa el valor del juego.

La formulación de programación lineal anterior puede simplificarse dividiendo entre v todas las $(n + 1)$ restricciones. Esta división es correcta siempre que $v > 0$. De otra manera si $v < 0$, debe invertirse el sentido de las restricciones de desigualdad. Si $v = 0$ no está definida la división. Este punto no presenta ningún problema especial ya que puede agregarse una constante positiva K a todos los elementos de la matriz, garantizando por consiguiente, que sea mayor que 0 el valor del juego para la matriz "modificada". El valor *real* del juego se determina restando K del valor *modificado* del juego. En general, si el valor maximin del juego es no negativo el valor del juego es mayor que cero (siempre que el juego no tenga punto de silla).

Por consiguiente, suponiendo que $v > 0$, las restricciones del problema lineal serán

$$a_{11}\frac{x_1}{v} + a_{21}\frac{x_2}{v} + \cdots + a_{m1}\frac{x_m}{v} \geq 1$$

$$a_{12}\frac{x_1}{v} + a_{22}\frac{x_2}{v} + \cdots + a_{m2}\frac{x_m}{v} \geq 1$$

$$\vdots$$

$$a_{1n}\frac{x_1}{v} + a_{2n}\frac{x_2}{v} + \cdots + a_{mn}\frac{x_m}{v} \geq 1$$

$$\frac{x_1}{v} + \frac{x_2}{v} + \cdots + \frac{x_m}{v} = \frac{1}{v}$$

Sea $X_i = x_i/v$, $i = 1, 2, \ldots, m$. Ya que

$$\text{máx } v \equiv \text{mín } \frac{1}{v} = \text{mín}\{X_1 + \cdots + X_m\}$$

el problema es

$$\text{minimizar } z = X_1 + X_2 + \cdots + X_m$$

sujeto a

$$a_{11}X_1 + a_{21}X_2 + \cdots + a_{m1}X_m \geq 1$$
$$a_{12}X_1 + a_{22}X_2 + \cdots + a_{m2}X_m \geq 1$$
$$\vdots$$
$$a_{1n}X_1 + a_{2n}X_2 + \cdots + a_{mn}X_m \geq 1$$
$$X_1, X_2, \ldots, X_m \geq 0$$

El problema del jugador B está dado como

$$\min_{y_j}\left\{\max\left(\sum_{j=1}^{n} a_{1j}y_j, \sum_{j=1}^{n} a_{2j}y_j, \ldots, \sum_{j=1}^{n} a_{mj}y_j\right)\right\}$$

sujeto a

$$y_1 + y_2 + \cdots + y_n = 1$$
$$y_j \geq 0, \quad j = 1, 2, \ldots, n$$

Esto también puede expresarse como un problema lineal como sigue:

$$\text{maximizar } w = Y_1 + Y_2 + \cdots + Y_n$$

sujeto a

$$a_{11} Y_1 + a_{12} Y_2 + \cdots + a_{1n} Y_n \leq 1$$
$$a_{21} Y_1 + a_{22} Y_2 + \cdots + a_{2n} Y_n \leq 1$$
$$\vdots \qquad\qquad\qquad\qquad \vdots$$
$$a_{m1} Y_1 + a_{m2} Y_2 + \cdots + a_{mn} Y_n \leq 1$$
$$Y_1, Y_2, \ldots, Y_n \geq 0$$

donde

$$w = \frac{1}{v}, \quad Y_j = \frac{y_j}{v}, \quad j = 1, 2, \ldots, n$$

Observe que el problema de B es realmente el dual del problema de A. Por consiguiente, la solución óptima de un problema automáticamente proporciona la solución óptima para el otro. El problema del jugador B puede resolverse con el método símplex regular, en tanto que el problema del jugador A se resuelve con el método dual símplex. La elección de uno u otro método dependerá de cuál problema tenga un número más pequeño de restricciones. Esto a su vez depende del número de estrategias puras para cada jugador.

Ejemplo 12.4-5
Considere el juego siguiente (3 × 3):

		1	B 2	3	Mínimo de renglón
	1	3	−1	−3	−3
A	2	−3	3	−1	−3
	3	−4	−3	3	−4
Máximo de columna		3	3	3	

Ya que el valor máximo es −3, es posible que el valor del juego pueda ser negativo o cero. Por consiguiente, una constante K se agrega a todos los elementos de la matriz que sea *por lo menos* igual al negativo del valor maximin; esto es $K \geq 3$. Sea $K = 5$. La matriz anterior se convierte en

	B		
	1	2	3
A 1	8	4	2
2	2	8	4
3	1	2	8

Por el razonamiento anterior, el problema de programación lineal de B es

$$\text{maximizar } w = Y_1 + Y_2 + Y_3$$

sujeto a

$$8Y_1 + 4Y_2 + 2Y_3 \leq 1$$
$$2Y_1 + 8Y_2 + 4Y_3 \leq 1$$
$$1Y_1 + 2Y_2 + 8Y_3 \leq 1$$
$$Y_1, Y_2, Y_3 \geq 0$$

La tabla óptima final para este problema es

Básica	Y_1	Y_2	Y_3	S_1	S_2	S_3	Solución
w	0	0	0	5/49	11/196	1/14	45/196
Y_1	1	0	0	1/7	$-1/14$	0	1/14
Y_2	0	1	0	$-3/98$	31/196	$-1/14$	11/196
Y_3	0	0	1	$-1/98$	$-3/98$	1/7	5/49

Por consiguiente, para el problema original,

$$v^* = \frac{1}{w} - K = 196/45 - 5 = -29/45$$

$$y_1^* = \frac{Y_1}{w} = \frac{1/14}{45/196} = 14/45$$

$$y_2^* = \frac{Y_2}{w} = \frac{11/196}{45/196} = 11/45$$

$$y_3^* = \frac{Y_3}{w} = \frac{5/49}{45/196} = 20/45$$

Las estrategias óptimas para A se obtienen de la solución dual al problema anterior. Dicha solución está dada por.

$$z = w = 45/196, \quad X_1 = 5/49, \quad X_2 = 11/196, \quad X_3 = 1/14$$

En consecuencia,

$$x_1^* = X_1/z = 20/45, \quad x_2^* = X_2/z = 11/45, \quad x_3^* = X_3/z = 14/45$$

El lector puede verificar que estas estrategias óptimas satisfacen el teorema minimax. ◄

12.5 RESUMEN

En este capítulo se discutieron un cierto número de criterios de decisión para problemas con información imperfecta. Aunque algunas aplicaciones ya se han presentado, los capítulos del 13 al 18 proporcionarán más aplicaciones en la programación de proyectos, inventarios, procesos de Markov, líneas de espera y simulación. El lector observará que los modelos de decisión en la mayoría de estas aplicaciones están basados en el criterio del *valor esperado*. Este punto requiere alguna explicación. Como se estableció en este capítulo, el criterio del valor esperado puede no ser aplicable en ciertas situaciones, sobre todo aquellas donde la misma decisión no se repite en número suficientemente grande de veces. Sin embargo, parte de la razón para el uso amplio de esperanzas es sólo tradicional. Quizá también el hecho de que el criterio del valor esperado sea analíticamente simple, lo hace muy atractivo para los decisores. Por ejemplo, el criterio minimax por lo general es más complicado que el criterio del valor esperado.

El lector debe estar consciente de que algunas de las aplicaciones en los capítulos siguientes pueden no justificar el uso del criterio del valor esperado y estar alerta sobre la cuestión de si cada una de estas aplicaciones es adecuada o no. En este aspecto, las interpretaciones diferentes de los problemas de decisión pueden dar lugar a conclusiones diferentes acerca del uso de un criterio adecuado.

Este libro no intenta comparar las aplicaciones de los criterios de decisión dados a los problemas diferentes que presentamos en el capítulo 12, ya que esto puede desviar la atención de los elementos básicos de la situación para la cual se toma una decisión. En general, el uso del criterio del valor esperado deberá considerarse como un ejemplo de la aplicación de los criterios de decisión.

BIBLIOGRAFIA

DANTZIG, G. B., *Linear Programming and Extensions*, Princeton University Press, Princeton, N.J., 1963.
LUCE, R. y H. RAIFFA, *Games and Decisions*, Wiley, Nueva York, 1957.
MORRIS, W., *The Analysis of Management Decisions*, Irwin, Homewood, Ill., 1964.
WILLIAMS, J., *The Compleat Strategyst*, ed. rev., McGraw-Hill, Nueva York, 1966.

PROBLEMAS

Sección	Problemas asignados
12.1	12-1 a 12-14, 12-35
12.2	12-15 a 12-18
12.3	12-19 a 12-21
12.4	12-22 a 12-34

☐ **12-1** Resuelva el ejemplo 12.1-1 suponiendo $c_1 = 200$, $c_2 = 15$, y $n = 30$. Las probabilidades están dadas como

$$P_t = \begin{cases} 0.03, & t = 1 \\ P_{t-1} + 0.01, & t = 2, 3, \ldots, 10 \\ 0.13, & t = 11, 12, \ldots \end{cases}$$

☐ **12-2** En un proceso de manufactura los lotes que tienen 8, 10, 12 o 14% de artículos defectuosos se producen de acuerdo con las probabilidades respectivas 0.4, 0.3, 0.25 y 0.05. Tres clientes tienen contratos para recibir lotes del fabricante. Los contratos especifican que el porcentaje de artículos defectuosos en los lotes enviados a los clientes A, B y C no deberán exceder de 8, 12 y 14, respectivamente. Si un lote tiene un porcentaje más alto de artículos defectuosos que lo estipulado, se incurre en una penalización de $100.00 por punto de porcentaje. Por otra parte, suministrar mejor calidad que la requerida le cuesta al fabricante $50 por punto de porcentaje. Si los lotes no se inspeccionan antes de enviarse, ¿cuál cliente deberá tener la máxima prioridad para recibir el pedido?

☐ **12-3** La demanda diaria de hogazas de pan en una tienda de abarrotes está dada por la siguiente distribución de probabilidad:

x	100	150	200	250	300
$p(x)$	0.20	0.25	0.30	0.15	0.10

Si una hogaza de pan no se vende el mismo día, al final de éste se puede vender a 15 centavos. De otra manera, el precio del pan fresco es de 49 centavos. El costo por hogaza es de 25 centavos para la tienda. Suponiendo que el nivel de almacenamiento se restringe a uno de los niveles de demanda, ¿cuántas piezas deberán almacenarse diariamente?

☐ **12-4** Una máquina automática produce α (en miles de artículos) de un cierto producto por día. Cuando α aumenta, la proporción de defectuosos p también aumenta. La función densidad de probabilidad de p en términos de α está dada como

$$f(p) = \begin{cases} \alpha p^{\alpha-1}, & 0 \le p \le 1 \\ 0, & \text{en cualquier otro caso} \end{cases}$$

Cada artículo defectuoso tiene una pérdida de $50. Un buen artículo produce un beneficio de $5. Determine el valor de α que maximiza el beneficio esperado.

☐ **12-5** El diámetro exterior d de un cilindro que se procesa en una máquina automática tiene los límites de tolerancia superior e inferior $d + t_S$ y $d - t_I$. Si la máquina se ajusta en d, los diámetros producidos pueden describirse por una distribución normal con media d y desviación estándar σ. Los cilindros con diámetros de tamaño más grande pueden volverse a trabajar a c_1 unidades monetarias por cilindro. Los cilindros de menor tamaño deberán venderse con una pérdida de c_2 por cilindro. Determine el mejor ajuste de la máquina.

☐ **12-6** En los procesos de producción, el mantenimiento se hace periódicamente a las herramientas de corte. Si no se afila la herramienta con frecuencia aumenta el porcentaje de artículos defectuosos. Entre tanto, un incremento en la frecuencia de afilado de una herramienta aumenta el costo del mantenimiento. Idealmente se desea un equilibrio entre los dos costos extremos.

En un proceso común, sean S_S y S_I los límites superior e inferior permisibles para una dimensión medible maquinada por la herramienta. Sea $\mu(t)$ el promedio del procedimiento en el tiempo t después que la herramienta se ha afilado, donde $\mu(0)$ representa el ajuste ideal de la máquina. Cada vez que la herramienta se afila se incurre en un costo c_1. Un artículo defectuoso cuesta c_2 para volverse a trabajar. Suponga que la salida del proceso puede describirse por una distribución normal con media $\mu(t)$ y varianza σ (σ es independiente del tiempo) y que un lote de tamaño Q se va a fabricar a la tasa de α artículos por unidad de tiempo. Determine una expresión para el costo esperado de afilar la herramienta y volver a trabajar los defectuosos como una función de tiempo T que debe pasar antes de que se aplique el mantenimiento. Muestre que el valor óptimo de T es independiente de Q e interprete el resultado. Después determine un valor numérico para T usando los datos, $c_1 = 10$, $c_2 = 48.85$, $\alpha = 10$, $\mu(t) = \mu(0) + t$, y $\sigma = 1$.
[*Sugerencia:* Determine aproximadamente como $Q/\alpha T$ el número de veces que una herramienta se afila durante la producción de Q. También, puede necesitarse la integración numérica para obtener un valor numérico de T.]

☐ **12-7** Sea x una variable aleatoria que representa el costo y sea $f(x)$ su función densidad de probabilidad. Suponga que $U(x)$ es la función utilidad de x. Muestre que el valor esperado de $U(x)$, $E\{U(x)\}$, puede desarrollarse como una serie alrededor del punto $E\{x\}$ y que el desarrollo resultante puede aproximarse por

$$E\{U(x)\} \cong U(E\{x\}) + K \operatorname{var}\{x\}$$

Determine la expresión para K y muestre que K es un valor positivo si x representa pérdidas y un valor negativo si x representa beneficios.
[*Nota:* Este resultado es congruente con la deducción del criterio valor esperado-variancia, sección 12.1.2.]

□ **12-8** Resuelva el problema 12-4 aplicando el criterio de valor esperado-variancia. Compare la solución óptima para los factores siguientes de aversión al riesgo: $K = 1, 2$ y 5.

□ **12-9** La demanda de un artículo está descrita por la siguiente función densidad de probabilidad:

x	0	1	2	3	4	5
$p(x)$	0.1	0.15	0.4	0.15	0.1	0.1

Determine el nivel de almacenamiento de tal manera que la probabilidad de estar sin artículos no exceda 0.45. Si las cantidades medias de escasez y exceso no deben exceder de 1 y 2 unidades, respectivamente, determine el nivel de inventario.

□ **12-10** En el problema 12-9, suponga que la cantidad de escasez esperada debe ser estrictamente menor que la cantidad de exceso esperada en al menos una unidad. Determine el nivel de inventario.

□ **12-11** En el problema 12-2, suponga que un tamaño de muestra $n = 20$ se inspecciona antes de que cada lote se envíe a los clientes. Si se encuentran cuatro artículos defectuosos en la muestra, calcule las probabilidades *a posteriori* del lote, teniendo 8%, 10%, 12% y 14% de defectuosos. Usando las nuevas probabilidades, determine qué cliente tiene el costo esperado más bajo.

□ **12-12** Se reciben componentes electrónicos de dos vendedores. El proveedor A proporciona 75% de los componentes que se sabe tienen 1% de defectuosos. Los componentes del proveedor B incluyen 2% de defectuosos. Cuando se inspecciona una muestra de tamaño 5 únicamente se encuentra un componente defectuoso. Con esta información determine la probabilidad *a posteriori* de que los componentes hayan sido entregados por el proveedor A; por el proveedor B.

□ **12-13** Considere la matriz de pagos (beneficios) siguiente:

	θ_1	θ_2	θ_3	θ_4
a_1	10	20	−20	13
a_2	12	14	0	15
a_3	7	2	18	9

Las probabilidades *a priori* de θ_1, θ_2, θ_3 y θ_4 son 0.2, 0.1, 0.3 y 0.4. Se realiza un experimento y sus resultados z_1 y z_2 se describen por las probabilidades siguientes:

	θ_1	θ_2	θ_3	θ_4
z_1	0.1	0.2	0.7	0.4
z_2	0.9	0.8	0.3	0.6

(a) Determine la mejor acción cuando no se utiliza ningún dato.
(b) Determine la mejor acción cuando se utilizan datos experimentales.

☐ **12-14** La probabilidad de que llueva durante la estación de lluvias del año es de 0.7. Un pescador quiere decidir si va a pescar mañana o no. Se pronostica la probabilidad condicional de que llueva como 0.85 dado que se está en la estación de lluvias. Determine la probabilidad de que no lloverá mañana tomando en cuenta que se han pronosticado lluvias.

☐ **12-15** La demanda diaria de hogazas de pan en una tienda de abarrotes puede ser de uno de los valores siguientes: 100, 120 o 130 hogazas con probabilidades 0.2, 0.3 y 0.5. El propietario de la tienda limita sus alternativas a proveer uno de los tres niveles indicados. Si tiene en existencia más de lo que puede vender en el mismo día, deberá deshacerse de las hogazas de pan remanentes a un precio de descuento de 55 centavos/hogaza. Suponiendo que el comerciante paga 60 centavos por hogaza de pan y la vende en $1.05, determine el nivel de aprovisionamiento óptimo mediante el uso de una representación de árbol de decisión.

☐ **12-16** Supóngase en el problema 12-15 que el propietario de la tienda desea considerar su problema de decisión en un periodo de dos días. Sus alternativas para el segundo día se determinan como sigue. Si la demanda del día 1 es igual a la cantidad de mercancía en existencia, seguirá solicitando la misma cantidad el segundo día. De lo contrario, si la demanda es mayor que la cantidad almacenada, tendrá las opciones de solicitar mayores niveles de aprovisionamiento para el segundo día. Por último, si la demanda del día 1 es menor que la cantidad almacenada, tendrá las opciones de ordenar cualquiera de los niveles más bajos para el segundo día. Exprese el problema como un árbol de decisión y obtenga la solución óptima utilizando los datos de costos que se dieron en el problema 12-15.

☐ **12-17** Resuelva el ejemplo 12.2-1 suponiendo que la tasa de interés anual es del 10% y que se toman decisiones con base en el valor esperado del ingreso *descontado*.

☐ **12-18** En el ejemplo 12.2-1, supóngase que se suma una tercera alternativa que nos permitirá ampliar la planta pequeña a una de tamaño mediano. Esta opción puede ejercerse independientemente de si la demanda es alta o baja durante los dos primeros años. Por lo tanto, si la demanda de dos años es elevada, la compañía tiene tres opciones: (i) ampliar la planta en su totalidad (costo = $4 200 000), (ii) ampliarla en forma moderada (costo = $2 800 000) o (iii) no ampliarla en absoluto. Por otra parte, si la demanda es baja, la compañía puede ampliar la planta en forma moderada o elegir no ampliarla en absoluto. Los cálculos del ingreso anual de las diferentes alternativas están dados como sigue:

(i) Una alta demanda en los dos primeros años y la expansión a un tamaño mediano producirán $700 000 ($250 000) en cada uno de los 8 años restantes si la demanda es alta (baja).

(ii) La demanda baja en los dos primeros años y la expansión de la planta a un tamaño mediano producirán $600 000 ($300 000) para cada uno de los 8 años restantes si la demanda es alta (baja).

(iii) Una demanda baja en los dos primeros años y la elección de no hacer la expansión producirán $300 000 ($400 000) para cada uno de los 8 años restantes si la demanda es alta (baja).

Los datos que sobran son como se dan en el ejemplo 12.2-1. Determine la decisión óptima con base en el criterio del valor óptimo.

☐ **12-19** Considere la siguiente matriz de pagos (beneficios):

	θ_1	θ_2	θ_3	θ_4	θ_5
a_1	15	10	0	−6	17
a_2	3	14	8	9	2
a_3	1	5	14	20	−3
a_4	7	19	10	2	0

No se conocen probabilidades para la ocurrencia de los estados de la naturaleza. Compare las soluciones obtenidas con cada uno de los criterios siguientes:

(a) Laplace.
(b) Maximin.
(c) Savage.
(d) Hurwicz. (Suponga que $\alpha = 0.5$.)

☐ **12-20** Una de N máquinas va a elegirse para producir un lote cuyo tamaño Q podría tener cualquier valor entre Q^* y Q^{**} (siendo $Q^* < Q^{**}$). El costo de producción para la máquina i es

$$C_i = K_i + c_i Q$$

Resuelva el problema mediante cada uno de los criterios siguientes:

(a) Laplace.
(b) Minimax.
(c) Savage.
(d) Hurwicz. (Suponga que $\alpha = 0.5$).

☐ **12-21** Dé respuestas numéricas al problema 12-20 dado que $Q^* = 1\ 000$, $Q^{**} = 4\ 000$, y

Máquina i	K_i	C_i
1	100	5
2	40	12
3	150	3
4	90	8

☐ **12-22** (a) Encuentre el punto de silla y el valor del juego para cada uno de los dos juegos siguientes. Los pagos son para el jugador A.

$$A \begin{array}{c} \\ \\ \end{array} \begin{array}{|cccc} \multicolumn{4}{c}{B}\\ \hline 8 & 6 & 2 & 8 \\ 8 & 9 & 4 & 5 \\ 7 & 5 & 3 & 5 \end{array}$$
(1)

$$A \begin{array}{|cccc} \multicolumn{4}{c}{B}\\ \hline 4 & -4 & -5 & 6 \\ -3 & -4 & -9 & -2 \\ 6 & 7 & -8 & -9 \\ 7 & 3 & -9 & 5 \end{array}$$
(2)

(b) Encuentre el intervalo de valores para "p" y "q" que harán el elemento (2, 2) un punto de silla en los juegos siguientes:

$$A \begin{array}{|ccc} \multicolumn{3}{c}{B}\\ \hline 1 & q & 6 \\ p & 5 & 10 \\ 6 & 2 & 3 \end{array}$$

$$A \begin{array}{|ccc} \multicolumn{3}{c}{B}\\ \hline 2 & 4 & 5 \\ 10 & 7 & q \\ 4 & p & 6 \end{array}$$

☐ **12-23** Indique si los valores de los juegos siguientes son mayores que, menores que, o iguales a cero.

$$A \begin{array}{|cccc} \multicolumn{4}{c}{B}\\ \hline 1 & 9 & 6 & 0 \\ 2 & 3 & 8 & 4 \\ -5 & -2 & 10 & -3 \\ 7 & 4 & -2 & -5 \end{array}$$

$$A \begin{array}{|cccc} \multicolumn{4}{c}{B}\\ \hline 3 & 7 & -1 & 3 \\ 4 & 8 & 0 & -6 \\ 6 & -9 & -2 & 4 \end{array}$$

$$A \begin{array}{|cccc} \multicolumn{4}{c}{B}\\ \hline -1 & 9 & 6 & 8 \\ -2 & 10 & 4 & 6 \\ 5 & 3 & 0 & 7 \\ 7 & -2 & 8 & 4 \end{array}$$

$$A \begin{array}{|ccc} \multicolumn{3}{c}{B}\\ \hline 3 & 6 & 1 \\ 5 & 2 & 3 \\ 4 & 2 & -5 \end{array}$$

☐ **12-24** Sea a_{ij} el (i, j)-ésimo elemento de la matriz de pagos con m y n estrategias, respectivamente. Compruebe que

$$\max_i \min_j a_{ij} \leq \min_j \max_i a_{ij}$$

☐ **12-25** Dos compañías A y B están promoviendo dos productos competitivos. Cada producto controla actualmente 50% del mercado. Debido a recientes modificaciones en los dos productos, las dos compañías están preparándose ahora para lanzar nuevas campañas publicitarias. Si ninguna de las dos compañías anuncia su producto, el estado presente de las acciones del mercado que poseen permanecerá sin cambio. Sin embargo, si alguna compañía lanza una campaña más fuerte, la otra compañía ciertamente perderá un porcentaje proporcional de sus clientes. Una encuesta del mercado indicó que 50% de los clientes potenciales pueden alcanzarse por medio de la televisión; 30% por los periódicos y el restante 20% mediante el radio. El objetivo de cada compañía es seleccionar el medio publicitario apropiado.

Formule el problema como un juego de dos personas y suma cero. ¿El problema tiene un punto de silla?

☐ **12-26** Considere el juego

$$
\begin{array}{c|ccc}
 & & B & \\
 & 1 & 2 & 3 \\
\hline
1 & 5 & 50 & 50 \\
A\ 2 & 1 & 1 & 0.1 \\
3 & 10 & 1 & 10 \\
\end{array}
$$

Verifique que las estrategias (1/6, 0, 5/6) para el jugador A y (49/54, 5/54, 0) para el jugador B son óptimas y encuentre el valor del juego.

☐ **12-27** En el ejemplo 12.4-3, muestre que la combinación (2, 4) para el jugador B no proporciona valores óptimos para y_j, mientras que la combinación (3, 4) proporciona la solución óptima. Formule una expresión general para todas las soluciones alternativas al problema.

☐ **12-28** Resuelva los juegos siguientes gráficamente.

$$
A\begin{array}{|cccc}
 & B & & \\
1 & 3 & -3 & 7 \\
2 & 5 & 4 & -6 \\
\end{array}
\qquad
A\begin{array}{|cc}
 & B \\
1 & 2 \\
5 & 6 \\
-7 & 9 \\
-4 & -3 \\
2 & 1 \\
\end{array}
\qquad
A\begin{array}{|ccc}
 & B & \\
1 & 2 & 5 \\
8 & 4 & 7 \\
-1 & 5 & -6 \\
\end{array}
$$

☐ **12-29** Considere el juego del coronel Blotto donde el coronel y su enemigo están tratando de tomar dos posiciones estratégicas. Los regimientos disponibles para Blotto y su enemigo son 2 y 3, respectivamente. Ambos lados distribuirán su regimiento entre las dos posiciones. Sean n_1 y n_2 el número de regimientos asignados por el coronel Blotto a las posiciones 1 y 2, respectivamente. También, sean m_1 y m_2 las asignaciones de su enemigo a los respectivos sitios. La ganancia de Blotto se calcula como sigue. Si $n_1 > m_1$, él recibe $m_1 + 1$, y si $n_2 > m_2$, recibe $m_2 + 1$. Por otra parte, si $n_1 > m_1$, pierde $n_1 + 1$ y si $n_2 < m_2$, pierde $n_2 + 1$. Finalmente, si el número de regimientos en ambos lados es el mismo, cada lado obtiene cero. Formule el problema como un juego de dos personas y suma cero y después resuélvalo por programación lineal.

☐ **12-30** Verifique que el problema de B está definido por el problema de programación lineal dado en la sección 12.4.4.

☐ **12-31** Compruebe el teorema minimax usando la relación entre los valores de la función objetivo en los problemas primal y dual del problema de programación lineal.

☐ **12-32** Verifique que la solución de programación lineal del ejemplo 12.4-5 satisface el teorema minimax.

☐ **12-33** Considere un juego "Morra" con dos dedos. Cada jugador muestra uno o dos dedos y simultáneamente adivina el número de dedos que ha mostrado su oponente. El jugador que adivina correctamente gana una cantidad igual al número total de dedos mostrado por los dos jugadores. En todos los otros casos el juego es un empate. Formule el problema como un juego de dos personas y suma cero y resuélvalo por programación lineal.

☐ **12-34** Resuelva los juegos siguientes por programación lineal:

(a) A

	B	
-1	1	1
2	-2	2
3	3	-3

(b) A

	B		
1	2	-5	3
-1	4	7	2
5	-1	1	9

☐ **12-35** En la industria de las líneas aéreas, las horas de trabajo están regidas por convenios entre sindicatos y las compañías. Por ejemplo, la máxima duración del turno de trabajo puede estar limitada a 16 horas para los vuelos del Boeing-747 y a 14 horas para los vuelos del Boeing-707. Siempre que se excedan estos límites debido a demoras inesperadas, el personal deberá ser reemplazado por uno nuevo. Las líneas aéreas tienen personal de reserva para cubrir estas eventualidades. El costo anual promedio de un miembro del personal de reserva se estima en $30 000. Por otra parte, una demora a medianoche debida a la falta de disponibilidad de personal de reserva pudiera costar hasta $50 000 por cada demora. Un miembro del personal está a disposición cuatro días de la semana durante 12 horas consecutivas. A este miembro del personal no se le puede llamar a trabajar los tres días remanentes de la semana. La tripulación del B-747 puede reemplazarse por dos tripulaciones del B-707.

En la tabla que sigue se resumen las probabilidades de llamar a trabajar a personal de reserva con base en datos históricos recopilados durante tres años.

Categoría del recorrido	Horas de recorrido	Probabilidad de que se llame a una tripulación de reserva	
		B-747	B-707
1	14	0.014	0.072
2	13	0.0	0.019
3	$12\frac{1}{2}$	0.0	0.006
4	12	0.016	0.006
5	$11\frac{1}{2}$	0.003	0.003
6	11	0.002	0.003

Como ejemplo ilustrativo, los datos indican que para realizar recorridos largos de 14 horas, la probabilidad de que se llame a personal de reserva es 0.014 para el B-747 y 0.072 para el B-707.

A continuación se presenta un itinerario de un día *pico* común como función de la hora del día.

Hora	Avión	Categoría del recorrido
8:00	707	3
9:00	707	6
	707	2
10:00	707	3
11:00	707	2
	707	4
15:00	747	6
16:00	747	4
19:00	747	1

La política de personal de reserva presente indica el uso de dos tripulaciones (de siete elementos) entre las 5:00 y las 11:00, cuatro tripulaciones entre las 11:00 y las 17:00 y dos entre las 17:00 y las 23:00 horas.

Evalúe la efectividad de la política de personal de reserva presente. Específicamente, ¿es demasiado grande, demasiado chico o exacto el tamaño de la tripulación de reserva presente?

Capítulo 13

Programación de proyectos con PERT-CPM

13.1 Representaciones con diagrama de flechas (red)
13.2 Cálculos de ruta crítica
  13.2.1 Determinación de la ruta crítica
  13.2.2 Determinación de las holguras
13.3 Construcción del diagrama de tiempo y nivelación de recursos
13.4 Consideraciones de probabilidad y costo en la programación de proyectos
  13.4.1 Consideraciones de probabilidad en la programación de proyectos
  13.4.2 Consideraciones de costo en la programación de proyectos
13.5 Control del proyecto
13.6 Resumen
  Bibliografía
  Problemas

Un **proyecto** define una combinación de actividades interrelacionadas que deben ejecutarse en un cierto orden antes que el trabajo completo pueda terminarse. Las actividades están interrelacionadas en una secuencia lógica en el sentido que algunas de ellas no pueden comenzar hasta que otras se hayan terminado. Una **actividad** en un proyecto, generalmente se ve como un trabajo que requiere tiempo y recursos para su terminación. En general, un proyecto es un esfuerzo de un solo periodo; esto es, la misma sucesión de actividades puede no repetirse en el futuro.

En el pasado, la programación de un proyecto (en el tiempo) se hizo con poca planeación. La mejor herramienta conocida de "planeación" era el **diagrama de barras de Gantt**, el cual especifica los tiempos de inicio y terminación de cada actividad en una escala de tiempo horizontal. Su desventaja es que la interdependencia entre las diferentes actividades (la cual controla principalmente el progreso del proyecto) no puede determinarse a partir del diagrama de barras. Las complejidades crecientes de los proyectos actuales han exigido técnicas de planeación más sistemáticas y más efectivas, con el objeto de optimizar la eficiencia en la ejecución del proyecto. Aquí la eficiencia implica efectuar la mayor reducción en el tiempo requerido para terminar el proyecto, mientras se toma en cuenta la factibilidad económica de la utilización de los recursos disponibles.

La administración de proyectos ha evolucionado como un nuevo campo con el desarrollo de dos técnicas analíticas para la planeación, programación y control de proyectos. Tales son el **Método de Ruta Crítica (CPM)** y la **Técnica de Evaluación y Revisión de Proyectos (PERT)**. Las dos técnicas fueron desarrolladas por dos grupos diferentes casi simultáneamente (1956-1958). El CPM (Critical Path Method) fue desarrollado primero por E. I. du Pont de Nemours & Company como una aplicación a los proyectos de construcción y, posteriormente, se extendió a un estado más avanzado por Mauchly Associates. El PERT (Project Evaluation and Review Technique), por otra parte, fue desarrollado para la Marina de Estados Unidos, por una organización consultora, con el fin de programar las actividades de investigación y desarrollo para el programa de misiles Polaris.

Los métodos PERT y CPM están básicamente orientados en el tiempo, en el sentido que ambos llevan a la determinación de un programa de tiempo. Aunque los dos métodos fueron desarrollados casi independientemente, ambos son asombrosamente similares. Quizá la diferencia más importante es que originalmente las estimaciones en el tiempo para las actividades se supusieron determinantes en CPM y probables en PERT. Ahora PERT y CPM comprenden realmente una técnica y las diferencias, si existe alguna, son únicamente históricas. En adelante, ambas se denominarán técnicas de "programación de proyectos".

La programación de proyectos por PERT-CPM consiste en 3 fases básicas: **planeación, programación** y **control**.

La fase de planeación se inicia descomponiendo el proyecto en actividades distintas. Las estimaciones de tiempo para estas actividades se determinan luego, y se construye un diagrama de red (o de flechas), donde cada uno de sus arcos (flechas) representa una actividad. El diagrama de flechas completo da una representación gráfica de las interdependencias entre las actividades del proyecto. La construcción del diagrama de flechas como una fase de planeación, tiene la ventaja de estudiar los diferentes trabajos en detalle, sugiriendo quizá mejoras antes de que el proyecto realmente se ejecute. Será más importante su uso en el desarrollo de un programa para el proyecto.

El último objetivo de la fase de programación es construir un diagrama de tiempo que muestre los tiempos de iniciación y terminación para cada actividad, así como su relación con otras actividades del proyecto. Además, el programa debe señalar las actividades críticas (en función del tiempo) que requieren atención especial si el proyecto se debe terminar oportunamente. Para las actividades no críticas, el programa debe mostrar los tiempos de holgura que pueden utilizarse cuando tales actividades se demoran, o cuando se deben usar eficientemente recursos limitados.

La fase final en la administración de proyectos es la de control. Esto incluye el uso del diagrama de flechas y la gráfica de tiempo para hacer reportes periódicos del progreso. La red puede, por consiguiente, actualizarse y analizarse y si es necesario determinar un nuevo programa para la parte restante del proyecto.

13.1 REPRESENTACIONES CON DIAGRAMA DE FLECHAS (RED)

El diagrama de flechas representa las interdependencias y relaciones de precedencia entre las actividades del proyecto. Se utiliza comúnmente una **flecha** para representar una actividad, y la punta indica el sentido de avance del proyecto. La relación de precedencia entre las actividades se especifica utilizando eventos. Un **evento** representa un punto en el tiempo y significa la terminación de algunas actividades y el comienzo de nuevas. Los puntos inicial y final de una actividad, por consiguiente, están descritos por dos eventos generalmente conocidos como evento de *inicio* y evento *terminal*. Las actividades que originan un cierto evento no pueden comenzar hasta que las actividades que concluyen en el mismo evento hayan terminado. En la terminología de la teoría de redes cada actividad está representada por un arco dirigido y cada evento está simbolizado por un nodo. La longitud del arco no necesita ser proporcional a la duración de la actividad ni tiene que dibujarse como una línea recta.

La figura 13-1 (a) muestra un ejemplo de una representación común de una actividad (i, j) con su evento de inicio i y su evento terminal j. La figura 13-1 (b) muestra otro ejemplo donde las actividades (1, 3) y (2, 3) deben terminarse antes que pueda comenzar la actividad (3, 4). La dirección de avance de cada actividad se especifica asignando un número más pequeño al evento terminal comparado con el número de su evento de inicio. Este procedimiento es especialmente conveniente para cálculos automáticos y es el que se adoptará en este capítulo.

Las reglas para construir el diagrama de flechas se resumirán ahora.

Regla 1. *Cada actividad está representada por una y sólo una flecha en la red.*

Ninguna actividad puede representarse dos veces en la red. Esto es distinto del caso donde una actividad se descompone en segmentos; en este caso cada segmento puede

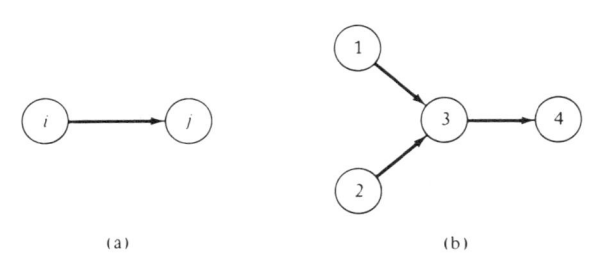

Figura 13-1

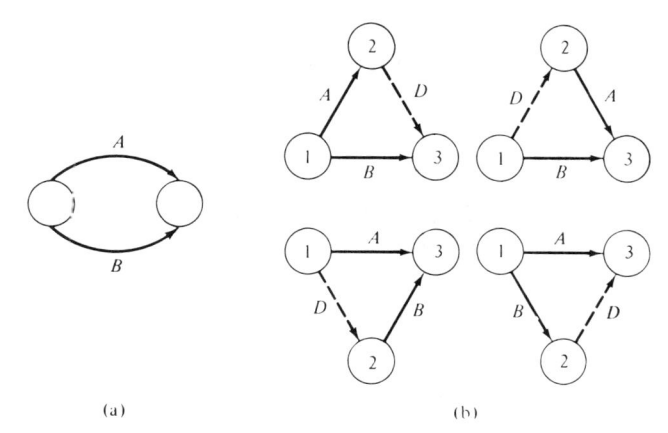

Figura 13-2

estar representado por una flecha separada. Por ejemplo, al tender una tubería, este trabajo puede hacerse en secciones y no como un solo trabajo.

Regla 2. *Dos actividades diferentes no pueden identificarse por los mismos eventos terminal y de inicio.*

Una situación como ésta puede surgir cuando dos o más actividades deben ejecutarse simultáneamente. En la figura 13-2 (a) se muestra un ejemplo donde las actividades A y B tienen los mismos eventos finales. El procedimiento es introducir una actividad **ficticia**, ya sea entre A y uno de los eventos finales, o entre B y uno de los eventos finales. Las representaciones modificadas, después de introducir la actividad ficticia D se muestran en la figura 13-2 (b). Como un resultado de usar D, las actividades A y B ahora pueden identificarse por eventos finales únicos. Debe notarse que una actividad ficticia no consume tiempo o recursos.

Las actividades ficticias también son útiles al establecer relaciones lógicas en el diagrama de flechas, las cuales de otra manera, no pueden representarse correctamente. Suponga que en cierto proyecto los trabajos A y B deben preceder a C. Por otra parte, el trabajo E está precedido por el trabajo B solamente. La figura 13-3 (a) muestra la forma incorrecta, ya que aunque la relación de A, B y C es correcta, el diagrama implica que E debe estar precedida tanto por A como B. La

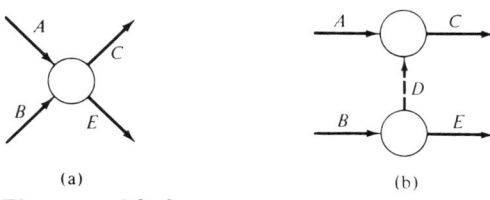

Figura 13-3

representación correcta usando D ficticia se muestra en la figura 13-3 (b). Ya que D no consume tiempo (o recursos) están satisfechas las relaciones de precedencia indicadas.

Regla 3. *A fin de asegurar la relación de precedencia correcta en el diagrama de flechas, las siguientes preguntas deben responderse cuando se agrega cada actividad a la red.*

(a) *¿Qué actividades deben terminarse inmediatamente antes de que esta actividad pueda comenzar?*
(b) *¿Qué actividades deben seguir a esta actividad?*
(c) *¿Qué actividades deben efectuarse simultáneamente con esta actividad?*

Esta regla se explica por sí misma. Realmente permite verificar (y volver a verificar) las relaciones de precedencia cuando se avanza en el desarrollo de la red.

Ejemplo 13.1-1

Construya el diagrama de flechas que comprenda las actividades $A, B, C, \ldots$ y L que satisfagan las siguientes relaciones:

1. A, B y C, son las actividades iniciales del proyecto que comienzan simultáneamente.
2. A y B preceden a D.
3. B precede a E, F y H.
4. F y C preceden a G.
5. E y H preceden a I y J.
6. C, D, F y J preceden a K.
7. K precede a L.
8. I, G y L son las actividades finales del proyecto.

El diagrama de flechas resultante se muestra en la figura 13-4. Las actividades ficticias D_1 y D_2 se usan para establecer relaciones de precedencia correctas. D_3 se utiliza para identificar las actividades E y H con eventos finales únicos. Los eventos

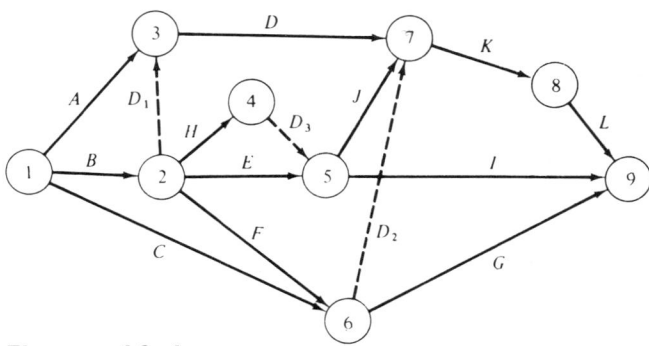

Figura 13-4

del proyecto están numerados de tal manera que su orden ascendente indica el sentido de progreso en el proyecto.

Ejercicio 13.1-1
Considere el ejemplo 13.1-1.
(a) Indique el efecto de sumar cada una de las actividades siguientes a las relaciones de precedencia de la red. Todos los casos se consideran en forma independiente.
   (1) (3, 5) ficticia.
       [*Resp.* A precede a *I* y *J*.]
   (2) (3, 4) ficticia.
       [*Resp.* Igual que en (1).]
   (3) (5, 6) ficticia.
       [*Resp.* E y *H* preceden a *G*.]
   (4) (3, 6) ficticia.
       [*Resp.* A precede a *G*.]
(b) Indique cómo se puede incorporar cada una de las siguientes relaciones adicionales a la red.
   (1) Las actividades *A* y *B* preceden a *G*.
       [*Resp.* Sume (3, 6) ficticia.]
   (2) La actividad *D* precede a *G*.
       [*Resp.* Inserte una actividad ficticia entre el extremo de *D* y el nodo 7 y después conecte el extremo de *D* y el nodo 6 a través de una actividad ficticia.]
   (3) La actividad *C* precede a *D*.
       [*Resp.* Inserte una actividad ficticia entre el extremo de *C* y el nodo 6, y después conecte el extremo de *C* al nodo 3 por medio de una actividad ficticia.]

13.2 CALCULOS DE RUTA CRITICA

La aplicación de PERT-CPM deberá proporcionar un programa, especificando las fechas de inicio y terminación de cada actividad. El diagrama de flechas constituye el primer paso hacia el logro de esa meta. Debido a la interacción de las diferentes actividades, la determinación de los tiempos de inicio y terminación, requiere cálculos especiales. Estos cálculos se realizan directamente en el diagrama de flechas usando aritmética simple. El resultado final es clasificar las actividades de los proyectos como **críticas** o **no críticas**. Se dice que una actividad es crítica si una demora en su comienzo causará una demora en la fecha de terminación del proyecto completo. Una actividad no crítica es tal que el tiempo entre su comienzo de inicio más próximo y de terminación más tardío (como lo permita el proyecto) es más grande que su duración real. En este caso, se dice que la actividad no crítica tiene un tiempo de **holgura**.

La ventaja de señalar las actividades críticas y determinar las holguras se discutirá en la sección 13.3. Esta sección presenta, principalmente, los métodos para obtener esta información.

13.2.1 DETERMINACION DE LA RUTA CRITICA

Una ruta crítica define una *cadena* de actividades críticas, las cuales conectan los eventos inicial y final del diagrama de flechas. En otras palabras, la ruta crítica iden-

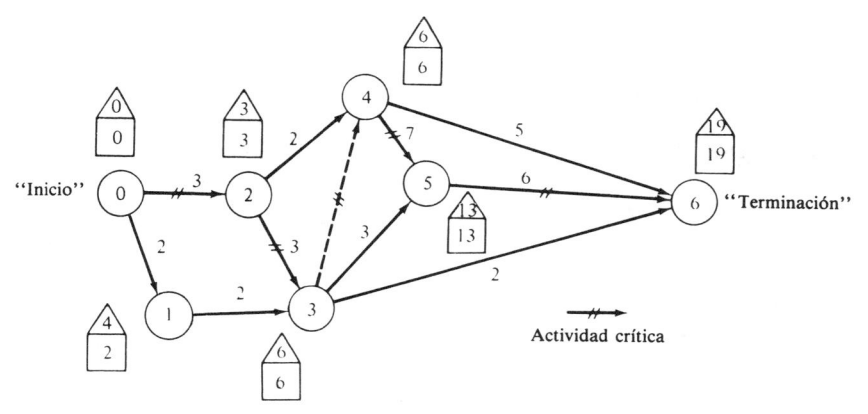

Figura 13-5

tifica todas las actividades críticas del proyecto. El método para determinar tal ruta se ilustrará con un ejemplo numérico.

Ejemplo 13.2-1

Considere la red de la figura 13-5, la cual comienza en el nodo 0 y termina en el nodo 6. El tiempo requerido para ejecutar cada actividad se indica en las flechas.

Los cálculos de ruta crítica incluyen dos fases. La primera fase se llama **cálculos hacia adelante**, donde los cálculos comienzan desde el nodo de "inicio" y se mueven al nodo de "terminación". En cada nodo se calcula un número que representa el tiempo de ocurrencia más próximo del evento correspondiente. Estos números se muestran en la figura 13-5 dentro de cuadrados: □. En la segunda fase, llamada **cálculos hacia atrás**, comienzan los cálculos desde el nodo de "terminación" y se avanza hacia el nodo de "inicio". El número calculado en cada nodo (mostrado dentro de un triángulo, △) representa el tiempo de ocurrencia más tardío del evento correspondiente. El cálculo hacia adelante se presentará a continuación.

Sea TIP_i el **tiempo de inicio más próximo** de todas las actividades que se originan en el evento i. Por consiguiente, TIP_i representa el tiempo de ocurrencia más próximo del evento i. Si $i = 0$ es el evento de "inicio", entonces convencionalmente, para los cálculos de ruta crítica, $TIP_0 = 0$. Sea D_{ij} la duración de la actividad (i, j). Los cálculos hacia adelante, por consiguiente, se obtienen de la fórmula

$$TIP_j = \max_i \{TIP_i + D_{ij}\}, \quad \text{para todas las actividades } (i, j) \text{ definidas}$$

donde $TIP_0 = 0$. Por consiguiente, a fin de calcular TIP_j para el evento j, deben calcularse primero los eventos de terminación de *todas* las actividades (i, j) que entran y los TIP_i.

Los cálculos hacia adelante aplicados a la figura 13-5 proporcionan $TIP_0 = 0$ como se muestra en el cuadrado sobre el evento 0. Ya que existe solamente una actividad que entra $(0, 1)$ al evento 1 con $D_{01} = 2$,

$$TIP_1 = TIP_0 + D_{01} = 0 + 2 = 2$$

esto se anota en el cuadrado asociado al evento 1. El siguiente evento que se va a considerar es el 2. [Note que el evento 3 no puede considerarse en este punto, ya que TIP_2 (evento 2) todavía no se conoce.] Por consiguiente

$$TIP_2 = TIP_0 + D_{02} = 0 + 3 = 3$$

que se anota en el cuadro del evento 2. El siguiente evento que se considerará es el 3. Como hay dos actividades que entran (1, 3) y (2, 3), tenemos

$$TIP_3 = \max_{i=1,2} \{TIP_i + D_{i\,3}\} = \max \{2 + 2, 3 + 3\} = 6$$

que, una vez más, se anota en el cuadro del evento 3.

El procedimiento continúa de la misma manera hasta que TIP_j se calcula para toda j. Por consiguiente

$$TIP_4 = \max_{i=2,3} \{TIP_i + D_{i\,4}\} = \max \{3 + 2, 6 + 0\} = 6$$

$$TIP_5 = \max_{i=3,4} \{TIP_i + D_{i\,5}\} = \max \{6 + 3, 6 + 7\} = 13$$

$$TIP_6 = \max_{i=3,4,5} \{TIP_i + D_{i\,6}\} = \max \{6 + 2, 6 + 5, 13 + 6\} = 19$$

Con estas operaciones terminan los cálculos hacia adelante.

Los cálculos hacia atrás comienzan desde el evento de "terminación". El objetivo de esta fase es calcular TTT_i, el **tiempo de terminación más tardío**, para todas las actividades que están en el evento i. Por consiguiente, si $i = n$ es el evento de "terminación", $TTT_n = TIP_n$ inicia el cálculo hacia atrás. En general, para cualquier nodo i,

$$TTT_i = \min_j \{TTT_j - D_{ij}\}, \quad \text{para todas las actividades } (i, j) \text{ definidas}$$

Los valores de TTT (que se escriben en los triángulos $\triangle$) se determinan de la manera siguiente:

$$TTT_6 = TIP_6 = 19$$
$$TTT_5 = TTT_6 - D_{56} = 19 - 6 = 13$$
$$TTT_4 = \min_{j=5,6} \{TTT_j - D_{4j}\} = \min \{13 - 7, 19 - 5\} = 6$$
$$TTT_3 = \min_{j=4,5,6} \{TTT_j - D_{3j}\} = \min \{6 - 0, 13 - 3, 19 - 2\} = 6$$
$$TTT_2 = \min_{j=3,4} \{TTT_j - D_{2j}\} = \min \{6 - 3, 6 - 2\} = 3$$

$$TTT_1 = TTT_3 - D_{13} = 6 - 2 = 4$$
$$TTT_0 = \min_{j=1,2} \{TTT_j - D_{0j}\} = \min \{4 - 2, 3 - 3\} = 0$$

Esto completa los cálculos hacia atrás.

Ahora pueden identificarse las actividades de ruta crítica usando los resultados de los cálculos hacia adelante y hacia atrás. Una actividad (i, j) está en la **ruta crítica** si satisface las tres condiciones siguientes:

$$TIP_i = TTT_i \tag{1}$$
$$TIP_j = TTT_j \tag{2}$$
$$TIP_j - TIP_i = TTT_j - TTT_i = D_{ij} \tag{3}$$

Estas condiciones realmente indican que no existe tiempo de holgura entre el inicio más próximo (terminación) y el inicio más tardío (terminación) de la actividad. En el diagrama de flechas estas actividades están caracterizadas por los números en □ y Δ, siendo los mismos en cada uno de los eventos terminales y de comienzo y que la diferencia entre los números en □ (o Δ) en el evento inicial y, el número en □ (o Δ) en el evento terminal es igual a la duración de la actividad.

Las actividades (0, 2), (2, 3), (3, 4), (4, 5) y (5, 6) definen la ruta crítica en la figura 13-5. Este es realmente el tiempo más corto posible para terminar el proyecto. Note que las actividades (2, 4), (3, 5), (3, 6) y (4, 6) satisfacen las condiciones (1) y (2) para actividades críticas pero no la condición (3). Por lo tanto, éstas no son críticas. Observe también que la ruta crítica debe formar una cadena de actividades *conectadas*, la cual abarca la red desde el "inicio" hasta la "terminación". ◀

Ejercicio 13.2-1
Para la red de la figura 13-5, determine la o las rutas críticas en cada uno de los siguientes casos (independientes).
(a) $D_{01} = 4$.
[*Resp.* (0, 2, 3, 4, 5, 6) y (0, 1, 3, 4, 5, 6).]
(b) $D_{36} = 15$.
[*Resp.* (0, 2, 3, 6).]

13.2.2 DETERMINACION DE LAS HOLGURAS

Siguiendo la determinación de la ruta crítica, deben calcularse las holguras de las actividades no críticas. Naturalmente, una actividad crítica debe tener una holgura cero. De hecho, esta es la principal razón para que sea crítica.

Antes de mostrar cómo se determinan las holguras, es necesario definir dos nuevos tiempos, los cuales están asociados con cada actividad. Estos son el tiempo de **inicio más tardío** (IT) y el tiempo de **terminación más próximo** (TT), los cuales están definidos para la actividad (i, j) por

$$IT_{ij} = TTT_j - D_{ij}$$
$$TT_{ij} = TIP_i + D_{ij}$$

Existen dos tipos importantes de holguras: **holgura total** HT y **holgura libre** (HL). La holgura total HT_{ij} para la actividad (i, j) es la diferencia entre el máximo tiempo disponible para realizar la actividad ($= TTT_j - TIP_i$) y su duración ($= D_{ij}$); esto es,

$$HT_{ij} = TTT_j - TIP_i - D_{ij} = TTT_j - TT_{ij} = IT_{ij} - TIP_i$$

La holgura libre se define suponiendo que todas las actividades comienzan tan pronto como sea posible. En este caso, HL_{ij} para la actividad (i, j) es el exceso de tiempo disponible ($= TIP_j - TIP_i$) sobre su duración ($= D_{ij}$); esto es,

$$HL_{ij} = TIP_j - TIP_i - D_{ij}$$

Los cálculos de ruta crítica junto con las holguras para las actividades no críticas pueden resumirse en la forma conveniente mostrada en la tabla 13-1. Las columnas (1), (2), (3) y (6) se obtienen de los cálculos de la red en el ejemplo 13.2-1. La información restante puede determinarse de las fórmulas anteriores.

La tabla 13-1 da un resumen típico de los cálculos de ruta crítica. Incluye toda la información necesaria para construir el diagrama de tiempos. Note que una y sólo una actividad crítica, debe tener una holgura *total* cero. La holgura libre debe también ser cero cuando la holgura total es cero. La inversa no es cierta, sin embargo, en el sentido de que una actividad *no* crítica puede tener una holgura libre cero. Por ejemplo, en la tabla 13-1, la actividad no crítica (0, 1) tiene una holgura libre cero.

Tabla 13-1

Actividad (i, j) (1)	Duración D_{ij} (2)	Más próximo Inicio □ TIP_i (3)	Más próximo Terminación TT_{ij} (4)	Más tardío Inicio IT_{ij} (5)	Más tardío Terminación △ TTT_j (6)	Holgura total HT_{ij} (7)	Holgura libre HL_{ij} (8)
(0, 1)	2	0	2	2	4	2	0
(0, 2)	3	0	3	0	3	0[a]	0
(1, 3)	2	2	4	4	6	2	2
(2, 3)	3	3	6	3	6	0[a]	0
(2, 4)	2	3	5	4	6	1	1
(3, 4)	0	6	6	6	6	0[a]	0
(3, 5)	3	6	9	10	13	4	4
(3, 6)	2	6	8	17	19	11	11
(4, 5)	7	6	13	6	13	0[a]	0
(4, 6)	5	6	11	14	19	8	8
(5, 6)	6	13	19	13	19	0[a]	0

[a] Actividad crítica.

Ejercicio 13.2-2

En la tabla 13-1, verifique los valores dados de las holguras libres y totales de cada una de las actividades siguientes.
(a) Actividad (0, 1).
(b) Actividad (3, 4).
(c) Actividad (4, 6).

13.3 CONSTRUCCION DEL DIAGRAMA DE TIEMPO Y NIVELACION DE RECURSOS

El producto final de los cálculos de la red es la construcción del diagrama (o programa) de tiempo. Este diagrama de tiempo puede convertirse fácilmente en un programa calendario apropiado para el uso del personal que ejecutará el proyecto.

La construcción del diagrama de tiempo debe hacerse dentro de las limitaciones de los recursos disponibles, ya que no es posible realizar actividades simultáneas debido a las limitaciones de personal y equipo. Aquí es donde las holguras totales para las actividades no críticas llegan a ser útiles. Cambiando una actividad no crítica (hacia atrás y hacia adelante) entre sus límites máximos permisibles, se pueden abatir los requisitos máximos de recursos. En cualquier caso, aun en ausencia de recursos limitados, es práctica común usar las holguras totales para nivelar los recursos sobre la duración del proyecto completo. En esencia, esto significaría una fuerza de trabajo más estable comparada con el caso donde la fuerza de trabajo (y equipo) variará drásticamente de un día a otro.

El procedimiento para construir el diagrama de tiempo se ilustrará con el ejemplo 13.3-1. El ejemplo 13.3-2 mostrará entonces cómo puede efectuarse la nivelación de recursos para el mismo proyecto.

Ejemplo 13.3-1

En este ejemplo se construirá el diagrama de tiempos para el proyecto dado en el ejemplo 13.2-1.

La información necesaria para construir el diagrama de tiempo se resume en la tabla 13-1. El primer paso es considerar el programa de las actividades críticas. Después se consideran las actividades no críticas indicando sus límites de tiempo *TIP* y *TTT* en el diagrama. Las actividades críticas se indican con líneas llenas. Los límites de tiempo para las actividades no críticas se muestran con líneas punteadas, indicando que tales actividades pueden programarse donde sea dentro de esos intervalos, *siempre y cuando no se alteren las relaciones de precedencia.*

La figura 13-6 muestra el diagrama de tiempo correspondiente al ejemplo 13.2-1. La actividad ficticia (3, 4) no consume tiempo y, por lo tanto, se muestra como una línea vertical. Los números mostrados con las actividades no críticas, representan sus duraciones.

Las funciones de las holguras *total* y *libre* en la programación de actividades no críticas se explican en términos de dos reglas generales:

1. Si la holgura total *es igual* a la holgura libre, la actividad no crítica se puede programar *en cualquier parte* entre los tiempos de inicio más temprano y de terminación más tardío (extensiones de tiempo punteadas de la figura 13-6).

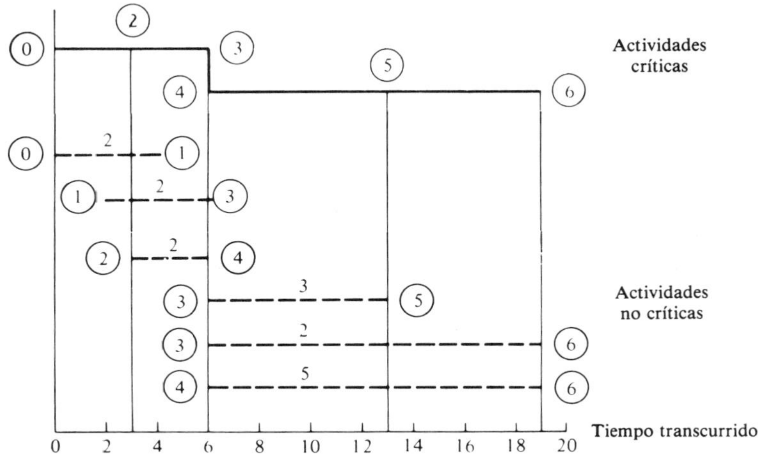

536 Programación de proyectos con PERT-CPM [C.13]

Figura 13-6

2. Si la holgura libre es *menor que* la holgura total, el inicio de la actividad no crítica se puede demorar en relación con su tiempo de inicio más temprano, en una cantidad no mayor que el monto de su holgura libre, sin afectar la programación de sus actividades *inmediatamente* sucesivas.

En nuestro ejemplo, la regla 2 se aplica a la actividad (0, 1) únicamente, mientras que todas las demás se programan según la regla 1. La razón es que la actividad (0, 1) tiene una holgura libre *cero*. Por lo tanto, si el tiempo inicial para (0, 1) no es demorado más allá de su tiempo de inicio más próximo ($t = 0$), la actividad inmediatamente sucesiva (1, 3) se puede programar en cualquier momento entre su tiempo de inicio más próximo ($t = 2$) y su tiempo de terminación más tardío ($t = 6$). Por otra parte, si el tiempo de inicio de (0, 1) se demora más allá de $t = 0$, el tiempo de inicio más próximo de (1, 3) deberá retrasarse relativo a su tiempo de inicio más próximo cuando menos en la misma cantidad. Por ejemplo, si (0, 1) comienza en $t = 1$, termina en $t = 3$ y luego (1, 3) se puede programar en cualquier parte entre $t = 3$ y $t = 6$. Este tipo de restricción no se aplica a ninguna de las actividades no críticas restantes porque todas ellas tienen holguras total y libre iguales. También podemos observar este resultado en la figura 13-6, ya que (0, 1) y (1, 2) son las únicas dos actividades sucesivas cuyas extensiones de tiempo permisibles se superponen.

En esencia, tener la holgura libre menor que la holgura total nos da una advertencia de que la programación de la actividad no deberá terminarse sin antes verificar su efecto en los tiempos de inicio de las actividades *inmediatamente* sucesivas. Esta valiosa información sólo puede asegurarse a través del uso de cálculos de ruta crítica. ◀

Ejercicio 13.3-1
Los casos que siguen representan las holguras total y libre (*HT* y *HL*) de una actividad no crítica. Indique la demora máxima en el tiempo de inicio de la actividad relativa a su tiempo

de inicio más próximo que hará posible que todas las actividades inmediatamente sucesivas sean programadas en cualquier momento entre sus tiempos de terminación más próximo y más tardío.
(a) $HT = 10$, $HL = 10$, $D = 4$.
[*Resp.* Demora = 10.]
(b) $HT = 10$, $HL = 5$, $D = 4$.
[*Resp.* Demora = 5.]
(c) $HT = 10$, $HL = 0$, $D = 4$.
[*Resp.* Demora = 0.]
(d) $HT = 10$, $HL = 3$, $D = 4$.
[*Resp.* Demora = 3.]

Ejemplo 13.3-2

En el ejemplo 13.3-1, supóngase que se especifican los siguientes requisitos de trabajadores para las diferentes actividades. Se necesita elaborar un programa de tiempo que nivelará los requisitos de trabajadores mientras dure el proyecto. [Nótese que las actividades (0, 1) y (1, 3) no requieren labor manual (o mano de obra), lo que se indica asignando un número cero de hombres a cada actividad. Como resultado, la programación de (0, 1) y (1, 3) puede hacerse en forma independiente del procedimiento de nivelación de recursos.]

Actividad	Número de trabajadores	Actividad	Número de trabajadores
0, 1	0	3, 5	2
0, 2	5	3, 6	1
1, 3	0	4, 5	2
2, 3	7	4, 6	5
2, 4	3	5, 6	6

La figura 13-7 (a) muestra las necesidades de personal sobre el tiempo si las actividades no críticas se programan tan pronto como sea posible, mientras que la figura 13-7 (b) muestra los requerimientos si estas actividades se programan tan tarde como sea posible. La línea punteada señala las necesidades para las actividades críticas que deben satisfacerse si el proyecto debe terminarse a tiempo. [Nótese que las actividades (0, 1) y (1, 3) no requieren recursos.]

El proyecto necesita 7 hombres cuando menos como lo indican las necesidades de la actividad crítica (2, 3). La programación más próxima de las actividades no críticas se traduce en una necesidad máxima de 10 personas, mientras que la programación más tardía de las mismas actividades necesitaría un máximo de 12 hombres. Esto ilustra que las necesidades máximas dependen de cómo se utilicen las holguras totales de las actividades no críticas. En la figura 13-7, sin embargo, independientemente de cómo se localicen las holguras, la necesidad máxima no puede ser menor de 10 hombres, puesto que el intervalo para la actividad (2, 4) coincide con el tiempo para la actividad crítica (2, 3). Las necesidades de personal que utiliza la programación más próxima puede mejorarse volviendo a programar la actividad (3, 5) en su tiempo más tardío posible, y la actividad (3, 6) inmediatamente después

538 Programación de proyectos con PERT-CPM [C.13

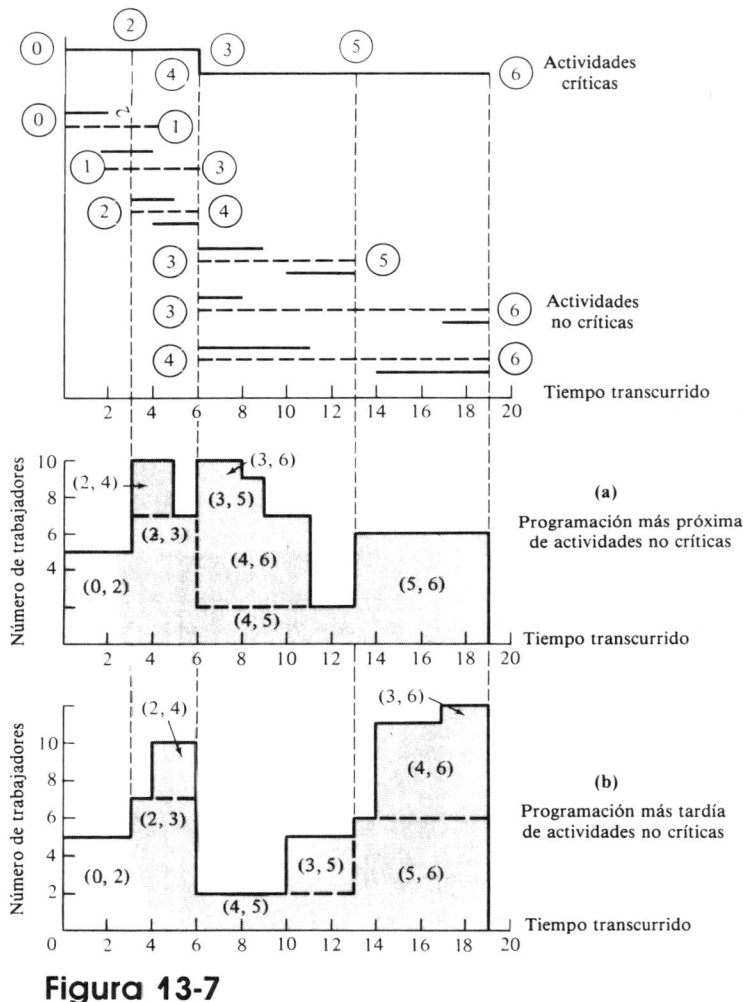

Figura 13-7

de que la actividad (4, 6) se termine. Este nuevo requisito se muestra en la figura 13-8. El nuevo programa resultante, es una asignación más uniforme de recursos.

En algunos proyectos, el objetivo puede ser el mantener la utilización máxima de los recursos abajo de un cierto límite en lugar de simplemente nivelar los recursos. Si esto no puede lograrse volviendo a programar las actividades no críticas, será necesario ampliar el tiempo de algunas de las actividades críticas, con lo cual se reducirá el nivel diario requerido del recurso. ◄

Debido a la complejidad matemática, no se ha desarrollado aún ninguna técnica que proporcione la solución *óptima* al problema de nivelación de recursos; esto es,

13.3] Construcción del diagrama de tiempo **539**

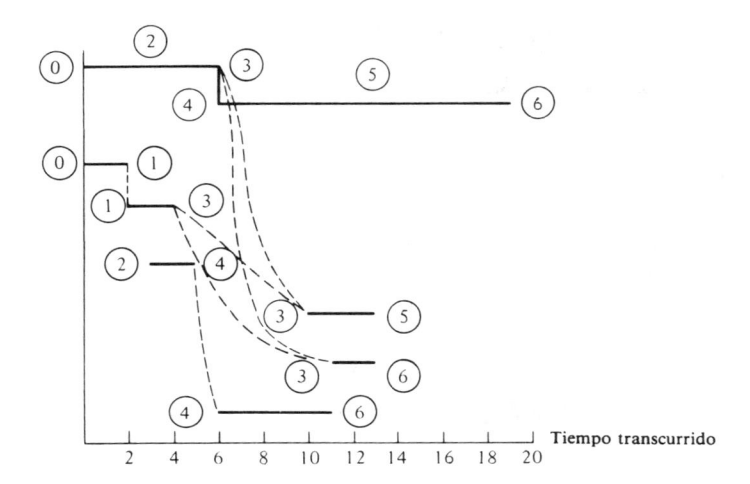

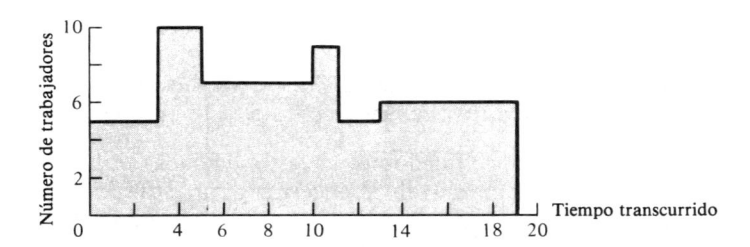

Figura 13-8

la minimización de los recursos máximos necesarios para el proyecto en cualquier punto en el tiempo. En lugar de esto, se utilizan actualmente programas heurísticos similares a los que se han mencionado con anterioridad. Estos programas se valen de las diferentes holguras para las actividades no críticas.

Ejercicio 13.3-2
Supóngase en el ejemplo 13.3-2 que las actividades (0, 1) y (1, 3) requieren 8 y 2 trabajadores, respectivamente. Indique los cambios en la figura 13-7 en cada uno de los casos siguientes.
(a) Ambas actividades se programan lo más pronto posible.
  [*Resp.* Los cambios en el número de trabajadores son 13 para $0 \leq t < 2$, 7 para $2 \leq t < 3$ y 12 para $3 \leq t < 4$.]
(b) Ambas actividades se programan lo más tardío posible.
  [*Resp.* Los cambios en el número de trabajadores son 13 para $2 \leq t < 3$, 15 para $3 \leq t < 4$ y 12 para $4 \leq t < 6$.]

13.4 CONSIDERACIONES DE PROBABILIDAD Y COSTO EN LA PROGRAMACION DE PROYECTOS

El análisis de las secciones 13.1, 13.2 y 13.3 no toma en cuenta el caso donde las estimaciones de tiempo son probabilísticas para las diferentes actividades. Tampoco se considera explícitamente el costo de los programas. Esta sección, por consiguiente, presentará tanto los aspectos de probabilidad como los de costos en la programación de proyectos.

13.4.1 CONSIDERACIONES DE PROBABILIDAD EN LA PROGRAMACION DE PROYECTOS

Las consideraciones de probabilidad están incorporadas en la programación de proyectos, suponiendo que la estimación de tiempo para cada actividad está basada en tres valores diferentes:

a = **tiempo optimista**, el cual se necesitará si la ejecución va extremadamente bien.
b = **tiempo pesimista**, que se requerirá si todo va muy mal.
m = **tiempo más probable**, el cual se necesitará si la ejecución es normal.

La amplitud o "rango" especificado por las estimaciones optimista y pesimista (a y b, respectivamente) por supuesto debe encerrar toda estimación posible de la duración de la actividad. La estimación más probable m no necesita coincidir con el punto medio $(a + b)/2$, y puede encontrarse a su izquierda o a su derecha. Debido a estas propiedades, es *intuitivamente* justificado que la duración para cada actividad puede seguir una distribución beta con su punto unimodal en m y sus puntos extremos en a y b. La figura 13-9 muestra los tres casos de la distribución beta que son (a) simétrica, (b) sesgada hacia la derecha y (c) sesgada hacia la izquierda.

Las expresiones para la media $\bar{D}$ y varianza V de la distribución beta se obtienen de la manera siguiente.† El punto medio $(a + b)/2$ se supone que tiene una ponderación de la mitad de la del punto m más probable. Por consiguiente, $\bar{D}$ es la media aritmética de $(a + b)/2$ y $2m$; esto es,

$$\bar{D} = \frac{(a+b)/2 + 2m}{3} = \frac{a + b + 4m}{6}$$

---

† La validez de la hipótesis de la distribución beta, ha sido puesta en duda. Las expresiones obtenidas para $\bar{D}$ y V no pueden ser satisfechas por la distribución beta, a menos que existan ciertas relaciones restrictivas entre a, b y m. [Véase: F. Grubbs, "Attempts to validate certain PERT statistics", o 'Picking on PERT'," *Operations Research* Vol. 10, 1962, págs. 912-915.] Sin embargo, las expresiones para $\bar{D}$ y V están basadas en argumentos intuitivos, independientemente de la hipótesis original de distribución beta. Posteriormente se mostrará que el análisis de red está basado en el teorema de límite central, el cual considera normalidad, independientemente de la distribución originante de actividades individuales. En este caso, parece que no es importante que la distribución real, sea beta o no. La cuestión de si $\bar{D}$ y V son las medidas reales de la distribución originante (desconocida), permanece aún sin respuesta.

Consideraciones de probabilidad y costo

(a) Simétrica   (b) Sesgada hacia la derecha   (c) Sesgada hacia la izquierda

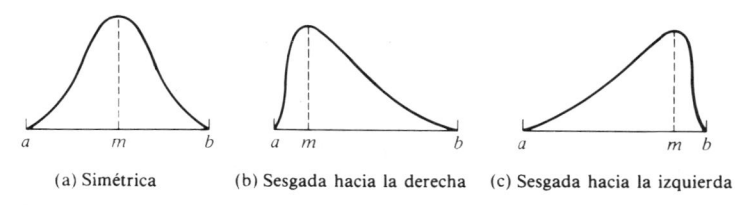

Figura 13-9

La amplitud o "rango" (a, b) se supone que abarca alrededor de 6 desviaciones estándares de la distribución, ya que alrededor de 90% o más de *cualquier* función densidad de probabilidad está dentro de tres desviaciones estándares de su media. Por consiguiente

$$V = \left(\frac{b-a}{6}\right)^2$$

Los cálculos de la red dados en las secciones 13.1, 13.2 y 13.3 ahora pueden aplicarse directamente con $\bar{D}$ reemplazando la estimación D.

Ahora es posible estimar la probabilidad de ocurrencia de cada evento en la red. Sea μ_i el tiempo de ocurrencia más próximo del evento i. Ya que los tiempos de las actividades que se suman hasta i son variables aleatorias, μ_i es también una variable aleatoria. Suponiendo que todas las actividades en la red son estadísticamente independientes, se obtiene la media y la variancia de μ_i como sigue. Si existe únicamente una ruta que lleva desde el evento de "inicio" al evento i, entonces $E\{\mu_i\}$ está dado por la suma de las duraciones esperadas $\bar{D}$ para las actividades a lo largo de esta ruta y var $\{\mu_i\}$ es la suma de las variancias de las mismas actividades. Las complicaciones surgen, sin embargo, donde más de una ruta lleva al mismo evento. En este caso, si se van a calcular los valores *exactos* de $E\{\mu_i\}$ y var $\{\mu_i\}$ se debe desarrollar primero la distribución estadística para la más larga de las rutas (esto es, la distribución del máximo de varias variables aleatorias) y encontrar su valor esperado y su variancia. Esto es más difícil en general y se introduce una hipótesis simplificatoria, la cual permite calcular $E\{\mu_i\}$ y var $\{\mu_i\}$ como iguales a las de la ruta que lleva al evento i y que tenga la suma más grande de duraciones *esperadas* de las actividades. Si dos o más rutas tienen la misma $E\{\mu_i\}$ se elige aquella con la var $\{\mu_i\}$ más grande ya que refleja mayor incertidumbre y, por lo tanto, resultados más conservadores. Para resumir, $E\{\mu_i\}$ y var $\{\mu_i\}$ están dados para las rutas seleccionadas como

$$E\{\mu_i\} = ES_i$$
$$\text{var}\{\mu_i\} = \sum_k V_k$$

donde k define las actividades a lo largo de la ruta más larga que lleva a i.

La idea es que μ_i es la suma de variables aleatorias independientes y, por lo tanto, de acuerdo con el teorema del límite central, μ_i es casi normalmente distribuida con media $E\{\mu_i\}$ y variancia var $\{\mu_i\}$. Ya que μ_i representa el tiempo de ocurrencia más próximo, el evento i va a satisfacer un cierto tiempo programado TP_i (especificado por el analista) con probabilidad

$$P\{\mu_i \leq TP_i\} = P\left\{\frac{\mu_i - E\{\mu_i\}}{\sqrt{\text{var}\{\mu_i\}}} \leq \frac{TP_i - E\{\mu_i\}}{\sqrt{\text{var}\{\mu_i\}}}\right\} = P\{z \leq K_i\}$$

donde z es la distribución normal estándar con media 0 y variancia 1 y

$$K_i = \frac{TP_i - E\{\mu_i\}}{\sqrt{\text{var}\{\mu_i\}}}$$

Es práctica común calcular la probabilidad de que el evento i ocurrirá no más tarde que su TTT_i. Tales probabilidades representarán, por consiguiente, la posibilidad de que los siguientes eventos ocurran dentro de la duración (TIP_i, TTT_i).

Ejemplo 13.4-1.

Considere el proyecto del ejemplo 13.2-1. Para evitar repetir los cálculos de ruta crítica, los valores de a, b y m mostrados en la tabla 13-2 se han elegido de tal manera, que $\bar{D}_{ij}$ tendrá el mismo valor que su correspondiente D_{ij} en el ejemplo 13.2-1.

La media $\bar{D}_{ij}$ y la variancia V_{ij} de las diferentes actividades están dadas en la tabla 13-3.

Tabla 13-2

Actividad (i, j)	Tiempos estimados (a, b, m)	Actividad (i, j)	Tiempos estimados (a, b, m)
(0, 1)	(1, 3, 2)	(3, 5)	(1, 7, 2.5)
(0, 2)	(2, 8, 2)	(3, 6)	(1, 3, 2)
(1, 3)	(1, 3, 2)	(4, 5)	(6, 8, 7)
(2, 3)	(1, 11, 1.5)	(4, 6)	(3, 11, 4)
(2, 4)	(0.5, 7.5, 1)	(5, 6)	(4, 8, 6)

Tabla 13-3

Actividad	$\bar{D}_{ij}$	V_{ij}	Actividad	$\bar{D}_{ij}$	V_{ij}
(0, 1)	2	0.11	(3, 5)	3	1.00
(0, 2)	3	1.00	(3, 6)	2	0.11
(1, 3)	2	0.11	(4, 5)	7	0.11
(2, 3)	3	2.78	(4, 6)	5	1.78
(2, 4)	2	1.36	(5, 6)	6	0.44

Tabla 13-4

Evento	Ruta	$E\{\mu_i\}$	var$\{\mu_i\}$	TP_i	K_i	$P\{z \leq K_i\}$
1	(0, 1)	2	0.11	4	6.03	1.000
2	(0, 2)	3	1.00	2	-1.000	0.159
3	(0, 2, 3)	6	3.78	5	-0.514	0.304
4	(0, 2, 3, 4)	6	3.78	6	0.000	0.500
5	(0, 2, 3, 4, 5)	13	3.89	17	2.028	0.987
6	(0, 2, 3, 4, 5, 6)	19	4.33	20	0.480	0.684

Las probabilidades se ilustran en la tabla 13-4. La información contenida en la columna TP_i es parte de los datos de entrada. Los valores de TP_i pueden sustituirse por TTT_i, a fin de obtener las probabilidades de que ninguna de las actividades se demorará más allá de su tiempo de ocurrencia más tardío.

La información ubicada en la columna de la ruta se obtiene directamente de la red, y define la ruta *más larga* del evento 0 al evento *i*.

Después de determinar $E\{\mu_i\}$ y var $\{\mu_i\}$, los cálculos de K_i y $P\{z \leq K_i\}$ son directos. Las probabilidades asociadas con la realización de cada evento pueden obtenerse después de esto. Estas probabilidades ofrecen información acerca de dónde se necesitan recursos con mayor urgencia, a fin de reducir la probabilidad de que ocurran demoras en la ejecución del proyecto. ◂

13.4.2 CONSIDERACIONES DE COSTO EN LA PROGRAMACION DE PROYECTOS

El aspecto costo está incluido en la programación de proyectos al definir la relación duración-costo para cada actividad. Los costos se definen para incluir elementos directos solamente. Los costos indirectos no pueden incluirse. Sin embargo, su efecto se incluirá en el análisis final. La figura 13-10 muestra una relación típica de línea recta utilizada con la mayoría de los proyectos. El punto (D_n, C_n) representa la duración D_n y su costo asociado C_n si la actividad se ejecuta en condiciones **normales**. La duración D_n puede disminuirse aumentando los recursos asignados y, por lo tanto, aumentando los costos directos. Existe un límite llamado tiempo de **duración**

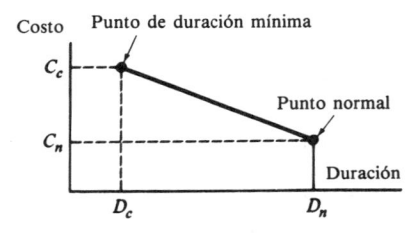

Figura 13-10

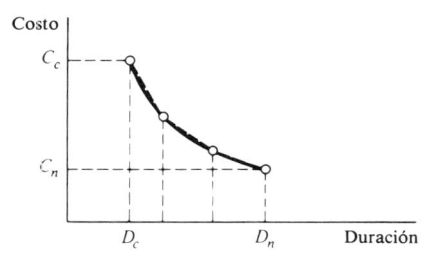

Figura 13-11

mínima, más allá del cual, ninguna reducción adicional puede efectuarse en la duración. En este punto cualquier aumento en recursos aumentará únicamente los costos, sin reducir la duración. El punto de duración mínima se indica en la figura 13-10 por el punto (D_c, C_c).

La relación lineal se usa principalmente por conveniencia, ya que puede ser determinada para cada actividad a partir del conocimiento de los puntos de duración normal y mínima únicamente; esto es (D_n, C_n) y (D_c, C_c). Una relación no lineal complicaría los cálculos. Existe un caso excepcional, sin embargo, donde las relaciones no lineales pueden ser aproximadas por un conjunto de *segmentos* lineales como se muestra en la figura 13-11. En tales condiciones, la actividad puede ser descompuesta en un número de subactividades, cada una correspondiendo a uno de los segmentos. Note las pendientes crecientes de los segmentos de recta cuando se va desde el punto de duración normal hasta el punto de duración mínima. Si esta condición no se satisface, la aproximación no es válida.

Después de definir las relaciones tiempo-costo, se asignan sus duraciones normales a las actividades del proyecto. Se calcula luego la ruta crítica correspondiente y se registran los costos directos asociados. El paso siguiente es considerar la reducción en la duración del proyecto. Ya que tal reducción puede efectuarse únicamente si disminuye la duración de una actividad crítica, la atención debe centrarse en tales actividades. A fin de lograr una reducción en la duración al mínimo costo posible, se debe comprimir tanto como sea posible la actividad crítica que tenga la pendiente tiempo-costo más pequeña.

El grado en el cual una actividad puede reducirse, está limitado por su tiempo a duración mínima. Sin embargo, deben tomarse en cuenta otros límites antes de que pueda determinarse la reducción exacta. Los detalles de estos límites se discutirán en el ejemplo 13.4-2.

El resultado de reducir una actividad es un programa nuevo, quizá con una nueva ruta crítica. El costo asociado al nuevo programa debe ser mayor que el del inmediato anterior. El nuevo programa debe considerarse ahora para reducción, seleccionando la actividad crítica (sin duración mínima) con la mínima pendiente. El procedimiento se repite hasta que todas las actividades *críticas* estén en sus tiempos de duración mínima. El resultado final de los cálculos anteriores es una curva de tiempo-costo para los diferentes programas y sus costos correspondientes. Una curva característica se muestra con línea continua en la figura 13-12. Esta, como se indicó anteriormente, representa solamente los costos directos.

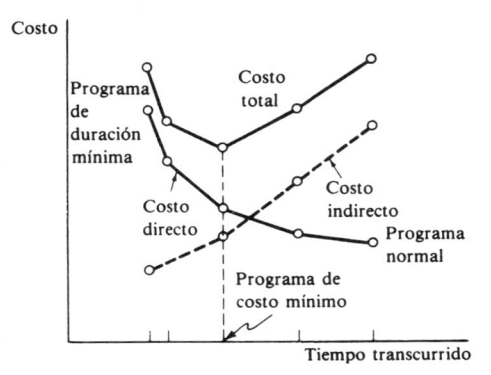

Es lógico suponer que cuando aumenta la duración del proyecto, los costos *indirectos* deben aumentar también como se muestra en la figura 13-12 con línea punteada. La suma de estos dos costos (directo + indirecto) da el costo total del proyecto. El programa óptimo corresponde al costo total mínimo.

Ejemplo 13.4-2

Considere la red de la figura 13-13. Los puntos normal y de duración mínima para cada actividad están dados en la tabla 13-5. Se requiere calcular los diferentes programas de costo mínimo, que pueden ocurrir entre los tiempos a duración normal y a duración mínima.

El análisis de este problema depende principalmente de las pendientes costo-tiempo para las diferentes actividades, éstas se calculan utilizando la fórmula:

$$\text{pendiente} = \frac{C_c - C_n}{D_n - D_c}$$

Las pendientes para las actividades de la red anterior se resumen en la tabla 13-6.

El primer paso en el procedimiento de cálculo es suponer que todas las actividades ocurren en tiempos normales. La red de la figura 13-13 muestra los cálculos de ruta crítica en condiciones normales. Las actividades (1, 2) y (2, 5) constituyen la ruta crítica. El tiempo del proyecto es 18 y su costo (normal) asociado es 580.

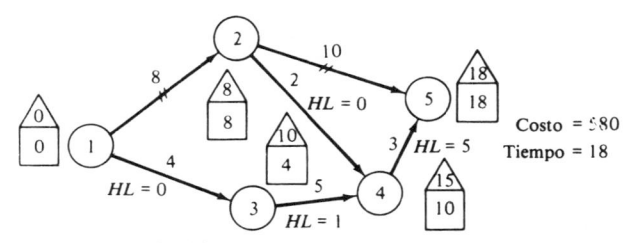

Figura 13-13

Tabla 13-5

Actividad	Normal		Mínima	
(i, j)	Duración	Costo	Duración	Costo
(1, 2)	8	100	6	200
(1, 3)	4	150	2	350
(2, 4)	2	50	1	90
(2, 5)	10	100	5	400
(3, 4)	5	100	1	200
(4, 5)	3	80	1	100

Tabla 13-6

Actividad	Pendiente
(1, 2)	50
(1, 3)	100
(2, 4)	40
(2, 5)	60
(3, 4)	25
(4, 5)	10

El segundo paso es reducir el tiempo del proyecto disminuyendo (tanto como sea posible) la actividad crítica con la mínima pendiente. En la red de la figura 13-13 existen únicamente dos actividades críticas (1, 2) y (2, 5). La actividad (1, 2) se selecciona para reducirse, ya que tiene la pendiente más pequeña. Acorde a la curva costo-tiempo esta actividad puede reducirse en dos unidades de tiempo, límite que está especificado por su punto a duración mínima (que de aquí en adelante se llamará **límite a duración mínima**). Sin embargo, el reducir una actividad crítica a su punto de duración mínima no necesariamente significa que la duración del proyecto completo se reducirá en una cantidad equivalente. Esto es así porque, cuando la actividad crítica se reduce, puede desarrollarse una *nueva* ruta crítica. En este punto debe descartarse la anterior actividad crítica y darle atención a las actividades de la nueva ruta crítica.

Una forma de predecir si una nueva ruta crítica se desarrollará antes de llegar a los puntos de duración mínima, es considerar las holguras libres para las actividades no críticas. Por definición, estas holguras libres son independientes de los tiempos de inicio de las otras actividades. Por consiguiente, si durante la reducción de una actividad crítica, una holgura libre *positiva* llega a ser cero, esta actividad crítica no debe reducirse sin verificación adicional, ya que existe una *posibilidad* de que esta actividad de holgura libre cero pueda llegar a ser crítica. Esto significa que además del *límite a duración mínima* también debe considerarse el **límite de holgura libre**.

Para determinar el límite de holgura libre, primero se necesita reducir la duración de la actividad crítica seleccionada para reducción en *una* unidad de tiempo. Luego,

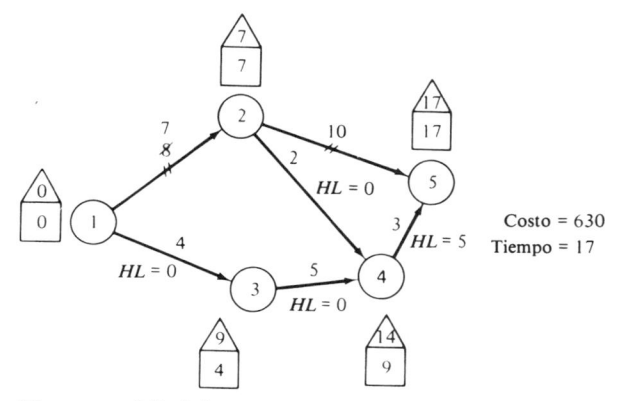

13.4] Consideraciones de probabilidad y costo **547**

Figura 13-14

volviendo a calcular las holguras libres para todas las actividades no críticas, se notará cuáles de estas actividades han reducido sus holguras libres *positivas* en *una* unidad de tiempo. La holgura libre más pequeña (antes de la reducción) de tales actividades determina el límite de holgura libre necesario.

Aplicando esto a la red de la figura 13-13, las holguras libres (*HL*) se muestran sobre las actividades respectivas. Una reducción de la actividad (1, 2) en una unidad de tiempo hará que caiga de uno a cero la holgura libre de la actividad (3, 4). La holgura libre de la actividad (4, 5) permanecerá sin cambio en 5. Por consiguiente, límite *HL* = 1. Ya que el límite de ruptura para (1, 2) es 2, su **límite de reducción** es igual al mínimo de su límite de ruptura y su límite *HL*, esto es mín {2, 1} = 1. El nuevo programa se muestra en la figura 13-14. El tiempo de proyecto correspondiente es 17 y su costo asociado es igual al del programa anterior más el costo adicional del tiempo reducido, esto es, 580 + (18 − 17) × 50 = 630. Aunque la holgura libre determina el límite de reducción, la ruta crítica permanece siendo la misma. Esto ilustra que *no* es siempre cierto que una nueva ruta crítica surgirá cuando el límite de reducción está especificado por el límite *HL*.

Ya que la actividad (1, 2) todavía es el mejor candidato para reducirse, se calculan sus correspondientes límites *HL* y de duración mínima. Sin embargo, ya que el límite *HL* a duración mínima para la actividad (1, 2) es igual a 1, no es necesario calcular el límite *HL* porque cualquier *HL* positiva es, al menos igual a 1. Consecuentemente, la actividad (1, 2) se reduce en una unidad, llegando así a su límite de duración mínima. Los cálculos resultantes se muestran en la figura 13-15, la cual también muestra que la ruta crítica permanece sin cambio. El tiempo del proyecto es 16 y su costo asociado es 630 + (17 − 16) × 50 = 680.

La actividad (1, 2) ya no puede reducirse más. Por lo tanto, se elige la actividad (2, 5) para reducirse. Ahora bien

$$\text{límite a duración mínima} = 10 - 5 = 5$$
$$\text{límite } HL = 4, \text{ correspondiente a la actividad (4, 5)}$$
$$\text{límite de reducción} = \text{mín } \{5, 4\} = 4$$

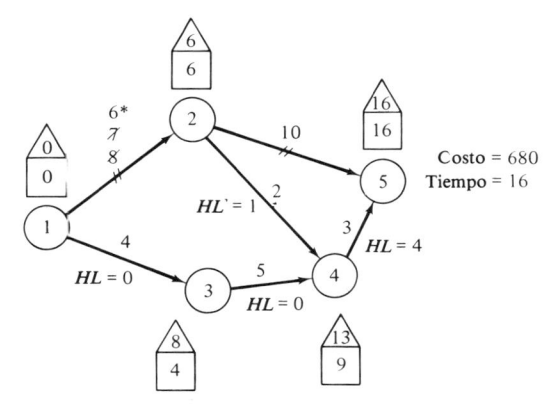

548 Programación de proyectos con PERT-CPM [C.13]

*Significa que la actividad ha llegado a su límite a duración mínima.
Figura 13-15

Los cálculos resultantes se muestran en la figura 13-16. Existen dos rutas críticas ahora: (1, 2, 5) y (1, 3, 4, 5). El tiempo para el nuevo proyecto es 12, y su costo es $680 + (16 - 12) \times 60 = 920$.

La aparición de dos rutas críticas indica que, a fin de reducir el tiempo del proyecto, será necesario reducir el tiempo de las dos rutas críticas simultáneamente. La regla anterior para elegir las actividades comunes que se van a reducir se aplica aquí todavía. Para la ruta (1, 2, 5), la actividad (2, 5) puede reducirse en una unidad de tiempo. Para la ruta (1, 3, 4, 5), la actividad (4, 5) tiene la mínima pendiente y su límite a duración mínima es 2. Por consiguiente, el límite a duración mínima para las dos rutas es igual a mín {1, 2} = 1. El límite *HL* está determinado para este caso tomando el mínimo de los límites *HL* obtenidos considerando cada ruta

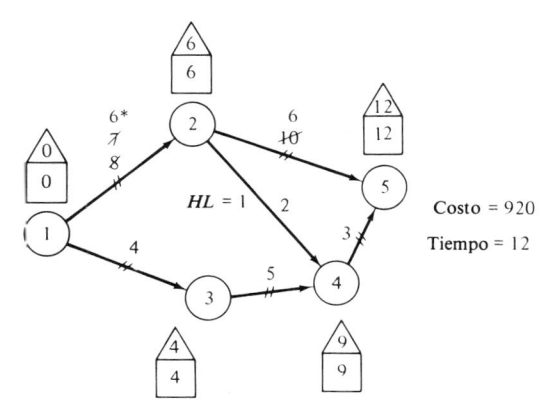

*Significa que la actividad ha llegado a su límite a duración mínima.
Figura 13-16

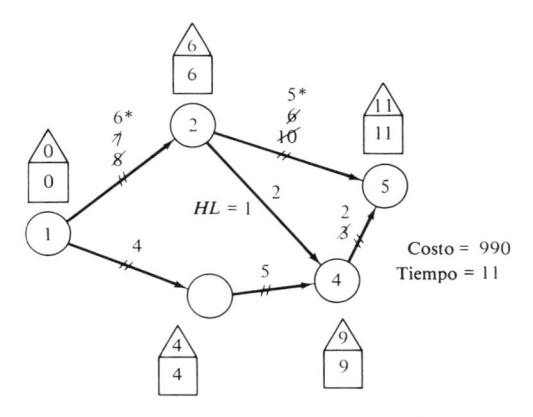

13.4] Consideraciones de probabilidad y costo 549

*Significa que la actividad ha llegado a su límite a duración mínima.

Figura 13-17

crítica de manera separada. Sin embargo, como el límite de duración mínima es igual a 1, el límite *HL* no necesita calcularse.

El nuevo programa se muestra en la figura 13-17. Su tiempo es 11, y su costo es $920 + (12 - 11) \times (10 + 60) = 990$.

Las dos rutas críticas del proyecto permanecen iguales. Puesto que todas las actividades sobre la ruta crítica (1, 2, 5) están en el tiempo de duración mínima, ya no es posible reducir el tiempo del proyecto. El programa de la figura 13-17 da, por consiguiente, el programa de duración mínima.

Un resumen de los cálculos anteriores está dado en la figura 13-18, que representa el costo directo del proyecto. Sumando los costos indirectos correspondientes a cada programa, se puede calcular el programa de costo mínimo total (u óptimo). ◀

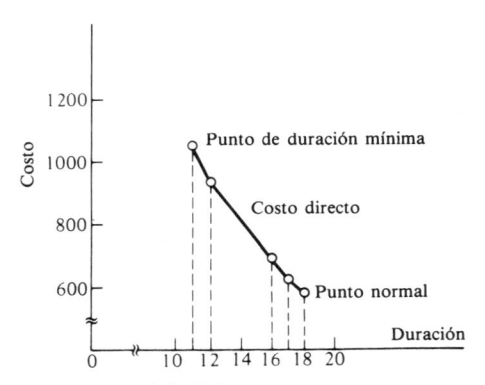

Figura 13-18

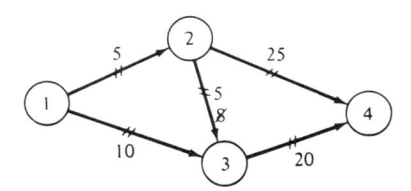

Figura 13-19

El ejemplo 13.4-2 resume todas las reglas para reducir actividades en las condiciones dadas. Existen casos, sin embargo, donde uno puede tener que aumentar una actividad ya reducida antes que la duración del proyecto completo pueda reducirse. La figura 13-19 ilustra un caso característico. Existen tres rutas críticas, a saber (1, 2, 3, 4), (1, 2, 4) y (1, 3, 4). La actividad (2, 3) ha sido reducida de su tiempo normal 8 a su tiempo actual 5. La duración del proyecto dado puede reducirse, disminuyendo simultáneamente una de las actividades sobre cada una de las rutas críticas (1, 2, 4) y (1, 3, 4), o reduciendo simultáneamente las actividades (1, 2) y (3, 4) y expandiendo la actividad (2, 3). Se elige la alternativa con la suma *neta* más pequeña de pendientes. Note que si las actividades (1, 2) y (3, 4) se reducen y la actividad (2, 3) se expande, la suma *neta* de pendientes es la suma de las pendientes para las actividades (1, 2) y (3, 4) *menos* la pendiente para la actividad (2, 3). En todos los otros casos donde no existan actividades que se puedan ampliar, la suma neta es igual a la suma de las pendientes de las actividades reducidas.

Si la expansión es necesaria, entonces, además del límite a duración mínima y el límite *HL*, el límite de expansión también debe ser tomado en cuenta. Este es igual al tiempo normal de la actividad menos su tiempo presente de reducción. El límite de reducción, por consiguiente, es el mínimo del límite a duración mínima, el límite *HL* y el límite de expansión.

Un procedimiento alternativo para detectar nuevas rutas críticas

En el ejemplo 13.4-2 el límite *HL* fue utilizado para detectar la posibilidad de tener nuevas rutas críticas. Si el límite *HL* es grande e igual al límite de reducción, se puede reducir en pasos grandes la duración del proyecto. En esencia, esto tiene la ventaja de minimizar el número de programas calculados entre los puntos normal y de duración mínima. Esto podría significar posiblemente que los *principales* cálculos del proyecto se han minimizado. Sin embargo, la determinación de los límites *HL* requieren cálculos adicionales, los cuales aumentan especialmente con el incremento en el número de rutas críticas en el proyecto. Por lo tanto, no existe garantía de que el uso del método del límite *HL* proporcione cálculos mínimos.

Por consiguiente, se ha desarrollado otro método que elimina completamente la necesidad del límite *HL*.† Se indica en el ejemplo 13.4-2 que si el límite a duración

---

† Existen otros métodos más eficaces para efectuar cálculos mínimos entre los programas normal y de duración mínima. Las reglas de tales métodos son, sin embargo, algo más complejas. Véase, por ejemplo, Moder y Phillips [(1970), cap. 9].

mínima es igual a 1, el límite *HL* no necesita calcularse, ya que cualquier *HL* positivo es al menos igual a 1. El nuevo procedimiento, por consiguiente, pide reducir la duración del proyecto en una unidad de tiempo en cada ciclo de los cálculos. Esto se hace de nuevo reduciendo la actividad que tiene la pendiente mínima. El procedimiento se repite sobre el nuevo programa (y la nueva o nuevas rutas críticas, si existen) hasta que se obtiene el programa de duración mínima. Note que el nuevo método reduce la duración del proyecto en una unidad de tiempo cada ciclo. Por consiguiente, si existen n unidades de tiempo entre los programas normal y de duración mínima, habrá que esperar un total de n ciclos de cálculo.

No existe evidencia concluyente acerca de cuál de los métodos anteriores es computacionalmente más eficiente. Sin embargo, para cálculos manuales, el método sin límite *HL* parece el más conveniente. Se pide al lector en el problema 13-17 que resuelva el ejemplo 13.4-2 usando el nuevo método, y de esta manera comparar la cantidad de cálculos en cada ciclo.

13.5 CONTROL DEL PROYECTO

Existe la tendencia entre algunos usuarios PERT-CPM a pensar que el diagrama de flechas puede descartarse tan pronto se haya desarrollado el programa de tiempo. Esto no es así. En efecto, un uso importante del diagrama de flechas ocurre durante la fase de ejecución del proyecto. Raras veces sucede que la fase de planeación desarrollará un programa de tiempos que pueda seguirse exactamente durante la fase de ejecución. Muy a menudo algunos de los trabajos se demoran o se aceleran. Esto, naturalmente, depende de las condiciones reales de trabajo. Tan pronto como tales disturbios ocurren en el plan original, se hace necesario desarrollar un nuevo programa de tiempos para la parte restante del proyecto. Esta sección delinea un procedimiento para monitoreo y control del proyecto durante la fase de ejecución.

Es importante seguir el progreso del proyecto en el diagrama de flechas, más que en el programa de tiempos solamente. El programa de tiempos se utiliza principalmente para verificar si cada actividad está en tiempo. El efecto de una demora en cierta actividad sobre la parte restante del proyecto, puede visualizarse mejor sobre el diagrama de flechas.

Suponga que en cuanto el proyecto progresa en el tiempo, se descubriera que la demora de algunas actividades, hace necesario desarrollar un programa totalmente nuevo. ¿Cómo puede efectuarse esto usando el presente diagrama de flechas? La necesidad inmediata es actualizar el diagrama de flechas asignando valores cero a las duraciones de las actividades que se han terminado. A las actividades parcialmente terminadas se les asignan tiempos equivalentes a sus partes no terminadas. También deben hacerse los cambios en el diagrama de flechas, tales como añadir o desechar cualquier actividad futura. Repitiendo los cálculos usuales sobre el diagrama de flechas con sus nuevos elementos de tiempo, se puede determinar el nuevo programa de tiempos y cambios posibles en la duración del proyecto. Tal información se utiliza hasta que es necesario actualizar el programa de tiempos nuevamente. En situaciones reales se requieren normalmente muchas revisiones del programa de tiempos en las primeras etapas de la fase de ejecución. Sigue luego un periodo estable, en el cual se requiere poca revisión del programa actual.

13.6 RESUMEN

Los cálculos de ruta crítica son bastante simples, no obstante que proporcionan valiosa información que simplifica la programación de proyectos complejos. El resultado es que las técnicas PERT-CPM gozan de una enorme popularidad entre los usuarios, en la práctica. La utilidad de la técnica se ve aun más acrecentada por la disponibilidad de sistemas de computación especializados para ejecutar, analizar y controlar proyectos de redes.

BIBLIOGRAFIA

Elmaghraby, S., *Activity Networks*, Wiley, Nueva York, 1977.
Moder, J., y C. Phillips, *Project Management with CPM and PERT*, 2a. ed., Van Nostrand Reinhold, Nueva York, 1970.

PROBLEMAS

Sección	Problemas asignados
13.1	13-1 a 13-4
13.2	13-5 a 13-11
13.3	13-12 a 13-14
13.4.1	13-15
13.4.2	13-16 a 13-18

☐ **13-1** Trace el diagrama de flechas que abarque las actividades $A, B, C, \ldots,$ y P que satisfaga las siguientes relaciones de precedencia:
  (i) Las primeras actividades del proyecto, A, B y C, pueden comenzar simultáneamente.
  (ii) Las actividades D, E y F comienzan inmediatamente después de que A se termina.
  (iii) Las actividades I y G comienzan después de que tanto B como D se han terminado.
  (iv) La actividad H comienza después de que tanto C como G se han terminado.
  (v) Las actividades K y L siguen a la actividad I.
  (vi) La actividad J sigue tanto a E como a H.
  (vii) Las actividades M y N siguen a F, pero no pueden empezar hasta que E y H han terminado.
  (viii) La actividad O sigue a M e I.
  (ix) La actividad P sigue a J, L y O.
  (x) Las actividades K, N y P son las actividades terminales del proyecto.

☐ **13-2** Los cimientos de un edificio pueden terminarse en cuatro secciones consecutivas. Las actividades para cada sección comprenden la excavación, colocación del acero y el colado del concreto. El cavar una sección no puede comenzar hasta que la anterior se haya terminado. Lo mismo se aplica al colado del concreto. Desarrolle una red para terminar el proyecto.

☐ **13-3** Considere el problema 13-2. Después de excavar todas las secciones, el trabajo de plomería puede comenzar, pero sólo el 10% del mismo puede terminarse antes de que se cuele *cualquier* parte del concreto. Después de que se termina cada parte de la cimentación puede comenzarse un 5% adicional de la plomería, siempre que el 5% anterior haya sido terminado. Construya la red de actividades.

☐ **13-4** Una encuesta de opinión implica diseñar e imprimir cuestionarios, alquilar y entrenar personal, seleccionar participantes, enviar por correo los cuestionarios y, finalmente, analizar todos los datos. Construya la red de trabajo. Explique claramente todas las hipótesis hechas.

☐ **13-5** La tabla 13-7 proporciona los datos para construir una nueva casa. Construya el modelo de red asociado y realice los cálculos de ruta crítica.

Tabla 13-7

Actividad	Descripción	Precedente(s) inmediata(s)	Duración (días)
A	Limpieza del lugar	—	1
B	Llevar materiales al lugar	—	2
C	Excavación	A	1
D	Colar los cimientos	C	2
E	Plomería exterior	B, C	6
F	Estructura metálica	D	10
G	Cableado eléctrico	F	3
H	Colocar el piso	G	1
I	Colocar el techo o cubierta	F	1
J	Plomería interior	E, H	5
K	Cubrir con ripia	I	2
L	Aislamiento del revestimiento exterior	F, J	1
M	Instalar ventanas y puertas exteriores	F	2
N	Enladrillado	L, M	4
O	Aislamiento de paredes y del techo	G, J	2
P	Cubrir paredes y el techo	O	2
Q	Aislar el techo o cubierta	I, P	1
R	Terminado de interiores	P	7
S	Terminado de exteriores	I, N	7
T	Paisaje	S	3

☐ **13-6** Para el fin de elaborar el presupuesto del año siguiente, una compañía debe recolectar información de sus departamentos de ventas, producción, contabilidad y tesorería. La tabla 13-8 indica las actividades y sus duraciones. Elabore el modelo de red del problema y realice los cálculos de ruta crítica.

Tabla 13-8

Actividad	Descripción	Precedente(s) inmediata(s)	Duración (días)
A	Pronóstico del volumen de ventas	—	10
B	Estudio del mercado competitivo	—	7
C	Diseño del artículo e instalaciones	A	5
D	Elaboración de programas de producción	C	3
E	Estimación del costo de producción	D	2
F	Fijación del precio de venta	B, E	1
G	Elaboración del presupuesto	E, F	14

Tabla 13-9

Actividad	Descripción	Precedente(s) inmediata(s)	Duración (días)
A	Selección de la música	—	21
B	Aprendizaje de la música	A	14
C	Elaboración de copias y compra de libros	A	14
D	Pruebas	B, C	3
E	Ensayos	D	70
F	Ensayos individuales	D	70
G	Renta de candelabros	D	14
H	Compra de velas	G	1
I	Instalación y decoración de candelabros	H	1
J	Compra de artículos decorativos	D	1
K	Instalación de artículos decorativos	J	1
L	Solicitud de estolas para el coro	D	7
M	Planchado de estolas	L	7
N	Revisión del sistema de sonido	D	7
O	Selección de pistas musicales	N	14
P	Instalación del sistema de sonido	O	1
Q	Ensayo final	E, F, P	1
R	Grupo del coro	Q, I, K	1
S	Programa final	M, R	1

Problemas

☐ **13-7** Las actividades implicadas en un servicio coral vespertino se dan en la tabla 13-9. Elabore el modelo de la red y realice los cálculos de ruta crítica.

☐ **13-8** La tabla 13-10 resume las actividades para reubicar 1 700 pies de línea eléctrica aérea primaria general de 13.8 kV, debido al ensanchamiento de la sección del camino en la cual está instalada la línea actualmente. Trace el modelo de la red y realice los cálculos de ruta crítica.

☐ **13-9** Las actividades para la compra de un automóvil nuevo se resumen en la tabla 13-11. Trace el modelo de la red y efectúe los cálculos de ruta crítica.

☐ **13-10** Determine las rutas críticas para los proyectos (a) y (b), figura 13-20.

☐ **13-11** En el problema 13-10 calcule las holguras libre y total, y resuma los cálculos de ruta crítica usando el formato en la tabla 13-1.

☐ **13-12** En el problema 13-10 utilice los resultados del problema 13-11, construya los diagramas de tiempo correspondientes suponiendo que no hay límite sobre los recursos.

Tabla 13-10

Actividad	Descripción	Precedente(s) inmediata(s)	Duración (días)
A	Revisión del trabajo	—	1
B	Consejo a clientes de interrupción temporal	A	0.5
C	Almacenes de requisición	A	1
D	Reconocimiento del trabajo	A	0.5
E	Obtención de postes y materiales	C, D	3
F	Distribución de postes	E	3.5
G	Coordinación de la ubicación de los postes	D	0.5
H	Preparación	G	0.5
I	Cavar agujeros	H	3
J	Preparar y colocar postes	F, I	4
K	Cubrir conductores antiguos	F, I	1
L	Colocar nuevos conductores	J, K	2
M	Instalación de material restante	L	2
N	Colgamiento del conductor	L	2
O	Poda de árboles	D	2
P	Desenergización y conmutación de líneas	B, M, N, O	0.1
Q	Energización y puesta en fase de la nueva línea	P	0.5
R	Limpieza	Q	1
S	Remoción del conductor anterior	Q	1
T	Remoción de postes anteriores	S	2
U	Devolución de material a los almacenes	I	2

Tabla 13-11

Actividad	Descripción	Precedente(s) inmediata(s)	Duración (días)
A	Realizar estudio de factibilidad	—	3
B	Hallar el cliente potencial del automóvil presente	A	14
C	Lista de posibles modelos	A	1
D	Investigación de todos los posibles modelos	C	3
E	Realizar entrevistas con mecánicos	C	1
F	Recolectar propaganda de distribuidores	C	2
G	Recopilar y organizar toda la información pertinente	D, E, F	1
H	Elegir los tres modelos de mejor calidad	G	1
I	Hacer recorrido de prueba de los tres modelos	H	3
J	Recolectar información sobre garantía y financiamiento	H	2
K	Elegir un vehículo	I, J	2
L	Comparar los distribuidores y elegir uno	K	2
M	Buscar el color y opciones deseadas	L	4
N	Volver a hacer un recorrido de prueba en el automóvil elegido	L	1
O	Comprar el automóvil nuevo	B, M, N	3

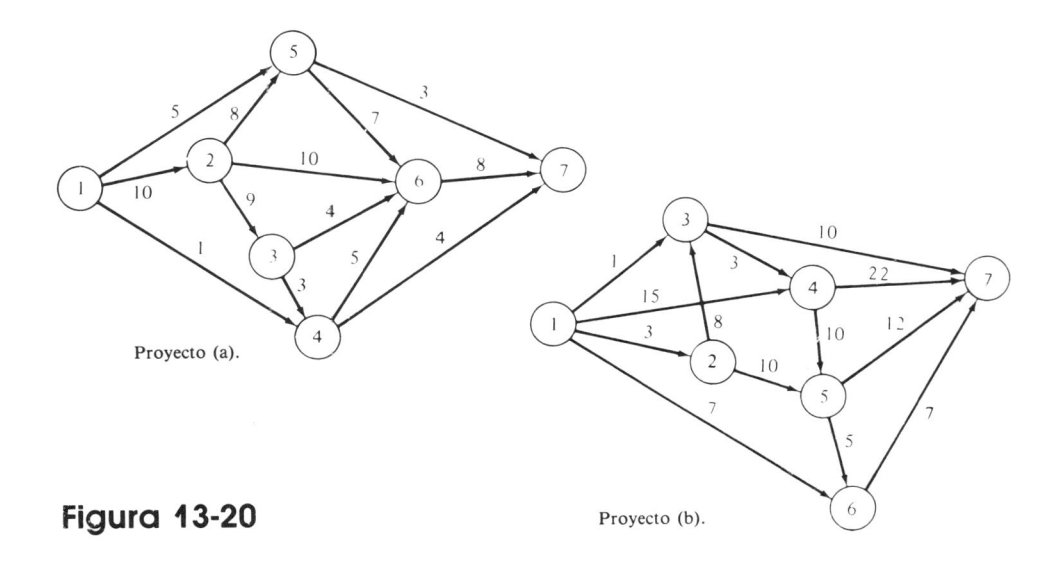

Proyecto (a).

Proyecto (b).

Figura 13-20

☐ **13-13** Construya el programa de tiempo del problema 13-5.

☐ **13-14** Construya el programa de tiempo del problema 13-6.

☐ **13-15** Suponga en el problema 13-10 que las necesidades de personal siguientes están especificadas para las actividades de los proyectos (a) y (b).

Proyecto (a):

Actividad	Número de obreros	Actividad	Número de obreros
1, 2	5	3, 6	9
1, 4	4	4, 6	1
1, 5	3	4, 7	10
2, 3	1	5, 6	4
2, 5	2	5, 7	5
2, 6	3	6, 7	2
3, 4	7		

Proyecto (b):

Actividad	Número de obreros	Actividad	Número de obreros
1, 2	1	3, 7	9
1, 3	2	4, 5	8
1, 4	5	4, 7	7
1, 6	3	5, 6	2
2, 3	1	5, 7	5
2, 5	4	6, 7	3
3, 4	10		

Encuentre el número mínimo de personas (en función del tiempo del proyecto) necesario durante la programación del proyecto. Por medio de la nivelación de recursos, estime el número máximo de hombres que se necesita.

Proyecto (a)

Actividad	(a, b, m)	Actividad	(a, b, m)
1, 2	(5, 8, 6)	3, 6	(3, 5, 4)
1, 4	(1, 4, 3)	4, 6	(4, 10, 8)
1, 5	(2, 5, 4)	4, 7	(5, 8, 6)
2, 3	(4, 6, 5)	5, 6	(9, 15, 10)
2, 5	(7, 10, 8)	5, 7	(4, 8, 6)
2, 6	(8, 13, 9)	6, 7	(3, 5, 4)
3, 4	(5, 10, 9)		

Proyecto (b)

Actividad	(a, b, m)	Actividad	(a, b, m)
1, 2	(1, 4, 3)	3, 7	(12, 14, 13)
1, 3	(5, 8, 7)	4, 5	(10, 15, 12)
1, 4	(6, 9, 7)	4, 7	(8, 12, 10)
1, 6	(1, 3, 2)	5, 6	(7, 11, 8)
2, 3	(3, 5, 4)	5, 7	(2, 8, 4)
2, 5	(7, 9, 8)	6, 7	(5, 7, 6)
3, 4	(10, 20, 15)		

☐ **13-16** En el problema 13-10 suponga que las estimaciones (a, b, m) están dadas como se muestra en las siguientes tablas. Calcule las probabilidades de que los diferentes eventos ocurran sin demora.

☐ **13-17** Resuelva el ejemplo 13.4-2 sin utilizar el método de límite HL, esto es, reduciendo la duración del proyecto una unidad a la vez y comparándolo con los cálculos del ejemplo 13.4-2.

☐ **13-18** En el problema 13-10, dados los siguientes datos para los costos directos de las duraciones normal y mínima, determine los diferentes programas de costo mínimo entre los puntos a duración normal y mínima.

Proyecto (a)

Actividad (i, j)	Normal Duración	Normal Costo	Mínima Duración	Mínima Costo
1, 2	5	100	2	200
1, 4	2	50	1	80
1, 5	2	150	1	180
2, 3	7	200	5	250
2, 5	5	20	2	40
2, 6	4	20	2	40
3, 4	3	60	1	80
3, 6	10	30	6	60
4, 6	5	10	2	20
4, 7	9	70	5	90
5, 6	4	100	1	130
5, 7	3	140	1	160
6, 7	3	200	1	240

Proyecto (b)

Actividad (i, j)	Normal Duración	Normal Costo	Mínima Duración	Mínima Costo
1, 2	4	100	1	400
1, 3	8	400	5	640
1, 4	9	120	6	180
1, 6	3	20	1	60
2, 3	5	60	3	100
2, 5	9	210	7	270
3, 4	12	400	8	800
3, 7	14	120	12	140
4, 5	15	500	10	750
4, 7	10	200	6	220
5, 6	11	160	8	240
5, 7	8	70	5	110
6, 7	10	100	2	180

Capítulo 14

Modelos de inventarios

14.1 Sistema de inventario ABC
14.2 Modelo de inventario generalizado
14.3 Modelos deterministas
    14.3.1 Modelo estático de un solo artículo (CPE)
    14.3.2 Modelo estático de un solo artículo con diferentes precios
    14.3.3 Modelo estático de múltiples artículos con limitaciones en el almacén
    14.3.4 Modelo de programación de la producción en N periodos
    14.3.5 Modelo dinámico CPE de un solo artículo y N periodos
14.4 Modelos probabilísticos
    14.4.1 Modelo de revisión continua
    14.4.2 Modelos de un solo periodo
    14.4.3 Modelos de múltiples periodos
14.5 Sistemas de fabricación "justo a tiempo" (JAT)
14.6 Resumen
    Bibliografía
    Problemas

Los inventarios se relacionan con el mantenimiento de cantidades suficientes de bienes (por ejemplo, refacciones y materias primas) que garanticen una operación fluida en un sistema de producción o en una actividad comercial. Los inventarios los ha considerado tradicionalmente el comercio y la industria, como un mal necesario: muy poca reserva puede ocasionar costosas interrupciones en la operación del sistema y demasiada reserva puede arruinar la ventaja competitiva y el margen de ganancia del negocio. Desde ese punto de vista, la única manera efectiva de manejar los inventarios es minimizar su impacto adverso, encontrando un "justo medio" entre los dos casos extremos. Esta actitud hacia los inventarios prevaleció en las naciones industrializadas de Occidente hasta después de la Segunda Guerra Mundial, cuando Japón implementó con gran éxito el sistema, famoso ahora, de justo a tiempo (JAT); este sistema necesita un ambiente de producción (casi) sin inventario. Sin embargo, es importante recordar que JAT es algo más que un sistema de control de inventarios en el sentido tradicional. Se trata más bien de una concepción tendiente a eliminar los inventarios, mediante mejoras en la calidad y reducción de desperdicios. Básicamente, el JAT considera los inventarios como resultado de deficiencias en las componentes de la producción, tales como el diseño de productos, control de calidad, la selección de equipo, administración del material y otras más. Eliminando tales deficiencias, el proceso de produccón puede equilibrarse y la dependencia del flujo de producción de los inventarios puede minimizarse o eliminarse.

El sistema JAT es muy adecuado para la fabricación de carácter repetitivo (por ejemplo, su implementación de mayor éxito ha sido en la industria automotriz). La necesidad de las técnicas tradicionales de control de inventarios para otro tipo de sistemas de producción continuarán aún por mucho tiempo.

En este capítulo estudiaremos tanto el método tradicional como el JAT para el control de inventarios. Como el JAT es más una concepción filosófica que un acercamiento cuantitativo, su análisis, en este capítulo, consistirá principalmente en describir cómo funciona tal sistema. Por otra parte, las técnicas tradicionales de inventarios, que abundan en la literatura técnica, se analizarán con mayor profundidad.

14.1 SISTEMA DE INVENTARIO ABC

En la mayoría de las situaciones del mundo real, el manejo de inventarios suele implicar un número apreciable de artículos o productos que varían en precio desde los relativamente económicos hasta los posiblemente muy costosos. Como el inventario representa en realidad capital ocioso (o inactivo), es natural que se ejerza el control de inventario en artículos que sean los responsables del incremento en el costo del capital. Por lo tanto, los artículos rutinarios, como los tornillos y tuercas, contribuyen en forma poco significativa al costo del capital cuando se comparan con artículos que contienen partes de repuesto costosas.

La experiencia ha demostrado que sólo un número relativamente pequeño de artículos de inventario suelen incurrir en una parte importante del costo del capital. Estos artículos son los que deben estar sujetos a un control de inventario estricto.

El sistema ABC es un procedimiento simple que se puede utilizar para separar los artículos que requieran atención especial en términos de control de inventarios. El procedimiento sugiere se grafique el porcentaje de artículos del inventario total contra el porcentaje del valor monetario total de estos artículos en un periodo dado (por lo general un año). La figura 14-1 ilustra una curva ABC común.

La idea del procedimiento es determinar el porcentaje de artículos que contribuyen al 80% del valor monetario acumulado. Estos artículos se clasifican como grupo A y normalmente constituyen alrededor del 20% de todos los artículos. Los artículos de la clase B son aquellos que corresponden a valores monetarios porcentuales entre el 80% y el 95%. Estos normalmente comprenden alrededor del 25% de todos los artículos. Los artículos restantes constituyen la clase C.

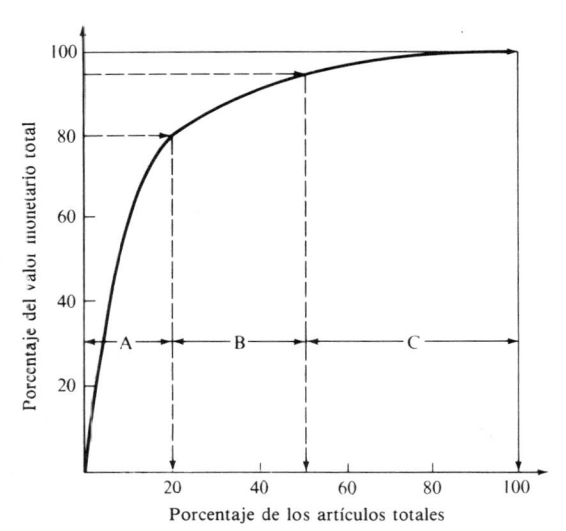

Figura 14-1

Los artículos de la clase A representan cantidades pequeñas de artículos costosos y deben estar sujetos a un estrecho control de inventarios. Los artículos de la clase B son los que siguen en orden donde se puede aplicar una forma de control de inventario moderada. Por último, a los artículos de la clase C se les debe asignar la más baja prioridad en la aplicación de cualquier forma de control de inventarios. Por lo general, se espera que el tamaño del pedido de artículos de clase A, que son costosos, sea pequeño a fin de reducir el costo del capital asociado. Por otra parte, el tamaño del pedido de artículos de la clase C puede ser muy grande.

El análisis ABC suele ser el primer paso que se debe aplicar en una situación de control de inventarios. Cuando se identifican los artículos importantes del inventario, se pueden utilizar modelos de los tipos que se presentarán en las secciones posteriores para decidir cuál es la forma ideal de controlar los inventarios.

14.2 MODELO DE INVENTARIO GENERALIZADO

El objetivo final de cualquier modelo de inventarios es el de dar respuesta a dos preguntas:

1. ¿Qué cantidad de artículos deben pedirse?
2. ¿Cuándo deben pedirse?

La respuesta a la primera pregunta se expresa en términos de lo que llamamos **cantidad del pedido**. Esta representa la cantidad óptima que debe ordenarse cada vez que se haga un pedido y puede variar con el tiempo, dependiendo de la situación que se considere. La respuesta a la segunda interrogante depende del tipo de sistema de inventarios. Si el sistema requiere **revisión periódica** en intervalos de tiempo iguales (por ejemplo, cada semana o cada mes), el tiempo para adquirir un nuevo pedido suele coincidir con el inicio de cada intervalo de tiempo. Por otra parte, si el sistema es del tipo de **revisión continua**, el *nivel de inventario* en el cual debe colocarse un nuevo pedido suele especificar un **punto para un nuevo pedido**.

Por lo tanto, podemos expresar la solución del problema general de inventarios de la manera siguiente:

1. *Caso de la revisión periódica.* Recepción de un nuevo pedido de la cantidad especificada por la *cantidad del pedido* en intervalos de tiempo iguales.
2. *Caso de la revisión continua.* Cuando el nivel de inventario llega al *punto para un nuevo pedido* se coloca un nuevo pedido cuyo tamaño sea igual a la *cantidad del pedido*.

La cantidad y el punto de un nuevo pedido suelen determinarse normalmente minimizando el costo de inventario total que se puede expresar como una función de estas dos variables. Podemos resumir el costo total de un modelo de inventarios general como función de sus componentes principales en la forma siguiente:

$$\begin{pmatrix} \text{costo de} \\ \text{inventario} \\ \text{total} \end{pmatrix} = \begin{pmatrix} \text{costo de} \\ \text{compra} \end{pmatrix} + \begin{pmatrix} \text{costo} \\ \text{fijo} \end{pmatrix} + \begin{pmatrix} \text{costo de} \\ \text{almacenamiento} \end{pmatrix} + \begin{pmatrix} \text{costo de} \\ \text{escasez} \end{pmatrix}$$

El **costo de compra** se vuelve un factor importante cuando el precio de una unidad de mercancía depende del tamaño del pedido. Esta situación se expresa normalmente en términos de un **descuento por cantidad** o una **reducción del precio**, donde el precio unitario del artículo disminuye con el incremento de la cantidad ordenada. El **costo fijo** representa el gasto fijo (o no variable) en que se incurre cuando se hace un pedido. Por lo tanto, para satisfacer la demanda en un periodo, el pedido (más frecuente) de cantidades menores dará origen a un costo fijo mayor durante el periodo, que si se satisficiera la demanda haciendo pedidos mayores (y, por lo tanto, menos frecuentes). El **costo de almacenamiento**, que representa los costos de almacenamiento de productos en bodega (por ejemplo, interés sobre capital invertido, almacenamiento, manejo, depreciación y mantenimiento), normalmente aumenta con el nivel de inventario. Por último, el **costo de escasez** es una penalización en la que se incurre cuando se termina la existencia de un producto que se necesita. Por lo general incluye costos que se acreditan a la pérdida de la benevolencia del cliente y también a la pérdida potencial del ingreso.

En la figura 14-2 se ilustra la variación de las cuatro componentes de costo del modelo de inventario general como función del nivel de inventario. El nivel de inventario óptimo corresponde al costo total mínimo de las cuatro componentes. Sin embargo, obsérvese que un modelo de inventarios no necesita incluir los cuatro tipos de costos, ya sea porque algunos de los costos son insignificantes o porque harán que la función de costo total sea demasiado compleja para el análisis matemático. No obstante, en la práctica podemos suprimir una componente de costo sólo si su efecto en el modelo de costo total es insignificante. Este aspecto debe tenerse en mente cuando se estudien los diversos modelos que se presentan en este capítulo.

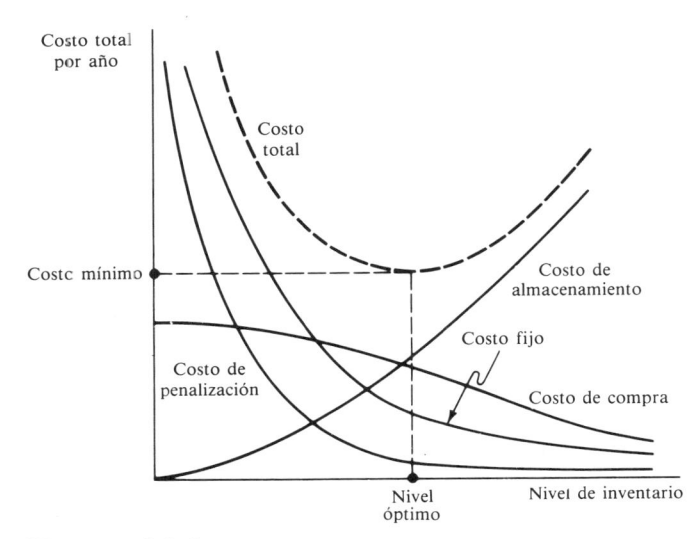

Figura 14-2

El modelo general de inventarios anterior parece ser lo suficientemente simple. Entonces, ¿por qué tenemos grandes variedades de modelos cuyos métodos de solución van desde uso del cálculo simple a las refinadas aplicaciones de la programación dinámica y matemática? La respuesta radica principalmente en si la demanda del artículo es determinista (se conoce con certeza) o probabilística (la describe una densidad de probabilidad). La figura 14-3 ilustra las diversas clasificaciones de la demanda como se toman normalmente en modelos de inventarios. Una **demanda determinista** puede ser **estática**, en el sentido de que la tasa de consumo permanece constante durante el transcurso del tiempo, o **dinámica**, donde la demanda se conoce con certeza, pero varía de un periodo al siguiente. La **demanda probabilística** tiene dos clasificaciones análogas: el caso **estacionario**, en el cual la función densidad de probabilidad de la demanda se mantiene sin cambio con el tiempo; y el caso **no estacionario**, donde la función densidad de probabilidad varía con el tiempo.

Es raro que una demanda estática determinista ocurriera en el mundo real. Por lo tanto, consideramos esta situación como un caso de simplificación. Por ejemplo, aunque la demanda de artículos comestibles como el pan, puede variar de un día a otro, las variaciones pueden ser mínimas e insignificantes, con el resultado de que una suposición de demanda estática quizá no esté muy distante de la realidad.

La representación más precisa de la demanda quizá puede hacerse a través de distribuciones *no estacionarias probabilísticas*. Sin embargo, desde el punto de vista matemático, el modelo de inventarios resultante será más bien complejo, en especial a medida que aumente el horizonte de tiempo del problema. En la figura 14-3 se ilustra este aspecto, mostrando que aumenta la complejidad matemática de los modelos de inventarios conforme se avanza desde la suposición de la demanda estática determinista hacia la demanda no estacionaria probabilística. En realidad, podemos pensar que las clasificaciones de la figura 14-3 representan diferentes *niveles de abstracción* en la demanda.

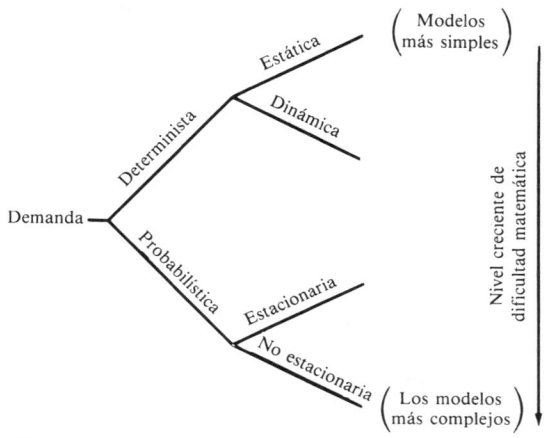

Figura 14-3

El primer nivel supone que la distribución de probabilidad de la demanda es estacionaria en el tiempo. Esto es, se utiliza la misma función de densidad de probabilidad para representar la demanda en todos los periodos sobre los cuales se hace el estudio. La implicación de esta hipótesis es que los efectos de tendencias estacionales en la demanda, si existe alguno, no estarán incluidos en el modelo.

El segundo nivel de simplificación reconoce las variaciones en la demanda entre diferentes periodos. Sin embargo, más que utilizar distribuciones de probabilidad se utiliza la demanda *promedio* para representar las necesidades de cada periodo. Esta simplificación tiene el efecto de ignorar elementos de riesgo en la situación de inventario. Sin embargo, permite considerar al analista tendencias estacionales en la demanda, las cuales por dificultades analíticas y de cálculo puede no ser posible incluir en un modelo probabilista. En otras palabras, parece haber alguna clase de transacción entre la utilización de distribuciones de probabilidades estacionarias y demandas variables conocidas, según la hipótesis de "certeza supuesta".

El tercer nivel de simplificación elimina ambos elementos de riesgo y variabilidad en la demanda. Por consiguiente, la demanda en cualquier periodo se supone igual al promedio de las demandas *conocidas* (supuestamente) para todos los periodos en consideración. El resultado de esta simplificación es que la demanda puede representarse como una tasa *constante* por unidad de tiempo.

Aunque el tipo de demanda es un factor principal en el diseño del modelo de inventarios, los factores que siguen pueden influir también en la forma como se formula el modelo.

1. *Demoras en la entrega o (tiempos guía)*. Cuando se coloca un pedido, puede entregarse inmediatamente o puede requerir algún tiempo antes de que la entrega se efectúe. El tiempo entre la colocación de un pedido y su surtido se conoce como demora en la entrega. En general, las holguras de entrega pueden ser deterministas o probabilísticas.

566 Modelos de inventarios [C.14]

2. *Reabasto del almacén.* Aunque un sistema de inventarios puede operar con demoras en las entregas, el abastecimiento real del almacén puede ser instantáneo o uniforme. El instantáneo ocurre cuando el almacén compra de fuentes externas. El uniforme puede ocurrir cuando el producto se fabrica localmente dentro de la organización. En general, un sistema puede operar con demora positiva en la entrega y también con reaprovisionamiento uniforme de almacén.

3. *Horizonte de tiempo.* El horizonte define el periodo sobre el cual el nivel de inventarios estará controlado. Este horizonte puede ser finito o infinito, dependiendo de la naturaleza de la demanda.

4. *Abastecimiento múltiple.* Un sistema de inventarios puede tener varios puntos de almacenamiento (en lugar de uno). En algunos casos estos puntos de almacenamiento están organizados de tal manera que un punto actúa como una fuente de abastecimiento para algunos otros puntos. Este tipo de operación puede repetirse a diferentes niveles, de tal manera que un punto de demanda pueda llegar a ser de nuevo un punto de abastecimiento. La situación generalmente se denomina sistema de abastecimiento múltiple.

5. *Número de artículos.* Un sistema de inventarios puede contener más de un artículo (mercancías). Este caso es de interés, principalmente si existe alguna clase de interacción entre los diferentes artículos. Por ejemplo, éstos pueden competir en espacio o capital total limitados.

14.3 MODELOS DETERMINISTAS

Es muy difícil idear un modelo general de inventarios que tome en cuenta todas las variaciones en los sistemas reales. De hecho, aun si puede ser formulado un modelo suficientemente general, tal vez no sea posible de resolver analíticamente. Por consiguiente, los modelos presentados en esta sección tratan de ser ilustrativos de algunos sistemas de inventarios. Es improbable que estos modelos se ajusten exactamente a una situación real; pero el objetivo de la presentación es proveer ideas diferentes que puedan ser adaptadas a sistemas de inventario específicos.

En esta sección se describen cinco modelos. La mayoría de estos modelos tratan con un inventario de un solo artículo. Unicamente se trata el efecto en la solución de incluir varios artículos competitivos. Las principales diferencias entre estos modelos son si la demanda es estática o dinámica. El tipo de función de costo es también importante para formular y resolver los modelos. El lector observará los diversos métodos de solución que incluyen optimización clásica y lineal, y programación dinámica. Estos ejemplos subrayan la importancia de usar diferentes técnicas de optimización al resolver modelos de inventarios.

14.3.1 MODELO ESTATICO DE UN SOLO ARTICULO (CPE)

El tipo más simple de modelo de inventarios ocurre cuando la demanda es constante en el tiempo con reabastecimiento instantáneo y sin escasez. La figura 14-4 ilustra la variación del nivel de inventario. Se supone que la demanda ocurre con la tasa D (por unidad de tiempo). El nivel más alto del inventario ocurre cuando se entrega la cantidad ordenada y. (La demora en la entrega se supone una constante cono-

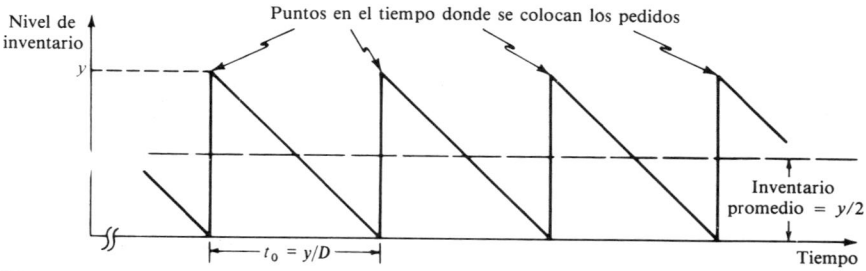

Figura 14-4

cida.) El nivel de inventario alcanza el nivel cero y/D unidades de tiempo después que se recibe la cantidad pedida y.

Cuanto más pequeña es la cantidad y ordenada, más frecuente será la colocación de nuevos pedidos. Sin embargo, se reducirá el nivel promedio del inventario mantenido en almacén. Por otra parte, pedidos de mayor cantidad indican nivel de inventario más grande, pero colocación menos frecuente de pedidos (véase la figura 14-5). Debido a que existen costos asociados al colocar los pedidos y mantener el inventario en almacén, la cantidad y se selecciona para permitir un compromiso entre los dos tipos de costo. Esta es la base para formular el modelo de inventarios.

Sea K el costo fijo originado cada vez que se coloca un pedido y suponga que el costo de mantener una unidad en inventario (*por unidad de tiempo*) es h. Por lo tanto, *el costo total por unidad de tiempo CTU* (en inglés, TCU *total cost per unit time*) como función de y puede expresarse como

$$\text{CTU}(y) = (\text{costo fijo})/\text{unidad de tiempo} +$$
$$+ (\text{costo de mantenimiento del inventario})/\text{unidad de tiempo}$$
$$= \frac{K}{y/D} + h\left(\frac{y}{2}\right)$$

Como se ve en la figura 14-4 la longitud de cada ciclo de inventario es $t_0 = y/D$ y el inventario *promedio* en el almacén es $y/2$.

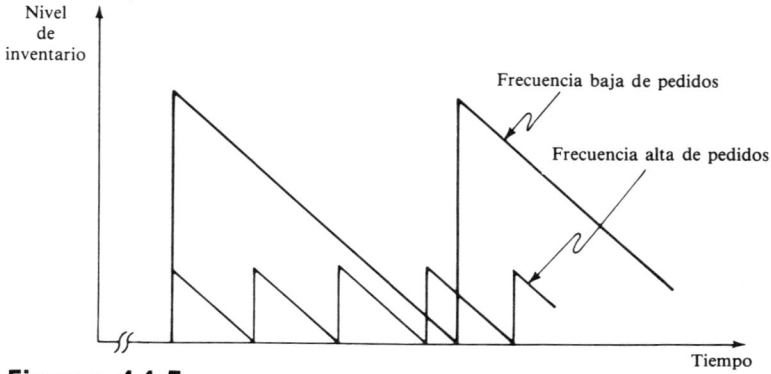

Figura 14-5

568 Modelos de inventarios [C.14]

El valor óptimo de y se obtiene minimizando CTU(y) con respecto a y. Por consiguiente, suponiendo que y es una variable continua se deduce que

$$\frac{d\text{CTU}(y)}{dy} = -\frac{KD}{y^2} + \frac{h}{2} = 0$$

que proporciona la cantidad pedida óptima como

$$y^* = \sqrt{\frac{2KD}{h}}$$

[Puede comprobarse que y^* minimiza CTU(y) demostrando que la segunda derivada en y^* es estrictamente positiva.] Por lo común la cantidad pedida se denomina **tamaño del lote económico de Wilson** o, simplemente, **cantidad pedida económica (CPE)**.

La política óptima del modelo requiere ordenar y^* unidades cada $t_0^* = y^*/D$ unidades de tiempo. El costo óptimo CTU(y^*) se obtiene por sustitución directa como $\sqrt{2KDh}$.

La mayoría de las situaciones prácticas generalmente tienen **tiempo de fabricación** positivo L (o de retraso) desde el punto en el cual se coloca la orden hasta que realmente se entrega. La política de pedidos del modelo anterior, por consiguiente, debe especificar el punto de reordenación. La figura 14-6 ilustra la situación donde la reordenación ocurre L unidades de tiempo antes de lo esperado para la entrega. Esta información puede traducirse convenientemente para la implantación práctica, especificado sólo el *nivel de inventarios* en el que se vuelve a pedir, llamado *punto de reordenación*. En la práctica esto es equivalente a observar continuamente el nivel de inventario hasta que se alcance el punto de reordenación. Quizá esto es por lo que el modelo del tamaño de lote económico se clasifica algunas veces como **modelo de revisión continua**. Observe que conforme el sistema se "estabiliza", el tiempo de fabricación L, en el caso del análisis, puede ser tomado siempre menor que la longitud de ciclo t_0^*. El ejemplo siguiente ilustra este punto.

Ejemplo 14.3-1
La demanda diaria D para una mercancía es aproximadamente 100 unidades. Cada vez que se coloca un pedido se origina un costo fijo K de $100. El costo diario, h,

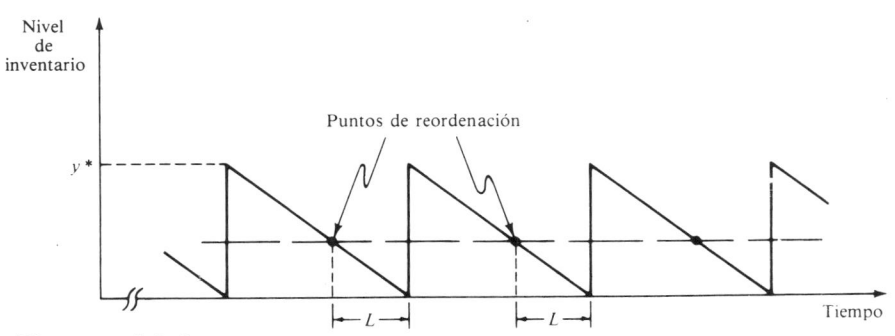

Figura 14-6

14.3] **Modelos deterministas** **569**

de mantener el inventario por unidad es de $0.02. Si el tiempo de fabricación es de 12 días, determine el tamaño económico de lote y el punto de reordenación.

De las fórmulas anteriores, el tamaño económico del lote es

$$y^* = \sqrt{\frac{2KD}{h}} = \sqrt{\frac{2 \times 100 \times 100}{.02}} = 1\,000 \text{ unidades}$$

Por lo tanto, la longitud del ciclo óptima asociada está dada como

$$t_0^* = \frac{y^*}{D} = \frac{1000}{100} = 10 \text{ días}$$

Puesto que el tiempo de fabricación es de 12 días y la longitud de ciclo es de 10 días, el volver a pedir ocurre cuando el nivel de inventario es suficiente para satisfacer la demanda para dos días ($= 12 - 10$). Por consiguiente, la cantidad $y^* = 1\,000$ se ordena cuando el nivel de inventario alcanza $2 \times 100 = 200$ unidades.

Observe que el tiempo "efectivo" de fabricación se toma igual a 2 días en lugar de 12 días. Esto ocurre porque el tiempo es mayor que t_0^*. Sin embargo, después que el sistema se estabiliza (esto toma dos ciclos en este ejemplo), la situación puede ser tratada como si el tiempo de fabricación fuera $L - nt_0^*$, donde n es el entero más grande, pero sin exceder L/t_0^*. Situaciones como ésta exhiben más de un pedido sobresaliente a la vez. ◀

Ejercicio 14.3-1

Para el ejemplo 14.3-1, determine el punto de nuevo pedido en cada uno de los casos siguientes.
(a) Tiempo de fabricación = 15 días. [*Resp.* 500 unidades.]
(b) Tiempo de fabricación = 23 días. [*Resp.* 300 unidades.]
(c) Tiempo de fabricación = 8 días. [*Resp.* 800 unidades.]
(d) Tiempo de fabricación = 10 días. [*Resp.* Cero unidades.]

Las hipótesis del modelo anterior se cumplen en raras ocasiones para situaciones reales, principalmente porque la demanda es probabilística. Sin embargo, un procedimiento "burdo" ha surgido en la práctica que, aun cuando retiene la simplicidad de aplicar el modelo del tamaño económico del lote, no ignora totalmente el efecto de la demanda probabilística. La idea es muy simple y requiere superponer un almacenamiento de amortiguación (constante) sobre el nivel de inventario en todo el horizonte de planeación. El tamaño del amortiguamiento se determina de tal modo que la probabilidad de estar sin artículos en inventario *durante el tiempo de fabricación L* no exceda un valor especificado. Suponga que $f(x)$ es la función densidad de la demanda *durante el tiempo de fabricación*. Suponga además, que la probabilidad de no tener artículos en almacén durante L no debe exceder de α. Entonces el tamaño B de amortiguamiento se determina a partir de

$$P\{x \geq B + LD\} \leq \alpha$$

donde LD representa el consumo durante L. La variación de inventario con el amortiguamiento se ilustra en la figura 14-7.

570 Modelos de inventarios [C.14

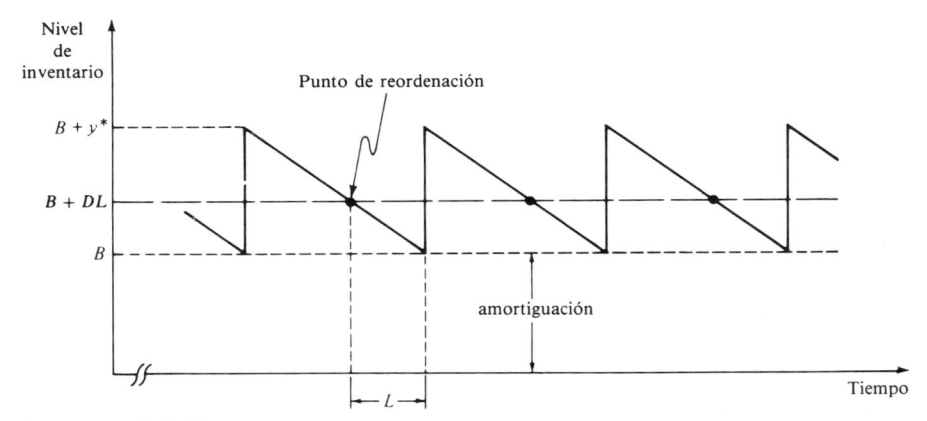

Figura 14-7

Ejemplo 14.3-2

Suponga que la demanda en el ejemplo 14.3-1 es realmente una aproximación de una situación probabilística en la cual la demanda *diaria* es normal con media $\mu = 100$ y desviación estándar $\sigma = 10$. Determine el tamaño del almacenamiento amortiguante de modo que la probabilidad de estar sin artículos durante el tiempo de fabricación, sea a lo más 0.05.

Del ejemplo 14.3-1, el tiempo mencionado es igual a 2 días. Puesto que la demanda diaria es normal, la demanda x_L en el tiempo de demora también es normal con media $\mu_L = 2 \times 100 = 200$ unidades y desviación estándar $\sigma_L = \sqrt{2 \times 10^2} = 14.14$. La figura 14-8 ilustra la relación entre la distribución de x_L y el tamaño de amortiguamiento B.

Entonces se deduce que

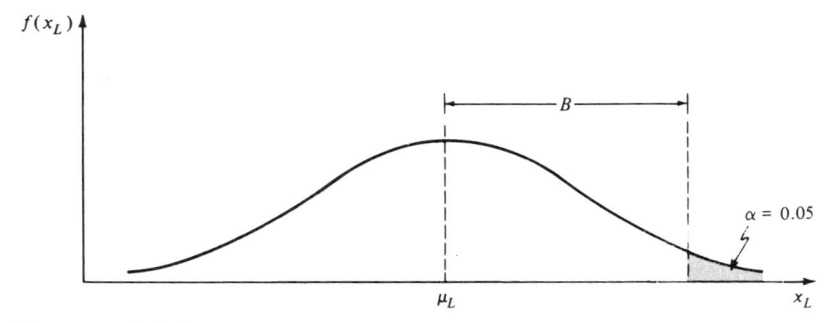

$$P\{x_L \geq \mu_L + B\} \leq \alpha$$

Figura 14-8

14.3] Modelos deterministas

o bien,

$$P\left\{\frac{x_L - \mu_L}{\sigma_L} \geq \frac{B}{\sigma_L}\right\} \leq \alpha$$

es decir,

$$P\left\{\frac{x_L - \mu_L}{\sigma_L} \geq \frac{B}{14.14}\right\} \leq 0.05$$

De las tablas estándar esto proporciona $B/14.14 \geq 1.64$ o bien, $B \geq 23.2$. ◄

Ejercicio 14.3-2

Para el ejemplo 14.3-2, determine el abastecimiento de reserva B en cada uno de los casos siguientes, suponiendo que la demanda *diaria* es normal con media de 100 unidades y variancia de 30.
(a) Tiempo de fabricación = 15 días. [*Resp.* μ_L = 500, σ_L = 12.25, $B \geq 20.1$.]
(b) Tiempo de fabricación = 23 días. [*Resp.* μ_L = 300, σ_L = 9.49, $B \geq 15.6$.]
(c) Tiempo de fabricación = 8 días. [*Resp.* μ_L = 800, σ_L = 15.49, $B \geq 25.4$.]
(d) Tiempo de fabricación = 10 días. [*Resp.* μ_L = σ_L = 0, B = 0.]

Es interesante que en el ejemplo 14.3-2 el tamaño de B sea independiente de la media μ_L. Esto generalmente es de esperarse ya que el factor importante es la desviación estándar. En efecto, si la desviación estándar es cero (caso determinístico), el tamaño de amortiguamiento debe ser cero.

No existe razón para creer que el resultado combinado de superponer la técnica para determinar B sobre la técnica para determinar CPE, sea necesariamente óptimo o cercano al óptimo. El hecho de que alguna información pertinente inicialmente se ignore, sólo para ser usada independiente por completo en una etapa posterior de los cálculos, es suficiente para refutar la optimidad. En efecto, el costo de mantener el amortiguamiento B puede ser considerado simplemente el "precio" por no emplear toda la información en forma simultánea en el análisis.

A fin de que el lector aprecie el efecto de incluir la demanda probabilística directamente en un modelo de *revisión continua*, la sección 14.4.1 presenta un caso común. Como debe esperarse, el nuevo modelo es necesariamente más complicado que el presentado con anterioridad. Se aconseja al lector comparar los dos modelos.

Las variaciones del modelo de tamaño económico CPE del lote permiten tomar en cuenta la escasez y reposición uniforme en el tiempo (en lugar de instantánea). Lo último es característico de algunos sistemas de producción donde la tasa de reposición de existencias es una función de la tasa de producción. Los modelos de inventarios en estas situaciones equilibran de nuevo los costos fijos y los de mantener el inventario. Si ocurre la escasez, debe también incluirse un costo de penalización en la función de costo total. En general, el costo de escasez se supone proporcional a la magnitud promedio de ésta. Debido a que el análisis de estas situaciones es muy similar al anterior, no se explica en detalle aquí. Los problemas 14-7, 14-10 y 14-13 presentan los resultados básicos de estos modelos.

14.3.2 MODELO ESTATICO DE UN SOLO ARTICULO CON DIFERENTES PRECIOS

En los modelos de la sección 14.3.1, el costo de compra por unidad se ignora en el análisis porque es constante y, por tanto, no deberá afectar el nivel del inventario. A menudo sucede, sin embargo, que el precio de compra por unidad depende de la cantidad comprada. Esto generalmente ocurre en forma de **rebajas de precios** notables o **descuentos según la cantidad**. En tales casos el precio de compra deberá ser considerado en el modelo de inventarios.

Considere el modelo de inventario con reposición instantánea y sin escasez. Suponga que el costo por unidad es c_1 para $y < q$ y c_2 para $y \geq q$, donde $c_1 > c_2$ y q es la cantidad superior que garantiza la rebaja del precio. El costo total por ciclo incluirá ahora el costo de compra, además de los costos fijos y de mantenimiento del inventario.

El costo total por *unidad de tiempo* para $y < q$ es

$$\text{CTU}_1(y) = Dc_1 + \frac{KD}{y} + \frac{h}{2} y$$

Para $y \geq q$ este costo es

$$\text{CTU}_2(y) = Dc_2 + \frac{KD}{y} + \frac{h}{2} y$$

Estas dos funciones se muestran gráficamente en la figura 14-9(a). Sin considerar el efecto de diferentes precios por el momento, sea y_m la cantidad en la cual ocurren los valores mínimos de CTU_1 y CTU_2. Esto se da por

$$y_m = \sqrt{\frac{2KD}{h}}$$

Las funciones de costo CTU_1 y CTU_2 de la figura 14-9(a) revelan que la determinación de la cantidad óptima y^* del pedido depende de dónde se ubique q, el punto de reducción en el precio, con respecto a las zonas I, II y III que se indican en la figura. Estas zonas están definidas determinando $q_1 \, (> y_m)$ a partir de

$$\text{CTU}_1(y_m) = \text{CTU}_2(q_1)$$

Como se conoce $y_m (= \sqrt{2KD/h})$, la solución de la ecuación producirá el valor de q_1. En este caso las zonas se definen como sigue

zona I: $\quad 0 \leq q < y_m$
zona II: $\quad y_m \leq q < q_1$
zona III: $\quad q \geq q_1$

La figura 14-9(b) ofrece una solución gráfica de cada caso, dependiendo de si q queda

Modelos deterministas

(a)

Caso 1: q se ubica en la zona I, $y^* = y_m$

Caso 2: q se ubica en la zona II, $y^* = q$

Caso 3: q se ubica en la zona III, $y^* = y_m$

(b)

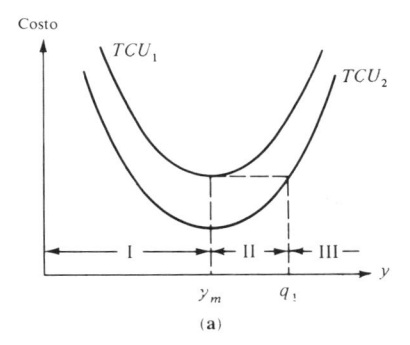

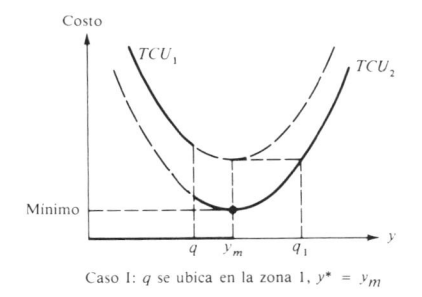

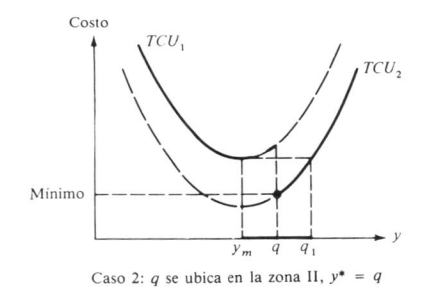

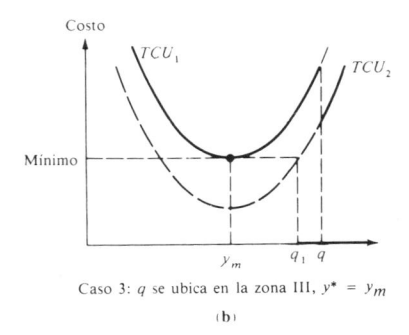

Figura 14-9

en la zona I, II o III. Por lo tanto, resumimos la cantidad óptima y^* del pedido como sigue:

$$y^* = \begin{cases} y_m, & \text{si } 0 \leq q < y_m \quad \text{(zona I)} \\ q, & \text{si } y_m \leq q < q_1 \quad \text{(zona II)} \\ y_m, & \text{si } q \geq q_1 \quad \text{(zona III)} \end{cases}$$

574 Modelos de inventarios   [C.14]

El procedimiento para determinar y^* puede resumirse de la manera siguiente:

1. Determínese $y_m = \sqrt{2KD/h}$. Si $q < y_m$ (zona I), entonces $y^* = y_m$ y termina el procedimiento. En caso contrario,
2. Determínese q_1 a partir de la ecuación $CTU_1(y_m) = CTU(q_1)$ y decídase si q se ubica en la zona II o III.
    a. Si $y_m \leq q < q_1$ (zona II), entonces $y^* = q$.
    b. Si $q \geq q_1$ (zona III), entonces $y^* = y_m$.

Ejemplo 14.3-3
Considere el modelo de inventarios con la información siguiente: $K = \$10$, $h = \$1$, $D = 5$ unidades, $c_1 = \$2$, $c_2 = \$1$, y $q = 15$ unidades. Primero calcule y_m; por consiguiente

$$y_m = \sqrt{\frac{2KD}{h}} = \sqrt{\frac{2 \times 10 \times 5}{1}} = 10 \text{ unidades}$$

Puesto que $q > y_m$, es necesario verificar si q está en la zona II o III. El valor de q_1 se calcula de

$$CTU_1(y_m) = CTU_2(q_2)$$

o bien,

$$c_1 D + \frac{KD}{y_m} + \frac{hy_m}{2} = c_2 D + \frac{KD}{q_1} + \frac{hq_1}{2}$$

La sustitución proporciona

$$2 \times 5 + \frac{10 \times 5}{10} + \frac{1 \times 10}{2} = 1 \times 5 + \frac{10 \times 5}{q_1} + \frac{1 \times q_1}{2}$$

o bien,

$$q_1^2 - 30q_1 + 100 = 0$$

Esto da $q_1 = 26.18$ o bien, $q_1 = 3.82$. Por definición, q_1 se selecciona como el valor mayor. Ya que $y_m < q < q_1$, q está en la zona II. Se deduce que $y^* = q = 15$ unidades. El costo total asociado por tiempo unitario se determina como

$$CTU(y^*) = CTU_2(15) = c_2 D + \frac{KD}{15} + \frac{h \times 15}{2}$$

$$= 1 \times 5 + \frac{10 \times 5}{15} + \frac{1 \times 15}{2} = \$15.83/\text{día} \quad \blacktriangleleft$$

Ejercicio 14.3-3
En el ejemplo 14.3-3, determine y^* y el costo total *por ciclo* en cada uno de los casos siguientes.
(a) $q = 30$. [*Resp.* $y^* = 10$, costo/ciclo $= \$40$.]
(b) $q = 5$. [*Resp.* $y^* = 10$, costo/ciclo $= \$30$.]

14.3.3 MODELO ESTATICO DE MULTIPLES ARTICULOS CON LIMITACIONES EN EL ALMACEN

Este modelo considera el sistema de inventarios que incluye n (> 1) artículos, los cuales están compitiendo por un espacio limitado de almacén. Esta limitación representa una interacción entre los diferentes artículos y puede ser incluida en el modelo como una restricción.

Sea A el área máxima de almacenamiento disponible para n artículos y a_i las necesidades del área de almacén por unidad del i-ésimo artículo. Si y_i es la cantidad ordenada del i-ésimo artículo, la restricción de requisitos de almacén será

$$\sum_{i=1}^{n} a_i y_i \leq A$$

Suponga que cada artículo se repone instantáneamente y que no hay descuentos por cantidad. Suponga además que no se permite ninguna escasez. Sean D_i, K_i y h_i, respectivamente, la tasa de demanda por unidad de tiempo, el costo fijo y el costo de mantener el inventario por unidad de tiempo, correspondiente al i-ésimo artículo. Los costos de inventario asociados a cada artículo deberán ser esencialmente los mismos que en el caso de un modelo equivalente de un solo artículo. El problema, por consiguiente, será

$$\text{minimizar CTU}(y_1, \ldots, y_n) = \sum_{i=1}^{n} \left(\frac{K_i D_i}{y_i} + \frac{h_i y_i}{2} \right)$$

sujeto a

$$\sum_{i=1}^{n} a_i y_i \leq A$$

$$y_i > 0, \quad \text{para toda } i$$

La solución general de este problema se obtiene con el método de multiplicadores de Lagrange.† Sin embargo, antes de realizarlo, es necesario verificar si la restricción es activa o no. Esto significa que si el valor irrestricto de y_i^* dado por

$$y_i^* = \sqrt{\frac{2 K_i D_i}{h_i}}$$

satisface la restricción de almacenamiento, se dice que dicha restricción es inactiva y puede ignorarse.

Si la restricción no se satisface por los valores de y_i^* debe ser activa. En este caso, deben encontrarse los valores óptimos nuevos de y_i que satisfagan la restricción de almacenamiento en el sentido de *igualdad*. ‡ Esto se logra formulando primero la función de Lagrange como

---

† Véase el capítulo 19 para tener un análisis completo del método de Lagrange.

‡ Sucede que este procedimiento produce la respuesta correcta porque CTU($y_1,\ldots, y_m$) es convexa y el problema tiene una sola restricción que es lineal (espacio de soluciones convexo). Quizá el procedimiento no sea correcto en otras condiciones o cuando haya más de una restricción. Véase la sección 19.2.2A.

576 Modelos de inventarios [C.14]

$$L(\lambda, y_1, y_2, \ldots, y_n) = \text{CTU}(y_1, \ldots, y_n) - \lambda\left(\sum_{i=1}^{n} a_i y_i - A\right)$$

$$= \sum_{i=1}^{n}\left(\frac{K_i D_i}{y_i} + \frac{h_i y_i}{2}\right) - \lambda\left(\sum_{i=1}^{n} a_i y_i - A\right)$$

donde λ (< 0) es el multiplicador de Lagrange.

Los valores óptimos de y_i y λ pueden encontrarse igualando a cero las primeras derivadas parciales respectivas. Esto da

$$\frac{\partial L}{\partial y_i} = \frac{K_i D_i}{y_i^2} + \frac{h_i}{2} - \lambda a_i = 0$$

$$\frac{\partial L}{\partial \lambda} = -\sum_{i=1}^{n} a_i y_i + A = 0$$

La segunda ecuación implica que y_i^* debe satisfacer la restricción de almacenamiento en el sentido de igualdad.

De la primera ecuación

$$y_i^* = \sqrt{\frac{2K_i D_i}{h_i - 2\lambda^* a_i}}$$

Observe que y_i^* depende de λ^*, el valor óptimo de λ. También, para $\lambda^* = 0$, y_i^* da la solución del caso irrestricto.

El valor λ^* puede encontrarse por ensayo y error sistemáticos. Ya que por definición $\lambda < 0$ en el caso anterior de minimización, entonces ensayando los valores negativos sucesivos de λ, el valor de λ^* deberá resultar en valores simultáneos de y_i^* que satisfagan la restricción dada en el sentido de igualdad. Por consiguiente, la determinación de λ^* automáticamente proporciona y_i^*.

Ejemplo 14.3-4

Considere el problema de inventario con tres artículos ($n = 3$). Los parámetros del problema se muestran en la tabla siguiente.

Artículo i	K_i	D_i	h_i	a_i
1	$10	2 unidades	$0.3	1 pie^2
2	5	4 unidades	0.1	1 pie^2
3	15	4 unidades	0.2	1 pie^2

Suponga también que el área de almacenamiento total disponible está dada por $A = 25$ pie^2.

Dada la fórmula

$$y_i^* = \sqrt{\frac{2K_i D_i}{h_i - 2\lambda^* a_i}}$$

se elabora la tabla siguiente:

λ	y_1	y_2	y_3	$\sum_{i=1}^{3} a_i y_i - A$
0	11.5	20.0	24.5	+31
−0.05	10.0	14.1	17.3	+16.4
−0.10	9.0	11.5	14.9	+10.4
−0.15	8.2	10.0	13.4	+ 6.6
−0.20	7.6	8.9	12.2	+ 3.7
−0.25	7.1	8.2	11.3	+ 1.6
−0.30	6.7	7.6	10.6	− 0.1

Para $A = 25$ pie^2, la restricción de almacenamiento se satisface en el sentido de igualdad para un valor de λ entre -0.25 y -0.3. Este valor es igual a λ^* y puede ser estimado por interpolación lineal. Los valores correspondientes de y_i deberán, por consiguiente, proporcionar y_i^* directamente. Ya que de la tabla λ^* parece muy cercano a -0.3, los y_i^* óptimos están más o menos dados por

$$y_1^* = 6.7, \quad y_2^* = 7.6, \quad y \quad y_3^* = 10.6$$

Si $A \geq 56 \, (= 11.5 + 20.0 + 24.5)$, los valores irrestrictos de y_i correspondientes a $\lambda = 0$ proporcionan y_i^*. En este caso la restricción es inactiva.

Ejercicio 14.3-4

Considere el ejemplo 14.3-4. Mediante el uso de la segunda tabla, obtenga la amplitud de λ^* en la cual se ubica λ^* suponiendo que el área A está dada como sigue.
(a) $A = 45$ pie^2. [*Resp.* $0 > \lambda^* > -0.05$.]
(b) $A = 30$ pie^2. [*Resp.* $-0.15 > \lambda^* > -0.2$.]
(c) $A = 20$ pie^2. [*Resp.* $\lambda^* < -0.3$.]

14.3.4 MODELO DE PROGRAMACION DE LA PRODUCCION EN *N* PERIODOS

Considere el problema de programar la producción sobre *N* periodos sucesivos. Las demandas para los diferentes periodos son variables pero deterministas. Estas demandas pueden satisfacerse ya sea por un inventario que fluctúe mientras se mantiene la producción constante, o fluctuando la producción mientras se mantiene el inventario constante, o por una combinación de ambas. Las fluctuaciones en producción pueden lograrse trabajando tiempo extra, mientras que la fluctuación en inventario puede satisfacerse manteniendo una cantidad positiva en almacén o

578 Modelos de inventarios [C.14

permitiendo que la demanda que no se satisfaga quede pendiente para llenarse en periodos posteriores. El objetivo aquí es determinar el programa de producción para los *N* periodos, lo cual minimiza los costos totales relevantes.

Este modelo supone costo fijo cero en cada periodo. En general, la escasez se permite, excepto que toda la demanda que queda pendiente de un periodo a los siguientes debe satisfacerse en el *N*-ésimo periodo. Esta situación puede representarse como un modelo de transporte. (Véase el capítulo 6.) En particular, notando las características especiales del modelo para el caso donde no se permite escasez, el problema puede resolverse en una forma fácil sin tener que aplicar el procedimiento iterativo de la técnica de transporte.

Defina los siguientes símbolos para el periodo i, siendo $i = 1, ..., N$.

c_i = costo de producción por unidad durante el tiempo normal
d_i = costo de producción por unidad durante el tiempo extra, $c_i < d_i$
h_i = costo de mantener el inventario por unidad desde el periodo i al periodo $i + 1$
p_i = costo de escasez por unidad demandada en el periodo i y satisfecha en el periodo $i + 1$
a_{Ri} = capacidad de producción (en números de unidades) durante el tiempo normal
a_{Ti} = capacidad de producción (en número de unidades) durante el tiempo extra
b_i = demanda (en número de unidades)

Observe que c_i, el costo de producción por unidad durante el tiempo normal, es menor que d_i, el costo de producción por unidad durante el tiempo extra, se muestra gráficamente en la figura 14-10 (a). La situación puede generalizarse al caso donde existen *k* niveles de producción tales que los costos de producción por unidad aumentan con el nivel de producción. Un ejemplo común se muestra en la figura 14-12(b). En tales condiciones, la función de costo de producción se dice que tiene costos marginales crecientes. Matemáticamente, se dice que la función es convexa.

Esta restricción sobre la función de costo de producción debe mantenerse, de otra manera el modelo que sigue no será aplicable. Este punto se justificará posteriormente después que se hayan presentado los detalles del modelo.

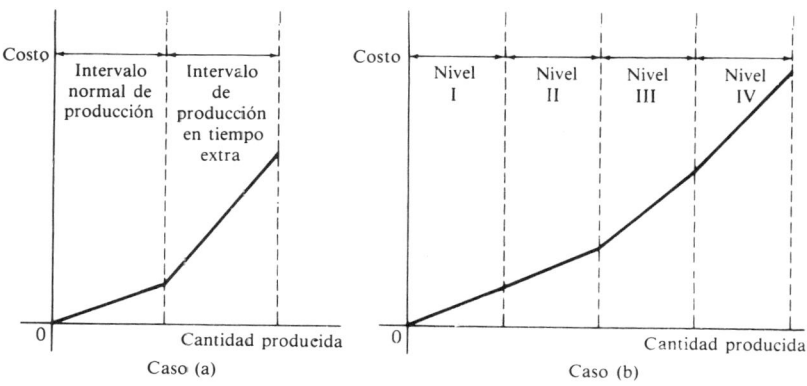

Figura 14-10

A. Modelo sin escasez

Primero, considere el caso donde no se permite la escasez en el sistema. De acuerdo con la terminología del modelo de transporte (capítulo 6), las *fuentes* se representan por las producciones normales y de tiempo extra para los diferentes periodos. Los *destinos* están dados por las demandas para los periodos respectivos. El *costo* unitario de *transporte* de cualquier origen a cualquier destino se representa por la producción correspondiente por unidad más los costos de mantener el inventario.

La matriz de costos completa para el modelo de transporte equivalente (suponiendo que no hay escasez) se da en la tabla 14-1.

La columna de excedente se usa para equilibrar el modelo de transporte; o sea, $S = \sum_i a_i - \sum_j b_j$. Esto se basa en la hipótesis de que la demanda siempre es menor que la capacidad de producción del sistema. (El costo por unidad en la columna de excedente es igual a cero.) Ya que no se permite ninguna escasez el periodo de producción no puede emplearse para satisfacer las demandas para los periodos anteriores. La tabla 14-1 implanta esta restricción a través de los cuadrados sombreados, lo cual en realidad equivale a asignar a cada uno un costo unitario muy grande.

Debido a que no se permiten órdenes atrasadas en este modelo, es necesario incluir la restricción que para cada periodo k la cantidad acumulada de demanda hasta ese periodo inclusive, no exceda a la cantidad acumulada correspondiente de producción; esto es,

$$\sum_{i=1}^{k}(a_{Ri} + a_{Ti}) \geq \sum_{j=1}^{k} b_j, \quad \text{para } k = 1, 2, \ldots, N$$

La solución del problema se simplifica mucho por su formulación como un modelo de transporte. Puesto que la demanda en el periodo i debería estar satisfecha antes que en los periodos $i + 1, i + 2, \ldots, N$, y debido a la condición especial im-

Tabla 14-1

		1	2	3	...	N	Excedente	
	R_1	c_1	$c_1 + h_1$	$c_1 + h_1 + h_2$		$c_1 + h_1 + \cdots + h_{N-1}$	0	a_{R1}
	T_1	d_1	$d_1 + h_1$	$d_1 + h_1 + h_2$		$d_1 + h_1 + \cdots + h_{N-1}$	0	a_{T1}
Periodo de producción i	R_2		c_2	$c_2 + h_2$		$c_2 + h_2 + \cdots + h_{N-1}$	0	a_{R2}
	T_2		d_2	$d_2 + h_2$		$d_2 + h_2 + \cdots + h_{N-1}$	0	a_{T2}
	$\vdots$							$\vdots$
	R_N					c_N		a_{RN}
	T_N					d_N	0	a_{TN}
		b_1	b_2	b_3	...	b_N	S	

Periodo de demanda j

puesta sobre la función de costo de producción, no será necesario usar el algoritmo de transporte regular al resolver el problema. En lugar de esto, la demanda para el periodo 1 se satisface primero asignando sucesivamente tanta cantidad como sea posible a los registros más baratos de la primera columna (periodo 1). Los nuevos valores de a_i se actualizan luego para reflejar las capacidades *restantes* para los periodos diferentes. Después, se considera el periodo 2 y su demanda se satisface en la forma más barata posible dentro de las nuevas limitaciones de capacidad. El proceso continúa hasta que se satisface la demanda para el periodo N.[†]

Debido a los costos marginales crecientes en la función de costos de producción, la capacidad de producción normal se agotará antes de que pueda comenzar la producción de tiempo extra. Si esta condición no se satisface, el modelo de transporte no será aplicable, ya que esto podría proporcionar resultados sin sentido (tal como usar producción de tiempo extra antes de que la producción normal se haya terminado).

Ejemplo 14.3-5
Considere un problema de programación de producción para 4 periodos con los datos siguientes:

Periodo i	Capacidad (unidades) a_{Ri}	a_{Ti}	Demanda (unidades) b_i
1	100	50	120
2	150	80	200
3	100	100	250
4	200	50	200
Totales	550	280	770

Los costos de producción son idénticos para todos los periodos; esto es, $c_i = 2$ y $d_i = 3$, para toda i. El costo de mantener el inventario también es constante para todos los periodos y está dado por $h_i = 0.1$, para toda i. Las funciones de costo se toman idénticas para todos los periodos, únicamente por simplicidad.

El modelo de transporte equivalente se muestra en la tabla 14-2. El número de la esquina derecha superior de cada cuadrado representa el costo de "transporte"; los que están en medio de los cuadrados (números negros) representan la solución.

Observe la lógica de la solución. Para la columna 1, el cuadrado (R_1, 1) tiene el costo más pequeño por unidad (= 2). La cantidad máxima que puede ser asignada a este cuadrado es de 100 unidades, lo cual agota el abastecimiento de R_1. Las unidades demandadas restantes para el periodo 1 pueden satisfacerse asignando 20

[†] Una demostración de la optimalidad de este procedimiento, puede verse en S. M. Johnson, "Sequential Production Planning over Time at Minimum Cost," *Management Science*, Vol. 3, 1957, págs. 435-437.

14.3] Modelos deterministas **581**

Tabla 14-2

	1	2	3	4	Excedente	
R_1	2 / **100**	2.1	2.2	2.3	0	~~100~~
T_1	3 / **20**	3.1	3.2 / **20**	3.3	0 / **10**	~~50~~ ~~30~~ ~~10~~
R_2	▓	2 / **150**	2.1	2.2	0	~~150~~
T_2	▓	3 / **50**	3.1 / **30**	3.2	0	~~80~~ ~~30~~
R_3	▓	▓	2 / **100**	2.1	0	~~100~~
T_3	▓	▓	3 / **100**	3.1	0	~~100~~
R_4	▓	▓	▓	2 / **200**	0	~~200~~
T_4	▓	▓	▓	3 / **50**	0	~~50~~
	~~120~~ ~~20~~	~~200~~ ~~50~~	~~250~~ ~~150~~ ~~50~~ ~~20~~	~~200~~	~~60~~ ~~10~~	

unidades al cuadrado (T_1, 1). Esto deja un abastecimiento de 30 unidades para T_1. Después considere la columna 2. El cuadrado (R_2, 2) tiene el costo más pequeño (= 2). Se puede asignar un máximo de 150 unidades a éste, lo cual agota el abastecimiento R_2. El siguiente costo más pequeño en la columna 2 se encuentra en el cuadrado (R_1, 2). Como el abastecimiento R_1 es cero ahora, se debe considerar el cuadrado (T_2, 2) con el siguiente elemento de costo más pequeño en la misma columna. Asignando 50 unidades a este cuadrado, la demanda para el periodo 2 estará satisfecha. Esto deja 30 unidades en el abastecimiento T_2. El procedimiento indicado continúa hasta que esté satisfecha la demanda para el periodo 4 (columna 4).

El lector puede verificar que la solución anterior es óptima utilizando la condición de optimidad del algoritmo de transporte (véase la sección 6.2.1). Esto se logra en la forma usual calculando los multiplicadores simples para la solución presente y verificando luego la optimidad (véase el problema 14-21). Observe, sin embargo, que la solución "óptima" dada es degenerada. ◀

Ejercicio 14.3-5

Considere la solución óptima del ejemplo 14.3-5 como se indica en la tabla 14-2.
(a) Determine las cantidades siguientes.
  (1) Producción en el periodo 1 para 1.
    [*Resp.* 120 unidades.]
  (2) Producción en el periodo 1 para 2.
    [*Resp.* Ninguna.]
  (3) Producción en el periodo 1 para 3.
    [*Resp.* 20 unidades.]
  (4) Producción normal y en tiempo extra en el periodo 1.
    [*Resp.* 100 unidades en tiempo normal y 40 en tiempo extra.]
  (5) Inventario transportado del periodo 1 al 3.
    [*Resp.* 20 unidades.]
  (6) Inventario transportado del periodo 2 al 3.
    [*Resp.* 30 unidades.]
  (7) Inventario transportado del periodo 3 al 4.
    [*Resp.* Ninguna.]
(b) Supóngase que se necesitan otras 55 unidades en el periodo 4. Determine cómo se deben producir estas unidades.
  [*Resp.* Se producen 50 unidades en tiempo extra en el periodo 4 y 5 unidades en tiempo extra en el periodo 1.]

B. Modelo con escasez

Considere ahora una generalización del modelo anterior en el cual se permite la escasez. Se supone que la demanda que no se satisface puede serlo al final del horizonte de N periodos.

La tabla 14-2 puede modificarse fácilmente para incluir el efecto de dejar órdenes pendientes. Esto se logra introduciendo los costos de "transporte" unitario apropiado en las rutas de los bloques. Por ejemplo, si se define a p_i como el costo de escasez por unidad demandada en el periodo i y satisfecha en el periodo $i + 1$, los costos unitarios de transporte correspondientes a los cuadrados (R_N, 1) y (T_N, 1) son $\{c_N + p_1 + p_2 + ... + p_{N-1}\}$, $\{d_N + p_1 + ... + p_{N-1}\}$, respectivamente.

Parecería razonable que el procedimiento de solución utilizado en el caso anterior sin escasez también sería aplicable a la nueva situación donde se permite la

14.3] Modelos deterministas **583**

misma. Desafortunadamente, esto no es cierto. Para justificar esto, se ideó el siguiente ejemplo numérico para mostrar cómo el procedimiento anterior puede proporcionar generalmente una solución inferior.

Ejemplo 14.3-6

Considere el modelo de tres periodos donde se utiliza la producción normal y con tiempo extra. Las capacidades de producción para los tres periodos se muestran enseguida.

Periodo	Capacidad de producción (unidades) Normal	Tiempo extra
1	15	10
2	15	0
3	20	15

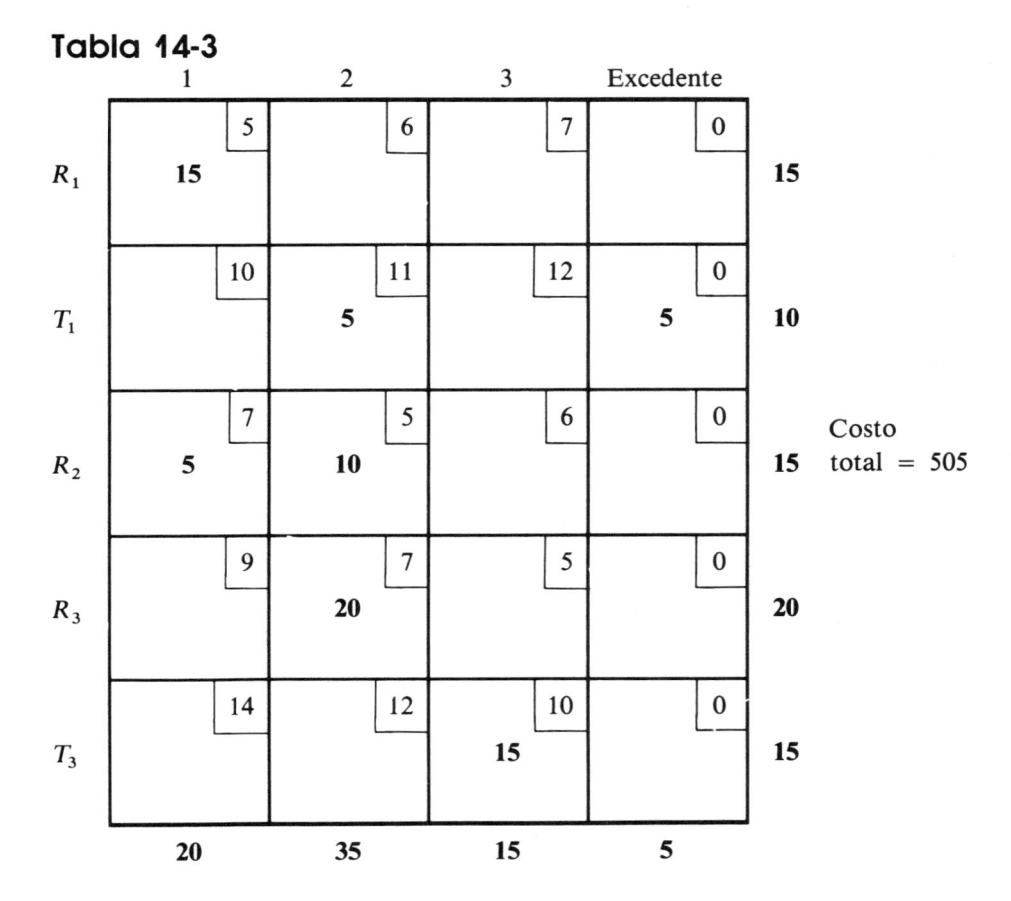

Tabla 14-3

	1	2	3	Excedente	
R_1	5 / **15**	6	7	0	**15**
T_1	10	11 / **5**	12 / **5**	0	**10**
R_2	7 / **5**	5 / **10**	6	0	**15**
R_3	9	7 / **20**	5	0	**20**
T_3	14	12	10 / **15**	0	**15**
	20	**35**	**15**	**5**	

Costo total = 505

El costo de producción por unidad es el mismo para todos los periodos y está dado como 5 para producción normal y 10 para producción en tiempo extra. Los costos de escasez y de mantenimiento de inventario por unidad están dados como 1 y 2, respectivamente. Las demandas para los tres periodos son 20, 35 y 15, respectivamente.

El modelo de transporte equivalente está dado en la tabla 14-3. El periodo 2 no tiene producción en tiempo extra ya que su capacidad correspondiente es cero.

La tabla 14-3 también muestra la solución del problema que se obtuvo utilizando el procedimiento anterior. Por consiguiente, en la columna 1, están asignadas 15 unidades a $(R_1, 1)$ y 5 unidades a $(R_2, 1)$. (Observe que la ruta más barata se elige de entre *todos* los registros de la columna en consideración.) Enseguida considere la columna 2. Asigne 10 unidades a $(R_2, 2)$, 20 unidades a $(R_3, 2)$ y 5 unidades a $(T_1, 2)$. Finalmente con la columna 3, asigne 15 unidades a $(T_3, 3)$. El costo total asociado al programa es $5 \times 15 + 5 \times 7 + 5 \times 11 + 10 \times 5 + 20 \times 7 + 15 \times 10 = 505$.

Puede demostrarse que la solución en la tabla 14-3 no satisface la condición de optimidad del algoritmo de transporte. En efecto, la tabla 14-4 da la solución óptima a este problema. El costo total asociado en este caso es $15 \times 5 + 5 \times 10 + 5 \times 11 + 15 \times 5 + 5 \times 7 + 10 \times 12 + 15 \times 5 = 485$. ◀

El ejemplo 14.2-6 muestra que el procedimiento simple de satisfacer las demandas para los periodos sucesivos no proporciona una solución óptima para el modelo de escasez. Consecuentemente uno tendría que aplicar el algoritmo de transporte general para obtener la solución óptima.

14.3.5 MODELO DINAMICO CPE DE UN SOLO ARTICULO Y *N* PERIODOS

En este modelo se supone que la demanda, aunque conocida con certeza, puede variar de un periodo al siguiente. También el nivel de inventario se revisa periódicamente. No obstante que puede permitirse la demora en la entrega (expresada como un número fijo de periodos) el modelo supone que el almacén se reabastece instantáneamente al inicio del periodo. No se permite ninguna escasez. El objetivo fundamental del modelo dinámico es el mismo que en todos los modelos de inventarios: la determinación de un programa o calendario de entregas que minimice los costos totales de producción (o de compras) y de mantenimiento de inventario.

Este modelo se denomina a veces como la **cantidad pedida económica dinámica** (CPE) porque es un perfeccionamiento del modelo estático CPE presentado en la sección 14.3.1. Ciertamente, si las fluctuaciones en la demanda no son demasiado pronunciadas en los diferentes periodos, debe usarse, como una aproximación razonable, el modelo estático CPE que es más sencillo en cuanto a los cálculos. En este caso, la tasa de demanda D se estima como la demanda promedio de los N periodos del modelo dinámico.

El modelo dinámico CPE se aplica a los casos cuando la demanda de un artículo varía periódica o estacionalmente. Una variante importante de esta aplicación surge de la llamada **planeación de requerimiento de materiales (PRM)**, para proporcionar

Tabla 14-4

	1	2	3	Excedente	
R_1	5 / **15**	6	7	0	15
T_1	10 / **5**	11 / **5**	12	0	10
R_2	7	5 / **15**	6	0	15
R_3	9	7 / **5**	5 / **15**	0	20
T_3	14	12 / **10**	10	0 / **5**	15
	20	35	15	5	

Costo total = 485

una entrega a tiempo de los materiales necesarios en las diferentes etapas del proceso de producción.

En esta sección comenzamos describiendo cómo conduce el procedimiento PRM, a un modelo de inventario dinámico común de N periodos. Después de esta motivante presentación, mostramos un conjunto de métodos para resolver el modelo. Se verá que a diferencia del modelo estático CPE, el modelo dinámico CPE sólo puede tratar con un horizonte finito de planeación. Dado que tenemos que predecir las variaciones en demandas futuras, es razonable suponer que tales predicciones serán válidas sólo en un horizonte futuro finito.

A. Aplicación de la planeación de requerimiento de materiales (PRM)

La idea básica del procedimiento PRM puede describirse mejor con un ejemplo. Suponga que la demanda trimestral en el próximo año, para dos modelos, M1 y

586 Modelos de inventarios [C.14

M2, de un producto específico es de 100 y 150 unidades, respectivamente. Se promete entregas de lotes trimestrales al final de cada trimestre. El tiempo de anticipación, o de fabricación, para M1 es de 2 meses, y el de M2 es de sólo 1 mes (por este motivo la fecha de inicio de la producción de los lotes M1 y M2 deben ser al principio de febrero y marzo, respectivamente, para ser entregados a finales de marzo). Ambos modelos utilizan un subensamble común S a razón de 2 unidades por unidad de producto final. El tiempo de anticipación para fabricar el subconjunto es de 1 mes.

La figura 14-11 resume el programa de la producción asociada con los dos modelos. La planeación comienza con la demanda trimestral (flechas continuas) de M1 y M2, que se presenta a fines de marzo, junio, septiembre y diciembre (meses 3, 6, 9 y 12). Dados los tiempos de demora de 2 meses y 1 mes para M1 y M2, las flechas interrumpidas muestran el inicio planeado de la producción de cada lote. Para que la producción comience según se ha planeado, es necesario que el subensamble S sea entregado en esas fechas precisas. Esto significa que el comienzo de la producción de un lote, M1 o M2, debe coincidir con la entrega de un lote de subensambles. Esta información se muestra en la figura 14-11 por medio de las flechas continuas, correspondientes al diagrama del subensamble (S). Las cantidades correspondientes de demanda se calculan directamente sobre la base de 2:1 para M1 y M2 (cada unidad de M1 o M2 necesita 2 unidades de S). Contando con un tiempo de anticipación de producción de 1 mes, el programa de producción para S asociado con M1 y M2 puede determinarse como se muestra con las flechas interrumpidas. Ahora el siguiente paso es determinar la programación de la producción total de S combinando los dos diagramas de subensambles de M1 y M2 en uno solo, como se muestra en la figura 14-11. La programación resultante de demanda variable es

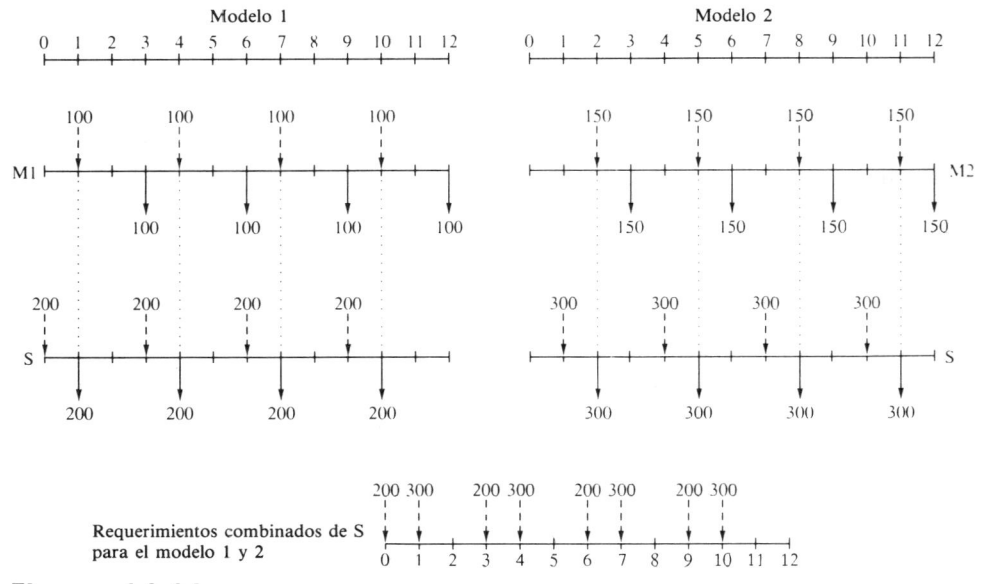

Figura 14-11

característico de la situación que se puede resolver por medio de los algoritmos dinámicos CPE que se presentan más adelante.

En una situación común de PRM, las necesidades de material pueden ser de varios niveles de subensambles con cada nivel produciendo un diagrama combinado similar al mostrado antes para S. En tal caso cada nivel ocasionará una aplicación separada del modelo dinámico CPE. Es interesante notar que los productos principales (por ejemplo, M1 y M2) pueden comenzar con demandas perfectamente uniformes con el tiempo, pero la interacción entre los productos finales y los subensambles, junto con el efecto de los tiempos de inicio de la producción, podría dar lugar a demandas dinámicas o variables en el curso del horizonte de planeación. El hecho que la programación del producto final sea el factor clave para decidir cómo debe llevarse a cabo la producción y compra en las etapas precedentes de producción, da lugar al sugestivo nombre de **sistema de arrastre (pull system)** en oposición al **sistema de empuje (push system)**, en el que los elementos del inventario se distribuyen, posiblemente en forma multiescalonada desde una localidad central (por ejemplo, una bodega) a los puntos de demanda (por ejemplo, minoristas).

B. Algoritmos de solución

En esta sección presentamos dos tipos de algoritmos de solución: un modelo de programación dinámica (PD) y uno heurístico. El modelo PD se basa en los principios que presentamos en el capítulo 10, el cual aunque garantiza optimidad, implica cálculos extensos, aun en la computadora. El modelo heurístico, cuando es aplicable, es rápido y eficiente desde el punto de vista del cómputo y de acuerdo con experiencias al respecto, conduce a muy buenas soluciones.

Modelo de programación dinámica

Defina para el periodo i, siendo $i = 1, 2, ..., N$.

z_i = cantidad ordenada
D_i = cantidad demandada
x_i = inventario que entra (al inicio del periodo i)
h_i = costo de mantenimiento por unidad de llevar adelante el inventario del periodo i al periodo $i + 1$
K_i = costo fijo
$c_i(z_i)$ = función de costo de compra marginal (producción) dada z_i

Sea

$$C_i(z_i) = \begin{cases} 0, & z_i = 0 \\ K_i + c_i(z_i), & z_i > 0 \end{cases}$$

La función $c_i(z_i)$ es de interés únicamente si el costo de compra unitario varía de un periodo al siguiente o si existen rebajas en los precios.

Puesto que no existe escasez permitida, el objetivo es determinar los valores óptimos de z_i que minimizan la suma de los costos fijos, de compra y de manteni-

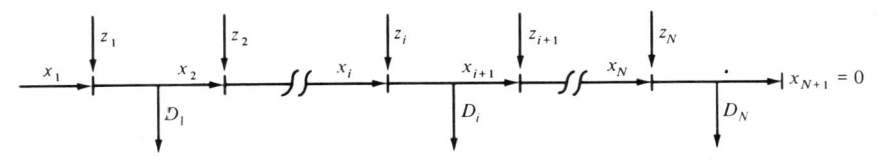

Figura 14-12

miento para todos los N periodos. El costo de mantener el inventario se supone proporcional a

$$x_{i+1} = x_i + z_i - D_i$$

que es la cantidad de inventario que se lleva desde i hasta $i + 1$. Esto significa que el costo de mantener el inventario en el periodo i es $h_i x_{i+1}$. La hipótesis se introduce únicamente para simplificar, ya que el modelo puede extenderse fácilmente hasta cubrir cualquier función de costo de mantenimiento de inventario $H_i(x_{i+1})$ reemplazando $h_i x_{i+1}$ por $H_i(x_{i+1})$. Análogamente, el costo de mantenimiento de inventario puede estar basado en x_i o $(x_i + x_{i+1})/2$.

El desarrollo del modelo de programación dinámica se simplifica representando gráficamente el problema, como se muestra en la figura 14-12. Cada periodo representa una etapa. Usando la ecuación recursiva hacia atrás, se pueden definir los estados del sistema en la etapa i como la cantidad de inventario que entra x_i. Sea $f_i(x_i)$ el costo de inventario mínimo para los periodos $i, i + 1, \ldots,$ y N. La ecuación recursiva completa está dada por

$$f_N(x_N) = \min_{\substack{z_N + x_N = D_N \\ z_N \geq 0}} \{C_N(z_N)\}$$

$$f_i(x_i) = \min_{\substack{D_i \leq x_i + z_i \leq D_i + \cdots + D_N \\ z_i \geq 0}} \{C_i(z_i) + h_i(x_i + z_i - D_i) + f_{i+1}(x_i + z_i - D_i)\},$$

$$i = 1, 2, \ldots, N - 1$$

La ecuación recursiva de avance puede desarrollarse definiendo los estados en la etapa i como la cantidad de inventario al final del periodo i. De la figura 14-12, estos estados son equivalentes a x_{i+1}. En cualquier etapa, los valores de x_{i+1} están limitados por

$$0 \leq x_{i+1} \leq D_{i+1} + \cdots + D_N$$

Por lo tanto, en el caso extremo, la cantidad z_i en el periodo i puede ser ordenada lo suficientemente grande de manera que el inventario restante x_{i+1} satisfaga la demanda para todos los periodos restantes.

14.3] Modelos deterministas 589

Sea $f_i(x_{i+1})$ el costo del inventario mínimo para los periodos 1, 2,..., e i dado x_{i+1}, la cantidad de inventario al final del periodo i. La ecuación recursiva completa entonces está dada como

$$f_1(x_2) = \min_{0 \le z_1 \le D_1 + x_2} \{C_1(z_1) + h_1 x_2\}$$

$$f_i(x_{i+1}) = \min_{0 \le z_i \le D_i + x_{i+1}} \{C_i(z_i) + h_i x_{i+1} + f_{i-1}(x_{i+1} + D_i - z_i)\},$$

$$i = 2, 3, \ldots, N$$

Las formulaciones de avance y retroceso del modelo son computacionalmente equivalentes. Sin embargo, el algoritmo hacia adelante, como se indicará posteriormente, será útil al desarrollar un caso especial importante del modelo anterior. El ejemplo numérico siguiente, por lo tanto, se utiliza para ilustrar el procedimiento de cómputo del algoritmo hacia adelante. El procedimiento para el algoritmo de retroceso se deja como un ejercicio para el lector (véase el problema 14-28).

Ejercicio 14.3-6

Supóngase que el costo de almacenamiento en el periodo i está basado en el inventario *promedio* durante el periodo. Escriba las expresiones del costo de almacenamiento como deben figurar en las ecuaciones recursivas de avance y retroceso.

$$\left[\text{Res. De avance: } h_i\left(x_i + z_i - \frac{D_i}{2}\right), \text{ de retroceso: } h_i\left(x_{i+1} + \frac{D_i}{2}\right).\right]$$

Ejemplo 14.3-7

Considere una situación de inventario de tres periodos con unidades discretas y demanda determinista dinámica. Los datos para el problema se dan enseguida.

Periodo i	Demanda D_i	Costo fijo K_i	Costo de inventario h_i
1	3 unidades	$3.00	$1.00
2	2 unidades	7.00	3.00
3	4 unidades	6.00	2.00

El inventario de entrada x_1 al periodo 1 es una unidad. Supóngase que el costo de compra marginal es $10 por unidad por las primeras tres unidades y $20 por cada unidad adicional. Entonces

$$c_i(z_i) = \begin{cases} 10z_i, & 0 \le z_i \le 3 \\ 30 + 20(z_i - 3), & z_i \ge 4 \end{cases}$$

Los cálculos por etapa para el algoritmo de avance son los siguientes:

Etapa 1: $D_1 = 3$, $0 \le x_2 \le 2 + 4 = 6$

			$f_1(z_1\|x_2) = C_1(z_1) + h_1 x_2$						Solución óptima	
		$z_1 = 2$	3	4	5	6	7	8		
x_2	$h_1 x_2$	$C_1(z_1) = 23$	33	53	73	93	113	133	$f_1(x_2)$	z_1^*
0	0	23							23	2
1	1		34						34	3
2	2			55					55	4
3	3				76				76	5
4	4					97			97	6
5	5						118		118	7
6	6							139	139	8

Puesto que $x_1 = 1$, el valor más pequeño de z_1 es $D_1 - x_1 = 3 - 1 = 2$.

Etapa 2: $D_2 = 2$, $0 \le x_3 \le 4$

				$f_2(z_2\|x_3) = C_2(z_2) + h_2 x_3 + f_1(x_3 + D_2 - z_2)$					Solución óptima	
		$z_2 = 0$	1	2	3	4	5	6		
x_3	$h_2 x_3$	$C_2(z_2) = 0$	17	27	37	57	77	97	$f_2(x_3)$	z_2^*
0	0	0 + 55 = 55	17 + 34 = 51	27 + 23 = 50					50	2
1	3	3 + 76 = 79	20 + 55 = 75	30 + 34 = 64	40 + 23 = 63				63	3
2	6	6 + 97 = 103	23 + 76 = 99	33 + 55 = 88	43 + 34 = 77	63 + 23 = 86			77	3
3	9	9 + 118 = 127	26 + 97 = 123	36 + 76 = 112	46 + 55 = 101	66 + 34 = 100	86 + 23 = 109		100	4
4	12	12 + 139 = 151	29 + 118 = 147	39 + 97 = 136	49 + 76 = 125	69 + 55 = 124	89 + 34 = 123	109 + 23 = 132	123	5

Etapa 3: $D_3 = 4$, $x_4 = 0$

			$f_3(z_3\|x_4) = C_3(z_3) + h_3 x_4 + f_2(x_4 + D_3 - z_3)$				Solución óptima	
		$z_3 = 0$	1	2	3	4		
x_4	$h_3 x_4$	$C_3(z_3) = 0$	16	26	36	56	$f_3(x_4)$	z_3^*
0	0	0 + 123 = 123	16 + 100 = 116	26 + 77 = 103	36 + 63 = 99	56 + 50 = 106	99	3

La solución está dada como $z_1^* = 2$, $z_2^* = 3$ y $z_3^* = 3$, la cual cuesta un total de $99.

◀

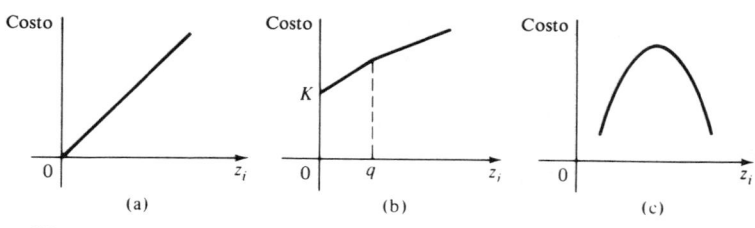

Figura 14-13

Ejercicio 14.3-7
Considere el ejemplo 14.3-7.
(a) ¿Tiene sentido tener $x_4 > 0$?
[*Resp.* No, porque resulta no óptimo poner fin al horizonte de planeación con inventario positivo.]
(b) En cada uno de los casos (independientes) que siguen, determine los intervalos factibles para z_1, z_2, z_3, x_2 y x_3. (El lector advertirá que es de utilidad representar cada caso como en la figura 14-12.)
 (1) $x_1 = 4$ y todos los otros datos se mantienen sin cambio.
  [*Resp.* $0 \leq z_1 \leq 5$, $0 \leq z_2 \leq 5$, $0 \leq z_3 \leq 4$, $1 \leq x_2 \leq 6$, $0 \leq x_3 \leq 4$.]
 (2) $x_1 = 0$, $D_1 = 5$, $D_2 = 4$ y $D_3 = 5$.
  [*Resp.* $5 \leq z_1 \leq 14$, $0 \leq z_2 \leq 9$, $0 \leq z_3 \leq 5$, $0 \leq x_2 \leq 9$, $0 \leq x_3 \leq 5$.]

Caso especial con costos marginales constantes o decrecientes

El modelo de programación dinámica anterior puede ser usado con *cualquier* función de costo. Un caso especial importante de este modelo ocurre cuando para el periodo *i* el costo *por unidad* de compra (producción) y el costo de mantenimiento de inventario *por unidad* son *constantes* o funciones *decrecientes* de z_i y x_{i+1}, respectivamente. En este caso, se dice que la función de costo proporciona costo *marginal* constante o decreciente. Ilustraciones características de estas funciones de costos se muestran en la figura 14-13. Matemáticamente, éstas son cóncavas. El caso (a) muestra la situación de un costo marginal constante. El caso (b) es común de muchas funciones de costo de producción (o de compra) donde se carga, independientemente de la cantidad producida, un costo fijo K. Entonces se incurre en un costo marginal constante; si el descuento por cantidad o rebaja en el precio se permite en $z_i = q$, el costo marginal para $z_i > q$ llega a ser más pequeño. Finalmente, el caso (c) ilustra una función cóncava general.

En las condiciones estipuladas anteriormente, puede comprobarse que:†

---

† Para los detalles de la prueba, véase H. Wagner y T. Whitin, "Dynamic Version of the Economic Lot Size Model," *Management Science* vol. 5, 1958, págs. 89-96. Las demostraciones originales de Wagner y Whitin, sin embargo, se desarrollaron en la hipótesis restrictiva de que los costos de compra unitarios son *constantes e idénticos* para todos los periodos. Posteriormente, esto fue mejorado por A. F. Veinott, Jr., de Stanford University, para incluir funciones de costo cóncavas para cada periodo.

1. Dado el inventario inicial $x_1 = 0$, entonces en cualquier periodo i del modelo de N periodos, es óptimo tener una cantidad positiva z_i^* o un inventario de entrada positivo x_i^*, pero no ambos; esto es, $z_i^* x_i^* = 0$.‡

2. La cantidad z_i ordenada en cualquier periodo i es óptima únicamente si es cero o si satisface la demanda *exacta* de uno o más periodos subsecuentes. Estos periodos subsecuentes son tales que si la demanda en el periodo $i + m$ ($< N$) es satisfecha por z_i^* entonces las demandas para los periodos $i, i + 1, \ldots$, e $i + m - 1$ también debe satisfacerlo z_i^*.

La primera propiedad (teorema) implica que para cualquier periodo i no es económico traer un inventario y colocar un pedido al mismo tiempo. Por supuesto que el costo marginal *mínimo* de adquirir y mantener una unidad adicional de un periodo anterior i' al periodo presente i'' ($i' < i''$) es b' mientras que el costo marginal de ordenar una unidad más en i'' es b''. Si $b'' \leq b'$, la cantidad ordenada en i'' puede aumentarse para cubrir la demanda exacta en i'' sin un aumento en el costo total asociado, en comparación con el caso donde esta demanda es satisfecha del periodo i'. Esto se deduce debido a los costos marginales no crecientes. En consecuencia, teniendo $x_i'' z_i'' = 0$ proporcionará una solución que *al menos* es tan buena como cualquier otra. Por otra parte, si $b'' > b'$, es más económico aumentar el pedido en i' para cubrir la demanda en i' e i'' de manera que la cantidad ordenada en i'' sea igual a cero. Esto se deduce de nuevo por la misma razón de tener costos marginales no crecientes. La implicación aquí es entonces que la condición $x_i z_i = 0$ no proporcionará ninguna solución peor, dado que los costos marginales son constantes o decrecientes y el inventario inicial es cero. La segunda propiedad que pide ordenar la cantidad exacta para uno o más periodos se deduce inmediatamente de la primera propiedad.

Las propiedades descritas cuando son aplicables, permitirán un procedimiento de cómputo simplificado que todavía está basado sobre los algoritmos de programación dinámica general presentados anteriormente. Este punto se explica utilizando al algoritmo de avance.

Ya que por la segunda propiedad la cantidad de inventario al final de periodo i, esto es, x_{i+1} debe satisfacer los requisitos exactos de uno o más periodos subsecuentes, se deduce que el número de estados del sistema en cualquier periodo está determinado por el número de *periodos* subsecuentes (en lugar de por el número de *unidades* demandadas en los periodos siguientes como en el modelo general). Por ejemplo, sea $N = 5$ con demandas 10, 15, 20, 50 y 70, respectivamente. Entonces, al *final* del tercer periodo (etapa), el número de valores de estado (x_4) en el modelo general será $50 + 70 + 1 = 121$, mientras que en el nuevo modelo esto se reducirá a tres (el número de periodos restantes más uno) ya que x_4 podría ser 0, 50 o 120 solamente. Un argumento similar basado en la primera propiedad también muestra que el número de alternativas z_1 es mucho más pequeño en el nuevo modelo. Esto indica que el esfuerzo de cálculo se reduce tremendamente en el nuevo modelo.

---

‡ En este caso especial, el inventario inicial x_1 siempre puede tomarse igual a cero. Si $x_1 > 0$, esta cantidad puede restarse de las demandas de los periodos sucesivos hasta que se termina con ella. En tales condiciones los periodos donde la demanda se ha satisfecho todavía se incluyen en el problema; esta vez con demandas cero. En tales casos es posible tener tanto z_i como x_i iguales a cero.

Ejemplo 14.3-8
Considere un modelo de cuatro periodos con los datos siguientes:

Periodo i	D_i	K_i
1	76	$ 98
2	26	114
3	90	185
4	67	70

El costo de mantenimiento de inventario por unidad por periodo es constante e igual a $1.00. También el costo de compra por unidad es igual a $2.00 para todos los periodos. El inventario inicial x_1 es de 15 unidades. (Los costos de compra y de mantener el inventario por unidad se toman iguales en todos los periodos únicamente por simplicidad.)

La solución se obtiene utilizando el algoritmo de avance, excepto que el número de estados x_{i+1} y el número de alternativas z_i se determinan de acuerdo con las nuevas propiedades. Puesto que $x_1 = 15$, la demanda para el primer periodo disminuye en una cantidad equivalente y, por consiguiente, es igual a $76 - 15 = 61$.

Etapa 1: $D_1 = 61$

		$f_1(z_1\|x_2) = C_1(z_1) + h_1 x_2$				Solución óptima	
		$z_1 = 61$	87	177	244		
x_2	$h_1 x_2$	$C_1(z_1) = 220$	272	452	586	$f_1(x_2)$	z_1^*
0	0	220	—	—	—	220	61
26	26	—	298	—	—	298	87
116	116	—	—	568	—	568	177
183	183	—	—	—	769	769	244
Pedido en 1 para:		1	1, 2	1, 2, 3	1, 2, 3, 4		

Etapa 2: $D_2 = 26$

		$f_2(z_2\|x_3) = C_2(z_2) + h_2 x_3 + f_1(x_3 + D_2 - z_2)$				Solución óptima	
		$z_2 = 0$	26	116	183		
x_3	$h_2 x_3$	$C_2(z_2) = 0$	166	346	480	$f_2(x_3)$	z_2^*
0	0	0 + 298 = 298	166 + 220 = 386	—	—	298	0
90	90	90 + 568 = 586	—	436 + 220 = 656	—	656	116
157	157	157 + 769 = 926	—	—	637 + 220 = 857	857	183
Pedido en 2 para:		—	2	2, 3	2, 3, 4		

Etapa 3: $D_3 = 90$

x_4	$h_3 x_4$	$f_3(z_3\|x_4) = C_3(z_3) + h_3 x_4 + f_2(x_4 + D_3 - z_3)$			Solución óptima	
		$z_3 = 0$	90	157		
		$C_3(z_3) = 0$	365	499	$f_3(x_4)$	z_3^*
0	0	0 + 656 = 656	365 + 298 = 663	—	656	0
67	67	67 + 857 = 924	—	566 + 298 = 864	864	157
Pedido en 3 para:		—	3	3, 4		

Etapa 4: $D_4 = 67$

x_5	$h_4 x_5$	$f_4(z_4\|x_5) = C_4(z_4) + h_4 x_5 + f_3(x_3 + D_4 - z_4)$		Solución óptima	
		$z_4 = 0$	67		
		$C_4(z_4) = 0$	204	$f_4(x_5)$	z_4^*
0	0	0 + 864 = 864	204 + 656 = 860	860	67
Pedido en 4 para:		—	4		

La política óptima, por consiguiente, está dada como $z_1^* = 61$, $z_2^* = 116$, $z_3^* = 0$ y $z_4^* = 67$ con un costo total de $860. ◀

Ejercicio 14.3-8

En el ejemplo 14.3-8, determine los intervalos factibles de z_1 en cada uno de los casos siguientes.
(a) $x_1 = 10$ y todos los datos restantes se mantienen sin cambio.
 [*Resp.* $z_1 = 66, 92, 182$ o 249.]
(b) $x_1 = 80$ y todos los datos restantes se mantienen sin cambio.
 [*Resp.* $z_1 = 0, 22, 112$ o 179.]
(c) $D_1 = 70$, $D_2 = 25$, $D_3 = 80$, $D_4 = 70$ y $x_1 = 10$.
 [*Resp.* $z_1 = 60, 85, 165$ o 235.]

Un caso especial del modelo de costo *cóncavo* ocurre cuando el costo de producción para un periodo está definido por la función lineal

$$C_i(z_i) = K_i + c_i z_i, \quad i = 1, 2, \ldots, N$$

siempre que $c_{i+1} \leq c_i$ para toda i, esto es $c_1 \geq c_2 \geq \cdots \geq c_N$. Bajo esta nueva condición, el algoritmo de avance para el modelo de costo cóncavo puede ser modificado de tal manera que sean posibles ahorros adicionales en cálculos. Para evitar confusión, se han utilizado los nombres algoritmo "original" y "modificado" para

14.3] **Modelos deterministas** **595**

referirse a los algoritmos de avance asociados, respectivamente, con el modelo de costo cóncavo anterior y el modelo que se presentará en breve.

En el algoritmo original cada etapa i calcula la política óptima considerando los pedidos en el periodo i para periodos futuros hasta el periodo j e inclusive éste; es decir, $i \leq j \leq N$. El algoritmo modificado define cada etapa i de manera que para el periodo i, la política óptima se determina considerando los pedidos en cada uno de los periodos anteriores, k, para lapsos hasta el periodo i y éste inclusive; se tiene que $1 \leq k \leq i$. Esto se expresa matemáticamente como †

$$f_i = \min \begin{cases} C_1 + h_1(D_2 + \cdots + D_i) + \cdots + h_{i-1}D_i & \text{(pedido en 1)} \\ C_2 + h_2(D_3 + \cdots + D_i) + \cdots + h_{i-1}D_i + f_1 & \text{(pedido en 2)} \\ \vdots \\ C_{i-1} + h_{i-1}D_i + f_{i-2} & \text{(pedido en } i-1) \\ C_i + f_{i-1} & \text{(pedido en } i) \end{cases}$$

donde

f_i = costo mínimo total para los periodos del 1 al i, inclusive éste; 1, 2,..., N.
C_k = costo total de pedidos (fijo + compra) para pedir en el periodo k la cantidad $z_k = D_k + \cdots + D_i$ de los periodos k al i; $k \leq i$.

Para comenzar, y sin tomar ventaja de la característica especial de la función de costo $C_i(z_i)$, la cantidad de cálculos del modelo modificado es menor que en el original.‡ Se deduce debido a que el modelo modificado no considera explícitamente el caso donde ningún pedido se coloca en las diferentes etapas. Los cálculos donde se emplea el algoritmo modificado pueden reducirse además, haciendo uso del teorema siguiente.

Teorema del horizonte de planeación. *En el algoritmo modificado de avance si para el periodo i^* el costo mínimo ocurre de tal modo que la demanda en i^* se satisface ordenando en un periodo anterior $i^{**} < i^*$, entonces para todos los periodos futuros $i > i^*$ es suficiente calcular el programa óptimo basado sobre pedidos en los periodos i^{**}, $i^{**} + 1$,..., e i solamente. En particular, si la política óptima requiere ordenar en i^* para el mismo periodo i^* (esto es, $i^* = i^{**}$), entonces para cualquier periodo futuro $i > i^*$ siempre será óptimo ordenar en i^* independientemente de las demandas futuras. En este caso, se dice que i^* marca el comienzo de un horizonte de planeación.*

---

† En el modelo modificado, el estado del sistema x_i se suprime ya que corresponde directamente el número de periodos anteriores, esto es, i. El mismo razonamiento podría haber sido utilizado también con el modelo original.

‡ El número máximo de registros es $\{N(N + 1) + (N - 1)N\}/2 = N^2$ en la tabla original y $N(N + 1)/2$ en la modificada.

596 Modelos de inventarios [C.14

El teorema anterior implica dos conceptos importantes:

1. En el transcurso de la computación, los cálculos pueden ser truncados de tal manera que los registros para los periodos $k < i^{**}$ no necesitan ser considerados. Esto conducirá a ahorros de cómputo.

2. En el caso especial donde $i^* = i^{**}$, además de truncar los cómputos en i^*, los periodos futuros que comienzan con i^* pueden considerarse completamente independientes de todos los periodos anteriores. Además, siempre es óptimo ordenar en i^* independientemente de las demandas futuras.

Cuando i^{**} es estrictamente menor que i^*, no siempre es cierto que los pedidos ocurrirán en i^{**}. Realmente, las demandas futuras pueden requerir un cambio en la política óptima. En este caso no será posible descomponer el problema en horizontes de planeación independientes. Para evitar confusión, i^{**} se denominará el periodo de inicio de un *subhorizonte* siempre que $i^{**} < i^*$.

Ejemplo 14.3-9

Considere un modelo de inventario de seis periodos con los datos siguientes:

i	D_i	K_i	h_i
1	10	20	1
2	15	17	1
3	7	10	1
4	20	20	3
5	13	5	1
6	25	50	1

El costo de compra por unidad es 2 para todos los periodos.

Los cálculos para este ejemplo se resumen en la tabla 14-5. Estos se llevan sobre una base renglón por renglón comenzando con el renglón 1. Cada columna representa una alternativa de decisión que define el periodo k en el cual se surten las demandas para los periodos $k, k + 1,..., e\ i; 1 \leq k \leq i$. Cada renglón representa el periodo límite hasta el cual la demanda está satisfecha. Por consiguiente, para cada i, el valor óptimo f_i, como se definió en el algoritmo modificado, se obtiene considerando todas las alternativas de decisión factibles $k\ (\leq i)$ y luego se selecciona la alternativa que proporciona el costo acumulativo mínimo. Por ejemplo, dada $i = 3$, tenemos tres opciones: (1) ordenar en 1 para 1, 2 y 3, (2) ordenar en 2 para 2 y 3, y (3) ordenar en 3 para 3. Los registros de la tabla por encima de su diagonal principal son infactibles ya que no se permiten pedidos retrasados.

Para ilustrar el uso de horizontes y subhorizontes de planeación, en el renglón 3 f_3 ocurre en el periodo 2. Esto significa que en este punto es óptimo ordenar para el periodo 3 (y el periodo 2) en el periodo 2. Esto equivale a decir que $i^{**} = 2$ e $i^* = 3$. De acuerdo con el teorema anterior, para toda $i > 3$ los cálculos pueden regresar únicamente al periodo 2. El periodo 2, por consiguiente, marca el inicio de un *sub*horizonte. Moviéndose al renglón 4, se ve que f_4 ocurre bajo el periodo

Tabla 14-5

		$k = 1$[a]	$k = 2$	$k = 3$	$k = 4$	$k = 5$	$k = 6$
$i = 1$	(1)[b] (2) (3) (4)	$10 \times 2 = \begin{array}{r}20\\20\\0\\ \underline{0}\\ f_1 \to \mathbf{40^*}\end{array}$					
$i = 2$	(1) (2) (3) (4)	$(10+15) \times 2 = \begin{array}{r}20\\50\\15 \times 1 = 15\\ \underline{0}\\ f_2 \to \mathbf{85^*}\end{array}$	$15 \times 2 = \begin{array}{r}17\\30\\0\\ f_1 = \underline{40}\\ 87\end{array}$				
$i = 3$	(1) (2) (3) (4)	$(10+15+7) \times 2 = \begin{array}{r}20\\64\\22 \times 1 + 7 \times 1 = 29\\ \underline{0}\\113\end{array}$	$(15+7) \times 2 = \begin{array}{r}17\\44\\7 \times 1 = 7\\ f_1 = \underline{40}\\ f_3 \to \mathbf{108^*}\end{array}$	$7 \times 2 = \begin{array}{r}10\\14\\0\\ f_2 = \underline{85}\\ 109\end{array}$			
$i = 4$	(1) (2) (3) (4)		$(15+7+20) \times 2 = \begin{array}{r}17\\84\\27 \times 1 + 20 \times 1 = 47\\ f_1 = \underline{40}\\ 188\end{array}$	$(7+20) \times 2 = \begin{array}{r}10\\54\\20 \times 1 = 20\\ f_2 = \underline{85}\\ 169\end{array}$	$20 \times 2 = \begin{array}{r}20\\40\\0\\ f_3 = \underline{108}\\ f_4 \to \mathbf{168^*}\end{array}$		
$i = 5$	(1) (2) (3) (4)				$(20+13) \times 2 = \begin{array}{r}20\\66\\13 \times 3 = 39\\ f_3 = \underline{108}\\ 233\end{array}$	$13 \times 2 = \begin{array}{r}5\\26\\0\\ f_4 = \underline{168}\\ f_5 \to \mathbf{199^*}\end{array}$	
$i = 6$	(1) (2) (3) (4)					$(13+25) \times 2 = \begin{array}{r}5\\76\\25 \times 1 = 25\\ f_4 = \underline{168}\\ f_6 \to \mathbf{274^*}\end{array}$	$25 \times 2 = \begin{array}{r}50\\50\\0\\ f_5 = \underline{199}\\ 299\end{array}$

[a] Coloque su pedido en el periodo k por periodos hasta e incluyendo i.
[b] (1) Costo fijo; (2) costo de compra; (3) costo de mantenimiento; (4) costo total óptimo de los periodos precedentes.

4 significando que es óptimo ordenar para el periodo 4 en el periodo 4. Esto significa que $i^{**} = i^* = 4$ y así $i = 4$ marca el inicio de un horizonte de planeación. Por consiguiente, en los renglones que siguen los registros en los periodos 1, 2, 3 no deberán calcularse. Continuando en esta forma, se ve en la tabla 14-1 que otro horizonte de planeación comienza en el periodo 5 con el resultado de que en los cálculos en el renglón 6 únicamente necesitan calcularse los registros bajo los periodos 5 y 6. Por consiguiente, los periodos 1, 4 y 5 marcan el inicio de los 3 horizontes de planeación del problema. Las ventajas del teorema de horizonte de planeación deben ser claras ahora, ya que todos los lugares en blanco bajo la diagonal principal de la tabla representan ahorros de cómputo.

La solución óptima se obtiene considerando el último renglón en la tabla 14-1. Ahí f_6 indica que es óptimo ordenar en 5 la cantidad $z_5 = 38$ para 5 y 6. Por consiguiente, del renglón 4 ($= 5 - 1$), f_4 requiere ordenar $z_4 = 20$ para el periodo 4 solamente. De nuevo, en el renglón 3 ($= 4 - 1$) f_3 requiere ordenar en 2 la cantidad $z_2 = 22$ para 2 y 3. Finalmente, la cantidad $z_1 = 10$ se ordena en el periodo 1. El costo total es 274 para el problema completo. ◀

Ejercicio 14.3-9

Determine en el ejemplo 14.3-9 la solución óptima (directamente de la tabla 14-3) suponiendo que el problema del inventario incluye sólo los primeros cinco periodos.
[*Resp.* Se ordenan 13 unidades en 5 para 5, 20 unidades en 4 para 4, 22 unidades en 2 para 2 y 3, y 10 unidades en 1 para 1.]

Modelo heurístico (o de Silver-Meal)

El modelo heurístico que se presentará aquí, se utiliza como una aproximación del modelo PD, *siempre que los costos unitarios de producción y compra sean idénticos y constantes en todos los periodos.* Esto representa una ligera restricción para el modelo PD dado anteriormente, donde se permite cualquier función de costo cóncava. Sin embargo, en el modelo heurístico es permisible tener costos fijos y de inventario diferentes, en los diversos periodos. Con esta restricción, el costo variable de producción se ignora y el modelo heurístico se diseña para equilibrar sólo los costos fijos y de mantenimiento de inventario.

La variable de decisión en el modelo heurístico se define como el número de periodos sucesivos, cuyas demandas se pueden englobar en un solo lote de producción o de compra, con el fin de equilibrar el costo fijo respecto al costo de mantenimiento de inventario. Por ejemplo, en un modelo de 10 periodos con demandas de 10, 20, 30, 20, 10, 40, 70, 80, 10 y 30 unidades, respectivamente, una decisión común puede exigir la producción de 60 unidades en el periodo 1 (para cubrir los periodos 1, 2 y 3), 140 unidades en el periodo 4 y 120 unidades en el periodo 8. La naturaleza de esta decisión es la misma que en el modelo PD.

Sea T el número de periodos sucesivos que comienzan en el periodo i para los que se efectúa el reabastecimiento; entonces el modelo heurístico trata de determinar la T que minimiza el costo total asociado por periodo. Definimos ahora,

$\text{CT}(T|i) =$ costo fijo más costo de mantenimiento para T periodos sucesivos comenzando en i

$$= K_i + \sum_{j=0}^{T-1} H_{i+j} D_{i+j+1}, \qquad T > 1$$

donde K_i representa el costo fijo en el periodo i, D_{i+j} es la demanda en el periodo $i + j$, y

$$H_{i+j} = h_i + h_{i+1} + \cdots + h_{i+j-1}$$

El costo h_{i+k} es el costo unitario de mantenimiento de inventario del periodo $i + k$ al periodo $i + k + 1$. Los elementos de costo K y h y la demanda D tienen las mismas definiciones que en el modelo PD. El costo unitario asociado por periodo dado i es entonces

$$\text{CTU}(T \mid i) = \frac{\text{CT}(T \mid i)}{T}$$

Para fines de cálculo, la fórmula para $\text{CT}(T \mid i)$ se puede expresar en forma recursiva como

$$\text{CT}(1 \mid i) = K_i$$
$$\text{CT}(T \mid i) = \text{CT}(T - 1 \mid i) + H_{i+T-1} D_T$$
$$= \text{CT}(T - 1 \mid i) + (h_i + h_{i+1} + \cdots + h_{i+T-2}) D_T, \qquad T = 2, 3, \ldots, N$$

El problema se resuelve en forma iterativa comenzando en $i = 1$. Esto significa que el procedimiento comienza, determinando el número de periodos sucesivos cuyas demandas se pueden satisfacer desde el periodo 1. Esto se logra evaluando $\text{CTU}(T \mid 1)$ para valores sucesivos incrementados de T ($= 1, 2, 3, \ldots$), en tanto que $\text{CTU}(T \mid 1)$ muestre una disminución neta en su valor con cada valor incrementado de T. Suponga que $T = T^*$ es el primer valor de T para el cual $\text{CTU}(T \mid 1)$ muestra un aumento. En este caso $T = T^* - 1$ es un punto mínimo local y concluimos que, de acuerdo con el modelo heurístico, el primer reabastecimiento debe abarcar los periodos 1, 2, ..., y $T^* - 1$, lo que da $T_1 = T^* - 1$. La segunda iteración comienza volviendo a fijar el dato de referencia del problema al periodo T^*, lo que significa que el periodo T^* toma el lugar del periodo 1 en la primera iteración. Este proceso iterativo se repite tantas veces como sea necesario hasta que se cubra el horizonte entero de planeación.

Ejemplo 14.3-10

El modelo heurístico se aplica al modelo en el ejemplo 14.3-9. Observe que debido a que el costo de producción permanece sin cambio ($= \$2$), el modelo heurístico se aplica a esta situación. A continuación se detallan las iteraciones sucesivas.

Iteración 1: ($i = 1$, $K_1 = \$20$). Esta iteración comienza en el periodo $t = 1$. Los cálculos siguientes muestran que un mínimo local se presenta en $t = 3$, donde $T^* = 3$. El primer lote producido en el periodo 1 debe cubrir las demandas de los periodos 1, 2 y 3. La siguiente iteración comienza ahora en $i = 4$.

Periodo t	T	D_t	CT($T\mid 1$)	CTU($T\mid 1$) = CT($T\mid 1$)/T	
1	1	10	20	20/1 = 20.00	
2	2	15	20 + 1 × 15 = 35	35/2 = 17.50	
3	3	7	35 + (1 + 1) × 7 = 49	49/3 = **16.33**	← T^*
4	4	20	49 + (1 + 1 + 1) × 20 = 109	109/4 = 27.25	

Iteración 2: ($i = 4$, $K_4 = \$20$). Los cálculos siguientes muestran que un mínimo local se presenta en $t = 4$, donde se obtiene $T^* = 1$. Esto significa que el periodo 4 se abastecerá sólo a sí mismo. La próxima iteración comenzará entonces en $i = 5$.

Periodo t	T	D_t	CT($T\mid 4$)	CTU($T\mid 4$) = CT($T\mid 4$)/T	
4	1	20	20	20/1 = **20**	← T^*
5	2	13	20 + 3 × 13 = 59	59/2 = 29.5	

Iteración 3: ($i = 5$, $K_5 = \$5$). Los cálculos siguientes muestran que un mínimo local se presenta en $t = 5$, donde se obtiene $T^* = 1$. Esto significa que el periodo 5 se abastecerá sólo a sí mismo. La próxima iteración comenzará en $i = 6$. Sin embargo, como éste es el último periodo del horizonte de planeación, no se necesitan más cálculos y el periodo 6 debe abastecerse sólo a sí mismo.

Periodo t	T	D_t	CT($T\mid 5$)	CTU($T\mid 5$) = CT($T\mid 5$)/T	
5	1	13	5	5/1 = **5**	← T^*
6	2	25	5 + 1 × 25 = 30	30/2 = 15	

La tabla siguiente compara las soluciones de los modelos heurístico y PD. Observe que el costo de producción variable del modelo PD se ha eliminado de los valores del costo PD en la tabla 14-5, para poder hacer una comparación adecuada de los dos modelos.

	Método heurístico		Método PD	
Periodo	Cantidad producida	Costo (\$)	Cantidad producida	Costo (\$)
1	32	49	10	20
2	—	—	22	24
3	—	—	—	—
4	20	20	20	20
5	13	5	38	30
6	25	50	—	—
Totales	90	\$124	90	\$94

El modelo heurístico da un programa de la producción que cuesta aproximadamente 32% más que la del modelo PD ($124 contra $94). Este desempeño "inadecuado" del modelo heurístico puede causarlo los datos específicos utilizados en el problema. Las extremas irregularidades de los costos fijos K para los periodos 5 y 6 son, específicamente, los culpables de este mal desempeño. En una situación común, generalmente uno no espera tales variaciones extremas en los costos fijos de un periodo al siguiente. Por otra parte, el ejemplo muestra que el modelo heurístico no tiene la capacidad de "ver más allá", en busca de mejores oportunidades para la programación. Por ejemplo, es evidente que haciendo los pedidos para los periodos 5 y 6 dentro del periodo (en vez de hacerlo para cada uno en forma separada, como lo recomienda el modelo heurístico) podemos ahorrar $25, lo que dará un costo total para el modelo heurístico de $99 (o sea, aproximadamente 5.3% arriba del costo del PD). El modelo heurístico tiene un mejor desempeño en aquellos casos de buen comportamiento de los costos fijos, los cuales son comunes de situaciones reales. ◄

14.4 MODELOS PROBABILISTICOS

Esta sección presenta modelos de inventarios diferentes (de un solo artículo) en los cuales la demanda es probabilística. El primer desarrollo extiende el modelo de revisión continua determinista (sección 14.3.1) incluyendo directamente la demanda probabilística en la formulación. Las formulaciones restantes se clasifican como modelos de un solo periodo y de periodos múltiples. En los modelos de periodos múltiples la distribución de la demanda es estacionaria o no estacionaria. La mayoría de los modelos de periodos múltiples con demanda estacionaria pueden extenderse fácilmente al caso no estacionario; pero los cálculos relacionados, especialmente en el caso no estacionario, son casi prohibitivos. Sin embargo, si se supone demanda estacionaria y horizonte infinito, generalmente pueden obtenerse soluciones de forma cerrada para los modelos.

El criterio básico de decisión utilizado con modelos de inventario probabilísticos en este capítulo es la minimización de costos *esperados* (o equivalentemente, la maximización del beneficio esperado). Como se mencionó en el capítulo 12, también podrían ser utilizados otros criterios. Sin embargo, ya que el objetivo es concentrarse sobre el desarrollo del problema de inventario en sí mismo, aquí no se discutirá otro criterio.

14.4.1 MODELO DE REVISION CONTINUA

Esta sección introduce un modelo probabilístico en el cual el almacenamiento se revisa continuamente, y un pedido de tamaño y se coloca cada vez que el nivel de existencias llega a un cierto punto de reorden R. El objetivo es determinar los valores óptimos de y y R que minimicen los costos esperados de inventarios por unidad de tiempo. En este modelo, un año representa una unidad de tiempo.

Las fluctuaciones de inventario correspondientes a esta situación se dibujan en la figura 14-14. Un ciclo se define como el periodo entre dos llegadas sucesivas de pedidos. Las hipótesis del modelo son:

602 Modelos de inventarios [C.14

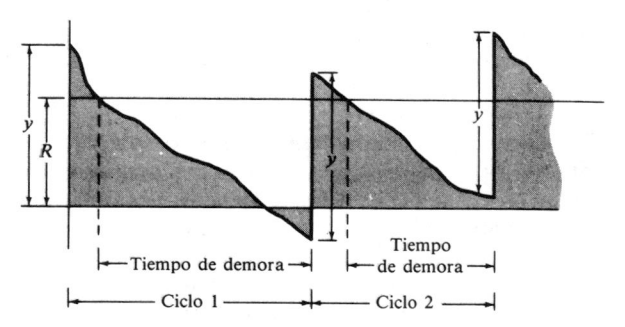

Figura 14-14

1. El tiempo de fabricación entre la colocación de un pedido y su recepción es estocástico.
2. La demanda que no se satisface durante el tiempo de fabricación se deja pendiente para ser satisfecha en periodos posteriores.
3. La distribución de la demanda durante el tiempo de fabricación es independiente del tiempo en el cual ésta ocurre.
4. No existe más de un pedido pendiente a la vez.

Sea

$r(x|t)$ = fdp condicional de la demanda x durante el tiempo de fabricación t, $x > 0$
$s(t)$ = fdp del tiempo de fabricación t, $t > 0$.
$f(x)$ = fdp absoluta de la demanda x durante el tiempo de fabricación
$\quad = \int_0^\infty r(x|t)s(t)\,dt$
y = cantidad *ordenada* por ciclo
D = demanda anual total esperada
h = costo anual de mantener el inventario por unidad
p = costo anual de escasez por unidad

El costo anual total para este modelo incluye el costo fijo promedio, el costo esperado de mantenimiento de inventario y el costo esperado de escasez. El costo fijo promedio está dado por (DK/y), donde (D/y) es el número aproximado de pedidos por año y K es el costo fijo por orden.

El costo esperado de mantener el inventario se calcula con base en el nivel de inventario neto esperado al inicio y al final del ciclo. El nivel esperado al final de un ciclo de inventario es igual a $E\{R - x\}$. Al comienzo del ciclo (justo después que se recibe un pedido de tamaño y), el nivel esperado de inventario es igual a $y + E\{R - x\}$. Esto significa que el inventario promedio por ciclo (por año) está dado por

$$\bar{H} = \frac{(y + E\{R - x\}) + E\{R - x\}}{2} = \frac{y}{2} + E\{R - x\}$$

14.4] Modelos probabilísticos **603**

Ahora, dado $f(x)$ como se definió anteriormente,

$$E\{R - x\} = \int_0^\infty (R - x)f(x)\,dx = R - E\{x\}$$

Observe que la expresión para $\bar{H}$ ignora el caso donde $R - E\{x\}$ es negativo (cantidad de escasez). Esta es una de las aproximaciones para simplificar el modelo.

Sea S la cantidad de escasez por ciclo. Entonces

$$S(x) = \begin{cases} 0, & x \leq R \\ x - R, & x > R \end{cases}$$

Consecuentemente, la cantidad esperada de escasez por ciclo es

$$\bar{S} = \int_0^\infty S(x)f(x)\,dx = \int_R^\infty (x - R)f(x)\,dx$$

Puesto que existen aproximadamente (D/y) órdenes por año, la escasez anual esperada entonces es igual a $(D\bar{S}/y)$.

El costo anual total del sistema, por consiguiente, está dado como

$$\text{TAC}(y, R) = \frac{DK}{y} + h\left(\frac{y}{2} + R - E\{x\}\right) + \frac{pD\bar{S}}{y}$$

Observe que el costo de escasez $(pD\bar{S}/y)$ se supone proporcional a la cantidad de escasez, únicamente sin tomar en cuenta el tiempo de escasez. Esto de nuevo es otra aproximación simplificadora en el modelo, ya que en el caso de costos de escasez de pedidos pendientes también es una función del tiempo de escasez.

La solución para la y^* y R^* óptimas se obtiene de

$$\frac{\partial \text{TAC}}{\partial y} = -\left(\frac{DK}{y^2}\right) + \frac{h}{2} - \frac{pD\bar{S}}{y^2} = 0$$

$$\frac{\partial \text{TAC}}{\partial R} = h - \left(\frac{pD}{y}\right)\int_R^\infty f(x)\,dx = 0$$

De la primera ecuación,

$$y^* = \sqrt{\frac{2D(K + p\bar{S})}{h}} \qquad (1)$$

y de la segunda ecuación,

$$\int_{R^*}^\infty f(x)\,dx = \frac{hy^*}{pD} \qquad (2)$$

Una solución general explícita para y^* y R^* no es posible en este caso. Por consiguiente, un método de análisis numérico conveniente se utiliza para resolver las ecuaciones (1) y (2) anteriores. El procedimiento siguiente, debido a Hadley y Whitin (1963), se comprueba que converge en un número finito de iteraciones, siempre que exista una solución.

En la ecuación (1), $\bar{S}$ es al _menos_ igual a cero, esto muestra que el valor más _pequeño_ de y^* es igual a $\sqrt{2DK/h}$, lo cual se logra cuando $\bar{S} = 0$ (o $R \to \infty$). Ahora bien, en $R = 0$, la ecuación (1) da

$$y^* = \hat{y} = \sqrt{\frac{2D(K + pE\{x\})}{h}}$$

mientras que la ecuación (2) proporciona

$$y^* = \tilde{y} = \frac{pD}{h}$$

Puede comprobarse [Hadley y Whitin (1963), págs. 169-174] que si $\tilde{y} \geq \hat{y}$ existen los valores óptimos de y y R y son únicos. En tal caso, estos valores se calculan como sigue. Calcule el primer valor de ensayo de y^* como $y_1 = \sqrt{2DK/h}$. En seguida, utilice la ecuación (2) para calcular el valor de R_1 correspondiente a y_1. Utilizando R_1, se obtiene un nuevo valor de ensayo y_2 de la ecuación (1). Después, R_2 se calcula de la ecuación (2) utilizando y_2. Este procedimiento se repite hasta que dos valores sucesivos de R sean aproximadamente iguales. En este punto, el último valor calculado para y y R proporcionarán y^* y R^*.

Ejemplo 14.4-1

Sea $K = \$100$, $D = 1\,000$ unidades, $p = \$10$ y $h = \$2$ y suponga que la demanda durante el tiempo guía sigue una distribución uniforme sobre el intervalo de 0 a 100.

Para verificar si el problema tiene una solución factible, considere

$$\hat{y} = \sqrt{\frac{2D(K + pE\{x\})}{h}} = \sqrt{\frac{2 \times 1000(100 + 10 \times 50)}{2}}$$
$$= 774.5$$

y

$$\tilde{y} = \frac{pD}{h} = \frac{10 \times 1000}{2} = 5000$$

Ya que $\tilde{y} > \hat{y}$ existe una solución única para y^* y R^*.

Ahora,

$$\bar{S} = \int_R^\infty (x - R)f(x)\,dx = \int_R^{100} (x - R)\frac{1}{100}\,dx$$
$$= \frac{R^2}{200} - R + 50 \tag{3}$$

14.4] Modelos probabilísticos

De la ecuación (3)

$$y^* = \sqrt{\frac{2D(K + p\bar{S})}{h}} = \sqrt{\frac{2 \times 1000(100 + 10\bar{S})}{2}}$$
$$= \sqrt{100\,000 + 10\,000\bar{S}} \qquad (4)$$

donde $\bar{S}$ está dada por (3) anterior. De la ecuación (4),

$$\int_{R^*}^{100} \frac{1}{100} dx = \frac{2y^*}{10 \times 1000}$$

o

$$R^* = 100 - \frac{y^*}{50} \qquad (5)$$

La ecuación (5) se emplea para calcular R_i en el caso de un valor dado de y_i, mientras que la ecuación (4) es utilizada para calcular y_{i+1} para un valor dado de R_i.

Iteración 1

$$y_1 = \sqrt{\frac{2DK}{h}} = \sqrt{\frac{2 \times 1000 \times 100}{2}} = 316$$

$$R_1 = 100 - \frac{316}{50} = 93.68$$

Iteración 2

$$\bar{S} = \frac{R_1^2}{200} - R_1 + 50 = 0.19971$$

$$y_2 = \sqrt{100\,000 + 10\,000 \times 0.19971} = 319.37$$

Por tanto,

$$R_2 = 100 - \frac{319.37}{50} = 93.612$$

Iteración 3

$$\bar{S} = \frac{R_2^2}{200} - R_2 + 50 = 0.20403$$

$$y_3 = \sqrt{100\,000 + 10\,000 \times 0.20403} = 319.43$$

Por consiguiente,

$$R_3 = 100 - \frac{319.43}{50} = 93.611$$

Ya que R_2 y R_3 son aproximadamente iguales, la solución óptima aproximada está dada por

$$R^* \cong 93.61 \quad \text{y} \quad y^* \cong 319.4 \qquad \blacktriangleleft$$

Ejercicio 14.4-1

En el ejemplo 14.4-1, determine los valores siguientes basado en las hipótesis del modelo.
(a) El número aproximado de pedidos por año.
   [*Resp.* Tres pedidos.]
(b) El costo fijo anual.
   [*Resp.* $300.]
(c) El costo de almacenamiento esperado por año.
   [*Resp.* $406.62.]
(d) El costo de escasez esperado por año.
   [*Resp.* $6.39.]
(e) La probabilidad de que se acabe la existencia durante el tiempo guía.
   [*Resp.* 0.0639.]

14.4.2 MODELOS DE UN SOLO PERIODO

Los modelos de inventarios de un solo periodo ocurren cuando un artículo es ordenado una vez, únicamente para satisfacer la demanda de un periodo específico. Por ejemplo, un artículo de moda llega a ser obsoleto después de un cierto periodo y después no puede volverse a pedir. En esta sección los modelos de un solo periodo se investigarán en condiciones diferentes, incluyendo principalmente demandas instantáneas y uniformes con costo fijo y sin él. Se supone que el reaprovisionamiento ocurre instantáneamente. El nivel de inventario óptimo se deduce con base en la minimización de los costos esperados de inventario, que incluyen los costos de pedidos (costo fijo más costos de compra o producción) de mantenimiento y escasez. Debido a que la demanda es probabilística, el costo por unidad de compra (producción), aunque constante, será un factor efectivo en la función de costo.

A. Modelo de demanda instantánea sin costo fijo

En los modelos con demanda instantánea se supone que la demanda total se satisface al inicio del periodo. Por consiguiente, dependiendo de la cantidad demandada D, la posición de inventario justo después que la demanda ocurre, puede ser positiva (excedentes) o negativa (escasez). Estos dos casos se muestran en la figura 14-15 como sigue.

En la figura 14-15, dada y, la cantidad que se tiene después que se recibe un pedido, el inventario que se mantiene está dado generalmente por

$$H(y) = \begin{cases} y - D & \text{para } D < y \\ 0, & \text{para } D \geq y \end{cases}$$

Modelos probabilísticos

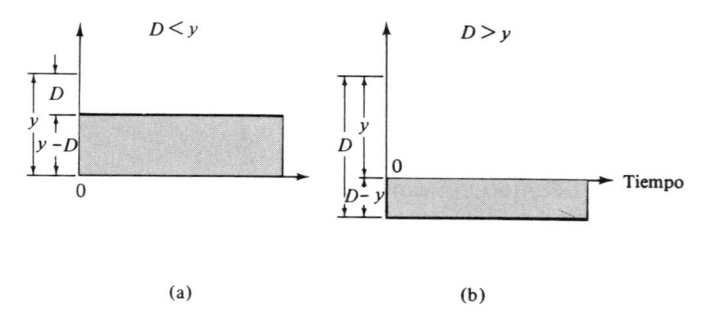

Figura 14-15

La escasez de inventario se da por

$$G(y) = \begin{cases} 0, & \text{para } D < y \\ D - y, & \text{para } D \geq y \end{cases}$$

Sea x la cantidad que se tiene antes de que se coloque un pedido. Definamos $f(D)$ como la fdp de la demanda y sean h y p los costos unitarios de mantener el inventario y de escasez por periodo. Adicionalmente, sea c el costo unitario de compra. Suponiendo que y es continua y no se incurre en ningún costo fijo, el costo esperado para el periodo está dado como

$E\{C(y)\}$ = costo de ordenar + E {de costo de mantener} + E {costo de la escasez}

$$= c(y - x) + h \int_0^\infty H(y) f(D) \, dD + p \int_0^\infty G(y) f(D) \, dD$$

$$= c(y - x) + h \left\{ \int_0^y (y - D) f(D) \, dD + 0 \right\} + p \left\{ 0 + \int_y^\infty (D - y) f(D) \, dD \right\}$$

$$= c(y - x) + h \int_0^y (y - D) f(D) \, dD + p \int_y^\infty (D - y) f(D) \, dD$$

El valor óptimo de y se obtiene igualando la primera derivada de $E\{C(y)\}$ a cero. Por consiguiente,

$$\frac{\partial E\{C(y)\}}{\partial y} = c + h \int_0^y f(D) \, dD - p \int_y^\infty f(D) \, dD = 0$$

Ya que

$$\int_y^\infty f(D) \, dD = 1 - \int_0^y f(D) \, dD$$

la ecuación anterior proporciona

$$\int_0^{y^*} f(D)\, dD = \frac{p-c}{p+h}$$

El valor de y^* está definido únicamente si $p \geq c$. Si $p < c$, éste se interpreta como descartar completamente el sistema de inventario. Ahora,

$$\frac{\partial^2 E\{C(y)\}}{\partial y^2} = (h+p)f(y^*) > 0$$

muestra que y^* corresponde a un punto mínimo. Gráficamente, la función $E\{C(y)\}$ debería aparecer como se indica en la figura 14-16. En tales casos $E\{C(y)\}$ es convexa. Ya que y^* es única, debe dar un mínimo global. La política adoptada, por consiguiente, se llama **política de un solo número crítico**.

De acuerdo con la condición anterior el valor de y^* se selecciona de tal modo que la probabilidad $D \leq y^*$ sea igual a

$$q = \frac{p-c}{p+h}, \qquad p > c$$

La política de ordenamiento óptimo dado x antes de que un pedido se coloque está dada por

$$\begin{aligned} &\text{si } y^* > x, \quad \text{pedir } y^* - x \\ &\text{si } y^* \leq x, \quad \text{no pedir} \end{aligned}$$

Ejemplo 14.4-2

Considere el modelo de un periodo con $h = \$0.5$, $p = \$4.5$ y $c = \$0.5$. La función densidad de la demanda está dada como

$$f(D) = \begin{cases} 1/10, & 0 \leq D \leq 10 \\ 0, & D > 10 \end{cases}$$

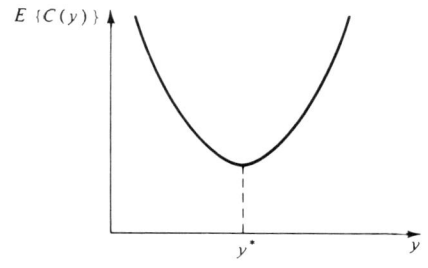

Figura 14-16

Por consiguiente,

$$q = \frac{p-c}{p+h} = \frac{4.5 - 0.5}{4.5 + 0.5} = 0.8$$

y

$$P\{D \leq y^*\} = \int_0^{y^*} f(D)\, dD = \int_0^{y^*} \frac{1}{10}\, dD = \frac{y^*}{10}$$

o bien,

$$y^* = 8$$

Esta solución se ilustra gráficamente en la figura 14-17.

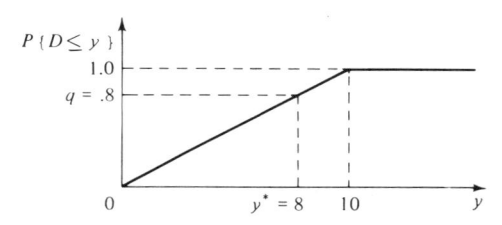

Figura 14-17

Ejercicio 14.4-2
Considere el ejemplo 14.4-2.
(a) Determine la cantidad del pedido en cada uno de los casos siguientes.
   (1) Inventario inicial = 5 unidades.
      [*Resp*. Pedido de tres unidades.]
   (2) Inventario inicial = 10 unidades.
      [*Resp*. No hay pedido.]
(b) Determine la probabilidad de que no se acabe la existencia durante el periodo.
   [*Resp*. 0.8.]

Suponga ahora que la demanda ocurre en unidades discretas en lugar de unidades continuas. Entonces,

$$E\{C(y)\} = c(y-x) + h \sum_{D=0}^{y} (y-D)f(D) + p \sum_{D=y+1}^{\infty} (D-y)f(D)$$

En el caso discreto, las condiciones necesarias para un mínimo están dadas como

$$E\{C(y-1)\} \geq E\{C(y)\} \quad \text{y} \quad E\{C(y+1)\} \geq E\{C(y)\}$$

Por consiguiente,

$$E\{C(y-1)\} = c(y-1-x) + h\sum_{D=0}^{y-1}(y-1-D)f(D) + p\sum_{D=y}^{\infty}(D-y+1)f(D)$$

$$= c(y-x) + h\sum_{D=0}^{y-1}(y-D)f(D) + p\sum_{D=y}^{\infty}(D-y)f(D)$$

$$- h\sum_{D=0}^{y-1}f(D) + p\sum_{D=y}^{\infty}f(D) - c$$

$$= E\{C(y)\} + p - c - (h+p)\sum_{D=0}^{y-1}f(D)$$

En consecuencia,

$$E\{C(y-1)\} - E\{C(y)\} = p - c - (h+p)P\{D \le y-1\} \ge 0$$

o bien,

$$P\{D \le y-1\} \le \frac{p-c}{p+h}$$

De igual manera, puede demostrarse que $E\{C(y+1)\} \ge E\{C(y)\}$ proporciona

$$P\{D \le y\} \ge \frac{p-c}{p+h}$$

Por lo tanto, y^* debe satisfacer

$$P\{D \le y^* - 1\} \le \frac{p-c}{p+h} \le P\{D \le y^*\}$$

Ejemplo 14.4-3

Considere el modelo de un solo periodo con $h = \$1.00$, $p = \$4.00$, y $c = \$2.00$. La función densidad de la demanda está dada como

D	0	1	2	3	4	5
$f(D)$	0.10	0.20	0.25	0.20	0.15	0.10

La relación crítica es

$$q = \frac{p-c}{p+h} = \frac{4-2}{4+1} = 0.4$$

Modelos probabilísticos

La solución óptima se obtiene construyendo la tabla siguiente:

y	0	1	2	3	4	5
$P\{D \leq y\}$	0.10	0.30	0.55	0.75	0.90	1.00

$q = 0.4$

Puesto que

$$P\{D \leq 1\} = 0.3 < 0.4 < 0.55 = P\{D \leq 2\}$$

el valor óptimo está dado por $y^* = 2$.

Ejercicio 14.4-3
Determine en el ejemplo 14.4-3 el nivel de inventario óptimo en cada uno de los casos siguientes.
(a) $p = \$6$, $c = \$2$ y $h = \$1$.
 [Resp. $y^* = 3$.]
(b) $p = \$10$, $c = \$8$ y $h = \$2$.
 [Resp. $y^* = 1$.]

B. Modelo de demanda uniforme sin costo fijo

En este caso, la demanda ocurre de manera uniforme (en lugar de instantáneamente) durante el periodo, como se muestra en la figura 14-18. Por consiguiente, el costo total esperado para este modelo está dado por

$$E\{C(y)\} = c(y - x) + h\left\{\int_0^y \left(y - \frac{D}{2}\right)f(D)\,dD + \int_y^\infty \frac{y^2}{2D}f(D)\,dD\right\}$$
$$+ p\int_y^\infty \frac{(D - y)^2}{2D}f(D)\,dD$$

donde c, h y p se definieron en la sección 14.4.2A. Tomando la primera derivada e igualando a cero, se obtiene

$$c + h\left(\int_0^y f(D)\,dD + \int_0^\infty \frac{y}{D}f(D)\,dD\right) - p\int_0^\infty \left(\frac{D-y}{D}\right)f(D)\,dD = 0$$

o bien,

$$\int_0^{y^*} f(D)\,dD + y^*\int_{y^*}^\infty \frac{f(D)}{D}\,dD = \frac{p - c}{p + h} = q$$

Esta política es también del tipo de un solo número crítico ya que $E\{C(y)\}$ es convexa.

612 Modelos de inventarios [C.14

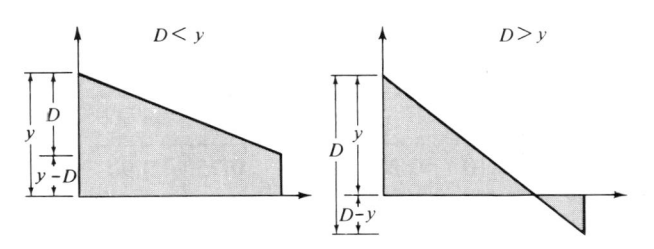

Inventario promedio que se tiene = $y - \frac{D}{2}$

Escasez promedio en el inventario = 0

(a)

Inventario promedio que se tiene = $\frac{y^2}{2D}$

Escasez promedio en el inventario = $\frac{(D-y)^2}{2D}$

(b)

Figura 14-18

Ejemplo 14.4-4

Considere el ejemplo 14.4.2. Ya que

$$f(D) = \frac{1}{10}, \quad 0 \leq D \leq 10$$

luego

$$\int_0^{y^*} \frac{1}{10} \, dD + y^* \int_{y^*}^{10} \frac{1}{10D} \, dD = 0.8$$

o bien,

$$(1/10)(y^* - y^* \ln y^* + 2.3y^*) = 0.8$$

o

$$3.3y^* - y^* \ln y^* - 8 = 0$$

La solución de esta ecuación se obtiene por ensayo y error, se da por $y^* = 4.5$. Observe la diferencia entre este resultado y el que se presenta en el caso de demanda instantánea. ◀

C. Modelo de demanda instantánea y costo fijo (política s-S)

Considere el modelo de la sección 14.4.2A, excepto que se tomará en cuenta el costo fijo K. Sea $E\{\bar{C}(y)\}$ el costo total esperado del sistema, inclusive el costo fijo. Por consiguiente,

Modelos probabilísticos

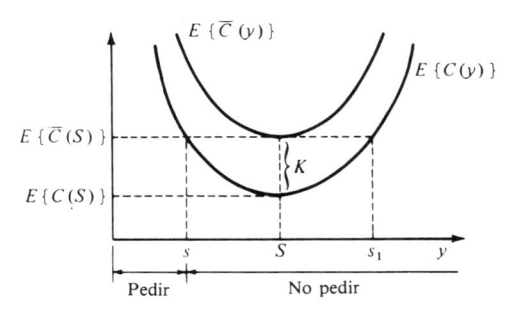

Figura 14-19

$$E\{\bar{C}(y)\} = K + c(y - x) + h \int_0^y (y - D)f(D)\, dD + p \int_y^\infty (D - y)f(D)\, dD$$
$$= K + E\{C(y)\}$$

El valor mínimo de $E\{C(y)\}$ se muestra en la sección 14.4.2A que ocurre en y^*, lo cual satisface

$$\int_0^{y^*} f(D)\, dD = \frac{p - c}{p + h}$$

Ya que K es constante, el valor mínimo de $E\{\bar{C}(y)\}$ también debe ocurrir en y^*. Las curvas $E\{C(y)\}$ y $E\{\bar{C}(y)\}$ se muestran en la figura 14-19. Los nuevos símbolos s y S están definidos en la figura para su uso posterior en el análisis. El valor de S es igual a y^* en tanto que el valor de s se determina a partir de

$$E\{C(s)\} = E\{\bar{C}(S)\} = K + E\{C(S)\}$$

tal que $s < S$. (Observe que esta ecuación debe proporcionar otro valor $s_1 > S$ que puede ser descartado.)

La pregunta ahora es: dada x, la cantidad que se tiene antes de que el pedido se coloque, ¿cuánto deberá ordenarse si es que este pedido debe hacerse? Esta pregunta se investiga bajo tres condiciones:

1. $x < s$.
2. $s \leq x \leq S$.
3. $x > S$.

Caso 1: $x < s$. Puesto que x ya se tiene, su costo equivalente está dado como $E\{C(x)\}$. Si se ordena cualquier cantidad adicional $y - x$ $(y > x)$, el costo correspondiente dado y es $E\{\bar{C}(y)\}$, el cual incluye el costo fijo K. Se deduce de la figura 14-19 que, para toda $x < s$,

$$\min_{y > x} E\{\bar{C}(y)\} = E\{\bar{C}(S)\} < E\{C(x)\}$$

Esto implica que el nivel de inventario óptimo se debe alcanzar en $y^* = S$ y la cantidad pedida, por consiguiente, es igual a $S - x$.

Caso 2: $s \leq x \leq S$. Asimismo, de la figura 14-19,

$$E\{C(x)\} \leq \min_{y > x} E\{\bar{C}(y)\} = E\{\bar{C}(S)\}$$

Por consiguiente, ya no es lo más costoso no ordenar en este caso. Entonces $y^* = x$.

Caso 3: $x > S$. De la figura 14-19, para $y > x$,

$$E\{C(x)\} < E\{\bar{C}(y)\}$$

lo cual de nuevo indica que es menos costoso no ordenar y en consecuencia, $y^* = x$.

La política anterior se conoce como la política s-S y se resume como sigue:

si $x < s$,   pedir $S - x$
si $x \geq s$,   no pedir

La optimalidad de la política s-S depende principalmente del hecho que la función de costo es convexa. En general, cuando esta propiedad no se satisface, la política s-S dejará de ser óptima.

Ejemplo 14.4-5

Considere el ejemplo 14.4-2 y sea $K = \$25$ y suponga un inventario inicial igual a cero. Ya que $y^* = 8$, se deduce que $S = 8$. Para determinar el valor de s, considere

$$E\{C(y)\} = 0.5(y - x) + 0.5 \int_0^y \frac{1}{10}(y - D)\, dD + 4.5 \int_y^{10} \frac{1}{10}(D - y)\, dD$$

$$= 0.5(y - x) + 0.05 \left[yD - \frac{D^2}{2} \right]_0^y + 0.45 \left[\frac{D^2}{2} - Dy \right]_y^{10}$$

$$= 0.25y^2 - 4.0y + 22.5 - 0.5x$$

La ecuación

$$E\{C(s)\} = K + E\{C(S)\}$$

da por consiguiente,

$$0.25s^2 - 4.0s + 22.5 - 0.5x = 25 + 0.25S^2 - 4.0S + 22.5 - 0.5x$$

Haciendo $S = 8$, se tiene la ecuación

$$s^2 - 16s - 36 = 0$$

y su solución es

$$s = -2 \quad \text{o bien} \quad 18$$

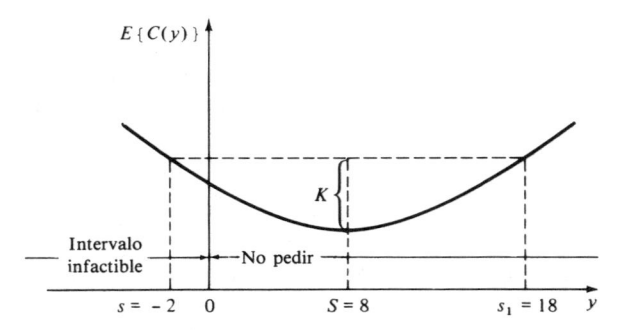

Figura 14-20

El valor de $s = 18$ (que es mayor que S) se debe descartar. Ya que el valor restante es negativo ($= -2$), s no tiene valor factible [observe que $E\{C(y)\}$ está definida para valores no negativos de y solamente]. La solución óptima, por consiguiente, sugiere no pedir en absoluto. Claramente, esto no se deduce de la política de s-S puesto que s no está definida.† La situación actual se ilustra gráficamente en la figura 14-20. Esto ocurre generalmente cuando la función de costo es plana o cuando el costo fijo K es grande comparado con los otros costos. ◀

Ejercicio 14.4-4
Obtenga la política de pedidos de solución óptima del ejemplo 14.4-5 suponiendo que el costo fijo es $5.

[*Resp.* Si el inventario está por debajo de 3.53 unidades, se deben ordenar hasta 8 unidades.]

14.4.3 MODELOS DE MULTIPLES PERIODOS

En esta sección, los modelos probabilísticos se consideran para múltiples periodos (finitos o infinitos) bajo diferentes combinaciones de las condiciones siguientes:

1. Pedidos que quedan pendientes y pedidos que no quedan pendientes con respecto a la demanda.
2. Con y sin demoras en la entrega.

Los modelos se idearon principalmente en el caso de horizonte finito. Los modelos con periodos infinitos se deducirán a partir del caso finito, tomando el límite cuando el número de periodos tiende a infinito. Se supone que no existe costo fijo en ningún periodo. La inclusión de costos fijos en el caso de periodos múltiples generalmente lleva a dificultades en los cálculos. Como se mostrará enseguida, todos los modelos de periodos múltiples se formulan como modelos de programación dinámica.

---

† Convencionalmente, si $s < 0$, s se hace igual a cero y será aplicable la política dada s-S.

Aunque en todos los modelos anteriores de inventario la política óptima se determina minimizando una función de costo, las soluciones en esta sección se basan en la maximización de una función objetivo. La idea es que el lector sepa aplicar el criterio de maximización (beneficio) como una alternativa al criterio de minimización (costo).

A diferencia de los modelos de un solo periodo, el modelo de periodos múltiples deberá tomar en cuenta el valor actualizado del dinero. Por consiguiente, si α (< 1) es el factor de descuento por periodo, una cantidad de dinero S después de n periodos ($n \geq 1$) es equivalente ahora a $\alpha^n S$.

Los modelos siguientes se desarrollan en la hipótesis de que la distribución de la demanda es estacionaria para todos los periodos. En el caso de horizonte finito, los modelos estacionarios pueden extenderse para cubrir distribuciones no estacionarias reemplazando la función densidad de demanda $f(D)$ por $f_i(D_i)$ donde i designa el periodo.

A. Modelo sin demora que permite satisfacer la demanda pendiente

El horizonte de planeación finito está limitado a N periodos. Defínase

$F_i(x_i)$ = beneficio máximo total esperado para los periodos $i, i + 1, \ldots, N$ dado que x_i es la cantidad que se tiene antes de que se coloque un pedido en el i-ésimo periodo.

Utilizando los símbolos de la sección anterior y suponiendo que r es el ingreso por unidad, se puede formular el problema como un modelo de programación dinámica (de retroceso) como sigue.

$$F_i(x_i) = \max_{y_i \geq x_i} \left(-c(y_i - x_i) + \int_0^{y_i} [rD - h(y_i - D)]f(D)\, dD \right.$$

$$+ \int_{y_i}^{\infty} [ry_i + \alpha r(D - y_i) - p(D - y_i)]f(D)\, dD$$

$$\left. + \alpha \int_0^{\infty} F_{i+1}(y_i - D) f(D)\, dD \right), \quad i = 1, 2, \ldots, N$$

con $F_{N+1}(y_N - D) \equiv 0$. Observe que x_i puede ser negativa puesto que la demanda que no se satisface quedará satisfecha en etapas posteriores. La cantidad $\alpha r(D - y_i)$ en la segunda expresión de la segunda integral se incluye por la razón siguiente. La cantidad $(D - y_i)$ representa la demanda que no se satisface en el i-ésimo periodo, la cual debe cumplirse en el periodo $(i + 1)$. El rendimiento actualizado, por consiguiente, es $\alpha r(D - y_i)$.

La ecuación recursiva anterior puede resolverse básicamente con programación dinámica. Sin embargo, este procedimiento es extremadamente difícil en este caso. Un caso importante puede ser analizado, considerando el modelo de periodos infinitos con su ecuación recursiva dada como

$$F(x) = \max_{y \geq x}\left(-c(y-x) + \int_0^y [rD - h(y-D)]f(D)\,dD\right.$$
$$\left. + \int_y^\infty [ry + \alpha r(D-y) - p(D-y)]f(D)\,dD + \alpha \int_0^\infty F(y-D)f(D)\,dD\right)$$

donde x y y son los niveles de inventario para cada periodo antes y después de que se recibe un pedido.

La política óptima para el caso de periodos infinitos es del tipo de un solo número crítico. Por consiguiente,

$$\frac{\partial(\cdot)}{\partial y} = -c - h\int_0^y f(D)\,dD + \int_y^\infty [(1-\alpha)r + p]f(D)\,dD$$
$$+ \alpha \int_0^\infty \frac{\partial F(y-D)}{\partial y} f(D)\,dD = 0$$

El valor de

$$\frac{\partial F(y-D)}{\partial y}$$

se determina como sigue. Si existen $\delta(>0)$ unidades más al inicio del siguiente periodo, el beneficio para dicho periodo aumentará en $c\delta$, por esto tiene que pedirse mucho menos. Esto significa que

$$\frac{\partial F(y-D)}{\partial y} = c$$

La ecuación anterior, por consiguiente, será

$$-c - h\int_0^y f(D)\,dD + \left((1-\alpha)r + p\right)\left(1 - \int_0^y f(D)\,dD\right) + \alpha c \int_0^\infty f(D)\,dD = 0$$

que se reduce a

$$\int_0^{y^*} f(D)\,dD = \frac{p + (1-\alpha)(r-c)}{p + h + (1-\alpha)r}$$

La política óptima para cada periodo, dado su inventario de entrada x, es

$$\begin{array}{ll} \text{si } x < y^*, & \text{pedir } y^* - x \\ \text{si } x \geq y^*, & \text{no pedir} \end{array}$$

Se establece aquí, sin prueba, que si en el modelo finito y_i^* representa el nivel de inventario óptimo para el periodo i, la relación siguiente siempre se satisface:

$$y_N^* \leq y_{N-1}^* \leq \cdots \leq y_i^* \leq \cdots \leq y_1^* \leq y^*$$

donde y^* es el único valor crítico en el modelo infinito. Esto significa que en el modelo finito la política óptima sugiere ordenar menos cuando uno está más cerca del final del horizonte. Entre tanto, ninguno de los valores críticos y_i^* puede exceder el valor óptimo y^* en el modelo infinito.

B. Modelo sin demora en la entrega que no satisface pedidos pendientes

Este modelo es similar al caso donde se satisfacen los pedidos pendientes, excepto cuando la demanda D excede el nivel de inventario, y_i, en cuyo caso el periodo siguiente comenzará con $x_{i+1} = 0$. Esto significa que la demanda que no se satisface se pierde y entonces no proporciona ningún ingreso.

La ecuación recursiva de N periodos (finitos) para el caso donde no se satisfacen pedidos pendientes es, por consiguiente,

$$F_i(x_i) = \max_{y_i \geq x_i} \left(-c(y_i - x_i) + \int_0^{y_i} [rD - h(y_i - D)] f(D) \, dD \right.$$
$$+ \int_{y_i}^\infty [ry_i - p(D - y_i)] f(D) \, dD + \alpha \left[\int_0^{y_i} F_{i+1}(y_i - D) f(D) \, dD \right.$$
$$\left. \left. + \int_{y_i}^\infty F_{i+1}(0) f(D) \, dD \right] \right), \quad i = 1, 2, \ldots, N$$

con $F_{N+1} \equiv 0$.

La solución de programación dinámica para este problema también es difícil de obtener. El modelo de periodos infinitos correspondiente es fácil de resolver, sin embargo, puesto que es del tipo de un solo número crítico. Se obtiene

$$F(x) = \max_{y \geq x} \left(-c(y - x) + \int_0^y [rD - h(y - D)] f(D) \, dD \right.$$
$$+ \int_y^\infty [ry - p(D - y)] f(D) \, dD$$
$$\left. + \alpha \left[\int_0^y F(y - D) f(D) \, dD + \int_y^\infty F(0) f(D) \, dD \right] \right)$$

Tomando la primera derivada e igualando a cero,

$$-c - h \int_0^y f(D) \, dD + (r + p) \int_y^\infty f(D) \, dD + \alpha \int_0^y \frac{\partial F(y - D)}{\partial y} f(D) \, dD = 0$$

y utilizando el resultado

$$\frac{\partial F(y - D)}{\partial y} = c$$

se obtiene

$$\int_0^{y^*} f(D)\, dD = \frac{r + p - c}{h + r + p - \alpha c}$$

En este modelo, como en el anterior, ocurre la relación

$$y_N^* \leq y_{N-1}^* \leq \cdots \leq y_i^* \leq \cdots \leq y_1^* \leq y^*$$

y_i^* corresponde al nivel de inventario óptimo del periodo i en el modelo finito.

C. Modelo con demora positiva en la entrega que satisface pedidos pendientes

En este modelo se supone que un pedido colocado al inicio del periodo i se recibirá k periodos más tarde; esto es, en el periodo $i + k$, $k \geq 1$. La demora de entrega k se supone constante para todos los periodos.

Sean $z, z_1, \ldots, z_{k-1}$ las cantidades entregadas en (como resultado de decisiones anteriores) el inicio de los periodos $i, i + 1, \ldots,$ e $i + k - 1$ (véase la figura 14-21). Sea $y = x + z$ la cantidad de inventario al inicio del periodo i, donde x es el inventario de entrada (posiblemente negativo debido a que pueden haber pedidos pendientes) en el periodo i. En el periodo i, la variable de decisión se representa como z_k, la cantidad ordenada ahora que se recibirá k periodos más tarde.

Defina $F_i(y, z_1, \ldots, z_{k-1})$ como el valor presente del beneficio máximo esperado para los periodos $i, i + 1, \ldots,$ y N dado $y, z_1, \ldots,$ y z_{k-1}. Por consiguiente,

$$F_i(y, z_1, \ldots, z_{k-1}) = \max_{z_k \geq 0} \left\{ -cz_k + L(y) \right.$$
$$\left. + \alpha \int_0^\infty F_{i+1}(y + z_1 - D, z_2, \ldots, z_k) f(D)\, dD \right\}, \quad i = 1, 2, \ldots, N$$

donde $F_{N+1} \equiv 0$ y

$$L(y) = \int_0^y [rD - h(y - D)] f(D)\, dD + \int_y^\infty [ry + (\alpha r - p)(D - y)] f(D)\, dD$$

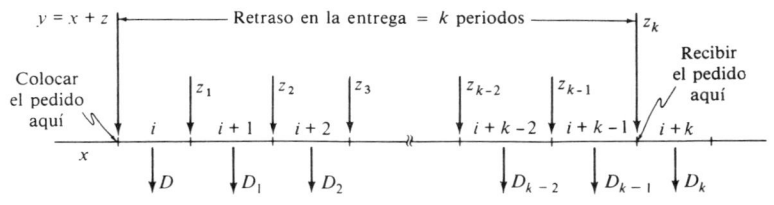

Figura 14-21

620 Modelos de inventarios [C.14

$L(y)$ representa el ingreso esperado menos los costos de penalización y de mantenimiento de inventario durante el periodo i.

La política óptima para este modelo puede expresarse en términos de $(y + z_1 + \cdots + z_{k-1})$. Esto es ventajoso computacionalmente ya que reduce las dimensiones del estado del sistema a uno solamente.

Considere el primer caso especial de un horizonte finito consistiendo de k periodos, comenzando con el periodo i. Ya que z_k se recibió al inicio del periodo $i + k$, no tiene efecto sobre los costos de mantenimiento de inventario y penalización o el ingreso durante el periodo k del horizonte. Sea C_k el valor presente del ingreso esperado durante el periodo k del horizonte exclusivo del costo de pedidos cz_k. Por consiguiente,

$$C_k = L(y) + \alpha E\{L(y + z_1 - D)\} + \alpha^2 E\{L(y + z_1 + z_2 - D - D_1)\}$$
$$+ \cdots + \alpha^{k-1} E\left\{L\left(y + \sum_{j=1}^{k-1} z_j - D - \sum_{j=1}^{k-2} D_j\right)\right\}$$

donde D es la demanda para el periodo i y D_j es la demanda para el periodo $i + j$. El operador "E" es el operador de esperanza.

Puesto que todas las demandas son independientes e idénticamente distribuidas cada una con fdp $f(D)$, la variable aleatoria $s_m = D + D_1 + \cdots + D_{m-1}$, $m = 2, 3, \ldots, k - 1$, es la convolución m de D. (Véase la sección 10.10). Sea $f_m(s_m)$ la fdp de s_m. Entonces

$$E\left\{L\left(y + \sum_{j=1}^{m} z_j - D - \sum_{j=1}^{m-1} D_j\right)\right\} = \int_0^\infty L\left(y + \sum_{j=1}^{m} z_j - s_m\right) f_m(s_m)\, ds_m$$

La expresión para C_k es una constante independiente de z_k.

A fin de calcular el ingreso neto para el periodo $i + k$, sea

$$u = y + (z_1 + \cdots + z_{k-1}) + z_k$$

y

$$v = y + (z_1 + \cdots + z_{k-1}) = u - z_k$$

$s_{k+1} = D + D_1 + \cdots D_k$ representan la demanda para los periodos $i, i + 1, \ldots$, e $i + k$. El inventario y su escasez para el periodo $i + k$, por consiguiente, están dados como $(u - s_{k+1})$ y $(s_{k+1} - u)$. Consecuentemente, el ingreso neto (sin contar el costo de ordenar cz_k) para el periodo $i + k$ está dado como

$$L_{k+1}(u) = \left[\int_0^u \{rs_{k+1} - h(u - s_{k+1})\} f_{k+1}(s_{k+1})\, ds_{k+1}\right.$$
$$\left. + \int_u^\infty \{ru + (\alpha r - p)(s_{k+1} - u)\} f_{k+1}(s_{k+1})\, ds_{k+1} - A\right]$$

donde A es una constante que representa el ingreso esperado para los periodos i, $i + 1, \ldots$, e $i + k - 1$.

14.4] Modelos probabilísticos

Sea $g_i(v)$ el beneficio óptimo esperado para los periodos $i + k,\ldots,$ y N. Entonces

$$g_i(v) = \max_{u \geq v}\left\{-c(u - v) + \alpha^k L_{k+1}(u) + \alpha \int_0^\infty g_{i+1}(u - D)f(D)\,dD\right\}$$

El ingreso óptimo esperado para los periodos $i, i + 1,\ldots, N$ es igual a la suma de los ingresos óptimos esperados para los periodos $i, i + 1,\ldots, i + k - 1$ para los periodos $i + k, i + k + 1,\ldots, N; N \geq k$. Puesto que $v = y + z_1 + \cdots + z_{k-1}$ por definición la aseveración anterior implica que

$$F_i(y, z_1, \ldots, z_{k-1}) = C_k + g_i(y + z_1 + \cdots + z_{k-1})$$

Ya que C_k es una constante, el problema de optimización usando f_i debe ser equivalente al problema de optimización usando g_i. La ventaja es que el nuevo problema está descrito por un estado $v = y + z_1 + \cdots + z_{k-1}$ el cual es computacionalmente más atractivo. La solución del problema modificado es ahora esencialmente la misma que en el caso de demora cero descrito en la sección 14.4.3A.

En el caso del horizonte infinito el problema modificado es

$$g(v) = \max_{u \geq v}(-c(u - v) + \alpha^k L_{k+1}(u) + \alpha E\{g(u - D)\})$$

Esto, como se muestra en la sección 14.4.3A, proporciona un valor óptimo único u^* que se obtiene de

$$\frac{\partial(\cdot)}{\partial u} = -c + \alpha^k L'_{k+1}(u) + \alpha c = 0$$

Esto da

$$\int_0^{u^*} f_{k+1}(s_{k+1})\,ds_{k+1} = \frac{p + (1 - \alpha)(r - c\alpha^{-k})}{h + p + (1 - \alpha)r}$$

La política óptima en cualquier periodo i es

si $u^* \geq v$,   pedir $u^* - v$
si $u^* < v$,   no pedir

En el periodo i, el valor de v ya se conoce. (Vea la definición de v dada anteriormente.) También, para $k = 0$, esto es, ninguna demora en la entrega, el resultado anterior se reduce al mismo dado para el modelo sin demora en la entrega. (Sección 14.4.3A.)

D. Modelo con demora positiva en la entrega que no satisface pedidos pendientes

Con los mismos símbolos que en la sección 14.4.3C, el modelo para el caso donde no existen pedidos pendientes será

$$F_i(y, z_1, \ldots, z_{k-1}) = \max_{z_k \geq 0}\left[-cz_k + \int_0^y \{rD - h(y-D)\}f(D)\,dD \right.$$
$$+ \int_y^\infty \{ry - p(D-y)\}f(D)\,dD$$
$$+ \alpha \int_0^y F_{i+1}(y - D + z_1, z_2, \ldots, z_k)f(D)\,dD$$
$$\left. + \alpha \int_y^\infty F_{i+1}(z_1, z_2, \ldots, z_k)f(D)\,dD \right], \quad i = 1, 2, \ldots, N$$

con $F_{N+1} \equiv 0$.

En general, la solución de programación dinámica de este modelo es muy difícil para $k > 1$ ya que se trata de un problema de dimensionalidad que aumenta con k.

14.5 SISTEMA DE FABRICACION JUSTO A TIEMPO (JAT)

El nombre "justo a tiempo" sugiere lo que el sistema JAT representa: un sistema de fabricación que opera idealmente con un inventario muy pequeño en todo momento. Esta meta se logra diseñando un sistema de producción en el cual los materiales necesarios están disponibles en el área de producción, exactamente cuando se necesitan. Tal vez la mejor manera de entender el sistema JAT es describir primero cómo opera en la práctica. Idealmente, el sistema JAT es muy adecuado en procesos repetitivos de montaje de alto volumen o, en procesos de fabricación en los que los materiales de entrada para una operación son los materiales de salida de una o más operaciones inmediatamente precedentes.

El sistema JAT se basa en el uso de **cajas** y **tarjetas.** Una caja se usa para alojar el menor número de partes que garantice una operación fluida en la etapa de producción donde se necesitan. Se utiliza una tarjeta para autorizar el movimiento de cajas (vacías o llenas), entre etapas sucesivas de producción, o la producción de una caja de partes en una etapa de producción dada. La figura 14-22 ilustra el movi-

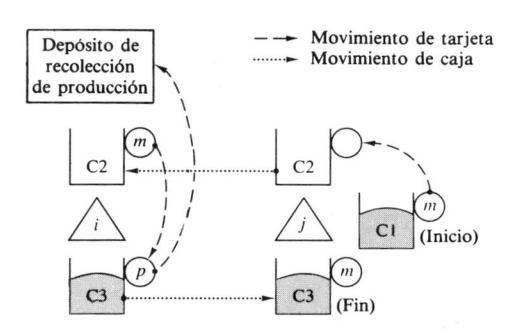

Figura 14-22

miento de tarjetas y cajas entre dos etapas *i* y *j* de producción. La figura supone que la etapa *j* ha comenzado a usar las partes de la caja C1. Tal caja, como veremos pronto, debe tener una tarjeta de movimiento (m) adherida a ella. En el instante en que la etapa *j* comienza a usar a C1, se retira la tarjeta m y se pega a una caja vacía C2 en la misma etapa. Esta acción autoriza que C2 se mueva a la etapa *i*, inmediatamente precedente para su reabastecimiento. En *i*, una caja llena C3 que contiene una tarjeta de producción (p) debe estar en espera. Así, al recibirse C2 su tarjeta m se retira y se adhiere a C3, cuya tarjeta p debe a su vez retirarse y colocarse en un depósito de recolección de producción. Este depósito de recolección autoriza el inicio de un nuevo lote de producción en *i*, que al completarse se colocará en la caja vacía C2, con la tarjeta p del depósito de recolección adherida a ella. La caja C3, que ahora tiene una tarjeta m, se mueve a la estación *j*. Esta acción completa el movimiento de tarjetas y cajas iniciado con la caja llena C1 en *j*. Se observará lo siguiente:

1. Ninguna caja se mueve entre etapas a menos que tenga una tarjeta m adherida a ella.
2. Ninguna producción se inicia en una etapa, a menos que se coloque una tarjeta p en el depósito de recolección de producción de esa etapa.

Estas dos reglas garantizan que la producción (en lotes del tamaño de una caja) en cierta etapa, se inicia sólo en respuesta al comenzar el consumo de una caja igual, en la etapa siguiente. Manteniendo la caja lo suficientemente pequeña, casi se elimina el inventario del trabajo en proceso. Observe también que el único inventario asociado al sistema de producción existe solamente en el área de producción.

El sistema JAT, igual que el sistema PRM (sección 14.3.5A) es un **sistema de arrastre** donde la demanda en una etapa *j* siguiente, inicia la producción de una cantidad igual en la etapa precedente inmediata.

El sistema JAT comienza normalmente asignando un número de tarjetas m y p, así como un número de cajas a cada etapa de producción. Es claro que a mayor número de tarjetas y cajas, mayor será el inventario correspondiente en proceso en el área de producción. La premisa básica del sistema JAT es reducir a un mínimo, tanto las tarjetas como las cajas. De hecho, la concepción básica del sistema JAT es que el inventario es un indicador de ineficiencia en la línea de producción o montaje. Por esta razón, siempre es necesario buscar mejoras en la calidad del producto, en el desempeño del equipo y personal y de procedimientos para descubrir y, así, eliminar las fuentes de problemas. Tales mejoras darán como resultado una menor dependencia del inventario en proceso. En el JAT, las mejoras se miden en términos del número de tarjetas y cajas que se pueden retirar del área de producción, en tanto se mantenga una operación fluida en la línea de producción.

Uno de los mayores requisitos para implementar con éxito el JAT, es que los costos fijos, asociados con la producción por lotes (cajas llenas), deben ser razonablemente pequeños. Este requisito se infiere del hecho que los tamaños de los lotes de producción en el JAT son necesariamente pequeños y, por consiguiente, se fabrican con mayor frecuencia. Una de las metas principales al efectuar mejoras en el sistema de fabricación JAT es reducir los tiempos fijos.

14.6 RESUMEN

El problema de inventario tiene que ver con la toma de decisiones óptimas respecto a *cuánto* y *cuándo* pedir un artículo de inventario. En este capítulo hemos presentado una variedad de modelos que tienen que ver con diferentes situaciones de inventario, incluyendo diferentes hipótesis respecto a los parámetros de costo, a la naturaleza determinista en oposición a la probabilística de la demanda, a los pedidos pendientes, a las demoras en las entregas y a los tiempos para iniciar una actividad. El modelo más sencillo está asociado con demandas deterministas estáticas y los más complejos con los casos de inventarios probabilísticos.

La mayoría de los modelos presentados en este capítulo suponen un sistema de inventario de *empuje* (push system) donde los artículos se producen primero, para su posterior distribución a los clientes. Por otra parte, los sistemas PRM y JAT, son sistemas de *arrastre* (pull systems) donde la producción en una etapa se inicia como respuesta a la demanda en una etapa posterior. Sin embargo, el sistema JAT difiere del sistema PRM, donde el primero tiene como meta reducir a un mínimo el inventario en proceso, por medio de un equilibrio de las sucesivas etapas de producción.

BIBLIOGRAFIA

Hadley, G. y T. Whitin, *Analysis of Inventory Systems*, Prentice-Hall, Englewood Cliffs, N.J., 1963.

Love, S., *Inventory Control*, McGraw-Hill, Nueva York, 1979.

Silver, E. y R. Peterson, *Decision Systems for Inventory Management and Production Planning*, 2a. ed., Wiley, Nueva York, 1985.

Tersine, R., *Principles of Inventory and Materials Management,* North-Holland, Nueva York, 1982.

PROBLEMAS

Sección	Problemas asignados
14.1	14-1
14.3.1	14-2 a 14-14
14.3.2	14-15 a 14-18
14.3.3	14-19, 14-20
14.3.4	14-21 a 14-25
14.3.5	14-26 a 14-34
14.4.1	14-35 a 14-37
14.4.2	14-38 a 14-50
14.4.3	14-51 a 14-59

☐ **14-1** Una pequeña compañía manufacturera tiene en existencia 10 artículos, del I1 al I10. La tabla que sigue indica el costo por unidad y el uso anual de cada artículo.

Artículo	Costo unitario	Uso anual	Artículo	Costo unitario	Uso anual
I1	$0.05	2 500	I6	$0.35	3 500
I2	0.20	1 500	I7	0.45	20 000
I3	0.10	6 700	I8	0.95	8 500
I4	0.15	120 000	I9	0.10	6 500
I5	0.75	50 000	I10	0.60	80 000

Aplique el análisis ABC a esta situación de inventarios. ¿A qué artículos se les debe aplicar el control de inventarios más estricto?

☐ **14-2** En cada uno de los casos siguientes, el almacén se reaprovisiona instantáneamente y no se permite ninguna escasez. Encuentre el tamaño económico del lote, el costo total asociado y la longitud de tiempo entre dos pedidos.
   (a) $K = \$100$, $h = \$0.05$, $\beta = 30$ unidades/día.
   (b) $K = \$50$, $h = \$0.05$, $\beta = 30$ unidades/día.
   (c) $K = \$100$, $h = \$0.01$, $\beta = 40$ unidades/día.
   (d) $K = \$100$, $h = \$0.04$, $\beta = 20$ unidades/día.

☐ **14-3** Una compañía se abastece actualmente de cierto producto solicitando una cantidad suficiente para satisfacer la demanda de un mes. La demanda anual del artículo es de 1 500 unidades. Se estima que cada vez que se hace un pedido se incurre en un costo de $20. El costo de almacenamiento por inventario unitario por mes es $2 y no se admite escasez.
   (a) Determine la cantidad de pedido óptima y el tiempo entre pedidos.
   (b) Determine la diferencia en costos de inventarios anuales entre la política óptima y la política actual, de solicitar un abastecimiento de un mes 12 veces al año.

☐ **14-4** Una compañía se abastece de un producto que se consume a razón de 50 unidades diarias. A la compañía le cuesta $20 cada vez que se hace un pedido y un inventario unitario mantenido en existencia por una semana costará $0.70. Determine el número óptimo de pedidos (redondeado a enteros) que tiene que hacer la compañía cada año. Supóngase que la compañía tiene una política vigente de no admitir faltantes en la demanda.

☐ **14-5** En cada caso del problema 14-2, determine el punto de nuevo pedido suponiendo que el tiempo guía es
   (1) 14 días.
   (2) 40 días.

☐ **14-6** Suponga que la distribución de la demanda por unidad de tiempo para los cuatro casos del problema 14-2 es normal con media $\mu = D$ y varianza constante

$\sigma^2 = 9$. Utilizando la información del problema 14-5, determine la cantidad de amortiguamiento del almacén en cada caso, de modo que la probabilidad de carecer de existencias en el almacén durante el tiempo de demora sea a lo más de 0.02. [*Sugerencia:* Con el propósito de estimar la variancia de la demanda durante el tiempo de demora aproxime la longitud de ciclo de t_0 por su valor entero más cercano.]

☐ **14-7** En el modelo en la figura 14-4 (sección 14.3.1), suponga que el almacenamiento se surte uniformemente (en lugar de en forma instantánea) con la tasa *a*. El consumo ocurre con la tasa uniforme *D* en cada punto en el tiempo. Si *y* es el tamaño del pedido y suponiendo que no existe escasez demuestre que
(a) El nivel máximo de inventario en cualquier punto del tiempo es $y(1 - D/a)$.
(b) El costo total por unidad *y* de tiempo es

$$\text{CTU}(y) = \frac{KD}{y} + \frac{h}{2}\left(1 - \frac{D}{a}\right)y$$

(c) El tamaño económico del lote es

$$y^* = \sqrt{\frac{2KD}{h(1 - D/a)}}, \quad \text{siempre que } a > D$$

(d) Demuestre cómo se puede deducir directamente del inciso (c) el tamaño de lote económico de la sección 14.3.1.
[*Sugerencia:* el reabastecimiento instantáneo es equivalente a hacer que *a* tienda a infinito.]

☐ **14-8** Resuelva el problema 14-2 suponiendo que el almacén se reaprovisiona uniformemente con la tasa $a = 50$ por unidad de tiempo.

☐ **14-9** Una compañía puede producir un artículo o comprarlo a un contratista. Si lo produce incurrirá en un costo de $20 cada vez que se pongan a funcionar las máquinas. El volumen de producción es de 100 unidades por día. Si lo compra a un proveedor, incurrirá en un costo de $15 cada vez que se haga un pedido. El costo de mantener el artículo en existencia, sea que lo compre o lo produzca, es $0.02 por día. El uso que hace la compañía del artículo se estima en 26 000 unidades anuales. Suponiendo que la compañía opera sin escasez, ¿deben comprar o producir el artículo?

☐ **14-10** En el modelo de la figura 14-4 (sección 14.3.1), suponga que se permite la escasez y que el costo de ella por unidad de tiempo es *p*. Si *w* es la cantidad de escasez y *y* es la cantidad ordenada, compruebe que
(a) El costo total por unidad de tiempo dados *y* y *w* es

$$\text{CTU}(y, w) = \frac{KD}{y} + \frac{h(y - w)^2 + pw^2}{2y}$$

(b) $y^* = \sqrt{\dfrac{2KD(p + h)}{ph}}$

(c) $w^* = \sqrt{\dfrac{2KDh}{p(p + h)}}$

☐ **14-11** Un almacén puede reaprovisionarse instantáneamente sobre pedido. La demanda ocurre con la tasa constante de 50 artículos por unidad de tiempo. Se incurre en un costo fijo de $400 cada vez que se coloca un pedido. Aunque se permite la escasez, es política de la compañía que ésta no exceda de 20 unidades. Mientras tanto, debido a limitaciones presupuestales, no pueden ordenarse más de 200 unidades a la vez. Encuentre la relación entre el costo de escasez por unidad y el mantenimiento de las unidades, en las condiciones óptimas.

☐ **14-12** Demuestre cómo los resultados del modelo en la figura 14-4 pueden deducirse de los resultados del problema 14-10.

☐ **14-13** Generalice los modelos en los problemas 14-7 y 14-10 en un solo modelo en el que estén presentes tanto la escasez como el surtido uniforme. Muestre que se aplican los resultados siguientes:

(a) $\text{CTU}(y, w) = \dfrac{KD}{y} + \dfrac{h\{y(1 - D/a) - w\}^2 + pw^2}{2(1 - D/a)y}$

(b) $y^* = \sqrt{\dfrac{2KD(p + h)}{ph(1 - D/a)}}$

(c) $w^* = \sqrt{\dfrac{2KDh(1 - D/a)}{p(p + h)}}$

☐ **14-14** Demuestre que el modelo en el problema 14-13 puede especializarse para producir los resultados de cualquiera de los modelos anteriores directamente.

☐ **14-15** Un artículo se consume con una tasa de 30 artículos por día. El costo de mantenimiento de inventario por unidad de tiempo es de $0.05 y el costo fijo de $100. Suponga que no se permite escasez y que el costo de compra por unidad es de $10 para cualquier cantidad menor o igual a $q = 300$ y 8 en cualquier otro caso. Calcule el tamaño económico del lote. ¿Cuál es la respuesta si en lugar de $q = 300$ se tiene ahora $q = 500$?

☐ **14-16** Un artículo se vende en $4 por unidad, pero se ofrece un descuento del 10% en lotes de 150 unidades o más. Una compañía que consume este producto a razón de 20 unidades diarias desea decidir si aprovecha o no el descuento. El costo fijo del lote es $50 y el costo de almacenamiento por unidad por día es $0.30. ¿Debe aprovechar el descuento la compañía?

☐ **14-17** Determine en el problema 14-16 la variación en el porcentaje de descuento en el precio del producto que, cuando se ofrezca en lotes de 150 unidades o más, no ofrecerá ninguna ventaja financiera a la compañía.

☐ **14-18** En el modelo determinista con llenado de almacén instantáneo, sin escasez y tasa de demanda constante suponga que el costo de mantenimiento de inventario por unidad está dado como h_1 para cantidades abajo de q y h_2 para cantidades sobre q, $h_1 > h_2$. Calcule el tamaño económico del lote en este caso.

628 Modelos de inventarios [C.14]

☐ **14-19** Se mantienen en almacén cuatro artículos diferentes para uso continuo en un proceso de manufactura. Las tasas de demanda son constantes para los cuatro artículos. No se permite escasez y las existencias deben reabastecerse instantáneamente, en cuanto se hace el pedido. Sea d_i la cantidad anual demandada del artículo i-ésimo ($i = 1, 2, 3, 4$). En función de los símbolos regulares introducidos en el capítulo, los datos del problema están dados por

Artículo i	K_i	D_i	h_i	d_i
1	100	10	.1	10 000
2	50	20	.2	5 000
3	90	5	.2	7 500
4	20	10	.1	5 000

Encuentre los tamaños económicos de lote para los cuatro productos, suponiendo que el número total de pedidos por año (para los cuatro artículos) no puede exceder de 200 órdenes.

☐ **14-20** Resuelva el problema 14-19 suponiendo que existe un límite $C = \$10\,000$ sobre la cantidad de capital que debe invertirse en el inventario en cualquier tiempo. Sea c_i el costo por unidad del artículo i-ésimo donde $c_i = 10, 5, 10,$ y 10, para $i = 1, 2, 3,$ y 4. No tome en cuenta la restricción sobre números de pedidos por año.

☐ **14-21** Demuestre que la solución del ejemplo 14.3-5 es óptima, indicando que la condición de optimidad de la técnica de transporte (sección 6.2.3) está satisfecha.

☐ **14-22** Resuelva el ejemplo 14.3-5 si los costos de producción para los periodos son como se dan a continuación.

Periodo	R	T
1	2	3
2	3	4
3	3	5
4	1	2

☐ **14-23** Un artículo se fabrica para satisfacer la demanda conocida durante cuatro periodos. La tabla siguiente resume los requisitos de demanda y costos.

Intervalo de producción (unidades)	Costo de producción por unidad en el			
	Periodo 1	Periodo 2	Periodo 3	Periodo 4
1–3	1	2	2	3
4–11	1	4	5	4
12–15	2	4	7	5
16–25	5	6	10	7
Costo de mantener el inventario por unidad al siguiente periodo	2	5	3	—
Demanda total	11	4	17	29

Halle la solución óptima indicando el número de unidades que deben producirse en cada uno de los cuatro periodos. Suponga que se necesitan 10 unidades adicionales en el periodo 4, ¿en cuáles periodos deberán producirse?

☐ **14-24** La demanda para un producto en los siguientes cinco periodos puede llenarse con producción normal, producción con tiempo extra y por subcontratación. La subcontratación puede utilizarse únicamente si la capacidad con tiempo extra no es suficiente. Los datos siguientes proporcionan los números de demanda y oferta para los cinco periodos.

Periodo i	Número máximo de unidades ofrecidas:			Demanda
	Tiempo normal	Tiempo extra	Subcontratación	
1	100	50	30	153
2	40	60	80	300
3	90	80	70	159
4	60	50	20	134
5	70	50	100	203

El costo de producción es el mismo para todos los periodos y está dado por 1, 2, y 3 por unidad de tiempo normal, tiempo extra y subcontratación, respectivamente. El costo de mantener el inventario del periodo $i + 1$ es 0.5. Se incurre en un costo de penalización de 2 por unidad por periodo cuando se entrega tarde. Calcule la solución óptima.
[*Sugerencia:* Este problema requiere analizar los pedidos atrasados.]

☐ **14-25** Repita el problema 14-24 suponiendo que el mantenimiento y los pedidos pendientes (backordering), están limitados cada uno de ellos a un máximo de un periodo solamente.

630 Modelos de inventarios [C.14]

☐ **14-26** Determine los requerimientos combinados de la parte P de la figura 14.11, para ambos modelos, en cada uno de los siguientes casos independientes:
  (a) Tiempo guía para M1 es un solo periodo.
  (b) Tiempo guía para M1 es de tres periodos.

☐ **14-27** Resuelva el ejemplo 14.3-7 suponiendo un inventario inicial $x_1 = 4$.

☐ **14-28** Resuelva el ejemplo 14.3-7 por la ecuación recursiva de retroceso de programación dinámica.

☐ **14-29** Resuelva el problema de inventario determinista de los cuatro periodos siguientes:

Periodo i	Demanda D_i	Costo fijo K_i	Costo de mantener el inventario h_i
1	5	5	1
2	7	7	1
3	11	9	1
4	3	7	1

El costo de compra por unidad es 1 para las seis primeras unidades y 2 para cualquier unidad adicional.

☐ **14-30** Resuelva el ejemplo 14.3-8 suponiendo un inventario inicial $x_1 = 80$ unidades.

☐ **14-31** Resuelva el siguiente problema de inventario determinista de 10 periodos. Suponga un inventario inicial de 50 unidades.

Periodo i	Demanda D_i	Costo de compra c_i	Costo de mantener el inventario h_i	Costo fijo K_i
1	150	6	1	100
2	100	6	1	100
3	20	4	2	100
4	40	4	1	200
5	70	6	2	200
6	90	8	3	200
7	130	4	1	300
8	180	4	4	300
9	140	2	2	300
10	50	6	1	300

□ **14-32** Resuelva el siguiente problema de inventarios determinista de cinco periodos, con el algoritmo modificado de avance.

Periodo i	Demanda D_i	Costo de mantener el inventario h_i	Costo fijo K_i
1	50	1	80
2	70	1	70
3	100	1	60
4	30	1	80
5	60	1	60

La función de costos de pedidos especifica un costo unitario de 20 para los primeros 30 artículos y 10 para cualquier unidad adicional (descuento por cantidad).

□ **14-33** Resuelva el problema 14-31 suponiendo un costo de compra constante $c_i = 6$ para todos los periodos. Identifique los horizontes de planeación y los subhorizontes para el problema.

□ **14-34** Resuelva el problema 14-33 usando el algoritmo heurístico y compare los resultados con los del modelo PD.

□ **14-35** Resuelva el ejemplo 14.4-1 suponiendo que la función densidad de probabilidad de la demanda durante el tiempo guía está dada como

$$f(x) = \begin{cases} 1/50, & 0 \leq x \leq 50 \\ 0, & \text{en cualquier otro caso} \end{cases}$$

Todos los otros parámetros permanecen igual que en el ejemplo 14.4-1.

□ **14-36** Calcule la solución óptima para el modelo de revisión continua de la sección 14.4-1 suponiendo que $f(x)$ es normal con media 100 y variancia 4. Suponga que $D = 10\,000$, $h = 2$, $p = 4$, y $K = 20$.

□ **14-37** En el problema 14-35 suponga

$$f(x) = \begin{cases} 1/10, & 20 \leq x \leq 30 \\ 0, & \text{en cualquier otro caso} \end{cases}$$

con todos los otros parámetros sin ningún cambio. Compare los valores de R^* y y^* en este problema con los del problema 14-35 e interprete el resultado.
[*Sugerencia:* En ambos problemas $E\{x\}$ es la misma, pero la variancia en este problema es más pequeña.]

□ **14-38** La demanda para un artículo durante un solo periodo ocurre según una distribución exponencial con media 10. Supóngase que la demanda ocurre instantáneamente al inicio del periodo y que los costos de mantener el inventario y de penalización por unidad durante los periodos son 1 y 3, respectivamente. El costo de compra es 2 por unidad. Determine la cantidad que debe ordenarse para que sea óptima, dado un inventario inicial de 2 unidades. ¿Cuál es la cantidad óptima a ordenar si el inventario inicial es de 5 unidades?

☐ **14-39** Para la deducción del caso discreto dado en la sección 14.4.2A, compruebe que en la solución óptima

$$P\{D \leq y\} \geq \frac{p-c}{p+h}$$

☐ **14-40** Resuelva el problema 14-38 suponiendo que la demanda ocurre de acuerdo con una distribución de Poisson con media 10.

☐ **14-41** El costo de compra por unidad de un producto es $10 y su costo de tenerlo en inventario por unidad por periodo es $1. Si la cantidad ordenada es de 4 unidades, encuentre el intervalo permisible de p en condiciones óptimas dada la siguiente función densidad de probabilidad de la demanda fdp:

D	0	1	2	3	4	5	6	7	8
$f(D)$	0.05	0.1	0.1	0.2	0.25	0.15	0.05	0.05	0.05

☐ **14-42** Suponga en el problema 14-38 que el costo de penalización p no puede estimarse fácilmente. Por consiguiente, se ha decidido determinar la cantidad a pedir de tal manera que la probabilidad de escasez sea a lo más igual a 0.1. ¿Cuál es la cantidad a ordenar en este caso? Suponiendo que todos los parámetros restantes son como se dan en el problema 14-38, ¿cuál es el costo de penalización implícito en condiciones óptimas?

☐ **14-43** Considere un modelo de inventarios de un periodo con costo fijo cero e inventario inicial cero. Sea c el costo unitario de ordenar, y sean r y v el precio de venta y el valor de rescate por unidad ($v < c < r$). La demanda D está descrita por una función densidad de probabilidad (fdp) *discreta* $f(D)$. Calcule la expresión para el *beneficio* total esperado como una función de la cantidad a ordenar y deduzca la condición para seleccionar el valor óptimo. Suponga costos de penalización y de mantenimiento de inventario iguales a cero.

☐ **14-44** Resuelva el problema 14-38 suponiendo que la demanda ocurre uniformemente en todo el periodo.

☐ **14-45** Resuelva el problema 14-38 suponiendo que la demanda ocurre uniformemente sobre el periodo. Deduzca la condición general para la cantidad óptima de pedidos dado que las unidades de demanda son discretas.

☐ **14-46** Resuelva el problema 14-41 suponiendo que la demanda ocurre uniformemente sobre el periodo.

□ **14-47** Calcule la política de pedidos óptima para un modelo de un periodo con demanda instantánea, dado que la demanda ocurre según la siguiente función densidad de probabilidad.

$$f(D) = \begin{cases} 1/5, & 5 \leq D \leq 10 \\ 0, & \text{en cualquier otro caso} \end{cases}$$

Los parámetros de costo son $h = 1.0$, $p = 5.0$, y $c = 3.0$; el costo fijo es $K = 5.0$. Suponga un inventario inicial de 10 unidades. ¿Cuál es la política general de pedidos en este caso?

□ **14-48** Repita el problema 14-47 suponiendo

$$f(D) = \begin{cases} e^{-D}, & D > 0 \\ 0, & \text{en cualquier otro caso} \end{cases}$$

e inventario inicial cero.

□ **14-49** En el modelo de un solo periodo de la sección 14.4.2A, suponga que va a maximizarse el beneficio. Dado que r es el precio de venta por unidad y usando la información en la sección 14.4.2A, desarrolle una expresión para el *beneficio* total esperado y calcule la cantidad óptima de pedidos.

Suponga que $r = 3$, $c = 2$, $p = 4$, $h = 1$. Si se incluye un costo fijo $K = 10$ en el problema anterior, calcule la política óptima de pedidos dado que la función densidad de probabilidad de la demanda es uniforme para $0 \leq D \leq 10$.

□ **14-50** Considere un modelo de un periodo donde se desea maximizar el beneficio esperado por periodo. La demanda ocurre instantáneamente al *final* del periodo. Sean r y v el precio de venta unitario y el valor de rescate, respectivamente. Utilizando la notación del capítulo, desarrolle la expresión para el beneficio esperado y luego encuentre la solución óptima. Suponga que se pierde la demanda que no se satisface al final del periodo.

□ **14-51** Considere un modelo de inventario probabilístico de *dos* periodos con pedidos pendientes y demora en la entrega igual a cero. Sea la función densidad de probabilidad de la demanda la siguiente:

$$f(D) = \begin{cases} 1/10, & 0 \leq D \leq 10 \\ 0, & \text{en cualquier otro caso} \end{cases}$$

Los parámetros unitarios de costo son

$$\text{precio de venta} = 2$$
$$\text{precio de compra} = 1$$
$$\text{costo de mantener el inventario} = 0.1$$
$$\text{costo de penalización} = 3$$
$$\text{factor de descuento} = 0.8$$

Halle la política óptima de pedidos que maximizará el beneficio esperado sobre los dos periodos. Utilice la formulación de programación dinámica.

☐ **14-52** Desarrollando la ecuación recursiva para el modelo de horizonte infinito en la sección 14.4.3A, demuestre que $f(x)$ es cóncava. Por lo tanto, existe un solo número crítico y^* para todos los periodos.

☐ **14-53** Considere un modelo de inventario probabilístico con horizonte infinito para el cual la función densidad de probabilidad de la demanda por periodo está dada como

$$f(D) = \begin{cases} 0.08D & 0 \leq D \leq 5 \\ 0, & \text{en cualquier otro caso} \end{cases}$$

Los parámetros por unidad son

$$\begin{aligned} \text{precio de venta} &= 10 \\ \text{precio de compra} &= 8 \\ \text{costo de penalización} &= 1 \\ \text{factor de descuento} &= 0.9 \end{aligned}$$

Encuentre la política de pedidos óptima que maximice el beneficio esperado, dado que la demanda que no se satisface se surtirá posteriormente con una holgura de entrega cero.

☐ **14-54** Resuelva el problema 14-51 suponiendo que no hay pedidos pendientes.

☐ **14-55** Resuelva el problema 14-53 suponiendo que no hay pedidos pendientes.

☐ **14-56** Considere un modelo de inventarios con horizonte infinito. En lugar de desarrollar la política óptima basada en la maximización del beneficio, se ha desarrollado con base en la minimización de costos esperados. Utilizando los símbolos normales del capítulo, desarrolle una expresión para el costo esperado y halle luego la solución óptima. Suponga

$$\begin{aligned} \text{costo de mantenimiento de inventario } x &= hx^2 \\ \text{costo de penalización de } x \text{ unidades} &= px^2 \end{aligned}$$

También suponga que no existe demora en la entrega y que toda la demanda que no se satisface lo será posteriormente.

Demuestre que para el caso especial donde $h = p$, la solución óptima es independiente de la función densidad de probabilidad específica de la demanda.

☐ **14-57** Repita el problema 14-56 suponiendo que no hay pedidos pendientes de demanda no satisfecha. En este caso, sin embargo, cuando $h = p$ la solución óptima depende de la función densidad de probabilidad de la demanda.

☐ **14-58** Considere un modelo de inventario probabilístico de cinco periodos con demanda que puede satisfacerse en varios de ellos. Dado que existe una demora en la entrega de tres periodos y que la función densidad de probabilidad de la demanda por periodo es exponencial con media uno, dé un procedimiento detallado acerca de cómo pueden determinarse las cantidades ordenadas durante los periodos 4 y 5. Suponga por simplicidad que lo que se recibe en los periodos 1, 2 y 3 es igual a cero y que el inventario al inicio del periodo 1 es igual a x_1.

☐ **14-59** Considere un modelo de inventario probabilístico de horizonte infinito con la siguiente función densidad de probabilidad para la demanda por periodo

$$f(D) = \begin{cases} e^{-D}, & D > 0 \\ 0, & \text{en cualquier otro caso} \end{cases}$$

Si los parámetros son $r = 10$, $c = 5$, $p = 15$, $h = 1$ y $\alpha = 0.9$, calcule la política óptima suponiendo una demora en la entrega de dos periodos.

Capítulo 15

Modelos de líneas de espera

15.1 **Elementos básicos del modelo de líneas de espera**
15.2 **Funciones de las distribuciones de Poisson y exponencial**
15.3 **Procesos de nacimiento puro y muerte pura**
    15.3.1 Modelo de nacimiento puro
    15.3.2 Modelo de muerte pura
15.4 **Líneas de espera con llegadas y salidas combinadas**
    15.4.1 Modelo generalizado de Poisson
    15.4.2 Medidas de desempeño de estado estable
15.5 **Líneas de espera especializadas de Poisson**
    15.5.1 $(M/M/1):(DG/\infty/\infty)$
    15.5.2 $(M/M/1):(DG/N/\infty)$
    15.5.3 $(M/M/c):(DG/\infty/\infty)$
    15.5.4 $(M/M/c):(DG/N/\infty)$, $c \leq N$
    15.5.5 $(M/M/\infty):(DG/\infty/\infty)$—Modelo de autoservicio
    15.5.6 $(M/M/R):(DG/K/K)$, $R < K$—Modelo de servicio de máquinas
15.6 **Líneas de espera que no obedecen la distribución de Poisson**
15.7 **Líneas de espera con prioridades de servicio**
    15.7.1 $(M_i/G_i/1):(NPRP/\infty/\infty)$
    15.7.2 $(M_i/M/c):(NPRP/\infty/\infty)$
15.8 **Líneas de espera sucesivas o en serie**
    15.8.1 Modelo en serie de dos estaciones con capacidad de líneas de espera cero
    15.8.2 Modelo en serie de k estaciones con capacidad de líneas de espera infinita
15.9 **Resumen**
    Bibliografía
    Problemas numéricos
    Problemas teóricos

Imagínese las siguientes situaciones:

1. Clientes que esperan a ser atendidos en las cajas registradoras de un supermercado.
2. Automóviles que esperan avanzar en una luz de alto.
3. Pacientes que esperan ser atendidos en una clínica.
4. Aviones que esperan para despegar en un aeropuerto.
5. Máquinas descompuestas que esperan ser reparadas por un técnico.
6. Cartas que esperan ser elaboradas por una secretaria.
7. Programas que esperan ser procesados por una computadora digital.

Lo que tienen en común estas situaciones es la espera. Sería más adecuado si se nos pudieran ofrecer estos servicios, y otros similares, sin la "molestia" de tener que esperar. Pero nos guste o no, la espera es parte de nuestra vida diaria y todo lo que esperamos conseguir es reducir su incomodidad a niveles soportables.

El fenómeno de la espera es el resultado directo de la *aleatoriedad* en la operación de instalaciones de servicio. En general, la llegada del cliente y su tiempo de servicio no se conocen con anticipación; pero por otra parte, la operación de la instalación se podría programar en forma tal que eliminaría la espera por completo.

Nuestro objetivo al estudiar la operación de una instalación de servicio en condiciones aleatorias es el de asegurar algunas características que midan el desempeño del sistema sometido a estudio. Por ejemplo, una medida lógica de desempeño es el tiempo que se calcula esperará un cliente antes de ser atendido. Otra medida es el porcentaje de tiempo que no se utiliza en la instalación de servicio. La primera medida vislumbra el sistema desde el punto de vista del cliente, mientras que la segunda evalúa el grado de uso de la instalación. Podemos advertir intuitivamente que cuanto mayor sea el tiempo de espera del cliente, tanto menor es el porcentaje de tiempo que se mantendría ociosa la instalación, y viceversa. Estas medidas de desempeño pueden utilizarse para seleccionar el nivel de servicio (o tasa de servicio) que producirá un equilibrio razonable entre las dos situaciones en conflicto.

En este capítulo se analizan varios modelos de espera o de líneas de espera, l. de e., (colas o filas) que explican una diversidad de operaciones de servicio. El objetivo final de resolver estos modelos consiste en determinar las características que miden el desempeño del sistema. En el capítulo 16 demostramos cómo se puede utilizar esta información en la búsqueda de un diseño "óptimo" para la instalación de servicio.

15.1 ELEMENTOS BASICOS DEL MODELO DE LINEAS DE ESPERA

Desde el punto de vista de un modelo de espera, una situación de línea de espera se genera de la manera siguiente. Cuando el cliente llega a la instalación se forma en una línea de espera (cola o fila). El servidor elige a un cliente de la línea de espera para comenzar a prestar el servicio. Al culminarse un servicio, se repite el proceso de elegir a un nuevo cliente (en espera). Se supone que no se pierde tiempo entre el momento en que un cliente ya atendido sale de la instalación y la admisión de un nuevo cliente de la línea de espera.

Los protagonistas principales en una situación de espera son el **cliente** y el **servidor**. En los modelos de espera, la interacción entre el cliente y el servidor sólo es de interés en tanto que se relacione con el *periodo* que necesita el cliente para completar su servicio. Por lo tanto, desde el punto de vista de las llegadas de clientes, nos interesan los intervalos de tiempo que separan llegadas *sucesivas*. Asimismo, en el caso del servicio, es el tiempo de servicio por cliente el que cuenta en el análisis.

En los modelos de espera, las llegadas y los tiempos de servicio de clientes se resumen en términos de distribuciones de probabilidad que normalmente se conocen como **distribuciones de llegadas** y **de tiempo de servicio.** Estas distribuciones pueden representar situaciones donde llegan clientes y son atendidos *individualmente* (por ejemplo, en bancos o supermercados). En otros casos, los clientes pueden llegar y/o ser atendidos en grupos (por ejemplo, en restaurantes). Este último caso se conoce normalmente como **líneas de espera masivas.**

Aunque los patrones de llegadas y salidas son los factores principales en el análisis de las líneas de espera, también pueden figurar otros factores en forma importante en la elaboración de los modelos. El primer factor es la forma como se elige a los clientes de la línea de espera para dar inicio al servicio. Esta se conoce como la **disciplina de servicio.** La disciplina más común, y en apariencia justa, es la regla FCFS (el primero en llegar es el primero en ser atendido). Las reglas LCFS (el último en llegar es el primero en ser atendido) y SIRO (servicio en orden aleatorio) pueden surgir también en situaciones prácticas. También debemos agregar que en tanto que la disciplina de servicio regula la selección de clientes de una línea de espera, también es posible que los clientes que lleguen a una instalación sean colocados en **líneas de espera con prioridad**, para que aquellas personas con mayor prioridad reciban preferencia de ser atendidos en primer término. No obstante, la selección específica de clientes de cada línea de espera con prioridad puede apegarse a cualquier disciplina de servicio.

El segundo factor tiene que ver con el diseño de la instalación y la ejecución del servicio. La instalación puede incluir más de un servidor, con lo cual es posible atender a tantos clientes en forma simultánea como número de servidores haya (por ejemplo, los cajeros bancarios). En este caso, todos los servidores ofrecen el mismo servicio y se dice que la instalación tiene **servidores paralelos.** Por otra parte, la instalación puede comprender un número de estaciones en serie por las que puede pasar el cliente antes de que se complete el servicio (por ejemplo, el procesamiento de un producto en una serie de máquinas). Las situaciones resultantes se conocen normalmente como **líneas de espera en serie** o **líneas de espera sucesivas.** El diseño más general de una instalación de servicio incluye estaciones de procesamiento en serie y en paralelo. Esto da origen a lo que llamamos **líneas de espera en red.**

El tercer factor tiene que ver con el **tamaño de la línea de espera** admisible. En ciertos casos, sólo se puede admitir a un número limitado de clientes, posiblemente en virtud de la limitación del espacio (por ejemplo, los espacios de estacionamiento que se permiten en un autobanco). Cuando la línea de espera se llena a toda su capacidad, los clientes que llegan no se pueden formar en la línea de espera.

El cuarto factor se relaciona con la naturaleza de la fuente que genera llamadas solicitando servir (llegadas de clientes). La **fuente de llamadas** puede ser capaz de generar un número finito de clientes o (en teoría) infinitamente muchos clientes. Existe una fuente finita cuando una llegada afecta la tasa de llegada de nuevos clientes. En una oficina con M máquinas, la fuente de llamadas antes de que se descomponga cualquier máquina consta de M clientes en potencia. Cuando se descompone una máquina, se convierte en un cliente y, por lo tanto, no puede generar nuevas llamadas hasta que sea reparada. Se puede hacer una distinción entre la situación de la oficina y otros donde la "causa" para generar llamadas está limitada, no obstante que puede generar un número infinito de llegadas. Por ejemplo, en una oficina de mecanografía, el número de usuarios es finito, no obstante que cada usuario pudiera generar un número ilimitado de llegadas, ya que en términos generales un usuario no necesita esperar a que se termine el material entregado con anterioridad antes de generar otro nuevo.

Los modelos de espera que representan situaciones en las que los seres humanos son clientes y/o servidores, deben estar diseñados para tomar en cuenta el efecto de la **conducta del ser humano**. Un servidor "humano" puede **cambiarse** de una línea de espera a otra, con la esperanza de reducir su tiempo de espera (la próxima vez que el lector esté en un banco o en un supermercado puede "matar" el tiempo de espera observando estos cambios). Algunos clientes "humanos" pueden también **eludir** formarse en una línea de espera en virtud de que *anticipen* una demora apreciable, o bien, pueden **renunciar** *después* de estar un momento en la fila debido a que su espera haya sido demasiado larga. (Nótese que en término de la conducta del ser humano, quizá una espera que es muy larga para una persona no sea tan larga para otra.)

Sin duda alguna, existen otras cualidades y/o características presentes en las situaciones de espera de todos los días. No obstante, desde el punto de vista del *modelo* de espera, estas cualidades y/o características pueden tomarse en cuenta sólo si se pueden cuantificar de manera que haga posible su inclusión matemática en el modelo. Asimismo, los modelos de espera no pueden tomar en cuenta el comportamiento *individual* de los clientes, en el sentido de que se espera que todos los clientes formados en una línea de espera se "comporten" en la misma forma mientras permanecen en la instalación. Por lo tanto, un cliente "parlanchín" se considera un caso raro y su conducta es ignorada en el diseño del sistema. Por otra parte, si sucede que la mayoría de los clientes son excesivamente parlanchines, un diseño *realista* de la instalación de servicio deberá estar basado en el hecho de que este hábito, por pródigo que pueda ser, es una parte integral de la operación. Una manera lógica de incluir el efecto de este hábito consiste en aumentar el tiempo de servicio por cliente.

Ahora vemos que los elementos básicos de un modelo de espera dependen de los siguientes factores:

1. Distribución de llegadas (llegadas individuales o masivas en grupo).
2. Distribución del tiempo de servicio (servicio individual o masivo).
3. Diseño de la instalación de servicio (estaciones en serie, en paralelo o en red).
4. Disciplina de servicio (FCFS, LCFS, SIRO) y prioridad de servicio.
5. Tamaño de la línea de espera (finito o infinito).
6. Fuente de llamadas (finita o infinita).
7. Conducta humana (cambios, elusión y renuncia).

Existen tantos modelos de espera como variaciones de los factores citados. En este capítulo consideramos varios modelos que parecen ser útiles en aplicaciones prácticas. En la sección que sigue se indica que las distribuciones de Poisson y exponencial, desempeñan una función importante en la representación de las llegadas y tiempos de servicio en muchas situaciones de espera. En las secciones posteriores se presentan los modelos de espera seleccionados y sus soluciones.

15.2 FUNCIONES DE LAS DISTRIBUCIONES DE POISSON Y EXPONENCIAL

Considérese la situación de espera en la cual el número de llegadas y salidas (a las que se da servicio), durante un intervalo de tiempo es controlado por las siguientes condiciones.

Condición 1: la probabilidad de que un evento (llegada o salida) ocurra entre los tiempos t y $t + h$ depende *únicamente* de la longitud de h, lo que significa que la probabilidad no depende ni del número de eventos que ocurren hasta el tiempo t ni del valor específico del periodo $(0, t)$. (Matemáticamente, decimos que la función de probabilidad tiene incrementos **independientes estacionarios.**)

Condición 2: la probabilidad de que ocurra un evento durante un intervalo de tiempo muy pequeño h es positiva, pero menor que 1.

Condición 3: cuando mucho puede ocurrir un evento durante un intervalo de tiempo muy pequeño h.

En lo que resta de esta sección mostraremos que las tres condiciones dadas describen un proceso donde el *conteo* de eventos durante un intervalo de tiempo dado, sigue la distribución de *Poisson* y que equivalentemente, el intervalo de *tiempo* entre eventos sucesivos es *exponencial*. En tal caso, decimos que las condiciones representan un **proceso de Poisson.**

$p_n(t)$ = probabilidad de que ocurran n eventos durante el tiempo t

Entonces, por la condición de 1, la probabilidad de que no ocurra ningún evento durante el tiempo $t + h$ es

$$p_0(t + h) = p_0(t)p_0(h)$$

Para $h > 0$ y suficientemente pequeña, la condición 2 indica que $0 < p_0(h) < 1$. Bajo estas condiciones la ecuación anterior tiene la siguiente solución

$$p_0(t) = e^{-\alpha t}, \qquad t \geq 0$$

donde α es una constante positiva. [Véase Parzen (1962, págs. 121-123) para mayores detalles de la demostración.]

A continuación demostraremos que para el proceso descrito por $p_n(t)$, el intervalo de tiempo entre eventos sucesivos es exponencial. Usando la relación conocida entre las distribuciones exponencial y de Poisson, podemos concluir que $p_n(t)$ debe ser tipo Poisson.

15.2] Funciones de las distribuciones de... **641**

Sea

$f(t)$ = función densidad de probabilidad (fdp) del intervalo de tiempo t entre la ocurrencia de *eventos sucesivos*, $t \geq 0$

Suponga que T es el intervalo de tiempo desde la ocurrencia del último evento; entonces, es válido el siguiente enunciado probabilístico:

$$P\left\{\begin{array}{c}\text{el tiempo entre eventos}\\ \text{excede a } T\end{array}\right\} = P\left\{\begin{array}{c}\text{no ocurren eventos}\\ \text{durante } T\end{array}\right\}$$

En términos matemáticos esto se expresa como

$$\int_T^\infty f(t)\, dt = p_0(T)$$

Sustituyendo el valor de $p_0(T)$ deducido antes, obtenemos:

$$\int_T^\infty f(t)\, dt = e^{-\alpha T}, \quad T > 0$$

o bien

$$\int_0^T f(t)\, dt = 1 - e^{-\alpha T}, \quad T > 0$$

Derivando ambos miembros de la ecuación respecto a T, obtenemos:

$$f(t) = \alpha e^{-\alpha t}, \quad t \geq 0 \quad \text{(exponencial)}$$

que es una **distribución exponencial** con media $E\{t\} = 1/\alpha$ unidades de tiempo.

Como $f(t)$ es una distribución exponencial, la teoría de la probabilidad (véase figura 11-14) indica que $p_n(t)$ debe ser una **distribución de Poisson,** o sea

$$p_n(t) = \frac{(\alpha t)^n e^{-\alpha t}}{n!}, \quad n = 0, 1, 2, \ldots \quad \text{(Poisson)}$$

El valor medio de n durante un periodo dado t es $E\{n|t\} = \alpha t$ eventos. Esto significa que α representa la *tasa* a la que ocurren los eventos.

La conclusión de los resultados anteriores es que si el *intervalo de tiempo* entre eventos sucesivos es exponencial con media de $1/\alpha$ unidades de tiempo, entonces, el *número* de eventos en un periodo dado debe corresponder a una distribución de Poisson, con una tasa media de ocurrencia (eventos por unidad de tiempo) α. El enunciado inverso también es verdadero.

El proceso de Poisson es un **proceso completamente aleatorio** porque tiene la propiedad de que el intervalo de tiempo que permanece hasta la ocurrencia del próximo evento, es totalmente independiente del intervalo de tiempo que ha transcurrido desde la ocurrencia del último evento. Esta propiedad equivale a demostrar el siguiente enunciado de probabilidad:

$$P\{t > T + S \mid t > S\} = P\{t > T\}$$

donde S es el intervalo de tiempo desde la ocurrencia del último evento. Como t es exponencial, tenemos

$$P\{t > T + S \mid t > S\} = \frac{P\{t > T + S \mid t > S\}}{P\{t > S\}} = \frac{P\{t > T + S\}}{P\{t > S\}}$$

$$= \frac{e^{-\alpha(T+S)}}{e^{-\alpha S}} = e^{-\alpha T}$$

$$= P\{t > T\}$$

Esta propiedad suele denominarse **olvido** o **falta de memoria** de la distribución exponencial, y es la base para demostrar que la distribución de Poisson es totalmente aleatoria.

Otra característica que distingue a la de Poisson es que es la única distribución cuya media y varianza son iguales. En ocasiones, se utiliza esta propiedad como un indicador inicial para conocer si los datos de muestra se tomaron o no de una distribución de Poisson.

Ejemplo 15.2-1

Una máquina de servicio automático tiene siempre una unidad de reserva para su reemplazo inmediato en caso de falla. El tiempo para que ocurra la falla de la máquina o de su unidad de reserva es exponencial con media de 10 horas. Así, las fallas ocurren a razón de 0.1 eventos por hora.

La distribución exponencial del tiempo para que ocurra la falla está dada por:

$$f(t) = 0.1 e^{-0.1 t}, \quad t > 0$$

en tanto que la distribución de Poisson del número de fallas en un periodo T está dada por

$$p_n(T) = \frac{(0.1T)^n e^{-0.1T}}{n!}, \quad n = 0, 1, 2, \ldots$$

Suponga que nos interesa calcular la probabilidad que ocurra una falla en un intervalo de 5 horas. Esta probabilidad está dada por

$$P\{t < 5\} = \int_0^5 f(t)\, dt$$

$$= 1 - e^{-0.5} = 0.393$$

Alternativamente, la probabilidad de que una falla ocurra después de 6 horas, a partir de ahora, considerando que la última falla tuvo lugar 3 horas antes, utiliza la propiedad de olvido de la distribución exponencial y está dada por

$$P\{t > 9 \mid t > 3\} = P\{t > 6\} = e^{-0.1 \times 6} = 0.549$$

La relación entre las distribuciones de Poisson y exponencial, se demuestra calculando la probabilidad que ninguna falla tendrá lugar durante un periodo de 1 día (24 horas), o sea

$$p_0(24) = \frac{(0.1 \times 24)^0 e^{-0.1 \times 24}}{0!} = e^{-2.4} = 0.091$$

Observe que $p_0(24)$ es equivalente a tener un tiempo entre fallas de 24 horas por lo menos, o sea

$$P\{t > 24\} = \int_{24}^{\infty} 0.1 e^{-0.1 t}\, dt = e^{-2.4}$$

◀

Ejercicio 15.2-1
En el ejemplo 15.2-1, determine
(a) El número promedio de fallas en una semana, suponiendo que se ofrece servicio durante 24 horas cada día.
[*Resp.*: 16.8 fallas]
(b) La probabilidad de que ocurra por lo menos una falla en un periodo de 24 horas.
[*Resp.*: 0.909.]

15.3 PROCESOS DE NACIMIENTO PURO Y MUERTE PURA

En esta sección consideraremos dos procesos especiales. En el primer proceso, los clientes llegan y nunca parten y en el segundo proceso los clientes se retiran de un abasto inicial. En ambos casos los procesos de llegada y retiro ocurren de manera completamente aleatoria. Las dos situaciones se denominan proceso de **nacimiento puro** y proceso de **muerte pura**.

15.3.1 MODELO DE NACIMIENTO PURO

Considere la situación de emitir actas de nacimiento para bebés recién nacidos. Estas actas se guardan normalmente en una oficina central de Registro Civil. Hay razones para creer que el nacimiento de bebés y, por ello, la emisión de las actas correspondientes es un proceso completamente aleatorio que se puede describir por medio de una distribución de Poisson. Usando la información de la sección 15.2 y suponiendo que λ es la tasa con que se emiten las actas de nacimiento, el proceso de nacimiento puro de tener n arribos o llegadas (actas de nacimiento) durante el periodo de tiempo t se puede describir con la siguiente distribución de Poisson:

$$v_n(t) = \frac{(\lambda t)^n e^{-\lambda t}}{n!}, \qquad n = 0, 1, 2, \ldots \qquad \text{(nacimiento puro)}$$

donde λ es la tasa de llegadas por unidad de tiempo, con el número esperado de llegadas durante t igual a λt.

Ejemplo 15.3-1

Suponga que los nacimientos en un país están separados en el tiempo, de acuerdo con una distribución exponencial, presentándose un nacimiento cada 7 minutos en promedio.

Como el tiempo promedio entre arribos (entre nacimientos) es de 7 minutos, la tasa de nacimientos en el país se calcula como

$$\lambda = \frac{24 \times 60}{7} = 205.7 \text{ nacimientos/día}$$

El número de nacimientos en el país por año está dado por

$$\lambda t = 205.7 \times 365 = 75\,080 \text{ nacimientos/año}$$

La probabilidad de ningún nacimiento en cualquier día es

$$p_0(1) = \frac{(205.7 \times 1)^0 e^{-205.7 \times 1}}{0!} \simeq 0$$

Suponga que nos interesa la probabilidad de emitir 45 actas de nacimiento al final de un periodo de 3 horas, si se pudieron emitir 35 actas en las primeras 2 horas. Observamos que debido a que los nacimientos ocurren según un proceso de Poisson, la probabilidad requerida se reduce a tener $45 - 35 = 10$ nacimientos en una hora ($= 3 - 2$). Dado $\lambda = 60/7 = 8.57$ nacimientos/hora, obtenemos

$$p_{10}(1) = \frac{(8.57 \times 1)^{10} e^{-8.57 \times 1}}{10!} = 0.11172$$

Las fórmulas de líneas de espera similares a la dada antes generalmente comprenden cálculos tediosos. Por ello es aconsejable usar el programa TORA para efectuar tales cálculos. La figura 15-1 proporciona la salida del programa para el modelo de nacimiento puro con $\lambda t = (8.57 \times 1) = 8.57$. Los resultados dan $p_n(t)$ y la $p_n(t)$ acumulada para diferentes valores de n. ◀

Ejercicio 15.3-1

En el ejemplo 15.3-1, suponga que el empleado que introduce la información de las actas de nacimiento en una computadora se espera siempre hasta que se han acumulado 5 actas. ¿Cuál es la probabilidad que el empleado introduzca un nuevo lote cada hora?
[*Resp.*: $p_{n \geq 5}(1) = 0.92868$]

Problem title: Example 15.3-1
[Título del problema: Ejemplo 15.3-1]
Scenario 1 — Pure Birth Model
[Situación 1 — Modelo de nacimiento puro]

| Poisson with Lambda*t = | 8.57000 |
| Poisson con Lambda*t = | 8.57000 |

Values of p(n) for n=0 to 23, else p(n) < .00001
[Valores de p(n) para n = 0 hasta 23, si no p(n) < 0.00001]

0 0.00019	1 0.00163	2 0.00697	3 0.01990	4 0.04264
5 0.07308	6 0.10439	7 0.12780	8 0.13691	9 0.13036
10.0.11172	11 0.08704	12 0.06216	13 0.04098	14 0.02509
15 0.01433	16 0.00768	17 0.00387	18 0.00184	19 0.00083
20 0.00036	21 0.00015	22 0.00006	23 0.00002	

Cumulative values of p(n) for n=0 to 23
[Valores acumulados de p(n) para n = 0 hasta 23]

0 0.00019	1 0.00182	2 0.00878	3 0.02868	4 0.07132
5 0.14441	6 0.24879	7 0.37659	8 0.51350	9 0.64387
10 0.75559	11 0.84263	12 0.90479	13 0.94577	14 0.97086
15 0.98519	16 0.99287	17 0.99674	18 0.99858	19 0.99941
20 0.99977	21 0.99991	22 0.99997	23 0.99999	

Figura 15-1

15.3.2 MODELO DE MUERTE PURA

Considere la situación de almacenar N unidades de un artículo al inicio de la semana, para satisfacer la demanda de los clientes durante la semana. Si suponemos que la demanda se presenta a una tasa de μ unidades por día y que el proceso de demanda es completamente aleatorio, la probabilidad asociada de *tener n* artículos en almacén después de un tiempo t, la da la siguiente distribución **truncada de Poisson:**

$$p_n(t) = \frac{(\mu t)^{N-n} e^{-\mu t}}{(N-n)!}, \qquad n = 1, 2, \ldots, N$$

$$p_0(t) = 1 - \sum_{n=1}^{N} p_n(t)$$

(muerte pura)

Ejemplo 15.3-2

Al inicio de cada semana, se almacenan 15 unidades de un artículo de inventario para utilizarse durante la semana. Sólo se hacen retiros del almacenamiento durante los primeros 6 días (la empresa está cerrada los domingos) y sigue una distribución de Poisson con la media 3 unidades/día. Cuando el nivel de existencia llega a 5 unidades, se coloca un nuevo pedido de 15 unidades para ser entregado al principio de la semana entrante. Debido a la naturaleza del artículo, se desechan todas las unidades que sobran al final de la semana.

646 Modelos de líneas de espera [C.15]

Podemos analizar esta situación en varias formas. Primero, reconocemos que la tasa de cálculo es $\mu = 3$ unidades por día. Supóngase que nos interesa determinar la probabilidad de tener 5 unidades (el nivel de nuevo pedido) al día t; es decir,

$$p_5(t) = \frac{(3t)^{15-5} e^{-3t}}{(15-5)!}, \quad t = 1, 2, \ldots, 6$$

Como ejemplo ilustrativo de los cálculos, tenemos los siguientes resultados utilizando el programa TORA $\mu t = 3, 6, 9 \ldots,$ y 18.

t (días)	1	2	3	4	5	6
μt	3	6	9	12	15	18
$p_5(t)$	0.0008	0.0413	0.1186	0.1048	0.0486	0.015

Obsérvese que $p_5(t)$ representa la probabilidad de hacer un nuevo pedido *el* día t. Esta probabilidad llega a su nivel máximo en $t = 3$ y después disminuye conforme transcurre la semana. Si nos interesa la probabilidad de hacer un nuevo pedido *para* el día t, debemos determinar la probabilidad de tener cinco unidades o menos el día t; esto es,

$$p_{n \leq 5}(t) = p_0(t) + p_1(t) + \cdots + p_5(t)$$

Usando TORA nuevamente obtenemos

t (días)	1	2	3	4	5	6
μt	3	6	9	12	15	18
$p_{n \leq 5}(t)$	0.0011	0.0839	0.4126	0.7576	0.9301	0.9847

Podemos advertir en la tabla que la probabilidad de hacer el pedido para el día t aumenta monótonamente con t.

Otra información, que es importante al analizar la situación, es determinar el número promedio de unidades de inventario que se desecharán el fin de semana. Esto se hace calculando el número esperado de unidades para el día 6; es decir,

$$E\{n \mid t = 6\} = \sum_{n=0}^{15} n p_n(6)$$

La tabla que sigue presenta un resumen de las operaciones dado $\mu t = 18$.

n	0	1	2	3	4	5	6	7	8	9	10	11
$p_n(6)$	0.792	0.0655	0.0509	0.0368	0.0245	0.015	0.0083	0.0042	0.0018	0.0007	0.0002	0.0001

y $p_n(6) \cong 0$ para $n = 12, 13, 14$ y 15. Por lo tanto, al calcular el promedio, obtenemos

$$E\{n \mid t = 6\} = 0.5537 \text{ unidad}$$

Esto indica que, en promedio, se desechará menos de una unidad al término de cada semana. ◂

Ejercicio 15.3-2

Determine en el ejemplo 15.3-2
(a) La probabilidad de que se agote la existencia después de 3 días.
[*Resp.* $p_0(3) = 0.04147$.]
(b) La probabilidad de que se retirará una unidad de inventario al término del cuarto día dado que la última unidad fue retirada al cabo del tercer día.
[*Resp.* P {tiempo entre retiros ≤ 1} $= 0.9502$.]
(c) La probabilidad de que el tiempo restante hasta que se retire la siguiente unidad sea cuando mucho un día, dado que el último retiro ocurre un día antes.
[*Resp.* Igual que la del inciso (b).]
(d) El inventario promedio que se mantiene en existencia al término del segundo día.
[*Resp.* $E\{n \mid t = 2\} = 9.0011$ unidades.]
(e) La probabilidad de que no ocurran retiros durante el primer día.
[*Resp.* $p_{15}(1) = 0.0498$.]

15.4 LINEAS DE ESPERA CON LLEGADAS Y SALIDAS COMBINADAS

En esta sección estudiamos situaciones de espera que combinan procesos de llegadas y salidas. Limitamos nuestra atención a las líneas de espera donde los clientes son atendidos por c servidores *en paralelo*, de manera que se pueda dar servicio a c clientes al mismo tiempo. Todos los servidores ofrecen servicios iguales desde el punto de vista del tiempo que se requiere para atender a cada cliente. La figura 15-2 representa el sistema de espera en paralelo en forma esquemática. Nótese que el número de clientes en el *sistema* en cualquier punto se define como aquel que incluye a aquellas personas que están en la *línea de espera* y en *servicio*.

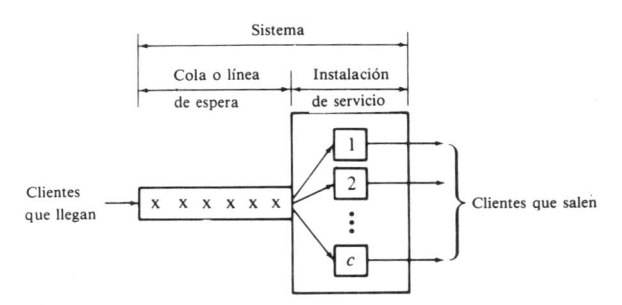

Figura 15-2

Una notación que es en particular adecuada para resumir las características principales de las líneas de espera *en paralelo* se ha estandarizado universalmente en el formato siguiente,

$$(a/b/c):(d/e/f)$$

donde los símbolos a, b, c, d, e y f representan elementos básicos del modelo en la forma siguiente (véase la sección 15.1).

$a \equiv$ distribución de llegadas
$b \equiv$ distribución del tiempo de servicio (o de salidas)
$c \equiv$ número de servidores en paralelo ($c = 1, 2,..., \infty$)
$d \equiv$ disciplina de servicio (por ejemplo, FCFS, LCFS, SIRO)
$e \equiv$ número máximo admitido en el *sistema* (en línea de espera + en servicio)
$f \equiv$ tamaño de la fuente de llamadas

La notación estándar reemplaza los símbolos a y b de llegadas y salidas por los códigos siguientes.

$M \equiv$ distribución de llegadas o salidas de Poisson (o markoviana); o, lo que es lo mismo, distribución exponencial entre llegadas o de tiempo de servicio
$D \equiv$ tiempo entre llegadas o de servicio constante o determinista
$E_k \equiv$ distribución de Erlang o gamma de la distribución de tiempo entre llegadas o de servicio con el parámetro k
$GI \equiv$ distribución de llegadas general independiente (o tiempo entre llegadas)
$G \equiv$ distribución de salidas general (o tiempo de servicio)

Para ilustrar la notación, considérese (*DG,* disciplina general en notación de Kendall)

$$(M/D/10):(DG/N/\infty)$$

Aquí tenemos llegadas de Poisson, tiempo de servicio constante y 10 servidores en paralelo en la instalación. La disciplina de servicio es general (*DG*) en el sentido de que pudiera ser FCFS, LCFS, SIRO o cualquier procedimiento que puedan utilizar los servidores para decidir el orden en el que se escogerá a los clientes de la línea de espera para iniciar el servicio. Independientemente de cuántos clientes lleguen a la instalación, el sistema (línea de espera + servicio) puede alojar sólo a un máximo de N clientes; todos los demás deberán buscar ser atendidos en cualquier otra parte. Por último, la fuente que genera los clientes que entran a la instalación tiene una capacidad infinita.

La notación estándar descrita fue ideada originalmente por D. G. Kendall [1953] en la forma $(a/b/c)$ y se le conoce en la literatura como **notación de Kendall**. Después, A. M. Lee [1966] agregó los símbolos d y e a la notación de Kendall. En este libro advertimos que conviene aumentar la notación de Kendall-Lee mediante el uso del símbolo f, que representa la capacidad de la fuente de llamadas.

El objetivo final de analizar situaciones de espera consiste en generar medidas de desempeño para evaluar los sistemas reales. No obstante, como cualquier sistema

15.4]   Líneas de espera con llegadas y...   **649**

de espera opera como función del tiempo, debemos decidir con anticipación si nos interesa analizar el sistema en condiciones **transitorias** o **de estado estable**. Las condiciones transitorias prevalecen cuando el comportamiento del sistema sigue dependiendo del tiempo. Por lo tanto, los procedimientos de nacimiento y muerte pura (sección 15.3) siempre operan en condiciones transitorias. Por otra parte, las líneas de espera con llegadas y salidas combinadas inician en condiciones transitorias y llegan gradualmente al estado estable después de haber transcurrido un tiempo lo *suficientemente grande*, siempre que los parámetros del sistema permitan se alcance el estado estable (por ejemplo, una línea de espera con tasa de llegadas λ mayor que su tasa de salidas μ nunca alcanzará el estado estable, sin importar el tiempo transcurrido, ya que el tamaño de la línea de espera aumentará con el tiempo). Advertimos que el análisis de estado transitorio es bastante complejo, desde el punto de vista matemático, por lo que no se considerará en esta presentación.

El resto de esta sección desarrolla primero un modelo de estado estable para la línea de espera generalizada de Poisson con c servidores en paralelo. El resultado principal que se obtiene de este modelo es la determinación de las probabilidades de estado estable de tener n clientes en el sistema. Estas probabilidades se usan para desarrollar las medidas de desempeño del modelo generalizado de líneas de espera.

15.4.1 MODELO GENERALIZADO DE POISSON

El modelo generalizado que se desarrolló en esta sección se aplica a colas de Poisson con tasas de llegadas y salidas dependientes de estado. En la sección 15.5 especializamos los resultados del modelo desarrollado, a situaciones específicas de colas de Poisson.

Antes de proporcionar los detalles del modelo generalizado, explicaremos qué significa tasas de llegada y servicio, *dependientes del estado*. Considere un taller de maquinaria con un total de N máquinas. La tasa de falla de las máquinas es una función del número de máquinas en condiciones de trabajo; esto es, si λ es la tasa de falla *por máquina,* la tasa de falla en todo el taller donde n ($\leq N$) máquinas están en estado operativo, es $n\lambda$. De manera similar, si un sistema tiene c servidores en paralelo y μ es la tasa de servicio *por servidor,* entonces, dado que n es el número de clientes en el sistema (en espera + en servicio), la tasa de salidas del sistema entero es $n\mu$ si $n < c$ y $c\mu$ si $n \geq c$.

Los dos ejemplos anteriores demuestran cómo en el modelo generalizado de líneas de espera, las tasas de llegadas y salidas pueden ser funciones del estado del sistema representado por el número de clientes n. Por esto usamos la notación λ_n y μ_n para definir las tasas de llegadas y salidas como una función de n.

La meta inmediata del modelo generalizado es deducir una expresión para p_n, que es la probabilidad de estado estable de n clientes en el sistema, como una función de λ_n y μ_n. Dada p_n, mostramos en la sección 15.4.2 cómo las medidas de desempeño del sistema (por ejemplo, el número estimado de clientes que esperan y la utilización esperada del servicio) se pueden evaluar directamente.

La deducción de una expresión para p_n se logra utilizando el así llamado **diagrama de tasas de transición**. De la definición dada en la sección 15.2 del proceso de Poisson, dado que hay n clientes en el sistema en cualquier tiempo t, el número

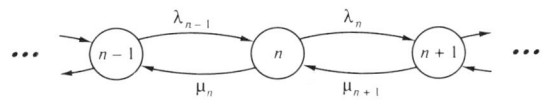

Figura 15-3

de clientes en el sistema al final de un intervalo de tiempo *h* suficientemente pequeño, será $n-1$ o $n+1$, dependiendo de si una salida o llegada tiene lugar durante el intervalo *h* (observe que la probabilidad de que ocurra *más de un evento durante h*, tiende a cero cuando $h \to 0$). Decimos entonces que en un proceso de Poisson el estado *n* sólo se puede comunicar con los estados $n-1$ y $n+1$. La figura 15-3 ilustra la situación por medio de un diagrama de tasas de transición donde las flechas representan la transición entre los estados n, $n-1$ y $n+1$. Los valores asociados con cada flecha representan las tasas de transición entre los estados. Por ejemplo, tasa de transición del estado $n-1$ al estado *n* es la tasa de llegadas λ_{n-1}, donde λ_{n-1} es una función del estado *de origen*, $n-1$. Por otra parte, la tasa de transición de estado *n* al estado $n-1$ es la tasa de salidas μ_n que, nuevamente, es una función del estado de origen *n*. De manera similar, la tasa de llegadas λ_n y la tasa de salidas μ_{n+1} proporcionan las tasas de transición entre los estados *n* y $n+1$.

Bajo condiciones de estado estable, las tasas *esperadas* de flujo entrante y saliente del estado *n*, deben ser iguales. Como el estado *n* se comunica sólo con los estados $n-1$ y $n+1$, las tasas de transición desde todos los otros estados (0, 1, 2, ..., $n-2$, $n+2$, $n+3$, ...) deben ser cero. Tenemos entonces

$$\begin{pmatrix}\text{tasa esperada de flujo}\\ \text{desde el estado } n\end{pmatrix} = 0(p_0 + \cdots + p_{n-2}) + \lambda_{n-1}p_{n-1} + \mu_{n+1}p_{n+1} + 0(p_{n+2} +$$

$$= \lambda_{n-1}p_{n-1} + \mu_{n+1}p_{n+1}$$

Similarmente,

$$\begin{pmatrix}\text{tasa esperada de flujo}\\ \text{desde el estado } n\end{pmatrix} = (\lambda_n + \mu_n)p_n$$

Igualando las dos tasas, obtenemos la **ecuación de equilibrio:**

$$\lambda_{n-1}p_{n-1} + \mu_{n+1}p_{n+1} = (\lambda_n + \mu_n)p_n, \qquad n = 1, 2, \ldots$$

Esta ecuación es válida sólo para $n > 0$. Para determinar la ecuación de equilibrio para $n = 0$, consideremos el diagrama de tasas de transición en la figura 15-4. En este caso, el estado 0 se comunica sólo con el estado 1. Obtenemos entonces

$$\lambda_0 p_0 = \mu_1 p_1, \qquad n = 0$$

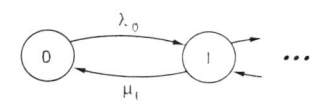

Figura 15-4

15.4] Líneas de espera con llegadas y... **651**

Las ecuaciones de equilibrio se resuelven en forma recursiva comenzando con p_1 y procediendo por inducción para determinar p_n. De la ecuación de equilibrio para $n = 0$, obtenemos

$$p_1 = \frac{\lambda_0}{\mu_1} p_0$$

A continuación, para $n = 1$ tenemos

$$\lambda_0 p_0 + \mu_2 p_2 = (\lambda_1 + \mu_1) p_1$$

sustituyendo $p_1 = (\lambda_0/\mu_1)p_0$, y simplificando, obtenemos (verifíquelo):

$$p_2 = \frac{\lambda_1 \lambda_0}{\mu_2 \mu_1} p_0$$

En general, podemos demostrar por inducción que

$$p_n = \frac{\lambda_{n-1} \lambda_{n-2} \cdots \lambda_0}{\mu_n \mu_{n-1} \cdots \mu_1} p_0, \qquad n = 1, 2, \ldots$$

El valor de p_0 se determina con la siguiente ecuación:

$$\sum_{n=0}^{\infty} p_n = 1$$

Ejemplo 15.4-1

Considere la situación de una línea de espera con un solo servidor donde las tasas de llegadas y salidas son constantes y están dadas por $\lambda_n = 3$ llegadas/hora y $\mu_n = 8$ salidas/hora para toda $n \geq 0$.

Para calcular p_n para $n \geq 0$, observamos que

$$p_n = \left(\frac{\lambda}{\mu}\right)^n p_0 = \left(\frac{3}{8}\right)^n p_0 = (0.375)^n p_0, \quad n = 0, 1, 2, \ldots$$

Determinamos p_0 de la ecuación $\sum_{n=0}^{\infty} p_n = 1$, 31A, que da

$$p_0 + 0.375 p_0 = 0.375^2 p_0 + \cdots = 1$$

o bien

$$p_0(1 + 0.375 + 0.375^2 + \cdots) = 1$$

Con la fórmula para la suma de una serie geométrica obtenemos

$$p_0 \left(\frac{1}{1 - 0.375}\right) = 1$$

que da $p_0 = 0.625$. Podemos entonces usar la fórmula $p_n = 0.375^n p_0$ para determinar p_n para $n = 1, 2, \ldots$ como se indica a continuación.

n	0	1	2	3	4	5	6	7	≥ 8
p_n	0.625	0.234	0.088	0.033	0.012	0.005	0..002	0.001	0

◀

Ejercicio 15.4-1

(a) En el ejemplo 15.4-1, determine la probabilidad de estado estable de no tener a alguien en el sistema, suponiendo que las tasas de llegadas y salidas por hora son de 4 y 5, respectivamente.
[*Resp.*: $p_0 = 0.2$]
(b) En la parte (a), ¿cuál es la probabilidad de que el sistema no esté vacío?
[*Resp.*: 0.8]

15.4.2 MEDIDAS DE DESEMPEÑO DE ESTADO ESTABLE

En esta sección mostramos que una vez que se ha determinado la probabilidad p_n de estado estable de n clientes en el sistema, podemos calcular las medidas de desempeño de estado estable de líneas de espera en forma directa. Tales medidas de desempeño se pueden usar para analizar la operación de las líneas de espera con el fin de hacer recomendaciones sobre el diseño del sistema. Entre las principales medidas de desempeño se cuentan: el número estimado de clientes en espera, el tiempo estimado de espera por cliente y la utilización estimada del servicio.
Sea

L_s = número esperado de clientes en el *sistema*
L_q = número esperado de clientes en la *fila*
W_s = tiempo estimado de espera en el *sistema*
W_q = tiempo estimado de espera en la *fila*

Recuerde que el *sistema* abarca tanto la *fila* como al *servicio*.

Suponga que estamos considerando un servicio con c servidores en paralelo. Entonces, de la definición de p_n obtenemos

$$L_s = \sum_{n=0}^{\infty} n p_n$$

$$L_q = \sum_{n=c+1}^{\infty} (n-c) p_n$$

Existe una íntima relación entre L_s y W_s (también entre L_q y W_q) de manera que cualquier medida se determina automáticamente a partir de la otra. Sea λ_{ef} la tasa promedio *efectiva* de llegadas (independiente del número en el sistema n); entonces

$$L_s = \lambda_{ef} W_s$$
$$L_q = \lambda_{ef} W_q$$

El valor de λ_{ef} se determina a partir de la λ_n dependiente del estado y las probabilidades p_n de

$$\lambda_{ef} = \sum_{n=0}^{\infty} \lambda_n p_n$$

También existe una relación directa entre W_s y W_q. Por definición,

$$\begin{pmatrix}\text{tiempo de espera estimado} \\ \text{en el sistema}\end{pmatrix} = \begin{pmatrix}\text{tiempo de espera estimado} \\ \text{en la fila}\end{pmatrix} + \begin{pmatrix}\text{tiempo estimado} \\ \text{de servicio}\end{pmatrix}$$

Dado que μ es la tasa de servicio por servidor activo, el tiempo estimado de servicio es $1/\mu$, y obtenemos

$$W_s = W_q + \frac{1}{\mu}$$

Multiplicando ambos miembros de la ecuación por λ_{ef} obtenemos

$$L_s = L_q + \frac{\lambda_{ef}}{\mu}$$

La utilización estimada de servicio se define como una función del número promedio de servidores activos. Como la diferencia entre L_s y L_q debe ser igual al número estimado de servidores ocupados, obtenemos

$$\begin{pmatrix}\text{número estimado de} \\ \text{servidores activos}\end{pmatrix} = \bar{c} = L_s - L_q = \frac{\lambda_{ef}}{\mu}$$

El porcentaje de utilización de un servicio con c servidores en paralelo se calcula como

$$\text{porcentaje de utilización} = \frac{\bar{c}}{c} \times 100$$

Resumiendo, dado p_n podemos calcular las medidas de desempeño del sistema en el orden siguiente:

$$p_n \to L_s = \sum_{n=0}^{\infty} np_n \to W_s = \frac{L_s}{\lambda_{ef}} \to W_q = W_s - \frac{1}{\mu} \to L_q = \lambda_{ef} W_q \to \bar{c} = L_s - L_q$$

Ejemplo 15.4-2

En el ejemplo 15.4-1 usamos las probabilidades p_n para calcular las medidas de desempeño del modelo. Observe primero que $\lambda_n = \lambda = 3$ llegadas/hora para toda $n \geq 0$. Así, la tasa promedio de llegadas se calcula como $\lambda_{ef} = 3(p_0 + p_1 + p_2 + \ldots) = 3$ llegadas/hora. Ahora

$$L_s = \sum_{n=0}^{\infty} np_n = 0 \times 0 \times 0.625 + 1 \times 0.234 + 2 \times 0.088 + 3 \times 0.033$$
$$+ 4 \times 0.012 + 5 \times 0.005 + 6 \times 0.002 + 7 \times 0.001$$
$$= 0.6 \text{ cliente}$$

Usando la fórmula $L_s = \lambda_{ef} W$, obtenemos el tiempo de espera en el sistema como

$$W_s = \frac{L_s}{\lambda_{ef}} = \frac{0.6}{3} = 0.2 \text{ hora}$$

De aquí obtenemos el tiempo estimado de espera en la fila como

$$W_q = W_s - \frac{1}{\mu} = 0.2 - \frac{1}{8} = 0.075 \text{ hora}$$

El número esperado en la fila se calcula entonces como

$$L_q = \lambda_{ef} W_q = 3 \times 0.075 = 0.225 \text{ cliente}$$

Finalmente, como la instalación tiene sólo un servidor, $c = 1$ y el porcentaje de utilización se calcula como

$$\text{porcentaje de utilización} = \frac{\bar{c}}{c} \times 100$$
$$= \frac{L_s - L_q}{1} \times 100$$
$$= \frac{0.6 - 0.225}{1} \times 100 = 37.5\%$$

◀

Ejercicio 15.4-2

En el ejemplo 15.4-2, calcule lo siguiente:
(a) El número esperado en la línea de espera utilizando p_n directamente.
 [*Resp.*: 0.225]
(b) El número esperado de clientes en el servicio.
 [*Resp.*: $L_s - L_q = 0.375$]
(c) El porcentaje de tiempo que el servidor está desocupado.
 [*Resp.*: $p_0 = 0.625$]

15.5 LINEAS DE ESPERA ESPECIALIZADAS DE POISSON

En esta sección aprovechamos los resultados del modelo generalizado dado en la sección 15.4.1 para estudiar las colas especializadas de Poisson. Cada modelo se describe en términos de la notación extendida de Kendall, presentada en la sección 15.4. Como la deducción de p_n en la sección 15.4.1 es completamente independiente de la disciplina de la línea de espera, es apropiado usar el símbolo *DG* (disciplina general) en la notación de Kendall.

15.5.1 (M/M/1) : (DG/∞/∞)

Este es un modelo de servidor único sin límite en la capacidad del sistema o de la fuente de llamadas. Se supone que las tasas de llegadas son independientes del número en el sistema; o sea, $\lambda_n = \lambda$ para toda n. Similarmente, se supone que el servidor único en el sistema completa el servicio a una tasa constante; o sea, $\mu_n = \mu$ para toda n. En efecto, el presente modelo tiene llegadas y salidas de Poisson con tasas medias λ y μ, respectivamente. De la sección 15.4.2 se infiere que $\lambda_{ef} = \lambda$.

Definiendo $\rho = \lambda/\mu$, la expresión para p_n para n en el modelo generalizado se reduce a

$$p_n = \rho^n p_0, \quad n = 0, 1, 2, \ldots$$

Determinamos p_0 considerando que la suma de todas las p_n para $n = 0, 1, 2, \ldots$ es igual a 1; tenemos

$$p_0(1 + \rho + \rho^2 + \cdots) = 1$$

Si suponemos que $\rho < 1$, entonces

$$p_0\left(\frac{1}{1-\rho}\right) = 1$$

o bien

$$p_0 = 1 - \rho$$

Obtenemos así la siguiente fórmula general:

$$p_n = (1-\rho)\rho^n, \quad n = 0, 1, 2, \ldots \quad (M/M/1):(DG/\infty/\infty)$$

que es una **distribución geométrica.**

El requisito matemático de que $\rho < 1$, necesario para garantizar la convergencia de la serie geométrica $(1 + \rho + \rho^2 + \cdots)$ conduce a un argumento intuitivo. Fundamentalmente, $\rho < 1$ significa que $\lambda < \mu$ lo que establece que la tasa de llegadas debe ser estrictamente menor que la tasa de servicio en la instalación, para que el sistema alcance estabilidad (condiciones de estado estable). Esto tiene sentido porque bajo otras condiciones, el tamaño de la línea de espera crecería indefinidamente.

La medida L_s se puede deducir de la siguiente manera:

$$L_s = \sum_{n=0}^{\infty} np_n = \sum_{n=0}^{\infty} n(1-\rho)\rho^n$$

$$= (1-\rho)\rho \frac{d}{d\rho} \sum_{n=0}^{\infty} \rho^n$$

$$= (1-\rho)\rho \frac{d}{d\rho}\left(\frac{1}{1-\rho}\right)$$

$$= \frac{\rho}{1-\rho}$$

Obsérvese que la convergencia de $\sum_{n=0}^{\infty} \rho^n$ se garantiza porque $\rho < 1$. Mediante el uso de las relaciones anteriores, obtenemos todas las medidas básicas de desempeño como

$$L_s = E\{n\} = \frac{\rho}{1-\rho}$$

$$L_q = L_s - \frac{\lambda}{\mu} = \frac{\rho^2}{1-\rho}$$

$$W_s = \frac{L_s}{\lambda} = \frac{1}{\mu(1-\rho)}$$

$$W_q = \frac{L_q}{\lambda} = \frac{\rho}{\mu(1-\rho)}$$

Ejemplo 15.5-1

En una instalación de servicio de lavado de autos, la información que se tiene indica que los autos llegan para ser atendidos, según una distribución de Poisson,

15.5] Líneas de espera especializadas de Poisson 657

con media de 4 por hora. El tiempo para lavar y asear cada automóvil varía, pero se advierte que sigue una distribución exponencial con media de 10 minutos por automóvil. La instalación no puede atender a más de un auto a la vez.

Para analizar esta situación utilizando los resultados del $(M/M/1):(DG/\infty/\infty)$, debemos suponer que la fuente de llamadas es tan grande que se puede considerar infinita. Además, existe suficiente espacio de estacionamiento para dar cabida a todos los autos que lleguen.

En la situación dada tenemos λ = 4 autos por hora y μ = 60/10 = 6 autos por hora. Como $\rho = \lambda/\mu = $ 4/6 es menor que 1, el sistema puede operar en condiciones de estado estable. La salida del modelo se muestra en la figura 15-5. El valor de L_q = 1.33 autos nos da una idea acerca de cuántos autos están esperando, en promedio, cuando llega un cliente. Sin embargo, observamos que L_q representa un valor esperado, de modo que el número de autos en espera, en cualquier momento, puede ser mayor o menor que 1.333 autos. Podría entonces interesarnos determinar el número de lugares de estacionamiento, de manera que se asocie una probabilidad razonable de que un auto que llegue encuentre lugar. Por ejemplo, suponga que necesitamos proporcionar suficientes lugares de estacionamiento, de modo que un auto que llegue encuentre un lugar por lo menos el 90% de las veces.

```
Problem title: Example 15.5-1
[Titulo del problema: Ejemplo 15.5-1]
Scenario 1 — (M/M/1):(GD/*/*)
[Situación 1 — (M/M/1):(DG/*/*)]
```

Lambda =	4.00000	Lambda eff =	4.00000
		Lambda ef =	
Mu =	6.00000	Rho =	0.66667
		Ro =	
Ls =	2.00000	Lq =	1.33333
Ws =	0.50000	Wq =	0.33333

Values of p(n) for n = 0 to 25, else p(n) < .00001
[Valores de p(n) para n = 0 hasta 25, si no p(n) < 0.00001]

```
 0 0.33333    1 0.22222    2 0.14815    3 0.09877    4 0.06584
 5 0.04390    6 0.02926    7 0.01951    8 0.01301    9 0.00867
10 0.00578   11 0.00385   12 0.00257   13 0.00171   14 0.00114
15 0.00076   16 0.00051   17 0.00034   18 0.00023   19 0.00015
20 0.00010   21 0.00007   22 0.00004   23 0.00003   24 0.00002
25 0.00001
```

Cumulative values of p(n) for n = 0 to 25
[Valores acumulados de p(n) para n = 0 hasta 25]

```
 0 0.33333    1 0.55556    2 0.70370    3 0.80247    4 0.86831
 5 0.91221    6 0.94147    7 0.96098    8 0.97399    9 0.98266
10 0.98844   11 0.99229   12 0.99486   13 0.99657   14 0.99772
15 0.99848   16 0.99898   17 0.99932   18 0.99955   19 0.99970
20 0.99980   21 0.99987   22 0.99991   23 0.99994   24 0.99996
25 0.99997
```

Figura 15-5

Si s representa el número deseado de lugares de estacionamiento, el requisito es equivalente a decir que el número de clientes *en el sistema* debe ser por lo menos uno menos que el número máximo que el sistema entero (s lugares de estacionamiento más un servidor) puede recibir. La condición se reduce a

$$p_0 + p_1 + \cdots + p_s \geq 0.9$$

De la figura 15-5, el valor acumulado de p_n es 0.86831 para $n = 4$ y de 0.91221 para $n = 5$. Esto significa que el número de espacios s para estacionamiento debe ser por lo menos de 5.

Podemos obtener más información acerca de la operación de la instalación de lavado de autos. Por ejemplo, el porcentaje de tiempo que la instalación está inactiva es igual a la probabilidad de que no haya automóviles en el lugar; es decir, $p_0 \cong 0.33$, lo que significa que la instalación de servicio está inactiva el 33% del tiempo. Por otro lado, el tiempo de espera calculado desde el momento en que llega el automóvil hasta que sale, puede ser de utilidad para determinar la comodidad del servicio, desde el punto de vista del cliente. De la figura 15-5, vemos que W_s = 0.5 horas. Este tiempo parece ser muy largo y el gerente de la instalación de servicio debe idear un medio de acelerar la tasa de servicio. ◀

Ejercicio 15.5-1
En el ejemplo 15.5-1:
(a) Determine la probabilidad de que un automóvil que llega deberá esperar antes de ser lavado. [*Resp.* 0.6667.]
(b) Si hay seis espacios de estacionamiento fuera de la instalación, determine la probabilidad de que un automóvil que llegue no encontrará un espacio para estacionarse. [*Resp.* $p_{n \geq 7} = 0.05853$.]

Distribución del tiempo de espera basada en la disciplina de servicio FCFS

En el análisis de $(M/M/1):(DG/\infty/\infty)$, la obtención de p_n se muestra completamente independiente de la disciplina de servicio. Esto significa que W_s y W_q, los tiempos de espera *estimados* en el sistema y en la línea de espera, son también completamente independientes de la disciplina de servicio, ya que se pueden determinar a partir de $W_s = L_s/\lambda$ y $W_q = L_q/\lambda$.

Aunque el tiempo de espera *estimado* es independiente de la disciplina de servicio, su función (distribución) densidad de probabilidad depende del tipo de disciplina de servicio que se utilice. Por lo tanto, aunque las distribuciones pueden diferir según la disciplina de servicio, sus valores esperados se mantienen sin cambio. Aquí ilustramos cómo se obtiene la fdp del tiempo de espera para el modelo de espera anterior basado en la disciplina FCFS. Sea τ el tiempo que una persona que *llega debe* esperar en el *sistema*; esto es, hasta que se realiza su servicio. Con base en la disciplina de servicio FCFS, si un cliente que llega encuentra n personas delante de él en el sistema,

$$\tau = t'_1 + t_2 + \cdots + t_{n+1}$$

donde t_1' es el tiempo que tarda en salir el cliente que está siendo atendido y t_2, t_3, ..., t_n son los tiempos de servicio para los $n - 1$ clientes en la línea. El tiempo t_{n+1}, por consiguiente, representa el tiempo de servicio para el cliente que llega.

Sea $w(\tau \mid n + 1)$ la función densidad de probabilidad, fdp, condicional de τ dados n clientes en el sistema antes del cliente que llega. Ya que t_i para toda i, está exponencialmente distribuida, por la propiedad de que no existe memoria (sección 15.2), t_1' también tendrá la misma distribución exponencial que t_2, t_3, ..., y t_{n+1}. En consecuencia, τ es la suma de $n + 1$ distribuciones exponenciales idénticamente distribuidas e independientes. Esto significa que $w(\tau \mid n + 1)$ tiene distribución gamma con parámetros $(\mu, n + 1)$. Por consiguiente,

$$w(\tau) = \sum_{n=0}^{\infty} w(\tau \mid n+1) p_n = \sum_{n=0}^{\infty} \frac{\mu(\mu\tau)^n e^{-\mu\tau}}{n!} (1-\rho)\rho^n$$

$$= (1-\rho)\mu e^{-\mu\tau} \sum_{n=0}^{\infty} \frac{(\lambda\tau)^n}{n!} = \mu(1-\rho) e^{-\mu(1-\rho)\tau}, \quad \tau > 0$$

la cual es una distribución exponencial con media

$$E\{\tau\} = \frac{1}{\mu(1-\rho)}$$

La media $E\{\tau\}$ realmente es igual a W_s el tiempo promedio de espera en el sistema.

El conocimiento de la distribución del tiempo de espera puede proporcionar información que no se puede obtener de ninguna otra manera. Por ejemplo, podemos tener una idea acerca de la "confiabilidad" de W_s al indicar el tiempo real que esperan los clientes calculando la probabilidad de que los clientes esperarán más de $W_s = 1/\mu(1 - \rho)$; esto es,

$$P\{\tau > W_s\} = 1 - \int_0^{W_s} w(\tau)\, dt$$

$$= e^{-\mu(1-\rho)W_s}$$

$$= e^{-1} \cong 0.368$$

Por lo tanto, con la disciplina FCFS, el 36.8% de los clientes esperarán más del tiempo de espera promedio W_s. Naturalmente, esta probabilidad cambiará con la disciplina de servicio e intuitivamente, debe ser mayor para las disciplinas SIRO y LCFS.

Ejercicio 15.5-2

En el ejemplo 15.5-1, obtenga lo siguiente:
(a) La desviación estándar del tiempo de espera en el sistema.
 [*Resp.* Desviación estándar = 0.5]
(b) La probabilidad de que el tiempo de espera en el sistema variará la mitad de una desviación estándar en torno a su valor medio.
 [*Resp.* Probabilidad = 0.3834.]

15.5.2 (M/M/1) : (DG/N/∞)

La única diferencia entre este modelo y el $(M/M/1):(DG/\infty/\infty)$ es que el número máximo de clientes permitido en el sistema es N (longitud máxima de la línea de espera = $N-1$). Esto significa que cuando haya N clientes en el sistema, se impiden todas las nuevas llegadas o no se les permite unirse a la línea de espera. En términos del modelo generalizado esta situación se traduce en

$$\lambda_n = \begin{cases} \lambda, & n = 0, 1, 2, \ldots, N-1 \\ 0, & n = N, N+1, \ldots \end{cases}$$

$$\mu_n = \mu \quad \text{para toda } n = 0, 1, 2, \ldots$$

Haciendo $\rho = \lambda/\mu$, obtenemos

$$p_n = \begin{cases} \rho^n p_0, & n \leq N \\ 0, & n > N \end{cases}$$

El valor de p_0 se determina con la ecuación

$$\sum_{n=0}^{N} p_n = 1, \quad \text{que da} \quad p_0(1 + \rho + \rho^2 + \cdots + \rho^N) = 1$$

o bien

$$p_0 = \begin{cases} \dfrac{1-\rho}{1-\rho^{N+1}}, & \rho \neq 1 \\ \dfrac{1}{N+1}, & \rho = 1 \end{cases}$$

Las fórmulas para p_n pueden resumirse como

$$\boxed{p_n = \begin{cases} \dfrac{1-\rho}{1-\rho^{N+1}} \rho^n, & \rho \neq 1 \\ \dfrac{1}{N+1}, & \rho = 1 \end{cases} \quad n = 0, 1, 2, \ldots, N \quad (M/M/1):(DG/N/\infty)}$$

Obsérvese que $\rho = \lambda/\mu$ *no* necesita ser menor que 1 como en el caso del modelo $(M/M/1):(DG/\infty/\infty)$. En forma intuitiva advertimos este resultado porque el número que se admite en el sistema está controlado por la longitud de la línea de espera ($= N-1$), y no por las tasas relativas de llegadas y salidas, λ y μ.

Usando el valor anterior de p_n, encontraremos que el número esperado en el sistema se calcula como sigue:

$$L_s = E\{n\} = \sum_{n=0}^{N} n p_n$$

$$= \frac{1-\rho}{1-\rho^{N+1}} \sum_{n=0}^{N} n\rho^n$$

$$= \frac{1-\rho}{1-\rho^{N+1}} \rho \frac{d}{d\rho}\left(\frac{1-\rho^{N+1}}{1-\rho}\right)$$

$$= \frac{\rho\{1-(N+1)\rho^N + N\rho^{N+1}\}}{(1-\rho)(1-\rho^{N+1})}$$

o bien

$$L_s = \begin{cases} \dfrac{\rho\{1-(N+1)\rho^N + N\rho^{N+1}\}}{(1-\rho)(1-\rho^{N+1})}, & \rho \neq 1 \\ \dfrac{N}{2}, & \rho = 1 \end{cases}$$

Las medidas L_q, W_s y W_q se pueden deducir a partir de L_s, una vez que se determina la tasa efectiva de llegada λ_{ef}. De la sección 15.4.2 tenemos

$$\lambda_{ef} = \lambda(p_0 + p_1 + \cdots + p_{N-1}) + 0 p_N$$

Obtenemos así

$$\lambda_{ef} = \lambda(1 - p_N)$$

La fórmula para λ_{ef} tiene sentido porque la probabilidad de que un cliente no sea capaz de unirse al sistema es p_N. Así, la probabilidad de clientes que pueden unirse al sistema es $(1 - p_N)$, lo que conduce directamente a la fórmula para λ_{ef}. Usando L_s y λ_{ef}, obtenemos

$$L_q = L_s - \frac{\lambda_{ef}}{\mu} = L_s - \frac{\lambda(1-p_N)}{\mu}$$

$$W_q = \frac{L_q}{\lambda_{ef}} = \frac{L_q}{\lambda(1-p_N)}$$

$$W_s = W_q + \frac{1}{\mu} = \frac{L_s}{\lambda(1-p_N)}$$

Se puede demostrar que

$$\lambda_{ef} = \mu(L_s - L_q) = \lambda(1 - p_N)$$

(véase el problema 15-58).

Ejemplo 15.5-2

Considere la instalación de lavado de autos del ejemplo 15.5-1. Suponga que la instalación tiene un total de 4 lugares de estacionamiento. Si el estacionamiento está lleno, los carros que lleguen buscarán servicio en otra parte.

Observando que $N = 4 + 1 = 5$, encontramos que la salida de TORA del modelo es como el que se da en la figura 15.6. Una información que puede interesar al propietario de la instalación es saber cuántos clientes se pierden debido al limitado espacio de estacionamiento. Esto equivale a determinar el valor de λ_{p_N} o bien, equivalentemente, $\lambda - \lambda_{ef}$. De la figura 15-6,

$$\lambda - \lambda_{ef} = 4 - 3.8075 = 0.1925 \text{ autos/hora}$$

o bien, con base en un día de ocho horas, la instalación pierde aproximadamente 2 ($\cong 8 \times 0.1925$) autos por día en promedio o sea, $(2/4 \times 8) \times 100 = 6.25\%$ de todos los carros que llegan por día. Una decisión respecto a incrementar el tamaño del estacionamiento a más de 4 lugares debe basarse en el "valor" de clientes perdidos.

```
Problem title: Example 15.5-2
[Título del problema: Ejemplo 15.5-2]
Scenario 1 — (M/M/1):(GD/5/*)
[Situación 1 — (M/M/1):(DG/5/*)]
```

Lambda =	4.00000	Lambda eff =	3.80752
		Lambda ef =	
Mu =	6.00000	Rho =	0.66667
		Ro =	
Ls =	1.42256	Lq =	0.78797
Ws =	0.37362	Wq =	0.20695

Values of p(n) for n = 0 to 5, else p(n) < .00001
[Valores de p(n) para n = 0 hasta 5, si no p(n) < 0.00001]

  0 0.36541   1 0.24361   2 0.16241   3 0.10827   4 0.07218
  5 0.04812

Cumulative values of p(n) for n = 0 to 5
[Valores acumulados de p(n) para n = 0 hasta 5]

  0 0.36541   1 0.60902   2 0.77143   3 0.87970   4 0.95188
  5 1.00000

Figura 15-6

El tiempo total esperado desde el momento de llegada de un auto hasta que se lava es $W_s = 0.3736$ horas (aproximadamente 22 minutos) que es menor que $W_s \cong 30$ minutos para el caso cuando todos los autos son admitidos en la instalación (ejemplo 15.5-1). Esta reducción de aproximadamente 25% se logra a costa de perder un promedio de 6.25% de los autos que llegan por día, debido a la falta de espacios de estacionamiento. ◀

Ejercicio 15.5-3
En el ejemplo 15.5-2, calcule:
(a) La probabilidad de que un carro que llegue reciba servicio inmediatamente.
 [*Resp.*: 0.36541.]
(b) El tiempo estimado de espera hasta que un servicio comienza.
 [*Resp.*: 12.4 minutos.]
(c) El número esperado de lugares de estacionamiento ocupados.
 [*Resp.*: 0.7879 lugar.]

15.5.3 (*M/M/c*):(*DG*/∞/∞)

En este modelo los clientes llegan con una tasa constante λ y un máximo de c clientes pueden ser atendidos simultáneamente. La tasa de servicio por servidor activo es también constante e igual a μ. De la sección 15.4.2 tenemos que $\lambda_{ef} = \lambda$.

El efecto último de usar c servidores paralelos es acelerar la tasa de servicio al permitir servicios simultáneos. Si el número de clientes en el sistema, n, es igual o excede a c, la tasa combinada de salidas de la instalación es $c\mu$. Por otra parte, si n es menor que c, la tasa de servicio es igual a $n\mu$. Así, en términos del modelo generalizado (sección 15.4.1), tenemos

$$\lambda_n = \lambda, \qquad n \geq 0$$
$$\mu_n = \begin{cases} n\mu, & n \leq c \\ c\mu, & n \geq c \end{cases}$$

Calculamos así p_n para $n \leq c$ como

$$p_n = \frac{\lambda^n}{\mu(2\mu)(3\mu)\cdots(n\mu)} p_0$$
$$= \frac{\lambda^n}{n!\mu^n} p_0$$

y para $n \geq c$, se tiene

$$p_n = \frac{\lambda^n}{\mu(2\mu)\cdots(c-1)\mu\underbrace{(c\mu)(c\mu)\cdots(c\mu)}_{(n-c)\text{ veces}}} p_0$$

$$= \frac{\lambda^n}{c!\,c^{n-c}\mu^n} p_0$$

Si hacemos $\rho = \lambda/\mu$, el valor de p_0 se determina de la expresión $\sum_{n=0}^{\infty} p_n = 1$, que da

$$p_0 = \left\{ \sum_{n=0}^{c-1} \frac{\rho^n}{n!} + \frac{\rho^c}{c!} \sum_{n=c}^{\infty} \frac{\rho^{n-c}}{c^{n-c}} \right\}^{-1} = \left\{ \sum_{n=0}^{c-1} \frac{\rho^n}{n!} + \frac{\rho^c}{c!} \sum_{j=0}^{\infty} \left(\frac{\rho}{c}\right)^j \right\}^{-1}$$

$$= \left\{ \sum_{n=0}^{c-1} \frac{\rho^n}{n!} + \frac{\rho^c}{c!} \left(\frac{1}{1-\rho/c}\right) \right\}^{-1}, \quad \frac{\rho}{c} < 1$$

Entonces

$$p_n = \begin{cases} \left(\frac{\rho^n}{n!}\right) p_0, & 0 \le n \le c \\ \left(\frac{\rho^n}{c^{n-c}c!}\right) p_0, & n > c \end{cases} \quad (M/M/c):(DG/\infty/\infty)$$

$$p_0 = \left\{ \sum_{n=0}^{c-1} \frac{\rho^n}{n!} + \frac{\rho^c}{c!(1-\rho/c)} \right\}^{-1}$$

donde

$$\frac{\rho}{c} < 1 \quad \text{o bien} \quad \frac{\lambda}{\mu c} < 1$$

La expresión para L_q se obtiene como sigue

$$L_q = \sum_{n=c}^{\infty} (n-c) p_n = \sum_{k=0}^{\infty} k p_{k+c} = \sum_{k=0}^{\infty} \frac{k \rho^{k+c}}{c^k c!} p_0$$

$$= p_0 \frac{\rho^c}{c!} \frac{\rho}{c} \sum_{k=0}^{\infty} k \left(\frac{\rho}{c}\right)^{k-1} = p_0 \frac{\rho^c}{c!} \frac{\rho}{c} \left[\frac{1}{(1-\rho/c)^2}\right]$$

$$= \left[\frac{\rho^{c+1}}{(c-1)!(c-\rho)^2}\right] p_0 = \left[\frac{c\rho}{(c-\rho)^2}\right] p_c$$

Obtenemos así

$$L_q = \frac{\rho^{c+1}}{(c-1)!(c-\rho)^2} p_0 = \left[\frac{c\rho}{(c-\rho)^2}\right] p_c$$

$$L_s = L_q + \rho$$

$$W_q = \frac{L_q}{\lambda}$$

$$W_s = W_q + \frac{1}{\mu}$$

Las operaciones asociadas con este modelo pueden ser tediosas. Morse [(1958), pág. 103] da dos aproximaciones útiles para p_0 y L_q. Para ρ mucho menor que 1,

$$p_0 \cong 1 - \rho \qquad y \qquad L_q \cong \frac{\rho^{c+1}}{c^2}$$

y para ρ/c muy próxima a 1.

$$p_0 \cong \frac{(c-\rho)(c-1)!}{c^c} \qquad y \qquad L_q \cong \frac{\rho}{c-\rho}$$

Ejemplo 15.5-3

En una pequeña ciudad operan dos compañías de autos de alquiler. Cada una de las compañías posee dos autos de alquiler y se sabe que comparten el mercado casi en partes iguales. Esto lo hace evidente el hecho que las llamadas llegan a la oficina de despacho de cada compañía a la tasa de 10 por hora. El tiempo promedio por dejada es 11.5 minutos. La llegada de llamadas sigue una distribución de Poisson, mientras que los tiempos de dejada son exponenciales.

Las dos compañías fueron compradas hace poco por uno de los hombres de negocios de la ciudad. Después de tomar el mando de las dos compañías su primera acción fue intentar reunir las dos, en una oficina de despacho, con la esperanza de ofrecer un servicio más rápido a sus clientes. Sin embargo, observó que el uso (la razón de las llamadas que llegan por hora a las dejadas) de cada compañía es

$$100 \frac{\lambda}{c\mu} = \frac{100 \times 10}{2 \times (60/11.5)} = 95.8\%$$

(Obsérvese que cada automóvil representa un servidor.) Como resultado, el costo de reubicar las dos compañías en una oficina puede no ser justificable puesto que cada una de las oficinas de despacho actuales parece estar "demasiado ocupada", como lo indica el elevado factor de uso.

Para analizar el problema del nuevo dueño, necesitamos básicamente hacer una comparación entre las dos situaciones que siguen:

1. Dos líneas de espera independientes, cada una del tipo $(M/M/2):(DG/\infty/\infty)$ con $\lambda = 10$ llamadas por hora y $\mu = 5.217$ dejadas por hora.
2. Una línea de espera del tipo $(M/M/4):(DG/\infty/\infty)$ con $\lambda = 2 \times 10 = 20$ llamadas por hora y $\mu = 5.217$ dejadas por hora.

Obsérvese que en ambos casos, μ representa el número de dejadas que puede hacer un *solo* automóvil por hora.

El factor de uso en la segunda situación es

$$\frac{100\lambda}{c\mu} = \frac{100 \times 20}{4 \times 5.217} = 95.8\%$$

que, desde luego, se mantiene igual a los factores de uso cuando las dos oficinas de despacho se mantienen sin reunir. Este resultado parece confirmar la sospecha

Problem title: Example 15.5-3
[Título del problema: Ejemplo 15.5-3]
Comparative measures: Nbr of scenarios = 2
Medidas comparativas: número de situaciones = 2

Nbr Número	c	Lambda	Mu	L'da__eff Lambda ef	Ls	Ws	Lq	Wq
1	2	10.000	5.217	10.000	23.531	2.353	21.614	2.161
2	4	20.000	5.217	20.000	24.786	1.239	20.952	1.048

Figura 15-7

del propietario de que la reunión no está justificada. Sin embargo, si consideramos otras medidas de desempeño, la imagen será diferente. Específicamente, calcularemos el tiempo de espera estimado de un cliente hasta que se le envía un taxi. La figura 15-7 proporciona las salidas de TORA para las dos situaciones.

Los resultados muestran que W_q = 2.161 horas para el caso de dos líneas de espera y 1.048 horas cuando están unidas. Esto significa que el tiempo estimado de espera hasta que llega un taxi se reduce aproximadamente en un 50%. La conclusión es que la **unión de servicios** conducirá normalmente a una operación más efectiva, en cuanto a ofrecer un servicio más rápido a los clientes, aun si la utilización de ambos servicios por separado es alta (o sea, de 95.8% en este ejemplo). (Desde luego, el dueño tiene más por qué preocuparse ya que, aun después de reunir las dos compañías, esperar más de una hora por un servicio de 10 minutos es demasiado. Evidentemente, necesita incrementar el número de taxis.) ◄

Ejercicio 15.5-4
En el ejemplo 15.5-3, utilice TORA para determinar:
(a) La probabilidad que *todos* los autos de las dos compañías reciben llamadas.
[*Resp.*: 0.938.]
(b) El porcentaje de tiempo que *todos* los autos de las compañías reunidas reciben llamadas.
[*Resp.* 0.9093. Es interesante observar que el porcentaje de ocupación total es menor cuando las dos compañías están reunidas en una sola, aunque el tiempo de espera W_q se reduce a la mitad.]
(c) El número esperado de autos desocupados en los dos casos.
[*Resp.*: 0.083 y 0.166.]

15.5.4 (M/M/c):(DG/N/∞), c ≤ N

Esta situación de espera difiere de $(M/M/c):(DG/\infty/\infty)$ en que se impone un límite N sobre la capacidad del sistema (es decir, tamaño máximo de la línea de espera = $N - c$). En términos del modelo generalizado (sección 15.4.1) λ_n y μ_n para el modelo actual están dadas por

$$\lambda_n = \begin{cases} \lambda, & 0 \leq n < N \\ 0, & n \geq N \end{cases}$$

$$\mu_n = \begin{cases} n\mu, & 0 \leq n \leq c \\ c\mu, & c \leq n \leq N \end{cases}$$

Líneas de espera especializadas de Poisson

Sustituyendo por λ_n y μ_n en la expresión general de p_n y observando que $\rho = \lambda/\mu$, se obtiene

$$p_n = \begin{cases} \dfrac{\rho^n}{n!} p_0, & 0 \leq n \leq c \\ \dfrac{\rho^n}{c! c^{n-c}} p_0, & c \leq n \leq N \end{cases} \qquad (M/M/c):(DG/N/\infty)$$

donde

$$p_0 = \begin{cases} \left[\displaystyle\sum_{n=0}^{c-1} \dfrac{\rho^n}{n!} + \dfrac{\rho^c(1-(\rho/c)^{N-c+1})}{c!(1-\rho/c)}\right]^{-1}, & \rho/c \neq 1 \\ \left[\displaystyle\sum_{n=0}^{c-1} \dfrac{\rho^n}{n!} + \dfrac{\rho^c}{c!}(N-c+1)\right]^{-1}, & \rho/c = 1 \end{cases}$$

Nótese que la única diferencia entre p_n en este modelo y $(M/M/c):(DG/\infty/\infty)$ ocurre en la expresión de p_0. Obsérvese también que el *factor de uso* ρ/c no necesita ser menor que 1.

A continuación, calculamos L_q:

$$L_q = \sum_{n=c+1}^{N} (n-c)p_n = \sum_{j=1}^{N-c} j p_{j+c} = p_0 \frac{\rho^c}{c!} \frac{\rho}{c} \sum_{j=1}^{N-c} j\left(\frac{\rho}{c}\right)^{j-1}$$

$$\doteq p_0 \frac{\rho^{c+1}}{(c-1)!(c-\rho)^2} \left\{ 1 - \left(\frac{\rho}{c}\right)^{N-c} - (N-c)\left(\frac{\rho}{c}\right)^{N-c}\left(1 - \frac{\rho}{c}\right) \right\}$$

Por tanto, tenemos

$$L_q = \begin{cases} p_0 \dfrac{\rho^{c+1}}{(c-1)!(c-\rho)^2} \left\{ 1 - \left(\dfrac{\rho}{c}\right)^{N-c} - (N-c)\left(\dfrac{\rho}{c}\right)^{N-c}\left(1 - \dfrac{\rho}{c}\right) \right\}, & \rho/c \neq 1 \\ p_0 \dfrac{\rho^c(N-c)(N-c+1)}{2c!}, & \rho/c = 1 \end{cases}$$

$$L_s = L_q + (c - \bar{c}) = L_q + \frac{\lambda_{\text{ef}}}{\mu}$$

668 Modelos de líneas de espera [C.15]

donde

$$\bar{c} = \text{número estimado de servidores inactivos} = \sum_{n=0}^{c}(c-n)p_n$$

$$\lambda_{ef} = \lambda(1-p_N) = \mu(c-\bar{c})$$

Obsérvese la interpretación de λ_{ef} en este caso. Como $(c - \bar{c})$ representa el número esperado de canales ocupados, $\mu(c - \bar{c})$ representa el número real de clientes atendidos por tiempo unitario y, por lo tanto, la tasa efectiva de llegadas.

Ejemplo 15.5-4

En el problema de la reunión de compañías de autos de alquiler unificada (ejemplo 15.5-3), aunque el dueño comprende que el tiempo de espera calculado es excesivo, no puede obtener fondos para comprar otras unidades. Para resolver el problema de la espera excesiva, pese a ello, instruyó a la oficina de despacho a dar una disculpa a los posibles clientes por la falta de disposición de automóviles una vez que la lista de espera ascienda a 16 clientes.

Para estudiar el efecto de la decisión del dueño sobre el tiempo de espera, comprendemos que tener una lista de espera de 16 clientes es equivalente a tener 16 + 4 = 20 clientes en el sistema, ya que la compañía tiene 4 automóviles (servidores).

Problem title: Example 15.5-4
[Título del problema: Ejemplo 15.5-4]
Scenario 1 — (M/M/4):(GD/20/*)
[Situación 1 — (M/M/1):(DG/20/)]

Lambda =	20.00000	Lambda eff =	19.31347
		Lambda ef =	
Mu =	5.21700	Rho =	3.83362
		Ro =	
Ls =	9.55634	Lq =	5.85431
Ws =	0.49480	Wq =	0.30312

Values of p(n) for n = 0 to 20, else p(n) < .00001
[Valores de p(n) para n = 0 hasta 20, si no p(n) < 0.00001]

0 0.00753	1 0.02886	2 0.05531	3 0.07068	4 0.06774
5 0.06492	6 0.06222	7 0.05963	8 0.05715	9 0.05478
10 0.05250	11 0.05031	12 0.04822	13 0.04622	14 0.04429
15 0.04245	16 0.04068	17 0.03899	18 0.03737	19 0.03582
20 0.03433				

Cumulative values of p(n) for n = 0 to 20
[Valores acumulados de p(n) para n = 0 hasta 20]

0 0.00753	1 0.03638	2 0.09169	3 0.16237	4 0.23011
5 0.29503	6 0.35726	7 0.41689	8 0.47404	9 0.52882
10 0.58132	11 0.63163	12 0.67985	13 0.72607	14 0.77036
15 0.81281	16 0.85349	17 0.89249	18 0.92986	19 0.96567
20 1.00000				

Figura 15-8

15.5] Líneas de espera especializadas de Poisson 669

Por lo tanto, el modelo de espera se reduce a $(M/M/4):(DG/20/\infty)$, donde $\lambda = 20$ por hora y $\mu = 5.217$ por hora. En la figura 15-8 se da la salida de TORA.

El tiempo de espera estimado W_q antes de fijar un límite sobre la capacidad del sistema era de 1.05 horas, que es tres veces mayor que el nuevo tiempo de espera calculado de 0.303 ($\cong$ 18 minutos). Nótese que esta notable reducción se logra a expensas de perder cerca de 3.4% de los clientes potenciales ($p_{20} = 0.03433$). Desde luego, el resultado no indica qué efecto tendrá, a la larga, la posible pérdida de la buena voluntad de los clientes en la operación de la compañía. ◀

Ejercicio 15.5-5
En el ejemplo 15.5-4, obtenga:
(a) El número esperado de taxis inactivos.
[*Resp.* $\bar{c} = 0.298$.]
(b) La probabilidad de que a un cliente que llame se le dirá que no hay autos disponibles.
[*Resp.* $p_{20} = 0.03433$.]

15.5.5 $(M/M/\infty):(DG/\infty/\infty)$—MODELO DE AUTOSERVICIO

En este modelo, el número de servidores es ilimitado porque el cliente mismo es también el servidor. Este es normalmente el caso en los establecimientos de autoservicio. Un ejemplo común es tomar la parte escrita de una prueba para obtener la licencia de conductor. Sin embargo, debemos tener cuidado de que situaciones como las gasolineras de autoservicio o los bancos con servicio las 24 horas no se clasifiquen en esta categoría de modelo. Esta conclusión se obtiene porque en estos casos los servidores son en realidad la bomba de gasolina y la computadora del banco, aunque el cliente es el que opera el equipo.

Una vez más en términos del modelo generalizado se tiene

$$\lambda_n = \lambda, \quad \text{para toda } n \geq 0$$
$$\mu_n = n\mu, \quad \text{para toda } n \geq 0$$

La sustitución directa en la expresión de p_n produce

$$p_n = \frac{\lambda^n}{n!\,\mu^n} p_0 = \frac{\rho^n}{n!} p_0$$

Ya que $\Sigma_{n=0}^{\infty} p_n = 1$, se deduce que

$$p_0 = \frac{1}{1 + \rho + \frac{\rho^2}{2!} + \cdots} = \frac{1}{e^\rho} = e^{-\rho}$$

Como resultado,

$$p_n = \frac{e^{-\rho}\rho^n}{n!}, \quad n = 0, 1, 2, \ldots \quad (M/M/\infty):(DG/\infty/\infty)$$

Modelos de líneas de espera

Tabla 15-1

Medida	$\rho = .1$				$\rho = 9$			
	$M/M/10$	$M/M/20$	$M/M/50$	$M/M/\infty$	$M/M/10$	$M/M/20$	$M/M/50$	$M/M/\infty$
W_s	0.1	0.1	0.1	0.1	1.6	1.0	1.0	1.0
W_q	0.25×10^{-18}	0.18×10^{-40}	0	0	0.668	0.0001	0.6×10^{-22}	0
L_s	0.1	0.1	0.1	0.1	15.02	9.0	9.0	9.0
L_q	0.25×10^{-18}	0.18×10^{-40}	0	0	6.02	0.0092	0.56×10^{-21}	0
p_0	0.90484	0.90484	0.90484	0.90484	0.00007	0.00012	0.00012	0..00012

que es de Poisson con media $E\{n\} = \rho$. También tenemos

$$L_s = E\{n\} = \rho$$
$$W_s = \frac{1}{\mu}$$
$$L_q = W_q = 0$$

Nótese que $W_q = 0$ porque cada cliente se atiende a sí mismo. Esta es la razón por la que W_s es igual al tiempo de servicio medio $1/\mu$.

Los resultados del modelo $(M/M/\infty):(DG/\infty/\infty)$ se pueden utilizar para determinar aproximadamente los de $(M/M/c):(DG/\infty/\infty)$ cuando c crece "lo suficiente". La ventaja es clara, ya que las operaciones son mucho más sencillas en el modelo $(M/M/\infty)$.

Demostramos la exactitud relativa de la aproximación presentando muestras de las medidas de desempeño de ambos modelos para diferentes valores de c y $\rho (= \lambda/\mu)$. En la tabla 15-1 se presenta un resumen de los resultados. (Los tres elementos finales de la notación de Kendall se eliminan por comodidad.)

Los cálculos demuestran que cuando ρ se hace chica (es decir, λ es mucho menor que μ), el modelo $(M/M/\infty)$ es una aproximación bastante exacta del modelo $(M/M/c)$ aun para c tan chica como 10.

15.5.6 $(M/M/R):(DG/K/K)$, $R < K$—MODELO DE SERVICIO DE MAQUINAS

Este modelo supone que se dispone de R técnicos en reparaciones para dar servicio a un total de K máquinas. Como una máquina descompuesta no puede generar nuevas llamadas mientras está en servicio, el modelo es un ejemplo de una fuente de llamadas finita.

El modelo se puede tratar como un caso especial del modelo generalizado. Si definimos λ como la tasa de descompostura *por máquina*, se tiene

$$\lambda_n = \begin{cases} (K-n)\lambda, & 0 \leq n \leq K \\ 0, & n \geq K \end{cases}$$

$$\mu_n = \begin{cases} n\mu, & 0 \leq n \leq R \\ R\mu, & R \leq n \leq K \\ 0, & n > K \end{cases}$$

Sustituyendo por λ_n y μ_n en la expresión de p_n se obtiene (verifíquese esto)

$$p_n = \begin{cases} \binom{K}{n}\rho^n p_0, & 0 \leq n \leq R \\ \binom{K}{n}\dfrac{n!\rho^n}{R!R^{n-R}} p_0, & R \leq n \leq K \end{cases} \quad (M/M/R):(DG/K/K)$$

$$p_0 = \left\{ \sum_{n=0}^{R} \binom{K}{n}\rho^n + \sum_{n=R+1}^{K} \binom{K}{n}\frac{n!\rho^n}{R!R^{n-R}} \right\}^{-1}$$

Las otras medidas están dadas por

$$L_q = \sum_{n=R+1}^{K} (n-R)p_n$$

$$L_s = L_q + (R - \bar{R}) = L_q + \frac{\lambda_{ef}}{\mu} \qquad (R > 1)$$

donde

$$\bar{R} = \text{número esperado de técnicos} = \sum_{n=0}^{R}(R-n)p_n$$

$$\lambda_{ef} = \mu(R - \bar{R}) = \lambda(K - L_s)$$

La segunda expresión de λ_{ef} se obtiene como sigue. Como la tasa de llegada dadas n máquinas en el sistema es $\lambda(K-n)$ (donde λ es la tasa de descompostura por máquina), en condiciones de estado estable

$$\lambda_{ef} = E\{\lambda(K-n)\} = \lambda(K - L_s)$$

Los resultados se aplican al caso de un solo técnico haciendo sencillamente $R = 1$. En este caso se puede probar que

672 Modelos de líneas de espera [C.15

$$L_q = K - \left(1 + \frac{1}{\rho}\right)(1 - p_0)$$

$$L_s = K - \frac{1 - p_0}{\rho}$$

$(R = 1)$

Ejemplo 15.5-5

Un taller de maquinaria tiene un total de 22 máquinas. En promedio, una máquina se descompone cada 2 horas. Toma 12 minutos en promedio, repararla. El propietario tiene interés en determinar el número de técnicos en reparación necesarios para mantener el taller funcionando en forma "razonablemente" fluida.

Podemos analizar la situación, investigando la eficiencia de la operación como una función del número de técnicos en reparación. Usando TORA con $\lambda = 0.5$ descomposturas por hora y $\mu = 5$ reparaciones por hora, la figura 15-9 resume algunos de los resultados del modelo como una función de $R = 1, 2, 3$ y 4.

En la figura 15-9, L_s representa básicamente el número promedio de máquinas descompuestas en cualquier momento. La *productividad* del taller se puede calcular entonces, como el número promedio de máquinas activas, dividido entre el número total de máquinas en el taller. La siguiente tabla resume los resultados (verifíquelos).

Técnicos en reparación, R	1	2	3	4
Productividad del taller (%)	45.44	80.15	88.79	90.45

Observando estos resultados notamos que incrementando el número de técnicos de 1 a 2, la productividad del taller pasa del inaceptable nivel de 45.44% al nivel razonable de 80.15%. El crecimiento marginal en la productividad que resulta de incrementar R de 2 a 3 o de 3 a 4 no es tan pronunciado. Podemos concluir entonces, que el número de técnicos debe ser por lo menos igual a 2. Cualquier incremento

Problem title: Example 15.5-6
[Título del problema: Ejemplo 15.5-6]
Comparative measures: Nbr of scenarios = 4
[Medidas comparativas: número de situaciones = 4]

Nbr Número	c	Lambda	Mu	L'da_eff Lambda ef	Ls	Ws	Lq	Wq
1	1	0.5000	5.000	4.998	12.004	2.402	11.004	2.202
2	2	0.5000	5.000	8.816	4.368	0.495	2.604	0.295
3	3	0.5000	5.000	9.767	2.466	0.252	0.513	0.052
4	4	0.5000	5.000	9.950	2.100	0.211	0.110	0.011

Figura 15-9

más allá de este nivel se debe basar en consideraciones económicas relativas al incremento en la producción, en comparación con los gastos adicionales de contratar más técnicos. Este aspecto se analizará con más detalle en el capítulo 16.

En los cálculos de la figura 15-9 podría sorprender que λ_{ef}, que es la tasa promedio de descomposturas en el taller, crezca con R. Observe que conforme aumenta el número de técnicos, las máquinas estarán activas con mayor frecuencia, incrementándose así también la frecuencia de las reparaciones. De hecho, podemos "hacer crítico" este punto citando el caso extremo de no tener ningún técnico, en cuyo caso λ_{ef} será nula, una vez que todas las máquinas estén inactivas. Este ejemplo sirve para demostrar que λ_{ef} no se puede utilizar en el modelo presente como una medida de la efectividad del servicio de reparación. ◀

Ejercicio 15.5-6
En el ejemplo 15-5-5 con $R = 4$:
(a) Muestre cómo se calcula λ_{ef}.
(b) Calcule el número esperado de técnicos en reparación inactivos.
[*Resp.*: 2.01]
(c) Calcule la probabilidad de que todos los técnicos en reparación estén ocupados.
[*Resp.*: 0.1545]

15.6 LINEAS DE ESPERA QUE NO OBEDECEN LA DISTRIBUCION DE POISSON

Los modelos de líneas de espera donde los procesos de llegada y/o salida no siguen las hipótesis de Poisson, conducen a resultados sumamente complejos y, tal vez, poco manejables. En general, es aconsejable en tales casos usar la simulación como herramienta de análisis (véase el capítulo 17).

En esta sección presentamos una de las pocas líneas de espera que no siguen la distribución de Poisson, pero para la cual se tienen resultados analíticos. Tiene que ver con el modelo $(M/G/1):(DG/\infty/\infty)$ donde el tiempo de servicio se describe por medio de una distribución general de probabilidades con media $E\{t\}$ y varianza var$\{t\}$. Desafortunadamente, el análisis de esta situación es algo restringido en el sentido de que no proporciona una expresión analítica manejable para las probabilidades p_n. En vez de esto, los resultados del modelo sólo proporcionan las medidas básicas de desempeño, L_s, L_q, W y W_q.

Sea λ la tasa de llegadas a una instalación con un solo servidor y, dadas $E\{t\}$ y var$\{t\}$ como la media y la varianza de la distribución del tiempo de servicio; se puede demostrar usando el análisis de cadenas de Markov que

$$L_s = \lambda E\{t\} + \frac{\lambda^2(E^2\{t\} + \text{var}\{t\})}{2(1 - \lambda E\{t\})} \quad (M/G/1):(DG/\infty/\infty)$$

donde $\lambda E\{t\} < 1$. Esta expresión se denomina **fórmula de Pollaczek-Khintchine (P-K)**. De esta fórmula se pueden obtener otras medidas de desempeño, tales como

$$W_s = \frac{L_s}{\lambda}$$

$$L_q = L - \lambda E\{t\}$$

$$W_q = \frac{L_q}{\lambda}$$

Note que la tasa de servicio está dada por $\mu = 1/E\{t\}$. En este modelo, $\lambda_{ef} = \lambda$.

Para el caso cuando el tiempo de servicio es aproximadamente constante, var$\{t\}$ = 0 y la fórmula P-K se reduce a

$$L_s = \rho + \frac{\rho^2}{2(1-\rho)} \qquad (M/D/1):(DG/\infty/\infty)$$

donde $\rho = \lambda/\mu$ y μ es la tasa constante de servicio.

Si el tiempo de servicio es tipo Erlang con parámetros m y μ, con $E\{t\} = 1/\mu$ y var$\{t\} = 1/m\mu^2$, la fórmula P-K da:

$$L = \rho + \frac{1+m}{2m}\left(\frac{\rho}{1-\rho}\right) \qquad (M/E_m/1):(DG/\infty/\infty)$$

Ejemplo 15.6-1

Supóngase que en el establecimiento de lavado de autos (ejemplo 15.5-1), el lavado lo realizan máquinas automáticas, de manera que el tiempo de servicio se puede considerar el mismo y constante para todos los autos. El ciclo de la máquina lavadora tarda exactamente 10 minutos.

Para analizar la situación, notamos que $\lambda = 4$ por hora (véase el ejemplo 15.5-1). Por otra parte, como el tiempo de servicio es constante, tenemos $E\{t\} = 10/60 = 1/6$ hora y var$\{t\} = 0$. Por lo tanto

$$L_s = 4(1/6) + \frac{4^2[(1/6)^2 + 0]}{2(1 - 4/6)} = 1.333 \text{ automóviles}$$

$$L_q = 1.333 - (4/6) = 0.667 \text{ automóviles}$$

$$W_s = \frac{1.333}{4} = 0.333 \text{ hora}$$

$$W_q = \frac{0.667}{4} = 0.167 \text{ hora}$$

(También se puede usar TORA para obtener los resultados anteriores.)

Resulta interesante que a pesar de que las tasas de llegada y salida ($\lambda = 4$ y $\mu = 1/E\{t\} = 6$) de este ejemplo son exactamente iguales a las del ejemplo 15.5-1, donde las llegadas y salidas son de Poisson, los tiempos de espera estimados son menores en la situación actual donde el tiempo de servicio es constante. Es decir, tenemos

	Llegadas y salidas de Poisson	Llegadas de Poisson y tiempo de servicio constante
W_s	0.5 hora	0.333 hora
W_q	0.333 hora	0.167 hora

Esta conclusión es sensata porque un tiempo de servicio constante indica *mayor certeza* en la operación del establecimiento, con el resultado de que se reduce el tiempo de espera calculado.

15.7 LÍNEAS DE ESPERA CON PRIORIDADES DE SERVICIO

En los modelos de espera con prioridad, se supone que se forman varias líneas de espera en paralelo enfrente del establecimiento con cada línea de espera, incluyendo a los clientes que pertenezcan a cierto orden de prioridad. Si la instalación tiene m líneas de espera o filas, suponemos que la fila 1 tiene la más alta prioridad de servicio y la línea de espera m incluye a clientes con la más baja prioridad. Las tasas de llegada y servicio pueden variar para las diferentes filas de prioridad. Sin embargo, supondremos que los clientes formados en cada línea de espera son atendidos sobre la base FCFS.

El servicio de prioridad puede seguir una de dos reglas:

1. Regla **de prioridad**, donde el servicio de un cliente de más baja prioridad puede ser interrumpido para favorecer a un cliente que llegue con más alta prioridad.

2. Regla de **no prioridad**, donde un cliente, una vez que está siendo atendido, saldrá del establecimiento sólo después de que acabe de ser atendido e independientemente de la prioridad del cliente que llegue.

En esta sección no se abordará el caso con prioridad. Dos modelos de no prioridad que se aplican a servidores únicos y múltiples, se presentan en esta sección. El modelo del servidor único supone llegadas de Poisson y distribuciones de servicio arbitrarias. En el caso de los servidores múltiples, las llegadas y salidas siguen la distribución de Poisson. El símbolo NPRP se utiliza con la notación de Kendall para representar la disciplina de no prioridad; M_i y G_i representan distribuciones de Poisson y arbitraria.

15.7.1 $(M_i/G_i/1):(NPRP/\infty/\infty)$

Sea $F_i(t)$ la FDA de la distribución de tiempo de servicio arbitraria para la i-ésima línea de espera ($i = 1, 2,..., m$) y sea $E_i\{t\}$ y $\text{var}_i\{t\}$ la media y la varianza, respectivamente. Sea λ_i la tasa de llegada en la i-ésima línea de espera por el tiempo unitario.

Defínanse $L_q^{(k)}$, $L_s^{(k)}$, $W_q^{(k)}$ y $W_s^{(k)}$ en la forma habitual salvo que ahora representan las medidas de la k-ésima línea de espera. Por lo tanto, los resultados de esta situación están dados por

$$W_q^{(k)} = \frac{\sum_{i=1}^{m} \lambda_i (E_i^2\{t\} + \text{var}_i\{t\})}{2(1 - S_{k-1})(1 - S_k)}$$
$$L_q^{(k)} = \lambda_k W_q^{(k)} \qquad (M_i/G_i/1):(NPRP/\infty/\infty)$$
$$W_s^{(k)} = W_q^{(k)} + E_k\{t\}$$
$$L_s^{(k)} = L_q^{(k)} + \rho_k$$

donde

$$\rho_k = \lambda_k E_k\{t\}$$
$$S_k = \sum_{i=1}^{k} \rho_i < 1, \qquad k = 1, 2, \ldots, m$$
$$S_0 \equiv 0$$

Obsérvese que W_q, el tiempo de espera estimado en la línea para *cualquier* cliente sin importar su prioridad, está dado por

$$W_q = \sum_{k=1}^{m} \frac{\lambda_k}{\lambda} W_q^{(k)}$$

donde $\lambda = \sum_{i=1}^{m} \lambda_i$ y λ_k/λ es el peso relativo de $W_q^{(k)}$. Un resultado similar se aplica a W_s.

Ejemplo 15.7-1

A un taller de producción llegan trabajos en tres categorías: orden de urgencia, orden regular o normal y orden de baja prioridad. Aunque los trabajos urgentes son procesados antes que cualquier otro trabajo y los trabajos regulares o normales tienen preferencia sobre las órdenes con baja prioridad, cualquier trabajo, una vez empezado, deberá terminarse antes de que se inicie uno nuevo. La llegada de órdenes de trabajo de las tres categorías son de Poisson con medias 4, 3 y 1 por día. Las tasas de servicio respectivas son constantes e iguales a 10, 9 y 5 por día.

En esta situación de espera, tenemos tres líneas de espera de no prioridad. Supóngase que las líneas de espera 1, 2 y 3 representan las tres categorías de trabajos en el orden que se indica en la descripción del problema. Por lo tanto, se tiene

$$\rho_1 = \lambda_1 E\{t_1\} = 4(1/10) = 0.4$$
$$\rho_2 = 3(1/9) = 0.333$$
$$\rho_3 = 1(1/5) = 0.2$$

Se tiene asimismo

$$S_1 = \rho_1 = 0.4$$
$$S_2 = \rho_1 + \rho_2 = 0.733$$
$$S_3 = \rho_1 + \rho_2 + \rho_3 = 0.933$$

Como $S_3 > 1$, el sistema puede alcanzar condiciones de estado estable.

Por lo tanto, podemos determinar el tiempo de espera estimado en cada línea de espera como sigue. Como

$$\sum_{i=1}^{m} \lambda_i(E_i^2\{t\} + \text{var}_i\{t\}) = 4[(1/10)^2 + 0] + 3[(1/9)^2 + 0] + 1[(1/5)^2 + 0] = 0.117$$

se obtiene

$$W_q^1 = \frac{0.117}{2(1-0)(1-0.4)} = 0.0975 \text{ día} \cong 2.34 \text{ horas}$$

$$W_q^2 = \frac{0.117}{2(1-0.4)(1-0.733)} = 0.365 \text{ día} \cong 8.77 \text{ horas}$$

$$W_q^3 = \frac{0.117}{2(1-0.733)(1-0.933)} = 3.27 \text{ días} \cong 78.5 \text{ horas}$$

El tiempo de espera general estimado para *cualquier* cliente sin importar la prioridad está dado por

$$W_q = \frac{4 \times 2.34 + 3 \times 8.77 + 1 \times 78.5}{4+3+1} = 14.27 \text{ horas}$$

También podemos obtener el número promedio de trabajos en espera de ser procesados en cada línea de espera de prioridad.

$$L_q^1 = 4 \times 0.0975 = 0.39 \text{ trabajo}$$
$$L_q^2 = 3 \times 0.365 = 1.095 \text{ trabajos}$$
$$L_q^3 = 1 \times 3.27 = 3.27 \text{ trabajos}$$

◀

15.7.2 $(M_i/M/c):(NPRP/\infty/\infty)$

Este modelo supone que todos los clientes tienen la misma distribución del tiempo de servicio, independientemente de sus prioridades, y que los c canales tienen una distribución de servicio exponencial idéntica con tasa de servicio μ. Las llegadas en la k-ésima línea de espera con prioridad ocurren según una distribución de Poisson con una tasa de llegada λ_k, $k = 1, 2, \ldots, m$. Se puede demostrar para la k-ésima línea de espera que

$$W_q^{(k)} = \frac{E\{\xi_0\}}{(1 - S_{k-1})(1 - S_k)}, \quad k = 1, 2, \ldots, m$$

donde $S_o \equiv 0$ y

$$S_k = \sum_{i=1}^{k} \frac{\lambda_i}{c\mu} < 1, \quad \text{para toda } k$$

$$E\{\xi_0\} = \frac{1}{\mu c \left[\rho^{-c}(c - \rho)(c - 1)! \sum_{n=0}^{c-1} \frac{\rho^n}{n!} + 1 \right]}, \quad \rho = \frac{\lambda}{\mu}$$

Ejemplo 15.7-2

Para ilustrar los cálculos que se realizan en el modelo, supóngase que se tienen tres líneas de espera con prioridad y tasas de llegada $\lambda_1 = 2$, $\lambda_2 = 5$ y $\lambda_3 = 10$ por día. Existen dos servidores y la tasa de servicio es de 10 por día. Las llegadas y salidas siguen distribuciones de Poisson.

$$S_1 = \frac{\lambda_1}{c\mu} = \frac{2}{2 \times 10} = 0.1$$

$$S_2 = S_1 + \frac{\lambda_2}{c\mu} = 0.1 + \frac{5}{2 \times 10} = 0.35$$

$$S_3 = S_2 + \frac{\lambda_3}{c\mu} = 0.35 + \frac{10}{2 \times 10} = 0.85$$

Como todas las expresiones $S_i < 1$, se puede alcanzar el estado estable.

Ahora, por definición,

$$\rho = \frac{\lambda_1 + \lambda_2 + \lambda_3}{\mu} = \frac{17}{10} = 1.7$$

Por lo tanto

$$E\{\xi_0\} = \frac{1}{10 \times 2\{(1.7)^{-2}(2 - 1.7)(1!)(1 + 1.7) + 1\}} = 0.039$$

En consecuencia

$$W_q^{(1)} = \frac{0.039}{(1-0.1)} = 0.0433$$

$$W_q^{(2)} = \frac{0.039}{(1-0.1)(1-0.35)} = 0.0665$$

$$W_q^{(3)} = \frac{0.039}{(1-0.35)(1-0.85)} = 0.4$$

El tiempo de espera en la fila para *cualquier* cliente está dado por

$$W_q = \frac{\lambda_1}{\lambda} W_q^{(1)} + \frac{\lambda_2}{\lambda} W_q^{(2)} + \frac{\lambda_3}{\lambda} W_q^{(3)}$$
$$= \frac{2}{17}(0.0433) + \frac{5}{17}(0.0665) + \frac{10}{17}(0.4) = 0.26$$

Por último, la espera numérica estimada en la línea de espera para todo el sistema está dada por

$$L_q = \lambda W_q = 17 \times 0.26 = 4.42 \qquad \blacktriangleleft$$

15.8 LINEAS DE ESPERA SUCESIVAS O EN SERIE

En esta sección se consideran líneas de espera de Poisson con estaciones de servicio dispuestas en serie, de manera que el cliente deba pasar por todas las estaciones antes de completar su servicio. Primero presentamos el caso sencillo de dos estaciones en serie donde no se admiten líneas de espera. Después, se presenta un resultado importante para línea de espera en serie de Poisson, sin límite de espera.

15.8.1 MODELO EN SERIE DE DOS ESTACIONES CON CAPACIDAD DE LINEAS DE ESPERA CERO

Como un ejemplo del análisis de filas en serie, considere un sistema de colas de un canal simplificado que consiste en dos estaciones en serie como se muestra en la figura 15-10. Un cliente que llega para ser atendido debe pasar por la estación 1 y la estación 2. Los tiempos de servicio en cada estación están exponencialmente distribuidos con la misma tasa de servicio μ. Las llegadas ocurren según una distribución de Poisson con tasa λ. No se permite ninguna cola enfrente de las estaciones 1 o 2.

La construcción del modelo requiere primero identificar los estados del sistema en cualquier punto en el tiempo. Esto se logra como sigue. Cada estación puede estar libre u ocupada. La estación 1 se dice que está bloqueada si el cliente en esta estación completa su servicio antes que la estación 2 llegue a estar libre. Los símbolos 0, 1 y *b* representan los estados libre, ocupado y bloqueado, respectivamente. Sean

680 Modelos de líneas de espera [C.15]

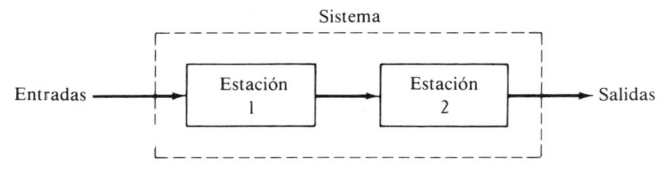

Figura 15-10

i y j los estados de la estación 1 y 2. Entonces los estados del sistema se pueden representar como

$$\{(i, j)\} = \{(0, 0), (1, 0), (0, 1), (1, 1), (b, 1)\}$$

Defina a $p_{ij}(t)$ como la probabilidad de que el sistema se halle en el estado (i, j) en el tiempo t. Las probabilidades de transición entre los tiempos t y $t + h$ (donde h es un incremento pequeño positivo en el tiempo) se resumen como se muestra en la tabla 15-2. Los cuadros vacíos indican que las transiciones entre los estados indicados en t y $t + h$ son imposibles ($= 0$).

Por esto (sin tomar en cuenta los términos en h^2), se pueden escribir las siguientes ecuaciones:

$$p_{00}(t + h) = p_{00}(t)(1 - \lambda h) + p_{01}(t)(\mu h)$$
$$p_{01}(t + h) = p_{01}(t)(1 - \mu h - \lambda h) + p_{10}(t)(\mu h) + p_{b1}(t)(\mu h)$$
$$p_{10}(t + h) = p_{00}(t)(\lambda h) + p_{10}(t)(1 - \mu h) + p_{11}(t)(\mu h)$$
$$p_{11}(t + h) = p_{01}(t)(\lambda h) + p_{11}(t)(1 - 2\mu h)$$
$$p_{b1}(t + h) = p_{11}(t)(\mu h) + p_{b1}(t)(1 - \mu h)$$

Reordenando los términos y tomando los límites apropiados, las ecuaciones de estado estable son

$$p_{01} - \rho p_{00} = 0$$
$$p_{10} + p_{b1} - (1 + \rho)p_{01} = 0$$
$$\rho p_{00} + p_{11} - p_{10} = 0$$
$$\rho p_{01} - 2p_{11} = 0$$
$$p_{11} - p_{b1} = 0$$

Tabla 15-2

		Estados en $(t + h)$				
		(0, 0)	(0, 1)	(1, 0)	(1, 1)	(b, 1)
	(0, 0)	$1 - \lambda h$		λh		
	(0, 1)	$\mu h(1 - \lambda h)$	$1 - \mu h - \lambda h$		$\lambda h(1 - \mu h)$	
Estados en t	(1, 0)		$\mu h(1 - \lambda h)$	$1 - \mu h$		
	(1, 1)		$\mu h(1 - \lambda h)$	μh	$(1 - \mu h)(1 - \mu h)$	μh
	(b, 1)		$\mu h(1 - \lambda h)$			$1 - \mu h$

Una de estas ecuaciones es redundante. Por tanto, agregando la condición

$$p_{00} + p_{01} + p_{10} + p_{11} + p_{b1} = 1$$

la solución para p_{ij} es

$$p_{00} = \frac{2}{A}$$

$$p_{01} = \frac{2\rho}{A}$$

$$p_{10} = \frac{\rho^2 + 2\rho}{A}$$

$$p_{11} = p_{b1} = \frac{\rho^2}{A}$$

donde

$$A = 3\rho^2 + 4\rho + 2$$

El número esperado en el sistema puede obtenerse como

$$L_s = 0p_{00} + 1(p_{01} + p_{10}) + 2(p_{11} + p_{b1}) = \frac{5\rho^2 + 4\rho}{A}$$

Ejemplo 15.8-1

Una línea de subensamblaje de dos estaciones es operada por un sistema de bandas de transporte. El tamaño del producto ensamblado no permite que se almacene más de una unidad en cada estación. El producto llega a la línea de subensamblaje de otra instalación de producción, según una distribución de Poisson con la media de 10 por hora. Los tiempos de ensamblaje en las estaciones 1 y 2 son exponenciales con media de 5 minutos cada uno. Todos los artículos que llegan y que no pueden entrar directamente a la línea de ensamblaje son dirigidos a otras líneas de subensamblaje.

Como $\lambda = 10$ por hora y $\mu = 60/5 = 12$ por hora, tenemos $\rho = \lambda/\mu = 10/12 = 0.833$. Podemos determinar todas las probabilidades observando que

$$A = 3(0.833)^2 + 4(0.833) + 2 = 7.417$$

Por lo tanto,

$$p_{00} = \frac{2}{7.417} = 0.2697$$

$$p_{01} = \frac{2 \times 0.833}{7.417} = 0.2247$$

$$p_{10} = \frac{0.833^2 + 2 \times 0.833}{7.417} = 0.3183$$

$$p_{11} = p_{b1} = \frac{0.833^2}{7.417} = 0.0936$$

La probabilidad de que un artículo que llega entrará en la estación 1 es $p_{00} + p_{01}$ = 0.2697 + 0.2247 = 0.4944 de manera que la tasa efectiva de llegada es λ_{ef} = 0.4944 × 10 = 4.944 trabajos por hora. Ya que

$$L_s = \frac{5 \times 0.833^2 + 4 \times 0.833}{7.417} = 0.917$$

se deduce que el tiempo de espera en el sistema es

$$W_s = \frac{L_s}{\lambda_{ef}} = \frac{0.917}{4.944} = 0.185 \text{ hora}$$

Obsérvese que W_s representa el tiempo de servicio estimado por artículo ya que no se permiten líneas de espera. Notamos que un artículo puede ser atendido en un tiempo promedio de 5 + 5 = 10 minutos, o sea, 0.167 hora siempre que no esté bloqueada la estación 1. Por lo tanto, la diferencia entre W_s (= 0.185) y 0.167 puede considerarse en realidad como el tiempo promedio que espera un artículo en virtud del bloqueo del estado 2; esto es, 0.185 − 0.167 = 0.018 hora o 1.08 minutos. ◀

Ejercicio 15.8-1

En el modelo de líneas de espera en serie de dos estaciones del ejemplo 15.8-1, determine una condición general que relacione a λ y μ tal que la probabilidad de que un artículo que llega, se una a la estación 1 directamente, sea mayor que la probabilidad de que el artículo sea desviado a otras líneas de subensamblaje.
[Resp. $\lambda < 0.816 \mu$.]

15.8.2 MODELO EN SERIE DE k ESTACIONES CON CAPACIDAD DE LINEAS DE ESPERA INFINITA

En esta sección enunciamos, sin demostración, un teorema que se aplica a una serie de k estaciones con capacidad ilimitada entre líneas de espera [véase a Saaty (1961), secciones 12-2 a 12-4, para conocer la demostración.]

Considérese un sistema con k estaciones en serie, como se ilustra en la figura 15-11. Supóngase que las llegadas a la estación 1 son generadas de una población

15.8] Líneas de espera sucesivas o en serie **683**

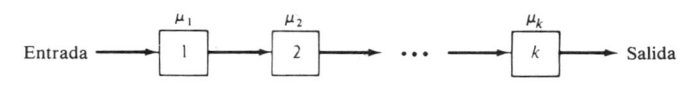

Figura 15-11

infinita, de acuerdo con una distribución de Poisson con tasa media de llegada λ. Las unidades atendidas pasarán sucesivamente de una estación a la siguiente hasta que se descarguen de la estación k. La distribución del tiempo de servicio en cada estación i es exponencial con tasa media μ_i, $i = 1, 2,\ldots, k$. Además, no hay límite de líneas de espera en ninguna estación.

En estas condiciones, puede comprobarse que, para toda i, la salida de la estación i (o equivalentemente, la entrada a la estación $i + 1$) es de Poisson con tasa media λ y que cada estación puede tratarse *independientemente* como $(M/M_i/1):(DG/\infty/\infty)$. Esto significa que para la i-ésima estación, las probabilidades de estado estable p_{n_i} están dadas por

$$p_{n_i} = (1 - \rho_i)\rho_i^{n_i}, \qquad n_i = 0, 1, 2, \ldots$$

para $i = 1, 2,\ldots, k$, donde n_i es el número en el sistema que sólo consta de la estación i. Los resultados de estado estable existirán únicamente si $\rho_i = \lambda/\mu_i < 1$.

El mismo resultado puede extenderse al caso donde la estación i incluye c_i servidores en paralelo, cada uno con la misma tasa de servicio exponencial μ_i por unidad de tiempo (véase la figura 15-12). En este caso cada estación puede ser tratada independientemente como $(M/M_i/c_i):(DG/\infty/\infty)$ con tasa media de llegadas λ. De nuevo, los resultados de estado estable de la sección 15.5.1 prevalecerán únicamente si $\lambda < c_i\mu_i$, para $i = 1, 2,\ldots, k$.

Ejemplo 15.8-2

En una línea de producción con cinco estaciones en serie, llegan trabajos a la estación 1 según una distribución de Poisson con tasa media λ = 20 por hora. El tiempo de producción en cada estación es exponencial con media de 2 minutos. La salida de la estación i se utiliza como entrada a la estación $i + 1$. La parte de artículos en buenas condiciones que se producen en la estación i es α_i de la entrada total a la misma estación. La parte restante $(1 - \alpha_i)$, son artículos defectuosos y se deben desechar.

Supóngase que nos interesa el tamaño del espacio de almacenamiento entre es-

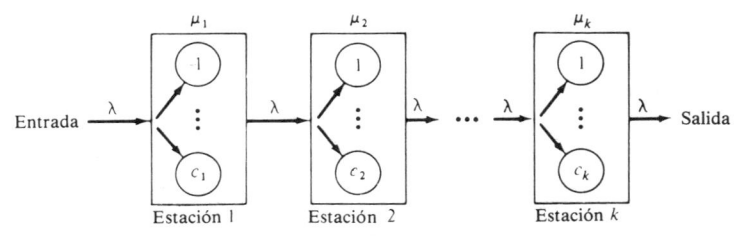

Figura 15-12

taciones sucesivas que darán cabida a todos los artículos que lleguen el $100\beta\%$ del tiempo. La probabilidad p_{n_i} de n_i artículos en la estación i está dada por

$$p_{n_i} = (1 - \rho_i)\rho_i^{n_i}$$

donde $\rho_i = \lambda_i/\mu_i$. Por lo tanto, el requisito de almacenamiento se cumple si el espacio de almacenamiento de la estación i da cabida a $N_i - 1$ artículos, donde N_i se determina a partir de

$$\sum_{n_i=1}^{N_i} p_{n_i} = \sum_{n_i=1}^{N_i} (1 - \rho_i)\rho_i^{n_i} \geq \beta, \qquad i = 1, 2, \ldots, 5$$

Al simplificar, se obtiene (verifíquese)

$$N_i \geq \frac{\ln(1-\beta)}{\ln \rho_i} - 1, \qquad i = 1, 2, \ldots, 5$$

Supóngase que $\alpha_i = 0.9$; por lo tanto

$$\lambda_1 = \lambda = 20$$
$$\lambda_2 = \alpha_1 \lambda_1 = 20\alpha_1 = 18$$
$$\lambda_3 = \alpha_2 \alpha_1 \lambda_1 = 20\alpha_1\alpha_2 = 16.2$$
$$\lambda_4 = 20\alpha_1\alpha_2\alpha_3 = 14.58$$
$$\lambda_5 = 20\alpha_1\alpha_2\alpha_3\alpha_4 = 13.12$$

Como $\mu_i = \mu = 30$ por hora, se tiene

$$\rho_1 = 0.67, \quad \rho_2 = 0.6, \quad \rho_3 = 0.54, \quad \rho_4 = 0.486, \quad \rho_5 = 0.437$$

Si deseamos establecer almacenamiento para todos los artículos que llegan el 99% del tiempo (es decir, $\beta = 0.99$), los límites sobre N_i se pueden determinar como

$$N_1 \geq 10.499 \, (\cong 11), \quad N_2 \geq 8, \quad N_3 \geq 6.47 \, (\cong 7),$$
$$N_4 \geq 5.38 \, (\cong 6), \quad N_5 \geq 4.57 \, (\cong 5) \qquad \blacktriangleleft$$

Ejercicio 15.8-2

En el ejemplo 15.8-2, determine el número esperado de artículos defectuosos que se acumularán cada día de todas las estaciones.
[*Resp.* Aproximadamente 197 artículos.]

15.9 RESUMEN

La teoría de la espera ofrece modelos para analizar la operación de establecimientos o instalaciones de servicio en los cuales ocurren en forma aleatoria la llegada y/o el servicio de clientes. Los ejemplos numéricos que se presentaron en todo el capítulo demuestran que el análisis de la espera produce resultados que quizá no sean evidentes en forma intuitiva.

Las distribuciones de Poisson y exponencial son importantes en el análisis de la espera. Estas se caracterizan por instalaciones de servicio en las que las llegadas y el servicio son *completamente aleatorios*. Aunque se pueden implantar otras distribuciones en modelos de espera, el análisis es mucho más complejo que en las líneas de espera de Poisson. Además, la complejidad del análisis no hace posible que se asegure mucha información como en los modelos de Poisson.

La duda que se tiene en relación con la teoría de la espera es qué tan eficiente resulta en la práctica. Las limitaciones que impone el análisis matemático parecen dificultar la determinación de aplicaciones reales que se ajusten al modelo. No obstante, con el paso de los años se han reportado muchas aplicaciones óptimas de la espera. En el capítulo 16 destacamos este aspecto presentando el uso de la teoría de la espera en la práctica.

BIBLIOGRAFIA

GROSS, D., y C. HARRIS, *Fundamentals of Queueing Theory*, 2a. ed., Wiley, Nueva York, 1985.

HALL, R., *Queueing Methods for Service and Manufacturing,* Prentice Hall, Englewood Cliffs, N.J., 1991.

KENDALL, D. G., "Stochastic Processes Occurring in the Theory of Queues and Their Analysis by the Method of Markov Chains," *Annals of Mathematical Statistics,* vol. 24, págs. 338-354, 1953.

LEE, A., *Applied Queueing Theory*, Macmillan, Toronto, Canadá, 1966.

MORSE, P., *Queues, Inventories, and Maintenance*, Wiley, Nueva York, 1958.

PARZEN, E., *Stochastic Processes*, Holden-Day, San Francisco, 1962.

SAATY, T., *Elements of Queueing Theory*, McGraw-Hill, Nueva York, 1961.

PROBLEMAS NUMERICOS †

Sección	Problemas asignados
15.1	15-1 al 15-4
15.2	15-5 al 15-8
15.2.1	15-9 al 15-12
15.3.2	15-13 al 15-15
15.4	15-16, 15-18
15.5.1	15-19 al 15-23
15.5.2	15-24 al 15-27
15.5.3	15-28 al 15-32
15.5.4	15-33, 15-34
15.5.5	15-35, 15-36
15.5.6	15-37 al 15-39
15.6	15-40 al 15-42
15.7	15-43 al 15-45
15.8	15-46 al 15-50

† Es aconsejable usar TORA siempre que sea posible en todos los problemas de este capítulo.

686 Modelos de líneas de espera [C.15

☐ **15-1** En cada una de las situaciones siguientes, identifique los elementos básicos del modelo de espera (o sea, cliente, servidor, diseño del establecimiento, disciplina de servicio y límites en la fuente de llamadas y las líneas de espera).
  (a) Clientes formados en las cajas registradoras de un supermercado.
  (b) Automóviles que esperan a que cambie la luz del semáforo.
  (c) Una clínica de atención a pacientes externos.
  (d) Aviones que despegan en un aeropuerto.
  (e) Barreras de peaje en una autopista.
  (f) Un centro de computación.
  (g) Cajeros bancarios con servicio las 24 horas.

☐ **15-2** Estudie el sistema siguiente y después identifique todas las situaciones de líneas de espera relacionadas. Para cada situación, defina los clientes, los servidores, la disciplina de servicio, el tiempo de servicio, la longitud máxima de la fila y finalmente, la fuente.
  En un taller se reciben las solicitudes de trabajo para procesarlas. Después de que se reciben el jefe de taller decide si es un trabajo normal o un trabajo urgente. Algunas de estas solicitudes requieren el uso de un tipo de máquina del cual se tienen disponibles varias. Los pedidos restantes se procesan en una línea de producción de dos etapas, de las cuales solamente hay dos. En cada uno de los dos grupos, se asigna especialmente una instalación para manejar los trabajos urgentes. Los trabajos que llegan en cualquier instalación se procesan según su orden de llegada, los trabajos terminados se remiten desde una zona terminal de transporte que tiene una capacidad limitada.
  Las herramientas afiladas para las diferentes máquinas se toman de un cajón de herramientas donde los operadores cambian las herramientas viejas por nuevas. Cuando una máquina se descompone, se llama a un mecánico de la estación de servicio para que la repare. Las máquinas que trabajan con los pedidos urgentes siempre reciben prioridad tanto al adquirir nuevas herramientas como al recibir el servicio de reparación.

☐ **15-3** En el problema 15-1, describa qué constituyen las distribuciones de entre-arribos y de tiempo de servicio para cada situación de línea de espera.

☐ **15-4** Analice las posibilidades de eludir, renunciar y/o cambiar en cada una de las siguientes situaciones.
  (a) Clientes esperando servicio en un banco con varios pagadores.
  (b) Casos legales esperando fechas de juicio en un juzgado.
  (c) Individuos alineados frente a varios elevadores en un edificio grande.
  (d) Aviones esperando el despegue en una pista.

☐ **15-5** A un establecimiento comercial llegan clientes de acuerdo con una distribución de Poisson. La tasa de llegadas entre 8:00 A.M. y 10:00 P.M. es de 20 clientes por hora. Calcule lo siguiente:
  (a) El número promedio de clientes que llegan en un periodo de 2 horas.
  (b) La probabilidad de que ningún cliente llegue entre las 8:00 y las 8:10.
  (c) La probabilidad de que llegue un cliente entre las 8:10 y las 8:20, dado que ningún cliente llegó entre las 8:00 y las 8:10.

☐ **15-6** Los clientes llegan a un restaurante de acuerdo con una distribución de Poisson a la tasa de 20 por hora. El restaurante abre a las 11:00 A.M. Determine lo siguiente:
  (a) La probabilidad de que haya 20 clientes en el restaurante a las 11:12 A.M., dado que hubo 18 a las 11:07 A.M.
  (b) La probabilidad de que llegará un nuevo cliente entre las 11:28 y las 11:30 A.M. dado que el último cliente llegó a las 11:25 A.M.

☐ **15-7** Considere las siguientes probabilidades tomadas de una distribución de Poisson con $\lambda = 2$ llegadas/hora y $t = 1$ hora.

n	0	1	2	3	4	5	6	7	8	9
p_n	0.135	0.271	0.271	0.181	0.090	0.036	0.012	0.003	0.001	0.0002

Muestre numéricamente que la media y la variancia de la distribución es igual a $\lambda t = 2$, que es una propiedad única de la distribución de Poisson.

☐ **15-8** Durante un intervalo de tiempo muy breve h, cuando mucho puede ocurrir una llegada. La probabilidad de que ocurra una llegada es directamente proporcional a h con la constante de proporcionalidad igual a 2. Determine lo siguiente:
  (a) El tiempo promedio entre dos llegadas sucesivas.
  (b) La probabilidad de que no ocurra ninguna llegada durante un periodo de 0.5 unidad de tiempo.
  (c) La probabilidad de que el tiempo entre dos llegadas sucesivas sea cuando menos 3 unidades de tiempo.
  (d) La probabilidad de que el tiempo entre dos llegadas sucesivas sea a lo sumo 2 unidades de tiempo.

☐ **15-9** Dos empleados, Ana y Jaime, de un restaurante de comida rápida juegan de la siguiente manera mientras esperan a que lleguen clientes. Jaime paga a Ana 1 centavo si el siguiente cliente no llega en un periodo de un minuto; en caso contrario, Ana le paga a Jaime 1 centavo. Determine la ganancia esperada de Jaime en un periodo de 8 horas suponiendo que los clientes llegan según una distribución de Poisson con la tasa media de uno por minuto.

☐ **15-10** Considere el problema 15-9. Supóngase que el juego es tal que Jaime pagaría a Ana un centavo si el siguiente cliente llega después de 1.5 minutos, en tanto que Ana pagaría 1 centavo a Jaime si la llegada del siguiente cliente sucede dentro de 1 minuto. Determine las ganancias esperadas de Jaime en un periodo de 8 horas.

☐ **15-11** Los clientes llegan a un establecimiento según una distribución de Poisson a la tasa de dos por hora. Determine lo siguiente:
  (a) El número promedio de clientes que llegan en un periodo de 8 horas.
  (b) La probabilidad de que habrá cuando menos un cliente en un periodo de una hora.

☐ **15-12** Libros que se ordenaron con anterioridad llegan a la biblioteca de una universidad según una distribución de Poisson a la tasa de 25 unidades por día. Cada repisa de la estantería puede dar cabida a 100 libros. Determine lo siguiente:
  (a) El número estimado de repisas que se llenarán con nuevos libros cada mes.
  (b) La probabilidad de que se necesitarán más de 10 estantes de libros cada mes dado que un estante de libros tiene 5 repisas.

☐ **15-13** Se utilizan las existencias de un inventario de 80 artículos según una distribución de Poisson a la tasa de 5 unidades por día.
  (a) Determine la probabilidad de que se utilicen 10 artículos durante los 2 primeros días.
  (b) Especifique la probabilidad de que no quede ni un solo artículo al cabo de 4 días.
  (c) Determine el número *promedio* de artículos utilizados en un periodo de 4 días.

☐ **15-14** Un taller de maquinaria ha almacenado 10 piezas de una parte de repuesto para la reparación de una máquina. Los reabastecimientos del inventario de 10 piezas cada uno se realizan cada 7 días. La descompostura de la máquina según una distribución de Poisson ocurre tres veces por semana en promedio. Determine la probabilidad de que la máquina permanecerá descompuesta debido a que no se disponga de partes durante 2 días y durante 5 días.

☐ **15-15** La demanda de un artículo ocurre según una distribución de Poisson con media de 3 al día. El nivel de inventario máximo es de 25 artículos, que ocurre cada lunes, inmediatamente después de que se recibe un nuevo pedido. Por lo tanto, el tamaño del pedido depende del número de unidades que sobren al cabo de la semana de trabajo el día sábado (la empresa cierra el domingo). Determine lo siguiente:
  (a) El tamaño semanal *promedio* de los pedidos.
  (b) La probabilidad de incurrir en escasez en la demanda después de 4 días de trabajo.
  (c) La probabilidad de que el tamaño del pedido semanal excederá de 5 unidades.

☐ **15-16** En una línea de espera dada, el sistema no puede atender a más de 4 clientes. La tasa de llegadas es $\lambda = 10$/hora y la tasa de salidas es $\mu = 5$/hora. Ambas tasas son independientes del número n en el sistema. Suponga que los procesos de llegada y salida siguen una distribución de Poisson. Dibuje el diagrama completo de tasas de transición; luego determine lo siguiente:
  (a) El conjunto de ecuaciones de equilibrio que describen el sistema.
  (b) Las probabilidades de estado estable.
  (c) El número esperado en el sistema L_s.
  (d) La tasa efectiva de llegadas λ_{ef}.
  (e) El tiempo estimado de espera, W_q, en la fila.

☐ **15-17** Repita el problema 15-16 suponiendo que $\lambda_n = 10 - n$, $n = 0, 1, 2, 3$ y $\mu_n = 5 + n/2$, $n = 1, 2, 3, 4$. Esta situación es equivalente a reducir la tasa de llegadas e incrementar la tasa de servicio conforme crece el número n en el sistema.

☐ **15-18** Repita el problema 15-16 para modelo simplificado de fila única en la que el mecanismo permite sólo *un* cliente en el sistema. Los clientes que llegan cuando el servicio está ocupado, parten y no regresan. Suponga que los clientes llegan según una distribución de Poisson, con media igual a λ por unidad de tiempo y, que la distribución del tiempo de servicio es exponencial con media igual a $1/\mu$ unidades de tiempo.

☐ **15-19** Un restaurante de comida rápida tiene *una* ventanilla para dar servicio a automóviles. Se estima que los autos llegan de acuerdo con una distribución de Poisson a la tasa de 2 cada 5 minutos y que hay espacio suficiente para dar cabida a una fila de 10 automóviles. Otros autos que llegan pueden esperar fuera de este espacio, de ser necesario. Los empleados tardan 1.5 minutos en promedio en surtir un pedido, pero el tiempo de servicio varía en realidad, según una distribución exponencial. Determine lo siguiente:
  (a) La probabilidad de que el establecimiento esté inactivo.
  (b) El número esperado de clientes en espera, pero que no se les atiende en ese momento.
  (c) El tiempo de espera calculado hasta que un cliente pueda hacer su pedido en la ventanilla.
  (d) La probabilidad de que la línea de espera será mayor que la capacidad del espacio que conduce a la ventanilla de servicio a automóviles.

☐ **15-20** Los automóviles llegan a una caseta de pagos en una carretera, según una distribución de Poisson con media de 90 por hora. El tiempo promedio para pasar por la caseta es de 38 segundos. Los choferes se quejan de un largo tiempo de espera. Los cobradores están dispuestos a disminuir a 30 segundos, el tiempo de paso por la caseta, introduciendo nuevos mecanismos automáticos. Esto puede justificarse únicamente si con el sistema anterior el número de automóviles que esperan excede a 5. Además, con el nuevo sistema el porcentaje de tiempo ocioso de la caseta no deberá ser mayor de 10%. ¿Puede justificarse la nueva disposición?

☐ **15-21** Los clientes llegan a una ventanilla bancaria de autoservicio, según una distribución de Poisson con media de 10 por hora. El tiempo de servicio por cliente es exponencial con media de 5 minutos. El espacio enfrente de la ventanilla, incluyendo al auto al que se le está dando servicio, puede acomodar un máximo de tres automóviles. Otros vehículos pueden esperar fuera de este espacio.
  (a) ¿Cuál es la probabilidad de que un cliente que llega pueda manejar directamente hasta el espacio frente a la ventanilla?
  (b) ¿Cuál es la probabilidad de que un cliente que llega tendrá que aguardar fuera del espacio indicado?
  (c) ¿Cuánto tendrá que esperar un cliente que llega antes de que comience a dársele servicio?
  (d) ¿Cuántos espacios deberán proporcionarse enfrente de la ventanilla de manera que todos los clientes que lleguen puedan esperar frente a ésta al menos 20% del tiempo?

☐ **15-22** Considere el problema 15-19. Determine la probabilidad de que el tiempo de espera por cliente excederá el tiempo de espera promedio de la fila, suponiendo una disciplina FCFS.

☐ **15-23** Para atraer a más clientes, el propietario del restaurante de comida rápida del problema 15-19 decidió dar una bebida gratis a cada cliente que espere más de 5 minutos para ser atendido. Normalmente, una bebida cuesta 50 centavos. ¿Cuánto se espera que pague el dueño del establecimiento todos los días por las bebidas que obsequia? Supóngase que el restaurante está abierto 12 horas todos los días.

☐ **15-24** Resuelva el problema 15-19 suponiendo que los clientes que no se pueden unir a la línea de la ventanilla de servicio normalmente se irán a otra parte.

☐ **15-25** Una cafetería tiene una capacidad máxima de asientos para 50 personas. Los clientes llegan a un flujo de Poisson a la tasa de 10 por hora y, son atendidos a la tasa de 12 por hora. Por simplicidad, suponga que los clientes son atendidos uno a la vez por un mesero.
  (a) ¿Cuál es la probabilidad que el próximo cliente no coma en la cafetería porque ésta se encuentra llena?
  (b) Suponga que tres clientes desean sentarse juntos (con tiempos de llegada aleatorios). ¿Cuál es la probabilidad que no pueda cumplirse su deseo? (Suponga que se pueden hacer arreglos para sentarlos juntos, siempre y cuando se tengan tres asientos vacíos en cualquier lugar de la cafetería.)

☐ **15-26** Los pacientes llegan a una clínica según una distribución de Poisson a una tasa de 30 pacientes por hora. La sala de espera no da cabida a más de 14 pacientes. El tiempo de auscultación por cada paciente es exponencial con una tasa media de 20 por hora.
  (a) Determine la tasa efectiva de llegadas a la clínica.
  (b) ¿Cuál es la probabilidad de que un paciente que llegue a la clínica no tendrá que esperar? ¿Hallará un asiento desocupado en la sala?
  (c) ¿Cuál es el tiempo de espera estimado hasta que un paciente pueda salir de la clínica?

☐ **15-27** Una tienda de servicio por correo tiene una sola línea telefónica, atendida por una operadora que tiene instrucciones de mantener en espera a un máximo de tres clientes en la línea, mientras toma sus órdenes. Las llamadas llegan según una distribución de Poisson cada 5 minutos. El tiempo necesario para tomar cada orden es exponencial con un promedio de 6 minutos.
  (a) En promedio, ¿cuánto tiempo espera un cliente antes de ser atendido por la operadora?
  (b) ¿Opina usted que el tiempo de espera obtenido en (a) es razonable para una tienda de este tipo?
  (c) Suponiendo que la tienda continuará usando sólo una línea telefónica, ¿qué sugeriría para reducir el tiempo de espera en la línea?

☐ **15-28** En el ejemplo 15.5-3 utilice TORA para comparar los desempeños al usar 4, 5, 6 o 7 autos en la compañía que se ha unido.

☐ **15-29** En $(M/M/2):(DG/\infty/\infty)$, el tiempo medio de servicio es de 5 minutos y el tiempo medio entre llegadas es de 8 minutos.
  (a) ¿Cuál es la probabilidad de una demora?

(b) ¿Cuál es la probabilidad de que al menos uno de los servidores esté inactivo?
(c) ¿Cuál es la probabilidad de que ambos servidores estén desocupados?

☐ **15-30** Un centro de cómputo está equipado con tres computadoras digitales, todas del mismo tipo y capacidad. El número de usuarios en el centro en cualquier momento es igual a 10. Para *cada* usuario, el tiempo para escribir un programa e introducir los datos, es exponencial con tasa media de 0.5 por hora. El tiempo de ejecución por programa está exponencialmente distribuido con tasa media de 2 por hora. Suponiendo que el centro está en operación sobre una base de tiempo completo, y sin tomar en cuenta el efecto del tiempo que la computadora está parada encuentre lo siguiente.
   (a) Probabilidad de que un programa no se ejecute inmediatamente que se recibe en el centro.
   (b) Tiempo promedio hasta que un programa sale del centro.
   (c) Número promedio de programas que esperan su proceso.
   (d) Número esperado de computadoras inactivas.
   (e) Porcentaje de tiempo que el centro está sin trabajo.
   (f) Porcentaje promedio de tiempo ocioso *por computadora*.

☐ **15-31** Un aeropuerto da servicio a tres tipos de pasajeros: los que llegan de las áreas rurales, los que llegan de las áreas suburbanas y los viajeros en tránsito que cambian de aeroplano en el aeropuerto. La distribución de llegadas para cada uno de los tres grupos se supone de Poisson con tasa media de 10, 5 y 7 por hora, respectivamente. Suponiendo que todos los clientes requieren el mismo tipo de servicio en la terminal y que el tiempo de servicio es exponencial con tasa media de 10 por hora, ¿cuántos puestos de servicio deberán tenerse en la terminal según cada una de las condiciones siguientes?
   (a) El tiempo promedio de espera en el sistema por cliente no excederá de 15 minutos.
   (b) El número esperado de clientes en el sistema será a lo más 10.
   (c) La probabilidad de que todos los puestos o terminales de servicio no excederá de 0.11.

☐ **15-32** En un banco los clientes llegan según una distribución de Poisson con media de 36 por hora. El tiempo de servicio por cliente es exponencial con media de 0.035 hora. Suponiendo que el sistema puede acomodar a lo más 30 clientes a la vez, ¿cuántos cajeros deberán suministrarse según cada una de las condiciones siguientes?
   (a) La probabilidad de tener más de 3 clientes esperando sea menor que 0.20.
   (b) No exceda de 3 el número de clientes que espera en el sistema.

☐ **15-33** En un lote de estacionamiento existen 10 espacios solamente. Los automóviles llegan según una distribución de Poisson con media de 10 por hora. El tiempo de estacionamiento está exponencialmente distribuido con media de 10 minutos. Determine lo siguiente.
   (a) Número esperado de espacios de estacionamiento vacíos.
   (b) Probabilidad de que un automóvil que llegue no encontrará un espacio para estacionarse.
   (c) Tasa efectiva de llegadas del sistema.

692 Modelos de líneas de espera [C.15

☐ **15-34** En el $(M/M/5):(DG/20/\infty)$, suponga que $\lambda = 1/3$ y $\mu = 1/12$. Utilice TORA para verificar que $\lambda_{ef} = \mu(L_s - L_q) = \mu(c - \bar{c}) = \lambda(1 - p_{20})$, donde $c = 5$ y $\bar{c}$ es el número esperado de canales inactivos.

☐ **15-35** Verifique los cálculos en la tabla 15-1 usando TORA.

☐ **15-36** En una instalación de autoservicio las llegadas ocurren según una distribución de Poisson con media de 50 por hora. Los tiempos de servicio por cliente están exponencialmente distribuidos con media de 5 minutos.
 (a) Encuentre el número esperado de clientes en servicio.
 (b) ¿Cuál es el porcentaje de tiempo que la instalación está inactiva?

☐ **15-37** Diez máquinas están siendo atendidas por una sola grúa. Cuando una máquina termina su carga se pide a la grúa que descargue la máquina y la provea de una nueva carga tomada de un área de funcionamiento adyacente. El tiempo de maniobra por carga se supone exponencial con media de 30 minutos. El tiempo desde el momento en que la grúa pone a trabajar una máquina hasta que le trae una nueva carga, también es exponencial con media de 10 minutos.
 (a) Encuentre el porcentaje del tiempo que la grúa está ociosa.
 (b) ¿Cuál es el número esperado de máquinas que esperan servicio de la grúa?

☐ **5-38** Dos mecánicos están atendiendo cinco máquinas en un taller. Cada máquina se descompone según una distribución de Poisson con media de 3 por hora. El tiempo de reparación por máquina es exponencial con media de 15 minutos.
 (a) Encuentre la probabilidad que los dos mecánicos estén ociosos y que uno de ellos esté desocupado.
 (b) ¿Cuál es el número esperado de máquinas inactivas que no se les está dando servicio?

☐ **15-39** Considere los modelos para servicio a máquinas $(M/M/1):(DG/6/6)$ y $(M/M/3):(DG/20/20)$. La tasa de descomposturas por máquina es de una por hora, mientras que la tasa de servicio es de 10 por hora. Demuestre que aun cuando en el primer modelo se le asignan 6 máquinas a un técnico y, en el segundo modelo cada técnico es responsable de $6\frac{2}{3}$ máquinas, el segundo modelo produce un tiempo estimado de espera menor por máquina. Justifique esta conclusión.

☐ **15-40** Resuelva el ejemplo 15.6-1 suponiendo que la distribución del tiempo de servicio está dada como sigue:
 (a) Uniforme de $t = 5$ minutos a $t = 15$ minutos.
 (b) Normal con media de 9 minutos y variancia de 4 minutos^2.
 (c) Discreta con valores iguales a 5, 10 y 15 minutos y probabilidades de 1/4, 1/2 y 1/4, respectivamente.

☐ **15-41** Una línea de producción consta de dos estaciones. El producto debe pasar por las dos estaciones en serie. El tiempo que pasa el producto en la primera estación es constante e igual a 30 minutos. La segunda estación hace un ajuste (y cambios menores) y, por lo tanto, su tiempo dependerá de la condición del artículo cuando se reciba de la estación 1. Se calcula que el tiempo en la estación 2 es uniforme entre

5 y 10 minutos. Los artículos se reciben en la estación 1 en un flujo de Poisson a la tasa de uno cada 40 minutos. Debido al tamaño de los artículos, no puede entrar una nueva unidad a la línea de producción sino hasta que salga de la estación 2 el que se encuentra ya en la instalación. Determine el número esperado de artículos en espera enfrente de la estación 1.

☐ **15-42** En una instalación de servicio la atención se ofrece en tres etapas consecutivas. El tiempo de servicio en cada etapa es exponencial con media de 10 minutos. Un nuevo cliente debe esperar hasta que el que esté en servicio pasa por la etapa 3. Los clientes llegan a la etapa 1 de acuerdo con una distribución de Poisson con tasa media de uno por hora. Determine el número estimado de clientes en espera en la etapa 1.

☐ **15-43** Las órdenes de trabajo que llegan a una instalación de producción se dividen en tres grupos. El grupo 1 tendrá la más alta prioridad de procesamiento; el grupo 3 se procesará sólo si no hay órdenes en espera de los grupos 1 y 2. Se supone que un trabajo una vez admitido en la instalación deberá completarse antes de que se inicie uno nuevo. Las solicitudes de los grupos 1, 2 y 3 ocurren según distribuciones de Poisson con medias 4, 3 y 2 por día, respectivamente. Los tiempos de servicio de los tres grupos son *constantes* con tasa de 10, 9 y 10 por día, respectivamente. Determine lo siguiente.
(a) El tiempo de espera estimado en el sistema para cada una de las tres líneas de espera.
(b) El tiempo de espera calculado en el sistema para *cualquier* cliente.
(c) El número estimado de trabajos en espera en cada uno de los tres grupos.
(d) El número estimado en espera en el sistema.

☐ **15-44** Repita el problema 15-43 dado que las distribuciones del tiempo de servicio son *exponenciales* con tasas de servicio 10, 9 y 10 por día, respectivamente.

☐ **15-45** Supóngase en el problema 15-43 que hay tres instalaciones de producción en paralelo. La distribución del tiempo de servicio para cada instalación es exponencial negativa con media de 5 minutos. Determine el número estimado de trabajos en espera en cada grupo. ¿Cuál es el número total de trabajos en espera?

☐ **15-46** Repita el problema 15-45 suponiendo que hay cinco instalaciones de producción en paralelo y compare los resultados.

☐ **15-47** En una línea de producción suponga que existen k estaciones en serie (figura 15-13). Considere que los trabajos llegan a la estación 1 desde una fuente infinita según una distribución de Poisson con tasa media λ por unidad de tiempo. La salida de la estación i se utiliza como entrada para la estación $i + 1$. Debido a que existen artículos defectuosos en cada estación, el porcentaje de artículos en buen estado de la estación i es igual a $100\alpha_i$, siendo $0 \le \alpha_i \le 1$. El porcentaje restante $100(1 - \alpha_i)$ representa los defectuosos en la estación i. Suponga que la distribución de tiempo de servicio de la estación i es exponencial con tasa media μ_i por unidad de tiempo.
(a) Obtenga una expresión general para determinar el espacio de almacenamiento

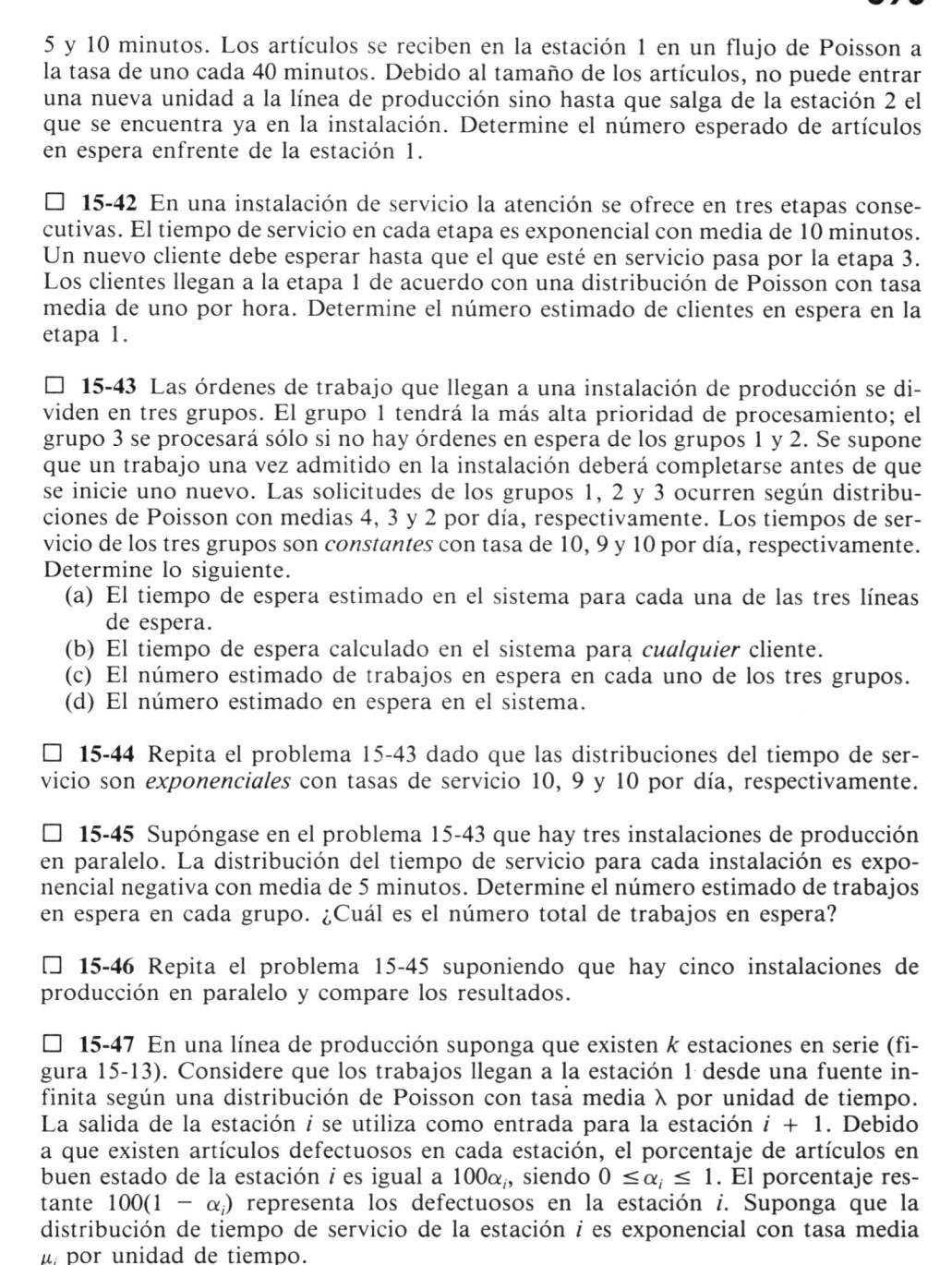

694 Modelos de líneas de espera [C.15]

asociado a cada estación i de manera que todos los artículos que llegan (no defectuosos) puedan acomodarse $\beta\%$ del tiempo.
(b) Sea $\lambda = 20$ artículos por hora y $\mu_i = 30$ artículos por hora para todas las estaciones. El porcentaje de defectuosos en cada estación puede suponerse constante e igual a 10%. Dé una respuesta numérica para el inciso (a) dado que $k = 5$ y $\beta = 95\%$.
(c) Utilizando los datos en el inciso (b) anterior, ¿cuál es el número esperado de artículos defectuosos de todas las estaciones durante un intervalo de tiempo de T horas?

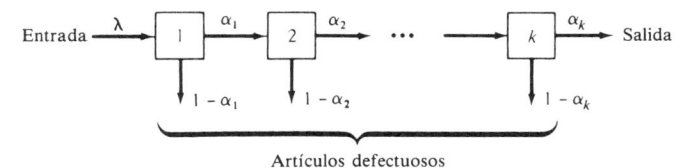

Figura 15-13

☐ **15-48** Suponga que en el problema 15-47 existe una estación de reproceso asociada a cada estación en la línea de producción, como se muestra en la figura 15-14. Los artículos defectuosos se vuelven a trabajar en tales estaciones de "reproceso" y se envían a la estación siguiente a aquella de la cual llegan. Suponga que la distribución de tiempos de servicio para la i-ésima estación de retrabajo es exponencial con tasa media γ_i, y que el porcentaje de artículos que pueden volverse a trabajar exitosamente es igual a $\delta_i\%$.
(a) Conteste el inciso (b) en el problema 15-47 si además $\gamma_i = 4$ artículos por hora para toda i y $\delta_i = 1/(i + 1)$, $i = 1, 2, \ldots, 5$.
(b) ¿Cuánto espacio deberá tenerse en cada estación de reproceso a fin de que quepan todos los defectuosos que llegan 90% del tiempo?
(c) ¿Cuál es el número promedio de artículos defectuosos en cada estación de retrabajo (los que están en la línea más los que están en servicio)?
(d) ¿Cuál es el tiempo promedio de espera hasta que un artículo que llega en la estación 1 se salga de la estación $k = 5$?
(e) Conteste los incisos (a), (b), (c) y (d) suponiendo que $\delta_i = 1$ para toda i.

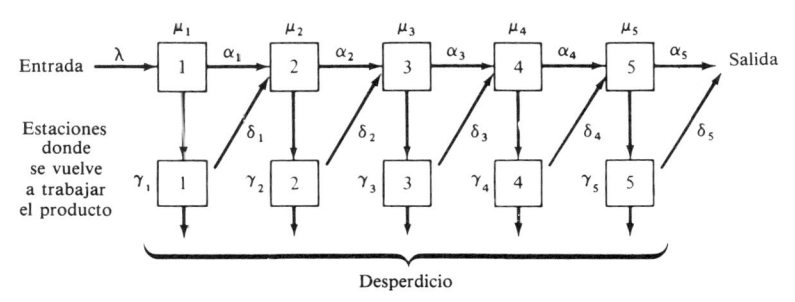

Figura 15-14

Problemas teóricos **695**

☐ **15-49** En el problema 15-48 suponga que todas las estaciones de reproceso se agrupan en canales paralelos (figura 15-15). La distribución de tiempos de servicio para cada canal es exponencial con la misma tasa γ. Suponga que el porcentaje de artículos que se vuelven a trabajar en cada canal es igual a δ y que la salida de la instalación agrupada se distribuye de regreso a las estaciones de producción respectivas, según las mismas relaciones de entrada a la instalación.

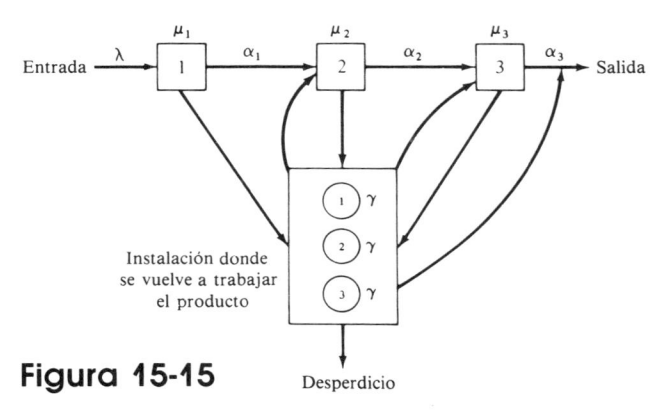

Figura 15-15

Sea $k = 3$, $\gamma = 10$, $\mu_i = 15$ para toda i, $\alpha_i = 1/2i$, $i = 1, 2, 3$, $\gamma = 10$ y $\delta = 90\%$. Encuentre lo siguiente.
(a) Probabilidad de tener 3 artículos en la línea de producción.
(b) Probabilidad de tener 2 o más artículos en instalaciones de retrabajo.
(c) Número promedio de artículos que esperan procesamiento en cada estación de la línea de producción.
(d) Tiempo promedio de espera para que un artículo que llega no recorra las instalaciones de retrabajo hasta que se salga de la estación k.
(e) El número esperado en el sistema completo abarcando tanto la línea de producción como la instalación de reproceso.

☐ **15-50** Repita el problema 15-49 suponiendo que $\delta = 75\%$. La información restante no cambia.

PROBLEMAS TEORICOS

Sección	Problemas asignados
15.2	15-51, 15-52
15.3	15-53, 15-54
15.4	15-55
15.5.1	15-56, 15-57
15.5.2	15-58, 15-59
15.5.3	15-60, 15-63
15.5.4	15-64, 15-65
15.6	15-66, 15-67
15.8	15-68

696 Modelos de líneas de espera [C.15]

☐ **15-51** Demuestre que el *mínimo* de n variables aleatorias exponenciales independientes con medias $1/\mu_i$, $i = 1, 2, \ldots, n$ también es exponencial.

☐ **15-52** Demuestre que para la distribución exponencial con media $1/\mu$

$$P\{t < T + h \mid t > T\} \cong \mu h$$

donde $h > 0$ es suficientemente pequeña.

☐ **15-53** Demuestre que la media y la variancia de la distribución de Poisson en la sección 15.3.1 son iguales y tienen el valor λt.

☐ **15-54** Repita el problema 15-53 para la distribución de Poisson truncada en la sección 15.3.2.

☐ **15-55** Para el modelo generalizado (sección 15.4.1), suponga que

$$\lambda_n = \lambda \quad \text{y} \quad \mu_n = n^\alpha \mu$$

donde λ, μ y α son constantes positivas dadas. Este modelo representa el caso donde el servidor regula la producción según el número de n clientes en el sistema. La constante α se conoce como el coeficiente de "presión". Encuentre las ecuaciones de diferencias de estado estable que describen al sistema y después resuélvalas demostrando que

$$p_0 = \frac{1}{Q}$$

$$p_n = \frac{(\lambda/\mu)^n}{(n!)^\alpha Q}, \qquad n = 1, 2, \ldots$$

donde

$$Q = \sum_{n=0}^{\infty} \frac{(\lambda/\mu)^n}{(n!)^\alpha}$$

☐ **15-56** Para $(M/M/1):(DG/N/\infty/\infty)$ demuestre que
  (a) El número esperado en la cola, dado que la fila no está vacía, es $1/(1 - \rho)$.
  (b) El tiempo promedio de espera en la cola para aquellos que tienen que esperar es $1/(\mu - \lambda)$.

☐ **15-57** Demuestre que para $(M/M/1):(FCFS/\infty/\infty)$, la distribución del tiempo de espera en la fila es

$$w_q(T) = \begin{cases} 1 - \rho, & T = 0 \\ \mu\rho(1 - \rho)e^{-(\mu - \lambda)T}, & T > 0 \end{cases}$$

donde $\rho = \lambda/\mu$. Después obtenga W_q utilizando la expresión para $w_q(T)$.

Problemas teóricos

☐ **15-58** Para $(M/M/1):(DG/N/\infty)$ (sección 15.5.2), demuestre que las dos expresiones para λ_{ef} son equivalentes, es decir

$$\lambda_{ef} = \lambda(1 - p_N) = \mu(L_s - L_q)$$

☐ **15-59** Para el modelo $(M/M/1):(DG/N/\infty)$, demuestre la fórmula para p_n y L_s cuando $\rho = 1$.

☐ **15-60** Para $(M/M/c):(FCFS/\infty/\infty)$, demuestre que la fdp del tiempo de espera en la cola es

$$w_q(T) = \begin{cases} 1 - \dfrac{\rho^c p_0}{(c-1)!(c-\rho)}, & T = 0 \\ \dfrac{\mu \rho^c e^{-\mu(c-\rho)T}}{(c-1)!} p_0, & T > 0 \end{cases}$$

☐ **15-61** En el problema 15-60, demuestre que

$$P\{T > y\} = P\{T > 0\} e^{-(c\mu - \lambda)y}$$

donde $P\{T > 0\}$ es la probabilidad de que un cliente que llega tenga que esperar.

☐ **15-62** Para $(M/M/c):(FCFS/\infty/\infty)$, demuestre que la fdp de tiempo de espera en el sistema es

$$w(\tau) = \mu e^{-\mu\tau} + \frac{\rho^c \mu e^{-\mu\tau} p_0}{(c-1)!(c-1-\rho)}\left\{\frac{1}{c-\rho} - e^{-\mu(c-1-\rho)\tau}\right\}$$

para $\tau \geq 0$.
[*Sugerencia*: τ es la convolución de la espera en la fila T (problema 15-60) y la distribución del tiempo de servicio.]

☐ **15-63** Para $(M/M/c):(DG/\infty/\infty)$, demuestre que
  (a) La probabilidad de que alguien esté esperando es $= [\rho/(c-\rho)]p_c$.
  (b) El número esperado en la fila, dado que no está vacía, es $c/(c-\rho)$.
  (c) El tiempo promedio de espera en la fila para clientes que tienen que esperar es $1/\mu(c-\rho)$.

☐ **15-64** Para $(M/M/c):(DG/N/\infty)$, obtenga las ecuaciones de estado estable que describen la situación para $N = c$, y después demuestre que la expresión para p_n es

$$p_n = \begin{cases} \dfrac{\rho^n}{n!} p_0, & n = 0, 1, 2, \ldots, c \\ 0, & \text{en cualquier otro caso} \end{cases}$$

donde

$$p_0 = \left\{ \sum_{n=0}^{c} \frac{\rho^n}{n!} \right\}^{-1}$$

☐ **15-65** Para el modelo $(M/M/c):(DG/N/\infty)$, demuestre las fórmulas para p_0 y L_s cuando $\rho = c$.

☐ **15-66** (a) En una instalación de servicio con c servidores en paralelo, suponga que los clientes llegan según una distribución de Poisson con tasa media λ. En lugar de suponer que cualquier cliente se puede unir a cualquier servidor desocupado, los clientes se asignarán a los diferentes servidores según una base de rotación, de manera que el primer cliente que llegue se asigna al servidor 1, el segundo cliente al servidor 2 y así sucesivamente. Después que el ciclo se completa para los c servidores, la asignación inicia de nuevo comenzando con el servidor 1. Obtenga la fdp del tiempo entre llegadas para cada servidor.

(b) Suponga que en (a) los clientes se asignan aleatoriamente a los servidores de acuerdo con las probabilidades α_i, donde $\alpha_i \geq 0$, y $\alpha_1 + \alpha_2 + \cdots + \alpha_c = 1$. Calcule la fdp del tiempo entre llegadas para cada servidor.

☐ **15-67** Demuestre que para el tiempo de servicio exponencial con media $1/\mu$, la fórmula P-K para L_s (sección 15.6) se reduce a la fórmula correspondiente para $(M/M/1):(DG/\infty/\infty)$.

☐ **15-68** Vuelva a elaborar el modelo de la sección 15.8 suponiendo tres estaciones en serie. Suponga que todas las condiciones restantes son las mismas que en el modelo de dos estaciones.

Capítulo 16

Teoría de las líneas de espera en la práctica

16.1 Selección del modelo apropiado de líneas de espera
16.2 Modelos de decisión en líneas de espera
  16.2.1 Modelos de costo
  16.2.2 Modelo del nivel de aceptación
16.3 Resumen
  Bibliografía
  Problemas
  Proyectos

Los modelos en el capítulo 15 proporcionan resultados que *describen* el comportamiento de un número de situaciones que se presentan en las líneas de espera. El uso de estos resultados en el contexto de un modelo de decisión con el fin de diseñar sistemas, no es inherente a la teoría de las líneas de espera. Este capítulo compensa esta deficiencia entre los resultados de la teoría de las líneas de espera o filas y su empleo dentro del marco de un modelo de decisión.

16.1 SELECCION DEL MODELO APROPIADO DE LINEAS DE ESPERA

La aplicación de la teoría de la espera en la práctica implica dos aspectos principales:

1. Selección del modelo matemático adecuado que representará al sistema real en forma apropiada con el objeto de determinar las medidas de desempeño del sistema.
2. Implantación de un modelo de decisión basado en las medidas de desempeño del sistema con el fin de diseñar la instalación de servicio.

La selección de un modelo específico para analizar una línea de espera, sea analítico o por simulación, está determinado principalmente por las distribuciones de los tiempos de llegada y servicio. En la práctica, la determinación de estas distribuciones implica observar las líneas de espera durante su operación y registrar los datos pertinentes. Surgen dos preguntas normales respecto a la recolección de los datos necesarios:

1. ¿*Cuándo* observar el sistema?
2. ¿*Cómo* registrar los datos?

En la mayoría de las líneas de espera se tienen lo que se llama *periodos ocupados,* durante los cuales la tasa de llegadas al sistema crece en comparación con la de otros periodos del día. Una variación característica de la tasa de llegadas se muestra en la figura 16-1. Por ejemplo, el tránsito de entrada y salida en una carretera que conduce a una ciudad, alcanza su nivel más alto, o pico, durante las horas de mayor afluencia, que son alrededor de las 8:00 A.M. y las 5:00 P.M. En situaciones como ésta será necesario recopilar los datos durante los periodos de mayor actividad. Esto puede ser una actitud conservadora, pero debemos tener en cuenta que la congestión en los sistemas de filas tiene lugar justo durante los periodos de máxima actividad. El sistema debe diseñarse para tomar en cuenta esas condiciones extremas.

La recolección de datos relativos a llegadas y salidas se puede efectuar utilizando una de dos maneras:

1. Medir el tiempo entre llegadas (o salidas) sucesivas para determinar los tiempos entre arribos (o servicio).
2. Contar el número de llegadas (o salidas) durante una unidad de tiempo seleccionada (por ejemplo, una hora).

El primer método se diseña para que proporcione las distribuciones de los tiempos entre arribos, o servicios, y el segundo método para que dé las distribuciones

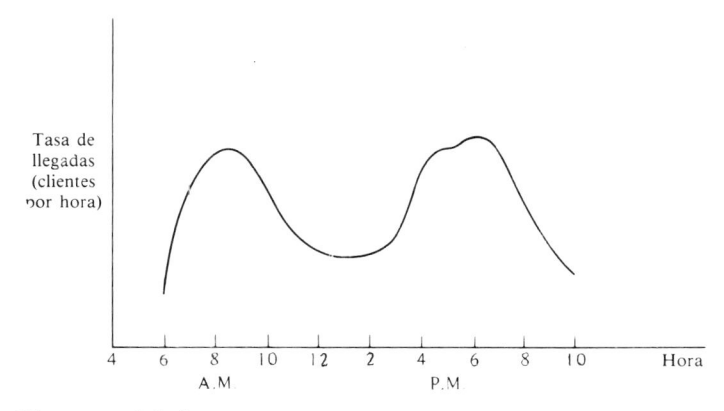

Figura 16-1

del número de llegadas, o salidas. En la mayoría de los modelos analíticos de líneas de espera podemos describir los procesos de entrada y salida, ya sea por el *número* de eventos (llegadas, o salidas) o bien, por el *tiempo* entre eventos (entre arribos, o tiempos de servicio).

El procedimiento para la recolección de datos se puede basar en el uso de un cronómetro o de un dispositivo de registro automático. Cuando las llegadas ocurren a una tasa alta es indispensable emplear un dispositivo automático. En este caso, probablemente una técnica manual daría como resultado una distorsión de los datos.

Después de recopilar los datos en la manera descrita, la información debe resumirse en una forma adecuada que nos permita determinar la distribución asociada. Esto se logra, generalmente, resumiendo primero las observaciones en forma de un histograma de frecuencias, como se explicó en la sección 11.1.2. Así, podemos sugerir una distribución teórica que se ajuste a los datos observados (por ejemplo, Poisson, exponencial, normal). Se puede aplicar entonces una prueba estadística para verificar la "bondad del ajuste" de la distribución propuesta (véase la sección 11.1.3 para los detalles). Si la distribución resultante se ajusta a las hipótesis de la distribución exponencial de Poisson exigida por los modelos de líneas de espera más usados, podemos utilizar la mayor parte de los resultados del capítulo 15 para representar la situación práctica. Si no es así, puede ser necesario buscar otros métodos de análisis para completar el estudio. La simulación (capítulo 17) es muy adecuada para investigar situaciones "de mal comportamiento" en filas que no se pueden analizar por medio de los modelos teóricos estándar de líneas de espera.

16.2 MODELOS DE DECISION EN LINEAS DE ESPERA

La selección de un modelo adecuado de líneas de espera, como se describió en la sección 16.1, sólo puede darnos medidas de desempeño que describen el comportamiento del sistema investigado. El siguiente paso es idear modelos de *decisión* que se puedan usar en la optimización del diseño de los sistemas de líneas de espera. De acuerdo con el espíritu general de la Investigación de Operaciones, nos interesa desarrollar modelos de decisión que minimicen los costos totales, asociados con la operación de líneas de espera.

En general, un modelo de costos en líneas de espera busca equilibrar los costos de espera contra los costos de incrementar el nivel de servicio. La figura 16-2 resume este enfoque. Conforme crece el nivel de servicio, los costos de éste también crecen y disminuye el tiempo de espera de los clientes. El nivel de servicio óptimo se presenta cuando la suma de los dos costos es un mínimo.

La naturaleza de algunas situaciones de líneas de espera puede impedir el uso de modelos de decisión de costos. En particular, el costo de esperar es generalmente el más difícil de estimar. Para ilustrar este punto, clasificamos las situaciones en líneas de espera en las siguientes tres amplias categorías:

1. *Sistemas humanos.* Tanto el servidor como el cliente son seres humanos, como sucede en la operación de un supermercado, un restaurante o un banco.

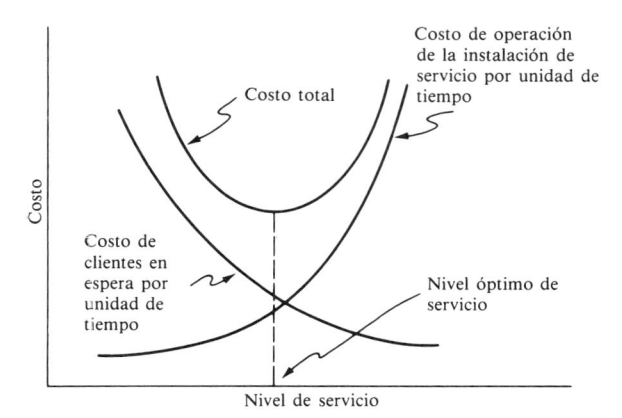

Figura 16-2

2. *Sistemas semiautomáticos.* Sólo el cliente o el servidor es un ser humano, como en la situación de reparación de maquinaria, donde la máquina descompuesta es el cliente y el mecánico es el servidor.

3. *Sistemas automáticos.* Ni el cliente ni el servidor son seres humanos como en un centro de cómputo, donde los programas son el cliente y la unidad procesadora central es el servidor.

En esta clasificación, el grado de participación humana en la operación de la instalación es generalmente una medida del grado de dificultad de implementar modelos de costos. A este respecto, los sistemas humanos son los más complejos, principalmente debido a la dificultad de estimar el costo de esperar. De hecho, los sistemas humanos incluyen dos tipos: el primero se refiere a las situaciones donde los intereses del cliente y del servidor son mutuos; el segundo incluye sistemas donde los intereses pueden entrar en conflicto. Una ilustración del primer tipo es la situación del almacén de herramientas en un taller de maquinaria. Aquí los clientes son los operadores que buscan reemplazo de herramienta y los servidores son los empleados encargados de entregar las herramientas. En esta situación tanto el cliente como el servidor trabajan para mantener un nivel de productividad aceptable. Bajo esta premisa, la espera se traduce básicamente en pérdida de producción, que en la mayoría de los casos es fácilmente cuantificable.

El caso de un sistema humano donde los intereses del cliente y del servidor no son mutuos, se ejemplifica con la operación de un banco o una tienda de abarrotes. En estos dos sistemas es difícil asignar un valor monetario al costo de esperar. Ciertamente, el "costo" de esperar para los *mismos* individuos puede variar, dependiendo de la situación de la línea de espera en que se encuentren. Por ejemplo, un individuo se puede irritar con la idea de esperar más de un par de minutos en la fila de una cafetería, pero está dispuesto a esperar más de media hora para ver una película. (Aquellos de nosotros que hemos esperado entre 1 y 2 horas en el Centro EPCOT de Disney, estarán de acuerdo en que una espera excesiva puede tolerarse anticipando una experiencia satisfactoria.)

Lo que queremos evidenciar es que no todos los modelos de líneas de espera se pueden optimizar usando modelos de costos. En tales casos, uno debe buscar otros medios para tomar decisiones de diseño. Por ejemplo, en un restaurante de servicio rápido se diseñaría la instalación, para tranquilizar a los clientes, limitando el tiempo de espera promedio de 2 a 3 minutos por cliente esperado. Este tipo de modelo de decisión se basa en el uso de un **nivel de aceptación** que la instalación debe proporcionar. Así, un promedio de espera de 2 minutos es el nivel que *esperamos* sea aceptado por nuestros clientes.

Aunque el uso de niveles de aceptación para diseñar un sistema de filas no está definido como el uso de un modelo de optimización de costos, el procedimiento compensa un vacío. En las secciones restantes detallamos los modelos de costo y de nivel de aceptación.

16.2.1 MODELOS DE COSTO

Los modelos de costo, como se muestra en la figura 16-2, básicamente equilibran los dos tipos siguientes de costos en conflicto:

1. Costo de ofrecer el servicio.
2. Costo que resulta de la demora en el ofrecimiento del servicio.

El primer costo refleja el punto de vista del servidor, en tanto que el segundo representa el del cliente. En esta sección aplicamos el modelo de costo a dos situaciones: la primera tiene que ver con la determinación de la tasa óptima de servicio en una instalación con un solo servidor y, la segunda, con la determinación del número óptimo de servidores en paralelo en una instalación con varios servidores.

A. Tasa óptima de servicio

Este modelo trata la situación de un solo servidor donde se conoce la tasa λ de llegadas. Se desea determinar la tasa μ óptima de servicio con base en un modelo de costo apropiado.

Sean

$\text{CEO}(\mu)$ = costo estimado de operar la instalación por unidad de tiempo, dada μ
$\text{CEE}(\mu)$ = costo estimado de espera por unidad de tiempo

Queremos entonces determinar el valor de μ que minimiza la suma de esos dos costos.

Las formas específicas de CEO y CEE como funciones de μ dependen de la situación en estudio. Por ejemplo, estas funciones pueden ser o no lineales; también pueden ser continuas o discretas, dependiendo de la característica de μ.

Ejemplo 16.2-1

Una compañía impresora desea adquirir una copiadora comercial de alta velocidad para cubrir la creciente demanda en su servicio de copiado. La tabla siguiente presenta un resumen de las especificaciones de diferentes modelos:

Tipo de copiadora	Costo de operación (por hora)	Rapidez (hojas por minuto)
1	$15	30
2	$20	36
3	$24	50
4	$27	66

Los pedidos llegan a la compañía según una distribución de Poisson, a razón de 4 cada 24 horas. La cantidad de cada pedido es aleatorio, pero se estima que en promedio es de 10 000 copias. Los contratos con los clientes estipulan una multa por entrega tardía de $80 por día y por pedido.

Utilizando un tamaño promedio por pedido de 10 000 copias, las tasas de servicio de las diferentes copiadoras se pueden resumir como sigue:

Tipo	Tasa de servicio, μ, (pedidos por día)
1	4.32
2	5.18
3	7.20
4	9.50

El cálculo de los valores μ en esta tabla se ilustra con el siguiente ejemplo. Para el modelo 1,

$$\text{tiempo por pedido promedio} = \frac{10\ 000}{30} \times \frac{1}{60} = 5.56 \text{ horas}$$

$$\text{tasa de servicio correspondiente} = \frac{24}{5.56} = 4.32 \text{ pedidos/día}$$

Un modelo de costo apropiado para la situación reconoce que μ se encuentra en cuatro valores discretos, correspondientes a los cuatro tipos de copiadoras. Esto indica que la tasa óptima de servicio se puede obtener comparando los costos totales correspondientes.

La determinación del costo total asociado con cada tipo de copiadora se hace como sigue. Tomando un día (24 horas) como unidad de tiempo, el costo de operar la instalación por día está dado por

$$\text{CEO}_i = 24 C_i, \quad i = 1, 2, 3, 4$$

donde C_i es el costo de operación por hora de la copiadora i. Por otra parte, el costo de espera por día necesita algunas consideraciones. Como los contratos estipulan una multa de $80 por día por entrega tardía, podemos expresar este elemento de costo como

$$CEE_i = 80L_{si}$$

donde L_{si} es el número promedio de trabajos no terminados con la copiadora i. La función de costo total se reduce entonces a

$$CET_i = 24C_i + 80L_{si}$$

Podemos determinar los valores de L_{si}, que es el número esperado en el sistema para el tipo i, con las fórmulas del $(M/M/1):(DG/\infty/\infty)$ (sección 15.5.1) o usando TORA. La tabla siguiente resume los resultados:

Copiadora i	λ_i	μ_i	L_{si}
1	4	4.32	13.50
2	4	5.18	4.39
3	4	7.20	2.25
4	4	9.50	1.73

Con esta información calculamos CET_i para $i = 1, 2, 3, 4$ como se muestra más adelante. Todos los costos son por día.

Copiadora i	CEO_i	CEE_i	CET_i
1	$360.00	$1080.00	$1440.00
2	480.00	351.20	831.20
3	**576.00**	**180.00**	**756.00**
4	648.00	138.16	786.16

Los cálculos muestran que, de acuerdo a la información, la copiadora tipo 3 tiene el menor costo total por día. ◀

B. Número óptimo de servidores

El modelo anterior puede ampliarse para determinar el número óptimo de servidores en paralelo en una instalación. Si c es el número de servidores en paralelo, el problema se reduce a determinar el valor de c que minimiza

$$CET(c) = CEO(c) + CEE(c)$$

El valor óptimo de c debe satisfacer las siguientes condiciones necesarias:

$$\text{CET}(c - 1) \geq \text{CET}(c) \quad \text{y} \quad \text{CET}(c + 1) \geq \text{CET}(c)$$

Como aplicación de estas condiciones considere las siguientes funciones de costo:

$$\text{CEO}(c) = C_1 c$$
$$\text{CEE}(c) = C_2 L_s(c)$$

donde

C_1 = costo por servidor adicional por unidad de tiempo
C_2 = costo por tiempo unitario de espera por cliente
$L_s(c)$ = número esperado de clientes en el sistema, dado c

Aplicando las condiciones necesarias dadas, obtenemos

$$L_s(c) - L_s(c + 1) \leq \frac{C_1}{C_2} \leq L_s(c - 1) - L_s(c)$$

El valor de C_1/C_2 indica ahora dónde deberá comenzar la búsqueda para el c óptimo.

Ejemplo 16.2-2

En una instalación de almacenamiento de herramienta, las solicitudes de intercambio de herramienta ocurren según una distribución de Poisson con media de 17.5 solicitudes por hora. Cada empleado de la instalación puede manejar un promedio de 10 solicitudes por hora. El costo de incluir un nuevo empleado a la instalación se estima en $6 por hora. El costo de la producción perdida por máquina en espera por hora se estima en $30 la hora. ¿A cuántos empleados debe contratar la instalación?

La determinación del óptimo c se efectúa realizando los cálculos que se indican a continuación [nótese que $L_s(1) = \infty$, ya que $\lambda > \mu$].

c	$L_s(c)$	$L_s(c-1) - L_s(c)$
1	∞	—
2	7.467	∞
3	2.217	5.25
4	1.842	0.375
5	1.769	0.073 $\leftarrow C_1/C_2 = 0.2$
6	1.754	0.015
7	1.75	0.004

Ya que $C_1/C_2 = 6/30 = 0.2$, se tiene

$$L_s(4) - L_s(5) = 0.073 < 0.2 < 0.375 = L_s(3) - L_s(4)$$

En consecuencia, el óptimo es $C = 4$ empleados. ◀

Ejercicio 16.2-1
En el ejemplo 16.2-2 determine el óptimo c dados $C_1 = \$10$ y $C_2 = \$20$.
[*Resp*. $c = 3$.]

16.2.2 MODELO DEL NIVEL DE ACEPTACION

El modelo del nivel de aceptación reconoce la dificultad de estimar los parámetros de costo y, por tanto, está basado en un análisis más directo. Emplea directamente las características de operación del sistema al decidir sobre los valores "óptimos" de los parámetros de diseño. La optimidad aquí se considera en el sentido de satisfacer ciertos niveles de aceptación establecidos por el decisor. Dichos niveles se definen como los límites superiores sobre los valores de las medidas conflictivas que desea balancear o equilibrar el decisor.

En el modelo de servidores múltiples donde se requiere determinar el valor óptimo del número c de servidores, las dos medidas en conflicto pueden tomarse como

1. Tiempo promedio de espera en el sistema W_s.
2. Porcentaje X de tiempo inactivo de los servidores.

Estas dos medidas reflejan las aceptaciones del cliente y del servidor. Sean α y β los niveles de aceptación (límites superiores) para W_s y X. Entonces el método de nivel de aceptación puede expresarse matemáticamente como sigue.

Determine el número c de servidores tal que

$$W_s \leq \alpha \quad \text{y} \quad X \leq \beta$$

La expresión para W_s se conoce del análisis de $(M/M/c):(DG/\infty/\infty)$. La expresión de X está dada por

$$X = \frac{100}{c} \sum_{n=0}^{c} (c - n)p_n = 100\left(1 - \frac{\rho}{c}\right)$$

La solución del problema puede determinarse más fácilmente graficando W_s y X en función de c, como se muestra en la figura 16-3. Localizando α y β en la gráfica, se puede determinar inmediatamente un intervalo aceptable de c que satisfaga ambas restricciones. Naturalmente, si estas dos condiciones no se satisfacen simultáneamente, sería necesario relajar una o ambas restricciones antes de que se tome una decisión.

Ejemplo 16.2-3
En el ejemplo 16.2-2, supóngase que se desea determinar el número de empleados tal que el tiempo de espera estimado hasta que se reciba una herramienta se mantenga por debajo de 20 minutos. Al mismo tiempo, se desea que el porcentaje de tiempo que los empleados estén inactivos u ociosos no pase del 15%.

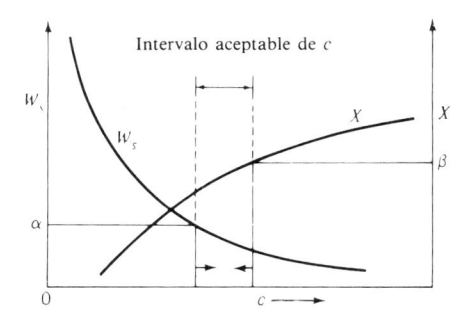

Figura 16-3

La siguiente tabla resume W_s y X para diferentes valores de c. Cuando c crece, W_s decrece y X crece.

c	1	2	3	4	5	6	7	8
W_s (minutos)	∞	25.6	7.6	6.3	6.1	6.0	6.0	6.0
X (%)	0	12.5	41.7	56.3	65.0	70.8	75.0	78.0

Para que W_s se mantenga por debajo de 20 minutos, debemos contar *cuando menos* con tres empleados. Por otra parte, mantener ocupados a los empleados el 85% del tiempo requiere se limite su número a un *máximo* de 2 empleados. Por lo tanto, los dos niveles de aceptación no se pueden satisfacer en forma simultánea y debe relajarse una de las dos condiciones si deseamos hallar una solución factible.

Observamos que ocurre una disminución sustancial en W_s cuando c aumenta de 2 a 3. Cualquier incremento adicional tendrá poco efecto en el valor de W_s. En términos de X, aumentar c de 2 a 3 incrementará más de tres veces el porcentaje de tiempo ocioso para los empleados. Por lo tanto, la elección entre $c = 2$ y $c = 3$ debe hacerse en vista de si "vale la pena" reducir el tiempo ocioso de la máquina de 25.6 minutos a 7.6 minutos aunque el tiempo ocioso de los empleados aumente del 12.5% al 41.7%. ◀

Para ayudarnos a tomar una decisión específica en el caso del método del nivel de aceptación, podemos determinar un intervalo en el parámetro de costo C_2 resultante de la selección de c para niveles de aceptación dados. Seleccionamos específicamente C_2 en vez de C_1 porque suele ser más difícil estimar el costo de espera en la mayoría de los modelos de líneas de espera. Por lo tanto, el procedimiento que aquí presentamos supone que C_1, el costo incremental asociado con la adquisición de un servidor adicional, se puede determinar sin demasiada dificultad.

A partir del modelo de costo de la sección 16.2.1B, el óptimo c debe satisfacer

$$L_s(c) - L_s(c+1) \le \frac{C_1}{C_2} \le L_s(c-1) - L_s(c)$$

Por lo tanto, en condiciones óptimas, C_2 queda en el intervalo

$$\frac{C_1}{L_s(c-1) - L_s(c)} \leq C_2 \leq \frac{C_1}{L_s(c) - L_s(c+1)}$$

Con el siguiente ejemplo ilustramos la aplicación del método.

Ejemplo 16.2-4

En el ejemplo 16.2-3 podemos estimar intervalos en C_2 para $c = 2$ y $c = 3$. Mediante el uso de $C_1 = \$6$ como se da en el ejemplo 16.2-2, se obtienen los siguientes resultados (véase la tabla del ejemplo 16.2-2 para conocer los valores de L_s).

$c = 2$

$$\frac{6}{\infty} \leq C_2 \leq \frac{6}{5.25}$$

que da

$$0 \leq C_2 \leq \$1.14$$

$c = 3$

$$\frac{6}{5.25} \leq C_2 \leq \frac{6}{0.375}$$

o bien

$$\$1.14 \leq C_2 \leq \$16$$

Quizá los intervalos en C_2 dadas $c = 2$ y $c = 3$ nos puedan ayudar a hacer una elección más selectiva entre la contratación de 2 o 3 empleados. Para $c = 2$, el intervalo en C_2 indica que el valor de una máquina que espera una herramienta no puede exceder \$1.14 en términos de producción perdida. Este cálculo referente al valor de la máquina parece muy bajo. En forma alternativa, para $c = 3$ un límite superior de \$16 sobre el valor de C_2 parece más razonable. Por lo tanto, es más lógico emplear a 3 trabajadores en vez de 2. ◀

16.3 RESUMEN

En este capítulo se presentan tres tipos de dificultad al aplicar la teoría de la espera en la práctica.

1. Dificultad de representar a través de modelos situaciones en términos matemáticos, en especial aquellas en las que el cliente y/o el servidor son seres humanos.

2. Dificultad para obtener resultados analíticos utilizables para ciertos modelos matemáticos.
3. Dificultad para determinar parámetros de costo.

En los casos donde es difícil estimar los parámetros de costo, puede ser más efectivo reemplazar el modelo de costo con un modelo apropiado de nivel de aceptación. La simulación también se recomienda como un método alternativo para analizar situaciones complejas de líneas de espera para las que no se dispone de modelos matemáticos fáciles.

BIBLIOGRAFIA

HALL, R. W., *Queueing Methods for Service and Manufacturing,* Prentice Hall, Englewood Cliffs, N.J., 1991.

PROBLEMAS

Sección	Problemas asignados
16.1	16-1
16.2	16-2 a 16-12
16.2.2	16-13 a 16-15

☐ **16-1** La tabla que sigue resume datos que representan el número n de llegadas por hora y la frecuencia asociada de incidencias f_n. Demuestre la hipótesis que los datos se generan a partir de un flujo de Poisson. Si se acepta la hipótesis, escriba la función densidad de Poisson que utilizaría al analizar la situación de espera.

n	0	1	2	3	4	5	6	7	8	≥ 9
f_n	6	15	22	24	15	9	4	3	2	0

☐ **16-2** Clasifique la situación de espera del problema 15-1 (capítulo 15) como *humana, semiautomática* y *automática*. En el sistema *humano*, indique si los intereses del cliente y el servidor son mutuos.

☐ **16-3** Considere el modelo $(M/M/1):(DG/\infty/\infty)$ con tasas de llegadas y salidas, λ y μ. Defina

c_1 = costo por incremento unitario de μ por unidad de tiempo
c_2 = costo de espera por tiempo unitario de espera por cliente

(a) Desarrolle un modelo general de costo para el problema.
(b) Determine la μ óptima que minimiza la función costo en (a).

☐ **16-4** Aplique el resultado del problema 16-3 a la siguiente situación: los pedidos llegan a un taller de maquinaria de acuerdo con una distribución de Poisson a razón de 10 por día. Una máquina automática representa el cuello de botella en el taller. Se estima que un incremento unitario en la tasa de producción de la máquina costará al taller $100 por semana. Los pedidos que no se puedan entregar a tiempo normalmente ocasionan pérdidas para el negocio, con un estimado de $200 por pedido y por semana. Determine la rapidez óptima de la máquina en unidades de la tasa de producción.

☐ **16-5** Un inventario se agota y se vuelve a surtir según distribuciones de Poisson. Los tiempos medios entre agotamientos y resurtido son iguales a $1/\mu$ y $1/\lambda$, respectivamente. Este proceso puede verse como un modelo de líneas de espera $(M/M/1):(DG/\infty/\infty)$.

Suponga que cada unidad de tiempo que el inventario está agotado, se incurre en un costo de penalización C_2. También, cada unidad de tiempo tiene un costo de $C_1 n$, donde $C_2 > C_1$, cuado se tienen disponibles n artículos en inventario.

(a) Halle una expresión para el costo total *esperado* por unidad de tiempo.
(b) ¿Cuál es el valor óptimo de $\rho = \lambda/\mu$?

☐ **16-6** Considere los parámetros de costo definidos en el problema 16-3. Suponga que consideramos el modelo $(M/M/1):(DG/N/\infty)$ donde se encuentra un máximo de N clientes en el sistema. Defina además:

c_3 = costo por unidad de tiempo por incremento unitario adicional de N
c_4 = costo incurrido por cliente perdido al no poder atenderlo, ya que los N espacios en el sistema están ocupados.

Desarrolle un modelo general de costo para esta situación.

☐ **16-7** Una compañía vende dos modelos de restaurante privilegiados. El modelo A tiene una capacidad de 80 comensales, mientras que el modelo B puede dar cabida a 100. El costo mensual de operación del modelo A es de $10 000 y el de B es de $12 000. Un prospecto de inversionista desea erigir un restaurante en su ciudad. El estima que sus clientes llegarán según una distribución de Poisson a la tasa de 30 por hora. El modelo A ofrecerá servicio a la tasa de 20 clientes por hora y el modelo B servirá a 35 comensales por hora. Cuando el restaurante esté lleno a toda su capacidad, los nuevos clientes que lleguen normalmente se irán del lugar sin buscar ser atendidos. La pérdida por cliente por día se estima en cerca de $8.00. Una demora en la atención a los clientes que esperan dentro del restaurante se calcula costará al dueño alrededor de $0.40 por comensal por hora, debido a la pérdida de la buena voluntad del cliente. ¿Qué modelo debe elegir el propietario del restaurante? Supóngase que el restaurante estará abierto 10 horas diarias.

☐ **16-8** Verifique el resultado:

$$L_s(c) - L_s(c+1) \le \frac{C_1}{C_2} \le L_s(c-1) - L_s(c)$$

dado en la sección 16.2.1B para el número óptimo de servidores c.

☐ **16-9** En el ejemplo 16.2-2 supóngase que para $(M/M/c):(DG/\infty/\infty)$, $\lambda = 10$ y $\mu = 3$. Los costos son $C_1 = 5$ y $C_2 = 25$. Determine el número de servidores que deben emplearse para minimizar los costos totales esperados.

☐ **16-10** Se están considerando dos mecánicos para atender 10 máquinas en un taller. Al primer mecánico se le pagarán $6 por hora y puede reparar máquinas a razón de 5 por hora. Al segundo mecánico se le pagarán $10 por hora, pero éste puede reparar máquinas a razón de 8 por hora. Se estima que el tiempo que está parada la máquina cuesta $16.00 por hora.

Suponiendo que las máquinas se descomponen según una distribución de Poisson con media de 4 por hora, y el tiempo de reparación es exponencial, ¿cuál mecánico deberá contratarse?

☐ **16-11** Cierta unidad de propulsión de tubería, que opera continuamente sobre una base de 24 horas, requiere servicio en intervalos de tiempo exponenciales con tiempo medio entre descomposturas igual a 20 horas. Un mecánico puede dar servicio a un propulsor descompuesto en 10 horas en promedio, con tiempo de servicio exponencial. En una estación con 10 propulsores y dos mecánicos en servicio todo el tiempo, cada mecánico recibe un salario de $7.00 por hora. Se estima que las pérdidas en el programa de tubería ascienden a $15.00 por hora por bomba descompuesta. La compañía considera contratar a otro mecánico.
(a) Determine el ahorro en los costos por hora que se logrará si se contrata al otro mecánico.
(b) ¿Cuál es la pérdida en el programa en unidades monetarias por descompostura con dos técnicos en servicio?
(c) ¿Cuál es la pérdida en el programa en unidades monetarias por descompostura con tres mecánicos en servicio?

☐ **16-12** Una compañía renta una línea WATS para dar servicio telefónico en todos los estados por $2 000 al mes. La oficina está abierta 200 horas hábiles al mes. En el tiempo restante el servicio de la línea WATS se utiliza para otros fines y no está disponible para la compañía. El acceso a la línea WATS durante horas de trabajo comprende a 100 ejecutivos y cada uno de ellos puede necesitar la línea en cualquier instante, pero en un promedio de dos veces por cada día de 8 horas (supóngase tiempo exponencial entre llamadas). Un ejecutivo esperará utilizar la línea WATS si ésta está ocupada a un costo de incomodidad estimado de 1 centavo por minuto de espera. Se supone que no se necesitará hacer otras llamadas mientras el ejecutivo espera para hacer cierta llamada. El costo normal de las llamadas (sin utilizar la línea WATS) es, en promedio, de 50 centavos por minuto y la duración de cada llamada es exponencial con media de 6 minutos. La compañía considera rentar (al mismo precio) una segunda línea WATS para ayudar a manejar el intenso tráfico de llamadas.

(a) ¿Ahorra dinero a la compañía la única línea WATS con que cuenta en comparación con un sistema "sin línea WATS"? ¿Cuánto está ganando o perdiendo la compañía por mes en comparación con el sistema "sin línea WATS"?

(b) ¿Debe la compañía rentar un segundo sistema de línea WATS? ¿Cuánto ganaría o perdería en comparación con el sistema de una sola línea WATS rentando una segunda línea?

☐ **16-13** Un taller utiliza 10 máquinas idénticas. La ganancia por máquina es $4.00 por hora de operación. Cada máquina se descompone en promedio una vez cada 7 horas. Una persona puede reparar una máquina en 4 horas en promedio, pero el tiempo de reparación real varía según una distribución exponencial. El salario del mecánico es $6.00 por hora. Determine lo siguiente:

(a) El número de mecánicos que minimizará el costo total.

(b) El número de mecánicos que se necesita de manera que el número estimado de máquinas descompuestas sea menor que 4.

(c) El número de mecánicos que se necesita de manera que la demora esperada hasta que se repare una máquina sea menor que 4 horas.

☐ **16-14** Un centro contra el abuso a infantes administrado por el estado opera de 9:00 A.M. a 9:00 P.M. todos los días. Las llamadas que reportan casos de abuso a infantes llegan, como es de esperarse, en forma completamente aleatoria. La tabla siguiente indica el número de llamadas que se registran sobre una base por hora en un periodo de siete días.

Hora de inicio	Número total de llamadas durante una hora dada						
	Día 1	Día 2	Día 3	Día 4	Día 5	Día 6	Día 7
9:00	4	6	8	4	5	3	4
10:00	6	5	5	3	6	4	7
11:00	3	9	6	8	4	7	5
12:00	8	11	10	5	15	12	9
13:00	10	9	8	7	10	16	6
14:00	8	6	10	12	12	11	10
15:00	10	9	12	4	10	6	8
16:00	8	6	9	14	12	10	7
17:00	5	10	10	8	10	10	9
18:00	5	4	6	5	6	7	5
19:00	3	4	6	2	3	4	5
20:00	4	3	2	2	2	3	4
21:00	1	2	1	3	3	5	3

La tabla no incluye llamadas perdidas que se generan en virtud de que la persona que hace la llamada recibe señal de ocupado. Para las llamadas que realmente son recibidas, cada una dura al azar hasta 12 minutos con un promedio de 7 minutos.

Llamadas anteriores señalan que el centro ha experimentado una tasa de incremento anual del 15% en llamadas telefónicas.

714 Teoría de las líneas de espera en la práctica [C.16]

En el centro se desea determinar el número de líneas telefónicas que deben instalarse para ofrecer servicio adecuado ahora y en el futuro. En particular, se da especial atención para reducir el efecto adverso de una persona que llama y recibe señal de ocupado.

☐ **16-15** Una compañía manufacturera emplea tres camiones de carga para transportar materiales entre seis departamentos. Los usuarios de los camiones han venido demandando que se agregue un cuarto camión a la flotilla para aminorar el problema de demoras excesivas.

Los camiones no tienen una estación base a la cual se les pueda llamar. En cambio, la administración considera que es más efectivo mantener los camiones en movimiento (semi) continuo por toda la fábrica. Un departamento que solicite el servicio de un camión debe esperar a que éste llegue a ese lugar. Si el camión está disponible, responderá a la llamada. De lo contrario, el departamento debe esperar a que llegue otro camión.

Algunos datos que se recolectan en relación con el número de llamadas que se reciben de todos los departamentos son

Número de llamadas por hora	Frecuencia	Número de llamadas por hora	Frecuencia
0	30	7	47
1	90	8	30
2	99	9	20
3	102	10	12
4	120	11	10
5	100	12	4
6	60		

El tiempo de servicio para cada departamento (en minutos) es aproximadamente el mismo. La tabla que sigue muestra un resumen de un histograma de tiempo de servicio común para uno de los departamentos.

Tiempo de servicio t	Frecuencia
$0 \leq t < 10$	61
$10 \leq t < 20$	34
$20 \leq t < 30$	15
$30 \leq t < 40$	5
$40 \leq t < 50$	8
$50 \leq t < 60$	4
$60 \leq t < 70$	4
$70 \leq t < 80$	3
$80 \leq t < 90$	2
$90 \leq t < 100$	2

¿Qué tipo de recomendación haría usted a la administración de esta empresa?

PROYECTOS

Los proyectos siguientes son sugerencias de posibles áreas de aplicaciones de la teoría de la espera. El lector debe tener en mente que quizá no pueda hallar un modelo matemático que se ajuste al sistema que estudia. ¡Es de esperarse! Lo que esperamos lograr intentando investigar problemas reales, es ganar experiencia directa en la aplicación de la teoría de la espera en la práctica. *En teoría*, el análisis de un sistema de espera debe proceder en la siguiente forma ordenada:

1. Recolección de datos.
2. Prueba de la bondad del ajuste de las distribuciones empíricas.
3. Selección de un modelo matemático adecuado y obtención de sus medidas de desempeño.
4. Aplicación de un modelo de decisión apropiado.

Cuando el lector trabaje con una situación real, quizá descubra que no se puede hacer ningún progreso, en particular en el paso 3, donde puede resultar complicado obtener un modelo matemático adecuado. Cuando esto suceda, usted debe determinar las razones de estas dificultades y estudiar la posibilidad de sortearlas. Un reconocimiento claro de estas dificultades debe ayudarle a comprender las limitaciones de la aplicación de la teoría de la espera en la práctica.

Proyecto 1: seleccione un lote de estacionamiento en torno al campus de su escuela o universidad. Modele la situación como un sistema de espera a fin de determinar el número de espacios de estacionamiento.

Proyecto 2: estudie los contadores de revisión de la biblioteca de la universidad con el objeto de determinar el mejor diseño de la instalación desde el punto de vista de la selección del mecanismo de servicio y el número de empleados.

Proyecto 3: estudie los sistemas de espera de los cajeros de la cafetería de la universidad, con el objeto de determinar el número de cajeros y también la proyección de la instalación.

Proyecto 4: estudie el sistema de tránsito masivo de su universidad en una de las paradas de autobús más ocupadas, con el fin de determinar la frecuencia con que debe pasar un autobús por cada estación seleccionada.

Proyecto 5: estudie la operación de un autobanco con el objeto de determinar el número de cajeros.

Capítulo 17

Modelos de simulación con SIMNET II[†]

17.1 Introducción
17.2 Marco de referencia de la modelación con SIMNET
17.3 Representación de los enunciados de los nodos de SIMNET II
    17.3.1 Nodo fuente
    17.3.2 Nodo l. de e.
    17.3.3 Nodo instalación
    17.3.4 Nodo auxiliar
    17.3.5 Reglas básicas para la operación de nodos
17.4 Expresiones matemáticas de SIMNET II
17.5 Estructura del modelo SIMNET II
17.6 Depuración del modelo en SIMNET II
17.7 Rutas de las transacciones en SIMNET II
    17.7.1 Envío al nodo siguiente
    17.7.2 Rutas selectas
    17.7.3 Rutas de transferencia directa (campo *T o campo goto)
17.8 Ramas en SIMNET II
    17.8.1 Tipos de ramas (SUBF1)
    17.8.2 Condiciones de ramas (F2)
    17.8.3 Asignaciones de ramas (F3)
    17.8.4 Variables estadísticas (F4)
17.9 Interruptores lógicos
17.10 Recursos en SIMNET II
    17.10.1 Prioridad y derecho a los recursos

[†] El texto de este capítulo se tomó de *Simulation with SIMNET II*, de Hamdy A. Taha. Para información acerca de este programa vea el final del libro, pág. 961.

Modelos de simulación con SIMNET II

17.11 Ensamble y equiparación de transacciones
　17.11.1 Operación de ensamble
　17.11.2 Operación de equiparar
17.12 Asignaciones especiales
　17.12.1 Activación y desactivación del nodo fuente
　17.12.2 Control de los parámetros de l. de e.
　17.12.3 Asignaciones de manejo de archivos
　17.12.4 Localización de entradas en archivos
　17.12.5 Control de la duración de corrida
　17.12.6 Otras asignaciones especiales
17.13 Datos iniciales
　17.13.1 Entradas iniciales de archivo
　17.13.2 Funciones de densidad continua, discretas y discretizadas
　17.13.3 Funciones de dependencia
　17.13.4 Inicialización de elementos de un arreglo
　17.13.5 Inicialización de variables sin subíndices
　17.13.6 Funciones matemáticas
17.14 Inicialización de nodos y recursos con datos que dependen de la corrida
17.15 Recolección de observaciones estadísticas
17.16 Otras capacidades de SIMNET II
17.17 Resumen
　Bibliografía
　Problemas

En las cuatro ediciones anteriores en inglés de este libro, el tema de la simulación se trató sólo en forma de conceptos generales. Ahora que tenemos a nuestra disposición las poderosas microcomputadoras, trataremos este tema en términos más concretos.

Este capítulo presenta el lenguaje de simulación SIMNET II (desarrollado por el autor, incluido en el disquete que acompaña esta obra). La presentación permitirá al lector ejecutar modelos característicos de simulación, usando el software de SIMNET II. El apéndice B contiene instrucciones para su instalación y ejecución.

Los métodos estadísticos de recopilación de datos en el proceso de simulación, se presentan en la sección 17.15 como parte integral de SIMNET II.

17.1 INTRODUCCION

Aparte de observar el sistema real, la simulación es lo mejor de que disponemos. En ésta utilizamos modelos de computadora para (literalmente) imitar el comportamiento de la situación real como una función del tiempo. Conforme la simulación avanza al transcurrir el tiempo, se recopilan datos estadísticos pertinentes al sistema simulado en una forma muy parecida a como se hace en la vida real. Tal vez la diferencia principal estribe en que en la simulación necesitamos poner atención al sistema solo cuando ocurren cambios en los datos estadísticos. Tales cambios están asociados con la ocurrencia de **eventos**. Por ejemplo, en una operación bancaria, los eventos pertinentes incluyen llegadas y salidas de la instalación, ya que éstas son sólo puntos en el tiempo, en los cuales la longitud de la fila y/o la condición (desocupados/ocupados) de los pagadores puede cambiar. De hecho, la simulación se lleva a cabo "brincando" en la escala de tiempo, de un evento al siguiente. Es por esto que se describe este tipo de modelación como una **simulación discreta de eventos**.

El uso de un modelo en la simulación se puede basar en uno de dos acercamientos: **programación del evento siguiente** u **operación del proceso**. Si bien ambos acercamientos emplean el concepto común de recopilar datos estadísticos cuando ocurre un evento, la diferencia principal estriba en la cantidad de detalles que debe proporcionar el usuario. El acercamiento de la programación del evento siguiente exige normalmente un extenso esfuerzo de modelación, en tanto que el acercamiento de operación del proceso automatiza la mayor parte del trabajo de modelación en beneficio del usuario. A cambio de esto, la simulación por proceso puede no ser tan flexible como la simulación por programación. Por otra parte, los modelos orientados a procesos generalmente son más compactos y más fáciles de implementar.

La ejecución de los modelos de simulación abarcan un número enorme de cálculos, casi siempre de naturaleza repetitiva. Así, las computadoras son herramientas primordiales para efectuar tales cálculos. Se han creado un buen número de lenguajes de cómputo especializados para aminorar la carga de programar los modelos de simulación. Estos lenguajes están diseñados con base en los dos acercamientos descritos antes, *programación del evento siguiente* y *operación del proceso*. SIMSCRIPT es el más antiguo de los lenguajes basados en la programación del evento siguiente. Los lenguajes basados en la operación del proceso son, entre otros, el SIMNET, el SIMAN, el SLAM y el GPSS. Los tres últimos lenguajes permiten el uso de FORTRAN externo o insertos C, para tomar en cuenta la lógica de modelación que no se puede codificar directamente con los medios disponibles del lenguaje. Por otra parte, las capacidades de modelación del SIMNET son lo bastante poderosas para no tener que usar FORTRAN externo o insertos C.

En este capítulo proporcionamos los detalles de modelación del SIMNET II por medio de aplicaciones modulares. Los aspectos estadísticos del **experimento de simulación** forman una parte integral del diseño de SIMNET II y se tratarán durante la exposición.

17.2 MARCO DE REFERENCIA DE LA MODELACION CON SIMNET

El diseño de SIMNET II se basa en la idea general que los modelos de simulación discreta pueden crearse de una u otra manera como sistemas de líneas de espera. En este contexto, el lenguaje se basa en un **acercamiento de red** que utiliza tres nodos autodescriptivos: una **fuente**, de donde llegan transacciones (clientes), una **línea de espera** (l. de e.), donde la espera tiene lugar en caso de ser ésta necesaria, y una **instalación**, donde se lleva a cabo el servicio. Se agrega un cuarto nodo, llamado **auxiliar**, para incrementar las capacidades de modelación del lenguaje.

Los nodos en SIMNET II están conectados por **ramas**. Conforme las transacciones recorren las ramas, éstas ejecutan importantes funciones entre las que se cuentan: (1) controlar el flujo de transacciones en cualquier parte de la red, (2) recolectar estadísticas pertinentes y (3) efectuar cálculos aritméticos.

Durante la ejecución de la simulación, SIMNET II mantiene el control de las transacciones colocándolas en **archivos**. Se puede pensar que un archivo es un arreglo bidimensional en el que cada línea del arreglo se usa para almacenar información acerca de una sola transacción. Las columnas del arreglo representan los **atributos** que permiten al modelador tener control de las características de cada transacción. Esto significa que los atributos son variables *locales* que se mueven con sus respectivas transacciones a donde quiera que vayan en la red del modelo.

SIMNET II utiliza tres tipos de archivos:

1. Calendario de eventos.
2. Línea de espera.
3. Instalación.

El **calendario de eventos** (o **E.FILE** como se llama en SIMNET II) es el archivo principal que mueve la simulación. Mantiene el control automáticamente de una lista actualizada de los eventos del modelo en su propio orden *cronológico*. Las operaciones de las l. de e. e instalaciones exigen que estén asociadas con archivos especiales, cuya función es diferente de la del E.FILE. Estos archivos especiales, una vez definidos por el modelador, son conservados automáticamente por SIMNET II.

17.3 REPRESENTACION DE LOS ENUNCIADOS DE LOS NODOS DE SIMNET II

La información acerca de las características y operación de los nodos de SIMNET II está codificada en **enunciados** compatibles con el procesador de SIMNET II. El siguiente es el formato general de un enunciado de nodo:

identificador de nodo; campo 1; campo 2; ...; campo m:

El **identificador de nodo** consiste en un nombre arbitrario (máximo de 12 caracteres) escogido por el usuario, seguido por uno de los códigos *S, *Q, *F o *A, que identifica al nombre ya sea como fuente, l. de e., instalación o como auxiliar. El identificador de nodo es seguido por uno o más campos separados entre sí por punto y coma y el último campo seguido de dos puntos. Cada campo contiene información necesaria para la operación del nodo. Todos los campos son *posicionales*, en el sentido que su orden debe ser preservado para que el procesador reconozca su contenido de información. Si un campo no se usa o se omite, su orden se mantiene insertando puntos y comas sucesivos. Por ejemplo, el enunciado

ARRIVE *S;10;;;;LIM=500:

identifica un nodo fuente llamado ARRIVE, para el cual el valor 10 mostrado en el primer campo identifica el tiempo entre llegadas sucesivas. Los campos 2, 3 y 4 suponen valores *predefinidos* (que serán descritos luego), en tanto que el campo 5 muestra que el número máximo de creaciones desde ARRIVE está limitado a 500 transacciones.

Los campos predefinidos de un enunciado se pueden omitir, y la posición de los campos no predefinidos se identifican directamente, prefijando a cada uno con el código /n/, donde n es el número del campo. Por ejemplo, el enunciado anterior se puede describir en forma equivalente como

ARRIVE *S;10;/5/LIM=500:

Mostraremos después que /n/ se puede reemplazar en forma más conveniente, con palabras descriptivas reservadas o simples letras.

La codificación en SIMNET II es de formato libre, y no distingue entre letras mayúsculas o minúsculas. Un enunciado puede segmentarse en un número de líneas sucesivas, terminando cada línea con el símbolo (&). Por ejemplo, el enunciado anterior se puede escribir como

ARRIVE *S;10;/5/LI&   !línea 1 de ARRIVE
        M=500:   !línea 2 de ARRIVE

Una línea de SIMNET II puede incluir un **comentario**, que se reconoce por un signo de admiración (!) como prefijo. Cualquier texto que siga a un ! se trata como un comentario, y es ignorado por el procesador de SIMNET II.

El resto de esta sección define los diversos campos de los cuatro nodos de SIMNET II.

17.3.1 NODO FUENTE

El nodo fuente se usa para crear la llegada de transacciones a la red. Las definiciones de sus campos y sus símbolos gráficos se dan en la figura 17-1. La información entre paréntesis describe el tipo de datos que deben usarse en el campo.

En esta sección nos concentraremos en los campos F1 al F5, con una introducción a la utilización del campo de transferencia *T. Los otros campos se tratarán luego en las secciones designadas en la figura 17-1.

17.3] Representación de los enunciados de los nodos de SIMNET II

SNAME *S;F1;F2;F3;MULT = F4;LIM = F5;F6;F7;*T:			
Identificador de campo			Valor programado[e]
F1		Tiempo entre llegadas (expresión)[a]	0
F2		Tiempo que transcurre antes de la primera creación (expresión)	0
F3		Marca el número de atributo con el atributo, llevando automáticamente el tiempo de creación si F3 > 0 o el número de serie si F3 < 0 (constante)	ninguna
F4	/m/	Transacciones simultáneas por creación individual (constante o variable)[b,c]	1
F5	/L/	Límite en el número de creaciones si F5 > 0 o límite de creación si F5 < 0 (constante o variable)[b]	∞
F6	/s/	Regla de selección de salida (véase la sección 17.7.2)	ninguna
F7	/r/	Recursos devueltos por la fuente (véase la sección 17.10)	ninguna
*T		Lista de nodos alcanzados desde la fuente por transferencia directa (véase la sección 17.7.3)[d]	ninguna

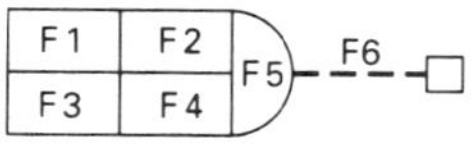

```
┌────┬────┐
│ F1 │ F2 │        F6
├────┼────┤ F5 ──────□
│ F3 │ F4 │
└────┴────┘
```

[a] Expresión matemática de SIMNET II (véase la sección 17.4)
[b] Para los campos del F4 al F7, el número de campo n en la notación identificadora de campo /n/ se puede reemplazar con las palabras descriptivas /Multiple/, /Limit/, /Select/ y /Resources/ o bien /M/, /L/, /S/ y /R/, respectivamente.
[c] La variable puede ser una variable sin subíndice o un elemento de un arreglo (véase la sección 17.4).
[d] El asterisco puede reemplazarse con la palabra descriptiva GOTO-.
[e] Valor con que corre el programa si no lo modifica el usuario.

Figura 17-1

Ejemplo 17.3-1 (Ejemplos de nodo fuente)

(a) A los clientes que llegan a una instalación de registro automovilístico, se les asignan individualmente números de serie que identifican el orden en que serán atendidos. El tiempo entre llegadas es exponencial con media de 12 minutos. El primer cliente llega generalmente 10 minutos después de que la instalación empieza a operar.

El enunciado fuente que define la situación es el siguiente:

CUSTMRS *S;EX(12);10;−1:

El nombre dado a la fuente es CUSTMRS. El campo 1 lleva la información EX(12), que designa el tiempo entre llegadas sucesivas como una muestra aleatoria, tomada de una distribución EXponencial con media 12. (El símbolo reservado EX es reconocido por SIMNET II como representante de la distribución exponencial. Véase la tabla 17-5 donde se da un resumen de las funciones aleatorias disponibles en SIMNET II.) El segundo campo designa el tiempo de llegada del *primer* cliente como 10 (comenzando en 0 como tiempo de inicio). En general, se puede usar cualquier expresión matemática (véase la sección 17.4) en los primeros dos campos. El tercer campo contiene el valor −1, que indica que el atributo 1 tomará automáticamente los números de serie 1, 2, 3,... en las llegadas sucesivas. En SIMNET II los atributos se designan por el arreglo reservado A(·), de modo que −1 en el campo 3 significa que A(1) = 1, 2, 3,... para las llegadas sucesivas. Como el tercer campo termina con dos puntos, estos indican que ya se han indicado todos los campos.

(b) Cada 5 minutos llegan televisores para ser empacados. Se desea mantener un registro de los tiempos de llegada de cada transacción en el atributo 2. Los siguientes enunciados son equivalentes:

TVS *S;5;;2;*PKGNG:
TVS *S;5;;2;goto-PKGNG:

El tiempo de creación para el primer televisor es 0 porque se ha omitido el campo F2. En consecuencia, A(2) para los clientes sucesivos tomará los valores respectivos 0, 5, 10, 15,... como lo exige el campo F3(= 2). Las transacciones que salen de las fuentes TVS serán *transferidas* a un nodo l. de e. (amortiguadora) llamado PKGNG, como se muestra en el campo *T. Observe que *T es un campo *flotante* en el sentido que *siempre* ocupa el *último* campo del nodo, independientemente del número de campos omitidos que lo puedan preceder.

(c) Un aserradero está contratado para recibir 100 camiones con troncos de árboles. Cada carga de camión consta de 50 troncos. El aserradero procesa los troncos uno a la vez. Las llegadas de los camiones a la instalación ocurren cada 45 minutos.

TRKS *S;45;/m/MULT=50;LIM=100;*MILL:

El campo LIM indica que la fuente TRKS generará 100 transacciones (camiones) después de lo cual entrará en reposo. Conforme cada transacción sale de TRKS, será *reemplazada* por 50 transacciones *idénticas* que representan los troncos, como se muestra en el campo MULT. ◂

17.3.2 NODO L. DE E.

Las l. de e. sirven para alojar transacciones. En un sentido obvio, una transacción no puede ser atendida inmediatamente al llegar, sino que debe esperar en la línea hasta que la instalación quede disponible. Existen otras aplicaciones de las líneas de espera que se presentarán después en este capítulo.

En SIMNET II el tamaño de una l. de e. puede ser finito o infinito, y el número inicial de clientes en espera al principio de la simulación puede ser 0 o positivo. Las transacciones en espera en una l. de e. pueden partir de acuerdo con algunas de las disciplinas de l. de e., y la línea misma puede funcionar como un **acumulador**, en donde un número específico de transacciones en espera son reemplazadas por *una* transacción saliente. En tal caso, el modelador debe especificar cómo se obtienen los atributos de las transacciones salientes a partir de las acumuladas. Esta información, así como las descripciones de los diversos campos de un nodo l. de e. están resumidas en las tablas 17-1, 17-2 y en la figura 17-2.

Tabla 17-1
Reglas para calcular los atributos de una transacción saliente en una l. de e. de acumulación

Reglas	Descripción
SUM	Suma de los atributos de las transacciones acumuladas
PROD	Producto de los atributos de las transacciones acumuladas
FIRST	Atributos de la primera de las transacciones acumuladas
LAST	Atributos de la última de las transacciones acumuladas
HI(#)	Atributos de la transacción con el A(#) más alto de todas las transacciones acumuladas
LO(#)	Atributos de la transacción con el A(#) más bajo de todas las transacciones acumuladas

Tabla 17-2
Códigos de disciplina de l. de e.

Disciplina	Transacción saliente
FIFO	Primero que entra, primero que sale
LIFO	Ultimo que entra, primero que sale
RAN	Selección al azar (RANdom)
HI(#)	Transacción con el atributo A(#) más alto (HIghest), donde # es una constante
LO(#)	Transacción con el atributo A(#) más bajo (LOwest)

724 Modelos de simulación con SIMNET II [C.17]

QNAME *Q;F1(SUBF1);F2(SUBF2);F3;F4;F5;*T:

Identificador de campo		Descripción	Valor programado[d]
F1		Tamaño máximo de la l. de e. (constante o variable)[a]	∞
SUBF1		Número inicial en la l. de e. (constante o variable)	0
F2		Número de transacciones en espera necesarias para crear *una* transacción saliente (constante o variable)	1
SUBF2		Regla para calcular los atributos de las transacciones salientes cuando F2 > 1: SUM, PROD, FIRST, LAST, HI(#), LO(#), donde # es un número de atributo (véase la tabla 17-1)	LAST
F3	/d/	Disciplina de l. de e.: FIFO, LIFO, RAN, HI(#), LO(#), donde # es un número de atributo (véase la tabla 17-2)	FIFO
F4	/s/	Regla de selección de salida (véase la sección 17.7.2)[b]	ninguna
F5	/r/	Recursos devueltos por la l. de e. (véase la sección 17.10)	ninguna
*T		Lista de nodos alcanzados desde la l. de e. por transferencia directa (véase la sección 17.7.3)[c]	ninguna

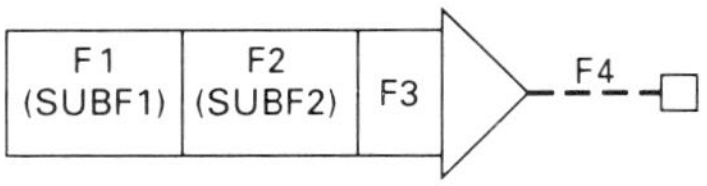

```
┌──────┬──────┬───┐
│  F1  │  F2  │   │      F4
│(SUBF1)│(SUBF2)│F3 │────────□
└──────┴──────┴───┘
```

[a] La variable puede ser una variable sin subíndice o un elemento de un arreglo (véase la sección 17.4).
[b] Para los campos F4 y F5, el número de campo n en la notación de identificación de campo /n/ puede reemplazarse con las palabras descriptivas /Discipline/, /Select/ y /Resources/ o bien /D/, /S/ y /R/, respectivamente.
[c] El asterisco puede reemplazarse con la palabra descriptiva GOTO-.
[d] Valor con que corre el programa si es que no lo modifica el usuario.

Figura 17-2

Ejemplo 17.3-2 (Ejemplos de nodo l. de e.)

(a) Encargos regulares y de urgencia llegan a un establecimiento en forma aleatoria; los de urgencia toman prioridad en su procesamiento.

Una manera directa de representar esta situación es asociar el tipo de encargo con un atributo. Sean $A(1) = 0$ y $A(1) = 1$ los identificadores de los encargos regulares y de urgencia, respectivamente. Estos encargos se ordenan en una línea de espera llamada JOBQ según el siguiente enunciado:

JOBQ   *Q;;;HI(1):

La disciplina de l. de e. HI(1) exige que todas las transacciones se ordenen en forma descendente del valor de A(1). Esto significa que los trabajos urgentes con A(1) = 1 se colocarán a la cabeza de la l. de e. Observe que se omite el campo 1, lo que significa que la l. de e. JOBQ tiene una capacidad infinita.

Si los valores asignados a A(1) se intercambian de modo que A(1) = 0 represente el encargo urgente, la disciplina de l. de e. debe cambiarse a LO(1), como sigue:

JOBQ   *Q;;;LO(1):

(b) Un producto se empaca a razón de 4 unidades por caja. El área de empaque puede contener un máximo de 75 unidades; inicialmente ésta contiene 30 unidades.

Si QUNIT representa el área de empaque el enunciado asociado es

QUNIT   *Q;75(30);4:

El primer campo establece la capacidad máxima en la l. de e. (= 75) y el número inicial en el sistema (= 30). La disciplina de línea de espera es FIFO porque se ha omitido el campo 3. El campo 2 indica que 4 unidades del producto se empacarán en una sola caja. Por definición, los atributos de la transacción "caja" serán iguales a los de LAST de las cuatro transacciones "unidad" que forman la caja (véase la figura 17-1).   ◀

17.3.3 NODO INSTALACION

Un nodo instalación es donde se efectúa el servicio. En SIMNET II una instalación tiene una capacidad finita, representando el número de servidores en paralelo. Durante la simulación, cada servidor puede estar ocupado o desocupado. El formato general del enunciado del nodo y la descripción de sus campos están dados en la figura 17-3.

Ejemplo 17.3-3 (Ejemplos del nodo instalación)

(a) Una instalación tiene un servidor quien se encuentra ocupado al principio de la simulación. El tiempo de servicio es de 15 minutos. Las unidades terminadas se retiran (TERMinadas) del sistema.

Usando el nombre SRVR, el enunciado SIMNET II es

SRVR   *F;;15;1(1);*TERM:

El campo 1 no se necesita en esta situación porque normalmente trata con entradas de línea múltiple a la instalación; esto se analizará en la sección 17.7.2. En el campo 2, el valor 15 indica el tiempo de servicio en la instalación. Este campo también puede

726 Modelos de simulación con SIMNET II [C.17

	FNAME *F;F1;F2;F3(SUBF3);F4;F5;*T:	
Identificador de campo		Valor programado[e]
F1	Regla para seleccionar una *l. de e.* de entrada (véase la sección 17.7.2)	ninguna
F2	Tiempo de servicio (expresión)[a]	0
F3	Número de servidores en paralelo (constante o variable)[b]	1
SUBF3	Número inicial de servidores ocupados (constante o variable)	0
F4 /s/	Regla selecta de salida (véase la sección 17.7.2)[c]	ninguna
F5 /r/	Recurso(s) adquirido(s) y liberado(s) por instalación (véase la sección 17.10)	ninguna
*T	Lista de nodos alcanzados desde instalación por transferencia directa (véase la sección 17.7.3)[d]	ninguna

```
        F1    F2    F4
    □--------(     )--------□
              F3(SUBF3)
```

[a] Expresión matemática de SIMNET II (véase la sección 17.4)
[b] La variable puede ser una variable sin subíndice o un elemento de un arreglo (véase la sección 17.4)
[c] Para los campos F4 y F5, el número de campo n en la notación identificadora de campo /n/ puede reemplazarse con las palabras descriptivas /Select/ y /Resources/ o bien /S/ y /R/, respectivamente.
[d] El asterisco puede reemplazarse con la palabra descriptiva GOTO-.
[e] Valor con que corre el programa si es que no lo modifica el usuario.

Figura 17-3

ser cualquier expresión matemática. El campo 3 muestra que la instalación tiene un servidor, quien se encuentra inicialmente ocupado. El campo *T muestra que la transacción terminada será TERMinada usando el término *TERM (o goto-TERM). El símbolo TERM es una palabra reservada de SIMNET II. No es un nodo, sino simplemente un código que ocasionará que la transacción "desaparezca" del sistema.

(b) Una instalación tiene tres servidores en paralelo, dos de los cuales están inicialmente ocupados. El tiempo de servicio es exponencial con media 3 [EX(3)].

El enunciado asociado es

    SRVR *F;;EX(3);3(2):

(c) Un taller pequeño tiene una máquina y 10 encargos en espera, además del que se está procesando. El tiempo de procesamiento por encargo es exponencial con media de 30 minutos.

17.3] Representación de los enunciados de los nodos de SIMNET II **727**

La red que representa esta situación se muestra más adelante, donde el símbolo que sigue a la instalación representa TERM.

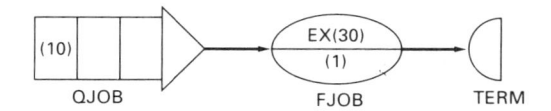

Los enunciados asociados de SIMNET II son

QJOB   *Q;(10):
FJOB   *F;;EX(30);(1);*TERM:

Podríamos haber terminado el enunciado QJOB con el campo de transferencia *FJOB (o goto-FJOB) para indicar que la transacción que sale de QJOB irá a FJOB. Sin embargo, como explicaremos en la sección 17.7.1, esto no es necesario, ya que las rutas en este caso las dicta el hecho de que el enunciado QJOB precede inmediatamente al FJOB.

En la red anterior, como FJOB está inicialmente ocupado, según lo indica la entrada (1) en el campo 3, la instalación procesará automáticamente su encargo residente usando una muestra de EX(30) como su tiempo de procesamiento. Después que el encargo sale de FJOB para ser TERMinado, la instalación "mirará hacia atrás" *automáticamente* y tomará un nuevo encargo de QJOB. Este proceso se repite hasta que los 10 encargos se hayan procesado. ◄

17.3.4 NODO AUXILIAR

Un nodo auxiliar es uno de capacidad infinita que siempre aceptará todas las transacciones que le lleguen. El nodo está diseñado para aumentar la capacidad de modelación del lenguaje. Sobre todo, es adecuado para representar demoras. También, el nodo auxiliar es el único que puede introducirse a sí mismo, característica que es muy útil en la simulación de acciones repetitivas (o lazos). La figura 17-4 da una descripción de los campos del nodo auxiliar.

Ejemplo 17.3-4 (Ejemplo de nodo auxiliar)

A una oficina de empleos llegan los solicitantes de trabajo cada EX(25) minutos. Cada solicitante debe llenar una forma, y luego esperar para ser entrevistado. Tardan aproximadamente 15 minutos en llenar la forma.

El segmento de red y los enunciados que describen las llegadas, el llenado de la forma y la espera, se dan a continuación.

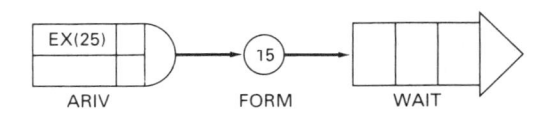

ANAME *A;F1;F2;F3;*T:			
Identificador de campo			Valor programado[d]
F1		Tiempo de demora (expresión)[a]	0
F2	/s/	Regla para seleccionar nodo de salida (véase la sección 17.7.2)[b]	ninguna
F3	/r/	Recurso(s) liberado(s) por auxiliar (véase la sección 17.10)	ninguna
F4		Lista de nodos alcanzados desde auxiliar por transferencia directa (véase la sección 17.7.3)[c]	ninguna

[a] Expresión matemática de SIMNET II (véase la sección 17.4).
[b] Para los campos F2 y F3, el número de campo n en la notación identificadora de campo /n/ puede reemplazarse con las palabras descriptivas /Select/ y /Resources/ o bien /S/ y /R/, respectivamente.
[c] El asterisco puede reemplazarse con la palabra descriptiva GOTO-.
[d] Valor con que corre el programa si es que no lo modifica el usuario.

Figura 17-4

```
ARIV   *S;EX(25):
FORM   *A;15:
WAIT   *Q:
```

El modelo supone que los solicitantes tienen acceso inmediato a las formas. Esta es la razón para representar el proceso de llenar las formas por medio de la FORM auxiliar de capacidad infinita. Si la forma tuviese que llenarse con ayuda de un empleado, la FORM auxiliar tendría que reemplazarse por una instalación de servidor único precedida por una l. de e. ◀

17.3.5 REGLAS BASICAS PARA LA OPERACION DE NODOS

Esta sección resume algunas de las reglas de SIMNET II para la operación de los nodos fuente, l. de e., instalación y auxiliar. El procesador de SIMNET II detectará el incumplimiento de estas reglas, y emitirá un mensaje de error.

1. No puede introducirse a una fuente por ningún otro nodo, incluida otra fuente.
2. Una l. de e. no puede alimentar *directamente* a otra, ni puede alimentarse a sí misma.

3. Las instalaciones pueden seguirse una a otra sin l. de e. intermedias. Sin embargo, una instalación no puede alimentarse a sí misma.

4. Un nodo auxiliar es el único que puede alimentarse a sí mismo, permitiendo así la simulación de lazos.

5. Una transacción brincará una l. de e. si ésta no está llena y si su nodo sucesor acepta la transacción, aun si la l. de e. tiene transacciones en espera cuando llega la transacción del brinco.

6. Si una instalación está precedida por una l. de e., ésta intentará tomar de manera inmediata y automática las transacciones en espera al terminar un servicio. Si la l. de e. está vacía, la instalación estará inactiva hasta que sea "reactivada" por la llegada de una nueva transacción.

7. El movimiento de transacciones hacia dentro y fuera de la línea de espera sólo pueden causarlos *otros* nodos. La línea por sí misma no es capaz de iniciar este movimiento.

8. Cuando las instalaciones se siguen una a otra en serie o cuando las líneas de espera (amortiguadoras) tienen capacidades limitadas, una transacción que termina su servicio en una de las instalaciones será **bloqueada,** si su nodo sucesor es una l. de e. llena (finita) o una instalación ocupada. El **desbloqueo** tendrá lugar automáticamente con un efecto de cadena cuando la causa del bloqueo desaparezca.

Por ahora las reglas anteriores serán suficientes para comenzar a modelar en SIMNET II. En capítulos posteriores se presentarán otras reglas.

17.4 EXPRESIONES MATEMATICAS DE SIMNET II

Las expresiones matemáticas se usan en ciertos campos de nodos, tales como el tiempo entre llegadas en un nodo fuente. También se pueden usar con enunciados y condiciones aritméticas.

Las reglas para construir y evaluar las expresiones matemáticas de SIMNET II son las mismas que en FORTRAN. Los operadores matemáticos incluyen: adición (+), sustracción (−), multiplicación (*), división (/) y la elevación a potencias (**). Una expresión puede incluir cualquier combinación legítima de los siguientes elementos:

1. Variables sin subíndices (no indexadas) o con subíndices (arreglos) definidos por el usuario.

2. Todas las funciones algebraicas y trigonométricas conocidas (véase la tabla 17-3).

3. Las variables de simulación de SIMNET II que definen la condición de la simulación durante su ejecución (véase la tabla 17-4).

4. Muestras aleatorias de SIMNET II de distribuciones probabilísticas (véase la tabla 17-5).

5. Funciones especiales de SIMNET II (véase tabla 17-6).

Los nombres de las variables definidas por el usuario pueden ser de cualquier longitud, aunque sólo los 12 primeros caracteres los reconoce el procesador de SIM-

Tabla 17-3
Funciones[a] intrínsecas de SIMNET II

Algebraicas
  Argumento único: INT, ABS, EXP, SQRT, SIGN, LOG, LOG10
  Argumentos dobles: MOD
  Argumentos múltiples: MAX, MIN
Trigonométricas (argumento único)
  Regular: SIN, COS, TAN
  Arco: ASIN, ACOS, ATAN
  Hiperbólica   SINH, COSH, TANH

[a] Los argumentos pueden ser cualquier expresión matemática de SIMNET II.

Tabla 17-4
Variables de simulación de SIMNET II

Variable	Definición
LEN (auxiliar)	Número común de transacciones que residen en un nodo auxiliar
LEN/HLEN/LLEN/ALEN (nombre de archivo)	Longitud (LENgth) común/máxima/mínima/promedio, de una l. de e. o instalación
VAL/HVAL/LVAL/AVAL (nombre de variable)	Valor (VALue) común/máximo/mínimo/promedio, de una variable estadística (véase la sección 17.8.4)
LEV/HLEV/LLEV/ALEV (nombre de recurso)	Nivel (LEVel) común/máximo/mínimo/promedio, de un recurso (véase la sección 17.10)
COUNT (nodo, recurso o nombre de variable)	Número de transacciones que salieron de un nodo desde el principio de la simulación o el número de "puestas al día" de un recurso o de una variable
RUN.LEN	Longitud de una corrida corriente
TR.PRD	Longitud del periodo de transición
CUR.TIME	Tiempo de la simulación en curso
OBS	Número actual de OBServación estadística (véase la sección 17.15)
NOBS	Número total de observaciones por corrida
RUN	Número de corrida (RUN) estadística actual (véase la sección 17.15)
NRUNS	Número total de corridas
AQWA(nombre de la l. de e.)	Espera promedio en la l. de e. para *todos* los clientes, incluidos aquellos que no esperan

Tabla 17-4 (*Continuación*)

Variable	Definición
AQWP(nombre de la l. de e.)	Espera promedio en la l. de e. para aquellos que deben esperar
AFBL(nombre de instalación)	Bloqueo promedio en una instalación
AFTB(nombre de instalación)	Tiempo promedio de bloqueo en una instalación
AFIT(nombre de instalación)	Tiempo promedio que la instalación está desocupada
AFBT(nombre de instalación)	Tiempo promedio que la instalación está ocupada
ARTU(nombre de recurso)	Unidades promedio de recursos en tránsito
ARTT(nombre de recurso)	Tiempo promedio que un recurso está en tránsito
ARBT(nombre de recurso)	Tiempo promedio que un recurso está ocupado (en uso)
ARIT(nombre de recurso)	Tiempo promedio que un recurso no está en uso
AFRQ(nombre de variable, celda #)[a]	Histograma de frecuencia absoluta de la celda # de una variable
RFRQ(nombre de variable, celda #)[a]	Histograma de frecuencia relativa de la celda # de una variable
NTERM(nombre de nodo)	Número de transacciones terminadas desde un nodo
NDEST(nombre de nodo)	Número de transacciones destruidas desde un nodo

[a] La celda # puede ser cualquier expresión matemática. Para un histograma de N celdas, las celdas 0 y N + 1 representan las celdas de subflujo y sobreflujo, respectivamente.

Tabla 17-5
Funciones aleatorias de SIMNET II

Función[a]	Definición
BE(arg1, arg2, RS)	Muestra [0, 1] BEta con parámetros de forma α = arg1 y β = arg2
BI(arg1, arg2, RS)	Muestra BInomial con parámetros n = arg1 y p = arg2
DI(arg1, RS)	Muestra de probabilidad DIscreta (véase la sección 17.13.2) si arg1 > 0 o muestra interpolada linealmente si arg1 < 0
EX(arg1, RS)	Muestra EXponencial con media $1/\mu$ = arg1
GA(arg1, arg2, RS)	Muestra GAmma con parámetros de forma α = arg1 y $1/\mu$ = arg2; si α es entero positivo, la muestra es tipo Erlang

Tabla 17-5 (*Continuación*)

Variable	Definición
GE(arg1, RS)	Muestra GEométrica con parámetro p = arg1
LN(arg1, arg2, RS)	Muestra LogNormal correspondiente a una distribución normal con media μ = arg1 y desviación estándar σ = arg2
NE(arg1, arg2, RS)	Muestra binomial NEgativa con parámetros c = arg1 y p = arg2
NO(arg1, arg2, RS)	Muestra NOrmal con media μ = arg1 y desviación estándar σ = arg2
PO(arg1, RS)	Muestra POisson con media λ = arg1
RND(RS)	Muestra aleatoria [0, 1]
TR(arg1, arg2, arg3, RS)	Muestra TRiangular en el intervalo [arg1, arg3] con modo arg2
UN(arg1, arg2, RS)	Muestra UNiforme en el intervalo [arg1, arg2]
WE(arg1, arg2, RS)	Muestra WEibull con parámetros de forma α = arg1 y μ = arg2

[a] Véase la sección 11.1.4 para las definiciones de α, β, n, p, μ, σ y λ. Los argumentos arg1, arg2 y arg3 y el flujo aleatorio RS pueden ser cualquier expresión matemática. RS debe adoptar un valor entero diferente de 0 en el intervalo [−50, +50] correspondiente a 50 flujos aleatorios de SIMNET II. Si RS es negativo, se usa el número aleatorio 1 − R, **antitético** de [0, 1].

Tabla 17-6
Variables especiales de SIMNET II

Variable[a]	Definición
TL(arg1, arg2)	Valor de una variable dependiente, obtenido del número de función de dependencia arg1 cuando el valor de la variable independiente es arg2. Si arg1 < 0, el número de función de dependencia (TL) se determina automáticamente por interpolación lineal. (Véase la sección 17.13.3)
FUN(arg1)	Número de expresión matemática arg1 determinado de una lista predefinida de expresiones. (Véase la sección 17.13.6)
FFUN(arg1, arg2)	Expresión matemática en posición (arg1, arg2) determinada de una lista de expresiones de arreglos bidimensionales. (Véase la sección 17.13.6)

[a] arg1 y arg2 pueden ser cualesquiera expresiones matemáticas que se pueden truncar a valores enteros, dependiendo del uso.

NET II. El nombre puede incluir blancos intermedios, pero deben excluirse los siguientes símbolos especiales:

: , ; ( ) { } + − * / = < > $ & % ? !

Estos símbolos se usan para representar operaciones especiales en SIMNET II. Las variables de arreglos pueden representar sólo uno o dos subíndices. Los siguientes ejemplos son característicos de variables y arreglos sin subíndices de SIMNET II:

nbr_of_machines
TIME BET ARVL
Sample(I*(J+K)**2)
SCORE(Sample(I+J),MAX(K,nbr_of_machines))

Los subíndices de los arreglos sencillos y dobles, llamados Sample y SCORE, pueden ser cualesquiera expresiones matemáticas que en caso de ser necesario se truncarán automáticamente a valores enteros.

Las funciones algebraicas y trigonométricas aceptadas por SIMNET II se presentan en la tabla 17-3. Los argumentos de estas funciones pueden ser cualesquiera expresiones matemáticas legítimas. Todas las funciones dadas tienen las mismas propiedades que en FORTRAN.

Las variables de simulación de SIMNET II tienen acceso a todos los parámetros de simulación y estadísticas durante la ejecución. Las estadísticas de simulación se dan en la forma de valor común, más alto, más bajo y promedio. Por ejemplo, LEN(QQ), HLEN(QQ), LLEN(QQ) y ALEN(QQ) definen los valores común, más alto, más bajo y promedio de LENgth (longitud) de una l. de e. llamada QQ. La tabla 17-4 describe las variables de simulación de SIMNET II a las que se tiene acceso durante la ejecución. Esas variables se pueden usar directamente dentro de cualquier expresión matemática.

La tabla 17-5 describe las funciones aleatorias disponibles en SIMNET II. El lector puede consultar la sección 11.1.4 donde se da una descripción matemática de esas funciones y de sus argumentos. Todos los argumentos se pueden representar con una expresión matemática de SIMNET II. El valor predefinido del **flujo de número aleatorio,** RS, es 1.

El último elemento de una expresión matemática incluye variables especiales de SIMNET II. Esas variables incluyen, variables de dependencia TL(arg1, arg2) y funciones matemáticas FUN(arg1) y FFUN(arg1, arg2). La tabla 17-6 proporciona las definiciones de esas variables especiales.

17.5 ESTRUCTURA DEL MODELO SIMNET II

Si bien los enunciados de SIMNET II tienen formato libre, los segmentos del modelo deben tener una organización específica. La figura 17-5 muestra la estructura de un modelo de SIMNET II.

Los términos reservados tienen el símbolo $ como prefijo, y se usan para identificar los diferentes enunciados dentro de los segmentos del modelo. $PROJECT

```
$PROJECT; nombre del modelo; fecha; nombre del analista:
$DIMENSION; ENTITY (m), arreglo 1, arreglo 2,..., arreglo n:
$ATTRIBUTES; (nombres descriptivos de los atributos):
```

Segmento de definiciones:
```
$VARIABLES: (definiciones de variables estadísticas):
$SWITCHES: (definiciones de interruptores lógicos):
$RESOURCES: (definiciones de recursos escasos):
```

Segmento de la lógica del modelo:
```
$BEGIN:
                (enunciados lógicos del modelo)
$END:
```

Segmento de control:
```
$RUN-LENGTH = (longitud de corrida):
$TRACE = (límites del periodo de simulación por rastrear):
$TRANSIENT-PERIOD = (longitud del periodo transitorio):
$RUNS = (número de corridas en una sola sesión de simulación):
$OBS/RUN = (número de observaciones estadísticas por corrida):
```

Segmento de datos iniciales
```
$DISCRETE-PDFS: (definiciones de funciones de probabilidad discreta):
$INITIAL-ENTRIES: (atributos de entradas iniciales de l. de e.):
$TABLE-LOOKUPS: (definiciones de funciones de dependencia):
$ARRAYS: (valores iniciales de variables de arreglos):
$CONSTANTS: (valores iniciales de variables sin subíndices):
$FUNCTIONS: (definiciones de expresiones matemáticas):
$PRE-RUN: (enunciados de preejecución aritmética y enunciados de
   READ (leer) y WRITE (escribir)):
```

```
$PLOT = (lista de los elementos del modelo por graficarse):
$STOP:
```

Figura 17-5

y $DIMENSION son enunciados *obligatorios* que siempre ocupan los enunciados primero y segundo del modelo. El enunciado $PROJECT suministra información general acerca del modelo. El enunciado $DIMENSION asigna memoria en forma dinámica a los archivos del modelo (l. de e., instalaciones y el E.FILE) y a los arreglos definidos por el usuario. En particular, la dimensión m de ENTITY es una *estimación* del número máximo de transacciones que pueden estar en el sistema en cualquier momento. Cualquier número de arreglos con 1 o 2 subíndices se pueden definir y el enunciado, en caso de ser necesario, puede ocupar más de una línea. La única restricción en el uso de $DIMENSION es que los atributos los debe definir el nombre reservado de arreglo A(·). Por ejemplo, el enunciado

$DIMENSION; ENTITY (50), A(5), sample (50, 3):

indica que el número máximo de transacciones durante la ejecución no debe exceder de 50 y que cada transacción tendrá 5 atributos. El arreglo de doble subíndice sample (50,3) se define como un arreglo de 50 renglones y 3 columnas.

El enunciado opcional $ATTRIBUTES se usa cuando se desea asignar nombres descriptivos a los elementos del arreglo A(·). Por ejemplo, suponga que el enunciado $DIMENSION especifica el arreglo de atributos como A(5), que significa que cada transacción tendrá 5 atributos. El enunciado

$ATTRIBUTES;Type,ser_nbr(2),,Prod_time:

implica las equivalencias siguientes:

A(1)=Type
A(2)=Ser_nbr(1)
A(3)=Ser_nbr(2)
A(5)=Prod_time.

Observe que el nombre de A(4) se ha omitido, lo que significa que no tiene nombre descriptivo.

El **segmento de definiciones** del modelo define las variables estadísticas del modelo (sección 17.8.4), a los interruptores lógicos (sección 17.9) y a los recursos (sección 17.10). Los tres tipos de enunciados son opcionales, en el sentido de que un modelo puede no utilizar ninguno de ellos.

El **segmento lógico** incluye el código que describe el sistema simulado usando los nodos y ramas de SIMNET II. Este segmento será el tema principal de lo que resta de este capítulo.

El **segmento de control** proporciona información relacionada con la manera como se recopilan los resultados de salida durante la ejecución (véase la sección 17.15). Finalmente, el **segmento de datos iniciales** proporciona todos los datos necesarios para iniciar la corrida de simulación (véase la sección 17.13).

Ejemplo 17.5-1 (Modelo de l. de e. con multiservidores)

A una oficina de correo con tres servidores llegan los clientes en forma aleatoria. El tiempo entre llegadas es exponencial con media de 5 minutos. El tiempo de servicio también es exponencial con media de 10 minutos. Todos los clientes que llegan forman una línea y son atendidos por los servidores que están libres con base en una disciplina FIFO.

La figura 17-6 muestra la representación de la red del modelo junto con los enunciados completos de SIMNET II. Conforme se avance en la explicación de este modelo, al lector le ayudará consultar las definiciones de los nodos resumidas en las figuras 17-1 a la 17-4 de este capítulo.

El enunciado $DIMENSION estima que en este modelo estarán cuando mucho 30 transacciones (clientes) simultáneamente. Si durante la ejecución se excede esta estimación, SIMNET II emitirá un mensaje de error. En tal caso, la $DIMENSION de ENTITY deberá incrementarse.

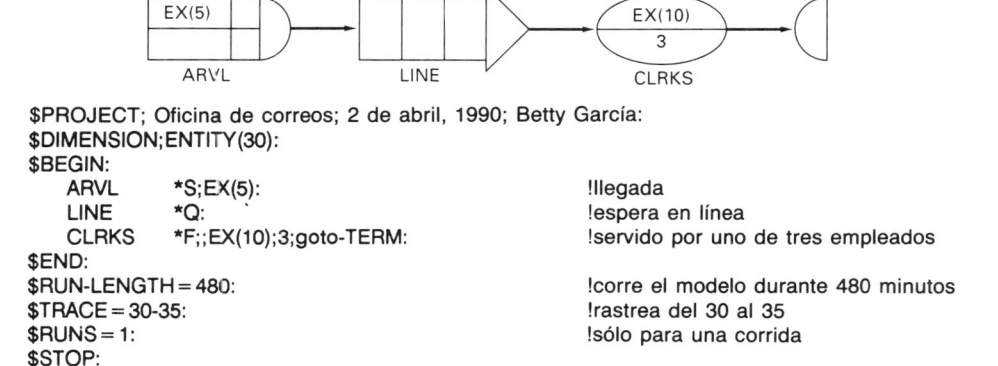

```
$PROJECT; Oficina de correos; 2 de abril, 1990; Betty García:
$DIMENSION;ENTITY(30):
$BEGIN:
    ARVL      *S;EX(5):                        !llegada
    LINE      *Q:                              !espera en línea
    CLRKS     *F;;EX(10);3;goto-TERM:          !servido por uno de tres empleados
$END:
$RUN-LENGTH = 480:                             !corre el modelo durante 480 minutos
$TRACE = 30-35:                                !rastrea del 30 al 35
$RUNS = 1:                                     !sólo para una corrida
$STOP:
```

Figura 17-6

Este modelo no usa $ATTRIBUTES, $VARIABLES, $SWITCHES o $RESOURCES como lo muestra la ausencia de estos enunciados.

El segmento lógico del modelo está representado por los enunciados encerrados entre $BEGIN y $END. Las transacciones se crean automáticamente mediante la fuente ARVL al muestrear aleatoriamente el tiempo entre llegadas EX(5) con la primera llegada que ocurre en el tiempo 0 (omisión del campo 2). Si están ocupados los tres servidores, las transacciones que llegan entran a la l. de e. LINE. De otra manera se pasa por alto la l. de e. Cuando una transacción completa un servicio, estará TERMinada. En este punto, la instalación CLRKS observará la l. de e. LINE e introducirá la primera transacción de ésta (la disciplina de la l. de e. preelegida por el programa es FIFO). Note que la ruta de la transacción se define automáticamente por la secuencia ARVL-LINE-CLRKS, debido al orden físico de los enunciados en el modelo. Esta es la razón por la que no usamos un campo de transferencia con ARVL y LINE. (Posteriormente, en la sección 17.7, daremos una explicación completa de cómo siguen una ruta las transacciones en la red.) Los datos de control del modelo muestran que éste será ejecutado en una corrida de 480 minutos.

La salida estándar del modelo se da en la figura 17-7. La l. de e. LINE tiene una capacidad infinita (designada por asteriscos) y una relación IN:OUT de 1:1, lo que significa que cada transacción que sale corresponde a *una* transacción en espera (predefinida en el campo 2 de LINE). La AVERAGE LENGTH (longitud promedio) de 1.30 transacciones representa el número promedio de transacciones en espera durante la corrida. La columna MIN/MAX/LAST LEN proporciona las longitudes mínima, máxima y última de LINE (= 0, 12, 0, respectivamente) que ocurren durante la corrida. El tiempo promedio de espera de *todas* las transacciones (incluidas aquellas que no esperan) está dado por AV. DELAY(ALL) = 6.51 minutos. La siguiente columna AV. DELAY(+ VE WAIT) muestra el tiempo promedio de espera de aquellos que *deben* esperar (15.63 minutos). Finalmente, la última columna indica que el 58% de las transacciones que llegan de la fuente ARVL no emplean LINE, lo que significa que éstas no tienen que esperar en absoluto.

La instalación CLRKS tiene tres servidores en paralelo. La segunda columna muestra que CLRKS comienza vacía, alcanza un máximo de tres servidores ocupa-

17.5] Estructura del modelo SIMNET II **737**

```
*****************************************
*                                       *
*      REPORTE DE SALIDA S I M N E T    *
*                                       *
*****************************************
$PROJECT: Oficina de correos    RUN LENGTH =      480.00      NBR RUNS =  1
DATE: 2 de abril, 1990          TRANSIENT PERIOD =    .00     OBS/RUN  =  1
ANALYST: Betty García           TIME BASE/OBS =    480.00

             *** I N D E P E N D E N T   R U N S   D A T A ***
   *** RUN  1:
                              ---------------------
                                    Q U E U E S
                              ---------------------
        CAPA-   IN:OUT   AVERAGE   MIN/MAX/   AV. DELAY   AV. DELAY   % ZERO WAIT
        CITY    RATIO    LENGTH    LAST LEN     (ALL)     (+VE WAIT)  TRANSACTION
LINE    ****    1: 1     1.30      0/ 12/  0    6.51       15.63        58.00
                              ---------------------
                                 F A C I L I T I E S
                              ---------------------
        NBR   MIN/MAX/    AV. GROSS   AVERAGE    AVERAGE     AVERAGE    AVERAGE
        SRVRS LAST UTILZ  UTILIZ      BLOCKAGE   BLKGE TIME  IDLE TIME  BUSY TIME
CLRKS    3    0/  3/  1   1.9931      .0000        .00        8.48       16.78

*** TRANSACTIONS COUNT AT T =    480.0 OF RUN    1:
    NODE         IN       OUT    RESIDING    SKIPPING     UNLINKED/LINKED   TERMINATED
                                             (BLOCKED)    (DESTROYED)
   *S:
    ARVL                   96                             (       0)             0
   *Q:
    LINE         40        40       0           56           0/    0             0
   *F:
    CLRKS        96        95       1        (    0)      (       0)            95
```

Figura 17-7

dos y termina la simulación con un servidor ocupado. La utilización bruta promedio (tercera columna) indica que estuvieron ocupados, en promedio, 1.9931 servidores (de 3) en la corrida, lo que refleja un porcentaje de utilización de $(1.9931/3) \times 100 = 66.4\%$. El AVERAGE BLOCKAGE registra la ocupación promedio *no productiva* de la instalación (expresada en número de servidores) que es el resultado de esperar por recursos (véase la sección 17.10) o bien, de estar bloqueada por una l. de e. finita subsiguiente o una instalación. Ninguna de estas condiciones se aplica en este ejemplo, por lo que resulta un bloqueo promedio de 0. En general, la utilización *neta* de una instalación es la diferencia entre su utilización bruta promedio y su bloqueo promedio. El AVERAGE BLKGE TIME representa el tiempo promedio que una instalación permanece bloqueada (= 0 en este ejemplo). La penúltima columna representa el tiempo promedio que una instalación permanece desocupada entre periodos ocupados. En este ejemplo, cuando no hay clientes en el sistema, cada servidor permanece desocupado aproximadamente 8.48 minutos. La última columna proporciona el intervalo de tiempo promedio que una instalación permanece ocupada, antes de pasar al estado desocupado. En realidad, el tiempo ocupado promedio nunca puede ser menor que el tiempo de servicio promedio por servidor. En este ejemplo, el tiempo ocupado promedio es de 16.78 minutos. Como el tiempo de servicio promedio por transacción es de 10 minutos [tiempo de servicio = EX(10)], concluimos que, *en promedio,* cada servidor atiende a 16.78/10 = 1.678 clientes antes de estar desocupado durante 8.48 minutos.

El conteo de transacciones dado al final del reporte proporciona una historia completa del flujo de transacciones durante la corrida. Este resumen puede ayudar a detectar irregularidades en el modelo. Por ejemplo, una intensificación del tamaño de una l. de e. puede indicar un posible cuello de botella. En este ejemplo, durante la corrida de 480 minutos, la fuente ARVL crea 96 transacciones, 40 de las cuales experimentan algún tiempo de espera en la l. de e. LINE y las 56 restantes no emplean la l. de e. La instalación CLRKS recibió 96 clientes y atendió 95, quedando una transacción sin procesar al final de la corrida. Las entradas restantes en el conteo son todas 0. En particular, la columna UNLINKED/LINKED se usa sólo cuando el modelo maneja el archivo (véase la sección 17.12.3). Las columnas (BLOCKED) y (DESTROYED) mostrarán valores positivos siempre que una instalación esté bloqueada o cuando se destruyan transacciones (que desaparezcan del sistema). Ninguno de estos casos se aplica en este ejemplo.

Además de la salida estándar en el ejemplo de la figura 17-7, el usuario también puede producir salidas "a la medida" usando el comando WRITE de SIMNET II. Sin embargo, el enunciado WRITE no se trata en esta limitada presentación. ◄

17.6 DEPURACION DEL MODELO EN SIMNET II

La depuración en SIMNET II puede llevarse a cabo por lotes o interactivamente. Se llama el modo por lotes, incluyendo el enunciado de *control*

$TRACE=t1-t2

donde t1 y t2 son valores reales que representan los límites inferior y superior del intervalo de tiempo que será rastreado. La figura 17-8 proporciona un segmento

```
            *** REPORTE DE SALIDA S I M N E T ***
    Time       Action
    -----      ------
    30.0368    Exit ARVL
                 File    next ARVL      creation at T =    42.6198
                 Enter LINE        -- CUR.LEN =   1
    32.2512    Exit CLRKS
                 Terminate transaction
                 Make server in CLRKS       idle -- CUR.UTILIZ =   2
                 Leave LINE        -- CUR.LEN =   0
                 Enter CLRKS       -- CUR.UTILIZ =   3
                 File departure from CLRKS      at T =    33.4242
    33.4242    Exit CLRKS
                 Terminate transaction
                 Make server in CLRKS       idle -- CUR.UTILIZ =   2
```

Figura 17-8

del reporte de rastreo para el modelo de multiservidores en el ejemplo 17.5-1, que resulta de colocar el enunciado $TRACE = 30-35:, inmediatamente después del enunciado $RUN-LENGTH. El reporte de rastreo proporciona de inmediato todos los detalles de la simulación en el intervalo especificado. En particular, note cómo CLRKS en T = 32.25, al convertirse en desocupado, "mirará atrás" hacia LINE y tomará la transacción en espera.

Los reportes de rastreo por lotes, aunque útiles, son característicamente voluminosos en su contenido y tamaño. Se puede lograr una depuración selectiva en forma interactiva usando el depurador interactivo de SIMNET II.

17.7 RUTAS DE LAS TRANSACCIONES EN SIMNET II

Las transacciones siguen una ruta entre los diversos nodos de la red usando:

1. Envío al nodo siguiente.
2. Campo seleccionado del nodo.
3. Campo *T de transferencia del nodo (o campo goto).
4. Ramas (*B) que parten del nodo.

En esta sección proporcionamos los detalles de los tres primeros tipos. La ramificación, que representa un elemento muy importante del modelo SIMNET II, se presenta por separado en la sección 17.8.

17.7.1 ENVIO AL NODO SIGUIENTE

Como se mostró en la sección precedente, el recorrido al nodo siguiente implica enviar la transacción del nodo actual al inmediato próximo. Existen dos excepciones a esta regla:

1. El diseño de SIMNET II bloquea en forma automática la entrada de transacciones a un nodo fuente, sin importar el tipo de nodo que lo preceda físicamente (incluyendo otra fuente).

2. No se permite que un nodo l. de e. alimente *directamente* al siguiente. Si en un modelo están enlistadas dos l. de e. de manera secuencial, podemos evitar la emisión de un error de ejecución separándolas por medio de la palabra reservada $SEGMENT, como en el ejemplo siguiente:

```
Q1       *Q:
$SEGMENT:
Q2       *Q:
```

17.7.2 RUTAS SELECTAS

Cada uno de los cuatro nodos de SIMNET II tiene un **campo selecto** (véase las figuras 17-1 a la 17-4) que se puede usar para dar curso a transacciones en forma condicional. En particular, una instalación tiene campos selectos de entrada y salida porque es el único nodo que es capaz de "mirar atrás" automáticamente a un conjunto de l. de e. precedentes, con el fin de tomar una transacción. Lo que hace un campo selecto es permitir que una transacción recorra *desde* o *hacia* uno de los nodos candidatos, dependiendo de sus condiciones. Por ejemplo, una instalación que observa a un conjunto de l. de e. precedentes puede tomar una transacción de la más larga de ellas. Otro ejemplo es el de una transacción que sale de un nodo y que puede visitar varios nodos destino en un orden específico preferido.

La tabla 17-7 resume las reglas selectas de SIMNET II clasificadas en tres grupos. El grupo A se aplica a todos los nodos y a TERMinar. Los grupos B y C se aplican sólo a l. de e. e instalaciones.

El formato del campo selecto para los grupos A y B es

regla (nodo$_1$, nodo$_2$,..., nodo$_m$)

Tabla 17-7
Lista de reglas selectas

Regla	Descripción
A. Todos los nodos y TERM	
[formato: regla (nodo$_1$, nodo$_2$, ..., nodo$_m$)]:	
POR	ORden preferido de búsqueda
ROT	Orden ROTacional de búsqueda
RAN	Orden al azar (RANdom) de búsqueda
B. Líneas de espera e instalaciones	
[formato: regla (archivo$_1$, archivo$_2$, ..., archivo$_m$)]:	
HAU(LAU)	Utilización promedio máximo (mínimo) = máx(mín) {longitud promedio de archivo}
HAI(LAI)	Desocupación promedio máxima (mínima) = capacidad total − LAU (HAU)
HAD(LAD)	Demora máxima (mínima) en archivo
HTE(LTE)	Tiempo máximo (mínimo) que el archivo ha estado vacío
C. Líneas de espera e instalaciones	
[formato: regla (archivo$_{11}$ ± archivo$_{12}$ ± ...,..., archivo$_{m1}$ ± archivo$_{m2}$ ± ...)]:	
HBC(LBC)	Capacidad máxima (mínima) ocupada; o sea, longitud del archivo
HIC(LIC)	Capacidad máxima (mínima) desocupada = capacidad del archivo − LBC (HBC)

Por ejemplo, ROT(Q1,Q2,TERM) significa que las transacciones que salen del nodo serán asignadas a Q1, Q2 y TERM en forma estrictamente rotacional (cíclica). De la misma manera, HTE(F1,F2) enviará la transacción a la instalación F1 o a la F2, dependiendo de cuál ha estado desocupada el mayor tiempo. Observe que la regla selecta se coloca en el campo apropiado del nodo del cual está saliendo la transacción, como se explica en las figuras 17-1 a la 17-4.

Las reglas del grupo C tienen el formato

regla (archivo$_{11}$ ± archivo$_{12}$ ± ..., ...,archivo$_{m1}$ ± archivo$_{m2}$ ± ...)

que basa la selección en la suma *algebraica* de las capacidades ocupada y desocupada de *grupos* de archivos. En este caso, la transacción será enviada al archivo "guía" en cada grupo de sumas. Por ejemplo, el campo selecto

LBC(Q1+F1,Q2−Q1,Q4)

enviará la transacción del nodo corriente a Q1, Q2 o Q4, dependiendo de cuál dé:

MIN(LEN(Q1)+LEN(F1),LEN(Q2)−LEN(Q1),LEN(Q4))

Si existe un empate, se selecciona el primer nodo en orden.

Los siguientes ejemplos muestran el uso de la regla seleccionada.

1. SS   *S;UN(10,20);/s/POR(Q1,Q2,A1):

Las transacciones que salen de la fuente SS examinarán los nodos Q1, Q2 y A1 en el orden dado y escogerán el *primer* nodo que admita la transacción.

2. FF   *F;HBC(Q1,Q2,Q3);EX(10);3;LBC(F3,Q4,Q5):

La instalación FF usa sus dos campos selectos de *entrada* y *salida*. La regla selecta de entrada en el campo 2 estipula que cuando FF "mira atrás" a las filas Q1, Q2 y Q3, intentará tomar una transacción de la l. de e. de mayor longitud (HBC). Por otra parte, una transacción que sale de FF seleccionará F3, Q4 o Q5 de acuerdo con la regla LBC; o sea, la que tenga la menor longitud.

Ejemplo 17.7-1 (Modelo del banco)

Los autos llegan a un banco con dos ventanillas, de acuerdo con un tiempo exponencial de entre llegadas con media de 2 minutos. Un auto escoge el carril izquierdo o el derecho, dependiendo de cuál tiene la l. de e. menor. El tiempo de servicio en cualquiera de las dos es UN(3,4) minutos. El espacio en cada carril, excluyendo el de la ventanilla, es para un máximo de tres autos.

La red del modelo y los enunciados se presentan en la figura 17-9. Las transacciones se crean desde la fuente CARS cada EX(2) minutos. El campo 6 de CARS lleva la regla selecta LBC(QL + WL,QR + WR), lo que significa que al llegar una transacción, entrará a QL si el número de autos en el carril izquierdo (incluido el de la ventanilla) no excede al del carril derecho. De otra manera, se selecciona el carril derecho. Note que el envío al "nodo siguiente" de la fuente CARS y de la

```
                                    3
                                        QL              UN(3, 4)
                                                            WL
    EX(2)        LBC
              (QL + WL, QR + WR)
     CARS
                                    3
                                        QR              UN(3, 4)
                                                            WR
```

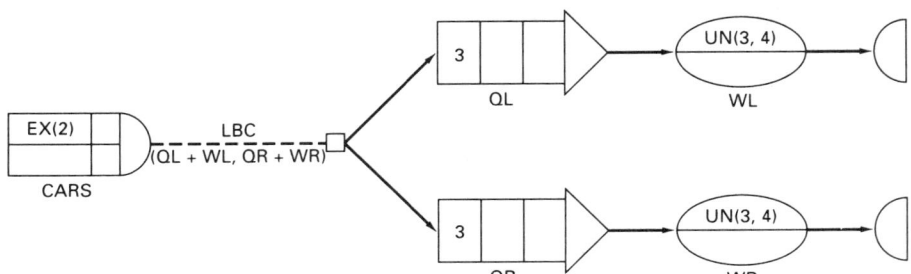

$PROJECT; Modelo de banco; 3 de abril de 1990; Noreen Delgado:
$DIMENSION;ENTITY(50):
$BEGIN:
    CARS   *S;EX(2);/s/LBC(QL+WL,QR+WR):   !selecciona carril más corto
    QL   *Q;3:   !carril izquierdo
    WL   *F;;UN(3,4);goto-TERM:
    QR   *Q;3:   !carril derecho
    WR   *F;;UN(3,4);goto-TERM:
$END:
$RUN-LENGTH = 480:   !corre el modelo durante 480 minutos
$RUNS = 1:   !sólo para una corrida
$STOP:

Figura 17-9

l. de e. QL es anulado por la regla selecta de CARS. Por otra parte, una transacción que sale de QL utiliza la secuencia "al nodo siguiente" para dirigirse a sí misma a WL. La misma lógica se aplica a QR y WR.

Incidentalmente, si QL y QR están completos a plena capacidad [LEN(QL) = 3 y LEN(QR) = 3], las transacciones que llegan desde CARS no tendrán a dónde ir y las destruirá el sistema. Posteriormente, cuando estudiemos ramificaciones en la sección 17.8, veremos cómo pueden construirse rutas alternativas para esas transacciones "no deseadas". ◂

17.7.3 RUTAS DE TRANSFERENCIA DIRECTA (CAMPO *T o CAMPO GOTO)

El campo *T o campo goto permite al modelador ejercer control adicional sobre la ruta de transacciones en una red. El campo *T usa cualesquiera de los dos formatos siguientes:

*nombre del nodo/tipo de transferencia, nombre del nodo/tipo de transferencia,..., se repite
nombre del nodo-goto/tipo de transferencia, nombre del nodo/tipo de transferencia,..., se repite

Los tipos de transferencias se resumen en la tabla 17-8. El resto de esta sección proporciona ejemplos del uso del campo *T.

Tabla 17-8
Tipo de rutas de transferencia

Símbolo de SIMNET II	Empleo
A	Transferencia incondicional (*programada*)
P	Transferencia probabilística
D	Transferencia dependiente
E	Transferencia exclusiva
L	Transferencia de última oportunidad

En el ejemplo 17.7-1 usamos la transferencia **always** (A) con TERM sin el símbolo A porque es el tipo predefinido. La transferencia A significa que la transacción *siempre* intentará entrar (introducir) el nodo designado. La transferencia **probabilística** (P) selecciona un nodo sucesor con base en un conjunto dado de probabilidades discretas cuya suma debe ser 1. Por ejemplo, *N1/.2,N2/.3,N3/.5 indica que los nodos N1, N2 y N3 entrarán 20%, 30% y 50% de las veces. La selección real se hace aleatoriamente usando un número interno (0, 1) aleatorio.

La transferencia **dependiente** (D) especifica que el nodo asociado con D no se tomará, a no ser que *por lo menos* uno de los nodos que lo preceden en el campo *T se haya tomado. Así, no tendría sentido colocar D al principio de la lista de *T. Como ilustración, en el código *N1,N2/.2,N3/.8,N4/D,N5/D, los nodos N4 y N5 no pueden entrar, a no ser que por lo menos uno de los nodos precedentes N1, N2 o N3 se hayan tomado. Note que el conjunto D puede incluir más de un nodo.

La transferencia **exclusiva** (E) trabaja como una transferencia D, en el sentido que su nodo o nodos no pueden entrar, a no ser que por lo menos uno de los nodos precedentes en el campo *T haya entrado. Difiere en un aspecto. Si ninguno de los nodos E puede entrar, todos los nodos precedentes en el campo *T también estarán bloqueados. Este tipo de transferencia es útil cuando es necesario introducir dos nodos *simultáneamente*. Por ejemplo, *N1,N2/E implicará que entren ambos N1 y N2 o ninguno de los dos. Observe que *N1,N2/D implica que sólo se tomará N1.

La transferencia de **última oportunidad** (L) está asociada con exactamente un nodo, que debe colocarse al final de la lista. La idea de la transferencia L es que su nodo se tomará sólo si *ninguno* de los nodos que lo preceden en el campo *T se toman. Como ilustración de la transferencia L, considere el modelo del banco en el ejemplo 17.7-1. Como las l. de e. QL o QR tienen capacidades finitas, una transacción que sale de la fuente CARS será destruida si ambas QL y QR están completas. Sin embargo, si suponemos que el cliente que no puede entrar a uno de los dos carriles entrará a pie al banco, la situación se puede modelar cambiando el nodo fuente a la forma siguiente:

```
CARS   *S;EX(2);/s/LBC(QL+WL,QR+WR);*QIN/L:
```

La l. de e. QIN representa el interior del banco. Si la transacción no puede entrar a QL o a QR, entrará a QIN como última oportunidad.

Ejemplo 17.7-2 (Inspección de televisores)

Desde una línea de ensamble llegan televisores, sobre una banda transportadora, a razón de 5 unidades por hora para su inspección. El tiempo de inspección es UN(10,15) minutos. Las estadísticas muestran que 20% de los televisores inspeccionados deben ser ajustados y reenviados a inspección. El tiempo de ajuste es UN(6,8) minutos.

La red del modelo y los enunciados se dan en la figura 17-10. Note la manera como se especifica la ruta de transacción. La ruta TVS-QINSP-FINSP la dicta el "envío al nodo próximo". La transferencia probabilística desde FINSP enviará aleatoriamente 20% de las transacciones a QADJ y el 80% restante a TERM. Cuando el ajuste se termina en FADJ, la transferencia A estará predefinida como una transacción de regreso a QINSP, tal como se desea. El modelo dado supone que un televisor puede ajustarse cualquier número de veces. Posteriormente, estudiaremos capacidades de modelación que nos permiten controlar el número de veces que se hacen ajustes. ◄

Ejemplo 17.7-3 (Estaciones de trabajo sincronizadas en paralelo)

En la etapa final de la fabricación de automóviles, éstos se mueven sobre un transportador, uno de ellos se coloca entre dos estaciones paralelas de trabajo, para poder trabajar por ambos lados en forma simultánea. Los tiempos de operación para los lados izquierdo y derecho son UN(18,20) y UN(20,30) minutos, respectivamente. Cuando se terminan ambas operaciones, el transportador mueve al auto

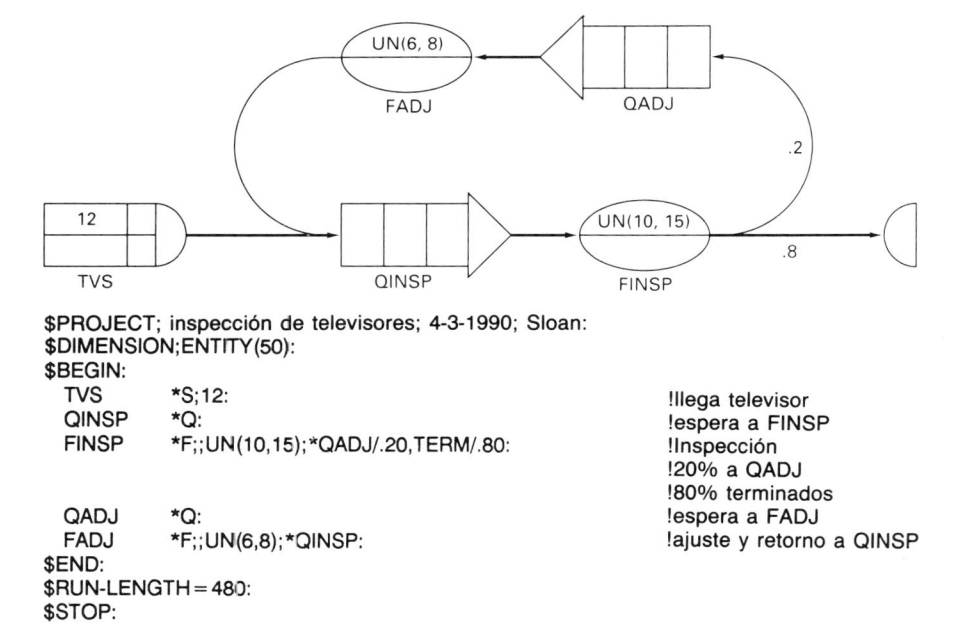

```
$PROJECT; inspección de televisores; 4-3-1990; Sloan:
$DIMENSION;ENTITY(50):
$BEGIN:
    TVS       *S;12:                              !llega televisor
    QINSP     *Q:                                 !espera a FINSP
    FINSP     *F;;UN(10,15);*QADJ/.20,TERM/.80:   !Inspección
                                                  !20% a QADJ
                                                  !80% terminados
    QADJ      *Q:                                 !espera a FADJ
    FADJ      *F;;UN(6,8);*QINSP:                 !ajuste y retorno a QINSP
$END:
$RUN-LENGTH=480:
$STOP:
```

Figura 17-10

Ramas en SIMNET II

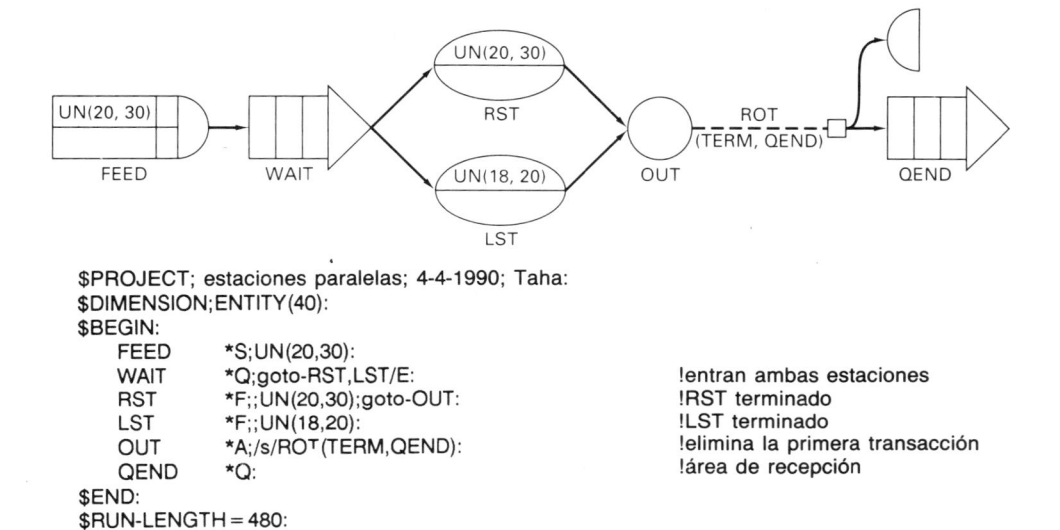

Figura 17-11

```
$PROJECT; estaciones paralelas; 4-4-1990; Taha:
$DIMENSION;ENTITY(40):
$BEGIN:
    FEED    *S;UN(20,30):
    WAIT    *Q;goto-RST,LST/E:              !entran ambas estaciones
    RST     *F;;UN(20,30);goto-OUT:         !RST terminado
    LST     *F;;UN(18,20):                  !LST terminado
    OUT     *A;/s/ROT(TERM,QEND):           !elimina la primera transacción
    QEND    *Q:                             !área de recepción
$END:
$RUN-LENGTH = 480:
$RUNS = 1:
$STOP:
```

fuera del área de las estaciones. Los transportadores llegan a las áreas de estaciones cada UN(20,30) minutos.

La red del modelo y los enunciados se dan en la figura 17-11. Cuando el transportador deja la l. de e. WAIT, se dividirá en dos copias, correspondientes a las dos estaciones RST y LST. Sin embargo, para simular el movimiento del transportador, RST y LST deben iniciar sus operaciones en el mismo instante. Esto se logra definiendo el campo de transferencia desde la l. de e. WAIT como *RST,LST/E. La condición de transferencia exclusiva garantiza que las transacciones no saldrán de WAIT a menos que *ambas*, RST y LST, estén desocupadas.

El movimiento del transportador fuera de las áreas de estaciones debe coincidir con el mayor tiempo de terminación de las estaciones LST y RST. La modelación de esta condición se logra canalizando transacciones desde ambas instalaciones a una instalación auxiliar de demora 0 llamada OUT. Cuando las dos transacciones salen de OUT, disponemos de la primera enviándola a TERM. La segunda representará el movimiento del transportador al área de almacenamiento llamada QEND. Esta tarea se llevará a cabo utilizando la condición selecta ROT(TERM,QEND) con la auxiliar OUT. ◀

17.8 RAMAS EN SIMNET II

Las ramas encaminan las transacciones entre los nodos en forma similar a la de una transferencia directa (sección 17.7.3). Sin embargo, usamos ramas en vez de una transferencia directa cuando nos interesa efectuar algunas de las siguientes funciones:

*B;F1/SUBF1;F2?;F3%;F4%;F5:			
Identificador de campo		Descripción	Valor programado[b]
F1		Nombre del nodo destino	(error)
SUBF1		Tipo de rama (véase la tabla 17-9)	A
F2	/c/	Condición(es) con AND/OR (el campo debe terminar con ?)[a]	ninguno
F3	/a/	Asignación(es) (el campo debe terminar con %)	ninguno
F4	/v/	Lista de variables estadísticas (el campo debe terminar con %) (véase la sección 17.8.4)	ninguno
F5	/r/	Recursos devueltos por rama (véase la sección 17.10)	ninguno

[a] Para los campos F2 al F5, el número n de campo en la notación /n/ del identificador de campo puede reemplazarse con las palabras descriptivas /condiciones/, /asignaciones/, /variables/, y /recursos/ o bien /C/, /A/, /V/ y /R/, respectivamente.
[b] Valor con que corre el programa si es que no lo modifica el usuario.

Figura 17-12

1. Revisar condiciones lógicas que se deben satisfacer antes de entrar el siguiente nodo.
2. Ejecutar asignaciones o comandos matemáticos.
3. Ejecutar **asignaciones especiales** que controlan el flujo de transacciones en la red.
4. Recopilar datos en variables estadísticas (definidas por el usuario).
5. Retornar recursos a su acopio base (base stock).

La información enlistada antes aparece en los campos sucesivos de una rama usando el formato de la figura 17-12. Los campos F1/SUBF1, F2, F3 y F4 se explican más adelante. El campo F5 restante, que trata con recursos, se estudia en la sección 17.10.

17.8.1 TIPOS DE RAMAS (SUBF1)

Los tipos de ramas en el subcampo SUBF1 incluye la misma lista usada con la transferencia directa (tabla 17-8). Además, SIMNET II usa ramas selectas (S) para acomodar la transacción enviada a través del campo de selección del nodo. También utiliza ramas condicionales (C) para especificar que deben satisfacerse ciertas condiciones lógicas antes de que se recorra una rama. La tabla 17-9 da un resumen de todos los tipos de ramas.

El diseño de rutas de transacciones usando las ramas A, P, E, D y L sigue las mismas reglas presentadas en la sección 17.7.3, en conexión con la transferencia di-

Tabla 17-9
Tipos de ramas

Símbolo de SIMNET II	Empleo
S	Rama seleccionada
A	Rama incondicional (programada)
C	Rama condicional
P	Rama probabilística
E	Rama exclusiva
D	Rama dependiente
L	Rama de última oportunidad

recta. Específicamente, la rama L debe estar al final de la lista precedida de las ramas E y D. Las ramas A y P pueden aparecer en cualquier orden antes de las ramas D, E y L.

Describiremos ahora los dos tipos restantes de ramificación: selecta y condicional. La ramificación **selecta** (S) se usa cuando es necesario asociar acciones de rama (verificación de condiciones, ejecutar asignaciones, etc.) con las transacciones en ruta por el campo de selección del nodo (véase la sección 17.7.2); esto se ilustra con el siguiente ejemplo. Considere la situación donde las transacciones que llegan de una fuente SS seleccionarían la *más corta* de las 2 l. de e. llamadas Q1 y Q2. Durante las primeras 100 unidades de tiempo de la simulación, Q1 y Q2 no serán accesibles y todas las transacciones deben ir a la l. de e. Q3. La figura 17-13 describe este segmento del modelo. La condición selecta LBC(Q1,Q2) dirige la ruta de las transacciones a la más corta de las l. de e. Q1 y Q2. Sin embargo, antes de introducir cualesquiera de estas líneas, SIMNET II verificará una rama S desde SS, con un nodo destino que se adapte al seleccionado por LBC(Q1,Q2). Esto significa que cuando Q1 lo selecciona LBC, la rama S hacia Q1 la verificará automáticamente.

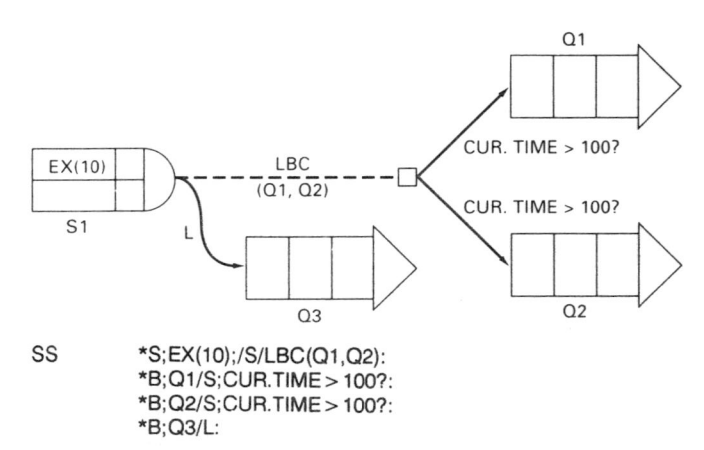

SS   *S;EX(10);/S/LBC(Q1,Q2):
           *B;Q1/S;CUR.TIME > 100?:
           *B;Q2/S;CUR.TIME > 100?:
           *B;Q3/L:

Figura 17-13

Como la rama lleva la condición CUR.TIME > 100?, Q1 no entrará hasta que la condición se satisfaga. La misma lógica se aplica cuando Q2 lo selecciona LBC. Note que la rama L desde la fuente SS se utiliza para dirigir la ruta de las transacciones hacia Q3 durante las primeras 100 unidades de tiempo.

Puesto que se actúa primero sobre el campo de selección de un nodo antes de considerar las ramas, SIMNET II espera que las ramas S se coloquen al principio de la lista de ramas. Esto se debe a que las ramas S son las primeras en ser verificadas por SIMNET II.

La ramificación **condicional** (C) se usa cuando es necesario verificar las condiciones especificadas antes de que se pueda tomar una rama. Tales ramas condicionales pueden agruparse en conjuntos distintos de una o más ramas *adyacentes*, donde cada conjunto se identifica asociando un valor entero positivo específico de C a todas sus ramas miembros. En este caso, C representará el número *máximo* de ramas por tomarse de su conjunto condicional correspondiente. La figura 17-14 muestra la idea de formar conjuntos condicionales. El nodo NN tiene 8 ramas condicionales que representan 4 conjuntos distintos. El primer conjunto que consta de las

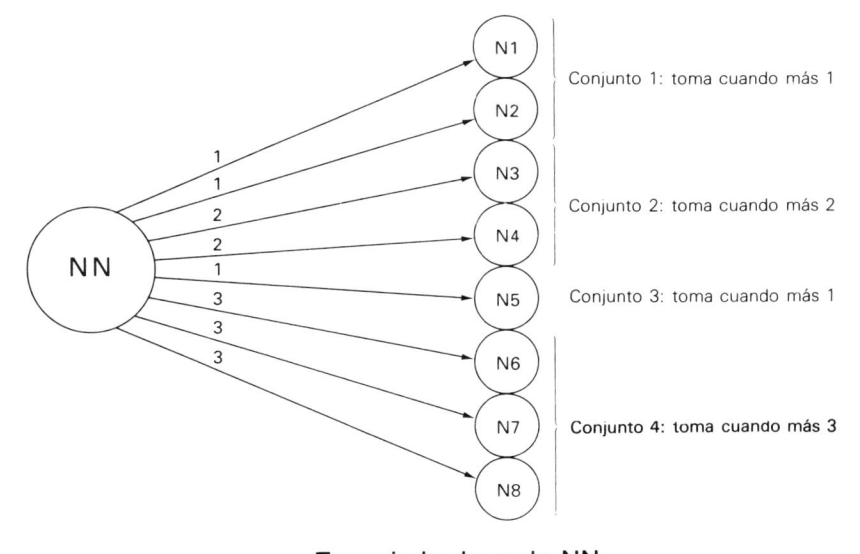

Enunciado de nodo NN:
 *B;N1/1;condiciones1?:
 *B;N2/1;condiciones2?:
 *B;N3/2;condiciones3?:
 *B;N4/2;condiciones4?:
 *B;N5/1;condiciones5?:
 *B;N6/3;condiciones6?:
 *B;N7/3;condiciones7?:
 *B;N8/3;condiciones8?:

Figura 17-14

dos primeras ramas (nodos N1 y N2) tiene C = 1, lo que indica que cuando más se puede tomar *una* de esas 2 ramas. El segundo conjunto también consta de 2 ramas (nodos N3 y N4), pero tiene C = 2. En este caso, se pueden tomar ambas ramas si se satisfacen sus condiciones. El tercer conjunto consta de una rama solamente (nodo N5) con C = 1, lo que significa que la rama puede tomarse si se satisface su condición. (Note que el conjunto 3 es distinto del conjunto 1, aunque ambos tienen C = 1). Finalmente, el cuarto conjunto consta de 3 ramas (nodos N6, N7 y N8) con C = 3, lo que significa que pueden tomarse un máximo de tres ramas de este conjunto.

Note que SIMNET II examina las ramas, y a continuación las ramas de cada conjunto en el orden que están enlistadas. Cuando se toma el máximo número C de ramas, se saltan automáticamente las ramas restantes *del propio conjunto,* si es que queda alguna. Por ejemplo, en el conjunto 1 con C = 1, si se puede tomar la rama hacia N1, se saltará la segunda rama hacia N2. Note que, dependiendo de sus condiciones, es posible que no se tome ninguna de las ramas de un conjunto. Observe también que aunque los conjuntos 1 y 3 tienen la misma C(= 1), los dos conjuntos se tratan en forma totalmente independiente porque ellos están separados por un conjunto distinto.

En SIMNET II, pueden originarse ramas de cualquier tipo y en cualquier número de un mismo nodo. Estas ramas también pueden colocarse en cualquier orden, con dos excepciones:

1. Las ramas S siempre deben colocarse al principio de la lista porque están sincronizadas con el campo de selección del nodo, el cual se activa antes de considerar cualquier rama.

2. La rama L, en caso de existir, debe colocarse al final de la lista, precedida por las ramas D y/o E, en caso de que haya alguna.

17.8.2 CONDICIONES DE RAMAS (F2)

El formato general para el campo de condiciones de una rama es:

condición 1, AND/OR,..., AND/OR, condición m?

El campo debe terminar con ?. Como es convencional, AND se evalúa antes que OR. Sin embargo, podemos pasar por alto esta regla agrupando la condición usando { }, como se ilustrará más adelante. Las condiciones mismas pueden ser aritméticas o lógicas. Las condiciones aritméticas tienen el formato general siguiente:

expresión izquierda (=, >, <,>=,<=, o <>) expresión derecha

Las condiciones lógicas abarcan operaciones lógicas con interruptores, y se analizan en la sección 17.9.

Ejemplos de condiciones aritméticas
1. (A(I)+SAMPLE(J))**2<SUM,and,LEN(QQ)=0?
2. {{V(I)>J,or,K<M},and,XX=LEN(QQ)}?

**Tabla 17-10
Aplicabilidad de las condiciones
de campo a los tipos de ramas**

Tipo de rama	¿Se acepta la condición de campo?
A	No
E	No
D	No
C	Sí—obligatoria
P	Sí—opcional
S	Sí—opcional
L	Sí—opcional

Note que en el ejemplo 2, las llaves {·} se pueden usar para agrupar las condiciones en cualquier forma deseada.

Por definición, una rama C condicional *debe* contener condiciones. Algunos de los otros tipos de ramas también pueden contener condiciones en forma opcional. La tabla 17-10 resume esta información.

17.8.3 ASIGNACIONES DE RAMAS (F3)

El campo de asignación F3 de una rama, es donde se ejecutan todas las asignaciones de SIMNET II. El campo puede contener cualquier número de asignaciones, de acuerdo con el formato siguiente:

asignación 1,asignación 2,...,asignación m%

El campo debe terminar con %. Las asignaciones en el mismo campo se ejecutan en secuencia, de manera que la asignación en curso pueda afectar los cálculos en aquellos que lo siguen.

Las asignaciones en SIMNET II serán ejecutadas sólo por una transacción en movimiento. En otras palabras, si las condiciones de rama (campo 2) no se satisfacen, o si el nodo alcanzado por la rama no puede introducirse (por ejemplo, una instalación ocupada), entonces la rama no puede tomarse, por lo que ninguna de sus asignaciones ni ninguno de sus campos será activado.

Las asignaciones se pueden ejecutar incondicional o condicionalmente. Estas también pueden ejecutarse dentro de lazos. En lo que resta de esta sección presentamos la sintaxis de las asignaciones condicionales y la de lazos.

A. Asignación condicional

SIMNET II indica el siguiente formato para una asignación condicional:

IF,*condiciones*,THEN,*asignaciones*,ELSE,*asignaciones*,ENDIF

Las asignaciones o comandos IF-ENDIF pueden anidarse a cualquier profundidad. Los siguientes ejemplos ilustran el uso de la asignación condicional:

1. IF,{A(1)=1,OR,SUM=0},AND,K=LEN(QQ),
   THEN,A(1)=A(1)+1,SUM=(K+1)**2,
   ENDIF
2. IF,A(K**2+2)>0,
   THEN,SAMPL(I+J)=0,
   ELSE,I=LEN(QQ),J=I+1,
   ENDIF
3. IF,XX-1<SQRT(MAX(YY,0)),
   THEN,XX=YY,
   ENDIF
4. IF,I=1,
   THEN,K=K+1,
        IF,K>2,THEN,J=1,A(K**2)=1,ENDIF,
   ELSE,
        IF,K<=2,THEN,J=0,ENDIF,
   ENDIF

Ejemplo 17.8-1 (Modelo de ascenso y descenso de un autobús)

Los autobuses arriban a una estación cada EX(30) minutos. El número de pasajeros en el autobús por lo general es de entre 20 y 50, uniformemente distribuidos. Entre 2 y 6 pasajeros, uniformemente distribuidos, descienden del autobús en la estación y entre 1 y 8 pasajeros, también uniformemente distribuidos, en general están esperando el autobús para abordarlo. Toma UN(3,8) segundos a cada pasajero descender del autobús y UN(4,7) segundos para abordarlo. La capacidad máxima del autobús es de 50 pasajeros.

La idea básica del modelo es determinar cuántos pasajeros se encuentran en el autobús cuando éste llega, y cuántos descenderán en la estación. Dejamos salir a los pasajeros uno a la vez utilizando un **lazo simulado**. A continuación determinamos el número de pasajeros que pueden abordar el autobús, y luego los hacemos subir uno por uno. La determinación de la carga del autobús al llegar y el número de pasajeros que bajan y suben en la estación, se logra notando que una muestra uniforme *discreta* en el intervalo cerrado [a,b] está dada por INT(UN(a,b + 1)), donde INT es la función entera (véase tabla 17-3).

La figura 17-15 da el modelo de la red y sus enunciados asociados. La rama que se origina de BUS es del tipo A (predefinida). Esta calcula la carga del autobús (n_on) cuando llega y el número de pasajeros que descenderán (n_off). El lazo alrededor del UNLD auxiliar simula la descarga de pasajeros. La primera rama se toma condicionalmente de regreso a UNLD si el índice I del lazo es menor que n_off. Cada iteración incrementará también el índice I en 1. Después que se ha satisfecho el lazo, la rama L (última oportunidad) llevará la transacción al auxiliar LOAD, que simula el proceso de carga. Para hacerlo así, determinamos primero el número de asientos vacíos (n_empty) y el número de pasajeros en espera (n_wait). El número

752 Modelos de simulación con SIMNET II [C.17

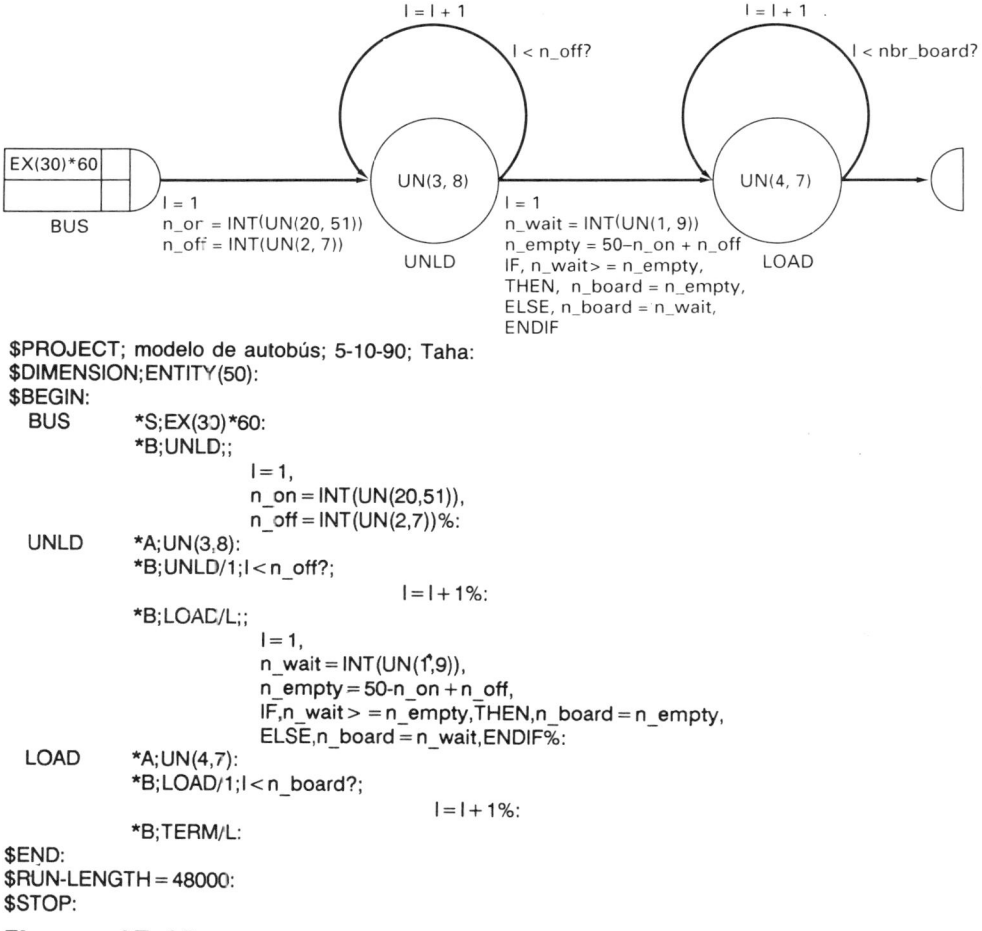

```
                    I = I + 1                       I = I + 1
              I < n_off?                       I < nbr_board?

  EX(30)*60
                         UN(3, 8)                UN(4, 7)
    BUS        I = 1              I = 1
           n_or = INT(UN(20, 51)) n_wait = INT(UN(1, 9))      LOAD
           n_off = INT(UN(2, 7))  n_empty = 50−n_on + n_off
                         UNLD    IF, n_wait> = n_empty,
                                 THEN, n_board = n_empty,
                                 ELSE, n_board = n_wait,
                                 ENDIF
```

```
$PROJECT; modelo de autobús; 5-10-90; Taha:
$DIMENSION;ENTITY(50):
$BEGIN:
  BUS     *S;EX(30)*60:
          *B;UNLD;;
                  I = 1,
                  n_on = INT(UN(20,51)),
                  n_off = INT(UN(2,7))%:
  UNLD    *A;UN(3,8):
          *B;UNLD/1;I<n_off?;
                  I = I + 1%:
          *B;LOAD/L;;
                  I = 1,
                  n_wait = INT(UN(1,9)),
                  n_empty = 50-n_on + n_off,
                  IF,n_wait> = n_empty,THEN,n_board = n_empty,
                  ELSE,n_board = n_wait,ENDIF%:
  LOAD    *A;UN(4,7):
          *B;LOAD/1;I<n_board?;
                  I = I + 1%:
          *B;TERM/L:
$END:
$RUN-LENGTH = 48000:
$STOP:
```

Figura 17-15

que abordará (n_board) será entonces igual al menor de n_empty y n_wait. Note que n_board se puede determinar en forma *equivalente* como

   n_board = MIN(INT(UN(1,9)),50−n_on+n_off)

Sin embargo, el procedimiento que usamos en este ejemplo es con el fin de mostrar el empleo de IF-ENDIF.

B. Asignación o comando Loop (lazo)

La asignación LOOP permite la ejecución de asignaciones repetitivas en forma similar al lazo DO de FORTRAN. El formato general de la asignación LOOP es:

FOR, *índice = límite 1,* TO,*límite 2,* STEP,*tamaño del step,*DO
    asignación 1,
    asignación 2,
       .
       .
    asignación m,
NEXT

El *índice* puede ser cualquier variable sin subíndices. Los parámetros *límite 1, límite 2* y *tamaño del step* (paso) del lazo puede emplear cualesquiera expresiones matemáticas de SIMNET II, el *tamaño del step* puede ser un valor positivo o negativo. Si (STEP, *tamaño del step*) no está especificado, el valor predefinido será 1.

No hay restricciones en el uso del enunciado FOR-NEXT. El enunciado también puede anidarse a cualquier profundidad deseada.

SIMNET II ofrece los dos *comandos especiales* siguientes (prestados del lenguaje C) que se pueden usar dentro del lazo FOR-NEXT:

1. LOOP = BREAK ocasionará una salida inmediata del lazo exactamente como si el *índice* hubiese excedido el *límite 2*.

2. LOOP = CONTINUE ocasionará un salto de los comandos restantes del ciclo del lazo en curso.

El siguiente ejemplo ilustra el uso de FOR-NEXT:

```
IF,I=J,THEN,
    FOR,K=1,TO,J+4,DO,
        IF,K=10,THEN,LOOP=BREAK,ENDIF,
        IF,K=12,THEN,A(1)=A(2),ENDIF,
        FOR,L=K+2,TO,1,STEP,-1,DO,
            nbr_jobs=nbr_jobs+1,
        NEXT,
    NEXT,
ELSE,
    nbr_jobs=nbr_jobs-1,
    FOR,K=1,TO,3,DO,
        A(K)=A(K+1),
    NEXT,
ENDIF
```

17.8.4 VARIABLES ESTADISTICAS (F4)

SIMNET II proporciona tres tipos de variables estadísticas definidas por el usuario:

1. Variables **basadas en la observación** (OBS.BASED), son las variables comunes cuyo promedio se obtiene sumando los valores de observación, y luego dividiendo la suma entre el número de observaciones (véase la sección 11.1.1).

2. Variables **basadas en el tiempo** (TIME.BASED) son aquellas cuyos valores dependen del tiempo. En la sección 11.1.1 se da una descripción de esta variable.

3. Variables de **fin de corrida** (RUN.END) son aquellas que tienen sentido sólo al final de la corrida de la simulación. Ejemplos de este tipo son las cantidades acumuladas y los porcentajes.

Antes de que las observaciones estadísticas puedan recopilarse, las variables deben definirse por nombre, tipo, valor de observación y datos de histograma. Esta tarea se logra usando el enunciado $VARIABLES en el segmento de definición del modelo, tal como está en la figura 17-5. El formato general de este enunciado es:

$VARIABLES: nombre de la variable;tipo;valor; n/u/w:
.
.
.
se repite

El nombre de la variable lo define el usuario y puede contener hasta 12 caracteres. El tipo, predefinido, puede ser OBS.BASED, TIME.BASED o RUN.END. El valor de observación debe definirse de acuerdo con las definiciones en la tabla 17-11. Si se desea un histograma, sus especificaciones deben definirse en términos de n (número de celdas del histograma), u (límite superior en la primera celda) y w (ancho de la celda). La omisión de n/u/w significa que no se desea un histograma. Normalmente puede ser necesario experimentar con diferentes valores de n, u y w antes de lograr un histograma adecuado.

Tabla 17-11
Variables estadísticas

Valor de observación	Definición
1. Todos los tipos (OBS.BASED, TIME.BASED y RUN.END)	
Expresión	Cualquier expresión matemática legítima de SIMNET II
2. Sólo OBS.BASED	
TRANSIT(#)	Valor igual a CUR.TIME − A(#), donde el símbolo # es cualquier expresión de SIMNET II (> 0) que se trunca a un valor entero, en caso necesario
BET.ARVL	Intervalo de tiempo entre llegadas sucesivas de transacciones, al punto en la red donde se calcula la variable
ARVL.TIME	Tiempo de llegada de transacciones, al punto en la red donde se calcula la variable
FIRST	Tiempo de la *primera* llegada, al punto en la red donde se calcula la variable

17.8] Ramas en SIMNET II **755**

El valor de observación TRANSIT (#), dado en la tabla 17-11, es muy útil para calcular intervalos de tiempo entre dos puntos en la red. Esto se logra normalmente asignando el tiempo en curso del reloj, CUR.TIME, al atributo A(#) en un punto inicial deseado en la red. Luego, cuando la transacción alcanza su punto final deseado, llevará a A(#) consigo. TRANSIT(#) calcula entonces el tiempo transcurrido, restando A(#) del tiempo en curso en el reloj, CUR.TIME.

Los siguientes ejemplos ilustran cómo se definen las variables estadísticas:

$VARIABLES: SYS TIME;OBS.BASED;TRANSIT(I+J):
              PERCENTAGE;RUN.END;(B(1)+C(1))/N*100:
              INV LEVEL;TIME.BASED;I;20/10/8:
              T BET BLKGE;OBS.BASED;BET.ARVL:
              Late_t(1−3);OBS.BASED;compl_time_DUE(J):

Observe, en especial, la definición de la **variable con índice,** o **indexada,** Late_t(1-3). Esta definición se refiere a tres variables Late_t(1), Late_t(2) y Late_t(3). Tales variables se pueden calcular en el modelo (cuarto campo de una rama) reemplazando el índice con cualquier expresión matemática. Por ejemplo, Late_t(I + J) es aceptable siempre que I + J sea alguno de los valores 1, 2, o 3.†

Una vez que las variables RUN.END y TIME.BASED queden definidas bajo $VARIABLES, la recopilación de sus estadísticas es totalmente automatizada dentro de SIMNET II. Por otra parte, la recopilación de las variables OBS.BASED exige colocar sus nombres en el cuarto campo de la rama apropiada usando el siguiente formato:

nombre de la variable1,nombre de la variable2,... %

El campo debe terminar con %.

Ejemplo 17.8-2 (Instalación para lavado de autos)

A una instalación de un solo módulo llegan autos para su lavado cada EX(10) minutos. Los autos que llegan forman una l. de e. única que acomoda 5 autos en espera. Si la l. de e. está llena, los autos que llegan se van a otro establecimiento. Toma UN(10,15) minutos lavar un auto. Se desea calcular dos estadísticas: el tiempo que tarda un auto en la instalación hasta que termina de ser lavado, y el intervalo de tiempo entre autos sucesivos que buscan otro establecimiento.

La figura 17-16 da el modelo de la red y sus enunciados asociados. Cuando la fuente ARIV crea una transacción, fija automáticamente A(1) = CUR.TIME (porque el campo 3 de ARIV está marcado con 1). La primera rama desde ARIV intentará llevar la transacción a la l. de e. LANE. Sin embargo, si LANE está completa, la transacción llevará la rama L a TERM, lo que significa que el auto buscará otro establecimiento. La variable estadística BET BALKS tiene el tipo basado en observación BET.ARVL y se calcula sobre la rama a TERM. Esta variable mantendrá

---

† La versión completa de SIMNET II permite, además, la indexación de todos los nodos, recursos e interruptores en forma general.

756 Modelos de simulación con SIMNET II [C.17

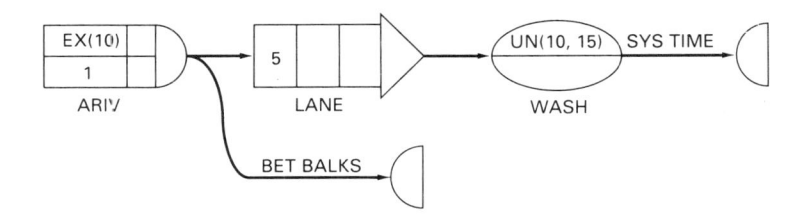

```
$PROJECT; modelo de lavado de auto; 8 de abril de 1990;Taha:
$DIMENSION:ENTITY(20),A(1):
$VARIABLES:SYS TIME;obs.based;TRANSIT(1):
           BET BALKS;obs.based;BET.ARVL:
$BEGIN:
   ARIV    *S;EX(10);;1:                    !Marca A(1) = CUR.TIME
           *B;LANE:                         !Entra al carril si no está lleno
           *B;TERM/L;/v/BET BALKS%:         !De ser así, se retira
   LANE    *Q,5:                            !Capacidad del carril = 5 autos
   WASH    *F;;UN(10,15):                   !Lava auto
           *B;TERM;/v/SYS TIME%:            !Calcula SYS.TIME
$END:
$RUN-LENGTH = 480:
$STOP:
```

Figura 17-16


```
                         ---------------------
                             V A R I A B L E S
                         ---------------------

                UPDATES   AV. VALUE   STD DEV   MIN VALUE   MAX VALUE   LAST UPDATE
   (O)SYS TIME     38       41.61      21.75      12.33       77.74        73.42
   (O)BET BALKS     9       17.15      21.40        .68       71.29         1.21
```

Figura 17-17

automáticamente el control de los tiempos entre autos que buscan otro establecimiento. Las transacciones que completan WASH (lavado) calcularán SYS TIME antes de ser terminados. Básicamente, SYS TIME mide el intervalo de tiempo desde el momento en que una transacción se crea en ARIV hasta que deja la instalación WASH.

La figura 17-17 muestra el segmento de la salida de SIMNET II que pertenece a las variables estadísticas. El símbolo (O) que precede al nombre indica que la variable es OBS.BASED. [Los símbolos (T) y (E) se usan con variables TIME.BASED y RUN.END.] Observe que la desviación estándar es una estimación sumamente sesgada, debido a la gran dependencia de los datos en el experimento de simulación. De hecho, esta medida no debería usarse en ninguna prueba estadística de inferencia. Simplemente da una estimación aproximada de la difusión de la variable alrededor del valor medio. (Véase la sección 17.15 para mayores detalles.) ◀

17.9 INTERRUPTORES LOGICOS

Las l. de e. en SIMNET II actúan como amortiguadores (buffers), donde las transacciones pueden almacenarse indefinidamente. Hasta ahora hemos aprendido que una transacción que llega puede brincar una l. de e. si el nodo sucesor la acepta (por ejemplo, una instalación desocupada). Además, una instalación terminando un servicio "mirará atrás" a una l. de e. precedente, e intentará tomar una transacción de ella. Esto significa fundamentalmente que los movimientos de transacciones hacia dentro y fuera de una l. de e. son controlados automáticamente por las condiciones de *otros* nodos de la red, pero nunca por la l. de e. en curso.

En la modelación de simulación, sucede a menudo que queremos pasar por alto este control externo automático sobre las operaciones de las l. de e. Por ejemplo, el cierre de una instalación de mantenimiento de maquinaria se puede simular "bloqueando" su turno en línea desde la l. de e. precedente, de manera que ninguna transacción pueda extraerse cuando la instalación mira hacia atrás a la l. de e. Entonces, cuando el mantenimiento se ha completado, podemos "revivir" la maquinaria, liberando una transacción de espera desde la l. de e. Los interruptores lógicos de SIMNET II están diseñados para proporcionar esta función que permite al modelador ejercer un control selectivo sobre la operación de la l. de e. Además, como se explicará más adelante, el estado ON/OFF de un interruptor se puede usar como una condición lógica regular que controle el flujo a través de una rama.

Un interruptor lógico se define por medio del enunciado $SWITCHES como sigue:

$SWITCHES: nombre del interruptor;estado inicial;l. de e. 1,l. de e. 2., ...:

    se repite

El nombre del interruptor lo define el usuario y puede incluir hasta 12 caracteres. El *estado inicial* del interruptor (al principio de la simulación) puede ser ON (activo) o bien OFF (inactivo). La lista de nombres de l. de e. representa las l. de e. que controla el interruptor. Por ejemplo, el enunciado

$SWITCHES: SW;ON;Q1,Q2:

indica que el interruptor SW está inicialmente en ON y que controla las l. de e. llamadas Q1 y Q2. Explicaremos después qué significa "control de las l. de e.".

La modelación de la operación del interruptor se logra usando **asignaciones especiales** de la forma

Nombre del interruptor = ON
Nombre del interruptor = OFF

Tales asignaciones especiales se implementan de dos maneras distintas:

1. Como condiciones que verifican el estado actual del interruptor (ON o bien OFF).

2. Como comandos que modifican el estado del interruptor (ON a OFF o bien OFF a ON).

En el primer caso, la condición puede integrarse (con AND/OR) en el segundo campo de una rama o en el enunciado IF-ENDIF. En el segundo caso, la asignación se usa en el tercer campo de una rama, posiblemente dentro del contexto del enunciado condicional IF-ENDIF. Básicamente, las *asignaciones especiales* se implementan como si fueran condiciones o asignaciones aritméticas regulares, suponiendo que ejecutan funciones especiales en la simulación, como explicaremos ahora.

El uso del interruptor como una *condición,* puede considerarse simplemente como una prueba binaria (0-1). Por otra parte, su uso como una asignación nos permite controlar la operación de las l. de e. enlistadas en la definición del interruptor. Específicamente cuando se ejecuta, la asignación nombre del interruptor = ON, el procesador de SIMNET II, además de modificar el estado del interruptor a ON, *intentará empujar automáticamente la primera transacción en espera, fuera de cada una de las l. de e. enlistadas en la definición del interruptor.* Si sucede que la l. de e. está vacía o si el nodo siguiente a la l. de e. no puede introducirse (por ejemplo, condición de rama no satisfecha o instalación ocupada), no tomará ninguna acción en esa l. de e.

Téngase en cuenta que el hecho de empujar transacciones fuera de una l. de e. designada por un interruptor, puede ocurrir sólo si el interruptor está en ON, ejecutando una asignación sobre una rama. Esto significa que un estado ON *inicial* de un interruptor dado por su definición $SWITCHES no conducirá a ninguna acción, y deberá reconocerse sólo como una mera definición. Similarmente, la ejecución del nombre del interruptor = OFF, sólo puede alterar el estado del interruptor, pero no tendrá efecto en su(s) l. de e. designada(s).

La operación propuesta de los interruptores se denomina en SIMNET II como **control remoto,** porque permite el control sobre las l. de e. desde un área remota en la red.

Ejemplo 17.9-1 (Mantenimiento de maquinaria)

Llegan pedidos para su procesamiento en una máquina cada EX(11) minutos. El tiempo de procesamiento es de EX(12) minutos. Después de cada 8 horas de operación, la máquina debe apagarse para darle mantenimiento. Toma UN(15,20) minutos llevar a cabo el mantenimiento.

La figura 17-18 proporciona el modelo de la red y los enunciados asociados. El modelo incluye dos segmentos *desunidos.* El primer segmento simula el ciclo de mantenimiento de la máquina, en tanto que el segundo representa su operación. El extremo de salida de la l. de e. QJOBS que se alimenta en MACHINE lo controla un interruptor llamado SW, usando la condición SW = ON? en la rama que conduce a la instalación MACHINE. Se permitirá que las transacciones salgan de QJOBS sólo si SW está en ON. Inicialmente, SW está en ON debido a su definición en $SWITCHES que satisface la condición SW = ON?, permitiendo así que los pedidos (jobs) entren en MACHINE desde QJOBS. Note que el uso de SW = ON? como una condición, es fundamental en este caso.

El estado del interruptor lo controla el segmento de mantenimiento. La fuente SS envía una transacción al auxiliar DELAY donde se demora 8 horas, representando el tiempo de operación de MACHINE. La transacción que sale de DELAY

Recursos en SIMNET II

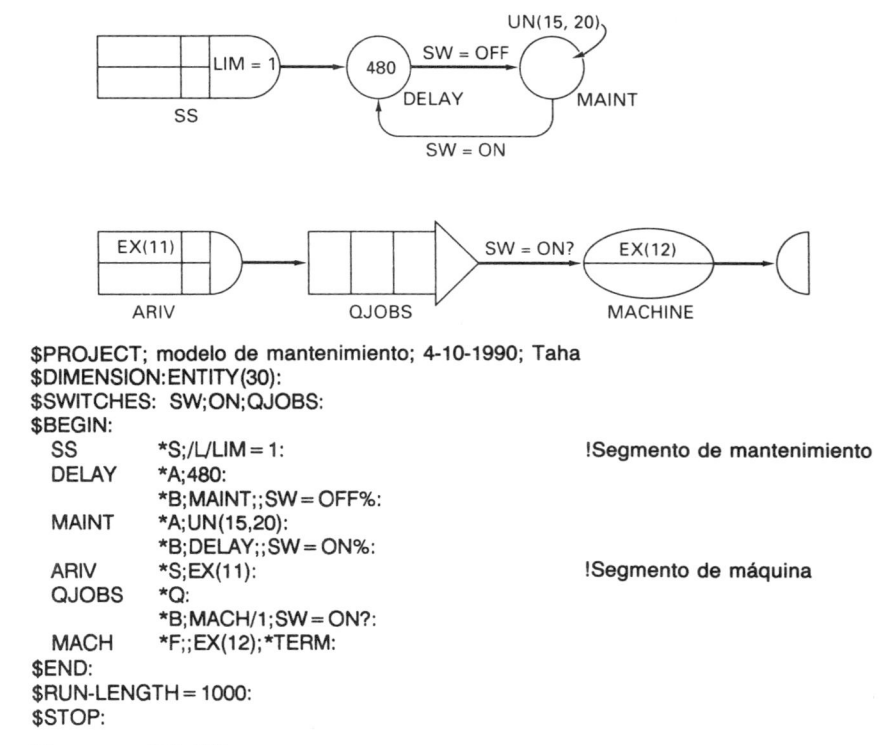

```
$PROJECT; modelo de mantenimiento; 4-10-1990; Taha
$DIMENSION:ENTITY(30):
$SWITCHES:  SW;ON;QJOBS:
$BEGIN:
  SS       *S;/L/LIM = 1:                !Segmento de mantenimiento
  DELAY    *A;480:
           *B;MAINT;;SW = OFF%:
  MAINT    *A;UN(15,20):
           *B;DELAY;;SW = ON%:
  ARIV     *S;EX(11):                    !Segmento de máquina
  QJOBS    *Q:
           *B;MACH/1;SW = ON?:
  MACH     *F;;EX(12);*TERM:
$END:
$RUN-LENGTH = 1000:
$STOP:
```

Figura 17-18

significa que MACHINE está listo para mantenimiento. Ejecuta así la asignación SW = OFF para prevenir que salgan de QJOB nuevas transacciones. La transacción de mantenimiento se mueve entonces al auxiliar MAINT que representa el periodo necesario para completar el mantenimiento. Cuando la transacción sale de MAINT, vuelve a entrar al auxiliar DELAY para repetir el ciclo. En su camino hacia allá, ejecutará la asignación SW = ON que intentará empujar un pedido en espera fuera de QJOBS y hacia MACHINE, como se desea. Si sucede que QJOBS está vacío en el momento en que se ejecuta, SW = ON, la asignación actuará simplemente para desbloquear QJOBS, de modo que el nuevo pedido que llegue pueda brincar la l. de e. y entrar a MACHINE. ◄

17.10 RECURSOS EN SIMNET II

En SIMNET II un recurso es un artículo escaso que puede compartirse entre los nodos de la instalación. Por ejemplo, dos máquinas atendidas por un solo operador pueden modelarse, definiendo al operador como un recurso y las dos máquinas como instalaciones separadas. La asignación de un recurso a instalaciones se puede basar

Figura 17-19

en un conjunto especificado de prioridades. En tal caso, una instalación de mayor prioridad puede apropiarse de los recursos de instalaciones de menor prioridad.

Consideremos primero el hecho donde no se especifican clases de prioridades. En este caso, la definición de los recursos tiene el siguiente formato:

$RESOURCES: nombre del recurso;nivel inicial(instalación 1,...,
           instalación m):
           .
           .
           se repite

En la figura 17-19 se muestra el símbolo gráfico del recurso. Note que un recurso no es un nodo; es más bien una definición similar a la de un interruptor o a la de una variable estadística.

Los siguientes son ejemplos de definiciones de recursos:

$RESOURCES: R1,5(F1,F2,F3):
             R2,(F3,F4):

El nivel inicial del recurso R1 es de 5 unidades y se puede asignar a las instalaciones F1, F2 y F3. El recurso R2 tiene un nivel inicial predefinido, de *una* unidad y se puede asignar a las instalaciones F3 y F4.

Al no tener privilegios de apropiación, una transacción que entra a una instalación sólo puede satisfacer sus necesidades desde el **acopio base,** o sea, desde las unidades de recursos no utilizadas. Si el recurso no está disponible inmediatamente, la transacción simplemente esperará *en la instalación* hasta que el acopio base se recargue, posiblemente por unidades de recursos que sean liberados por el sistema. En tal caso, se dice que una instalación que espera un recurso está en estado de **bloqueo de recursos.**

Un incremento en la base de acopio de un recurso durante la simulación, generará automáticamente una búsqueda en sus instalaciones asociadas. Cuando una instalación en estado de bloqueo de recursos ha satisfecho su necesidad de recursos, comenzará de inmediato a dar servicio a su transacción.

Los recursos pueden adquirirse sólo mediante una instalación, pero pueden ser liberados o soltados en el *extremo de salida* de cualquier rama o nodo. La información que controla la adquisición y liberación de un recurso se coloca en el campo de recursos de un nodo o rama, usando el siguiente formato estándar:

nombre del recurso1_(a,b,c,d),nombre del recurso2_(a,b,c,d),...

donde

- a = unidades del recurso que adquirirá una *instalación* antes del comienzo del servicio (valor predefinido = 1).
- b = tiempo necesario para mover a unidades la base de acopio a la *instalación* (valor predefinido = 0).
- c = unidades del recurso que deben regresar a la base de acopio desde el extremo de *salida* de un nodo o una rama (valor predefinido = 1).
- d = tiempo necesario para regresar c unidades a la base de acopio (valor predefinido = 0).

Los elementos a, b, c y d pueden ser cualquier expresión matemática de SIMNET II. Observe que a y b sólo tienen sentido en el caso de una instalación, porque *un recurso puede adquirirlo sólo una instalación.* En todos los otros casos, los elementos a y b los pasa por alto el procesador de SIMNET II y podría omitirse, en tales casos.

Los siguientes ejemplos ilustran los campos de recursos:

1. F1   *F;;EX(5);/r/R1(,5,J+1,),R2:

La instalación F1 usa dos recursos llamados R1 y R2. Necesita a = 1 unidad de R1 (valor predefinido), que empleará b = 5 unidades de tiempo para llegar desde la base de acopio. *Después que el servicio se ha completado,* se devolverán c = J + 1 unidades a la base de acopio en d = 0 unidades de tiempo. El recurso R2 tiene todos sus valores omitidos y por ello utiliza a = 1, b = 0, c = 1 y d = 0.

2. AX   .*A;UN(2,3);/r/R1(,,3,A(1)+J):

El auxiliar AX devolverá c = 3 unidades de R1 al acopio base en d = A(1) + J unidades de tiempo. Los elementos a y b, que están omitidos, se ignoran porque sólo tienen sentido en el caso de una instalación.

Al tratar con la asignación de recursos a instalaciones, se siguen las siguientes reglas:

1. No se permite la asignación parcial del pedido de cualquier recurso, en el sentido que una instalación debe adquirir en un solo pedido el total de cualquier recurso.
2. Cuando una instalación solicita más de un recurso, éstos se adquieren *uno a la vez* con la instalación permaneciendo en estado de **bloqueo de recursos** hasta que se satisface *toda* la solicitud.

Ejemplo 17.10-1 (Modelo I de eliminación de desechos)

Una planta procesadora de alimentos produce material de desecho que debe transportarse al basurero. La planta emplea cuatro camiones para esta operación. La planta elimina sus pilas de desechos sólidos cada 6 minutos. Dos pilas llenan un camión. Para cargar los camiones se utilizan dos cargadores mecánicos, cada uno lo maneja un operador humano. Los tiempos de carga para los dos cargadores son EX(10) y EX(12) minutos. El operador se tarda aproximadamente 3.5 minutos entre

762 Modelos de simulación con SIMNET II   [C.17

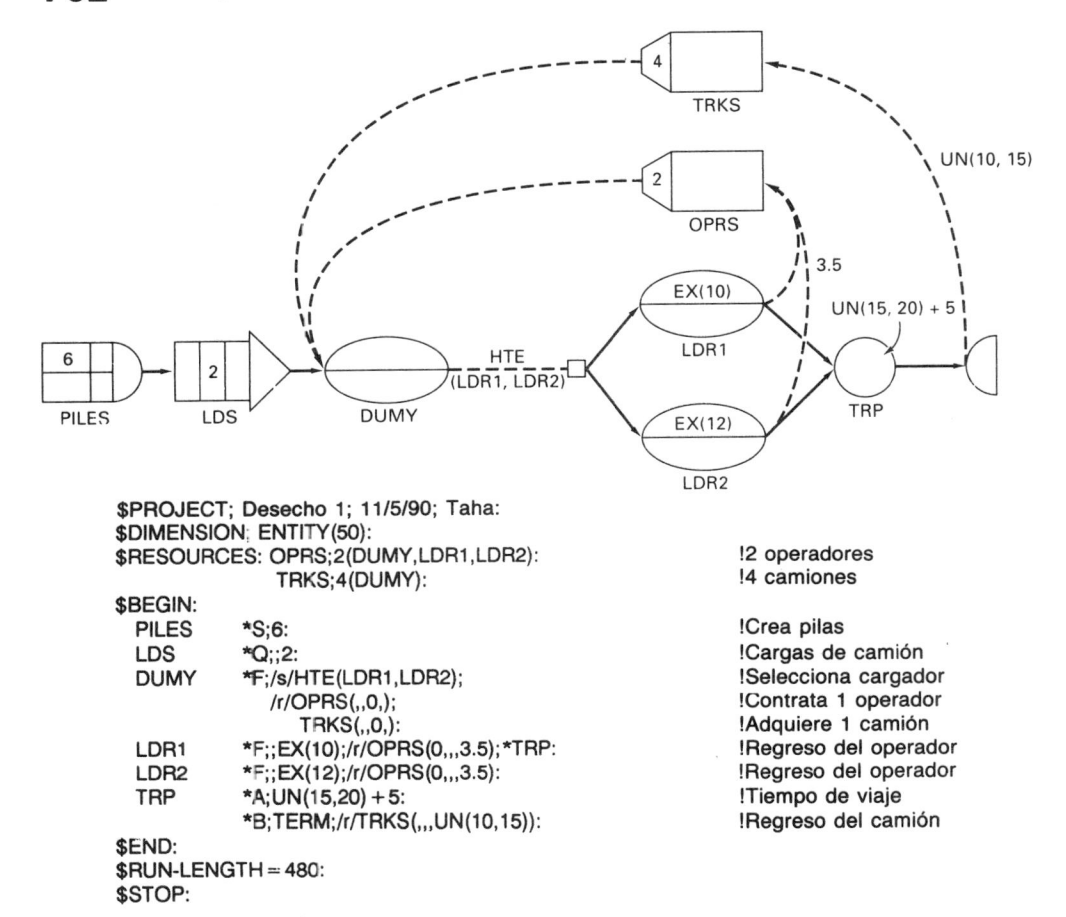

```
             $PROJECT; Desecho 1; 11/5/90; Taha:
             $DIMENSION; ENTITY(50):
             $RESOURCES: OPRS;2(DUMY,LDR1,LDR2):      !2 operadores
                         TRKS;4(DUMY):                !4 camiones
             $BEGIN:
                PILES      *S;6:                      !Crea pilas
                LDS        *Q;;2:                     !Cargas de camión
                DUMY       *F;/s/HTE(LDR1,LDR2);      !Selecciona cargador
                           /r/OPRS(,,0,);             !Contrata 1 operador
                           TRKS(,,0,):                !Adquiere 1 camión
                LDR1       *F;;EX(10);/r/OPRS(0,,,3.5);*TRP:   !Regreso del operador
                LDR2       *F;;EX(12);/r/OPRS(0,,,3.5):        !Regreso del operador
                TRP        *A;UN(15,20)+5:            !Tiempo de viaje
                           *B;TERM;/r/TRKS(,,,UN(10,15)):     !Regreso del camión
             $END:
             $RUN-LENGTH = 480:
             $STOP:
```

Figura 17-20

cargas para preparar el cargador para el siguiente camión. El viaje a los basureros toma UN(15,20) minutos, y el viaje de regreso sólo UN(10,15) minutos. El tiempo necesario para descargar el camión es de aproximadamente 5 minutos.

El modelo se muestra en la figura 17-20. Los camiones y los operadores están representados por dos recursos llamados TRKS y OPRS cuyos niveles iniciales son 4 y 2, respectivamente. La l. de e. LDS actúa como un acumulador que libera una carga de camión por cada dos pilas que llegan desde la fuente PILES. El único propósito de la instalación DUMY (con 0 tiempo de servicio) que sigue a la l. de e. LDS es adquirir 1 unidad de cada uno de los dos recursos TRKS y OPRS. Esto se logra definiendo el campo de recursos como OPRS(,,0,), TRKS(,,0,), lo que significa que DUMY adquirirá 1 unidad de cada recurso en 0 tiempo de tránsito y no devolverá ninguna. Así, una transacción que salga de DUMY tiene un camión y un operador.

La selección entre LDR1 y LDR2 mediante la transacción que sale de DUMY se hace con base en la condición selecta HTE [Highest Time Empty (máximo tiempo vacío), véase la tabla 17-7]. Una transacción que sale de LDR1 o de LDR2 significa que el trabajo del operador se ha completado. La instalación entonces *devuelve* 1 unidad de OPRS usando el código OPRS(0,,,3.5) en el campo 5. El primer elemento del recurso es 0 (a = 0) porque LDR1 y LDR2 no adquieren el recurso. Además, el cuarto elemento del recurso se fija igual a 3.5 (d = 3.5) para representar el período de demora hasta que el operador puede comenzar con la nueva carga.

Una transacción que sale de TRP significa que el camión ha tirado su carga. Una unidad de TRKS la devuelve la rama de TRP a TERM. El tiempo de retorno lo fija d = UN(10,15). Observe que en este caso se ignoran los campos a y b y, por consiguiente, se omiten. Observe también que TRKS podría haberlo devuelto directamente TRP reemplazando su enunciado con

TRP *A;UN(15,20)+5;/r/TRKS(,,,UN(10,15));*TERM:

En este caso, el enunciado rama debe borrarse.

Es pertinente hacer un comentario sobre el uso de la instalación DUMY. Podríamos haber dejado que LDR1 y LDR2 adquirieran sus recursos directamente definiendo sus campos de recursos como OPRS(,,,3.5), TRKS(,,0,). La dificultad con este procedimiento es que es posible que LDR1 pueda adquirir *uno* de los dos recursos y que LDR2 adquiera el *otro*. En este caso, ambas instalaciones deben esperar incorrectamente la adquisición del recurso restante. Utilizando DUMY podemos estar seguros que las transacciones que entren a cualquiera de los cargadores tendrán *ambos* recursos.

En la figura 17-21 se da una salida parcial del modelo. Bajo FACILITIES, AVERAGE BLOCKAGE representa generalmente el número promedio de servidores que

```
                              I N S T A L A C I O N
                              ---------------------
        NBR   MIN/MAX/  AV. GROSS  AVERAGE   AVERAGE    AVERAGE   AVERAGE
        SRVRS LAST UTILZ UTILIZ   BLOCKAGE  BLKGE TIME IDLE TIME BUSY TIME
 DUMY    1    0/ 1/ 1   .7886    .7886     11.47      9.23      34.41
 LDR1    1    0/ 1/ 1   .5097    .0000     .00        11.77     12.23
 LDR2    1    0/ 1/ 1   .4843    .0000     .00        13.75     12.92


                              R E C U R S O S
                              ---------------
        INITIAL   MIN/MAX/  AV. GROSS  AV.TRNST  AV.TRNST  AV. TIME  AV. TIME
        LEVEL     LAST LVL  USAGE      UNITS     TIME      IN USE    IDLE
 OPRS   2.000     .000      1.730      .262      3.500     18.540    3.407
                  2.000
                  .000
 TRKS   4.000     .000      3.705      .912      12.504    35.284    3.726
                  4.000
                  .000
```

Figura 17-21

permanecen ocupados, pero no productivos por una de dos razones: (1) los recursos no están inmediatamente disponibles o (2) la instalación no puede deshacerse de su carga porque su l. de e. sucesora finita o instalación, está completa. En este ejemplo, el bloqueo en la instalación DUMY (= 0.7886 servidores) sólo se atribuye a la falta de disponibilidad de recursos OPRS y/o TRKS. El AVERAGE BLKGE TIME para DUMY (= 11.47 minutos) representa entonces el tiempo promedio que tiene que esperar una carga a un camión y/o a un operador.

Las estadísticas de los recursos muestran que, en promedio, 1.73 (de 2) operadores y 3.70 (de 4 camiones) estuvieron en uso durante la simulación. En realidad, los valores 1.73 y 3.705 representan el empleo *bruto* porque los recursos estaban en tránsito parte del tiempo, como lo muestra AV.TRNST UNITS. El empleo *neto* de los dos recursos está dado por 1.73 − 0.262 = 1.468 operadores y por 3.705 − 0.912 = 2.793 camiones. Los tiempos promedio de tránsito están dados por 3.5 minutos y por 12.5 minutos para OPRS y TRKS.

El AV.TIME IN USE de un recurso representa el tiempo promedio real que el recurso se empleó o estuvo en tránsito, en tanto que AV.TIME IDLE representa el tiempo promedio que el recurso estuvo desocupado en la base de acopio. ◀

17.10.1 PRIORIDAD Y DERECHO A LOS RECURSOS

Un recurso puede asignarse a instalaciones, de acuerdo con clases de prioridad prefijadas. En este caso, una instalación de mayor prioridad puede tener o no derecho de prioridad a las instalaciones de menor prioridad. SIMNET II especifica clases de prioridad y derechos de prioridad directamente bajo el enunciado de la definición $RESOURCES usando el siguiente formato:

Nombre del recurso; nivel inicial (grupo 1 (P)/grupo 2 (P)/.../grupo n):

Las diagonales delinean las clases de prioridad, con las instalaciones del grupo 1 representando la mayor prioridad y las del grupo n la menor. El símbolo (P) se reemplaza con (PR) para indicar **derecho de prioridad**, o con (NPR) para representar **sin derecho de prioridad**. La opción predefinida de P es PR. Como ejemplo, considere la siguiente definición:

$RESOURCES: R1;3(F1,F2/F3(NPR)/F4,F5):

Las tres clases de prioridad son (F1,F2), (F3) y (F4,F5), con (F1,F2) proporcionando la mayor prioridad. En caso de ser necesario, las instalaciones F1 y F2 pueden (por opción predefinida) tener mayor derecho de prioridad que F3, F4 o F5 para satisfacer sus necesidades. La búsqueda o rastreo de derechos comienza siempre con la clase de prioridad más baja; o sea, la prioridad de F1 y F2 intentarán probar mayor derecho de prioridad F4 o F5 antes que F3. Por otra parte, la instalación F3 tiene una prioridad de *no* derecho de prioridad mayor sobre F4 y F5 para obtener R1.

Las siguientes reglas rigen el uso de las clases de prioridad y derecho de prioridad:

1. Una instalación sujeta a derecho de prioridad puede manejar sólo un recurso.
2. Bajo la opción PR, el derecho de prioridad tendrá lugar sólo si la cantidad

apropiada satisface por lo menos la solicitud de la instalación con derecho de prioridad. Cualquier cantidad excedente se dejará en la base de acopio base.

3. Para las opciones PR y NPR, todos los servidores múltiples en una instalación deben utilizar exactamente la misma cantidad de cada recurso. Este no es el caso en ausencia de clases de prioridad, ya que cada servidor en paralelo puede actuar en forma completamente independiente de todos los otros servidores.

4. Una instalación con derecho de prioridad puede tenerlo sobre más de un servidor en paralelo, en la instalación para satisfacer sus necesidades. Cualquier cantidad excedente se dejará en la base de acopio, en el sentido que un servidor con derecho de prioridad no puede guardar una cantidad parcial de sus necesidades de recursos.

Ejemplo 17.10-2 (Modelo de reparación de una máquina)

La descompostura de un componente principal de una máquina causa una falla en ésta después de UN(400,1400) minutos de operación. Cuando ocurre una falla, el operador de la máquina debe retirar el componente y reemplazarlo con otro reacondicionado. Toma 10 minutos retirar el componente y UN(10,30) minutos instalar el reemplazo. El reacondicionamiento de los componentes descompuestos lo hace el mismo operador y le toma UN(400,1200) minutos por componente. Se necesitan 5 minutos para realmacenar un componente acondicionado. La existencia inicial es de 2 componentes reacondicionados.

El modelo se muestra en la figura 17-22. Usa dos recursos: PART y OPER. Los recursos OPER los utilizan tres instalaciones: REMOVE, donde el componente descompuesto se retira, INSTALL, donde se instala un nuevo componente y REPAIR, donde tiene lugar la reparación. Tanto REMOVE como INSTALL tienen derecho de prioridad sobre REPAIR, como es de esperarse.

Una transacción que sale de MACH señala una falla. Se llama a OPER para retirar (REMOVE) el componente descompuesto. Se envían dos transacciones iguales "simultáneamente" a la instalación GETPART y a la l. de e. de reparación QREPAIR. Después que se adquiere una buena componente del recurso PART en la instalación virtual GETPART, se instala (INSTALL) inmediatamente. La transacción que sale de INSTALL regresa a OPER y entra a MACH para reiniciar el ciclo de operaciones.

Se hacen dos importantes observaciones sobre el modelo:

1. Es indispensable que PART se obtenga en la instalación virtual GETPART porque una requisición directa hecha por INSTALL podría ocasionar OPER cuando PART no esté disponible. Como INSTALL tiene derecho de prioridad, OPER puede quedarse "trabada" incorrectamente en INSTALL mientras espera a PART.

2. La instalación REPAIR no puede regresar directamente a PART porque en SIMNET II, una instalación *con derecho de prioridad,* puede manejar sólo *un* recurso. La restricción se supera regresando PART a través de una rama con origen en REPAIR. Este truco no afecta de manera grave la lógica o las estadísticas del modelo. ◀

766 Modelos de simulación con SIMNET II [C.17

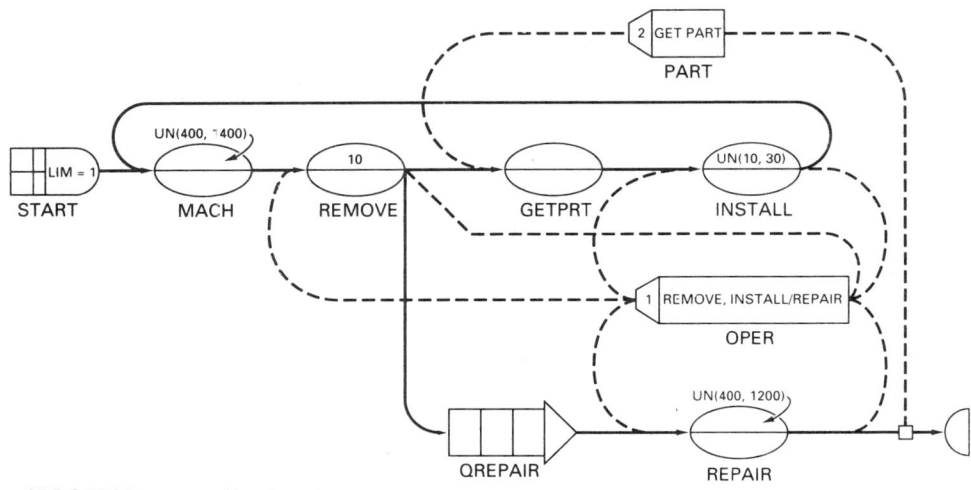

```
$PROJECT; reparación de máquima; 8 de junio de 1990; Taha:
$DIMENSION;      ENTITY(40):
$VARIABLES:      RPRD_PRTS,run.end,alen(BADPRT)+alen(REPAIR):
                 OPER UTILIZ,run.end,(1-alev(OPER))*100:
                 ALL_PARTS,run.end,alen(MACH)+alen(REMOVE)+alen(GETPART)&
                             +alen(INSTALL)+alen(BADPRT)+alen(REPAIR)&
                             +artu(PART)+alev(PART):
$RESOURCES:      PART;2(GETPART):            !2 partes buenas en existencia
                 OPER;1(REMOVE,INSTALL/REPAIR): !Prioridad más baja de REPAIR
$BEGIN:
   START         *S;/L/LIM=1:                !Modelo primario
   MACH          *F;;UN(400,1400):           !Tiempo de corrida de máquina
   REMOVE        *F;;10;/r/OPER;             !Retira parte descompuesta y la envía
                   *GETPART,BADPRT:          !Copias a GETPART y BADPART
   GETPART       *F;/r/PART(,,0,):           !Toma parte nueva de las existencias
   INSTALL       *F;;UN(10,30);/r/OPER;      !Instala parte nueva y comienza
                   *MACH:                    !MACH en operación
   QREPAIR       *Q:                         !Pone en l. de e. las partes malas para
                                             su reparación
   REPAIR        *F;;UN(400,1200);           !Repara parte
                   /r/OPER:
                 *B;TERM;/r/PART(,,,5):      !Regresa PART después de 5 minutos
$END:
$RUN-LENGTH=120000:
$STOP:
```

Figura 17-22

17.11 ENSAMBLE Y EQUIPARACION DE TRANSACCIONES

Las transacciones que residen en l. de e. pueden **ensamblarse** en una sola transacción, o **equipararse** una con otra antes de que salgan de sus respectivas l. de e. En esta sección proporcionamos los detalles de cómo se implementa en SIMNET II el ensamble y la equiparación de transacciones.

Tabla 17-12
Reglas para calcular atributos ASM

Regla	Descripción
SUM	Suma de atributos individuales
PROD	Producto de atributos individuales
FIRST	Atributos desde la l. de e. 1 (por definición ASM)
LAST	Atributos desde la l. de e. m
SELQ(i)	Atributos desde la l. de e. i, $i = 1, 2, ..., $ o m
HI(#)	Atributos de transacción con la A(#), máxima (HIghest) donde # es una constante entera positiva
LO(#)	Atributos de transacción con la A(#) mínima (LOwest)

17.11.1 OPERACION DE ENSAMBLE

La operación de ensamble combina transacciones residentes en l. de e. en *una sola* transacción de salida. La operación se implementa usando un código especial que define las l. de e. que abarcan el conjunto de ensamble (ASM). El código, que se coloca en el campo 4 (campo de selección) de *cualquiera* de las l. de e. del conjunto de ensamble, debe tener el siguiente formato:

ASM(l. de e. 1,..., l. de e. m/regla de atributos)

La regla de atributos especifica cómo se calculan los atributos de la transacción ASM a partir de las transacciones individuales. La tabla 17-12 resume las reglas permitidas.

Como ilustración, la figura 17-23 da la representación gráfica del código ASM

ASM(Q1,Q2/LO(2))

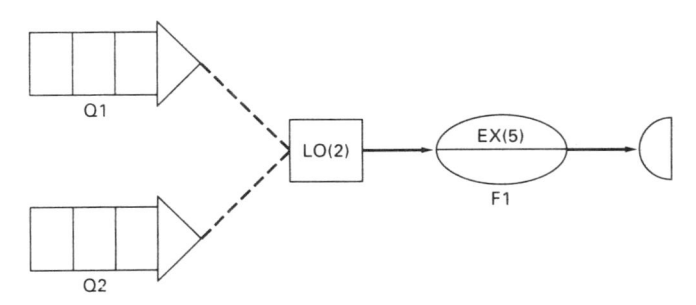

Figura 17-23

con la transacción ensamblada entrando a la instalación F1. La regla LO(2) indica que los atributos de la transacción ASM serán iguales a los de la transacción que salga de Q1 o Q2, rigiendo la que tenga el menor valor de A(2).

Las reglas siguientes indican el uso de ASM:
1. El conjunto de l. de e. ASM puede alimentar *exactamente un* nodo, ya sea por secuencia directa, transformación directa o por una rama.
2. El código ASM necesita aparecer sólo una vez en cualquiera de los conjuntos de l. de e. ASM, *en cuyo caso la l. de e. escogida debe definir la ruta de la transacción ensamblada hacia el nodo (único) sucesor.*

Para ilustrar estas reglas, el segmento en la figura 17-23 será traducido a enunciados, como sigue:

```
Q1   *Q;/s/ASM(Q1,Q2/LO(2)):
F1   *F;;EX(5),*TERM:
⋮
Q2   *Q:
```

En este caso, Q1 lleva el código ASM y fija la ruta la transacción ensamblada a F1 por secuencia directa. Podemos lograr el mismo resultado haciendo que Q2 lleve el código ASM, en cuyo caso F1 debe aparecer después de Q2.

También podemos usar transferencia directa para poner en ruta la transacción ensamblada, como sigue:

```
Q1   *Q;/s/ASM(Q1,Q2/LO(2));*F1:
⋮
F1   *F;;EX(2);*TERM:
⋮
Q2   *Q:
```

De manera similar, puede usarse una sola rama como sigue:

```
Q1   *Q;/s/ASM(Q1,Q2/LO(2)):
     *B;F1:
⋮
F1   *F;;EX(2);*TERM:
⋮
Q2   *Q:
```

Observe que las l. de e. que comprenden el conjunto ASM pueden estar "difundidas" en cualquier parte del modelo, en tanto que la l. de e. que lleva el código ASM se use para colocar en la ruta la transacción ensamblada hacia el nodo siguiente.

Ejemplo 17.11-1 (Modelo II de eliminación de desechos)

El enunciado de este modelo se presentó en el ejemplo 17.10-1, donde se modeló usando recursos. El ASM permite una manera diferente de modelar la misma situación. La figura 17-24 proporciona los detalles del modelo. El ASM se usa para "com-

Ensamble y equiparación de transacciones

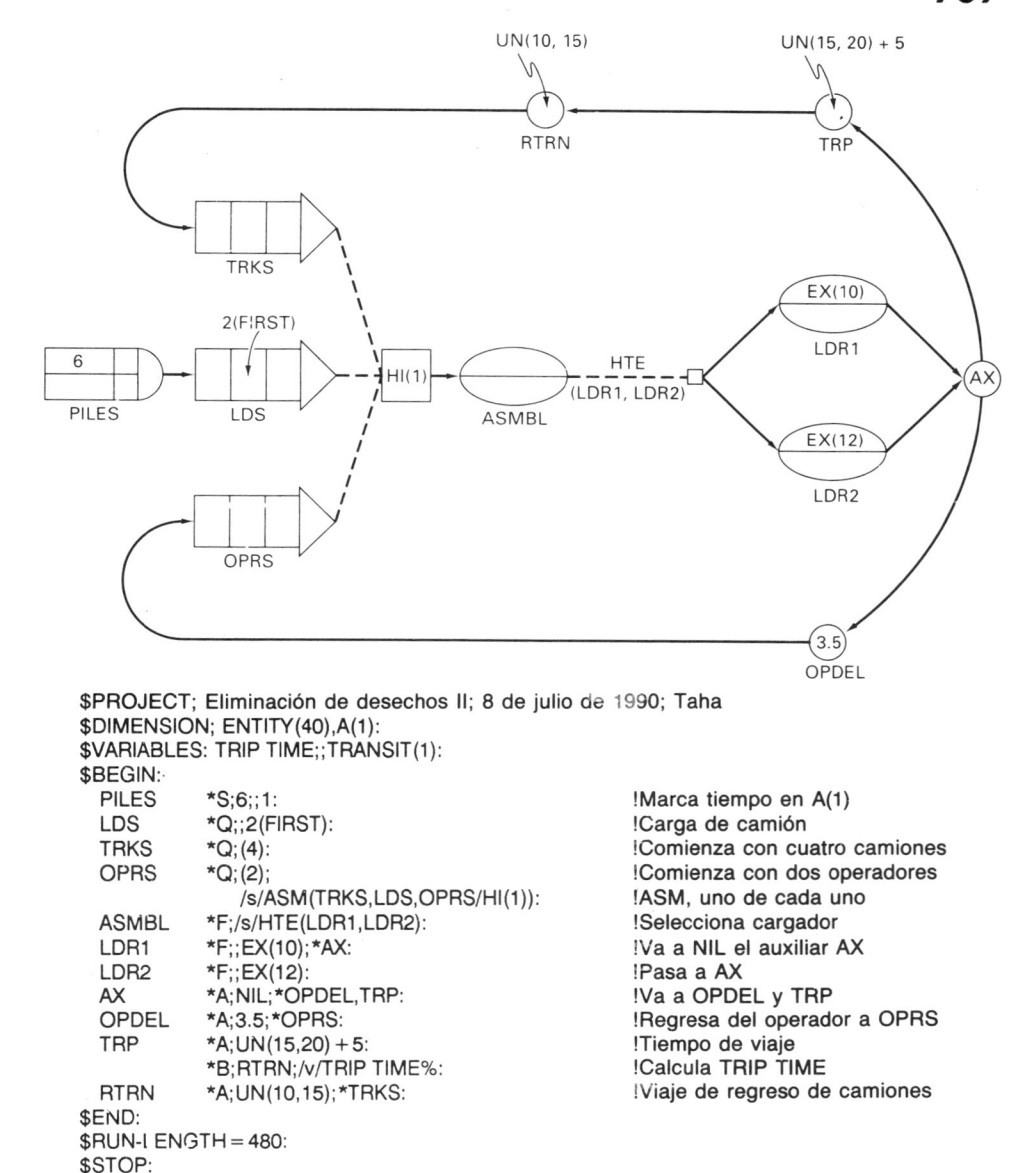

Figura 17-24

```
$PROJECT; Eliminación de desechos II; 8 de julio de 1990; Taha
$DIMENSION; ENTITY(40),A(1):
$VARIABLES: TRIP TIME;;TRANSIT(1):
$BEGIN:
    PILES   *S;6;;1:                            !Marca tiempo en A(1)
    LDS     *Q;;2(FIRST):                       !Carga de camión
    TRKS    *Q;(4):                             !Comienza con cuatro camiones
    OPRS    *Q;(2);                             !Comienza con dos operadores
            /s/ASM(TRKS,LDS,OPRS/HI(1)):        !ASM, uno de cada uno
    ASMBL   *F;/s/HTE(LDR1,LDR2):               !Selecciona cargador
    LDR1    *F;;EX(10);*AX:                     !Va a NIL el auxiliar AX
    LDR2    *F;;EX(12):                         !Pasa a AX
    AX      *A;NIL;*OPDEL,TRP:                  !Va a OPDEL y TRP
    OPDEL   *A;3.5;*OPRS:                       !Regresa del operador a OPRS
    TRP     *A;UN(15,20)+5:                     !Tiempo de viaje
            *B;RTRN;/v/TRIP TIME%:              !Calcula TRIP TIME
    RTRN    *A;UN(10,15);*TRKS:                 !Viaje de regreso de camiones
$END:
$RUN-LENGTH=480:
$STOP:
```

binar" 1 unidad de TRKS, 1 unidad de LDS y 1 unidad de OPRS antes de permitir que la transacción entre a uno de los cargadores. Como una transacción ASM puede guiarse a un solo nodo, la instalación virtual ASMBL se usa para seleccionar LDR1 o LDR2 usando la regla HTE. Es importante señalar que ASMBL debe ser una instalación (un auxiliar no funcionará), de modo que el nodo tenga la capacidad de mirar atrás a las l. de e. ASM y de tomar una nueva transacción ASM cuando sea necesario. La regla HI(1) en el campo ASM de OPRS garantiza que la transacción ensamblada llevará el A(1) más grande de entre las tres l. de e. Por la naturaleza del proceso, A(1) será necesariamente la de la transacción que salga de LDS. ◄

17.11.2 OPERACION DE EQUIPARAR

La operación de equiparar (MAT) se puede aplicar sólo a transacciones que residan en l. de e. Las transacciones equiparadas desde l. de e. diferentes deben salir de la l. de e. respectiva en forma concurrente. Si alguna l. de e. no tiene una transacción de equiparación, ninguna de las l. de e. restantes será capaz de liberar su transacción.

El código MAT tiene el formato siguiente:

MAT (l. de e. 1,..., l. de e. m/índices de los atributos equiparados)

Igual que en ASM, el código MAT se coloca en el campo 4 (el campo de selección) de *cualquiera* de las l. de e. MAT. Los índices de los atributos equiparados definen el conjunto de atributos que deben tener valores iguales en la l. de e. respectiva para que una transacción sea miembro de un conjunto MAT. Estos atributos se pueden expresar como un índice individual o como un intervalo de índices. Por ejemplo, MAT(Q1,Q2/1,3) indica que los valores de A(1) y A(3) deben ser los mismos para las dos transacciones seleccionadas desde Q1 y Q2. MAT(Q1,Q2/1-3,5,6) indica que los atributos equiparados son A(1), A(2), A(3), A(5) y A(6). También podemos utilizar el código ALL para los índices [por ejemplo, MAT(Q1,Q2/ALL)] para indicar que *todos* los atributos deben equipararse. Por último, los índices pueden omitirse por completo [ejemplo, MAT(Q1,Q2)] para indicar que las transacciones respectivas deben esperar una a otra antes de salir de sus l. de e. respectivas, lo que básicamente significa que cada l. de e. liberará la transacción que la *encabeza*.

Poner en ruta las transacciones fuera de las l. de e. MAT difiere del de las l. de e. ASM, donde cada una puede poner en ruta su transacción respectiva en forma independiente. Igual que en ASM, cada ruta de l. de e. puede conducir a *exactamente un* nodo (o TERM) por medio de secuencia directa, transferencia directa o de una sola rama. Nuevamente, el código MAT se puede colocar sólo en una de las l. de e. asociadas.

Ejemplo 17.11-2 (Modelo III de eliminación de desechos)

La situación en los ejemplos 17.10-1 y 17.11-1, donde se usan recursos y ASM, se modelará otra vez usando el código MAT. La figura 17-25 proporciona los detalles del nuevo modelo.

MAT se usa para garantizar que 1 unidad de TRKS, 1 unidad de LDS y 1 unidad de OPRS están disponibles antes que la transacción salga de ASMBL. No hay atributos de equiparación porque las transacciones, en las diferentes l. de e. simplemente se esperan entre sí. Las transacciones equiparadas desde TRKS y OPRS se dan por terminadas. Estas se reemplazan por dos nuevas transacciones que representan el camión y el operador cuando la transacción desde LDS se divide en dos en el auxiliar AX. ◄

Asignaciones especiales

```
$PROJECT; eliminación de desechos III, 8 de julio de 1990; Taha:
$DIMENSION; ENTITY(40),A(1):
$VARIABLES: TRIP TIME;;TRANSIT(1):
$BEGIN:
    PILES   *S;6;;1:                            !Marca tiempo en A(1)
    LDS     *Q;;2(FIRST);                       !A(1) de la pila FIRST
            /s/MAT(TRKS,LDS,OPRS);*ASMBL:       !equipara l. de e.
    TRKS    *Q;(4);*TERM:                       !Comienza con cuatro camiones
    OPRS    *Q;(2);*TERM:                       !Comienza con dos operadores
    ASMBL   *F;/s/HTE(LDR1,LDR2):               !Selecciona cargador
    LDR1    *F;;EX(10);*AX:                     !Va a NIL el auxiliar AX
    LDR2    *F;;EX(12):                         !Pasa a AX
    AX      *A;NIL;*OPDEL,TRP:                  !Va a OPDEL y TRP
    OPDEL   *A;3.5;*OPRS:                       !Regresa el operador a OPRS
    TRP     *A;UN(15,20) + 5:                   !Tiempo de viaje
            *B;RTRN;/v/TRIP TIME%:              !Calcula TRIP TIME
    RTRN    *A;UN(10,15);*TRKS:                 !Viaje de regreso de camiones
$END:
$RUN-LENGTH = 480:
$STOP:
```

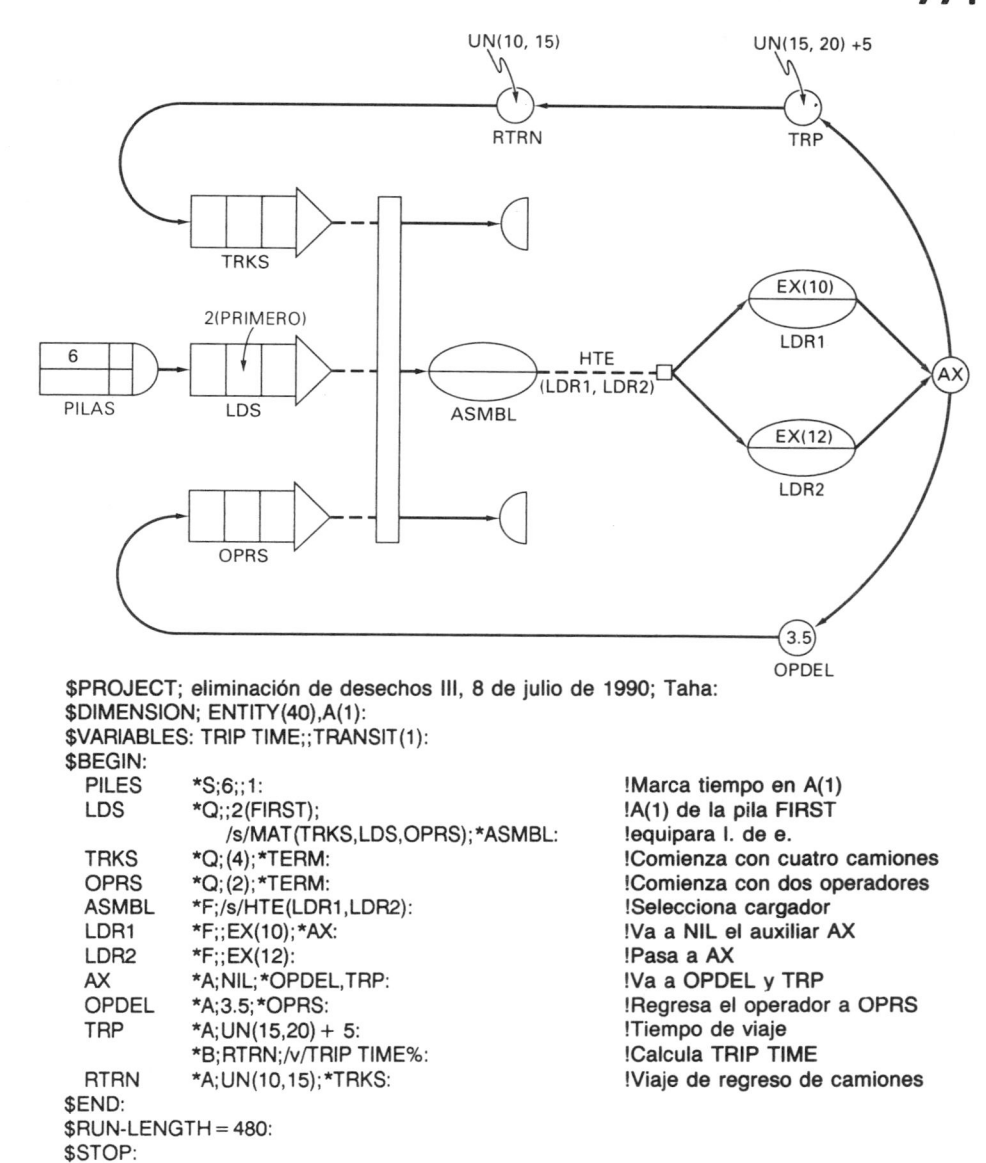

Figura 17-25

17.12 ASIGNACIONES ESPECIALES

En la sección 17.9 usamos una **asignación especial** del tipo (nombre del interruptor = ON o bien OFF) para controlar la condición de un interruptor lógico. Una de las ventajas de usar el formato de la asignación especial (en vez del formato de nodo especial, utilizado en otros lenguajes) es su receptibilidad directa para usarse dentro del enunciado condicional IF-ENDIF, lo que incrementa su capacidad de modelación. Otra ventaja es que las capacidades de modelación de SIMNET II se pueden extender sin cambiar la estructura de cuatro nodos del lenguaje, simplemente agregando nuevas asignaciones especiales.

En esta sección presentamos asignaciones especiales adicionales de SIMNET II, diseñadas para controlar diferentes nodos y elementos del lenguaje. Usaremos las siguientes categorías para organizar la presentación:

1. Activación y desactivación del nodo fuente.
2. Control de parámetros de l. de e.
3. Manejo de archivos aplicado a:
   (a) Líneas de espera solamente.
   (b) Sólo instalaciones.
   (c) Líneas de espera o instalaciones.
4. Localizar entradas en archivos.
5. Control de atributos.
6. Recopilación de variables estadísticas.
7. Control de longitud de corridas.
8. Capacidad de READ y WRITE de los archivos externos.

17.12.1 ACTIVACION Y DESACTIVACION DEL NODO FUENTE

En la definición del nodo fuente (sección 17.3.1), el quinto campo (LIM =) se usa para controlar el número de creaciones o el tiempo que el nodo fuente está activo. Sin embargo, estos límites una vez especificados al principio de la simulación no pueden alterarse durante la ejecución. Las asignaciones activación y desactivación de la fuente, permiten al modelador *suspender* o *reanudar* las creaciones de la fuente en *forma instantánea* en cualquier momento durante la simulación. El formato de estas asignaciones es el siguiente:

SUSPEND = nombre de la fuente
RESUME = nombre de la fuente

Observe que la ejecución de estas asignaciones pasará por alto, en forma *permanente,* el tiempo de la primera creación y el límite en creaciones, tal como se definen inicialmente en los campos F2 y F5 del nodo fuente.

Ejemplo 17.12-1 (Línea de producción con descomposturas)

Una línea de producción automática entrega unidades de un producto cada UN(1,2) minutos para ser inspeccionados. La inspección toma 1.5 minutos por unidad. La línea de producción se descompone cada EX(120) minutos. Toma UN(5,10) minutos completar la reparación.

La figura 17-26 proporciona el modelo. P_LINE representa la línea de producción que envía una unidad a Q_INSPECT cada UN(1,2) minutos. La descompostura de la línea se simula por medio de un segmento separado. La fuente S_BREAK envía

```
                                                          sys time
    UN(1, 2)                              1.5
              1
     P_LINE        Q_INSPECT            F_INSPECT


                              UN(5, 10)
    EX(120)    SUSPEND = P_LIÑE              RESUME = P_LINE
           120
    S_BREAK                    REPAIR
```

$PROJECT; falla en la línea de producción; 4-14-90; Taha:
$DIMENSION;ENTITY(50),A(1):
$VARIABLES: sys time;;TRANSIT(1):
$BEGIN:
    P_LINE   *S;UN(1,2);;1:   !Llegan unidades
    Q_INSPECT   *Q: !Espera para inspección
    F_INSPECT   *F;;1.5:   !Instalación de inspección
                  *B;TERM;/v/sys time%:   !Calcula Sys Time
!----------------SEGMENTO DE DESCOMPOSTURA---------------
    S_BREAK   *S;EX(120);120:   !Primera descomp. en T = 120
                  *B;REPAIR;;SUSPEND = P_LINE%: !Suspende P_LINE
    REPAIR   *A;UN(5,10):   !Demora por reparación
                  *B;TERM;;RESUME = P_LINE%: !Reanudación de P_LINE
$END:
$RUN-LENGTH = 480:
$STOP:

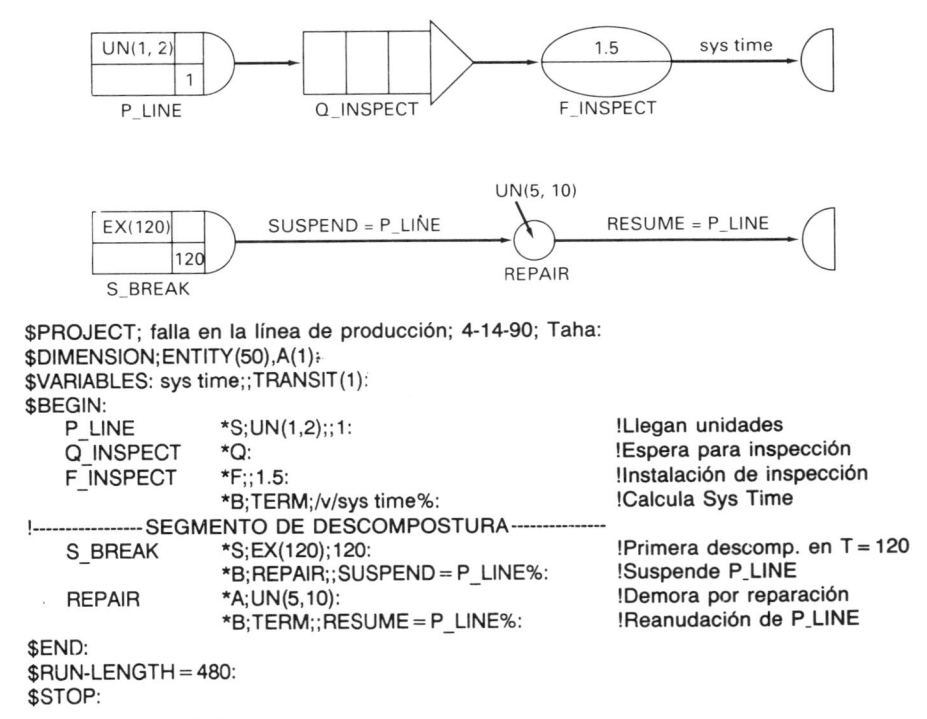

Figura 17-26

su primera transacción de descompostura después de 120 minutos de iniciada la simulación [posteriormente, la descompostura ocurre cada EX(120) minutos]. La transacción de descompostura que sale de S_BREAK detiene instantáneamente P_LINE por medio de la ejecución de la asignación SUSPEND. Después que se termina la reparación [demora de UN(5,10) minutos en REPAIR], P_LINE se reactiva ejecutando la asignación RESUME. ◀

17.12.2 CONTROL DE LOS PARAMETROS DE L. DE E.

El enunciado de nodo l. de e. en la sección 17.3.2 utiliza los campos 1, 2 y 3 inicialmente para definir la capacidad máxima de la l. de e., la condición de acumulación y la disciplina. El contenido de información de esos campos puede cambiarse dinámicamente durante el curso de la simulación, usando las tres asignaciones especiales siguientes:

    CAP (nombre de la línea de espera) = expresión
    ACCUM (nombre de la línea de espera) = (expresión) (regla de atributos)
    DISCIPLINE (nombre de la línea de espera) = disciplina de la l. de e.

Como los nombres lo sugieren, los enunciados cambian la CAPacidad, la condición de ACCUMulación y la DISCIPLINE de una l. de e. Se puede usar cualquier expresión matemática de SIMNET II, donde se indica en la asignación. La disciplina de la l. de e. y las reglas de atributos son las que se resumen en las tablas 17-1 y 17-2, con la ventaja adicional de que el número de atributo definido por HI y LO ahora puede ser cualquier expresión matemática de SIMNET II.

Los ejemplos siguientes ilustran el uso de las asignaciones:

CAP(QQ)=2*LEN(QQ)
ACCUM(QQ)=(I+J**2)(SUM)
ACCUM(QQ)=3(HI(I+A(1)))
DISCIPLINE(QQ)=LIFO
DISCIPLINE(QQ)=LO(I)

Todas las expresiones son evaluadas durante el tiempo de ejecución de la asignación. Por ejemplo, en la tercera asignación anterior, I + A(1) define el número de atributo por usarse en la implementación de la regla HI(·). Si sucede que I + A(1) está fuera del intervalo admisible para los atributos, se generará un mensaje de error.

17.12.3 ASIGNACIONES DE MANEJO DE ARCHIVOS

Las asignaciones de manejo de archivos permiten el intercambio, la anulación, la adición, el copiado, el reemplazo y localización de transacciones en l. de e. y en instalaciones. El uso de estas asignaciones está restringido en el sentido de que algunas de ellas se aplican sólo a l. de e. o a instalaciones.

La tabla 17-13 proporciona una descripción resumida de las asignaciones de manejo de archivos. Nos referimos al archivo en el lado derecho de la asignación como al archivo **donador**. El archivo en el lado izquierdo es el archivo **receptor**. Por ejemplo, en la asignación LAST(QQ) = 1(WW), WW y QQ representan las l. de e. donadora y receptora, respectivamente. La asignación mueve la primera entrada en WW a la posición final (LAST) de QQ. En realidad las cantidades a y b dadas en la tabla 17-13 se pueden representar con cualquier expresión matemática. Por ejemplo,

((J+1)**2+K)(Q1)=(MAX(I+J,K−M))(Q2)

es perfectamente válida. SIMNET II trunca automáticamente las expresiones a valores enteros, cuando es necesario.

Cuatro reglas generales rigen el uso de las asignaciones de manejo de archivos:

1. Las asignaciones "sólo para l. de e.", con la excepción de aquellas que contienen ALL, son *dinámicas* en el sentido de que la fila receptora intentará enviar automáticamente su transacción recibida tan lejos como sea posible en la red. Esta acción ocurre momentáneamente mientras se ejecuta la asignación. Así como en las asignaciones ALL, el modelador es responsable de mover esas transacciones fuera de la l. de e. receptora, en caso de ser necesario, por medio de una asignación apropiada de interruptor (sección 17.9).

Tabla 17-13
Asignaciones de manejo de archivo

Asignación[a]	Descripción
Sólo l. de e.	
a(Q1) = b(Q2)	Mueve la entrada b de Q2 a la a-ésima posición en Q1
a(Q1) = ALL(Q2)	Mueve todas (ALL) las transacciones de Q2 a Q1 comenzando en la a-ésima posición
a(Q1) = TRANS	Coloca una copia de la TRANSacción que actualmente recorre la rama en la a-ésima posición de Q1
a(Q1) = DEL	Borra (DELete) la a-ésima entrada de Q1
ALL(Q1) = DEL	Borra (DELete) todo el contenido de Q1 (Q1 se vacía)
INS(Q1) = b(Q2)	INSerta la b-ésima entrada de Q2 en Q1 con la disciplina de l. de e. de Q1
INS(Q1) = ALL(Q2)	INSerta todas (ALL) las transacciones de Q2 en Q1 con la disciplina de l. de e. de Q1
INS(Q1) = TRANS	INSerta una copia de la TRANSacción en curso en Q1 con la disciplina de l. de e. de Q1
Sólo intalaciones	
a(F1) = REL	Libera (RELease) inmediatamente la a-ésima entrada en la instalación F1
ALL(F1) = REL	Libera (RELease) inmediatamente todo (ALL) el contenido de la instalación F1
L. de e. e instalaciones	
a(Q1 o F1) = REP	Reemplaza (REPlace) los atributos de la entrada a-ésima en Q1 o F1 con los de la transacción en curso
COPY = b(Q1 o F1)	Cambia los atributos de la transacción en curso que recorre la rama hacia los de la b-ésima entrada en Q1 o F1

[a] a y b pueden ser cualquier expresión matemática de SIMNET II o el símbolo LAST. Q1 y Q2 pueden representar la *misma* l. de e. si se desea volver a arreglar el orden de las transacciones en una l. de e.

2. El movimiento automático descrito en (1) *no* se realizará si la ejecución de la asignación es causada por **anidamiento** del manejo de archivo. *Anidamiento* significa que cuando una asignación del tipo a(Q1) = b(Q2), a(Q1) = TRANS, o INS(Q1) = b(Q2) causa un movimiento automático hacia afuera de Q1, una asignación similar sobre una rama que salga de Q1 y comprenda a una tercera l. de e. Q3 [por ejemplo, a(Q3) = b(Q4)], *no* intentará mover la transacción fuera de Q3.

El modelador debe usar una asignación explícita de interruptor para efectuar este movimiento cuando sea necesario.

3. Si el archivo donador está vacío, ninguna acción tendrá lugar.

4. Si una l. de e. receptora de *tamaño finito* está llena cuando se está ejecutando la asignación, se generará un error de interrupción a menos que las l. de e. donadora y receptora sean una y la misma (o sea, reordenación de transacciones en la misma l. de e.).

Ilustraremos la manipulación de archivos con varios ejemplos.

Ejemplo 17.12-2 (Modelo de banco)

Consideremos el ejemplo 17.7-1 que trata con el autobanco con dos carriles, con la estipulación adicional que si la fila en un carril con autos, se reduce a por lo menos dos autos, el último auto en la fila más larga se moverá a la última posición en la fila más corta.

La figura 17-27 presenta el modelo. El único momento en que necesitamos fijarnos en los autos que cambian de fila, de la más larga a la más corta, es cuando un auto parte de cualquier carril. La salida de las instalaciones WL y WR, alimentan entonces a un auxiliar AX. La rama desde AX calcula la variable DIFF, especificada por el usuario, que es la diferencia entre el número de autos en los carriles derecho e izquierdo. Si DIFF > 1, cambiamos LAST(QR) a LAST(QL). Si − DIFF > 1, el cambio es al contrario. ◄

Ejemplo 17.12-3 (Canal de transmisión)

Los mensajes llegan cada UN(7,8) segundos para ser transmitidos por un solo canal. Toma UN(6,8) segundos transmitir un mensaje. Sin embargo, cada UN(600, 650) segundos falla el canal y cualquier transmisión en proceso debe reiniciarse antes que todos los mensajes en espera. Toma aproximadamente 30 segundos reajustar el canal.

La figura 17-28 resume el modelo que consta de dos segmentos desunidos que representan el canal de transmisión y el ciclo de falla y reparación. Cuando el canal falla, la transacción que sale del auxiliar FAIL, pone inmediatamente el interruptor SW en OFF para impedir que salgan mensajes de QMSG, cuya salida está controlada por la condición SW = ON? Un mensaje en proceso en la instalación CHNL se libera (RELeased), ejecutando la asignación 1(CHNL) = REL. Sin embargo, para que el modelo reconozca que un mensaje abortado que sale de CHNL debe ser retransmitido, debemos "etiquetarlo" *antes* de que sea liberado por CHNL. Logramos esto haciendo A(2) = −1 en todo mensaje de aborto [de otra manera, A(2) = 0]. La asignación COPY = 1(CHNL) cambia los atributos de la transacción que sale de FAIL a los de 1(CHNL). Luego, hacemos A(2) = −1 y ejecutamos 1(CHNL) = REP con el efecto de cambiar A(2) dentro de CHNL a −1 y dejar sin cambio a A(1). (Si CHNL está vacío, ninguna de las asignaciones especiales tendrá efecto.)

Al dejar CHNL, una transacción que tenga A(2) = −1 se identifica como un mensaje abortado. Así, la rama condicional desde CHNL ejecuta la asignación A(2) = 0, 1(QMSG) = TRANS, lo que coloca al mensaje abortado [con su A(2) vuelto a fijar en 0] a la cabeza de QMSG. Después de la reparación del CHNL (salida desde RESET), ejecutamos SW = ON para mover la transacción a CHNL para su retransmisión.

17.12] Asignaciones especiales **777**

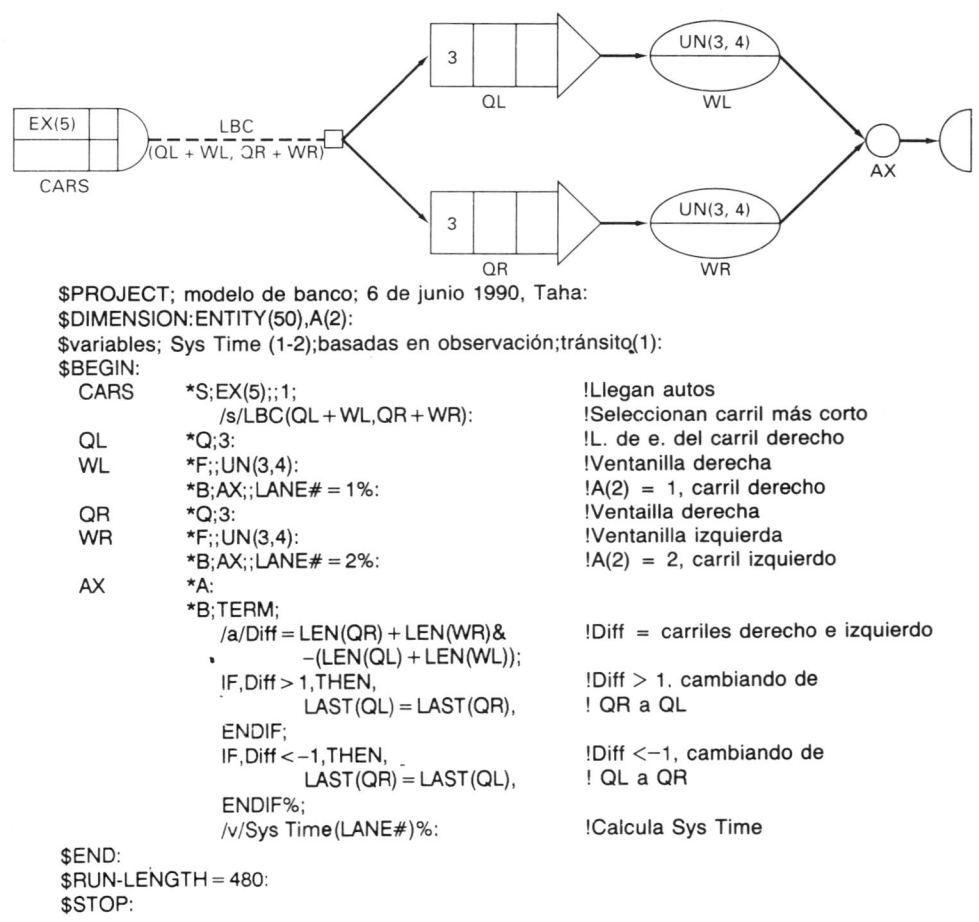

```
                                      $PROJECT; modelo de banco; 6 de junio 1990, Taha:
                                      $DIMENSION:ENTITY(50),A(2):
                                      $variables; Sys Time (1-2);basadas en observación;tránsito(1):
                                      $BEGIN:
     CARS          *S;EX(5);;1;                         !Llegan autos
                   /s/LBC(QL+WL,QR+WR):                 !Seleccionan carril más corto
     QL            *Q;3:                                !L. de e. del carril derecho
     WL            *F;;UN(3,4):                         !Ventanilla derecha
                   *B;AX;;LANE# = 1%:                   !A(2) = 1, carril derecho
     QR            *Q;3:                                !Ventailla derecha
     WR            *F;;UN(3,4):                         !Ventanilla izquierda
                   *B;AX;;LANE# = 2%:                   !A(2) = 2, carril izquierdo
     AX            *A:
                   *B;TERM;
                      /a/Diff = LEN(QR) + LEN(WR)&      !Diff = carriles derecho e izquierdo
                          -(LEN(QL) + LEN(WL));
                      IF,Diff > 1,THEN,                 !Diff > 1. cambiando de
                          LAST(QL) = LAST(QR),          ! QR a QL
                      ENDIF;
                      IF,Diff < -1,THEN,                !Diff <-1, cambiando de
                          LAST(QR) = LAST(QL),          ! QL a QR
                      ENDIF%;
                      /v/Sys Time(LANE#)%:              !Calcula Sys Time
     $END:
     $RUN-LENGTH = 480:
     $STOP:
```

Figura 17-27

Observe que la asignación especial COLLECT = SYS TIME nos permite calcular SYS TIME condicionalmente en los campos de asignaciones de la rama. El formato general de esta asignación es COLLECT = nombre de la variable. ◀

17.12.4 LOCALIZACION DE ENTRADAS EN ARCHIVOS

El uso de las asignaciones de manejo de archivos en la sección 17.12.3 a veces necesita identificar la localización de una entrada deseada en un archivo, antes de que puedan aplicarse las asignaciones. La asignación LOCalizar está diseñada para tomar en cuenta esas situaciones. Su formato general es el siguiente:

LHS = LOC (nombre del archivo/condición)

778 Modelos de simulación con SIMNET II [C.17

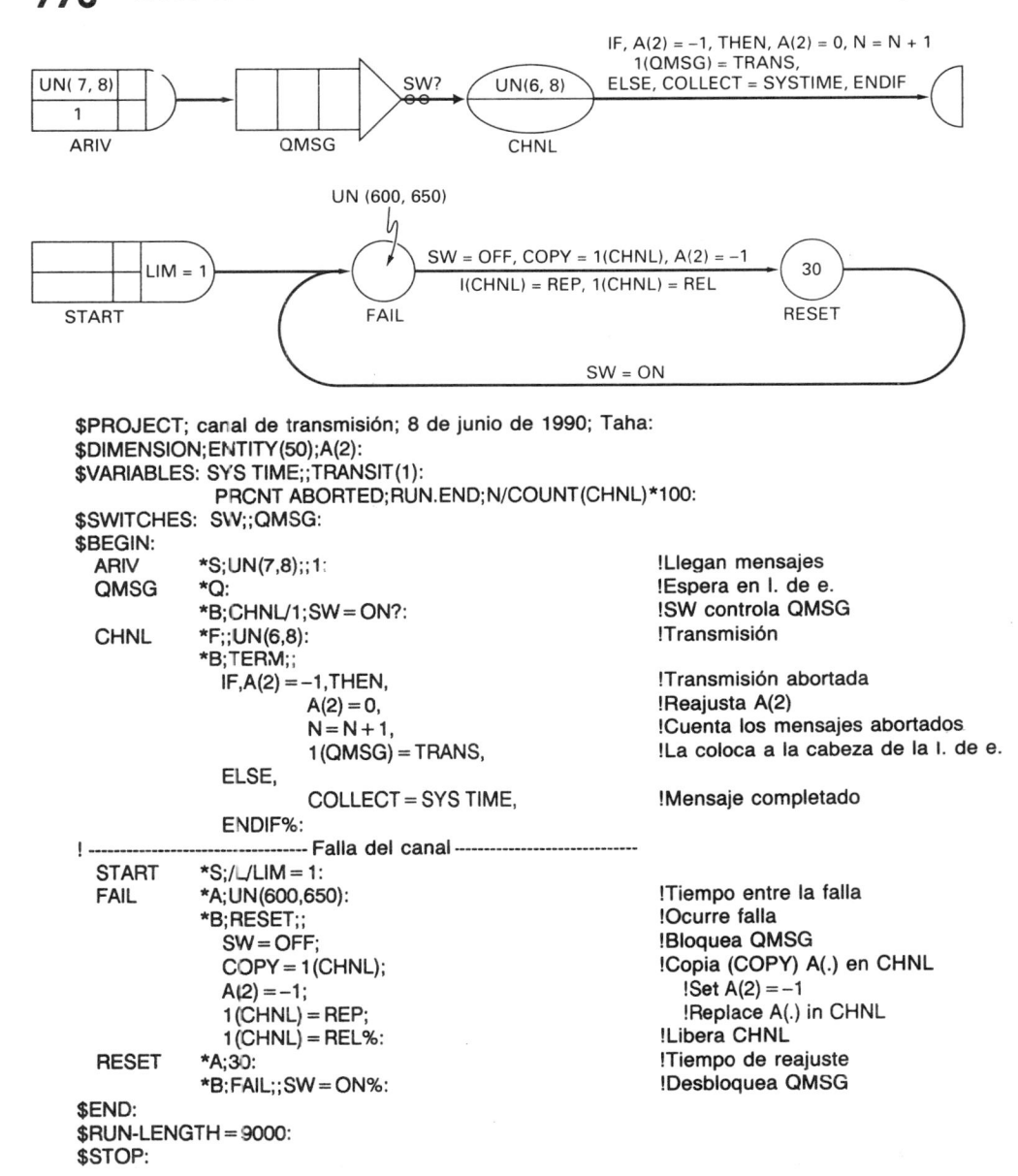

```
                                            IF, A(2) = -1, THEN, A(2) = 0, N = N + 1
                                               1(QMSG) = TRANS,
  ┌────────┐                   SW?   ┌──────┐  ELSE, COLLECT = SYSTIME, ENDIF
  │UN(7, 8)│ ──▷ ┌──┐ ──▷────▷   ───│UN(6,8)│──────────────────────────────────▷
  │   1    │     └──┘                └──────┘
  └────────┘
    ARIV          QMSG                CHNL

                          UN (600, 650)
                               │
  ┌──┐  ┌──┐        ┌──┐       ▽       SW = OFF, COPY = 1(CHNL), A(2) = -1        ┌──┐
  │  │──│LIM=1│────│  │──────(   )──────────────────────────────────────────────│30│
  └──┘  └──┘        └──┘      FAIL      l(CHNL) = REP, 1(CHNL) = REL              └──┘
  START                                                                          RESET
                                         SW = ON
```

$PROJECT; canal de transmisión; 8 de junio de 1990; Taha:
$DIMENSION;ENTITY(50);A(2):
$VARIABLES: SYS TIME;;TRANSIT(1):
          PRCNT ABORTED;RUN.END;N/COUNT(CHNL)*100:
$SWITCHES: SW;;QMSG:
$BEGIN:
  ARIV   *S;UN(7,8);;1:   !Llegan mensajes
  QMSG   *Q: !Espera en l. de e.
             *B;CHNL/1;SW = ON?:   !SW controla QMSG
  CHNL   *F;;UN(6,8):   !Transmisión
             *B;TERM;;
             IF,A(2) = -1,THEN,   !Transmisión abortada
                 A(2) = 0,   !Reajusta A(2)
                 N = N + 1,   !Cuenta los mensajes abortados
                 1(QMSG) = TRANS,   !La coloca a la cabeza de la l. de e.
             ELSE,
                 COLLECT = SYS TIME,   !Mensaje completado
             ENDIF%:
! -------------------------- Falla del canal ----------------------------
  START   *S;/L/LIM = 1:
  FAIL   *A;UN(600,650):   !Tiempo entre la falla
             *B;RESET;;   !Ocurre falla
             SW = OFF;   !Bloquea QMSG
             COPY = 1(CHNL);   !Copia (COPY) A(.) en CHNL
             A(2) = -1;   !Set A(2) = -1
             1(CHNL) = REP;   !Replace A(.) in CHNL
             1(CHNL) = REL%:   !Libera CHNL
  RESET   *A;30:   !Tiempo de reajuste
             *B;FAIL;;SW = ON%:   !Desbloquea QMSG
$END:
$RUN-LENGTH = 9000:
$STOP:

Figura 17-28

LOC asignará a LHS el rango de la *primera* entrada en el archivo nombrado que satisfaga la condición dada. Si no se encuentra tal entrada, LHS toma el valor 0. LHS puede ser cualquier lado izquierdo aritmético legítimo de una asignación.

La condición asociada con LOC tiene uno de los siguientes formatos especiales:

1. a op VAL
2. HI(a) or LO(a) op VAL
3. ALL op ALL

donde op representa uno de los operadores de comparación =, <, >, < =, > = o bien < >. En los formatos 1 y 2, a representa el *índice* de un atributo de una entrada en el archivo buscado y VAL es el valor con el cual se compara el atributo designado. Específicamente, el formato 1 compara A(a) con VAL y el formato 2 compara el valor más alto (HIghest) o uno más bajo (LOwest) de A(a) con VAL. Tanto a como VAL pueden ser cualquier expresión matemática. En el formato 3, comparamos todos (ALL) los atributos de una entrada en el archivo buscado, con todos (ALL) los atributos de la transacción en curso está recorriendo la rama (y originando la ejecución de la asignación LOC).

Debe tenerse en cuenta una regla sencilla, pero importante al tratar con los formatos 1 y 2. A(a) es un atributo de una entrada del archivo buscado. Si VAL es una función de A(·), entonces esa A(·) la considera por SIMNET II como un atributo de la transacción en curso que recorre la rama.

La función LOC también se puede usar para comparar dos atributos *dentro* del archivo buscado. Esto se logra asignando un valor negativo a a.

Ejemplos:

1. I=LOC(FILE/1=2)

El rango de la primera entrada en FILE cuya A(1)=2, se asigna a I. Si no se encuentra tal entrada, se asigna a I el valor 0.

2. I=LOC(FILE/A(1)=A(2))

El rango de una entrada en FILE cuya A(A(1)) [donde A(1) se determina de FILE] es igual a A(2) de la *transacción en curso,* se asigna a I.

3. I=LOC(FILE/HI(I+J))

El rango de una entrada en FILE con el valor *más alto* de A(I+J), se asigna a I.

4. I=LOC(FILE/LO(K)>J**2)

El rango de una entrada en FILE con el valor *más bajo* de A(K) que es mayor que J**2, se asignará a I.

5. I=LOC(FILE/ALL < > ALL)

El rango de una entrada en FILE que tiene todos sus atributos diferentes a los correspondientes atributos de la transacción en curso, se asigna a I.

6. I=LOC(FILE/−1<A(2))

El rango de una entrada en FILE cuya A(1) es menor que su A(2) [ambas A(1) y A(2) son del interior de FILE], se asigna a I.

Ejemplo 17.12-4 (Trabajos con prioridad 1)

Cada UN(5,8) minutos llegan trabajos para ser procesados en una sola máquina. Aproximadamente 30% de los trabajos representan órdenes urgentes que deben ser procesadas antes que el 70% restante. Sin embargo, dentro de cada grupo, el trabajo con el menor tiempo de procesamiento recibe la prioridad más alta. Toma UN(3,9) minutos procesar un trabajo regular y EX(6) minutos procesar uno urgente.

La idea del modelo en la figura 17-29 es usar el código A(1) = 1 y A(1) = 2 para representar trabajos urgentes y regulares, respectivamente. Utilizamos también A(2) para llevar cuenta del tiempo de procesamiento de cada trabajo. Así, conforme se crean los trabajos en la fuente JOBS, ejecutamos la asignación condicional siguiente para determinar los valores respectivos de A(1) y A(2):

```
IF,RND<.3,
     THEN,A(1)=1,A(2)=EX(6),
     ELSE,A(1)=2,A(2)=UN(3,9),
ENDIF
```

La l. de e. QJOBS clasifica sus transacciones usando la disciplina LO(2), o sea, cataloga todos los trabajos en orden ascendente respecto a sus tiempos de procesamiento, independientemente que sean órdenes urgentes o regulares.

Cuando la instalación MACH completa un trabajo, la transacción saliente localizará el *primer* trabajo urgente en la l. de e. usando la siguiente función LOC:

K=LOC(QJOBS/1=1)

Esta asignación asigna a K el rango de la primera entrada en QJOBS cuya A(1) = 1 (trabajo urgente). Si K > 1, la entrada localizada no encabeza QJOBS y debemos aplicar la asignación de manejo de archivo 1(QJOBS) = K(QJOBS) para moverla a esa posición. Después que la transacción que sale de MACH se ha TERMinado, MACH mirará atrás a QJOBS y tomará el trabajo apropiado para su procesamiento. ◄

```
$PROJECT; trabajos con prioridad I; 5-12-90, Taha:
$DIMENSION;ENTITY(50),A(3):
$VARIABLES:  SYS TIME;OBS.BASED;TRANSIT(3):
$BEGIN:
     COMIN     *S;UN(5,8);;3:
               *B;QJOBS;;IF,RND<.3,THEN,
                         A(1)=1,A(2)=EX(6),
                         ELSE,A(1)=2,A(2)=UN(3,9),ENDIF%:
     QJOBS     *Q;;;LO(2):
     MACH      *F;;A(2):
               *B;TERM;;K=LOC(QJOBS/1=1),
                         IF,K>1,
                              THEN,1(QJOBS)=K(QJOBS),ENDIF%;
                         SYS TIME%:
$END:
$RUN-LENGTH=480:
$STOP:
```

Figura 17-29

17.12.5 CONTROL DE LA DURACION DE CORRIDA

Aunque SIMNET II especifica la duración de corrida usando $RUN-LENGTH, puede ser necesario controlar su duración condicionalmente, desde dentro de la simulación, al ejecutarla. SIMNET II proporciona la siguiente asignación especial para este fin:

   SIM=STOP

Con SIM=STOP, el usuario puede eliminar el enunciado de control $RUN-LENGTH, así queda programado automáticamente en el infinito. Ejecutando la asignación SIM=STOP en forma condicional, la simulación puede detenerse en cualquier momento. Una ilustración común es

   IF,COUNT(SS)=500,THEN,SIM=STOP,ENDIF.

Esta asignación indica que la simulación se detendrá después de que hayan salido 500 transacciones del nodo SS. La rama donde se ejecuta esta asignación la escoge el usuario.

17.12.6 OTRAS ASIGNACIONES ESPECIALES

SIMNET II ofrece otras asignaciones especiales importantes que incluyen las siguientes:

   1. Las asignaciones de control de atributos permiten al usuario asignar nuevos valores o recuperar valores viejos de atributos, convenientemente.
   2. Las asignaciones de leer y escribir permiten la lectura y escritura (con o sin formato) desde archivos externos ASCII.
   3. La asignación de desecho de archivos permite desechar el contenido de cualquier archivo con fines de depuración.

   Por limitaciones de espacio, los detalles de tales asignaciones no se presentarán aquí. El lector puede consultar Taha (1990, ed. en inglés) para mayor información.

17.13 DATOS INICIALES

Un modelo en SIMNET II puede utilizar seis tipos de datos iniciales:

   1. Entradas iniciales de archivo (l. de e. e instalaciones).
   2. Funciones de densidad de probabilidad discreta.
   3. Funciones de dependencia.
   4. Valores de arreglos.
   5. Valores de variables constantes (sin subíndices).
   6. Funciones o expresiones matemáticas.

Estos datos se presentan en el modelo en un formato *específico de corrida,* de manera que varias corridas, cada una con datos iniciales diferentes, puedan ejecutarse en una sola sesión de simulación.

17.13.1 ENTRADAS INICIALES DE ARCHIVO

Las entradas iniciales con valores específicos de atributos se introducen con el formato siguiente:

$INITIAL-ENTRIES: i-j/nombre del archivo 1/valores de primera entrada de atributos;

:

valores de atributos de última entrada:

:

(se repiten otros archivos)

:

(se repite i-j)

donde i y j son constantes enteras que definen el intervalo que incluye el número de corridas, para los cuales son válidas las entradas dadas. El formato de cada entrada es

(d)A(1),A(2), ... ,A(n)

donde d es el número de duplicados de la lista A(1), A(2),...,A(n) por insertarse en el archivo (valor predefinido = 1) y n es el número de atributos según los define el enunciado $DIMENSION. Cada entrada termina con (;), con la última entrada de un archivo se indica con (:). Los atributos *cero* que vengan a continuación para cualquier entrada se pueden omitir terminando la entrada con (,;) o con (,:).

El siguiente ejemplo ilustra el uso de $INITIAL-ENTRIES con dos l. de e. Q1 y Q2 y una instalación F1. Se supone que el modelo tiene dos atributos:

```
$INITIAL-ENTRIES:   1-1/Q1/(2)11,22;12,23;   !primeras 3 entradas de Q1
                    -11,;                    !cuarta entrada (-11,0)
                    ;                        !quinta entrada (0,0)
                    :                        !sexta entrada (0,0)
                    F1/-11,-22:              !única entrada de F1
                    2-3/Q2/10,20:            !comienzan corridas 2 y 3
                    F1/110,220:
```

Observe que todas las entradas pueden estar "encadenadas" en la misma línea. Sin embargo, el formato presentado es más fácil de leer.

El ejemplo 17.13-1 al final de la sección 17.13.4 ilustra el uso de $INITIAL-ENTRIES.

17.13.2 FUNCIONES DE DENSIDAD CONTINUA, DISCRETAS Y DISCRETIZADAS

Las distribuciones empíricas (discretas) se definen en SIMNET II por medio del siguiente formato:

$DISCRETE-PDFS: $i-j/N_1/x_{11},p_{11}; \ldots ;x_{in},p_{in}:$
$\vdots$
se repite
$\vdots$
se repite

donde

N = número de puntos (x,p) de la función discreta
x = valor de la variable aleatoria
p = valor de la probabilidad discreta asociada con x

El siguiente ejemplo ilustra la definición de las funciones discretas:

$DISCRETE-PDFS: 1–1/3/1,.1;2,.4;3,.5:   !Función #1, corrida 1
                 2/0,.6;1,.4:   !Función #2, corrida 1
                 2–3/3/2,.3;3,.5;4,.2:   !Función #1, corridas 2,3

SIMNET II relaciona la función discreta usando el símbolo DI(n,r), donde n representa el número de función dentro de su intervalo de corrida y r es el flujo de número aleatorio (valor predefinido = 1). Tanto n como r pueden ser cualquier expresión matemática. Si n es positivo, el muestreo se hace en los puntos *discretos* definidos por $DISCRETE-PDFS. De otro modo, si n es negativo, SIMNET II convertirá los puntos discretos en una función de densidad de probabilidad *lineal en tramos*. La función DI se puede usar directamente en una expresión matemática.

El ejemplo 17.13-2 al final de la sección 17.13.6 ilustra el uso de $DISCRETE-PDFS.

17.13.3 FUNCIONES DE DEPENDENCIA

Las funciones de dependencia se usan para definir una variable dependiente y como una función de una variable independiente x. El formato de la función es similar al de $DISCRETE-PDFS.

$TABLE-LOOKUPS: $i-j/N_1/x_{11},y_{11};x_{12},y_{12}; \ldots ,x_{1n_1},y_{1n_1}:$
                $N_2/x_{21},y_{21};x_{22},y_{22}; \ldots ,x_{2n_2},y_{2n_2}:$
                $\vdots$
                se repite

El siguiente ejemplo ilustra el uso de la función:

$TABLE-LOOKUPS: 1—1/4/1,2;3,5;6,7;7,9.;   !Función #1
                  3/0,0;1,4;2,11:   !Función #2

El símbolo TL(n,x) se usa para relacionar funciones de dependencia donde n representa el número de la función dentro de un intervalo dado de corrida, y x representa el valor de la variable independiente. Si n es negativo, se usa interpolación lineal para determinar el valor de y. Tanto n como x se pueden representar mediante expresiones matemáticas. En este caso n se truncará a un valor entero de ser necesario, y x debe adoptar un valor en el dominio de la función de dependencia. La función TL se puede usar directamente en una expresión matemática.

En el ejemplo anterior, TL(1,3) = 5 mientras que TL(1,4) dará un error porque x = 4 no está definida en la función número 1 de dependencia. Observando la función 2, vemos que TL(−2,1.5) = 7.5 como resultado de interpolar linealmente entre x = 4 y x = 11.

17.13.4 INICIALIZACION DE ELEMENTOS DE UN ARREGLO

Los arreglos definidos por el enunciado $DIMENSION pueden inicializarse usando el siguiente formato:

$ARRAYS:
    arreglo 1; i—j/lista de valores:
            .
            .
         se repite
            .
            .
     se repite

Existen dos formatos para la lista de valores:

1. *Explícito,* donde cada elemento está precedido explícitamente por el (los) subíndice(s) que define(n) al elemento.
2. *Implícito,* donde los subíndices de los valores enlistados están identificados por su orden en la lista. En este caso, la lista entera debe ir precedida por el código NS/.

El siguiente ejemplo proporciona una ilustración del uso de los dos formatos, dados los arreglos BC(2) y YZ(3,2):

$ARRAYS:
    BC; 1—1/NS/11,22:   !implicit,BC(1)=11,BC(2)=22
        2—4/2,33:   !explicit,BC(2)=33
    YZ; 1—2/1,2,88;3,1,99:   !explicit,YZ(1,2)=8,YZ(3,1)=99
        3—3/NS/11,22,33:   !implicit,YZ(1,1)=11,YZ(1,2)=22,YZ(2,1)=33

Cuando se utiliza NS, los valores se toman para representar elementos respectivos del arreglo (leído fila por fila en el caso de un arreglo bidimensional). El formato explícito es útil cuando se desea inicializar elementos seleccionados del arreglo. Observe que en el caso implícito, cualesquiera elementos que vengan a continuación y que no se les haya asignado un valor, automáticamente son iguales a 0. Por ejemplo, en la corrida 3, los valores de YZ(2,2), YZ(3,1) y YZ(3,2) son todos iguales a 0 (valor predefinido).

Ejemplo 17.13-1 (Operación del transporte de grava)

Este ejemplo ilustra el uso de la inicialización con $INITIAL-ENTRIES y $ARRAYS.

Una compañía utiliza tres camiones de 20 toneladas y dos de 30 toneladas para entregar grava a diferentes clientes. La demanda de grava es suficientemente alta para mantener la operación ocupada en forma continua. Toma 10 minutos cargar un camión de 20 toneladas y 15 minutos cargar el de 30 toneladas. El viaje redondo hacia y desde el domicilio de los clientes es de UN(30,60) minutos. El objetivo de la simulación es estimar el tonelaje transportado por cada tipo de camión en un periodo de 24 horas.

La figura 17-30 presenta el modelo. El enunciado $INITIAL-ENTRIES coloca tres camiones de 20 toneladas y dos de 30 toneladas en la l. de e. TRKS. Cada entrada tiene dos atributos: A(1) asigna un número de serie que representa el tipo de camión y A(2) que especifica el tonelaje del camión. Usamos los nombres TYPE y CAPACITY para describir A(1) y A(2).

El tiempo de carga en la instalación, LOADS, lo dan los valores iniciales del $ARRAY Load_time(1) = 10 y Load_time(2) = 15 para los camiones de 20 y 30 toneladas, respectivamente. Como TYPE[A(1)] lleva el tipo de camión (= 1 o 2), el modelo usa Load_time (TYPE) para definir el tiempo de carga. Después que se termina de cargar, el camión viaja a la dirección del cliente antes de regresar a TRKS. El tonelaje transportado por cada tipo de camión se registra en el arreglo Tonnage (TYPE) para que se imprima como una variable RUN.END.

Es responsabilidad del modelador iniciar el movimiento de los camiones fuera de TRKS al principio de la simulación. El modelo emplea la fuente virtual START para liberar una transacción que ejecuta la asignación SW = ON y que activa automáticamente la l. de e. TRKS. ◂

17.13.5 INICIALIZACION DE VARIABLES SIN SUBINDICES

En SIMNET II, una variable constante es una variable *sin* subíndices. Su valor se inicializa usando el siguiente formato:

$CONSTANTS: i−j/nombre 1 = valor,nombre 2 = valor,se repite:

Por ejemplo, si las variables constantes II y JJ deben adoptar los valores 2 y 10 al principio de la corrida 1, expresamos esto como

$CONSTANTS: 1−1/II=2,JJ=10:

786 Modelos de simulación con SIMNET II [C.17

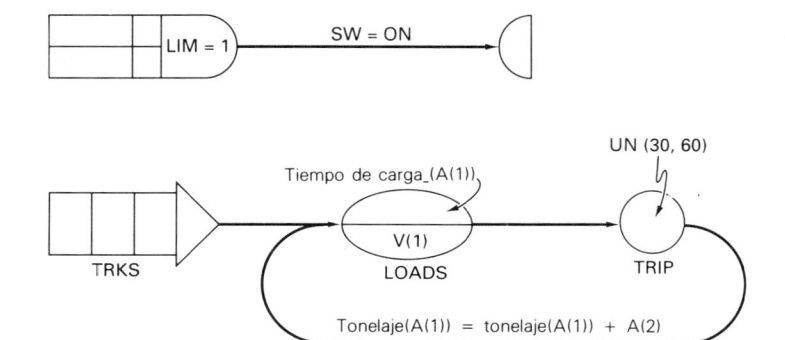

```
$PROJECT; transporte de grava; 9 de junio de 1990; Taha:
$DIMENSION: ENTITY (50; A(2), tonelaje (2), tiempo de carga_(2):
$ATTRIBUTES: TYPE,CAPACITY:
$SWITCHES: SW;;TRKS:
$VARIABLES: tonelaje 1; RUN.END; tonelaje (1):
            tonelaje 2; RUN.END; tonelaje (2)
$BEGIN:
    ARIV        *S;/L/LIM = 1:
                *B;TERM;;SW=ON%:                    !Activa TRKS
    TRKS        *Q:                                  !Observa $INITIAL-ENTRIES
    LOADS       *F;;Load_time(TYPE):
    TRIP        *A;UN(30,60):                        !Viaja a su destino
                *B;TRKS;;                            !Calcula tonelaje
                Tonnage(TYPE) = Tonnage(TYPE) + CAPACITY%:
$END:
$RUN-LENGTH = 1440:
$INITIAL-ENTRIES: 1-3/TRKS/(3)1,20;                  !3 camiones de 20 ton
                         (2)2,30:                    !2 camiones de 30 ton
$ARRAYS:
    Load_time; 1-3/NS/10,15:                         !Tiempo de carga para
$STOP:                                                camiones de 20 y 30
                                                      toneladas
```

Figura 17-30

17.13.6 FUNCIONES MATEMATICAS

Sucede a menudo que nos interesa cambiar la *expresión* que representa tiempos de entre llegadas, de demora o de servicio durante el curso de la simulación. Por ejemplo, la distribución del tiempo de servicio puede cambiar de EX(20) a UN(15,30), dependiendo del trabajo que está en proceso. Aunque esto puede hacerse usando enunciados condicionales apropiados, el uso de $FUNCTIONS facilita mucho el proceso. El formato general de este enunciado es:

   $FUNCTIONS: i–j/función 1;función 2;...;función n:

Se puede tener acceso a estas funciones en el modelo usando el código FUN(m), donde m es cualquier expresión matemática cuyo valor entero (truncado) debe estar entre 1 y n. Por ejemplo, el enunciado

$FUNCTIONS: 1−1/SQRT(AB+EX(10));UN(10,15)**2:

representa dos funciones. Cuando se encuentra FUN(1) en el modelo, el procesador SIMNET II evalúa automáticamente SQRT(AB+EX(10)). De manera similar, FUN(2) evalúa UN(10,15)**2. Observe que podemos expresar el índice m de FUN como una expresión cuyo valor puede cambiarse como se desee. Por ejemplo, podemos usar FUN(I+J) siempre que I+J = 1 o 2 para que corresponda al ejemplo anterior. Observe también que FUN(·) se puede usar como parte de cualquier expresión matemática compleja. Sin embargo, una función no puede llamarse a sí misma.

La llamada de funciones también puede hacerse por medio del código de doble subíndice FFUN(a,b), donde a y b son la fila y la columna donde se localiza la función deseada. El formato $FUNCTIONS permanece prácticamente sin cambio, excepto que ahora debe incluir delimitadores para señalar el fin de cada fila. Esto se logra simplemente insertando dos puntos y comas sucesivos (;;) al final apropiado de cada fila. *No* es necesario que cada fila contenga el mismo número de funciones. Por ejemplo, en el enunciado

$FUNCTIONS: 1−1/3;WW(I)+J;;   !row 1
              EX(2)+10,UN(10,20),EX(3);; !row 2
              MAX(K,L):   !row 3

FFUN(1,1) = 3, FFUN(1,2) = WW(I)+J, ..., and FFUN(3,1) = MAX(K,L).

Ejemplo 17.13-2 (Encargos con prioridad II)

La situación en el ejemplo 17.12-4 se modela usando $DISCRETE-PDFS y $FUNCTIONS. La figura 17-31 presenta el nuevo modelo. Los atributos A(1) y A(2) reciben los nombres TYPE y PROCESS_TIME.

El tipo de trabajo se determina del $DISCRETE-PDFS, donde DI(1) adopta el valor aleatorio 1 con probabilidad de 0.3 y el valor aleatorio 2 con probabilidad de 0.7. Usamos $FUNCTIONS para definir FUN(1) = EX(6) y FUN(2) = UN(3,9). Las transacciones que salen de la fuente JOBS ejecutarán entonces las asignaciones TYPE = DI(1), PROCESS_TIME = FUN(TYPE) para producir los valores deseados de A(1) y A(2). El resto del modelo es similar al que se da en el ejemplo 17.12-4. ◄

17.14 INICIALIZACION DE NODOS Y RECURSOS CON DATOS QUE DEPENDEN DE LA CORRIDA

SIMNET II permite al modelador expresar ciertos parámetros de la fuente, l. de e., instalación y recursos como variables sin índices o variables de arreglos. Los valores de esas variables se inicializan al principio de cada corrida usando los formatos presentados en las secciones 17.13.4 y 17.13.5 o utilizando READ para tener acceso a archivos externos. De esta manera, cualquier número de corridas, cada una con

```
$PROJECT; trabajos con prioridad II; 5-12-90, Taha:
$DIMENSION;ENTITY(50),A(3):
$ATTRIBUTES; TYPE,PROCESS_TIME:
$VARIABLES:  SYS TIME;OBS.BASED;TRANSIT(3):
$BEGIN:
   COMIN    *S;UN(5,8);;;3:
            *B;QJOBS;;TYPE = DI(1),                    !Tipo de trabajo
                    PROCESS_TIME = FUN(TYPE)%:        !Tiempo de proceso
   QJOBS    *Q;;;LO(2):
   MACH     *F;;PROCESS_TIME:
            *B;TERM;;K = LOC(QJOBS/1 = 1),
                    IF,K > 1,
                    THEN,1(QJOBS) = K(QJOBS),ENDIF%;
                    SYS TIME%:
$END:
$RUN-LENGTH = 480:
$DISCRETE-PDFS: 1-1/2/1,.3; 2,.7:                     !Probabilidades del tipo de trabajo
$FUNCTIONS:     1-1/EX(6),UN(3,9):                    !Tiempo de procesamiento de trabajo
$STOP:
```

Figura 17-31

datos iniciales diferentes, pueden ejecutarse en una sola sesión de simulación. Nuevamente, debido a las limitaciones de espacio, se remite al lector a Taha (1990, ed. en inglés) para los detalles de estos procedimientos.

17.15 RECOLECCION DE OBSERVACIONES ESTADISTICAS

La recolección de observaciones estadísticas se controla en SIMNET II con los siguientes enunciados (que aparecen en el *segmento de control* del modelo, figura 17-15):

$RUN-LENGTH = (periodo simulado de una corrida):
$TRANSIENT-PERIOD = (longitud del periodo de transición):
$RUNS = (número de corridas):
$OBS-RUN = (número de observaciones por corrida):
$PRINT = OBS:

El **periodo de transición** es el periodo inicial de calentamiento al principio de *cada* corrida de simulación, durante el cual el modelo exhibe variaciones erráticas, por lo que no debe recolectarse ninguna observación estadística. SIMNET II proporciona procedimientos gráficos para estimar el periodo de transición. [Véase Taha (1990, ed. en inglés) para más detalles]. Entonces se puede introducir el periodo estimado usando el enunciado de control $TRANSIENT-PERIOD o, en forma interactiva, como se explica más adelante. Los valores programados para $RUN-LENGTH y $TRANSIENT-PERIOD son infinito y cero, respectivamente. Si el $RUN-LENGTH se define como infinito, el usuario debe detener la simulación condicionalmente usando la asignación SIM = STOP (sección 17.12.5). El enunciado $PRINT = OBS: se usa cuando se desea imprimir la salida de cada observación.

Las opciones específicas de los valores de $RUNS y $OBS/RUN deciden automáticamente la manera como se recolectan y presentan las observaciones en el reporte de salida. SIMNET II dispone de 3 tipos diferentes de salida:

1. Corrida sencilla.
2. Corridas múltiples con datos iniciales diferentes.
3. Estadísticas globales con base en:
   (a) Método del subintervalo (o lotes)
   (b) Método de réplica.

La tabla 17-14 recopila los valores de $RUNS y $OBS/RUN que identifican en forma *única* a cada tipo.

Las corridas sencillas que se han usado en todos los ejemplos presentados hasta ahora en este capítulo ($RUNS y $OBS/RUN han adoptado el valor predefinido 1). En el caso de corridas múltiples, se espera que cada corrida tenga datos iniciales diferentes (usando los formatos de valor inicial de la sección 17.13). En este caso cada corrida tendrá su salida separada.

Los métodos del subintervalo y de réplica se muestran gráficamente en la figura 17-32. En el **método del subintervalo** una simple corrida se divide en lotes (después de truncar el periodo transitorio, si se desea) donde cada lote representa una observación estadística. El **método de réplica** implica corridas múltiples (cada una con un periodo transitorio truncado). Una sola observación se representa mediante una corrida sencilla. Desde el punto de vista estadístico, cada método tiene sus ventajas y desventajas, sin dominar uno sobre el otro. El resumen estadístico global de cada método presenta la media y la desviación estándar junto con un intervalo de confianza del 95%.

Como una ilustración del uso de la información en la tabla 17-14, a continuación se dan los enunciados de control aplicando al método de réplica 10 observaciones ($RUN = 10 y $OBS/RUN = 1). El periodo de transición es de 90 unidades de tiempo y cada observación (corrida) consume 1000 unidades de tiempo (incluido el periodo de transición).

```
$RUN-LENGTH=1000:    $TRANSIENT-PERIOD=90
$RUNS=10:            $OBS/RUN=1:
```

Tabla 17-14
Recolección de observaciones estadísticas

Procedimiento	$RUNS	$OBS/RUN
	Valor entero asignado a:	
Corrida sencilla	1 (v. p.)*	1 (v. p.)
Corridas múltiples	>1	0
Método del subintervalo	1 (v. p.)	>1
Método de réplica	>1	1 (v. p.)

*v. p. = valor programado

(a) Método del subintervalo

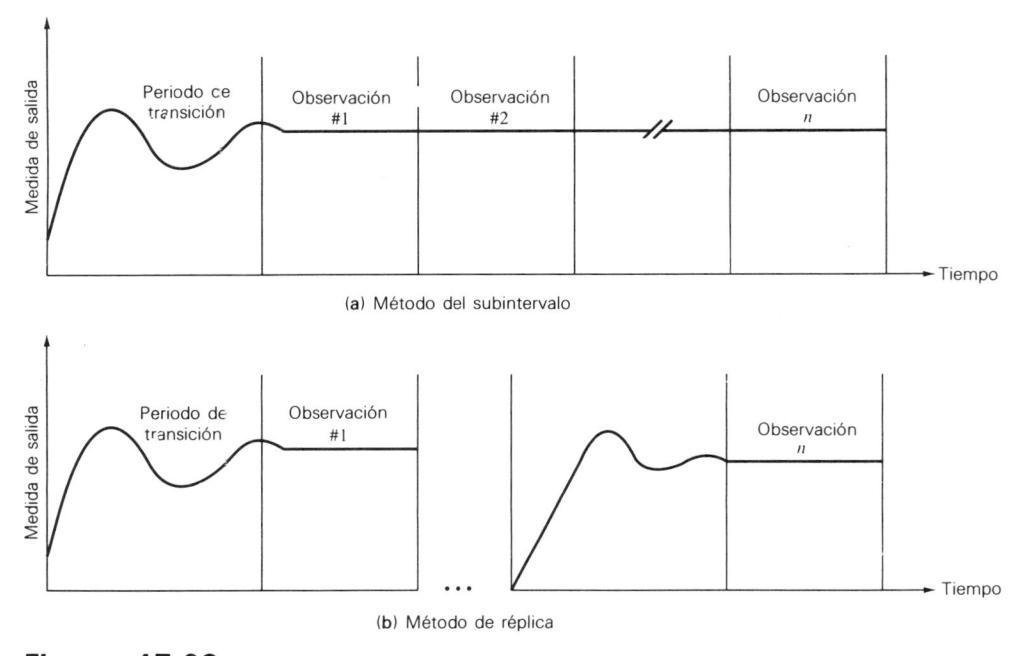

(b) Método de réplica

Figura 17-32

17.16 OTRAS CAPACIDADES DE SIMNET II

Debido a limitaciones de espacio, no estaremos en condición de incluir los detalles de las siguientes capacidades de modelación de SIMNET II:

1. Ambiente interactivo de depuración y ejecución.
2. Estimación del periodo de transición usando gráficas interactivas.
3. Implementación interactiva de los métodos del subintervalo y de réplica para recolectar estadísticas globales.
4. Lectura y escritura (con y sin formato) desde y a archivos externos (incluidos teclado y pantalla) durante la ejecución.
5. Uso de indexación (PROCs) para representar segmentos de modelación repetitiva.

Estos temas y otros se encuentran detallados en Taha [1990, ed. en inglés].

17.17 RESUMEN

SIMNET II se basa en el uso de cuatro nodos solamente, lo que lo hace muy fácil de aprender y usar. A pesar de su simplicidad, el lenguaje es suficientemente poderoso para abordar las situaciones más complejas. La idea de usar *asignaciones especiales* dentro del contexto del IF-ENDIF condicional, proporciona capacidades poderosas de modelación.

El sistema completo SIMNET II es totalmente interactivo tanto para depurar como para obtener resultados estadísticos globales. En particular, SIMNET II permite la estimación del periodo de transición, y luego la implementación del método estadístico global del subintervalo o de réplica, siempre sin salir del modo interactivo de ejecución.

BIBLIOGRAFIA

FISHMAN, G., *Principles of Discrete Event Simulation,* Wiley, Nueva York, 1978.
GORDON, G., *System Simulation,* Prentice Hall, Englewood Cliffs, N.J., 1978.
TAHA, H. A., *Simulation Modeling and SIMNET,* Prentice Hall, Englewood Cliffs, N.J., 1988.
TAHA, H. A., *Simulation with SIMNET II,* SimTec, Inc., Fayetteville, Ark., 1990.

PROBLEMAS

Sección	Problemas asignados
17.3	17-1 al 17-6
17.5	17-7 al 17-9
17.7	17-10 al 17-14
17.8	17-15 al 17-20
17.9	17-21, 17-22
17.10	17-23, 17-24
17.11	17-25, 17-26
17.12	17-27 al 17-32
17.13	17-33, 17-34

☐ 17-1 En cada uno de los siguientes casos, ¿cuáles serán los valores del atributo A(1) asociado con las tres transacciones iniciales que salen del nodo fuente?
   (a) ARIV   *S;5;;1:
   (b) ARIV   *S;5;3;1:
   (c) ARIV   *S;5;3;−1:

☐ 17-2 ¿Cuántas transacciones serán generadas por cada uno de los enunciados fuente siguientes, durante las primeras 20 unidades de tiempo de la simulación?
   (a) ARIV   *S;5;/L/LIM=3:
   (b) ARIV   *S;5;/m/MULT=2:

☐ **17-3** Las primeras cinco transacciones que llegan a la l. de e. QQ tienen los siguientes atributos.

Transacción	A(1)	A(2)
1	4	9
2	7	−3
3	1	10
4	3	14
5	2	6

Muestre cómo se ordenarán en QQ estas transacciones en cada uno de los siguientes casos:
  (a) QQ   *Q:
  (b) QQ   *Q;/d/LIFO:
  (c) QQ   *Q;/d/HI(1):
  (d) QQ   *Q;/d/LO(2):

☐ **17-4** Para los mismos datos que en el problema 17-3, identifique las transacciones que salen de QQ y sus atributos en cada uno de los siguientes casos suponiendo una disciplina FIFO:
  (a) QQ   *Q;;2(SUM):
  (b) QQ   *Q;;4(FIRST):
  (c) QQ   *Q;;3:
  (d) QQ   *Q;;2(LO(1)):
  (e) QQ   *Q;;2(HI(2)):

☐ **17-5** Considere el siguiente segmento de modelo:

QQ   *Q;(3):
FF   *F;;2;(1);goto-TERM:

  (a) ¿Cuántas transacciones serán procesadas por la instalación FF?
  (b) Determine el tiempo de la simulación en el cual cada transacción saldrá de FF.
  (c) Repita las partes (a) y (b) suponiendo que el segmento del modelo se cambia como sigue:

Cambio 1:
  QQ   *Q:
  FF   *F;;2;(1);goto-TERM:
Cambio 2:
  QQ   *Q;(3):
  FF   *F;;2;goto-TERM:
Cambio 3:
  QQ   *Q;(3):
  FF   *F;;2;2(1);goto-TERM:

Problemas **793**

☐ **17-6** Considere el siguiente enunciado fuente:

SS *S;UN(10,15):

Suponga que el procesador SIMNET II está usando la siguiente serie de números aleatorios:

0.1111, 0.2342, 0.6712, 0.8923, 0.4687, 0.3526, ...

Determine el tiempo de simulación en el cual se crean las tres primeras transacciones desde SS.

☐ **17-7** Un modelo SIMNET II usa dos arreglos, ARR1 y ARR2. Las dimensiones respectivas de ARR1 y ARR2 son 2 × 6 y 10. Cada transacción en el modelo usa cuatro atributos con los nombres descriptivos TYPE, STYLE, TIME_IN y TIME_OUT. Escriba los enunciados de SIMNET II para este segmento del modelo.

☐ **17-8** En la salida de la figura 17-7, ¿cuál es la relación entre las entradas de las tres últimas columnas de la l. de e. LINE?

☐ **17-9** Corra el modelo de la oficina de correos (ejemplo 17.5-1) suponiendo que hay un solo empleado y que el tiempo entre llegadas es exponencial con media de 3 minutos. Obtendrá un error de ejecución indicando que el tamaño máximo de ENTITY se ha excedido, error que no ocurre en el modelo original. Utilizando la información en el mensaje de error respecto a los contenidos de los archivos LINE, CLRKS y E.FILE, explique a qué se debe el error. ¿Puede eliminarse siempre este error incrementando la $DIMENSION de ENTITY? ¿Funcionaría esta corrección para cualquier duración de la corrida de simulación? (Estas preguntas se responden mejor experimentando con el modelo.)

☐ **17-10** Escriba un modelo SIMNET II para la siguiente situación. En un banco llegan los clientes nuevos cada 18 minutos en promedio, distribuidos exponencialmente. Un cliente debe consultar primero con un empleado del banco respecto a la apertura de una nueva cuenta. Toma entre 15 y 20 minutos, distribuidos uniformemente, completar esta tarea. El siguiente paso es ir con uno de los tres pagadores para hacer el depósito inicial. Esta actividad toma 5 minutos en promedio, distribuidos exponencialmente. Todos los clientes son servidos con una base FIFO. Corra la simulación para 480 minutos. Los objetivos de la simulación son determinar lo siguiente:
  (a) La longitud promedio de cada l. de e. dentro del banco.
  (b) El tiempo de espera promedio de cada l. de e. dentro del banco.
  (c) El porcentaje de clientes que no tienen que esperar en cada l. de e.
  (d) La longitud máxima de cada l. de e.
  (e) El porcentaje de tiempo utilizado por el empleado bancario y el pagador.

☐ **17-11** En la salida del modelo de banco de la figura 17-9, ¿a cuántos clientes se les niega servicio en las ventanillas por estar llenos los carriles? Suponga que estos clientes buscan normalmente servicio dentro del banco, donde están disponibles dos pagadores. El tiempo de servicio se estima en EX(4) minutos. Modifique el modelo en la figura 17-9 para tomar en cuenta este cambio. ¿Cuál es la longitud máxima de la l. de e. dentro del banco?

☐ **17-12** Modifique la situación del problema 17-11 de manera que sólo 75% de los clientes que no pueden formarse con sus autos en los carriles, buscarán servicio dentro del banco.

☐ **17-13** En el modelo de la estación sincronizada de trabajo (figura 17-11), ¿qué pasará si /E en el enunciado para la l. de e. WAIT es reemplazado por /D?

☐ **17-14** En el modelo de las estaciones de trabajo de la figura 17-11, muestre cómo puede conservarse la misma lógica de modelación, eliminando el enunciado para el auxiliar OUT y tomando en cuenta su efecto por medio de una modificación de la definición de la l. de e. QEND.
[*Sugerencia*: use QEND como un acumulador.]

☐ **17-15** Grafique las redes de SIMNET II para los dos segmentos siguientes y muestre las diferencias entre los dos casos.

```
SS   *S;UN(4,5);/s/POR(Q1,Q2):     SS   *S;UN(4,5);/s/POR(Q1,Q2):
     *B;Q1/1;cur.time>100?:              *B;Q1/s;cur.time>100?:
Q1   *Q;3:                          Q1   *Q;3:
$segment:                                $segment:
Q2   *Q;3:                          Q2   *Q;3:
```

☐ **17-16** Modifique el modelo de banco de la figura 17-9 para tomar en cuenta el siguiente cambio. Un cliente que no se pueda atender en las ventanillas para autos entrará al banco por servicio sólo si no más de 3 clientes están esperando dentro. En el interior del banco sólo hay un pagador cuyo tiempo de servicio es de EX(3) minutos.

☐ **17-17** Considere el siguiente segmento de modelo:

```
SS   *S;UN(1,2):
     *B;AX;;A(1)=II%:
AX   *A:
     *B;AY/2;A(1)<=2?:
     *B;AV/2;A(1)>=2?:
     *B;AW:
     *B;AZ/L;A(1)>2?:
```

Determine los nodos que pueden alcanzarse mediante una transacción que sale de la fuente SS bajo cada una de las siguientes condiciones independientes: II = 1, II = 2 y II = 3.

☐ **17-18** Para el modelo de televisores en la figura 17-10 (sección 17.7.3), suponga que la probabilidad de rechazo se incrementa de 0.2 a 0.45. Suponga, además, que un televisor puede ajustarse cuando mucho una sola vez; de otra manera, debe eliminarse. Modifique el modelo para tomar en cuenta esta situación. Determine el número de televisores eliminados durante una corrida de simulación de 480 minutos, usando una variable estadística RUN.END. Utilice también una variable OBS.BASED para determinar el tiempo promedio que un televisor en buen estado pasa en el sistema.

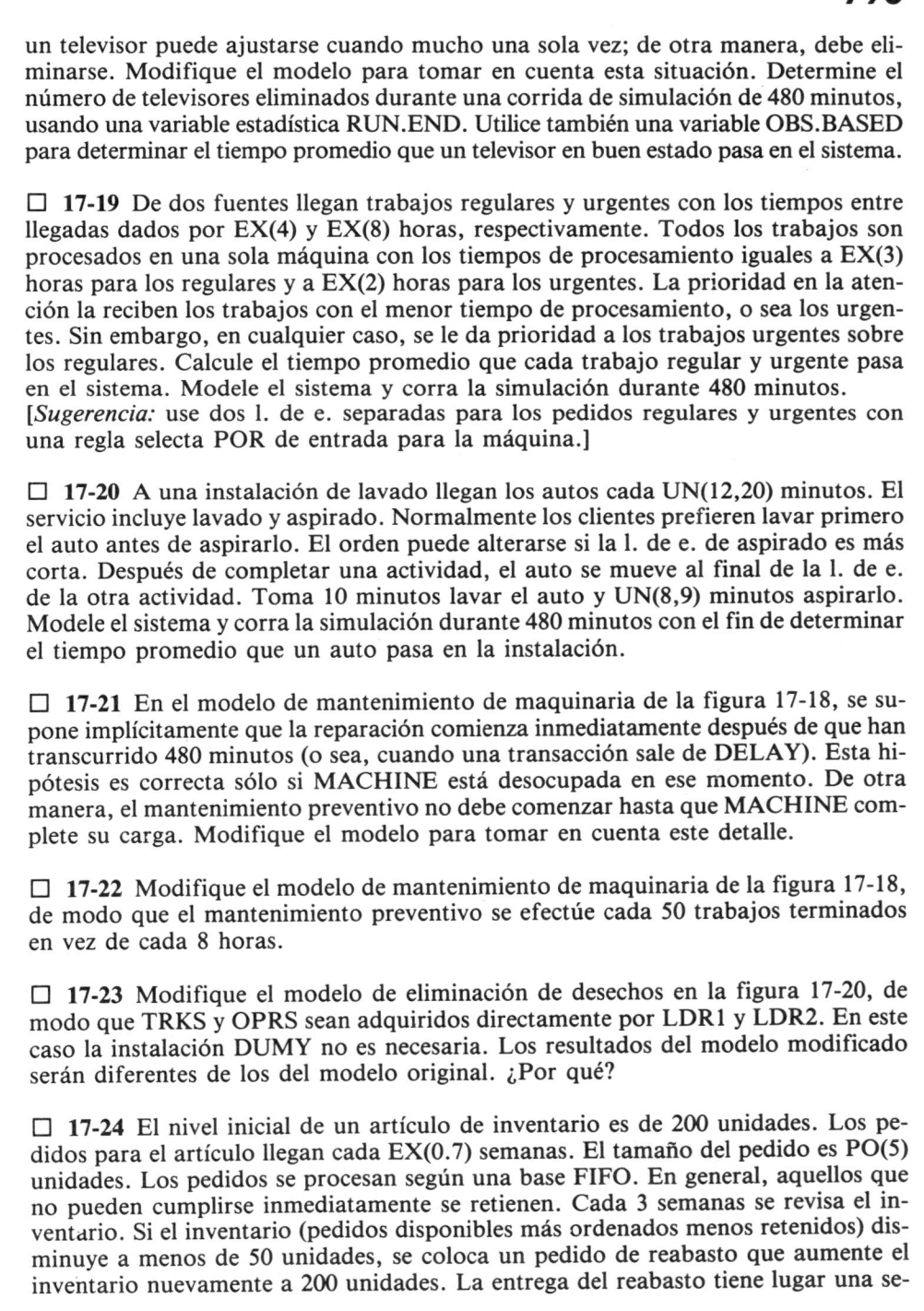

☐ **17-19** De dos fuentes llegan trabajos regulares y urgentes con los tiempos entre llegadas dados por EX(4) y EX(8) horas, respectivamente. Todos los trabajos son procesados en una sola máquina con los tiempos de procesamiento iguales a EX(3) horas para los regulares y a EX(2) horas para los urgentes. La prioridad en la atención la reciben los trabajos con el menor tiempo de procesamiento, o sea los urgentes. Sin embargo, en cualquier caso, se le da prioridad a los trabajos urgentes sobre los regulares. Calcule el tiempo promedio que cada trabajo regular y urgente pasa en el sistema. Modele el sistema y corra la simulación durante 480 minutos. [*Sugerencia:* use dos l. de e. separadas para los pedidos regulares y urgentes con una regla selecta POR de entrada para la máquina.]

☐ **17-20** A una instalación de lavado llegan los autos cada UN(12,20) minutos. El servicio incluye lavado y aspirado. Normalmente los clientes prefieren lavar primero el auto antes de aspirarlo. El orden puede alterarse si la l. de e. de aspirado es más corta. Después de completar una actividad, el auto se mueve al final de la l. de e. de la otra actividad. Toma 10 minutos lavar el auto y UN(8,9) minutos aspirarlo. Modele el sistema y corra la simulación durante 480 minutos con el fin de determinar el tiempo promedio que un auto pasa en la instalación.

☐ **17-21** En el modelo de mantenimiento de maquinaria de la figura 17-18, se supone implícitamente que la reparación comienza inmediatamente después de que han transcurrido 480 minutos (o sea, cuando una transacción sale de DELAY). Esta hipótesis es correcta sólo si MACHINE está desocupada en ese momento. De otra manera, el mantenimiento preventivo no debe comenzar hasta que MACHINE complete su carga. Modifique el modelo para tomar en cuenta este detalle.

☐ **17-22** Modifique el modelo de mantenimiento de maquinaria de la figura 17-18, de modo que el mantenimiento preventivo se efectúe cada 50 trabajos terminados en vez de cada 8 horas.

☐ **17-23** Modifique el modelo de eliminación de desechos en la figura 17-20, de modo que TRKS y OPRS sean adquiridos directamente por LDR1 y LDR2. En este caso la instalación DUMY no es necesaria. Los resultados del modelo modificado serán diferentes de los del modelo original. ¿Por qué?

☐ **17-24** El nivel inicial de un artículo de inventario es de 200 unidades. Los pedidos para el artículo llegan cada EX(0.7) semanas. El tamaño del pedido es PO(5) unidades. Los pedidos se procesan según una base FIFO. En general, aquellos que no pueden cumplirse inmediatamente se retienen. Cada 3 semanas se revisa el inventario. Si el inventario (pedidos disponibles más ordenados menos retenidos) disminuye a menos de 50 unidades, se coloca un pedido de reabasto que aumente el inventario nuevamente a 200 unidades. La entrega del reabasto tiene lugar una semana después. Determine el nivel promedio del inventario en el momento que ocurre el reabasto, el tamaño promedio del reabasto y el promedio del inventario durante una corrida de simulación de 10 años.

☐ **17-25** Modifique el modelo en la figura 17-24 suponiendo que la l. de e. LDS lleva el código ASM.

☐ **17-26** Modifique el modelo en la figura 17-25 de manera que la l. de e. TRKS lleve el campo MAT.

☐ **17-27** Utilice las asignaciones SUSPEND y RESUME para simular una fuente que libera transacciones sólo bajo demanda. Específicamente, considere la situación donde a un operador le toma EX(10) minutos completar una tarea. Al completar una tarea el operador tomará otra. Para todo propósito práctico, podemos suponer que la fuente de nuevas tareas es ilimitada.

☐ **17-28** Los desechos sólidos se transportan a una planta procesadora con camiones que llegan cada EX(20) minutos. La instalación tiene dos compactadores que reducen el desecho sólido a paquetes, para su posterior traslado por tren a una instalación de combustible seco. Los compactadores operan en turnos sucesivos de 8 horas; el tercer turno es para dar mantenimiento. La capacidad del primer compactador es de una carga de camión por paquete y la del segundo es de 2 cargas por paquete. El tiempo de compactación de la primer máquina es EX(12) minutos y el de la segunda es de EX(15) minutos. Simule el sistema durante un periodo de 5 días con el fin de determinar la utilización de los dos compactadores.

☐ **17-29** Un banco abre a las 8:00 A.M. y cierra a las 4:30 P.M. diariamente. El tiempo entre llegadas de clientes es EX(6) minutos. Toma EX(9) minutos servir a cada cliente en una de las dos ventanillas del banco. Se deben atender todos los clientes que estén dentro del banco a las 4:30 P.M.. Estime el máximo, el mínimo y el tiempo promedio necesario después de las 4:30 P.M. para servir a los clientes restantes.

☐ **17-30** Un accesorio es procesado por dos máquinas, MACH1 y MACH2. El tiempo entre llegadas de los accesorios es EX(0.0588) minutos. Los tiempos de procesamiento en MACH1 y MACH2 son 0.04 y 0.0357 minutos, respectivamente. El espacio disponible en piso para los trabajos que llegan a MACH1 y MACH2 son 50 y 40 accesorios, respectivamente. La herramienta en MACH2 falla frecuentemente, cada EX(8) minutos, entonces debe retirarse y descartarse. Toma UN(1,3) minutos reparar la herramienta. Simule el sistema durante 30 minutos con el fin de determinar la utilización de las dos máquinas.

☐ **17-31** En un proceso de manufactura del aluminio se funden los lingotes con el fin de distribuirlo. Una carga completa del horno fundidor consta de 4 lingotes. Toma 25 minutos completar el proceso de fundición. La carga se distribuye entre 3 recipientes. Suponga que los lingotes llegan cada 7 minutos al horno. Simule el modelo durante 480 minutos con el fin de determinar la utilización del horno. [*Sugerencia:* use una l. de e. acumuladora para entregar la carga apropiada al horno.

Cuando la carga acumulada sale del horno, distribúyala en 3 recipientes usando FOR-NEXT para colocar 3 copias de la transacción saliente en una nueva l. de e. que represente los recipientes.]

☐ **17-32** Remodele el problema 17-19 usando sólo una l. de e. para los pedidos regulares o urgentes.

☐ **17-33** Los pasajeros arriban aleatoriamente a una estación de autobuses. El número de asientos vacíos cuando llega un autobús a la estación varía también aleatoriamente. Toma aproximadamente 7 segundos para que un pasajero aborde el autobús. Un viaje redondo del autobús desde la estación toma 30 minutos. De momento sólo un autobús está en operación; los pasajeros están dispuestos a esperar en la estación no más de 20 minutos.

El tiempo entre llegadas de los pasajeros a la estación, lo determinan los datos empíricos de un histograma como sigue:

Tiempo (minutos) del punto medio de la celda	2.0	2.5	3.0	3.5	4.0
Frecuencia relativa	0.2	0.24	0.28	0.18	0.10

El número de asientos vacíos en el autobús es 7, 8 o 9 con iguales probabilidades. Determine el porcentaje de clientes no satisfechos durante una corrida de simulación de 480 minutos.

☐ **17-34** Considere un autobanco con dos ventanillas donde los tiempos entre llegadas cambian de acuerdo con las siguientes distribuciones:

Periodo	Distribución
8:00 A.M.–10:00 A.M.	EX(10) minutos
10:01 A.M.–1:00 P.M.	UN(10,15) minutos
1:01 P.M.–4:30 P.M.	GA(3,5) minutos
4:31 P.M.–7:59 A.M.	Banco cerrado

Toma EX(9) minutos servir a un cliente en una de las ventanillas. Simule la operación del banco durante 5 días con el fin de determinar el tiempo de espera promedio por cliente.
[*Sugerencia:* Use $FUNCTIONS para las distribuciones de los tiempos entre llegadas.]

Capítulo 18

Proceso de decisión de Markov

- **18.1 Campo de acción del problema de decisión de Markov: el ejemplo del jardinero**
- **18.2 Modelo de programación dinámica de etapa finita**
- **18.3 Modelo de etapa infinita**
  - 18.3.1 Método de enumeración exhaustiva
  - 18.3.2 Método de iteración de política sin descuento
  - 18.3.3 Método de iteración de política con descuento
- **18.4 Solución con programación lineal del problema de decisión de Markov**
- **18.5 Resumen**
- **18.6 Apéndice: repaso de las cadenas de Markov**
  - 18.6.1 Procesos de Markov
  - 18.6.2 Cadenas de Markov
  - **Bibliografía**
  - **Problemas**

En este capítulo se presenta una nueva aplicación de la programación dinámica a la solución de un proceso de decisión estocástico, que se puede describir a través de un número finito de estados. Las probabilidades de transición entre los estados se describen por medio de una cadena de Markov. La estructura de remuneración del proceso la describe también una matriz, cuyos elementos individuales representan el ingreso (o costo) resultante del cambio de un estado a otro. Las matrices de transición y de ingreso, dependen de las alternativas de decisión disponibles para la persona que toma la decisión. El objetivo del problema es el de determinar la política o curso de acción óptimo que maximice el ingreso esperado del proceso en un número de etapas finito o infinito.

18.1 CAMPO DE ACCION DEL PROBLEMA DE DECISION DE MARKOV: EL EJEMPLO DEL JARDINERO[†]

En esta sección presentamos un ejemplo sencillo que se utilizará como medio de explicación en todo el capítulo. Pese a su sencillez, el ejemplo hace la paráfrasis de varias aplicaciones importantes en las áreas de inventarios, reemplazo, manejo de la circulación de efectivo y regulación de la capacidad de un depósito de agua.

Todos los años, al inicio de la estación de cultivo, una jardinera realiza pruebas químicas para revisar la condición de la parcela. Dependiendo de los resultados de las pruebas, puede clasificar la productividad del jardín para la nueva temporada como buena, regular o deficiente.

Con el paso de los años, la mujer observó que la productividad del año en curso puede suponerse dependiente sólo de la condición del terreno del año anterior. Por lo tanto, puede representar las probabilidades de transición en un periodo de un año de un estado de productividad a otro en términos de la siguiente cadena de Markov:

$$\text{Estado del sistema este año} \begin{Bmatrix} 1 \\ 2 \\ 3 \end{Bmatrix} \begin{bmatrix} 0.2 & 0.5 & 0.3 \\ 0 & 0.5 & 0.5 \\ 0 & 0 & 1 \end{bmatrix} = \mathbf{P}^1$$

con estados del sistema para el año próximo 1, 2, 3.

La representación supone la siguiente correspondencia entre la productividad y los estados de la cadena:

Productividad (Condición del terreno)	Estado del sistema
Buena	1
Regular	2
Deficiente	3

Las probabilidades de transición en $\mathbf{P}^1$ indican que la productividad de un año en curso puede no ser mejor que la del año anterior. Por ejemplo, si la condición del terreno para este año es regular (estado 2), la productividad del año siguiente puede seguir siendo regular con probabilidad 0.5 o volverse deficiente (estado 3), también con probabilidad 0.5.

[†] En la sección 18.6 se presenta un repaso de las cadenas de Markov.

La mujer puede alterar las probabilidades de transición $\mathbf{P}^1$ tomando otros cursos de acción que tenga a su disposición. Comúnmente puede decidir fertilizar el jardín para mejorar la condición del terreno, que producirá la siguiente matriz de transición $\mathbf{P}^2$:

$$\mathbf{P}^2 = \begin{array}{c} \\ 1 \\ 2 \\ 3 \end{array} \begin{array}{c} \begin{array}{ccc} 1 & 2 & 3 \end{array} \\ \left[\begin{array}{ccc} 0.3 & 0.6 & 0.1 \\ 0.1 & 0.6 & 0.3 \\ 0.05 & 0.4 & 0.55 \end{array} \right] \end{array}$$

Al aplicar el fertilizante, es posible mejorar la condición del terreno con respecto a la del año pasado.

Para poner en perspectiva el problema de decisión, la jardinera asocia una función de rendimiento (o estructura de recompensa) con la transición de un estado a otro. La función de rendimiento expresa la ganancia o pérdida durante un periodo de un año, dependiendo de los estados entre los que se haga la transición. Como la mujer tiene las opciones de utilizar o no fertilizante, se espera que su ganancia y pérdidas varíen según la decisión que ella tome. Las matrices $\mathbf{R}^1$ y $\mathbf{R}^2$ resumen las funciones de rendimiento en cientos de unidades monetarias asociadas con las matrices $\mathbf{P}^1$ y $\mathbf{P}^2$, respectivamente. Por lo tanto, $\mathbf{R}^1$ se aplica cuando no se usa fertilizante; en caso contrario, se puede utilizar $\mathbf{R}^2$ en la representación de la función de rendimiento.

$$\mathbf{R}^1 = \|r_{ij}^1\| = \begin{array}{c} \\ 1 \\ 2 \\ 3 \end{array} \begin{array}{c} \begin{array}{ccc} 1 & 2 & 3 \end{array} \\ \left[\begin{array}{ccc} 7 & 6 & 3 \\ 0 & 5 & 1 \\ 0 & 0 & -1 \end{array} \right] \end{array}$$

$$\mathbf{R}^2 = \|r_{ij}^2\| = \begin{array}{c} \\ 1 \\ 2 \\ 3 \end{array} \begin{array}{c} \begin{array}{ccc} 1 & 2 & 3 \end{array} \\ \left[\begin{array}{ccc} 6 & 5 & -1 \\ 7 & 4 & 0 \\ 6 & 3 & -2 \end{array} \right] \end{array}$$

Nótese que los elementos r_{ij}^2 de $\mathbf{R}^2$ toman en cuenta el costo de aplicar el fertilizante. Por ejemplo, si el sistema estuviera en el estado 1 y se mantuviera en ese estado durante el año siguiente, su ganancia sería $r_{11}^2 = 6$ en comparación con $r_{11}^1 = 7$ cuando no se emplea fertilizante.

¿Qué tipo de problema de decisión tiene la jardinera? Primero, debemos saber si la actividad de cultivo seguirá realizándose un número de años limitado o, para todos los fines prácticos, por tiempo indefinido. Estas situaciones se conocen como problemas de decisión de **etapa finita** y de **etapa infinita**. En ambos casos, la jardinera necesitaría determinar el *mejor* curso de acción que debe seguir (fertilizar o no fertilizar el terreno) dado el resultado de las pruebas químicas (estado del sistema). El proceso de optimización estará basado en la maximización del ingreso esperado.

Quizá la jardinera también esté interesada en evaluar el ingreso esperado resultante de seguir un curso de acción especificado, siempre que ocurra un estado·dado del sistema. Por ejemplo, ella puede decidir fertilizar siempre que la condición del terreno sea deficiente (estado 3). El proceso de toma de decisión en este caso se dice estar representado por una **política estacionaria**.

Debemos observar que cada política estacionaria debe estar asociada con matrices de transición y rendimiento diferentes que, en general, pueden construirse a partir de las matrices $\mathbf{P}^1$, $\mathbf{P}^2$, $\mathbf{R}^1$ y $\mathbf{R}^2$. Por ejemplo, para la política estacionaria que pide se aplique fertilizante sólo cuando la condición del terreno sea deficiente (estado 3), las matrices de transición y rendimiento resultantes, $\mathbf{P}$ y $\mathbf{R}$, están dadas por

$$\mathbf{P} = \begin{bmatrix} 0.2 & 0.5 & 0.3 \\ 0 & 0.5 & 0.5 \\ 0.05 & 0.4 & 0.55 \end{bmatrix}, \quad \mathbf{R} = \begin{bmatrix} 7 & 6 & 3 \\ 0 & 5 & 1 \\ 6 & 3 & -2 \end{bmatrix}$$

Estas matrices difieren de $\mathbf{P}^1$ y $\mathbf{R}^1$ sólo en los renglones terceros, que se toman directamente de $\mathbf{P}^2$ y $\mathbf{R}^2$. La razón es que $\mathbf{P}^2$ y $\mathbf{R}^2$ son las matrices que se generan cuando se aplica fertilizante en *todos y cada uno* de los estados.

Ejercicio 18.1-1

(a) Identifique las matrices $\mathbf{P}$ y $\mathbf{R}$ asociadas con la política estacionaria que pide el uso de fertilizante, siempre que la condición del terreno sea regular o deficiente.
[*Resp.*

$$\mathbf{P} = \begin{bmatrix} 0.2 & 0.5 & 0.3 \\ 0.1 & 0.6 & 0.3 \\ 0.05 & 0.4 & 0.55 \end{bmatrix}, \quad \mathbf{R} = \begin{bmatrix} 7 & 6 & 3 \\ 7 & 4 & 0 \\ 6 & 3 & -2 \end{bmatrix}$$

(b) Identifique todas las políticas estacionarias del ejemplo del jardinero.
[*Resp.* Las políticas estacionarias piden se aplique fertilizante siempre que el sistema esté en (1) el estado 1, (2) el estado 2, (3) el estado 3, (4) el estado 1 o el 2, (5) el estado 1 o el 3, (6) el estado 2 o el 3 y (7) el estado 1, el 2 o el 3.]

Obsérvese que cuando se enumeran *todas* las políticas, podemos aplicar el análisis adecuado para elegir la *mejor* política. Sin embargo, este procedimiento puede resultar impráctico para problemas de tamaño moderado, ya que el número de políticas puede ser demasiado grande. Lo que se necesita es un método que determine la mejor política en forma sistemática sin enumerar todas las políticas con anticipación. Desarrollamos estos métodos en lo que resta del capítulo, tanto para problemas de etapa finita como de etapa infinita.

18.2 MODELO DE PROGRAMACION DINAMICA DE ETAPA FINITA

Supóngase que la jardinera planea "retirarse" de su pasatiempo en N años. Por lo tanto, está interesada en determinar su curso de acción óptimo para cada año (fertilizar o no fertilizar el terreno) sobre un horizonte de planeación finito. Aquí, la optimidad se define de manera que la jardinera acumulará el más alto ingreso esperado al cabo de N años.

Sean $k = 1$ y 2 los dos cursos de acción (opciones) disponibles para ella. Las matrices $\mathbf{P}^k$ y $\mathbf{R}^k$ representan las probabilidades de transición y la función de remuneración para la alternativa k se dieron en la sección 18.1 y se resumen aquí para comodidad del lector.

$$\mathbf{P}^1 = \|p_{ij}^1\| = \begin{bmatrix} 0.2 & 0.5 & 0.3 \\ 0 & 0.5 & 0.5 \\ 0 & 0.0 & 0.1 \end{bmatrix}, \quad \mathbf{R}^1 = \|r_{ij}^1\| = \begin{bmatrix} 7 & 6 & 3 \\ 0 & 5 & 1 \\ 0 & 0 & -1 \end{bmatrix}$$

$$\mathbf{P}^2 = \|p_{ij}^2\| = \begin{bmatrix} 0.3 & 0.6 & 0.1 \\ 0.1 & 0.6 & 0.3 \\ 0.05 & 0.4 & 0.55 \end{bmatrix}, \quad \mathbf{R}^2 = \|r_{ij}^2\| = \begin{bmatrix} 6 & 5 & -1 \\ 7 & 4 & 0 \\ 6 & 3 & -2 \end{bmatrix}$$

Recuérdese que el sistema tiene tres estados: bueno (estado 1), regular (estado 2) y malo o deficiente (estado 3).

Podemos expresar el problema del jardinero como un modelo de programación dinámica (PD) de estado finito de la manera siguiente. Para hacer una generalización, supóngase que el número de estados para cada etapa (año) es m ($= 3$ en el ejemplo del jardinero) y defínase

$f_n(i)$ = ingreso *esperado* óptimo de las etapas $n, n + 1,\ldots, N$, dado que el estado del sistema (condición del terreno) al inicio del año n es i

La ecuación recursiva *hacia atrás* que relaciona a f_n y f_{n+1} puede escribirse como (véase la figura 18-1)

$$f_n(i) = \max_k \left\{ \sum_{j=1}^m p_{ij}^k [r_{ij}^k + f_{n+1}(j)] \right\}, \quad n = 1, 2, \ldots, N$$

donde $f_{N+1}(j) \equiv 0$ para toda j.

Una justificación para la ecuación es que el ingreso *acumulado*, $r_{ij}^k + f_{n+1}(j)$ que resulta de llegar al estado j en la etapa $n + 1$ desde el estado i en la etapa n

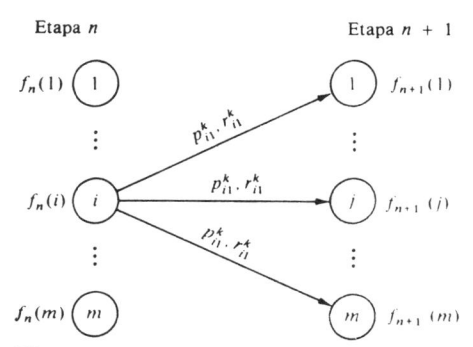

Figura 18-1

ocurre con la probabilidad p_{ij}^k. De hecho, si v_i^k representa el rendimiento esperado resultante de una transición desde el estado i dada la alternativa k, entonces v_i^k puede expresarse como

$$v_i^k = \sum_{j=1}^m p_{ij}^k r_{ij}^k$$

La ecuación recursiva de la PD puede escribirse como

$$f_N(i) = \max_k \{v_i^k\}$$

$$f_n(i) = \max_k \left\{ v_i^k + \sum_{j=1}^m p_{ij}^k f_{n+1}(j) \right\}, \qquad n = 1, 2, \ldots, N-1$$

Antes de demostrar cómo se utiliza la ecuación recursiva para resolver el problema del jardinero, ilustramos el cálculo de v_i^k que es parte de la ecuación recursiva. Por ejemplo, supóngase que no se utiliza fertilizante ($k = 1$); entonces

$$v_1^1 = 0.2 \times 7 + 0.5 \times 6 + 0.3 \times 3 = 5.3$$
$$v_2^1 = 0 \times 0 + 0.5 \times 5 + 0.5 \times 1 = 3$$
$$v_3^1 = 0 \times 0 + 0 \times 0 + 1 \times -1 = -1$$

Estos valores muestran que si se advierte que la condición del terreno es buena (estado 1) al inicio del año, se espera que una sola transición genere 5.3 para el año. En forma análoga, si la condición del terreno es regular (deficiente), el ingreso esperado es 3 (−1).

Ejercicio 18.2-1
Determine los valores de v_i^k para toda i dado que se utiliza fertilizante sólo si el sistema se encuentra en los estados 2 o 3 (regular o deficiente); en caso contrario, no se usa fertilizante.
[Resp. $v_1^1 = 5.3$, $v_2^2 = 3.1$ $v_3^2 = 0.4$.]

El ejemplo que sigue resolverá ahora el problema del jardinero. Utilizamos el mismo formato de cálculos tabulares de PD que se presentó en el capítulo 10.

Ejemplo 18.2-1
En este ejemplo resolvemos el problema del jardinero mediante el uso de los datos que se resumen en las matrices $\mathbf{P}^1$, $\mathbf{P}^2$, $\mathbf{R}^1$ y $\mathbf{R}^2$. Se supone que el horizonte de planeación comprende sólo tres años ($N = 3$).

Como los valores de v_i^k se utilizarán repetidamente en los cálculos, se resumen aquí para comodidad del lector.

804 Proceso de decisión de Markov [C.18]

i	v_i^1	v_i^2
1	5.3	4.7
2	3	3.1
3	−1	.4

Etapa 3

	v_i^k		Solución óptima	
i	$k=1$	$k=2$	$f_3(i)$	k^*
1	5.3	4.7	5.3	1
2	3	3.1	3.1	2
3	−1	0.4	0.4	2

Etapa 2

	$v_i^k + p_{i1}^k f_3(1) + p_{i2}^k f_3(2) + p_{i3}^k f_3(3)$		Solución óptima	
i	$k=1$	$k=2$	$f_2(i)$	k^*
1	$5.3 + .2 \times 5.3 + .5 \times 3.1 + .3 \times .4$ = 8.03	$4.7 + .3 \times 5.3 + .6 \times 3.1 + .1 \times .4$ = 8.19	8.19	2
2	$3 + 0 \times 5.3 + .5 \times 3.1 + .5 \times .4$ = 4.75	$3.1 + .1 \times 5.3 + .6 \times 3.1 + .3 \times .4$ = 5.61	5.61	2
3	$-1 + 0 \times 5.3 + 0 \times 3.1 + 1 \times .4$ = −.6	$.4 + .05 \times 5.3 + .4 \times 3.1 + .55 \times .4$ ≅ 2.13	2.13	2

Etapa 1

	$v_i^k + p_{i1}^k f_2(1) + p_{i2}^k f_2(2) + p_{i3}^k f_2(3)$		Solución óptima	
i	$k=1$	$k=2$	$f_1(i)$	k^*
1	$5.3 + .2 \times 8.19 + .5 \times 5.61 + .3 \times 2.13$ ≅ 10.38	$4.7 + .3 \times 8.19 + .6 \times 5.61 + .1 \times 2.13$ ≅ 10.74	10.74	2
2	$3 + 0 \times 8.19 + .5 \times 5.61 + .5 \times 2.13$ = 6.87	$3.1 + .1 \times 8.19 + .6 \times 5.61 + .3 \times 2.13$ ≅ 7.92	7.92	2
3	$-1 + 0 \times 8.19 + 0 \times 5.61 + 1 \times 2.13$ = 1.13	$.4 + .05 \times 8.19 + .4 \times 5.61 + .55 \times 2.13$ ≅ 4.23	4.23	2

La solución óptima indica que para los años 1 y 2, la jardinera debe fertilizar el terreno ($k^* = 2$) sin importar el estado del sistema (condición del terreno revelada por las pruebas químicas). Sin embargo, en el año 3 ella debe aplicar fertilizante sólo si el sistema se encuentra en el estado 2 o 3 (condición del terreno regular o deficiente). Los ingresos totales esperados de los tres años son $f_1(1) = 10.74$ si el estado del sistema en el año 1 es bueno, $f_1(2) = 7.92$ si es regular y $f_1(3) = 4.23$ si es deficiente. ◄

La solución de PD que se dio antes se conoce algunas veces como el enfoque de **iteración del valor**, ya que por la naturaleza real de la ecuación recursiva, los valores de $f_n(i)$ se determinan en forma iterativa.

Ejercicio 18.2-2

Supóngase que el horizonte de planeación de la jardinera es de cuatro años; ¿cuáles son sus ingresos y decisiones esperados óptimos? (*Sugerencia:* se podrá obtener la solución sumando una iteración sólo a las tablas de PD.)

[*Resp.* $f_1(1) = 13.097$, $f_1(2) = 10.195$ y $f_1(3) = 6.432$. Las decisiones óptimas recomiendan se aplique fertilizante en los años 1, 2 y 3 sin importar el estado del sistema. En el año 4, se utiliza fertilizante cuando el estado del sistema es regular o deficiente.]

El problema del jardinero (de horizonte finito) que acabamos de resolver, puede generalizarse en dos formas. Primero, las probabilidades de transición y sus funciones de rendimiento no necesitan ser las mismas para cada año. Segundo, ella puede aplicar un factor de descuento al ingreso esperado de las etapas sucesivas de manera que los valores de $f_1(i)$ representen el *valor presente* de los ingresos esperados de todas las etapas.

La primera generalización requeriría simplemente que los valores de rendimiento r_{ij}^k y las probabilidades de transición p_{ij}^k sean además funciones de la etapa n. En este caso las ecuaciones recursivas de PD se ven como

$$f_N(i) = \max_k \{v_i^{k,N}\}$$

$$f_n(i) = \max_k \left\{ v_k^{k,n} + \sum_{j=1}^m p_{ij}^{k,n} f_{n+1}(j) \right\}, \quad n = 1, 2, \ldots, N-1$$

donde

$$v_i^{k,n} = \sum_{j=1}^m p_{ij}^{k,n} r_{ij}^{k,n}$$

La segunda generalización se lleva a cabo de la manera siguiente. Sea α (< 1) el factor de descuento por año, que normalmente se calcula como $\alpha = 1/(1 + t)$, donde t es la tasa de interés anual. Por lo tanto, D unidades monetarias de aquí a un año es equivalente a αD unidades monetarias ahora. La introducción del factor de descuento modificará la ecuación recursiva original como sigue:

$$f_N(i) = \max_k \{v_i^k\}$$

$$f_n(i) = \max_k \left\{ v_i^k + \alpha \sum_{j=1}^{m} p_{ij}^k f_{n+1}(j) \right\}, \quad n = 1, 2, \ldots, N-1$$

La aplicación de esta ecuación recursiva es exactamente similar a la que se da en el ejemplo 18.2-1 salvo que el factor de descuento α se multiplica por el término que incluye a $f_{n+1}(j)$. En general, el uso de un factor de descuento puede generar una decisión óptima diferente en comparación con el caso cuando no se utiliza un descuento.

Ejercicio 18.2-3
Resuelva el ejemplo 18.2-1 dado el factor de descuento $\alpha = 0.6$.
[*Resp.*

$$f_3(1) = 5.3, \quad k^* = 1; f_3(2) = 3.1, \quad k^* = 2; f_3(3) = 0.4, \quad k^* = 2$$
$$f_2(1) = 6.94, \quad k^* = 1; f_2(2) = 4.61, \quad k^* = 2; f_2(3) = 1.44, \quad k^* = 2$$
$$f_1(1) = 7.77, \quad k^* = 1; f_1(2) = 5.43, \quad k^* = 2; f_1(3) = 2.19, \quad k^* = 2$$

Nótese que el uso del factor de descuento α dio origen a diferentes soluciones óptimas: o sea, la solución recomienda ahora no se utilice fertilizante en los tres años si el estado del sistema es bueno.]

La ecuación recursiva de la PD se puede utilizar para evaluar cualquier *política estacionaria* para el problema del jardinero. Suponiendo que no se utiliza descuento (es decir, $\alpha = 1$), la ecuación recursiva para evaluar una política estacionaria es

$$f_n(i) = v_i + \sum_{j=1}^{m} p_{ij} f_{n+1}(j)$$

donde p_{ij} es el (i, j)-ésimo elemento de la matriz de transición asociada con la política y v_i es el ingreso de transición en un paso esperado de la política.

Para demostrar el uso de la ecuación recursiva anterior, considérese la política estacionaria, que indica se aplique fertilizante todas y cada una de las veces que la condición del terreno sea deficiente (estado 3). Como se indica en la sección 18.1, se tiene

$$\mathbf{P} = \begin{bmatrix} 0.2 & 0.5 & 0.3 \\ 0 & 0.5 & 0.5 \\ 0.05 & 0.4 & 0.55 \end{bmatrix}, \quad \mathbf{R} = \begin{bmatrix} 7 & 6 & 3 \\ 0 & 5 & 1 \\ 6 & 3 & -2 \end{bmatrix}$$

Por lo tanto, se obtiene

i	1	2	3
v_i	5.3	3	.4

y los valores de $f_n(i)$ se determinan como

$$f_3(1) = 5.3, \quad f_3(2) = 3 \quad f_3(3) = 0.4$$
$$f_2(1) = 5.3 + 0.2 \times 5.3 + 0.5 \times 3 + 0.3 \times 0.4 = 7.98$$
$$f_2(2) = 3 + 0 \times 5.3 + 0.5 \times 3 + 0.5 \times 0.4 = 4.7$$
$$f_2(3) = 0.4 + 0.05 \times 5.3 + 0.4 \times 3 + 0.55 \times 0.4 \cong 2.09$$
$$f_1(1) = 5.3 + 0.2 \times 7.98 + 0.5 \times 4.7 + 0.3 \times 2.09 \cong 9.87$$
$$f_1(2) = 3 + 0 \times 7.98 + 0.5 \times 4.7 + 0.5 \times 2.09 \cong 6.39$$
$$f_1(3) = 0.4 + 0.05 \times 7.98 + 0.4 \times 4.7 + 0.55 \times 2.09 \cong 3.83$$

El modelo de PD de etapa finita es adecuado para problemas de decisión con un número de periodos finito. Sin embargo, muchas situaciones de decisión abarcan un número muy grande de periodos o en realidad continúan indefinidamente. Esto hace que sea difícil, si no es que imposible, utilizar el modelo finito. En la sección que sigue se muestra cómo se resuelve el problema elaborando un modelo de PD de etapa infinita.

18.3 MODELO DE ETAPA INFINITA

A la larga el comportamiento de un proceso markoviano se caracteriza por su independencia del estado inicial del sistema. En este caso se dice que el sistema ha llegado al *estado estable*. Por lo tanto, nos interesa principalmente evaluar políticas para las cuales las cadenas de Markov asociadas permitan la existencia de una solución de estado estable. (En la sección 18.6 se dan las condiciones en las que una cadena de Markov puede generar probabilidades de estado estable.)

En esta sección nos interesa determinar la política óptima de *largo alcance* de un problema de decisión markoviano. Es lógico basar la evaluación de una política en la maximización (minimización) del ingreso (costo) esperado *por periodo de transición*. Por ejemplo, en el problema del jardinero, la selección de la mejor política (de etapa infinita) está basada en el máximo ingreso esperado por año.

Existen dos métodos para resolver el problema de etapa infinita. El primer método recomienda la enumeración de *todas* las políticas estacionarias posibles del problema de decisión. Al evaluar cada política, se puede determinar la solución óptima. Esto es básicamente equivalente a un proceso de *enumeración exhaustiva* y sólo se puede emplear si el número total de políticas estacionarias es razonablemente chico para realizar operaciones de cálculo prácticas.

El segundo método, que recibe el nombre de **iteración de política**, aligera las dificultades de cálculo que pudieran presentarse en el procedimiento de enumeración exhaustiva. El nuevo método es eficiente, en general, en el sentido que determina la política óptima en un número pequeño de iteraciones.

Naturalmente, ambos métodos nos deben llevar a la misma solución óptima. Demostraremos este aspecto y también la aplicación de los dos métodos a través del ejemplo del jardinero.

18.3.1 METODO DE ENUMERACION EXHAUSTIVA

Supóngase que el problema de decisión tiene un total de S políticas estacionarias y también que $\mathbf{P}^s$ y $\mathbf{R}^s$ son las matrices de transición e ingreso (de un paso) asociadas con la k-ésima política $s = 1, 2,..., S$. Los pasos del método de enumeración son los siguientes:

Paso 1: calcule v_i^s el ingreso *esperado* de un paso (un periodo) de la política s dado el estado i, $i = 1, 2,..., m$.

Paso 2: calcule π_i^s las probabilidades estacionarias, a la larga, de la matriz de transición $\mathbf{P}^s$ *asociada con la política s*. Estas probabilidades, cuando existen, se determinan a partir de las ecuaciones

$$\pi^s \mathbf{P}^s = \pi^s$$
$$\pi_1^s + \pi_2^s + \cdots + \pi_m^s = 1$$

donde $\pi^s = (\pi_1^s, \pi_2^s, ..., \pi_m^s)$.

Paso 3: determine E^s, el ingreso esperado de la política s por paso (periodo) de transición, mediante el uso de la fórmula

$$E^s = \sum_{i=1}^{m} \pi_i^s v_i^s$$

Paso 4: la política óptima s^* se determina tal que

$$E^{s^*} = \max_s \{E^s\}$$

Ilustraremos el método resolviendo el problema del jardinero para un horizonte de planeación de periodo infinito.

Ejemplo 18.3-1

El problema del jardinero tiene un total de ocho políticas estacionarias, como lo indica la tabla que sigue:

Política estacionaria s	Acción
1	No fertilizar en absoluto.
2	Fertilizar independientemente del estado.
3	Fertilizar siempre que el terreno esté en el estado 1.
4	Fertilizar siempre que el terreno esté en el estado 2.
5	Fertilizar siempre que el terreno esté en el estado 3.
6	Fertilizar siempre que esté en el estado 1 o 2.
7	Fertilizar siempre que esté en el estado 1 o 3.
8	Fertilizar siempre que esté en el estado 2 o 3.

18.3] Modelo de etapa finita

Como se explicó en la sección 18.1, las matrices $\mathbf{P}^k$ y $\mathbf{R}^k$ para las políticas de la 3 a la 8 se determinan a partir de aquellas de las políticas 1 y 2. Por lo tanto, tenemos

$$\mathbf{P}^1 = \begin{bmatrix} 0.2 & 0.5 & 0.3 \\ 0 & 0.5 & 0.5 \\ 0 & 0 & 1 \end{bmatrix}, \quad \mathbf{R}^1 = \begin{bmatrix} 7 & 6 & 3 \\ 0 & 5 & 1 \\ 0 & 0 & -1 \end{bmatrix}$$

$$\mathbf{P}^2 = \begin{bmatrix} 0.3 & 0.6 & 0.1 \\ 0.1 & 0.6 & 0.3 \\ 0.05 & 0.4 & 0.55 \end{bmatrix}, \quad \mathbf{R}^2 = \begin{bmatrix} 6 & 5 & -1 \\ 7 & 4 & 0 \\ 6 & 3 & -2 \end{bmatrix}$$

$$\mathbf{P}^3 = \begin{bmatrix} 0.3 & 0.6 & 0.1 \\ 0 & 0.5 & 0.5 \\ 0 & 0 & 1 \end{bmatrix}, \quad \mathbf{R}^3 = \begin{bmatrix} 6 & 5 & -1 \\ 0 & 5 & 1 \\ 0 & 0 & -1 \end{bmatrix}$$

$$\mathbf{P}^4 = \begin{bmatrix} 0.2 & 0.5 & 0.3 \\ 0.1 & 0.6 & 0.3 \\ 0 & 0 & 1 \end{bmatrix}, \quad \mathbf{R}^4 = \begin{bmatrix} 7 & 6 & 3 \\ 7 & 4 & 0 \\ 0 & 0 & -1 \end{bmatrix}$$

$$\mathbf{P}^5 = \begin{bmatrix} 0.2 & 0.5 & 0.3 \\ 0 & 0.5 & 0.5 \\ 0.05 & 0.4 & 0.55 \end{bmatrix}, \quad \mathbf{R}^5 = \begin{bmatrix} 7 & 6 & 3 \\ 0 & 5 & 1 \\ 6 & 3 & -2 \end{bmatrix}$$

$$\mathbf{P}^6 = \begin{bmatrix} 0.3 & 0.6 & 0.1 \\ 0.1 & 0.6 & 0.3 \\ 0 & 0 & 1 \end{bmatrix}, \quad \mathbf{R}^6 = \begin{bmatrix} 6 & 5 & -1 \\ 7 & 4 & 0 \\ 0 & 0 & -1 \end{bmatrix}$$

$$\mathbf{P}^7 = \begin{bmatrix} 0.3 & 0.6 & 0.1 \\ 0 & 0.5 & 0.5 \\ 0.05 & 0.4 & 0.55 \end{bmatrix}, \quad \mathbf{R}^7 = \begin{bmatrix} 6 & 5 & -1 \\ 0 & 5 & 1 \\ 6 & 3 & -2 \end{bmatrix}$$

$$\mathbf{P}^8 = \begin{bmatrix} 0.2 & 0.5 & 0.3 \\ 0.1 & 0.6 & 0.3 \\ 0.05 & 0.4 & 0.55 \end{bmatrix}, \quad \mathbf{R}^8 = \begin{bmatrix} 7 & 6 & 3 \\ 7 & 4 & 0 \\ 6 & 3 & -2 \end{bmatrix}$$

Los valores de v_i^k pueden obtenerse como se indica en la tabla que sigue.

	v_i^s		
s	$i=1$	$i=2$	$i=3$
1	5.3	3	-1
2	4.7	3.1	0.4
3	4.7	3	-1
4	5.3	3.1	-1
5	5.3	3	0.4
6	4.7	3.1	-1
7	4.7	3	0.4
8	5.3	3.1	0.4

Los cálculos de las probabilidades estacionarias se realizan utilizando las ecuaciones

$$\pi^s \mathbf{P}^s = \pi^s$$
$$\pi_1 + \pi_2 + \cdots + \pi_m = 1$$

Como ejemplo ilustrativo, considérese $s = 2$. Las ecuaciones asociadas son

$$0.3\pi_1 + 0.1\pi_2 + 0.05\pi_3 = \pi_1$$
$$0.6\pi_1 + 0.6\pi_2 + 0.4\pi_3 = \pi_2$$
$$0.1\pi_1 + 0.3\pi_2 + 0.55\pi_3 = \pi_3$$
$$\pi_1 + \pi_2 + \pi_3 = 1$$

(Obsérvese que una de las tres primeras ecuaciones es redundante.) La solución produce

$$\pi_1^2 = 6/59, \quad \pi_2^2 = 31/59, \quad \pi_3^2 = 22/59$$

En este caso, el ingreso anual esperado es

$$E^2 = \sum_{i=1}^{3} \pi_i^2 v_i^2$$
$$= \frac{1}{59}(6 \times 4.7 + 31 \times 3.1 + 22 \times 0.4) = 2.256$$

La tabla que sigue resume π^k y E^k para todas las políticas estacionarias. (Aunque esto no afectará los cálculos de ninguna manera, nótese que cada una de las políticas 1, 3, 4 y 6 tiene un estado absorbente: el estado 3. Esta es la razón por la que $\pi_1 = \pi_2 = 0$ y $\pi_3 = 1$ para todas estas políticas.)

s	π_1^s	π_2^s	π_3^s	E^s
1	0	0	1	−1.
2	6/59	31/59	22/59	**2.256**
3	0	0	1	0.4
4	0	0	1	−1.
5	5/154	69/154	80/154	1.724
6	0	0	1	−1.
7	5/137	62/137	70/137	1.734
8	12/135	69/135	54/135	2.216

La tabla anterior señala que la política 2 genera el mayor ingreso anual esperado. En consecuencia, la política óptima de largo alcance recomienda se aplique fertilizante sin importar el estado del sistema. ◀

Ejercicio 18.3-1
Verifique los valores de π^s y E^s que se dan en la tabla anterior.

18.3.2 METODO DE ITERACION DE POLITICA SIN DESCUENTO

Para tener una apreciación de la dificultad asociada con el método de enumeración exhaustiva, supondremos que la jardinera tiene cuatro cursos de acción (opciones) en vez de dos: no usar fertilizante, usar fertilizante una vez durante la estación, fertilizar dos veces y fertilizar tres veces. En este caso, la mujer tendría un total de $4^4 = 256$ políticas estacionarias. Por lo tanto, aumentando el número de opciones de 2 a 4, el número de políticas estacionarias se "eleva" exponencialmente de 8 a 256. No sólo es difícil enumerar todas las políticas en forma explícita, sino que el número de operaciones comprendidas en la evaluación de estas políticas también puede ser prohibitivamente grande.

El método de iteración de política está basado principalmente en el desarrollo siguiente. Para cualquier política específica, demostramos en la sección 18.1 que el rendimiento total esperado en la etapa n se expresa a través de la ecuación recursiva

$$f_n(i) = v_i + \sum_{j=1}^{m} p_{ij} f_{n+1}(j), \qquad i = 1, 2, \ldots, m$$

Esta ecuación recursiva es la base para el desarrollo del método de iteración de política. Sin embargo, la forma presente se debe modificar ligeramente de manera que nos permita estudiar la conducta asintótica del proceso. En esencia, definimos η como el número de etapas *que faltan* por considerar. Esto sucede en contraste con n en la ecuación, que define la n-ésima etapa. Por lo tanto, la ecuación recursiva se escribe como

$$f_\eta(i) = v_i + \sum_{j=1}^{m} P_{ij} f_{\eta-1}(j), \qquad i = 1, 2, \ldots, m$$

Obsérvese que f_η es el ingreso esperado acumulado dado que η es el número de etapas *que faltan* por considerar. Con la nueva definición, el comportamiento asintótico del proceso se puede estudiar haciendo que $\eta \to \infty$.

Dado que

$$\boldsymbol{\pi} = (\pi_1, \pi_2, \ldots, \pi_m)$$

es el vector de probabilidad de estado estable de la matriz de transición $\mathbf{P} = \|p_{ij}\|$ y

$$E = \pi_1 v_1 + \pi_2 v_2 + \cdots + \pi_m v_m$$

es el ingreso esperado por etapa como se calcula en la sección 18.3.1, se puede probar que para η muy grande,

$$f_\eta(i) = \eta E + f(i)$$

donde $f(i)$ es un término constante que representa la intersección asintótica de $f_\eta(i)$ dado el estado i.

Como $f_\eta(i)$ es el rendimiento óptimo acumulado de η etapas dado el estado i y E es el ingreso esperado *por etapa*, podemos advertir en forma intuitiva por qué $f_\eta(i)$ es igual a ηE, más un factor de corrección $f(i)$ que contribuye al estado específico i. Este resultado, desde luego, supone que η es muy grande.

Ahora, utilizando esta información, la ecuación recursiva se escribe como

$$\eta E + f(i) = v_i + \sum_{j=1}^{m} p_{ij}\{(\eta-1)E + f(j)\}, \qquad i = 1, 2, \ldots, m$$

Al simplificar esta ecuación, se obtiene

$$E = v_i + \sum_{j=1}^{m} p_{ij} f(j) - f(i), \qquad i = 1, 2, \ldots, m$$

que genera m ecuaciones y $m+1$ incógnitas, donde las incógnitas son $f(1), f(2),\ldots, f(m)$ y E.

Como en la sección 18.3.1, nuestro objetivo final es el de determinar la política óptima que genere el valor máximo de E. Como hay m ecuaciones y $m+1$ incógnitas, el valor óptimo de E no se puede determinar en un paso. En cambio, se utiliza un enfoque iterativo que, comenzando con una política arbitraria, determinará entonces una nueva política que genere un mejor valor de E. El proceso iterativo termina cuando dos políticas sucesivas son idénticas.

El proceso iterativo consta de dos componentes básicas, llamadas paso de **determinación del valor** y paso de **mejora de la política.**

1. *Determinación del valor.* Elíjase una política arbitraria s. Mediante el uso de sus matrices asociadas $\mathbf{P}^s$ y $\mathbf{R}^s$ y suponiendo arbitrariamente que $f^s(m) = 0$, resuélvanse las ecuaciones

$$E^s = v_i^s + \sum_{j=1}^{m} p_{ij}^s f^s(j) - f^s(i), \qquad i = 1, 2, \ldots, m$$

con las incógnitas $E^s, f^s(1),\ldots,$ y $f^s(m-1)$. Diríjase al paso de mejora de la política.

2. *Mejora de la política.* Para cada estado i, determínese la opción k que genere

$$\max_k \left\{ v_i^k + \sum_{j=1}^{m} p_{ij}^k f^s(j) \right\}, \qquad i = 1, 2, \ldots, m$$

[Los valores de $f^s(j)$, $j = 1, 2, \ldots, m$, son aquellos que se determinan en el paso de determinación del valor.] Las decisiones óptimas resultantes k para los estados $1, 2, \ldots, m$ constituyen la nueva política t. Si s y t son idénticos, deténgase; t es óptimo. En caso contrario, hágase $s = t$ y regrésese al paso de determinación del valor.

18.3] Modelo de etapa finita 813

El problema de optimización del paso de mejora de la política necesita ser aclarado. Nuestro objetivo en este paso es obtener máx $\{E\}$. Según se indica,

$$E = v_i + \sum_{j=1}^{m} p_{ij} f(j) - f(i)$$

Ya que $f(i)$ no depende de las opciones k, se deduce que la maximización de E sobre las opcioness k es equivalente al problema de maximización dado en el paso de mejora de la política.

Ejemplo 18.3-2

Resolveremos el problema del jardinero a través del método de iteración de política.

Comenzaremos con la política arbitraria que recomienda no se aplique fertilizante. Las matrices asociadas son

$$\mathbf{P} = \begin{bmatrix} 0.2 & 0.5 & 3 \\ 0 & 0.5 & 0.5 \\ 0 & 0 & 1 \end{bmatrix}, \quad \mathbf{R} = \begin{bmatrix} 7 & 6 & 3 \\ 0 & 5 & 1 \\ 0 & 0 & -1 \end{bmatrix}$$

Las ecuaciones del paso de iteración del valor son

$$\begin{aligned} E + f(1) - 0.2f(1) - 0.5f(2) - 0.3f(3) &= 5.3 \\ E + f(2) - 0.5f(2) - 0.5f(3) &= 3 \\ E + f(3) - f(3) &= -1 \end{aligned}$$

Si hacemos arbitrariamente $f(3) = 0$, las ecuaciones generan la solución

$$E = -1, \quad f(1) \cong 12.88, \quad f(2) = 8, \quad f(3) = 0$$

Después aplicamos el paso de mejora de la política. Los cálculos asociados se presentan en la tabla que sigue.

	$v_i^k + p_{i1}^k f(1) + p_{i2}^k f(2) + p_{i3}^k f(3)$		Solución óptima	
i	$k = 1$	$k = 2$	$f(i)$	k^*
1	$5.3 + .2 \times 12.88 + .5 \times 8 + .3 \times 0$ $= 11.875$	$4.7 + .3 \times 12.88 + .6 \times 8 + .1 \times 0$ $= 13.36$	13.36	2
2	$3 + 0 \times 12.88 + .5 \times 8 + .5 \times 0$ $= 7$	$3.1 + .1 \times 12.88 + .6 \times 8 + .3 \times 0$ $= 9.19$	9.19	2
3	$-1 + 0 \times 12.88 + 0 \times 8 + 1 \times 0$ $= -1$	$.4 + .05 \times 12.88 + .4 \times 8 + .55 \times 0$ $= 4.24$	4.24	2

814 Proceso de decisión de Markov [C.18]

La nueva política indica se aplique fertilizante sin importar el estado. Como la nueva política difiere de la anterior, se vuelve a ingresar en el paso de determinación del valor. Las matrices asociadas con la nueva política son

$$\mathbf{P} = \begin{bmatrix} 0.3 & 0.6 & 0.1 \\ 0.1 & 0.6 & 0.3 \\ 0.05 & 0.4 & 0.55 \end{bmatrix}, \quad \mathbf{R} = \begin{bmatrix} 6 & 5 & -1 \\ 7 & 4 & 0 \\ 6 & 3 & -2 \end{bmatrix}$$

Estas matrices generan las siguientes ecuaciones:

$$E + f(1) - 0.3\,f(1) - 0.6f(2) - 0.1\,f(3) = 4.7$$
$$E + f(2) - 0.1\,f(1) - 0.6f(2) - 0.3\,f(3) = 3.1$$
$$E + f(3) - 0.05f(1) - 0.4f(2) - 0.55f(3) = 0.4$$

Una vez más, haciendo que $f(3) = 0$, se obtiene la solución

$$E = 2.26, \quad f(1) = 6.75, \quad f(2) = 3.79, \quad f(3) = 0$$

Los cálculos del paso de mejora de la política se dan en la tabla siguiente.

	$v_i^k + p_{i1}^k f(1) + p_{i2}^k f(2) + p_{i3}^k f(3)$		Solución óptima	
i	$k = 1$	$k = 2$	$f(i)$	k^*
1	$5.3 + .2 \times 6.75 + .5 \times 3.79 + .3 \times 0$ $= 8.54$	$4.7 + .3 \times 6.75 + .6 \times 3.79 + .1 \times 0$ $= 8.99$	8.99	2
2	$3 + 0 \times 6.75 + .5 \times 3.79 + .5 \times 0$ $= 4.89$	$3.1 + .1 \times 6.75 + .6 \times 3.79 + .3 \times 0$ $= 6.05$	6.05	2
3	$-1 + 0 \times 6.75 + 0 \times 3.79 + 1 \times 0$ $= -1$	$.4 + .05 \times 6.75 + .4 \times 3.79 + .55 \times 0$ $= 2.25$	2.25	2

La nueva política, que recomienda se aplique fertilizante sin importar el estado, es idéntica a la anterior. Por lo tanto, la última política es óptima y termina el proceso iterativo. Naturalmente, ésta es la misma conclusión que se obtuvo a través del método de enumeración exhaustiva (sección 18.3.1). Sin embargo, observe que el método de iteración de la política converge rápidamente a la política óptima, característica común del nuevo método. Nótese que el valor de E aumentó de -1 en la primera iteración a 2.26 en la segunda iteración. El último valor es igual al que se obtuvo para la política óptima en el método de enumeración exhaustiva. ◂

Ejercicio 18.3-2

En el ejemplo 18.3-2 iniciamos las iteraciones utilizando la política arbitraria de nunca aplicar fertilizante. En general, quizá sea mejor, desde el punto de vista de la convergencia, comenzar con la política cuyas decisiones individuales son aquellas que producen $\max_k \{v_i^k\}$

para cada estado *i*. Aplique estas condiciones iniciales al ejemplo 18.3-2 y obtenga la política óptima a través del método de iteración de la política.
[*Resp.* La política inicial o de inicio consta de las decisiones 1, 2 y 2 para los estados 1, 2 y 3. Sus matrices correspondientes **P** y **R** (**P**^{s} y **R**^{s} en el ejemplo 18.3-1) que se utilizan en el paso de determinación del valor generarán $E = 2.216$, $f(1) = 6.207$ y $f(2) = 3.763$. La solución supone que $f(3) = 0$. El paso de mejora de la política producirá las decisiones (2, 2, 2) con $f(1) = 8.82$, $f(2) = 5.98$ y $f(3) = 2.22$. La siguiente iteración será idéntica a la del ejemplo 18.3-2. Nótese que $E = 2.216$ en la primera iteración comparado con $E = -1$ en la primera iteración del ejemplo 18.3-2. Este ejercicio demuestra la posible influencia de la política inicial en la convergencia del algoritmo.]

18.3.3 METODO DE ITERACION DE POLITICA CON DESCUENTO

El algoritmo de iteración de política que acaba de describirse puede extenderse para incluir el descuento. Específicamente, dado que α (<1) es el factor de descuento, la ecuación recursiva de etapa finita se puede escribir como (véase la sección 18.2)

$$f_\eta(i) = \max_k \left\{ v_i^k + \alpha \sum_{j=1}^{m} p_{ij}^k f_{\eta-1}(j) \right\}$$

(Obsérvese que η representa el número de etapas *por recorrer*.) Se puede probar que cuando $\eta \to \infty$ (modelo de etapa infinita), $f_\eta(i) = f(i)$, donde $f(i)$ es el ingreso del valor presente esperado (descontado) dado que el sistema se encuentra en el estado *i* y opera sobre un horizonte infinito. Por lo tanto, el comportamiento, a la larga, de $f_\eta(i)$ cuando $\eta \to \infty$ es independiente del valor de η. Esto sucede en contraste con el caso cuando no hay descuento, donde $f_\eta(i) = \eta E + f(i)$, como se dijo antes. Este resultado debe esperarse puesto que en el caso de haber descuento el efecto de ingresos futuros disminuirá asintóticamente a cero. En realidad, el valor presente $f(i)$ debe aproximarse a un valor constante cuando $\eta \to \infty$.

Dada esta información, los pasos de las iteraciones de política se modifican como sigue.

1. *Determinación del valor*. Para una política arbitraria *s* con sus matrices **P**^{s} y **R**^{s} resuélvanse las *m* ecuaciones

$$f^s(i) = v_i^s + \alpha \sum_{j=1}^{m} p_{ij}^s f^s(j), \quad t = 1, 2, \ldots, m$$

con *m* incógnitas $f^s(1), f^s(2), \ldots, f^s(m)$. (Nótese que hay *m* ecuaciones y exactamente *m* incógnitas.)

2. *Mejora de la política*. Para cada estado *i*, determínese la alternativa *k* que genere

$$\max_k \left\{ v_i^k + \alpha \sum_{j=1}^{m} p_{ij}^k f^s(j) \right\}, \quad i = 1, 2, \ldots, m$$

donde $f^s(j)$ son los que se obtienen del paso de determinación del valor. Si la política resultante t es la misma que s, deténgase; t es óptima. En caso contrario, hágase $s = t$ y regrésese al paso de determinación del valor.

Ejemplo 18.3-3
Resolveremos el ejemplo 18.3-2 utilizando un factor de descuento $\alpha = 0.6$. Comenzando con la política arbitraria, $s = \{1, 1, 1\}$. Las matrices asociadas **P** y **R** (**P**^{1} y **R**^{1} en el ejemplo 18.3-1) producen las ecuaciones

$$f(1) - 0.6[0.2f(1) + 0.5f(2) + 0.3f(3)] = 5.3$$
$$f(2) - 0.6[0.5f(2) + 0.5f(3)] = 3$$
$$f(3) - 0.6[f(3)] = -1$$

La solución de estas ecuaciones genera

$$f_1 \cong 6.6, \quad f_2 \cong 3.21, \quad f_3 = -2.5$$

En la tabla que sigue se presenta un resumen de la iteración de mejora de la política.

	$v_i^k + .6[p_{i1}^k f(1) + p_{i2}^k f(2) + p_{i3}^k f(3)]$		Solución óptima	
i	$k = 1$	$k = 2$	$f(i)$	k^*
1	$5.3 + .6[.2 \times 6.6 + .5 \times 3.21 + .3 \times -2.5]$ $= 6.61$	$4.7 + .6[.3 \times 6.6 + .6 \times 3.21 + .1 \times -2.5]$ $= 6.89$	6.89	2
2	$3 + .6[0 \times 6.6 + .5 \times 3.21 + .5 \times -2.5]$ $= 3.21$	$3.1 + .6[.1 \times 6.6 + .6 \times 3.21 + .3 \times -2.5]$ $= 4.2$	4.2	2
3	$-1 + .6[0 \times 6.6 + 0 \times 3.21 + 1 \times -2.5]$ $= -2.5$	$.4 + .6[.05 \times 6.6 + .4 \times 3.21 + .55 \times -2.5]$ $= .54$	.54	2

El paso de determinación del valor utilizando **P**^{2} y **R**^{2} (ejemplo 18.3-1) produce las siguientes ecuaciones:

$$f(1) - 0.6[0.3\ f(1) + 0.6f(2) + 0.1\ f(3)] = 4.7$$
$$f(2) - 0.6[0.1\ f(1) + 0.6f(2) + 0.3\ f(3)] = 3.1$$
$$f(3) - 0.6[0.05f(1) + 0.4f(2) + 0.55f(3)] = 0.4$$

La solución de estas ecuaciones da

$$f(1) = 8.88, \quad f(2) = 6.62, \quad f(3) = 3.37$$

El paso de mejora de la política produce la tabla siguiente.

	$v_i^k + .6[p_{i1}^k f(1) + p_{i2}^k f(2) + p_{i3}^k f(3)]$		Solución óptima	
i	$k = 1$	$k = 2$	$f(i)$	k^*
1	$5.3 + .6[.2 \times 8.88 + .5 \times 6.62 + .3 \times 3.37]$ $= 8.95$	$4.7 + .6[.3 \times 8.88 + .6 \times 6.62 + .1 \times 3.37]$ $= 8.88$	8.95	1
2	$3 + .6[0 \times 8.88 + .5 \times 6.62 + .5 \times 3.37]$ $= 5.99$	$3.1 + .6[.1 \times 8.88 + .6 \times 6.62 + .3 \times 3.37]$ $= 6.62$	6.62	2
3	$-1 + .6[0 \times 8.88 + 0 \times 6.62 + 1 \times 3.37]$ $= 1.02$	$.4 + .6[.05 \times 8.88 + .4 \times 6.62 + .55 \times 3.37]$ $= 3.37$	3.37	2

Como la nueva política {1,2,2} difiere de la anterior, se vuelve a entrar en el paso de determinación del valor utilizando $\mathbf{P}^8$ y $\mathbf{R}^8$ (ejemplo 18.3-1). Esto da origen a las ecuaciones que siguen:

$$f(1) - 0.6[0.2\ f(1) + 0.5f(2) + 0.3\ f(3)] = 5.3$$
$$f(2) - 0.6[0.1\ f(1) + 0.6f(2) + 0.3\ f(3)] = 3.1$$
$$f(3) - 0.6[0.05f(1) + 0.4f(2) + 0.55f(3)] = 0.4$$

La solución de estas ecuaciones genera

$$f(1) = 8.98, \quad f(2) = 6.63, \quad f(3) = 3.38$$

El paso de mejora de la política produce la tabla que sigue.

	$v_i^k + .6[p_{i1}^k f(1) + p_{i2}^k f(2) + p_{i3}^k f(3)]$		Solución óptima	
i	$k = 1$	$k = 2$	$f(i)$	k^*
1	$5.3 + .6[.2 \times 8.98 + .5 \times 6.63 + .3 \times 3.38]$ $= 8.98$	$4.7 + .6[.3 \times 8.98 + .6 \times 6.63 + .1 \times 3.38]$ $= 8.91$	8.98	1
2	$3 + .6[0 \times 8.98 + .5 \times 6.63 + .5 \times 3.38]$ $= 6.00$	$3.1 + .6[1 \times 8.98 + .6 \times 6.63 + .3 \times 3.38]$ $= 6.63$	6.63	2
3	$-1 + .6[0 \times 8.98 + 0 \times 6.63 + 1 \times 3.38]$ $= 1.03$	$.4 + .6[.05 \times 8.98 + .4 \times 6.63 + .55 \times 3.38]$ $= 3.37$	3.37	2

Ya que la nueva política {1, 2, 2} es idéntica a la anterior, ésta es óptima. Nótese que el descuento ha dado origen a una política óptima distinta (véase el ejemplo 18.4-2), que recomienda no se aplique fertilizante si el estado del sistema es bueno (estado 3). ◀

Ejercicio 18.3-3

Resuelva el ejemplo 18.3-3 comenzando con la política cuya decisión corresponde a $\max_k\{v_i^k\}$. Compare las iteraciones resultantes con las del ejemplo 18.3-3.

[*Resp.* La política inicial {1, 2, 2} es óptima, ya que se verifica tras una iteración. El resultado indica que es importante seleccionar la política óptima en forma juiciosa y no arbitraria.]

18.4 SOLUCION CON PROGRAMACION LINEAL DEL PROBLEMA DE DECISION DE MARKOV

Los problemas de decisión markovianos de etapa infinita, con y sin descuento, pueden formularse y resolverse como programas lineales. Primero consideraremos el caso donde hay descuento.

En la sección 18.3.1 demostramos que el problema markoviano de etapa infinita sin descuento se reduce por último a determinar la política s^*, que corresponde a

$$\max_{s \in S} \left\{ \sum_{i=1}^{m} \pi_i^s v_i^s \,\middle|\, \boldsymbol{\pi}^s \mathbf{P}^s = \boldsymbol{\pi}^s, \quad \pi_1^s + \pi_2^s + \cdots + \pi_m^s = 1, \quad \pi_i^s \geq 0, \quad i = 1, 2, \ldots, m \right\}$$

donde S es el conjunto de todas las políticas posibles del problema. Las restricciones del problema garantizan que π_i^s, $i = 1, 2, \ldots, m$, represente las probabilidades de estado estable de la cadena de Markov $\mathbf{P}^s$.

Resolvimos este problema en la sección 18.3.1 enumerando exhaustivamente todos los elementos s de S. Específicamente, cada política s está especificada por un conjunto fijo de acciones (como lo ilustra el problema del jardinero del ejemplo 18.3-1).

El problema es la base del desarrollo de la formulación de PL del problema de decisión markoviano. No obstante, necesitamos modificar las incógnitas del problema de manera que la solución óptima determine *automáticamente* la acción óptima (opción) k cuando el sistema se encuentre en el estado i. El conjunto de todas estas acciones óptimas definirá s^*, la política óptima.

Este objetivo se logra de la manera siguiente. Sea

q_i^k = probabilidad condicional de escoger la opción k dado que el sistema se encuentra en el estado i

Por lo tanto, el problema se puede expresar como

$$\text{maximizar } E = \sum_{i=1}^{m} \pi_i \left(\sum_{k=1}^{K} q_i^k v_i^k \right)$$

sujeto a

$$\pi_j = \sum_{i=1}^{m} \pi_i p_{ij}, \quad j = 1, 2, \ldots, m$$
$$\pi_1 + \pi_2 + \cdots + \pi_m = 1$$
$$q_i^1 + q_i^2 + \cdots + q_i^K = 1, \quad i = 1, 2, \ldots, m$$
$$\pi_i \geq 0, \quad q_i^k \geq 0, \quad \text{toda } i \text{ y } k$$

Nótese que p_{ij} es una función de la política seleccionada y, por lo tanto, de las opciones específicas k de la política.

Veremos en forma breve que el problema se puede convertir en un programa lineal haciendo sustituciones adecuadas en las cuales intervenga q_i^k. Sin embargo, obsérvese que la formulación es equivalente a la original de la sección 18.3.1 sólo si $q_i^k = 1$ para exactamente *una* k por cada i, ya que esto reducirá la sumatoria $\Sigma_{k=1}^{K} q_i^k v_i^k$ a v_i^{k*}, donde $k*$ es la opción óptima elegida. Por fortuna, el programa lineal que se ha desarrollado aquí toma en cuenta esta condición en forma automática.

Defínase

$$w_{ik} = \pi_i q_i^k, \qquad \text{para toda } i \text{ y } k$$

Por definición, w_{ik} representa la probabilidad *conjunta* de estar en el estado i y tomar la decisión k. De la teoría de la probabilidad se sabe que

$$\pi_i = \sum_{k=1}^{K} w_{ik}$$

En consecuencia

$$q_i^k = \frac{w_{ik}}{\sum_{k=1}^{K} w_{ik}}$$

Por lo tanto, vemos que la restricción $\Sigma_{i=1}^{m} \pi_i = 1$ se puede escribir como

$$\sum_{i=1}^{m} \sum_{k=1}^{K} w_{ik} = 1$$

Asimismo, la restricción $\Sigma_{k=1}^{K} q_i^k = 1$ está implícita en forma automática por la manera en que definimos q_i^k en términos de w_{ik}. (Verifíquese esto.) Por lo tanto, el problema se puede expresar como

$$\text{maximizar } E = \sum_{i=1}^{m} \sum_{k=1}^{K} v_i^k w_{ik}$$

sujeto a

$$\sum_{i=1}^{m} w_{jk} - \sum_{i=1}^{m} \sum_{k=1}^{K} p_{ij}^k w_{ik} = 0, \qquad j = 1, 2, \ldots, m$$

$$\sum_{i=1}^{m} \sum_{k=1}^{K} w_{ik} = 1$$

$$w_{ik} \geq 0, \quad i = 1, 2, \ldots, m; k = 1, 2, \ldots, K$$

El modelo resultante es un programa lineal en w_{ik}. Ahora demostraremos que su solución óptima garantiza automáticamente que $q_i^k = 1$ para una k por cada i. Primero, obsérvese que el programa lineal tiene m ecuaciones independientes (una de las ecuaciones asociadas con $\pi = \pi P$ es redundante). Por lo tanto, el problema debe tener m variables básicas. Sin embargo, se puede probar que w_{ik} debe ser estrictamente positivo cuando menos para una k por cada i. De estos dos resultados, concluimos que

$$q_i^k = \frac{w_{ik}}{\sum_{k=1}^{K} w_{ik}}$$

puede tomar un valor binario (0 o 1) exclusivamente, según se desee. (En realidad, el resultado anterior demuestra también que $\pi_i = \sum_{k=1}^{K} w_{ik} = w_{ik^*}$, donde k^* es la opción que corresponde a $w_{ik} > 0$.)

Ejemplo 18.4-1
La que sigue es una fórmula de PL del problema del jardinero sin descuento:

$$\text{maximizar } E = 5.3w_{11} + 4.7w_{12} + 3w_{21} + 3.1w_{22} - w_{31} + 0.4w_{32}$$

sujeto a

$$w_{11} + w_{12} - (0.2w_{11} + 0.3w_{12} \phantom{+ 0.5w_{21}} + 0.1w_{22} \phantom{+ w_{31}} + 0.05w_{32}) = 0$$
$$w_{21} + w_{22} - (0.5w_{11} + 0.6w_{12} + 0.5w_{21} + 0.6w_{22} \phantom{+ w_{31}} + 0.4w_{32}) = 0$$
$$w_{31} + w_{32} - (0.3w_{11} + 0.1w_{12} + 0.5w_{21} + 0.3w_{22} + w_{31} + 0.55w_{32}) = 0$$
$$w_{11} + w_{12} + w_{21} + w_{22} + w_{31} + w_{32} = 1$$
$$w_{ik} \geq 0, \quad \text{para toda } i \text{ y } k$$

La solución óptima es $w_{11} = w_{12} = w_{31} = 0$ y $w_{12} = 6/59$, $w_{22} = 31/59$, y $w_{32} = 22/59$. Este resultado significa que $q_1^2 = q_2^2 = q_3^2 = 1$. Por lo tanto, la política óptima recomienda se seleccione la opción 2 ($k = 2$) para $i = 1, 2$ y 3. El valor óptimo de E es $4.7(6/59) + 3.1(31/59) + 0.4(22/59) = 2.256$. Es interesante notar que los valores positivos de w_{ik} son exactamente iguales a los valores de π_i asociados con la política óptima en el procedimiento de enumeración exhaustiva del ejemplo 18.3-1. Esta observación demuestra la relación directa entre los dos métodos de solución. ◄

A continuación consideramos el problema de decisión markoviano con descuento. En la sección 18.3.2 el problema se expresa a través de la ecuación recursiva

$$f(i) = \max_{k} \left\{ v_i^k + \alpha \sum_{j=1}^{m} p_{ij}^k f(j) \right\}, \quad i = 1, 2, \ldots, m$$

Estas ecuaciones son equivalentes a

$$f(i) \geq \alpha \sum_{j=1}^{m} p_{ij}^k f(j) + v_i^k, \quad \text{para toda } i \text{ y } k$$

siempre que $f(i)$ alcance su valor mínimo para cada i. Ahora considérese la función objetivo

$$\text{minimizar} \sum_{i=1}^{m} b_i f(i)$$

donde b_i (> 0 para toda i) es una constante arbitraria. Se puede probar que la optimización de esta función sujeta a las desigualdades dadas, dará origen al valor mínimo de $f(i)$, según se desea. Por lo tanto, el problema se puede expresar como

$$\text{minimizar} \sum_{i=1}^{m} b_i f(i)$$

sujeto a

$$f(i) - \alpha \sum_{i=1}^{m} p_{ij}^k f(j) \geq v_i^k, \quad \text{para toda } i \text{ y } k$$

$$f(i) \text{ irrestricta}, \quad i = 1, 2, \ldots, m$$

Ahora el dual del problema es

$$\text{maximizar} \sum_{i=1}^{m} \sum_{k=1}^{K} v_i^k w_{ik}$$

sujeto a

$$\sum_{k=1}^{K} w_{jk} - \alpha \sum_{i=1}^{m} \sum_{k=1}^{K} p_{ij}^k w_{ik} = b_j, \quad j = 1, 2, \ldots, m$$

$$w_{ik} \geq 0, \quad \text{para } i = 1, 2, \ldots, m; k = 1, 2, \ldots, K$$

Nótese que la función objetivo tiene la misma forma que en el caso donde no hay descuento, de manera que w_{ik} puede interpretarse en forma análoga. El ejemplo que sigue ilustra la aplicación del modelo.

Ejemplo 18.4-2

Considere el ejemplo del jardinero con el factor de descuento $\alpha = 0.6$. Si hacemos que $b_1 = b_2 = b_3 = 1$, el problema de PL dual se puede expresar como:

$$\text{maximizar } 5.3w_{11} + 4.7w_{12} + 3w_{21} + 3.1w_{22} - w_{31} + 0.4w_{32}$$

sujeto a

$$w_{11} + w_{12} - 0.6[0.2w_{11} + 0.3w_{12} \qquad + 0.1w_{22} \qquad + 0.05w_{32}] = 1$$
$$w_{21} + w_{22} - 0.6[0.5w_{11} + 0.6w_{12} + 0.5w_{21} + 0.6w_{22} \qquad + 0.4w_{32}] = 1$$
$$w_{31} + w_{32} - 0.6[0.3w_{11} + 0.1w_{12} + 0.5w_{21} + 0.3w_{22} + w_{31} + 0.55w_{32}] = 1$$
$$w_{ik} \geq 0, \quad \text{para toda } i \text{ y } k$$

La solución óptima es $w_{12} = w_{21} = w_{31} = 0$ y $w_{11} = 1.5678$, $w_{22} = 3.3528$ y $w_{32} = 2.8145$. La solución demuestra que la política óptima es {1, 2, 2}, como se obtuvo en el ejemplo 18.3-3. ◀

18.5 RESUMEN

En este capítulo se ofrecen modelos para la solución del problema de decisión markoviano. Los modelos elaborados incluyen los modelos de etapa finita, que se resuelven directamente a través de las ecuaciones recursivas de PD. En el modelo de etapa infinita, se demuestra que la enumeración exhaustiva no es práctica para problemas grandes. El algoritmo de iteración de política, que está basado en la ecuación recursiva de PD es, según se demuestra, más eficiente en términos de cálculo que el método de enumeración exhaustiva, ya que normalmente converge en un número de iteraciones pequeño. Se muestra que el descuento da origen a un posible cambio de la política óptima en comparación con el caso donde no se aplica descuento. Esta conclusión se aplica a los modelos de etapa finita e infinita.

La formulación de PL es muy interesante, pero no es tan eficiente en términos de cálculo como el algoritmo de iteración de política. Para problemas con K alternativas de decisión y m estados, el modelo de PL asociado incluiría $(m + 1)$ restricciones y mK variables, que tienden a ser grandes para valores grandes de m y K.

Aunque presentamos el ejemplo del jardinero simplificado para demostrar el desarrollo de los algoritmos, el problema de decisión markoviano tiene aplicaciones en áreas de los inventarios, mantenimiento, reemplazo y recursos acuíferos.

18.6 APENDICE: REPASO DE LAS CADENAS DE MARKOV

Considere los puntos discretos en el tiempo $\{t_k\}$ para $k = 1, 2, \ldots$ y sea ξ_{t_k} la variable aleatoria que caracteriza el estado del sistema en t_k. La familia de variables aleatorias $\{\xi_{t_k}\}$ forma un **proceso estocástico**. Los estados en el tiempo t_k representan realmente las situaciones (exhaustivas y mutuamente excluyentes) del sistema en ese tiempo específico. El número de estados puede ser entonces finito o infinito. Por ejemplo, la distribución de Poisson

$$P_n(t) = \frac{e^{-\lambda t}(\lambda t)^n}{n!}, \quad n = 0, 1, 2, \ldots$$

representa un proceso estocástico con un número infinito de estados. La variable aleatoria n representa aquí el número de sucesos entre 0 y t (suponiendo que el sistema comienza en el tiempo 0). Los estados del sistema en cualquier tiempo t están dados por $n = 0, 1, 2, \ldots$.

Otro ejemplo es el juego de lanzar la moneda con k lanzamientos. Cada lanzamiento se puede interpretar como un punto en el tiempo. La secuencia resultante de lanzamientos constituye un proceso estocástico. El estado del sistema en cualquier lanzamiento es águila o sol, o bien, cara o cruz.

Esta sección presenta un resumen de una clase importante de sistemas estocásticos que incluye a los **procesos de Markov,** así como a las **cadenas de Markov.** Una cadena de Markov es en realidad un caso especial de procesos de Markov. Se usa para estudiar el comportamiento a corto y largo plazo de ciertos sistemas estocásticos.

18.6.1 PROCESOS DE MARKOV

Un *proceso de Markov* es un sistema estocástico en el que la ocurrencia de un estado futuro depende del estado inmediatamente precedente y sólo de él. Así, si $t_0 < t_1 < \ldots t_n$ ($n = 0, 1, 2, \ldots$) representan puntos en el tiempo, la familia de variables aleatorias $\{\xi_{t_n}\}$ es un proceso de Markov, si ésta posee la siguiente **propiedad Markoviana:**

$$P\{\xi_{t_n} = x_n \mid \xi_{t_{n-1}} = x_{n-1}, \ldots, \xi_{t_0} = x_0\} = P\{\xi_{t_n} = x_n \mid \xi_{t_{n-1}} = x_{n-1}\}$$

para todos los valores posibles de $\xi_{t_0}, \xi_{t_1}, \ldots, \xi_{t_n}$.

La probabilidad $p_{x_{n-1}, x_n} = P\{\xi_{t_n} = x_n \mid \xi_{t_{n-1}} = x_{n-1}\}$ se llama **probabilidad de transición.** Representa la probabilidad *condicional* de que el sistema esté en x_n en t_n, dado que estaba en x_{n-1} en t_{n-1}. Esta probabilidad también se denomina **probabilidad de transición de un paso,** ya que describe al sistema entre t_{n-1} y t_n. Una probabilidad de transición de m pasos se define entonces como

$$p_{x_n, x_{n+m}} = P\{\xi_{t_{n+m}} = x_{n+m} \mid \xi_{t_n} = x_n\}$$

18.6.2 CADENAS DE MARKOV

Sean $E_1, E_2, \ldots, E_j$ ($j = 0, 1, 2, \ldots$) los estados exhaustivos y mutuamente excluyentes de un sistema en un tiempo cualquiera. Inicialmente, en el tiempo t_0, el sistema puede estar en cualquiera de esos estados. Sean $a_j^{(0)}$ ($j = 0, 1, 2, \ldots$) las probabilidades absolutas de que el sistema se encuentre en el estado E_j en t_0. Suponga además que el sistema es Markoviano.
Definimos

$$p_{ij} = P\{\xi_{t_n} = j \mid \xi_{t_{n-1}} = i\}$$

como la probabilidad de transición de un paso, de pasar del estado i en t_{n-1} al estado j en t_n, y suponemos que esas probabilidades de transición del estado E_i al estado E_j se pueden arreglar más convenientemente en forma de matriz como sigue:

$$\mathbf{P} = \begin{pmatrix} p_{00} & p_{01} & p_{02} & p_{03} & \cdots \\ p_{10} & p_{11} & p_{12} & p_{13} & \cdots \\ p_{20} & p_{21} & p_{22} & p_{23} & \cdots \\ p_{30} & p_{31} & p_{32} & p_{33} & \cdots \\ \vdots & \vdots & \vdots & \vdots & \end{pmatrix}$$

824 Proceso de decisión de Markov [C.18]

La matriz **P** se denomina **matriz estocástica** o **matriz de transición homogénea** porque todas las probabilidades de transición p_{ij} son fijas e independientes del tiempo. Las probabilidades p_{ij} deben satisfacer las condiciones

$$\sum_j p_{ij} = 1, \quad \text{para toda } i$$

$$p_{ij} \geq 0, \quad \text{para toda } i \text{ y } j$$

Debemos definir ahora una **cadena de Markov**. *Una matriz* **P** *de transición junto con las probabilidades iniciales* $\{a_j^{(0)}\}$, *asociados con los estados* E_j, *definen completamente una cadena de Markov.* Se piensa por lo general que una cadena de Markov describe el comportamiento de transición de un sistema en intervalos de tiempo igualmente espaciados. Sin embargo, existen situaciones donde los espaciamientos temporales dependen de las características del sistema y por ello, pueden no ser iguales entre sí. Estos casos se denominan **cadenas de Markov incrustadas**.

A. Probabilidades absolutas y de transición

Dadas $\{a_j^{(0)}\}$ y **P** de una cadena de Markov, las probabilidades absolutas del sistema después de un número especificado de transiciones se determina como sigue. Sean $\{a_j^{(n)}\}$ las probabilidades absolutas del sistema después de n transiciones, o sea, en t_n. La expresión general para $\{a_j^{(n)}\}$ en términos de $\{a_j^{(0)}\}$ y **P**, se puede encontrar como sigue:

$$a_j^{(1)} = a_1^{(0)} p_{1j} + a_2^{(0)} p_{2j} + a_3^{(0)} p_{3j} + \cdots = \sum a_i^{(0)} p_{ij}$$

también

$$a_j^{(2)} = \sum_i a_i^{(1)} p_{ij} = \sum_i \left(\sum_k a_k^{(0)} p_{ki} \right) p_{ij} = \sum_k a_k^{(0)} \left(\sum_i p_{ki} p_{ij} \right) = \sum_k a_k^{(0)} p_{kj}^{(2)}$$

donde $p_{kj}^{(2)} = \sum_i p_{ki} p_{ij}$ es la **probabilidad de transición de segundo orden** o **de dos pasos,** o sea, es la probabilidad de pasar del estado k al estado j en exactamente dos transiciones.

De igual manera se puede demostrar por inducción que

$$a_j^{(n)} = \sum_i a_i^{(0)} \left(\sum_k p_{ik}^{(n-1)} p_{kj} \right) = \sum_i a_i^{(0)} p_{ij}^{(n)}$$

donde $p_{ij}^{(n)}$ es la probabilidad de transición de orden n o de n pasos dada por la fórmula recursiva

$$p_{ij}^{(n)} = \sum_k p_{ik}^{(n-1)} p_{kj}$$

En general, para toda i y j,

$$p_{ij}^{(n)} = \sum_k p_{ik}^{(n-m)} p_{kj}^{(m)}, \qquad 0 < m < n$$

Estas son las **ecuaciones de Chapman-Kolomogorov**.

Los elementos de una matriz de transición de orden superior $\|p_{ij}^{(n)}\|$ se pueden obtener en forma directa por multiplicación matricial. Así,

$$\|p_{ij}^{(2)}\| = \|p_{ij}\|\,\|p_{ij}\| = \mathbf{P}^2$$

$$\|p_{ij}^{(3)}\| = \|p_{ij}^2\|\,\|p_{ij}\| = \mathbf{P}^3$$

y en general,

$$\|p_{ij}^{(n)}\| = \mathbf{P}^{n-1}\mathbf{P} = \mathbf{P}^n$$

Por consiguiente, si las probabilidades absolutas se definen en forma vectorial como

$$\mathbf{a}^{(n)} = \{a_1^{(n)},\ a_2^{(n)},\ a_3^{(n)}, \ldots\}$$

entonces

$$\mathbf{a}^{(n)} = \mathbf{a}^{(0)} \mathbf{P}^n$$

Ejemplo 18.6-1

Considere la siguiente cadena de Markov con dos estados,

$$\mathbf{P} = \begin{pmatrix} .2 & .8 \\ .6 & .4 \end{pmatrix}$$

con $\mathbf{a}^{(0)} = (0.7\ \ 0.3)$. Determine $\mathbf{a}^{(1)}$, $\mathbf{a}^{(4)}$ y $\mathbf{a}^{(8)}$.

$$\mathbf{P}^2 = \begin{pmatrix} .2 & .8 \\ .6 & .4 \end{pmatrix}\begin{pmatrix} .2 & .8 \\ .6 & .4 \end{pmatrix} = \begin{pmatrix} .52 & .48 \\ .36 & .64 \end{pmatrix}$$

$$\mathbf{P}^4 = \mathbf{P}^2\mathbf{P}^2 = \begin{pmatrix} .52 & .48 \\ .36 & .64 \end{pmatrix}\begin{pmatrix} .52 & .48 \\ .36 & .64 \end{pmatrix} \cong \begin{pmatrix} .443 & .557 \\ .417 & .583 \end{pmatrix}$$

$$\mathbf{P}^8 = \mathbf{P}^4\mathbf{P}^4 = \begin{pmatrix} .443 & .557 \\ .417 & .583 \end{pmatrix}\begin{pmatrix} .443 & .557 \\ .417 & .583 \end{pmatrix} \cong \begin{pmatrix} .4281 & .5719 \\ .4274 & .5726 \end{pmatrix}$$

Entonces

$$\mathbf{a}^{(1)} = (.7\ \ .3)\begin{pmatrix} .2 & .8 \\ .6 & .4 \end{pmatrix} = (.32\ \ .68)$$

$$\mathbf{a}^{(4)} = (.7\ \ .3)\begin{pmatrix} .443 & .557 \\ .417 & .583 \end{pmatrix} = (.435\ \ .565)$$

$$\mathbf{a}^{(8)} = (.7\ \ .3)\begin{pmatrix} .4281 & .5719 \\ .4274 & .5726 \end{pmatrix} = (.4279\ \ .5721)$$

El resultado interesante es que las filas de $\mathbf{P}^8$ tienden a ser idénticas. También, $\mathbf{a}^{(8)}$ tienden a ser idénticas con las filas de $\mathbf{P}^{(8)}$. Este resultado tiene que ver con las propiedades a largo plazo de las cadenas de Markov que, como se muestra en esta sección, implica que las probabilidades absolutas a largo plazo son independientes de $\mathbf{a}^{(0)}$. En este caso las probabilidades resultantes se denominan **probabilidades de estado estable.** ◄

B. Clasificación de los estados en las cadenas de Markov

Al usar el análisis de las cadenas de Markov sería interesante estudiar el comportamiento del sistema en un periodo corto. En este caso, las probabilidades absolutas se calculan como en la sección precedente. Sin embargo, un estudio más importante tendría que ver con el comportamiento a largo plazo del sistema, o sea, cuando el número de transiciones tendiese a infinito. En tal caso, el análisis presentado en la sección precedente es inadecuado, y es necesario encontrar un procedimiento sistemático que prediga el comportamiento del sistema a largo plazo. Esta sección presenta definiciones de la clasificación de los estados en las cadenas de Markov que serán útiles al estudiar el comportamiento de los sistemas a largo plazo.

Cadena de Markov irreducible

Se dice que una cadena de Markov es **irreducible** si cada estado E_j se puede alcanzar desde cualquier otro estado E_i después de un número finito de transiciones; o sea, para $i \neq j$,

$$P_{ij}^{(n)} > 0, \quad \text{para } 1 \leq n < \infty$$

En este caso, todos los estados de la cadena **se comunican.**

Estados absorbentes y estados de conjunto cerrado

En una cadena de Markov un conjunto C de estados se denomina **cerrado** si el sistema, una vez en uno de los estados de C, permanece en C indefinidamente. Un ejemplo especial de un conjunto cerrado es un estado particular E_j que tenga una probabilidad de transición $p_{ij} = 1$. En este caso, E_j se denomina **estado absorbente.** Todos los estados de una cadena irreducible deben formar un conjunto cerrado y ningún otro subconjunto puede ser cerrado. El conjunto cerrado C también debe satisfacer todas las condiciones de una cadena de Markov y por ello, puede estudiarse en forma independiente.

Ejemplo 18.6-2
Considere la siguiente cadena de Markov:

$$\mathbf{P} = \begin{array}{c} \\ 0 \\ 1 \\ 2 \\ 3 \end{array} \begin{pmatrix} 0 & 1 & 2 & 3 \\ 1/2 & 1/4 & 1/4 & 0 \\ 0 & 0 & 1 & 0 \\ 1/3 & 0 & 1/3 & 1/3 \\ 0 & 0 & 0 & 1 \end{pmatrix}$$

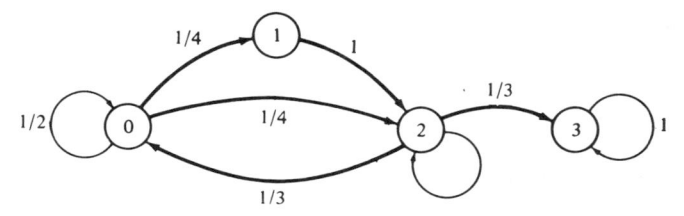

Figura 18-2

Esta cadena se ilustra gráficamente en la figura 18-2. La figura muestra que los cuatro estados *no* constituyen una cadena irreducible, ya que los estados 0, 1 y 2 no se pueden alcanzar desde el estado 3. El estado 3, en sí mismo, forma un conjunto cerrado y, por consiguiente, es absorbente. También se puede decir, que el estado 3 forma una cadena irreducible. ◀

Tiempos de primer retorno

Una definición importante en la teoría de las cadenas de Markov es el **tiempo de primer retorno**. Dado que el sistema está inicialmente en el estado E_j, puede retornar a E_j *por primera vez* en el paso enésimo, con $n \geq 1$. El número de pasos antes de que el sistema retorne a E_j se llama tiempo de primer retorno.

Sea $f_{jj}^{(n)}$ la probabilidad de que el primer retorno a E_j ocurra en el paso enésimo. Entonces, dada la matriz de transición

$$\mathbf{P} = \|p_{ij}\|$$

se puede determinar una expresión para $f_{jj}^{(n)}$ como sigue:

$$p_{jj} = f_{jj}^{(1)}$$
$$p_{jj}^{(2)} = f_{jj}^{(2)} + f_{jj}^{(1)} p_{jj}$$

o

$$f_{jj}^{(2)} = p_{jj}^{(2)} - f_{jj}^{(1)} p_{jj}$$

Se puede probar por inducción que, en general,

$$p_{jj}^{(n)} = f_{jj}^{(n)} + \sum_{m=1}^{n-1} f_{jj}^{(m)} p_{jj}^{(n-m)}$$

lo que da la expresión requerida

$$f_{jj}^{(n)} = p_{jj}^{(n)} - \sum_{m=1}^{n-1} f_{jj}^{(m)} p_{jj}^{(n-m)}$$

La probabilidad de *por lo menos* un retorno al estado E_j está dada por

$$f_{jj} = \sum_{n=1}^{\infty} f_{jj}^{(n)}$$

Entonces, es seguro que el sistema retorna a j si $f_{jj} = 1$. En este caso, si μ_{jj} define el tiempo medio de retorno (recurrencia),

$$\mu_{jj} = \sum_{n=1}^{\infty} n f_{jj}^{(n)}$$

Si $f_{jj} < 1$, no es seguro que el sistema retornará a E_j y, en consecuencia, $\mu_{jj} = \infty$.

Por este motivo los estados de una cadena de Markov se pueden clasificar con base en la definición de los tiempos de primer retorno como sigue:

1. Un estado es **transitorio** si $f_{jj} < 1$, o sea, $\mu_{jj} = \infty$.
2. Un estado es **recurrente** (persistente) si $f_{jj} = 1$.
3. Un estado **recurrente** es **nulo** si $\mu_{jj} = \infty$ y **no nulo** si $\mu_{jj} < \infty$ (finito).
4. Un estado es **periódico** con periodo t si es posible un retorno sólo en los pasos $t, 2t, 3t, \ldots$. Esto significa que $p_{ij}^{(n)} = 0$ siempre que n no sea divisible entre t.
5. Un estado recurrente es **ergódico** si es no nulo y aperiódico (no periódico).

Cadenas ergódicas de Markov

Una cadena de Markov *irreducible* es ergódica si todos sus estados son ergódicos. En este caso la distribución de probabilidad absoluta

$$\mathbf{a}^{(n)} = \mathbf{a}^{(0)} \mathbf{P}^n$$

siempre converge unívocamente a una distribución límite cuando $n \to \infty$, donde la distribución límite es independiente de las probabilidades iniciales $\mathbf{a}^{(0)}$.

Ahora podemos enunciar el siguiente teorema:

Teorema 18.6-1 *Todos los estados en una cadena de Markov infinita irreducible pueden pertenecer a una, y sólo una, de las siguientes tres clases: estados transitorios, estados recurrentes nulos o estados recurrentes no nulos. En cada caso, todos los estados se comunican y tienen el mismo periodo. En el caso especial cuando la cadena tenga un número finito de estados, la cadena no puede constar sólo de estados transitorios, ni tampoco puede contener algún estado nulo.*

C. Distribución límite de cadenas irreducibles

El ejemplo 18.6-1 muestra que conforme aumenta el número de transiciones, la probabilidad absoluta se vuelve independiente a largo plazo de las cadenas de Markov. En esta sección presentamos la determinación de la distribución límite (a largo plazo) de una cadena *irreducible*. La presentación se concretará al tipo aperiódico ya que es el único tipo necesario en este texto. Además, el análisis del tipo periódico es bastante complejo.

La existencia de una distribución límite en una cadena irreducible aperiódica depende de la clase de sus estados. Entonces, considerando las tres clases dadas en el teorema 18.6-1, podemos enunciar el siguiente teorema.

Teorema 18.6-2 *En una cadena de Markov irreducible aperiódica,*
(a) *Si los estados son todos transitorios o todos nulos, entonces* $p_{ij}^{(n)} \to 0$ *como* $n \to \infty$, *para toda y y j y, no existe una distribución límite.*
(b) *Si todos los estados son ergódicos, entonces*

$$\lim_{n \to \infty} a_j^{(n)} = \beta_j, \qquad j = 0, 1, 2, \ldots$$

donde β_j es la distribución límite (estado estable). Las probabilidades β_j existen en forma única y son independientes de $a_j^{(0)}$. En este caso, β_j se puede determinar a partir del conjunto de ecuaciones†

$$\beta_j = \sum_i \beta_i p_{ij}$$

$$1 = \sum_j \beta_j$$

El tiempo medio de recurrencia para el estado j está dado entonces por

$$\mu_{jj} = \frac{1}{\beta_j}$$

Ejemplo 18.6-3

Considere el ejemplo 18.6-1. Para determinar su distribución de probabilidades de estado estable, tenemos

$$\beta_1 = .2\beta_1 + .6\beta_2$$
$$\beta_2 = .8\beta_1 + .4\beta_2$$
$$1 = \beta_1 + \beta_2$$

---
† Observe que una de las ecuaciones $\beta_j = \sum_i \beta_i p_{ij}$ es redundante.

(Observe que una de las primeras dos ecuaciones es redundante.) La solución da: $\beta_1 = 0.4286$ y $\beta_2 = 0.5714$. Estos valores son muy cercanos a los valores de $\mathbf{a}^{(8)}$ (y a las filas de $\mathbf{P}^8$) en el ejemplo 18.6-1. Luego tenemos

$$\mu_{11} = 1/\beta_1 = 2.3$$
$$\mu_{22} = 1/\beta_2 = 1.75$$

de modo que el tiempo medio de recurrencia para los estados primero y segundo son 2.3 y 1.75 pasos, respectivamente. ◀

Ejemplo 18.6-4

Considere la cadena de Markov siguiente con tres estados:

$$\mathbf{P} = \begin{matrix} & \begin{matrix} 0 & 1 & 2 \end{matrix} \\ \begin{matrix} 0 \\ 1 \\ 2 \end{matrix} & \begin{pmatrix} 1/2 & 1/4 & 1/4 \\ 1/2 & 1/4 & 1/4 \\ 0 & 1/2 & 1/2 \end{pmatrix} \end{matrix}$$

Esta se llama **matriz estocástica doble**, ya que

$$\sum_{i=1}^{s} p_{ij} = \sum_{j=1}^{s} p_{ij} = 1$$

donde s es el número de estados. En tales casos, las probabilidades de estado estable son $\beta_j = 1/s$ para toda j. Así, para la matriz dada,

$$\beta_0 = \beta_1 = \beta_2 = 1/3$$ ◀

BIBLIOGRAFIA

Derman, C., *Finite State Markovian Decision Processes*, Academic Press, Nueva York, 1970.

Howard, R., *Dynamic Programming and Markov Processes*, MIT Press, Cambridge, Mass., 1960.

PROBLEMAS

Sección	Problemas asignados
18.2	18-1 a 18-6
18.3.1	18-7 a 18-9
18.3.2	18-10 a 18-12
18.3.3	18-13
18.4	18-14, 18-15
18.6	18-16, 18-17

☐ **18-1** Una compañía revisa el estado de uno de sus productos importantes sobre una base anual y decide si tiene éxito (estado 1) o no lo tiene (estado 2). Después, la compañía debe decidir si da publicidad o no al producto a fin de promover las ventas más a fondo. Las matrices P_1 y P_2 que se presentan aquí dan las probabilidades de transición con y sin publicidad durante un año cualquiera. Los rendimientos asociados están dados por las matrices R_1 y R_2. Determine las decisiones óptimas en los tres años siguientes.

$$P_1 = \begin{bmatrix} 0.9 & 0.1 \\ 0.6 & 0.4 \end{bmatrix}, \quad R_1 = \begin{bmatrix} 2 & -1 \\ 1 & -3 \end{bmatrix}$$

$$P_2 = \begin{bmatrix} 0.7 & 0.3 \\ 0.2 & 0.8 \end{bmatrix}, \quad R_2 = \begin{bmatrix} 4 & 1 \\ 2 & -1 \end{bmatrix}$$

☐ **18-2** Una compañía puede valerse de la publicidad en uno de tres medios: radio, televisión o el periódico. Los costos semanales de publicidad en los tres medios se estiman en 200, 900 y 300 unidades monetarias, respectivamente. La compañía puede clasificar su volumen de ventas durante cada semana como (1) regular, (2) bueno o (3) excelente. A continuación se presenta un resumen de las probabilidades de transición asociadas con cada medio de publicidad.

Radio
$$\begin{array}{c c} & \begin{array}{ccc} 1 & 2 & 3 \end{array} \\ \begin{array}{c} 1 \\ 2 \\ 3 \end{array} & \begin{bmatrix} 0.4 & 0.5 & 0.1 \\ 0.1 & 0.7 & 0.2 \\ 0.1 & 0.2 & 0.7 \end{bmatrix} \end{array}$$

TV
$$\begin{array}{c c} & \begin{array}{ccc} 1 & 2 & 3 \end{array} \\ \begin{array}{c} 1 \\ 2 \\ 3 \end{array} & \begin{bmatrix} 0.7 & 0.2 & 0.1 \\ 0.3 & 0.6 & 0.1 \\ 0.1 & 0.7 & 0.2 \end{bmatrix} \end{array}$$

Periódico
$$\begin{array}{c c} & \begin{array}{ccc} 1 & 2 & 3 \end{array} \\ \begin{array}{c} 1 \\ 2 \\ 3 \end{array} & \begin{bmatrix} 0.2 & 0.5 & 0.3 \\ 0 & 0.7 & 0.3 \\ 0 & 0.2 & 0.8 \end{bmatrix} \end{array}$$

Los rendimientos semanales correspondientes (en cientos de unidades monetarias) son

Radio
$$\begin{bmatrix} 400 & 520 & 600 \\ 300 & 400 & 700 \\ 200 & 250 & 500 \end{bmatrix}$$

TV
$$\begin{bmatrix} 1000 & 1300 & 1600 \\ 800 & 1000 & 1700 \\ 600 & 700 & 1100 \end{bmatrix}$$

Periódico
$$\begin{bmatrix} 400 & 530 & 710 \\ 350 & 450 & 800 \\ 250 & 400 & 650 \end{bmatrix}$$

Determine la política de publicidad óptima en las tres semanas siguientes.

☐ **18-3** Una compañía presenta un nuevo producto al mercado. Si las ventas son altas, existe una probabilidad de 0.5 de que se mantendrán en ese nivel el mes siguiente. Si no son altas, la probabilidad de que aumentarán el mes siguiente es sólo de 0.2. La compañía tiene la opción de elaborar una campaña publicitaria. Si lo hace y las ventas son altas, la probabilidad de que se mantendrán así el mes siguiente aumentará a 0.8. Por otra parte, una campaña publicitaria mientras las ventas son bajas aumentará la probabilidad a sólo 0.4.

Si no se recurre a la publicidad y las ventas son altas, se espera que los rendimientos sean 10 si las ventas se mantienen altas el mes siguiente y 4 si no sucede esto. Los rendimientos correspondientes si el producto empieza con ventas altas son 7 y −2. Recurriendo a la publicidad se generarán rendimientos de 7 si el producto comienza con ventas altas y se mantiene en ese nivel y de 6 si no ocurre esto. Si las ventas empiezan bajas, los rendimientos son 3 y −5, dependiendo de si las ventas se mantienen altas o no.

Determine la política óptima de la compañía para los tres meses siguientes.

☐ **18-4** (Problema de inventario) Un almacén de artículos para el hogar puede colocar pedidos de refrigeradores al inicio de cada mes para entrega inmediata. Se incurre en un costo fijo de $100 cada vez que se coloca un pedido. El costo de almacenamiento por refrigerador por mes es de $5. La penalización por quedar sin existencia se estima en $150 por refrigerador por mes. La demanda mensual está dada por la siguiente fdp.

Demanda x	0	1	2
$p(x)$	0.2	0.5	0.3

La política de la tienda es que el máximo nivel de existencia no debe exceder de dos refrigeradores en cualquier mes individual.
  (a) Determine las probabilidades de transición de las diferentes opciones de decisión del problema.
  (b) Determine el costo de inventario esperado por mes como función del estado del sistema y la alternativa de decisión.
  (c) Determine la política de pedido óptima en los tres meses siguientes.

☐ **18-5** Repita el problema 18-4 suponiendo que la fdp de la demanda en el trimestre siguiente cambia de acuerdo con la tabla siguiente.

Demanda x	Mes 1	Mes 2	Mes 3
0	0.1	0.3	0.2
1	0.4	0.5	0.4
2	0.5	0.2	0.4

☐ **18-6** El valor en el mercado de un automóvil usado se estima en $2 000. El propietario cree que puede obtener más que esto, pero está dispuesto a escuchar ofertas de los tres primeros compradores prospecto que respondan a su anuncio (lo que significa que debe tomar su decisión a más tardar después de que reciba la tercera oferta). Se espera que las ofertas sean de $2 000, $2 200, $2 400 y $2 600, con iguales probabilidades. Naturalmente, cuando él acepte una oferta, todas las posteriores no le servirán más. Su objetivo es el de fijar un límite aceptable que pueda utilizar cuando reciba cada una de las tres ofertas. Por lo tanto, estos límites pueden ser $2 000, $2 200, $2 400 o $2 600. Elabore un plan óptimo para el propietario del automóvil.

☐ **18-7** Resuelva el problema 18-1 para un número infinito de periodos mediante el uso del método de enumeración exhaustiva.

☐ **18-8** Resuelva el problema 18-2 para un horizonte de planeación infinito utilizando el método de enumeración exhaustiva.

☐ **18-9** Resuelva el problema 18-3 a través del método de enumeracion exhaustiva suponiendo un horizonte infinito.

☐ **18-10** Suponga en el problema 18-1 que el horizonte de planeación es infinito. Resuelva el problema a través del método de iteración de la política.

☐ **18-11** Resuelva el problema 18-2 a través del método de iteración de la política, suponiendo un horizonte de planeación infinito. Compare los resultados con los del problema 18-8.

☐ **18-12** Solucione el problema 18-3 mediante el método de iteración de la política suponiendo un horizonte de planeación infinito, y compare los resultados con los del problema 18-9.

☐ **18-13** Repita los problemas citados, tomando un factor de descuento $\alpha = 0.9$.
   (a) Problema 18-10
   (b) Problema 18-11
   (c) Problema 18-12

☐ **18-14** Formule los problemas siguientes como programas lineales.
   (a) Problema 18-10
   (b) Problema 18-11
   (c) Problema 18-12

☐ **18-15** Formule los problemas del problema 18-13 como programas lineales.

☐ **18-16** Clasifique las siguientes cadenas de Markov y encuentre sus distribuciones estacionarias.

(a) $\begin{pmatrix} 1/4 & 1/4 & 1/2 \\ 1/4 & 3/4 & 0 \\ 1/2 & 0 & 1/2 \end{pmatrix}$

(b) $\begin{pmatrix} q & p & 0 & 0 & 0 \\ q & 0 & p & 0 & 0 \\ q & 0 & 0 & p & 0 \\ q & 0 & 0 & 0 & p \\ 1 & 0 & 0 & 0 & 0 \end{pmatrix}, \quad p + q = 1$

☐ **18-17** Encuentre el tiempo medio de recurrencia para cada estado de la siguiente cadena de Markov:

$$\begin{pmatrix} 1/3 & 1/3 & 1/3 \\ 1/2 & 1/4 & 1/4 \\ 1/5 & 3/5 & 1/5 \end{pmatrix}$$

TERCERA PARTE

Programación no lineal

Esta parte incluye los capítulos 19 y 20. El material está diseñado para proporcionar las bases de la programación no lineal. Información adicional sobre la materia puede encontrarse en libros especializados.

El capítulo 19 presenta la teoría de la optimización clásica, incluyendo óptimos no restringidos, métodos restringidos (jacobiano y lagrangeano) donde todas las restricciones son ecuaciones y las condiciones de Kuhn-Tucker para problemas no lineales restringidos. El capítulo 20 se concentra en los aspectos de *cómputo* al optimizar funciones restringidas y no restringidas.

El contenido de esta parte supone mayor conocimiento de matemáticas que en los de la primera y segunda parte. Una razón es que este tipo de material no puede presentarse comprensiblemente a un nivel elemental. Otra razón es que uno de los objetivos del libro es aumentar el nivel de madurez y profundidad de conocimientos matemáticos del estudiante en cuanto termine sucesivamente la primera, segunda y tercera parte.

Los requisitos para la tercera parte, incluyen completar un curso en cálculo avanzado. Aunque el álgebra matricial se utiliza en esta parte, no es un requisito obligatorio ya que el material del Apéndice A es suficiente para este propósito.

Capítulo 19

Teoría de optimización clásica

19.1 Problemas de extremos no restringidos
  19.1.1 Condiciones necesarias y suficientes para extremos
  19.1.2 El método de Newton-Raphson
19.2 Problemas de extremos restringidos
  19.2.1 Restricciones de igualdad
  19.2.2 Restricciones de desigualdad
19.3 Resumen
  Bibliografía
  Problemas

La teoría de optimización clásica considera el uso del cálculo diferencial para determinar puntos de máximos y mínimos (extremos) para funciones restringidas y no restringidas. Los métodos expuestos pueden no ser adecuados para cálculos numéricos eficientes. Sin embargo, la teoría subyacente proporciona la base para visualizar la mayoría de los algoritmos de programación no lineal (véase el capítulo 20).

En este capítulo se emplean las condiciones necesarias y suficientes para determinar extremos no restringidos, los métodos *jacobiano* y *de Lagrange* para problemas con restricciones de igualdad, y las condiciones de *Kuhn-Tucker* para problemas con restricciones de desigualdad.

19.1 PROBLEMAS DE EXTREMOS NO RESTRINGIDOS

Un punto extremo de una función $f(\mathbf{X})$ define un máximo o un mínimo de la función. Matemáticamente, un punto $\mathbf{X}_0 = (x_1, \ldots x_j, \ldots x_n)$ es un máximo si

$$f(\mathbf{X}_0 + \mathbf{h}) \leq f(\mathbf{X}_0)$$

para toda $\mathbf{h} = (h_1,...h_j,...,h_n)$ tal que $|h_j|$ es suficientemente pequeña para toda j. En otras palabras, $\mathbf{X}_0$ es un máximo si el valor de f en cada punto en el entorno de $\mathbf{X}_0$ no excede a $f(\mathbf{X}_0)$. En forma similar, $\mathbf{X}_0$ es un mínimo si para $\mathbf{h}$, tal como se definió anteriormente,

$$f(\mathbf{X}_0 + \mathbf{h}) \geq f(\mathbf{X}_0)$$

La figura 19-1 ilustra el máximo y el mínimo de una función $f(x)$ de una sola variable sobre el intervalo $[a, b]$. [El intervalo $a \leq x \leq b$ no significa que haya restricciones sobre $f(x)$.] Los puntos x_1, x_2, x_3, x_4 y x_6 son extremos de $f(x)$. Esto incluye a x_1, x_3 y x_6 como máximos, y x_2 y x_4 como mínimos. Ya que

$$f(x_6) = \text{máx}\{f(x_1), f(x_3), f(x_6)\}$$

$f(x_6)$ se conoce como máximo **global** o **absoluto**, mientras que $f(x_1)$ y $f(x_3)$ son máximos **locales** o **relativos**. De igual manera, $f(x_4)$ es un mínimo local y $f(x_2)$ es un mínimo global.

Aunque x_1 (en la figura 19-1) es un punto máximo, éste difiere de los máximos locales restantes en que el valor de f correspondiente a por lo menos un punto en el entorno de x_1 es igual a $f(x_1)$. En este aspecto, x_1 se llama **máximo débil** comparado con x_3, por ejemplo, donde $f(x_3)$ define un **máximo fuerte**. Un máximo débil por consiguiente, implica (un número infinito de) máximos alternativos. Pueden obtenerse resultados similares para el mínimo débil en x_4. En general, $\mathbf{X}_0$ es un máximo débil si $f(\mathbf{X}_0 + \mathbf{h}) \leq f(\mathbf{X}_0)$, y un máximo fuerte si $f(\mathbf{X}_0 + \mathbf{h}) < f(\mathbf{X}_0)$, donde $\mathbf{h}$ es tal como se definió anteriormente.

Una observación interesante acerca de los extremos en la figura 19-1 es que la primera derivada de f (pendiente) se anula en estos puntos. Sin embargo, esta propiedad no es única de los extremos. Por ejemplo, la pendiente de $f(x)$ en x_5 es cero.

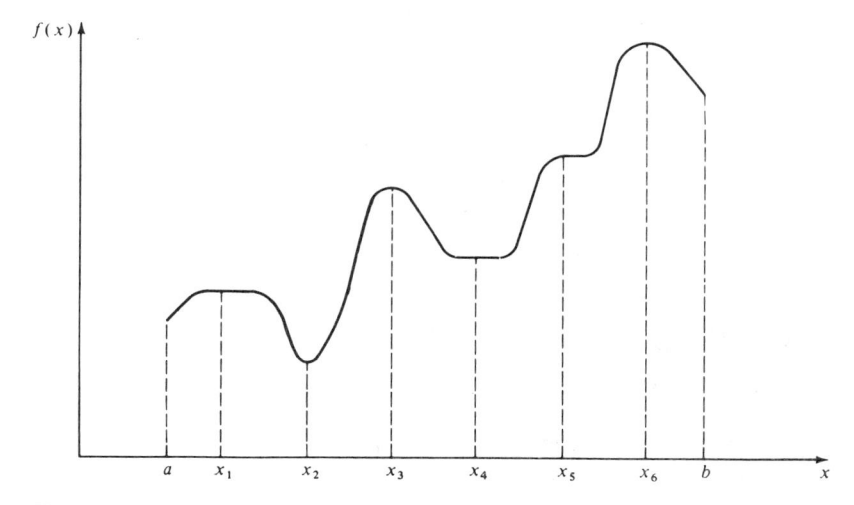

Figura 19-1

Debido a que una primera derivada (generalmente, el gradiente) que se hace cero tiene un papel importante en la identificación de los máximos y mínimos (véase la sección siguiente), es esencial definir de manera separada puntos tales como x_5. Estos puntos se conocen como **de inflexión** [o en casos especiales, **de silla**]. Si un punto con pendiente (gradiente) cero no es un extremo (máximo o mínimo), entonces debe ser, automáticamente, un punto de inflexión.

19.1.1 CONDICIONES NECESARIAS Y SUFICIENTES PARA EXTREMOS

Esta sección desarrolla teoremas para establecer condiciones necesarias y suficientes para que tenga extremos una función $f(\mathbf{X})$ de n variables. A lo largo de la exposición se supone que las primeras y segundas derivadas parciales de $f(\mathbf{X})$ son continuas, en cada $\mathbf{X}$.

Teorema 19.1-1. *Una condición necesaria para que* $\mathbf{X}_0$ *sea un punto extremo de* $f(\mathbf{X})$ *es que*

$$\nabla f(\mathbf{X}_0) = \mathbf{0}$$

DEMOSTRACION: Por el teorema de Taylor, para $0 < \theta < 1$,

$$f(\mathbf{X}_0 + \mathbf{h}) - f(\mathbf{X}_0) = \nabla f(\mathbf{X}_0)\mathbf{h} + (1/2)\mathbf{h}^T\mathbf{H}\mathbf{h}\bigg|_{\mathbf{X}_0 + \theta\mathbf{h}}$$

donde $\mathbf{h}$ es como se definió anteriormente.

Para un $|h_j|$, suficientemente pequeño, el término restante $(1/2)(\mathbf{h}^T\mathbf{H}\mathbf{h})$ es del orden h_j^2, y por tanto, el desarrollo anterior puede aproximarse por

$$f(\mathbf{X}_0 + \mathbf{h}) - f(\mathbf{X}_0) = \nabla f(\mathbf{X}_0)\mathbf{h} + O(h_j^2) \cong \nabla f(\mathbf{X}_0)\mathbf{h}$$

Suponga ahora que $\mathbf{X}_0$ es un punto mínimo; se muestra por contradicción que $\nabla f(\mathbf{X}_0)$ debe anularse. Supongamos que esto no sucede; entonces para una j específica, se debe tener que

$$\frac{\partial f(\mathbf{X}_0)}{\partial x_j} < 0 \quad \text{o bien} \quad \frac{\partial f(\mathbf{X}_0)}{\partial x_j} > 0$$

Seleccionando h_j con signo apropiado siempre es posible tener

$$h_j \frac{\partial f(\mathbf{X}_0)}{\partial x_j} < 0$$

Haciendo todas las otras h_j iguales a cero, el desarrollo en serie de Taylor da

$$f(\mathbf{X}_0 + \mathbf{h}) < f(\mathbf{X}_0)$$

Esto contradice la hipótesis de que $\mathbf{X}_0$ es un punto mínimo. Consecuentemente, $\nabla f(\mathbf{X}_0)$ tiene que ser nulo. Una prueba similar puede establecerse para el caso de maximización.

La conclusión del teorema 19.1-1 es que, en cualquier punto extremo, la condición

$$\nabla f(\mathbf{X}_0) = \mathbf{0}$$

debe satisfacerse; esto es, el vector gradiente debe ser nulo.

Para funciones con solamente una variable (digamos, y), la condición anterior se reduce a

$$f'(y_0) = 0$$

Como se estableció anteriormente, la condición se satisface también para los puntos de silla y de inflexión. En consecuencia, estas condiciones son necesarias, pero no suficientes para identificar los puntos extremos. Por esto, es más apropiado referirse a los puntos obtenidos a partir de la solución de

$$\nabla f(\mathbf{X}_0) = \mathbf{0}$$

como puntos **estacionarios**. El teorema siguiente establece las condiciones de suficiencia para que $\mathbf{X}_0$ sea un punto extremo.

Teorema 19.1-2. *Una condición suficiente para que un punto estacionario $\mathbf{X}_0$ sea extremo es que la matriz hessiana $\mathbf{H}$ evaluada en $\mathbf{X}_0$ sea*
  (i) *positiva definida cuando $\mathbf{X}_0$ es un punto mínimo, y*
  (ii) *negativa definida cuando $\mathbf{X}_0$ es un punto máximo.*

DEMOSTRACION: Por el teorema de Taylor, para $0 < \theta < 1$,

$$f(\mathbf{X}_0 + \mathbf{h}) - f(\mathbf{X}_0) = \nabla f(\mathbf{X}_0)\mathbf{h} + (1/2)\mathbf{h}^T\mathbf{H}\mathbf{h}\bigg|_{\mathbf{X}_0 + \theta\mathbf{h}}$$

Ya que $\mathbf{X}_0$ es un punto estacionario, por el teorema 19.1-1, $\nabla f(\mathbf{X}_0) = \mathbf{0}$. Por consiguiente,

$$f(\mathbf{X}_0 + \mathbf{h}) - f(\mathbf{X}_0) = (1/2)\mathbf{h}^T\mathbf{H}\mathbf{h}\bigg|_{\mathbf{X}_0 + \theta\mathbf{h}}$$

Sea $\mathbf{X}_0$ un punto mínimo; entonces por definición,

$$f(\mathbf{X}_0 + \mathbf{h}) > f(\mathbf{X}_0)$$

para toda $\mathbf{h}$ diferente de cero. Esto significa que para que $\mathbf{X}_0$ sea un mínimo, debe ser cierto que

$$(1/2)\mathbf{h}^T\mathbf{H}\mathbf{h}\bigg|_{\mathbf{X}_0 + \theta\mathbf{h}} > 0$$

Sin embargo, la continuidad de la segunda derivada parcial garantiza que la expresión $(1/2)\mathbf{h}^T\mathbf{Hh}$ debe proporcionar el mismo signo cuando se evalúa tanto en $\mathbf{X}_0$ como en $\mathbf{X}_0 + \theta\mathbf{h}$. Ya que $\mathbf{h}^T\mathbf{Hh}|_{\mathbf{X}_0}$ define una forma cuadrática (vea la sección A.3), esta expresión (y por tanto $\mathbf{h}^T\mathbf{Hh}|_{\mathbf{X}_0 + \theta\mathbf{h}}$) es positiva si, y sólo si, $\mathbf{H}|_{\mathbf{X}_0}$ es positiva definida. Esto significa que una condición suficiente para que el punto estacionario $\mathbf{X}_0$ sea de mínimo es que la matriz hessiana evaluada en el mismo punto sea positiva definida. Puede establecerse una prueba similar para el caso de maximización a fin de mostrar que la matriz de Hesse correspondiente es negativa definida.

Ejemplo 19.1-1
Considere la función

$$f(x_1, x_2, x_3) = x_1 + 2x_3 + x_2 x_3 - x_1^2 - x_2^2 - x_3^2$$

La condición necesaria

$$\nabla f(\mathbf{X}_0) = \mathbf{0}$$

da

$$\frac{\partial f}{\partial x_1} = 1 - 2x_1 = 0$$

$$\frac{\partial f}{\partial x_2} = x_3 - 2x_2 = 0$$

$$\frac{\partial f}{\partial x_3} = 2 + x_2 - 2x_3 = 0$$

La solución de estas ecuaciones simultáneas está dada como

$$\mathbf{X}_0 = (1/2, 2/3, 4/3)$$

Para establecer la suficiencia, considere que

$$\mathbf{H}\bigg|_{\mathbf{X}_0} = \begin{pmatrix} \dfrac{\partial^2 f}{\partial x_1^2} & \dfrac{\partial^2 f}{\partial x_1\, \partial x_2} & \dfrac{\partial^2 f}{\partial x_1\, \partial x_3} \\ \dfrac{\partial^2 f}{\partial x_2\, \partial x_1} & \dfrac{\partial^2 f}{\partial x_2^2} & \dfrac{\partial^2 f}{\partial x_2\, \partial x_3} \\ \dfrac{\partial^2 f}{\partial x_3\, \partial x_1} & \dfrac{\partial^2 f}{\partial x_3\, \partial x_2} & \dfrac{\partial^2 f}{\partial x_3^2} \end{pmatrix}_{\mathbf{X}_0} = \begin{pmatrix} -2 & 0 & 0 \\ 0 & -2 & 1 \\ 0 & 1 & -2 \end{pmatrix}$$

Los menores principales del determinante de $\mathbf{H}|_{\mathbf{X}_0}$ tiene los valores -2, 4 y -6, respectivamente. Por consiguiente, como se indicó en la sección A.3, $\mathbf{H}|_{\mathbf{X}_0}$ es negativa definida y $\mathbf{X}_0 = (1/2, 2/3, 4/3)$ representa un punto de máximo. ◄

Ejercicio 19.1-1
Resuelva el ejemplo 19.1-1 suponiendo que $f(x_1, x_2)$ se sustituye por $-f(x_1, x_2)$.
[*Resp.* $\mathbf{X}_0 = (1/2, 2/3, 4/3)$ es el punto mínimo porque la matriz hessiana asociada es definida positiva.]

En general, si $\mathbf{H}|_{\mathbf{X}_0}$ es indefinida, $\mathbf{X}_0$ debe ser un punto de silla. Sin embargo, para el caso donde esto no es concluyente, $\mathbf{X}_0$ puede ser o no un punto extremo, y el desarrollo de una condición de suficiencia llega a ser muy difícil, ya que sería necesario considerar términos de orden superior en el desarrollo de Taylor. (Véase el teorema 19.1-3 para una ilustración de este punto a funciones de una sola variable.) Sin embargo, en algunos casos tales procedimientos complicados pueden no ser necesarios, ya que la diagonalización de $\mathbf{H}$ puede llevar a información más concluyente. El ejemplo que sigue ilustra este punto.

Ejemplo 19.1-2
Considere la función

$$f(x_1, x_2) = 8x_1 x_2 + 3x_2^2$$

Por consiguiente,

$$\nabla f(x_1, x_2) = (8x_2, 8x_1 + 6x_2) = (0, 0)$$

Esto proporciona el punto estacionario $\mathbf{X}_0 = (0, 0)$. La matriz hessiana en $\mathbf{X}_0$ es

$$\mathbf{H} = \begin{pmatrix} 0 & 8 \\ 8 & 6 \end{pmatrix}$$

la cual no es concluyente. Utilizando uno de los métodos de diagonalización [véase, por ejemplo, Hadley (1961) Sección 7-10], la matriz de Hesse transformada es

$$\mathbf{H}_t = \begin{pmatrix} -64/6 & 0 \\ 0 & 6 \end{pmatrix}$$

Por la prueba de los menores principales, $\mathbf{H}_t$ (y por tanto, $\mathbf{H}$) es indefinida. De esto se concluye que $\mathbf{X}_0$ es un punto de silla. ◄

La condición de suficiencia establecida por el teorema 19.1-2 se reduce fácilmente a funciones de una sola variable. Dado que y_0 es un punto estacionario, entonces

(i) $f''(y_0) < 0$ es una condición suficiente para que y_0 sea un máximo.
(ii) $f''(y_0) > 0$ es una condición suficiente para que y_0 sea un mínimo.

Estas condiciones se determinan directamente considerando la matriz hessiana con un elemento.

Si en el caso de una sola variable $f''(y_0)$ se anula, las derivadas de orden superior deben investigarse, como se muestra en el teorema siguiente.

Teorema 19.1-3. *Si en un punto estacionario y_0 de $f(y)$ las primeras $(n-1)$ derivadas se anulan y $f^{(n)}(y) \neq 0$, entonces en $y = y_0$ ocurre que $f(y)$ tiene*
  (i) *un punto de inflexión si n es impar, y*
  (ii) *un punto extremo si n es par. Este punto extremo será un máximo si $f^{(n)}(y_0) < 0$ y un mínimo si $f^{(n)}(y_0) > 0$.*

La demostración de este teorema se deja como ejercicio para el lector.

Ejemplo 19.1-3
Considere las dos funciones

$$f(y) = y^4 \quad y \quad g(y) = y^3$$

Para $f(y) = y^4$,

$$f'(y) = 4y^3 = 0$$

lo cual proporciona el punto estacionario $y_0 = 0$. Ahora

$$f'(0) = f''(0) = f^{(3)}(0) = 0$$

Pero $f^{(4)}(0) = 24 > 0$, por lo que $y_0 = 0$ es un punto mínimo (véase la figura 19-2).
Para $g(y) = y^3$,

$$g'(y) = 3y^2 = 0$$

Esto proporciona $y_0 = 0$ como un punto estacionario. Ya que $g^{(n)}(0)$ no es cero en $n = 3$, se tiene que $y_0 = 0$ es punto de inflexión. ◀

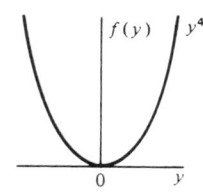

Figura 19-2

Ejercicio 19.1-2
Determine los máximos y los mínimos de $f(x) = x^3 + x^4$.
[*Resp.* $x_0 = 0$ es punto de inflexión y $x_0 = -3/4$ es mínimo.]

19.1.2 EL METODO DE NEWTON-RAPHSON

Una desventaja de utilizar la condición necesaria $\nabla f(\mathbf{X}) = \mathbf{0}$ para determinar puntos estacionarios es la dificultad de resolver numéricamente las ecuaciones simultáneas resultantes. El método de Newton-Raphson es un procedimiento iterativo para resolver ecuaciones simultáneas no lineales. Aunque el método se presenta en este contexto, realmente es parte de los métodos conocidos como **métodos de gradiente** para optimizar numéricamente funciones no restringidas. (Véase la sección 20.1.2.)

Considérense las ecuaciones simultáneas

$$f_i(\mathbf{X}) = 0, \quad i = 1, 2, \ldots, m$$

Sea $\mathbf{X}^k$ un punto dado. Entonces por el desarrollo de Taylor

$$f_i(\mathbf{X}) \cong f_i(\mathbf{X}^k) + \nabla f_i(\mathbf{X}^k)(\mathbf{X} - \mathbf{X}^k), \quad i = 1, 2, \ldots, m$$

Por consiguiente, las ecuaciones originales pueden aproximarse por

$$f_i(\mathbf{X}^k) + \nabla f_i(\mathbf{X}^k)(\mathbf{X} - \mathbf{X}^k) = 0, \quad i = 1, 2, \ldots, m$$

Estas ecuaciones pueden escribirse en notación matricial como

$$\mathbf{A}_k + \mathbf{B}_k(\mathbf{X} - \mathbf{X}^k) = \mathbf{0}$$

Bajo la hipótesis de que todas las $f_i(\mathbf{X})$ son independientes, $\mathbf{B}_k$ necesariamente es no singular. Por consiguiente, la última ecuación proporciona

$$\mathbf{X} = \mathbf{X}^k - \mathbf{B}_k^{-1}\mathbf{A}_k$$

La idea del método es comenzar desde un punto inicial $\mathbf{X}^0$. Utilizando la ecuación anterior, siempre puede determinarse un nuevo punto $\mathbf{X}^{k+1}$ a partir de $\mathbf{X}^k$. El procedimiento finaliza con $\mathbf{X}^m$ como la solución cuando $\mathbf{X}^m \cong \mathbf{X}^{m-1}$.

Ejercicio 19.1-3

Dadas las condiciones necesarias $\nabla f(\mathbf{X}) = \mathbf{0}$, desarrolle la ecuación de Newton-Raphson asociada para determinar $\mathbf{X}^{k+1}$ dado un punto de ensayo actual X^k.

[*Resp.* $\mathbf{X}^{k+1} = \mathbf{X}^k - \mathbf{H}_k^{-1}(\nabla f(\mathbf{X}^k))^T$, donde $\mathbf{H}_k$ es la matriz hessiana evaluada en $\mathbf{X}^k$.]

Una interpretación geométrica del método se ilustra con una función de una sola variable en la figura 19-3. Así, la relación entre x^k y x^{k+1} para una función de una sola variable de $f(x)$ se reduce a

$$x^{k+1} = x^k - \frac{f(x^k)}{f'(x^k)}$$

o bien,

$$f'(x^k) = \frac{f(x^k)}{x^k - x^{k+1}}$$

Una investigación de la figura 19-3 muestra que x^{k+1} se determina a partir de la pendiente de $f(x)$ en x^k donde $\tan \theta = f'(x^k)$.

Figura 19-3

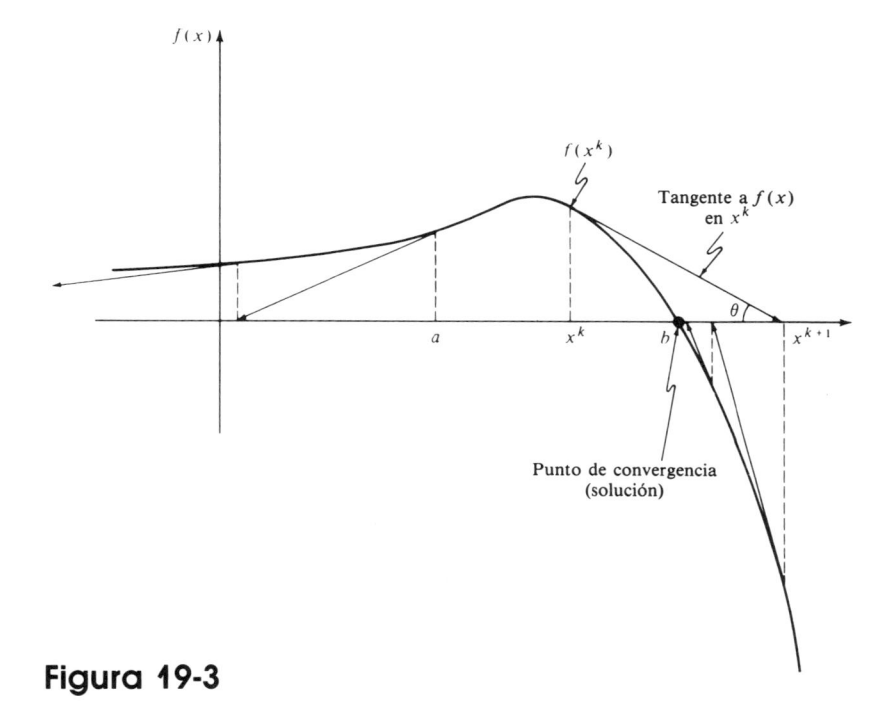

Una dificultad con el método es que la convergencia no siempre se garantiza a menos que la función de f sea bien comportada. En la figura 19-3, si el punto inicial x_0 es a, el método divergirá. No existe forma fácil para asignar un "buen" x_0 inicial. Quizá un remedio para evitar esta dificultad sea utilizar el procedimiento de tanteo (o de aproximación sucesiva).

19.2 PROBLEMAS DE EXTREMOS RESTRINGIDOS

Esta sección trata de la optimización de funciones continuas, sujetas a condiciones o restricciones laterales. Tales restricciones pueden ser de la forma de ecuación o desigualdad. La sección 19.2.1 introduce el caso con restricciones de igualdad, en tanto que la sección 19.2.2 presenta el otro caso con restricciones de desigualdad. La presentación en la sección 19.2.1 se describe en su mayor parte en Beightler y cols. [1979, págs. 45-55].

19.2.1 RESTRICCIONES DE IGUALDAD

Esta sección presenta dos métodos para optimizar funciones sujetas a restricciones de igualdad. El primero es el método **jacobiano.** Este método puede ser considerado como una generalización del método símplex para programación lineal. En efecto, las condiciones del método símplex pueden deducirse con el método jacobiano. El segundo método es el **lagrangeano,** el cual se demuestra que está muy relacionado con el método de Jacobi, y realmente puede desarrollarse lógicamente a partir de él. Esta relación permite una interpretación sencilla e interesante del método de Lagrange.

A. Método de derivadas restringidas (jacobiano)

Considere el problema

$$\text{minimizar } z = f(\mathbf{X})$$

sujeto a

$$\mathbf{g}(\mathbf{X}) = \mathbf{0}$$

donde

$$\mathbf{X} = (x_1, x_2, \ldots, x_n)$$
$$\mathbf{g} = (g_1, g_2, \ldots, g_m)^T$$

Las funciones $f(\mathbf{X})$ y $g_i(\mathbf{X})$, siendo $i = 1, 2, \ldots, m$, se suponen diferenciables y doblemente continuas.

La idea de utilizar derivadas restringidas para resolver el problema anterior es encontrar una expresión de forma cerrada para las primeras derivadas parciales de $f(\mathbf{X})$ en todos los puntos que satisfacen las restricciones $\mathbf{g}(\mathbf{X}) = \mathbf{0}$. Por lo tanto, los puntos estacionarios correspondientes se identifican como los puntos en los cuales se anulan dichas derivadas parciales. Las condiciones de suficiencia introducidas en la sección 19.1 pueden utilizarse entonces para verificar la identidad de los puntos estacionarios.

Para aclarar este concepto considere $f(x_1, x_2)$ ilustrado en la figura 19-4. Esta función se va a minimizar sujeta a la restricción

$$g_1(x_1, x_2) = x_2 - b = 0$$

donde b es una constante. De la figura 19-4, la curva designada por los tres puntos A, B y C representa los valores de $f(x_1, x_2)$ para los cuales la restricción dada siempre se satisface. El método de derivadas restringidas define el gradiente de $f(x_1, x_2)$ en cualquier punto sobre la curva ABC. El punto en el cual las derivadas restringidas se anulan representa un punto estacionario para el problema restringido. En la figura 19-4 dicho punto está dado por B. La figura muestra también un ejemplo del valor *restringido* incremental $\partial_c f$ de f.

El método se desarrolla ahora matemáticamente. Por el teorema de Taylor, para los puntos $\mathbf{X} + \Delta\mathbf{X}$ en el entorno factible de $\mathbf{X}$, se deduce que

$$f(\mathbf{X} + \Delta\mathbf{X}) - f(\mathbf{X}) = \nabla f(\mathbf{X})\Delta\mathbf{X} + O(\Delta x_j^2)$$

y

$$\mathbf{g}(\mathbf{X} + \Delta\mathbf{X}) - \mathbf{g}(\mathbf{X}) = \nabla\mathbf{g}(\mathbf{X})\Delta\mathbf{X} + O(\Delta x_j^2)$$

Problemas de extremos restringidos

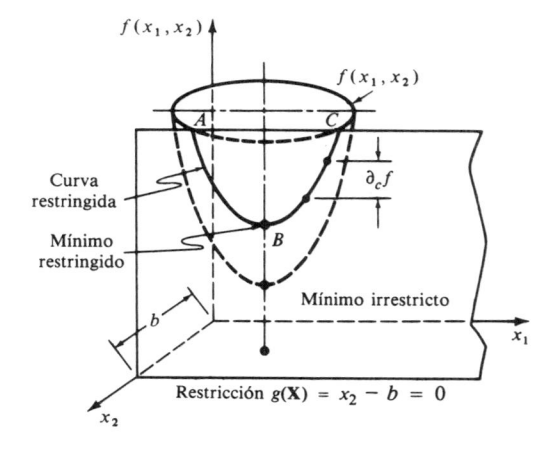

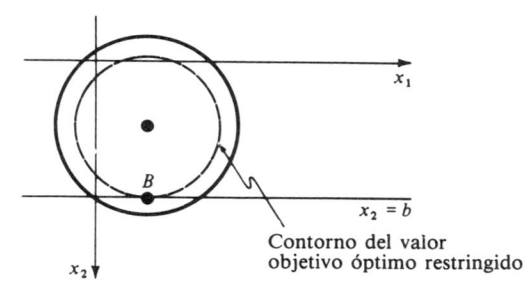

Figura 19-4

Cuando $\Delta x_j \to 0$, puede demostrarse que las ecuaciones anteriores se reducen a

$$\partial f(\mathbf{X}) = \nabla f(\mathbf{X}) \, \partial \mathbf{X}$$

y

$$\partial \mathbf{g}(\mathbf{X}) = \nabla \mathbf{g}(\mathbf{X}) \, \partial \mathbf{X}$$

Ya que $\mathbf{g}(\mathbf{X}) = \mathbf{0}$, $\partial \mathbf{g}(\mathbf{X}) = \mathbf{0}$ por factibilidad, y se deduce que

$$\partial f(\mathbf{X}) - \nabla f(\mathbf{X}) \, \partial \mathbf{X} = 0$$
$$\nabla \mathbf{g}(\mathbf{X}) \, \partial \mathbf{X} = 0$$

Esto se reduce a $(m + 1)$ ecuaciones con $(n + 1)$ incógnitas; las incógnitas están dadas por $\partial f(\mathbf{X})$ y $\partial \mathbf{X}$. La incógnita $\partial f(\mathbf{X})$ se determina, sin embargo, tan pronto como se conoce $\partial \mathbf{X}$. Esto significa que existen en efecto m ecuaciones con n incógnitas.

Si $m > n$, al menos $(m - n)$ ecuaciones son redundantes. Después de eliminar esta redundancia, el sistema se reduce a un número adecuado de ecuaciones independientes de manera que $m \leq n$. Para el caso donde $m = n$ la solución es $\partial \mathbf{X}$

= **0**. Esto muestra que **X** no tiene ningún entorno factible y, por tanto, el espacio de soluciones consta de un solo punto. Tal caso no es de interés. El caso restante donde $m < n$ se considerará en detalle.

Sea

$$\mathbf{X} = (\mathbf{Y}, \mathbf{Z})$$

donde

$$\mathbf{Y} = (y_1, y_2, \ldots, y_m) \quad \text{y} \quad \mathbf{Z} = (z_1, z_2, \ldots, z_{n-m})$$

son las variables *dependientes* e *independientes*, respectivamente, correspondiendo al vector **X**. Volviendo a escribir los vectores gradiente de f y **g** en términos de **Y** y **Z**, encontramos que

$$\nabla f(\mathbf{Y}, \mathbf{Z}) = (\nabla_\mathbf{Y} f, \nabla_\mathbf{Z} f)$$
$$\nabla \mathbf{g}(\mathbf{Y}, \mathbf{Z}) = (\nabla_\mathbf{Y} \mathbf{g}, \nabla_\mathbf{Z} \mathbf{g})$$

Defínase

$$\mathbf{J} = \nabla_\mathbf{Y} \mathbf{g} = \begin{pmatrix} \nabla_\mathbf{Y} g_1 \\ \vdots \\ \nabla_\mathbf{Y} g_m \end{pmatrix}$$

$$\mathbf{C} = \nabla_\mathbf{Z} \mathbf{g} = \begin{pmatrix} \nabla_\mathbf{Z} g_1 \\ \vdots \\ \nabla_\mathbf{Z} g_m \end{pmatrix}$$

$\mathbf{J}_{m \times m}$ se conoce como **matriz jacobiana** y $\mathbf{C}_{m \times n-m}$ es la **matriz de control**. Se supone que **J** es no singular. Siempre es posible esto ya que por definición las m ecuaciones dadas son independientes. Por consiguiente, los componentes del vector **Y** pueden seleccionarse de los de **X** de manera que **J** sea no singular.

Utilizando las definiciones anteriores, se puede escribir el conjunto original de ecuaciones en $\partial f(\mathbf{X})$ y $\partial \mathbf{X}$ como

$$\partial f(\mathbf{Y}, \mathbf{Z}) = \nabla_\mathbf{Y} f \, \partial \mathbf{Y} + \nabla_\mathbf{Z} f \, \partial \mathbf{Z}$$

y

$$\mathbf{J} \, \partial \mathbf{Y} = -\mathbf{C} \, \partial \mathbf{Z}$$

Ya que **J** es no singular, existe su inversa $\mathbf{J}^{-1}$. Entonces,

$$\partial \mathbf{Y} = -\mathbf{J}^{-1} \mathbf{C} \, \partial \mathbf{Z}$$

Este conjunto de ecuaciones relaciona el efecto de variación en $\partial \mathbf{Z}$ (siendo **Z** el vector independiente) en $\partial \mathbf{Y}$. Sustituyendo por $\partial \mathbf{Y}$ en la ecuación para $\partial f(\mathbf{Y}, \mathbf{Z})$, da ∂f como una función de $\partial \mathbf{Z}$. Esto es,

$$\partial f(\mathbf{Y}, \mathbf{Z}) = (\nabla_\mathbf{Z} f - \nabla_\mathbf{Y} f \mathbf{J}^{-1} \mathbf{C}) \, \partial \mathbf{Z}$$

19.2] Problemas de extremos restringidos **849**

De esta ecuación, la derivada restringida con respecto al vector independiente **Z** está dada por

$$\nabla_c f = \frac{\partial_c f(\mathbf{Y}, \mathbf{Z})}{\partial_c \mathbf{Z}} = \nabla_\mathbf{Z} f - \nabla_\mathbf{Y} f \mathbf{J}^{-1}\mathbf{C}$$

donde $\nabla_c f$ representa el vector **gradiente restringido** de f con respecto a **Z**. Por consiguiente, $\nabla_c f(\mathbf{Y}, \mathbf{Z})$ debe de ser nulo en los puntos estacionarios.

Las condiciones de suficiencia son similares a las desarrolladas en la sección 19.1. En este caso, sin embargo, la matriz hessiana corresponderá al vector independiente **Z**. Mientras tanto, los elementos de la matriz hessiana deben ser las segundas derivadas *restringidas*. Para mostrar cómo se obtiene esto, sea

$$\nabla_c f = \nabla_\mathbf{Z} f - \mathbf{WC}$$

Por consiguiente, se deduce que el renglón *i*-ésimo de la matriz hessiana (restringida) es $\partial \nabla_c f/\partial z_i$. Note que **W** es una función de **Y** y **Y** es una función de **Z**, esto es

$$\partial \mathbf{Y} = -\mathbf{J}^{-1}\mathbf{C}\,\partial \mathbf{Z}$$

Por consiguiente, al tomar la derivada parcial de $\nabla_c f$ con respecto a z_i, la regla de la cadena se debe aplicar a **W**. Esto significa que

$$\frac{\partial w_j}{\partial z_i} = \frac{\partial w_j}{\partial y_j}\frac{\partial y_j}{\partial z_i}$$

Ejemplo 19.2-1

En este ejemplo se mostrará cómo puede estimarse $\partial_c f$ en un punto dado utilizando las fórmulas dadas anteriormente. El ejemplo 19.2-2 ilustrará después la aplicación de la derivada restringida.

Considere el problema en el cual

$$f(\mathbf{X}) = x_1^2 + 3x_2^2 + 5x_1 x_3^2$$
$$g_1(\mathbf{X}) = x_1 x_3 + 2x_2 + x_2^2 - 11 = 0$$
$$g_2(\mathbf{X}) = x_1^2 + 2x_1 x_2 + x_3^2 - 14 = 0$$

Dado el punto factible $\mathbf{X}^0 = (1, 2, 3)$, se requiere estudiar la variación en $f(= \partial_c f)$ en el entorno factible de $\mathbf{X}^0$.

Sea

$$\mathbf{Y} = (x_1, x_3) \qquad \text{y} \qquad \mathbf{Z} = x_2$$

Por consiguiente,

$$\nabla_\mathbf{Y} f = \left(\frac{\partial f}{\partial x_1}, \frac{\partial f}{\partial x_3}\right) = (2x_1 + 5x_3^2,\ 10x_1 x_3)$$

$$\nabla_{\mathbf{Z}} f = \frac{\partial f}{\partial x_2} = 6x_2$$

$$\mathbf{J} = \begin{pmatrix} \frac{\partial g_1}{\partial x_1} & \frac{\partial g_1}{\partial x_3} \\ \frac{\partial g_2}{\partial x_1} & \frac{\partial g_2}{\partial x_3} \end{pmatrix} = \begin{pmatrix} x_3 & x_1 \\ 2x_1 + 2x_2 & 2x_3 \end{pmatrix}$$

$$\mathbf{C} = \begin{pmatrix} \frac{\partial g_1}{\partial x_2} \\ \frac{\partial g_2}{\partial x_2} \end{pmatrix} = \begin{pmatrix} 2x_2 + 2 \\ 2x_1 \end{pmatrix}$$

Una estimación de $\partial_c f$ en el entorno factible del punto factible $\mathbf{X}^0 = (1, 2, 3)$, resultante de un pequeño cambio $\partial x_2 = 0.01$, se obtiene como sigue:

$$\mathbf{J}^{-1}\mathbf{C} = \begin{pmatrix} 3 & 1 \\ 6 & 6 \end{pmatrix}^{-1} \begin{pmatrix} 6 \\ 2 \end{pmatrix} = \begin{pmatrix} 6/12 & -1/12 \\ -6/12 & 3/12 \end{pmatrix} \begin{pmatrix} 6 \\ 2 \end{pmatrix} \cong \begin{pmatrix} 2.83 \\ -2.50 \end{pmatrix}$$

Entonces,

$$\partial_c f = (\nabla_{\mathbf{Z}} f - \nabla_{\mathbf{Y}} f \mathbf{J}^{-1}\mathbf{C})\,\partial \mathbf{Z} = \left(6(2) - (47, 30)\begin{bmatrix} 2.83 \\ -2.5 \end{bmatrix}\right) \partial x_2$$

$$\cong -46\,\partial x_2 = -0.46$$

Especificando el valor de ∂x_2 para la variable *independiente* x_2, los valores factibles de ∂x_1 y ∂x_2 se determinan automáticamente para las variables *dependientes* x_1 y x_3 a partir de la fórmula

$$\partial \mathbf{Y} = -\mathbf{J}^{-1}\mathbf{C}\,\partial \mathbf{Z}$$

Esto proporciona para $\partial x_2 = 0.01$,

$$\begin{pmatrix} \partial x_1 \\ \partial x_3 \end{pmatrix} = -\mathbf{J}^{-1}\mathbf{C}\,\partial x_2 = \begin{pmatrix} -0.0283 \\ 0.0250 \end{pmatrix}$$

Para verificar el valor de $\partial_c f$ obtenido anteriormente, se puede calcular el valor de f en $\mathbf{X}^0$ y $\mathbf{X}^0 + \partial \mathbf{X}$. Por consiguiente,

$$\mathbf{X}^0 + \partial \mathbf{X} = (1 - 0.0283,\ 2 + 0.01,\ 3 + 0.025) = (0.9717,\ 2.01,\ 3.025)$$

Lo anterior proporciona

$$f(\mathbf{X}^0) = 58 \qquad \text{y} \qquad f(\mathbf{X}^0 + \partial \mathbf{X}) = 57.523$$

o bien,
$$\partial_c f = f(\mathbf{X}^0 + \partial \mathbf{X}) - f(\mathbf{X}^0) = -0.477$$

Esto indica una disminución en el valor de f como se obtuvo por la fórmula para $\partial_c f$. La diferencia entre las dos respuestas (-0.477 y -0.46) es el resultado de la aproximación lineal en $\mathbf{X}^0$. La fórmula dada sirve únicamente para variaciones muy pequeñas alrededor de $\mathbf{X}^0$. ◀

Ejercicio 19.2-1
Considere el ejemplo 19.2-1.
(a) Calcule $\partial_c f$ a través de los dos métodos presentados en el ejemplo, mediante el uso de $\partial x_2 = 0.001$ en vez de $\partial x_2 = 0.01$. ¿Se vuelve más insignificante el efecto de la aproximación lineal con la disminución en el valor de ∂x_2?
[*Resp.* Sí; $\partial_c f = -0.046$ y -0.04618.]
(b) Especifique una relación entre ∂x_1, ∂x_2 y ∂x_3 en el punto factible $\mathbf{X}^0 = (1, 2, 3)$ que mantendrá factible el punto $(x_1^0 + \partial x_1, x_2^0 + \partial x_2, x_3^0 + \partial x_3)$.
[*Resp.* $\partial x_1 = -0.283 \partial x_2$, $\partial x_3 = 0.25 \partial x_2$.]
(c) Si $\mathbf{Y} = (x_2, x_3)$ y $\mathbf{Z} = x_1$, ¿cuál es el valor de ∂x_1 que producirá el mismo valor de $\partial_c f$ dado en el ejemplo?
[*Resp.* $\partial x_1 = -0.0283$.]
(d) Verifique que el resultado del inciso (c) producirá $\partial_c f = -0.46$.

Ejemplo 19.2-2
Este ejemplo ilustra el uso de derivadas restringidas.
Considere el problema

$$\text{minimizar } f(\mathbf{X}) = x_1^2 + x_2^2 + x_3^2$$

sujeto a

$$g_1(\mathbf{X}) = x_1 + x_2 + 3x_3 - 2 = 0$$
$$g_2(\mathbf{X}) = 5x_1 + 2x_2 + x_3 - 5 = 0$$

Se determinan los puntos extremos restringidos como sigue. Sea

$$\mathbf{Y} = (x_1, x_2) \quad \text{y} \quad \mathbf{Z} = x_3$$

Por consiguiente,

$$\nabla_{\mathbf{Y}} f = \left(\frac{\partial f}{\partial x_1}, \frac{\partial f}{\partial x_2}\right) = (2x_1, 2x_2), \quad \nabla_{\mathbf{Z}} f = \frac{\partial f}{\partial x_3} = 2x_3$$

$$\mathbf{J} = \begin{pmatrix} 1 & 1 \\ 5 & 2 \end{pmatrix}, \quad \mathbf{J}^{-1} = \begin{pmatrix} -2/3 & 1/3 \\ 5/3 & -1/3 \end{pmatrix}, \quad \mathbf{C} = \begin{pmatrix} 3 \\ 1 \end{pmatrix}$$

Entonces,

$$\nabla_c f = \frac{\partial_c f}{\partial_c x_3} = 2x_3 - (2x_1, 2x_2) \begin{pmatrix} -2/3 & 1/3 \\ 5/3 & -1/3 \end{pmatrix} \begin{pmatrix} 3 \\ 1 \end{pmatrix}$$

$$= \frac{10}{3} x_1 - \frac{28}{3} x_2 + 2x_3$$

En un punto estacionario, $\nabla_c f = \mathbf{0}$, lo cual junto con $g_1(\mathbf{X}) = 0$ y $g_2(\mathbf{X}) = 0$ dan los puntos estacionarios requeridos. Esto es, las ecuaciones

$$\begin{pmatrix} 10 & -28 & 6 \\ 1 & 1 & 3 \\ 5 & 2 & 1 \end{pmatrix} \begin{pmatrix} x_1 \\ x_2 \\ x_3 \end{pmatrix} = \begin{pmatrix} 0 \\ 2 \\ 5 \end{pmatrix}$$

dan la solución

$$\mathbf{X}^0 \cong (0.81, 0.35, 0.28)$$

La identidad de este punto estacionario se verifica ahora considerando la condición de suficiencia. Dada la variable independiente x_3, se deduce de $\nabla_c f$ anterior que

$$\frac{\partial_c^2 f}{\partial_c x_3^2} = \frac{10}{3}\left(\frac{dx_1}{dx_3}\right) - \frac{28}{3}\left(\frac{dx_2}{dx_3}\right) + 2 = \left(\frac{10}{3}, -\frac{28}{3}\right)\begin{pmatrix} \frac{dx_1}{dx_3} \\ \frac{dx_2}{dx_3} \end{pmatrix} + 2$$

Del desarrollo del método jacobiano,

$$\begin{pmatrix} \frac{dx_1}{dx_3} \\ \frac{dx_2}{dx_3} \end{pmatrix} = -\mathbf{J}^{-1}\mathbf{C} = \begin{pmatrix} 5/3 \\ -14/3 \end{pmatrix}$$

La sustitución da $\partial_c^2 f / \partial_c x_3^2 = 460/9 > 0$. Entonces $\mathbf{X}^0$ es el punto mínimo. ◄

Ejercicio 19.2-2

Supóngase que el ejemplo 19.2-2 se resuelve de la manera siguiente. Primero, resuelva las restricciones que expresan x_1 y x_2 en términos de x_3; después utilice las ecuaciones resultantes para expresar la función objetivo en términos de x_3 exclusivamente. Calculando la derivada de la nueva función objetivo con respecto a x_3, podemos determinar los puntos de máximos y mínimos.

(a) ¿Sería diferente la derivada de la nueva función objetivo (expresada en términos de x_3) de la que se obtiene a través del método de Jacobi?
[*Resp*. No, las condiciones necesarias y suficientes son exactamente las mismas en ambos métodos.]

(b) ¿Cuál es la diferencia principal entre el procedimiento delineado y el método jacobiano?
[*Resp*. El método jacobiano determina el gradiente *restringido* de la función objetivo de manera directa, en tanto que el método propuesto determina la ecuación de la función objetivo restringida a partir de la cual se puede obtener el gradiente restringido.]

El uso del método jacobiano como se presentó anteriormente está obstaculizado, en general, por la dificultad de obtener $\mathbf{J}^{-1}$ para un gran número de restricciones.

19.2] Problemas de extremos restringidos **853**

Esta dificultad se logra vencer, sin embargo, aplicando la regla de Cramer para despejar ∂f en términos de $\partial \mathbf{Z}$. Por consiguiente, si z_j representa el j-ésimo elemento de $\mathbf{Z}$ y y_i representa el i-ésimo elemento de $\mathbf{Y}$, puede demostrarse que

$$\frac{\partial_c f}{\partial_c z_j} = \frac{\partial(f, g_1, \ldots, g_m)/\partial(z_j, y_1, \ldots, y_m)}{\partial(g_1, \ldots, g_m)/\partial(y_1, \ldots, y_m)}$$

donde

$$\frac{\partial(f, g_1, \ldots, g_m)}{\partial(z_j, y_1, \ldots, y_m)} \equiv \begin{vmatrix} \frac{\partial f}{\partial z_j} & \frac{\partial f}{\partial y_1} & \cdots & \frac{\partial f}{\partial y_m} \\ \frac{\partial g_1}{\partial z_j} & \frac{\partial g_1}{\partial y_1} & \cdots & \frac{\partial g_1}{\partial y_m} \\ \vdots & \vdots & & \vdots \\ \frac{\partial g_m}{\partial z_j} & \frac{\partial g_m}{\partial y_1} & \cdots & \frac{\partial g_m}{\partial y_m} \end{vmatrix}$$

y

$$\frac{\partial(g_1, \ldots, g_m)}{\partial(y_1, \ldots, y_m)} \equiv \begin{vmatrix} \frac{\partial g_1}{\partial y_1} & \cdots & \frac{\partial g_1}{\partial y_m} \\ \vdots & & \vdots \\ \frac{\partial g_m}{\partial y_1} & \cdots & \frac{\partial g_m}{\partial y_m} \end{vmatrix} = |\mathbf{J}|$$

Por consiguiente, las condiciones necesarias serán

$$\frac{\partial_c f}{\partial_c z_j} = 0, \qquad j = 1, 2, \ldots, n - m$$

Similarmente, en la expresión matricial

$$\frac{\partial \mathbf{Y}}{\partial \mathbf{Z}} = -\mathbf{J}^{-1}\mathbf{C}$$

el (i, j)-ésimo elemento está dado por

$$\frac{\partial y_i}{\partial z_j} = -\frac{\partial(g_1, \ldots, g_m)/\partial(y_1, \ldots, y_{i-1}, z_j, y_{i+1}, \ldots, y_m)}{\partial(g_1, \ldots, g_m)/\partial(y_1, \ldots, y_m)}$$

el cual representa la tasa de variación de la variable dependiente y_i con respecto a la variable independiente z_j.

Finalmente, a fin de obtener la condición de suficiencia dada anteriormente, deben darse las expresiones de determinante para los elementos de $\mathbf{W} \equiv \nabla_{\mathbf{Y}} f \mathbf{J}^{-1}$.

Por lo tanto, el elemento i-ésimo de $\mathbf{W}$ está dado por

$$w_i = \frac{\partial(g_1, \ldots, g_{i-1}, f, g_{i+1}, \ldots, g_m)/\partial(y_1, \ldots, y_m)}{\partial(g_1, \ldots, g_m)/\partial(y_1, \ldots, y_m)}$$

Para ilustrar la aplicación del método anterior considere la determinación de la condición necesaria para el ejemplo 19.2-2. Por consiguiente,

$$\frac{\partial_c f}{\partial_c x_3} = \frac{\begin{vmatrix} 2x_3 & 2x_1 & 2x_2 \\ 3 & 1 & 1 \\ 1 & 5 & 2 \end{vmatrix}}{\begin{vmatrix} 1 & 1 \\ 5 & 2 \end{vmatrix}} = \frac{10}{3} x_1 - \frac{28}{3} x_2 + 2x_3$$

Análisis de sensibilidad en el método jacobiano

El método jacobiano puede ser utilizado para estudiar la sensibilidad del valor óptimo de f debido a cambios pequeños en la parte derecha de las restricciones. Por ejemplo, suponga que el lado derecho de la i-ésima restricción $g_i(\mathbf{X}) = 0$ se cambia a ∂g_i en lugar de cero, ¿qué efecto tendrá esto sobre el valor óptimo de f? Este tipo de investigación se conoce como **análisis de sensibilidad** y, en cierto sentido, es similar al llevado a cabo en programación lineal (véase el capítulo 5). Sin embargo, el análisis de sensibilidad en programación no lineal es válido solamente en el pequeño entorno del punto extremo, debido a la ausencia de linealidad. No obstante, el desarrollo será útil al estudiar el método de Lagrange (véase la sección siguiente).

Se mostró anteriormente que

$$\partial f(\mathbf{Y}, \mathbf{Z}) = \nabla_\mathbf{Y} f \, \partial \mathbf{Y} + \nabla_\mathbf{Z} f \, \partial \mathbf{Z}$$
$$\partial \mathbf{g} = \mathbf{J} \, \partial \mathbf{Y} + \mathbf{C} \, \partial \mathbf{Z}$$

Suponga $\partial \mathbf{g} \neq \mathbf{0}$, entonces

$$\partial \mathbf{Y} = \mathbf{J}^{-1} \, \partial \mathbf{g} - \mathbf{J}^{-1} \mathbf{C} \, \partial \mathbf{Z}$$

Sustituyendo en la ecuación para $\partial f(\mathbf{Y}, \mathbf{Z})$ queda

$$\partial f(\mathbf{Y}, \mathbf{Z}) = \nabla_{\mathbf{Y}_0} f \mathbf{J}^{-1} \, \partial \mathbf{g} + \nabla_c f \, \partial \mathbf{Z}$$

donde

$$\nabla_c f = \nabla_\mathbf{Z} f - \nabla_{\mathbf{Y}_0} f \mathbf{J}^{-1} \mathbf{C}$$

tal como se definió anteriormente. La expresión para $\partial f(\mathbf{Y}, \mathbf{Z})$ puede ser utilizada para estudiar la variación en f en el entorno factible de un punto factible $\mathbf{X}^0$ debido a cambios pequeños $\partial \mathbf{g}$ y $\partial \mathbf{Z}$.

Ahora, en el punto extremo (por cierto, en cualquier punto estacionario) $\mathbf{X}_0 = (\mathbf{Y}_0, \mathbf{Z}_0)$, el gradiente restringido $\nabla_c f$ debe anularse. Por consiguiente,

$$\partial f(\mathbf{Y}_0, \mathbf{Z}_0) = \nabla_{\mathbf{Y}0} f \mathbf{J}^{-1} \partial \mathbf{g}(\mathbf{Y}_0, \mathbf{Z}_0)$$

o bien,

$$\frac{\partial f}{\partial \mathbf{g}} = \nabla_{\mathbf{Y}0} f \mathbf{J}^{-1}$$

evaluado en $\mathbf{X}_0$. Consecuentemente, puede estudiarse el efecto de variaciones pequeñas en $\mathbf{g}(=\partial \mathbf{g})$ sobre el valor *óptimo* de f evaluando la tasa de cambio de f con respecto a $\mathbf{g}$. Estas tasas usualmente se conocen como **coeficientes de sensibilidad**.

En general, en el punto óptimo, $\partial f/\partial \mathbf{g}$ es independiente de la selección específica de las variables en el vector $\mathbf{Y}$. Esto se verifica puesto que la expresión para los coeficientes de sensibilidad no incluye a $\mathbf{Z}$. En consecuencia, la partición de $\mathbf{X}$ entre $\mathbf{Y}$ y $\mathbf{Z}$ no es un factor eficaz en este caso. Por consiguiente, los coeficientes dados son constantes independientemente de la selección específica de $\mathbf{Y}$.

Ejemplo 19.2-3

Considere el mismo problema del ejemplo 19.2-2. El punto óptimo está dado por $\mathbf{X}_0 = (x_1^0, x_2^0, x_3^0) = (0.81, 0.35, 0.28)$. Ya que $\mathbf{Y}_0 = (x_1^0, x_2^0)$, entonces

$$\nabla_{\mathbf{Y}0} f = \left(\frac{\partial f}{\partial x_1}, \frac{\partial f}{\partial x_2}\right) = (2x_1^0, 2x_2^0) = (1.62, 0.70)$$

Así que,

$$\left(\frac{\partial f}{\partial g_1}, \frac{\partial f}{\partial g_2}\right) = \nabla_{\mathbf{Y}0} f \mathbf{J}^{-1} = (1.62, .7)\begin{pmatrix} -2/3 & 1/3 \\ 5/3 & -1/3 \end{pmatrix} = (0.0876, 0.3067)$$

Esto implica que si $\partial g_1 = 1$, f aumentará *aproximadamente* en 0.0867. De igual manera, si $\partial g_2 = 1$, f aumentará *aproximadamente* en 0.3067. ◀

Ejemplo de aplicación del método jacobiano a un problema de programación lineal

Considere el problema de programación lineal

$$\text{maximizar } z = 2x_1 + 3x_2$$

sujeto a

$$x_1 + x_2 + x_3 \quad\quad = 5$$
$$x_1 - x_2 \quad\quad + x_4 = 3$$
$$x_1, x_2, x_3, x_4 \geq 0$$

Hay que considerar las restricciones de no negatividad $x_j \geq 0$. Sea w_j^2 la variable de holgura correspondiente (no negativa). Por consiguiente, $x_j - w_j^2 = 0$, o bien,

$x_j = w_j^2$. Con esta sustitución, las condiciones de no negatividad llegarán a ser implícitas y el problema original se convierte en

$$\text{maximizar } z = 2w_1^2 + 3w_2^2$$

sujeto a

$$w_1^2 + w_2^2 + w_3^2 = 5$$
$$w_1^2 - w_2^2 + w_4^2 = 3$$

A fin de aplicar el método de Jacobi, sea

$$\mathbf{Y} = (w_1, w_2) \quad \text{y} \quad \mathbf{Z} = (w_3, w_4)$$

(Note que en la terminología de programación lineal, $\mathbf{Y}$ y $\mathbf{Z}$ corresponden a las variables básicas y no básicas, respectivamente.) Por consiguiente,

$$\mathbf{J} = \begin{pmatrix} 2w_1 & 2w_2 \\ 2w_1 & -2w_2 \end{pmatrix}, \quad \mathbf{J}^{-1} = \begin{pmatrix} \dfrac{1}{4w_1} & \dfrac{1}{4w_1} \\ \dfrac{1}{4w_2} & \dfrac{-1}{4w_2} \end{pmatrix}, \quad w_1 \text{ y } w_2 \neq 0$$

$$\mathbf{C} = \begin{pmatrix} 2w_3 & 0 \\ 0 & 2w_4 \end{pmatrix}, \quad \nabla_{\mathbf{Y}} f = (4w_1, 6w_2), \quad \nabla_{\mathbf{Z}} f = (0, 0)$$

De manera que

$$\nabla_c f = (0, 0) - (4w_1, 6w_2) \begin{pmatrix} \dfrac{1}{4w_1} & \dfrac{1}{4w_1} \\ \dfrac{1}{4w_2} & \dfrac{-1}{4w_2} \end{pmatrix} \begin{pmatrix} 2w_3 & 0 \\ 0 & 2w_4 \end{pmatrix} = (-5w_3, w_4)$$

La solución de $\nabla_c f = \mathbf{0}$ junto con las restricciones del problema proporcionan el punto estacionario ($w_1 = 2$, $w_2 = 1$, $w_3 = 0$, $w_4 = 0$). La matriz hessiana está dada por

$$\mathbf{H}_c = \begin{pmatrix} \dfrac{\partial_c^2 f}{\partial_c w_3^2} & \dfrac{\partial_c^2 f}{\partial_c w_3 \, \partial_c w_4} \\ \dfrac{\partial_c^2 f}{\partial_c w_3 \, \partial_c w_4} & \dfrac{\partial_c^2 f}{\partial_c w_4^2} \end{pmatrix} = \begin{pmatrix} -5 & 0 \\ 0 & 1 \end{pmatrix}$$

Ya que $\mathbf{H}_c$ es indefinida, el punto estacionario no proporciona un máximo.

El resultado anterior en realidad no es sorprendente ya que las variables w_3 y w_4 (no básicas) (y por tanto, x_3 y x_4) son iguales a cero, como se vio en la teoría de programación lineal. Esto significa que, dependiendo de la elección específica de

Y y **Z**, la solución del método jacobiano determina el punto extremo correspondiente del espacio de soluciones. Esta puede ser o no la solución óptima. Sin embargo, el método jacobiano permite identificar el punto óptimo usando las condiciones de suficiencia.

La exposición anterior sugiere que se deben seguir alterando las selecciones específicas de **Y** y **Z** hasta que se satisfaga la condición de suficiencia. Por tanto, para el ejemplo anterior, sea **Y** = (w_2, w_4), **Z** = (w_1, w_3). Así, siguiendo el mismo procedimiento dado antes, el vector gradiente restringido correspondiente, se convierte en

$$\nabla_c f = (4w_1, 0) - (6w_2, 0) \begin{pmatrix} \dfrac{1}{2w_2} & 0 \\ \dfrac{1}{2w_4} & \dfrac{1}{2w_4} \end{pmatrix} \begin{pmatrix} 2w_1 & 2w_3 \\ 2w_1 & 0 \end{pmatrix} = (-2w_1, -6w_3)$$

El punto estacionario correspondiente está dado por $w_1 = 0$, $w_2 = \sqrt{5}$, $w_3 = 0$, $w_4 = \sqrt{8}$. Ahora bien,

$$\mathbf{H}_c = \begin{pmatrix} -2 & 0 \\ 0 & -6 \end{pmatrix}$$

es negativa definida. Por consiguiente, la solución dada corresponde a un punto máximo.

El resultado anterior se verifica gráficamente en la figura 19-5. La primera solución ($x_1 = 4$, $x_2 = 1$) no es óptima, mientras que la segunda ($x_1 = 0$, $x_2 = 5$) da la solución óptima. El lector puede verificar que los dos puntos extremos restantes del espacio de soluciones no proporcionan puntos máximos. En efecto, el punto extremo ($x_1 = 0$, $x_2 = 0$) puede mostrarse por la condición de suficiencia que proporciona un punto mínimo.

Es interesante que los coeficientes de sensibilidad $\nabla_{\mathbf{Y}_0} f \mathbf{J}^{-1}$ introducidos anteriormente, cuando se aplican a la programación lineal, proporcionarán realmente sus

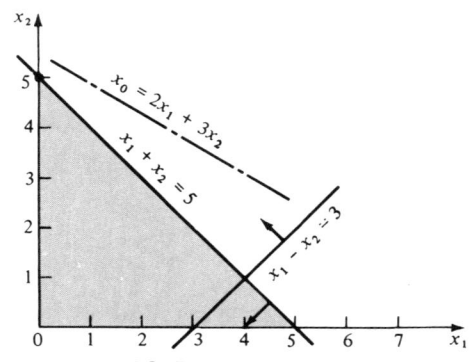

Figura 19-5

valores duales. Para ilustrar este punto en el caso del ejemplo numérico dado, sean u_1 y u_2 las variables duales correspondientes. En el punto óptimo ($w_1 = 0$, $w_2 = \sqrt{5}$, $w_3 = 0$, $w_4 = \sqrt{8}$), estas variables duales están dadas como

$$(u_1, u_2) = \nabla_{Y_0} J^{-1} = (6w_2, 0) \begin{pmatrix} \dfrac{1}{2w_2} & 0 \\ \dfrac{1}{2w_2} & \dfrac{1}{2w_4} \end{pmatrix} = (3, 0)$$

El valor objetivo dual correspondiente es igual a $5u_1 + 3u_2 = 15$, el cual es el mismo que el valor objetivo primal óptimo. La solución dada también satisface las restricciones duales y, en consecuencia, es óptima y factible. Esto muestra que los coeficientes de sensibilidad son los mismos que las variables duales. En efecto, se observa que ambos tienen la misma interpretación.

Ahora es posible deducir algunas conclusiones generales de la aplicación del método jacobiano al problema de programación lineal. Del ejemplo numérico, las condiciones necesarias requieren que las variables independientes sean iguales a cero. También, las condiciones de suficiencia indican que la matriz hessiana es una matriz diagonal. Por consiguiente, todos sus elementos diagonales deben ser positivos para un mínimo y negativos para un máximo.

Las observaciones anteriores indican que la condición necesaria es equivalente a especificar que únicamente las soluciones "básicas" (factibles) se necesitan para localizar la solución óptima. En este caso, las variables independientes son equivalentes a las variables no básicas en el problema de programación lineal. Asimismo, la condición de suficiencia indica que puede haber ahí una relación estrecha entre los elementos diagonales de la matriz Hessiana y el indicador de optimidad $z_j - c_j$ (véase la sección 4.2.2) en el método símplex†.

B. Método de Lagrange

La sección 19.2.1A muestra que los coeficientes de sensibilidad

$$\frac{\partial f}{\partial \mathbf{g}} = \nabla_{Y_0} J^{-1}$$

pueden ser utilizados para estudiar el efecto de variaciones pequeñas en las restricciones sobre el valor *óptimo* de *f*. También se indicó que estos coeficientes son constantes. Estas propiedades pueden ser utilizadas para resolver los problemas restringidos por restricciones de igualdad.

Sea

$$\lambda = \nabla_{Y_0} J^{-1} = \frac{\partial f}{\partial \mathbf{g}}$$

---

† Para una demostración formal de la validez de estos resultados en el caso del problema de programación lineal general, vea H. Taha y G. Curry, "Classical Derivation of the Necessary and Sufficient Conditions for Optimal Linear Programs," *Operations Research*, vol. 19, 1971, págs. 1045-1049. El artículo muestra que todas las ideas clave del método símplex pueden deducirse por el método jacobiano.

Por consiguiente,

$$\partial f - \lambda\, \partial \mathbf{g} = 0$$

Esta ecuación satisface las condiciones *necesarias* para puntos estacionarios, ya que la expresión para $\partial f/\partial \mathbf{g}$ se calcula tal que $\nabla_c f = \mathbf{0}$. Sin embargo, se obtiene una forma más conveniente para presentar estas ecuaciones tomando sus derivadas parciales con respecto a todas las x_j. Lo anterior da

$$\frac{\partial}{\partial x_j}(f - \lambda \mathbf{g}) = 0, \qquad j = 1, 2, \ldots, n$$

Las ecuaciones resultantes junto con las ecuaciones de restricciones $\mathbf{g} = \mathbf{0}$ proporcionan los valores factibles de $\mathbf{X}$ y λ que satisfacen las condiciones *necesarias* para puntos estacionarios.

El procedimiento anterior define el *método* conocido como *de Lagrange* para identificar los puntos estacionarios de problemas de optimización con restricciones de *igualdad*. Este procedimiento puede desarrollarse formalmente como sigue. Sea

$$L(\mathbf{X}, \lambda) = f(\mathbf{X}) - \lambda \mathbf{g}(\mathbf{X})$$

La función L se llama la **función de Lagrange** y los parámetros λ, **multiplicadores de Lagrange**. Por definición, estos multiplicadores tienen la misma interpretación que los coeficientes de sensibilidad introducidos en la sección 19.2.1A.

Las ecuaciones

$$\frac{\partial L}{\partial \lambda} = \mathbf{0} \qquad \text{y} \qquad \frac{\partial L}{\partial \mathbf{X}} = \mathbf{0}$$

proporcionan las mismas condiciones necesarias dadas anteriormente y, por tanto, la función de Lagrange puede utilizarse directamente para generar las condiciones necesarias. Esto significa que la optimización de $f(\mathbf{X})$ sujeto a $\mathbf{g}(\mathbf{X}) = \mathbf{0}$ es equivalente a la optimización de la función de Lagrange $L(\mathbf{X}, \lambda)$.

Las condiciones de suficiencia para el método de Lagrange se establecerán sin demostración. Defínase

$$\mathbf{H}^B = \left(\begin{array}{c|c} \mathbf{0} & \mathbf{P} \\ \hline \mathbf{P}^T & \mathbf{Q} \end{array}\right)_{(m+n) \times (m+n)}$$

donde

$$\mathbf{P} = \begin{pmatrix} \nabla g_1(\mathbf{X}) \\ \vdots \\ \nabla g_m(\mathbf{X}) \end{pmatrix}_{m \times n} \qquad \text{y} \qquad \mathbf{Q} = \left\| \frac{\partial^2 L(\mathbf{X}, \lambda)}{\partial x_i\, \partial x_j} \right\|_{n \times n}, \text{ para toda } i \text{ y } j$$

La matriz $\mathbf{H}^B$ se conoce como **matriz hessiana en la frontera**.

Dado el punto estacionario $(\mathbf{X}_0, \lambda_0)$, para la función de Lagrange $L(\mathbf{X}, \lambda)$ y la matriz hessiana en la frontera $\mathbf{H}^B$ evaluada en $(\mathbf{X}_0, \lambda_0)$, entonces $\mathbf{X}_0$ es

1. Un punto máximo si, comenzando con el menor principal del determinante de orden $(2m + 1)$, los *últimos* $(n - m)$ menores principales del determinante de $\mathbf{H}^B$ forman una configuración de signos alternos comenzando con $(-1)^{m+1}$.

2. Un punto mínimo si, comenzando con el menor principal del determinante de orden $(2m + 1)$, los *últimos* $(n - m)$ menores principales del determinante de $\mathbf{H}^B$ tienen el signo de $(-1)^m$.

Las condiciones anteriores son suficientes para identificar un punto extremo, pero no necesarias. En otras palabras, un punto estacionario puede ser un punto extremo sin satisfacer las condiciones anteriores.

Existen otras condiciones que son tanto necesarias como suficientes para identificar puntos extremos. La desventaja en este caso es que este procedimiento es computacionalmente infactible para la mayoría de los propósitos prácticos. Defina la matriz

$$\Delta = \left(\begin{array}{c|c} \mathbf{0} & \mathbf{P} \\ \hline \mathbf{P}^T & \mathbf{Q} - \mu \mathbf{I} \end{array} \right)$$

evaluada en el punto estacionario $(\mathbf{X}_0, \lambda_0)$, donde $\mathbf{P}$ y $\mathbf{Q}$ son como se definieron antes y μ es un parámetro desconocido. Considere el determinante $|\Delta|$; entonces cada una de las $(n - m)$ raíces u_i del polinomio

$$|\Delta| = 0$$

deben ser

1. Negativas si $\mathbf{X}_0$ es un punto máximo.
2. Positivas si $\mathbf{X}_0$ es un punto mínimo.

Ejemplo 19.2-4

Considere el mismo problema del ejemplo 19.2-2. La función de Lagrange es

$$L(\mathbf{X}, \lambda) = x_1^2 + x_2^2 + x_3^2 - \lambda_1(x_1 + x_2 + 3x_3 - 2) - \lambda_2(5x_1 + 2x_2 + x_3 - 5)$$

Esto proporciona las siguientes condiciones necesarias:

$$\frac{\partial L}{\partial x_1} = 2x_1 - \lambda_1 - 5\lambda_2 = 0$$

$$\frac{\partial L}{\partial x_2} = 2x_2 - \lambda_1 - 2\lambda_2 = 0$$

$$\frac{\partial L}{\partial x_3} = 2x_3 - 3\lambda_1 - \lambda_2 = 0$$

$$\frac{\partial L}{\partial \lambda_1} = -(x_1 + x_2 + 3x_3 - 2) = 0$$

$$\frac{\partial L}{\partial \lambda_2} = -(5x_1 + 2x_2 + x_3 - 5) = 0$$

19.2] Problemas de extremos restringidos **861**

La solución para estas ecuaciones simultáneas proporciona

$$\mathbf{X}_0 = (x_1, x_2, x_3) = (.81, .35, .28)$$
$$\boldsymbol{\lambda} = (\lambda_1, \lambda_2) = (.0867, .3067)$$

Esta solución combina los resultados de los ejemplos 19.2-2 y 19.2-3. Los valores de los multiplicadores de Lagrange $\boldsymbol{\lambda}$ son los mismos que los coeficientes de sensibilidad obtenidos en el ejemplo 19.2-3. Esto muestra que estos coeficientes son independientes de la selección del vector dependiente $\mathbf{Y}$ en el método jacobiano.

Para mostrar que el punto dado es un mínimo, considere

$$\mathbf{H}^B = \begin{pmatrix} 0 & 0 & 1 & 1 & 3 \\ 0 & 0 & 5 & 2 & 1 \\ 1 & 5 & 2 & 0 & 0 \\ 1 & 2 & 0 & 2 & 0 \\ 3 & 1 & 0 & 0 & 2 \end{pmatrix}$$

Ya que $n = 3$ y $m = 2$, se deduce que $n - m = 1$. Por consiguiente, es necesario verificar el determinante de $\mathbf{H}^B$ únicamente, el cual debe tener el signo de $(-1)^2$ en un mínimo. Ya que el determinante de $\mathbf{H}^B = 460 > 0$, $\mathbf{X}^0$ es un punto mínimo.

◀

Un método que es conveniente algunas veces para resolver ecuaciones resultantes a partir de las condiciones necesarias es seleccionar valores numéricos sucesivos de λ y luego resolver las ecuaciones dadas para determinar $\mathbf{X}$. Esto se repite hasta que para algunos valores de λ, la $\mathbf{X}$ resultante satisface todas las restricciones activas en forma de ecuación. Este método se ilustró en el capítulo 14, como una aplicación al problema de inventarios de una sola restricción (véase el ejemplo 14.3-4). Sin embargo, este procedimiento llega a ser muy tedioso computacionalmente cuando aumenta el número de restricciones. En este caso se puede recurrir a una técnica numérica apropiada para resolver las ecuaciones resultantes, como el método de Newton-Raphson (sección 19.1.2).

Ejemplo 19.2-5

Considere el problema

$$\text{minimizar } z = x_1^2 + x_2^2 + x_3^2$$

sujeto a

$$4x_1 + x_2^2 + 2x_3 - 14 = 0$$

La función de Lagrange es

$$L(\mathbf{X}, \lambda) = x_1^2 + x_2^2 + x_3^2 - \lambda(4x_1 + x_2^2 + 2x_3 - 14)$$

Esto proporciona las siguientes condiciones necesarias:

$$\frac{\partial L}{\partial x_1} = 2x_1 - 4\lambda = 0$$

$$\frac{\partial L}{\partial x_2} = 2x_2 - 2\lambda x_2 = 0$$

$$\frac{\partial L}{\partial x_3} = 2x_3 - 2\lambda = 0$$

$$\frac{\partial L}{\partial \lambda} = -(4x_1 + x_2^2 + 2x_3 - 14) = 0$$

cuya solución es

$$(\mathbf{X}_0, \lambda_0)_1 = (2, 2, 1, 1)$$
$$(\mathbf{X}_0, \lambda_0)_2 = (2, -2, 1, 1)$$
$$(\mathbf{X}_0, \lambda_0)_3 = (2.8, 0, 1.4, 1.4)$$

Aplicando las condiciones de suficiencia se obtiene

$$\mathbf{H}^B = \begin{pmatrix} 0 & 4 & 2x_2 & 2 \\ 4 & 2 & 0 & 0 \\ 2x_2 & 0 & 2-2\lambda & 0 \\ 2 & 0 & 0 & 2 \end{pmatrix}$$

Ya que $m = 1$ y $n = 3$, entonces el signo de los últimos $(3 - 1) = 2$ menores principales del determinante debe ser el de $(-1)^m = -1$ a fin de que un punto estacionario sea un mínimo. Por consiguiente, para $(\mathbf{X}_0, \lambda_0)_1 = (2, 2, 1, 1)$,

$$\begin{vmatrix} 0 & 4 & 4 \\ 4 & 2 & 0 \\ 4 & 0 & 0 \end{vmatrix} = -32 < 0 \quad \text{y} \quad \begin{vmatrix} 0 & 4 & 4 & 2 \\ 4 & 2 & 0 & 0 \\ 4 & 0 & 0 & 0 \\ 2 & 0 & 0 & 2 \end{vmatrix} = -64 < 0$$

Para $(\mathbf{X}_0, \lambda_0)_2 = (2, -2, 1, 1)$,

$$\begin{vmatrix} 0 & 4 & -4 \\ 4 & 2 & 0 \\ -4 & 0 & 0 \end{vmatrix} = -32 < 0 \quad \text{y} \quad \begin{vmatrix} 0 & 4 & -4 & 2 \\ 4 & 2 & 0 & 0 \\ -4 & 0 & 0 & 0 \\ 2 & 0 & 0 & 2 \end{vmatrix} = -64 < 0$$

Finalmente, para $(\mathbf{X}_0, \lambda_0)_3 = (2.8, 0, 1.4, 1.4)$,

$$\begin{vmatrix} 0 & 4 & 0 \\ 4 & 2 & 0 \\ 0 & 0 & -0.8 \end{vmatrix} = 12.8 > 0 \quad \text{y} \quad \begin{vmatrix} 0 & 4 & 0 & 2 \\ 4 & 2 & 0 & 0 \\ 0 & 0 & -0.8 & 0 \\ 2 & 0 & 0 & 2 \end{vmatrix} = 32 > 0$$

Esto muestra que $(X_0)_1$ y $(X_0)_2$ son puntos mínimos. El hecho de que $(X_0)_3$ no satisfaga las condiciones de suficiencia de un máximo o un mínimo no necesariamente significa que no sea un punto extremo. Esto, como se explicó anteriormente, se deduce a partir de las condiciones dadas que, aunque suficiente, pueden no ser satisfechas para cada punto extremo. En tal caso, es necesario usar la otra condición de suficiencia.

Para ilustrar el uso de la otra condición de suficiencia que emplea las raíces del polinomio, considere

$$\Delta = \begin{pmatrix} 0 & 4 & 2x_2 & 2 \\ \hline 4 & 2-\mu & 0 & 0 \\ 2x_2 & 0 & 2-2\lambda-\mu & 0 \\ 2 & 0 & 0 & 2-\mu \end{pmatrix}$$

Ahora, para $(X_0, \lambda_0)_1 = (2, 2, 1, 1)$,

$$|\Delta| = 9\mu^2 - 26\mu + 16 = 0$$

Esto da $\mu = 2$ o sea 8/9. Ya que todas las $\mu > 0$, $(X_0)_1 = (2, 2, 1)$ es un punto mínimo. De nuevo, para $(X_0, \lambda_0)_2 = (2, -2, 1, 1)$,

$$|\Delta| = 9\mu^2 - 26\mu + 16 = 0$$

el cual es el mismo que en el caso anterior. Entonces, $(X_0)_2 = (2, -2, 1)$ es un punto mínimo. Finalmente, para $(X_0, \lambda_0)_3 = (2.8, 0, 1.4, 1.4)$,

$$|\Delta| = 5\mu^2 - 6\mu - 8 = 0$$

Esto proporciona $\mu = 2$ y -0.8. Lo anterior significa que $(X_0)_3 = (2.8, 0, 1.4)$ no es un punto extremo. ◄

19.2.2 RESTRICCIONES DE DESIGUALDAD

Esta sección muestra cómo el método de Lagrange puede, en forma restringida, extenderse para manejar restricciones de desigualdad. La principal contribución de la sección es el desarrollo de las condiciones de Kuhn-Tucker que proporcionan la teoría básica para programación no lineal.

A. Extensión del método de Lagrange

Suponga que el problema se da por

$$\text{maximizar } z = f(X)$$

sujeto a

$$g_i(\mathbf{X}) \leq 0, \quad i = 1, 2, \ldots, m$$

Las restricciones de no negatividad $\mathbf{X} \geq 0$, si existen, se suponen incluidas en las m restricciones.

La idea general de extender el procedimiento de Lagrange es que si el óptimo *irrestricto* de $f(\mathbf{X})$ no satisface todas las restricciones, el óptimo restringido debe ocurrir en un punto frontera del espacio de soluciones. Esto significa que una, o más, de las m restricciones deben ser satisfechas en forma de ecuación. El procedimiento comprende, en consecuencia, los pasos siguientes.

Paso 1: Resolver el problema irrestricto

$$\text{maximizar } z = f(\mathbf{X})$$

Si el óptimo resultante satisface todas las restricciones, no hay nada más que se deba hacer, ya que todas las restricciones son redundantes. De otra manera, haga $k = 1$ y vaya al paso 2.

Paso 2: Active cualquiera de las k restricciones (esto es, conviértalas en igualdades) y optimice $f(\mathbf{X})$ sujeto a las k restricciones activas por el método de Lagrange. Si la solución resultante es factible con respecto a las restricciones restantes, deténgase; es un óptimo *local*.† De otra manera, active otro conjunto de k restricciones y repita el paso. Si se consideran a la vez *todos* los conjuntos de k restricciones activas sin encontrar una solución factible, vaya al paso 3.

Paso 3: Si $k = m$, pare; no existen soluciones factibles. De otra manera, haga $k = k + 1$ y vaya al paso 2.

Un punto importante que se ignora a menudo al presentar el procedimiento anterior es que el método, como es de esperar, *no* garantiza optimidad global aun cuando el problema es bien comportado (posea un óptimo *único*). Otro punto importante es la interpretación errónea implícita de que, para $p < q$, el óptimo de $f(\mathbf{X})$ sujeto a p restricciones de igualdad siempre es mejor que su óptimo sujeto a q restricciones de igualdad. Desafortunadamente esto es cierto, en general, únicamente si las q restricciones forman un subconjunto de las p restricciones. El ejemplo siguiente está diseñado para ilustrar los puntos anteriores.

Ejemplo 19.2-6

$$\text{Maximizar } z = -(2x_1 - 5)^2 - (2x_2 - 1)^2$$

sujeto a

$$x_1 + 2x_2 \leq 2$$
$$x_1, x_2 \geq 0$$

---

† Un óptimo *local* se define de entre todos los óptimos resultantes de optimizar $f(\mathbf{X})$ sujeto a *todas* las combinaciones de k restricciones *de igualdad*, $k = 1, 2, \ldots, m$.

19.2]   Problemas de extremos restringidos   **865**

La representación gráfica de la figura 19-6 deberá ayudar a la comprensión del procedimiento analítico. Observe que el problema es bien comportado (función objetivo cóncava sujeta a un espacio de soluciones convexo) con el resultado que un algoritmo bien definido razonable garantizaría la optimidad global. No obstante, como se mostrará enseguida, el método extendido de Lagrange produce solamente un máximo local.

El óptimo irrestricto se obtiene resolviendo

$$\frac{\partial z}{\partial x_1} = -4(2x_1 - 5)^2 = 0$$

$$\frac{\partial z}{\partial x_2} = -4(2x_2 - 1)^2 = 0$$

Esto proporciona $(x_1, x_2) = (5/2, 1/2)$. Ya que esta solución no cumple $x_1 + 2x_2 \leq 2$, las restricciones se toman una a la vez. Considere $x_1 = 0$. La función de Lagrange es

$$L(x_1, x_2, \lambda) = -(2x_1 - 5)^2 - (2x_2 - 1)^2 - \lambda x_1$$

Por consiguiente,

$$\frac{\partial L}{\partial x_1} = -4(2x_1 - 5) - \lambda = 0$$

$$\frac{\partial L}{\partial x_2} = -4(2x_2 - 1) \quad\quad = 0$$

$$\frac{\partial L}{\partial \lambda} = -x_1 \quad\quad\quad\quad = 0$$

Esto da el punto de solución $(x_1, x_2) = (0, 1/2)$, que puede demostrarse, por la condición de suficiencia, que es un máximo. Ya que este punto satisface todas las

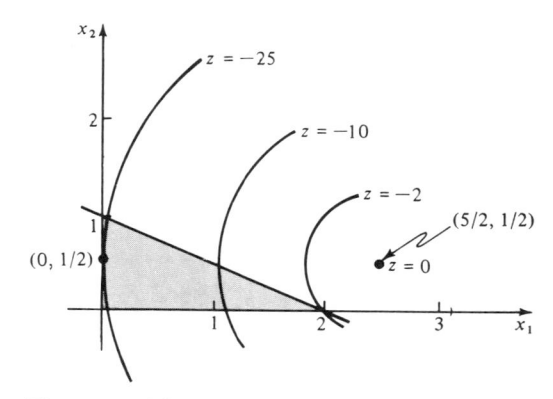

Figura 19-6

otras restricciones, el procedimiento termina con $(x_1, x_2) = (0, 1/2)$ como una solución óptima local al problema. (Note que las restricciones restantes $x_2 \geq 0$ y $x_1 = 2x_2 \leq 2$, tomadas de una en una, proporcionan soluciones no factibles.) El valor de la función objetivo es $z = -25$.

Sin embargo, observe que en la figura 19-6 la solución factible $(x_1, x_2) = (2, 0)$, la cual es el punto de intersección de las *dos* restricciones $x_2 = 0$ y $x_1 + 2x_2 = 2$, proporciona el valor de la función objetivo $z = -2$. Este valor es mejor que el obtenido usando una restricción. ◀

El procedimiento anterior ilustra que lo mejor que se puede esperar de la utilización del método extendido de Lagrange es (posiblemente) una buena solución factible para el problema. En particular, esto puede ser así si la función objetivo no es unimodal. Por supuesto, si las funciones del problema se comportan adecuadamente (por ejemplo, el problema que posee un óptimo restringido único como en el ejemplo 19.2-6), el procedimiento puede rectificarse para localizar el óptimo global. Específicamente, considere el óptimo irrestricto y los óptimos restringidos con sujeción a *todos* los conjuntos de una restricción activa a la vez, luego dos restricciones activas a la vez, y así hasta que se hayan activado las m restricciones. El mejor de *estos* óptimos *factibles* sería entonces el óptimo global.

Si se sigue el procedimiento anterior en el ejemplo 19.2-6 será necesario resolver siete problemas antes de que se verifique la optimidad global. Esto indica el uso limitado del método para resolver problemas de cualquier magnitud práctica.

B. Las condiciones de Kuhn-Tucker

Esta sección desarrolla las condiciones *necesarias* de Kuhn-Tucker para identificar puntos estacionarios de un problema restringido, no lineal, sujeto a restricciones de desigualdad. El desarrollo está basado en el método de Lagrange. Estas condiciones también son suficientes bajo ciertas limitaciones que se establecerán posteriormente.

Considere el problema

$$\text{maximizar } z = f(\mathbf{X})$$

sujeto a

$$\mathbf{g}(\mathbf{X}) \leq \mathbf{0}$$

Las restricciones de desigualdad pueden convertirse en ecuaciones sumando las variables de holgura *no negativas* apropiadas. Por consiguiente, para satisfacer las condiciones de no negatividad, sea S_i^2 (≥ 0) la cantidad de holgura sumada a la i-ésima restricción $g_i(\mathbf{X}) \leq 0$. Defínase

$$\mathbf{S} = (S_1, S_2, \ldots, S_m)^T \quad \text{y} \quad \mathbf{S}^2 = (S_1^2, S_2^2, \ldots, S_m^2)^T$$

donde m es el número total de restricciones de desigualdad. La función de Lagrange es, por consiguiente,

$$L(\mathbf{X}, \mathbf{S}, \lambda) = f(\mathbf{X}) - \lambda[\mathbf{g}(\mathbf{X}) + \mathbf{S}^2]$$

Dadas las restricciones

$$g(X) \leq 0$$

una condición necesaria para la optimidad es que λ sea no negativa (o bien, no positiva) para problemas de maximización (o bien, minimización). Esto se justifica como sigue. Considere el caso de maximización. Ya que λ mide la tasa de variación de f con respecto a g,

$$\lambda = \frac{\partial f}{\partial g}$$

como el segundo miembro de la restricción $g \leq 0$ aumenta sobre cero, el espacio de soluciones llega a ser menos restringido y así f no puede disminuir. Esto significa que $\lambda \geq 0$. De igual manera, en el caso de minimización cuando los recursos aumentan, f no puede aumentar, lo cual implica que $\lambda \leq 0$. Si las restricciones son igualdades, esto es, $g(X) = 0$, entonces λ será irrestrica en signo (véase el problema 19-17).

Las restricciones sobre λ dadas anteriormente deben mantenerse como parte de las condiciones necesarias de Kuhn-Tucker. Las condiciones restantes se obtendrán ahora.

Tomando las derivadas parciales de L con respecto a X, S, y λ,

$$\frac{\partial L}{\partial X} = \nabla f(X) - \lambda \nabla g(X) = 0$$

$$\frac{\partial L}{\partial S_i} = -2\lambda_i S_i = 0, \qquad i = 1, 2, \ldots, m$$

$$\frac{\partial L}{\partial \lambda} = -(g(X) + S^2) = 0$$

El segundo conjunto de ecuaciones revela los resultados siguientes.

1. Si λ_i es mayor que cero, $S_i^2 = 0$. Esto significa que el recurso correspondiente es escaso y, por lo tanto, se agota totalmente (restricción de igualdad).

2. Si $S_i^2 > 0$, $\lambda_i = 0$. Esto significa que el recurso i-ésimo no es escaso y, en consecuencia, no afecta el valor de $f(\lambda_i = \partial f / \partial g_i = 0)$.

Del segundo y tercer conjunto de ecuaciones se infiere que

$$\lambda_i g_i(X) = 0, \qquad i = 1, 2, \ldots, m$$

Esta nueva condición esencialmente repite el argumento anterior ya que si $\lambda_i > 0$, $g_i(X) = 0$, o $S_i^2 = 0$. Similarmente, si $g_i(X) < 0$, esto es, $S_i^2 > 0$, entonces $\lambda_i = 0$.

Las condiciones de Kuhn-Tucker necesarias para que X y λ sean un punto estacionario del problema de maximización anterior pueden resumirse ahora como sigue:

$$\lambda \geq 0,$$
$$\nabla f(\mathbf{X}) - \lambda \nabla \mathbf{g}(\mathbf{X}) = \mathbf{0}$$
$$\lambda_i g_i(\mathbf{X}) = 0, \quad i = 1, 2, \ldots, m$$
$$\mathbf{g}(\mathbf{X}) \leq \mathbf{0}$$

El lector puede verificar que estas condiciones también se aplican al caso de minimización, con la excepción que λ debe ser no positiva, como se mostró anteriormente. En la maximización y la minimización los multiplicadores de Lagrange correspondientes a las restricciones de *igualdad* deben ser irrestrictos en signo.

Ejercicio 19.2-3

Considere el problema que acaba de definirse:

$$\text{maximizar } f(\mathbf{X})$$

sujeto a

$$g(\mathbf{X}) \leq 0$$

Supóngase que la función lagrangeana se formula como

$$L(\mathbf{X}, \lambda, \mathbf{S}) = f(\mathbf{X}) + \lambda[g(\mathbf{X}) + \mathbf{S}^2]$$

¿Cómo afectaría este cambio las condiciones de Kuhn-Tucker?

[*Resp.* λ será no positiva en vez de no negativa porque λ se define igual a $-\partial f/\partial \mathbf{g}$ en lugar de $+\partial f/\partial \mathbf{g}$.]

Suficiencia de las condiciones de Kuhn-Tucker

Las condiciones necesarias de Kuhn-Tucker son, asimismo, suficientes si la función objetivo y el espacio de soluciones satisfacen ciertas condiciones referentes a convexidad y concavidad. Estas condiciones se resumen en la tabla 19-1.

Es más sencillo verificar que una función sea convexa o cóncava que demostrar que un espacio de soluciones es un conjunto convexo. Por este motivo, damos una lista de condiciones que son más fáciles de aplicar en la práctica, en el sentido de que la convexidad del espacio de soluciones se puede establecer verificando directamente la convexidad, o la concavidad, de las funciones de restricciones. Para proporcionar estas condiciones, definimos los problemas no lineales generalizados como

Tabla 19-1

Sentido de optimización	Condiciones requeridas	
	Función objetivo	Espacio de soluciones
Maximización	Cóncava	Conjunto convexo
Minimización	Convexa	Conjunto convexo

$$\begin{pmatrix} \text{maximizar} \\ \text{o} \\ \text{minimizar} \end{pmatrix} z = f(\mathbf{X})$$

sujeto a

$$g_i(\mathbf{X}) \leq 0, \quad i = 1, 2, \ldots, r$$
$$g_i(\mathbf{X}) \geq 0, \quad i = r + 1, \ldots, p$$
$$g_i(\mathbf{X}) = 0, \quad i = p + 1, \ldots, m$$

$$L(\mathbf{X}, \mathbf{S}, \lambda) = f(\mathbf{X}) - \sum_{i=1}^{r} \lambda_i [g_i(\mathbf{X}) + \mathbf{S}_i^2] - \sum_{i=r+1}^{p} \lambda_i [g_i(\mathbf{X}) - \mathbf{S}_i^2] - \sum_{i=p+1}^{m} \lambda_i g_i(\mathbf{X})$$

donde λ_i es el multiplicador de Lagrange asociado con la restricción i. Las condiciones para establecer la suficiencia de las condiciones de Kuhn-Tucker pueden resumirse como se muestra en la tabla 19-2.

Debemos comentar que las condiciones de la tabla 19-2 representan sólo un subconjunto de las condiciones de la tabla 19-1. La razón es que un espacio de soluciones puede ser convexo sin cumplir las condiciones estipuladas en la tabla 19-2 acerca de las funciones $g_i(\mathbf{X})$.

Tabla 19-2

Sentido de Optimización	$f(\mathbf{X})$	$g_i(\mathbf{X})$	λ_i	
Maximización	Cóncava	Convexa	≥ 0	$(1 \leq i \leq r)$
		Cóncava	≤ 0	$(r+1 \leq i \leq p)$
		Lineal	No restringida	$(p+1 \leq i \leq m)$
Minimización	Convexa	Convexa	≤ 0	$(1 \leq i \leq r)$
		Cóncava	≥ 0	$(r+1 \leq i \leq p)$
		Lineal	No restringida	$(p+1 \leq i \leq m)$

La validez de la tabla 19-2 se apoya en el hecho de que las condiciones dadas producen una función de Lagrange cóncava $L(\mathbf{X}, \mathbf{S}, \lambda)$ en caso de maximización y una función convexa $L(\mathbf{X}, \mathbf{S}, \lambda)$ en caso de minimización. Este resultado se puede verificar directamente observando que si $g_i(x)$ es convexa, entonces $\lambda_i g_i(x)$ es convexa si $\lambda_i \geq 0$ y cóncava si $\lambda_i \leq 0$. Se pueden establecer interpretaciones análogas para todas las condiciones restantes. Sin embargo, debemos indicar que una función lineal, por definición, es convexa y cóncava. Nótese asimismo que si una función f es cóncava, entonces $-f$ es convexa y viceversa.

Ejercicio 19.2-4

Elabore las condiciones similares a las de las tablas 19-1 y 19-2 suponiendo que la función lagrangeana se expresa como

$$L(\mathbf{X}, \lambda, \mathbf{S}) = f(\mathbf{X}) + \sum_{i=1}^{r} \lambda_i[g_i(\mathbf{X}) + S_i^2] + \sum_{i=r+1}^{p} \lambda_i[g_i(\mathbf{X}) - S_i^2] + \sum_{i=p+1}^{m} \lambda_i g_i(\mathbf{X})$$

[*Resp.* La tabla 19-1 se mantiene sin cambios. En la tabla 19-2 se deben invertir los signos de λ_i *restringidas* mientras el resto de las condiciones se mantienen sin cambio.]

Ejemplo 19.2-7

Considere el problema de *minimización* siguiente:

$$\text{minimizar } f(\mathbf{X}) = x_1^2 + x_2^2 + x_3^2$$

sujeto a

$$g_1(\mathbf{X}) = 2x_1 + x_2 - 5 \leq 0$$
$$g_2(\mathbf{X}) = x_1 + x_3 - 2 \leq 0$$
$$g_3(\mathbf{X}) = 1 - x_1 \leq 0$$
$$g_4(\mathbf{X}) = 2 - x_2 \leq 0$$
$$g_5(\mathbf{X}) = -x_3 \leq 0$$

Ya que este es un problema de minimización, se deduce que $\lambda \leq 0$. Las condiciones de Kuhn-Tucker, por consiguiente, son como sigue:

$$(\lambda_1, \lambda_2, \lambda_3, \lambda_4, \lambda_5) \leq \mathbf{0}$$

$$(2x_1, 2x_2, 2x_3) - (\lambda_1, \lambda_2, \lambda_3, \lambda_4, \lambda_5)\begin{pmatrix} 2 & 1 & 0 \\ 1 & 0 & 1 \\ -1 & 0 & 0 \\ 0 & -1 & 0 \\ 0 & 0 & -1 \end{pmatrix} = \mathbf{0}$$

$$\lambda_1 g_1 = \lambda_2 g_2 = \cdots = \lambda_5 g_5 = 0$$

$$\mathbf{g}(\mathbf{X}) \leq \mathbf{0}$$

Estas condiciones se simplifican a las siguientes:

$$\lambda_1, \lambda_2, \lambda_3, \lambda_4, \lambda_5 \leq 0$$
$$2x_1 - 2\lambda_1 - \lambda_2 + \lambda_3 = 0$$
$$2x_2 - \lambda_1 + \lambda_4 = 0$$
$$2x_3 - \lambda_2 + \lambda_5 = 0$$
$$\lambda_1(2x_1 + x_2 - 5) = 0$$
$$\lambda_2(x_1 + x_3 - 2) = 0$$
$$\lambda_3(1 - x_1) = 0$$
$$\lambda_4(2 - x_2) = 0$$
$$\lambda_5 x_3 = 0$$
$$2x_1 + x_2 \leq 5$$
$$x_1 + x_3 \leq 2$$
$$x_1 \geq 1, \quad x_2 \geq 2, \quad x_3 \geq 0$$

La solución es $x_1 = 1$, $x_2 = 2$, $x_3 = 0$; $\lambda_1 = \lambda_2 = \lambda_5 = 0$, $\lambda_3 = -2$, $\lambda_4 = -4$. Ya que la función $f(\mathbf{X})$ es convexa y el espacio de soluciones $\mathbf{g}(\mathbf{X}) \leq \mathbf{0}$ es también convexo, $L(\mathbf{X}, \mathbf{S}, \lambda)$ debe ser convexo y el punto estacionario resultante proporciona un mínimo restringido global. Sin embargo, el ejemplo dado muestra que es difícil, en general, resolver las condiciones resultantes explícitamente. Por lo tanto, el procedimiento no es adecuado para cálculos numéricos. La importancia de las condiciones de Kuhn-Tucker se verá claramente al desarrollar los algoritmos de programación no lineal en el capítulo 20. ◄

19.3 RESUMEN

En este capítulo presentamos la teoría clásica para localizar los puntos de máximos y mínimos de problemas no lineales restringidos. Observamos que la teoría presentada no suele ser adecuada para fines de cálculo. Sin embargo, existen pocas excepciones, donde la teoría de Kuhn-Tucker es la base del desarrollo de algoritmos de cálculo eficientes. La *programación cuadrática*, que se presenta en el capítulo siguiente, es un ejemplo excelente de las condiciones necesarias de Kuhn-Tucker.

Debemos destacar que no se pueden establecer condiciones de suficiencia (similares a las de problemas no restringidos y problemas con restricciones *de igualdad*) para programas no lineales con restricciones de desigualdad. Por lo tanto, a menos que se puedan establecer *con anticipación* las condiciones dadas en las tablas 19-1 o 19-2, no hay manera de verificar si la convergencia de un algoritmo de programación no lineal nos conduce a un óptimo local o global.

BIBLIOGRAFIA

BAZARAA, M. y C. Shetty, *Nonlinear Programming Theory and Algorithms*, Wiley, Nueva York, 1979.
BEIGHTLER, C., D. Phillips y D. Wilde, *Foundations of Optimization*, 2da. ed., Prentice-Hall, Englewood Cliffs, N. J., 1979.
COURANT, R. y D. Hilbert, *Methods of Mathematical Physics*, vol. I, Interscience, Nueva York, 1953.
HADLEY, G., *Matrix Algebra*, Addison-Wesley, Reading, Mass., 1961.

PROBLEMAS

Sección	Problemas asignados
19.1.1	19-1 a 19-5
19.1.2	19-6
19.2.1A	19-7 a 19-12
19.2.1B	19-13 a 19-16
19.2.2A	Ninguno
19.2.2B	19-17 a 19-20

☐ **19-1** Examine las funciones siguientes en lo que respecta a puntos extremos.
(a) $f(x) = x^3 + x$
(b) $f(x) = x^4 + x^2$
(c) $f(x) = 4x^4 - x^2 + 5$
(d) $f(x) = (3x - 2)^2(2x - 3)^2$
(e) $f(x) = 6x^5 - 4x^3 + 10$

☐ **19-2** Examine las funciones siguientes para puntos extremos.
(a) $f(\mathbf{X}) = x_1^3 + x_2^3 - 3x_1 x_2$
(b) $f(\mathbf{X}) = 2x_1^2 + x_2^2 + x_3^2 + 6(x_1 + x_2 + x_3) + 2x_1 x_2 x_3$

☐ **19-3** Verifique que la función

$$f(x_1, x_2, x_3) = 2x_1 x_2 x_3 - 4x_1 x_3 - 2x_2 x_3 + x_1^2 + x_2^2 + x_3^2 - 2x_1 - 4x_2 + 4x_3$$

tiene los puntos estacionarios (0, 3, 1), (0, 1, −1), (1, 2, 0), (2, 1, 1) y (2, 3, −1). Utilice la condición de suficiencia para encontrar los puntos extremos.

☐ **19-4** Resuelva las ecuaciones simultáneas siguientes convirtiendo el sistema a una función objetivo no lineal sin restricciones.

$$x_2 - x_1^2 = 0$$
$$x_2 - x_1 = 2$$

[*Sugerencia*: El mínimo de $f^2(x_1, x_2)$ ocurre en $f(x_1, x_2) = 0$.]

☐ **19-5** Aplique el método de Newton-Raphson al problema 19-1(c) y al problema 19-2(b).

☐ **19-6** Demuestre el teorema 19.1-3.

☐ **19-7** Aplique el método jacobiano al ejemplo 19.2-1 seleccionando $\mathbf{Y} = (x_2, x_3)$ y $\mathbf{Z} = (x_1)$.

☐ **19-8** Resuelva por el método jacobiano:

$$\text{minimizar } f(\mathbf{X}) = \sum_{i=1}^{n} x_i^2$$

sujeto a

$$\prod_{i=1}^{n} x_i = C$$

donde C es una constante positiva. Suponga que el segundo miembro de la restricción se cambia a $C + \delta$, donde δ es una cantidad positiva pequeña; encuentre el cambio correspondiente en el valor óptimo de f.

19-9 Resuelva con el método jacobiano:

$$\text{minimizar } f(\mathbf{X}) = 5x_1^2 + x_2^2 + 2x_1x_2$$

sujeto a

$$g(\mathbf{X}) = x_1x_2 - 10 = 0$$

(a) Encuentre el cambio en el valor óptimo de $f(\mathbf{X})$ si la restricción se reemplaza por $x_1x_2 - 9.99 = 0$.

(b) Halle el cambio en el valor de $f(\mathbf{X})$ en el entorno del punto factible (2, 5) dado que $x_1x_2 = 9.99$ y $\partial x_1 = 0.01$.

19-10 Considere el problema:

$$\text{maximizar } f(\mathbf{X}) = x_1^2 + 2x_2^2 + 10x_3^2 + 5x_1x_2$$

sujeto a

$$g_1(\mathbf{X}) = x_1 + x_2^2 + 3x_2x_3 - 5 = 0$$
$$g_2(\mathbf{X}) = x_1^2 + 5x_1x_2 + x_3^2 - 7 = 0$$

Aplique el método jacobiano para encontrar $\partial f(\mathbf{X})$ en el entorno factible del punto factible (1, 1, 1). Supóngase que este entorno factible está especificado por $\partial g_1 = -0.01$, $\partial g_2 = 0.02$, y $\partial x_1 = 0.01$.

19-11 Considere el problema:

$$\text{minimizar } f(\mathbf{X}) = x_1^2 + x_2^2 + x_3^2 + x_4^2$$

sujeto a

$$g_1(\mathbf{X}) = x_1 + 2x_2 + 3x_3 + 5x_4 - 10 = 0$$
$$g_2(\mathbf{X}) = x_1 + 2x_2 + 5x_3 + 6x_4 - 15 = 0$$

Demuestre que seleccionando x_3 y x_4 como las variables independientes, el método jacobiano falla al dar la solución. Luego resuelva el problema usando x_1 y x_3 como las variables independientes y aplique la condición de suficiencia para examinar el punto estacionario resultante. Determine los coeficientes de sensibilidad del problema.

19-12 Considere el problema de programación lineal,

$$\text{maximizar } f(\mathbf{X}) = \sum_{j=1}^{n} c_j x_j$$

sujeto a

$$g_i(\mathbf{X}) = \sum_{j=1}^{n} a_{ij}x_j - b_i = 0, \quad i = 1, 2, \ldots, m$$

$$x_j \geq 0, \quad j = 1, 2, \ldots, n$$

Ignorando la restricción de no negatividad, demuestre que las derivadas restringidas $\nabla_c f(\mathbf{X})$ para este problema proporcionan la misma expresión para $\{z_j - c_j\}$ definida por la condición de optimidad del problema de programación lineal (sección 4.2.2). Esto es,

$$\{z_j - c_j\} = \{\mathbf{C}_B \mathbf{B}^{-1} \mathbf{P}_j - c_j\}, \quad \text{para toda } j$$

¿El método de derivadas restringidas puede ser aplicado directamente al problema de programación lineal? ¿Por qué si o por qué no?

☐ **19-13** Resuelva el siguiente problema de programación lineal con ambos métodos, el jacobiano y el de Lagrange:

$$\text{maximizar } f(\mathbf{X}) = 5x_1 + 3x_2$$

sujeto a

$$g_1(\mathbf{X}) = x_1 + 2x_2 + x_3 - 6 = 0$$
$$g_2(\mathbf{X}) = 3x_1 + x_2 + x_4 - 9 = 0$$
$$x_1, x_2, x_3, x_4 \geq 0$$

☐ **19-14** Encuentre la solución óptima al problema siguiente:

$$\text{minimizar } f(\mathbf{X}) = x_1^2 + 2x_2^2 + 10x_3^2$$

sujeto a

$$g_1(\mathbf{X}) = x_1 + x_2^2 + x_3 - 5 = 0$$
$$g_2(\mathbf{X}) = x_1 + 5x_2 + x_3 - 7 = 0$$

Suponga que $g_1(\mathbf{X}) = 0.01$ y $g_2(\mathbf{X}) = 0.02$. Calcule el cambio correspondiente en el valor óptimo de $f(\mathbf{X})$.

☐ **19-15** Resuelva el problema 19-11 con el método de Lagrange y verifique que el valor de los multiplicadores de Lagrange es el mismo que los coeficientes de sensibilidad obtenidos en el problema 19-11.

☐ **19-16** Muestre que las condiciones de Kuhn-Tucker para el problema:

$$\text{maximizar } f(\mathbf{X})$$

sujeto a

$$\mathbf{g}(\mathbf{X}) \geq \mathbf{0}$$

son las mismas que las que se tienen en la sección 19.2.2B, excepto que los multiplicadores de Lagrange λ no son positivos.

☐ **19-17** Muestre que las condiciones de Kuhn-Tucker para el problema:

$$\text{maximizar } f(\mathbf{X})$$

sujeto a

$$\mathbf{g}(\mathbf{X}) = \mathbf{0}$$

son

$$\lambda \text{ sin restricción en signo}$$
$$\nabla f(\mathbf{X}) - \lambda \nabla \mathbf{g}(\mathbf{X}) = \mathbf{0}$$
$$\mathbf{g}(\mathbf{X}) = \mathbf{0}$$

☐ **19-18** Escriba las condiciones de Kuhn-Tucker necesarias para los problemas siguientes.

(a) Maximizar $f(\mathbf{X}) = x_1^3 - x_2^2 + x_1 x_3^2$

sujeto a

$$x_1 + x_2^2 + x_3 = 5$$
$$5x_1^2 - x_2^2 - x_3 \geq 0$$
$$x_1, x_2, x_3 \geq 0$$

(b) Minimizar $f(\mathbf{X}) = x_1^4 + x_2^2 + 5x_1 x_2 x_3$

sujeto a

$$x_1^2 - x_2^2 + x_3^3 \leq 10$$
$$x_1^3 + x_2^2 + 4x_3^2 \geq 20$$

☐ **19-19** Considere el problema:

$$\text{maximizar } f(\mathbf{X})$$

sujeto a

$$\mathbf{g}(\mathbf{X}) = \mathbf{0}$$

Dado que $f(\mathbf{X})$ es cóncava y $g_i(\mathbf{X})$ ($i = 1, 2,\ldots, m$) es una función *lineal*, demuestre que las condiciones necesarias de Kuhn-Tucker son también suficientes. ¿Este resultado es cierto si $g_i(\mathbf{X})$ es una función *no* lineal convexa para toda i? ¿Por qué?

☐ **19-20** Considere el problema

$$\text{maximizar } f(\mathbf{X})$$

sujeto a

$$g_1(\mathbf{X}) \geq 0, \qquad g_2(\mathbf{X}) = 0, \qquad g_3(\mathbf{X}) \leq 0$$

Desarrolle las condiciones de Kuhn-Tucker para el problema; enuncie las estipulaciones según las cuales las condiciones son suficientes.

Capítulo 20

Algoritmos de programación no lineal

20.1 Algoritmos no lineales irrestrictos
   20.1.1 Método de búsqueda directa
   20.1.2 Método del gradiente
20.2 Algoritmos no lineales restringidos
   20.2.1 Programación separable
   20.2.2 Programación cuadrática
   20.2.3 Programación geométrica
   20.2.4 Programación estocástica
   20.2.5 Método de combinaciones lineales
   20.2.6 Algoritmo SUMT
20.3 Resumen
   Bibliografía
   Problemas

El capítulo 19 presentó la teoría para optimizar funciones no lineales irrestrictas y restringidas. Sin embargo, las técnicas empleadas no son adecuadas para propósitos de cómputo. Este capítulo expone algoritmos de trabajo para problemas restringidos y no restringidos. Debido a limitación de espacio, el material presentado aquí se entiende que incluye una muestra seleccionada de los algoritmos de programación no lineal.

20.1 ALGORITMOS NO LINEALES IRRESTRICTOS

Esta sección presenta dos algoritmos para el problema no restringido: el algoritmo de *búsqueda directa* y el algoritmo de *gradiente*. Como lo evidencian los nombres,

Algoritmos no lineales irrestrictos

el primer algoritmo localiza el óptimo por búsqueda directa sobre una región específica, y el segundo utiliza el gradiente de la función para encontrar el óptimo.

20.1.1 METODO DE BUSQUEDA DIRECTA

Los métodos de búsqueda directa se han desarrollado principalmente para funciones de una sola variable. Aunque esto puede parecer trivial desde el punto de vista práctico, en la sección 20.1.2 se muestra que la optimización de funciones de una sola variable puede evolucionar como parte de los algoritmos para funciones de varias variables.

La idea general de métodos de búsqueda directa es muy simple. Primero, se identifica un intervalo (llamado **intervalo de incertidumbre**) que se sabe incluye el óptimo. Entonces, sistemáticamente se reduce el tamaño del intervalo en una forma que garantice que el óptimo no se pierde. El procedimiento no determina el óptimo exacto, pero en lugar de esto minimiza la longitud del intervalo que incluye el punto óptimo. Teóricamente, la longitud del intervalo que incluye el óptimo puede hacerse tan pequeña como se desee.

Una de las limitaciones de los métodos de búsqueda es que la función optimizada se supone unimodal sobre el intervalo de búsqueda. Esto garantiza únicamente un óptimo local. Además, no existe ningún intervalo finito en el cual la pendiente de la función sea cero. Con esta hipótesis adicional, la función optimizada puede denominarse *estrictamente unimodal*.

Esta sección presenta un método llamado **búsqueda dicotómica**. Suponga que el intervalo inicial en el cual ocurre un óptimo local se define como $a \leq x \leq b$. Suponga también que por conveniencia se maximiza la función $f(x)$. Defina los dos puntos x_1 y x_2 simétricamente con respecto de a y b, tal que los intervalos $a \leq x \leq x_2$ y $x_1 \leq x \leq b$ se traslapen en una cantidad finita Δ (véase la figura 20.1).

Ahora evalúe $f(x_1)$ y $f(x_2)$. Resultarán tres casos:
1. Si $f(x_1) > f(x_2)$, x^* (x óptima) debe estar entre a y x_2.
2. Si $f(x_1) < f(x_2)$, $x_1 < x^* < b$.
3. Si $f(x_1) = f(x_2)$, $x_1 < x^* < x_2$.

Estos resultados se deducen directamente de la unimodalidad estricta de $f(x)$. En cada uno de los casos, el intervalo o los intervalos que no incluyan x^* se descartan en iteraciones futuras.

El resultado de la búsqueda anterior es que el máximo de $f(x)$ se confina ahora a un intervalo más pequeño. El nuevo intervalo por consiguiente, puede dividirse

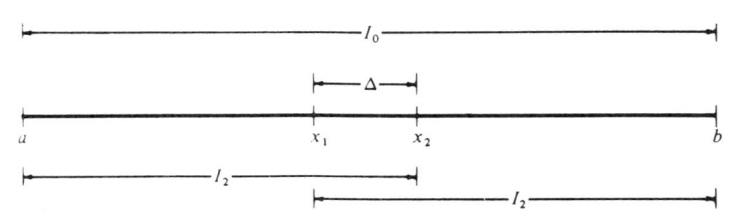

Figura 20-1

en dos intervalos en la misma forma seguida por el intervalo $a \leq x \leq b$. Continuando en esta forma uno puede reducir (en el límite) el intervalo en el cual se encuentra el máximo local a la longitud Δ. Esto significa que Δ debe seleccionarse razonablemente pequeña.

Ejemplo 20.1-1

$$\text{Maximizar } f(x) = \begin{cases} 3x, & 0 \leq x \leq 2 \\ -\dfrac{x}{3} + \dfrac{20}{3}, & 2 \leq x \leq 3 \end{cases}$$

Obviamente, el máximo de $f(x)$ ocurre en $x = 2$. El método de búsqueda dicotómica se utiliza ahora para resolver el problema. Sean x_L y x_R las fronteras (izquierda y derecha) del intervalo *actual*. Inicialmente $x_L = 0$ y $x_R = 3$. Defina a x_1 y x_2 como los puntos que dividen en dos un intervalo de manera que los intervalos traslapados asociados son $x_L \leq x \leq x_2$ y $x_1 \leq x \leq x_R$, donde $x_1 - x_L = x_R - x_2$ y $\Delta = x_2 - x_1$. Esto significa que

$$x_1 = x_L + \frac{x_R - x_L - \Delta}{2}$$

$$x_2 = x_L + \frac{x_R - x_L + \Delta}{2}$$

La tabla 20-1 resume los cálculos dado $\Delta = 0.001$.

El último paso en la tabla 20-1 da $x_L = 1.99737$ y $x_R = 2.00423$. Esto significa que el máximo de $f(x)$ ocurre en x^* que satisface $1.99737 \leq x^* \leq 2.00423$. Si se utiliza el punto medio, esto dará $x = 2.0008$, el cual es muy cercano al óptimo exacto $x^* = 2.0$. ◀

Tabla 20-1
Cálculos del método de búsqueda dicotómica[a]

x_L	x_R	x_1	x_2	$f(x_1)$	$f(x_2)$
0	3	1.4995[L]	1.5005	4.4985	4.5015[b]
1.4995	3	2.24925	2.25025[R]	5.91692[b]	5.91658
1.4995	2.25025	1.87437[L]	1.87537	5.62312	5.62612[b]
1.87437	2.25025	2.06181	2.06281[R]	5.97939[b]	5.97906
1.87437	2.06281	1.96809[L]	1.96909	5.90427	5.90727[b]
1.96809	2.06281	2.01495	2.01595[R]	5.99502[b]	5.99447
1.96809	2.01595	1.99152[L]	1.99252	5.97456	5.97756[b]
1.99152	2.01595	2.00323	2.00423[R]	5.99892[b]	5.99859
1.99152	2.00423	1.99737[L]	1.99837	5.99213	5.99511[b]
1.99737	2.00423				

[a] $L(R)$ significa que $x_L(x_R)$ se establece igual a $x_1(x_2)$ en el paso siguiente.
[b] máx $\{f(x_1), f(x_2)\}$.

20.1.2 MÉTODO DEL GRADIENTE

Esta sección crea un método para optimizar funciones continuas que son dos veces diferenciables. La idea general es generar puntos sucesivos comenzando en un punto inicial dado, en la dirección del aumento más rápido (maximización) de la función. Esta técnica se conoce como *método del gradiente* porque el gradiente de la función en un punto es lo que indica la tasa más rápida de aumento.

En la sección 19.1.2 se presentó un método de gradiente, llamado el método de Newton-Raphson. El procedimiento se basa en resolver las ecuaciones simultáneas que representan la condición necesaria para optimalidad u optimidad, es decir, $\nabla f(\mathbf{X}) = \mathbf{0}$. Esta sección presenta otra técnica llamada método de la **cuesta de mayor pendiente**.

La terminación del método de gradiente se efectúa en el punto donde el vector gradiente se anula. Esta es solamente una condición necesaria de optimidad. Por consiguiente, se destaca que la optimidad no puede verificarse a menos que se conozca *a priori* que $f(\mathbf{X})$ es cóncava o convexa.

Suponga que se maximiza $f(\mathbf{X})$. Sea $\mathbf{X}^0$ el punto inicial desde el cual comienza el procedimiento y defina $\nabla f(\mathbf{X}^k)$ como el gradiente de f en el punto k-ésimo $\mathbf{X}^k$. La idea del método es determinar una trayectoria particular p a lo largo de la cual df/dp se maximiza en un punto dado. Este resultado se logra si se seleccionan puntos sucesivos $\mathbf{X}^k$ y $\mathbf{X}^{k+1}$ tales que

$$\mathbf{X}^{k+1} = \mathbf{X}^k + r^k \nabla f(\mathbf{X}^k)$$

donde r^k es un parámetro llamado **tamaño de paso** óptimo.

El parámetro r^k se determina de modo que $\mathbf{X}^{k+1}$ resulta en la mejora más grande en f. En otras palabras, si una función $h(r)$ se define de manera que

$$h(r) = f[\mathbf{X}^k + r\nabla f(\mathbf{X}^k)]$$

r^k es el valor de r que maximiza $h(r)$. Ya que $h(r)$ es una función de una sola variable, el método de búsqueda en la sección 20.1.1 se puede utilizar para encontrar el óptimo, siempre y cuando $h(r)$ sea estrictamente unimodal.

El procedimiento propuesto termina cuando dos puntos sucesivos de ensayo, $\mathbf{X}^k$ y $\mathbf{X}^{k+1}$, son aproximadamente iguales. Lo anterior equivale a tener

$$r^k \nabla f(\mathbf{X}^k) \cong \mathbf{0}$$

Con la hipótesis de que $r^k \neq 0$, la cual siempre será cierta a menos que $\mathbf{X}_0$ sea el óptimo de $f(\mathbf{X})$, esto es equivalente a la condición necesaria $\nabla f(\mathbf{X}^k) = \mathbf{0}$.

Ejemplo 20.1-2

Considere el maximizar la función

$$f(x_1, x_2) = 4x_1 + 6x_2 - 2x_1^2 - 2x_1 x_2 - 2x_2^2$$

$f(x_1, x_2)$ es una función cuadrática cuyo óptimo absoluto ocurre en $(x_1^*, x_2^*) = (1/3, 4/3)$. Se mostrará cómo se resuelve el problema por el método de la cuesta de mayor

880 Algoritmos de programación no lineal [C.20]

$$f(X) = 4x_1 + 6x_2 - 2x_1^2 - 2x_1 x_2 - 2x_2^2$$

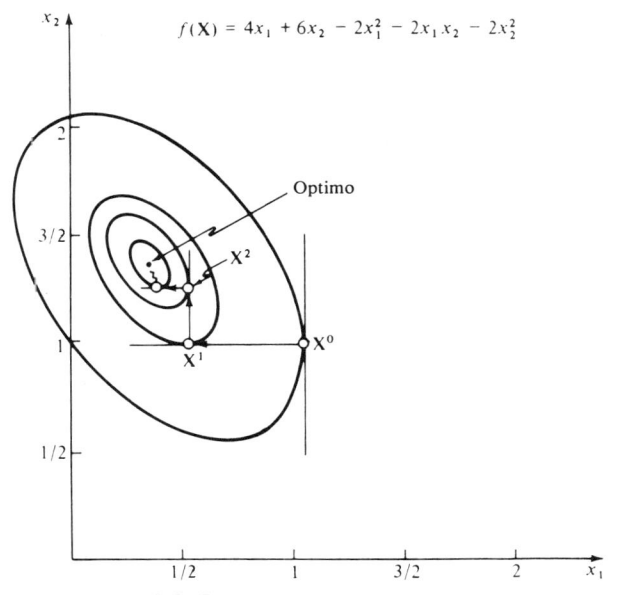

Figura 20-2

pendiente. La figura 20-2 muestra los puntos sucesivos. Los gradientes en dos puntos sucesivos son necesariamente ortogonales (perpendiculares).

Sea el punto inicial $\mathbf{X}^0 = (1, 1)$. Ahora

$$\nabla f(\mathbf{X}) = (4 - 4x_1 - 2x_2, 6 - 2x_1 - 4x_2)$$

Primera iteración

$$\nabla f(\mathbf{X}^0) = (-2, 0)$$

El punto siguiente $\mathbf{X}^1$ se obtiene considerando

$$\mathbf{X} = (1, 1) + r(-2, 0) = (1 - 2r, 1)$$

Por consiguiente,

$$h(r) = f(1 - 2r, 1) = -2(1 - 2r)^2 + 2(1 - 2r) + 4$$

El tamaño del paso óptimo que proporciona el valor máximo de $h(r)$ es $r^1 = 1/4$. Lo anterior proporciona $\mathbf{X}^1 = (1/2, 1)$.

Segunda iteración

$$\nabla f(\mathbf{X}^1) = (0, 1)$$

20.1] Algoritmos no lineales irrestrictos

Considere
$$\mathbf{X} = (1/2,\ 1) + r(0,\ 1) = (1/2,\ 1 + r)$$

Por consiguiente,
$$h(r) = -2(1 + r)^2 + 5(1 + r) + 3/2$$

Esto da $r^2 = 1/4$ o bien $\mathbf{X}^2 = (1/2,\ 5/4)$.

Tercera iteración

$$\nabla f(\mathbf{X}^2) = (-1/2,\ 0)$$

Considere,
$$\mathbf{X} = \left(\frac{1}{2},\ \frac{5}{4}\right) + r\left(-\frac{1}{2},\ 0\right) = \left(\frac{1-r}{2},\ \frac{5}{4}\right)$$

Por consiguiente,
$$h(r) = -(1/2)(1 - r)^2 + (3/4)(1 - r) + 35/8$$

Esto da $r^3 = 1/4$, o bien $\mathbf{X}^3 = (3/8,\ 5/4)$.

Cuarta iteración

$$\nabla f(\mathbf{X}^3) = (0,\ 1/4)$$

Considere
$$\mathbf{X} = \left(\frac{3}{8},\ \frac{5}{4}\right) + r\left(0,\ \frac{1}{4}\right) = \left(\frac{3}{8},\ \frac{5+r}{4}\right)$$

Por lo tanto,
$$h(r) = -(1/8)(5 + r)^2 + (21/16)(5 + r) + 39/32$$

Lo anterior da $r^4 = 1/4$, o bien $\mathbf{X}^4 = (3/8,\ 21/16)$.

Quinta iteración

$$\nabla f(\mathbf{X}^4) = (-1/8,\ 0)$$

Considere
$$\mathbf{X} = \left(\frac{3}{8},\ \frac{21}{16}\right) + r\left(-\frac{1}{8},\ 0\right) = \left(\frac{3-r}{8},\ \frac{21}{16}\right)$$

Por consiguiente,

$$h(r) = -\left(\frac{1}{32}\right)(3-r)^2 + \left(\frac{11}{64}\right)(3-r) + \frac{567}{128}$$

Esto da $r^5 = 1/4$, o bien $X^5 = (11/32, 21/16)$.

Sexta iteración

$$\nabla f(X^5) = (0, 1/16)$$

Ya que $\nabla f(X^5) \cong 0$, el procedimiento puede terminarse en este punto. El punto de máximo *aproximado* está dado por $X^5 = (0.3437, 1.3125)$. Note que el óptimo exacto es $X^* = (0.3333, 1.3333)$. ◄

20.2 ALGORITMOS NO LINEALES RESTRINGIDOS

El problema de programación no lineal general restringido puede definirse como

$$\text{maximizar (o minimizar)} \quad z = f(X)$$

sujeto a

$$g(X) \leq 0$$

Las condiciones de no negatividad, $X \geq 0$, se supone que son parte de las restricciones dadas. También al menos una de las funciones $f(X)$ y $g(X)$ es no lineal. Para el propósito de esta presentación, tales funciones son continuas y diferenciables.

No existe ningún algoritmo general para manejar modelos no lineales, principalmente, debido al comportamiento irregular de las funciones no lineales. Quizá el resultado más general aplicable al problema anterior son las condiciones de Kuhn-Tucker. La sección 19.2.2B muestra que a menos que $f(X)$ y $g(X)$ sean funciones bien comportadas (condiciones de convexidad y concavidad), la teoría de Kuhn-Tucker proporciona únicamente condiciones necesarias para el óptimo. Lo anterior establece una gran limitación sobre la aplicación de las condiciones de Kuhn-Tucker al problema general.

Esta sección presenta un cierto número de algoritmos que pueden ser clasificados generalmente como métodos *directo* e *indirecto*. Los métodos indirectos básicamente resuelven el problema no lineal tratando con uno o más problemas *lineales* que se extraen del programa original. Los métodos directos atacan el problema no lineal en sí mismo determinando puntos de búsqueda sucesivos. La idea es convertir problemas restringidos en irrestrictos para aplicar los métodos de gradiente de la sección 20.1.2 con algunas modificaciones.

Los métodos indirectos presentados en esta sección incluyen programación separable, cuadrática, geométrica y estocástica. Los métodos directos comprenden el método de combinaciones lineales y una breve discusión de las técnicas de maximización secuencial no restringidas. Otras técnicas no lineales importantes pueden encontrarse en la Bibliografía al final del capítulo.

20.2.1 PROGRAMACION SEPARABLE

Una función $f(x_1, x_2,..., x_n)$ es **separable** si puede expresarse como la suma de n funciones de una sola variable $f_1(x_1), f_2(x_2),..., f_n(x_n)$, esto es,

$$f(x_1, x_2, ..., x_n) = f_1(x_1) + f_2(x_2) + \cdots + f_n(x_n)$$

Por ejemplo, la función lineal

$$h(x_1, x_2, ..., x_n) = a_1 x_1 + a_2 x_2 + \cdots + a_n x_n$$

(donde las a son constantes) es separable. Por otra parte, la función

$$h(x_1, x_2, x_3) = x_1^2 + x_1 \operatorname{sen}(x_2 + x_3) + x_2 e^{x_3}$$

no es separable.

Algunas funciones no lineales no son directamente separables, pero pueden serlo mediante sustituciones apropiadas. Considere, por ejemplo, el caso de maximizar $z = x_1 x_2$. Haciendo $y = x_1 x_2$, entonces $\ln y = \ln x_1 + \ln x_2$ y el problema se convierte en

$$\text{maximizar } z = y$$

sujeto a

$$\ln y = \ln x_1 + \ln x_2$$

la cual es separable. La sustitución anterior supone que x_1 y x_2 son variables *positivas*. De otra manera, la función logarítmica no está definida.

El caso donde x_1 y x_2 tienen valores cero (esto es, $x_1, x_2 \geq 0$) puede manejarse como sigue. Sean δ_1 y δ_2 constantes positivas y se define

$$w_1 = x_1 + \delta_1$$
$$w_2 = x_2 + \delta_2$$

Esto significa que w_1 y w_2 son estrictamente positivas. Ahora,

$$x_1 x_2 = w_1 w_2 - \delta_2 w_1 - \delta_1 w_2 + \delta_1 \delta_2$$

Sea $y = w_1 w_2$; entonces el problema es equivalente a

$$\text{maximizar } z = y - \delta_2 w_1 - \delta_1 w_2 + \delta_1 \delta_2$$

sujeto a

$$\ln y = \ln w_1 + \ln w_2$$

la cual es separable.

Otros ejemplos de funciones que se pueden hacer separables fácilmente (utilizando sustitución) son $e^{x_1+x_2}$ y $x_1^{x_2}$. Una variante del procedimiento anterior puede aplicarse en tales casos para efectuar la separabilidad.

La programación separable trata con problemas no lineales en los cuales la función objetivo y las restricciones son separables. Esta sección muestra cómo una solución aproximada puede obtenerse para cualquier problema separable con aproximación lineal y el método símplex de programación lineal.

La función de una sola variable $f(x)$ puede aproximarse por una función lineal parte por parte utilizando programación entera mixta (capítulo 9). Suponga que $f(x)$ ha de ser aproximada sobre el intervalo $[a, b]$. Defina a_k, siendo $k = 1, 2, ..., K$, como el k-ésimo punto de separación en el eje x tal que $a_1 < a_2 < ... < a_k$. Los puntos a_1 y a_K coinciden con los puntos terminales a y b del intervalo en estudio. Por consiguiente, $f(x)$ se aproxima como sigue:

$$f(x) \cong \sum_{k=1}^{K} f(a_k) t_k$$

$$x = \sum_{k=1}^{K} a_k t_k$$

donde t_k es un peso no negativo asociado al punto k-ésimo de separación tal que

$$\sum_{k=1}^{K} t_k = 1$$

La programación entera mixta asegura la validez de la aproximación. Específicamente, la aproximación es válida si

1. A lo más dos t_k son positivas.
2. Si t_{k^*} es positiva entonces únicamente se permite que una t_k adyacente (t_{k^*+1} o bien, t_{k^*-1}) sea positiva.

Para mostrar cómo se satisfacen estas condiciones, considere el problema separable

$$\text{maximizar (o minimizar) } z = \sum_{i=1}^{n} f_i(x_i)$$

sujeto a

$$\sum_{i=1}^{n} g_i^j(x_i) \leq b_j, \quad j = 1, 2, ..., m$$

Este problema puede aproximarse como un programa entero mixto como sigue. Sea el número de puntos de separación para la *i*-ésima variable x_i igual a K_i y sea a_i^k su *k*-ésimo valor de separación. Sea t_i^k el peso asociado con el punto de separación *k*-ésima de la variable *i*-ésima. Entonces el problema mixto equivalente es

$$\text{maximizar (o minimizar)} \ z = \sum_{i=1}^{n} \sum_{k=1}^{K_i} f_i(a_i^k) t_i^k$$

sujeto a

$$\sum_{i=1}^{n} \sum_{k=1}^{K_i} g_i^j(a_i^k) t_i^k \leq b_j, \quad j = 1, 2, \ldots, m$$

$$0 \leq t_i^1 \leq y_i^1$$
$$0 \leq t_i^k \leq y_i^{k-1} + y_i^k, \quad k = 2, 3, \ldots, K_i - 1$$
$$0 \leq t_i^{K_i} \leq y_i^{K_i - 1}$$

$$\sum_{k=1}^{K_i - 1} y_i^k = 1$$

$$\sum_{k=1}^{K_i} t_i^k = 1$$

$$y_i^k = 0 \text{ o bien } 1, \quad k = 1, 2, \ldots, K_i; \ i = 1, 2, \ldots, n$$

Las variables para el problema de aproximación son t_i^k y y_i^k.

Esta formulación muestra cómo cualquier problema separable puede resolverse, al menos en principio, con programación entera mixta. La dificultad, sin embargo, es que el número de restricciones aumenta muy rápidamente con el número de puntos de separación. En particular, la factibilidad de cómputo del procedimiento es muy discutible, ya que no existen programas de cómputo eficientes para manejar grandes problemas de programación mixta entera.

Otro método para resolver el modelo aproximado es el método símplex regular (capítulo 3) bajo la condición de **base restringida**. En este caso, se ignoran las restricciones adicionales que comprenden a y_i^k. La base restringida especifica que *no* pueden aparecer *más* de dos t_i^k *positivas* en la base. Además, dos t_i^k pueden ser positivas únicamente si son adyacentes. Por consiguiente, la condición de optimidad estricta del método símplex se utiliza para seleccionar la variable de entrada t_i^k *únicamente si* satisface las condiciones anteriores. En cualquier otro caso, la variable t_i^k que tenga el mejor indicador de optimidad $(z_i^k - c_i^k)$ se considera para entrar a la solución. El procedimiento se repite hasta que la condición de optimidad se satisface o hasta que es imposible introducir nuevas t_i^k sin que se cumpla la condición de base restringida, lo que ocurra primero. En este punto, la última tabla da la solución óptima aproximada al problema.

Mientras que el método de programación entera mixta proporciona el óptimo global al problema aproximado, el método de base restringida puede únicamente garantizar un óptimo local. También, en los dos métodos, la solución aproximada puede no ser factible para el problema original. En efecto, el problema aproximado podría dar lugar a puntos extremos adicionales que no existen en el problema original. Esto depende principalmente del grado de refinamiento de la aproximación lineal usada. Estos riesgos inherentes deben tomarse en consideración cuando se utiliza programación separable.

Ejemplo 20.2-1
Considere el problema

$$\text{maximizar } z = x_1 + x_2^4$$

sujeto a

$$3x_1 + 2x_2^2 \leq 9$$
$$x_1, x_2 \geq 0$$

Este ejemplo ilustra la aplicación del método de bases restringidas.

La solución óptima exacta a este problema, obtenida por inspección, es $x_1^* = 0$, $x_2^* = \sqrt{9/2} = 2.12$, y $z^* = 20.25$. Para mostrar cómo se utiliza el método aproximado considere las funciones separables

$$f_1(x_1) = x_1$$
$$f_2(x_2) = x_2^4$$
$$g_1^1(x_1) = 3x_1$$
$$g_1^2(x_2) = 2x_2^2$$

Las funciones $f_1(x_1)$ y $g_1^1(x_1)$ se dejan en su forma presente, puesto que ya son lineales. En este caso se trata x_1 como una de las variables. Considerando $f_2(x_2)$ y $g_1^2(x_2)$, suponga que existen cuatro puntos de separación ($K_2 = 4$). Ya que el valor de x_2 no puede exceder de 3, se deduce que

k	a_2^k	$f_2(a_2^k)$	$g_1^2(a_2^k)$
1	0	0	0
2	1	1	2
3	2	16	8
4	3	81	18

Esto proporciona

$$f_2(x_2) \cong t_2^1 f_2(a_2^1) + t_2^2 f_2(a_2^2) + t_2^3 f_2(a_2^3) + t_2^4 f_2(a_2^4)$$
$$\cong 0(t_2^1) + 1(t_2^2) + 16(t_2^3) + 81(t_2^4) = t_2^2 + 16t_2^3 + 81t_2^4$$

Similarmente,

$$g_1^2(x_2) \cong 2t_2^2 + 8t_2^3 + 18t_2^4$$

20.2] Algoritmos no lineales restringidos

El problema de aproximación será por consiguiente

$$\text{maximizar } z = x_1 + t_2^2 + 16t_2^3 + 81t_2^4$$

sujeto a

$$3x_1 + 2t_2^2 + 8t_2^3 + 18t_2^4 \leq 9$$
$$t_2^1 + t_2^2 + t_2^3 + t_2^4 = 1$$
$$t_2^k \geq 0, \quad k = 1, 2, 3, 4$$
$$x_1 \geq 0$$

junto con la condición de base restringida.

La tabla símplex inicial (con las columnas reordenadas para dar una solución de inicio) está dada como

Básica	x_1	t_2^2	t_2^3	t_2^4	S_1	t_2^1	Solución
z	-1	-1	-16	-81	0	0	0
S_1	3	2	8	18	1	0	9
t_2^1	0	1	1	1	0	1	1

donde S_1 (≥ 0) es una variable de holgura. (Este problema tiene una solución de inicio obvia. En general, se pueden usar las técnicas de variables artificiales de la sección 3.3.1).

De los coeficientes del renglón z, se tiene que t_2^4 es la variable de entrada. Como t_2^1 es básica, debe sacarse primero antes que t_2^4 pueda entrar a la solución (condición de base restringida). Por la condición de factibilidad, S_1 debe ser la variable de salida. Esto significa que t_2^4 no puede entrar a la solución. Después considere t_2^3 (la siguiente mejor variable de entrada). De nuevo t_2^1 debe sacarse primero. De la condición de factibilidad, t_2^1 es la variable de salida como se desea. La nueva tabla por consiguiente, será

Básica	x_1	t_2^2	t_2^3	t_2^4	S_1	t_2^1	Solución
z	-1	15	0	-65	0	16	16
S_1	3	-6	0	10	1	-8	1
t_2^3	0	1	1	1	0	1	1

Claramente, t_2^4 es la variable de entrada. Ya que t_2^3 está en la base, t_2^4 es una variable admisible de entrada. El método símplex muestra que se suprimirá S_1. Por consiguiente,

888 Algoritmos de programación no lineal [C.20]

Básica	x_1	t_2^2	t_2^3	t_2^4	S_1	t_2^1	Solución
z	37/2	−24	0	0	13/2	−36	$22\frac{1}{2}$
t_2^4	3/10	−6/10	0	1	1/10	−8/10	1/10
t_2^3	−3/10	16/10	1	0	−1/10	18/10	9/10

La tabla muestra que t_2^1 y t_2^2 son candidatos a ser la variable de entrada. Ya que t_2^1 no es un punto adyacente a las t_2^3 y t_2^4, básicas, no puede admitirse. t_2^2 tampoco puede ser admitida ya que t_2^4 no puede sacarse. El proceso termina en este punto y la solución dada es la mejor solución factible para el problema de aproximación.

A fin de encontrar la solución en términos de x_1 y x_2, se considera

$$t_2^3 = 9/10 \quad \text{y} \quad t_2^4 = 1/10$$

Por consiguiente,

$$x_2 \cong 2t_2^3 + 3t_2^4 = 2(9/10) + 3(1/10) = 2.1$$

$x_1 = 0$ y $z = 22.5$. El valor óptimo aproximado de x_2 ($= 2.1$) es muy cercano al valor óptimo real ($= 2.12$). Sin embargo, el valor de z difiere con un error de 10%, aproximadamente. La aproximación puede mejorarse en este caso usando puntos de separación más finos. ◂

Programación convexa separable

Un caso especial de programación separable ocurre cuando las funciones $g_i^j(x_i)$ son convexas de tal manera que el espacio de solución del problema es un conjunto convexo. Además, la función $f_i(x_i)$ es convexa en el caso de minimización y cóncava en el caso de maximización (véase la tabla 19-2). En tales condiciones puede utilizarse la siguiente aproximación simplificada.

Considere un problema de minimización y sea $f_i(x_i)$ como se muestra en la figura 20-3. El k-ésimo punto de separación de la función $f_i(x_i)$ se determina con $x_i = a_{ki}$, siendo $k = 0, 1,..., K_i$. Sea x_{ki} el incremento de la variable x_i en el intervalo

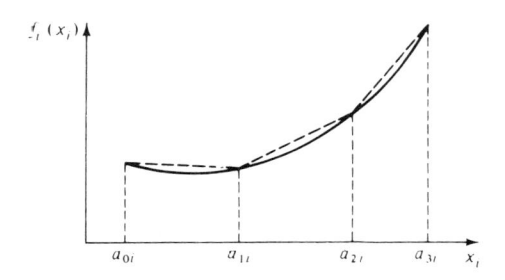

Figura 20-3

$(a_{k-1,\,i},\, a_{ki})$ $k = 1, 2, \ldots, K_i$, y sea ρ_{ki} la pendiente correspondiente del segmento de recta en el mismo intervalo. Entonces

$$f_i(x_i) \cong \sum_{k=1}^{K_i} (\rho_{ki} x_{ki}) + f_i(a_{0i})$$

$$x_i = \sum_{k=1}^{K_i} x_{ki}$$

siempre que

$$0 \leq x_{ki} \leq a_{ki} - a_{k-1,\,i}, \qquad k = 1, 2, \ldots, K_i$$

El hecho de que $f_i(x_i)$ sea convexa asegura que $\rho_{1i} < \rho_{2i} < \ldots < \rho_{K_i i}$. Esto significa que en el problema de minimización, para $p < q$, la variable x_{pi} es más atractiva que x_{qi}. Consecuentemente, x_{pi} siempre entrará a la solución antes que x_{qi}. La única limitación es que cada x_{ki} debe ser restringido por la cota superior $(a_{ki} - a_{k-1,\,i})$.

Las funciones de restricción convexas $g_i^j(x_i)$ se aproximan esencialmente en la misma forma. Sea ρ_{ki}^j la pendiente de la k-ésima línea correspondiente a $g_i^j(x_i)$. Se deduce que la i-ésima función se aproxima como

$$g_i^j(x_i) \cong \sum_{k=1}^{K_i} \rho_{ki}^j x_{ki} + g_i^j(a_{0i})$$

El problema completo, por consiguiente, está dado como

$$\text{minimizar } z = \sum_{i=1}^{n} \left(\sum_{k=1}^{K_i} \rho_{ki} x_{ki} + f_i(a_{0i}) \right)$$

sujeto a

$$\sum_{i=1}^{n} \left(\sum_{k=1}^{K_i} \rho_{ki}^j x_{ki} + g_i^j(a_{0i}) \right) \leq b_j, \qquad j = 1, 2, \ldots, m$$

$$0 \leq x_{ki} \leq a_{ki} - a_{k-1,\,i}, \qquad k = 1, 2, \ldots, K_i, \quad i = 1, 2, \ldots, n$$

donde

$$\rho_{ki} = \frac{f_i(a_{ki}) - f_i(a_{k-1,\,i})}{a_{ki} - a_{k-1,\,i}}$$

$$\rho_{ki}^j = \frac{g_i^j(a_{ki}) - g_i^j(a_{k-1,\,i})}{a_{ki} - a_{k-1,\,i}}$$

El problema de maximización se trata esencialmente en la misma forma. En este caso $\rho_{1i} > \rho_{2i} > \ldots > \rho_{K_i i}$, lo cual muestra que, para $p < q$, la variable x_{pi} siempre dará la solución antes que x_{qi}. (Vea la demostración en el problema 20-12).

El nuevo problema puede resolverse con el método símplex con variables con cota superior (sección 7.1). El concepto de base restringida no es necesario aquí, ya que la convexidad (o la concavidad) de las funciones garantiza la selección adecuada de las variables.

Ejemplo 20.2-2

Considere el problema

$$\text{minimizar } z = x_1^2 + x_2^2 + 5$$

sujeto a

$$3x_1^4 + x_2 \leq 243$$
$$x_1 + 2x_2^2 \leq 32$$
$$x_1, x_2 \geq 0$$

Las funciones separables de estos problemas son

$$f_1(x_1) = x_1^2, \quad f_2(x_2) = x_2^2 + 5$$
$$g_1^1(x_1) = 3x_1^4 \quad g_2^1(x_2) = x_2$$
$$g_1^2(x_1) = x_1, \quad g_2^2(x_2) = 2x_2^2$$

Estas funciones satisfacen la condición de convexidad exigida para los problemas de minimización.

El intervalo de las variables x_1 y x_2, calculadas a partir de las restricciones, están dadas por $0 \leq x_1 \leq 3$ y $0 \leq x_2 \leq 4$. Por consiguiente, x_1 y x_2 se particionan en estos intervalos. Sea $K_1 = 3$ y $K_2 = 4$ con $a_{01} = a_{02} = 0$. Las pendientes correspondientes a las funciones separables anteriores son como siguen.

Para i = 1:

k	a_{k1}	ρ_{k1}	ρ_{k1}^1	ρ_{k1}^2	x_{k1}
0	0	—	—	—	—
1	1	1	3	1	x_{11}
2	2	3	45	1	x_{21}
3	3	5	195	1	x_{31}

Para i = 2:

k	a_{k2}	ρ_{k2}	ρ_{k2}^1	ρ_{k2}^2	x_{k2}
0	0	—	—	—	—
1	1	1	1	2	x_{12}
2	2	3	1	6	x_{22}
3	3	5	1	10	x_{32}
4	4	7	1	14	x_{42}

El problema completo será entonces

$$\text{minimizar } z \cong x_{11} + 3x_{21} + 5x_{31} + x_{12} + 3x_{22} + 5x_{32} + 7x_{42} + 5$$

sujeto a

$$3x_{11} + 45x_{21} + 195x_{31} + x_{12} + x_{22} + x_{32} + x_{42} \leq 243$$
$$x_{11} + x_{21} + x_{31} + 2x_{12} + 6x_{22} + 10x_{32} + 14x_{42} \leq 32$$
$$0 \leq x_{k1} \leq 1, \quad k = 1, 2, 3$$
$$0 \leq x_{k2} \leq 1, \quad k = 1, 2, 3, 4$$

Después de resolver este problema utilizando la técnica de cotas superiores, sean x_{k1}^* y x_{k2}^* los valores óptimos correspondientes. Entonces los valores óptimos de x_1 y x_2 están dados por

$$x_1^* = \sum_{k=1}^{3} x_{k1}^* \quad \text{y} \quad x_2^* = \sum_{k=1}^{4} x_{k2}^*$$

◀

20.2.2 PROGRAMACION CUADRATICA

Un modelo de programación cuadrática se define como sigue:

$$\text{maximizar (o minimizar) } z = \mathbf{CX} + \mathbf{X}^T\mathbf{DX}$$

sujeto a

$$\mathbf{AX} \leq \mathbf{b}, \quad \mathbf{X} \geq \mathbf{0}$$

donde

$$\mathbf{X} = (x_1, x_2, \ldots, x_n)^T$$
$$\mathbf{C} = (c_1, c_2, \ldots, c_n)$$
$$\mathbf{b} = (b_1, b_2, \ldots, b_m)^T$$
$$\mathbf{A} = \begin{pmatrix} a_{11} & \cdots & a_{1n} \\ \vdots & & \vdots \\ a_{m1} & \cdots & a_{mn} \end{pmatrix}$$
$$\mathbf{D} = \begin{pmatrix} d_{11} & \cdots & d_{1n} \\ \vdots & & \vdots \\ d_{n1} & \cdots & d_{nn} \end{pmatrix}$$

La función $\mathbf{X}^T\mathbf{DX}$ define una forma cuadrática (sección A.3) donde $\mathbf{D}$ es simétrica. La matriz $\mathbf{D}$ se supone negativa definida si el problema es de maximización, y positiva definida si el problema es de minimización. Esto significa que z es estrictamente convexa en **X** para minimización y estrictamente cóncava para maximización. Las restricciones se suponen lineales en este caso, lo cual garantiza un espacio de soluciones convexo.

La solución a este problema se asegura por la aplicación directa de las condiciones necesarias de Kuhn-Tucker (sección 19.2.2B). Ya que z es estrictamente convexa (o cóncava) y el espacio de soluciones es un conjunto convexo, estas condiciones son también suficientes para un óptimo global (como se comprueba en la sección 19.2.2B).

El problema de programación cuadrática se tratará para el caso de maximización. Es trivial cambiar la formulación a minimización. El problema puede escribirse como

$$\text{maximizar } z = \mathbf{CX} + \mathbf{X}^T \mathbf{DX}$$

sujeto a

$$\mathbf{G(X)} = \begin{pmatrix} \mathbf{A} \\ -\mathbf{I} \end{pmatrix} \mathbf{X} - \begin{pmatrix} \mathbf{b} \\ \mathbf{0} \end{pmatrix} \leq \mathbf{0}$$

Sean

$$\boldsymbol{\lambda} = (\lambda_1, \lambda_2, \ldots, \lambda_m)^T \quad \text{y} \quad \mathbf{U} = (\mu_1, \mu_2, \ldots, \mu_n)^T$$

los multiplicadores de Lagrange correspondientes a los dos conjuntos de restricciones $\mathbf{AX} - \mathbf{b} \leq \mathbf{0}$ y $-\mathbf{X} \leq \mathbf{0}$, respectivamente. La aplicación de las condiciones de Kuhn-Tucker proporciona inmediatamente.

$$\boldsymbol{\lambda} \geq \mathbf{0}, \quad \mathbf{U} \geq \mathbf{0}$$

$$\nabla z - (\boldsymbol{\lambda}^T, \mathbf{U}^T) \nabla \mathbf{G(X)} = \mathbf{0}$$

$$\lambda_i \left(b_i - \sum_{j=1}^{n} a_{ij} x_j \right) = 0, \quad i = 1, 2, \ldots, m$$

$$\mu_j x_j = 0, \quad j = 1, 2, \ldots, n$$

$$\mathbf{AX} \leq \mathbf{b}, \quad -\mathbf{X} \leq \mathbf{0}$$

Ahora bien,

$$\nabla z = \mathbf{C} + 2\mathbf{X}^T \mathbf{D}$$

$$\nabla \mathbf{G(X)} = \begin{pmatrix} \mathbf{A} \\ -\mathbf{I} \end{pmatrix}$$

Sean $\mathbf{S} = \mathbf{b} - \mathbf{AX} \geq \mathbf{0}$ las variables de holgura de las restricciones. Las condiciones anteriores se reducen a

$$-2\mathbf{X}^T \mathbf{D} + \boldsymbol{\lambda}^T \mathbf{A} - \mathbf{U}^T = \mathbf{C}$$

$$\mathbf{AX} + \mathbf{S} = \mathbf{b}$$

$$\mu_j x_j = 0 = \lambda_i S_i \quad \text{para toda } i \text{ y } j$$

$$\boldsymbol{\lambda}, \mathbf{U}, \mathbf{X}, \mathbf{S} \geq \mathbf{0}$$

20.2] Algoritmos no lineales restringidos **893**

Observando que $\mathbf{D}^T = \mathbf{D}$, la traspuesta del primer conjunto de ecuaciones es

$$-2\mathbf{DX} + \mathbf{A}^T\lambda - \mathbf{U} = \mathbf{C}^T$$

Por lo tanto, las condiciones necesarias anteriores pueden combinarse como sigue

$$\left(\begin{array}{c|c|c|c} -2\mathbf{D} & \mathbf{A}^T & -\mathbf{I} & \mathbf{0} \\ \hline \mathbf{A} & \mathbf{0} & \mathbf{0} & \mathbf{I} \end{array}\right) \begin{pmatrix} \mathbf{X} \\ \lambda \\ \mathbf{U} \\ \mathbf{S} \end{pmatrix} = \begin{pmatrix} \mathbf{C}^T \\ \mathbf{b} \end{pmatrix}$$

$$\mu_j x_j = 0 = \lambda_i S_i, \quad \text{para toda } i \text{ y } j$$

$$\lambda, \mathbf{U}, \mathbf{X}, \mathbf{S} \geq \mathbf{0}$$

Excepto por las condiciones $\mu_j x_j = 0 = \lambda_i S_i$, las ecuaciones restantes son funciones lineales en $\mathbf{X}$, λ, $\mathbf{U}$ y $\mathbf{S}$. El problema, por lo tanto, es equivalente a resolver un conjunto de ecuaciones lineales, mientras se satisfagan las condiciones adicionales $\mu_j x_j = 0 = \lambda_i S_i$. Debido a que z es estrictamente cóncava y el espacio de soluciones es convexo, la solución *factible* que satisface todas estas condiciones debe dar directamente la solución óptima. De las condiciones impuestas sobre z y el espacio de soluciones (esto es, z es estrictamente cóncava y el espacio de soluciones convexo), la solución al conjunto anterior de ecuaciones (cuando existe) debe ser única.

La solución del sistema anterior se obtiene utilizando la fase I del método de 2 fases (sección 3.3.1B). La única restricción aquí es que la condición $\lambda_i S_i = 0 = \mu_j x_j$ debe mantenerse siempre. Esto significa que si λ_i está en la solución básica en un *nivel positivo*, S_i no puede llegar a ser básica en un nivel positivo. De igual manera, μ_j y x_j no pueden ser positivas simultáneamente. Esta es realmente la misma idea de la *base restringida* utilizada en la sección 20.2.1. La fase I terminará en la forma usual con la suma de las variables artificiales igual a cero únicamente si el problema tiene un espacio factible. La factibilidad de un espacio de soluciones puede verificarse fácilmente, sin embargo, verificando si el sistema $\mathbf{AX} \leq \mathbf{b}$, $\mathbf{X} \geq \mathbf{0}$ encierra o no un espacio factible.

Ejemplo 20.2-3
Considere el problema

$$\text{maximizar } z = 4x_1 + 6x_2 - 2x_1^2 - 2x_1 x_2 - 2x_2^2$$

sujeto a

$$x_1 + 2x_2 \leq 2$$
$$x_1, x_2 \geq 0$$

Este problema puede escribirse en forma matricial como sigue

$$\text{maximizar } z = (4, 6)\begin{pmatrix} x_1 \\ x_2 \end{pmatrix} + (x_1, x_2)\begin{pmatrix} -2 & -1 \\ -1 & -2 \end{pmatrix}\begin{pmatrix} x_1 \\ x_2 \end{pmatrix}$$

894 Algoritmos de programación no lineal [C.20]

sujeto a

$$(1, 2)\begin{pmatrix} x_1 \\ x_2 \end{pmatrix} \leq 2$$

$$x_1, x_2 \geq 0$$

Esto define automáticamente toda la información requerida para constituir las siguientes condiciones de Kuhn-Tucker

$$\left(\begin{array}{cc|c|cc|c} 4 & 2 & 1 & -1 & 0 & 0 \\ 2 & 4 & 2 & 0 & -1 & 0 \\ \hline 1 & 2 & 0 & 0 & 0 & 1 \end{array}\right) \begin{pmatrix} x_1 \\ x_2 \\ \lambda_1 \\ \mu_1 \\ \mu_2 \\ S_1 \end{pmatrix} = \begin{pmatrix} 4 \\ 6 \\ 2 \end{pmatrix}$$

La tabla inicial para la fase I se obtiene introduciendo las variables artificiales R_1 y R_2. Por consiguiente,

Básica	x_1	x_2	λ_1	μ_1	μ_2	R_1	R_2	S_1	Solución
r_0	6	6	3	-1	-1	0	0	0	10
R_1	4	2	1	-1	0	1	0	0	4
R_2	2	4	2	0	-1	0	1	0	6
S_1	1	2	0	0	0	0	0	1	2

Primera iteración
Ya que $\mu_1 = 0$, la variable de entrada más promisoria x_1 (problema de minimización) puede hacerse básica con R_1, como la variable que sale. Esto proporciona la tabla siguiente

Básica	x_1	x_2	λ_1	μ_1	μ_2	R_1	R_2	S_1	Solución
r_0	0	3	3/2	1/2	-1	$-3/2$	0	0	4
x_1	1	1/2	1/4	$-1/4$	0	1/4	0	0	1
R_2	0	3	3/2	1/2	-1	$-1/2$	1	0	4
S_1	0	3/2	$-1/4$	1/4	0	$-1/4$	0	1	1

Segunda iteración
La variable más promisoria x_2 puede hacerse básica, ya que $\mu_2 = 0$. Esto da

20.2] Algoritmos no lineales restringidos **895**

Básica	x_1	x_2	λ_1	μ_1	μ_2	R_1	R_2	S_1	Solución
r_0	0	0	2	0	−1	−1	0	−2	2
x_1	1	0	1/3	−1/3	0	1/3	0	−1/3	2/3
R_1	0	0	2	0	−1	0	1	−2	2
x_2	0	1	−1/6	1/6	0	−1/6	0	2/3	2/3

Tercera iteración

Ya que $S_1 = 0$, λ_1, puede introducirse en la solución. Esto proporciona

Básica	x_1	x_2	λ_1	μ_1	μ_2	R_1	R_2	S_1	Solución
r_0	0	0	0	0	0	−1	−1	0	0
x_1	1	0	0	−1/3	1/6	1/3	−1/6	0	1/3
λ_1	0	0	1	0	−1/2	0	1/2	−1	1
x_2	0	1	0	1/6	−1/12	−1/6	1/12	1/2	5/6

La última tabla da la solución óptima para la fase I. Ya que $r_0 = 0$, la solución dada es factible. Por consiguiente, $x_1^* = 1/3$, $x_2^* = 5/6$. El valor óptimo de z puede calcularse del problema original y es igual a 4.16. ◄

20.2.3 PROGRAMACION GEOMETRICA

Una técnica muy interesante para resolver un caso especial de problemas no lineales es la programación *geométrica*. Esta técnica, desarrollada por R. Duffin y C. Zener (1964), lleva a la solución considerando un problema dual asociado (que se definirá posteriormente). La ventaja aquí es que por lo general es mucho más simple computacionalmente trabajar con el dual.

La programación geométrica trata con problemas donde las funciones objetivo y las restricciones son del tipo siguiente:

$$z = f(\mathbf{X}) = \sum_{j=1}^{N} U_j$$

donde

$$U_j = c_j \prod_{i=1}^{n} x_i^{a_{ij}}, \quad j = 1, 2, \ldots, N$$

Se supone que todas las $c_j > 0$ y N es finito. Los exponentes a_{ij} son irrestrictos en signo. La función $f(\mathbf{X})$ toma la forma de un polinomio, excepto que los exponentes a_{ij} pueden ser negativos. Por esta razón, y debido a que todas las $c_j > 0$, Duffin y Zener dan a $f(\mathbf{X})$ el nombre de **posinomio**.

Esta sección presentará el caso irrestricto de programación geométrica. El objetivo es que el lector conozca este tipo de análisis. El tratamiento del problema restringido está más allá del alcance de este capítulo. El lector interesado puede remitirse a la presentación excelente por Beightler y cols. [1979, cap. 6] para un tratamiento más detallado de la materia.

Considere la *minimización* de la función $f(\mathbf{X})$ como se definió en la forma de posinomio dada anteriormente. Este problema se denominará *primal*. Las variables x_i se suponen *estrictamente positivas*, de manera que la región $x_i \leq 0$ representa un espacio infactible. Se demostrará posteriormente que el requisito $x_i \neq 0$ es una parte esencial en la obtención de los resultados.

La primera derivada parcial de z debe desaparecer en un punto mínimo. Por consiguiente,

$$\frac{\partial z}{\partial x_k} = \sum_{j=1}^{N} \frac{\partial U_j}{\partial x_k} = \sum_{j=1}^{N} c_j a_{kj} (x_k)^{a_{kj}-1} \prod_{i \neq k} (x_i)^{a_{ij}} = 0, \qquad k = 1, 2, \ldots, n$$

Ya que cada $x_k > 0$ por hipótesis,

$$\frac{\partial z}{\partial x_k} = 0 = \frac{1}{x_k} \sum_{j=1}^{N} a_{kj} U_j, \qquad k = 1, 2, \ldots, n$$

Sea z^* el valor mínimo de z. Se deduce que $z^* > 0$ ya que z es posinomio y cada $x_k^* > 0$. Defina

$$y_j = \frac{U_j^*}{z^*}$$

lo cual muestra que $y_j > 0$ y $\sum_{j=1}^{N} y_j = 1$. El valor de y_j, por consiguiente, representa la contribución relativa del término U_j al valor óptimo de la función objetivo z^*.

Las condiciones *necesarias* anteriores pueden escribirse ahora como

$$\sum_{j=1}^{N} a_{kj} y_j = 0, \qquad k = 1, 2, \ldots, n$$

$$\sum_{j=1}^{N} y_j = 1, \qquad y_j > 0 \quad \text{para toda } j$$

Estas se conocen como las **condiciones de ortogonalidad** y **normalidad**, y proporcionarán una solución única para y_j si $(n+1) = N$ y todas las ecuaciones son independientes. El problema llega a complicarse más cuando $N > (n+1)$ ya que los valores de y_j no son ya únicos. Sin embargo, se muestra posteriormente, que es posible determinar y_j únicamente con el propósito de minimizar z.

Suponga ahora que y_j^* son los valores únicos que se determinan a partir de las ecuaciones anteriores. Estos valores son utilizados para determinar z^* y x_i^*, $i = 1, 2, \ldots, n$ como sigue. Considere

$$z^* = (z^*)^{\sum_{j=1}^{N} y_j^*}$$

20.2] Algoritmos no lineales restringidos

Ya que $z^* = U_j^*/y_j^*$, se deduce que

$$z^* = \left(\frac{U_1^*}{y_1^*}\right)^{y_1^*}\left(\frac{U_2^*}{y_2^*}\right)^{y_2^*} \cdots \left(\frac{U_N^*}{y_N^*}\right)^{y_N^*} = \left\{\prod_{j=1}^{N}\left(\frac{c_j}{y_j^*}\right)^{y_j^*}\right\}\left\{\prod_{j=1}^{N}\left(\prod_{i=1}^{N} x_i^* a_{ij}\right)^{y_j^*}\right\}$$

$$= \left\{\prod_{j=1}^{N}\left(\frac{c_j}{y_j^*}\right)^{y_j^*}\right\}\left\{\prod_{i=1}^{N} (x_i^*)^{\sum_{i=1}^{N} a_{ij} y_j^*}\right\} = \prod_{j=1}^{N}\left(\frac{c_j}{y_j^*}\right)^{y_j^*}$$

El último paso se justifica ya que $\Sigma_{j=1}^{N} a_{ij} y_j = 0$. El valor de z^*, por consiguiente, se determina tan pronto como todas las y_j^* están determinadas. Ahora, dadas y_j^* y z^*, puede determinarse $U_j^* = y_j^* z^*$. Como

$$U_j^* = c_j \prod_{i=1}^{N} (x_i^*)^{a_{ij}}, \qquad j = 1, 2, \ldots, n$$

la solución simultánea de estas ecuaciones deberá proporcionar x_i^*.

El procedimiento muestra que la solución al posinomio z original, puede transformarse en la solución de un conjunto de ecuaciones lineales en y_j. Observe que todas las y_j^* se determinan a partir de las condiciones necesarias para un mínimo. Puede mostrarse, sin embargo, que estas condiciones también son suficientes. La demostración (según las restricciones dadas para z) está dada en Beightler y cols. [1979, pág. 333].

Las variables y_j definen realmente las variables duales asociadas con el problema primal z. Para ver esta relación, considere el problema primal en la forma

$$z = \sum_{j=1}^{N} y_j\left(\frac{U_j}{y_j}\right)$$

Ahora defina la función

$$w = \prod_{j=1}^{N}\left(\frac{U_j}{y_j}\right)^{y_j}$$

Ya que $\Sigma_{j=1}^{N} y_j = 1$ y $y_j > 0$, por la desigualdad de Cauchy,† se tiene

$$w \leq z$$

---

† La desigualdad de Cauchy establece que, para $z_j > 0$,

$$\sum_{j=1}^{N} w_j z_j \geq \prod_{j=1}^{N} (z_j)^{w_j}, \qquad \text{donde } w_j > 0 \quad \text{y} \quad \sum_{j=1}^{N} w_j = 1$$

Esta es conocida como la desigualdad media aritmético-geométrica.

898 Algoritmos de programación no lineal [C.20]

La función w con sus variables $y_1, y_2, \ldots, y_N$ define el problema dual al primal anterior. Ya que w representa la cota inferior en z y como z está asociada con el problema de minimización, se deduce, maximizando w, que

$$w^* = \max_{y_j} w = \min_{x_i} z = z^*$$

Esto significa que el valor máximo de w ($= w^*$) sobre los valores de y_j es igual al valor mínimo de z ($= z^*$) sobre los valores de x_i.

Ejemplo 20.2-4

En este ejemplo se considera un problema en el cual $N = n + 1$ de tal manera que la solución a las condiciones de ortogonalidad y normalidad es única. El ejemplo siguiente ilustrará el otro caso donde $N > (n + 1)$.

Considere el problema

$$\text{minimizar } z = 7x_1 x_2^{-1} + 3x_2 x_3^{-2} + 5x_1^{-3} x_2 x_3 + x_1 x_2 x_3$$

Esta función puede escribirse como

$$z = 7x_1^1 x_2^{-1} x_3^0 + 3x_1^0 x_2^1 x_3^{-2} + 5x_1^{-3} x_2^1 x_3^1 + x_1^1 x_2^1 x_3^1$$

de tal manera que

$$(c_1, c_2, c_3, c_4) = (7, 3, 5, 1)$$

$$\begin{pmatrix} a_{11} & a_{12} & a_{13} & a_{14} \\ a_{21} & a_{22} & a_{23} & a_{24} \\ a_{31} & a_{32} & a_{33} & a_{34} \end{pmatrix} = \begin{pmatrix} 1 & 0 & -3 & 1 \\ -1 & 1 & 1 & 1 \\ 0 & -2 & 1 & 1 \end{pmatrix}$$

Las condiciones de ortogonalidad y normalidad, por consiguiente, están dadas como

$$\begin{pmatrix} 1 & 0 & -3 & 1 \\ -1 & 1 & 1 & 1 \\ 0 & -2 & 1 & 1 \\ 1 & 1 & 1 & 1 \end{pmatrix} \begin{pmatrix} y_1 \\ y_2 \\ y_3 \\ y_4 \end{pmatrix} = \begin{pmatrix} 0 \\ 0 \\ 0 \\ 1 \end{pmatrix}$$

Esto proporciona la solución única

$$y_1^* = 12/24, \quad y_2^* = 4/24, \quad y_3^* = 5/24, \quad y_4^* = 3/24$$

Por consiguiente,

$$z^* = \left(\frac{7}{12/24}\right)^{12/24} \left(\frac{3}{4/24}\right)^{4/24} \left(\frac{5}{5/24}\right)^{5/24} \left(\frac{1}{3/24}\right)^{3/24} = 15.22$$

20.2] Algoritmos no lineales restringidos 899

De la ecuación $U_j^* = y_j^* z^*$ se deduce que

$$7x_1 x_2^{-1} = U_1 = (1/2)(15.22) = 7.61$$
$$3x_2 x_3^{-2} = U_2 = (1/6)(15.22) = 2.54$$
$$5x_1^{-3} x_2 x_3 = U_3 = (5/24)(15.22) = 3.17$$
$$x_1 x_2 x_3 = U_4 = (1/8)(15.22) = 1.90$$

La solución de estas ecuaciones está dada como

$$x_1^* = 1.315, \quad x_2^* = 1.21, \quad x_3^* = 1.2$$

la cual es la solución óptima al primal. ◀

Ejemplo 20.2-5

Considere el problema

$$\text{minimizar } z = 5x_1 x_2^{-1} + 2x_1^{-1} x_2 + 5x_1 + x_2^{-1}$$

Las condiciones de ortogonalidad y normalidad están dadas como

$$\begin{pmatrix} 1 & -1 & 1 & 0 \\ -1 & 1 & 0 & -1 \\ 1 & 1 & 1 & 1 \end{pmatrix} \begin{pmatrix} y_1 \\ y_2 \\ y_3 \\ y_4 \end{pmatrix} = \begin{pmatrix} 0 \\ 0 \\ 1 \end{pmatrix}$$

Ya que $N > n + 1$, estas ecuaciones no proporcionan las y_j requeridas directamente. Por consiguiente, despejando y_1, y_2 y y_3 en términos de y_4 da

$$\begin{pmatrix} 1 & -1 & 1 \\ -1 & 1 & 0 \\ 1 & 1 & 1 \end{pmatrix} \begin{pmatrix} y_1 \\ y_2 \\ y_3 \end{pmatrix} = \begin{pmatrix} 0 \\ y_4 \\ 1 - y_4 \end{pmatrix}$$

o bien,

$$y_1 = \frac{1 - 3y_4}{2}$$

$$y_2 = \frac{1 - y_4}{2}$$

$$y_3 = y_4$$

El problema dual puede escribirse ahora como

$$\text{maximizar } w = \left[\frac{5}{(1-3y_4)/2}\right]^{(1-3y_4)/2} \left[\frac{2}{(1-y_4)/2}\right]^{(1-y_4)/2} \left(\frac{5}{y_4}\right)^{y_4} \left(\frac{1}{y_4}\right)^{y_4}$$

La maximización de w es equivalente a la maximización de $\ln w$. La última forma es más fácil de resolver. Por consiguiente,

$$\ln w = \frac{1-3y_4}{2}\{\ln 10 - \ln(1-3y_4)\} + \frac{1-y_4}{2}\{\ln 4 - \ln(1-y_4)\}$$
$$+ y_4\{\ln 5 - \ln y_4 + (\ln 1 - \ln y_4)\}$$

El valor de y_4 que maximiza $\ln w$ debe ser único (ya que el problema primal tiene un mínimo único). Entonces,

$$\frac{\partial \ln w}{\partial y_4} = \left(\frac{-3}{2}\right)\ln 10 - \left\{\left(\frac{-3}{2}\right) + \left(\frac{-3}{2}\right)\ln(1-3y_4)\right\}$$
$$+ \left(\frac{-1}{2}\right)\ln 4 - \left\{\left(\frac{-1}{2}\right) + \left(\frac{-1}{2}\right)\ln(1-y_4)\right\}$$
$$+ \ln 5 - \{1 + \ln y_4\} + \ln 1 - \{1 + \ln y_4\} = 0$$

Esto da, después de la simplificación,

$$-\ln\left(\frac{2 \times 10^{3/2}}{5}\right) + \ln\left[\frac{(1-3y_4)^{3/2}(1-y_4)^{1/2}}{y_4^2}\right] = 0$$

o bien,

$$\frac{\sqrt{(1-3y_4)^3(1-y_4)}}{y_4^2} = 12.6$$

lo cual proporciona $y_4^* \cong 0.16$. Entonces $y_3^* = 0.16$, $y_2^* = 0.42$ y $y_1^* = 0.26$. El valor de z^* se obtiene de

$$z^* = w^* = \left(\frac{5}{0.26}\right)^{.26}\left(\frac{2}{0.42}\right)^{.42}\left(\frac{5}{0.16}\right)^{.16}\left(\frac{1}{0.16}\right)^{.16} \cong 9.661$$

Entonces,

$$U_3 = 0.16(9.661) = 1.546 = 5x_1$$
$$U_4 = 0.16(9.661) = 1.546 = x_2^{-1}$$

La solución aquí proporciona $x_1^* = 0.309$ y $x_2^* = 0.647$. ◀

20.2.4 PROGRAMACION ESTOCASTICA

La programación estocástica trata con situaciones donde algunos o todos los parámetros del problema están descritos por variables aleatorias. Tales casos parecen típicos del problema de la vida real donde es difícil determinar los valores de los parámetros exactamente. El capítulo 5 muestra que, en el caso de programación lineal, el análisis de sensibilidad puede ser utilizado para estudiar el efecto de cambios en los parámetros del problema sobre la solución óptima. Esto, sin embargo, representa una respuesta parcial al problema, en especial cuando los parámetros son realmente variables aleatorias. El objetivo de la programación estocástica es considerar estos efectos aleatorios de modo explícito en la solución del modelo.

La idea básica de todos los modelos de programación estocástica es convertir la naturaleza probabilística del problema en una situación determinista equivalente. Se han desarrollado varios modelos para manejar casos especiales del problema general. En esta sección, la idea de emplear equivalencia determinista se ilustrará introduciendo la técnica interesante de **programación con restricciones aleatorias**.

Un modelo con restricciones aleatorias se define generalmente como

$$\text{maximizar } z = \sum_{j=1}^{n} c_j x_j$$

sujeto a

$$P\left\{\sum_{j=1}^{n} a_{ij} x_j \leq b_i\right\} \geq 1 - \alpha_i, \quad i = 1, 2, \ldots, m; \quad x_j \geq 0, \quad \text{para toda } j$$

El nombre "restricciones aleatorias" se deduce de que cada restricción

$$\sum_{j=1}^{n} a_{ij} x_j \leq b_i$$

se realiza con una probabilidad mínima de $1 - \alpha_i$, $0 < \alpha_i < 1$.

En el caso general se supone que c_j, a_{ij} y b_i son todas variables aleatorias. El hecho que c_j es una variable aleatoria puede tratarse siempre reemplazándola por su valor esperado. En lo que sigue se consideran tres casos. Los primeros dos corresponden a las condiciones separadas de a_{ij} y b_i como variables aleatorias. El tercer caso combina los efectos aleatorios de a_{ij} y b_i. En todos los casos se supone que los parámetros están normalmente distribuidos con media y varianzas conocidas.

Caso 1:
En este caso, cada a_{ij} está normalmente distribuida con media $E\{a_{ij}\}$ y variancia $\text{var}\{a_{ij}\}$. Además, la covariancia de a_{ij} y $a_{i'j'}$ está dada como $\text{cov}\{a_{ij}, a_{i'j'}\}$.

Considere la i-ésima restricción

$$P\left\{\sum_{j=1}^{n} a_{ij} x_j \leq b_i\right\} \geq 1 - \alpha_i$$

y defina

$$h_i = \sum_{j=1}^{n} a_{ij} x_j$$

Entonces h_i está normalmente distribuida con

$$E\{h_i\} = \sum_{j=1}^{n} E\{a_{ij}\}x_j \quad \text{y} \quad \text{var}\{h_i\} = \mathbf{X}^T \mathbf{D}_i \mathbf{X}$$

donde $\mathbf{X} = (x_1, \ldots, x_n)^T$

$$\mathbf{D}_i = i\text{-ésima matriz de covariancias} = \begin{pmatrix} \text{var}\{a_{i1}\} & \cdots & \text{cov}\{a_{i1}, a_{in}\} \\ \vdots & & \vdots \\ \text{cov}\{a_{in}, a_{i1}\} & \cdots & \text{var}\{a_{in}\} \end{pmatrix}$$

Ahora,

$$P\{h_i \leq b_i\} = P\left\{\frac{h_i - E\{h_i\}}{\sqrt{\text{var}\{h_i\}}} \leq \frac{b_i - E\{h_i\}}{\sqrt{\text{var}\{h_i\}}}\right\} \geq 1 - \alpha_i$$

donde $(h_i - E\{h_i\})/\sqrt{\text{var}\{h_i\}}$ es normal estándar con media cero y variancia uno. Esto significa que

$$P\{h_i \leq b_i\} = \Phi\left(\frac{b_i - E\{h_i\}}{\sqrt{\text{var}\{h_i\}}}\right)$$

donde Φ representa la F.D.A. de la distribución normal estándar.

Sea K_{α_i} el valor normal estándar tal que

$$\Phi(K_{\alpha_i}) = 1 - \alpha_i$$

Entonces la aseveración $P\{h_i \leq b_i\} \geq 1 - \alpha_i$ se verifica si, y únicamente si,

$$\frac{b_i - E\{h_i\}}{\sqrt{\text{var}\{h_i\}}} \geq K_{\alpha_i}$$

Esto proporciona la restricción no lineal siguiente:

$$\sum_{j=1}^{n} E\{a_{ij}\}x_j + K_{\alpha_i}\sqrt{\mathbf{X}^T \mathbf{D}_i \mathbf{X}} \leq b_i$$

la cual es equivalente a la restricción estocástica original.

Para el caso especial donde las distribuciones normales son independientes,

$$\text{cov}\{a_{ij}, a_{i'j'}\} = 0$$

y la última restricción se reduce a

$$\sum_{j=1}^{n} E\{a_{ij}\}x_j + K_{\alpha_i}\sqrt{\sum_{j=1}^{n} \text{var}\{a_{ij}\}x_j^2} \leq b_i$$

20.2] Algoritmos no lineales restringidos

Esta restricción puede ponerse en la forma de programación separable (sección 20.2.1) utilizando la sustitución

$$y_i = \sqrt{\sum_{j=1}^{n} \text{var}\{a_{ij}\} x_j^2}, \quad \text{para toda } i$$

Por consiguiente, la restricción original es equivalente a

$$\sum_{j=1}^{n} E\{a_{ij}\} x_j + K_{\alpha_i} y_i \leq b_i$$

y

$$\sum_{j=1}^{n} \text{var}\{a_{ij}\} x_j^2 - y_i^2 = 0$$

donde $y_i \geq 0$.

Caso 2:
En este caso únicamente b_i es normal con media $E\{b_i\}$ y varianza $\text{var}\{b_i\}$. El análisis en este caso es muy similar al caso 1. Considere la restricción estocástica

$$P\left\{ b_i \geq \sum_{j=1}^{n} a_{ij} x_j \right\} \geq \alpha_i$$

Como en el caso 1,

$$P\left\{ \frac{b_i - E\{b_i\}}{\sqrt{\text{var}\{b_i\}}} \geq \frac{\sum_{j=1}^{n} a_{ij} x_j - E\{b_i\}}{\sqrt{\text{var}\{b_i\}}} \right\} \geq \alpha_i$$

Esto puede suceder únicamente si

$$\frac{\sum_{j=1}^{n} a_{ij} x_j - E\{b_i\}}{\sqrt{\text{var}\{b_i\}}} \leq K_{\alpha_i}$$

Por consiguiente, la restricción estocástica es equivalente a la restricción lineal determinista

$$\sum_{j=1}^{n} a_{ij} x_j \leq E\{b_i\} + K_{\alpha_i} \sqrt{\text{var}\{b_i\}}$$

Por tanto, en el caso 2 el modelo de restricciones aleatorias puede convertirse en un problema de programación lineal equivalente.

Ejemplo 20.2-6
Considere el problema de restricciones aleatorias

$$\text{maximizar } z = 5x_1 + 6x_2 + 3x_3$$

sujeto a
$$P\{a_{11}x_1 + a_{12}x_2 + a_{13}x_3 \leq 8\} \geq 0.95$$
$$P\{5x_1 + x_2 + 6x_3 \leq b_2\} \geq 0.10$$

con todas las $x_j \geq 0$. Suponga que las a_{1j} son variables aleatorias *independientes* normalmente distribuidas con las siguientes medias y variancias:

$$E\{a_{11}\} = 1, \quad E\{a_{12}\} = 3, \quad E\{a_{13}\} = 9$$
$$\text{var}\{a_{11}\} = 25, \quad \text{var}\{a_{12}\} = 16, \quad \text{var}\{a_{13}\} = 4$$

El parámetro b_2 está distribuido normalmente con media 7 y variancia 9.

De las tablas para distribución normal estándar

$$K_{\alpha_1} = K_{0.05} \cong 1.645, \quad K_{\alpha_2} = K_{0.10} \cong 1.285$$

Para la primera restricción, la restricción determinista equivalente está dada como

$$x_1 + 3x_2 + 9x_3 + 1.645\sqrt{25x_1^2 + 16x_2^2 + 4x_3^2} \leq 8$$

y para la segunda restricción

$$5x_1 + x_2 + 6x_3 \leq 7 + 1.285(3) = 10.855$$

Si damos como

$$y^2 = 25x_1^2 + 16x_2^2 + 4x_3^2$$

el problema completo será

$$\text{maximizar } z = 5x_1 + 6x_1 + 3x_3$$

sujeto a

$$x_1 + 3x_2 + 9x_3 + 1.645y \leq 8$$
$$25x_1^2 + 16x_2^2 + 4x_3^2 - y^2 = 0$$
$$5x_1 + x_2 + 6x_3 \leq 10.855$$
$$x_1, x_2, x_3, y \geq 0$$

el cual puede resolverse con programación separable. ◀

Caso 3:

En este caso, todas las a_{ij} y b_i son variables aleatorias normales. Considere la restricción

$$\sum_{j=1}^{n} a_{ij} x_j \leq b_i$$

Esta puede escribirse como

$$\sum_{j=1}^{n} a_{ij} x_j - b_i \leq 0$$

Puesto que todas las a_{ij} y b_i son normales, se deduce de la teoría estadística que $\sum_{j=1}^{n} a_{ij} x_j - b_i$ también es normal. Esto muestra que la restricción aleatoria se reduce en este caso a la misma situación dada en el caso 1, y se trata en una forma similar.

20.2.5 MÉTODO DE COMBINACIONES LINEALES

Este método trata con un problema restringido donde todas las restricciones son lineales. Específicamente el problema está dado como

$$\text{maximizar } z = f(\mathbf{X})$$

sujeto a

$$\mathbf{AX} \leq \mathbf{b}, \quad \mathbf{X} \geq \mathbf{0}$$

donde $\mathbf{A}$ es una matriz y $\mathbf{b}$ es un vector.

El procedimiento está basado en las ideas generales del método de la ascensión de mayor pendiente (del gradiente) (sección 20.1.2). Sin embargo, la dirección especificada por el vector gradiente puede no proporcionar una solución factible para el problema restringido. También el vector gradiente no necesariamente será nulo en el punto óptimo (punto restringido). El método de la ascensión de mayor pendiente debe modificarse para manejar el caso restringido anterior.

Sea $\mathbf{X}^k$ el punto de ensayo *factible* en la k-ésima iteración. La función objetivo $f(\mathbf{X})$ puede desarrollarse en el entorno de $\mathbf{X}^k$ utilizando series de Taylor. Esto proporciona

$$f(\mathbf{X}) \cong f(\mathbf{X}^k) + \nabla f(\mathbf{X}^k)(\mathbf{X} - \mathbf{X}^k) = (f(\mathbf{X}^k) - \nabla f(\mathbf{X}^k)\mathbf{X}^k) + \nabla f(\mathbf{X}^k)\mathbf{X}$$

Este procedimiento busca determinar un punto factible $\mathbf{X} = \mathbf{X}^*$ tal que $f(\mathbf{X})$ se maximiza sujeto a las restricciones (lineales). Ya que $(f(\mathbf{X}^k) - \nabla f(\mathbf{X}^k)\mathbf{X}^k)$ es una constante, el problema de determinar $\mathbf{X}^*$ se reduce a

$$\text{maximizar } w_k(\mathbf{X}) = \nabla f(\mathbf{X}^k)\mathbf{X}$$

sujeto a

$$\mathbf{AX} \leq \mathbf{b}, \quad \mathbf{X} \geq \mathbf{0}$$

Este es un problema de programación lineal en $\mathbf{X}$ el cual puede ser utilizado para determinar $\mathbf{X}^*$.

Ya que w_k se construye del gradiente de $f(\mathbf{X})$ en $\mathbf{X}^k$, puede obtenerse un punto solución mejor si, y sólo si, $w_k(\mathbf{X}^*) > w_k(\mathbf{X}^k)$. Por el desarrollo en serie de Taylor, esto no garantiza que $f(\mathbf{X}^*) > f(\mathbf{X}^k)$ a menos que $\mathbf{X}^*$ esté en el entorno de $\mathbf{X}^k$. Sin embargo, dado $w_k(\mathbf{X}^*) = w_k(\mathbf{X}^k)$, debe existir un punto $\mathbf{X}^{k+1}$ sobre el segmento de la recta $(\mathbf{X}^k; \mathbf{X}^*)$ tal que $f(\mathbf{X}^{k+1}) > f(\mathbf{X}^k)$. El objetivo es determinar $\mathbf{X}^{k+1}$. Defina

$$\mathbf{X}^{k+1} = (1-r)\mathbf{X}^k + r\mathbf{X}^* = \mathbf{X}^k + r(\mathbf{X}^* - \mathbf{X}^k), \quad 0 < r \leq 1$$

Esto significa que $\mathbf{X}^{k+1}$ es una **combinación lineal** de $\mathbf{X}^k$ y $\mathbf{X}^*$. Ya que $\mathbf{X}^k$ y $\mathbf{X}^*$ son dos puntos factibles en un espacio de soluciones *convexo*, $\mathbf{X}^{k+1}$ también es factible. Por comparación con el método de la ascensión de mayor pendiente (sección 20.1.2), puede considerarse el parámetro r como un tamaño de paso.

El punto $\mathbf{X}^{k+1}$ se determina de forma que se maximiza $f(\mathbf{X})$. Ya que $\mathbf{X}^{k+1}$ es una función de r solamente, la determinación de $\mathbf{X}^{k+1}$ se obtiene maximizando

$$h(r) = f[\mathbf{X}^k + r(\mathbf{X}^* - \mathbf{X}^k)]$$

en términos de r.

El procedimiento anterior se repite hasta que en la k-ésima iteración se satisfaga la condición $w_k(\mathbf{X}^*) \leq w_k(\mathbf{X}^k)$. En este punto, no son posibles mejoras adicionales. El proceso se termina entonces con $\mathbf{X}^k$ como la mejor solución.

Los problemas de programación lineal generados en las iteraciones sucesivas difieren solamente en los coeficientes de la función objetivo. Los procedimientos de análisis de sensibilidad presentados en la sección 5.5 pueden ser utilizados, por consiguiente, para llevar eficientemente los cálculos.

Ejemplo 20.2-7

Considere la programación cuadrática del ejemplo 20.2-3. Esto está dado como

$$\text{maximizar } f(\mathbf{X}) = 4x_1 + 6x_2 - 2x_1^2 - 2x_1x_2 - 2x_2^2$$

sujeto a

$$x_1 + 2x_2 \leq 2$$

donde x_1 y x_2 son no negativas.

Sea el punto inicial de ensayo $\mathbf{X}^0 = (1/2, 1/2)$, el cual es factible. Ahora,

$$\nabla f(\mathbf{X}) = (4 - 4x_1 - 2x_2, 6 - 2x_1 - 4x_2)$$

Primera iteración

$$\nabla f(\mathbf{X}^0) = (1, 3)$$

El programa lineal asociado es maximizar $w_1 = x_1 + 3x_2$ sujeto a las mismas restricciones que en el problema original. Esto da la solución óptima $\mathbf{X}^* = (0, 1)$. Los valores de w_1 en $\mathbf{X}^0$ y $\mathbf{X}^*$ son 2 y 3, respectivamente. Entonces debe determinarse un nuevo punto de ensayo. Por consiguiente,

$$\mathbf{X}^1 = (1/2, 1/2) + r[(0, 1) - (1/2, 1/2)] = \left(\frac{1-r}{2}, \frac{1+r}{2}\right)$$

Ahora, la maximización de

$$h(r) = f\left(\frac{1-r}{2}, \frac{1+r}{2}\right)$$

proporciona $r^1 = 1$. Por consiguiente $\mathbf{X}^1 = (0, 1)$ con $f(\mathbf{X}^1) = 4$.

Segunda iteración

$$\nabla f(\mathbf{X}^1) = (2, 2)$$

La función objetivo del nuevo problema de programación lineal es $w_2 = 2x_1 + 2x_2$. La solución óptima a este problema proporciona $\mathbf{X}^* = (2, 0)$. Ya que los valores de w_2 en $\mathbf{X}^1$ y $\mathbf{X}^*$ son 2 y 4, debe determinarse un nuevo punto de ensayo. Por consiguiente,

$$\mathbf{X}^2 = (0, 1) + r[(2, 0) - (0, 1)] = (2r, 1 - r)$$

La maximización de

$$h(r) = f(2r, 1 - r)$$

proporciona $r^2 = 1/6$. Por consiguiente, $\mathbf{X}^2 = (1/3, 5/6)$ con $f(\mathbf{X})^2 \cong 4.16$.

Tercera iteración

$$\nabla f(\mathbf{X}^2) = (1, 2)$$

La función lineal objetivo correspondiente es $w_3 = x_1 + 2x_2$. La solución óptima de este problema proporciona las soluciones alternativas $\mathbf{X}^* = (0, 1)$ y $\mathbf{X}^* = (2, 0)$. El valor de w_3 para ambos valores de $\mathbf{X}^*$ iguala su valor en $\mathbf{X}^2$. Consecuentemente, no son posibles mejoras adicionales. La solución óptima *aproximada* es $\mathbf{X}^2 = (1/3, 5/6)$ con $f(\mathbf{X}^2) \cong 4.16$. Esto sucede porque es el óptimo exacto. ◀

20.2.6 ALGORITMO SUMT

En esta sección se presenta un método de gradiente más general. Se supone que la función objetivo $f(\mathbf{X})$ es cóncava y cada función restricción $g_i(\mathbf{X})$ es convexa. Además, el espacio de soluciones debe tener un punto interior. Esto excluye el uso explícito e implícito de restricciones de *igualdad*.

El concepto del algoritmo SUMT (Sequential Unconstrained Maximization Technique = Técnica de maximización secuencial no restringida) está basado en la transformación del problema restringido en un problema equivalente *no* restringido. El procedimiento es más o menos similar al uso del método de multiplicadores de Lagrange. El problema transformado puede resolverse utilizando el método de la ascensión de mayor pendiente (sección 20.1.2).

Para aclarar el concepto anterior considere la nueva función

$$p(\mathbf{X}, t) = f(\mathbf{X}) + t\left(\sum_{i=1}^{m} \frac{1}{g_i(\mathbf{X})} - \sum_{j=1}^{n} \frac{1}{x_j}\right)$$

donde t es un parámetro no negativo. El signo de la segunda suma está basado en las restricciones de no negatividad que deben tenerse en la forma $-x_j \leq 0$ a fin de conformar con las restricciones originales $g_i(\mathbf{X}) \leq 0$. Ya que $g_i(\mathbf{X})$ es convexa, $1/g_i(\mathbf{X})$ es cóncava. Esto significa que $p(\mathbf{X}, t)$ es cóncava en $\mathbf{X}$. Consecuentemente, $p(\mathbf{X}, t)$ posee un máximo único. Ahora se muestra que la optimización del problema restringido original es equivalente a la optimización de $p(\mathbf{X}, t)$.

El algoritmo se inicia seleccionando arbitrariamente un valor inicial *no negativo* para t. Se elige un punto inicial $\mathbf{X}^0$ como la primera solución de ensayo. Este punto debe ser interior; esto es, no debe estar en las fronteras del espacio de soluciones. Dado el valor de t, se utiliza el método de la ascensión de mayor pendiente para determinar la solución óptima correspondiente (máximo) de $p(\mathbf{X}, t)$.

El nuevo punto solución siempre será un punto interior ya que, si el punto solución está cercano a las fronteras, al menos una de las funciones $1/g_i(\mathbf{X})$ o bien $(-1/x_i)$ adquirirá un valor negativo muy grande. Ya que el objetivo es maximizar $p(\mathbf{X}, t)$ tales puntos de solución automáticamente se excluyen. El resultado principal es que los puntos de solución sucesivos serán siempre puntos interiores. Consecuentemente, el problema siempre se puede tratar como un caso sin restricción.

Una vez que se alcanza la solución óptima correspondiente a un valor dado de t, se genera un nuevo valor de t y se repite el proceso de optimización (utilizando el método de la ascensión de mayor pendiente). Por consiguiente, si t' es el valor actual de t, el valor siguiente t'', debe elegirse tal que $0 < t'' < t'$.

El procedimiento SUMT se termina si, para dos valores sucesivos de t, los valores *óptimos* correspondientes de $\mathbf{X}$ obtenidos maximizando $p(\mathbf{X}, t)$ son aproximadamente los mismos. En este punto, los ensayos adicionales producirán poca mejoría.

La implantación del SUMT toma en cuenta más detallles que los que se han presentado aquí. Específicamente, la selección de un valor inicial de t es un factor muy importante que afecta la velocidad de convergencia. Además, la determinación de un punto interior inicial puede requerir técnicas especiales. Estos detalles pueden encontrarse en Fiacco y McCormick [1968].

20.3 RESUMEN

Los métodos de solución de programación no lineal se pueden clasificar en términos generales como procedimientos *directos* o *indirectos*. Ejemplos de los métodos directos son los algoritmos del gradiente, donde el máximo (mínimo) de un problema se busca siguiendo la tasa de incremento (disminución) más rápida de la función objetivo en un punto. En los métodos indirectos, el problema original se transforma primero en un problema auxiliar del cual se determina el óptimo. Algunos ejemplos de estas situaciones son la programación cuadrática, la programación separable y la programación estocástica. Observamos que los problemas auxiliares en estos casos pueden producir una solución *exacta* o *aproximada* del problema original. Por ejemplo, el uso de las condiciones de Kuhn-Tucker con la programación cuadrática produce una solución exacta, en tanto que la programación separable genera sólo una solución aproximada.

BIBLIOGRAFIA

Bazaraa, M. y C. Shetty, *Nonlinear Programming, Theory and Algorithms*, Wiley, Nueva York, 1979.

Beightler, C., D. Phillips y D. Wilde, *Foundations of Optimization*, 2a ed., Prentice-Hall, Englewood Cliffs, N. J., 1979.

Fiacco, A. y G. McCormick, *Nonlinear Programming: Sequential Unconstrained Minimization Techniques*, Wiley, Nueva York, 1968.

Zangwill, W., *Nonlinear Programming*, Prentice-Hall, Englewood Cliffs, N. J., 1969.

PROBLEMAS

Sección	Problemas asignados
20.1.1	20-1 a 20-3
20.1.2	20-4, 20-5
20.2.1	20-6 a 20-14
20.2.2	20-15, 20-16
20.2.3	20-17 a 20-20
20.2.4	20-21, 20-22
20.2.5	20-23

☐ **20-1** Resuelva el ejemplo 20.1-1 suponiendo que $\Delta = 0.01$. Compare la precisión de los resultados con los de la tabla 20-1.

☐ **20-2** Encuentre el máximo de cada una de las funciones siguientes por búsqueda dicotómica. Suponga que $\Delta = 0.05$.
 (a) $f(x) = 1/|(x - 3)^3|$, $\quad 2 \leq x \leq 4$
 (b) $f(x) = x \cos x$, $\quad 0 \leq x \leq \pi$
 (c) $f(x) = x \text{ sen } \pi x$, $\quad 1.5 \leq x \leq 2.5$
 (d) $f(x) = -(x - 3)^2$, $\quad 2 \leq x \leq 4$
 (e) $f(x) = \begin{cases} 4x, & 0 \leq x \leq 2 \\ 4 - x, & 2 \leq x \leq 4 \end{cases}$

☐ **20-3** Desarrolle una expresión para determinar el número máximo de iteraciones necesario para terminar el método de búsqueda dicotómico para un valor dado de Δ y un intervalo inicial de incertidumbre $I_0 = b - a$.

☐ **20-4** Muestre que, en general, el método de Newton-Raphson (sección 19.1.2) cuando se aplica a una función cuadrática estrictamente cóncava convergirá en un paso exactamente. Aplique el método a la maximización de

$$f(\mathbf{X}) = 4x_1 + 6x_2 - 2x_1^2 - 2x_1x_2 - 2x_2^2$$

☐ **20-5** Efectúe a lo más cinco iteraciones para cada uno de los problemas siguientes utilizando el método de descenso de mayor pendiente (ascensión). En cada caso suponga que $\mathbf{X}^0 = \mathbf{0}$.
(a) mín $f(\mathbf{X}) = (x_2 - x_1^2)^2 + (1 - x_1)^2$
(b) máx $f(\mathbf{X}) = \mathbf{cX} + \mathbf{X}^T\mathbf{AX}$
donde

$$\mathbf{c} = (1, 3, 5)$$
$$\mathbf{A} = \begin{pmatrix} -5 & -3 & -1/2 \\ -3 & -2 & 0 \\ -1/2 & 0 & -1/2 \end{pmatrix}$$

(c) máx $f(x) = 3 - x^2 - x^4$
(d) mín $f(\mathbf{X}) = x_1 - x_2 + x_1^2 - x_1x_2$

☐ **20-6** Formule el problema siguiente utilizando el método de programación entera mixta.

$$\text{Maximizar } z = e^{-x_1} + x_1 + (x_2 + 1)^2$$

sujeto a

$$x_1^2 + x_2 \leq 3$$
$$x_1, x_2 \geq 0$$

☐ **20-7** Repita el problema 20-6 utilizando el método de la base restringida. Después encuentre la solución óptima.

☐ **20-8** Considere el problema

$$\text{maximizar } z = x_1 x_2 x_3$$

sujeto a

$$x_1^2 + x_2 + x_3 \leq 4$$
$$x_1, x_2, x_3 \geq 0$$

Aproxime el problema como un modelo de programación lineal para usarse con el método de base restringida.

☐ **20-9** Muestre cómo puede hacerse separable el problema siguiente.

$$\text{Maximizar } z = x_1 x_2 + x_3 + x_1 x_3$$

sujeto a

$$x_1 x_2 + x_2 + x_1 x_3 \leq 10$$
$$x_1, x_2, x_3 \geq 0$$

☐ **20-10** Muestre cómo puede hacerse separable el siguiente problema.

$$\text{Minimizar } z = e^{2x_1 + x_2^2} + (x_3 - 2)^2$$

sujeto a

$$x_1 + x_2 + x_3 \leq 6$$
$$x_1, x_2, x_3 \geq 0$$

☐ **20-11** Muestre cómo puede hacerse separable el siguiente problema.

$$\text{Maximizar } z = e^{x_1 x_2} + x_2^2 x_3 + x_4$$

sujeto a

$$x_1 + x_2 x_3 + x_3 \leq 10$$
$$x_1, x_2, x_3 \leq 0$$
$$x_4 \text{ irrestricta en signo}$$

☐ **20-12** Demuestre que en programación convexa separable (sección 20.2.1), nunca es óptimo tener $x_{ki} > 0$ cuando $x_{k-1,i}$ no está en su cota superior.

☐ **20-13** Resuelva como un problema de programación convexa separable.

$$\text{Minimizar } z = x_1^4 + 2x_2 + x_3^2$$

sujeto a

$$x_1^2 + x_2 + x_3^2 \leq 4$$
$$|x_1 + x_2| \leq 0$$
$$x_1, x_3 \geq 0$$
$$x_2 \text{ irrestricta en signo}$$

☐ **20-14** Resuelva el problema siguiente como un problema de programación convexa separable.

$$\text{Minimizar } z = (x_1 - 2)^2 + 4(x_2 - 6)^2$$

sujeto a
$$6x_1 + 3(x_2 + 1)^2 \leq 12$$
$$x_1, x_2 \geq 0$$

☐ **20-15** Considere el problema

$$\text{maximizar } z = 6x_1 + 3x_2 - 4x_1x_2 - 2x_1^2 - 3x_2^2$$

sujeto a
$$x_1 + x_2 \leq 1$$
$$2x_1 + 3x_2 \leq 4$$
$$x_1, x_2 \leq 0$$

Demuestre que z es estrictamente cóncava y luego resuelva el problema utilizando el algoritmo de programación cuadrática.

☐ **20-16** Considere el problema:

$$\text{minimizar } z = 2x_1^2 + 2x_2^2 + 3x_3^2 + 2x_1x_2 + 2x_2x_3 + x_1 - 3x_2 - 5x_3$$

sujeto a
$$x_1 + x_2 + x_3 \geq 1$$
$$3x_1 + 2x_2 + x_3 \leq 6$$
$$x_1, x_2, x_3 \geq 0$$

Demuestre que z es estrictamente convexa y después resuelva con la técnica de programación cuadrática.

☐ **20-17** Resuelva el problema siguiente con programación geométrica.

$$\text{Minimizar } z = 2x_1^{-1} + x_2^2 + x_1^4 x_2^{-2} + 4x_1^2$$
$$x_1, x_2 > 0$$

☐ **20-18** Resuelva el problema siguiente con programación geométrica.

$$\text{Minimizar } z = 5x_1 x_2^{-1} x_3^2 + x_1^{-2} x_3^{-1} + 10x_2^3 + 2x_1^{-1} x_2 x_3^{-3}$$
$$x_1, x_2, x_3 > 0$$

☐ **20-19** Resuelva el problema siguiente con programación geométrica.

$$\text{Minimizar } z = 2x_1^2 x_2^{-3} + 8x_1^{-3} x_2 + 3x_1 x_2$$

☐ **20-20** Resuelva el problema siguiente con programación geométrica.

$$\text{Minimizar } z = 2x_1^3 x_2^{-3} + 4x_1^{-2} x_2 + x_1 x_2 + 8x_1 x_2^{-1}$$
$$x_1, x_2 > 0$$

☐ **20-21** Convierta el siguiente problema estocástico en un modelo determinista equivalente.

$$\text{Maximizar } z = x_1 + 2x_2 + 5x_3$$

sujeto a

$$P\{a_1 x_1 + 3x_2 + a_3 x_3 \leq 10\} \geq 0.9$$
$$P\{7x_1 + 5x_2 + x_3 \leq b_2\} \geq 0.1$$
$$x_1, x_2, x_3 \geq 0$$

Suponga que a_1 y a_3 son variables aleatorias normalmente distribuidas e independientes con medias $E\{a_1\} = 2$ y $E\{a_3\} = 5$ y varianzas $\text{var}\{a_1\} = 9$ y $\text{var}\{a_3\} = 16$. Suponga además que b_2 está normalmente distribuida con media 15 y varianza 25.

☐ **20-22** Considere el modelo de programación estocástica siguiente:

$$\text{maximizar } z = x_1 + x_2^2 + x_3$$

sujeto a

$$P\{x_1^2 + a_2 x_2^3 + a_3 \sqrt{x_3} \leq 10\} \geq 0.9$$
$$x_1, x_2, x_3 \geq 0$$

donde a_2 y a_3 son variables aleatorias normalmente distribuidas e independientes con medias 5 y 2, y varianzas 16 y 25, respectivamente. Convierta el problema a la forma de programación separable (determinista).

☐ **20-23** Resuelva el problema siguiente con el método de combinaciones lineales.

$$\text{Minimizar } f(\mathbf{X}) = x_1^3 + x_2^3 - 3x_1 x_2$$

sujeto a

$$3x_1 + x_2 \leq 3$$
$$5x_1 - 3x_2 \leq 5$$
$$x_1, x_2 \geq 0$$

Apéndice A

Repaso de vectores y matrices

A.1 VECTORES

A.1.1 DEFINICION DE VECTOR

Sean $p_1, p_2, \ldots, p_n$, n números reales y $\mathbf{P}$ un conjunto ordenado de estos números; esto es,

$$\mathbf{P} = (p_1, p_2, \ldots, p_n)$$

entonces $\mathbf{P}$ se llama un n-vector (o simplemente un vector). La componente i-ésima de $\mathbf{P}$ es p_i. Por ejemplo, $\mathbf{P} = (1, 2)$ es un vector de dos dimensiones el cual une el origen y el punto (1, 2).

A.1.2 ADICION (SUSTRACCION) DE VECTORES

Sean

$$\mathbf{P} = (p_1, p_2, \ldots, p_n) \quad \text{y} \quad \mathbf{Q} = (q_1, q_2, \ldots, q_n)$$

dos vectores en el espacio de n dimensiones. Entonces las componentes del vector $\mathbf{R} = (r_1, r_2, \ldots, r_n)$, tal que $\mathbf{R} = \mathbf{P} \pm \mathbf{Q}$, están dadas por

$$r_i = p_i \pm q_i$$

En general, dados los vectores $\mathbf{P}$, $\mathbf{Q}$ y $\mathbf{S}$,

$$\mathbf{P} \pm \mathbf{Q} = \mathbf{Q} \pm \mathbf{P} \quad \text{(ley conmutativa)}$$
$$(\mathbf{P} + \mathbf{Q}) + \mathbf{S} = \mathbf{P} + (\mathbf{Q} + \mathbf{S}) \quad \text{(ley asociativa)}$$
$$\mathbf{P} + (-\mathbf{P}) = \mathbf{0}, \quad \text{un vector cero (o nulo)}$$

A.1.3 MULTIPLICACION DE VECTORES POR ESCALARES

Dado un vector **P** y una cantidad (constante) escalar θ, el nuevo vector

$$\mathbf{Q} = \theta\mathbf{P} = (\theta p_1, \theta p_2, \ldots, \theta p_n)$$

se conoce como *producto escalar* de **P** y θ.

En general, dados los vectores **P** y **S** y los escalares θ y γ,

$$\theta(\mathbf{P} + \mathbf{S}) = \theta\mathbf{P} + \theta\mathbf{S} \quad \text{(ley distributiva)}$$
$$\theta(\gamma\mathbf{P}) = (\theta\gamma)\mathbf{P} \quad \text{(ley asociativa)}$$

A.1.4 VECTORES LINEALMENTE INDEPENDIENTES

Un conjunto de vectores $\mathbf{P}_1, \mathbf{P}_2, \ldots, \mathbf{P}_n$ se dice que son *linealmente independientes* si, y sólo si, para toda θ_j real,

$$\sum_{j=1}^{n} \theta_j \mathbf{P}_j = \mathbf{0}$$

implica que todas las $\theta_j = 0$, donde θ_j son cantidades escalares. Si

$$\sum_{j=1}^{n} \theta_j \mathbf{P}_j = \mathbf{0}$$

para alguna $\theta_j \neq 0$, se dice que los vectores son *linealmente dependientes*. Por ejemplo, los vectores

$$\mathbf{P}_1 = (1, 2,) \quad \text{y} \quad \mathbf{P}_2 = (2, 4)$$

son linealmente dependientes ya que existen $\theta_1 = 2$ y $\theta_2 = -1$ para los cuales

$$\theta_1 \mathbf{P}_1 + \theta_2 \mathbf{P}_2 = \mathbf{0}$$

A.2 MATRICES

A.2.1 DEFINICION DE MATRIZ

Una matriz es un arreglo rectangular de elementos. El (i, j)-ésimo elemento a_{ij} de la matriz **A** está en el renglón i-ésimo y la columna j-ésima del arreglo. El orden (tamaño) de una matriz se dice que es ($m \times n$) si la matriz tiene m renglones y n columnas. Por ejemplo,

$$\mathbf{A} = \begin{pmatrix} a_{11} & a_{12} & a_{13} \\ a_{21} & a_{22} & a_{23} \\ a_{31} & a_{32} & a_{33} \\ a_{41} & a_{42} & a_{43} \end{pmatrix} = \|a_{ij}\|_{4 \times 3}$$

es una matriz (4×3).

A.2.2 TIPOS DE MATRICES

1. Una matriz *cuadrada* es una matriz en la cual $m = n$.
2. Una matriz **identidad** es una matriz cuadrada en la cual todos los elementos en la diagonal principal son "unos" y todos los elementos que están fuera de la diagonal son "ceros"; esto es,

$$a_{ij} = 1, \quad \text{para } i = j$$
$$a_{ij} = 0, \quad \text{para } i \neq j$$

Por ejemplo, una matriz identidad (3×3) es

$$\mathbf{I}_3 = \begin{pmatrix} 1 & 0 & 0 \\ 0 & 1 & 0 \\ 0 & 0 & 1 \end{pmatrix}$$

3. Un *vector renglón* es una matriz con un renglón y n columnas.
4. Un *vector columna* es una matriz con m renglones y una columna.
5. La matriz $\mathbf{A}^T$ se conoce como la **transpuesta** de $\mathbf{A}$ si el elemento a_{ij} en $\mathbf{A}$ es igual al elemento a_{ji} en $\mathbf{A}^T$ para toda i y j. Por ejemplo, si

$$\mathbf{A} = \begin{pmatrix} 1 & 4 \\ 2 & 5 \\ 3 & 6 \end{pmatrix}$$

entonces

$$\mathbf{A}^T = \begin{pmatrix} 1 & 2 & 3 \\ 4 & 5 & 6 \end{pmatrix}$$

En general, $\mathbf{A}^T$ se obtiene intercambiando los renglones y las columnas de $\mathbf{A}$. Consecuentemente, si $\mathbf{A}$ es de orden ($m \times n$), $\mathbf{A}^T$ es de orden ($n \times m$).

6. Una matriz $\mathbf{B} = \mathbf{0}$ se conoce como **matriz cero** si cada elemento de $\mathbf{B}$ es igual a cero.

A.2]   Matrices **917**

7. Dos matrices $\mathbf{A} = \|a_{ij}\|$ y $\mathbf{B} = \|b_{ij}\|$ se dice que son *iguales* si, y sólo si, tienen el mismo orden y si cada elemento a_{ij} es igual al correspondiente b_{ij} para toda i y toda j.

A.2.3 OPERACIONES ARITMETICAS MATRICIALES

En el cálculo matricial están definidas solamente la adición (sustracción) y la multiplicación. La división, aunque no está definida, se reemplaza por el concepto de inversión (véase la sección A.2.6).

A. Adición (sustracción) de matrices

La adición de dos matrices $\mathbf{A} = \|a_{ij}\|$ y $\mathbf{B} = \|b_{ij}\|$ se puede hacer si son del mismo orden ($m \times n$). La suma $\mathbf{D} = \mathbf{A} + \mathbf{B}$ se obtiene adicionando los elementos correspondientes. Por consiguiente,

$$\|d_{ij}\|_{m \times n} = \|a_{ij} + b_{ij}\|_{m \times n}$$

Si se supone que las matrices $\mathbf{A}$, $\mathbf{B}$ y $\mathbf{C}$ son del mismo orden

$$\mathbf{A} \pm \mathbf{B} = \mathbf{B} \pm \mathbf{A} \qquad \text{(Ley conmutativa)}$$
$$\mathbf{A} \pm (\mathbf{B} \pm \mathbf{C}) = (\mathbf{A} \pm \mathbf{B}) \pm \mathbf{C} \qquad \text{(Ley asociativa)}$$
$$(\mathbf{A} \pm \mathbf{B})^T = \mathbf{A}^T \pm \mathbf{B}^T$$

B. Producto de matrices

Dos matrices $\mathbf{A} = \|a_{ij}\|$ y $\mathbf{B} = \|b_{ij}\|$ pueden multiplicarse en el orden $\mathbf{AB}$ si, y sólo si, el número de columnas de $\mathbf{A}$ es igual al número de renglones de $\mathbf{B}$. Esto es, si $\mathbf{A}$ es del orden ($m \times r$), entonces $\mathbf{B}$ es del orden ($r \times n$), donde m y n son arbitrarios.

Sea $\mathbf{D} = \mathbf{AB}$. Entonces $\mathbf{D}$ es del orden ($m \times n$), y sus elementos d_{ij} están dados por

$$d_{ij} = \sum_{k=1}^{r} a_{ik} b_{kj}, \qquad \text{para toda } i \text{ y } j.$$

Por ejemplo, si

$$\mathbf{A} = \begin{pmatrix} 1 & 3 \\ 2 & 4 \end{pmatrix} \qquad \text{y} \qquad \mathbf{B} = \begin{pmatrix} 5 & 7 & 9 \\ 6 & 8 & 0 \end{pmatrix}$$

entonces

$$\mathbf{D} = \begin{pmatrix} 1 & 3 \\ 2 & 4 \end{pmatrix} \begin{pmatrix} 5 & 7 & 9 \\ 6 & 8 & 0 \end{pmatrix} = \begin{pmatrix} (1 \times 5 + 3 \times 6) & (1 \times 7 + 3 \times 8) & (1 \times 9 + 3 \times 0) \\ (2 \times 5 + 4 \times 6) & (2 \times 7 + 4 \times 8) & (2 \times 9 + 4 \times 0) \end{pmatrix}$$

$$= \begin{pmatrix} 23 & 31 & 9 \\ 34 & 46 & 18 \end{pmatrix}$$

Note que en general, **AB** ≠ **BA**, aun si **BA** está definido.

La multiplicación matricial sigue estas propiedades generales:

$$\mathbf{I}_m \mathbf{A} = \mathbf{A} \mathbf{I}_n = \mathbf{A}, \quad \text{donde } \mathbf{I} \text{ es una matriz identidad}$$
$$(\mathbf{AB})\mathbf{C} = \mathbf{A}(\mathbf{BC})$$
$$\mathbf{C}(\mathbf{A} + \mathbf{B}) = \mathbf{CA} + \mathbf{CB}$$
$$(\mathbf{A} + \mathbf{B})\mathbf{C} = \mathbf{AC} + \mathbf{BC}$$
$$\alpha(\mathbf{AB}) = (\alpha\mathbf{A})\mathbf{B} = \mathbf{A}(\alpha\mathbf{B}), \quad \text{donde } \alpha \text{ es un escalar}$$

C. Multiplicación de matrices particionadas

Sea **A** una matriz ($m \times r$) y **B** una matriz ($r \times n$). Si **A** y **B** se particionan en submatrices.

$$\mathbf{A} = \begin{pmatrix} \mathbf{A}_{11} & \mathbf{A}_{12} & \mathbf{A}_{13} \\ \mathbf{A}_{21} & \mathbf{A}_{22} & \mathbf{A}_{23} \end{pmatrix} \quad \text{y} \quad \mathbf{B} = \begin{pmatrix} \mathbf{B}_{11} & \mathbf{B}_{12} \\ \mathbf{B}_{21} & \mathbf{B}_{22} \\ \mathbf{B}_{31} & \mathbf{B}_{32} \end{pmatrix}$$

de tal manera que el número de columnas de $\mathbf{A}_{ij}$ es igual al número de renglones de $\mathbf{B}_{ji}$ y tal que el número de columnas de $\mathbf{A}_{ij}$ y $\mathbf{A}_{i+1,j}$ son iguales, para todas i y j, entonces

$$\mathbf{A} \times \mathbf{B} = \begin{pmatrix} \mathbf{A}_{11}\mathbf{B}_{11} + \mathbf{A}_{12}\mathbf{B}_{21} + \mathbf{A}_{13}\mathbf{B}_{31} & \mathbf{A}_{11}\mathbf{B}_{12} + \mathbf{A}_{12}\mathbf{B}_{22} + \mathbf{A}_{13}\mathbf{B}_{32} \\ \mathbf{A}_{21}\mathbf{B}_{11} + \mathbf{A}_{22}\mathbf{B}_{21} + \mathbf{A}_{23}\mathbf{B}_{31} & \mathbf{A}_{21}\mathbf{B}_{12} + \mathbf{A}_{22}\mathbf{B}_{22} + \mathbf{A}_{23}\mathbf{B}_{32} \end{pmatrix}$$

Por ejemplo,

$$\begin{pmatrix} 1 & 2 & 3 \\ 1 & 0 & 5 \\ 2 & 5 & 6 \end{pmatrix} \begin{pmatrix} 4 \\ 1 \\ 8 \end{pmatrix} = \begin{pmatrix} (1)(4) + \begin{pmatrix} 2 & 3 \end{pmatrix} \begin{pmatrix} 1 \\ 8 \end{pmatrix} \\ \begin{pmatrix} 1 \\ 2 \end{pmatrix}(4) + \begin{pmatrix} 0 & 5 \\ 5 & 6 \end{pmatrix}\begin{pmatrix} 1 \\ 8 \end{pmatrix} \end{pmatrix} = \begin{pmatrix} 4 + 2 + 24 \\ \begin{pmatrix} 4 \\ 8 \end{pmatrix} + \begin{pmatrix} 40 \\ 53 \end{pmatrix} \end{pmatrix} = \begin{pmatrix} 40 \\ 44 \\ 61 \end{pmatrix}$$

La utilidad de las matrices particionadas se verá posteriormente al considerar la inversión de matrices.

A.2.4 DETERMINANTE DE UNA MATRIZ CUADRADA

Dada la matriz-n cuadrada

$$\mathbf{A} = \begin{pmatrix} a_{11} & a_{12} & \cdots & a_{1n} \\ a_{21} & a_{22} & \cdots & a_{2n} \\ \vdots & \vdots & & \vdots \\ a_{n1} & a_{n2} & \cdots & a_{nn} \end{pmatrix}$$

considere el producto

$$P_{j_1 j_2 \cdots j_n} = a_{1j_1} a_{2j_2} \cdots a_{nj_n}$$

cuyos elementos se eligen de tal manera que cada columna y cada renglón de **A** se representan exactamente una vez entre los subíndices de $P_{j_1 j_2 \cdots j_n}$. Después defina $\epsilon_{j_1 j_2 \cdots j_n}$ igual a $+1$ si $j_1 j_2 \cdots j_n$ es una permutación par, y -1 si $j_1 j_2 \cdots j_n$ es una permutación impar. Por consiguiente, el escalar

$$\sum_\rho \epsilon_{j_1 j_2 \cdots j_n} P_{j_1 j_2 \cdots j_n}$$

se llama *determinante* de **A** donde ρ representa la suma sobre todas las $n!$ permutaciones. La notación det **A** o $|\mathbf{A}|$ usualmente se utiliza para representar el determinante de **A**.

Para ilustrar, considere

$$\mathbf{A} = \begin{pmatrix} a_{11} & a_{12} & a_{13} \\ a_{21} & a_{22} & a_{23} \\ a_{31} & a_{32} & a_{33} \end{pmatrix}$$

Entonces

$$|\mathbf{A}| = a_{11}(a_{22}a_{33} - a_{23}a_{32}) - a_{12}(a_{21}a_{33} - a_{31}a_{23}) + a_{13}(a_{21}a_{32} - a_{22}a_{31})$$

Las propiedades principales de los determinantes pueden resumirse como sigue:

1. Si todo elemento de una columna o de un renglón es cero, entonces el valor del determinante es cero.
2. El valor del determinante no cambia si se intercambian sus renglones y columnas.
3. Si **B** se obtiene de **A** intercambiando dos de sus renglones (o columnas) entonces $|\mathbf{B}| = -|\mathbf{A}|$.
4. Si dos renglones (o columnas) de **A** son idénticos, entonces $|\mathbf{A}| = 0$.
5. El valor de $|\mathbf{A}|$ no cambia si un vector columna (renglón) de **A** se multiplica por un escalar α y se suma a otro vector columna (renglón) de **A**.
6. Si todo elemento de una columna (o un renglón) de un determinante se multiplica por un escalar α, el valor del determinante queda multiplicado por α.
7. Si **A** y **B** son dos matrices cuadradas de tamaño n, entonces

$$|\mathbf{AB}| = |\mathbf{A}||\mathbf{B}|$$

Definición del menor de un determinante

El menor M_{ij} del elemento a_{ij} en el determinante $|\mathbf{A}|$ se obtiene de la matriz **A** suprimiendo el i-ésimo renglón y la j-ésima columna de **A**. Por ejemplo, para

$$\mathbf{A} = \begin{pmatrix} a_{11} & a_{12} & a_{13} \\ a_{21} & a_{22} & a_{23} \\ a_{31} & a_{32} & a_{33} \end{pmatrix}$$

$$M_{11} = \begin{vmatrix} a_{22} & a_{23} \\ a_{32} & a_{33} \end{vmatrix}, \quad M_{22} = \begin{vmatrix} a_{11} & a_{13} \\ a_{31} & a_{33} \end{vmatrix}, \ldots$$

Definición de la matriz adjunta

$A_{ij} = (-1)^{i+j} M_{ij}$ se define como el **cofactor** del elemento a_{ij} de la matriz cuadrada **A**. Entonces, por definición, la matriz adjunta de **A** es

$$\text{adj } \mathbf{A} = \|A_{ij}\|^T = \begin{pmatrix} A_{11} & A_{21} & \cdots & A_{n1} \\ A_{12} & A_{22} & \cdots & A_{n2} \\ \vdots & \vdots & & \\ A_{1n} & A_{2n} & \cdots & A_{nn} \end{pmatrix}$$

Por ejemplo, si

$$\mathbf{A} = \begin{pmatrix} 1 & 2 & 3 \\ 2 & 3 & 2 \\ 3 & 3 & 4 \end{pmatrix}$$

entonces, $A_{11} = (-1)^2(3 \times 4 - 2 \times 3) = 6$, $A_{12} = (-1)^3(2 \times 4 - 2 \times 3) = -2, \ldots$, y así sucesivamente, o

$$\text{adj } \mathbf{A} = \begin{pmatrix} 6 & 1 & -5 \\ -2 & -5 & 4 \\ -3 & 3 & -1 \end{pmatrix}$$

A.2.5 MATRIZ NO SINGULAR

Una matriz es de rango r si el arreglo *cuadrado* más grande en la matriz con determinante diferente de cero es de orden r. Una matriz *cuadrada* cuyo determinante no se anula se conoce como matriz **de rango completo** o **no singular**. Por ejemplo,

$$\mathbf{A} = \begin{pmatrix} 1 & 2 & 3 \\ 2 & 3 & 4 \\ 3 & 5 & 7 \end{pmatrix}$$

es una matriz **singular** ya que

$$|\mathbf{A}| = 1(21 - 20) - 2(14 - 12) + 3(10 - 9) = 0$$

Pero **A** tiene un rango $r = 2$, ya que

$$\begin{pmatrix} 1 & 2 \\ 2 & 3 \end{pmatrix} = -1 \neq 0$$

A.2.6 INVERSA DE UNA MATRIZ

Si **B** y **C** son dos matrices n-cuadradas tales que $\mathbf{BC} = \mathbf{CB} = \mathbf{I}$, entonces **B** se llama la inversa de **C** y **C** es la inversa de **B**. La notación común para la inversa es escribir $\mathbf{B}^{-1}$ y $\mathbf{C}^{-1}$.

Teorema: *Si* $\mathbf{BC} = \mathbf{I}$ *y* **B** *es* **no singular**, *entonces* $\mathbf{C} = \mathbf{B}^{-1}$, *lo cual significa que la inversa es única.*

Demostración: Por hipótesis

$$\mathbf{BC} = \mathbf{I}$$

entonces

$$\mathbf{B}^{-1}\mathbf{BC} = \mathbf{B}^{-1}\mathbf{I}$$

o bien,

$$\mathbf{IC} = \mathbf{B}^{-1}$$

o bien,

$$\mathbf{C} = \mathbf{B}^{-1}$$

Pueden comprobarse dos resultados importantes para matrices no singulares.

1. Si **A** y **B** son matrices n-cuadradas no singulares, entonces $(\mathbf{AB})^{-1} = \mathbf{B}^{-1}\mathbf{A}^{-1}$.
2. Si **A** es no singular, entonces $\mathbf{AB} = \mathbf{AC}$ implica que $\mathbf{B} = \mathbf{C}$.

El concepto de inversión de matrices es útil para resolver n ecuaciones linealmente independientes. Considere

$$\begin{pmatrix} a_{11} & a_{12} & \cdots & a_{1n} \\ a_{21} & a_{22} & \cdots & a_{2n} \\ \vdots & \vdots & & \vdots \\ a_{n1} & a_{n2} & \cdots & a_{nn} \end{pmatrix} \begin{pmatrix} x_1 \\ x_2 \\ \vdots \\ x_n \end{pmatrix} = \begin{pmatrix} b_1 \\ b_2 \\ \vdots \\ b_n \end{pmatrix}$$

donde x_i representa las incógnitas y a_{ij} y b_i son constantes. Estas n ecuaciones pueden escribirse en la forma

$$\mathbf{AX} = \mathbf{b}$$

Ya que las ecuaciones son independientes, se deduce que **A** es no singular. Por consiguiente

$$A^{-1}AX = A^{-1}b \quad \text{o bien} \quad X = A^{-1}b$$

da la solución de las n incógnitas.

A.2.7 METODOS PARA CALCULAR LA INVERSA DE UNA MATRIZ

A. Método de la matriz adjunta

Dado que **A** es una matriz no singular de tamaño n,

$$A^{-1} = \frac{1}{|A|} \text{adj } A = \frac{1}{|A|} \begin{pmatrix} A_{11} & A_{21} & \cdots & A_{n1} \\ A_{12} & A_{22} & \cdots & A_{n2} \\ \vdots & \vdots & & \vdots \\ A_{1n} & A_{2n} & \cdots & A_{nn} \end{pmatrix}$$

Por ejemplo, para

$$A = \begin{pmatrix} 1 & 2 & 3 \\ 2 & 3 & 2 \\ 3 & 3 & 4 \end{pmatrix}$$

$$\text{adj } A = \begin{pmatrix} 6 & 1 & -5 \\ -2 & -5 & 4 \\ -3 & 3 & -1 \end{pmatrix} \quad y \quad |A| = -7$$

Por tanto,

$$A^{-1} = \frac{1}{-7} \begin{pmatrix} 6 & 1 & -5 \\ -2 & -5 & 4 \\ -3 & 2 & -1 \end{pmatrix} = \begin{pmatrix} -6/7 & -1/7 & 5/7 \\ 2/7 & 5/7 & -4/7 \\ 3/7 & -3/7 & 1/7 \end{pmatrix}$$

B. Métodos de operaciones renglón (Gauss-Jordan)

Considere la matriz particionada (**A** | **I**), donde **A** es no singular. Premultiplicando esta matriz por A^{-1}, se obtiene

$$(A^{-1}A \mid A^{-1}I) = (I \mid A^{-1})$$

Por consiguiente, aplicando una sucesión de transformaciones renglón solamente, la matriz **A** se cambia a **I** e **I** se cambia a A^{-1}.

Por ejemplo, considere el sistema de ecuaciones de la forma **AX = b**:

$$\begin{pmatrix} 1 & 2 & 3 \\ 2 & 3 & 2 \\ 3 & 3 & 4 \end{pmatrix} \begin{pmatrix} x_1 \\ x_2 \\ x_3 \end{pmatrix} = \begin{pmatrix} 3 \\ 4 \\ 5 \end{pmatrix}$$

La solución de **X** y la inversa de la matriz base puede obtenerse directamente considerando

$$\mathbf{A}^{-1}(\mathbf{A}\,|\,\mathbf{I}\,|\,\mathbf{b}) = (\mathbf{I}\,|\,\mathbf{A}^{-1}\,|\,\mathbf{A}^{-1}\mathbf{b})$$

Por consiguiente, aplicando una operación de transformación de renglones, se obtiene

$$\left(\begin{array}{ccc|ccc|c} 1 & 2 & 3 & 1 & 0 & 0 & 3 \\ 2 & 3 & 2 & 0 & 1 & 0 & 4 \\ 3 & 3 & 4 & 0 & 0 & 1 & 5 \end{array}\right)$$

Iteración 1:

$$\left(\begin{array}{ccc|ccc|c} 1 & 2 & 3 & 1 & 0 & 0 & 3 \\ 0 & -1 & -4 & -2 & 1 & 0 & -2 \\ 0 & -3 & -5 & -3 & 0 & 1 & -4 \end{array}\right)$$

Iteración 2:

$$\left(\begin{array}{ccc|ccc|c} 1 & 0 & -5 & -3 & 2 & 0 & -1 \\ 0 & 1 & 4 & 2 & -1 & 0 & 2 \\ 0 & 0 & 7 & 3 & -3 & 1 & 2 \end{array}\right)$$

Iteración 3:

$$\left(\begin{array}{ccc|ccc|c} 1 & 0 & 0 & -6/7 & -1/7 & 5/7 & 3/7 \\ 0 & 1 & 0 & 2/7 & 5/7 & -4/7 & 6/7 \\ 0 & 0 & 1 & 3/7 & -3/7 & 1/7 & 2/7 \end{array}\right)$$

Esto da $x_1 = 3/7$, $x_2 = 6/7$ y $x_3 = 2/7$. La inversa de **A** está dada por la matriz del lado derecho. Esta es igual a la inversa obtenida mediante el método de matriz adjunta.

C. Método de matrices particionadas

Sean las dos matrices no singulares **A** y **B** de tamaño n, particionadas como se muestra abajo, de manera que $\mathbf{A}_{11}$ es no singular.

924 Repaso de vectores y matrices [Ap.A

$$A = \begin{pmatrix} A_{11} & A_{12} \\ (p \times p) & (p \times q) \\ \hline A_{21} & A_{22} \\ (q \times p) & (q \times q) \end{pmatrix} \quad y \quad B = \begin{pmatrix} B_{11} & B_{12} \\ (p \times p) & (p \times q) \\ \hline B_{21} & B_{22} \\ (q \times p) & (q \times q) \end{pmatrix}$$

Si B es la inversa de A, de $AB = I_n$

$$A_{11}B_{11} + A_{12}B_{21} = I_p$$
$$A_{11}B_{12} + A_{12}B_{22} = 0$$

También, de $BA = I_n$,

$$B_{21}A_{11} + B_{22}A_{21} = 0$$
$$B_{21}A_{12} + B_{22}A_{22} = I_q$$

Ya que A_{11} es no singular, esto es, $|A_{11}| \neq 0$, despejando para B_{11}, B_{12}, B_{21} y B_{22}, se obtiene

$$B_{11} = A_{11}^{-1} + (A_{11}^{-1}A_{12})D^{-1}(A_{21}A_{11}^{-1})$$
$$B_{12} = -(A_{11}^{-1}A_{12})D^{-1}$$
$$B_{21} = -D^{-1}(A_{21}A_{11}^{-1})$$
$$B_{22} = D^{-1}$$

donde

$$D = A_{22} - A_{21}(A_{11}^{-1}A_{12})$$

Para ilustrar el uso de estas fórmulas, considere el mismo ejemplo dado anteriormente,

$$A = \begin{pmatrix} 1 & 2 & 3 \\ 2 & 3 & 2 \\ 3 & 3 & 4 \end{pmatrix}$$

donde

$$A_{11} = (1), \quad A_{12} = (2, 3), \quad A_{21} = \begin{pmatrix} 2 \\ 3 \end{pmatrix}, \quad y \quad A_{22} = \begin{pmatrix} 3 & 2 \\ 3 & 4 \end{pmatrix}$$

Es obvio que $A_{11}^{-1} = 1$ y

$$D = \begin{pmatrix} 3 & 2 \\ 3 & 4 \end{pmatrix} - \begin{pmatrix} 2 \\ 3 \end{pmatrix}(1)(2, 3) = \begin{pmatrix} -1 & -4 \\ -3 & -5 \end{pmatrix}$$

$$D^{-1} = -1/7 \begin{pmatrix} -5 & 4 \\ 3 & -1 \end{pmatrix} = \begin{pmatrix} 5/7 & -4/7 \\ -3/7 & 1/7 \end{pmatrix}$$

Por consiguiente,

$$\mathbf{B}_{11} = (-6/7) \quad y \quad \mathbf{B}_{12} = (-1/7 \quad 5/7)$$

$$\mathbf{B}_{21} = \begin{pmatrix} 2/7 \\ 3/7 \end{pmatrix} \quad y \quad \mathbf{B}_{22} = \begin{pmatrix} 5/7 & -4/7 \\ -3/7 & 1/7 \end{pmatrix}$$

la cual da directamente $\mathbf{B} = \mathbf{A}^{-1}$.

A.3 FORMAS CUADRATICAS

Dada

$$\mathbf{X} = (x_1, x_2, \ldots, x_n)^T$$

y

$$\mathbf{A} = \begin{pmatrix} a_{11} & a_{12} & \cdots & a_{1n} \\ a_{21} & a_{22} & \cdots & a_{2n} \\ \vdots & \vdots & & \vdots \\ a_{n1} & a_{n2} & \cdots & a_{nn} \end{pmatrix}$$

la función

$$Q(\mathbf{X}) = \mathbf{X}^T \mathbf{A} \mathbf{X} = \sum_{i=1}^{n} \sum_{j=1}^{n} a_{ij} x_i x_j$$

se conoce como *forma cuadrática*. La matriz $\mathbf{A}$ siempre puede suponerse simétrica ya que cada elemento de todo par de coeficientes a_{ij} y a_{ji} ($i \neq j$) puede reemplazarse por $(a_{ij} + a_{ji})/2$ sin cambiar el valor de $Q(\mathbf{X})$. Esta hipótesis tiene varias ventajas y entonces se toma como una restricción.

Para ilustrar, la forma cuadrática

$$Q(\mathbf{X}) = (x_1, x_2, x_3) \begin{pmatrix} 1 & 0 & 1 \\ 2 & 7 & 6 \\ 3 & 0 & 2 \end{pmatrix} \begin{pmatrix} x_1 \\ x_2 \\ x_3 \end{pmatrix}$$

es la misma que

$$Q(\mathbf{X}) = (x_1, x_2, x_3) \begin{pmatrix} 1 & 1 & 2 \\ 1 & 7 & 3 \\ 2 & 3 & 2 \end{pmatrix} \begin{pmatrix} x_1 \\ x_2 \\ x_3 \end{pmatrix}$$

Note que **A** es simétrica en el segundo caso.

La forma cuadrática anterior se dice que es

1. *Positiva definida* si $Q(\mathbf{X}) > 0$ para cada $\mathbf{X} \neq \mathbf{0}$.
2. *Positiva semidefinida* si $Q(\mathbf{X}) \geq 0$ para cada $\mathbf{X}$ y existe $\mathbf{X} \neq \mathbf{0}$ tal que $Q(\mathbf{X}) = \mathbf{0}$.
3. *Negativa definida* si $-Q(\mathbf{X})$ es positiva definida.
4. *Negativa-semidefinida* si $-Q(\mathbf{X})$ es positiva-semidefinida.
5. *Indefinida,* si no es ninguno de los casos anteriores.

Puede demostrarse que las condiciones necesarias y suficientes para la realización de los casos anteriores son

1. $Q(\mathbf{X})$ es positiva definida (semidefinida) si los valores de los menores principales del determinante de **A** son positivos (no negativos).† En este caso se dice que **A** es positiva definida (semidefinida).
2. $Q(\mathbf{X})$ es negativa definida si el valor del k-ésimo determinante menor principal de **A** tiene el signo de $(-1)^k$, $k = 1, 2, \ldots, n$. En este caso, **A** se conoce como negativa definida.
3. $Q(\mathbf{X})$ es negativa semidefinida si el k-ésimo determinante menor principal de **A** es cero o tiene el signo de $(-1)^k$, $k = 1, 2, \ldots, n$.

A.4 FUNCIONES CONVEXAS Y CÓNCAVAS

Se dice que una función $f(\mathbf{X})$ es estrictamente convexa si, para cualesquiera dos puntos distintos $\mathbf{X}_1$ y $\mathbf{X}_2$,

$$f(\lambda \mathbf{X}_1 + (1 - \lambda)\mathbf{X}_2) < \lambda f(\mathbf{X}_1) + (1 - \lambda)f(\mathbf{X}_2)$$

donde $0 < \lambda < 1$. Por otra parte, una función $f(\mathbf{X})$ es estrictamente cóncava si $-f(\mathbf{X})$ es estrictamente convexa.

Un caso especial muy importante de la funcióm convexa (cóncava) es la forma cuadrática (véase la sección A.3)

$$f(\mathbf{X}) = \mathbf{CX} + \mathbf{X}^T \mathbf{A} \mathbf{X}$$

donde **C** es un vector constante y **A** es una matriz simétrica. Se puede probar que $f(\mathbf{X})$ es estrictamente convexa si **A** es positiva definida. De igual manera, $f(\mathbf{X})$ es estrictamente cóncava si **A** es negativa definida.

---

†El k-ésimo *menor principal* de $\mathbf{A}_{n \times n}$ está definido por

$$\begin{vmatrix} a_{11} & a_{12} & \cdots & a_{1k} \\ a_{21} & a_{11} & \cdots & a_{2k} \\ \vdots & \vdots & & \vdots \\ a_{k1} & a_{k2} & & a_{kk} \end{vmatrix}, \quad k = 1, 2, \ldots, n$$

BIBLIOGRAFIA

Hadley, G., *Matrix Algebra*, Addison-Wesley, Reading, Mass., 1961.
Hohn, F., *Elementary Matrix Algebra*, 2a. ed., MacMillan, Nueva York, 1964.

PROBLEMAS

☐ **A–1** Demuestre que los vectores siguientes son linealmente dependientes.

(a) $\begin{pmatrix} 1 \\ -2 \\ 3 \end{pmatrix}$ $\begin{pmatrix} -2 \\ 4 \\ -2 \end{pmatrix}$ $\begin{pmatrix} 1 \\ -2 \\ -1 \end{pmatrix}$

(b) $\begin{pmatrix} 2 \\ -3 \\ 4 \\ 5 \end{pmatrix}$ $\begin{pmatrix} 4 \\ -6 \\ 8 \\ 10 \end{pmatrix}$

☐ **A–2** Dada

$$\mathbf{A} = \begin{pmatrix} 1 & 4 & 9 \\ 2 & 5 & -8 \\ 3 & 7 & 2 \end{pmatrix} \quad \text{y} \quad \mathbf{B} = \begin{pmatrix} 7 & -1 & 2 \\ 9 & 4 & 8 \\ 3 & 6 & 10 \end{pmatrix}$$

encuentre

(a) $\mathbf{A} + 7\mathbf{B}$
(b) $2\mathbf{A} - 3\mathbf{B}$
(c) $(\mathbf{A} + 7\mathbf{B})^T$

☐ **A–3** En el problema A–2 demuestre que $\mathbf{AB} \neq \mathbf{BA}$.

☐ **A–4** Dadas las matrices particionadas

$$\mathbf{A} = \left(\begin{array}{c|cc} 1 & 5 & 7 \\ 2 & -6 & 9 \\ \hline 3 & 7 & 2 \\ 4 & 9 & 1 \end{array}\right) \quad \text{y} \quad \mathbf{B} = \left(\begin{array}{c|ccc} 2 & 3 & -4 & 5 \\ \hline 1 & 2 & 6 & 7 \\ 3 & 1 & 0 & 9 \end{array}\right)$$

encuentre $\mathbf{AB}$ usando particiones.

☐ **A–5** En el problema A–2 encuentre $\mathbf{A}^{-1}$ y $\mathbf{B}^{-1}$ utilizando:
  (a) El método de la matriz adjunta.
  (b) El método de operaciones renglón.
  (c) El método de matrices particionadas.

☐ **A–6** Verifique las fórmulas dadas en la sección A.2.7C para obtener la inversa de una matriz particionada.

☐ **A–7** Encuentre la inversa de

$$A = \begin{pmatrix} 1 & G \\ H & B \end{pmatrix}$$

donde **B** es una matriz no singular.

☐ **A–8** Demuestre que la forma cuadrática

$$Q(x_1, x_2) = 6x_1 + 3x_2 - 4x_1x_2 - 2x_1^2 - 3x_2^2 - 27/4$$

es negativa definida.

☐ **A–9** Demuestre que la forma cuadrática

$$Q(x_1, x_2, x_3) = 2x_1^2 + 2x_2^2 + 3x_3^2 + 2x_1x_2 + 2x_2x_3$$

es positiva definida.

☐ **A–10** Demuestre que la función $f(x) = e^x$ es estrictamente convexa sobre todos los valores reales de x.

☐ **A–11** Demuestre que la función cuadrática

$$f(x_1, x_2, x_3) = 5x_1^2 + 5x_2^2 + 4x_3^2 + 4x_1x_2 + 2x_2x_3$$

es estrictamente convexa.

☐ **A–12** Demuestre en el problema A–11, que $-f(x_1, x_2, x_3)$ es estrictamente cóncava.

Apéndice B

Instalación y ejecución de TORA y SIMNET II

En este apéndice se estipulan las instrucciones para la instalación y ejecución de TORA y SIMNET II. Ambos programas corren en IBM PC/XT/AT y compatibles. Se necesita un disco duro y el MS-DOS 3.2 o alguna versión posterior; para SIMNET II se recomienda contar con un coprocesador matemático. TORA y SIMNET II operan con una memoria de 512K RAM.

B.1 PROGRAMA TORA

El software TORA resuelve temas de programación lineal y entera, transporte, redes, PERT-CPM, histogramas y pronósticos, inventarios y líneas de espera (l. de e.). Este se puede usar en un modo tutorial guiado por el usuario o de resolución. El programa se emplea a base de menús, por lo que no es necesario un manual para el usuario. El sistema tiene un editor ''a la medida'' cuyas funciones aparecen en la parte superior de la pantalla. TORA se utiliza con el libro y tiene su mismo formato y notación. Para instalar TORA, cree un directorio y copie TORA.EXE del disquete TORA. La ejecución se inicia tecleando TORA y apretando RETURN.

En este programa las páginas que aparecen en los ejemplos corresponden a la edición en inglés, a continuación se dan las correspondientes a la edición en español.

Nombre en el menú principal	Archivo:	Página ed. en inglés	Página ed. en español
Linear programming	LP.OR	18	21
Transportation model	TRNS.OR	202	238
Network models	MINSPAN.OR	270	318
	SHORT.OR	279	327
	MAXFLO.OR	284	334
Integer programming	IP.OR	309	362
PERT-CPM	PERT.OR	463	542
	CPM.OR	454	531
Queueing analysis	QU1.OR	551	645
(Standard Poisson,	QU2.OR	562	657
Pollaczec-Khitchine)	QU3.OR	566	662
	QU4.OR	575	672
Histogramming/forecasting	HISTO.OR	385	448
Inventory			

B.2 PROGRAMA SIMNET II

El entorno de edición/ejecución llamado SIMEDIT, puede ser usado con SIMNET II. Este entorno queda instalado al copiar el programa SIMNET II en el directorio creado en el disco duro, como se indica en el archivo README.DOC. El directorio debe incluir los siguientes archivos: $link.exe, cca.exe, inp.exe, readme.doc, sample.dat, simedit.bat, simnet.bat, ss0.exe y t8.exe.

Se pueden ejecutar modelos en SIMNET II sin el entorno de SIMEDIT, tecleando el nombre del archivo de SIMNET y pulsando ENTER. En este caso, el nombre del archivo debe ser un archivo ASCII de SIMNET II que represente el modelo que se desea ejecutar. También se puede incluir una vía de acceso como parte del nombre del archivo.

El entorno de SIMEDIT se ejecuta de la siguiente manera:

1. Teclee SIMEDIT y presione ENTER.
2. Pulse ALT-F para activar el menú de archivo, y presione:

   F2 para cargar un archivo anterior (la misma función se puede realizar tecleando SIMEDIT seguido por el nombre del archivo)
   F3 para grabar la versión actual de edición del archivo
   F4 para editar un nuevo archivo
   F5 para renombrar el archivo editado
   F6 para introducir el shell del DOS
   ALT-X para salir de SIMEDIT.

3. Al pulsar (ALT-F) + F2 (cargar un archivo anterior), o teclear SIMEDIT seguido el nombre de un archivo, se mostrará un directorio específico. El nombre de cualquiera de los archivos mostrados, puede ser seleccionado para ser introducido al editor.
4. Para editar un archivo, use los comandos del editor. F1 activa la ayuda del editor; ALT-P puede ser usado para imprimir un bloque seleccionado del archivo (la selección se realiza con ALT-L). Si no se tiene un bloque seleccionado y se pulsa ALT-P, se imprimirá el archivo completo.
5. Después de terminar la sesión de edición, el archivo debe ser grabado.
6. Para ejecutar un archivo de SIMNET II, tiene dos opciones:

   a) si presiona ALT-R, se activará un menú desde el cual puede iniciar la ejecución
   b) si pulsa CTRL-F9 desde la pantalla de edición, la ejecución iniciará inmediatamente.

7. Después de terminada la ejecución, SIMEDIT mostrará automáticamente la salida de SIMNET II. Si desea reeditar el archivo de entrada, simplemente presione ALT-E.
8. En cualquier momento puede presionar F6 para introducir el shell del DOS. Para regresar al SIMEDIT desde el DOS, teclee EXIT y pulse ENTER.
9. Cualquier menú puede ser desactivado pulsando ESC.
10. SIMEDIT proporciona una ayuda completa de SIMNET II, la cual puede ser activada pulsando CTRL-F1.

Respuestas a problemas seleccionados

Capítulo 2
- **2-3** Produzca 8 mesas y 32 sillas; $z = \$2\,680$.
- **2-4** Combine 52.94 lb de maíz y 37.06 lb de harina de soya; $z = \$32.82$.
- **2-5** Préstamos para automóviles = \$13 333 y préstamos personales = \$6 667; $z = 2\,457.33$.
- **2-6** Asigne 12 000 lb de tomate para jugo y 48 000 lb para puré; $z = \$6\,300$.
- **2-7** Produzca aproximadamente 36 unidades de HiFi-1 y 46 unidades de HiFi-2. (Los valores exactos son 36.48 y 46.08).
- **2-8** Produzca 60 unidades del modelo 1 y 25 del modelo 2; $z = \$2\,300$.
- **2-9** Produzca 54.55 unidades del producto 1 y 10.9 unidades del 2; $z = \$141.8$.
- **2-10** Utilice 18.2 minutos en radio y 9.1 minutos en televisión; $z = 245.7$.
- **2-11** Optimos alternativos en $(x_A, x_B) = (21.4, 14.3)$ o $(50, 0)$ o cualquier punto en el segmento de recta que une los dos puntos; $z = \$1\,000$.
- **2-12** Produzca 150 sombreros del tipo 1 y 200 del tipo 2; $z = \$2\,200$.
- **2-13** El sistema se reduce a $4x_1 + 3x_2 \leq 12, -x_1 + x_2 \geq 1, x_1 \geq 0$.
- **2-14** $x_1 + x_2 \leq 5, x_1 - 2x_2 \leq 2, x_1 \geq 1, -x_1 + x_2 \leq 1, x_2 \geq 0$.
- **2-16** $(x_1, x_2) = (-10, -6); z = -86$.
- **2-18** $(x_1, x_2) = (5, 5); z = 35$.
- **2-19** $x_1 = 5$: $\{(5, 0), (5, 5)\}$; óptimo en $(5, 5)$ con $z = 35$. $x_1 \leq 5$: $\{(0, 0), (5, 0), (5, 5), (0, 10)\}$; óptimo en $(5, 5)$ con $z = 35$. $x_1 \geq 5$: $\{(5, 0), (5, 5), (10, 0)\}$; óptimo en $(10, 0)$ con $z = 50$.
- **2-20** (a) Mínimo en $(1, 0); z = 2$. (b) Máximo en $(2, 3); z = 6$. (e) Mínimo en $(1, 0)$ o $(1, 2); z = 1$. (f) Máximo en $(4, 1); z = 4$.
- **2-21** (a) Precio dual = 83.75, intervalo = $(0, \infty)$. (b) Precio dual = -8.125, intervalo = $(-64, 64)$. (c) $-4 \leq C_1/C_2 \leq 4$ y utilice $d_1 = C_1 - 135$ y $d_2 = C_2 - 50$.
- **2-22** Restricción 1: precio dual = 0.3674, intervalo = $(0, \infty)$. Restricción 2: precio dual = 0, intervalo = $(0, 772.94)$. Restricción 3: precio dual = 0, intervalo = $(-270, 47.65)$. Restricción 4: precio dual = -0.0078, intervalo = $(-405, 1\,890)$.
- **2-23** Precio dual = \$0.12286, intervalo = $(0, \infty)$.
- **2-24** (a) Máquina 1: precio dual = 0, intervalo = $(403.2, 495.36)$. Máquina 2: precio dual = 3, intervalo = $(360, 427.2)$. Máquina 3: precio dual = 0, intervalo = $(393.6, 495.36)$.
- **2-25** (a) Restricción de componente: precio dual = 2.5, intervalo = $(600, 1200)$. (b) $1.25 \leq C_1/C_2 < \infty$. (c) Línea 1: precio dual = 5, intervalo = $(20, 80)$. Línea 2: precio dual = 0, intervalo = $(25, \infty)$.

Respuestas a problemas seleccionados

2-26 (a) Máquina 1: precio dual = 0.05458, intervalo = (514.27, 750). Máquina 2: precio dual = 0, intervalo = (545.456, ∞). Máquina 3: precio dual = 0.1818, intervalo = (480, 635.284). (b) $8/5 \le C_1 \le 30/5$, $1 \le C_2 \le 15/4$.

2-27 (a) Restricción de presupuesto: precio dual = 0.2455, intervalo = (0, ∞). Restricción límite: precio dual = −0.2273, intervalo = (−20, 200). (b) No incremente los anuncios por radio. (c) Relación de ventas de radio a TV > 1.25/25.

2-28 Maximizar $z = 30x_1 + 30x_2 + 10x_3 + 15x_4$ sujeto a $2x_1 + 3x_2 + 4x_3 + 2x_4 \le 500$, $3x_1 + 2x_2 + x_3 + 2x_4 \le 380$, $x_1, x_2, x_3, x_4 \ge 0$.

2-29 Maximizar $z = 30x_1 + 20x_2 + 50x_3$ sujeto a $2x_1 + 3x_2 + 5x_3 \le 4\,000$, $4x_1 + 2x_2 + 7x_3 \le 6\,000$, $x_1 + x_2/2 + x_3/3 \le 1\,500$, $x_1/3 = x_2/2 = x_3/5$, $x_1 \ge 200$, $x_2 \ge 200$, $x_3 \ge 150$.

2-32 Sea x_{ij} = cantidad invertida en el año i en la planta j; $j = A, B$. Maximizar $z = 3x_{2A} + 1.7x_{3A}$ sujeto a $x_{1A} + x_{1B} \le 100\,000$, $-1.7x_{1A} + x_{2A} + x_{2B} \le 0$, $-3x_{1B} - 1.7x_{2A} + x_{3A} \le 0$, toda $x_{ij} \ge 0$.

2-36 Maximizar $z = y$ sujeto a $-3x_1 + 4x_2 - 7x_3 + 15x_4 \ge y$, $5x_1 - 3x_2 + 9x_3 + 4x_4 \ge y$, $3x_1 - 9x_2 + 10x_3 - 8x_4 \ge y$, $x_1 + x_2 + x_3 + x_4 \le 500$.

2-38 Maximizar $z = 6x_1 + 4x_2 - 5(y_1'' + y_2'')$ sujeto a $x_1/5 + x_2/6 + y_1' - y_1'' = 8$, $x_1/4 + x_2/8 + y_2' - y_2'' = 8$, $y_1'' \le 4$, $y_2'' \le 4$, todas las variables ≥ 0.

Capítulo 3

3-1 (b) Puntos extremos factibles: (0, 0), (2, 0), (6/7, 12/7), (0, 2). (c) z correspondiente: 0, 4, 48/7, 6. Optima: (6/7, 12/7), $z = 48/7$.

3-2 (a) z correspondiente: 0, 12, 48/7, 2. Optima: (2, 0), $z = 12$. (b) z correspondiente: 0, 4, 108/7, 16. Optima: (0, 2), $z = 16$.

3-5 (a) 15. (b) (8, 0, 3, 0, 0, 0); (0, 0, 0, 0, 2, 1); (2, 0, 0, 0, 0, 3); (0, 1/2, 0, 0, 0, 0), (0, 0, 1/3, 0, 8/3, 0); (0, 0, 0, 1/4, 0/0). (c) Optimo: (8, 0, 3, 0, 0, 0) $z = 31$.

3-6 Seis bases posibles. Puntos extremos factibles: (4, 0, 0, 0), (0, 2, 0, 0). Optima alternativa en cualquier punto extremo con $z = 4$.

3-7 (a) Seis bases posibles. Puntos extremos factibles: (4, 1, 0, 0), (9/2, 0, 3/2, 0), (6, 0, 0, 3). (b) Optima: (6, 0, 0, 3), $z = 6$.

3-8 (a) (1) Sí. (2) No. (3) No. (4) No. (b) (1) Sí. (2) Sí. (3) No, C e I no son adyacentes. (7) No, las iteraciones no pueden regresar a un punto extremo anterior.

3-9 A: básicas (s_1, s_2, s_3, s_4); no básicas (x_1, x_2, x_3). E: básicas (x_1, x_2, s_3, s_4); no básicas (s_1, s_2, x_3).

3-10 (a) $A \to B$: x_1 entra, s_2 sale. (b) $E \to I$: x_3 entra, s_4 sale.

3-11 (a) x_3 entra, mejora = 3. (b) x_1 entra, mejora = 5.

3-12 (a) $E = (5/2, 2)$, $z = 39/2$. (b) x_2 entra; $A \to G \to F \to E$. (c) Razones = (2, 3, 5); x_1 entra en el valor 2. (d) Razones = (1, 2, 4); x_2 entra en el valor 1. (e) Las mejoras son 8 cuando x_1 entra y 2 cuando x_2 entra.

3-13
Variable que entra	x_1	x_2	x_3	x_4		
Su valor	3/2	1	0	0		
Variable que sale	x_7	x_7	x_8	x_8		

3-14
Variable que entra	x_2	x_4	x_5	x_6	x_7
Su valor	3	2	0	∞	2
Cambio en z	+15	−8	0	+∞	0
Variable que sale	x_3	x_3	x_1	ninguna	x_2

3-15 (a) (1.625, −1.114, 2.42). (b) (−3/4, 37/4, −17/4).

Respuestas a problemas seleccionados **933**

3-16 (a) Tres iteraciones: (0, 1.71, 0, 4.86); $z = 26$. (b) Cuatro iteraciones: (0, 2.2, 10.2, 0); $z = 43.8$.; (c) Cuatro iteraciones: (0, 2.2, 10.2, 0); $z = 28.4$. (d) Dos iteraciones: (0, 3.33, 0, 0); $z = -13.33$. (e) Dos iteraciones: (0, 0, 8, 0); $z = -16$.
3-17 $x_1 = 90$, todos los demás $= 0$, $z = 450$.
3-18 (a) Cuatro iteraciones. (b) Tres iteraciones. (c) La experiencia en el cálculo demuestra que el criterio del inciso (a) es más eficiente en general. (d) El número de iteraciones es el mismo. Los renglones z figuran con signos opuestos.
3-19 Tres iteraciones: (0, 0, 3/2, 0, 8, 0); $z = 3$.
3-20 $32/5 \leq$ máx $z \leq 21$.
3-21 (a) $z - (5 - 2M)x_1 - (6 + 3M)x_2 = -3M$. (b) $z - (2 + 6M)x_1 - (-7 + 16M)x_2 + Ms_2 + Ms_5 = -18M$. (c) $z - (3 - 4M)x_1 - (6 - 8M)x_2 - Ms_5 = 5M$.
3-22 (a) Tres iteraciones: (45/7, 4/7, 0); $z = 102/7$.
3-23 Dos iteraciones: (2, 0, 1); $z = 5$.
3-24 Tres iteraciones: (0, 2, 2, 0); $z = 16$.
3-25 Tres iteraciones: (0, 7/4, 0, 33/4); $z = 7/2$.
3-26 (a) Minimizar R_1. (c) Minimizar R_5.
3-28 (a) Dos iteraciones: ($x_1 = 0$, $x_2 = 5$); $z = 15$. (b) Tres iteraciones: ($x_1 = 2$, $x_2 = 0$); $z = 10$.
3-31 (a) Ninguna solución factible. (b) ($x_1 = 3$, $x_2 = 1$), $z = 0$, (c) No acotada.
3-32 (a) $A \to B \to C \to D$. (b) A, B, D: una iteración; C: $C_2^4 = 6$ iteraciones.
3-34 Los cuatro óptimos básicos alternativos son (0, 0, 10/3, 0, 5, 1); (0, 5, 0, 0, 0, 1); (1, 4, 1/3, 0, 0, 0); (1, 0, 3, 0, 4, 0).
3-37 El espacio de soluciones es no acotado en la dirección de x_2 y el óptimo z tampoco está acotado debido a x_2.
3-39 (a) Escaso, escaso, abundante. (b) $y_1 = 5/8$, $y_2 = 1/8$, $y_3 = 0$. (c) Recurso 1. (d) $-4 \leq D_1 \leq 12$. (e) $-1 \leq D_2 \leq 2$. (f) $6 \leq z \leq 16$, $67/8 \leq z \leq 70/8$. (g) $-1/3 \leq d_1 \leq 5$. (h) $-5/4 \leq d_2 \leq 1/4$.
3-40 (a) Escaso, abundante. (b) $-5 \leq D_1 \leq 3$, $-3/2 \leq D_2 < \infty$. (c) $0 \leq z \leq 16$, $z = 10$. (d) $d_1 \leq 0$. (e) $-4 \leq d_2 < \infty$.
3-41 (a) (1) $D_1 = 70$: $x_6 = -120$, infactible. (2) $D_1 = -30$: (0, 85, 230), $z = 1320$. (3) $D_2 = -10$: (0, 102.5, 225), $z = 1330$. (4) $D_3 = 20$: (0, 100, 230), $z = 1350$. (5) $D_3 = -40$: $x_6 = -20$, infactible. (b) (1) $d_1 = -1$: la solución permanece óptima. (2) $d_1 = 6$: entra x_1. (3) $d_2 = 3$: la solución permanece óptima. (4) $d_3 = -4$: entra x_1.
3-42 $x_1 = 7/8$, $x_2 = 7/2$, $z = 77/8$.
3-43 $-5 \leq D_1 \leq 3 + 2D_2$.
3-46 $\sum_{j=1}^{n} a_{ij} x_j \leq b_i$ y $\sum_{j=1}^{n} a_{ij} x_j \geq -b_i$.
3-47 Minimizar $z = v$ sujeta a $\sum_{j=1}^{n} c_{ij} x_j \leq v$, $\sum_{j=1}^{n} c_{ij} x_j \geq -v$, para toda i, $v \geq 0$.

Capítulo 4

4-1 (a) $\mathbf{A} = \begin{pmatrix} 3 & 2 & 0 \\ 4 & -2 & -1 \end{pmatrix}$, $\mathbf{b} = \begin{pmatrix} 5 \\ 2 \end{pmatrix}$, $c = (2, 5, 0, 0, 0, M)$.
4-3 Base: B_1 y B_2, no base: B_3 y B_4.
4-4 det $B_1 = -1$, det $B_2 = -3$, det $B_3 =$ det $B_4 = 0$.
4-5 (a) Solución única con $x_1 > 0$ y $x_2 < 0$. (b) Solución única con x_1 y $x_2 > 0$. (c) Solución única con $x_1 < 0$ y $x_2 = 0$. (d) Número infinito de soluciones. (e) No hay solución. (f) No hay solución.
4-6 (a) det $= -4$, base. (b) det $= -8$, base. (c) det $= 0$, no base.

934 Respuestas a problemas seleccionados

4-7 (a) P_1 sale. (b) Sí, P_2 y P_4 forman una base factible.

4-8 Cinco soluciones básicas factibles correspondientes a las bases (P_1, P_2), (P_1, P_4), (P_2, P_3), (P_2, P_4) y (P_3, P_4), pero un total de tres puntos extremos factibles: $(0, 2, 0, 0)$, $(3, 0, 0, 1)$ y $(0, 0, 6, 4)$.

4-9

Punto extremo	Variables básicas
(4, 0, 0, 0, 0)	$(x_1, x_3), (x_1, x_4), (x_1, x_5)$
(0, 2, 0, 0, 0)	$(x_2, x_3), (x_2, x_4), (x_2, x_5)$
(0, 0, 12/5, 0, 14/5)	(x_3, x_5)
(0, 0, 0, 12, 4)	(x_4, x_5)

4-11 (a)

Básica	x_1	x_2	x_3	x_4	x_5	x_6	Solución
x_4	$-1/2$	2	0	1	$-1/2$	0	0
x_3	3/2	0	1	0	1/2	0	30
x_6	1	4	0	0	0	1	20

4-13 (a) $(x_2, x_4) = (3, 15)$; factible. (d) $(x_1, x_4) = (21/2, -105/2)$; infactible.

4-14 (a)

Básica	x_1	x_2	x_3	x_4	x_5	Solución
z	0	0	$-2/5$	$-1/5$	0	12/5
x_1	1	0	$-3/5$	1/5	0	3/5
x_2	0	1	4/5	$-3/5$	0	6/5
x_5	0	0	-1	1	1	0

(b) La solución es óptima y factible.

4-15 (a) No es óptima porque los coeficientes z de x_1 y x_2 son $-7/3$ y $-40/3$.

4-16 Determine el valor objetivo a partir del primal y el dual. $z = w = 34$.

4-17 $\mathbf{A}^{-1} = 1/26 \begin{pmatrix} -9 & -1 & 11 \\ 8 & -2 & -4 \\ 4 & 12 & -2 \end{pmatrix}$

4-23 (a) Número de puntos extremos = número de soluciones básicas. (b) Número de puntos extremos < número de soluciones básicas.

4-24 Nueva $x_j = (1/\beta)$ anterior x_j.

4-25 Nueva $x_j = (\gamma/\beta)$ anterior x_j.

4-27 Nueva $(z_j - c_j) = (1/\beta)$ anterior $(z_j - c_j)$, que no hará que x_j sea redituable. Haciendo $z_j < c_j$, x_j se vuelve provechosa.

4-29 Tres iteraciones: $(x_1, x_2, x_3) = (4, 6, 0)$ y $z = 12$.

4-30 Tres iteraciones: $(x_1, x_2, x_3) = (3/2, 2, 0)$ y $z = 5$.

4-31 Tres iteraciones: $(x_1, x_2) = (3/5, 6/5)$ y $z = 12/5$.

4-32 (a) Dos iteraciones: $(x_1, x_2) = (0, 5)$ y $z = 15$. (b) Tres iteraciones: $(x_1, x_2) = (2, 0)$ y $z = 10$.

4-33 (a) Fase I: tres iteraciones con (x_1, x_2, x_4) como la solución factible básica. Fase II: dos iteraciones con el óptimo $(x_1, x_2) = (2/5, 9/5)$ y $z = 17/5$.

Respuestas a problemas seleccionados **935**

Capítulo 5

5-1 (a) Minimizar $w = 2y_1 + 5y_2$ sujeto a $y_1 + 2y_2 \geq -5$, $-y_1 + 3y_2 \geq 2$, $-y_1 \geq 0$, $y_2 \geq 0$. (b) Maximizar $w = 2y_1 + 5y_2$ sujeto a $6y_1 + 3y_2 \leq 6$, $-3y_1 + 4y_2 \leq 3$, $y_1 + y_2 \leq 0$, $y_1 \geq 0$, $y_2 \geq 0$. (e) Minimizar $w = 5y_1 + 6y_2$ sujeto a $2y_1 + 3y_2 = 1$, $y_1 - y_2 = 1$, y_1, y_2 irrestricta.

5-9 (a) Soluciones factibles pero no óptimas. (b) Soluciones infactibles. (c) Soluciones factibles y óptimas.

5-10 (a)

x_1	x_2	x_3	y_1	y_2	z	w
5	0	0	1	0	15	10
6	1	0	3	1	Dual infactible	
8	2	1	2	2	Dual infactible	
2	1	3	7/6	2/3	Primal infactible	

(b) Ambas soluciones son factibles, $z = w = 40/3$, por lo tanto, óptima.

5-11 (b) $\mathbf{Y} - C_{II} = (5 + M, 0)$, por lo tanto, $\mathbf{Y} = (5, 0)$. (c) $\mathbf{Y} = \mathbf{C_B B}^{-1}$ da el mismo resultado.

5-13 (b) $z_1 - c_1 = 2$, $z_4 - c_4 = 3$, por lo tanto, óptima. (c) $z_3 - c_3 = y_1 - 4 = 0$, por lo tanto, $y_1 = 4$, $y_2 = 0$.

5-14 $z = 34$ calculada de cualquiera de las funciones objetivo primal o dual.

5-15 z óptima $= 250/3$.

5-16 $x_1 = 36/13$, $x_2 = 28/13$.

5-17 Resuelva el dual en tres iteraciones. La solución óptima primal es $x_1 = 0$, $x_2 = 20$, $x_3 = 0$; $z = 120$.

5-18 Utilice variables artificiales, símplex dual y, la solución obtenida del problema dual.

5-21 Dual infactible y primal no acotada porque la primal tiene un espacio factible.

5-24 Valor por unidad de cuero = \$17 y mano de obra = \$0. Precio unitario máximo del cuero = \$25/m² y de mano de obra = \$15/hora.

5-28 $y_1 = 29/5$, $y_2 = -2/5$.

5-30 Holgura dual v_j = primal $(z_j - c_j)$ de x_j, $j = 1, 2, 3$.

5-31 (a) $x_1 = 460/3$, $x_2 = 200/3$, $x_3 = 0$.

5-33 (a) La óptima actual permanece sin cambio.

5-35 (a) x_7 no mejorará la solución. (b) x_7 mejora la solución. La nueva solución es $(x_1, x_2, x_3) = (0, 0, 130)$.

5-36 $d_1 > 4$.

5-37 (a) x_1 se mantiene en el nivel cero. (b) x_1 permanece en el nivel cero.

5-38 (a) x_4 entra en la solución. La nueva solución es $(x_1, x_2, x_3, x_4) = (1, 0, 0, 1)$. (c) La solución se mantiene sin cambio y $x_4 = 0$.

5-40 x_2 se mantiene no básica para $\theta \leq 23/5$.

5-41 (a) $(x_1, x_2, x_3) = (0, 95, 230)$. (b) $(x_1, x_2, x_3) = (0, 150, 200)$. (c) Aplique el dual símplex $(x_1, x_2, x_3) = (0, 0, 300)$. (d) Aplique el dual símplex $(x_1, x_2, x_3) = (0, 75/2, 200)$.

5-42 $-30 \leq \theta \leq 5$.

5-43 Aplique el dual símplex $(x_1, x_2, x_3, x_4) = (75/2, 0, 5/4, 0)$.

5-44 (a) La restricción $4x_1 + x_2 + 2x_3 \leq 570$ es redundante. (b) Aplique el dual símplex $(x_1, x_2, x_3) = (0, 88, 230)$.

5-45 (a) Restricción redundante. (b) Aplique el dual símplex. No hay solución factible. (c) Aplique el dual símplex. No hay solución factible.

5-46 (a) La restricción es redundante. (b) Aplique el dual símplex $(x_1, x_2, x_3) = (8/7, 12/7, 8/7)$; $z = 96/7$. (c) No hay solución factible. (d) La nueva solución es $(x_1, x_2, x_3) = (1, 7/4, 5/4)$; $z = 14$.

5-47 (a) $(x_1, x_2, x_3) = (2, 2, 0)$. (b) $(x_1, x_2, x_3) = (5, 3, 0)$. (c) x_3 entra en la solución. La nueva solución es degenerada y permanece igual $(x_1, x_2, x_3) = (2, 2, 0)$.

5-50 Para toda $t \geq 0$, $x_1 = 2/5$, $x_2 = 9/5$, $x_5 = 0$, y $z = (17 - 29t)/5$.

5-52 Para $0 \leq t \leq 2/13$, $x_1 = 3/5$, $x_2 = 6/5$, y $z = (12 + 27t)/5$. Para $t \geq 2/13$, $x_1 = 3/2$, $x_2 = 0$, y $z = (6 + 3t)/2$.

5-53 Para $0 \leq t \leq 1/3$, $x_1 = 0$, $x_2 = 5$, $x_3 = 30$, y $z = 160 - 180t$. Para $1/3 \leq t \leq 5/12$, $x_1 = 5$, $x_2 = 6.25$, $x_3 = 22.5$, y $z = 140 - 120t$. Para $t \geq 5/12$, $x_1 = 20$, $x_2 = 2.5$, $x_3 = 0$, y $z = 65 + 60t$.

5-54 Para $0 \leq t \leq 1/55$, $x_1 = 0$, $x_2 = 100 + 225t$, $x_3 = 230 + 50t$, y $z = 1\,350 + 700t$. Para $1/55 \leq t \leq 2.1$, $x_1 = 0$, $x_2 = 105 - 50t$, $x_3 = 230 + 50t$, y $z = 1\,360 + 150t$. Para $t > 2.1$, no existe solución factible.

5-55 Para $0 \leq t \leq 3/2$, $x_1 = (2 + 7t)/5$, $x_2 = (9 - 6t)/5$, y $z = (17 + 22t)/5$. Para $t > 3/2$, no existe solución factible.

5-56 Para $0 \leq t \leq 6/11$, $x_1 = (3 + 7t)/5$, $x_2 = (6 - 11t)/5$, y $z = (12 + 3t)/5$. Para $t \geq 6/11$, $x_1 = (3 + 2t)/3$, $x_2 = 0$, y $z = (6 + 4t)/3$.

5-57 La solución permanece óptima y factible para $0 \leq t \leq 1/2$.

5-58 $(6\beta - 12)/(\beta - 5) \leq \alpha \leq 6$.

5-59 Para $0 \leq t \leq 1/55$, $x_1 = 0$, $x_2 = 100 + 225t$, $x_3 = 230 + 50t$, y $z = 1\,350 - 680t - 300t^2$. Para $1/55 \leq t \leq 5/12$, $x_1 = 0$, $x_2 = 105 - 50t$, $x_3 = 230 + 50t$, y $z = 1\,360 - 1\,230t - 300t^2$. Para $5/12 \leq t \leq 8/7$, $x_1 = (460 + 100t)/3$, $x_2 = (200 - 175t)/3$, $x_3 = 0$, y $z = (1\,780 + 1\,330t)/3 + 100t^2$. Para $8/7 \leq t \leq 2.1$, $x_1 = 420 - 200t$, $x_2 = x_3 = 0$, y $z = 1\,260 + 660t - 600t^2$. Para toda $t > 2.1$, no existe solución factible.

5-60 Igual que para el problema 5-55, excepto que $z = (17 - 7t + 11t^2)/5$.

5-61 Para $0 \leq t \leq 4/5$, $x_1 = 0$, $x_2 = 2 - t/4$, $x_3 = 2 - 3t/4$, $x_4 = 0$, y $z = 16 - 10t - 7t^2/4$. Para $4/5 \leq t \leq 1$, $x_1 = 4 - 3t/2$, $x_2 = t/2$, $x_3 = x_4 = 0$, y $z = 8 + 3t - 2t^2$. Para $1 \leq t \leq 4/3$, $x_1 = 4 - t$, $x_2 = x_3 = 0$, $x_4 = t$, y $z = 8 - t + 2t^2$. Para $4/3 \leq t \leq 4$, $x_1 = x_2 = 0$, $x_3 = 4 - t$, $x_4 = 8 - t$, y $z = -8 + 15t - t^2$. Para toda $t > 4$, no existe solución factible.

5-62 Para $-\infty < t \leq -5$, $x_1 = 4$, $x_2 = 0$, y $z = 16 - 40t$. Para $-5 \leq t \leq -1$, $x_1 = -(1 + t)$, $x_2 = 5 + t$, $z = 36 - 6t + 6t^2$. Para $-1 \leq t \leq 2$, $x_1 = 0$, $x_2 = 3 - t$, y $z = 24 - 20t + 4t^2$. Para $2 \leq t \leq 3$, $x_1 = x_2 = 0$ y $z = 0$. Para $t > 3$, no existe solución factible.

5-63 Para $0 \leq t \leq 1.3$, $x_1 = 0$, $x_2 = 9 - t^2$, y $z = 54 - 18t - 15t^2 + 2t^3 + t^4$. Para $1.3 \leq t \leq 2.3$, $x_1 = 6 - 2t^2/3$, $x_2 = 0$, y $z = 18 + 6t - 8t^2 - 2(t^3 - t^4)/3$. Para $2.3 \leq t \leq 3$, $x_1 = x_2 = 0$ y $z = 0$. Para $t > 3$, no existe solución factible.

Capítulo 6

6-1

		Ciudad 1	2	Ficticia 3	4	
	1	600	700	400	0	25
Planta	2	320	300	350	0	40
	3	500	480	450	0	30
Planta de exceso	4	1000	1000	1000	0	18
		36	42	30	5	

Solución óptima: $P1-C3 = 25$, $P2-C1 = 23$, $P2-C2 = 17$, $P3-C2 = 25$, $P3-C3 = 5$, $P4-C1 = 13$, $P4-C4 = 5$.

6-3 Supóngase que las unidades de oferta y demanda se expresan en millones de galones y, que los costos de transporte unitarios se expresan en miles de unidades monetarias por millones de galones.

	Area de distribución			
	1	2	3	
Refinería 1	12	18	M	6
Refinería 2	30	10	8	5
Refinería 3	20	25	12	8
	4	8	7	

Solución óptima: $R1-D1 = 4$, $R1-D2 = 2$, $R2-D2 = 5$, $R3-D2 = 1$, $R3-D3 = 7$, costo total = \$243 000.

6-5 Use las mismas unidades que en el problema 6-3.

	Area de distribución				
	1	2	3	Ficticia	
Refinería 1	12	18	M	15	6
Refinería 2	30	10	8	22	5
Refinería 3	20	25	12	0	8
	4	8	4	3	

Solución óptima: $R1-D1 = 4$, $R1-D2 = 2$, $R2-D2 = 5$, $R3-D2 = 1$, $R3-D3 = 4$, $R3-D4 = 3$, costo total = \$207 000.

6-9

	1	2	3	4	
1	100	103	106	M	400
2	M	140	143	123	300
3	M	M	120	100	420
Ficticia 4	M	M	M	100	380
5	0	0	0	0	60
	500	630	200	230	

Solución óptima: $P1-P1 = 400$, $P2-P2 = 300$, $P3-P2 = 220$, $P3-P3 = 200$, $P4-P1 = 100$, $P4-P2 = 50$, $P4-P4 = 230$, $P5-P2 = 60$. El periodo 2 se quedará corto en 60 unidades. Costo total = \$499 000.

6-13

(a)

10	0			10
	5			5
	0	4		4
		3	3	6
10	5	7	3	

(b)

				Ficticia	
1					1
2	4	5	2	3	16
			5	2	7
				8	8
3	4	5	2	8	10

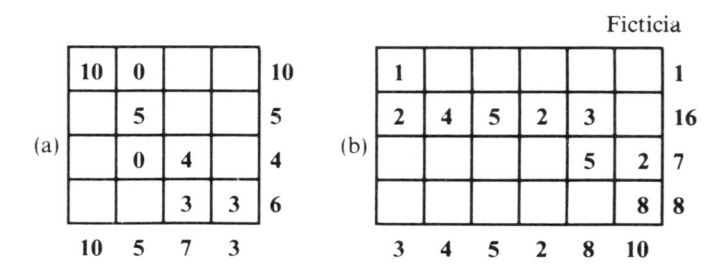

938 Respuestas a problemas seleccionados

6-14 (a) x_{33}: $x_{33} \to x_{23} \to x_{22} \to x_{12} \to x_{11} \to x_{31} \to x_{33}$. (b) x_{33} entra en 5 y x_{31} sale. (c) $\bar{c}_{33} = -24$ y cambian en $z = +120$.

6-15 (a) $x_{13} = x_{21} = x_{22} = x_{33} = 5$, $z = 35$.

6-16 Cinco iteraciones: $x_{12} = x_{22} = x_{23} = 10$, $x_{21} = 60$; $x_{31} = 15$ y el destino 3 se quedará corto con 40 unidades en su demanda; $z = 595$.

6-18 Tres iteraciones: $x_{13} = x_{34} = 20$, $x_{22} = x_{32} = 10$, $x_{21} = 30$; $z = 150$.

6-19 (a) $c_{11} = 0$, $c_{21} = 5$, $c_{22} = 8$, $c_{32} = 10$, $c_{33} = 15$; $z = 1\,475$. (b) $c_{12} \geq 3$, $c_{13} \geq 8$, $c_{23} \geq 13$, $c_{31} \geq 7$.

6-20 (a) $z = -100$. (b) $\theta = 1$ y x_{12} es la variable básica cero.

6-21 Para cada iteración, los coeficientes de la ecuación z para x_{ij} no básica serán exactamente iguales a los valores de $u_i + v_j - c_{ij}$ en la tabla de transporte correspondiente. Asimismo, las soluciones de las iteraciones correspondientes son exactamente las mismas.

6-22 (a) $\Delta_{11} \leq 10$. (b) $\Delta_{21} \geq 0$. (c) $\Delta_{24} \leq 5$. (d) $\Delta_{34} = 0$.

6-23 (a) *Esquina noroeste*: $x_{11} = 7$, $x_{21} = 3$, $x_{22} = 9$, $x_{32} = 1$, $x_{33} = 10$ y $z = 94$. *Costo más bajo*: $x_{13} = 7$, $x_{21} = 10$, $x_{23} = 2$, $x_{32} = 10$, $x_{33} = 1$ y $z = 61$. *VAM*: $x_{11} = 7$, $x_{21} = 2$, $x_{23} = 10$, $x_{31} = 1$, $x_{32} = 10$ y $z = 40$, que es óptimo.

6-24 VAM tiene la mejor solución inicial y produce el óptimo en tres iteraciones. $x_{13} = 10$, $x_{22} = 20$, $x_{31} = 30$, $x_{42} = 30$, $x_{44} = 10$, $x_{51} = 30$, $x_{52} = x_{53} = 10$ y $z = 820$.

6-25 El problema se puede resolver a través de uno de tres métodos: (1) suprima la primera columna y reduzca la oferta en la fuente 4 en 5 unidades; (2) asigne $-M$ a c_{41}; o (3) asigne $+M$ a c_{11}, c_{21} y c_{31}. El primer método es el más sencillo. Solución $x_{12} = 10$, $x_{12} = x_{13} = 5$, $x_{24} = 10$, $x_{34} = 15$, $x_{41} = 5$, $x_{43} = 10$ y $z = 55$.

6-27 (a) Cuatro iteraciones, 1-5, 2-3, 3-2, 4-4, 5-1 con costo = 21. (b) Tres iteraciones. 1-1, 2-2, 3-5, 4-4, 5-3 con costo = 11.

6-28 Cinco iteraciones. 1-4, 2-3, 3-2, 4-1 con costo = 14.

6-29 La máquina 5 reemplaza a la máquina 1.

6-30 Estacione una cuadrilla en A y 3 cuadrillas en B.

6-31 Asignación óptima: 1–d, 2–c, 3–a, 4–b.

6-33 (b)

	3	4	5	6	
1	1	4	M	M	100
2	3	2	M	M	200
3	0	1	6	M	B
4	3	0	5	8	B
5	M	M	0	1	B
	B	B	150+B	150	

(c)

	5	6	
1	7	8	100
2	7	8	200
	150	150	

(d) 100 unidades: 1-3-5; 50 unidades: 2-4-5; 150 unidades: 2-4-5-6.

Respuestas a problemas seleccionados **939**

6-34 (a)

Contratar en	Despedir en	Número
1	2	120
1	3	10
1	6	170
5	6	30

6-36

Contratar en	Despedir en	Número
1	3	100
2	5	20
3	5	60
4	6	50

6-38 1 → 3 → 6 → 7 y distancia mínima total = 8.
6-39 Envío de 50 de la fábrica F1 al almacén S1, 50 de F2 a S1, 200 de F2 a S2 y 50 de F2 a S3. Solución alternativa: 50 de F1 a S1, 250 de F2 a S2, 50 de F2 a S3 y 50 de S2 a S1.
6-40 Supóngase un amortiguamiento $B = 110$.

	2	4	5	6	7	
1	20	M	M	M	3	**50**
3	M	30	M	M	9	**60**
5	M	2	0	4	10	**110**
6	8	M	4	0	M	**110**
7	40	M	10	M	0	**110**
	90	20	110	110	110	

Capítulo 7

7-2 Seis iteraciones $(x_1, x_2, x_3, x_4, x_5, x_6) = (0, 1, 3/4, 1, 0, 1)$, $z = 22$.
7-3 (a) Tres iteraciones. $(x_1, x_2, x_3) = (0, 3/2, 1)$, $z = -6$.
7-4 (a) La fase I da (x_5, x_2) como la solución básica inicial. La fase II necesita tres iteraciones. $(x_1, x_2, x_3) = (3/2, 3, 2)$, $z = 13/2$.
7-6 Sustituya $x_1 = 2 - x_1'$, $x_2 = 3 - x_2'$. Cinco iteraciones. El problema no tiene solución factible.
7-7 Cuatro iteraciones: $x_1 = 2$, $x_2 = 8$, $x_3 = 0$, $x_4 = 12$ $x_5 = 28$, $x_6 = 0$ y $z = 156$.
7-8 Cinco iteraciones: $x_1 = 0$, $x_2 = 2$, $x_3 = 9$, $x_4 = 1$ y $z = 53$.
7-9 Para cada subproblema, seleccione el punto extremo asociado con máx $(z_j - c_j)$. Cuatro iteraciones: $(x_1, x_2, x_3, x_4) = (5/3, 10/3, 0, 20)$ y $z = -245/3$.
7-10 Tres iteraciones: $y_1 = 0$, $y_2 = 2$, $y_3 = 0$, $y_4 = 5$, $y_5 = 0$ y $z = 44$.
7-11 $\mathbf{X}_2 = (0.509029, 0.33333, 0.157638)$, $z = -0.157637$.
7-12 Iteración 1: $\mathbf{X}_1 = (0.213917, 0.213916, 0.286084, 0.286084)$, $z = -0.855662$. Iteración 2: $\mathbf{X}_2 = (0.179304, 0.179304, 0.320696, 0.320696)$, $z = -0.717218$. Iteración 3: $\mathbf{X}_3 = (0.147407, 0.147407, 0.352593, 0.352593)$, $z = -0.589628$.

Capítulo 8

8-1 (a) Trayectoria: (1-4-5-2), lazo: (1-2-4-1), circuito: (1-2-3-1), árbol: (1-2, 2-3), árbol extenso: (1-2, 4-2, 2-3, 3-5).

8-2 (a) (1-2), (2-5), (5-6), (4-6), [(1-3) o (3-4)]. Longitud = 14. (e) (1-2), (2-5), (5-3), (2-4), (4-6). Longitud = 13.

8-3 LA-SE-DE-DA-CH-NY-DC. Longitud = 50 080 millas.

8-5 Alta presión: (6-4), (4-3), (3-2), (2-1). Baja presión: (1-5), (5-7), (5-9), (9-8).

8-6 Sean (i, j, k) los lados respectivos de cada una de las tres rebanadas, donde i, j y k asumen los valores 0, 1 o 2. Secuencia óptima: (0, 0, 0), (1, 1, 0), (2, 1, 1), (2, 2, 2).

8-8 (a) Distancia más corta = 8. Rutas alternativas: (1-3-6-8), (1-2-3-6-8), (1-3-5-6-8), (1-2-3-5-6-8).

8-10

Nodo	Ruta	Longitud
2	1–3–2	3
3	1–3	1
4	1–2–5–4 or 1–3–4	7
5	1–3–2–5	4
5	1–3–2–5–6 or 1–3–2–6	9
6	1–3–2–5–6–7 or 1–3–2–6–7	11

8-12 (a) Ruta óptima: 1-6-5. Longitud = 5.

8-13 Seis iteraciones. Flujo máximo = 110, bomba 4 = 30, bomba 5 = 50, bomba 6 = 70.

8-14 Diez iteraciones. Flujo máximo = 85.

8-16 Flujo máximo = 10.

8-18 (a) Produzca 210 unidades en el periodo 1 y pase 110 unidades al periodo 2. Produzca 220 unidades en el periodo 3 y pase 125 unidades al periodo 4.

8-21 (a) Produzca 100 unidades en el periodo 1 y 330 unidades en el periodo 3. Deje pendientes 110 unidades para el periodo 2 a partir del periodo 3 y pase el saldo de 125 unidades del periodo 3 al periodo 4.

8-23 Optima: $x_{12} = 710$, $x_{13} = 750$, $x_{25} = 710$, $x_{34} = 800$, $x_{35} = 40$, $x_{57} = 750$, $x_{79} = 750$, $x_{68} = 660$, $x_{69} = 50$.

8-24 $x_{14} = 4$, $x_{16} = 4$, $x_{24} = 10$, $x_{34} = 2$, $x_{35} = 6$, $x_{36} = 10$, costo total = 90.

Capítulo 9

9-1 La solución de PL óptima es $x_1 = 10/3$, $x_2 = 0$ y $x_3 = 0$. La solución redondeada $x_1 = 3$ y $x_2 = x_3 = 0$ satisface la primera restricción, pero nunca la segunda.

9-3 Minimizar $z = 37x_1 + 38x_2 + 21x_3 + 24x_4 + 24x_5 + 25x_6$.

sujeto a:
$$x_1 + x_2 + x_3 + x_5 + x_6 \geq 1$$
$$x_1 + x_3 + x_4 + x_5 \geq 1$$
$$x_1 + x_2 + x_4 + x_5 + x_6 \geq 1$$
$$x_1 + x_2 \geq 1$$
$$ x_2 + x_3 + x_4 + x_6 \geq 1$$
$$x_j = (0, 1), j = 1, 2, \ldots, 6$$

Respuestas a problemas seleccionados **941**

9-5 Sea $x_{ij} = 1$ si el i-ésimo lugar es asignado y 0 en caso contrario. Minimizar $z = 5y_1 + 6y_2 + 2x_{11} + x_{12} + 8x_{13} + 5x_{14} + 4x_{21} + 6x_{22} + 3x_{23} + x_{24}$ sujeto a $x_{11} + x_{21} = 1$, $x_{12} + x_{22} = 1$, $x_{13} + x_{23} = 1$, $x_{14} + x_{24} = 1$, $x_{11} + x_{12} + x_{13} + x_{14} \leq My_1$, $x_{21} + x_{22} + x_{23} + x_{24} \leq My_2$, $y_1, y_2 = (0, 1)$.

9-8 Minimice $\sum_{j=1}^{n} c_j x_j$, sujeto a $\sum_{j=1}^{n} a_{ij} x_j = 1$, $i = 1, 2, \ldots, m$ y $x_j = (0, 1)$, $j = 1, 2, \ldots, n$, donde $a_{ij} = 1$ si se llega al i-ésimo destino en la ruta j y cero en caso contrario.

9-11 (a) ($x_1 \leq 1$ y $x_2 \leq 2$) o bien ($x_1 + x_2 \leq 3$ y $x_1 \geq 2$), que se reduce a $x_1 - My \leq 1$, $x_2 - My \leq 2$, $x_1 + x_2 - M(1 - y) \leq 3$ y $x_1 + M(1 - y) \geq 2$, donde $y = (0, 1)$. La solución óptima es $(x_1, x_2) = (1, 2)$.

9-14 (a) Nodo 0: (2.25, 2.25), $z = 11.25$; nodo 1 ($x_1 \leq 2$): (2, 2.4), $z = 11.2$; nodo 2 ($x_1 \leq 2$, $x_2 \geq 3$): (1, 3), $z = 11$ (cota inferior); nodo 3 ($x_1 \geq 3$): (3, 1.5), $z = 10.5$; nodo 4 ($x_1 \leq 2$, $x_2 \leq 2$): (2, 2), $z = 10$ (exhausto por el nodo 2).

9-17 Optimas alternativas: ($x_1 = 14$, $x_4 = 19$, los demás = 0), ($x_1 = 15$, $x_3 = 1$, $x_4 = 17$, los demás = 0), $z = 151$.

9-20 $x_1 = 0$, $x_2 = 6$, $x_3 = 1$, $z = 12$.

9-21

Variable de la solución	Solución redondeada	Entero
x_1	2 o bien 3	2
x_2	1	1
x_3	6	6
z	26 o bien 30	26

9-25 $x_1 = 5$, $x_2 = 2.75$ y $x_3 = 3$, $z = 26.75$.

9-27 $x_1 = x_2 = x_3 = 1$, $z = 7$.

9-29 $x_1 = x_2 = x_3 = x_4 = 1$ y $x_5 = 0$ con $z = 95$.

Capítulo 10

10-2 (a) Proyectos óptimos (1, 3, 1) e ingreso óptimo = 13. (b) Proyectos óptimos (3, 2, 2, 1) e ingreso óptino = 14.1.

10-3 Igual que el problema 10-2.

10-5 $(m_1, m_2, m_2, m_4) = (2, 3, 4, 1)$ con puntos totales = 250.

10-6 (a) $(k_1, k_2, k_3) = (0, 0, 3), (0, 2, 2), (0, 4, 1)$, o bien (0, 6, 0) con valor = 120. (b) $(k_1, k_2, k_3) = (0, 2, 0), (2, 1, 0)$, o bien (4, 0, 0) con valor = 120.

10-7 $x_4 = 4, 5, 6, 7$; $x_3 = 6, 7, 8, 9$; $x_2 = 9, 10, 11, 12$; $x_1 = 12, 13, 14, 15$. $(m_1, m_2, m_3, m_4) = (1, 1, 2, 2)$ con $R = 0.432$.

10-8 $x_1 = 0$, $x_2 = 2$, $x_3 = 0$, y $z = 6$.

10-10 (a) Las decisiones sucesivas para las semanas 1, 2, ... y 5 son: contratar uno, despedir uno, despedir dos, contratar tres y contratar dos. Costo total = 24.

10-11 La ruta óptima es $A \to 1 \to 3 \to 5 \to B$ con distancia total = 12.

10-12 $x_1 = 5$, $x_2 = x_3 = x_4 = 0$ con $z = 74$.

10-13 $y_i = 8^{1/10}$, para toda i.

10-14

Periodo	1	2	3	4	5
Inversión de tipo I	0	6,000	0	0	1,890
Inversión de tipo II	10,000	0	5,400	2,700	0

Respuestas a problemas seleccionados

10-17 $(y_1, y_2, y_3) = (13/11, 7/11, 90/11)$.
10-18 Cinco soluciones alternativas: $(y_1, y_2, y_3) = (0, 0, 16), (1, 0, 12), (2, 0, 8), (3, 0, 4), (4, 0, 0)$ con ganancia total = 64.
10-19 $y_1 = y_2 = \cdots = y_{N-1} = 0, y_N = \alpha^N C$.
10-20 $y_i = \alpha^i C/(1 + \alpha + \cdots + \alpha^{N-1}), i = 1, 2, \ldots, N$.
10-21 Decisiones: (conservar, conservar, reemplazar) o (conservar, reemplazar, conservar) con rendimiento total = 13.
10-25 $(x_1, x_2) = (0, 7)$ con $z = 49$.
10-27 $(x_1, x_2) = (9.6, 0.2)$ con $z = 707.72$.

Capítulo 11

11-1 (a) Basada en el tiempo. (c) Basada en la observación. (e) Basada en el tiempo.
11-2 Media = 3.94, desviación estándar = 2.6, rechace la exponencial.
11-3 Media = 50.76, desviación estándar = 25.28.
11-5 Media = 2.33, variancia = 1.23, histograma: (0, 0.0253), (1, 0.1315), (2, 0.3474), (3, 0.4132), (4, 0.0826).
11-6 Línea de regresión: $y = 50 + 0.58x$, $x(25) = 64.5$. Promedio móvil: $x(25) = 68$. Alisamiento exponencial: $x(25) = 59.0697$.
11-8 $x(25) = 64.8962$.
11-11 Línea de regresión: $20.3 + 0.9109x$, $r = 0.9984$, $x(1991) = 30.31$. Alisamiento exponencial: $x(1991) = 26.238$.

Capítulo 12

12-1 $T^* = 3$ con $EC(T^*) = 290$.
12-2 Los costos estimados para A, B y C son $190, 120 y 205. B tiene la más alta prioridad.
12-3 Abastecimiento óptimo = 200 piezas y la ganancia estimada óptima es $36.95.
12-4 $\alpha = 49$ piezas por día.
12-5 $d^* = \dfrac{1}{2}\left(t_L + t_u - \dfrac{2\sigma^2}{t_L - t_u} \ln \dfrac{c_2}{c_1}\right)$.
12-9 $I \geq 2, 2 \leq I \leq 4$.
12-10 $I \geq 4$.
12-11 Los costos estimados para A, B y C son $263.7, 93.3 y 168.2. B tiene la más alta prioridad.
12-12 Las probabilidades posteriores para A y B son 0.6097 y 0.3903.
12-13 (a) $E\{a_1\} = 3.2$, $E\{a_2\} = 9.8$, $E\{a_3\} = 10.6$. (b) $E\{a_1|z_1\} = -3.7$, $E\{a_2|z_1\} = 7.12$, $E\{a_3|z_1\} = 13.17$.
12-15 Tener en existencia 130 piezas.
12-16 Ordenar 130 piezas el día 1. El día 2, si la demanda del día 1 es 100 pedir 120. Si es de 120, ordenar 120. Si es 130, ordenar 130.
12-17 Construir la planta grande.
12-18 Construir una planta grande.
12-19 (a) a_4. (b) a_2. (c) a_2. (d) a_4.
12-21 Todos los criterios seleccionan la máquina 3.
12-22 (b) (1) $p \geq 5$ y $q \leq 5$. (2) $p \leq 7$ y $q \geq 7$.
12-23 (a) $2 < v < 4$. (b) $-1 < v < 0$.
12-25 El juego tiene un punto de silla en la estrategia donde ambas compañías utilizan la televisión, la radio y los periódicos.

12-28 (a) $x_1 = x_2 = 1/2$, $y_1 = y_2 = 0$, $y_3 = 13/20$, $y_4 = 7/20$, y $v = 1/2$.
12-29 La estrategia óptima de Blotto es (1/5, 3/5, 1/5). La estrategia de su contrincante es (1/3, 1/5, 0, 7/15).

Capítulo 13
13-5 Ruta crítica (A, C, D, F, G, H, J, L, N, S, T) con duración = 38 días.
13-7 Cuatro rutas críticas con duración = 111 días: (A, B, D, E, Q, R, S), (A, B, D, F, Q, R, S), (A, C, D, E, Q, R, S), (A, C, D, F, Q, R, S).
13-8 Rutas críticas: (A, C, E, F, J, L, M, P, Q, S, T, U), (A, C, E, F, J, L, N, P, Q, S, T, U). Duración = 22.1.
13-10 (a) Ruta crítica (1, 2, 3, 4, 6, 7). Duración = 35.
13-15 El número mínimo de hombres se determina a través de las actividades críticas.
13-16 (a) Las probabilidades respectivas para los eventos 2, 3, 4, 5, 6 y 7 son 0.5, 0.5, 0.5, 1, 0.5 y 0.5.
13-18 (a)

Duración	25	24	23	21	18	17	14
Costo	1150	1157	1170	1201	1276	1303	1403

Capítulo 14
14-2 (a) $y = 346.6$, $t_0 = 11.55$, TCU$(y) = 17.3$.
14-3 (a) $y \cong 50$ unidades, $t_0 \cong 12$ días. (b) Costo anual excesivo = $540.20.
14-4 El número óptimo de pedidos por año = 129.
14-5 Sea R = punto de nuevo pedido en número de unidades. (1-a) $t_0 = 11.55$, $R = 73.5$. (1-c) $t_0 = 22.36$, $R = 560$. (2-b) $t_0 = 8.16$, $R = 220.8$. (2-d) $t_0 = 15.8$, $R = 168$.
14-6 (1-a) $B \geq 8.74$. (1-c) $B \geq 23.12$. (2-a) $B \geq 12.36$. (2-d) $B \geq 17.48$.
14-8 (a) $y = 547.7$, $t_0 = 18.25$. (b) $y = 387.38$, $t_0 = 12.9$.
14-9 *Producir*: $y = 703.7$, costo total/día = $4.05. *Comprar*: $y = 326.87$, costo total/día = $6.54.
14-11 $\dfrac{p}{p-1} \leq h \leq \dfrac{p^2}{100-p}$ y $p \geq 10$.
14-12 Sea $p \to \infty$ y determine el límite para y.
14-15 Para $q = 300$, $y^* = 347$ y para $q = 500$, $y^* = 500$.
14-16 Ordenar $q = 150$ unidades y aprovechar el descuento.
14-17 No hay ventaja de utilizar el descuento si es $\leq 5.84\%$.
14-19 $y_i^* = \sqrt{(2K_i D_i - 2\lambda d_i)/h_i}$, $\lambda^* \cong -.103$.
14-26 (b) Comenzando con el periodo -1, los requisitos combinados son (200, 0, 300, 200, 0, 300, 200, 0, 300, 200, 0, 300, 0, 0).
14-27 $z_1 = 2$, $z_2 = 0$, y $z_3 = 3$ y costo total = 65.
14-29 $(z_1, z_2, z_3, z_4) = (5, 7, 14, 0)$ o bien $(6, 6, 14, 0)$.
14-31 $(z_1, z_2, \ldots, z_{10}) = (100, 120, 0, 200, 0, 0, 310, 0, 190, 0)$.
14-32 $z_1 = 50$, $z_2 = 260$, $z_3 = z_4 = z_5 = 0$.
14-33 $z_1 = 150$, $z_2 = 120$, $z_4 = 110$, $z_6 = 90$, $z_7 = 310$, $z_9 = 190$, los demás = 0.
14-34 Ordene 270 unidades en el periodo 1; 110 unidades en el periodo 4; 90 unidades en el periodo 6; 310 unidades en el periodo 7; y 190 unidades en el periodo 9. Costo total = $7 410. Costo PD = $7 090.

14-38 Si $x = 2$, ordenar 0.88; si $x = 5$, no ordenar.
14-40 Si $x = 2$, ordenar 6; si $x = 5$, ordenar 3.
14-41 $19 \leq p \leq 35.7$.
14-42 Si $x = 2$, ordenar 21; si $x = 5$, ordenar 18. La penalización implícita es $p \leq 29$.
14-43 $P\{D \leq y^* - 1\} \leq \dfrac{r - c}{r - v} \leq P\{D \leq y^*\}$.
14-47 Si $x < 3.78$, ordenar $6.7 - x$; en caso contrario, no ordenar.
14-49 Si $x < 1.25$, ordenar $6.25 - x$; en caso contrario, no ordenar.
14-50 $P\{D \leq y^*\} = (r + p - c - h)/(r + p - v)$.
14-53 $y^* = 4.61$.
14-56 $y^* = E\{D\} - [(1 - \alpha)c/2p]$ cuando $h = p$.

Capítulo 15

15-5 (a) 40. (b) $p_0(2) = 0$. (c) $p_1(10/60) \simeq 0.0085$.
15-6 (a) $P\{n = 2 | t = 5 \text{ minutos}\} = 0.2623$. (b) $P\{t \leq 2 \text{ minutos}\} = 0.4866$.
15-9 Ganancia esperada de Jim/8 horas = $1.27.
15-10 Ganancia esperada de Jim/8 horas = $1.96.
15-13 (a) $p_{70}(2) = 0.1251$. (b) $p_0(4) \cong 0.000005$. (c) $80 - \Sigma_{n=0}^{80} np_n(4)$.
15-14 $p_0(5) = 0.00008$ y $p_0(2) \cong 0$.
15-15 (a) 17.89 (b) $p_0(4) = 0.00069$. (c) $P\{n < 20 | t = 6\} = 0.99968$.
15-19 (a) $p_0 = 0.4$. (b) $L_q = 0.9$ cliente. (c) $W_q = 2.25$ minutos. (d) $P\{n \geq 11\} = 0.00363$.
15-20 El nuevo dispositivo se justifica con base en el número estimado de clientes en espera en el sistema anterior ($= 19$) pero no sobre la base del porcentaje de tiempo ocioso en el nuevo sistema ($= 25\%$).
15-21 (a) $p_0 + p_1 + p_2 \cong 0.42$. (b) 0.58. (c) $W_q = 0.417$ hora. (d) $n \geq 2$ espacios.
15-22 $P\{\tau > W_q\} = 0.549$.
15-23 Costo estimado/día = $37.95.
15-24 (a) $p_0 = 0.40146$. (b) $L_q = 0.8614$ cliente. (c) $W_q = 2.16$ minutos. (d) $p_{10} = 0$.
15-25 (a) $p_{50} \cong 0.00002$. (b) $P\{n > 47\} = 0.00001$.
15-26 (a) $\lambda_{ef} = 19.98$ (b) $p_0 = 0.00076$. (c) $W_s = 0.652$ hora.
15-28

c	4	5	6	7
p_0	0.0042	0.01662	0.02013	0.0212
W_q	1.05	0.081	0.022	0.0068

15-29 (a) 0.15. (b) 0.85. (c) 0.52.
15-30 (a) 0.70225. (b) $W_s = 1.202$ horas. (c) $L_q = 3.5$ programas. (d) 0.5. (e) $p_0 = 0.04494$. (f) 16.7%.
15-31 (a) Tres contadores. (b) Tres contadores. (c) Cuando mucho cinco contadores.
15-32 (a) Dos cajeros. (b) Dos cajeros.
15-33 (a) 8.33 lotes vacantes. (b) $p_{10} \cong 0$. (c) $\lambda_{ef} \cong 10$.
15-36 (a) $L_s = 4.17$. (b) $p_0 = 0.0155$.
15-37 (a) 0.081%. (b) $L_q \cong 6$.
15-38 (a) $p_0 = 0.04305$, $p_1 = 0.16144$. (b) $L_q = 0.911$.
15-39 La agrupación reduce el tiempo de espera.
15-40 (a) $W_s = 0.618$ hora, $W_q = 0.451$ hora. (b) $W_s = 0.368$ hora, $W_q = 0.236$ hora.

15-41 $L_q = 7.04$ artículos.
15-42 $L_q = 0.333$ cliente.
15-43 (a) $W_q^1 = 1.16$ horas, $W_q^2 = 7.27$ horas, $W_q^3 = 65.1$ horas. (b) $W_q = 17.4$ horas.
(c) $L_q^1 = 0.194$ trabajo, $L_q^2 = 0.909$ trabajo, $L_q^3 = 5.42$ trabajos. (d) $L_q = 6.5$ trabajos.

Capítulo 16

16-4 $\mu = 14.47$ unidades por día.
16-7 Costo diario del modelo A = $1 441.33, del modelo B = $420.60.
16-9 $c = 6$ servidores.
16-10 Costo esperado por tiempo unitario para el primer técnico es de $146 y para el segundo es de $138.
16-12 Costos mensuales esperados son: no WATS = $15 000, un WATS = $9 090 y dos WATS = $6 200.
16-13 (b) $c = 5$ servidores. (c) $c = 6$ servidores.

Capítulo 17

17-1 (a) $A(1) = 0, 5, 10$.
17-2 (b) Seis transacciones: dos en cada una de $t = 0, 5$ y 10.
17-3 (c)

A(1)	A(2)
7	−3
4	9
3	14
2	6
1	10

17-6 Los tiempos de creación son 0, 10.5555 y 11.726.
17-8 Todos los clientes = 96, aquéllos con espera positiva = 40.
17-10 $PROJECT; problema 17-10; 2-22-91; Taha:
$DIMENSION;ENTITY(30):
$BEGIN:
    ARVL   *S;EX(18):   !llegadas
    QOFCR   *Q: !espera en QOFCR
    OFCR   *F;;UN(15,20):   !servido por el gerente del banco
    QTLRS   *Q: !espera en QTLRS
    TLRS   *F;;EX(5);3;goto-TERM: !servido por uno de 3 empleados
$END:
$RUN-LENGTH = 480:   !corre modelo durante 480 minutos
$RUNS = 1:   !sólo para una corrida
$STOP:
17-14 $PROJECT; problema 17-14; 2-22-1991; Taha:
$DIMENSION;ENTITY(90):
$BEGIN:
    FEED   *S;UN(20,30):
    WAIT   *Q;goto-RST,LST/E: !entran ambas estaciones
    RST   *F;;UN(20,30);goto-QEND: !RST terminado
    LST   *F;;UN(18,20):   !LST terminado
    QEND   *Q;;2:   !área de recepción
$END:
$RUN-LENGTH = 480:
$RUNS = 1:
$STOP:

946 Respuestas a problemas seleccionados

17-18 $PROJECT; problema 17-18; 4-3-1990; Sloan:
$DIMENSION;ENTITY(50),A(2):
$VARIABLES: nbr_discarded;RUN.END;NTERM(CHK):
              sys_time;OBS.BASED;TRANSIT(1):
$BEGIN:
   TVS   *S;12;;1:   !llega el televisor
   QINSP   *Q: !espera a FINSP
   FINSP   *F;;UN(10,15):   !inspección
                *B;CHK/.45:   !ADJ con problema = 0.45
                *B;TERM/.55;/v/sys time%:   !si no, termina
   CHK   *A:
                *B;QADJ/1; A(2) = 0?;   !revisa número de ciclos
                         A(2) = 1%:   !fija número de ciclos = 1
                *B;TERM/L: !si no, lo descarta
   QADJ   *Q: !espera a FADJ
   FADJ   *F;;UN(6,8);*QINSP: !ajusta y retorna a QINSP
$END:
$RUN-LENGTH = 480:
$STOP:

17-21 $PROJECT; problema 17-21; 2-27-91; Taha:
$DIMENSION;ENTITY(30):
$SWITCHES: SW;on;QJOBS:
              SIDLE;;QDELAY:
$BEGIN:
   SS   *S;/L/LIM = 1:   !segmento de mantenimiento
   DELAY   *A;480:
                *B;QDELAY;;SW = off%:   !SW = off, bloquea a QJOBS
   QDELAY   *Q: !espera que MACH esté desocupada
                *B;MAINT/1;SIDLE = on?:
   MAINT   *A;UN(15,20):
                *B;DELAY;;SW = on%:
   ARIV   *S;EX(11):   !segmento de máquina
   QJOBS   *Q:
                *B;MACH/1; SW = on?;
                         SIDLE = off%:
   MACH   *F;;EX(12):   !bloquea Qdelay
                *B;TERM;;SIDLE = on%:   !hasta que MACH esté desocupada
$END:
$RUN-LENGTH = 1000:
$STOP:

17-23 $PROJECT; problema 17-23; 11/5/90; Taha:
$DIMENSION; ENTITY(50):
$RESOURCES: OPRS;2(LDR1,LDR2):   !2 operadores
            TRKS;4(LDR1,LDR2):   !4 camiones
$BEGIN:
   PILES   *S;6:   !crea pilas
   LDS   *Q;;2;   !cargas de camión
                /4/HTE(LDR1,LDR2):   !selecciona cargador
   LDR1   *F;;EX(10);/r/OPRS(1,,,3.5),   !adquiere y retorna OPRS
                         TRKS(,,0,);   !adquiere un camión
                         goto-TRP:
   LDR2   *F;;EX(12);/r/OPRS(1,,,3.5),   !adquiere y retorna OPRS
                         TRKS(,,0,):   !adquiere un camión
   TRP   *A;UN(15,20) + 5:   !tiempo de viaje
                *B;TERM;/5/TRKS(,,,UN(10,15)):   !regreso del camión
$END:
$RUN-LENGTH = 480:
$STOP:

17-26 $PROJECT; problema 17-26; 8/7/90; Taha:
$DIMENSION; ENTITY(40),A(1):
$VARIABLES: TRIP TIME;;TRANSIT(1):
$BEGIN:
    PILES   *S;6;;1:   !marca tiempo en A(1)
    LDS   *Q;;2(FIRST);goto-ASMBL: !A(1) de pila FIRST
    TRKS   *Q;(4);   !comienzo con 4 camiones
               /s/MAT(TRKS,LDS,OPRS);*TERM: !equipara líneas de espera
    OPRS   *Q;(2);*TERM: !comienzo con 2 operadores
    ASMBL   *F;/s/HTE(LDR1,LDR2):   !selecciona cargador
    LDR1   *F;;EX(10);*AX: !Va a NIL el auxiliar AX
    LDR2   *F;;EX(12):   !Pasa a AX
    AX   *A;NIL;*OPDEL,TRP: !Va a OPDEL y TRP
    OPDEL   *A;3.5;*OPRS: !Retorna operador a OPRS
    TRP   *A;UN(15,20) + 5:   !Tiempo de viaje
            *B;RTRN;/v/TRIP TIME%:   !Calcula TRIP TIME
    RTRN   *A;UN(10,15);*TRKS: !Retorna viaje de camiones
$END:
$RUN-LENGTH = 480: $TRACE = 0-50:
$STOP:

17-27 $PROJECT; problema 17-27; 3-1-91; Taha:
$DIMENSION; ENTITY(40):
$BEGIN:
    JOBS   *s: !crea un pedido
            *b;PROCESS;;suspend = JOBS%: !suspende JOBS
    PROCESS *f;;ex(12):
            *b;TERM;;resume = JOBS%:   !resume JOBS
$END:
$RUN-LENGTH = 3600: $TRACE = 0-200:
$STOP:

17-31 $PROJECT; problema 17-31; 3-1-91; Taha:
$dimension; ENTITY(200):
$begin:
    SINGOT   *s;7:   !llegan lingotes
    QINGOT   *q;;4:   !4 lingotes por carga
    FURNACE *f;;25:
            *b;TERM;;for,i = 1,to,3,do,   !3 urnas
               last(QURN) = trans,
               next%:
    QURN   *q:
$end:
$run-length = 200:
$stop:

Capítulo 18

18-1 Años 1 y 2; anunciar sólo si el producto no tiene éxito. Año 3: no publicitar.

18-2 Utilizar la publicidad en la radio si el volumen de ventas es bajo; en caso contrario, utilizar la publicidad en el periódico.

18-4 Si al inicio del mes la existencia es cero, ordenar dos refrigeradores; de lo contrario, no ordenar ninguno.

18-5 Ordenar 2 en el estado 0; en caso contrario, no ordenar ninguno.

18-7 Anunciar siempre que se encuentre en el estado 1.

Capítulo 19

19-1 (a) Ninguno. (b) Mínimo en $x = 0$. (e) Inflexión en $x = 0$, mínimo en $x = 0.63$ y máximo en $x = -0.63$.

19-2 (a) Mínimo en $(1, 1)$.

19-3 El mínimo ocurre sólo en $(1, 2, 0)$.

19-5 Una raíz de $4x^4 - x^2 + 5 = 0$ ocurre en $x \cong 0.353$ si el punto inicial es $x = 1$.

19-8 $\partial f = 2\delta C^{(2-n)/n}$.

19-9 Para $\partial g = -0.01$, (a) $\partial f = -0.0647$, (b) $\partial f = -0.12$.

19-11 Punto mínimo, $(x_1, x_2, x_3, x_4) = (-5/74, -10/74, 155/74, 60/74)$. Los coeficientes de sensibilidad son $(-90/37, 85/37)$.

19-20 $\lambda_1 \leq 0$, λ_2 irrestricta, $\lambda_3 \geq 0$. Las condiciones necesarias son suficientes si f es cóncava, g_1 cóncava, g_2 lineal y g_3 convexa.

Capítulo 20

20-3 Número máximo de iteraciones $= 1.44 \ln \{(b - a)/\Delta - 1\}$.

20-7 $x_1 = 0$, $x_2 = 3$, $z = 17$.

20-11 Sea $w_j = x_j + 1$, $j = 1, 2, 3$ y sustituir por x_j en términos de w_j.

20-15 $x_1 = 1$, $x_2 = 0$, $z = 4$.

20-16 $x_1 = 0$, $x_2 = 0.4$, $x_3 = 0.7$.

20-17 Las condiciones necesarias no se cumplen para $x_j > 0$. El problema tiene un ínfimo en $x_j = 0$; es decir, $z \to 0$ como $x_j \to 0$ para toda j.

20-18 $x_1 = 1.26$, $x_2 = 0.41$, $x_3 = 0.59$, $z = 10.28$.

20-20 $x_1 = 1.26$, $x_2 = 1.887$, $z = 13.07$.

Indice

A

Acertijo de los tres recipientes, 321
Actividad en PERT-PCM, 525
   ficticia, 528
   no crítica, 530
Agotamiento de soluciones en la programación entera, 365, 384
Algoritmo
   acíclico de la ruta más corta, 325
   aditivo, 382
      relaciones con ramificación y acotación, 382
   cero uno, 503
      lineal, 381
      polinomial, 390
   cíclico de la ruta más corta, 327
   de descomposición, 287
      generación de columnas, arco dirigido, 301
   de punto interior para la PL, 300
Algoritmos de planos de corte
   corte mixto, 378
   fraccional, 373
   todo entero, 373
Almacenamiento
   amortiguante en inventario, 570
   de amortiguación en transbordo, 257

Análisis de sensibilidad. Véase también Programación lineal paramétrica
   cambios simultáneos, 206
   coeficientes tecnológicos, 200
   en método jacobiano, 854
   en programación lineal, 33-42, 107-16, 155-78
      adición de una nueva
         restricción, 193
         variable, 189
      coeficientes de la función objetivo, 26, 113. 198
   modelo de transporte, 272
   segundo miembro de una restricción, 33, 111, 191
Aplicaciones en IO
   líneas de espera, 699
   programación
      dinámica, 418, 488, 584, 798
      lineal, 33-42
      entera, 356-61
Arbol, 317
   de decisión, 494
   de extensión mínima, 317
   fdp triangular, 464
Arco, 316
   dirigido u orientado, 317
Asignación cuadrática, 397
Axiomas de Poisson de colas, 640

B

Base, 115. Véase también Solución básica
    método programación restringida cuadrática, 893
    separable, 885
Bondad de ajuste, pruebas de, 455
Borde del espacio de soluciones de PL, 75
Búsqueda dicotómica, 877

C

Cadena irreducible, 826
Cadenas de Markov, 822-30
    clasificación de estados, 826
    conjunto cerrado, 826
    ergódico, estado, 828
    estado absorbente, 826
    estocástica doble, 830
    incrustadas, 824
    irreducible, 826, 829
    nulo, estado, 828
    periódico, estado, 828
    probabilidad
        absoluta y transitiva, 824
        de transición, 823
    recurrente, estado, 828
    tiempos de primer retorno, 827
    transitorio, estado, 828
Cantidad pedida económica
    dinámica, 584-98
    estática, 566-77
Carencia de memoria exponencial, 642
Carga fija, problema, 357
Cero uno, algoritmo, 503
    lineal, 381
    polinomial, 390
    suma cero, juego, 503
Ciclaje (o reciclaje), 100
Ciclo para ordenar en inventario, 567
Circuito en una red, 317
Coeficiente de correlación, 470
Cofactor, 920
Colas que no obedecen, de Poisson, 673
Cóncava, definición de función, 926

Condición
    de optimidad, método símplex
        dual, 92
        primal, 84
    suficiente de óptimo
        restringido, para
            desigualdad, 863
            igualdad, 845
        sin restricción, para una, 840
Condiciones necesarias para puntos estacionarios de
    funciones restringidas, 845
        desigualdad de restricciones, 863
        igualdad de restricciones, 845
    funciones sin restricción, 839
Confiabilidad, problema, 422
Conjunto cerrado en cadenas de Markov, 826
Consideraciones de costo en PERT-CPM, 543
Convexa
    definición de la función, 888
    métodos de combinación (lineal), 905
    programación separable, 888
Corte
    en redes, 337
    fraccional en programación entera, 372
    fuerza de, 375
    mínimo, 287
Costo
    de mantenimiento en modelos de inventario, 591
    fijo, 563
    reducido, 29, 115, 177
Cota superior de variables, 280
Criterio
    de decisión. Véase también Teoría de juegos
        bajo
            certeza, 480
            incertidumbre, 497
            riesgo, 482
    de Laplace, 498
    del futuro más probable, 490
    del nivel de aceptación, 487
    de los mínimos cuadrados, 469
    de Savage, 500

Índice

de valor esperado, 482
de variancia de valor esperado, 485
Cuadrática, forma, 925
programación, 891
Cuesta de mayor pendiente, 879

D

Datos no estacionarios, 466
Débil, máximo, 838. Véase también
  Alternativa óptima
Degeneración en programación
  lineal, 98
Delegada, restricción, 392, 402
Demanda, 564
  dinámica, 564
  estática, 564
Descomposición en programación
  dinámica, 423
Descuento según la cantidad
  en inventario, 572
Desigualdad
  aritmético-geométrica de Cauchy,
    distribución geométrica, 656
  de Cauchy, 897
Desviaciones aleatorias en
  SIMNET II, 731
Determinante, 918
  menores
    de un, 919
    principales de un, 919
Diagrama de
  barras, 526
  flechas en PERT-PCM, 527
  tiempo, en PERT-CPM, 535
Dicotomías, 360
Dimensionalidad en DP, problemas
  de, 433
Dinámica, demanda, 564
Dinámica, programación. Véase
  dinámica, bajo Programación
Disciplina de
  líneas de espera, 638
  servicio, 638
Distribución empírica, 452
Dos fases, técnica, 89. Véase
  también Técnica M

Dual
  definición del problema
    geométrico, 912
  modelo de transporte, 288
  PL, 162-69
  método símplex, 92-8
Dualidad en teoría de juegos, 511

E

Ecuación
  de equilibrio, 650
  recursiva, 410, 413
Ecuaciones
  Chapman-Kolmogorov, 825
Elementos de
  modelos de decisión, 2
  una red, 316
    dirigida, 317
Entera, programación. Véase
  Programación entera
Entero puro, problema, 355
Enteros mixtos, 368
Enumeración implícita, 386
Espacio de soluciones, 22
Estacionario, estado
  en líneas de espera, 649
  Markov, en cadenas de, 826
  simulado, 788
Estadística, variable basada en
  el tiempo, 449
  la observación, 449
Estado
  absorbente, 826
  en programación dinámica,
    406, 416
  nulo en cadenas de Markov, 828
  recurrente en cadenas de
    Markov, 828
Estándar en programación lineal,
  forma, 71, 134
Estocástica, programación, 900
Estocástico, proceso, 822
Estrategia
  mixta, 505
  pura, 503
Etapa en programación dinámica, 406

Evento
    en PERT-CPM, 528
    tipo, modelo de simulación, 718.
        Véase también SIMNET II
Extremo(s)
    de una función, 837
    problemas de
        no restringidos, 837
        restringidos, 845
    punto
        adyacente, 75
        algebraico, determinación del, 70
        representación gráfica, 22

F

Factibilidad, condición en método
    símplex
        dual, 92
        primal, 84
Factor de aversión al riesgo, 485
Fases de estudio IO, 10
Fdp
    beta, 463
        uso en PERT-PCM, 540
    binomial, 467
    de Poisson, 465, 704, 709
        axiomas en líneas de espera, 640
        relación con la exponencial, 641
        truncada, 645
    Erlang (gamma), 460
    exponencial, 460, 641
        distribución de Poisson fdp, 641
        olvido, o falta de memoria,
            propiedad, 642
    gamma, 460
    lognormal, 462
    normal, 461
    uniforme, 459
    Weibull, 463
Flujo máximo corte mínimo,
    teorema, 337
Forma
    cuadrática
        indefinida, 926
        positiva definida, 926
    del producto para la inversión

de una matriz, 294-95
Fuente o destino ficticio en modelo
    de transporte, 230-32
Función objetivo, 19

G

Gantt, diagrama de barras, 526
Generación de columnas en un
    algoritmo de descomposición, 290
Gradiente
    método
        cuesta de mayor pendiente, 879
        Newton-Raphson, 843
    proyectado, 301
    restringido, 849

H

Heurístico, definición de modelo, 9
Histograma de frecuencia basadas en
    el tiempo, 454
    la observación, 452
Holgura
    en PERT-CPM, 533
    libre en PERT-CPM, 534
    total en PERT-MRT, 534
    variable de, 24
Horizonte de planeación de
    inventario, teorema, 591
Hurwicz, criterio de, 502

I

Identidad, matriz, 916
Incertidumbre, intervalo de, 877
Inestable, juego, 505
Infactible, solución en PL, 105
Inflexión, punto de, 839. Véase
    también Punto silla
Interpretación económica
    de multiplicadores de
        Lagrange, 859
    de variables dual (precios),
        109, 174

Índice

Intervalo de confianza en
   simulación, 789
Inventario, modelos, 560
   almacenamiento limitado, 575
   determinista, 566-601
   de un artículo con demanda
      dinámica, 584-601
      estática (CPE), 566
         con amortiguamiento, 569
         con diferentes precios, 572
   estático de múltiples artículos con
   heurístico Silver-Meal, 598
   probabilístico, 601-22
      múltiples periodos
         con demora en la
            entrega que
               no satisface pedidos
                   pendientes, 621
               satisface pedidos
                   pendientes, 619
         sin demora en la entrega que
               no satisface pedidos
                   pendientes, 618
               satisface pedidos
                   pendientes, 616
      revisión continua, 601
      un solo periodo demanda
         instantánea sin costo
            fijo, 606
            (Política s-S), 612
         uniforme sin costo fijo, 611
Inversión, métodos de
   distribución límite de un, 829
   forma de producto, 143
   Gauss-Jordan, 922
   matriz adjunta, 922
   partición de una matriz, 923
Investigación, método directo, 914
Investigación de operaciones (IO)
   arte y ciencia, 1
   fases de estudio, 10
Iteración
   definición, 8
   política, 807, 811, 815
   valor, 805

J

Juego
   de Blotto, 522
   valor de un, 505

K

Kendall, notación, 648
Kolmogorov-Smirnov, prueba 455
Kuhn-Tucker, condición de
   necesidad, 868

L

L = lambda W, 652
Lazo en una red, 317
Linealización
   función de una sola variable.
      Véase Programación separable
   polinomio cero, 391
   por partes en programación
      entera, 883. Véase también
      Programación separable
Líneas de espera
   con prioridades, 675
   de autoservicio, modelos de, 669
   de decisión, modelos, 699-709
      nivel de aspiración, 707
   diagrama de tasa de
      transición, 649
   disciplina de servicio, 638
   ecuaciones de equilibrio, 650
   elementos básicos, 637
   estado
      estacionario, 649
      transitorio, 649
   masivas, 638
   medidas de desempeño, 652
   notación Kendall, 648
   sucesivas o en serie, 679
   tipos de sistemas de, 701

M

M, técnica, 89. Véase también
   Técnica de dos fases
Markov
   cadena
      ergódica, 828
      incrustadas, 824
   estado
      no nulo en cadenas de, 828
      periódico en cadenas de, 828
   proceso de, 823
      de decisión, 800
      modelo de programación
         lineal, 818
   propiedad de, 823
Matemático, elementos de modelo, 19
Matriz, 915
   adjunta, 922
   de deploración, 501
   de rango completo, 920
   estocástica doble, 830
   hessiana en la frontera, 859
   inversa, 921
   no singular, 920
   particionada, 918
   singular, 920
Maximización secuencial sin
   restricción (SUMT), 907
Máximo
   fuerte, 838
   global, 838
      absoluto, 838
   relativo, local, 838
Mayor pendiente, 879
(M/D/1):(DG/*/*), 576
Media, 461, 684-85
Medidas de desempeño en líneas de
   espera, 652
Mejora de la política, 812
Método
   antitético, 844
   de combinaciones lineales, 905
   de eliminación Gauss-Jordan, 80
   de investigación directa, 877
   del costo mínimo en el modelo
      de transporte, 248
   de multiplicadores de
      Lagrange, 859
   de operaciones renglón
      (Gauss-Jordan), 80
   de penalización, (técnica M)
      en PL, 89. Véase
      también Técnica de dos fases
      530
   de ruta crítica (PERT-CPM),
   húngaro, 253
      relación con el
         método símplex, 256
   jacobiano, 846
      análisis de sensibilidad, 854
      aplicación a PL, 855
   método jacobiano, 846
   restricciones de desigualdad, 863
   teoría dual y, 247
   transportación, 240
   ramificado y acotado en
      programación entera, 362
   símplex dual, 92-8
   símplex para
      modelo de transporte, 237, 246
      redes capacitadas, 341
   símplex (primal). Véase también
      método símplex revisado
      cambio de base en el, 80, 142
      conceptos generales del, 70
      condición de
         factibilidad, 78
         optimidad, 78
      detalles de cómputo, 81-84
      generalizado, 97
      solución inicial, 76
         artificial, 84
         holgura, 76
      variable
         entrante, 79
         saliente, 79
   símplex revisado
      dual, 151
      primal, 145-51
Minimax
   criterio, 500
   valor del juego, 5041
Minimización, equivalencia a
   maximización, 78
(M/M/*):(DG/*/*), 669

(M/M/1):(DG/*/*), 655
(M/M/1):(DG/N(*), 660
(M/M/c):(DG/*/*), 663
(M/M/c):(DG/N/*), 666
(M/M/R):(DG/K/K), 670
Modelo
  abstracción, 4
  construcción de un, 19
  de alisamiento exponencial, 472
  definición, 4
  de flujo
    capacitado, 337
      formulación de programación lineal, 340
      solución del método símplex, 340
    máximo, 282
  de inventario
    de revisión continua determinista, 566
    determinista, 566-601
    probabilístico, 601-618
  del promedio móvil, 471
  del nivel de aceptación, 707
  de muerte pura, 645
  de nacimiento
    en líneas de espera, 643
    puro, 643
  de programación lineal
    aditividad, 21
    aplicaciones, 33-42
    espacio solución
      algebraica, 76
      gráfica, 21
    estándar, forma, 71, 134
    gráfica solución, 18
    proporcionalidad, propiedad, 21
  de regresión, 468
  de servicio de máquinas, 670
  de transbordo, 257
    lineal, como un modelo lineal, 258
  de transporte con equilibrio, 230, 280
  heurístico de inventario, Silver-Meal, 598
  matricial, definición, 134
  producción-inventario, 232
  tipos de, 7
Multiplicadores símplex. Véase precios duales

N

Naturaleza de datos, 448
Nivelación de recurso en PERT-CPM, 535
Noroeste, método de la esquina, 238

O

Olvido, o falta de memoria, de distribución exponencial, 642
Optimización clásica, 838-71
Optimos alternativos
  en juegos, 508
  en programas lineales, 25, 101

P

Paso, tamaño de, 879
Penalizaciones en programación entera, 369, 402
PERT, 525
  consideraciones de probabilidad en, 540
Pivote, ecuación en tabla símplex, 80
Planeación de requerimiento de material, 585
Poisson, distribución truncada de, 645
Polinomio cero-uno, algoritmo, 390
Política
  de un solo número crítico, 608
  estacionaria, 801
  s-S, 612
Pollaczek Khintchine, fórmula, 673
Posinomial, función, 895
Precio
  diferente, 572
  dual, 33, 109, 175
Presupuesto de capital, 356, 405

Primal dual
  algoritmo, 182
  relaciones, 169-74
Principio de optimidad en PD, 405, 410
Probabilidad
  absoluta en cadenas de Markov, 824
  a posteriori, 490
  a priori, 490
  consideraciones en PERT, 540
  de Bayes a posteriori, 491
  de transición, 823
  relaciones entre distribuciones de, 467-8
Problema
  de asignación, 252
  de dimensionalidad en PD, 433
  de entrega, 397
  de la pérdida de material, 46
  de la ruta más
    confiable, 323
    corta, 321
    algoritmos
      acíclico, 325
      cíclico, 337
    aplicaciones, 331
  modelo de transbordo, 339
  del cargamento (del morral o de la mochila), 419
  del elevador, 2
  del proveedor de banquetes, 234
  del tamaño de la fuerza de trabajo, 428
  de programación de autobuses, 42
  extremo sin restricción, 837
  lineales por programación dinámica, 435
Procedimiento de
  avance en programacion dinámica, 413, 432
  etiquetado, problema
    de la ruta más corta, 325
    del flujo máximo, 331
Programación
  con restricciones aleatorias, 901
  de empleos, 261
  de la producción, 577
  de metas, 51
  de taller, problema, 359
  dinámica de un proyecto
    aplicación, 418
    de avance, 413
    de retroceso, 413,
    ecuación recursiva, 410, 413
    estado, 406, 416
    etapa, 406
    principio de optimidad, 410
    problema de dimensionalidad, 433
    proceso de decisión de Markov, 802
  entera, 355
    algoritmo de, 361-89
    aplicaciones, 356-61
    cálculos, 368, 374, 381
    mixta, 355
  geométrica, 895
  separable, 883
    entera mixta, 884
Programación de un proyecto
  control, 551
  consideraciones de costo, 543
  probabilidad, 540
  diagrama de
    flechas, 527
    tiempo, 535
  nivelación de recursos, 535
Programación dinámica,
  procedimiento de retroceso en, 413
Programación lineal
  paramétrica, 196-210
    cambios simultáneos, 206
    coeficientes
      de función objetivo, 197
      del segundo miembro, 202
      tecnológicos, 205
  relacionada con
    método jacobiano, 854
    teoría de juegos, 511
Propiedad aditiva en programas lineales, 21
Proporcionalidad en PL, 21
Proyecto, control, 551

Prueba ji-cuadrada, 455
Punto de costo normal en
   PERT, 543
   de silla, 505, 839
   estacionarios, 840
   extremo adyacente, 75
   para un nuevo pedido, 563

R

Razón insuficiente, principio de, 498
Red conectada, 317
   diagrama de flechas, 527
   dirigida, 317
Redes y programación lineal, 340
Redondeo óptimo continuo, 356
Reemplazo de equipo, 322
Renglón fuente en método de planos
   de cortes, 371, 378
Renunciación, 639
Réplica, método de, 789
Restricción en programación
   lineal,
      artificial, 126
         delegada, 392, 403
         o negatividad, 20
         secundaria, 195
      del tipo "o bien", 359
Resultados o pagos, 503
Retroceso en
   algoritmo de flujo, 335
   programación entera, 413, 432
Revisión periódica, 563
   continua, 563
Ruta crítica, cálculo de la, 530

S

Secuencia (programación del trabajo
   en un taller), 359
SIMNET II, 716-91
   acopio base, 760, 761
   acumulador, 723
      regla de atributos, 767
   anidamiento en asignaciones
      especiales, 775

archivos, 719
$ARRAYS, enunciado, 784
asignación LOC, 779
asignaciones, 750
   condicional, 750
   de switches (interruptor), 757
   lazo. Véase FOR-NEXT
   especial, 757
   especiales
      anidamiento de, 775
      interruptores (switches), 757
      manejo de archivo, 774
      nodo de L. de E., 773
$ATTRBUTES, enunciado, 735
atributos, 719
bloqueo en
   instalaciones, 729
   recursos, 760
calendario de eventos
   (E.FILE), 719
control remoto, 758
depuración, 738
ensamble (ASM), 767
ENTITY, 734
enunciado, 719
   comentario, 720
   $CONSTANTS, 785
   $DIMENSION, 734
   $DISCRETE-PDFS, 783
   $FUNCTIONS, 786
   $INITIAL-ENTRIES, 782
   $PROJECT, 734
   $RESOURCES, 760
   $SEGMENT, 739
   $SWITCHES, 757
   $TABLE-LOOKUPS, 783
   $TRACE, 739
   $VARIABLES, 754
envío al nodo siguiente, 739
equiparación (MAT), 770
estructura del modelo
   SIMNET II, 733
expresiones matemáticas, 729
   funciones
      aleatorias, 731
      algebraicas, 730
      trigonométricas, 730
   variables

Índice

de simulación, 730
especiales, 732
flujo de número aleatorio, 733
FOR-NEXT, 753
IF-THEN, ELSE, ENDIF, 751
interruptores lógicos, 757
lazo simulado, 751. Véase también FOR-NEXT
localización de entradas en archivos (LOC), 777
método de
réplica, 789
subintervalo, 789
muestras aleatorias, 732
nodo
*A, 728
*F, 725
acumulador, 723
auxiliar, 727
disciplina de, 723
enunciado, 719
fuente, 720
identificadores, 719
instalación bloqueo y desbloqueo, 729
L. de E., 722
operaciones de, 728
*Q, 725
*S, 721
número aleatorio antitético, 732
OBS.BASED, 753
observaciones estadísticas, recolección de, 789
periodo de transición, 788
prioridad de recursos, 764
rama (*B), 746
asignaciones, 750
condicional, 750
tipos de, 746
recursos
acopio base, 760
bloqueo, 760
definición, 764
reglas selectas, 740
reporte de salida, 737, 756, 763
representación de redes, 719
RUN.END, 754
ruta

C, 748
D, 743, 747
E, 743, 747
GOTO, 742
L, 743, 747
P, 743, 747
S, 746
selecta, 739
*T, 742
rutas de transacciones, tipos de, 739
simulación de detención (SIM = STOP), 781
TIME BASED, 754
transferencia (*T o goto-), 742
variable
especial, 732
estadística, 754
con índice, 755
tipo de, 753
simulación, 730
Símplex, tabla, 89. Véase también Método
en forma matricial, 139
Simulación, 7, 718. Véase también SIMNET II
acercamiento de red, 719
del evento siguiente, 718
discreta de eventos, 718
estado estacionario, 788
eventos, 718
muestras aleatorias (muestreo), 731
números aleatorios, 822
periodo de transición, 788
recolección de observaciones, 789
Sistema de inventario
ABC, 561
de arrastre, 587, 623
de empuje, 587
justo a tiempo, 622
múltiple, 566
Solución básica, 74, 135
con programación lineal del problema de decisión de Markov, 818
degenerada, 98
dual, 169-74. Véase también Holgura complementaria

interpretación económica, 174
factible, definición de una, 3, 20
gráfica de juegos, 507
inicial
   en modelo de transporte
      costo mínimo, método, 248
      esquina noroeste,
         método, 238
      Vogel, método de
         aproximación de, 238
   en programación lineal
      artificial, 84
      holgura, 76
      no acotada en PL, 103
óptima, definición de, 4
parcial en enumeración
   implícita, 386
relación a un punto extremo, 70
seudoóptima en PL, 106
subóptima, 4
Subintervalos, método, 789
Suma cero, juego de dos
   personas, 503
   solución
      con programación lineal, 511
      gráfica, 507
SUMT, Maximización secuencial
   sin restricción, 907
Superior de un juego, valor, 505

T

Tasa efectiva de llegadas, 652
Técnica de evaluación y revisión
   de proyectos, PERT-CPM, 525
Técnicas de pronósticos, 468
   modelo
      de promedio móvil, 471
      de regresión, 468
      exponencial, 472
Teorema de holgura
   complementario, 181
Teoría de juegos, 503-15
   estable, 504
   inestable, 504

punto silla, 505
solución
   en programación lineal, 511
   gráfica, 507
valor del juego, 505
Tiempo de espera, distribución, 658
   de duración mínima, 543-44
   de fabricación en modelos de
      inventario, 568
   de holgura, PERT-CPM, 533
   de inicio más próximo en
      PERT-CPM, 531
   de primer retorno, 827
   de terminación más tardío
      en PERT-CPM, 532
   más probable en PERT, 540
   optimista en PERT, 540
   pesimista en PERT, 540
TORA, software, 929
Transformación proyectiva, 305
Transición, probabilidad, 823
   tasas, diagrama, 649
Transitorio, estado en
   cadenas de Markov, 828
   líneas de espera, 649
   simulación, 788
Transportación
   no equilibrada, modelo, 230
   tabla de
      multiplicadores para una,
         método de, 240
      relación con el método
         símplex, 246
      solución básica inicial,
         237, 248, 249
Transporte, modelo de
   definición, 227
   dual, problema, 246
   equilibrio, 230
   lineal, expresado como un
      problema, 229
   solución de un, 237
Transpuesta de una matriz, 916
Trayectoria
   de penetración en modelos
      de flujo, 332
   en una red, 317

U

Uso de la programación dinámica (PD) en
  modelos de inventario, 587-96, 616-22
  problemas de decisión de Markov, 666-84
  programación lineal, 435
Utilidad, 482
Utilización en líneas de espera, 653

V

Validación de un modelo, 11
Valor
  determinación del, 812
  inferior del juego, 504
  iteración del, 805
  superior del juego, 505
Variable
  acotada, 280
  algoritmo
    dual, 312
    primal, 282
  artificiales, 84
  método
    de dos fases, 89
    M, 85
  básica, 75
  binaria, 381
  de cota inferior, 281
  de exceso, 24
  de holgura, 24
  entrante, método
    dual símplex, 96
    primal símplex, 76
  estadística basada en
    el tiempo, 449
    la observación, 449
  libre en enumeración implícita, 385
  no básica, 75
  saliente, método
    dual símplex, 96
    primal símplex, 76
  sin restricción, 72
Variancia, 450, 459
Vectores, 914
  linealmente independientes, 136, 284, 915
Viajes del agente de ventas, problema, 18
Vogel, método de aproximación de, 249

W

Wilson, tamaño del lote económico de, 568